Plásticos industriais

Teoria e aplicações

Tradução da 5ª edição norte-americana

Dados Internacionais de Catalogação na Publicação (CIP)
(Câmara Brasileira do Livro, SP, Brasil)

Lokensgard, Erik
　　Plásticos industriais: teoria e aplicações/Erik
Lokensgard. -- São Paulo: Cengage Learning,2013.

　　Título original: Industrial plastics: theory
and applications.
　　Vários tradutores.
　　5ª ed. norte-americana.
　　Bibliografia
　　ISBN 978-85-221-1187-9

　　1. Plásticos I. Título.

12-13555　　　　　　　　　　　　　　　　　　　　CDD-668.4

Índices para catálogo sistemático:

1. Plásticos: Tecnologia química　　668.4

Plásticos industriais
Teoria e aplicações

Tradução da 5ª edição norte-americana

Erik Lokensgard

Tradução técnica

Alessandra Pereira da Silva
Doutora em Engenharia Química pela Universidade Federal de São Carlos
Professora Adjunta II da Universidade Federal de São Paulo – Campus Diadema

Alexandre Argondizo
Doutor em Engenharia Química pela Universidade Federal de São Carlos
Professor Adjunto II da Universidade Federal de São Paulo – Campus Diadema

Douglas Alves Cassiano
Doutor em Engenharia Química pela Universidade Estadual de Campinas
Professor Adjunto II da Universidade Federal do ABC

Eliezer Ladeia Gomes
Doutor em Engenharia Química pela Universidade Federal de São Carlos
Professor Adjunto III da Universidade Federal de São Paulo – Campus Diadema

Robson Mendes Matos
D. Phil. University of Sussex at Brighton, Inglaterra
Professor Associado III da Universidade Federal do Rio de Janeiro – Campus Macaé

Austrália • Brasil • Japão • Coreia • México • Cingapura • Espanha • Reino Unido • Estados Unidos

Plásticos industriais: teoria e aplicações
 Tradução da 5ª edição norte-americana
 Erik Lokensgard

Gerente Editorial: Patricia La Rosa

Supervisora Editorial: Noelma Brocanelli

Editora de Desenvolvimento: Marileide Gomes

Supervisora de Produção Gráfica: Fabiana Alencar Albuquerque

Título original: Industrial plastics: Theory and applications 5th edition

ISBN 13: 978-1-4354-8616-4

ISBN 10: 1-4354-8616-1

Tradução técnica

Eliezer Ladeia Gomes: Caps. 1 a 5.

Alessandra Pereira da Silva e Alexandre Argondizo: Caps. 6 a 11.

Douglas Alves Cassiano: Caps. 18 a 20.

Robson Mendes Matos: Apêndices, Caps. 12 a 17, Caps. 21 a 23, Índice e Prefácio.

Copidesque: Maria Dolores D. Sierra Mata

Revisão: Márcia Elisa Rodrigues e Mariana Aparecida de Souza Belli

Diagramação: Alfredo Carracedo Castillo

Capa: MSDE/MANU SANTOS Design

Indexação: Casa Editorial Maluhy & Co.

© 2010 Delmar, Cengage Learning
© 2014 Cengage Learning Edições Ltda.

Todos os direitos reservados. Nenhuma parte deste livro poderá ser reproduzida, sejam quais forem os meios empregados, sem a permissão, por escrito, da Editora. Aos infratores aplicam-se as sanções previstas nos artigos 102, 104, 106 e 107 da Lei nº 9.610, de 19 de fevereiro de 1998.

Para informações sobre nossos produtos, entre em contato pelo telefone
0800 11 19 39
Para permissão de uso de material desta obra, envie seu pedido para
direitosautorais@cengage.com

© 2014 Cengage Learning.
Todos os direitos reservados.

ISBN-13: 978-85-221-1187-9
ISBN-10: 85-221-1187-1

Cengage Learning
Condomínio E-Business Park
Rua Werner Siemens, 111 – Prédio 20
Espaço 04 – Lapa de Baixo
CEP 05069-900 – São Paulo – SP
Tel.: (11) 3665-9900 – Fax: (11) 3665-9901
SAC: 0800 11 19 39

Para suas soluções de curso e aprendizado, visite **www.cengage.com.br**

Impresso no Brasil.
Printed in Brazil.
1 2 3 4 5 6   15 14 13 12

Sumário

Prefácio xxi

Capítulo 1 **Introdução histórica aos plásticos 1**
Introdução 1
Plásticos naturais 1
    Materiais córneos 2
    Goma-laca 3
    Guta-percha 5
Primeiros materiais naturais modificados 5
    Borracha 6
    Celuloide 7
Primeiros plásticos sintéticos 9
Plásticos sintéticos comerciais 10
Resumo 10
Pesquisa na internet 12
Vocabulário 12
Questões 13
Atividades 13

Capítulo 2 **Situação atual da indústria de plásticos 17**
Introdução 17
Principais materiais plásticos 18
Reciclagem de plásticos 20
    Leis de depósitos para garrafas e seus efeitos 20
    Reciclagem de lixo seletiva 24
    Reciclagem de PCR HDPE 26
    Reciclagem automotiva 32
    Reciclagem química 33
    Reciclagem na Alemanha 33
Eliminação por incineração ou degradação 34
    História da incineração nos Estados Unidos 34
    Plásticos degradáveis 35
Organizações na indústria de plásticos 37
Publicações para a indústria de plásticos 39
    Jornal do Comércio 39
Pesquisa na internet 39
Vocabulário 40
Questões 40
Atividades 41

Capítulo 3 **Química elementar dos polímeros 43**
   Introdução 43
   Revisão de química básica 43
      Moléculas 43
   Moléculas de hidrocarbonetos 44
   Macromoléculas 45
      Polímeros de cadeia de carbono 45
      Carbono e outros elementos na cadeia principal 47
   Organização molecular 48
      Polímeros amorfos e cristalinos 48
   Forças intermoleculares 51
   Orientação molecular 52
      Orientação uniaxial 53
      Orientação biaxial 53
   Termofixos 53
   Sumário 54
   Pesquisa na internet 54
   Vocabulário 54
   Questões 55
   Atividades 56

Capítulo 4 **Saúde e segurança 59**
   Introdução 59
   Riscos físicos 59
   Riscos biomecânicos 59
   Riscos químicos 60
   Fontes de riscos químicos 60
   Leitura e compreensão do MSDS 60
      Seção 1: Identificação do produto e da empresa 61
      Seção 2: Composição 61
      Seção 3: identificação dos riscos 63
      Seção 4: Medidas de primeiros socorros 67
      Seção 5: Medidas de combate a incêndios 67
      Seção 6: Medidas para liberação acidental 68
      Seção 7: Manuseio e armazenamento 68
      Seção 8: Controle de exposição e proteção individual 68
      Seção 9: Propriedades físicas e químicas 68
      Seção 10: Dados de estabilidade e reatividade 68
      Seção 11: Informações toxicológicas 70
      Seção 12: Informações ecológicas 70
      Seção 13: Considerações sobre o descarte 70

Seção 14: Informações sobre transporte 70
Seção 15: Informações sobre regulamentação 70
Seção 16: Outras informações 70
Pesquisa na internet 72
Vocabulário 72
Questões 72
Atividades 73

Capítulo 5   **Estatística elementar**   75
Introdução 75
Cálculo da média 75
A distribuição normal 76
Cálculo do desvio padrão 77
A distribuição normal padrão 78
Representação gráfica dos resultados do teste de dureza 79
Esboço de gráficos 81
Comparação gráfica de dois grupos 81
Sumário 82
Pesquisa na internet 82
Vocabulário 82
Questões 83
Atividades 83

Capítulo 6   **Propriedades e testes em plásticos**   85
Introdução 85
Organismos certificadores 86
ASTM 86
ISO 86
   Unidades SI 88
Propriedades mecânicas 89
   Resistência à tração (ISO 527-1, ASTM D-638) 93
   Resistência à Compressão (ISO 75-1 e 75-2, ASTM D-695) 93
   Resistência ao cisalhamento (ASTM D-732) 93
   Resistência ao impacto 93
   Resistência à flexão (ISO 178, ASTM D-790 e D-747) 96
   Fadiga por flexão (ISO 3385, ASTM D-430 e D-813) 96
   Amortecimento 96
   Dureza 96
   Resistência à abrasão (ASTM D-1044) 99
Propriedades físicas 99

Massa específica e densidade relativa (ISO 1183, ASTM D-792 e D-1505)   99
Contração na moldagem (ISO 2577, ASTM D-955)   101
Resistência à fluência ou *creep* (ISO 899, ASTM D-2990)   101
Viscosidade   102

Propriedades térmicas   102
Condutividade térmica (ASTM C-177)   103
Capacidade calorífica (calor específico)   103
Expansão térmica (ASTM D-696 e D-864)   103
Temperatura de deflexão térmica (ISO 75, ASTM D-648)   104
Plásticos ablativos   105
Resistência ao frio   105
Inflamabilidade (ISO 181, 871 e 1210; ASTM D-635, D-568 e E-84)   105
Índice de fluidez (ISO 1133, ASTM D-1238)   105
Temperatura de transição vítrea   106
Temperatura de amolecimento (ISO 306, ASTM D-1525)   107

Propriedades ambientais   107
Propriedades químicas   107
Resistência às intempéries (ASTM D-2565, D-4329, G-154 e G-155, ISO-4892)   108
Resistência à radiação ultravioleta (ASTM G-23 e D-2565) 110
Permeabilidade (ISO 2556, ASTM D-1434 e E-96)   110
Absorção de água (ISO 62, 585 e 960; ASTM D-570)   110
Resistência bioquímica (ASTM G-21 e G-22)   112
Fratura sob tensão ambiental (*stress cracking*) (ISO 4600 e 6252, ASTM D-1693)   112

Propriedades ópticas   112
Brilho (ASTM D-2457)   112
Transmitância luminosa (ASTM D-1003)   113
Cor   113
Índice de refração (ISO 489, ASTM D-542)   113

Propriedades elétricas   114
Resistência ao arco (ISO 1325, ASTM D-495)   114
Resistividade (ISO 3915, ASTM D-257)   114
Rigidez dielétrica (ISO 1325, 3915; ASTM D-149)   114
Constante dielétrica (ISO 1325, ASTM D-150)   114
Fator de potência (ASTM D-150)   114

Pesquisa na internet   115
Vocabulário   116
Questões   116
Atividades   117

Capítulo 7 **Ingredientes dos plásticos   119**
  Introdução   119
  Aditivos   120
    Antioxidantes   120
    Agentes antiestática   121
    Corantes   121
    Agentes de acoplamento   123
    Agentes de cura   124
    Retardantes de chama   124
    Agentes de expansão e espumantes   125
    Estabilizantes térmicos   126
    Modificadores de impacto   127
    Lubrificantes   127
    Agentes nucleantes   127
    Plastificantes   128
    Conservantes   128
    Auxiliares de processamento   129
    Estabilizadores ultravioleta (UV)   130
  Agentes de reforço   130
    Lâminas   131
    Fibras   131
  Cargas   139
    Nanocompósitos   140
    Cargas em escala macroscópica   143
  Pesquisa na internet   144
  Vocabulário   145
  Questões   146
  Atividades   147

Capítulo 8 **Caracterização e seleção de plásticos comerciais   149**
  Introdução   149
  Materiais básicos   149
    Técnicas de polimerização   150
    Índice de fluidez   151
  Seleção do tipo de material   152
  Bancos de dados informatizados para seleção de materiais   152
  Resumo   153
  Pesquisa na internet   153
  Vocabulário   153
  Questões   154
  Atividades   154

Capítulo 9   Usinagem e acabamento   157
    Introdução   157
    Serramento   158
    Limagem   160
    Furação   160
    Estampagem, corte em matriz de estampagem (*blanking*)   163
    Roscamento   164
    Torneamento, fresagem, aplainamento, modelagem e usinagem com comando numérico computadorizado (*router*)   166
    Corte a *laser*   167
    Corte por fratura induzida   168
    Corte térmico   168
    Corte hidrodinâmico   169
    Aplainamento e polimento   169
    Tamboração   171
    Recozimento e pós-cura   172
    Pesquisa na internet   172
    Vocabulário   173
    Questões   174
    Atividades   175

Capítulo 10   Processo de moldagem   177
    Introdução   177
    Moldagem por injeção   177
        Unidade de injeção   178
        Unidade de fechamento   180
        Segurança na moldagem por injeção   181
        Especificação de máquinas de moldagem   186
        Elementos dos ciclos de moldagem   186
        Moldagem por injeção de termorrígidos   188
        Moldagem por coinjeção   189
        Injeção de fluido   190
        Sobremoldagem   191
        Máquinas elétricas e híbridas   191
    Moldagem de materiais líquidos   192
        Moldagem por injeção e reação   192
        Moldagem reforçada por injeção e reação (RRIM)   193
        Moldagem de resina líquida   193
    Moldagem de materiais termorrígidos em grânulos e em placa   195
        Moldagem por compressão   195
        Moldagem por transferência   197

Moldagem de folha (*sheet molding*) 201
Pesquisa na internet 201
Vocabulário 202
Questões 202
Atividades 203

Capítulo 11 **Processos de extrusão** 207
Introdução 207
Equipamentos de extrusão 207
Composição ou compostagem 210
Principais classes de produtos de extrusão 212
    Extrusão de perfil 213
    Extrusão de tubo 214
    Extrusão de placa (ou chapa) 214
    Extrusão de filme 214
    Moldagem de filmes por extrusão e sopro 217
    Extrusão de filamentos 220
    Revestimento por extrusão e recobrimento de fios 224
Moldagem por sopro 224
    Moldagem por sopro via injeção 225
    Moldagem por sopro via extrusão 226
    Variações na moldagem por sopro 231
Pesquisa na internet 232
Vocabulário 233
Questões 233
Atividades 234

Capítulo 12 **Processos e materiais de laminação** 239
Introdução 239
Camadas de diferentes plásticos 240
Camadas de papel 241
Camadas de lã de vidro e tapetes 244
Camadas de metal e favos de metal 245
Camadas de metal e plásticos espumantes 246
Pesquisa na internet 248
Vocabulário 248
Questões 248
Atividades 249

Capítulo 13   Processos e materiais reforçadores   253

Introdução   253
Cubo combinado   254
    Compostos moldados por volume   254
    Compostos moldados em folhas   254
Processo de laminação à mão ou de contato   257
Pulverização   257
Formação de vácuo rígida   257
Termoformação de molde frio   258
Saco de vácuo   258
Saco de pressão   260
Bobina de filamento   260
Reforço centrífugo e reforço de filme moldado por sopro   263
Pultrusão   263
Formação/impressão a frio   264
Pesquisa na internet   266
Vocabulário   266
Questões   266

Capítulo 14   Processos e materiais de fundição   267

Introdução   267
Tipos de material   267
Fundição simples   268
    Tipos especiais de fundição simples   269
Fundição de filme   270
Fundição de fundido quente   271
Fundição slush e fundição estática   271
    Fundição slush   271
    Fundição estática   273
Fundição rotacional   273
    Fundição centrífuga   273
    Fundição rotacional   274
Fundição por mergulho   274
Pesquisa na internet   276
Vocabulário   276
Questões   276
Atividades   277

Capítulo 15   Termoformagem   283

Introdução   283

Formagem por vácuo direto   285
Formagem positiva   286
Formagem de molde combinado   286
Formagem a vácuo assistida por pistão e bolha de pressão   287
Formagem a vácuo assistida por pistão   288
Formagem por pressão assistida por pistão   288
Formagem por pressão na fase sólida (SPPF)   289
Formagem por vácuo de bolha   290
Formagem por vácuo de bolha e pressão na bolha   291
Formagem por pressão com aquecimento de contato e folha presa   291
Formagem por envelope de ar   291
Formagem livre   291
Termoformagem de folha dupla   292
Termoformagem de embalagem bolha ou embalagem de crosta   293
Formagem mecânica   293
Pesquisa na internet   294
Vocabulário   295
Questões   296
Atividades   297

Capítulo 16   **Processos de expansão   303**
Introdução   303
Moldagem   306
    Processamento de baixa pressão   307
    Processamento de alta pressão   308
    Outros processos de expansão   310
Fundição   312
Expansão no local   312
Jateamento   313
Pesquisa na internet   314
Vocabulário   314
Questões   314
Atividades   315

Capítulo 17   **Processos de revestimento   321**
Introdução   321
Revestimento por extrusão   322
Revestimento por calandra   323
Revestimento de pó   323
    Revestimento de leito fluidizado   324

Revestimento de leito eletrostático 324
Revestimento de pistola de pó eletrostático 325
Revestimento de transferência 325
Revestimento de lâmina ou rolo 326
Revestimento de imersão 326
Revestimento de jato 327
Revestimento metálico 328
    Adesivos 328
    Eletrogalvanização 328
    Metalização a vácuo 329
    Revestimento precipitado 331
Revestimento por escova 331
Pesquisa na internet 332
Vocabulário 332
Questões 332
Atividades 334

Capítulo 18   **Processos de fabricação e materiais 337**
Introdução 337
Adesão mecânica 337
    Resinas termoplásticas 337
    Resinas termofixas 338
    Adesivos elastoméricos 340
Adesão química 340
    Adesão por solvente 341
    Técnicas de aquecimento por fricção 343
    Técnicas de transferência de calor 345
Fixação mecânica 348
Montagem por fricção 348
    União por prensagem 348
    União por encaixe 349
    União por encolhimento 350
Pesquisa na internet 350
Vocabulário 351
Questões 351
Atividades 352

Capítulo 19   **Processos de decoração 357**
Introdução 357
Coloração 358

Pintura   358
   Pintura por spray   359
   Pintura eletrostática   359
   Pintura por imersão   359
   Pintura utilizando tela vazada   360
   Marcação por preenchimento   360
   Revestimento por rolo   360
Hot stamping   361
Galvanização   362
Gravação   363
Impressão   363
Decoração dentro do molde   364
Decoração por transferência de calor   365
Diversos outros métodos de decoração e acabamento   366
Pesquisa na internet   367
Vocabulário   367
Questões   368
Atividades   369

Capítulo 20 **Processos com uso de radiação   371**
Introdução   371
Métodos de radiação   371
Fontes de radiação   373
   Radiação ionizante   373
   Radiação não ionizante   374
   Segurança de radiação   374
Irradiação de polímeros   374
   Danos causados por radiação   374
   Melhorias por radiação   376
   Polimerização por radiação   377
   Enxerto por radiação   377
   Vantagens de radiação   378
   Aplicações   379
Pesquisa na internet   380
Vocabulário   380
Questões   381

Capítulo 21 **Considerações de projeto   383**
Introdução   383
   Análise de fluxo com o auxílio de computador   383

Protótipo rápido 384
Considerações de material 386
    Ambiente 387
    Características elétricas 387
    Características químicas 388
    Fatores mecânicos 388
    Economia 388
Considerações de projeto 389
    Aparência 389
    Limitações de projeto 391
Considerações de produção 393
    Processos de fabricação 394
    Encolhimento de material 394
    Tolerâncias 395
    Projeto de molde 395
    Teste de desempenho 404
Pesquisa na internet 407
Vocabulário 408
Questões 408

Capítulo 22   Ferramentas e fabricação de molde 411
Introdução 411
Planejamento 412
Ferramenta 412
    Custos de ferramenta 412
Processamento por máquina 417
    Erosão química 419
Pesquisa na internet 424
Vocabulário 425
Questões 425

Capítulo 23   Considerações comerciais 427
Introdução 427
Financiamento 427
Gerenciamento e pessoal 428
Moldagem de plástico 428
Equipamento auxiliar 430
Controle de temperatura de moldagem 432
Pneumáticos e hidráulicos 433
Cotação de preços 434

Terreno da fábrica 435
Despacho 435
Pesquisa na internet 435
Vocabulário 436
Questões 436

Apêndice A **Glossário** 439

Apêndice B **Abreviaturas para materiais selecionados** 455

Apêndice C **Nomes comerciais e fabricantes** 459

Apêndice D **Identificação de material** 477
Identificando plásticos 477
Métodos de identificação 477
    Nome comercial 477
    Aparência 477
    Efeitos do calor 478
    Efeitos de solventes 478
    Densidade relativa 483

Apêndice E **Termoplástico** 485
Plástico de poliacetal (POM) 485
Acrílico 487
    Poliacrilatos 490
    Poliacrilonitrila e polimetacrilonitrila 490
    Acrilonitrila-estireno-acrilonitrila (ASA) 490
    Acrilonitrila-butadieno-estireno (ABS) 490
    Acrilonitrila-polietileno clorado-estireno (ACS) 491
Celulósico 491
    Celulose regenerada 492
    Ésteres de celulose 493
    Nitrato de Celulose (CN) 493
    Acetato de celulose (CA) 493
    Butirato de acetato de celulose (CAB) 494
    Propionato de cetato de celulose 495
    Éteres de celulose 496
Poliéteres clorados 497

Plástico de cumarona-indeno 498
Fluoroplástico 498
   Politetrafluoroetileno (PTFE) 499
   Polifluoroetilenopropileno (PFEP ou FEP) 501
   Policlorotrifluoroetileno (PCTFE ou CTFE) 502
   Floureto de polivinila (PVF) 503
Fluoreto de polivinilideno (PVDF) 504
   Outros fluoroplásticos 505
Ionômeros 505
Plásticos de barreira de nitrila 508
Fenóxi 509
Polialômeros 509
Poliamidas (PA) 509
Policarbonatos (PC) 513
Polieteretercetona (PEEK) 515
Polieterimida (PEI) 515
Poliésteres termoplásticos 516
   Poliésteres saturados 516
   Poliésteres aromáticos 518
Poliimidas termoplásticas 518
   Poliamida-imida (PAI) 519
Polimetilpenteno 520
Poliolefinas: polietileno (PE) 522
   Polietileno de baixíssima densidade (VLDPE) 528
   Polietileno linear de baixa densidade (LLDPE) 528
   Polietileno de alta densidade de massa molecular (HMW-HDPE) 528
   Polietileno de ultra-alta massa molecular (UHMWPE) 528
   Ácido de Etileno 529
   Acrilato de Etileno-etila (EEA) 529
   Acrilato de Etileno-metila (EMA) 529
   Acetato de etileno-vinila (EVA) 529
Poliolefinas: polipropileno 529
Poliolefinas: polibutatileno (PB) 532
Óxidos de polifenileno 532
   Óxido de polifenileno (PPO) 533
   Éter polifenileno (PPE) 533
   Parilenos 533
   Sulfeto de polifenileno (PPS) 534
   Éteres poliarila 534
Poliestireno (PS) 534
   Estireno-acrilonitrila (SAN) 537

Estireno-acrilonitrila (olefina modificada) (OSA)   538
Plásticos de estireno-butadieno (SBP)   539
Estireno-anidrido maleico (SMA)   539
Polissulfonas   539
Poliarilsulfona   540
Polietersulfona (PES)   541
Polifenilsulfona (PPSO)   542
Polivinilas   542
Cloreto de Polivinila   544
Acetato de polivinila (PVAc)   545
Formal de polivinila   546
Álcool polivinílico (PVA)   546
Acetal de polivinila   546
Butiral de polivinila (PVB)   546
Dicloreto de polivinilideno (PVDC)   546

Apêndice F   **Plásticos termocurados**   549
Alcides   549
Alílicos   550
Plásticos amino   553
Ureia-Formaldeído (UF)   554
Melamina-formaldeído (MF)   557
Caseína   558
Epóxi (EP)   560
Furano   564
Fenólicos (PF)   564
Fenol-aralquila   566
Poliésteres insaturados   566
Poliimida termocurada   572
Poliuretano (PU)   573
Silicones (SI)   575

Apêndice G   **Tabelas úteis**   581

Apêndice H   **Fontes de pesquisa e bibliografia**   591
Fontes de pesquisa   591
Bibliografia   592

Índice   595

Prefácio

Uso pretendido
Esta obra cobre todos os aspectos da tecnologia de plástico industrial, bem como os principais processos de fabricação, servindo como fonte indispensável para aqueles indivíduos envolvidos nos programas de tecnologia de polímero ou de tecnologia de plástico em escolas de ensino médio, escolas técnicas e universidades. Focado na natureza, este livro também será útil a profissionais que desejem rever o básico e permanecer atualizado sobre a tecnologia mais recente na fabricação de plástico.

O livro
Apresentado em uma sequência lógica, *Plásticos industriais* edifica tópicos a partir de fundamento crescente – cobrindo tudo da história do plástico até o percurso de um negócio de sucesso:

- *O Capítulo 1* fornece uma introdução histórica aos plásticos.
- *O Capítulo 2* inclui atualizações extensivas no estado atual da indústria de plástico. Traçando o consumo nos Estados Unidos dos principais materiais de plástico, reciclagem, descarte e organizações significativas dentro da indústria.
- *O Capítulo 3* trata a química elementar de polímero. Ele apresenta o básico sobre a química de plástico e polímero em um contexto prático.
- *O Capítulo 4*, em saúde e segurança, reflete a organização das Fichas de Segurança de Material (MSDS – Material Safety Data Sheets (MSDS). A intenção deste capítulo, que foi atualizado para refletir os padrões atuais, é ajudar os estudantes a tornarem-se adeptos da leitura e entendimento da MSDS para plástico.
- *O Capítulo 5*, em estatística elementar, baseia-se em técnicas de gráficos em vez de teste de hipóteses.
- *O Capítulo 6*, em propriedades e testes, foi atualizado para mostrar as variedades atuais de equipamento de teste.
- *O Capítulo 7*, em ingredientes de plástico, inclui uma nova seção sobre monocompósitos.
- *O Capítulo 8*, em seleção de plástico para aplicações específicas, busca explicar as diferenças entre os vários graus de plásticos.
- *O Capítulo 9*, em maquinário e acabamento, trata os processos comuns para moldagem e polimento de produtos de plásticos.
- *O Capítulo 10*, em processos de moldagem, inclui uma nova seção sobre máquinas de moldagem por injeção elétrica e híbrida. Ele continua para esboçar o tratamento de segurança de moldagem por injeção.
- *O Capítulo 11*, em extrusão, agora inclui várias fotos recentes de equipamento de moldagem de sopro de multicamadas e de filme soprado.
- *O Capítulo 12*, em processos de laminação, aborda as camadas de plásticos, papel, fibras de vidro e metal.
- *O Capítulo 13*, em processos e materiais reforçados, inclui numerosos processos para criar uma matriz de reforços e plásticos fibrosos.
- *O Capítulo 14*, em processos e materiais de fundição, inclui várias novas fotografias de equipamento grande de moldagem rotacional.
- *O Capítulo 15*, em termoformagem, trata os principais métodos para formar materiais em folha com forças de vácuo, pressão e mecânicas.
- *O Capítulo 16*, em processos de expansão, aborda as técnicas para criar materiais espumosos. Ele inclui várias fotografias novas de gramado artificial.
- *O Capítulo 17*, em processos de revestimento, refere-se à aplicação de revestimentos em substratos plásticos e aplicação de plástico em substratos não poliméricos.

- *O Capítulo 18*, em fabricação, trata as técnicas tanto mecânicas quanto químicas.
- *O Capítulo 19*, em processos de decoração, inclui informações atualizadas sobre estampagem de folha quente, bem como outras técnicas de decoração.
- *O Capítulo 20*, em processos de radiação, trata o crescimento no uso do processamento por radiação.
- *O Capítulo 21*, em projeto, inclui uma nova seção em estereolitografia.
- *O Capítulo 22*, em ferramenta e fabricação de molde, cobre as principais técnicas de execução em máquina.
- *O Capítulo 23*, em considerações comerciais, fornece cobertura atualizada de equipamento auxiliar.
- *O Apêndice A*, o glossário, fornece definições de termos.
- *O Apêndice B*, em abreviaturas, inclui nomes genéricos ou químicos para uma lista de abreviaturas atualizada.
- *O Apêndice C*, em nomes comerciais, fornece os nomes comerciais, o nome correspondente dos plásticos e o fabricante.
- *O Apêndice D*, em identificação de material, oferece vários métodos para identificar plásticos desconhecidos.
- *O Apêndice E*, em termoplásticos, contém material extensivo e uma lista completa de termoplásticos.
- *O Apêndice F*, em termocurados, trata a maioria dos principais materiais termocurados.
- *O Apêndice G* fornece tabelas úteis mostrando conversões de várias unidades.
- *O Apêndice H* fornece contatos de muitas organizações e também uma bibliografia selecionada.

Esta edição de *Plásticos industriais* intensificará ainda mais a facilidade de uso e o aprofundamento de conteúdo.

Novo nesta edição

A última tecnologia

Esta edição de *Plásticos industriais: teoria e aplicações* fornece materiais atualizados em sites da internet em todos os capítulos, dados atuais da indústria de plásticos e tratamentos expandidos de tecnologias de engenharia, em particular, nanoplásticos, injeção de fluido, bioplásticos e protótipo rápido.

Pequisa na internet

Ao final de cada capítulo, há uma lista de sites relacionados aos temas do capítulo estudado. Essa lista guia os estudantes para encontrar mais informações em tópicos específicos. Cada site relacionado ao material encontrado no capítulo intensifica o aprendizado para o leitor. Muitas dessas empresas fornecem discussões extensivas de seus materiais, processos e produtos em seu site. Os sites mais elaborados também incluem apresentações de fotos, vídeo e áudio.

Outras características

Atividades de laboratório

Onde aplicável, as atividades de laboratório estão incluídas ao final do capítulo. A filosofia das atividades de laboratório é aquela de que as aplicações são essenciais para o total entendimento de muitos conceitos teóricos. As atividades contêm abordagens experimentais, mas também incluem sugestões para investigações adicionais. Espera-se que os estudantes e professores desenvolvam as atividades de laboratório com o equipamento e materiais que tiverem disponíveis.

*Os detalhes confidenciais e de propriedade destacados ou informação fornecida significam apenas um guia. Eles não devem ser tomados como uma licença para operar ou como uma recomendação para infringir quaisquer patentes.

Revisão de capítulo

Todos os capítulos fornecem uma lista de vocabulário e questões de revisão para os estudantes usarem como um guia de estudo e para testar seus conhecimentos de conceitos importantes.

Sobre o autor

Erik Lokensgard é professor na Eastern Michigan University na School of Engineerin Technology. Além de ensinar, exerce atividade na Detroit Section of the Society of Plastics Engineers e tem fornecido treinamento a várias empresas de plástico na área de Detroit.

Agradecimentos

O autor e a editora (da edição original) agradecem aos seguintes profissionais, cuja habilidade técnica e total revisão do manuscrito contribuíram para o desenvolvimento do livro revisado:

Dan Burklo, Northwest State Community College, Archibold, OH
Barry David, Milersville University, Millersville, PA
George Comber, Weber State University, Ogden, UT
David Meyer, Sinclair Community College, Dayton, OH
Matthew Meyer, Ashville-Buncombe Technical College, Ashville, NC
Dan Ralph, Hennepin Technical College, Brooklyn Park, MN
Mike Ryan, University of Buffalo, Buffalo, NY
Neil Thomas, Ivy Tech State College, Evansville, IN

Capítulo 1

Introdução histórica aos plásticos

Introdução

É bem difícil imaginar a vida sem os plásticos. Nas atividades diárias, contamos com artigos de plástico, como jarras de leite, óculos, telefones, produtos de náilon, automóveis e fitas de vídeo ou DVD. Contudo, pouco mais de cem anos atrás, os plásticos atualmente conhecidos, de uso corriqueiro, não existiam. Muito antes do desenvolvimento de plásticos comerciais, os poucos materiais conhecidos exibiam características únicas. Embora fossem fortes, translúcidos, leves e moldáveis, apenas algumas substâncias combinavam essas qualidades. Atualmente, estes materiais são chamados **plásticos naturais** e são o ponto de partida para uma breve história dos materiais plásticos.

Este capítulo tem informações sobre as vantagens dos primeiros plásticos e as dificuldades encontradas durante a sua fabricação. Os materiais e processos modernos serão inseridos em um contexto histórico e, também, será demonstrada a forte influência dos pioneiros da indústria de plásticos. Os temas incluídos são listados a seguir:

I. Plásticos naturais
   A. Materiais córneos
   B. Goma-laca
   C. Guta-percha
II. Primeiros materiais naturais modificados
   A. Borracha
   B. Celuloide
III. Primeiros plásticos sintéticos
IV. Plásticos sintéticos comerciais

Plásticos naturais

O ponto de partida para esta seção é na Inglaterra Medieval, época na qual os sobrenomes ingleses indicavam profissões. Ainda hoje, algumas destas profissões são reconhecidas. Referências ocupacionais para nomes como Smith, Baker, Carpenter, Weaver, Taylor, Cartwright, Barber, Farmer e Hunter são óbvios. As origens ocupacionais de outros nomes, tais como Fuller, Tucker, Cooper e Horner[1] são menos familiares.

> Little Jack Horner
> Sat in a corner
> Eating his Christmas pie;
> He put in his thumb
> And pulled out a plum,
> And said, "What a good boy am I."[2]

Esta rima indica que Jack não era um rapaz pobre ou faminto e que também não tinha de compartilhar seu bolo de Natal com os outros membros de sua família. Ele degustou seu confeito especial sozinho. Aparentemente, o pai de Jack tinha uma boa renda. Em que trabalhava o pai de Jack, ou talvez seu avô? Ele era um "artesão de materiais

---

[1] Smith (ferreiro), Baker (padeiro), Carpenter (carpinteiro), Weaver (tecelão), Taylor (alfaiate), Cartwright (carpinteiro de carroças), Barber (barbeiro), Farmer (fazendeiro) e Hunter (caçador), Fuller (operador de pisão), Tucker (pregueador), Cooper (tanoeiro) e Horner (artesão de materiais córneos). (NT)
[2] Um pequeno poema tradicional que pode ser traduzido, mas perdendo a rima original: "O pequeno Jack Horner / Sentou-se em um canto / Comendo seu bolo de Natal; Enfiou o seu dedão / E tirou uma ameixa, / E disse: "Que bom menino sou eu". (NT)

córneos" (ou do inglês, "horner") – um homem que fazia pequenos itens de chifres, cascos e, ocasionalmente, a partir de carapaças de tartaruga.

A reação típica ao trabalho com materiais córneos era de rejeição, por ser estranho, enfadonho ou repugnante. O ofício deste artesão era malcheiroso e, muitas vezes, desagradável. Atualmente, peças feitas com estes materiais só podem ser encontradas em museus voltados para a história dos ofícios. No entanto, esse trabalho não foi sem importância com relação à indústria de plásticos. As propriedades únicas destes materiais estimularam a procura por substitutos. A busca por materiais córneos sintéticos levou à produção dos primeiros plásticos e o início da moderna indústria de plásticos.

Materiais córneos

Colheres, pentes e lamparinas eram produtos comuns confeccionados por artesãos de materiais córneos na Inglaterra e na Europa durante a Idade Média. Colheres de chifre eram fortes e leves, não oxidavam, não eram corroídas, nem proporcionavam um sabor desagradável aos alimentos. Pentes de chifres eram flexíveis, lisos, brilhantes e muitas vezes decorativos. Como visto na Figura 1-1, as lamparinas exploravam a qualidade translúcida destes materiais. Elas também podiam ser curvadas sem se quebrar e resistiam a impactos leves. Nenhum outro material fornecia essa combinação de propriedades.

A confecção de objetos úteis a partir de polímeros naturais não começou na Idade Média. Um dos usos mais antigos conhecidos dos materiais córneos data dos tempos dos faraós do Egito. Há cerca de 2.000 anos A.C., antigos artesãos egípcios confeccionavam enfeites e utensílios para os alimentos, amolecendo carapaças de tartaruga em óleo quente. Quando o casco tornava-se suficientemente flexível, era moldado na forma desejada. Eles aparavam todas as sobras grosseiras, raspavam, lixavam e, finalmente, os poliam com pó fino até obter um alto brilho.

O antepassado de Little Jack Horner trabalhou de forma semelhante à dos antigos egípcios. Ele amolecia pedaços de chifre de boi fervendo-os em água ou mergulhando-os em soluções alcalinas e os moldava em peças planas. Alguns chifres eram desbastados ao longo das linhas de crescimento, obtendo-se lâminas finas. Quando havia necessidade de peças mais espessas, várias lâminas mais finas eram fundidas. Assim que chegassem à espessura desejada, os pedaços de chifre eram comprimidos em moldes para criar uma forma útil. Algumas vezes, os artesãos tingiam as peças para fazê-las parecerem um caro casco de tartaruga.

Dois itens são particularmente importantes para esta história porque utilizam diferentes técnicas: pentes e botões.

Figura 1-1 – Esta lamparina mostra as janelas de material córneo. (Foto das Coleções do Museu Henry Ford e Greenfield Village)

Figura 1-2 – Este pente de casco de tartaruga bem preservado mostra somente um dente quebrado. (Foto das Coleções do Museu Henry Ford e Greenfield Village)

Pentes. Alguns artesãos ingleses de materiais córneos emigraram para as colônias americanas e lá estabeleceram seus pequenos negócios. Em torno de 1760, aqueles que trabalhavam com materiais córneos já estavam bem estabelecidos em Massachusetts. A cidade de Leominster, em Massachusetts, tornou-se um centro de negócios com pentes e assim ganhou o nome de *comb city*, ou cidade dos pentes.

Nas fábricas de pentes, artesãos serravam os chifres em pedaços achatados no tamanho desejado, faziam os dentes utilizando serras finas, suavizavam as arestas, coloriam e poliam os pentes. A última operação era chamada de flexão (ou *bending*). Uma fôrma de madeira era usada para moldar o pente amolecido, imprimindo-lhe uma curvatura que era mantida após o resfriamento.

A Figura 1-2 mostra uma fotografia de um pente feito de casco de tartaruga. Observe que vários dentes estão ligeiramente arqueados. Mesmo nos pentes mais cuidadosamente confeccionados, os dentes finos se quebravam com facilidade. Observe também que o pente é, em geral, uniforme na seção transversal. Normalmente, os pentes não eram estampados em relevo com motivos artísticos, porque cascos e chifres não são materiais que fluem com facilidade.

Embora os produtores de pentes, em Massachusetts, desenvolvessem máquinas para mecanizar a produção, não conseguiam estabelecer uma produção estável. Isso não era culpa das máquinas, mas sim do material. Os grampos de fixação e os movimentos de corte exigiam peças de trabalho mais planas e uniformes. Com relação ao tamanho e à flexibilidade, os materiais córneos não eram nem planos nem uniformes.

A falta de consistência dimensional, baixa "capacidade de fluxo" e o inerente desperdício provocado pela forma dos materiais córneos levaram os fabricantes de pentes a buscar substitutos.

Botões. Os fabricantes de botões de materiais córneos enfrentaram uma série de distintos problemas. Botões achatados eram moldados a partir de pedaços de chifre, recortados em esboços predimensionados e, em seguida, prensados em moldes aquecidos. No entanto, os clientes também queriam botões decorativos como complementos para as roupas finas. Botões de marfim feitos à mão estavam disponíveis há séculos, mas eram caros e de um só tipo. Com a finalidade de fazer gravações e motivos em relevo, o material de moldagem tinha de fluir facilmente no molde. Para conseguir isso, os artesãos desenvolveram pós de material córneo moído para moldagem. Os botões de material córneo consistiam quase sempre em cascos de vaca moídos e coloridos com uma solução aquosa. O pó desse material era derramado em moldes e comprimido, ou derramado no interior de lâminas. As lâminas eram cortadas em moldes vazados com ferramentas similares aos tradicionais pequenos cortadores de biscoito. Os materiais contidos nestes espaços vazados eram então compactados em um molde para obter superfícies tridimensionais. A Figura 1-3 mostra dois botões de material córneo – um com relevo proeminente.

Os botões exigiam, ao contrário, propriedades físicas não fornecidas pelo material. Eles eram muito espessos e fortes, mas sem dentes frágeis. O desejo de obter alternativas veio do trabalho real com os materiais córneos. O trabalho de retirar a massa de tecido e limpar a membrana viscosa do interior do chifre era sujo e acompanhado por fortes odores de chifres fervidos. Quando a goma-laca tornou-se disponível, os artesãos de materiais córneos cuidadosamente avaliaram suas qualidades.

Goma-laca

Em torno de 1290, quando Marco Polo retornou à Europa de suas viagens pela Ásia, trouxe a goma-laca. Ele encontrou a goma-laca na Índia, onde as pessoas já a utilizavam a séculos. Eles haviam descoberto as propriedades únicas de um polímero natural proveniente de insetos, e não de chifres de vaca.

O polímero é produzido por um pequeno inseto rastejante chamado **lac**, nativo da Índia e sudeste da

Figura 1-3 – Estes botões negros de material córneo mostram a possibilidade de se criar um relevo tridimensional com componentes de moldagem córneos. (Foto da Coleção de Evelyn Gibbons)

Ásia. A fêmea insere seu ferrão, semelhante a uma tromba em um galho ou pequeno ramo de uma árvore. Ela vive da seiva elaborada da planta hospedeira e exsuda um líquido espesso, que seca lentamente. Quando o depósito de líquido endurecido cresce, o inseto fica imobilizado. Após o macho fertilizar a fêmea, ela aumenta as excreções de suco e é totalmente coberta. No interior deste depósito, ela coloca centenas de ovos e finalmente morre. Quando os ovos eclodem, os insetos jovens comem sua cobertura e saem para repetir o ciclo.

A excreção endurecida tem propriedades únicas. Quando limpa, dissolvida em álcool e aplicada a uma superfície, gera um revestimento brilhante, quase transparente. O nome **shellac** (**goma-laca**) é descritivo porque vem de *shell* (do inglês, casco ou cobertura) e de *lac*. Além de ser usada como camada protetora para móveis e pisos, a goma-laca sólida era moldável.

Sob calor e pressão a goma-laca pode fluir nas reentrâncias de moldes intrincados e detalhados. Como a goma-laca pura é fraca e frágil, foram desenvolvidos compostos contendo várias fibras para dar aos objetos moldados um pouco de resistência. Um dos primeiros produtos feitos de goma-laca moldada foi o estojo daguerreótipo,[3] mostrado na Figura 1-4. Sua manufatura nos Estados Unidos iniciou-se em 1852.

Figura 1-4 – Este estojo daguerreótipo, moldado em torno de 1855, contém goma-laca e pó de madeira. O detalhe é notável.

Além destes casos, a goma-laca era moldada em botões, teclas e isolantes elétricos. Em torno de 1870, o negócio de moldagem de goma-laca já estava bem estabelecido. Na época em que os discos fonográficos eram feitos de goma-laca, as empresas ganharam um grande impulso. Materiais moldados em goma-laca podiam reproduzir com precisão os intrincados detalhes necessários para a reprodução do som. Peças moldadas em goma-laca mantiveram um nicho na crescente indústria dos plásticos até os anos 1930, quando os plásticos sintéticos finalmente superaram suas qualidades.

Vários aspectos indesejáveis contrabalançavam as características desejáveis deste material. A quantidade e a qualidade da safra lac eram afetadas por insetos predadores, chuvas insuficientes, variações de temperatura, ventos quentes e as regiões geográficas da Índia. Na seca, os agricultores colhiam os ramos hospedeiros dos insetos lac vivos e seus ovos. Eles armazenavam a ninhada lac em covas e mantinham os gravetos e ramos molhados com água fria. Caso não fosse dada continuidade a esta tarefa pesada, o resultado seria a morte dos reprodutores lac.

Em condições normais, os agricultores coletavam os galhos incrustados de goma-laca após a larva deixar o abrigo. Em seguida, o resíduo endurecido era raspado e limpo. A limpeza não era um processo simples, por causa da areia, sujeira, insetos lac mortos, folhas e fibras de madeira.

Mesmo quando a goma-laca estava pronta para ser utilizada como revestimento ou pó de moldagem, os problemas persistiam. O maior era a absorção de umidade. Quando um objeto moldado ou revestimento de goma-laca fica úmido, absorve água. Quando imerso em água por 48 horas, o material absorve até 20% de água e apresenta uma coloração esbranquiçada. Móveis antigos apresentavam manchas de umidade circulares resultante da condensação de água gelada nos recipientes sobre eles depositados. A goma-laca também absorve umidade da atmosfera. Em ambientes com grande umidade, absorve-se água suficiente para esbranquiçar os acabamentos em goma-laca. A absorção de umidade pode provocar fissuras nos objetos moldados. Mesmo formas estáveis, tais como botões, rachavam em razão da absorção de umidade.

A cor da goma-laca não era consistente. As cores mais comuns – amarelo e laranja – dependiam do tipo de árvore infestada pelo lac. Para obter goma-laca

---

[3] Aparelho fotográfico primitivo, inventado por Daguerre. (NT)

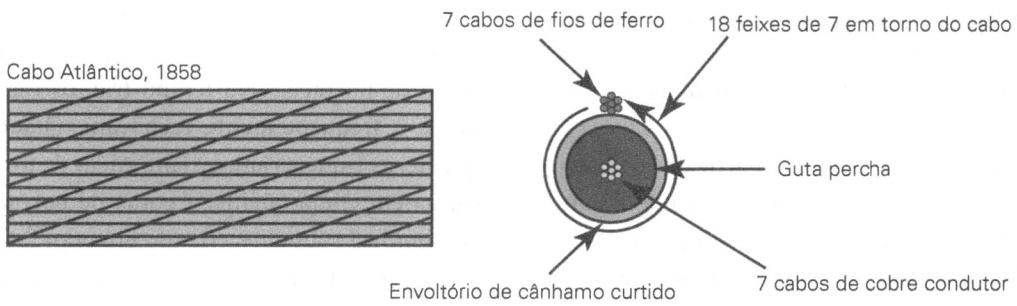

Figura 1-5 – O primeiro cabo transatlântico tinha um diâmetro global de 0,62 polegada e continha 1 libra de guta percha por todos os 23 pés de cabo. A quantidade de guta percha usada para o cabo inteiro foi acima de 260 toneladas.

branca, alvejantes com cloro eram usados para clarear a cor natural. No entanto, o processo de branqueamento também afetava sua solubilidade em álcool. A goma-laca branqueada frequentemente coalescia em uma goma, uma massa inútil.

Outro problema era o envelhecimento. Acabamentos e objetos moldados de goma-laca escureciam com o tempo. A goma-laca velha tornava-se insolúvel em álcool. A goma-laca acabada quando armazenada em latas de aço também absorvia o ferro, o que a tornava cinza ou preta.

Estes problemas levaram os fabricantes a buscar alternativas. Novos plásticos começaram a substituir goma-laca durante os anos 1920 e 1930. Em resposta, os produtores de goma-laca tentaram melhorar as suas qualidades. Como a goma-laca continha vários polímeros, eles esperavam separar a fração de interesse por destilação fracionada. No entanto, esse esforço não produziu um material que pudesse resistir à concorrência dos plásticos sintéticos.

Guta-percha

A **Guta-percha** é um polímero natural com propriedades notáveis. É produzida pelas árvores indígenas *Palaquium gutta* da península malaia. Em 1843, William Montgomerie informou que, na Malásia, a guta-percha era usada para fazer cabos de facas. O material era amolecido em água quente e comprimido manualmente na forma desejada. Seu relatório despertou o interesse no material e levou à formação da Guta Percha Company, que permaneceu ativa até 1930. Esta empresa manufaturava itens moldados.

As características da guta-percha são incomuns. Em temperatura ambiente, é um sólido. Pode-se mordê-la, mas não se quebra facilmente. Quando aquecida, pode ser esticada em longas tiras que não vão ricochetear como a borracha. A guta-percha é altamente inerte e resiste à vulcanização. Sua resistência ao ataque químico a torna um excelente isolante para fios e cabos elétricos. Quando longas tiras de guta-percha são enroladas em torno de um fio, o cabo resultante é flexível, impermeável e imune a ataques químicos.

O primeiro cabo telegráfico submarino atravessava o Canal Inglês de Dover para Calais. Seu sucesso deveu-se ao isolamento da guta-percha. Nos Estados Unidos, a Morse Telegraph Company instalou um cabo isolado com guta-percha cruzando o rio Hudson, em 1849. A guta-percha também protegeu o primeiro cabo transatlântico instalado em 1866. A Figura 1-5 mostra a utilização da guta-percha no primeiro cabo transatlântico.

Assim como outros materiais naturais, a guta-percha era inconsistente. A contaminação criava pontos no isolamento que eram de baixa resistência à eletricidade. Estes pontos eventualmente perdiam a capacidade de isolar, o que levava a um curto-circuito. Apesar desses problemas, ela permaneceu insuperável como isolante até o desenvolvimento de plásticos sintéticos nas décadas de 1920 e 1930. Só então a guta-percha tornou-se menos importante em aplicações elétricas.

Primeiros materiais naturais modificados

Era difícil coletar, armazenar ou purificar plásticos naturais. A utilização desses materiais em processos de fabricação era difícil. Qualquer material que tivesse potencial como um substituto para os materiais córneos e a goma-laca recebia atenção. Muitos materiais foram fracassos completos. Outros não eram úteis em sua condição natural, mas tornaram-se úteis quando modificados quimicamente.

A **caseína**, um material feito a partir de coalhada de leite, parecia ter algum valor como material córneo artificial. Coalhada seca de leite era pulverizada e plastificada com água. A massa resultante era moldada em diversas formas. Esta ideia não funcionou porque os itens moldados dissolviam-se quando molhados. A caseína permaneceu como um rival sem importância aos materiais córneos até 1897. Naquele ano, um gráfico alemão, Adolf Spitteler, aprendeu a endurecer a massa de caseína com formaldeído. A caseína endurecida foi chamada **galalite**, que significa "pedra de leite". Era um plástico moldável utilizado para confecção de botões, cabos de guarda-chuva e outros itens pequenos.

A galalite é importante porque representa um grupo de materiais que se originam na natureza e se tornam úteis para a manufatura apenas após a modificação química. Um dos materiais mais antigos e importantes nesta categoria é a borracha.

Borracha

A **borracha natural**, também chamada de **goma de borracha**, é um látex natural. É encontrada na seiva ou suco de muitas plantas e árvores. O suco branco pegajoso de algumas plantas é rico em látex. Várias árvores também produzem látex natural em grandes quantidades. Por exemplo, a seringueira (*Hevea brasiliensis*), uma prolífica produtora de látex, era cultivada em grandes plantações na Índia.

Comparada à guta-percha, a borracha natural tinha pequena importância industrial, pois era extremamente sensível à temperatura. Quando o tempo está quente, ela se torna muito macia quando a temperatura ambiente é baixa ou fria, torna-se rígida. Um dos primeiros usos da goma de borracha foi para confeccionar tecidos impermeáveis.

Em 1823, Charles Mackintosh requereu uma patente para um tecido impermeável. Ao pressionar uma camada de borracha entre duas camadas de tecido, ele resolveu um problema. Ocorre que, em temperaturas confortáveis, a goma de borracha torna-se pegajosa. No entanto, quando a borracha é colocada entre duas camadas de tecido, evita-se a sensação pegajosa. Alguns casacos impermeáveis, chamados *Mackintoshes*, foram fabricados, mas tinham todos os problemas da goma de borracha. No tempo frio, os casacos eram duros e frequentemente rachavam. Quando estava quente, as jaquetas amoleciam. Além de tornar-se pegajosa em clima quente, a goma de borracha se decompunha facilmente, criando um odor forte e fétido.

Em 1839, Charles Goodyear descobriu que, ao misturar enxofre em pó à borracha, suas características melhoravam muito. Sua descoberta não aconteceu tão facilmente. Goodyear passou anos tentando modificar a goma de borracha. Tentou misturá-la com tinta, óleo de rícino, sopa e até mesmo com queijo cremoso. Ele finalmente misturou a goma de borracha com enxofre em pó e aqueceu a mistura. A borracha resultante tornou-se mais forte, mais resistente, menos sensível à temperatura e mais flexível que anteriormente. Ele tinha aprendido como **vulcanizar** a goma de borracha. Misturar pequenas quantidades de enxofre produzia uma borracha flexível. Grandes quantidades de enxofre – até 50% – produziram a **ebonite**, uma borracha tão dura que poderia quebrar como vidro.

Em 1844, Goodyear recebeu uma patente americana para a sua descoberta. Ele esperava que uma grande exposição na London Exhibition, de 1851, o colocaria na estrada da riqueza. Goodyear empregou esforços consideráveis para a sua exposição, a qual foi chamada *Vulcanite Court*. Suas paredes, telhado e móveis eram feitos de borracha. Sua exposição incluía pentes, botões, bengalas e cabos de facas moldados de borracha dura. Seus produtos de borracha flexível consistiam em grandes balões de borracha e um bote de borracha. Goodyear também montou uma exposição na Paris Exposition, de 1855, na qual apresentou os cabos elétricos isolados com borracha dura, brinquedos, equipamentos esportivos, placas dentárias, aparelhos de telégrafo e canetas-tinteiro.

Estas exposições convenceram muitas pessoas de que a borracha vulcanizada tinha imenso potencial comercial. No entanto, antes que Goodyear pudesse enriquecer com sua ideia, faleceu em 1860. Ele não viveu para ver a ascensão da indústria da borracha, que se tornou importante durante a Guerra Civil. Durante esse período, o Exército da União comprou produtos de borracha no valor de US$ 27 milhões. A Companhia Goodyear entrou na vanguarda da nova indústria da borracha.

Os artesãos de materiais córneos estavam particularmente interessados na borracha dura como um substituto para seus materiais. Na Inglaterra, os fabricantes de pente adquiriram toneladas de borracha dura, para substituir os chifres e o casco de tartaruga, pois reduzia os resíduos.

Embora a borracha gerasse menos desperdício, ela não tinha a vantagem da aparência. O material altamente carregado de enxofre era geralmente preto ou marrom escuro. A borracha não poderia substituir os muitos produtos de chifre que imitavam casco de tartaruga ou marfim. Esta limitação na aparência impediu que a ebonite suplantasse estes materiais.

A borracha vulcanizada foi um dos primeiros polímeros naturais modificados. Sem a vulcanização a goma de borracha seria de utilidade limitada. A borracha vulcanizada podia ser flexível e rígida, o que a tornou um importante material industrial.

Celuloide

Para produzir o celuloide, a celulose, sob a forma de fios de algodão, sofre uma série de modificações químicas. Uma modificação foi à conversão de algodão em **nitrocelulose**. Em 1846, um químico suíço, C.F. Schönbein, descobriu que uma combinação de ácido nítrico e ácido sulfúrico transformava algodão em um explosivo de alta potência. A nitrocelulose explosiva é altamente nitrada. A celulose moderadamente nitrada não é explosiva, mas é útil de outras maneiras.

A celulose moderadamente nitrada é chamada **piroxilina**, um material que se dissolve em vários solventes orgânicos. Quando aplicado a uma superfície, os solventes evaporam permitindo a formação de um filme fino e transparente. Este filme foi nomeado **colódio**. O colódio tem grande emprego como um veículo para materiais fotossensíveis; aqueles familiarizados com os processos fotográficos comuns nas décadas de 1850 e 1860 tiveram contato com colódio seco. Após a secagem de uma espessa camada de colódio, o material resultante era duro, resistente à água, um pouco elástico e muito semelhante aos materiais córneos.

Alexander Parkes, um empresário britânico, decidiu focar seus esforços na transformação do colódio em um material industrial. Parkes vivia em Birmingham, na Inglaterra, e tinha considerável experiência em trabalhar com polímeros naturais. Havia trabalhado com a goma de borracha, guta-percha e, também, tratado quimicamente a goma de borracha, assim como entendia das qualidades de plásticos naturais e suas limitações. Em 1862, anunciou um novo material, que chamou **parkesine**.

Parkes alegou que o parkesine é uma substância "que compartilha grande parte das propriedades do marfim, carapaça de tartaruga, chifre, madeira, borracha da Índia, guta-percha etc., e que vai [...] em grande escala, substituir esses materiais [...]". Em 1866, fundou uma empresa que venderia o seu novo material, mas suas expectativas não corresponderam à realidade. Ao misturar a piroxilina a vários óleos viscosos, foram usados diversos solventes. Quando o solvente evaporava, o novo plástico encolhia excessivamente. Os pentes ficavam tão deformados e distorcidos que se tornavam inúteis. Parkes não obteve a demanda esperada para comprar seu material, e assim sua empresa faliu em dois anos.

A falha de Parkes não diminuiu os esforços de outros em converter colódio endurecido em um material industrial. Um americano, John W. Hyatt, também dedicou atenção ao problema. Em 1863, ofereceu uma recompensa de US$ 10 mil para quem encontrasse um substituto para as bolas de bilhar de marfim. Hyatt fez algumas bolas de bilhar em goma-laca e polpa de madeira, semelhante ao material utilizado nos estojos daguerreótipos. No entanto, estes substitutos eram pobres porque não tinham a elasticidade do marfim.

Hyatt então teve a ideia de criar um material sólido de piroxilina. Em 1870, recebeu a patente do processo de fabricação de um novo material que chamou de **celuloide**. Ele misturou piroxilina em pó com goma de cânfora pulverizada. Hyatt umedeceu a mistura para dispersar o pó uniformemente, e, para remover a água, pressionou a mistura com papel absorvente. O material, neste ponto um bloco frágil, era colocado em um molde, aquecido e prensado. O processo resultou em um bloco de material que era totalmente uniforme. Este bloco podia ser usado como um composto de moldagem, mas normalmente era cortado em folhas que necessitavam de secagem para remover a água residual. A Figura 1-6 mostra o corte de um grande bloco de celuloide em folhas.

John e seu irmão, Isaiah S. Hyatt, fundaram algumas empresas para usar seu novo material. A primeira foi a Albany Dental Plate Company, fundada em 1870. Em seguida, formaram a Albany Billiard Ball Company. Em ambas, as aplicações selecionadas para o celuloide foram incorretas. As dentaduras não foram uma boa escolha por causa do gosto de cânfora. Algumas dentaduras amoleciam, deformavam ou lascavam. Estas dentaduras não eram tão boas quanto as feitas com borracha dura e assim nunca chegaram a competir seriamente neste mercado. As bolas de bilhar de celuloide, na Figura 1-7, tiveram os mesmos problemas que as bolas de goma-laca. A empresa de Hyatt abandonou as dentaduras e as bolas de bilhar e focalizou esforços nos produtos de materiais córneos.

O celuloide era um substituto muito bom para os materiais córneos. Facilmente imitava o marfim, o casco de tartaruga e o chifre. O celuloide se tornou um sucesso comercial, e a Celluloid Manufacturing Company trouxe lucros substanciais para os Hyatts. Em 1874, pentes e espelhos de celuloide já estavam disponíveis. Entre 1890 e 1910, os fabricantes de pentes em Leominster, Massachusetts, mudaram quase totalmente para o celuloide. A Figura 1-8 mostra alguns destes produtos.

Em vez de tentar monopolizar a fabricação de celuloide, os Hyatts licenciaram uma série de empresas para usar seus materiais. Entre 1873 e 1880, iniciaram uma sociedade com a Celluloid Harness Trimming Company (adornos de arreios), a Celluloid Novelty Company (inovação com celuloide), a Celluloid Waterproof Cuff and Collar Company (abotoaduras e colarinhos), a Celluloid Fancy Goods Company (artigos de fantasia), a Celluloid Pianos Key Company (teclas de piano) e a Celluloid Surgical Instrument Company (instrumentos cirúrgicos). Como esta lista indica, produtos de celuloide eram geralmente pequenos itens relacionados a vestuário ou inovação.

Todavia, o celuloide não era adequado para a maioria das aplicações industriais. Um exemplo de seu fracasso no mercado de materiais de engenharia foi o vidro de segurança. Camadas de celuloide eram colocadas entre duas peças de vidro para fazer vidros de segurança para automóveis. O problema era que a exposição à luz solar provocava o amarelamento e a deterioração. O celuloide realmente atendeu às necessidades de uma aplicação importante que nunca poderia ter sido preenchida pelo marfim, casco de tartaruga, chifre ou pela borracha rígida – ele foi usado para filme fotográfico.

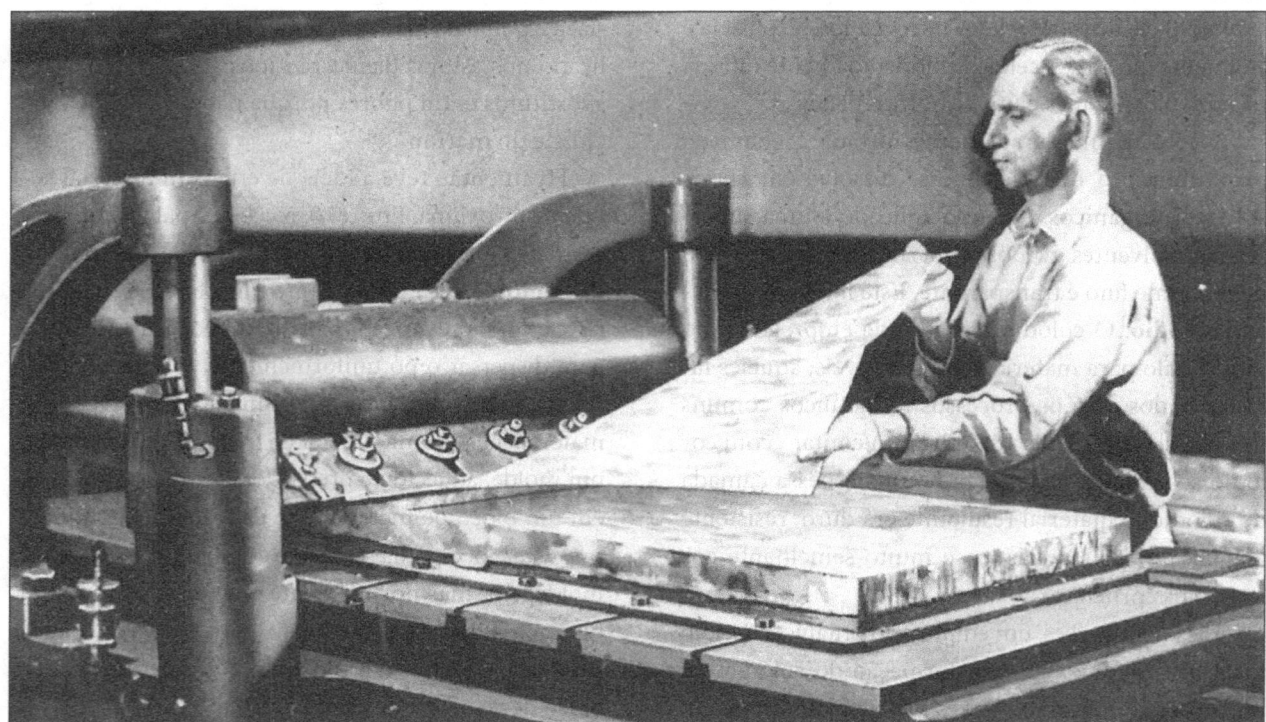

Figura 1-6 – Esta máquina fatia folhas de celuloide a partir de blocos de grandes dimensões. O bloco mostrado contém pontos de várias cores para fazer o celuloide parecer com o casco de tartaruga. (Solutia, Inc.)

Antes de 1895, os filmes rodados no cinema registrados em rolo de celuloide já estavam disponíveis para algumas plateias. O celuloide tornou possíveis os primeiros filmes mudos e as primeiras personalidades famosas do celuloide. O maior problema com a película de celuloide era a inflamabilidade. Arcos de carbono forneciam a luz para a projeção, mas, quando os filmes emperravam no projetor, o calor intenso provocava a ignição do filme. Centenas de pessoas perderam suas vidas em desastrosos incêndios de teatro. No entanto, essas mortes não limitaram o uso de celuloide para o cinema. Nenhum outro material poderia desempenhar este papel como o celuloide. O sistema de filme seguro foi inventado somente na década de 1930, o qual consistia em um suporte fotográfico acessível, eliminando o perigo de incêndio.

O consumo de celuloide aumentou até meados da década de 1920. Ele não era moldado facilmente e era utilizado principalmente como material de fabricação. Portanto, as moldagens de plástico continuaram a ser dominadas pela goma-laca. A partir dos anos 1920, polímeros sintéticos mais robustos assumiram as aplicações do celuloide. Bolas de tênis de mesa são um dos poucos produtos remanescentes feitos de celuloide.

Primeiros plásticos sintéticos

O Dr. Leo H. Baekeland era um químico pesquisador que procurava por um substituto para a goma-laca e o verniz. Em junho de 1907, quando trabalhava com a reação química do fenol e formaldeído, descobriu um material plástico que nomeou **baquelite**. O fenol e o formaldeído vieram de empresas químicas, e não da natureza. Isso marcou a grande diferença entre a baquelite e plásticos naturais modificados.

Em seu caderno, Baekeland escreveu que, com algumas melhorias, seu material poderia ser "um substituto para o celuloide e a borracha dura". Em 1909, relatou sua descoberta para a seção de Nova York da American Chemical Society. Ele alegou que a baquelite produzia excelentes bolas de bilhar, pois a sua elasticidade era muito semelhante à do marfim.

A empresa General Bakelite Company foi criada em 1911. O uso da baquelite cresceu rapidamente. Em contraste com o celuloide, ela encontrou aplicações para além da área de inovações e vestuário de moda. Outras empresas começaram a produção de **compostos fenólicos**, plásticos muito semelhantes à baquelite. Em 1912, a Albany Billiard Ball Company, uma empresa fundada por J. W. Hyatt, adotou a baquelite para bolas de bilhar. Em 1914, a Western Electric começou a usar resinas fenólicas para o auscultador do telefone. Naquele mesmo ano, as câmeras Kodak usaram compostos fenólicos para terminais de painéis.

Em 1916, a Delco começou a usar compostos fenólicos para o isolamento moldado em sistemas elétricos. Em 1918, resinas fenólicas moldadas surgiram em dezenas de peças automotivas. Durante a Primeira Guerra Mundial, aviões e sistemas de co-

Figura 1-7 – A bola de bilhar de Hyatt, um dos primeiros produtos de celuloide. (Ticona, comércio de polímeros técnicos da Celanese AG)

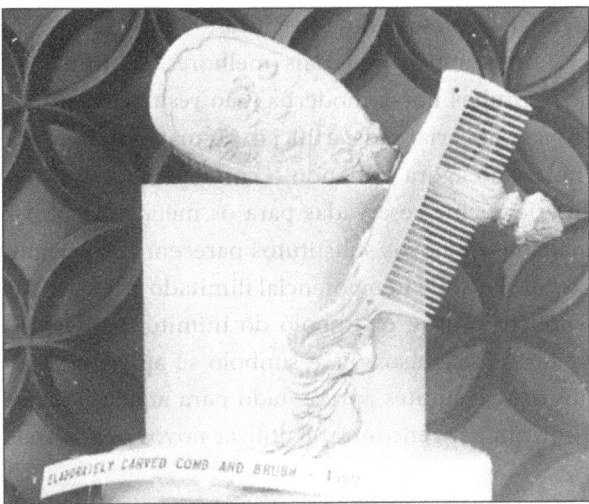

Figura 1-8 – Um pente e uma escova produzidos com celuloide em 1880. (Ticona, comércio de polímeros técnicos da Celanese AG)

municação progressivamente utilizaram partes moldadas com compostos fenólicos. Estes compostos não são obsoletos. Em 1991, a indústria de plásticos dos Estados Unidos usou 165 milhões de libras de compostos fenólicos.

Com a baquelite, uma nova era começou para os plásticos. Anteriormente, os plásticos eram ou naturais ou modificações químicas dos materiais naturais. A produção de baquelite provou que era possível fazer em um laboratório ou fábrica o que os insetos lac e seringueiras faziam na natureza. Na verdade, as condições controladas de uma fábrica permitiram a produção de materiais mais puros e uniformes do que aqueles produzidos por árvores, insetos ou chifres.

Plásticos sintéticos comerciais

A baquelite foi a primeira de uma longa e contínua linha de novos plásticos. Os pioneiros no desenvolvimento dos primeiros plásticos sintéticos comerciais se confrontaram com dois problemas básicos – um teórico e um prático. O problema teórico foi que eles não tinham uma compreensão clara da natureza química e estrutural dos plásticos. Essa confusão continuou até 1924, quando Herman Staudinger afirmou que os polímeros eram longas moléculas lineares constituídas por várias pequenas unidades mantidas unidas por ligações químicas. Essa ideia serviu de ponto de partida para o desenvolvimento de muitos plásticos. O problema prático envolvia a pureza dos produtos químicos exigida para reações químicas sustentadas na fabricação de plásticos. Depois de muitas tentativas frustradas, os químicos entenderam que as exigências de pureza em muito excediam as suas expectativas. Consequentemente, o polímero de grau químico tornou-se sinônimo do mais alto grau de pureza disponível no mercado.

Durante a década de 1930, as soluções para esses dois problemas tornaram-se bastante claras. As necessidades da Segunda Guerra Mundial também contribuíram para um aumento abrupto no desenvolvimento de novos plásticos. A Tabela 1-1 fornece uma cronologia parcial do crescimento dos plásticos. O período entre 1935 e 1945 destaca-se porque muitos dos materiais desenvolvidos na época receberam ampla utilização e hoje continuam a ser os principais materiais industriais. Detalhes sobre muitos dos materiais desta lista estão disponíveis nos Apêndices E e F.

Resumo

Durante séculos, os plásticos naturais combinaram baixo peso, resistência, resistência à água, translucidez e moldabilidade. Seu potencial era óbvio, mas os materiais eram difíceis de coletar ou estavam disponíveis apenas em volumes ou tamanhos limitados. Em todo o mundo as pessoas tentaram melhorar os plásticos naturais ou encontrar substitutos.

A fabricação de plásticos naturais modificados convertia as matérias-primas naturais, como fios de algodão ou goma de borracha, em novas e melhores formas. O celuloide tinha muitas qualidades que superavam os materiais córneos. No entanto, materiais modificados ainda dependiam de fontes naturais como o seu ingrediente principal. Até o desenvolvimento de baquelite, não era possível criar em uma fábrica um material que rivalizasse com a natureza. A baquelite abriu as portas para o desenvolvimento de uma série de polímeros sintéticos adaptados para atender a necessidades específicas.

A busca por materiais melhores continua até hoje. Muitas fibras modernas são resultado de tentativas para criar seda artificial. Os materiais compósitos estão agora tomando o controle de aplicações anteriormente reservadas para os metais. As possibilidades de novos substitutos parecem não ter fim. Leo Baekeland viu o potencial ilimitado em plásticos fenólicos e usou o símbolo do infinito para representar os seus usos. Esse símbolo se aplica hoje ao futuro sem limites apresentado para aqueles que se esforçam para encontrar e utilizar novos polímeros.

Tabela 1-1 – Cronologia dos plásticos

Data	Material	Exemplo
1868	Nitrato de celulose	Armações de óculos
1909	Fenol-formaldeído	Manopla de telefone
1909	Moldados a frio	Maçanetas e puxadores
1919	Caseína	Agulhas de tricô
1926	Compostos alquídicos	Suportes elétricos
1926	Analina-formaldeído	Placas de terminal
1927	Acetato de celulose	Escovas de dentes, embalagens
1927	Cloreto de polivinila	Capas de chuva
1929	Ureia-formaldeído	Luminárias
1935	Etil-celulose	Estojo de lanternas
1936	Acrílico	Escovas, *displays*
1936	Acetato de polivinila	Revestimentos de lâmpadas de *flash*
1938	Acetato butirato de celulose	Tubos de irrigação
1938	Poliestireno ou estireno	Utensílios de cozinha
1938	Náilon (poliamida)	Engrenagens
1938	Acetal de polivinila	Camadas internas de vidros de segurança
1939	Cloreto de polivinilideno	Revestimentos de assentos de automóveis
1939	Melamina formaldeído	Talheres
1942	Poliéster	Casco de barcos
1942	Polietileno	Garrafas flexíveis
1943	Fluorocarbono	Juntas industriais
1943	Silicone	Isolamento de motores
1945	Propionato de celulose	Canetas e lapiseiras automáticas
1947	Epóxi	Ferramentas e gabaritos
1948	Acrilonitrila butadieno estireno	Malas
1949	Compostos alílicos	Conectores elétricos
1954	Poliuretano ou uretano	Almofadas de espuma
1956	Acetal	Peças automotivas
1957	Polipropileno	Capacetes de segurança
1957	Policarbonato	Componentes de ferramentas
1959	Poliéster clorado	Válvulas e acessórios
1962	Compostos fenóxi	Garrafas
1962	Polialômeros	Guarnição de máquinas de escrever
1964	Ionômeros	Películas para acondicionamento
1964	Óxido de polifenileno	Guarnições de baterias
1964	Poliimida	Rolamentos
1964	Etileno-vinil acetato	Filmes flexíveis de grosso calibre
1965	Parileno	Revestimentos isolantes
1965	Polissulfona	Componentes elétricos e eletrônicos
1965	Polimetilpenteno	Sacolas de alimentos
1970	Poli(amida-imida)	Filmes
1970	Poliéster termoplástico	Componentes elétricos e eletrônicos
1972	Poliimidas termoplásticas	Sedes de válvulas
1972	Perfluoroalcóxi	Revestimentos
1972	Poliaril éter	Capacetes esportivos
1973	Polieterssulfona	Janelas de fornos
1974	Poliésteres aromáticos	Placas de circuitos
1974	Polibutileno	Tubulações
1975	Resinas de barreira de nitrila	Embalagens
1976	Polifenilsulfona	Componentes aeroespaciais
1978	Bismaleimida	Placas de circuitos
1982	Polieterimida	Recipientes refratários

Continua

Continuação

Data	Material	Exemplo
1983	Polietercetona	Revestimento de cabos
1983	Redes interpenetrantes (IPN)	Boxes de banho
1983	Poliarilsulfona	Suporte de lâmpadas
1984	Poliimidassulfona	Conexões de transmissão
1985	Policetona	Peças de motores automotivos
1985	Poliéster sulfonamida	Cames
1985	Polímeros de cristal líquido	Componentes eletrônicos
1986	Policarbonato/blendas ABS	Componentes automotivos
1987	Poliacetileno de alta pureza	Condutores elétricos
1991	Polietileno metaloceno	Filmes para embalagens
1992	Polietileno linear de baixa densidade	Filmes para embalagens
1992	Poliestireno sindiotático	Componentes elétricos de paredes finas
1992	Polipropileno sindiotático	Componentes interiores automotivos
1992	Copolímeros de olefinas cíclicas	Componentes de ferramentas
1998	Copolímeros etileno-estireno	Brinquedos
1998	Nanocompositos	Peças para caminhões
2001	Ligas transparentes de poliéster/policarbonato	Óculos de sol

Pesquisa na internet

- **http://www.americanchemistry.com.** O American Chemistry Council inclui a "Plastics Division", como uma seleção na página inicial. Digitando "the history of plastic" no campo de pesquisa, o conduzirá a um artigo do mesmo nome. É uma boa fonte de dados históricos sobre plásticos e inclui o desenvolvimento do Velcro® e Silly Putty®.
- **http://museo.cannon.com.** A Sandretto Plastics Museum, na Itália, oferece uma visita orientada ao museu, que é dedicado aos produtos plásticos. O site também inclui um extenso capítulo sobre a história do plástico.
- **http://www.plasticsmuseum.org.** O National Plastics Center (NPC) é uma instituição sem fins lucrativos, que promove os plásticos por meio da educação. O site inclui informações sobre o seu museu, atividades práticas para o aprendizado sobre plásticos e a história dos plásticos nos Estados Unidos.
- **http://www.si.edu.** O site do Instituto Smithsoniano é enorme. Para navegar com facilidade, utilize o recurso de pesquisa. Entrando "Tupper" na busca, recuperam-se informações sobre Earl. S. Tupper e a Companhia Tupperware. Selecionando "Bakelite" na busca, obtemos um considerável volume de dados sobre Baekeland e fotos dos primeiros produtos de baquelite.

Vocabulário

As palavras a seguir são encontradas neste capítulo. Consulte o glossário no Apêndice A para encontrar as definições destas palavras, caso você não compreenda como elas se aplicam aos plásticos.

Baquelite
Caseína
Celuloide
Colódio
Ebonite
Galalite
Goma de borracha
Guta-percha
Lac
Plásticos naturais
Borracha natural
Nitrocelulose
Parkesine
Compostos fenólicos
Piroxilina
Goma-laca
Vulcanizar

Questões

1-1. Por que as máquinas de fabricação de pentes de chifre muitas vezes não obtinham sucesso?

1-2. Por que os estojos daguerreótipos não eram feitos de chifre ou pó de materiais córneos?

1-3. A caseína vem da _____.

1-4. A nitrocelulose moderadamente nitrada é chamada de _____.

1-5. Qual é a diferença entre o colódio e a nitrocelulose moderadamente nitrada?

1-6. Qual é a diferença entre o parkesine e o celuloide?

1-7. A baquelite resulta de uma reação química entre _____ e _____.

Atividades

1-1. Descreva o desenvolvimento de uma peça de equipamento desportivo que tenha uma longa história. Os exemplos incluem tacos de golfe, raquetes de tênis, bolas de tênis, esquis de neve, tênis, bolas de bilhar e varas de pesca. Tente obter informações sobre os processos de fabricação envolvidos.

Como exemplo das mudanças nos equipamentos desportivos, a descrição a seguir inicia-se abordando as bolas de golfe:

As bolas de golfe começaram como formas ovais ou esferas de madeira, marfim ou ferro. As *featheries*, que eram bolsas de couro recheadas com penas, substituíram as bolas sólidas. As *featheries* não suportavam umidade, o que impedia qualquer jogo em grama molhada ou na chuva.

Entre 1846 e 1848, bolas sólidas de guta-percha começaram a substituir as *featheries*. Elas se comportavam bem na chuva, mas rachavam em dias frios. No entanto, as peças poderiam ser remoldadas em uma bola utilizável. A Figura 1-9 mostra um molde para as bolas da guta-percha.

Em torno de 1899, uma nova bola tornou as bolas feitas de guta-percha obsoletas. Ela consistia em elástico esticado enrolado em uma esfera e coberto com guta-percha ou *balata*, uma borracha natural, que podia ser vulcanizada. Essas bolas exigiam fios elásticos de alta qualidade e o equipamento para enrolar as bolas de maneira firme e uniforme. As novas bolas eram muito mais elásticas e podiam ser lançadas mais longe.

Em 1966, as bolas de fios elásticos enrolados tornaram-se obsoletas quando uma bola moldada a partir de um tipo de borracha sólida sintética chegou ao mercado. Era muito mais resistente do que as bolas anteriores e dependia de novos materiais que estavam sendo desenvolvidos em empresas químicas. A partir de então novos revestimentos externos têm sido desenvolvidos, que são quase impossíveis de ser partidos com um taco de golfe.[4]

1-2. Apresente o desenvolvimento de uma empresa de fabricação de plásticos que tenha uma longa história. Empresas como a DuPont, a Celanese e Monsanto têm vínculos com empresas que utilizaram ou fabricaram celuloide. Empresas que tinham fábricas em Leominster, em Massachusetts, muitas vezes têm vínculos com a manufatura de pentes de materiais córneos. Por exemplo, a empresa Foster Grant, famosa pelos seus óculos de sol, começou a operar em Leominster fazendo pentes de plástico. Muitos de seus funcionários começaram provavelmente como trabalhadores de materiais córneos.

1.3. Pesquise os plásticos naturais.

Equipamento. Rolamentos de vidro aquecido ou prensa sem aquecimento, serras, chapas polidas ou um dispositivo de aço inoxidável espelhado.

Atenção: Desenvolva estas atividades em um ambiente de laboratório sob supervisão.

---

[4] Fonte: Martin, John S. *The Curious History of the Golf Ball: Mankind's Most Fascinating Sphere.* Nova York: Horizon Press, 1968.

Figura 1-9 – Este molde formata a guta-percha em bolas de golfe. (EUA Golf Association Museum)

Material córneo sólido

Nota: Esta atividade não reflete as práticas atuais na indústria de plásticos. Ela demonstra as qualidades do chifre moldado.

a. Adquira chifres de vaca em uma loja de equipamentos rurais e correlatos ou ainda em abatedouros. Se forem frescos, ferva-os por cerca de 30 minutos para evitar decomposição. Serre os chifres e remova a massa de tecido. Raspe a membrana do interior das peças de chifre. Quando finalizado, a metade do chifre terá a aparência da Figura 1-10.

b. Corte um pedaço pequeno, cerca de 1 polegada quadrada. Meça o comprimento, a largura e a espessura. Mergulhe em água fervente por aproximadamente 15 minutos. Coloque entre placas polidas e esprema em uma prensa de pratos. Se ela for aquecida, mantenha o aquecimento em cerca de 121 °C. Mantenha prensado e deixe esfriar. Examine o pedaço de chifre resultante. Se a peça original aparenta um branco manchado, a peça achatada e desbastada deve ser bem transparente. A Figura 1-11 mostra algumas peças achatadas de chifre bastante transparentes. A suavidade relativa aos pratos de pressão afetará a transparência do chifre.

c. Meça o chifre achatado.

d. Mergulhe novamente em água fervente.

e. Meça novamente. O chifre retornou às suas dimensões originais?

f. Coloque corante alimentar na água e observe como o chifre é tingido rapidamente.

g. Examine as colheres para ovos confeccionadas em chifre, disponíveis em algumas lojas de utensílios de cozinha. Faça uma fôrma de madeira para uma colher similar. Você pode ter visto uma calçadeira como aquela mostrada na Figura 1-12.

Pó de chifre ou casco. Cascos de vaca estão disponíveis em lojas de animais como ossos para os cães mascarem.

a. Faça um pó lixando-o com uma lixa grossa.

b. Compacte com um êmbolo em um cilindro, como mostrado na Figura 1-13. A peça retangular de material é como um "amortecedor" de borracha.

c. Explore os detalhes da superfície pressionando-o contra uma moeda. Observe como os detalhes são bem transferidos.

d. Experimente adicionar cores.

Figura 1-10 – Este chifre pela metade está pronto para o corte e achatamento.

Figura 1-11 – Esta fotografia demonstra as qualidades de transparência do material córneo.

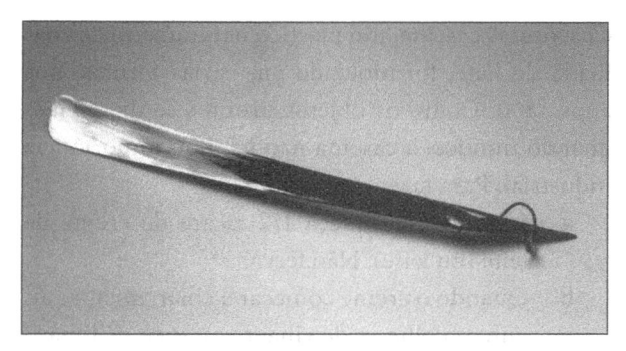

Figura 1-12 – A moldagem modificou a forma e acabamento da superfície desta calçadeira.

Figura 1-13 – Este conjunto de cilindro e pistão simples pode moldar goma-laca e o pós de chifre.

Figura 1-14 – A goma-laca na forma de flocos é rara, mas ainda está disponível.

Figura 1-15 – Este molde de goma-laca, feito com uma moeda de um quarto de dólar como peça de impressão, indica o detalhe refinado que é possível com a goma-laca moldada.

Goma-laca. Este material está disponível em forma de bastão para o reparo de móveis, ou em flocos em lojas de suprimentos para madeira (veja a Figura 1-14).

a. Faça objetos moldados simples usando um cilindro, um pistão e uma moeda. A Figura 1-15 mostra um objeto de goma-laca feito com uma moeda como objeto de impressão. Observe a reprodução dos detalhes. A goma-laca fluirá a uma temperatura pouco acima de 100 °C. Sem um dispositivo para aplicar pressão ao cilindro, a goma-laca vai levantar o cilindro e se espalhar excessivamente. A borracha "amortecedora" mantém a pressão sobre o cilindro durante a compressão.

b. Compare os objetos moldados a partir de casco em pó com os objetos moldados em goma-laca.

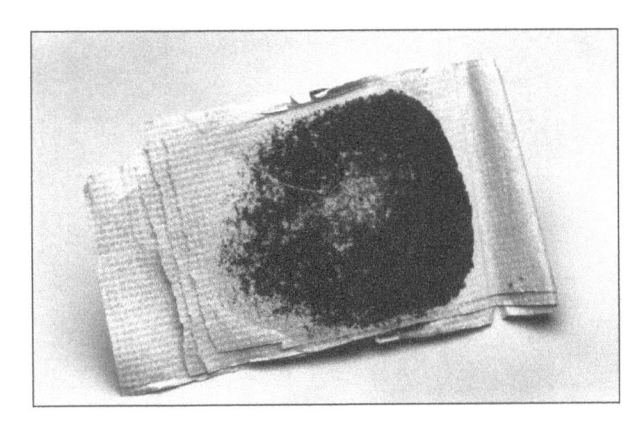

Figura 1-16 – Este laminado fino é significativamente mais flexível do que uma folha semelhante de goma-laca não reforçada.

c. Pesquise o efeito das fibras.
   (1) Crie um sanduíche de toalhas de papel e goma-laca.
   (2) Pressione o sanduíche em uma prensa plana aquecida.
   (3) A goma-laca flui pelo papel? Quanto o papel melhora a resistência da goma-laca? A Figura 1-16 mostra um laminado fino, contendo duas camadas de papel toalha e uma pequena quantidade de goma-laca.
   (4) Criar um objeto moldado, composto, utilizando pó de goma-laca e vidro ou fibras de algodão. Quanto às fibras, melhoram as propriedades físicas dos objetos moldados?

Caseína. A caseína, um plástico natural feito de coalhada de leite, foi moldado em várias formas, nos anos 1800. Como os objetos prontos se dissolviam quando úmidos, a caseína não ganhou importância industrial. Para fazer caseína:
   a. Lentamente aqueça 1/2 xícara de creme de leite (ou leite). Não ferva.
   b. Quando o creme começar a chiar, misture algumas colheres de vinagre ou suco de limão.
   c. Continue a adicionar lentamente o vinagre até que comece a gelificar.
   d. Esfrie a mistura e remova a "massa".
   e. Lave a "massa" com água, obtendo um pouco de coalhada plástica.
   f. Molde o material em uma fôrma e deixe solidificar durante algumas horas.

Capítulo 2

Situação atual da indústria de plásticos

Introdução

No Capítulo 1 foram usadas as palavras *polímeros, borracha e plásticos* sem fornecer definições completas. Os **polímeros** são naturais ou compostos orgânicos sintéticos. Os polímeros naturais incluem os materiais córneos, a goma-laca, a guta-percha e a goma de borracha. Os polímeros sintéticos compõem milhares de produtos plásticos, vestuário, peças de automóveis, acabamentos e cosméticos. Sejam naturais ou sintéticos, os polímeros têm estruturas químicas caracterizadas pela repetição de pequenas unidades chamadas *meros*. Para que um composto seja um polímero, deve ter pelo menos 100 meros. Muitos polímeros encontrados em produtos plásticos têm de 600 a 1.000 meros.

A palavra **plástico** vem da palavra grega *plastikos*, que significa "dar forma ou ajuste por moldagem". A explicação mais definitiva vem da *The Society of the Plastics Industry*, que identifica plástico como:

> Qualquer material de um grande e variado grupo de materiais constituído total ou parcialmente de combinações de carbono com oxigênio, nitrogênio, hidrogênio e outros elementos orgânicos ou inorgânicos que, apesar de sólido no estado acabado, em algum estágio de sua fabricação é liquefeito, e, assim, suscetível de ser moldado em várias formas, a maioria geralmente pela aplicação, individual ou em conjunto, de calor e pressão.

Na versão em inglês deste livro, a palavra *plastics* termina sempre com um "s" quando se refere a um material. A palavra *plastic*, sem "s", é considerada um adjetivo que significa conformável.[1] Como os plásticos estão estreitamente relacionados às resinas, os dois são frequentemente confundidos. As **resinas** são substâncias sólidas ou semissólidas semelhantes à goma, usadas na fabricação de produtos, tais como tintas, vernizes e plásticos. A resina não é um plástico a menos que se torne um "sólido no estado de produto acabado".

O químico inglês Joseph Priestley cunhou a palavra **borracha** (do inglês, *rubber*) ao perceber que um pedaço de látex natural foi bom para apagar marcas de lápis. A borracha natural é um material do grupo chamado elastômeros. Os **elastômeros** são materiais poliméricos naturais ou sintéticos que podem ser esticados até pelo menos 200% de sua extensão original e, a temperatura ambiente, retornar rápida e aproximadamente ao seu comprimento original.

Embora os elastômeros e plásticos tenham sido considerados categorias distintas de materiais, essa distinção erodiu significativamente. No desenvolvimento inicial dos materiais plásticos e da borracha, os plásticos tendiam a ser duros, enquanto a borracha tendia a ser flexível. Hoje muitos plásticos apresentam características tradicionalmente disponíveis somente nas borrachas. Embora as borrachas ainda tenham características únicas – em especial a capacidade de retrair-se rapidamente – as categorias agora se sobrepõem parcialmente.

Nos últimos anos, uma família de materiais chamados **elastômeros termoplásticos** (TPEs

---

[1] Em português não há tal distinção. Neste livro adota-se a palavra *plástico* para o material e a propriedade de ser moldável.

Figura 2-1 – Um para-choque de TPO deve suportar a luz solar, calor e impacto de pedras. (Ciba Specialty Chemicals)

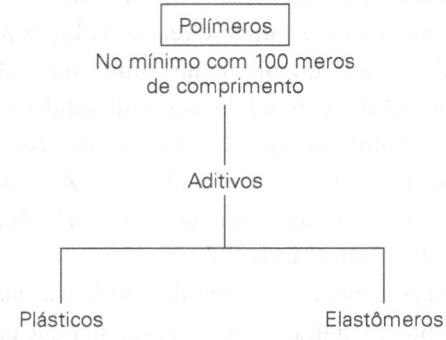

```
          Polímeros
    No mínimo com 100 meros
        de comprimento
              |
           Aditivos
           /      \
     Plásticos   Elastômeros
```

Figura 2-2 – Plásticos e elastômeros contêm aditivos para torná-los confiáveis para uma grande variedade de ambientes. Mesmo em cor natural os plásticos contém aditivos.

– **thermoplastic elastomers**) tem preenchido parcialmente o vazio entre as borrachas tradicionais e os plásticos. Dentro dos TPEs, subconjuntos incluem elastômeros termoplásticos com base em uretanos, poliésteres, polímeros estirênicos, e olefinas. Os **elastômeros termoplásticos de olefinas (TPOs – thermoplastic olefin elastomers)** são de longe os predominantes. Eles têm substituído muitos tipos de borracha, especialmente em peças automotivas. Os TPEs têm suplantado muitos produtos tradicionais de borracha por causa da sua facilidade de processamento. (Veja a Figura 2-1.)

Produtos plásticos e elastômeros não contêm 100% de polímeros, pois geralmente consistem em um ou mais polímeros além de diversos aditivos. (Consulte o Capítulo 7 para a discussão sobre os aditivos e seus efeitos.) A relação entre estes termos básicos aparece na Figura 2-2. Note que os polímeros são a categoria guarda-chuva. Com a presença de aditivos, alguns polímeros tornam-se plásticos ou elastômeros.

Este capítulo apresentará a situação atual da indústria de plásticos, com destaque para os Estados Unidos. O esboço do conteúdo é apresentado a seguir.

I. Principais materiais plásticos
II. Reciclagem de plásticos
   A. Leis de depósitos para garrafas e seus efeitos
   B. Reciclagem de lixo seletiva
   C. Reciclagem de pós-consumo de HDPE
   D. Reciclagem automotiva
   E. Reciclagem química
   F. Reciclagem na Alemanha
III. Eliminação por incineração ou degradação
   A. História da incineração nos Estados Unidos
   B. Vantagens da incineração
   C. Desvantagens da incineração
   D. Plásticos degradáveis
IV. Organizações na indústria de plásticos
   A. Publicações para a indústria de plásticos
   B. Jornal do comércio

Principais materiais plásticos

A indústria de plásticos tem papel importante na economia dos Estados Unidos. Em 2005, a indústria plástica empregou mais de 1,1 milhão de pessoas. Atualmente, esta indústria detém a posição da terceira maior indústria de transformação no país.

Embora a produção de plásticos nos Estados Unidos tenha mantido um crescimento constante nos anos 1980 e 1990, desde 2000 tem sido menos estável. Uma série de fatores contribui para esse comportamento. A destruição do World Trade Center em 11 de setembro de 2001, as guerras no Afeganistão e no Iraque, problemas com alguns financiamentos hipotecários e a crescente demanda global por petróleo, todos têm influenciado a indústria de plásticos. Como se vê na Figura 2-3, a produção nos Estados Unidos continua a crescer, em uma taxa menor que antes de 2000. Para serem mantidas as futuras estimativas, as projeções para 2012 têm sido baseadas no ano de 2002 como ponto de partida. Entre 2002 e 2006, a produção aumentou em média cerca de 0,5%. Em 2006, a produção anual foi de 51.455.000 toneladas métricas.

As *commodities* de termoplásticos, que incluem apenas sete plásticos, são responsáveis por 76% da produção total:

Polipropileno (PP)	8.318
Polietileno de alta densidade (HDPE)	8.008
Cloreto de polivinila (PVC)	6.781
Polietileno linear de baixa densidade (LLDPE)	5.789
Poliéster tereftalato (PET)	3.768
Polietileno de baixa densidade (LDPE)	3.572
Poliestireno (PS)	2.850
Total	39.086

Unidades: 1.000 toneladas métricas

A Figura 2-4 mostra os porcentuais da produção total por tipo de material.

Embora os termoplásticos de engenharia sejam uma parcela muito pequena da produção total, são extremamente significativos em razão de suas excelentes propriedades. A Figura 2-5 mostra a composição da parcela geralmente chamada de materiais de engenharia.

As Figuras 2-6 a 2-11 fornecem uma representação gráfica da utilização prevista de seis termoplásticos para o ano de 2012.

O crescimento constante das vendas de plásticos reflete a capacidade dos produtos plásticos de atender

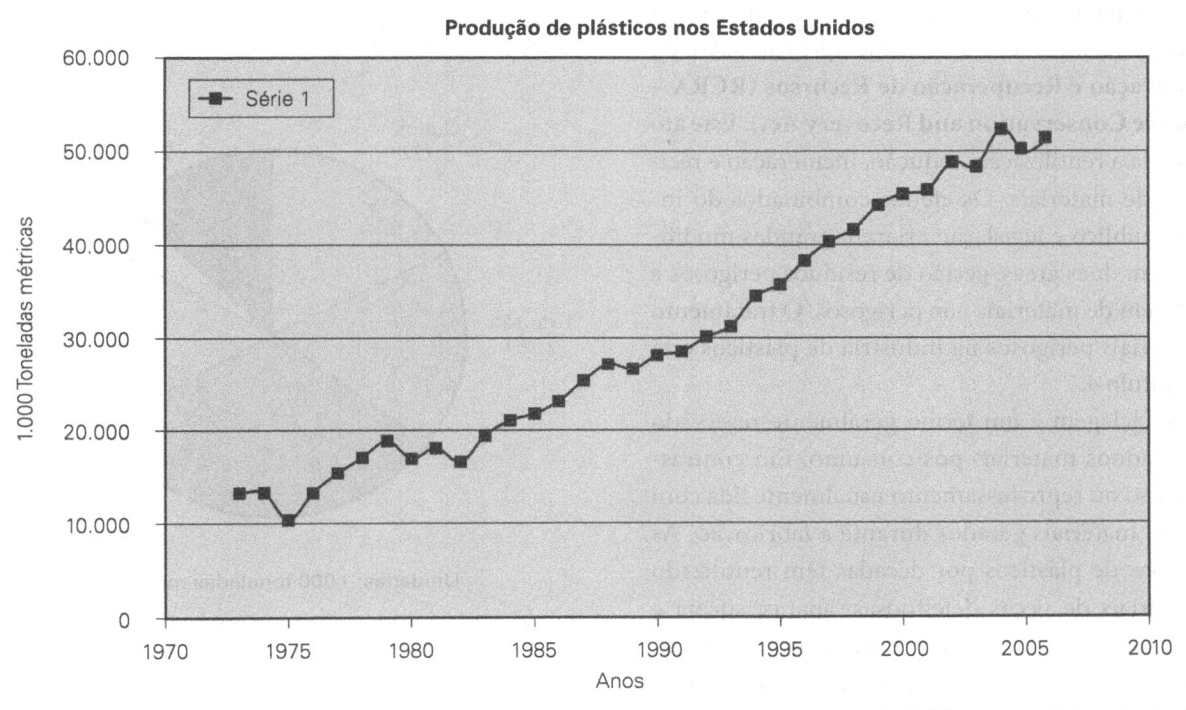

Figura 2-3 – Desde 2002, a produção de plásticos dos Estados Unidos tem crescido cerca de 0,5% ao ano. (Adaptado de *Resin Review 2007*, ACC)

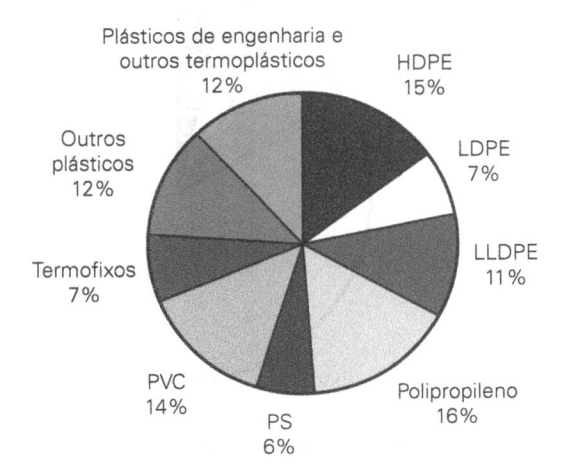

Figura 2-4 – Produção dos Estados Unidos para 2006. (Adaptado de *Resin Review 2007*, ACC)

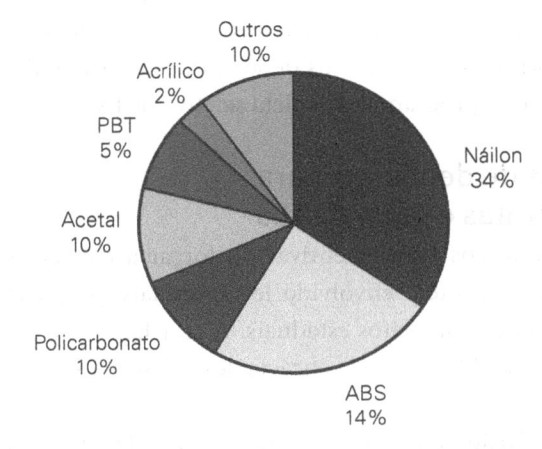

Figura 2-5 – Consumo relativo de plásticos de engenharia. (Adaptado de *Resin Review 2007*, ACC e Plastics News)

a um número crescente de demandas dos consumidores. O uso crescente de plásticos também tem causado preocupação com relação ao papel do plástico na poluição ambiental.

Reciclagem de plásticos

O primeiro "Earth Day", que ocorreu em 1970, assinalou o desenvolvimento de um novo nível de consciência e preocupação com o meio ambiente. Durante a década de 1970, desencadeou-se uma série de campanhas para manter a limpeza pública. Em 1976, o governo federal americano aprovou o **Ato da Conservação e Recuperação de Recursos (RCRA – Resource Conservation and Recovery Act)**. Este ato promovia a reutilização, redução, incineração e reciclagem de materiais. Os efeitos combinados do interesse público e legislação criaram grandes modificações em duas áreas: gestão de resíduos perigosos e reciclagem de materiais não perigosos. O tratamento de materiais perigosos na indústria de plásticos está no Capítulo 4.

A reciclagem é um termo geralmente reservado para resíduos materiais pós-consumo. Em contraste, o reuso ou reprocessamento usualmente lida com resíduos materiais gerados durante a fabricação. As indústrias de plásticos por décadas têm reutilizado os materiais de peças defeituosas, aparas, sucata e outros sobras de fabricação. Esta utilização do reprocessamento varia em uma escala muito reduzida em pequenas empresas, há grandes programas que geram milhares de toneladas de material reprocessado. A sistemática da reciclagem de plásticos pós-consumo ocorre por meio de três canais principais: retorno das garrafas aos depósitos, estações de despejo e os programas de coleta seletiva de lixo.

Leis de depósitos para garrafas e seus efeitos

Os esforços para incentivar ou forçar a reciclagem de garrafas têm envolvido leis estaduais, propostas federais e mandatos estaduais. A reciclagem de embalagens PET reflete a eficácia desses esforços.

Legislação estadual. Durante a década de 1970, cinco estados decretaram leis sobre os depósitos para

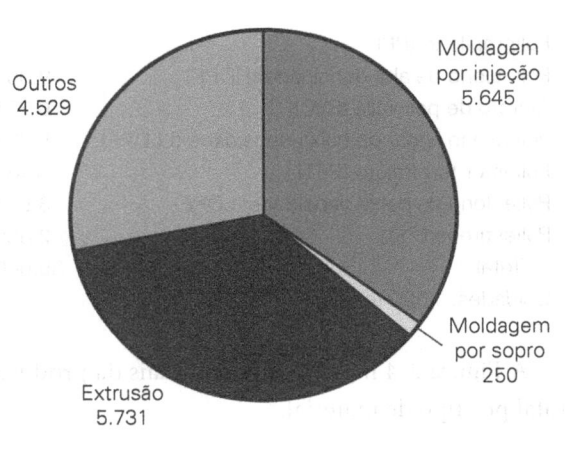

Figura 2-6 – Uso esperado para o polipropileno (PP) para o ano de 2012. (Adaptado de *Resin Review 2007*, ACC)

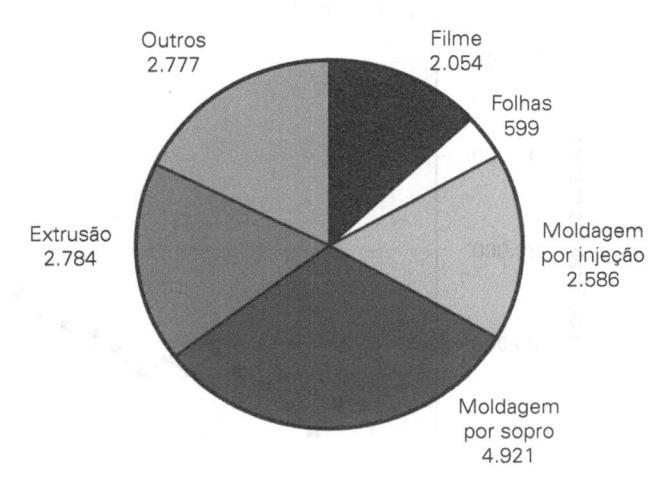

Figura 2-7 – Uso esperado de HDPE para o ano de 2012. (Adaptado de *Resin Review 2007*, ACC)

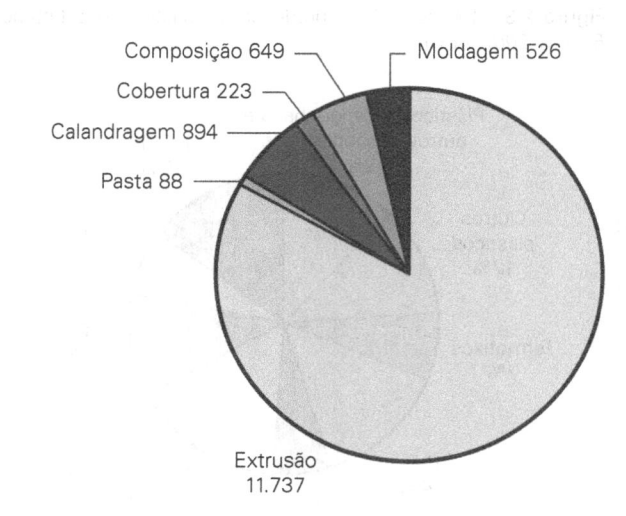

Figura 2-8 – Uso esperado de cloreto de polivinila (PVC) para o ano de 2012. (Adaptado de *Resin Review 2007*, ACC)

Figura 2-9 – Uso esperado de LLDPE para o ano de 2012. (Adaptado de *Resin Review 2007*, ACC)

- Outros: 2.406
- Rotomoldagem: 269
- Extrusão: 587
- Moldagem por injeção: 529
- Filme: 6.648

Unidades: 1.000 toneladas métricas

Figura 2-10 – Uso esperado de LDPE para o ano de 2012. (Adaptado de *Resin Review 2007*, ACC)

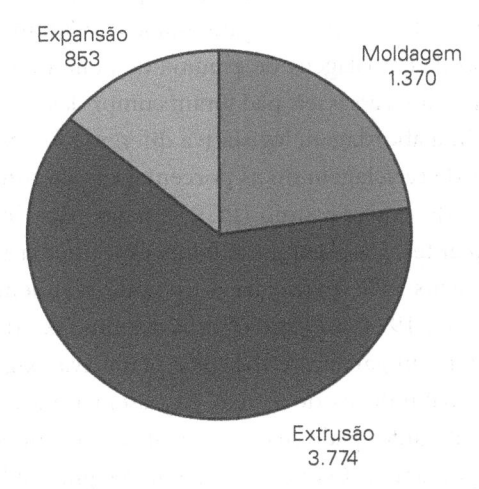

- Adesivos e selantes: 159
- Extrusão: 1.649
- Moldagem por sopro: 74
- Moldagem por injeção: 492
- Folhas: 28
- Filme: 2.642

Unidades: 1.000 toneladas métricas

Figura 2-11 – Uso esperado de poliestireno para o ano de 2012 (Adaptado de *Resin Review 2007*, ACC)

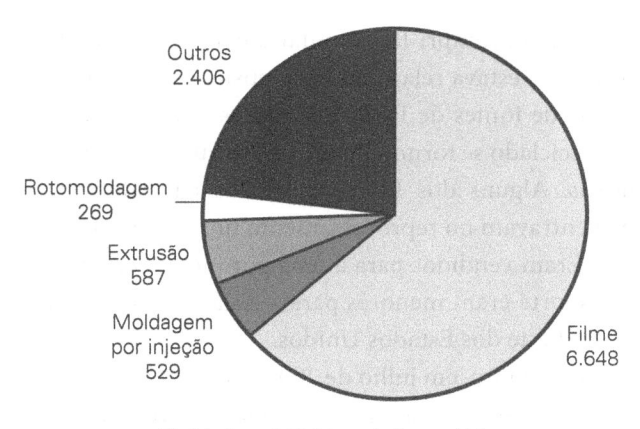

- Expansão: 853
- Moldagem: 1.370
- Extrusão: 3.774

Unidades: 1.000 toneladas métricas

garrafas. Na sequência cronológica temos o Oregon, Vermont, Maine, Michigan e Iowa. Nos anos 1980, mais cinco estados exigiram os depósitos: Connecticut, Delaware, Massachusetts, Nova York e Califórnia. A primeira lei sobre depósitos entrou em vigor em 1972, no Oregon, e a última em 1987, na Califórnia. A lei dos depósitos exige o depósito de 5 centavos por garrafa ou lata, com exceção de Michigan, que exige 10 centavos.

Desde 1987, a legislação de depósitos para garrafas foi introduzida anualmente em cerca de 25 estados americanos, porém mais nenhum estado decretou leis sobre este depósito. Isso é explicado pela poderosa oposição dos principais fabricantes de refrigerantes, como as empresas Coca-Cola® e Pepsi-Cola®. Elas veem depósitos para garrafas como um imposto injusto e uma dificuldade para os varejistas de bebidas.

Como Michigan foi o único estado a cobrar mais de 5 centavos, tem mantido uma posição bastante singular nos esforços de reciclagem de garrafas. O Departamento de Recursos Naturais de Michigan relatou que a lei de depósitos levou a uma redução de 90% no lixo público em estradas e parques. Além disso, a lei de depósitos levou à recuperação anual de aproximadamente 18 mil toneladas métricas de plásticos – quase exclusivamente garrafas PET. Michigan recupera mais de 98% das garrafas de plástico coberto por esta lei. Em contraste, os estados com depósitos de 5 centavos recuperam cerca de 85%. Estados sem nenhuma lei de depósitos para garrafas recuperam cerca de 20% dos recipientes.

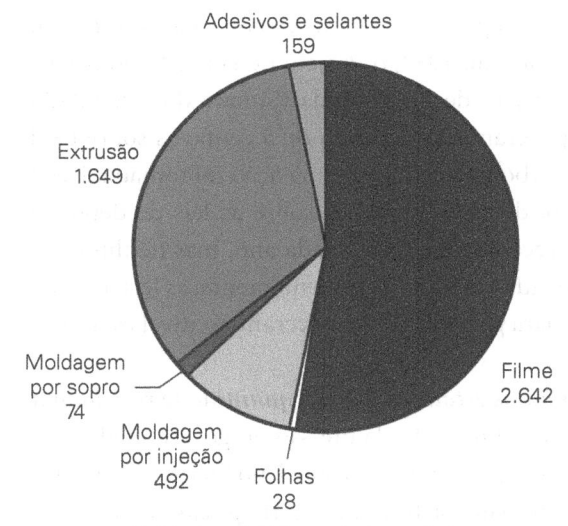

Legislação federal. Com o início das leis estaduais, deputados e funcionários federais investigaram as leis de depósito. Em 1976, um estudo da Administração Federal de Energia (*Federal Energy Administration*) recomendou uma lei de depósitos nacional. Em 1977, o Tribunal Geral de Contas (*General Accounting Office*) favoreceu os depósitos. Em 1978, o Escritório de Avaliação Tecnológica (*Office of Technological Assessment*) emitiu um relatório favorecendo os depósitos. Em 1981, o Projeto de Lei 709 do Senado para os depósitos foi para sessão – mas sem nenhuma ação. Em 1983, o Projeto de Lei 1247 do Senado e o Projeto de Lei 2960 da Câmara dos Deputados propuseram um depósito de 5 centavos sobre bebidas carbonatadas. Nenhuma ação foi tomada. Desde então, diversas variações sobre as leis de depósitos têm recebido atenção a cada ano, mas nenhuma foi aprovada em lei. Consequentemente, as leis de depósito para garrafas permaneceram no nível estadual.

Mandatos estaduais para a quantidade reciclada de garrafas. Em razão da pressão do governo federal e a preocupação em nível estadual, no final de 1994, 40 estados haviam estabelecido metas legislativas para o controle de lixo ou reciclagem. Num esforço para alcançar uma reciclagem mais abrangente, alguns estados também aprovaram leis sobre a quantidade reciclada. Estas leis muitas vezes substituíram outras promulgadas no início de 1990, as quais levaram à proibição de vários plásticos. Por exemplo, alguns estados proibiram a produção de embalagens de espuma de poliestireno. Em muitos casos essas leis não foram cumpridas.

Uma abordagem legislativa diferente foi exigir as taxas de reciclagem ou as porcentagens de conteúdo reciclado pós-consumo (PCR) usadas para "novos" recipientes. Essas leis geralmente especificam as porcentagens PCR para vários tipos de recipientes. A partir de 1994, a Flórida buscava uma taxa de 25% de PCR em garrafas e frascos e planejava exigir que os distribuidores do varejo pagassem uma taxa de depósito antecipado se os recipientes não contivessem esse porcentual. O Oregon tinha uma regra similar, esperando um PCR de 25% para os recipientes rígidos.

Estas regulamentações não foram cumpridas. A história da Califórnia reflete alguns problemas com tais mandatos. Na Califórnia, uma lei ofereceu três alternativas. Em primeiro lugar, recipientes de plástico rígido deveriam conter 25% de PCR em 1995. Em segundo lugar, os recipientes que pudessem ser reutilizados ou recarregados cinco vezes eram isentos. Em terceiro lugar, a taxa de reciclagem das embalagens teria de ser de pelo menos 45%. Se a taxa de reciclagem caísse abaixo dos 25%, a Califórnia começaria a aplicar sanções.

A indústria de bebidas não conseguiu satisfazer esses mandatos. Assim, em 1997 o Estado da Califórnia decidiu não impor essas leis e concedeu à indústria tempo para cumpri-las voluntariamente. Um grande problema estava relacionado ao custo e à disponibilidade de fontes de PCR. Em alguns casos, o material reciclado se tornou mais caro do que os plásticos novos. Alguns dos PETs recolhidos na Califórnia não entravam no reprocessamento nos Estados Unidos. Eram vendidos para a Ásia porque os custos de transporte eram menores para a Ásia do que para a Costa Leste dos Estados Unidos.

No entanto, em julho de 2001, o Conselho de Reciclagem Estadual declarou que a taxa de reciclagem das embalagens de plástico rígido era inferior a 25% em 1999 e 2000. Caso a Califórnia escolhesse impor as suas leis, mudanças significativas seriam exigidas por parte dos fabricantes de bebidas.

Diversos grupos têm tentado forçar a Coca-Cola e a Pepsi-Cola a empregar ações mais agressivas para promover a reciclagem. Em abril de 2001, a Coca-Cola anunciou planos para incluir 10% de material reciclado em todos os frascos de PET até 2005. Este anúncio foi uma resposta parcial a um grupo de acionistas que apoiaram uma resolução pedindo à Coca-Cola para definir uma taxa de 25% de conteúdo reciclado e uma meta de 80% para a taxa de reciclagem. O problema com esse anúncio foi que, no início de 1990, a Coca-Cola havia anunciado sua intenção de usar 25% de conteúdo reciclado em suas garrafas e depois se afastou desse compromisso.

Reciclagem de garrafas PET. Nos estados com depósitos para garrafas, os consumidores retornam as garrafas às lojas, muitas vezes usando máquinas automáticas de venda reversa para receber a sua restituição. As lojas classificam os frascos para a coleta pelos distribuidores. Os distribuidores então vendem os materiais para o mercado de reciclagem. Para tornar o transporte mais rentável, equipamentos de densificação comprimem as garrafas em fardos, que são vendidos para as empresas de reciclagem. Os recicladores desenfardam os recipientes, os picam em flocos, limpam, lavam, secam e, em alguns casos, reprocessam os materiais. A Tabela 2-1 mostra o crescimento da reciclagem de PET.

Encontrar usos para o PET reciclado nem sempre tem sido uma tarefa fácil. Durante muito tempo, a Administração de Alimentos e Medicamentos (*Food and Drug Administration* – FDA) não permitiu que materiais reciclados fossem usados em aplicações de contato com alimentos. Consequentemente, o PET teve de ser utilizado em aplicações não alimentares. Um uso importante do PET reciclado era como fibra. Por exemplo, 35 garrafas de refrigerantes fornecem material suficiente para as fibras de enchimento usadas em sacos de dormir. Outros usos importantes são a produção de cintas, filmes/chapas, recipientes de bebidas e tecidos de poliéster para vestuário.

Tabela 2-1 – Reciclagem de PET

1982	1989	1993	1999	2006
18	88,5	203,5	336	578
Unidades: 1.000 toneladas métricas				

Outra possibilidade seria fazer recipientes com múltiplas camadas, com uma camada interna de material virgem, a camada intermediária de material reciclado e uma camada externa de material virgem. A Figura 2-12 mostra um esboço desse tipo de recipiente. Isto permite o uso do material reciclado, oferece o controle da camada em contato com o alimento e ainda a superfície externa a ser mostrada.

Outra possibilidade ainda seria despolimerizar quimicamente o PET e então usar os materiais resultantes para a polimerização de um "novo" PET. Esta opção tem tido sucesso limitado, pois produz um PET mais caro do que o PET recém-fabricado. Segundo uma estimativa de 1994, o PET reciclado preparado por despolimerização custa de 20 a 30 centavos de dólar por libra a mais do que o material virgem.

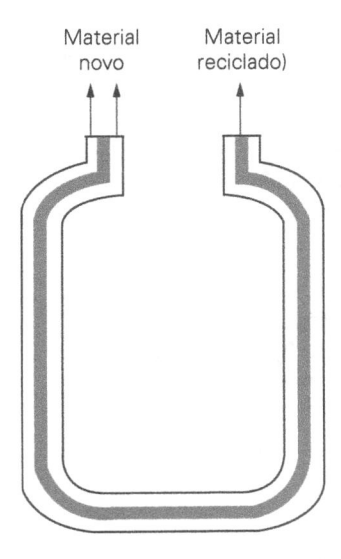

Figura 2-12 – Uma camada interna de material reciclado é colocada entre duas camadas de material primário.

Em uma importante decisão tomada em agosto de 1994, a Administração de Alimentos e Medicamentos Americana (U.S-FDA) aprovou o uso de PET 100% reciclado para embalagens de contato com alimentos. Esta foi a primeira vez que a FDA aprovou um teor de 100% de reciclado em embalagens de alimentos e bebidas. Isto significa que as garrafas de refrigerantes PET poderiam ser transformadas em novas garrafas para uso alimentar.

Para conseguir esta aprovação, um centro de reciclagem em Michigan teve de desenvolver novas formas para limpar completamente o material reciclado. O novo processo caracteriza-se pela lavagem de alta intensidade, com temperaturas de cerca de 260 °C e outras técnicas de limpeza. Desde a primeira aprovação da reciclagem garrafa a garrafa, várias outras empresas desenvolveram sistemas similares. Em 2001, uma empresa em Holland, Ohio, recebeu aprovação da FDA para produzir garrafas PET 100% recicladas a partir da coleta seletiva. Outra empresa, que detém cerca de 10% da capacidade mundial de produção de PET, abriu um centro de reciclagem em West Virginia, em 2001. A companhia espera processar mais de 10 mil toneladas métricas de PCR PET por ano.

Em 1993, a taxa de reciclagem de todas as embalagens PET foi de aproximadamente 30%. Nos estados com leis de depósito para garrafas, os recipientes cobertos pelos depósitos são devolvidos a uma taxa de cerca de 95%. Como as leis de depósito cobrem 18% da população americana, isto significa que 1/5 da população sob as leis de depósito é responsável por cerca de 60% do total de garrafas PET recicladas. Embora estes números possam indicar um suporte para depósitos para garrafas, os adversários dos depósitos para garrafas afirmam que programas abrangentes de gestão de resíduos são muito mais eficazes do que os depósitos forçados.

A Associação de Recicladores de Plásticos Pós-Consumo (*Association of Postconsumer Plastic Recyclers* – APR) é uma organização cujos membros representam mais de 90% das empresas e organizações envolvidas com reciclagem na América do Norte. Em 2006, a APR se posicionou ao publicar uma declaração apoiando a expansão das leis de depósito para garrafas para incluir as garrafas não carbonatadas, assim como as garrafas de bebidas carbonatadas. Esse movimento é em parte um reflexo do crescimento nas vendas de água mineral e sucos. O jornal *The New York Times* estimou que os americanos consumiram 30 bilhões de garrafas de água individuais em 2007. Como as grandes empresas de bebidas continuam a se opor a qualquer forma de depósitos para garrafas, a APR entende que leis novas e mais amplas para o depósito para garrafas serão difíceis de promulgar.

As estatísticas sobre a reciclagem demonstram a magnitude do problema. O relatório de 2005 da Atividade de Reciclagem de Recipientes PET Pós-Consumo (*Postconsumer PET Container Recycling Activity*) da Associação Nacional para Recursos de Recipientes PET (*National Association for PET Container Resources* – NAPCOR) e a APR indicam que, em 2005, 5,075 bilhões de libras de PET foram transformados em garrafas nos Estados Unidos. Desse montante, apenas 1,17 bilhão de libras foi para fábricas de reciclagem. Isso equivale a uma taxa de reciclagem bruta de 23,1%. Embora o número total de libras de PET reciclado tenha crescido todos os anos desde 1997, a taxa de reciclagem bruta diminuiu de 27,1% em 1997 para 23,1% em 2005. A porcentagem mais baixa foi em 2003, com a taxa de 19,6% de reciclagem bruta. Durante vários anos, os maiores usos para o PET reciclado eram como fibras, cintas e recipientes de alimentos e bebidas.

Reciclagem de lixo seletiva

No início da década de 1990, o número de comunidades nos Estados Unidos que ofereciam estações de coleta ou reciclagem de lixo urbano cresceu significativamente. Desde 1997 a oferta destes benefícios tem crescido muito devagar. Até o ano 2000, mais de 7.000 comunidades ofereciam reciclagem de lixo seletiva a cerca de 52% da população estadunidense. Mais de 80% da população tem acesso a estações de coleta ou à reciclagem de lixo seletiva. Em pequenas comunidades, os programas tendem a ser geridos por empresas ou agências estabelecidas para desenvolver esta atividade. Muitas comunidades médias a grandes contratam empresas de gestão de resíduos sólidos em todo o país para organizar o recolhimento, estabelecer e manter instalações e localizar os compradores de materiais reciclados.

Identificação de codificação. Ao contrário dos materiais das garrafas depositadas, dos quais o tipo de plástico era claramente conhecido, tornava-se difícil distinguir os tipos de plásticos obtidos nos programas de lixo reciclável. Em alguns casos, a identificação incorreta de alguns recipientes poderia estragar grande quantidade de material que poderia ser útil. Por exemplo, garrafas PET e garrafas de PVC são na maior parte das vezes impossíveis de se distinguir pela aparência. Se uma pequena quantidade de PVC é misturada em um grande lote de PET, o mesmo será perdido.

Para evitar esse e outros problemas semelhantes, o Instituto de Garrafas Plásticas da Sociedade das Indústrias de Plástico (*Plastic Bottle Institute of the Society of the Plastics Industry*) estabeleceu um sistema para a identificação de recipientes plásticos em 1988. Cada código tem um número no símbolo triangular e uma abreviatura abaixo dele, como mostrado na Figura 2-13.

O símbolo das "setas perseguidas" vem para denotar a reciclagem. Algumas pessoas e organizações acham que o símbolo de reciclagem é ilusório, pois, quando tentaram reciclar embalagens marcadas com 3 ou 6, frequentemente não se encontrou ninguém que aceitasse esses materiais. Imaginou-se que o

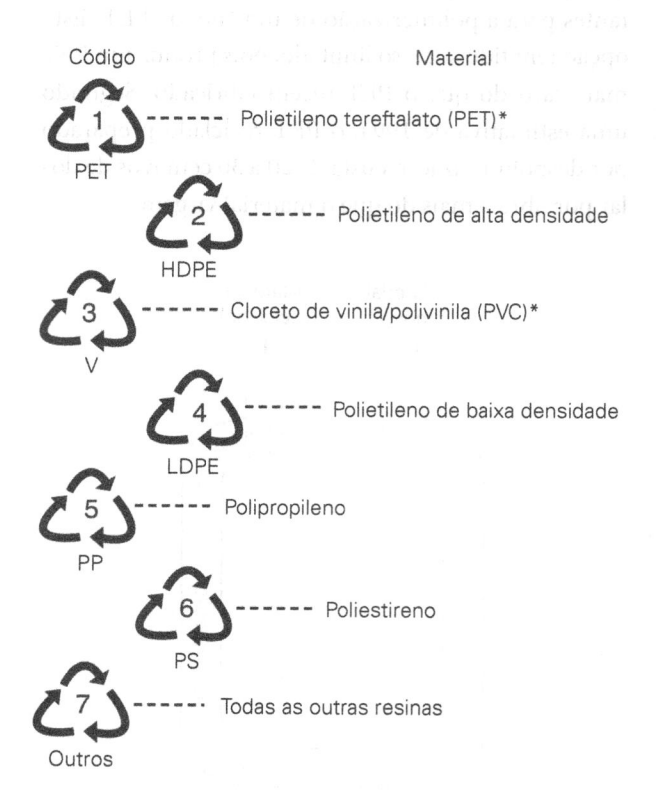

Código — Material

1 / PET — Polietileno tereftalato (PET)*

2 / HDPE — Polietileno de alta densidade

3 / V — Cloreto de vinila/polivinila (PVC)*

4 / LDPE — Polietileno de baixa densidade

5 / PP — Polipropileno

6 / PS — Poliestireno

7 / Outros — Todas as outras resinas

Figura 2-13 – Estes códigos foram recomendados pelo Instituto de Garrafas Plásticas.

símbolo implicava reciclagem, e não exatamente a capacidade do material de ser reciclado. No entanto, a reciclagem sistemática e generalizada de plásticos exigirá algum sistema de identificação, com ou sem o símbolo de setas.

Coleta. A maioria dos programas de reciclagem aceita metais, plásticos e papel/papelão. Alguns programas solicitam que os moradores separem completamente os materiais. Para os plásticos, os moradores verificam os códigos de reciclagem de plásticos e os classificam nos grupos selecionados. Durante a coleta, os materiais vão para caixas ou recipientes para preservar a classificação. A maioria dos programas aceita plástico número 1 (PET) e 2 (HDPE). Pedir aos moradores que classifiquem os recipientes plásticos apresenta dois grandes inconvenientes. Primeiro, eles muitas vezes erram na classificação. Segundo, e mais importante, os motoristas de coleta precisam de mais tempo para colocar os materiais classificados em recipientes adequados. Algumas cidades têm verificado que uma linha central de triagem é muito mais eficiente. Uma linha de separação manual muito básica utiliza seis funcionários trabalhando apenas 3,5 horas para processar os recipientes de 5.000 casas.

Por causa da eficiência da triagem centralizada, muitas comunidades grandes aceitam materiais misturados. Os moradores de muitas cidades jogam no lixo plásticos 1, 2 e 6, além de latas de alumínio e aço, jornal, papelão, sucata e outros papéis em um recipiente grande. A importância da compactação afeta a decisão de aceitar materiais misturados. Materiais não compactados podem ocupar 10 jardas cúbicas, mas, se os itens forem compactados, precisam de apenas 3 jardas cúbicas. A compactação no caminhão de coleta pode resultar em economia, em primeiro lugar nos custos de transporte. Alguns caminhões podem compactar papel e papelão – deixando vidro, metal e plástico soltos.

O Conselho de Plásticos Americano (*American Plastics Council*) tem promovido a reciclagem de todas as garrafas (do inglês *all-bottle*) como uma alternativa aos depósitos para garrafas. Este Conselho tem feito estudos que indicam que uma abordagem *all-bottle* pode aumentar a quantidade de recipientes coletados em cerca de 12%. Em 2001, apenas 10% das comunidades dos Estados Unidos participavam nas coletas *all-bottle*. Embora a maioria das instalações de recuperação de materiais não esteja equipada para lidar com todos os tipos de garrafas, a Waste Management Inc. (WMI) planeja criar uma instalação perto de Raleigh, Carolina do Norte, que permitirá recolher e classificar os recipientes plásticos de todos os tipos de resina. A maior preocupação da empresa é se a reciclagem de PVC, LDPE, PS e PP será econômica.

A Figura 2-14 mostra um caminhão de coleta. Este modelo caracteriza-se por dois grandes receptáculos, um para papel e cartão, o outro para recipientes misturados. A Figura 2-15 mostra o despejo dos recipientes misturados.

Figura 2-14 – Os receptáculos neste estilo de caminhão permitem a separação do papel dos recipientes mistos. (Cortesia da Cidade de Ann Arbor, Solid Waste Dept.)

Figura 2-15 – O consumo de recipientes plásticos tem o volume muito maior do que o de recipientes de metal e vidro. (Cortesia da Cidade de Ann Arbor, Solid Waste Dept.)

Como os recipientes plásticos são responsáveis pela maior parte do volume de recipientes, alguns caminhões possuem equipamentos especiais de compactação. A Figura 2-16 mostra um pequeno

Figura 2-16 – A caixa de compactação reduz o volume de garrafas plásticas coletadas. (Cortesia da Cidade de Ann Arbor, Solid Waste Dept.)

Figura 2-17 – Para remover o metal da linha de recipientes misturados, um tambor magnético empurra as latas para fora da linha principal. (Cortesia da Cidade de Ann Arbor, Solid Waste Dept.)

compactador usado para comprimir recipientes plásticos, particularmente potes de leite. Sem a possibilidade de compactar estes recipientes, os motoristas teriam de fazer mais viagens para descarregá-los.

Triagem. Os caminhões de coleta entregam os materiais em uma **instalação de recuperação de materiais (materials recovery facility – MRF)**. Em 1995, cerca de 750 MRFs estavam operacionais nos Estados Unidos. Apenas cerca de 60 delas tinham linhas de triagem automáticas, e quase 700 tinham principalmente processos manuais. Entre 1995 e 2000, algumas MRFs fecharam e redirecionaram os materiais para instalações maiores. Em 1999, 480 MRFs estavam operando nos Estados Unidos, com um processamento de 50 mil toneladas métricas por dia. Embora haja interesse na separação automática, muitas instalações novas utilizam técnicas manuais. Mesmo os sistemas automáticos de baixo nível, que podem manipular somente um fluxo limitado de resíduos de plásticos, custam cerca de US$ 100 mil.

Os caminhões basculam o material coletado em equipamentos de triagem inicial. A Figura 2-17 mostra uma correia transportadora que envia os recipientes misturados para o equipamento de classificação. Muitas das MRFs manuais podem separar magneticamente todos os recipientes de ferro. A triagem manual pode ser um processo muito simples que envolve o depósito dos vários materiais em caixas ou tonéis. A triagem manual também pode ocorrer em uma linha de seleção. As **linhas de seleção** caracterizam-se por correias transportadoras que movimentam materiais reciclados diante dos funcionários que os classificam em várias categorias.

Algumas unidades de reciclagem aceitam poliestireno expandido. O PS expandido apresenta vários problemas. Como sua densidade é muito baixa, o ponto inicial de armazenamento deve ser bastante grande. A Figura 2-18 mostra um recipiente de armazenamento de metal de 8 pés de altura (2,5 m). Uma carga de reboque completa de espuma PS para a reciclagem vai pesar cerca de 680 kg. Mesmo fardos de espuma PS são muito leves. A Figura 2-19 mostra um fardo de espuma PS. Esses fardos pesam de 36 a 41 kg. Em contraste, um fardo do mesmo tamanho de HDPE pesa cerca de 204 kg.

Reciclagem de PCR HDPE

Como os recipientes HDPE não se enquadram nas leis de depósito para garrafas, a eficácia da reciclagem

Figura 2-18 – Esta caixa fechada protege a sucata de espuma PS da ação do tempo. Quando cheia, um caminhão envia a espuma para uma MRF para o enfardamento.

Figura 2-19 – Este fardo bem embalado de espuma PS veio de uma prensa do tipo vertical.

depende do lixo reciclável e estações de coleta. As garrafas de HDPE eram recicladas a uma taxa de cerca de 38% no ano 2000. Em 1999, a reciclagem de HDPE atingiu 346 mil toneladas métricas. A Tabela 2-2 mostra o crescimento da reciclagem de HDPE.

A taxa de recuperação de garrafas de HDPE natural (predominantemente potes de leite de um galão e de meio galão) foi ligeiramente inferior a 25% em 1993. Em contraste, a taxa para todas as embalagens de HDPE foi de cerca de 10%. A venda total de embalagens em 1993 foi de 1.929.000 toneladas métricas. As vendas totais de HDPE para o mesmo ano foram de 4,82 milhões de toneladas métricas, o que indicou que a embalagem do tipo que aparece no fluxo de PCR é de apenas 25% do total das vendas. Os outros produtos eventualmente vão para aterros ou incineradoras.

Tabela 2-2 – Reciclagem de HDPE

	1982	1989	1993	1999	2005
HDPE	—	59	216,4	346,0	449

Unidades: 1.000 toneladas métricas

Em 1995, a demanda por materiais reciclados cresceu, e as empresas de reciclagem obtiveram lucros. O HDPE reciclado, número 2, tinha uma demanda de 500 milhões de libras em 1994, que foi cerca de 1/3 a mais do que chegou pelos fluxos de reciclagem. Em consequência da alta demanda, alguns dos principais fabricantes começaram a comercializar materiais contendo plásticos reciclados pós-consumo. Entre essas empresas estavam a Dow, a Eastman Chemical e a Ticona.

Embora apenas um número limitado de MRFs lidasse com espuma de poliestireno, quase todas aceitavam PET, HDPE natural e HDPE colorido misturado. As linhas de catação e os equipamentos automáticos de classificação separavam o HDPE natural do colorido. Quando o volume de qualquer tipo é grande o suficiente, os recipientes armazenados vão para uma máquina de enfardamento. A Figura 2-20 mostra um grande compartimento de HDPE de cores misturadas.

As enfardadeiras são de dois tipos, horizontais e verticais. A distinção refere-se à direção do movimento do carneiro (ou êmbolo percutor), que compacta os recipientes. As enfardadeiras verticais podem ser do tipo mais simples, que exigem carregamento manual. Como as enfardadeiras verticais forçam os recipientes em um espaço retangular fechado, os fardos assim produzidos são muito comprimidos.

As enfardadeiras horizontais levantam os recipientes até uma longa correia transportadora que os solta em uma câmara. A Figura 2-21 mostra a correia transportadora de alimentação de uma enfardadeira

Figura 2-20 – Quando a caixa estiver cheia, essa pilha de HDPE de cores diversas vai para a prensa (Cortesia da Cidade de Ann Arbor, Solid Waste Dept.)

Figura 2-21 – O transportador levanta os recipientes até o topo da câmara de enfardamento. (Cortesia da FCR Inc.)

Figura 2-22 – Esta foto mostra um fardo de PET saindo da máquina de enfardamento. (Cortesia da FCR Inc.)

horizontal. Os recipientes caem em uma câmara e um carneiro os pressiona em um fardo. O equipamento de atar arames completa a amarração dos fardos. Em contraste com muitas enfardadeiras verticais, que muitas vezes tornam os fardos apertados, algumas enfardadeiras horizontais produzem fardos que não são hermeticamente embalados. Isso ocorre porque em algumas enfardadeiras horizontais o carneiro empurra contra a resistência oferecida por fardos gerados anteriormente. A Figura 2-22 mostra o fardo saindo da máquina. A dificuldade com fardos soltos é que eles podem romper durante o manuseio com empilhadeiras. A Figura 2-23 mostra dois fardos de HDPE em uma empilhadeira.

Como a maioria das MRFs não tem equipamentos para reprocessar os plásticos, eles vendem os fardos para uma empresa de reprocessamento. O transporte da MRF à empresa de reprocessamento geralmente ocorre em semirreboques.

Como uma instalação de reprocessamento adquire HDPE embalado de diversas fontes, as diferenças de qualidade dos vários tipos de equipamento de enfardamento são aparentes. A Figura 2-24 mostra fardos hermeticamente embalados. Em contraste, a Figura 2-25 mostra um fardo frouxo – um fardo em perigo de desmontar antes de chegar ao equipamento de reprocessamento.

A primeira etapa no reprocessamento é desenfardar os potes de leite e alimentá-los a um picador. Neste ponto surge a oportunidade de se ter algum controle sobre os materiais que entram no sistema de reprocessamento. Os flocos provenientes do pi-

Figura 2-23 – Uma empilhadeira carrega fardos para um reboque de espera. (Cortesia da Cidade de Ann Arbor, Solid Waste Dept.)

Figura 2-24 – Estes fardos grandes e bem embalados propiciam o fácil manuseio. (Cortesia da FCR Inc.)

cador apresentam formas irregulares e considerável contaminação. A Figura 2-26 mostra os flocos sujos picados. Um sistema soprador então separa os pedaços finos porque são leves demais para cair por meio de uma corrente de ar controlada. Este processo é chamado de **elutriação**. A elutriação refere-se a uma purificação por filtração, lavagem ou decantação. Neste contexto, a purificação é feita com o ar. A Figura 2-27 mostra os tipos de materiais finos, papel e sujeira removida durante o primeiro processo de elutriação.

Silos de armazenamento retêm os flocos até que entrem na lavadora. A Figura 2-28 mostra uma lavadora para o HDPE em flocos. Em seguida uma carga pré-pesada de flocos vai para a lavadora, uma determinada quantidade de água é adicionada e começa um ciclo de lavagem vigorosa. Alguns sistemas utilizam detergentes para auxiliar na limpeza. Outros dependem das características abrasivas entre os flocos para sua limpeza.

A lavadora despeja a água e os flocos por um tubo de descarga, como mostrado na Figura 2-29. A carga de flocos então segue para um **tanque de flotação**. Pás de rotação lenta movimentam os flocos, que flutuam na água do tanque. As pás que agitam os flocos também levam as partículas pesadas a se depositar no fundo do tanque. Neste tanque são retiradas a areia, a sujeira e a maior parte dos plásticos diferentes de polietileno e polipropileno.

As pás do tanque de flotação carregam os flocos para uma calha de saída, a qual os envia a uma centrífuga para eliminar a água. A centrífuga retira a água dos flocos e os leva para um tratamento de secagem rápida. Após a secagem, um segundo sistema de elutriação cria uma corrente ascendente de ar

Figura 2-25 – Este fardo mal acondicionado pode desmontar quando manuseado por uma empilhadeira. (Cortesia da Michigan Polymer Reclaim)

Figura 2-27 – Esta foto mostra fibras, poeira, papel e filmes plásticos. Estas partículas eram suficientemente leves para a separação pelo sistema de elutriação. (Cortesia da Michigan Polymer Reclaim)

Figura 2-26 – Flocos sujos que contêm vários tipos de contaminação, tais como papel, sujeira, pedras e plásticos indesejados. (Cortesia da Michigan Polymer Reclaim)

Figura 2-28 – Este equipamento cilíndrico é uma lavadora de alta intensidade. (Cortesia da Michigan Polymer Reclaim)

controlado, que separa os finos dos flocos lavados. A Figura 2-30 mostra o soprador usado para essa separação. Esta elutriação consiste principalmente de filmes usados em rótulos. A Figura 2-31 mostra os tipos de materiais finos coletados pela segunda classificação com ar. Os sopradores enviam os flocos limpos para os silos de armazenamento, tal como o observado na Figura 2-32. Caso os silos de armazenamento estejam cheios, os flocos podem ser armazenados em *gaylords*, que são grandes caixas contendo cerca de uma jarda cúbica de material.

Os flocos limpos (como vistos na Figura 2-33) então seguem para a entrada de alimentação de uma extrusora. A extrusora funde os flocos e força o material fundido por meio de uma matriz. A Figura 2-34 mostra uma extrusora preparada para esta operação. Esta extrusora tem um granulador do tipo parede molhada, que corta fitas de material extrudado logo após saírem da matriz. As partículas são lançadas em uma parede molhada de forma cilíndrica. A

Figura 2-29 – A lavadora deposita uma carga de flocos lavados e água no tanque de flotação. (Cortesia da Michigan Polymer Reclaim)

Figura 2-31 – Este grupo de materiais finos consiste primariamente de filmes usados nos rótulos das garrafas HDPE. (Cortesia da Michigan Polymer Reclaim)

Figura 2-30 – Esta foto mostra a unidade sopradora que separa os contaminantes finos e leves. (Cortesia da Michigan Polymer Reclaim)

Figura 2-32 – Abaixo do recipiente de armazenamento está um *gaylord*, que pode armazenar flocos se o recipiente encher. Observe os armazenadores pendurados em torno do recipiente. O ar utilizado para enviar os flocos para o recipiente deve sair. Os armazenadores capturam quaisquer materiais finos na sua corrente de ar de saída. (Cortesia da Michigan Polymer Reclaim)

Figura 2-33 – Estes são flocos limpos. Observe a peça escura. Ela faz parte da tampa de uma garrafa de leite e é feita de propileno azul. É um contaminante, mas como o PP e HDPE têm densidades similares, esta peça não pode ser separada pelo sistema de flotação. (Cortesia da Michigan Polymer Reclaim)

Figura 2-34 – Flocos limpos descem para a alimentação da picotadora na parte traseira desta extrusora. (Cortesia da Michigan Polymer Reclaim)

Figura 2-35 – Esta foto mostra uma peletizadora do tipo water-well. Ela tem a vantagem de manter o molde quente e seco, e ainda resfriar peças quentes de plástico num banho de água. (Cortesia da Michigan Polymer Reclaim)

Figura 2-35 mostra este tipo de granulador. Os grãos esfriam rapidamente. Eles são secos e despejados em um *gaylord* para envio a uma instalação de processamento, a qual produzirá novos produtos. Como o HDPE encontrado em potes de leite é um material da classe de moldagem por sopro, frequentemente segue para a seção de produtos soprados adicionais.

Classificação automática. A classificação manual tem duas sérias limitações. Não é eficaz na distinção entre PVC e PET e torna-se inviável quando o volume total de materiais é muito alto. Para desenvolver sistemas mais rápidos, as empresas têm desenvolvido vários tipos de dispositivos de classificação automática. Muitos sistemas automáticos incluem equipamentos similares para preparar os recipientes para a identificação. Todos usam carregadores de fardos, máquinas desenfardadoras e telas para remover pedras, sujeira e recipientes extremamente grandes ou pequenos. A grande diversidade ocorre na técnica usada para identificar os diversos materiais plásticos. Os sistemas de identificação têm dois componentes principais: um método para separar e transportar os recipientes e outro para identificar os plásticos.

A separação e transporte geralmente envolvem transportadores de alta velocidade. Caso haja um único detector no sistema, os transportadores devem individualizar os recipientes e fazê-los passar pelo detector um de cada vez. Frequentemente, uma rajada de ar é usada para separar um recipiente do seguinte. Além de jatos de ar, os transportadores vibratórios também ajudam na individualização. Se um único detector não reconhece o recipiente, ou se o recipiente está mal posicionado para um reconhecimento ótimo, ele pode não ser identificado. Para aumentar as taxas de identificação, alguns sistemas têm múltiplos detectores com um sistema de individualização de transporte. Alguns sistemas são capazes de operar com múltiplas embalagens e requerem múltiplos detectores para esta aplicação. A Figura 2-36 mostra várias configurações possíveis para uma identificação automática.

O objetivo geral do detector é determinar a composição química de um recipiente. Uma vez concluída, os sistemas computacionais devem seguir a posição do recipiente conhecido e, então, ativar o jato de ar para ejetá-lo ao transportador apropriado. Os quatro

1. Detector único/amostra simples

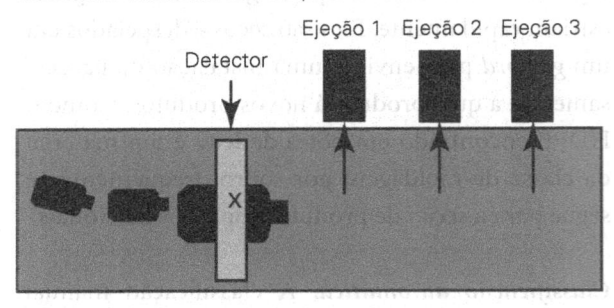

2. Detector múltiplo / amostra simples

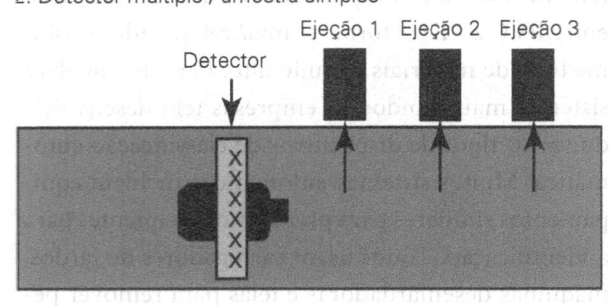

Figura 2-36 – Sistemas de transporte com singulação apresentam recipientes para detecção de um item por vez.

principais tipos de detectores são os ópticos, de raios X, de **infravermelho (IR)** de um único comprimento de onda e IR de múltiplos comprimentos de onda.

Os sistemas ópticos dependem de sistemas de visualização que determinam a cor de um recipiente; sensores de raios X que podem distinguir entre PET e PVC pela detecção de átomos de cloro no PVC. A detecção química pode ocorrer rapidamente – com alguns sistemas que exigem menos de 20 milissegundos. Os sistemas de IR de um único comprimento de onda podem determinar a opacidade e, com base nos resultados, classificar os recipientes em tons claros, translúcidos e opacos. Os sistemas de IR de múltiplos comprimentos de onda podem determinar a constituição química de um recipiente pela comparação dos seus resultados com um padrão conhecido. Comparado com os sistemas de IR de um único comprimento de onda, os sistemas de múltiplos comprimentos de onda exigem mais tempo para a identificação.

Sistemas de classificação automatizados podem ser modestos, com equipamentos para reconhecer apenas alguns materiais. Um sistema básico pode distinguir três classes principais: HDPE natural; PP, PET e PVC; e HDPE de cores mistas. Um sistema um pouco mais poderoso distinguiria PET de PVC.

Alguns sistemas de cores divulgam a capacidade de distinguir milhões de tonalidades de cores. Os sistemas de IR estendem ainda mais este recurso. Após a completa identificação, os recipientes selecionados são soprados por jatos de ar para os transportadores ou funis apropriados. Estes sistemas automatizados podem processar recipientes em uma velocidade de dois a três recipientes por segundo, ou cerca de 680 kg por hora. Para melhorar essa velocidade, várias linhas são necessárias. No entanto, os custos de tais sistemas podem chegar a US$ 1 milhão.

Materiais picados e misturados. A eliminação de toda a classificação pode simplificar os sistemas nas MRFs. No entanto, ao picar plásticos misturados tem-se como resultado flocos picados misturados. A classificação dos flocos em correntes apropriadas de material pode ser feita de várias maneiras.

Os sistemas de flotação podem distinguir materiais com base nas diferenças de densidade. A flotação por espuma separa os plásticos pela diferenciação de potenciais de molhamento da superfície.

Os sistemas baseados em tecnologia óptica de classificação fazem o fluxo de flocos picados passarem pelos detectores. Se os detectores indicam a presença de um floco indesejado, rajadas de ar o removem do fluxo. A eficiência e velocidade desses sistemas ainda estão em desenvolvimento. Atualmente uma passagem pelo sistema pode remover cerca de 98% de contaminantes; no entanto, para limpar o fluxo no nível de 10 partes por milhão (ppm), várias passagens adicionais são necessárias. Sistemas semelhantes com base na separação magnética podem distinguir o PVC do PET.

Reciclagem automotiva

Aproximadamente 10 milhões de automóveis são descartados anualmente nos Estados Unidos. Eles chegam primeiro em unidades de desmanche de automóveis. Após a remoção de peças úteis para revenda, os desmanches deixam o que resta aos trituradores. Há cerca de 180 trituradores nos Estados Unidos. Depois de fazer um carro em pedaços, as empresas que fazem o desmonte separam os metais ferrosos dos não ferrosos e enviam estes materiais para as fundições e usinas de aço para o reprocessamento. Cerca de 75% dos materiais dos automóveis são reciclados. O resíduo dos trituradores, às vezes chamado cotão da trituradora, contém plásticos, vidro, tecidos, adesivos, tintas e borracha. O **resíduo de trituração de automóvel (automotive shredder residue – ASR)** é responsável por 3 a 4 milhões de toneladas métricas por ano. Entre 20% e 30% do ASR é de materiais plásticos, a maioria vai para aterros sanitários.

Em um esforço para reduzir os resíduos de trituração, as grandes montadoras de automóveis criaram procedimentos e diretrizes para a reciclagem. Para fazer a reciclagem funcionar por toda indústria automotiva, várias das grandes montadoras criaram a **Parceria de Reciclagem de Veículos (Vehicle Recycling Partnership – VRP)**. Esta parceria é atualmente atrelada ao Conselho de Pesquisa Automotiva dos Estados Unidos (*United States Council for Automotive Research* – USCAR). Como parte destes esforços, eles estabeleceram um código para confeccionar plásticos – **SAE code J1344** – para auxiliar na identificação durante a desmontagem. Este código utiliza as denominações de plásticos ISO (International Organization for Standardization). (Para informações sobre os testes da ISO, consulte o Capítulo 6.)

Além dos esforços voltados para toda a indústria de automóveis, grandes empresas têm estabelecido diretrizes internas para reciclagem. Por exemplo, a Ford Motor Company estabeleceu diretrizes de reciclagem em 1993. Essas diretrizes promovem a utilização de materiais reciclados e incentivam a redução de plásticos pintados. O moldado na cor reduz as emissões de voláteis das operações de pintura e torna a reciclagem mais fácil. As diretrizes também recomendam o uso de um número limitado de plásticos e sugerem o uso de polipropileno (PP), acrilonitrila-butadieno-estireno (ABS), polietileno (PE), poliamida (PA), polimetilmetacrilato (PMMA) e policarbonato (PC). O PVC deve ser usado somente onde as técnicas de separação e reciclagem estão estabelecidas. Além disso, os fornecedores devem "ser incentivados a receber [...] de volta os materiais para a reciclagem no fim da vida útil do veículo".

Reciclagem química

A reciclagem química envolve dois níveis de despolimerização. A polimerização original de alguns plásticos é reversível. A despolimerização produz monômeros que podem ser usados para fazer novos polímeros. Outras matérias plásticas não despolimerizam a monômeros prontamente úteis.

O tipo de despolimerização que produz monômeros úteis é chamado **hidrólise**. Está além do escopo desta discussão explicar completamente a hidrólise e as reações químicas que utiliza. É, no entanto, uma técnica viável para poliésteres, poliamidas e poliuretanos. As técnicas químicas variam dependendo do tipo de plástico. Durante muito tempo, as empresas que fazem PET têm utilizado uma forma de hidrólise para converter resíduos da produção de PET em monômeros.

Alguns plásticos podem ser convertidos em monômeros com despolimerização térmica. Este processo envolve o aquecimento do plástico na ausência de oxigênio. Esse processo também é nomeado como **pirólise**. O acrílico, o poliestireno e alguns tipos de acetal produzem monômeros sob estas condições.

Outros plásticos originam-se a partir de reações irreversíveis e, consequentemente, não podem ser despolimerizados em monômeros. Eles podem ser despolimerizados em materiais petroquímicos úteis pela liquefação pirolítica. Materiais adequados para este tratamento são o HDPE, o PP e o PVC.

Na liquefação pirolítica simples, pedaços de plásticos são introduzidos em um tubo que é aquecido a cerca de 537 °C. O plástico se funde, decompõe-se em vapores, e os vapores condensam-se em líquidos. Os líquidos são usados como matérias-primas em plantas petroquímicas. Algumas empresas esperam produzir gasolina a partir do plástico.

Reciclagem na Alemanha

Nos Estados Unidos, alguns fabricantes de embalagens e recipientes agora enfrentam várias leis e mandatos de reciclagem. Tais leis não se estendem atualmente aos produtores de máquinas, automóveis e componentes eletrônicos. Em contraste, a Alemanha tem atribuído aos fabricantes a total responsabilidade para a recuperação, reprocessamento ou descarte de embalagens.

Para vencer este desafio, mais de 600 fabricantes e distribuidores uniram suas forças e criaram um sistema chamado Duales System Deutschland (DSD). A DSD foi fundada em 1990 e funcionava como uma empresa privada até 1997. Nesta época, foi transformada em uma empresa pública com cerca de 600 acionistas. A DSD coleta, classifica e organiza todos os materiais de embalagem para o reprocessamento. Durante 1993, a DSD coletou 360 mil toneladas métricas de material. No ano 2000, recolheu mais de 5,6 milhões de toneladas de material. Os materiais recuperados são vidro, plásticos e metais. Antes de 2006, as lojas eram obrigadas a receber de volta apenas os recipientes que venderam, mas, desde maio de 2006, as lojas são obrigadas a receber quaisquer e todas as embalagens feitas do mesmo material que vendem. Este procedimento tem ajudado a tornar o sistema mais eficiente. Em 2006, a DSD recuperou 5,2 milhões de toneladas métricas de materiais. Embora este volume seja quase o mesmo que daquele obtido no ano 2000, as empresas de embalagem têm continuamente otimizado os modelos de pacotes. Como consequência, o consumo anual de embalagens de venda tem sido gradativamente reduzido.

Eliminação por incineração ou degradação

História da incineração nos Estados Unidos

A queima de resíduos sólidos em áreas abertas de despejo foi comum durante séculos. No entanto, a preocupação com a proteção do ambiente levou ao fechamento dos despejos abertos e das áreas de queima, substituindo-os por aterros. Algumas comunidades construíram incineradores especiais para o descarte de resíduos sólidos. Em 1960, aproximadamente 30% dos **resíduos sólidos urbanos (municipal solid waste – MSW)** foram queimados em incineradores sem nenhuma tentativa de se recuperar ou usar o calor gerado. Este método cresceu até o início da década de 1970. O Ato do Ar Limpo (*Clean Air Act*), que foi aprovado em 1970, fechou cerca de metade dos incineradores, porque os equipamentos de substituição para controle de poluição eram considerados caros demais. Para que a incineração se tornasse viável, era necessário algum método que subsidiasse o custo para se equipar a instalação. Utilizar os resíduos sólidos como combustível na geração de energia elétrica ou vapor era uma solução viável.

A partir do final dos anos 1970 até 1980, houve um aumento considerável nas instalações de **geração de energia por resíduos (waste-to-energy – WTE)**. Em 1990, cerca de 15% dos resíduos sólidos urbanos foram incinerados. As instalações WTE tinham alto custo; uma instalação bem equipada exigia pelo menos US$ 50 milhões para ser construída. Em 1991, havia 168 incineradores ativos nos Estados Unidos. Em comparação, o Japão teve cerca de 1.900 e na Europa Ocidental, mais de 500 incineradores. Por causa das regulamentações rigorosas com relação à incineração, uma série de incineradores dos Estados Unidos foi fechada em meados da década de 1990. Em 1999, os Estados Unidos tinham apenas 102 instalações de combustão com uma capacidade para queimar até 87 mil toneladas métricas por dia.

No Japão, a construção começou com um único sistema WTE em 2001. A usina de US$ 81 milhões foi projetada para gerar 74.000 kW e queimar apenas resíduos plásticos. A capacidade da usina era de 680 toneladas métricas por dia e deveria emitir menos poluentes do que a maioria das usinas a óleo.

Vantagens da incineração

Uma das vantagens da incineração é que não exige a classificação dos resíduos sólidos. O conjunto completo de papel, plásticos e outros materiais pode ir para o incinerador. A incineração proporciona uma redução de 80% a 90% em volume de resíduos sólidos, transformando muitas jardas cúbicas de material em algumas libras de cinzas. As plantas WTE incorrem em um custo de operação de cerca de US$ 10 a US$ 20 por tonelada. Para compensar o custo, as WTEs têm duas fontes de receita. Eles cobram taxas das organizações de resíduos sólidos urbanos para enviar os carregamentos compactados à MSW. As instalações incineradoras recebem cerca de US$ 50 por tonelada aceita na MSW. Além disso, as incineradoras vendem eletricidade e o seu custo é comparável à de outras plantas de geração elétrica – de um modo geral não são significativamente menores.

Para muitas cidades, a alternativa à incineração é a deposição em aterro. No entanto, os custos de deposição em aterro são elevados nas regiões mais povoadas do país. Em Nova York e Massachusetts, os custos de aterro podem ultrapassar US$ 50 a US$ 60 por tonelada. Em algumas áreas da Califórnia, os custos de aterro alcançaram até US$ 85 por tonelada.

Desvantagens da incineração

Quando a construção de novos incineradores é proposta, alguns grupos da população se opõem veementemente a eles. Os motivos para tentar impedir a construção de novos incineradores envolvem dois fatores: primeiro, as cinzas do incinerador e, segundo, as emissões do processo de incineração.

Os incineradores geram dois tipos de cinzas, cinzas pesadas e cinzas leves. As **cinzas pesadas** vêm do fundo da câmara de combustão e contêm material não combustível. Os incineradores de queima de massa enviam o conteúdo completo da carga compactada de resíduos para a câmara de combustão. Tijolos, pedras, aço, ferro e vidro vão para as cinzas pesadas junto com os resíduos da combustão. As **cinzas leves** são um material coletado nos gases de chaminé dos equipamentos de controle de poluição.

As cinzas leves geralmente contêm concentrações relativamente elevadas de metais pesados e alguns produtos químicos perigosos. Em contraste, as cinzas pesadas normalmente contêm materiais menos tóxicos. Algumas instalações de incineração misturam as cinzas leves e pesadas.

Um ponto de conflito está relacionado ao perigo das cinzas para os habitantes e o método de eliminação adequado para as cinzas. Se as cinzas são consideradas um material tóxico, então devem ser depositadas em aterros especiais, projetados para receber materiais tóxicos. Isso eleva muitíssimo o custo em relação aos aterros regulares.

As emissões provenientes de incineradores geralmente contêm vários níveis de furanos, dioxinas, arsênio, cádmio e cromo. Todos estes materiais são muito tóxicos e a maioria das pessoas teme os potenciais efeitos adversos à saúde. Os defensores da incineração fazem sua argumentação baseados na comparação entre os incineradores e as usinas de energia que queimam carvão pulverizado. Os ambientalistas argumentam que as emissões são potencialmente carcinogênicas e devem ser proibidas imediatamente.

Uma preocupação em particular para a indústria de plásticos é a dioxina. Quando os compostos que contêm cloro, como o PVC e o papel branqueado por branqueamento com cloro, são incinerados a altas temperaturas, diversos compostos clorados são produzidos. Quando os gases que contêm essas substâncias químicas resfriam a cerca de 300 °C, a dioxina se forma.

A Agência de Proteção Ambiental (Environmental Protection Agency – EPA) considera a dioxina um provável agente carcinogênico humano e um agente não carcinogênico perigoso a saúde.

Um relatório da EPA, publicado em 1995, cita os incineradores de resíduos médicos como a maior fonte de dioxinas nos Estados Unidos. A segunda maior fonte são os incineradores de resíduos sólidos urbanos. Embora os incineradores de resíduos hospitalares queimem volumes pequenos comparados com incineradores da MSW, a linha de lixo hospitalar tem um elevado teor de PVC. Além disso, há muito mais incineradores de resíduos médicos do que as instalações de incineração de MSW. Em 1994, mais de 6.700 incineradores de resíduos hospitalares estavam em operação.

Duas abordagens têm sido propostas: em primeiro lugar, a eliminação de todos os resíduos clorados dos incineradores, e segundo, a melhoria do controle das emissões pelos incineradores. Reduzir as emissões de dioxina exigirá investimentos significativos em equipamentos de controle de poluição, talvez envolvendo pelo menos 60% dos incineradores existentes. Se as novas regulamentações para a qualidade do ar forem impostas, cerca de 80% dos incineradores hospitalares existentes provavelmente pararão de operar. Para lidar com os resíduos hospitalares, um pequeno número de incineradores extremamente bem controlados será capaz de cumprir as normas. Transportar os resíduos para poucos incineradores também vai levar a um aumento no custo de tratamento de resíduos hospitalares.

Outra possibilidade é enviar os resíduos hospitalares para grandes autoclaves, que aquecem os materiais a uma temperatura que elimina riscos biológicos. Após a autoclavagem, os resíduos materiais seguem então para o aterro sanitário tradicional.

Plásticos degradáveis

Uma grande controvérsia envolve os plásticos biodegradáveis. Um dos focos de controvérsia eram os anéis ou ataduras utilizados para prender pacotes de seis e oito cervejas, latas de refrigerantes ou garrafas. Foi provado por vários grupos ambientalistas que alguns animais, especialmente as aves marinhas, ficavam presos ou eram aprisionados pelos anéis. A resposta a este problema foi uma legislação exigindo que tais anéis, ataduras ou outros dispositivos fossem degradáveis.

Os fornecedores de matérias-primas introduziram para essas aplicações as classes **fotodegradável** e **biodegradável** de materiais. Os materiais fotodegradáveis contêm substâncias químicas sensíveis à luz solar que levam os anéis a se desintegrarem. A classe de biodegradáveis geralmente contém amido de milho ou outros amidos, que são atacados por microrganismos na água ou no solo. Os anéis também se desintegram ao longo do tempo. Em todos os casos, quanto mais fino o material de embalagem, mais rapidamente ocorre a deterioração física.

Atualmente, 28 estados americanos têm leis que exigem tais dispositivos degradáveis. O estado do Michigan exige a degradação no prazo de 360 dias; a Flórida permite apenas 120 dias. Outros estados não especificam o período de tempo permitido.

Isto não acabou com a controvérsia – grupos ambientais foram contra os materiais degradáveis. Eles argumentaram que os plásticos bio- ou fotodegradáveis podem contaminar os plásticos reciclados úteis de outra maneira. Eles também visualizam os materiais degradados como uma potencial ameaça à pureza da água. Após bio- ou fotodegradação suficiente, os anéis se partem em pequenos pedaços. No entanto, estes pequenos pedaços geralmente são bastante estáveis quimicamente. Por exemplo, um saco de supermercado de polietileno com amido de milho como aditivo se desintegrará em pequenas partículas de polietileno. Elas parecerão ter se desintegrado, mas os minúsculos pedaços ainda estarão lá. Elas permanecerão intactas por um longo período de tempo.

Desde 2000 várias empresas começaram a vender os bioplásticos. Os bioplásticos e os biopolímeros são materiais poliméricos que derivam de fontes renováveis. Diferentemente dos plásticos baseados em petróleo, estes materiais começam como milho ou outras plantas. Muitos bioplásticos também são biodegradáveis. Embora o uso de biopolímeros seja limitado, eles apresentam potencial para competir com os polímeros convencionais se os preços do petróleo continuarem a subir e a produção de bioplásticos se tornar mais rentável. O uso do ácido poliático (PLA) representa cerca de 40% do total de plásticos não baseados em petróleo. O consumo de bioplásticos na Europa em 2003 foi de 40 mil toneladas métricas.

O plástico "verde" que tem recebido a maior atenção é o ácido poliático, que é baseado em amido de milho, trigo e outros grãos. O nome químico para o PLA é poli-hidroxialcanoato, um poliéster natural que tem sido estudado há vários anos. No passado, ele era caro e tinha propriedades e faixas de processamento muito limitadas. Embora ainda não estivesse pronto para o mercado, grandes empresas agrícolas estavam interessadas no potencial do PLA.

Nos Estados Unidos, tanto a Archer Daniels Midland (ADM) quanto a Cargill têm entrado neste mercado. Durante a década de 1990, a Metabolix, Inc. desenvolveu técnicas para tornar o PLA mais fácil de processar e com custos reduzidos. A ADM e a Metabolix estabeleceram uma *joint venture* e criaram uma nova empresa, a Telles™. A Cargill criou uma nova unidade, a NatureWorks®. A Telles™ oferece dois tipos de moldagem por injeção do seu PLA, chamado Mirel™. A unidade da Cargill vende agora os polímeros NatureWorks e as fibras extrudadas Ingeo® para vestuário. Ambas as empresas usam o amido de açúcares vegetais e convertem o amido em um polímero. A NatureWorks divulgou que sua capacidade de produção é de 300 milhões de libras anuais.

As aplicações de PLA ainda permanecem bastante limitadas. Uma empresa alemã faz coberturas Bio-Flex®, um filme biodegradável para uso agrícola. Este filme destina-se a substituir os tradicionais filmes de PE agrícolas. Após o uso, pode-se arar a terra e recobri-la, eliminando o tempo e o custo de remoção dos filmes tradicionais. Algumas empresas automobilísticas estão considerando o uso de PLA para os seus componentes, a fim de promover e reivindicar sua preocupação ambiental. A Toyota criou uma planta piloto para a produção de PLA.

Algumas das aplicações mais visíveis do PLA têm sido nas embalagens de alimentos e bebidas. A Biota, uma empresa sediada no Colorado, vende água mineral em garrafas feitas de PLA. Eles alegam que a garrafa se degradará completamente em 80 dias de compostagem comercial. A Excellent Packaging and Supply (EPS) é um distribuidor da SpudWare™, uma linha de talheres e pratos biodegradáveis fabricados na China a partir de um bioplástico, que é constituído de 80% de amido vegetal e 20% de óleo vegetal. Algumas frutas e legumes orgânicos são acondicionados em filmes biodegradáveis.

Algumas organizações hoje afirmam o desenvolvimento de bioplásticos como sua missão. A European Bioplastics, uma associação iniciada em 2006 para representar os usuários de bioplásticos e polímeros biodegradáveis (BDP), afirma que sua missão é apoiar a utilização de matérias-primas renováveis. Além disso, incentiva o cumprimento das disposições da norma EN 13432, um padrão de polímeros biodegradáveis, que é válida em todos os estados membros da União Europeia (UE). A International Biodegradable Polymers Association & Working Groups é uma organização sediada na Alemanha. Além de desenvolver o plástico biodegradável, a organização tem ajudado no desenvolvimento de um sistema de certificação e rotulagem de materiais biodegradáveis e produtos compostáveis plásticos. Este sistema identifica os plásticos biodegradáveis e compostáveis de tal forma que eles não entrarão no fluxo de reciclagem do plástico convencional.

A preocupação com a reciclagem pode prejudicar o crescimento do PLA, porque uma pequena quantidade de PLA pode contaminar a linha de reciclagem de PET, que é a maior de todas as linhas de reciclagem. A maioria dos bioplásticos é rotulada como "7", o código de reciclagem para "outros" materiais, mas garrafas de bebidas, tais como aquelas oferecidas pela Biota, poderiam facilmente acabar em depósitos para reciclagem.

Organizações na indústria de plásticos

A indústria de plásticos apoia um grande número de organizações, que vão desde sociedades internacionais abrangentes até grupos pequenos e altamente específicos. Alguns dos maiores grupos receberão atenção; muitas das organizações de menor porte apenas receberão uma menção.

Sociedade da Indústria do Plástico (Society of the Plastics Industry – SPI). A SPI foi criada em 1937 para servir de "voz da indústria de plásticos". De acordo com sua declaração de missão, a SPI pretende "promover o desenvolvimento da indústria de plásticos e aumentar a compreensão pública das suas contribuições, enquanto atende as necessidades da sociedade". A SPI tem estrutura complexa, envolvendo 26 divisões, 4 escritórios regionais, 3 grupos de propostas especiais e 17 serviços especiais.

Uma de suas atividades mais familiares é organizar a National Plastics Exposition (NPE) e a International Plastics Exposition a cada três anos. Esta exposição começou em 1946 e hoje atrai visitantes de 75 países. A exposição reúne fabricantes de equipamentos, matérias-primas, fornecedores, laminadoras, fabricantes, fabricantes de moldes e os fabricantes de plásticos.

Em razão do sucesso e crescimento da NPE, a SPI iniciou uma segunda exposição, a Plastics USA. A primeira Plastics USA ocorreu em outubro de 1992. Este evento de três dias, realizado de 15 a 16 meses após a NPE, é semelhante à NPE, mas em menor escala.

A NPE e a Plastics USA são grandes exposições. A Mostra de Especialidades (*Specialty Shows*) organizada pelo SPI inclui:

- Conferência Anual do Instituto de Compósitos e Expo (*Composites Institute Annual Conference and Expo*).
- Plasticos, realizada na Cidade do México.
- O Congresso Mundial de Poliuretanos.
- Conferência Anual e Projeto de Novos Produtos.
- Competição da Divisão de Plásticos Estruturais.

As 26 divisões cobrem todas as facetas da indústria de plásticos. As divisões maiores têm comissões permanentes e prêmios anuais para trabalhos acadêmicos ou inovações de design. Para mais detalhes sobre estas divisões, contate a SPI para um Guia de Serviços para os Membros.

Os grupos de propostas especiais incluem o Conselho de Plásticos Degradáveis (*Degradable Plastics Council*), o Conselho de Performance de Poliolefinas ao Fogo (*Polyolefins Fire Performance Council*) e o Centro de Pesquisas e Informação do Estireno (*Styrene Information and Research Center*).

As comissões de serviços especiais devem voltar seu foco para as questões de gestão e relações públicas. Esses comitês formam o vínculo formal da Sociedade com as agências governamentais. Um exemplo é o trabalho do Comitê de Alimentos, Medicamentos Materiais para Embalagem Cosmética (*Food, Drug, and Cosmetic Packaging Materials Committee*), que examina as políticas da Administração de Alimentos e Medicamentos (*Food and Drug Administration* – FDA). Ela também fornece uma via de acesso para a discussão de interesses comuns.

A SPI também atua na formação da força de trabalho por meio da Rede de Aprendizagem em Plásticos (*Plastics Learning Network* – PLN). Os cursos de formação, disponíveis ao vivo por meio de transmissão via satélite, podem alcançar a maioria das comunidades nos Estados Unidos e Canadá. Alguns cursos preparam estudantes para a certificação por meio do SPI.

A SPI mantém um serviço de publicações. A *SPI Literature Catalog* está disponível gratuitamente no Departamento de Vendas de Literatura. Para contatar a Sociedade, visite o site: http://www.plasticsindustry.org.

A Sociedade dos Engenheiros do Plástico (Society of Plastics Engineers – SPE). Em 1942, 60 vendedores e engenheiros se reuniram perto de Detroit, Michigan, e fundaram a SPE "para promover o conhecimento científico e de engenharia relacionados aos plásticos". Em 1993, o número de membros ultrapassava 37.800 – divididos entre 91 seções em 19 países. Grandes seções locais mantinham reuniões mensais, as quais forneciam benefícios sociais e técnicos para os membros. A SPE mantém a sua sede mundial em Brookfield, Connecticut, e recentemente abriu um escritório europeu em Bruxelas, na Bélgica.

A SPE apoia e promove a educação formal relacionada aos plásticos. Ela estimula os estudantes a se engajar em projetos de pesquisa sobre materiais e processos plásticos e fornece bolsas de estudo para graduação e pós-graduação. Os estudantes podem participar da *SPE student chapter*, que corresponde ao número 89 no mundo todo.

A SPE fornece a formação continuada de seus membros por meio de uma ampla variedade de seminários e conferências. Conferências técnicas regionais e nacionais dão aos membros acesso à pesquisa mais atual no campo. A maior conferência é a Conferência e Exposição Técnica Anual (*Annual Technical Conference and Exhibition* – Antec). Em 1943, a SPE realizou sua primeira Conferência Técnica Anual, que teve 50 expositores e menos de 2.000 visitantes. Em 1993, a Antec atraiu cerca de 5.000 membros e organizou mais de 650 apresentações técnicas. Em 2001, a ANTEC foi realizada em Dallas, Texas, e contou com mais de 700 trabalhos técnicos, 20 seminários e 130 expositores.

Todo mês, a SPE publica a *Plastics Engineering*, uma revista contendo artigos sobre os atuais desenvolvimentos em plásticos. Além da *Plastics Engineering*, a sociedade também publica três revistas técnicas que incluem artigos e trabalhos com mérito científico e acadêmico: *Journal of Vinyl Technology*, publicada quatro vezes por ano; *Polymer Engineering & Science*, publicado em 24 edições por ano, e *Polymer Composites*, publicada em seis edições por ano.

A SPE publica anualmente um catálogo, contendo uma variedade de livros de editoras de renome mundial. Os livros abrangem duas grandes áreas: uma relativa à engenharia e processamento de materiais plásticos, e outra sobre a ciência dos polímeros. O catálogo oferece também os anais de conferências técnicas regionais e os anais da ANTEC e as assinaturas das revistas SPE.

A SPE mantém a posição da maior organização técnica mundial para o conhecimento científico e de engenharia relacionada aos plásticos. Para mais informações ou pedidos de adesão, visite o site ou escreva para:

Society of Plastics Engineers
14 Drive Fairfield
Brookfield, CT 06804-0403
http://www.4spe.org

Instituto do Plástico da América (The Plastics Institute of Americ – PIA). O PIA é hoje um grupo de ensino e pesquisa sem fins lucrativos. As bolsas de estudos são oferecidas a estudantes que desejam seguir carreira na indústria de plásticos, e o treinamento de funcionários é fornecido em colaboração com a Universidade de Massachusetts Lowell. Para entrar em contato com o PIA, visite o site ou escreva para:

The Plastics Institute of America, Inc.
UMass Lowell-Campus, Wannalancit Center
600 Suffolk Street
CVIP, 2 Sul Fl
Lowell, MA 01854
http://www.plasticsinstitute.org

Sociedade para o Avanço da Engenharia de Materiais e de Processos (**Society for the Advancement of Material and Process Engineering – Sampe**). Esta sociedade tem membros que estão envolvidos no desenvolvimento de materiais e de processos – sobretudo de materiais e engenheiros de processos. Ela publica a *Sampe Journal* bimestralmente e o *Journal of Advanced Materials*. Para entrar em contato com a Sampe, visite o site ou escreva para:

> Sampe Headquarters
> 1161 Park View Drive, Suite 200
> Covina, CA 91724-3751
> http://www.sampe.org

Sociedde Americana para a Plasticultura (**American Society for Plasticulture – ASP**). Esta sociedade se concentra no uso dos plásticos na agricultura. Organiza anualmente o National Agricultural Plastics Congress. Para entrar em contato com a ASP, visite o site ou escreva para:

> ASP
> 174 Drive Crestview
> Bellefonte, PA 16823
> http://www.plasticulture.org

Outras organizações

International Association of Plastics Distributors (IAPD)
  http://www.iapd.org
The Association of Postconsumer Plastic Recyclers (APR)
  http://www.plasticsrecycling.org
The National Association for PET Container Resources (NAPCOR)
  http://www.napcor.com
Association of Rotational Molders International (ARM)
  http://www.rotomolding.org
Plastic Lumber Trade Association
  http://www.plasticlumber.org
Plastics Foodservice Packaging Group (PFPG) anteriormente Polystyrene Packaging Council
  http://www.polystyrene.org
Polyurethane Foam Association
  http://www.pfa.org
Polyurethane Manufacturers Association
  http://www.pmahome.org

Publicações para a indústria de plásticos

Modern Plastics é uma revista mensal publicada pela McGraw-Hill, Inc. Inclui trabalhos técnicos, relatórios de mercado e de negócios e publicidade relacionada aos plásticos. Para obter informações sobre a assinatura, entre em contato:

> Modern Plastics
> http://www.modplas.com

A *Plastics Technology* é publicada mensalmente pela Bill Communications, Inc. Apresenta artigos para processadores de plásticos e uma atualização de preços. A *Plastics Technology* também publica a *PLASPEC*, que fornece informações sobre vários tipos de materiais. Para mais informações:

> Plastics Technology
> http://www.ptonline.com

Jornal do comércio

A *Plastics News* é uma publicação semanal da Crain Communications Inc. Inclui artigos curtos sobre temas de comércio e relatórios sobre vendas e aquisições de plantas de processamento, novos materiais e projetos, seminários e os preços de resinas. Para obter informações de inscrição:

> http://www.plasticsnews.com

Pesquisa na internet

- **http://www.cereplast.com.** Cereplast, Inc., vende biopolímeros. Selecionando-se "Products" na página inicial levará a uma discussão sobre plásticos biodegradáveis, que se degradarão completamente, e materiais híbridos, que substituem pelo menos 50% do teor de petróleo por materiais de fontes renováveis.
- **http://www.epa.gov.** A Agência de Proteção Ambiental (Environmental Protection Agency – EPA) tem um site abrangente. Para um resumo dos fatos sobre a reciclagem de resíduos urbanos, acesse http://www.epa.gov/epaoswer/non-hw/muncpl/htm.

- **http://www.european-bioplastics.org.** Esta associação começou, em 2006, a representar os usuários de bioplásticos e polímeros biodegradáveis (BDP). Sua missão é apoiar a utilização de matérias-primas renováveis. Selecionando-se "Product Quality" na página inicial levará a um resumo das disposições da norma EN 13432, um padrão de polímeros biodegradáveis que é válido em todos os Estados membros da União Europeia.
- **http://www.excellentpackaging.com.** A Excellent Packaging and Supply (EPS) é um distribuidor da SpudWare, uma linha de talheres e pratos biodegradáveis.
- **http://www.natureworksllc.com.** A NatureWorks LLC vende bioplásticos que têm brilho e transparência como o poliestireno e resistência como o PET. A empresa afirma que este material tem um impacto ambiental muito menos adverso do que os materiais de embalagem convencional.

Vocabulário

As palavras a seguir são encontradas neste capítulo. Consulte o glossário no Apêndice A para encontrar as definições destas palavras, caso você não compreenda como elas se aplicam aos plásticos.

Resíduos de trituração de automóveis (ASR)
Biodegradável
Cinzas pesadas
Elastômeros
Elutriação
Tanque de flotação
Cinzas leves
Gaylords
Hidrólise
Infravermelho (IR)
Instalação de recuperação de materiais (MRF)
Resíduos sólidos urbanos (MSW)
Fotodegradável
Linhas de seleção
Plástico (propriedade)
Plásticos (materiais)
Polímeros
Pirólise
Resinas
Ato da Conservação e Recuperação de Recursos (RCRA)
Borracha
SAE código J1344
Elastômero termoplástico (TPE)
Elastômero termoplástico de olefina (TPO)
Parceria de Reciclagem de Veículos (VRP)
Geração de energia por resíduos (WTE)

Questões

2-1. Explique a diferença entre reciclagem e reprocessamento.
2-2. O que é pirólise?
2-3. Qual o tamanho de um *gaylord*?
2-4. Qual a diferença entre plásticos e elastômeros?
2-5. Qual a diferença entre resinas e plásticos?
2-6. Que porcentual aproximado da força de trabalho dos Estados Unidos está diretamente envolvido na fabricação de plásticos?
2-7. Quão eficazes são as leis de depósito para garrafas?
2-8. Os recipientes marcados com o número 5 contêm qual tipo de plástico?
2-9. O que significa a sigla MRF?
2-10. Quais são os quatro principais tipos de detectores usados em sistemas de classificação automática de plásticos?
2-11. Explique a hidrólise.
2-12. Que condições são necessárias para a formação de dioxinas durante a incineração?

Atividades

Reciclagem de HDPE

Introdução. A reciclagem de HDPE pós-consumo é uma das maiores e mais bem-sucedidas aplicações na reciclagem de plásticos. A maior parte do HDPE reciclado vem por meio de captação seletiva de garrafas de HDPE e embalagens – particularmente potes de leite. Algumas empresas divulgam a sua utilização de materiais reciclados para demonstrar sua preocupação ambiental. A Figura 2-37 mostra uma ferramenta para remover os pneus do aro de bicicletas.

Procedimento

2-1. Se existir nas proximidades um programa de reciclagem seletiva, determine quais plásticos são aceitos. Se o programa aceita PET e PVC, como garantem que o PVC não contamina o PET?

2-2. O programa espera que os participantes classifiquem os materiais? A coleta é colocada em um caminhão com compartimentos específicos, ou o material é misturado?

Figura 2-37 – A comercialização desta ferramenta para remoção de pneus de bicicleta tem um apelo à responsabilidade ambiental dos consumidores.

2-3. Existe uma MRF próxima a você? Se existir, como ela classifica os plásticos? Há algum equipamento de separação automática?

2-4. O programa distingue entre o HDPE natural e o HDPE colorido? Caso positivo, como essa classificação ocorre?

2-5. Como as embalagens HDPE classificadas são manuseadas? É utilizada uma prensa? O material é cortado em flocos?

2-6. Quem compra o HDPE da entidade de reciclagem? Qual o preço atual do material embalado, flocos sujos picados, flocos limpos picados e grânulos reprocessados?

2-7. Qual a diferença de preços entre os materiais reciclados e os materiais virgens?

2-8. Há uma lei sobre a porcentagem de materiais reciclados pós-consumo no embalamento? Caso positivo, qual deve ser a porcentagem de PCR?

2-9. Quais tecnologias são necessárias para a empresa abrir mão de fardos de embalagens de HDPE compactados em flocos ou aglomerados limpos?

2-10. Escreva um relatório resumindo suas conclusões.

Atividade adicional sobre reciclagem. Esta atividade não é viável sem o equipamento adequado. Se houver equipamento de processamento e picadoras disponíveis, tente determinar a diferença entre o material reciclado e o material virgem.

Cuidado: Use equipamento de processamento apenas sob a orientação de supervisores treinados.

Procedimento

2-1. Adquira jarros de leite de uma empresa de reciclagem em sua localidade. Geralmente essas empresas têm satisfação em doar alguns jarros de leite de HDPE para os estudantes que estão aprendendo sobre reciclagem.

2-2. Liste os direcionamentos necessários. Por exemplo, como os rótulos devem ser tratados? Como deve ocorrer a limpeza? Se uma picadora é de pequeno porte e não consegue lidar com garrafas inteiras, como devem ser reduzidos os seus tamanhos? A Figura 2-38 mostra pedaços de jarros de leite cortados em tamanhos que cabem em uma picadora de pequeno porte, juntamente com flocos picados. Os frascos contaminados devem ser rejeitados? O que determina a diferença entre os contaminados e os não contaminados? O que deve ser feito com os terminais de rosqueamento ou de emersão?

2-3. Desenvolva um procedimento a ser seguido e processe jarros o suficiente para obter de 3 a 5 libras de flocos picados. Os flocos devem ser lavados? Em caso positivo, como isso vai ocorrer?

A Figura 2-38 também mostra flocos produzidos a partir de pedaços de jarro de leite.

2-4. Faça a extrusão com os flocos limpos para produzir grânulos. Há algum cheiro de leite azedo relacionado aos grânulos?

2-5. Há uma diferença de coloração entre os grânulos virgens e os grânulos reciclados?

2-6. Uma forma de examinar o material reciclado com relação aos contaminantes é transformá-lo em filme. Se um equipamento para filme soprado estiver disponível, tente processar o material reciclado. Caso não esteja, comprima o material em um filme, tornando-o o mais fino possível, utilizando uma prensa de cilindro aquecido. As impurezas são visíveis no material reciclado? Um microscópio ou uma lupa ajudará a responder a esta pergunta.

2-7. Tensione, rasgue e dobre amostras de filmes de materiais virgens e reciclados. Estes materiais aparentam possuir propriedades físicas diferentes?

2-8. Escreva um relatório que resuma as suas conclusões.

Figura 2-38 – Estes aparas de jarro de leite são de um tamanho adequado para uma picotadora de pequeno porte. Os finos não foram separados dos flocos.

Capítulo 3

Química elementar dos polímeros

Introdução

A maioria das pessoas não tem dificuldade em reconhecer metais comuns, como cobre, alumínio, chumbo, ferro e aço. Também sabem a diferença entre carvalho, pinheiro, nogueira e cerejeira. Além de identificar vários metais e madeiras, a maioria das pessoas também compreende algumas qualidades físicas destes materiais. Por exemplo, eles sabem que o aço é mais duro e forte que o cobre.

No entanto, as características significativas e os nomes dos principais tipos de plásticos são muitas vezes desconhecidos. Este capítulo discute vários plásticos comerciais. O leitor vai se familiarizar com nomes de polímeros e estruturas químicas. Este capítulo supõe que o leitor tenha conhecimentos de química básica, dos elementos, da tabela periódica e algumas estruturas químicas. Neste e nos capítulos seguintes, todas as referências a um átomo incluirá também o seu símbolo químico. A seguir é apresentado um esboço deste capítulo:

I. Revisão de química básica
   A. Moléculas
II. Moléculas de hidrocarbonetos
III. Macromoléculas
   A. Polímeros de cadeia de carbono
   B. Carbono e outros elementos na cadeia principal
IV. Organização molecular
   A. Polímeros amorfos e cristalinos
V. Forças intermoleculares
VI. Orientação molecular
   A. Orientação uniaxial
   B. Orientação biaxial
VII. Termofixos

Revisão de química básica

A compreensão da química básica é crucial para o aprendizado sobre plásticos. Os termos químicos são usados para explicar os nomes e propriedades dos polímeros. As estruturas químicas determinam as características únicas dos polímeros, bem como as suas limitações. É conveniente começar esta seção com uma revisão sobre moléculas e ligações químicas.

Moléculas

As **moléculas** surgem quando dois ou mais átomos se combinam. As propriedades das moléculas originam-se de três fatores principais: os elementos envolvidos, o número de átomos que se unem e os tipos de ligações químicas presentes. O número de átomos que se unem determina o tamanho da molécula, e as ligações determinam sua resistência.

Por exemplo, a água (H_2O) é constituída de átomos de hidrogênio quimicamente combinados com um átomo de oxigênio – três átomos no total. Como apenas três átomos estão envolvidos, a água é uma molécula muito pequena. A **massa molecular** da água é 18, porque o número de **unidades de massa atômica (umas)** é 16 para o oxigênio e 1 para cada hidrogênio.

A ligação química está relacionada às formas como os átomos podem se acoplar uns aos outros.

Existem três categorias básicas de **ligações químicas primárias: ligações metálicas, ligações iônicas** e **ligações covalentes**. Destas três, a ligação covalente é a mais importante para os plásticos. Normalmente a ligação química covalente envolve o compartilhamento de elétrons entre dois átomos. O mecanismo exato deste compartilhamento está além do escopo deste capítulo. No entanto, é importante saber que as ligações covalentes têm forças e comprimentos conhecidos, os quais dependem dos átomos combinados. As ligações covalentes podem envolver diferentes números de elétrons, como mostrado na Figura 3-1. A ligação que contém o menor número de elétrons (2) é chamada de **ligação covalente simples**. Se mais elétrons estão envolvidos (4 ou 6), as ligações são chamadas de **ligações covalentes duplas** ou **triplas**, respectivamente.

A menos que se especifique, os comentários sobre a ligação covalente vão se referir somente à ligação covalente simples.

Moléculas de hidrocarbonetos

Os **hidrocarbonetos** são materiais que consistem principalmente de carbono e hidrogênio. Hidrocarbonetos puros contêm apenas carbono e hidrogênio. Quando as moléculas de hidrocarbonetos têm apenas ligações covalentes simples, são consideradas **saturadas**. A palavra saturada implica o fato de que os sítios de ligação estão completamente "preenchidos". Em contraste, moléculas insaturadas contêm algumas ligações duplas. Como as ligações duplas são quimicamente mais reativas do que as ligações simples, as moléculas saturadas tendem a ser mais estáveis do que as moléculas insaturadas. A Tabela 3-1 apresenta uma lista de moléculas de hidrocarbonetos saturados.

Como mostrado na Tabela 3-1, as moléculas com 1, 2, 3 ou 4 átomos de carbono têm pontos de ebulição abaixo de 0 °C. Isso quer dizer que eles existem como gases à temperatura ambiente. As moléculas com 5 a 10 carbonos são líquidos bastante voláteis à temperatura ambiente. Quando o número de carbonos é maior que 20, os materiais se tornam sólidos.

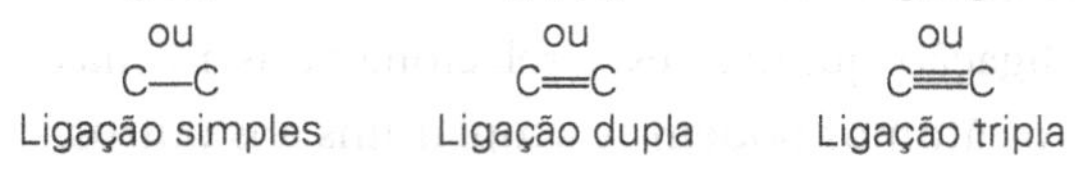

Tabela 3-1 – Moléculas de hidrocarboneto saturado com seus pontos de fusão e ebulição

Fórmula	Nome	Ponto de fusão, °C	Ponto de ebulição, °C
CH_4	Metano	−182,5	−161,5
C_2H_6	Etano	−183,3	−88,6
C_3H_8	Propano	−187,7	−42,1
C_4H_{10}	Butano	−138,4	−0,5
C_5H_{12}	Pentano	−129,7	+36,1
C_6H_{14}	Hexano	−95,3	68,7
C_7H_{16}	Heptano	−90,6	98,4
C_8H_{18}	Octano	−56,8	125,7
C_9H_{20}	Nonano	−53,5	150,8
$C_{10}H_{22}$	Decano	−30	174
$C_{11}H_{24}$	Undecano	−26	196
$C_{12}H_{26}$	Dodecano	−10	216
$C_{15}H_{32}$	Pentadecano	+10	270
$C_{20}H_{42}$	Icosano	36	345
$C_{30}H_{62}$	Triacontano	66	destilado a pressão reduzida para evitar decomposição
$C_{40}H_{82}$	Tetracontano	81	
$C_{50}H_{102}$	Pentacontano	92	
$C_{60}H_{122}$	Hexacontano	99	
$C_{70}H_{142}$	Heptacontano	105	

A molécula de hidrocarboneto com 8 carbonos é o octano, que nos é familiar em decorrência do seu uso como combustível automotivo (Figura 3-2). A massa molecular do octano é de 114 unidades de massa atômica (umas), e a seguir é apresentada a sua estrutura química:

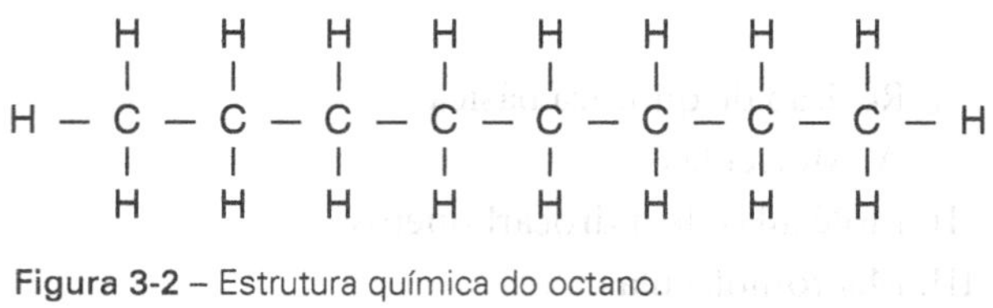

$$H-\underset{\underset{H}{|}}{\overset{\overset{H}{|}}{C}}-\underset{\underset{H}{|}}{\overset{\overset{H}{|}}{C}}-\underset{\underset{H}{|}}{\overset{\overset{H}{|}}{C}}-\underset{\underset{H}{|}}{\overset{\overset{H}{|}}{C}}-\underset{\underset{H}{|}}{\overset{\overset{H}{|}}{C}}-\underset{\underset{H}{|}}{\overset{\overset{H}{|}}{C}}-\underset{\underset{H}{|}}{\overset{\overset{H}{|}}{C}}-\underset{\underset{H}{|}}{\overset{\overset{H}{|}}{C}}-H$$

Figura 3-2 – Estrutura química do octano.

Nota: *O carbono tem 12 umas e o hidrogênio 1.*

$$(8 \times 12) + (18 \times 1) = 114$$

Observe que os hidrogênios estão conectados (com ligações covalentes simples) apenas a carbonos. Não

C : C
ou
C—C
Ligação simples

C :: C
ou
C=C
Ligação dupla

C ⋮⋮ C
ou
C≡C
Ligação tripla

Figura 3-1 – Tipos de ligações covalentes.

existem ligações entre os hidrogênios. Isto significa que a integridade estrutural da molécula é proporcionada pelas ligações entre os carbonos. Se retirássemos os hidrogênios, o que restaria seria uma linha de 8 átomos de carbono. Esta linha pode ser chamada de **cadeia principal** da molécula. A resistência da molécula é em essência determinada pela resistência das ligações simples carbono-carbono.

Quando o número de carbonos na cadeia principal aumenta, as moléculas se tornam mais e mais longas. Líquidos leves dão lugar a líquidos ou óleos viscosos. Os óleos se transformam em graxas. As graxas se transformam em ceras, que são sólidos pouco consistentes. Estes sólidos pouco consistentes se tornam sólidos flexíveis. Os sólidos flexíveis por sua vez se tornam sólidos rígidos. Eventualmente, as moléculas ficam tão longas que se tornam rígidas e fortes a temperatura ambiente. A Figura 3-3 representa graficamente essa sequência de mudanças.

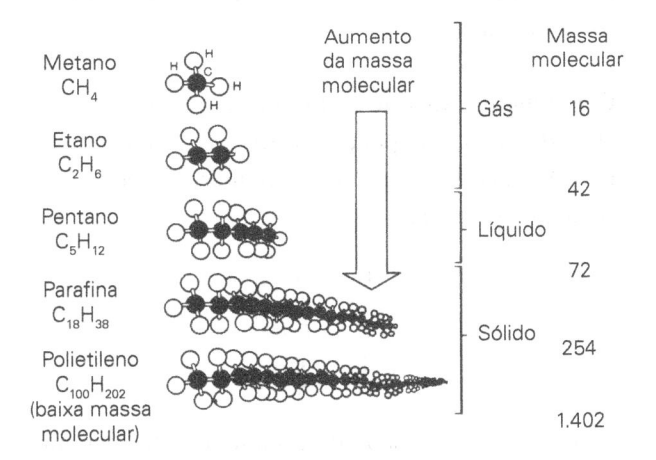

Figura 3-3 – Comprimento crescente de cadeia (massa molecular), partindo de uma molécula de gás até um plástico sólido.

Macromoléculas

A estrutura mais simples de um plástico é a do polietileno, um hidrocarboneto saturado com a abreviatura PE. Uma molécula comum de PE contém aproximadamente 1.000 átomos de carbono em sua cadeia principal, também chamada de cadeia de carbono. As moléculas dos materiais plásticos são frequentemente chamadas de **macromoléculas** por causa de seu grande tamanho.

Embora estas moléculas sejam muito grandes, não podem ser facilmente visualizadas. Uma molécula comum estendida de PE tem aproximadamente 0,0025 milímetros. A espessura de uma folha de papel de escrita é de cerca de 0,076 milímetros. Seriam necessárias 30 moléculas estendidas colocadas lado a lado para cobrir a espessura da folha de papel do lado superior ao lado inferior.

Como as macromoléculas são muito longas, os químicos não mostram as suas estruturas químicas completas. Um método de abreviação é utilizado. A menor estrutura de repetição é chamada de **mero**. Ela é desenhada entre colchetes como segue:

$$\left[\begin{array}{cc} H & H \\ | & | \\ C - C \\ | & | \\ H & H \end{array} \right]_n$$

O n minúsculo é chamado de índice. Ele representa o grau de polimerização. O termo **polimerização** significa unir muitos meros. (O Capítulo 8 vai discutir várias técnicas de polimerização). O **grau de polimerização (GP)** representa o número de meros que constituem uma molécula. Se o GP é de 500, então 500 unidades de repetição estão ligadas entre si. A molécula seria PE, com 1.000 carbonos de comprimento, com uma massa molecular de 14.000 umas. A massa molecular é calculada multiplicando-se o GP (neste caso 500) pela massa molecular do mero (neste caso 28). Se o GP for 9, o material será uma parafina, uma cera de hidrocarboneto com uma cadeia principal de 18 carbonos de comprimento.

Quando o GP aumenta, muitas vezes as propriedades mecânicas também se intensificam. Este comportamento se torna um problema, pois, quando o GP se eleva, os plásticos também se tornam mais difíceis de processar. Por exemplo, alguns polietilenos de alto peso molecular não se fundirão em equipamentos de processamento convencionais.

Polímeros de cadeia de carbono

Existem literalmente milhares de plásticos, e os químicos de polímeros estão constantemente desenvolvendo novos polímeros. Contudo, a maioria dos plásticos industriais contém um número bastante limitado de elementos. Em sua grande parte os plásticos industriais consistem de carbono (C), hidrogênio (H) e dos seguintes átomos:

- oxigênio (O)
- nitrogênio (N)
- cloro (Cl)
- flúor (F)
- enxofre (S)

Homopolímeros. Os plásticos quimicamente mais simples são chamados de **homopolímeros**, pois contêm apenas uma estrutura básica. Uma forma prática para se compreender diversos plásticos é reescrever a fórmula estrutural do PE da seguinte maneira:

$$\begin{bmatrix} H & H \\ | & | \\ -C & -C- \\ | & | \\ H & X \end{bmatrix}_n$$

Se um átomo de hidrogênio (H) entra na posição X, o material se torna um PE. Se o cloro (Cl) entra na posição X, o material torna-se um cloreto de polivinila, PVC. A Tabela 3-2 lista vários outros plásticos que têm esta forma.

Em alguns casos, dois átomos de hidrogênio (H) são substituídos. Novamente, é conveniente reescrever a estrutura do PE da seguinte forma:

$$\begin{bmatrix} H & Y \\ | & | \\ -C & -C- \\ | & | \\ H & X \end{bmatrix}_n$$

Tabela 3-2 – Plásticos que envolvem substituições simples

Posição X	Nome do material	Abreviação
H	Polietileno	PE
Cl	Cloreto de polivinila	PVC
Grupo metila	Polipropileno	PP
Anel benzênico	Poliestireno	PS
CN	Poliacrilonitrila	PAN
OOCCH$_3$	Acetato de polivinila	PvaC
OH	Álcool de polivinila (ou polivinil-álcool)	PVA
COOCH$_3$	Acrilato de polimetila	PMA
F	Fluoreto de polivinila	PVF

Grupo metila:

$$H-\overset{|}{\underset{|}{C}}-H$$
$$H$$

Anel benzênico:

Tabela 3-3 – Plásticos que envolvem duas substituições

Posição X	Posição Y	Nome do material	Abreviação
F	F	Fluoreto de polivinilideno	PVDF
Cl	Cl	Dicloreto de polivinila	PVDC
COOCH$_3$	CH$_3$	Metacrilato de polimetila	PMMA
CH$_3$	CH$_3$	Poliisobutileno	PIBSA

Se três ou mais hidrogênios são substituídos, o novo átomo é geralmente o flúor e os plásticos resultantes são os fluoroplásticos. Se todos os quatro hidrogênios são substituídos com flúor, o material se torna um politetrafluoretileno, PTFE, que é vendido sob a marca Teflon®.

Copolímeros. Até este ponto todos os plásticos mencionados contêm apenas um tipo de grupo funcional. As fórmulas estruturais requerem apenas um colchete do tipo H H.

$$\begin{bmatrix} H & H \\ | & | \\ -C & -C- \\ | & | \\ H & X \end{bmatrix}$$

Estes materiais são homopolímeros. No entanto, alguns plásticos combinam dois ou mais grupos funcionais diferentes – dois ou mais meros diferentes. Se apenas dois meros diferentes estão envolvidos, o material é chamado de **copolímero**.

Um exemplo de copolímero é o estireno-acrilonitrila (SAN). Usando as informações na Tabela 3-1, podemos desenhar sua estrutura química. Inicialmente temos a estrutura do estireno:

Em seguida, a estrutura acrilonitrila:

```
     H   H
     |   |
  —  C — C  —
     |   |
     H   C
         |||
         N
```

Para completar a estrutura química do copolímero, colocam-se as duas estruturas lado a lado. A estrutura resultante representa o SAN:

$$\left[\begin{array}{c} H \quad H \\ | \quad | \\ C - C \\ | \quad | \\ H \quad \bigcirc \end{array}\right]_n \left[\begin{array}{c} H \quad H \\ | \quad | \\ C - C \\ | \quad | \\ H \quad C \\ \quad ||| \\ \quad N \end{array}\right]_m$$

Quando dois meros diferentes estão envolvidos, podemos obter quatro combinações possíveis: (1) se os meros se alternam, ABABABABAB, o material é um **copolímero alternante**; (2) se os meros se unem de forma casual ou aleatória, ABBAAAABAABBBABBA--BBBBAA, o material é um **copolímero randômico (ou aleatório)**; (3) se os meros se unem em blocos, os quais se comportam como meros, AAAABBBA-AA--ABBBAAAABBBAAAABBB, o material é um **copolímero em bloco**; e (4) se a cadeia principal é construída a partir de um mero, e os grupos laterais que se unem, de um segundo mero, o material é chamado **copolímero grafitizado**.[1] A seguir, sua estrutura:

```
AAAAAAAAAAAAAAAAAAAAAAAA
    B                B
    B                B
    B                B
```

A reprodução gráfica de estruturas químicas não indica claramente se um copolímero é alternante, randômico ou em bloco. As estruturas reproduzidas identificam os meros, mas são demasiado curtas para mostrar arranjos maiores. Não assuma que um material é um copolímero alternante somente porque a estrutura mostra dois meros lado a lado.

Todas as informações necessárias para a estrutura química do SAN são apresentadas na Tabela 3-2. Outros copolímeros também são especificados na tabela. Por exemplo, o acetato de etileno-vinila (PEVA) e o polietileno metil-acrilato (EMAC) são dois copolímeros baseados nos materiais listados na Tabela 3-2.

Terpolímeros. Se três meros separados se combinam para formar um material, ele é identificado como um **terpolímero**. Os terpolímeros também podem apresentar estruturas alternantes, randômicas, em bloco ou ramificadas. Um exemplo de um terpolímero, construído a partir dos materiais na Tabela 3-1, é o acrílico-estireno-acrilonitrila (ASA).

A estrutura do acrílico:

```
     H    H
     |    |
  —  C — C  —
     |    |
     H    COOCH₃
```

A estrutura do estireno:

```
     H   H
     |   |
  —  C — C  —
     |   |
     H   ⬡
```

A estrutura da acrilonitrila:

```
     H   H
     |   |
  —  C — C  —
     |   |
     H   C
         |||
         N
```

Unindo-se estas três peças tem-se como resultado a estrutura química para o ASA.

Carbono e outros elementos na cadeia principal

Os tipos de macromoléculas discutidos até agora têm cadeia principal de carbono. Isso não é verdade para todas as macromoléculas comuns. Muitas apresentam oxigênio, nitrogênio, enxofre ou anéis benzênicos na cadeia principal. A maioria desses materiais são homopolímeros com um número decrescente de co- e terpolímeros. Estes materiais tendem a ser únicos em estrutura química e não são facilmente categorizados.

---
[1] Copolímero grafitizado pode ser também compreendido como copolímero de enxerto ou de inserção.

Os detalhes específicos sobre as estruturas desses materiais serão apresentados no Capítulo 8.

Organização molecular

A organização molecular trata do arranjo das moléculas, e não dos detalhes dos elementos e suas ligações químicas (o que é nomeado como estrutura molecular). Esta seção discute as principais categorias de arranjo molecular e os efeitos do arranjo sobre propriedades selecionadas.

Polímeros amorfos e cristalinos

Os plásticos apresentam dois tipos básicos de arranjos moleculares: **amorfo** e **cristalino**. Em plásticos amorfos, as cadeias moleculares não têm nenhuma ordem. Elas são dobradas, torcidas e enroladas aleatoriamente, como apresentado na Figura 3-4.

Os plásticos amorfos podem ser identificados facilmente porque são transparentes, desde que não estejam presentes enchimentos ou pigmentos coloridos. Vitrines de lojas de departamentos são muitas vezes de acrílico por causa da alta transparência desse polímero amorfo.

Alguns plásticos apresentam regiões cristalinas. Nessas regiões, as moléculas assumem uma estrutura altamente ordenada. A maneira como isso ocorre está fora do escopo deste capítulo. No entanto, é geralmente aceito que as cadeias poliméricas dobram-se para frente e para trás produzindo regiões cristalinas altamente ordenadas, como visto na Figura 3-5.

Os plásticos não cristalizam totalmente como os metais. Os plásticos cristalinos são chamados mais precisamente de materiais semicristalinos. Isso significa que consistem de regiões cristalinas cercadas por regiões não cristalinas, áreas amorfas (veja a Figura 3-6.)

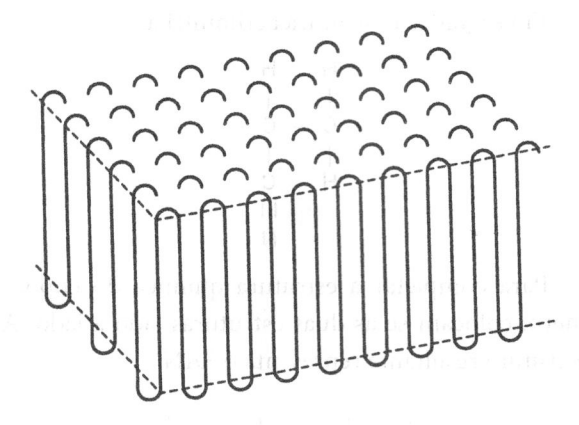

Figura 3-5 – Uma região cristalina.

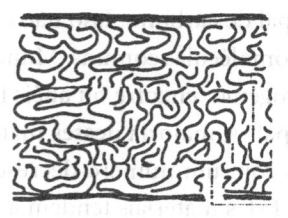

Figura 3-4 – Arranjo amorfo.

Embora os plásticos tenham cadeias principais de carbono, algumas delas cristalizam e outras permanecem amorfas. A regularidade e a flexibilidade da cadeia polimérica são os principais fatores que explicam essa diferença.

Como o hidrogênio (H) é o menor átomo, qualquer átomo que o substitua será maior. As substituições de um átomo criam pequenas "protuberâncias" na cadeia polimérica. Pequenos grupos, tais como metil (1 carbono, 3 hidrogênios), ou etil (2 carbonos, 5 hidrogênios), representam protuberâncias medianas na cadeia. Grupos contendo cerca de 10 átomos ou mais, como um anel de benzênico (6 carbonos, 6 hidrogênios), produzem grandes protuberâncias em uma molécula.

Um grupo de átomos ligados a uma cadeia principal é chamado de **grupo lateral**, especialmente se é quimicamente diferente da cadeia principal. Se as estruturas químicas ligadas a uma cadeia principal são idênticas a ela, a molécula é considerada uma estrutura **ramificada**. A ramificação da cadeia refere-se tanto ao tamanho (em geral, o comprimento) quanto à frequência de ramificação. Quando as ramificações são longas e/ou numerosas, evitam que a moléculas se aproximem muito. Quando as ramificações são pequenas ou pouco frequentes, as moléculas podem "aconchegar-se" e formar sólidos mais densos.

Uma variedade de tipos de representações tenta retratar a forma e o tamanho das moléculas. O modelo gráfico mais simples é uma fórmula linear, que mostra apenas as ligações – não os átomos. A fórmula linear para o PE é mostrada na Figura 3-7. Note que os átomos de carbono criam um padrão

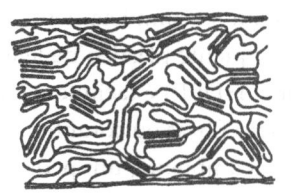

Figura 3-6 – Mistura de regiões amorfas e cristalinas.

em zigue-zague, porque as ligações são angulares. O ângulo de ligação entre dois átomos de carbono em uma cadeia polimérica principal é de 109,5°.

Quando as cadeias se dobram ou se enrolam, elas se retorcem ou rotacionam ao redor dos carbonos. A Figura 3-8 mostra como uma molécula enrolada de PE pode ser representada em uma fórmula linear.

Tenha em mente que uma molécula enrolada é uma estrutura tridimensional. Portanto, não é bem representada por um desenho bidimensional. A Figura 3-9 é uma tentativa de desenhar uma cadeia principal retorcida. Para maior clareza, todos os átomos ligados à cadeia de carbono foram omitidos.

Figura 3-7 – Fórmula linear para o polietileno.

Figura 3-8 – Fórmula linear de uma cadeia molecular retorcida.

Um modelo espacial é aquele que tenta mostrar uma estrutura tridimensional, mas retifica e horizontaliza a cadeia principal. A Figura 3-10 mostra uma representação espacial de uma molécula de PE.

Se o desenho mostrar a regularidade da "uniformidade" da molécula de PE, a ideia será transmitida com sucesso. Por esta razão, ela facilmente cristaliza.

No PVC, um cloro substitui um hidrogênio por mero. Um modelo dessa molécula é mostrado na Figura 3-11. As ondulações geradas na cadeia pela

Figura 3-9 – Representação gráfica da cadeia principal retorcida.

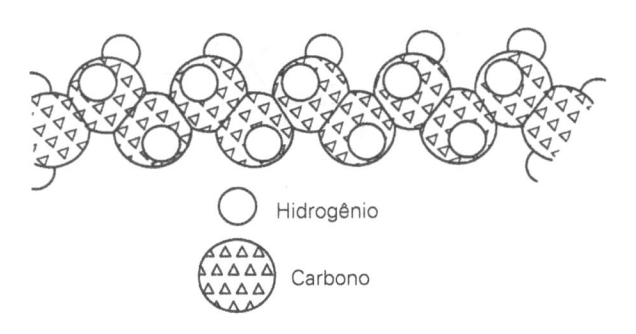

Figura 3-10 – Modelo de uma seção de uma molécula de PE.

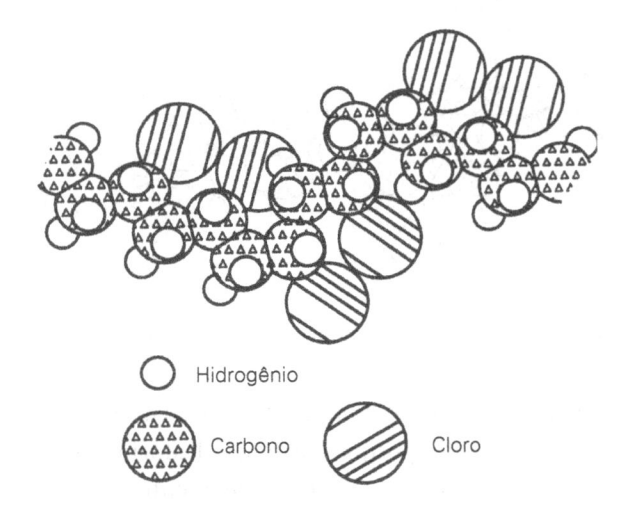

Figura 3-11 – Modelo de uma seção de uma molécula de PVC.

presença dos átomos de cloro afetam a capacidade destas moléculas de se cristalizarem. O PVC é parcialmente cristalino, mas menos do que o PE.

No PS (poliestireno), um **anel benzênico** substitui um hidrogênio por mero. Assim, a estrutura resultante apresenta muitas protuberâncias. Uma representação de um anel benzênico é mostrada na Figura 3-12. Na Figura 3-13 é apresentado um desenho de uma seção de uma molécula de PS; uma linha em zigue-zague indica a cadeia principal. Os anéis benzênicos não permitem a cristalização e levam o PS a ser totalmente amorfo.

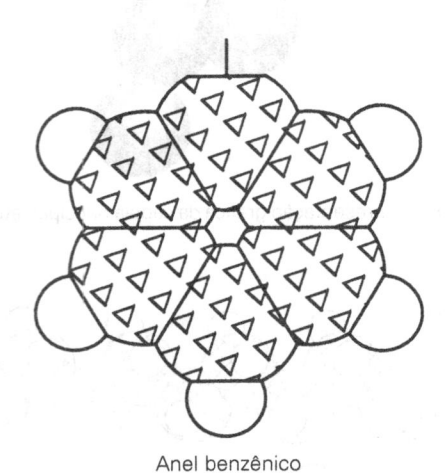

Figura 3-12 – Modelo de um anel benzênico.

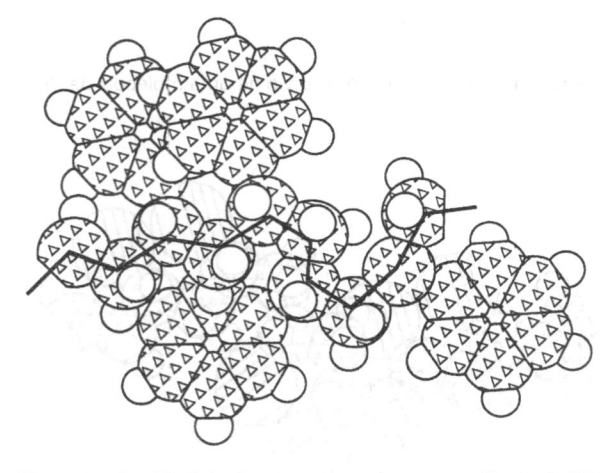

Figura 3-13 – Modelo de uma seção de uma molécula de PS.

Efeitos ópticos de cristalinidade. Materiais amorfos são transparentes porque o arranjo aleatório das cadeias não interrompe a luz uniformemente. Em contraste, os polímeros semicristalinos têm regiões cristalinas altamente ordenadas. Estas regiões cristalinas desviam a luz significativamente. Como resultado, tem-se que materiais semicristalinos geralmente são translúcidos ou opacos.

Esta diferença é evidenciada por meio de uma pequena demonstração. Quando suficientemente aquecidos, os polímeros semicristalinos perdem suas regiões cristalinas e tornam-se completamente amorfos. Um pedaço de um recipiente plástico de leite (polietileno de alta densidade, HDPE) é facilmente obtido e contém apenas PE, sem fibras ou corantes.

À temperatura ambiente, um pedaço de HDPE é translúcido. Quando aquecido em uma chapa quente ou chama, as regiões que receberem calor suficiente se tornarão transparentes.

Atenção: Não queime o material! Após resfriamento, as regiões transparentes voltarão a ser translúcidas.

As regiões cristalinas são rompidas pelo calor, levando o material a se tornar totalmente amorfo. Com o resfriamento, algumas regiões tornam-se altamente ordenadas, enquanto outras desordenadas. As regiões ordenadas levam os feixes de luz a serem difratados ao invés de passarem com pouca perturbação.

Efeitos dimensionais de cristalinidade. Além das diferenças ópticas, quando um plástico fundido resfria-se ao estado sólido, os materiais cristalinos se contraem mais do que os amorfos. Isto ocorre porque, quando regiões cristalinas se formam, elas necessitam de menos volume do que quando são amorfas, em razão da proximidade das cadeias dobradas. O resultado é a maior contração. Uma máquina de injeção-moldagem manual pode demonstrar essa diferença de forma mais simples. Usando o mesmo molde, injete um polímero natural cristalino, como, por exemplo, o HDPE. Depois de purgar o HDPE, injete um polímero natural amorfo, como o PS. A diferença de comprimento é facilmente perceptível, especialmente se a peça é de no mínimo duas polegadas de comprimento.

Características de fusão da cristalinidade. O grau de cristalinidade também influencia a forma como um plástico derrete. A água funde-se de gelo para líquido a exatamente 0 °C [32 °F]. De uma forma similar, plásticos altamente cristalinos passam de sólido a material fundido em uma estreita faixa de temperatura. Quando o vidro é aquecido, começa a amolecer e se torna flexível. Com calor suficiente, se fundirá como um líquido viscoso. Similarmente, plásticos amorfos passam do estado sólido para uma consistência parecida com o couro; em seguida, para flexível e, finalmente, a material fundido em uma ampla faixa de temperaturas. Duas notações de temperatura correspondem a essas diferenças. A temperatura de fusão (T_m) geralmente se refere a materiais cristalinos, enquanto a temperatura de transição vítrea (T_g) refere-se a materiais amorfos.

É importante estar ciente de como essas características de fusão influenciam o processamento. A maioria dos processos de termoformagem é realizada com plásticos amorfos de modo que a faixa de temperatura de processamento é ampla. A termoformagem de materiais altamente cristalinos ocorre apenas em uma estreita "janela" de temperatura e, consequentemente, é muito mais difícil.

Forças intermoleculares

O tamanho dos átomos e dos grupos laterais afeta a cristalinidade dos plásticos. O grau de cristalinidade afeta as características ópticas e de contração. No entanto, existem grandes diferenças em algumas propriedades físicas que não são explicadas pela cristalinidade. Duas destas propriedades são o ponto de fusão e a resistência à tração. Os dois tipos de poliamida (náilon) fornecem um bom exemplo. O náilon 6 tem um ponto de fusão de 220 °C [428 °F] e uma resistência à tração de 78 MPa [11.000 psi]. Em contraste, o náilon 12 tem um ponto de fusão de 175 °C [347 °F] e uma resistência à tração de 50 MPa [7.100 psi].

As interações intermoleculares são um fator importante nessas diferenças. As **interações intermoleculares** são atrações entre moléculas ou átomos de diferentes moléculas. Estas forças são muito mais fracas que as ligações químicas. No entanto, estas forças intermoleculares influenciam na quantidade de energia necessária para romper (fundir, quebrar, tensionar, dissolver) os materiais. Existem três tipos de interações importantes em plásticos: **forças de Van der Waals**, **interações de dipolo** e **pontes de hidrogênio**. As forças de Van der Waals ocorrem entre todas as moléculas. Elas contribuem muito pouco para as diferenças entre os vários polímeros. As interações de dipolo ocorrem quando as moléculas ou partes de moléculas apresentam **polaridade** ou desequilíbrio de cargas elétricas. A ponte de hidrogênio é um caso especial de interação de dipolos e requer uma ligação entre hidrogênio e oxigênio ou hidrogênio e nitrogênio. As pontes de hidrogênio são as mais fortes entre as forças intermoleculares.

As pontes de hidrogênio são muito importantes na produção de plásticos. Para entender melhor o efeito das pontes de hidrogênio, avalie as propriedades físicas da água e do metano.

	Massa molecular	Ponto de fusão	Ponto de ebulição
H_2O	18	0 °C	100 °C
CH_4	16	–183 °C	–162 °C

Estas duas moléculas são de tamanho similar. Ainda assim, por que suas propriedades são tão diferentes? A resposta está nas pontes de hidrogênio. A água é abundante em pontes de hidrogênio, enquanto no metano elas não existem. Na Figura 3-14, a linha pontilhada representa a atração entre o oxigênio em uma molécula e o hidrogênio da molécula vizinha.

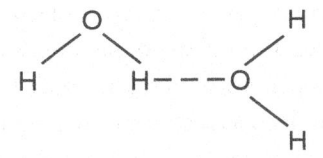

Figura 3-14 – Ponte de hidrogênio na água.

O náilon, um plástico que contém nitrogênio na cadeia principal, é um excelente exemplo de ponte de hidrogênio. As fibras de náilon são elásticas porque as pontes de hidrogênio agem como molas. As fibras contraem-se após o estiramento por causa da força das pontes de hidrogênio. Se não fosse por essas ligações, as meias de náilon perderiam a consistência.

Para saber se um plástico tem dipolos ou pontes de hidrogênio, não é necessário memorizar as características de ligação dos vários plásticos. Um conjunto simples de condições pode indicar a presença de dipolos e/ou pontes de hidrogênio.

As seguintes combinações de átomos indicam um dipolo permanente. Dipolos ocorrem quando há:

- Ligação simples carbono-cloro.
- Ligação simples carbono-flúor.
- Ligação dupla carbono=oxigênio.

As seguintes combinações indicam ponte de hidrogênio:

- Ligação simples carbono-OH.
- Ligação simples nitrogênio-hidrogênio.

Quando as pontes de hidrogênio ou dipolos permanentes estão presentes, as propriedades físicas se alteram. Quando se analisam as forças de ligação secundárias, pode-se conseguir uma explicação para as diferenças entre o náilon 6 e o náilon 12.

O náilon 6 tem um dipolo e uma ponte de hidrogênio a cada 6 carbonos na cadeia principal. O náilon 12 tem um dipolo e uma ponte de hidrogênio a cada 12 carbonos na cadeia principal. As ligações secundárias adicionais no náilon 6 o tornam mais resistente, apresentando um ponto de fusão mais elevado.

Orientação molecular

Em condições normais as macromoléculas amorfas não são lineares. Em vez disso, são dobradas, enroladas e retorcidas em torno de si mesmas. Quando são fundidas, as moléculas retêm muito do seu entrelaçamento. Quando os plásticos cristalinos são fundidos, as regiões cristalinas desdobram-se e toda a estrutura torna-se amorfa. Quando um plástico fundido flui ou é posto em movimento, algumas moléculas se esticam. Quando a velocidade de fluxo é elevada, as moléculas serão estiradas quase completamente. Esse fenômeno é chamado de **orientação**.

Quando plásticos amorfos altamente orientados se resfriam, havendo uma oportunidade, as moléculas voltarão a ser dobradas e enroladas. Isso depende da taxa de resfriamento. Quando o resfriamento é lento, as moléculas terão tempo para se reorganizar e se enrolar. Já quando o tempo de resfriamento é muito curto, então as moléculas estendidas solidificarão antes de enrolar.

Se plásticos orientados semicristalinos são resfriados rapidamente, alguma orientação será retida. Além do mais, a taxa de resfriamento também influenciará no grau de cristalinidade. O resfriamento lento permite um maior grau de cristalinidade, enquanto um resfriamento rápido inibe a formação de cristais. Como as mudanças no grau de cristalinidade podem alterar as dimensões das peças, é de grande importância prática controlar a taxa de resfriamento.

Quando as moléculas se solidificam em condição de estiramento, elas "não se agradam" desta condição. As moléculas estão tensionadas e "gostariam" de passar a um estado menos tensionado. As tensões retidas pela rápida solidificação são chamadas de **tensões residuais**. Quando houver oportunidade, as moléculas se enrolarão. Para muitos materiais isso acontecerá muito lentamente ao longo do tempo, mas também ocorrerá rapidamente se o material for aquecido o suficiente. Neste caso, o material muda de forma e, geralmente, se torna inadequado para o uso.

Se para uma peça plástica não há a possibilidade de uma alteração lenta com o tempo, ou se ela deve suportar picos de alta temperatura, então deve ser introduzido ao processo de fabricação um alívio de tensões. Esse processo é chamado de **recozimento** e geralmente envolve o aquecimento controlado das peças. Após a mudança de forma das peças, elas às vezes são usinadas ou comprimidas de forma a alcançar as dimensões desejadas.

Com frequência, objetos de plástico relativamente volumosos resfriam-se lentamente, o suficiente para que suas regiões centrais não se orientem. No entanto, objetos não muito volumosos podem, em sua totalidade, apresentar alta orientação. Um bom exemplo é um copo injetado de paredes finas, moldado com PS. Quando estes recipientes se quebram, as linhas de fratura mostram uma direcionalidade, como indicado na Figura 3-15.

Estes copos racharão ou se quebrarão facilmente em apenas uma direção porque as moléculas são orientadas em uma única direção. O termo técnico para isso é a **orientação uniaxial**.

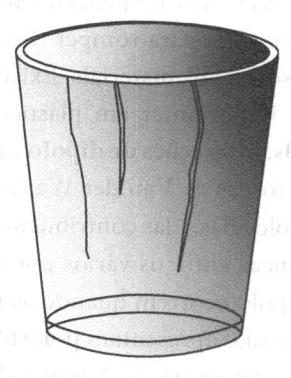

Figura 3-15 – Fraturas direcionais em um recipiente moldado de PS.

Orientação uniaxial

Como os materiais altamente orientados muitas vezes parecem idênticos aos materiais com baixas tensões residuais, testes simples podem ajudar a identificar a orientação. Estes testes envolvem características de fratura, alongamento e ruptura.

Algumas folhas finas usadas em processos de termoformagem são altamente orientadas. Elas se quebram facilmente em uma direção, mas não perpendicularmente. Pedaços destas folhas curvam-se quando aquecidas. A direção do enrolamento indica a direção de orientação.

A fita de teflon, vendida em rolos para vedação de juntas de tubos, apresenta orientação em suas diferenças de tensão. Um pedaço desta fita vai se esticar facilmente na direção transversal, mas não tão facilmente na direção longitudinal.

Alguns rótulos de garrafas de dois litros são filmes finos de plástico estendidos ao redor das garrafas. Estes filmes podem rasgar facilmente em uma direção, mas não perpendicularmente.

Uma demonstração contundente de orientação ocorre quando barras de ensaio de HDPE são tracionadas a uma taxa pequena, de menos de 1 polegada por minuto. Elas se estendem a várias centenas por cento e tornam-se fibrosas, permitindo que as fibras sejam separadas à mão.

Orientação biaxial

Orientação biaxial significa que um objeto ou folha de plástico contém moléculas que estão tensionadas em duas direções, geralmente perpendiculares entre si. Quando aquecidos, materiais biaxialmente orientados se contraem em duas direções. Em contraste, os materiais uniaxialmente orientados se contraem de modo considerável em uma direção e podem até aumentar de comprimento na outra direção.

Alguns materiais são intencionalmente orientados biaxialmente, tais como os materiais *shrink-wrap*[2] e coberturas de janelas, os quais se contraem quando aquecidos com um secador de cabelo. Um produto similar é Shrinky-Dinks®, que é usado em artesanato. Estes materiais são aquecidos e estendidos em duas direções antes do rápido resfriamento. O aquecimento posterior produz grande contração nas duas direções.

Um produto familiar, a garrafa de dois litros, também tem orientação biaxial. Elas são infladas como balões, estirando as moléculas nas duas direções. Ao derramar água muito quente na garrafa de dois litros, obtém-se a contração vertical e circunferencial. Ao fazer isso, deve-se colocar a garrafa em uma pia para que, no momento em que ela se contrair, o excesso de água seja contido.

Termofixos

Até agora todos os materiais discutidos neste capítulo foram hidrocarbonetos de cadeia longa. Mesmo que as moléculas sejam muito longas, elas têm extremidades. As longas cadeias não estão ligadas umas às outras. Como as moléculas não são quimicamente ligadas, podem deslizar umas sobre as outras quando tracionadas. Quando as cadeias são lisas, as moléculas podem deslizar significativamente. Quando aquecidas, as moléculas podem se mover, e os materiais amolecerão ou se fundirão caso o aquecimento seja suficiente.

Os plásticos que consistem de cadeias desconectadas são chamados de **termoplásticos**. Como a palavra sugere, quando são aquecidos (termo), tornam-se macios e conformáveis (plástico). Em contraste, alguns plásticos são referidos como **termofixos**. Quando aquecidos, não amolecem ou tornam-se flexíveis. A maioria dos termofixos é tratada (ou curada) de forma a produzir sólidos não fúseis e insolúveis. A base química para esta característica é que as moléculas nos termofixos são quimicamente ligadas umas às outras. As ligações químicas entre estas moléculas são **ligações cruzadas** (Figura 3-16). É teoricamente possível que grandes objetos termofixos, tais como as capas usadas em caminhões a diesel, sejam na verdade uma molécula imensa.

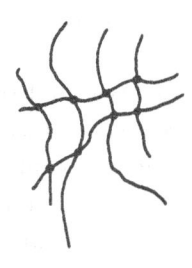

Figura 3-16 – Moléculas com ligações cruzadas.

---

[2] Materiais de embrulho que se contraem quando aquecidos.

A imagem de um prato de espaguete também pode ajudar a explicar a diferença entre termofixos e termoplásticos. Amarrar um fio de espaguete a outro é como criar uma ligação cruzada. Se muitos nós amarrassem muitos fios a outros muitos fios vizinhos, então o prato teria sido curado.

Os termofixos se dividem em duas grandes categorias: rígidos e flexíveis. Os termofixos rígidos muitas vezes encontram aplicações em ambientes a altas temperaturas. Eles não amolecem sob aquecimento e carbonizarão a altas temperaturas. Como os termofixos têm uma forte ligação química, também tendem a resistir ao ataque por solventes.

Termofixos flexíveis têm uma longa história. No Capítulo 1, maior atenção foi dedicada a Charles Goodyear e à vulcanização da borracha. Quimicamente falando, Goodyear descobriu uma maneira de induzir a formação de ligações cruzadas entre moléculas de borracha. Outro grupo de termofixos flexíveis é baseado em uretano. Espumas para assentos de automóveis, sofás, móveis e camas vêm do poliuretano.

Ambos termofixos, rígidos e flexíveis, não podem ser reciclados ou reprocessados como os termoplásticos. Pneus de borracha não podem ser cortados e usados novamente para fazer pneus novos. Programas atuais de reciclagem para os itens de consumo estão focados nos materiais termoplásticos que são reprocessáveis. Para mais informações sobre os esforços para reciclar termofixos, consulte o Capítulo 2.

Sumário

Embora muitos sistemas possam ser utilizados para classificar os plásticos, este capítulo enfatiza a utilização das diferenças nas estruturas químicas de vários grupos de plásticos. O primeiro nível de distinção está entre termofixos com ligações cruzadas e aqueles que não as possuem.

Dentro do grupo dos termofixos duas subcategorias abrangem o sistema de classificação. Uma subcategoria contém materiais com grande número de ligações cruzadas, que tendem a ser rígidos e, muitas vezes, frágeis. A outra é constituída por materiais com poucas ligações cruzadas, que tendem a ser elásticos e macios. Caso os materiais sejam suficientemente elásticos, também garantem uma descrição como elastômero. A segunda subcategoria distingue entre termoplásticos amorfos e termoplásticos semicristalinos. A Figura 3-17 apresenta esta classificação na forma gráfica.

Pesquisa na internet

- **http://www.acs.org.** O site da American Chemical Society inclui informações sobre a química dos polímeros. Ao selecionar "Education" na página inicial, o usuário é levado a uma listagem dos sites ACS educacionais. Os conteúdos são divididos em categorias por nível: K-8, nível médio, graduação, pós-graduação e educação continuada.
- **http://www.americanchemistry.com.** Este site contém grande quantidade de material de estudo e de ensino em um programa chamado Hands on Plastics™ (HOP), que foi inicialmente desenvolvido pelo American Plastics Council. Para encontrar esta seção, selecione "Plastics Division" na página inicial. Em seguida, selecione "Learning Center" e nele "Teaching Plastics". Esta opção leva a HOP, HOP2 e HOP Jr. Em HOP, selecione "Introduction to Plastics" e depois, "Background Information for Teachers". Essa ação trará "History na Significance of Polymers", uma excelente fonte de informação.

Vocabulário

As palavras a seguir são encontradas neste capítulo. Consulte o glossário no Apêndice A para encontrar as definições destas palavras, caso você não compreenda como elas se aplicam aos plásticos.

Amorfo
Anel benzênico
Cadeia principal
Copolímero
Copolímero randômico
Copolímero alternante
Copolímero em bloco
Copolímeros grafitizados
Cristalino

Forças de Van der Waals
Grau de polimerização (GP)
Grupo lateral
Hidrocarbonetos
Homopolímero
Interação intermolecular
Interações de dipolo
Ligações iônicas
Ligações covalentes
Ligações covalentes simples
Ligações cruzadas
Ligações metálicas
Ligações químicas primárias
Macromoléculas
Mero
Massa molecular
Moléculas
Orientação
  Uniaxial
  Biaxial
Polaridade

Polimerização
Pontes de hidrogênio
Ramificado
Recozimento
Saturados
Tensões residuais
Termofixos
Termoplásticos
Terpolímero
Unidades de massa atômica (umas)

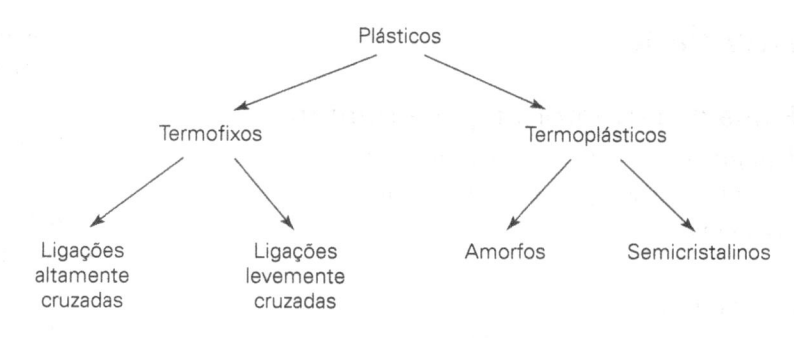

Figura 3-17 – Um sistema de classificação para os plásticos.

Questões

3-1. Uma ligação entre dois átomos de carbono é uma ligação _____.

3-2. Um grupo CH_3 é chamado de grupo _____.

3-3. Um traço entre os átomos indica uma ligação _____.

3-4. As pequenas unidades de repetição que compõem uma molécula de plástico são chamadas _____.

3-5. O que o prefixo poli significa?

3-6. Três tipos de forças intermoleculares encontradas nos plásticos são _____, _____ e _____.

3-7. Plásticos cristalinos são geralmente mais rígidos e não tão transparentes quanto os plásticos _____.

3-8. Um material _____ pode ser amolecido repetidamente quando aquecido e endurecerá quando resfriado.

3-9. O termo usado para descrever a ligação entre cadeias de polímero adjacentes é _____.

3-10. Se dois meros diferentes entram na composição de um polímero, ele é chamado de _____.

3-11. A molécula de hidrocarboneto que contém algumas ligações duplas é chamada de _____.

3-12. O PVC é um copolímero? Explique.

3-13. Qual é a estrutura geral de um copolímero alternante?

3-14. Uma molécula de polietileno deve ser considerada ramificada se os ramos têm a mesma estrutura que a cadeia principal?

3-15. Se um material é transparente, ele é cristalino?

3-16. Que efeito os dipolos e as pontes de hidrogênio têm sobre o ponto de fusão de polímeros?

3-17. O termo tensão residual é sinônimo de orientação?

Atividades

Folha de termoformagem orientada

Equipamento. Forno elétrico ou lâmpada de aquecimento, garras, pinças, folha de termoformagem orientada.

Procedimento

3-1. Obtenha algumas folhas de termoformagem de alta orientação. Para comprovar que o material tem alta orientação, dobre-o para ver se fratura facilmente em uma direção, mas se dobra sem fratura na outra direção. Este fenômeno se mostra mais claramente em folhas bastante finas.

3-2. Corte-as em quadrados de aproximadamente 75 mm por 75 mm. Meça cuidadosamente o comprimento, a largura e a espessura. Marque as peças para a identificação de comprimento e largura.

3-3. Aqueça até que ocorra o alívio de tensões. O forno elétrico equipado com uma grelha pode fornecer uma fonte conveniente de calor (Figura 3-18).

Figura 3-18 – Um forno elétrico para o alívio de tensões de pequenas amostras.

Sem a grelha as amostras podem cair na bandeja do forno elétrico. Quando a amostra estiver suficientemente quente, o material pode enrolar. Remova-o rapidamente antes que derreta e achate-o imediatamente.

Cuidado: Use roupas de proteção e equipamentos adequados para evitar queimaduras. Realize esta atividade em uma área bem ventilada.

3-4. Quando esfriar, meça o comprimento, a largura e a espessura. Registre a mudança nas dimensões em termos de porcentagem.

3-5. Se as moléculas estiverem completamente desorientadas, as amostras devem dobrar com igual resistência em ambas as direções.

3-6. Repita o ensaio com outras amostras. O PS moldado por injeção em copos/xícaras também mostra grande mudança quando aquecidos.

Orientação do HDPE

Equipamento. Equipamento de teste de tração e barras de tração de HDPE.

Procedimento

3-1. Lentamente, estique uma barra de ensaio de tração de HDPE. Não exceda 1 pol por minuto na cruzeta de velocidade. A amostra deve se estender várias centenas por cento. A Figura 3-19 mostra uma amostra antes e após a lenta extensão.

3-2. Calcule a tensão final da amostra.

3-3. Corte uma seção da região adelgaçada. Monte esta peça em um equipamento de teste de tração e estenda-a até a ruptura. Calcule a tensão final da tira orientada. Compare a tensão resultante da Etapa 2 com a tensão resultante da Etapa 3.

3-4. Retire os "fios" de polietileno orientado, usando apenas a força dos dedos. A Figura 3-20 mostra os fios que se formaram quando a amostra rompeu. Estes fios podem ser posteriormente separados com os dedos.

3-5. Alivie a tensão de uma parte da região adelgaçada. Após o aquecimento, ela se tornou mais espessa do que era antes?

Cobertura de tempestade para janela

Obtenha um pedaço de filme contrátil para cobrir a janela. Meça-o, então alivie a tensão com calor. Meça a peça recozida. Calcule a redução percentual no comprimento e na largura. A quantidade de tensão no filme original era igual em ambos os sentidos?

Capítulo 3 – Química elementar dos polímeros 57

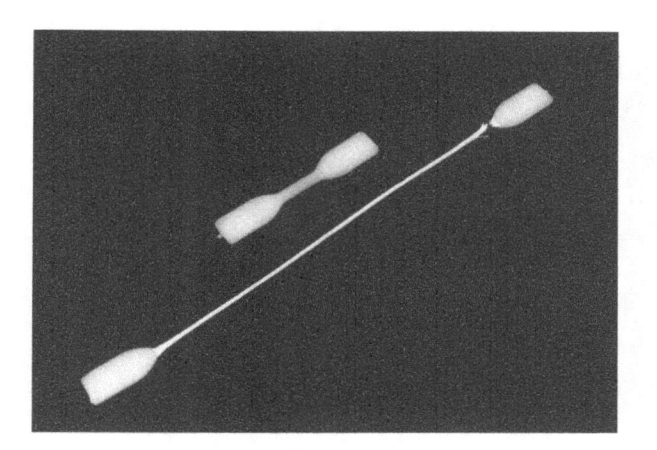

Figura 3-19 – A extrema elongação do HDPE, quando estirado lentamente, provoca um alto grau de orientação molecular.

Figura 3-20 – A tendência desta amostra de rasgar ou "esgarçar" demonstra um efeito de orientação molecular.

Capítulo 4

Saúde e segurança

Introdução

A maioria das indústrias informa seus trabalhadores sobre a grande variedade de potenciais riscos à saúde e à segurança. Um método de categorizar esses riscos é dividi-los em três tipos: físicos, biomecânicos e químicos. Este capítulo é delineado como segue:

I. Riscos físicos
II. Riscos biomecânicos
III. Riscos químicos
IV. Fontes de riscos químicos
V. Leitura e compreensão do MSDS
   A. Seção 1: Identificação do produto e da empresa
   B. Seção 2: Composição
   C. Seção 3: Identificação dos riscos
   D. Seção 4: Medidas de primeiros socorros
   E. Seção 5: Medidas de combate a incêndios
   F. Seção 6: Medidas para liberação acidental
   G. Seção 7: Manuseio e armazenamento
   H. Seção 8: Controle de exposição e proteção individual
   I. Seção 9: Propriedades físicas e químicas
   J. Seção 10: Dados de estabilidade e reatividade
   K. Seção 11: Informações toxicológicas
   L. Seção 12: Informações ecológicas
   M. Seção 13: Considerações sobre o descarte
   N. Seção 14: Informações sobre transporte
   O. Seção 15: Informação sobre regulamentação
   P. Seção 16: Outras informações

Riscos físicos

Os riscos físicos incluem movimentos de máquina, sistemas elétricos, hidráulicos e sistemas de pressão pneumática, ruído, calor, vibrações e outros perigos potenciais. Os riscos físicos também englobam radiações ultravioleta, ionizante, micro-ondas e térmica.

Para se proteger contra os riscos físicos, o pessoal de segurança industrial deve garantir que as máquinas tenham dispositivos de segurança adequados, proteção e sistemas de alarme. Dispositivos de proteção contra ruídos, vibrações e radiações podem incluir óculos de segurança, tampões para os ouvidos e blindagens diferentes. Controles bimanuais podem ser instalados para garantir que as mãos do operador não estejam perto de lâminas de corte, eixos em movimento, lâminas de corte ou superfícies quentes.

Riscos biomecânicos

Os riscos biomecânicos são geralmente relacionados com movimentos repetitivos. A ergonomia lida com esses tipos de ações que não são de perigo imediato, mas podem levar a lesões quando repetidas ao longo de dias, semanas e meses. Reduzir ou eliminar esses riscos requer o projeto de ferramentas manuais e máquinas adequadas, boas condições visuais e qualidade do ar. A fadiga gerada por más condições de trabalho pode levar a acidentes. Além de danos físicos, problemas psicológicos e mentais também podem surgir. Alguns problemas possivelmente relacionados com as más condições de trabalho são a ansiedade e irritabilidade, abuso de substâncias, dificuldades para dormir, neuroses, dores de cabeça e sintomas gastrointestinais.

Riscos químicos

Embora a indústria de plásticos tenha sua parcela de perigos físicos e biomecânicos, o maior risco é químico. Muitos dos compostos e processos utilizados na indústria de plásticos são potencialmente perigosos.

A **inalação** e absorção de substâncias tóxicas pelos pulmões são responsáveis por quase 90% dos casos de toxicidade na indústria de plásticos. Em alguns casos, os trabalhadores se expõem ao perigo porque eles não têm consciência dos riscos. Para aumentar a conscientização dos funcionários, muitas empresas conceituadas desenvolvem programas de educação em segurança destinados a proteger e informar os trabalhadores. Este capítulo discute a saúde química e os riscos de segurança e sua correção e prevenção.

Fontes de riscos químicos

O consumo global de plásticos nos Estados Unidos deverá aumentar a uma taxa relativamente constante, assumindo que as tendências continuem sem maiores perturbações. Até 2012, os seguintes plásticos – listados a seguir em ordem crescente de volume de vendas – devem dominar as vendas:

1. Polipropileno (PP)
2. Cloreto de polivinila (PVC)
3. Polietileno de alta densidade (HDPE)
4. Polietileno linear de baixa densidade (LLDPE)
5. Polietileno de baixa densidade (LDPE)
6. Poliéster, termoplástico
7. Poliestireno (PS)
8. Fenólicos

Em ordem crescente de volume processado, as principais técnicas para converter esses materiais em produtos serão provavelmente as seguintes:

1. Extrusão
2. Moldagem por injeção
3. Moldagem por sopro
4. Espuma de poliuretano
5. Aplicação de adesivo fenólico
6. Expansão de poliestireno

Os materiais e processos dominantes indicam que a principal forma é de plásticos sólidos peletizados. Consequentemente, aspectos de saúde e segurança para *pellets* recebem a primeira atenção. Pós e líquidos receberão atenção quando forem especialmente perigosos. As poliolefinas na lista anterior, nominalmente o polietileno e polipropileno de alta e baixa densidade, representam baixo risco durante o processamento. O poliéster termoplástico também oferece riscos menores. O foco das preocupações com relação a estes materiais está nos aditivos e seus possíveis efeitos tóxicos. Para mais informações sobre os aditivos, consulte o Capítulo 7.

Os dois materiais termofixos – poliuretano e fenólicos – potencialmente expõem os seres humanos a subprodutos perigosos da polimerização. Uma discussão sobre estes riscos aparece mais tarde neste capítulo.

Leitura e compreensão do MSDS

Métodos e materiais perigosos são comuns na indústria de plásticos. Nos Estados Unidos, uma **Ficha de Segurança de Material (MSDS – Material Safety Data Sheet)** acompanha qualquer aquisição de matérias-primas industriais de risco. A Federal Standard 313B, que fornece diretrizes para a elaboração de uma MSDS, define o que significa o termo "perigoso". A definição é ampla e abrange os plásticos, porque em seu uso normal os plásticos "podem produzir pós, gases, fumos, vapores, névoas, ou fumaças", que são perigosos.

Uma definição similar da palavra "perigoso" aparece no Código de Regulamentos Federais (CFR – Code of Federal Regulations). Substâncias perigosas são as que podem constituir um risco excessivo para a saúde, segurança e propriedade.

Quando um cliente adquire repetidamente o mesmo material, uma MSDS é enviada com a primeira solicitação a cada ano. Embora cada produtor de matérias-primas seja responsável por criar a MSDS, as orientações exigem certas categorias de informações. Um conhecimento completo da MSDS quando se relaciona à indústria de plásticos pode promover a segurança para todo o pessoal.

Novas regulamentações especificam as informações essenciais que devem estar em uma MSDS. Porque o formato é deixado para o fornecedor, as MSDS diferem no formato, mas não na informação. Muitas MSDS usam a seguinte ordem de seções:

1. Identificação do produto e da empresa
2. Composição/informação sobre ingredientes
3. Identificação dos riscos
4. Medidas de primeiros socorros
5. Medidas de combate a incêndios
6. Medidas para liberação acidental
7. Manuseio e armazenamento
8. Controle de exposição e proteção individual
9. Propriedades físicas e químicas
10. Dados de estabilidade e reatividade
11. Informações toxicológicas
12. Informações ecológicas
13. Considerações sobre o descarte
14. Informações sobre o transporte
15. Informações sobre regulamentação
16. Outras informações

Seção 1: Identificação do produto e da empresa

Esta seção contém informações sobre o nome do produto e a identidade do fabricante. Ela normalmente inclui números telefônicos de emergência e o nome comercial e da família química do material. A seção de identificação do produto indica o nome químico do produto.

Por exemplo, o Lexan®, fabricado pela GE Plastics, é um tipo de policarbonato apropriado para moldagem por injeção. Seu nome químico é Poli (Bisfenol-A carbonato). Cada produto químico tem um **número de registro CAS**. CAS significa **Chemical Abstracts Services**. Além de catalogar substâncias químicas, o registro CAS fornece uma identificação inequívoca de materiais. As empresas químicas promovem seus materiais com nomes comerciais, tal como Lexan. Para saber se o Lexan é quimicamente idêntico ao Makrolon® – um policarbonato produzido pela Bayer Company – compare os números CAS. O número para ambas as marcas é 25971-65-5.

Seção 2: Composição

Esta seção contém informações sobre ingredientes perigosos. Como o policarbonato não é um produto controlado, a MSDS não fornece nenhum dado adicional nesta seção. No entanto, além dos principais constituintes de um material, todos os aditivos perigosos, cargas ou corantes devem aparecer nesta seção. Uma MSDS para um grau restrito ABS (acrilonitrila-butadieno-estireno) lista os seguintes ingredientes:

# CAS	Nome do composto químico	OSHA unidades PEL	ACGIH unidades TLV
7631-86-9	Sílica	0,05 mg/m^3	0,05 mg/m^3
100-42-5	Estireno	50,0 ppm	50,0 ppm
1333-86-4	Negro de fumo	3,5 mg/m^3	3,5 mg/m^3

É muito importante entender em detalhes o que significa esta informação. A sigla OSHA (Occupational Safety and Health Administration), traduz-se por Administração da Segurança Ocupacional e da Saúde. A **ACGIH (American Conference of Governmental Industrial Hygienists)** traduz-se por **Conferência Americana de Higienistas Industriais Governamentais**. Ambas as organizações publicam padrões acerca da exposição a vários materiais industriais.

A OSHA utiliza uma medida chamada de **limite de exposição permitido (PEL – permissible exposure limit)**. O PEL indica quanto tempo de exposição é permissível. Assim, o PEL é uma **média ponderada de tempo (TWA – time-weighted average)**. A TWA representa o nível de exposição considerado aceitável para um dia de 8 horas como parte de uma semana de 40 horas. Além dos valores PEL, a OSHA reporta um **limite de exposição recomendado (REL – recommended exposure limit)** e um **limite de exposição de curta duração (STEL – short-term exposure limit)**.

Neste exemplo, o limite de exposição permissível para a sílica é de 0,05 mg/m^3. A unidade mg/m^3 é apropriada para poeiras, pós ou fibras.

A abreviatura **TLV** significa **valor-limite de tolerância (threshold limit value)**. Este é o valor recomendado pela ACGIH. O TLV é também uma média ponderada de tempo, aceitável para 8 horas/dia, como parte de uma semana de 40 horas.

A ACGIH também tem duas categorias adicionais de TLVs. A primeira categoria é TLV-STEL. STEL (short-term exposure limit) significa limite de exposição de curto prazo. Ele indica a exposição aceitável para 15 minutos e nunca deve ser excedido durante um dia de 8 horas, mesmo se a TWA para o dia estiver dentro dos limites.

A TWA é geralmente mais baixa do que o STEL. O procedimento para as exposições, que está acima da TWA e ainda abaixo do STEL, está claramente especificado. Essas exposições devem ser:

- Não mais que 15 minutos.
- Não mais que 4 vezes por dia.

A segunda categoria adicional de TWA é o valor do **limite máximo** ou teto. Esse valor nunca deve ser excedido em um dia de trabalho.

Neste exemplo, sílica e negro de fumo são pós ou poeiras. O estireno é tão perigoso como um gás. Consequentemente, as unidades PEL ou TLV estão em ppm (partes por milhão).

É importante distinguir claramente entre PEL e níveis TLV e a porcentagem de um ingrediente por peso. A acrilonitrila-butadieno-estireno (ABS) usada como exemplo contém 3% de negro de fumo e 0,2% de monômero de estireno residual. O monômero de estireno residual é um material que não se combinou para produzir moléculas de polímero, mas permaneceu preso ao polímero. A sílica estava presente a 5% em peso. Como o negro de fumo e a sílica são materiais sólidos em pó, eles são encapsulados pela maioria dos plásticos e é muito improvável que existam em uma forma livre. Consequentemente, os valores de TLV e PEL têm pouca aplicação prática. No entanto, o estireno monomérico pode escapar como um gás quando o material está em temperaturas de processamento. Seu TLV e PEL são de valor prático.

O estireno como um risco saudável. O estireno é tão importante para a indústria de plásticos que garante uma atenção especial. O estireno detém uma posição crucial na indústria de plásticos porque é um bloco de construção para termoplásticos estirênicos, que incluem o poliestireno, o poliestireno de impacto, o SAN, o ABS, entre outros. Além disso, o estireno aparece em resinas de fundição de poliéster.

Em resinas termoplásticas estirênicas, o estireno monomérico é um ingrediente muito menor. Alguns plásticos ABS contêm menos de 0,2% de estireno monomérico. Além do monômero residual, plásticos estirênicos comerciais produzem estireno durante a degradação termo-oxidativa. Estas fontes podem se combinar para emitir estireno no ar durante a moldagem termoplástica e processos de conformação. Um estudo encontrou de 1 a 7 ppm de estireno na atmosfera de uma planta usando moldagem por injeção de poliestireno.

Os riscos potenciais do estireno a partir dos termoplásticos são ínfimos em comparação com o risco das resinas de poliéster. Neste caso, operações em moldes abertos são comuns para a produção de barcos, cascos de iates, grandes tanques ou tubulações, boxes de banheira e chuveiros e coberturas de caminhão ou trator. As resinas de poliéster fornecem uma matriz reforçadora para fibras de vidro – seja tecido, seja esteira, seja fibra picada. Processos comuns são o *chop-and-spray* e a *laminação manual*[1]. No método *chop-and-spray*, a resina catalisada e a fibra de vidro são misturadas em uma cabeça de corte/mix (arma picadora). Os operadores direcionam as fibras de vidro revestidas para uma fôrma. No método de laminação manual, os operadores posicionam as camadas de vidro reforçado em moldes e aplicam a resina, às vezes com pulverizadoras sem jato de ar.

Seja qual for o processo, o trabalho de molde aberto expõe os operadores a vapores de estireno. As resinas de poliéster contêm cerca de 35% de estireno em peso. Embora a MSDS recomende que os trabalhadores "evitem respirar os vapores", isso só é possível se os operadores usarem um aparelho de respiração autônomo. Algumas empresas que produzem grandes cascos de iates guarnecem seus operadores com tais equipamentos. No entanto, muitos fabricantes dependem de sistemas de ventilação.

---

[1] *Chop-and-spray* corresponde a um processo definido, algo como "picar-e-borrifar". O termo *hand-layup* já tem sua interpretação aceita como "laminação manual". (NT)

Sistemas de ventilação têm diferentes eficiências. Quando os sistemas de ventilação não são adequados, as concentrações podem exceder o TLV usual em 20 ppm. Um estudo encontrou concentrações de estireno de 109 ppm para um molde aberto com uma superfície de 1,3 m³. Uma superfície de 8,3 m³ gerou 123 ppm. Outro estudo encontrou 120 ppm para uma operação de *chop-and-spray* e 86 ppm para uma estação de rolamento.

No entanto, quando o sistema de ventilação está bem localizado e é potente, as concentrações caem. Uma fábrica de iates consome 8.000 libras de resina de poliéster por semana. Sua planta tem ventilação local em cada estação de trabalho de casco, capaz de exaustar 17 mil pés cúbicos por minuto (cfm). Além disso, o sistema garante 10-15 trocas de ar por hora para todo o edifício. Nestas circunstâncias, os trabalhadores de laminação de cascos experimentam taxas de exposição de 17-25 ppm. De acordo com outro estudo, a exposição média para as fábricas de barcos é de 37 ppm, enquanto as pequenas fábricas de barcos mostram uma média de 82 ppm. Estas leituras de exposição foram provavelmente devido a sistemas de ventilação menos eficientes.

Exposições ainda mais baixas ocorrem em operações com molde fechado ou molde prensado. Fábricas que usam molde prensado tinham exposições entre 11 e 26 ppm. Com o intuito de atingir exposições menores, algumas empresas estão convertendo algumas ou todas as operações para moldes fechados. Se a ACGIH diminuir o TLV para o estireno, o incentivo para eliminar moldes abertos será ainda maior.

A Tabela 4-1 relaciona os limites atualmente recomendados pela ACGIH. Estas recomendações estão disponíveis nos TLVs® e BEIs® de 2007, com base na Documentação dos Valores-limite para Substâncias Químicas e Índices de Exposição a Agentes Físicos e Biológicos. A ACGIH publica regularmente atualizações para estes valores, a fim de manter a documentação atualizada.

A ACGIH também classifica os materiais como **carcinógenos**, quer dizer, agentes causadores de câncer. A1 é a classificação carcinógenos humanos confirmados. A2 é usado para carcinógenos humanos suspeitos e A3 para carcinógenos em animais.

Seção 3: Identificação dos riscos

Esta seção trata das possíveis rotas de entrada de substâncias tóxicas nos seres humanos. As rotas mais comuns são ingestão, inalação, pele e olhos. Além de toxicidade, esta seção apresenta os efeitos crônicos e de carcinogenicidade.

Ingestão. A ingestão de *pellets* é bastante improvável, e algumas empresas estabelecem que "não é uma rota provável de exposição". Outras empresas são mais cautelosas e fornecem declarações tais, como, "O oral LD-50 em ratos é superior a 1.000 miligramas por quilo de peso corporal. Testes de duas semanas de alimentação com cães e ratos não mostraram nenhuma evidência de mudança patológica como um todo".

Classificações de toxicidade utilizam o termo **LD$_{50}$** ou **LD-50**. LD significa *dose letal* e o subscrito 50 significa que esta dose é capaz de matar 50% de uma população de animais de experimentação. Muitos plásticos peletizados são bastante inertes, e os animais de experimentação podem comer grandes quantidades com pouco efeito.

Discussões sobre níveis de toxicidade, muitas vezes, dependem de poucas categorias gerais. Quando doses letais são menores do que 1 mg ou 10 ppm, o material é considerado *extremamente tóxico.* Quando o intervalo letal é menor do que 100 ppm ou 50 mg, o material é *altamente tóxico. Toxicidade moderada* refere-se a doses inferiores a 1.000 ppm ou 500 mg. Toxicidade acima de 1.000 ppm ou 500 mg deve ser considerado *ligeiramente tóxico.*

Classificações de toxicidade referem-se ao peso total da cobaia. Um MSDS pode conter uma classificação semelhante à seguinte:

Oral LD$_{50}$ 265 mg/kg

Em outras palavras, esta substância moderadamente tóxica mata 50% das populações experimentais de suínos da raça guiné. Se a toxicidade para os seres humanos é idêntica à resposta mostrada por cobaias, então a dose letal oral para um ser humano com um peso de 70 kg seria 264 g $\times$ 70, que produz 18.480 mg ou 18,48 g.

Tabela 4-1 – Valores-limite de tolerância (TLV) para compostos químicos selecionados

Material	Ponto de fulgor (°C)	TLV (ppm)	TLV (mg/m^3)	Risco à saúde
Acetaldeído A3		25 (limite máximo)	180	Cancerígeno animal
Acetona (dimetil-cetona)	–18	500	1.186	Irritação da pele, narcose moderada na inalação
Acrilonitrila (vinil cianeto) A3	5	2	4,3	Absorvida pela pele, inalação, carcinogênico na inalação
Amônia		25	17	
Asbestos A1 (como amosita)			0,1 fibras/cc	Doenças respiratórias (inalação), carcinogênico
Benzeno (benzol) A1	11	0,5	1,6	Envenenamento por inalação, irritação carcinogênica da pele e queimaduras
Bisfenol A				Irritação nasal e da pele
Fibras de boro				Irritante, desconforto respiratório
Dióxido de carbono	gás	5.000	9.000	Possível asfixia, envenenamento crônico (inalação) em pequenas quantidades
Monóxido de carbono	gás	25	29	Asfixia
Tetracloreto de carbono A2		5	31,5	Inalado e absorvido, envenenamento crônico em pequenas quantidades, carcinogênico A2
Cloro A3		0,5	1,5	Desconforto brônquico, envenenamento e efeitos crônicos
Clorobenzeno A3 (cloreto de fenila)	29	10	46	Absorvido e inalado, paralisante em envenenamento agudo
Cobalto A3 (como pó e fumo de metal)			0,02	Possível pneumoconiose (inalação) e dermatite
Cicloexano	–20	300	1.030	Danos no fígado e rins, inalação
Cicloexanol	66	50	206	Inalado e absorvido, possíveis danos aos órgãos
0-Diclorobenzeno	66	25	150	Possível dano ao fígado, inalação, percutâneo
1,2-Dicloroetano (etileno dicloreto)	13	200	793	Anestésico e narcótico, inalação, possíveis danos nervosos
Epicloridrina A3	95	0,5	1,9	Altamente irritante aos olhos, as vias respiratórias e percutâneo, carcinogênico
Etanol (etil-álcool)	13	1.000	1.880	Possível dano ao fígado, efeitos narcóticos
Flúor		1	1,6	Desconforto respiratório, agudo em altas concentrações
Formaldeído A2		0,3 (limite máximo)		Irritações de pele e brônquicas, inalação, carcinogênico
Fibra de vidro		10		Irritante
Cloreto de hidrogênio A4		2 (limite máximo)	3 (limite máximo)	Irritante aos olhos, pele e membranas mucosas
Fluoreto de hidrogênio		2 (limite máximo)	1,6 (limite máximo)	
Álcool isopropílico		200	491	Narcótico, irritação nas vias respiratórias, dermatite
Metanol (metil álcool)	11	200	262	Quando inalado de forma crônica, o envenenamento pode causar cegueira

(Continua)

(Continuação)

Material	Ponto de fulgor (°C)	TLV (ppm)	TLV (mg/m³)	Risco à saúde
Metil acrilato	3	2	7	Inalado e absorvido, danos ao fígado, rins e intestinos
Metil cloreto A4	gás	50	174	Possível dano ao fígado, narcótico, irritação severa da pele, narcose moderada pela inalação, ingestão, carcinogênico
Metil etil cetona	−6	200	590	Levemente tóxico, efeitos desaparecem após 48 horas
Mica			3	Pneumoconiose, desconforto respiratório
Níquel			1,5	Eczema crônico, carcinogênico
Fenol (ácido fênico)	80	5	19	Inalado, absorvido pela pele, narcótico, dano nos tecidos, irritação da pele
Fosgênio		0,1	0,4	Dano aos pulmões
Piridina A3	20	1	3,2	Danos ao fígado e rins
Silano				Inalação, danos aos órgãos
Sílica (pirolisada)			0,1	Desconforto respiratório, silicose, carcinogênico potencial
Estireno		20	85	Irritante aos olhos e membranas mucosas
Tolueno A4	4	20	75	Similar ao benzeno, possível dano ao fígado
Acetato de vinila A3	8	10	35	Inalação, irritante
Cloreto de vinila A1		1	2,6	Carcinogênico

Fonte: Adaptado de TLVs e BEIs 2007, com base na Documentação dos Valores-limite para Substâncias Químicas e Índices de Exposição a Agentes Físicos & Biológicos, Conferência Americana de Higienistas Industriais Governamentais, Inc., Cincinnati, OH.

Inalação. Algumas MSDS veem a inalação de plásticos peletizados como improvável por causa de sua forma física. Outros fornecem os seguintes dados:

Inalação LC_{50} Dados não disponíveis

A abreviatura LC significa concentração letal. Ela normalmente se refere a um vapor ou gás. As unidades para valores numéricos para vapores e gases são ppm (partes por milhão) em condições normais de temperatura e pressão.

Embora a inalação de *pellets* seja improvável, a inalação de gases e vapores é uma grande preocupação. Muitos estudos mediram a resposta ao odor dos seres humanos a fim de determinar com que eficácia o odor os adverte de possíveis perigos. Muitos gases são facilmente detectados. Um exemplo é o acetaldeído, uma substância química utilizada na produção de algumas resinas fenólicas. O PET superaquecido também libera pequenas quantidades de acetaldeído. O acetaldeído tem um STEL de 25 ppm, mas seu limite mínimo de odor no ar é de 0,050 ppm. Como é facilmente detectado em concentrações bem abaixo do TLV, o odor pode fornecer um alerta sobre a exposição a esse material.

No entanto, o odor de alguns gases não fornece nenhum aviso. O cloreto de vinila é o monômero primário usado na polimerização do PVC. Tem um TLV de 1 ppm e um limiar de odor de 3.000 ppm. Também é classificado como A1 – conhecido carcinógeno humano. O odor não fornece nenhum aviso de exposição a este material perigoso.

A Tabela 4-2 lista produtos químicos selecionados usados na produção de plásticos. Alguns também são produtos de decomposição, que se formam quando os plásticos selecionados são superaquecidos.

A inalação de isocianatos é um risco associado à fabricação de produtos de poliuretano. O poliuretano envolve a polimerização de TDI (tolueno diisocianato) ou MDI (diisocianato de metileno).

Tabela 4-2 – Comparação de TLVs para limiares de odor de produtos químicos selecionados

Nome	TLV, ppm	Limite de odor no ar, ppm
Acetaldeído	25 (limite máximo)	0,05
Acrilonitrila	2	17
Amônia	25	5,2
1,3 Butadieno A2	2	1,6
Formaldeído A2	0,3 (limite máximo)	0,83
Cloreto de hidrogênio	5 (limite máximo)	0,77
Cianeto de hidrogênio	4,7 (limite máximo)	0,58
Metil metacrilato	50	0,083
Fenol	5	0,040
Estireno	20	0,32
Tetra-hidrofurano	200	2,0
Acetato de vinila A3	10	0,5
Cloreto de vinila A1	1	3.000

Esta polimerização ocorre rotineiramente durante a fabricação de espumas de poliuretano e a reação de moldagem por injeção de produtos de poliuretano. Em alguns projetos de construção, a espuma de poliuretano é pulverizada no interior de paredes e telhados. De acordo com a ACGIH, o TLV para ambos os isocianatos é de 0,005 ppm, com a restrição adicional de que o TDI tem um STEL de 0,02 ppm. Estes níveis são muito baixos e, portanto, exigem um esforço significativo para ser atingido e mantido.

Dérmica. A exposição *dérmica* ocorre quando uma substância entra em contato com a pele. A pele é uma barreira eficaz contra alguns produtos químicos que não apresentam perigo pela exposição dérmica. Outros produtos químicos e materiais podem irritar a superfície da pele. Seu perigo é limitado. Alguns materiais podem penetrar na pele e causar sensibilização. Os epóxis podem causar sensibilização após exposição repetida. O perigo mais grave é a penetração de uma substância química na pele, a qual entra na corrente sanguínea e age diretamente sobre os sistemas corporais. Isso é chamado de *risco sistêmico*.

Plásticos peletizados não podem penetrar na pele, mas podem causar irritação cutânea ou dermatite. Isto é especialmente verdadeiro quando o material contém fibras abrasivas, como as de vidro. O contato da pele com plástico derretido pode causar queimaduras graves.

Materiais líquidos podem representar um grave perigo dérmico. Um catalisador utilizado para endurecer uma resina epóxi leva os seguintes dados em sua ficha de segurança:

Dietilenotriamina	CAS #111-40-0
ACGIH	
TLV	STEL
1 ppm (pele)	NE
OSHA	
PEL	STEL
1 ppm (pele)	NE

Esta substância penetra na pele e tem um baixo TLV e PEL. Este material em particular é muito perigoso e exige precauções especiais. Quando esta substância é submetida a testes de laboratório em animais, pode ter um valor de dose letal (LD).

Olhos. Se *pellets* entrarem nos olhos de uma pessoa, podem ser lesados mecanicamente. Líquidos e gases podem provocar lesões oculares graves. Por exemplo, a metilenodianilina é um dos ingredientes de um catalisador de endurecimento de uma resina epóxi. Uma MSDS indica que a metilenodianilina causa cegueira irreversível em gatos e deficiência visual em bovinos.

Carcinogenicidade. Plásticos sólidos na forma peletizada muitas vezes não são classificados como cancerígenos. No entanto, monômeros residuais podem ter conexões com câncer. Por exemplo, uma MSDS do acetato de etileno-vinila (EVA) lista o acetato de vinila como um ingrediente perigoso quando presente em no máximo 0,3%. Quando o EVA é polimerizado, uma pequena quantidade do monômero de acetato de vinila permanece. A exposição extensiva de animais de teste ao monômero de acetato de vinila a 600 ppm causou alguns carcinomas no nariz e nas vias aéreas em alguns animais. Consequentemente, cabe a notação A3.

Seção 4: Medidas de primeiros socorros

Esta seção fornece instruções específicas sobre o tratamento de primeiros socorros para as diferentes vias de exposição e notas especiais para os médicos.

Seção 5: Medidas de combate a incêndios

Como a maioria dos plásticos peletizados não é explosiva, esta seção geralmente concentra-se no combate a incêndios. Na presença de calor e oxigênio suficiente, a maioria dos plásticos queima e produz dióxido de carbono e vapor d'água. Muitos plásticos podem ser autoextinguíveis ou ignífugos ao fogo. Todos os termofixos são autoextinguíveis. Vidro e reforçantes inorgânicos podem reduzir a inflamabilidade. A maioria dos aditivos retardadores de chama age interferindo quimicamente nas reações da chama.

Muitas MSDS recomendam a água como o melhor meio para o combate a incêndios. Elas também alertam para os produtos químicos perigosos produzidos durante a combustão, tais como densos fumos negros, monóxido de carbono, cianeto de hidrogênio e amônia.

Há vários fatores que causam mortes por fogo, incluindo queimaduras diretas, deficiência de oxigênio e exposição a produtos químicos tóxicos. Um dos maiores perigos em um incêndio é o monóxido de carbono. É um gás incolor e inodoro que pode causar perda de consciência em menos de três minutos.

A combustão frequentemente produz subprodutos tóxicos. A Tabela 4-3 apresenta a toxicidade relativa do fogo de polímeros e fibras selecionados. Os valores na Tabela 4-3 resultam de experimentos utilizando animais de teste expostos a gases gerados pela pirólise de materiais selecionados. Tais dados não preveem diretamente a toxicidade do fogo em seres humanos. Note-se que a lã e a seda são os mais tóxicos, com a lã posicionada acima de muitos polímeros.

Muitos plásticos comerciais têm **pontos de ignição** tão altos que a MSDS os descreve como "Não aplicável". Em um tipo de náilon, uma MSDS relatou um ponto de fulgor de 400 °C (752 °F), conforme determinado pela American Society for Testing and Materials (ASTM), usando o método de frasco aberto – ASTM D-56. No método de frasco aberto, um material é aquecido em um recipiente aberto. O ponto de ignição é a menor temperatura na qual vapores suficientes são gerados para formar uma mistura inflamável de vapor e ar imediatamente acima da superfície do material fundido ou líquido.

Tabela 4-3 – Toxicidade relativa do fogo de polímeros e de fibras selecionados

Material	Tempo aproximado para a morte, min	Tempo aproximado para incapacitar, min
Acrilonitrila-butadieno-estireno	12	11
Bisfenol A policarbonato	20	15
Polietileno clorado	26	9
Fibra de algodão, 100%	13	8
Poliamida	14	12
Poliaril sulfona	13	10
Fibra de poliéster, 100%	11	8
Poliéter sulfona	12	11
Polietileno	17	11
Espuma rígida de poliisocianurato	22	19
Metacrilato de polimetila	16	13
Polifenil sulfona	15	13
Óxido de polifenileno	20	9
Sulfeto de polifenileno	13	11
Poliestireno	23	17
Espuma de poliuretano flexível	14	10
Espuma de poliuretano rígido	15	12
Cloreto de polivinila	17	9
Fluoreto de polivinila	21	17
Fluoreto de poliviniledeno	16	7
Fibra de seda, 100%	9	7
Madeira	14	10
Fibra de lã, 100%	8	5

Nota: Informações do Centro de Segurança de Incêndios, da Universidade de São Francisco, com o apoio da National Aeronautics and Space Administration. Todos os dados modificados para mostrar valores aproximados.

Em contraste aos pontos de ignição dos plásticos comerciais, os pontos de ignição de líquidos têm muitas implicações práticas. De acordo com a OSHA e a National Fire Protection Association (NFPA), um líquido **inflamável** é qualquer material com um ponto de ignição inferior a 38 °C [100 °F]. Os **combustíveis** líquidos são aqueles com pontos de ignição igual ou superior a 38 °C. A Tabela 4-1 relaciona os pontos de ignição de materiais selecionados. Observe que muitos hidrocarbonetos geralmente têm pontos de ignição abaixo de 0 °C. Estes materiais inflamáveis representam um grave risco de incêndio se não forem devidamente tratados.

Seção 6: Medidas para liberação acidental

Esta seção apresenta os procedimentos para derramamentos ou vazamentos. No caso de materiais peletizados, tais procedimentos relacionam-se ao recolhimento dos *pellets* derramados. Para líquidos, ações muito mais elaboradas devem ser tomadas.

Seção 7: Manuseio e armazenamento

Esta seção aborda áreas, métodos e precauções necessárias para o armazenamento do material.

Seção 8: Controle de exposição e proteção individual

Esta seção relaciona medidas de proteção para os indivíduos e seu espaço de trabalho.

Proteção do local de trabalho. Ventilação adequada é necessária em áreas de processamento. A ACGIH preparou orientações para ventilação industrial, as quais estão disponíveis no Comitê ACGIH em Ventilação Industrial, PO Box 116153, Lansing, MI 48901.

Equipamentos de proteção individual incluem óculos de segurança, óculos de proteção ocular e proteção facial. A proteção da pele consiste em luvas, mangas compridas e escudos faciais. Tampões para os ouvidos servem como proteção auditiva, e a proteção respiratória é obtida pelo uso de um respirador, sempre que os fumos de processamento estiverem fora de controle. Os respiradores também devem ser usados quando as operações secundárias, tais como moer, lixar ou serrar, geram poeira excessiva.

A ACGIH tem publicado *Diretrizes para a Seleção de Vestuário para Proteção contra Compostos Químicos*, enquanto o Instituto Nacional Americano de Padrões (American National Standards Institute – ANSI) e a OSHA tratam da proteção ocular e facial.

Sistemas de barreira cremosa de proteção podem ser usados para proteger os trabalhadores contra agentes menores de irritação da pele e podem reduzir a incidência de dermatite.

Pessoas alérgico-reativas devem ser advertidas contra possíveis irritantes brônquicos ou de pele. Quaisquer irritações na pele, olhos, nariz ou garganta devem ser tratadas imediatamente.

Seção 9: Propriedades físicas e químicas

Esta seção não trata os ingredientes separadamente. Em vez disso, considera que o material é uma substância. Exemplos de dados são a taxa de evaporação, o ponto de fusão, o ponto de ebulição, a densidade, a solubilidade em água e a forma. Para plásticos peletizados, algumas destas características não são estabelecidas (NE).

Seção 10: Dados de estabilidade e reatividade

Como a maioria dos plásticos peletizados é muito estável, eles não são reativos em condições normais. Alguns materiais reagem com ácidos fortes e agentes oxidantes, enquanto muitos permanecem inertes.

No entanto, a maioria dos plásticos se degrada quando suficientemente aquecidos. A degradação dos plásticos é considerada uma degradação termo-oxidativa, que é a degradação térmica na presença de oxigênio. Poucos plásticos iniciam a degradação a temperaturas normais de processamento, e outros começam a se degradar quando aquecidos além dos intervalos normais de processamento. Em ambos os casos, gases e vapores tóxicos vão para o ar e podem contaminar os seres humanos pela inalação.

A lista a seguir especifica exemplos de produtos de decomposição:

- A 230 °C, o POM libera formaldeído.
- A 100 °C, o PVC libera HCl.
- A 300 °C, o PET libera acetaldeído.
- A 300 °C, os náilons liberam monóxido de carbono e amônia.
- A 340 °C, o náilon 6 libera e-caprolactama.
- A 250 °C, fluoroplásticos liberam HF. A inalação de fumos contendo produtos de decomposição de fluoroplásticos pode causar sintomas semelhantes à gripe (influenza). Esse sintoma, às vezes,

é chamado "febre do fumo de polímero" e inclui febre, tosse e mal-estar.
- A 100 °C, o PMMA libera MMA.

Degradação térmica do PVC. A decomposição potencial do PVC é um problema sério. Nos processos de extrusão e moldagem por injeção, o PVC pode se decompor catastroficamente quando superaquecido e mantido por muito tempo a temperaturas de processamento no tambor da máquina.

A Figura 4-1 mostra um polímero decomposto que foi retirado do tambor e do bico de uma máquina de moldagem por injeção. Observe o carbono bem compactado que resta após a decomposição. Quando compactado no bocal e no tambor de uma máquina de moldagem por injeção, esse carbono impede a purga do PVC que fica na máquina.

A sequência de degradação do PVC frequentemente envolve uma descoloração inicial do PVC e, talvez, o surgimento de pequenas pintas pretas nos componentes. Quando a degradação continua, pós e fumos serão "cuspidos" pelo bocal. Os fumos conterão altas concentrações de cloreto de hidrogênio, que é altamente tóxico. Caso o descrito ocorra, todo o pessoal deve ser imediatamente evacuado, e qualquer um que se aproximar da máquina de moldagem deve usar uma máscara adequada para vapores orgânicos e ácidos.

Caso o bico e o tambor contenham carbono em pó, tentar purgar o PVC restante pode ser inútil. Como este material não será purgado, é melhor desligar a máquina e voltar mais tarde quando estiver fria. O bico e o terminal devem ser retirados de forma a remover o pó de carbono.

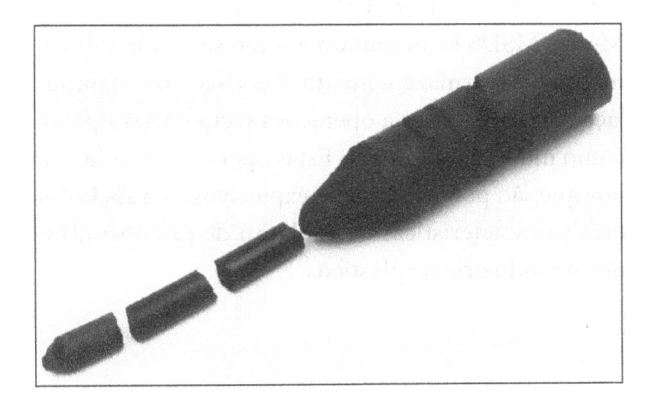

Figura 4-1 – PVC decomposto.

A adição de retardadores de chama, especialmente os que contêm zinco, pode aumentar o potencial do PVC de se degradar desta forma. Os fabricantes de retardadores de chama com zinco recomendam enfaticamente que os clientes tomem precaução ao evitar a "falha catastrófica do zinco".

Degradação térmica do POM. O *poliacetal*, também chamado de POM ou *polioximetileno*, é um termoplástico de engenharia. Ele se degrada termicamente por **despolimerização** e libera formaldeído no ar. Embora os antioxidantes possam retardar a despolimerização, eles não impedem a decomposição química. Além disso, os sistemas de ventilação são falhos na remoção de todo o formaldeído. Consequentemente, o ar próximo das máquinas de moldagem por injeção e as extrusoras podem conter quantidades excessivas de formaldeído. Uma MSDS indica que o aquecimento acima de 230 °C [446 °F] provoca a formação de formaldeído.

Os técnicos de moldagem podem ser expostos ao formaldeído particularmente quando ocorre a purga das máquinas de moldagem. Alguns técnicos afirmaram que vapores de purga de acetal podem "derrubá-lo". Tais declarações indicam exposições ao formaldeído bem acima do TLV máximo de 0,3 ppm.

Estudos de quatro plantas de moldagem por injeção encontraram concentrações de formaldeído de 0,05 a 0,19 ppm. Nestas plantas, as máquinas de moldagem tinham sistemas de exaustão local. O estudo não mediu o efeito dos expurgos.

Degradação térmica de compostos fenólicos. As resinas fenólicas encontram seu maior uso em aplicações como adesivos, particularmente na fabricação de madeira compensada e painéis aglomerados. Compostos de moldagem fenólicos são comuns em moldagens de compressão e transferência. Uma MSDS adverte que o processamento de compostos fenólicos pode liberar pequenas quantidades de amônia, formaldeído e fenol. O fenol tem um TLV de 5 ppm, um LD_{50} (para um rato) de 414 mg/kg e um LC_{50} (inalação por um rato) de 821 ppm. O formaldeído tem um limite máximo de 0,3 ppm. Uma MSDS afirma que os sintomas da exposição ao formaldeído incluem irritação dos olhos, nariz, garganta e das vias respiratórias superiores; lacrimejamento e congestão nasal. Estes sintomas geralmente ocorrem em concentrações que variam de 0,2 a 1,0 ppm e se tornam mais graves acima de 1 ppm.

Degradação térmica de náilon 6. O náilon 6 degrada termicamente no monômero a partir do qual é formado, ou seja, e-caprolactama. Além disso, muitos tipos de náilon geralmente contêm caprolactama residual de menos de 1% em peso. A ACGIH estabeleceu 5 ppm como o TLV para o vapor de caprolactama. A caprolactama é um material tóxico. O LD_{50} (rato) é de 2,14 mg/kg.

Operações normais de moldagem por injeção geram algum vapor de caprolactama. Além disso, as purgas liberam quantidades maiores, e as operações de extrusão adicionam uma quantidade constante na atmosfera do local de trabalho.

Um estudo envolvendo duas plantas de moldagem por injeção e uma operação de extrusão encontrou concentrações de 0,01 a 0,03 ppm para a e-caprolactama. Isso está bem abaixo do TLV de 5 ppm. No entanto, o estudo não considerou a purga de máquinas das moldagens.

Degradação térmica de PMMA. O polimetilmetacrilato (PMMA) é geralmente chamado de acrílico. O acrílico é familiar em forma de folha e é vendido sob o nome comercial de Plexiglas®. Ele é moldado, extrudado e termofundido em vários produtos. Durante o processamento, o PMMA degrada termicamente em metacrilato de metila (MMA). Além dos produtos de degradação, a maior parte do PMMA contém uma pequena quantidade de monômero residual. Uma MSDS relata que *pellets* de moldagem de acrílico contêm menos de 0,5% em peso de metacrilato de metila.

Um estudo envolvendo uma planta de moldagem por injeção, duas operações de termoformagem e locação de extrusão indicou concentrações que variam de um mínimo de 0,06 mg/m³ para moldagem por injeção a um máximo de 4,6 mg/m³ para a termoformagem a 160 °C [320 °F]. Estes valores estão também bem abaixo do TLV para o MMA, que é de 205 mg/m³ [50 ppm]. Quando a temperatura de processamento se eleva drasticamente em razão de um aquecimento descontrolado, a liberação de MMA também poderá aumentar consideravelmente.

Seção 11: Informações toxicológicas
Esta seção está relacionada ao material como um veneno potencial e os seus efeitos.

Seção 12: Informações ecológicas
Esta seção cobre a ecotoxicidade, a qual se refere aos efeitos nocivos sobre a vida selvagem e o meio ambiente.

Seção 13: Considerações sobre o descarte
Esta seção aborda a reciclagem de acordo com as regulamentações federal, estadual e local.

Seção 14: Informações sobre transporte
Esta seção está relacionada ao transporte. A maioria dos plásticos peletizados não tem restrições especiais para o transporte e não é regulamentada.

Seção 15: Informações sobre regulamentação
Esta seção assegura que todos os ingredientes cumprem a Lei de Controle de Substâncias Tóxicas de 1976 (TSCA – Toxic Substances Control Act). A Lei de Emendas e Reautorização (SARA – Superfund Amendments and Reauthorization Act) também estabeleceu várias regulamentações. Esta seção exige que as empresas estabeleçam quando seus materiais estão em conformidade com as regulamentações e que não contêm quaisquer produtos químicos que precisam ser relacionados de acordo com as exigências da Seção 313 da Lei de Planejamento de Emergência e Direitos ao Conhecimento pela Comunidade de 1986 (Emergency Planning and Community Right-to-Know Act of 1986).

Seção 16: Outras informações
Muitas MSDS fornecem uma seção separada sobre o manuseio e armazenamento. Os riscos na manipulação relacionam-se a operações secundárias típicas, como moer, lixar e serrar. Estas operações produzem pós que são potencialmente explosivos. A Tabela 4-4 lista as características de explosão de pós encontrados na indústria de plásticos.

Tabela 4-4 – Características de explosão de pós selecionados usados na indústria de plásticos

Tipo de pó	Temperatura de ignição, °C [°F]		Explosividade	Sensibilidade à ignição
Amido de milho	400	[752]	Severa	Forte
Farinha de madeira, pinho branco	470	[878]	Forte	Forte
Acetal, linear	440	[824]	Severa	Severa
Polímero de metilmetacrilato	480	[896]	Forte	Severa
Copolímero de metil metacrilato-etila acrilato-estireno	440	[824]	Severa	Severa
Copolímero de metil metacrilato-estireno-butadieno-acrilonitrila	480	[896]	Severa	Severa
Polímero de acrilonitrila	500	[932]	Severa	Severa
Copolímero de acrilonitrila-vinila piridina	510	[950]	Severa	Severa
Acetato celulose	420	[788]	Severa	Severa
Triacetato celulose	430	[806]	Forte	Forte
Butirato acetato celulose	410	[770]	Forte	Forte
Propionato celulose	460	[860]	Forte	Forte
Álcool de poliéster clorado	460	[860]	Moderada	Moderada
Polímero de tetrafluoretileno	670	[1.238]	Moderada	Fraca
Polímero de náilon	500	[932]	Severa	Severa
Policarbonato	710	[1.310]	Forte	Forte
Polietileno, processo à alta pressão	450	[842]	Severa	Severa
Carboxi-polimetileno	520	[968]	Fraca	Fraca
Polipropileno	420	[788]	Severa	Severa
Composto de moldagem de poliestireno	560	[1.040]	Severa	Severa
Copolímero estireno-acrilonitrila	500	[932]	Forte	Forte
Polivinil acetato	550	[1.022]	Moderada	Moderada
Polivinil butiral	390	[734]	Severa	Severa
Cloreto de polivinil, fino	660	[1.220]	Moderada	Fraca
Polímero de cloreto de vinilideno, composto de moldagem	900	[1.652]	Moderada	Fraca
Composto de moldagem alquídica	500	[932]	Fraca	Moderada
Melamina-formaldeído	810	[1.490]	Fraca	Fraca
Composto de moldagem ureia-formaldeído	460	[860]	Moderada	Moderada
Epóxi, sem catalisador	540	[1.004]	Severa	Severa
Fenol formaldeído	580	[1.076]	Severa	Severa
Polietileno tereftalato	500	[932]	Forte	Forte
Mistura de estireno-modificado e fibra de vidro-poliéster	440	[824]	Forte	Forte
Espuma de poliuretano	510	[950]	Severa	Severa
Cumarona-indeno, dura	550	[1.022]	Severa	Severa
Goma-laca	400	[752]	Severa	Severa
Borracha, bruta	350	[662]	Forte	Forte
Borracha, sintética, dura	320	[608]	Severa	Severa
Borracha, clorada	940	[1.724]	Moderada	Fraca

Fonte: Compilado em parte do The Explosibility of Agricultural Dusts, RI 5753, e do Explosibility of Dusts Used in the Plastics Industry, RI 5971, U.S. Department of Interior.

Pesquisa na internet

- **http://www.acgih.org.** A Conferência Americana de Higienistas Industriais Governamentais (ACGIH) fornece informações sobre as atividades, publicações e programas educacionais oferecidos por ela. Um de seus mais recentes seminários pela web é intitulado Nanotecnologia Saudável e Segurança. O jornal da ACGIH é intitulado *Applied Occupational and Environmental Hygiene*.
- **http://www.aiha.org.** A Associação Americana de Higiene Industrial oferece informações atualizadas sobre higiene industrial. Também publica o jornal *The American Industrial Hygiene Association Journal*, o qual está disponível on-line.
- **http://www.osha.gov.** A Administração da Segurança Ocupacional e da Saúde (OSHA), mantém um site de grande abrangência. Além de artigos e relatórios, são incluídos em materiais OSHA os limites permitidos de exposição (PEL) para diversos materiais.

Vocabulário

As palavras a seguir são encontradas neste capítulo. Consulte o glossário no Apêndice A para encontrar as definições destas palavras, caso você não compreenda como elas se aplicam aos plásticos.

Conferência Americana de Higienistas Industriais Governamentais (ACGIH)
Carcinógenos
Limite máximo
Número de registro do Chemical Abstracts Services (número de registro CAS)
Combustível
Despolimerização
Inflamável
Pontos de ignição
Inalação
LD-50 ou LD_{50}
Ficha de Segurança de Material (MSDS)
Limite de exposição permitido (PEL)
Limite de exposição recomendado (REL)
Limite de exposição de curta duração (STEL)
Valor-limite de tolerância (TLV)
Média ponderada de tempo (TWA)

Questões

4-1. Um gás altamente tóxico, incolor e inodoro é nomeado _____.

4-2. Combustíveis líquidos são aqueles com pontos de ignição igual ou superior a _____ °C.

4-3. Nomeie três materiais naturais que podem ser mais tóxicos do que os plásticos.

4-4. Nomeie três grandes categorias de riscos no trabalho com materiais industriais.

4-5. O superaquecimento de plásticos _____ pode causar a febre do fumo de polímero com sintomas de gripe.

4-6. Os líquidos que têm um ponto de ignição inferior a 38 °C são chamados _____.

4-7. Qual é a temperatura de ignição do pó de plástico de acetato de celulose?

4-8. Muitos plásticos degradam quando superaquecidos. Nomeie um que libera ácido clorídrico gasoso quando aquecido.

4-9. Qual período de tempo é ligado a um STEL?

4-10. Aproximadamente que porcentagem de resina de poliéster é estireno?

4-11. Aproximadamente que porcentagem dos *pellets* de ABS é estireno?

4-12. O que é um risco sistêmico?

Atividades

4-1. Investigue os números CAS pela aquisição de MSDS de vários tipos do mesmo material básico. Por exemplo, encontre as MSDS para várias classes de índice de fusão e várias cores de polietileno.
- Um polietileno de alto índice de fusão tem um número CAS diferente de um polietileno de baixa índice de fusão?
- O polietileno vermelho tem um número CAS diferente do polietileno verde?

4-2. Investigue a porcentagem de estireno em diversas marcas de resina de poliéster. Adquira as MSDS sobre resinas de poliéster de vários fabricantes. Algumas empresas têm reduzido as quantidades de estireno monomérico na resina?

4-3. Investigue a porcentagem de estireno residual em *pellets* de poliestireno. Adquira as MSDS de diversos fabricantes de poliestireno. Algumas empresas oferecem poliestireno com monômero residual reduzido?

Capítulo 5

Estatística elementar

Introdução

A competição global é uma realidade para a maioria das indústrias. Na indústria de plásticos, a concorrência mundial afeta as pequenas empresas, bem como as grandes. Muitas empresas têm focado seus esforços na melhoria da qualidade de seus produtos. Elas esperam fazer face à concorrência ao oferecer aos consumidores itens confiáveis de alta qualidade. No entanto, as matérias-primas e os processos também devem ser de alta qualidade a fim de conseguir este produto.

Comprar materiais de qualidade é uma tarefa complexa por si só. Um problema importante e frequente na aquisição de materiais é saber o quão consistentes e uniformes eles são. Os representantes de vendas descrevem o grau de uniformidade em termos estatísticos. Os representantes de compras e outros envolvidos na compra de matérias-primas precisam entender conceitos básicos de estatística.

Variações no processo de fabricação devem ser controladas para que os produtos sejam uniformes e consistentes. Para reduzir as variações indesejáveis nos produtos, a equipe de produção procura minimizar mudanças aleatórias no processamento. Este esforço também se baseia em estatísticas que podem documentar com precisão a repetibilidade de equipamentos de produção.

A compreensão e uso da estatística é essencial para empresas que enfrentam a concorrência global. Este capítulo introduzirá algumas técnicas básicas de estatística. O leitor deve ter e utilizar conhecimentos matemáticos computacionais básicos e nenhum conhecimento prévio de estatística. A seguir um esboço do conteúdo para este capítulo:

I. Cálculo da média
II. A distribuição normal
III. Cálculo do desvio padrão
IV. A distribuição normal padrão
V. Representação gráfica dos resultados do teste de dureza
VI. Esboço de gráficos
VII. Comparação gráfica de dois grupos

Cálculo da média

Comparações de tamanho ou forma abundam na vida quotidiana. Quando alguém diz: "Veja essa casa grande", podemos assumir que uma casa média é o ponto de comparação. Quando um homem alto passa por perto, ele se destaca por causa de sua diferença em relação a um homem médio.

A maioria das mulheres está bem perto da altura média. No entanto, muitas mulheres são um pouco mais altas ou mais baixas que a média. Poucas mulheres são muito mais altas ou muito menores que a média e raramente são excessivamente mais altas ou menores que a média. Quando uma mulher extremamente alta passa, uma comparação mental com a média a identifica como alta. Uma comparação diferente – não com a média, mas com a faixa de possibilidades de altura – defina-as como raras ou únicas. Quantificar a média e o leque de possibilidades é o tema das próximas seções.

Ao calcular uma média, o primeiro passo é definir o tipo de média. A **média**, a **mediana** e a **moda** são médias, mas este livro vai tratar apenas da média.[1] Para calcular a média, adicione os valores de um grupo para criar uma soma. Em seguida, divida a soma pelo número de valores do grupo.

O exemplo a seguir ilustra este procedimento:

12
11
10
9
8

A soma dos valores (12 + 11 + 10 + 9 + 8) é 50. O número de valores desse conjunto é 5. Em vez de escrever a frase "o número de valores em um conjunto", os estatísticos usam n como abreviatura. Neste caso, $n = 5$. Dividindo-se a soma (50) por n (5) resulta em 10.

$$50/5 = 10$$

A média é 10. É muitas vezes abreviada $\bar{x}$, que é lida como x-barra.

A **distribuição** é uma coleção de valores. O conjunto de números usados para o cálculo da média é uma distribuição. Praticamente qualquer coleção de números é uma distribuição. No entanto, a análise estatística depende somente de poucas distribuições padrão para explicar os inúmeros grupos de dados coletados. Neste livro, a única distribuição padrão discutida é a **distribuição normal**.

A distribuição normal

Para a distribuição ser normal, deve apresentar duas características. Primeiro, deve mostrar uma **tendência central**. Isso significa que os valores devem se agrupar em torno de um ponto central. Segundo, deve ser muito bem centrada em torno da média. Em outras palavras, deve ser uma **distribuição simétrica**. O próximo exemplo ajudará a esclarecer as ideias de tendência central e simetria.

Imagine que mil mulheres selecionadas aleatoriamente estejam em pé em um campo de futebol, em grupos de acordo com sua altura. A altura dos grupos muda em incrementos de uma polegada. Uma pessoa olhando para baixo de um dirigível veria a forma ilustrada na Figura 5-1. A Figura 5-1 contém 1.000 pequenos círculos, um para cada pessoa.

Caso cada mulher segurasse um grande cartão, como uma multidão em um estádio, no qual algumas vezes criam-se palavras ou imagens, o resultado seria parecido com o apresentado na Figura 5-2.

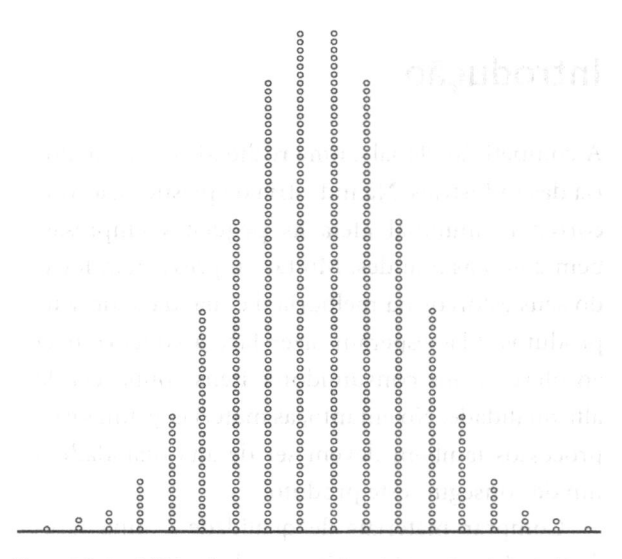

Figura 5-1 – Mil mulheres agrupadas de acordo com a altura. (Dados adaptados: National Center for Health Statistics, altura e peso de adultos, idades entre 18 – 74 anos, Socioeconomic and Geographic Variables, Estados Unidos, 1971–74)

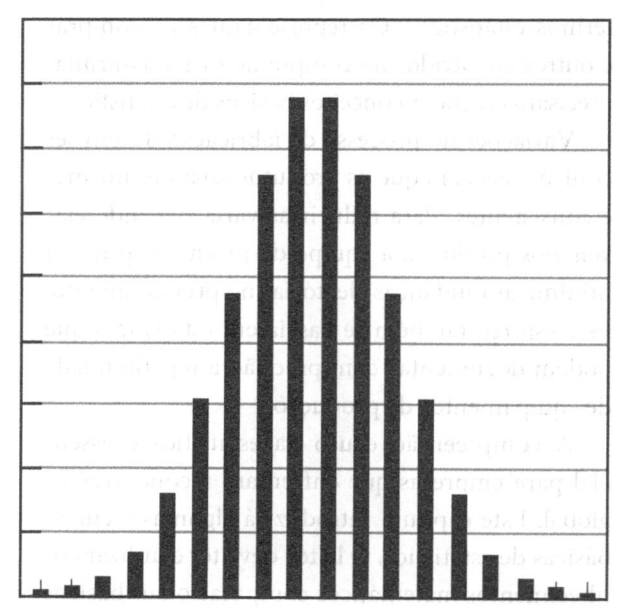

Figura 5-2 – Mulheres agrupadas segurando cartões.

---

[1] A moda é o valor mais frequente na distribuição. A mediana é o valor central, o qual tem igual número de valores acima e abaixo dele.

A Figura 5-2 é semelhante a um **histograma**, que é um gráfico de barras verticais de frequência em cada grupo de altura. Converter a Figura 5-2 em um histograma exige a rotulagem dos grupos de altura ao longo do eixo x e a contagem da frequência ao longo do eixo y, como pode ser visto na Figura 5-3.

Se a pessoa no topo de cada linha segurasse uma corda comprida e todas as mulheres deixassem o campo, surgiria a forma mostrada na Figura 5-4.

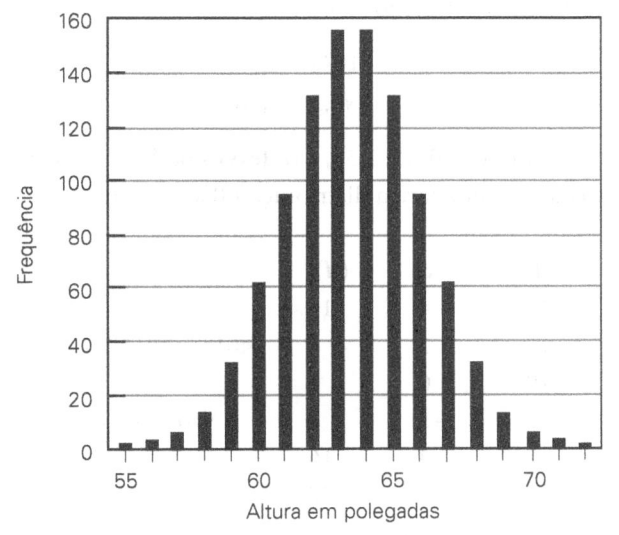

Figura 5-3 – Histograma: mulheres por altura.

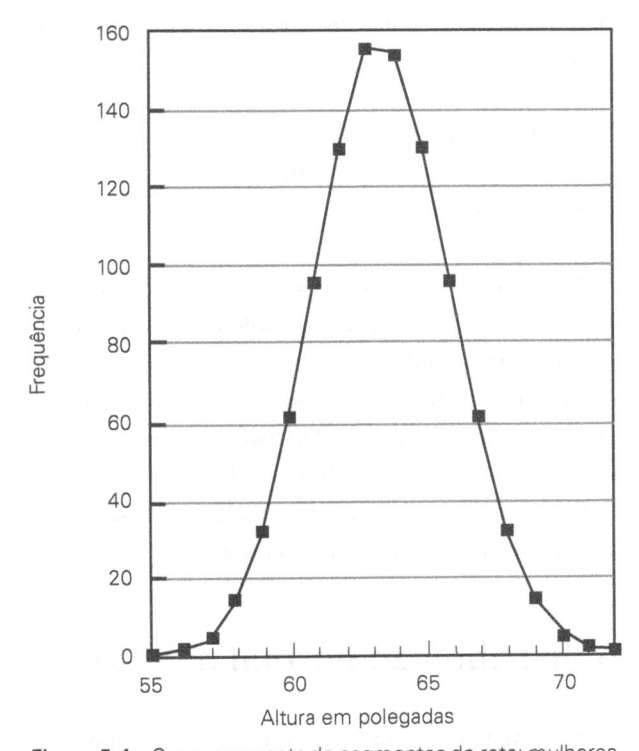

Figura 5-4 – Curva composta de segmentos de reta: mulheres por altura.

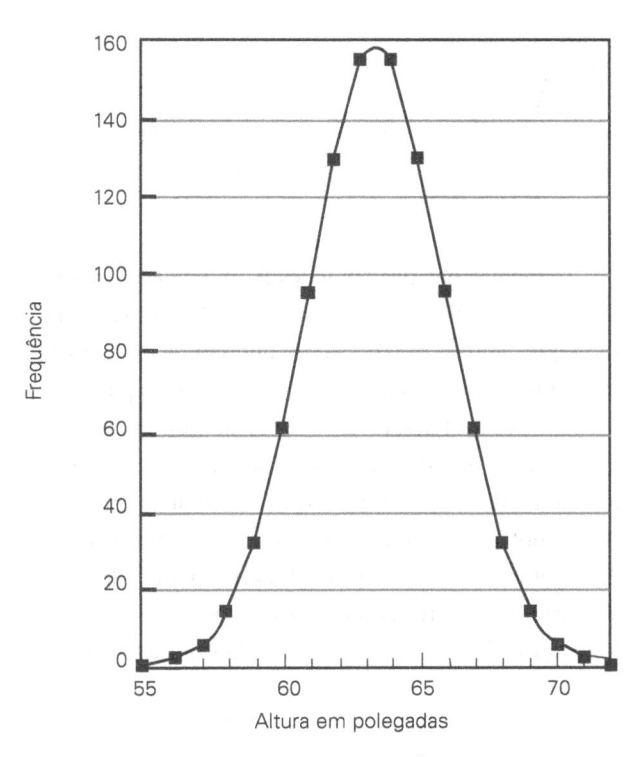

Figura 5-5 – Curva sino: mulheres por altura.

Na Figura 5-4, a corda é ligada como uma linha reta de uma pessoa para outra. Ligando-se a corda em uma linha suave tem-se o resultado da Figura 5-5.

Este formato é chamado curva. Esta curva particular é chamada **curva tipo sino**, porque lembra o formato de um sino. Há muitas formas de curvas tipo sino. A Figura 5-6 mostra variações diferentes de curvas tipo sino.

A fim de se distinguirem essas curvas, uma medida de *dispersão* do sino é necessária. A próxima seção apresenta um método de cálculo para a medida numérica desta dispersão.

Cálculo do desvio padrão

Examine cuidadosamente as seguintes distribuições. Observe que elas não são distribuições normais. No entanto, ilustram um ponto importante.

A	B	C	D	E
12	14	18	11	10
11	12	14	10	10
10	10	10	10	10
9	8	6	10	10
8	6	2	9	10
$\bar{x}=10$	$\bar{x}=10$	$\bar{x}=10$	$\bar{x}=10$	$\bar{x}=10$

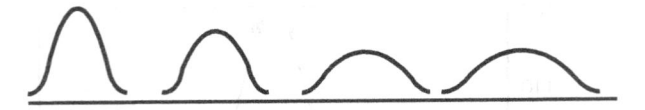

Figura 5-6 – Variações das curvas tipo sino.

As médias das distribuições A, B, C, D e E são todas igual a 10. No entanto, essas cinco distribuições não são equivalentes. E tem valores que são os mais próximos entre si. C tem valores que são os mais espalhados. Como é possível descrever a dispersão numérica?

Uma forma é determinar a diferença entre cada valor e a média. Para a distribuição A, o maior valor é 12. Após subtrair a média (10), o resultado é um valor de 2. Repetindo o mesmo procedimento para cada valor, produzem-se os resultados resumidos a seguir. A coluna marcada d é o desvio entre cada valor e a média.

A	d
12	2
11	1
10	0
9	−1
8	−2

Há um problema com a coluna dos desvios, porque sua soma é zero. Isso impede cálculos posteriores para se chegar a uma medida numérica da dispersão. Para superar as dificuldades causadas pela soma zero, eleve ao quadrado todos os desvios. Este procedimento eliminará os valores negativos.

$(d)^2$
4
1
0
1
4
soma = 10

A soma dos desvios quadrados da média é 10. Como a soma não é zero, o procedimento pode continuar. Em seguida, calcule o desvio médio, dividindo a soma por $n-1$. Em outras palavras, divida 10 por 4.

Ao calcular a média, o divisor foi n. Aqui, o divisor é 4 ($n-1$) em vez de 5 (n). A razão para alterar o divisor está além do escopo deste capítulo. Quando n é 30 ou maior, a diferença entre n (30) e $n-1$ (29) torna-se insignificante. No entanto, quando o número total de valores arrecadados é pequeno, a diferença entre dividir por n e dividir por $n-1$ pode ser importante. Para estar no lado seguro, use $n-1$.

Elevar os valores ao quadrado não só eliminou a soma zero, mas também introduziu unidades ao quadrado. Se as unidades originais eram libras, os valores quadrados são libras ao quadrado. Para voltar às unidades originais, extraia a raiz quadrada dos desvios médios quadrados.

$$10/4 = 2,5$$
$$\sqrt{2,5} = 1,58$$

O número final, 1,58, é o **desvio padrão**. As etapas de cálculo para a distribuição B são idênticas.

B	d	$(d)^2$	
14	4	16	
12	2	4	$40/n = 40/4 = 10$
10	0	0	
8	−2	4	$\sqrt{10} = 3,16$
6	−4	16	
$\bar{x} = 10$		40	

Para praticar este procedimento, calcule o desvio padrão para as distribuições C, D e E. Aqui estão os resultados:

Desvio padrão para C = 6,32
Desvio padrão para D = 0,71
Desvio padrão para E = 0

Quando uma distribuição é normal, a média e o desvio padrão a descrevem completamente. Por convenção, a área total sob a curva tipo sino é constante. A modificação no desvio padrão leva a uma alteração na altura e na largura. Distribuições estreitas são altas, enquanto as distribuições largas são baixas. Consulte a Figura 5-6 para ver as alterações na curva quando há aumento no desvio padrão.

A distribuição normal padrão

Os matemáticos observaram que as curvas tipo sino descreviam muitas medidas físicas, incluindo altura,

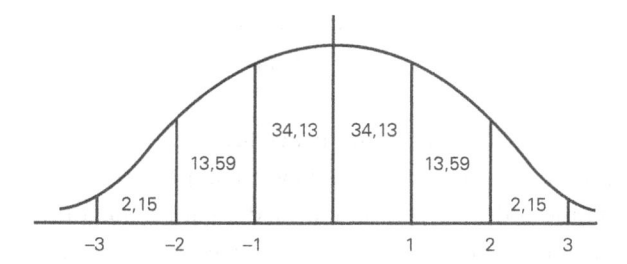

Figura 5-7 – Distribuição normal padrão com as áreas das regiões identificadas.

peso, comprimento, temperatura e densidade. Eles trabalharam de forma a identificar uma curva de sino *genérica* que poderia ser usada para explicar detalhes sobre as curvas originais. Esta curva genérica é a **distribuição normal padrão**. A distribuição normal padrão tem várias características importantes. Ela tem uma média zero e um desvio padrão igual a 1,0. A Figura 5-7 mostra porcentagens da área incluída em cada seção principal.

Representação gráfica dos resultados do teste de dureza

Para se utilizar esta informação estatística, considere a experimentação com um pedaço de material acrílico transparente – frequentemente chamado Plexiglas, uma marca comercial popular. O experimento tem dois objetivos: medir a dureza da peça e determinar a uniformidade da dureza.

Antes de começar qualquer atividade de teste, estabeleça os resultados esperados. Neste caso, todos os testes ocorrem em um pedaço de material. Quando o material não é muito defeituoso, os resultados de dureza devem ser bastante uniformes.

Para verificar a realidade dessas expectativas, um teste de dureza Rockwell foi usado; 100 pontos foram testados. (Para mais informações sobre testes de dureza Rockwell, consulte o Capítulo 6.) Um histograma representa graficamente a frequência das leituras em cada grau de dureza.

Este histograma (Figura 5-8) mostra duas características importantes. Primeiro, mostra a tendência central por que os valores se agrupam em torno de um ponto. Segundo, mostra simetria. Embora não seja perfeitamente simétrico, ele corresponde bem à distribuição normal teórica. Uma série de técnicas estatísticas pode avaliar este conjunto de dados, mas estão

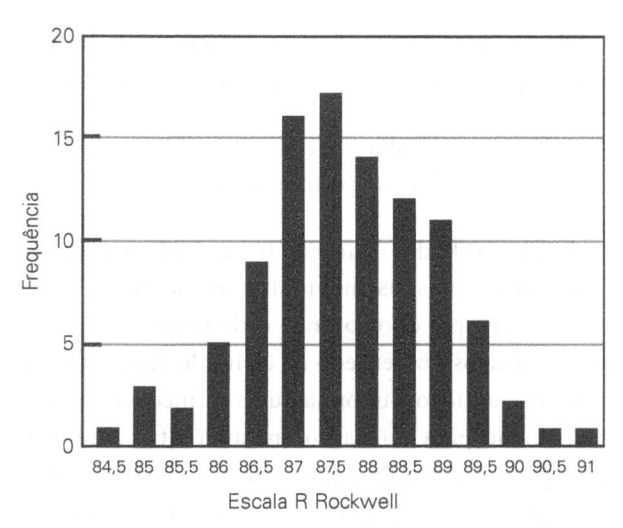

Figura 5-8 – Histograma de dureza Rockwell para o acrílico.

fora do escopo deste capítulo. Estas técnicas gráficas se baseiam em um julgamento conhecido. Se uma distribuição de interesse mostra tendência central e simetria considerável, considere-a normal. Caso os dados empíricos não sejam claramente normais, então não proceda a qualquer análise posterior. Os esboços na Figura 5-9 devem auxiliar na tomada de decisão.

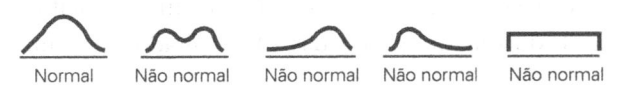

Figura 5-9 – Distribuições normais e não normais.

Como a distribuição dos resultados do teste de dureza é normal, o próximo passo envolve o cálculo da média e do desvio padrão.

Média: 87,7 (escala R Rocwell)
Desvio padrão: 1,24

Geralmente, os testes são muito caros para se reunir essa quantidade de resultados. A prática industrial comum é realizar de 5 a 10 testes. No entanto, isto levanta um problema. Se um técnico reúne apenas 10 pontos de dados, é certo supor que os dados seguem a distribuição normal?

A resposta geralmente depende de experiência anterior. Se os testes anteriores indicaram normalidade, então supõe-se que futuros testes do mesmo tipo também serão normais.

Neste caso, outros 10 pontos foram testados no mesmo pedaço de acrílico. A seguir, os resultados:

Média: 87,4
Desvio padrão: 1,10

Estes resultados claramente se juntam com as amostras maiores discutidas anteriormente.

Um exemplo do uso prático destes procedimentos estatísticos diz respeito ao efeito do calor sobre a dureza do acrílico. Suponha que o acrílico tenha sido selecionado para utilização em uma vitrine de loja de departamentos. Preparar o display envolve o dobramento de chapas acrílicas em altas temperaturas.

Os funcionários nas lojas de departamento rotineiramente limpam os displays lavando-os com um limpa-vidros e secando-os com papel toalha. A gerência queria saber se os cantos seriam arranhados facilmente, fazendo que o display parecesse velho e gasto em um curto espaço de tempo.

Para responder a esta questão, um corpo de prova de acrílico (do mesmo tipo que os previamente testados) foi colocado sobre um aquecedor de tiras. Uma faixa de aproximadamente 20 mm [0,78 pol.] de largura foi aquecida a 150 °C [300 °F]. Após o plástico ser resfriado a temperatura ambiente, mais 10 leituras de dureza foram tomadas. Os resultados seguem:

Média: 80,3
Desvio padrão: 1,68

O que aconteceu com a dureza do acrílico? A observação das leituras indica que diminuiu de 87,4 para 80,3. É uma grande diferença? Isso significa que após o aquecimento, ele é um pouco mais macio, muito mais macio ou extremamente macio?

Para entender a mudança na dureza, as comparações devem levar em consideração o desvio padrão. O desvio padrão para o grupo de 10 leituras antes de ser aquecido foi de 1,10, e o desvio padrão para o grupo de 10 leituras após o aquecimento foi de 1,68. É possível traçar as curvas tipo sino para cada grupo. No entanto, as duas curvas seriam diferentes na forma, porque os desvios não são os mesmos. A Figura 5-10 mostra duas curvas muito diferentes.

Para eliminar formas diferentes, agrupe os desvios padrão. *Agrupar* é simplesmente calcular a média dos dois valores. Neste caso:

$$1,10 + 1,68 = 2,78$$
$$2,78/2 = 1,39$$

Como os dados brutos para o teste de dureza foram precisos para a meia unidade mais próxima, arredonde o desvio padrão e a média para a meia unidade mais próxima também. O arredondamento no desvio padrão deve ser feito após a conclusão do cálculo do agrupamento. O **desvio padrão combinado** torna-se 1,5; a média não aquecida torna-se 87,5; e a média aquecida torna-se 80,5.

Surge um problema quando os desvios dos dois grupos não são similares. Como os testes envolveram o mesmo material, equipamento de teste, período de tempo e condições ambientais, é razoável esperar que as variações aleatórias nos dois grupos sejam semelhantes. O agrupamento assume que as diferenças entre os dois desvios padrão são de causas aleatórias. Contudo, algumas vezes as diferenças não são as mesmas. Técnicas estatísticas estão disponíveis para determinar se o agrupamento é permitido. No entanto, na ausência de conhecimentos estatísticos avançados, você deve usar as seguintes regras para decidir se o agrupamento é permitido.

1. Crie uma razão de dois desvios padrão onde o maior é o numerador e o menor o denominador. Se o valor dessa razão é igual a 1,5 ou menos, então agrupe.
2. Quando a relação for maior que 1,5, não agrupe. Revise o procedimento de teste, procurando uma diferença de tratamento entre os grupos. Caso a diferença apareça, execute o teste novamente para verificar se os desvios entre os dois grupos se aproximam uns dos outros.

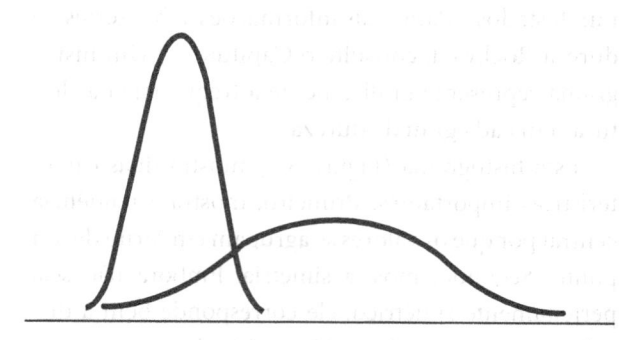

Figura 5-10 – Curvas tipo sino mostrando grandes diferenças nos desvios padrão.

Esboço de gráficos

Para criar com precisão um gráfico em escala, siga estes passos. Em primeiro lugar, depois de agrupar os desvios, desenhe uma linha de base (Figura 5-11).

Segundo, localize e rotule a média de um grupo arbitrariamente e faça três pontos igualmente espaçados em cada lado da média, como mostrado na Figura 5-12.

Terceiro, rotule essas marcas como ± 1, ± 2 e ±3 desvios padrão. Ajuste os desvios calculados com as marcas apropriadas (Figura 5-13).

Quarto, esboce uma curva tipo sino, fazendo-a simétrica, centrada na média e quase tocando a linha de base a ± 3 desvios padrão (Figura 5-14).

Quinto, amplie os incrementos dos rótulos ao longo da linha base para alcançar a média do segundo grupo. Neste exemplo, mais incrementos são necessários mais à esquerda de –3 (Figura 5-15).

Figura 5-11 – Linha base.

Figura 5-12 – Linha base com a média e os incrementos.

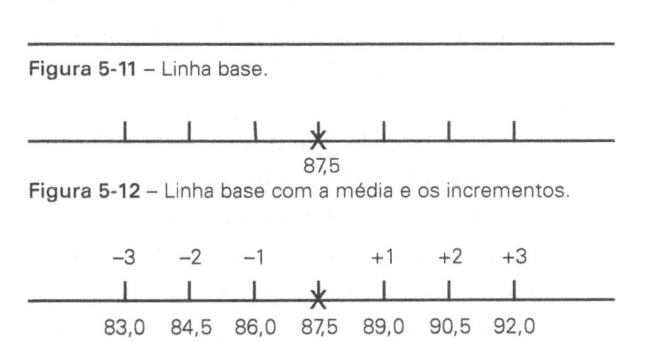

Figura 5-13 – Linha base com os incrementos rotulados.

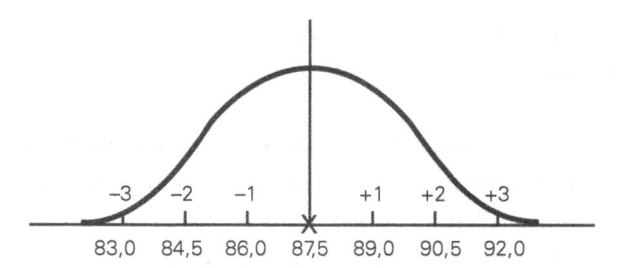

Figura 5-14 – Esboço de uma curva tipo sino.

Sexto, localize a média do segundo grupo na linha base. Observe que a média do segundo grupo não se alinha exatamente com os incrementos na linha de base. Apenas em casos raros ela se alinhará exatamente. Esboce uma curva tipo sino idêntica em altura e largura à já elaborada (Figura 5-16).

Comparação gráfica de dois grupos

Observe as curvas. Formam dois sinos distintos? Os dois sinos se sobrepõem quase completamente? Eles se sobrepõem parcialmente? No propósito deste capítulo, as avaliações dependem da interpretação dos gráficos e de alguns critérios de decisão simples. Se os dois sinos não se tocam, a resposta é clara: a diferença é muito significativa. Se os dois sinos se sobrepõem completamente, então não há diferença.

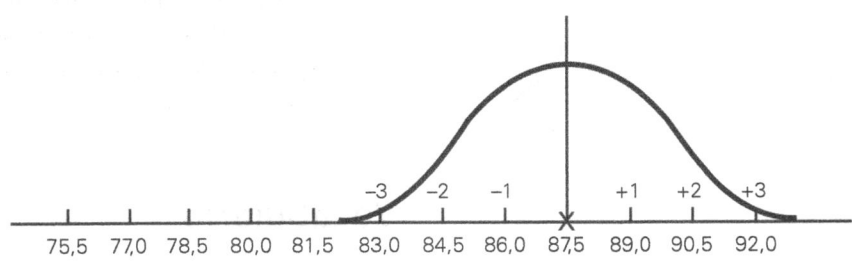

Figura 5-15 – Linha base estendida e rotulada.

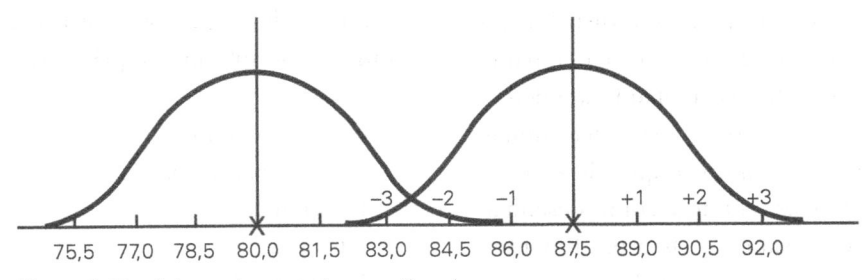

Figura 5-16 – Esboço da segunda curva tipo sino.

Assumindo o uso de 10 peças em cada amostra, os seguintes critérios são adequados:

1. Se a diferença entre as duas médias é menor em tamanho do que um desvio padrão, não há diferença (Figura 5-17).
2. Se a diferença entre as duas médias é de quatro desvios padrão ou mais, a diferença é significativa. Na Figura 5-16, a diferença entre as médias é um pouco menos de cinco desvios padrão.
3. Se a diferença está entre um e quatro desvios padrão, a análise gráfica é insuficiente para uma resposta definitiva (Figura 5-18). Uma série de técnicas estatísticas estão disponíveis para determinar a significância nos casos em que os gráficos são inconclusivos. Sem esses procedimentos, relate os resultados como inconclusivos ou repita o teste para verificar se os novos resultados serão conclusivos.

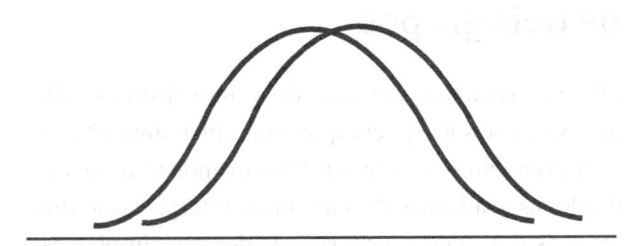

Figura 5-17 – Curvas sobrepostas.

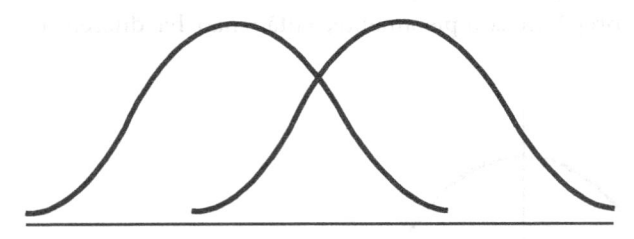

Figura 5-18 – Curvas não conclusivas.

Sumário

Este capítulo apresentou a distribuição normal, o cálculo da média e o desvio padrão, a distribuição normal padrão e técnicas gráficas para comparar duas amostras. Vários critérios auxiliam para determinar se a distribuição é normal. Estas determinações podem ser feitas decidindo-se quando é apropriado agrupar os desvios padrão e como desenhar a curva tipo sino com exatidão. Os procedimentos reaparecem em outros capítulos deste livro.

Para conclusões mais confiáveis, não se esqueça de observar estas condições necessárias:

1. Deve haver uma distribuição normal em cada grupo.
2. O desvio padrão para o primeiro grupo deve ser igual ou quase igual ao desvio do segundo grupo.
3. O tamanho da amostra deve ser de no mínimo 10.

Pesquisa na internet

- **http://www.asq.org**. A Sociedade Americana para a Qualidae (ASQ – American Society for Quality) é uma organização internacional dedicada à qualidade e à educação nos conceitos de qualidade. Duas características do website são de interesse para aqueles com habilitações mínimas nas medições de qualidade. Em primeiro lugar, o *Quality Progress*, o jornal principal da ASQ, é publicado mensalmente. Artigos selecionados estão disponíveis on-line. Segundo, a ASQ executa uma série de programas educacionais. O treinamento via web inclui cursos virtuais, programas on-line e seminários na rede. Um dos cursos é o Quality 101, um curso dirigido, de nível básico.
- **http://www.sae.org**. A Sociedade do Engenheiros Automotivos (SAE – Society of Automotive Engineers) fornece várias propostas educativas. Selecione "Education & Training" na página inicial e depois pesquise seus seminários, o e-learning, as academias e o centro de aprendizagem. A seção de e-learning lista os títulos de todos os seus cursos on-line.

Vocabulário

As palavras a seguir são encontradas neste capítulo. Consulte o glossário no Apêndice A para encontrar as definições destas palavras, caso você não compreenda como elas se aplicam aos plásticos.

Curva tipo sino
Tendência central
Distribuição
Histograma
Média, moda, mediana

n
Distribuição normal
Desvio padrão combinado

Desvio padrão
Distribuição normal padrão
Distribuição simétrica

Questões

5-1. $\bar{x}$ é uma sigla que significa _____.

5-2. A distribuição normal deve apresentar _____ e _____.

5-3. Um gráfico de barras verticais de frequência e grupos é um _____.

5-4. O quadrado dos desvios da média tem o objetivo de _____.

5-5. A diferença entre n e $n-1$ se torna insignificante se n for _____ ou maior.

5-6. A média da distribuição normal padrão é _____.

5-7. A porcentagem de área da distribuição normal padrão entre a média e um desvio padrão é _____.

5-8. A porcentagem de área da distribuição normal padrão acima de +3 é _____.

5-9. Qual é a base para se assumir que uma pequena amostra (10 peças ou menos) é normal?

5-10. O que se assume ao fazer um agrupamento?

5-11. Se dobrarmos o menor desvio padrão resulta em um número menor do que o maior desvio, o agrupamento é apropriado?

5-12. Encontrar distribuições A, B, C, D e E na p. 67. Será que essas distribuições são normais?

Atividades

Medição do desvio padrão

Equipamento. Uma régua, tal como a impressa na p. 84 (Figura 5-19), lápis e calculadora. (Ao usar uma calculadora para determinar o desvio padrão, verificar se ela usa n ou $n-1$ no cálculo.)

Procedimento

5-1. Meça o alcance da mão, certificando-se de que somente os dedos são incluídos, e não as unhas. Se o número de pessoas medido é de pelo menos 30 e os dados são normais, os porcentuais indicados na Figura 5-13 se aplicarão diretamente. Registre suas descobertas na unidade mais próxima da escala. Meça ambas as mãos direita e esquerda e não se esqueça de registrar se os indivíduos são do sexo masculino ou feminino e tenham pelo menos 18 anos de idade.

5-2. Faça um histograma de todos os resultados.

5-3. Faça dois histogramas – um para as mulheres e outro para os homens.

5-4. Faça quatro histogramas – um para as mãos direitas das mulheres, o segundo para as mãos esquerdas delas, e um terceiro e quarto para as mãos direitas e mãos esquerdas dos homens.

5-5. Os gráficos indicam dados normais?

5-6. Calcule as médias e os desvios padrão para os dados normais. Não conclua estes cálculos se os dados não são normais.

Desvio padrão de pesagem

Equipamento. Escala.

Procedimento. Os exercícios com base no peso são fáceis de criar. Encontre alguns itens manufaturados com o objetivo de serem idênticos. Pese-os cuidadosamente e calcule a média e desvio padrão. Se os itens praticamente idênticos estão disponíveis de fabricantes concorrentes, as comparações são adequadas.

Um exercício diz respeito ao peso dos *pellets* de plástico. Isso vai exigir uma escala de precisão de 0,001 grama. Tente garantir que os *pellets* sejam representativos da sua embalagem ou caixa. Na amostragem industrial de contêineres – caixas de 1.000 libras – um amostrador de grãos garante que a amostra contenha *pellets* do topo, do meio e do fundo da caixa.

5-1. Consiga *pellets* picados, identificáveis por uma forma cilíndrica e extremidades cortadas.
    a. Pese 30 *pelllets* picados. Calcule a média e o desvio padrão.
    b. Pese 30 *pellets* picados de outro fabricante.
    c. As médias são idênticas?
    d. Um fabricante tem um corte mais consistente do que o outro?

5-2. Consiga *pellets* que sejam ovais ou esféricos. Estes *pellets* não apresentarão nenhuma marca de lâminas de corte.
    a. Pese 30 *pellets* ovais/esféricos e calcule a média e o desvio padrão.
    b. Os *pellets* esféricos são mais pesados que os picados?
    c. O processo para produzir *pellets* esféricos é mais consistente do que o processo que produz *pellets* picados?

Resultados representativos:
PP picado: média 0,0174 g   dp. 0,0015 g
PS picado: média 0,0164 g   dp. 0,0024 g
HIPS (esférico): média 0,0352 g   dp. 0,0050 g

5-3. Pese os *pellets* individuais do tipo picado e do tipo esférico. Os dados apresentam normalidade?

5-4. Os *pellets* picados são mais uniformes ou menos uniformes em peso do que o tipo esférico?

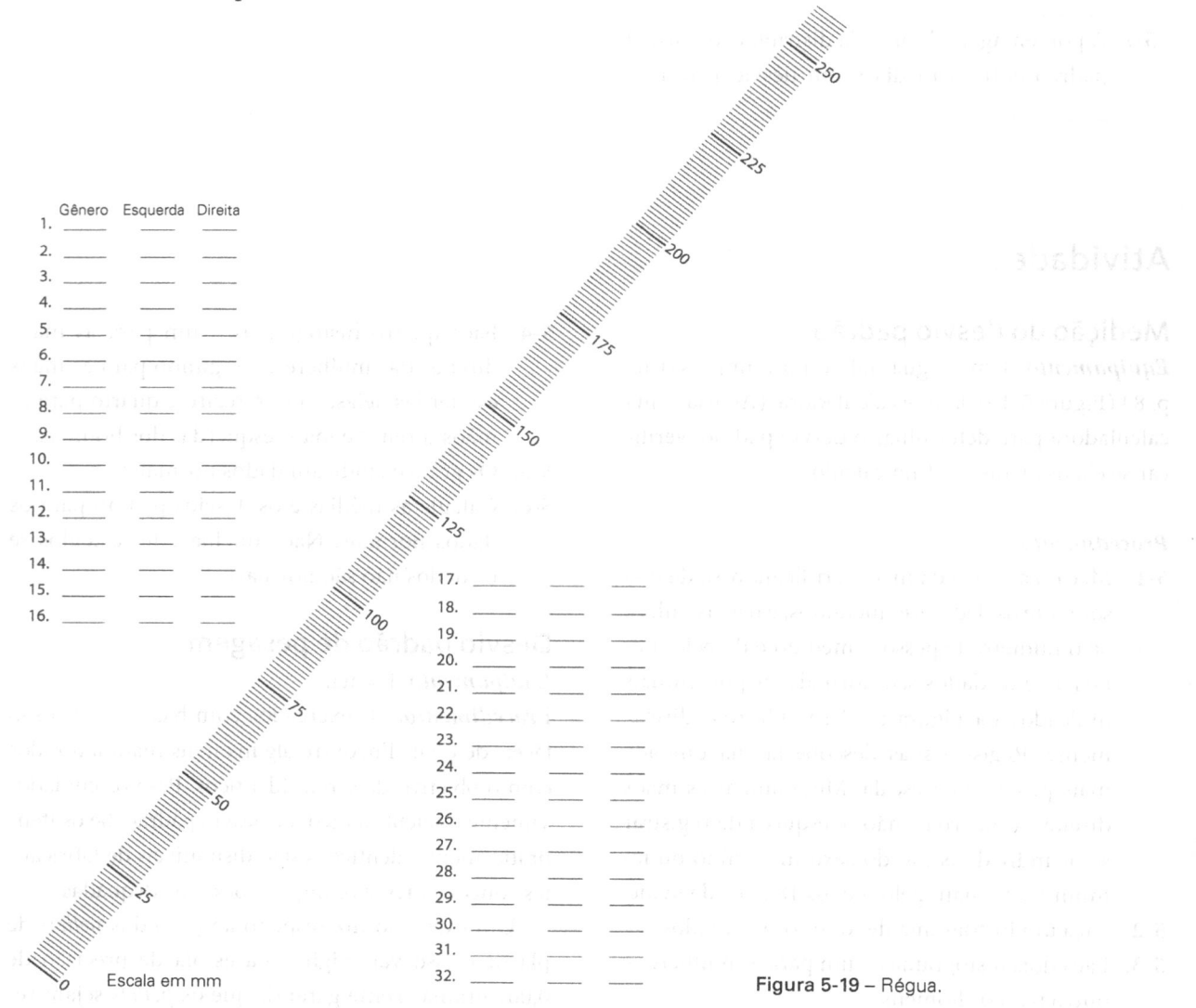

Figura 5-19 – Régua.

Capítulo 6

Propriedades e testes em plásticos

Introdução

Praticamente todos os segmentos da indústria de plásticos baseiam-se em dados de testes para direcionar suas atividades. Produtores de matéria-prima usam testes para controlar seus processos e caracterizar seus produtos. Projetistas baseiam sua escolha sobre os plásticos adequados a novos produtos no resultado de ensaios padronizados. Fabricantes de moldes e ferramentas dependem de fatores de contração para construir moldes adequados à produção de peças que apresentem dimensões exatamente como solicitadas. Fabricantes de plásticos usam resultados de testes para auxiliá-los no estabelecimento de parâmetros de processo. O controle de qualidade verifica se os produtos atendem às exigências dos clientes que, frequentemente, relacionam-se a testes padrão. Portanto, uma profunda compreensão destes testes é essencial em diferentes setores da indústria de plástico.

Neste capítulo, discutiremos os testes mais comuns para os plásticos, que foram agrupados em categorias. A estrutura deste capítulo encontra-se resumida a seguir:

I. Organismos certificadores
   A. ASTM
   B. ISO
   C. Sistema Internacional de Unidades (SI)
II. Propriedades mecânicas
   A. Resistência à tração (ISO 527-1, ASTM D-638)
   B. Resistência à compressão (ISO 75-1 e 75-2, ASTM D-695)
   C. Resistência ao cisalhamento (ASTM D-732)
   D. Resistência ao impacto
   E. Resistência à flexão (ISO 178, ASTM D-790 e D-747)
   F. Fadiga por flexão (ISO 3385, ASTM D-430 e D-813)
   G. Amortecimento
   H. Dureza
   I. Resistência à abrasão (ASTM D-1044)
III. Propriedades físicas
   A. Massa específica[1] e densidade relativa[2] (ISO 1183, ASTM D-792 e D-1505)
   B. Contração na moldagem (ISO 2577, ASTM D-955)
   C. Resistência à fluência ou *creep* (ISO 899, ASTM D-2990)
   D. Viscosidade
IV. Propriedades térmicas
   A. Condutividade térmica (ASTM C-177)
   B. Capacidade calorífica (calor específico)
   C. Expansão térmica (ASTM D-696 e D-864)
   D. Temperatura de deflexão térmica (ISO 75, ASTM D-648)
   E. Plásticos ablativos
   F. Resistência ao frio
   G. Inflamabilidade (ISO 181, 871 e 1210; ASTM D-635, D-568 e E-84)
   H. Índice de fluidez (ISO 1133, ASTM D-1238)
   I. Temperatura de transição vítrea

---

[1] O termo massa específica é utilizado aqui como tradução do inglês *density*, embora o termo *densidade* seja largamente utilizado para exprimir a mesma quantidade. (NT)
[2] Pode-se encontrar o termo *densidade* utilizado com o mesmo significado de *densidade relativa*. (NT)

J. Temperatura de amolecimento (ISO 306, ASTM D-1525)
V. Propriedades ambientais
   A. Propriedades químicas
   B. Resistência às intempéries (ASTM D-2565, D-4329, G-154 e G-155; ISO 4892)
   C. Resistência à radiação ultravioleta (ASTM G-23 e D-2565)
   D. Permeabilidade (ISO 2556, ASTM D-1434 e E-96)
   E. Absorção de água (ISO 62, 585 e 960; ASTM D-570)
   F. Resistência bioquímica (ASTM G-21 e G-22)
   G. Fratura sob tensão ambiental (*stress cracking*) (ISO 4600 e 6252, ASTM D-1693)
VI. Propriedades ópticas
   A. Brilho (ASTM D-2457)
   B. Transmitância luminosa (ASTM D-1003)
   C. Cor
   D. Índice de refração (ISO 489, ASTM D-542)
VII. Propriedades elétricas
   A. Resistência ao arco (ISO 1325, ASTM D-495)
   B. Resistividade (ou resistência do isolamento) (ISO 3915, ASTM D-257)
   C. Rigidez dielétrica (ISO 1325 e 3915, ASTM D-149)
   D. Constante dielétrica (ISO 1325, ASTM D-150)
   E. Fator de dissipação (ASTM D-150)

Organismos certificadores

Várias organizações nacionais e internacionais estabelecem e publicam especificações de ensaios para materiais industriais. Nos Estados Unidos, a padronização para estes materiais é determinada, geralmente, pelo Instituto Nacional Americano de Padrões (American National Standards Institute – ANSI), os órgãos militares e a Sociedade Americana para Testes e Materiais (American Society for Testing and Materials – ASTM). Outra organização internacional importante, semelhante à ASTM, é a Organização Internacional para Padronização (International Organization for Standardization – ISO).[3]

ASTM

A ASTM é uma sociedade internacional, sem fins lucrativos, dedicada à "[...] promoção do conhecimento sobre materiais de engenharia e a padronização de especificações e métodos de ensaio". A ASTM publica testes para especificação da maior parte dos materiais industriais. Os ensaios em plásticos estão sob a responsabilidade do Comitê D da ASTM. A ASTM publica anualmente o *Livro de Padrões ASTM,* que inclui 15 seções, as quais se relacionam a vários materiais e indústrias. No total, há 76 volumes e cerca de 11 mil padrões na coleção completa da ASTM. Cada seção contém vários volumes de padrões. A Seção 8, que compreende quatro volumes, é devotada aos plásticos. Os Volumes 8.01 até 8.03 fornecem padrões para plásticos em geral, enquanto o Volume 8.04 atende aos tubos plásticos e produtos para construção. A Seção 9, que consiste de dois volumes, é relacionado à borracha e a produtos de borracha.

ISO

A ISO abrange organizações nacionais de mais de 90 países. "O objetivo da ISO é promover o desenvolvimento de padrões no mundo, visando facilitar o intercâmbio internacional de produtos e serviços e desenvolver a cooperação na esfera das atividades intelectual, científica, tecnológica e econômica." Os procedimentos de teste para plásticos estão no catálogo 83 da ISO. Ele contém a Seção 83.080.01, Plásticos em Geral, que inclui os tipos mais comuns de testes físicos para plásticos.

Várias empresas americanas que manufaturam plásticos estão adicionando os métodos ISO ao seu elenco de testes. Fabricantes que intencionam iniciar suas vendas na Europa e na Ásia e aqueles que planejam expandir suas operações além-mar precisam obedecer aos padrões ISO. Algumas empresas fornecem aos seus clientes resultados de teste tanto no padrão ISO como ASTM, outras estão ainda aguardando por maior alcance dos métodos ISO no mercado americano.

A Tabela 6-1 apresenta alguns dos testes comuns para plásticos, com os correspondentes métodos ISO e ASTM.

Apesar das especificações ASTM utilizarem tanto medidas no sistema métrico como em unidades

---

[3] No Brasil, a ABNT – Associação Brasileira de Normas Técnicas – é o órgão responsável pela normalização técnica no país, sendo também membro fundador da ISO. (NT)

Tabela 6-1 – Resumo de métodos de teste nos padrões ISO e ASTM

Propriedade	Método ISO	Método de teste ASTM *	Unidades SI
Massa específica aparente		D-1895	g/cm³
Material fino (flui livremente através de funil especificado)	60		
Material que não pode ser vertido no funil especificado	61		
Resistência ao arco			
Alta voltagem	1325	D-495	s
Baixa corrente			
Temperatura de fragilidade	974	D-746	°C a 50%
Fator de compressão	171	D-1895	Adimensional
Resistência química	175	D-543	Alterações observadas
Deformação permanente à compressão	1856	D-395	Pa
Resistência à compressão	604	D-695	Pa
Procedimentos de condicionamento	291	D-618	Unidades métricas
Fluência (*creep*)	899	D-2990	Pa
Ruptura por fluência		D-2990	Pa
Temperatura de deflexão térmica	75	D-648	°C a 18,5 MPa
Massa específica	1183	D-1505	g/cm³
Constante dielétrica	1325	D-150	Adimensional
Fator de dissipação a 60 Hz, 1 kHz, 1 MHz			
Rigidez dielétrica	3915	D-149	V/mm
Tempo curto			
Escalonado			
Propriedades dinâmico-mecânicas		D-2236	Adimensional
Decremento logarítmico			
Módulo de cisalhamento elástico			
Módulo de elasticidade			
À compressão	4137	D-695	Pa
À flexão (tangente)		D-790	Pa
À tração		D-638	Pa
Alongamento	R527	D-638	%
Resistência à fadiga	3385	D-671	Número de ciclos
Inflamabilidade	181, 871, 1210	D-635	cm/min, cm/s
Resistência à flexão	178	D-790	Pa
Rigidez à flexão		D-747	Pa
Temperatura de fluxo		D-569	°C
Rossi-Peakes			
Tempo de gel e temperatura do pico exotérmico	2535	D-2471	
Dureza			
Durômetro	868	D-2240	Leitura do visor
Rockwell	2037/2	D-785	Leitura do visor
Opacidade		D-1003	%
Resistência ao impacto			

Continua

Continuação

Propriedade	Método ISO	Método de teste ASTM *	Unidades SI
Dart (dardo)		D-1709	Pa @ 50% falha
Charpy	179		
Izod	180	D-256	J/m
Endentação instrumentada		D-2583	Leitura do visor
Dureza Barcol			
Coeficiente linear de dilatação térmica		D-696	(mm/mm)/°C
Deformação sob carga		D-621	%
Transmitância luminosa		D-1003	%
Índice de fluidez	1133	D-1238	g/10 min
Temperatura de fusão	1218, 3146	D-2117	°C
Contração na moldagem	3146	D-955	mm/mm
Índice de moldagem		D-731	Pa
Tenacidade ao entalhe		D-256	J/m
Índice de oxigênio		D-2863	%
Tamanho médio de partícula		D-1921	mm
Alterações em propriedades físicas		D-759	Variações observadas
Baixas temperaturas			
Temperaturas elevadas	1137, 2578		
Índice de refração	489	D-542	Adimensional
Densidade relativa	1183	D-792	Adimensional
Resistência ao cisalhamento		D-732	Pa
Imersão em solvente		D-471	J
Resistência à abrasão		D-1044	Variações observadas
Resistência ao rasgamento		D-624	Pa
Resistência a tração	R527	D-638	Pa
Condutividade térmica		C-177	W/(K × m)
Temperatura de amolecimento Vicat	306	D-1525	ohm/cm
Resistividade volumétrica (1 min a 500 V)		D-257	%
Absorção de água			
Imersão de 24 horas	62, 585	D-570	%
Imersão por tempo prolongado	960		
Permeação de vapor de água		E-96	g/24 h
Permeabilidade		E-42	
Exposição a intempéries	45, 85, 877, 4582, 4607	D-1435	Alterações

Nota: *Deve ser utilizada a versão mais recente dos métodos ISO ou ASTM referenciados.

inglesas, os métodos ISO utilizam apenas o Sistema Internacional de Unidades (SI) ou unidades métricas. Nos Estados Unidos, ambos os sistemas são utilizados. Consequentemente, os estudantes devem estar aptos a trabalhar rápida e facilmente em ambos, SI e unidades inglesas. Este capítulo segue a orientação da *Society of Plastics Engineers*: o Sistema Internacional de Unidades é sempre usado, ocasionalmente acompanhado das unidades inglesas entre parênteses.

Unidades SI

O Sistema Internacional consiste de sete *unidades de base*, mostradas na Tabela 6-2. Para simplificar

Tabela 6-2 – Unidades SI de base

Grandeza	Unidade	Símbolo
Comprimento	metro	m
Massa	quilograma	kg
Tempo	segundo	s
Temperatura termodinâmica	kelvin	K
Corrente elétrica	ampère	A
Intensidade luminosa	candela	cd
Quantidade de matéria	mol	mol

números grandes e pequenos, o sistema SI usa um conjunto de prefixos, listados na Tabela 6-3. Quando as unidades de base são combinadas ou quando medidas adicionais são necessárias, unidades derivadas são usadas. A Tabela 6-4 relaciona algumas *unidades derivadas* selecionadas que são frequentemente utilizadas na indústria de plásticos.

Propriedades mecânicas

As *propriedades mecânicas* de um material descrevem como ele responde à aplicação de uma força ou carga. Há somente três tipos de forças mecânicas que podem afetar materiais: *compressão, tensão* e *cisalhamento*. A Figura 6-1 mostra o sentido da aplicação das forças compressiva (Figura 6-1A), tensora (Figura 6-1B) e cisalhante (Figura 6-1C). Os testes mecânicos consideram estas forças separadamente e em combinações. Ensaios de tensão, compressão e cisalhamento medem somente uma força. Ensaios de flexão, impacto e dureza envolvem duas ou mais forças simultâneas.

Segue uma discussão breve sobre alguns testes selecionados, relacionados às propriedades mecânicas. Os testes abordados são: resistência à tração, resistência à compressão, resistência à flexão, resistência ao impacto, resistência à fadiga, dureza e resistência à abrasão. As medidas de resistência a tração, compressão, flexão e cisalhamento dependem da determinação da força.

Figura 6-1 – Três tipos de tensão.
(A) Compressivo (B) Tração (C) Cisalhamento

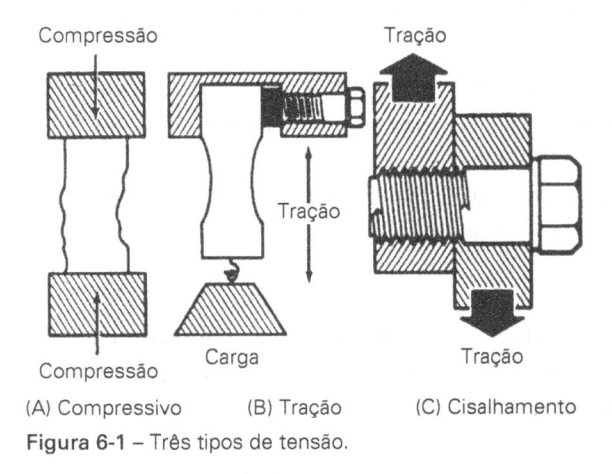

Tabela 6-3 – Prefixos e expressões numéricas

Símbolo	Prefixo	Equivalente decimal	Fator	Origem do prefixo
E	exa	1000000000000000000	10^{18}	Grega
P	peta	1000000000000000	10^{15}	Grega
T	tera	1000000000000	10^{12}	Grega
G	giga	1000000000	10^{9}	Grega
M	mega	1000000	10^{6}	Grega
k	quilo	1000	10^{3}	Grega
h	hecto	100	10^{2}	Grega
da	deca	10	10^{1}	Grega
d	deci	0,1	10^{-1}	Latina
c	centi	0,01	10^{-2}	Latina
m	mili	0,001	10^{-3}	Latina
µ	micro	0,000001	10^{-6}	Grega
n	nano	0,000000001	10^{-9}	Grega
p	pico	0,000000000001	10^{-12}	Espanhola
f	femto	0,000000000000001	10^{-15}	Dinamarquesa
a	atto	0,000000000000000001	10^{-18}	Dinamarquesa

Tabela 6-4 – Exemplos de Unidades SI derivadas

Grandeza	Unidade	Símbolo	Definição
Dose absorvida (quantidade de energia radiante absorvida)	gray	Gy	$m^2 \times s^{-2}$ (= J/kg)
Área	metro quadrado	m^2	
Volume	metro cúbico	m^3	
Frequência	hertz	Hz	s^{-1}
Massa específica	quilograma por metro cúbico	kg/m^3	
Velocidade	metro por segundo	m/s	
Aceleração	metro por segundo quadrado	m/s^2	
Força	newton	N	$kg \times m/s^2$
Pressão (tensão)	pascal	Pa	$kg/(m \times s^2)$ (= N/m^2)
Viscosidade cinemática	metro quadrado por segundo	m^2/s	
Viscosidade dinâmica	pascal-segundo	Pa $\times$ s	$kg/(m \times s)$ (= $N \times s/m^2$)
Energia (trabalho, quantidade de calor)	joule	J	$kg \times m^2/s^2$ (= $N \times m$)
Potência	watt	W	$kg \times m^2/s^3$ (= J/s)
Carga elétrica	coulomb	C	$A \times s$
Potencial elétrico, diferença de potencial, força eletromotriz	volt	V	$kg \times m^2/(A \times s^3)$ (= W/A)
Intensidade de campo elétrico	volt por metro	V/m	$kg \times m/(A \times s^3)$ (= W/(m $\times$ A))
Resistência elétrica	ohm	Ω	$kg \times m^2/(A^2 \times s^3)$ = (V/A)

O cálculo da força requer massa, uma unidade de base do SI, e aceleração, uma unidade derivada. Por definição:

$$\text{Força} = \text{massa} \times \text{aceleração}$$

A unidade de *massa* é o quilograma e a unidade de aceleração é metro por segundo quadrado. O valor padrão para a aceleração causada pela gravidade na Terra é 9,806 65 metros por segundo quadrado. Este valor, 9,807 m/s², é chamado de **constante gravitacional**. A unidade SI da força é chamada de *newton*, que é a força da gravidade agindo sobre um quilograma.

$$1 \text{ newton} = 1 \text{ quilograma} \times 9{,}807 \text{ m/s}^2$$

Tensão. Pressão é força aplicada sobre uma área. O termo técnico para pressão é **tensão**. A unidade métrica para tensão é denominada *pascal* (Pa). Um pascal é igual à força de um newton exercida sobre uma área de um metro quadrado. No sistema inglês, a unidade é pé por polegada quadrada (psi). A resistência é medida em pascal e é a razão entre a força em newton e a área da seção transversal original da amostra em metros quadrados.

$$\text{Cisalhamento (Pa)} = \frac{\text{força (N)}}{\text{seção transversal (m}^2\text{)}}$$

Deformação. A existência de tensão usualmente leva à deformação do material no sentido do comprimento. Como mostrado na Figura 6-2, a variação no comprimento em relação ao comprimento original é denominada **deformação**.

A deformação é medida em milímetros por milímetro (ou polegadas por polegada no sistema inglês) e pode também ser expressa em termos porcentuais, neste caso, é chamada de *alongamento porcentual*. Para converter deformação em metros por metro para a relação porcentual, deve-se simplesmente multiplicar por 100. A deformação é aparente quando os plásticos testados deformam prontamente sob compressão. A Figura 6-3 mostra a deformação típica em um plástico não reforçado.

Diagramas tensão-deformação. A máquina de ensaio universal (em inglês, Universal Testing Machine – UTM), mostrada na Figura 6-4, é usada na realização de ensaios de tração, compressão, flexão e cisalhamento. A mudança de um teste para outro

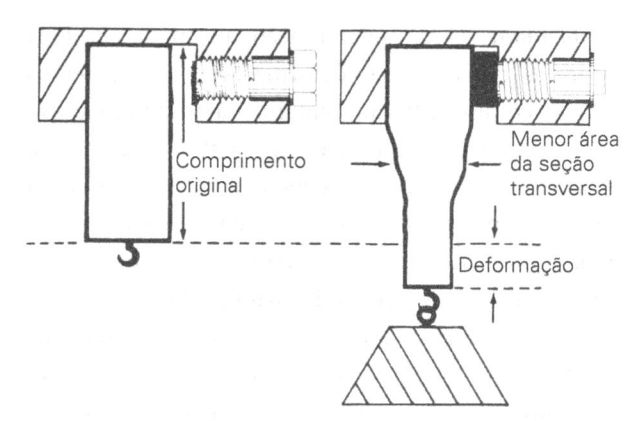

Figura 6-2 – Deformação ou alongamento é a deformação devido à tensão de tração.

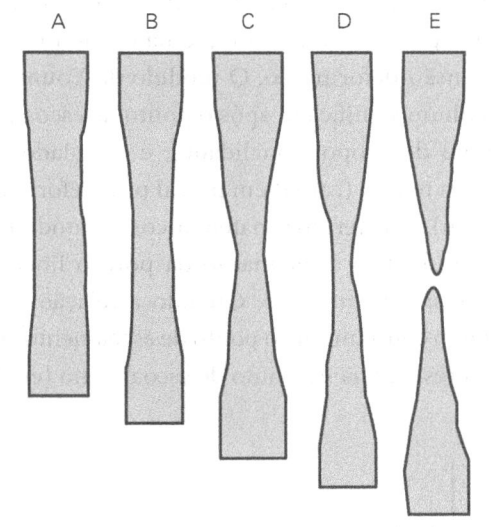

Figura 6-3 – Estágios de deformação em plásticos não reforçados.

Figura 6-4 – Máquina de teste de tensão com as tampas removidas pra mostrar os componentes (Foto: cortesia da Instron Corp., Canton, MA)

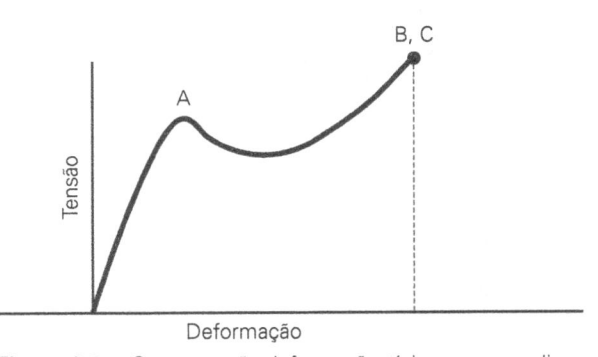

Figura 6-5 – Curva tensão-deformação típica para o policarbonato.

envolve alterações de direção e velocidade do dispositivo de impacto (cruzeta ou *crosshead*) e mudanças de posição nos suportes de fixação dos corpos de prova. A máquina de ensaio universal pode operar isoladamente ou ser conectada a computadores e impressoras. Essa máquina produzirá curvas tensão-deformação que registrarão acuradamente a relação entre tensão e deformação à medida que uma carga crescente é aplicada ao corpo de prova.

A Figura 6-5 apresenta uma curva tensão-deformação obtida para policarbonato (PC).

A interpretação de curvas tensão-deformação requer familiaridade com alguns termos técnicos. O limite de proporcionalidade ou ponto de escoamento (ponto A) é o ponto sobre a curva tensão-deformação – também chamada de curva carga/extensão –, no qual o aumento da deformação ocorre sem um aumento na carga (tensão). Até o limite de proporcionalidade, a resistência do policarbonato à força aplicada era linear. Após o ponto A, a relação entre tensão e deformação deixa de apresentar comportamento linear. Cálculos podem fornecer a resistência e deformação do escoamento.

No ponto de ruptura (ponto B), o material atingiu seu limite máximo de resistência e quebrou em dois pedaços. Cálculos podem fornecer prontamente a resistência e a deformação na ruptura. O limite de resistência mede a mais alta resistência do material à tensão. Sobre a curva tensão-deformação, corresponde ao ponto mais alto, (ponto C).

A Figura 6-6 representa uma curva tensão-deformação típica para ABS. Esta curva mostra que o ABS alcançou seu limite de resistência no ponto de escoamento (A e C coincidem).

Na Figura 6-7 é mostrada uma curva tensão-deformação para LDPE. Esta curva não apresenta um ponto de escoamento claro. Apesar disso, para determinar a resistência ou deformação, deve-se determinar um ponto de escoamento. Quando a análise da curva não é conclusiva, usa-se um ponto de **escoamento** *offset*. Este é o ponto onde uma linha paralela à porção linear da curva, traçada com um determinado deslocamento (*offset*) a partir da mesma, intercepta esta curva. Na Figura 6-8 pode-se observar a linha *offset* e a posição de sua intersecção com a curva tensão-deformação (ponto A).

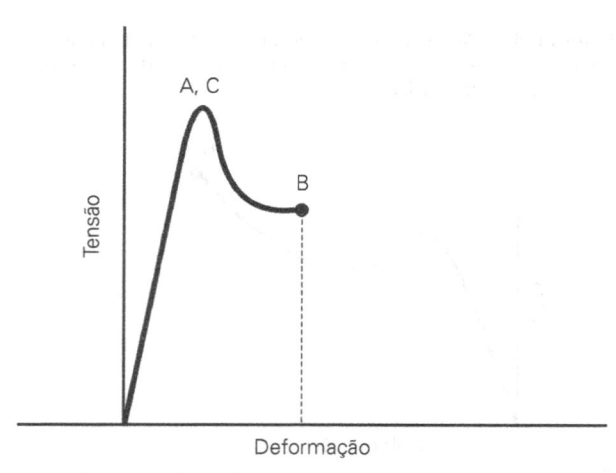

Tenacidade. Uma generalização que pode ser feita sobre as curvas tensão-deformação é que materiais frágeis comumente apresentam maior dureza e são menos extensíveis que materiais maleáveis (macios). Plásticos mais fracos frequentemente apresentam grande alongamento e baixa resistência. Poucos materiais conjugam força e elasticidade. A área sob a curva representa a energia requerida para quebrar a amostra. Esta área é uma medida aproximada da **tenacidade**. Na Figura 6-9, a amostra de maior tenacidade apresenta uma maior área sob a curva tensão-deformação.

Módulo de elasticidade. O *módulo de elasticidade*, também chamado módulo de Young, é a razão entre a tensão aplicada e a deformação na região linear da curva tensão-deformação. O módulo de Young não tem nenhum significado após o ponto de escoamento (limite de proporcionalidade); é calculado pela divisão da tensão (carga) em pascal pela deformação (mm/mm). Em termos matemáticos, o módulo de Young é idêntico à inclinação da porção linear da curva tensão-deformação. Quando a relação linear se mantém constante até o ponto de escoamento, a divisão da resistência no ponto de escoamento (em Pa)

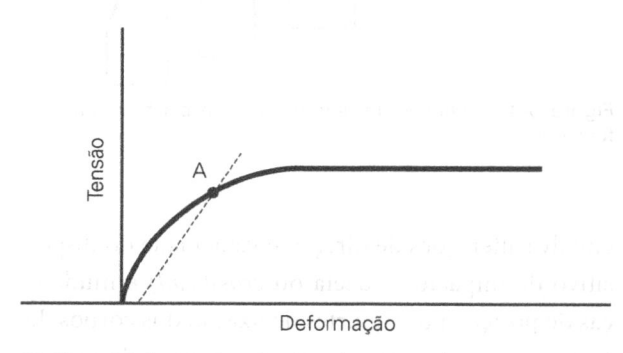

Figura 6-6 – Curva tensão-deformação típica para o ABS.

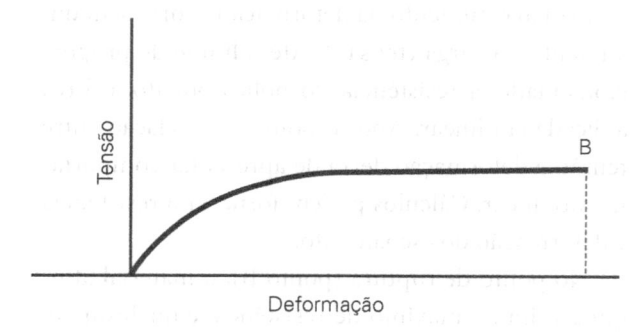

Figura 6-7 – Curva tensão-deformação típica para o LDPE.

Figura 6-8 – Curva tensão-deformação típica com o ponto de escoamento *offset* mostrado no ponto A.

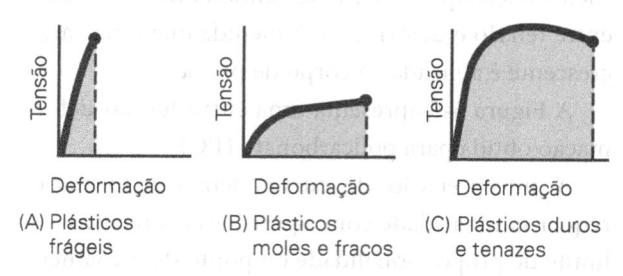

(A) Plásticos frágeis

(B) Plásticos moles e fracos

(C) Plásticos duros e tenazes

Figura 6-9 – Tenacidade é uma medida da quantidade de energia necessária para romper o material. É frequentemente definida como a área total sob a curva tensão-deformação.

pela deformação neste ponto (em mm/mm) fornece o módulo de elasticidade.

A razão entre força e alongamento é útil na previsão de quanto uma peça alongará sob uma determinada carga. Um valor elevado do módulo de Young indica que o plástico é rígido e resiste a sofrer alongamento.

Resistência à tração (ISO 527-1, ASTM D-638)

A **resistência à tração** é um dos mais importantes indicadores da resistência de um material. É a habilidade de um material suportar forças que atuam na direção de estendê-lo. Corpos de prova do padrão ISO apresentam, normalmente, 150 mm de comprimento, 20 mm de largura nas extremidades, 10 mm de largura em seu ponto mais estreito e 3 mm de espessura. A máquina puxa a amostra e registra ambos: força e alongamento em uma curva tensão-deformação. A resistência à tração é a força máxima dividida pela área da seção transversal na seção mais estreita da amostra.

Resistência à compressão (ISO 75-1 e 75-2, ASTM D-695)

A **resistência à compressão** é um valor que mostra quanto de força é necessário para romper ou esmagar um material.

Os valores de resistência à compressão podem ser úteis em distinguir entre tipos de plásticos e na comparação de plásticos com outros materiais. A resistência à compressão é especialmente significativa para testar plásticos alveolares ou espumas.

Ao se calcular a resistência à compressão, as unidades devem ser múltiplos de pascal, como kPa, MPa e GPa. Para determiná-la, divida a carga máxima (força máxima) – em newton – pela área do corpo de prova em metros quadrados. Nem todos os plásticos atingirão ruptura completa durante o teste; nesse caso, a tensão pode ser registrada em uma deformação arbitrariamente determinada, que é usualmente entre 1% e 10%.

$$\text{Resistência à compressão (Pa)} = \text{força (N)/área da seção transversal (m}^2\text{)}$$

Se 50 kg são necessários para a ruptura de uma barra plástica com 1,0 mm² de área de seção transversal:

$$\text{Força (N)} = 50 \text{ kg} \times 9{,}8 \text{ m/s}^2$$

onde 9,8 m/s² é a constante gravitacional.

Então, a resistência à compressão, em pascal, é dada por:

Resistência à compressão (Pa)
$$= (50 \times 9{,}8) \text{ N/1 mm}^2$$
$$490 \text{ N/1 mm}^2$$
$$= 490 \text{ N/0,000 001 m}^2$$
$$= 490 \text{ MPa ou}$$
$$490.000 \text{ kPa (71,076 psi)}$$

Resistência ao cisalhamento (ASTM D-732)

A **resistência ao cisalhamento** é a carga máxima (tensão) necessária para produzir uma fratura de modo que a parte móvel se separe completamente da parte estacionária, por meio de uma ação cortante. Para calcular a resistência ao cisalhamento, divida a força aplicada pela área da borda cisalhada.

$$\frac{\text{resistência ao}}{\text{cisalhamento}} = \frac{\text{força (N)}}{\text{área da borda cisalhada (m}^2\text{)}}$$

Para exercer força cisalhante sobre uma amostra, vários métodos são comumente utilizados; na Figura 6-10 três deles são ilustrados.

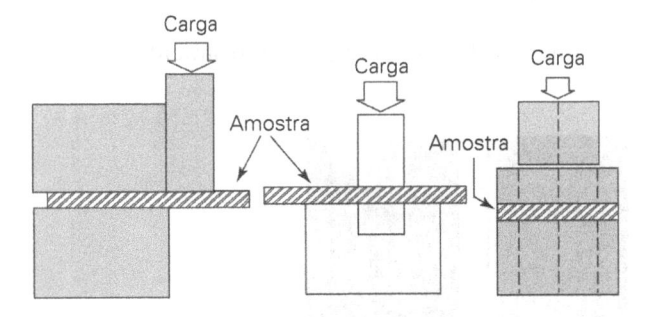

Figura 6-10 – Vários métodos usados para testar a tensão de cisalhamento.

Resistência ao impacto

A **resistência ao impacto** *não* é uma medida da tensão necessária para quebrar uma amostra, mas indica a energia absorvida pela amostra antes de sua fratura. Há dois métodos básicos para a realização de ensaios de resistência ao impacto: testes envolvendo queda de uma massa e testes de pêndulo.

Teste da queda de peso (ASTM D-5420 e D-1709). O teste padronizado pela ASTM D-5420 avalia a resistência ao impacto de um material plástico, rígido e plano a uma massa em queda. Este teste é normalmente realizado em equipamentos de teste de impacto (*drop impact testers*); nesses equipamentos, como mostrado na Figura 6-11A, um peso cai a partir de diferentes alturas, guiado por uma haste. Produtos como capacetes, aparelhos de jantar e recipientes são frequentemente testados dessa forma. Segundo a norma ASTM D-1709, avalia-se a resistência de um filme plástico ao impacto da queda de um dardo; tipicamente, realiza-se este ensaio em equipamento de impacto de queda de dardo (*falling dart impact testers*), onde um filme é fixado na base do equipamento e um dardo é lançado de diferentes alturas (Figura 6-11B). Em alguns casos, a amostra pode deslizar em uma calha e atingir um bloco metálico (Figura 6-12). Este teste pode ser repetido utilizando-se várias alturas diferentes. Se avariada, a amostra mostrará rachaduras, lascas ou outras fraturas.

Teste de pêndulo (ISO 179, 180, ASTM D-256 e D-618). Os testes de pêndulo usam a energia de um martelo balançando para atingir uma amostra plástica. O resultado é uma medida de energia ou trabalho absorvida pelo corpo de prova.

A equação básica é:

$$\text{Energia (J)} = \text{força (N)} \times \text{deslocamento (m)}$$

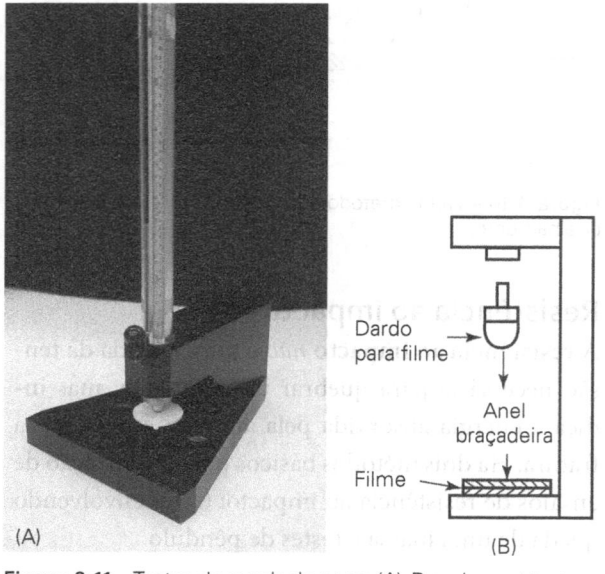

Figura 6-11 – Testes de queda de peso: (A) *Drop impact testers* (equipamentos de teste de impacto) por queda de dardo para materiais rígidos e (B) *Drop impact tester* (equipamento de teste de impacto) por queda de dardo para os filmes.

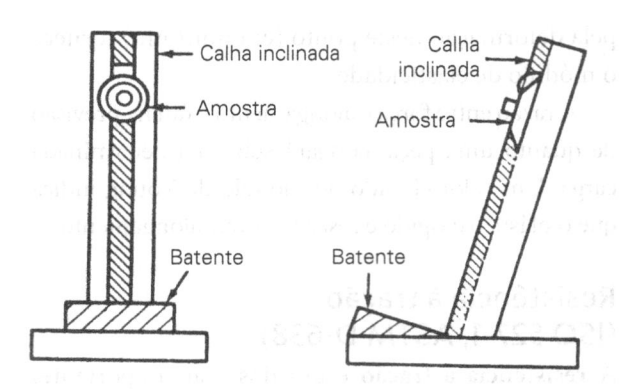

Figura 6-12 – Teste de impacto com guia.

Os martelos da maior parte das máquinas de teste de plástico apresentam energia cinética entre 2,7 e 22 J (2 a 16 ft-lb). As Figuras 6-13A a 6-13E apresentam equipamentos e métodos para realização de testes de impacto.

No método *Charpy*, o corpo de prova é fixado em ambas extremidades, mas não pressionado. O martelo atinge a amostra no centro (Figuras 6-13A e 6-13B). Já no método *Izod*, o martelo atinge um corpo de prova que se encontra fixado em apenas uma extremidade.

Nos testes de impacto *Chip* (ASTM D-4508), assim como nos *Izod*, os ajustes são feitos de modo que o martelo atinja uma extremidade da amostra, mas, nesse caso, o corpo de prova encontra-se, normalmente, na posição horizontal. Nos testes de impacto de tração (ASTM D-1822), o corpo de prova é fixado no martelo e lançado contra um batente fixo.

Os testes de impacto podem especificar amostras com ou sem entalhe. No teste Charpy, o entalhe fica localizado no lado oposto ao do martelo. Já no teste Izod, o entalhe fica do mesmo lado do martelo, como pode ser visto na Figura 6-13C. Em ambos os testes, a profundidade e o raio do entalhe podem alterar drasticamente a resistência ao impacto, em especial quando o polímero apresenta sensibilidade ao entalhe. As Figuras 6-13D e 6-13E mostram dois outros equipamentos para realização de testes de impacto Izod.

O PVC é um material que apresenta grande sensibilidade ao entalhe. Se preparado com um entalhe sem arestas (cego), de raio de 2 mm, o PVC apresenta resistência ao impacto superior à do ABS; mas, se o corpo de prova apresentar entalhe com arestas (agudo) e raio de 0,25 mm, a resistência ao impacto do PVC se torna menor do que a do ABS. Outros materiais que

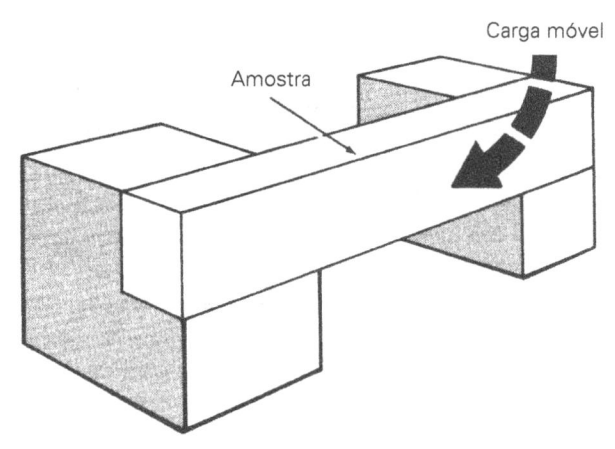

(A) Método do pêndulo Charpy.

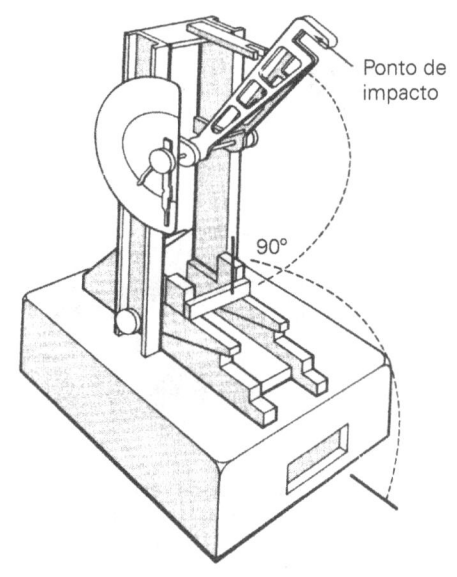

(B) Máquina de impacto Charpy de feixe simples. (Tinius Olsen Testing Machine Co., Inc.)

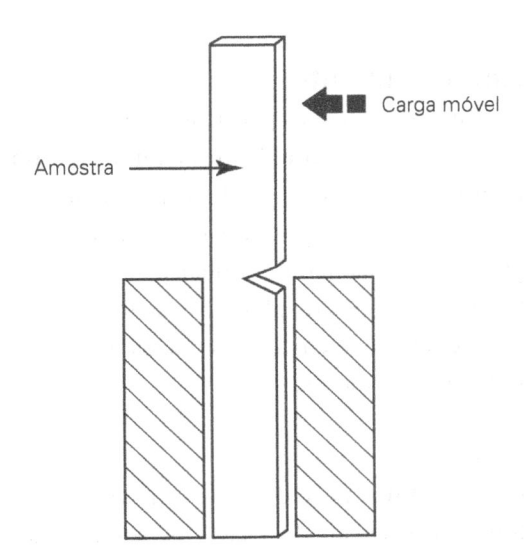

(C) Método do pêndulo de Izod.

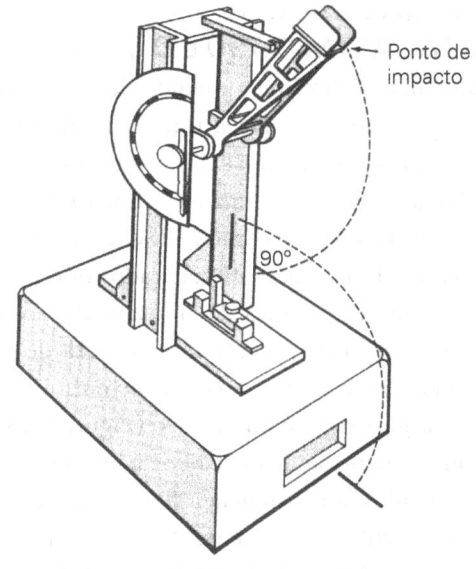

(D) Máquina de impacto de feixe Izod com balanço. (Tinius Olsen Testing Machine Co., Inc.)

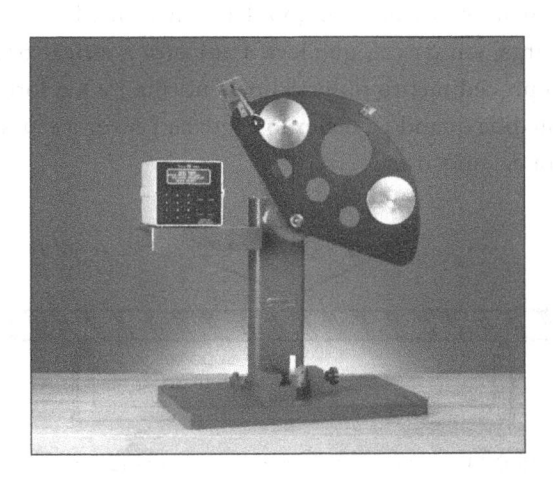

(E) Equipamento de teste de impacto para testes Izod. (Tinius Olsen Testing Machine Co., Inc.)

Figura 6-13 – Equipamentos de teste para os métodos Charpy e Izod.

apresentam fragilidade na presença de entalhe são os acetais, o polietileno de alta densidade (HDPE), o polipropileno, o PET e a poliamida (PA) seca.

A presença de umidade no plástico também pode afetar a resistência ao impacto. As poliamidas (náilons) apresentam resultados bastante diferentes se úmidas ou secas: resistem a impactos de 5 kJ/m^2 (50 ft-lb) se completamente secas, e acima de 20 kJ/m^2 (200 ft-lb) se contêm alguma umidade.

Em razão do fato de que as medidas de impacto devem considerar a espessura das amostras, valores de resistência ao impacto são expressos em joule por metro quadrado (J/m^2) ou ft-lb por polegada de entalhe.

Resistência à flexão
(ISO 178, ASTM D-790 e D-747)

A **resistência à flexão** é a medida de quanta tensão (carga) pode ser aplicada a um material antes que quebre. Tensões de tração e de compressão estão envolvidas ao se flexionar uma amostra. Tanto nos ensaios segundo a ASTM como na ISO, as amostras são apoiadas em blocos de teste separados por, pelo menos, 16 vezes a espessura da amostra. Por exemplo, quando o corpo de prova tem espessura de 6 mm, a distância entre apoios deve ser de, no mínimo, 96 mm. A carga é aplicada no centro (Figura 6-14).

Como a maioria dos plásticos não quebra quando flexionados, a resistência à flexão na fratura não pode ser calculada facilmente. Usando o método da ASTM, para a maior parte dos termoplásticos e elastômeros, a medida é realizada quando as amostras atingem 5% de deformação. Isto é feito medindo-se a carga, em pascal, que leva a amostra a esticar 5%. No procedimento indicado pela norma ISO, a força é medida quando a deflexão é igual a 1,5 vez a espessura da amostra.

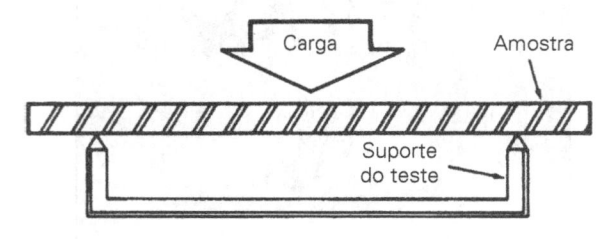

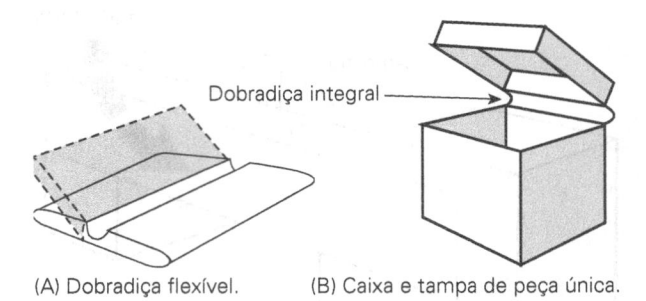

(A) Dobradiça flexível.

(B) Caixa e tampa de peça única.

(C) Um equipamento de teste de resistência ao dobramento que registra em um mostrador o número de flexionamentos que ocorrem antes da ruptura da amostra plástica. (Tinius Olsen Testing Machine Co., Inc.)

Figura 6-14 – Método usado para teste de tensão de flexão (módulo de flexão).

Figura 6-15 – Teste de fadiga.

Fadiga por flexão
(ISO 3385, ASTM D-430 e D-813)

A **resistência à fadiga** é o termo usado para expressar o número de ciclos que uma amostra pode suportar até sua fratura. As fraturas por fadiga dependem da temperatura, da tensão, bem como da frequência, amplitude e modo de aplicação da tensão.

Se a carga (tensão) não excede o limite de proporcionalidade, alguns plásticos podem ser tensionados por um grande número de ciclos sem apresentar falhas. Na fabricação de dobradiças e de embalagens em que caixa e tampa constituam peça única, as características dos plásticos em relação à fadiga são relevantes. Na Figura 6-15 encontram-se duas dobradiças e o aparato para testar a resistência à dobra.

Amortecimento

A propriedade que os plásticos apresentam de absorver ou dissipar vibrações é denominada **amortecimento**. Na média, os plásticos possuem capacidade de amortecimento 10 vezes maior do que o aço. Engrenagens, rolamentos, embalagens de equipamentos e alguns tipos de plásticos usados na arquitetura aproveitam-se efetivamente dessa propriedade de reduzir as vibrações.

Dureza

O termo **dureza** não descreve uma única ou bem definida propriedade dos plásticos. Resistência a riscos e arranhões e abrasão estão fortemente relacionados à dureza. O recobrimento da superfície de um piso vinílico ou a aderência em lentes ópticas de policarbonato são afetados por vários fatores. Contudo, uma definição largamente aceita para dureza é a resistência à compressão, à penetração e ao risco.

Há vários tipos de instrumentos utilizados na medida da dureza. Uma vez que cada instrumento possui sua própria escala de medida, os valores devem também indicar qual foi a escala utilizada. Dois testes de uso bastante limitado para plásticos são a **escala Mohs** e o **escleroscópio**.

A escala de dureza de Mohs é usada por geólogos e mineralogistas. Baseia-se no fato de que materiais mais duros riscam os mais moles. O escleroscópio mostrado na Figura 6-16 é considerado um teste de dureza não destrutivo; ele mede a altura de recuperação (após o impacto no corpo de prova) de uma barra de aço com ponta de diamante padronizada (êmbolo) em queda livre a partir de uma altura padrão.

Os instrumentos de ensaio por penetração – ou endentação – (ASTM D-2240) são utilizados para obtenção de medidas quantitativas mais sofisticadas. Rockwell, Wilson, Barcol, Brinell e Shore são nomes de equipamentos bem conhecidos para testes de dureza. A Figura 6-17 apresenta as diferenças básicas entre testes e escalas de dureza. A Tabela 6-5 fornece detalhes sobre várias escalas de medida de dureza. Nestes testes, a profundidade ou a área de penetração é utilizada como medida da dureza.

O teste Brinell compara dureza à área de penetração. Valores típicos de números Brinell para alguns plásticos são: acrílico, 20; poliestireno, 25; cloreto de polivinila (PVC), 20; polietileno, 2. Na Figura 6-18 é mostrado um equipamento para teste de dureza Brinell.

O método Rockwell (ASTM D-785) relaciona dureza à diferença na profundidade de penetração de duas cargas diferentes. A carga menor (usualmente 10 kg) e a carga maior (de 60 a 150 kg) são aplicadas a um penetrador esférico (Figura 6-19). Durezas Rockwell típicas para certos plásticos são: acrílico, M 100; poliestireno, M 75; PVC, M 115 e polietileno, R 15. Na Figura 6-20 pode ser visto um teste Rockwell durante sua realização.

Para plásticos mais moles ou flexíveis, um instrumento denominado durômetro Shore (ASTM D-2240, ISO 868) pode ser utilizado. Há duas faixas

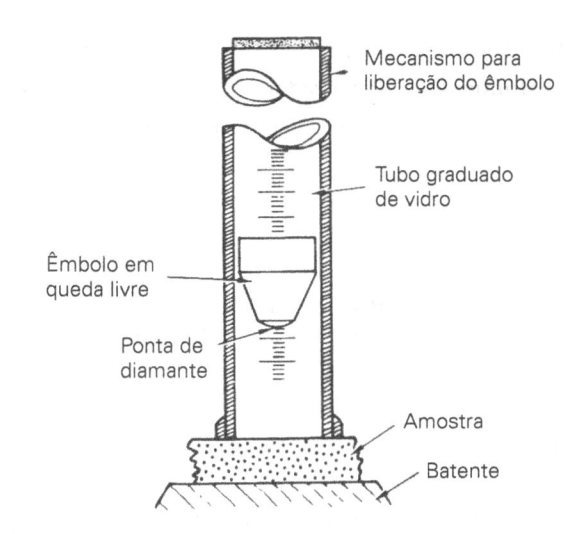

Figura 6-16 – Esclreroscópio para a realizar testes de dureza.

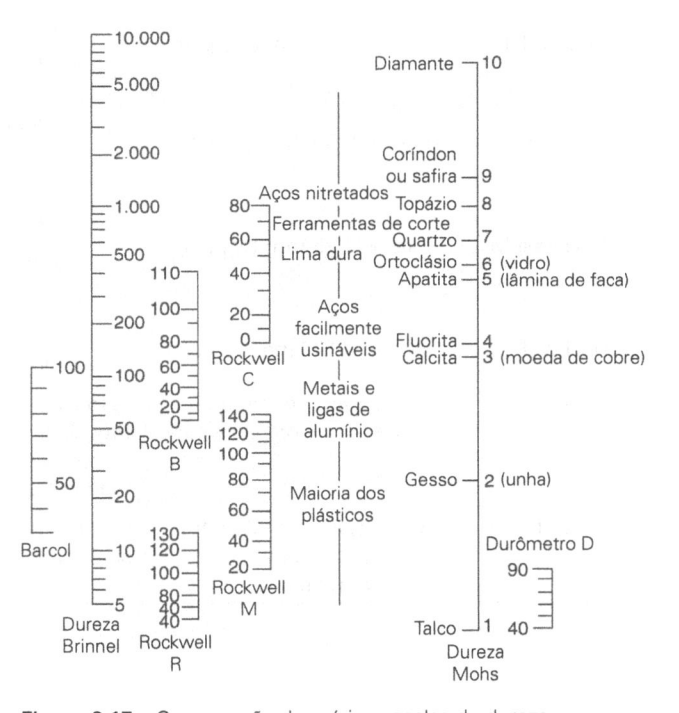

Figura 6-17 – Comparação das várias escalas de dureza.

de dureza para este durômetro: no tipo A utiliza-se um indentador (penetrador) em formato de barra, sem arestas, para testar plásticos moles; já no tipo D, o penetrador é uma barra com ponta, para testar materiais mais duros. A leitura do valor da dureza é feita após 1 ou 10 segundos da aplicação da pressão manual. A escala varia entre 0 e 100.

O equipamento Barcol é similar ao durômetro Shore do tipo D, que também utiliza um penetrador com ponta. Um esquema de um testador do tipo Barcol é encontrado na Figura 6-21.

Tabela 6-5 – Comparação entre alguns testes de dureza

Instrumento	Penetrador	Carga	Observações
Brinell	Esfera, 10 mm de diâmetro	500 kg 3.000 kg	Diferença média na dureza do material. A carga é aplicada por 15 a 30 segundos. A visão com o uso de microscópio Brinell mostra e mede o diâmetro da marca de impressão. Não deve ser utilizado para materiais com altos fatores de fluência.
Barcol	Barra com ponta; 26°; ponta lisa com 0,157 mm	Acionado por mola. Pressionado contra o corpo de prova manualmente: 5-7 kg.	Portátil. A leitura é feita após 1 ou 10 s.
Rockwell C	Cone de diamante	Menor 10 kg / Menor 150 kg	Materiais mais duros, aço.
Rockwell B	Esfera; 1,58 mm (1/16 pol)	Menor 10 kg / Menor 100 kg	Materiais macios e plásticos com carga.
Rockwell R	Esfera; 12,7 mm (1/2 pol)	Menor 10 kg / Menor 60 kg	Em intervalo de 10 segundos após aplicação da carga menor, aplica-se a maior. Remove-se a carga maior 15 s após sua aplicação. Faz-se a leitura da dureza 15 s depois de sua remoção. Ou Aplica-se a carga menor e zera-se o equipamento em até 10 s. Aplica-se a carga maior imediatamente após o ajuste no zero. Lê-se o número de divisões da escala que se avançou durante 15 s de aplicação da carga maior.
Rockwell L	Esfera; 6,35 mm (1/4 pol)	Menor 10 kg / Menor 60 kg	
Rockwell M	Esfera; 6,35 mm (1/4 pol)	Menor 10 kg / Menor 100 kg	
Rockwell E	Esfera; 3,175 mm (1/8 pol)	Menor 10 kg / Menor 100 kg	Portátil. Leituras em plásticos moles após 1 ou 10 s.
Shore A	Barra; 1,40 mm diâmetro, ponta a 35° com 0,79 mm.	Acionado por mola. Pressionado contra o corpo de prova manualmente.	Portátil. Leituras em plásticos moles após 1 ou 10 s.
Shore D	Barra; 1,40 mm diâmetro, ponta a 30° com 0,100 mm de raio.	Como descrito anteriormente.	Como descrito anteriormente.

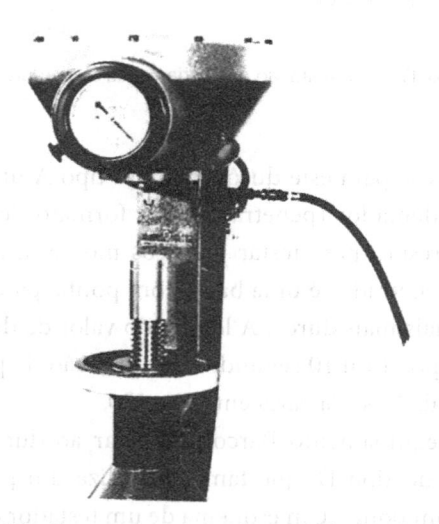

Figura 6-18 – Este equipamento de teste de dureza Brinell é operado a ar. (Tinius Olsen Testing Machine Co., Inc.)

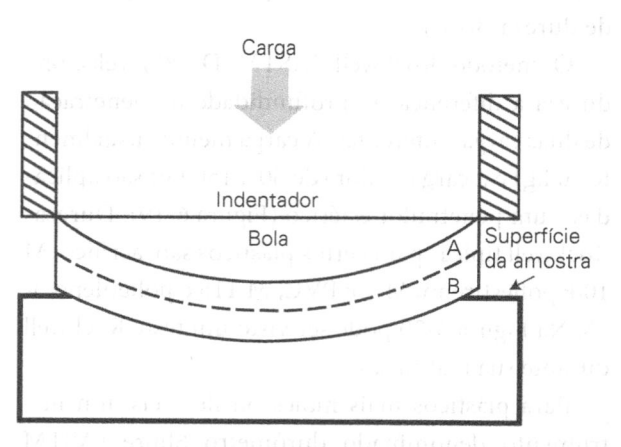

Figura 6-19 – A distância entre a linha A (menor carga) e a linha B (maior carga) é a base para as leituras da dureza Rockwell.

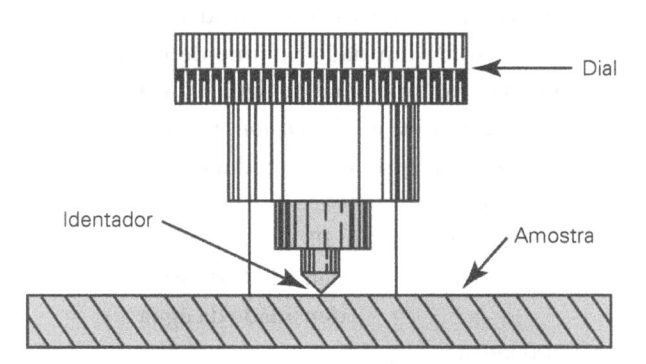

Figura 6-21 – Um identador de ponta afiada é usado no instrumento Barcol (ASTM D-2583).

Tabor. Nos ensaios, um abrasivo é atritado contra uma amostra, levando à perda de material. A quantidade de material perdido (massa ou volume) indica a capacidade de resistência da amostra ao tratamento abrasivo.

$$\text{Resistência à abrasão} = \frac{\text{massa original} - \text{massa final}}{\text{densidade relativa}}$$

Propriedades físicas

As propriedades mecânicas estão relacionadas à ação de forças básicas de tensão, compressão e cisalhamento. As propriedades físicas dos plásticos, no entanto, não envolvem a existência dessas forças. A estrutura molecular do material frequentemente afeta as propriedades físicas. Uma atenção especial será dada apenas a algumas propriedades: densidade relativa, contração na moldagem, resistência à fluência e viscosidade.

Massa específica e densidade relativa (ISO 1183, ASTM D-792 e D-1505)

A massa específica é, por definição, igual à massa por unidade de volume, sendo a unidade derivada SI adequada ao quilograma por metro cúbico; contudo, é comumente expressa em gramas por centímetro cúbico.

Exemplo:

$$\text{Densidade} = \frac{\text{massa (kg)}}{\text{volume (m}^3\text{)}}$$

Para o PVC:
Densidade = 1.300 kg/m^3 ou 1,3 g/cm^3

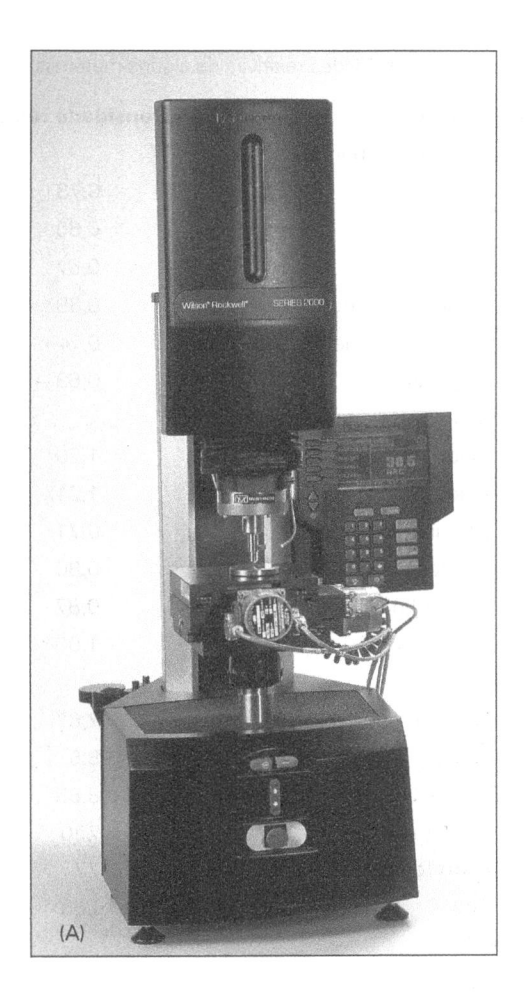

Figura 6-20 – Teste Rockwell. (A) Equipamento de teste de dureza Rockwell (Foto: cortesia da Instron Corporation, Canton, MA). (B) Uma amostra é posicionada sob o penetrador para o teste de dureza.

Resistência à abrasão (ASTM D-1044)

A abrasão é o processo de remoção da cobertura de uma superfície de um material pelo atrito. Há equipamentos, denominados abrasímetros, que medem a resistência de materiais plásticos à abrasão, sendo bastante conhecidos os modelos Williams, Lambourn e

A **densidade relativa** (ou densidade) é a razão entre a massa de um dado volume de material e a massa de um volume igual de água a 23 °C (73 °F). A densidade relativa é *adimensional*, permanecendo igual em qualquer sistema de medida.

Exemplo:
Densidade relativa do PVC

$$= \frac{\text{densidade do PVC}}{\text{densidade da água}}$$

$$\frac{1.300 \text{ kg/m}^3}{1.000 \text{ kg/m}^3} = 1,3$$

Os valores de densidade de alguns materiais podem ser encontrados na Tabela 6-6. Pode-se observar na Tabela que as poliolefinas apresentam densidades inferiores a 1,0, o que significa que flutuam em água.

Um método simples para determinação da densidade relativa consiste em pesar a amostra no ar e submersa em água (ASTM D-792). Um fio fino pode ser utilizado para manter a amostra suspensa na água em uma balança de bancada, como mostrado na Figura 6-22. Para obter a densidade, divide-se, então, a massa da amostra no ar pela diferença entre essa massa e a obtida em água. Portanto,

$$\text{Densidade} = \frac{\text{massa de ar}}{\text{massa de ar} - \text{massa da água}}$$

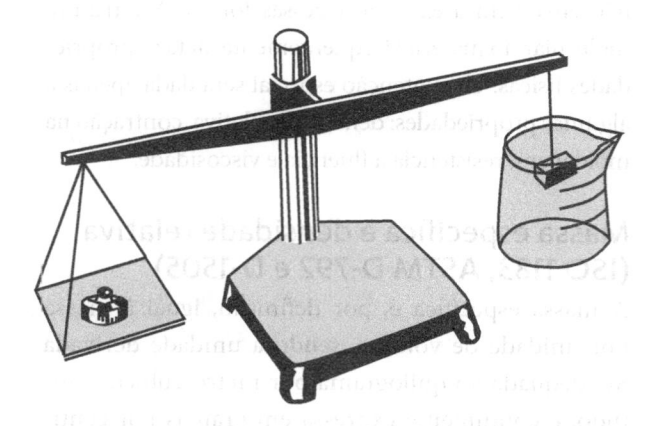

Figura 6-22 – Uma balança analítica é usada para determinar a densidade relativa de amostras plásticas.

Note que, se a amostra flutua, a massa do conjunto amostra e fio, quando colocado na água, será menor do que na ausência da amostra, situação em que o fio estará submerso. Neste caso, se obterá massa

Tabela 6-6 – Densidades relativas de alguns materiais

Substância	Densidade relativa
Madeiras (base úmida)	
Freixo	0,73
Bétula	0,65
Pinheiro	0,57
Pinheiro canadense	0,39
Carvalho vermelho	0,74
Nogueira	0,63
Líquidos	
Ácido muriático	1,20
Ácido nítrico	1,217
Benzina	0,71
Querosene	0,80
Terebintina	0,87
Água a 20 °C	1,00
Metais	
Alumínio	2,67
Latão	8,5
Cobre	8,85
Ferro fundido	7,20
Ferro forjado	7,7
Aço	7,85
Plásticos	
ABS	1,02-1,25
Acetal	1,40-1,45
Acrílico	1,17-1,20
Alil	1,30-1,40
Amino	1,47-1,65
Caseína	1,35
Celulósicos	1,15-1,40
Poliésteres clorados	1,4
Epóxis	1,11-1,8
Fluoroplásticos	2,12-2,2
Ionômeros	0,93-0,96
Fenólicos	1,25-1,55
Óxidos de fenileno	1,06-1,10
Poliamidas	1,09-1,14
Policarbonato	1,2-1,52
Poliésteres	1,01-1,46
Poliolefinas	0,91-0,97
Poliestireno	0,98-1,1
Polissulfona	1,24
Silicones	1,05-1,23
Uretanas	1,15-1,20
Vinil	1,2-1,55

em água negativa, o que indicará flutuabilidade. Consequentemente, o denominador da equação será maior que o numerador. Deve-se, então, calcular a densidade utilizando-se a seguinte equação:

$$D = \frac{a - b}{(a - b) - (c - d)}$$

onde

a = massa do conjunto (corpo de prova + fio) no ar
b = massa do fio no ar
c = massa do conjunto (corpo de prova + fio) imerso em água
d = massa do fio com a extremidade imersa na água

Outro método, padronizado na ASTM D-1505, utiliza uma **coluna de gradiente de densidade**. Esta coluna é composta de camadas de diferentes líquidos, cuja densidade diminui do fundo ao topo. A camada na qual a amostra flutua mostra sua densidade. Uma coluna de gradiente de densidade é bastante complexa e demanda manutenção periódica para limpeza da coluna e verificação das densidades especificadas para cada camada.

Uma abordagem mais simples seria criar uma ou mais misturas com densidade conhecida, como mostrado na Figura 6-23. Para densidades superiores à da água, prepare uma solução de água destilada e nitrato de cálcio e meça sua densidade com um densímetro. Adicione nitrato de cálcio até que a densidade desejada seja obtida. Para densidades inferiores à da água, misture água e álcool isopropílico (isopropanol) para obter a densidade desejada.

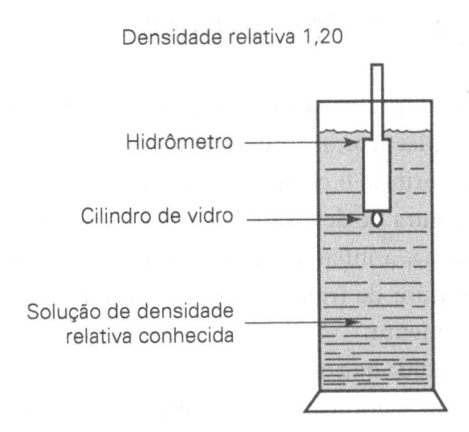

Figura 6-23 – Um arranjo para a medida de densidade.

Ao se realizarem ensaios de medida de densidade, lembre-se de que sujeira, graxa e resíduos de usinagem podem aprisionar ar na amostra e levar a obtenção de resultados imprecisos. A presença de cargas, aditivos, reforços e espaços vazios ou formações celulares pode também alterar a densidade.

Contração na moldagem (ISO 2577, ASTM D-955)

A contração na moldagem (linear) influencia na dimensão das peças moldadas. As cavidades típicas de um molde são maiores do que o desejado para as peças acabadas. As especificações dimensionais devem ser obedecidas somente após a contração completa da peça.

As peças moldadas contraem ao cristalizar, endurecer ou polimerizar no interior no molde. A contração continua por algum tempo após a moldagem. Para se assegurar de que a contração após a moldagem se completou, não devem ser realizadas medidas antes de 48 horas.

A *contração na moldagem* é a razão entre a diminuição no comprimento e o comprimento original. O resultado é registrado como mm/mm (ou pol/pol), sendo a equação para obtenção de seu valor dada por:

$$\text{Contração na moldagem} = \frac{\text{comprimento da cavidade} - \text{comprimento da barra moldada}}{\text{comprimento da cavidade}}$$

Resistência à fluência ou *creep* (ISO 899, ASTM D-2990)

Quando uma massa suspensa a partir de uma amostra faz com que essa amostra tenha sua forma alterada em um dado período de tempo, a deformação é chamada de **fluência** (*creep*). Quando a fluência ocorre à temperatura ambiente, é chamada de **fluência a frio**.

A Figura 6-24 ilustra a fluência a frio; o tempo de duração necessário entre o início do teste, A, e a falha do corpo de prova, E, pode ultrapassar mil horas. Os resultados de resistência à fluência são dados pela deformação em milímetros, como uma porcentagem e um módulo.

A fluência e a fluência a frio são propriedades muito importantes a serem consideradas no projeto de vasos de pressão, tubos e vigas, onde uma carga constante (pressão ou tensão) pode causar deformação ou variações dimensionais. Os tubos de PVC são submetidos a testes de fluência específicos, para avaliar sua capacidade de suportar determinadas pressões ao longo do tempo e determinar sua resistência à ruptura ou estouro. A Figura 6-25 mostra uma seção de tubo sendo testada para resistência ao estouro. Esta amostra rompeu à pressão de 5,85 MPa (848 psi).

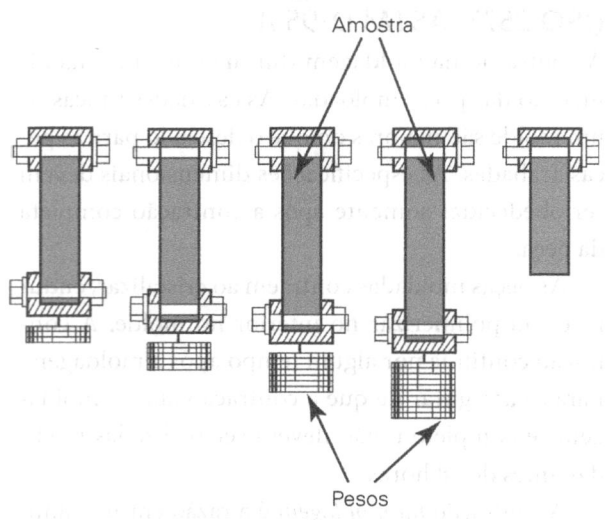

Figura 6-24 – Etapas do fluxo de deformação a frio.

Figura 6-25 – Uma unidade hidrostática tubular de ruptura de grande diâmetro. (Foto: cortesia da Harvel Plastics, Inc., Easton, PA. http://www.harvel.com © Harvel Plastics, Inc. Todos os direitos reservados.)

Viscosidade

A propriedade de um líquido que descreve sua resistência interna ao fluxo é denominada **viscosidade**. Quanto mais lento o escoamento de um líquido, maior a sua viscosidade. A viscosidade é medida em pascal-segundo (Pa × s) ou em uma unidade denominada poise (veja a Tabela 6-7).

A viscosidade é um fator importante no transporte de resinas, na injeção de plásticos em estado líquido e na obtenção de dimensões críticas de formas extrusadas. A quantidade de cargas, solventes, plastificantes, **agentes tixotrópicos** (materiais que se assemelham a géis antes de serem agitados), o grau de polimerização e a densidade são todos variáveis que podem afetar a viscosidade. A viscosidade de uma resina, como um poliéster, varia entre 1 e 10 Pa × s (1.000 a 10.000 cP). Um centipoise equivale a 0,01 poise e a 0,001 Pa × s no sistema métrico. Para uma definição completa da unidade poise, consulte qualquer livro-texto padrão de Física ou outra referência em que a viscosidade é descrita.

Tabela 6-7 – Viscosidade de alguns materiais

Material	Viscosidade (Pa × s)	Viscosidade (cP)
Água	0,001	1
Querosene	0,01	10
Óleo de motor	0,01-1	10-100
Glicerina	1	1.000
Xarope de milho	10	10.000
Melaço	100	100.000
Resinas	$<0,1$ a $>10^3$	<100 a $>10^6$
Plásticos (estado viscoelástico, aquecido)	$<10^2$ a $>10^7$	<105 a $>10^{10}$

Propriedades térmicas

Dentre as propriedades térmicas, são importantes para os plásticos a condutividade térmica, a capacidade calorífica, o coeficiente de expansão térmica, a temperatura de deflexão, a resistência ao frio, a taxa de queima, a inflamabilidade, o índice de fluidez, a temperatura de transição vítrea e a temperatura de amolecimento.

À medida que os termoplásticos são aquecidos, as moléculas e átomos em seu interior começam a oscilar mais rapidamente, o que faz as cadeias moleculares alongar. Um aquecimento maior pode causar deslizamento entre moléculas ligadas pelas forças mais fracas de van der Waals. O material se torna, então, um líquido viscoso. Nos plásticos termorrígidos, as ligações não são abertas facilmente, elas devem ser quebradas ou decompostas.

Condutividade térmica (ASTM C-177)

A condutividade térmica é a taxa na qual a energia na forma de calor é transferida de uma molécula a outra. Os plásticos são isolantes térmicos pelas mesmas razões moleculares que os levam a ser isolantes elétricos.

A condutividade térmica é expressa por um coeficiente chamado fator k. Deve-se atentar para não confundir com o símbolo K que indica a escala de temperatura Kelvin. O alumínio tem condutividade térmica de 122 W/(K × m). Alguns plásticos celulares ou expandidos apresentam valores de k inferiores a 0,01 W/(K × m) (Tabela 6-8). Os valores de k para a maioria dos plásticos mostram que eles não conduzem calor tão bem quanto uma mesma quantidade de metal.

A taxa de transmissão de calor deve ser medida em watts, e não em calorias ou unidades térmicas britânicas (Btu) por hora. Um watt (W) é o mesmo que um joule por segundo (J/s). É melhor memorizar que o joule é uma unidade de energia e o watt é uma unidade de potência.

Capacidade calorífica (calor específico)

A capacidade calorífica (ou calor específico) é a quantidade de calor necessária para aumentar, em um grau kelvin ou Celsius, a temperatura de uma unidade de massa (Figura 6-26). Deve ser expressa em joule por quilograma por kelvin (J/(kg × K)). A capacidade calorífica, à temperatura ambiente, para o ABS é 104 J/(kg × K), para o poliestireno é de 125 J/(kg × K) e para o polietileno, 209 J/(kg × K). Isto significa que será necessária mais energia térmica (calor) para amolecer um plástico cristalino, como o polietileno, do que para causar o mesmo efeito no ABS. Os valores para a maior parte dos plásticos indicam que eles demandam uma maior quantidade de energia térmica para aquecer do que a água, cuja capacidade calorífica é 1 cal/(g × °C). A quantidade de calor pode também ser expressa em joule por grama por grau Celsius (J/(g × °C)).

Expansão térmica (ASTM D-696 e D-864)

Os plásticos expandem a uma taxa muito superior à dos metais, tornando difícil uni-los. Na Figura 6-27 são mostradas as diferenças entre coeficientes de expansão de alguns materiais escolhidos. O coeficiente de expansão é usado para determinar a expansão térmica – no comprimento, na área ou no volume – por unidade de aumento de temperatura; é expresso

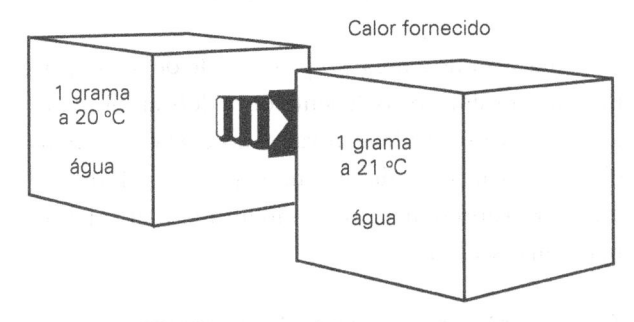

Figura 6-26 – Quanto calor foi fornecido?

Tabela 6-8 – Condutividade térmica de alguns materiais

Material	Condutividade térmica (fator k), W/(K × m)	Resistividade térmica (fator R)[4], (K × m)/W	Condutividade térmica, (Btu × in)/(h × ft² × °F)
Acrílico	0,18	5,55	1,3
Alumínio (liga)	122	0,008	840
Cobre (berílio)	115	0,008	800
Ferro	47	0,021	325
Poliamida	0,25	4,00	1,7
Policarbonato	0,20	5,00	1,4
Aço	44	0,022	310
Vidro comum	0,86	1,17	6,0
Madeira	0,17	5,88	1,2

[4] O fator R é o inverso do fator k.

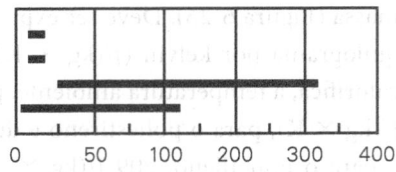

Metais ferrosos
Metais não ferrosos
Termoplásticos
Termofixos

0   50   100   200   300   400

Figura 6-27 – Coeficiente de expansão (por °C × 10⁻⁶).

como uma razão por grau Celsius. Na ASTM D-696 encontra-se a padronização para a determinação do coeficiente de expansão linear, enquanto a ASTM D-864 trata da expansão térmica cúbica.

Se uma barra de 2 m de comprimento de PVC é aquecida de –20 °C para 50 °C, seu comprimento variará em 7 mm.

Exemplo:

Variação no comprimento = coeficiente de expansão linear × comprimento original × × variação de temperatura

$$= \frac{0{,}000050}{°C \times 2\,m \times 70°}$$

$$= 0{,}007\,m\ ou\ 7\,mm$$

Uma vez que a área é o produto de dois comprimentos, o valor do coeficiente deve dobrar. Similarmente, deve-se triplicar o valor do coeficiente para obter o coeficiente de expansão para o volume. A Tabela 6-9 apresenta a expansão térmica para alguns materiais escolhidos.

Temperatura de deflexão térmica (ISO 75, ASTM D-648)

A *temperatura de deflexão* (antes denominada distorção ao calor) é a temperatura mais alta que um material pode suportar em operação contínua. De modo geral, os plásticos não são utilizados em ambientes que se encontram a altas temperaturas, contudo, alguns compostos fenólicos têm sido submetidos a temperaturas de até 2.760 °C [4.032 °F].

Um equipamento que fornece calor, pressão, medida da deformação e impressão dos resultados é mostrado na Figura 6-28. No método de teste da ASTM, um corpo de prova (3,175 mm × 140 mm) é colocado sobre suportes distantes um do outro por 100 mm, e uma força de 455 a 1820 kPa é aplicada

Tabela 6-9 – Expansão térmica de alguns materiais

Substância	Coeficiente de expansão linear × 10⁻⁶ [mm/(mm.°C)]
Não plásticos	
Alumínio	23,5
Latão	18,8
Tijolo	5,5
Concreto	14,0
Cobre	16,7
Vidro	9,3
Granito	8,2
Ferro fundido	10,5
Mármore	7,2
Aço	10,8
Madeira, pínus	5,5
Plásticos	
Dialilftalato	50-80
Epóxi	40-100
Melamina--formaldeído	20-57
Fenol-formaldeído	30-45
Poliamida	90-108
Polietileno	110-250
Poliestireno	60-80
Cloreto de polivinilideno	190-200
Politetrafluoroetileno	50-100
Polimetilmetacrilato	54-110
Silicones	8-50

sobre a amostra. A temperatura é aumentada a uma taxa de 2 °C por minuto. A temperatura em que a amostra apresentar uma deflexão de 0,25 mm é considerada a temperatura de deflexão.

Além do teste padrão, outros ensaios não padronizados podem fornecer informações sobre a deflexão térmica de vários plásticos. Por exemplo, os materiais podem ser testados em uma estufa. A temperatura é aumentada até que o material queime, forme bolhas, distorça ou sofra perda apreciável de resistência. Eventualmente, a observação do contato com água fervente pode fornecer uma ideia aproximada da quantidade de calor e temperatura. A Figura 6-29 mostra um experimento de deflexão com o uso de aquecedor radiante de infravermelho.

Corpos de prova de policarbonato reforçado com fibras de vidro, polissulfona e poliéster termoplástico foram presos em uma morsa, e uma carga de 175 g

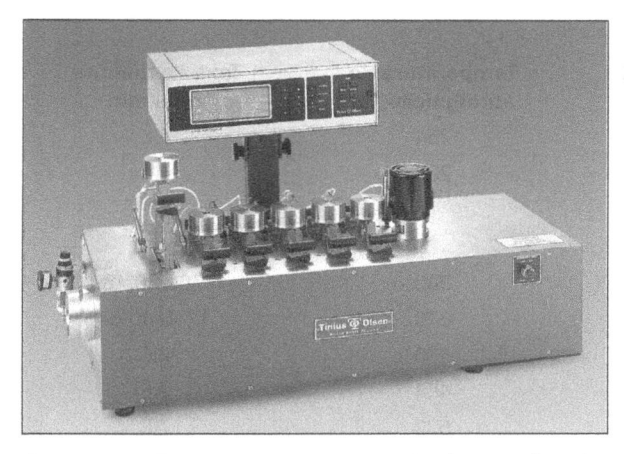

Figura 6-28 – Este equipamento automático de teste de deflexão de calor pode testar até seis amostras simultaneamente. (Tinius Olsen Testing Machine Co., Inc.)

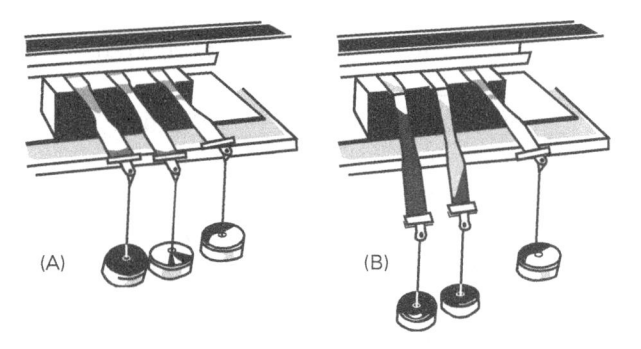

Figura 6-29 – Equipamento de teste de deflexão de calor. (A) Antes do calor ser aplicado. (B) Após dois minutos de aquecimento.

foi aplicada sobre eles. Após somente 1 minuto de aquecimento pelo aquecedor infravermelho, a 155 °C, a barra de policarbonato inicia a deflexão. Um minuto mais tarde, a barra de polissulfona segue o mesmo processo, enquanto a de poliéster não apresenta nenhuma curvatura após 6 minutos a 185 °C.

Plásticos ablativos

Os plásticos ablativos têm sido utilizados em naves espaciais e mísseis. No momento da reentrada na atmosfera, a temperatura da superfície externa da proteção térmica pode ser superior a 13.000 °C, enquanto a superfície interna não ultrapassa os 95 °C. Os plásticos ablativos podem ser compostos de resinas fenólicas ou epóxi e matrizes à base de grafite, sílica ou amianto.

Nos materiais ablativos, o calor é absorvido por um processo denominado pirólise, que ocorre em uma camada próxima à superfície exposta ao calor. A maior parte do material plástico é consumida e desprendida, ao mesmo tempo em que grande quantidade de calor é absorvida.

Resistência ao frio

Como regra geral, os plásticos apresentam boa resistência ao frio. Embalagens para alimentos em polietileno suportam, costumeiramente, temperaturas de −51 °C. Alguns plásticos podem suportar temperaturas extremamente baixas, de −196 °C, com apenas pequenas perdas em relação às propriedades físicas.

Inflamabilidade (ISO 181, 871 e 1210; ASTM D-635, D-568 e E-84)

A *inflamabilidade*, também denominada *resistência à chama*, é um termo que indica a medida da capacidade de um material de suportar combustão. Diferentes testes avaliam esta propriedade. Em um deles, uma tira plástica é posta em ignição e a fonte de calor (chama) é removida. O tempo e a quantidade de material consumido são medidos, e o resultado é expresso em mm/min. Plásticos altamente combustíveis, como o nitrato de celulose, apresentam altos valores desta propriedade.

Autoextinção é um termo relacionado, embora de forma pouco precisa, à inflamabilidade. Ele indica que o material não continuará queimando uma vez que a chama tenha sido removida. Quase todos os plásticos podem apresentar esta característica, ou seja, tornarem-se autoextinguíveis, se a eles forem misturados aditivos específicos.

A Tabela 6-10 indica os materiais que queimarão quando expostos à chama direta. A temperatura de autoignição é sempre superior à temperatura de ignição na presença de fonte externa de calor (ponto de fulgor).

Índice de fluidez (ISO 1133, ASTM D-1238)

A viscosidade e as propriedades de fluxo afetam tanto o processamento do plástico como o projeto de moldes. A viscosidade do material fornece dados mais precisos, mas valores de índice de fluidez são comuns porque sua obtenção é mais rápida.

O **índice de fluidez** (ou índice de fluxo à fusão) é uma medida da quantidade de material, em gramas, que é extrusada por meio de um pequeno orifício, a uma dada pressão e temperatura, em 10 minutos, sendo comumente utilizada uma carga de 43,5 psi

Tabela 6-10 – Temperaturas de ignição e inflamabilidade de diversos materiais

Material	Ponto de fulgor, °C	Temperatura de autoignição, °C	Taxa de queima, mm/min
Algodão	230-266	254	CL
Papel-jornal	230	230	CL
Madeira (abeto)	260		CL
Lã	200		CL
Polietileno	341	349	7,62-30,48
Polipropileno, fibra		570	17,78-40,64
Politetrafluoroetileno		530	NC
Cloreto de polivinila	391	454	AE
Cloreto de polivinilideno	532	532	AE
Poliestireno	345-360	488-496	12,70-63,5
Polimetilmetacrilato	280-300	450-462	15,24-40,64
Acrílico, fibra		560	CL
Nitrato de celulose	141	141	Rápida
Acetato de celulose	305	475	12,70-50,80
Triacetato de celulose, fibra	540		SE
Etilcelulose	291	296	27,94
Poliamide (náilon)	421	424	AE
Náilon 6, 6, fibra		532	AE
Fenólicos, laminado, com fibra de vidro	520-540	571-580	AE-NC
Melamina, laminado, com fibra de vidro	475-500	623-645	AE
Poliéster, laminado, com fibra de vidro	346-399	483-488	AE
Poliuretano, poliéster, espuma rígida	310	416	AE
Silicone, laminado, com fibra de vidro	490-527	550-564	AE

NC – Não sofre combustão
AE – Autoextinguível
CL – Combustão lenta

(300 kPa). A norma ASTM especifica a temperatura de 190 °C para polietileno e 230 °C para o polipropileno, enquanto o método ISO determina parâmetros como: o diâmetro da matriz, temperatura, tempo de referência e carga nominal. A Figura 6-30 apresenta um equipamento para medida de índice de fluidez.

Um valor alto para o índice de fluidez indica uma baixa viscosidade do material. Usualmente, plásticos pouco viscosos apresentam massa molecular relativamente baixa, enquanto, ao contrário, materiais com alta massa molecular são resistentes ao fluxo e apresentam, portanto, índices de fluxo mais baixos.

Temperatura de transição vítrea

À temperatura ambiente, as moléculas de um plástico amorfo apresentam movimento bastante limitado, mas, à medida que este material é aquecido, o movimento relativo entre as moléculas aumenta. Quando o material atinge determinada temperatura, ele perde sua rigidez e se torna viscoso. Esta temperatura é denominada **temperatura de transição vítrea** (T_g). É comum que a temperatura de transição vítrea seja considerada, na verdade, uma *faixa* de temperaturas, porque a transição não ocorre a uma temperatura específica. Os pontos de transição vítrea para alguns plásticos amorfos são dados na Tabela 6-11.

Plásticos cristalinos apresentam regiões cristalinas e regiões amorfas, consequentemente, sob aquecimento, exibem dois pontos em que alterações são observáveis. Quando a temperatura é alta o suficiente, as regiões amorfas mudam de vítreas para flexíveis. Com a continuidade no aquecimento, a energia desagrega as regiões cristalinas, fazendo com que o material se torne um líquido viscoso em sua totalidade. Esta transição ocorre em uma faixa limitada de temperatura que é identificada como temperatura de fusão (T_m). Na Tabela 6-12 são apresentados valores de T_g e T_m para alguns plásticos cristalinos.

Tabela 6-11 – Temperatura de transição vítrea para alguns plásticos amorfos

Plástico	T_g (°C)
ABS	110
PC	150
PMMA	105
PS	95
PVC	85

Tabela 6-12 – Temperaturas de transição vítrea e de fusão para alguns plásticos cristalinos

Plástico	T_g (°C)	T_m (°C)
PA	50	265
PE	−35	130
PETE	65	265
PP	−10	165

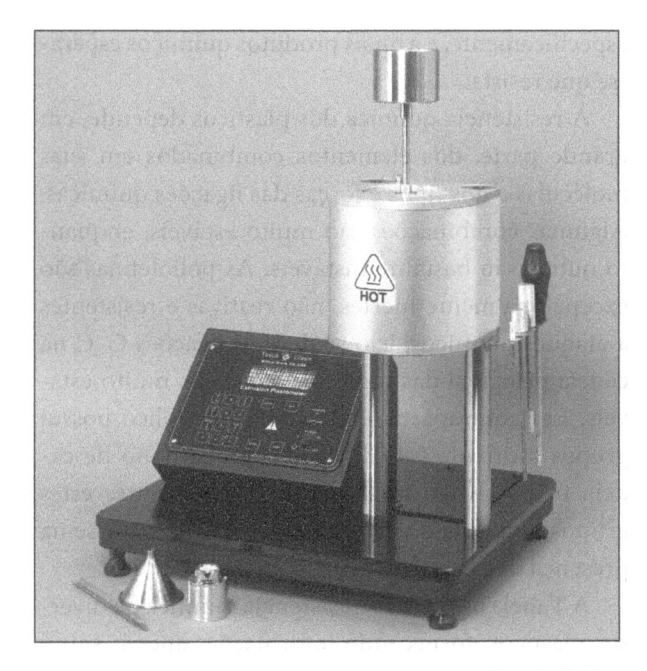

Figura 6-30 – Este equipamento de teste de índice de fluidez inclui um controlador com microprocessador e um *timer*. (Tinius Olsen Testing Machine Co., Inc.)

A Figura 6-31 mostra, graficamente, a diferença entre materiais amorfos e cristalinos. Note que, nos materiais cristalinos, a curva apresenta dois pontos de inflexão.

Temperatura de amolecimento (ISO 306, ASTM D-1525)

No ensaio para determinação da **temperatura de amolecimento Vicat**, uma amostra é submetida a uma taxa de aquecimento de 50 °C por hora; a temperatura em que uma agulha penetrar 1 mm na amostra é denominada temperatura de amolecimento Vicat.

Propriedades ambientais

Os plásticos são encontrados em praticamente todos os ambientes e usados em aplicações tão diversas como a embalagem de produtos químicos, a estocagem de alimentos e como implantes médicos no corpo humano. Antes que um produto seja projetado, o material plástico deve ser testado para garantir sua resistência nas condições extremas a que se imagina que seja submetido. As propriedades ambientais dos plásticos incluem resistência química, resistência às intempéries, resistência à radiação ultravioleta, permeabilidade, absorção de água, resistência bioquímica e quebra sob tensão (*stress cracking*).

Propriedades químicas

A afirmação de que "a maioria dos plásticos resiste a ácidos fracos, bases, umidade e produtos químicos domésticos" deve ser tomada apenas como uma regra geral. Qualquer afirmação sobre a resposta dos plásticos a produtos químicos deve ser apenas uma generalização. É sempre melhor que cada plástico seja testado para determinar como pode ser aplicado,

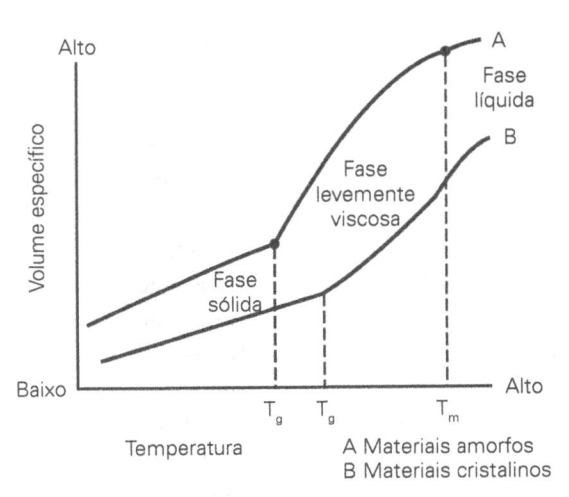

Figura 6-31 – Volume específico *versus* temperatura para um plastico amorfo e um cristalino.

especificamente, e a quais produtos químicos espera-se que resista.

A resistência química dos plásticos depende, em grande parte, dos elementos combinados em suas moléculas e dos tipos e forças das ligações químicas. Algumas combinações são muito estáveis, enquanto outras são bastante instáveis. As poliolefinas são excepcionalmente inertes, não reativas e resistentes a ataques químicos; isto se deve às ligações C–C na cadeia principal das moléculas, que são muito estáveis. Em contrapartida, o álcool polivinílico possui grupos hidroxila (–OH) ligados ao carbono de cadeia principal da molécula; as ligações entre estes grupos hidroxila e a cadeia principal quebram-se na presença de água.

A Tabela 6-13 lista a resistência química de diversos plásticos, fornecendo informações apenas sobre materiais comuns; contudo, cargas, plastificantes, estabilizadores, corantes e catalisadores podem afetar a resistência química de um plástico.

A resistência de um plástico a diferentes solventes orgânicos (**resistência a solventes**) pode fornecer informações sobre materiais desconhecidos (consulte o Apêndice D sobre Identificação e Materiais). A reatividade tanto de plásticos como de solventes orgânicos tem sido designada como **parâmetro de solubilidade**. Em princípio, um polímero dissolverá em um solvente com um parâmetro de solubilidade similar ou mais baixo, contudo, esse princípio geral não se aplica a todos os casos por causa de fatores como cristalização, presença de ligações de hidrogênio e outras interações moleculares. A Tabela 6-14 fornece valores do parâmetro de solubilidade para alguns solventes e plásticos.

Resistência às intempéries (ASTM D-2565, D-4329, G-154 e G-155, ISO-4892)

Os testes de resistência às intempéries são usualmente realizados em locais onde se imagina que o material sofrerá exposição considerável a calor, umidade e luz solar. Nos Estados Unidos, por exemplo, muitos testes são realizados na Flórida. As amostras expostas são avaliadas quanto a mudanças de cor e brilho, presença de fraturas ou fissuras e perda de

Tabela 6-13 – Resistência química de vários plásticos à temperatura ambiente

Plástico	Ácidos fortes	Bases fortes	Solventes orgânicos
Acetal	Atacado	Resistente	Resistente
Acrílico	Atacado	Pouco resistente	Atacado
Acetato de celulose	Afetado	Afetado	Atacado
Epóxi	Pouco resistente	Pouco resistente	Pouco resistente
Ionômero	Pouco resistente	Resistente	Resistente
Melamina	Pouco resistente	Pouco resistente	Resistente
Resinas fenólicas	Resistente	Atacado	Afetado
Fenóxi	Resistente	Resistente	Atacado
Polialômero	Resistente	Resistente	Resistente
Poliamida	Atacado	Pouco resistente	Resistente
Policarbonato	Resistente	Atacado	Atacado
Policlorotrifluoroetileno	Resistente	Resistente	Resistente
Poliéster	Pouco resistente	Afetado	Afetado
Polietileno	Resistente	Resistente	Afetado
Polyimida	Afetado	Atacado	Resistente
Óxido de polifenileno	Resistente	Resistente	Pouco resistente
Polipropileno	Resistente	Resistente	Resistente
Polissulfona	Resistente	Resistente	Afetado
Poliestireno	Afetado	Resistente	Afetado
Politetrafluoroetileno	Resistente	Resistente	Resistente
Poliuretano	Resistente	Afetado	Pouco resistente
Cloreto de polivinila	Resistente	Resistente	Afetado
Silicone	Pouco resistente	Afetado	Pouco resistente

propriedades físicas. Em função do longo período de tempo necessário para a realização deste tipo de ensaio, testes acelerados tentam fornecer um nível de exposição semelhante em um período de tempo menor. A Figura 6-32 apresenta alguns equipamentos para ensaios acelerados de resistência às intempéries. Estes equipamentos reproduzem os danos causados pela luz solar, chuva e orvalho, testando os materiais pela sua exposição a ciclos alternados de luz e umidade controlados e temperaturas elevadas. Lâmpadas

Tabela 6-14 – Parâmetros de solubilidade de plásticos e solventes

Solventes	Parâmetro de solubilidade
Água	23,4
Metanol	14,5
Etanol	12,7
Isopropanol	11,5
Fenol	14,5
n-Butanol	11,4
Acetato de etila	9,1
Clorofórmio	9,3
Tricloroetileno	9,3
Diclorometano	9,7
Dicloroetano	9,8
Ciclohexanona	9,9
Acetona	10,0
Acetato de isopropila	8,4
Tetracloreto de carbono	8,6
Tolueno	9,0
Xileno	8,9
Metilisopropilcetona	8,4
Ciclohexano	8,2
Terebentina	8,1
Acetato de metilamila	8,0
Metilciclohexano	7,8
Heptano	7,5
Plásticos	**Parâmetro de solubilidade**
Politetrafluoretileno	6,2
Polietileno	7,9-8,1
Polipropileno	7,9
Poliestireno	8,5-9,7
Acetato de polivinila	9,4
Polimetilmetacrilato	9,0-9,5
Cloreto de polivinila	9,38-9,5
Policarbonato de bisfenol A	9,5
Cloreto de polivinilideno	9,8
Polietilenotereftalato	10,7
Nitrato de celulose	10,56-10,48
Acetato de celulose	11,35
Epóxidos	11,0
Poliacetal	11,1
Poliamida 6, 6	13,6
Cumarona-indeno	8,0-10,6
Alquídicas	7,0–11,2

(A) Este equipamento de teste de intemperismo acelerado usa uma fonte de luz ultravioleta fluorescente combinada com a mistura. (Q-Panel Lab Products)

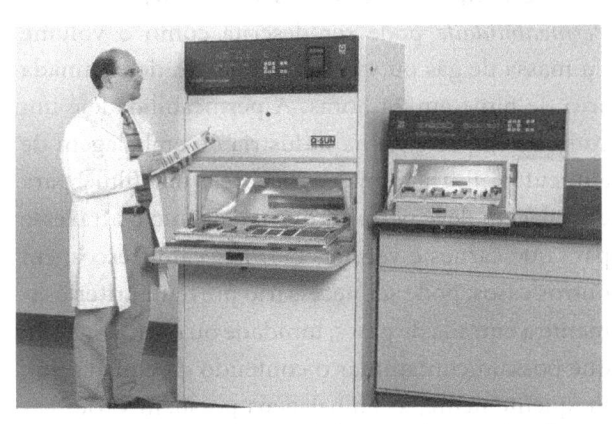

(B) Este equipamento de teste de intemperismo acelerado usa uma fonte de luz de arco de xenônio, que gera uma luz ultravioleta de amplo espectro. (Q-Panel Lab Products)

(C) Este equipamento, instalado na Flórida, segue o Sol pelo céu e focaliza a luz sobre os painéis de teste. Ele acelera muito o intemperismo externo. (Q-Panel Lab Products)

Figura 6-32 – Equipamento de teste de intemperismo acelerado.

que emitem luz ultravioleta (UV) simulam o efeito da luz solar, enquanto um spray de água ou a condensação de umidade simulam os efeitos do orvalho ou da chuva. Equipamentos com arcos de xenônio fornecem o espectro de luz completo e, consequentemente, são melhores para determinar variações de coloração do que os equipamentos fluorescentes.

Resistência à radiação ultravioleta (ASTM G-23 e D-2565)

A resistência dos plásticos aos efeitos da luz solar direta ou de aparelhos artificiais para simular as intempéries está relacionada com a habilidade de resistir às intempéries. A radiação ultravioleta (combinada com água ou outra condição ambiental que favoreça a oxidação) pode levar à descoloração, erosão alveolar (*pitting*), deformação, rachaduras superficiais, fissuras e fragilidade.

Permeabilidade (ISO 2556, ASTM D-1434 e E-96)

Permeabilidade pode ser descrita como o volume ou massa de gás ou vapor que penetra determinada área de filme em 24 horas. A permeabilidade é um conceito importante na indústria de embalagem de alimentos. Em algumas aplicações, um filme para embalagem deve permitir que o oxigênio o atravesse para que carnes e vegetais permaneçam frescos; em outros casos, pode ser necessário prevenir criteriosamente a entrada de gases, umidade ou outros agentes que possam contaminar o conteúdo da embalagem. Frequentemente, as embalagens possuem várias camadas de materiais diferentes de modo a obter o controle desejado da permeabilidade.

Absorção de água (ISO 62, 585 e 960; ASTM D-570)

Alguns plásticos são **higroscópicos**, o que significa que absorvem umidade usualmente pela retirada de água do ar úmido. A Tabela 6-15 apresenta dados de absorção de água para alguns plásticos higroscópicos. Estes materiais devem ser secos antes da introdução em qualquer processo que envolva aquecimento ou fusão; se a secagem não for adequada, a umidade nestes plásticos se transformará em vapor, o que leva a defeitos na superfície do produto e presença de vazios (porosidade) no material. Para verificar se os equipamentos de secagem estão funcionando de forma correta, muitas empresas realizam, periodicamente, ensaios para determinar a umidade em amostras de seus produtos.

Tabela 6-15 – Absorção de água

Material	Água absorvida (%) (24 h de imersão)
Policlorotrifluoroetileno	0,00
Polietileno	0,01
Poliestireno	0,04
Epóxi	0,10
Policarbonato	0,30
Poliamida	1,50
Acetato de celulose	3,80

Um ensaio simples para determinação da absorção de água consiste em pesar acuradamente uma amostra, aquecê-la em estufa (ou forno) por determinado período de tempo e pesá-la novamente para determinar a perda de massa. Alguns instrumentos fornecem resultados rápidos e precisos com base neste princípio termogravimétrico.

O método termogravimétrico presume que toda a perda de massa é devida à umidade; esta hipótese nem sempre é precisa, uma vez que alguns materiais, quando aquecidos, perdem também lubrificantes, óleos e outros componentes voláteis. Para a obtenção de resultados extremamente precisos de teor de umidade, um aparato específico é necessário. Na Figura 6-33 é mostrado um medidor de umidade que aquece a amostra e direciona os gases emitidos para uma célula de análise que retém somente o vapor de água. Como resultado, tem-se um ensaio que mede

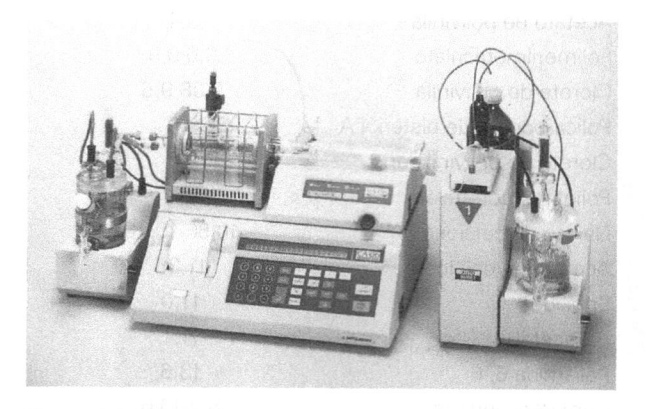

Figura 6-33 – Um equipamento de teste de umidade para umidade específica. (Mitsubishi Chemical Corporation)

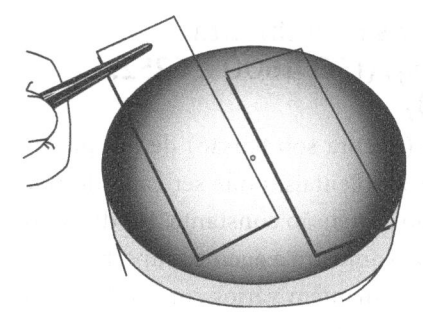

(A) Ligue o prato de aquecimento e calibre-o para uma temperatura superficial de 270 °C + 10 °C (518 °F). Certifique-se de que a superfície esteja limpa e coloque sobre ela duas lâminas de vidro por 1-2 minutos.

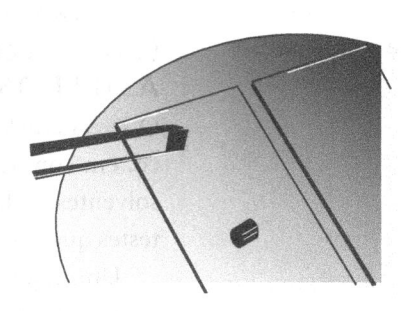

(B) Quando a temperatura da superfície de vidro atingir 230 °C - 250°C (446 °F - 500 °F), coloque quatro ou cinco péletes sobre uma lâmina de vidro, usando uma pinça.

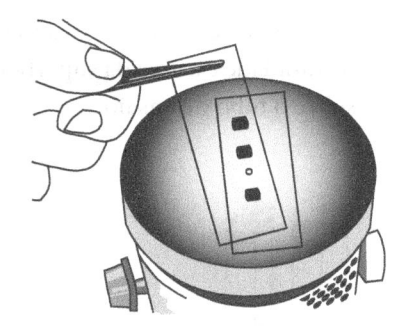

(C) Coloque a segunda lâmina quente sobre os péletes para formar um sanduíche.

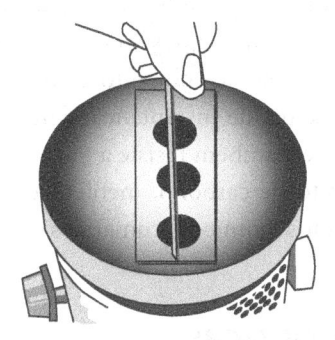

(D) Faça pressão sobre a lâmina com uma espátula até que os péletes se achatem a cerca de 10 mm de diâmetro.

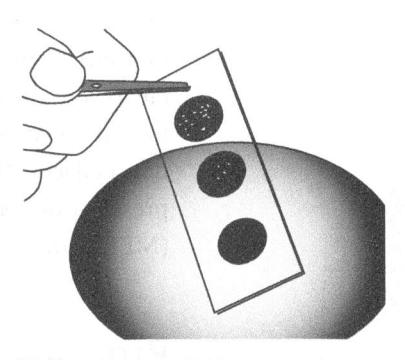

(E) Remova o sanduíche e permita que resfrie. A quantidade e tamanho das bolhas indicam a porcentagem de umidade.

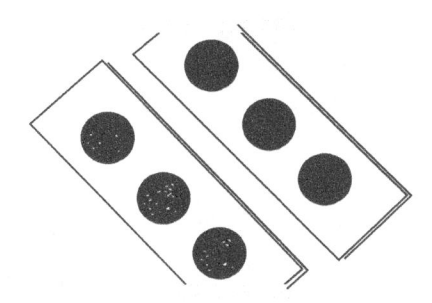

(F) Resultados típicos. A lamina à direita indica material seco; a lamina à esquerda indica material carregado de umidade. Uma ou duas bolhas pode ser apenas ar retido.

Figura 6-34 – As seis etapas simples do Teste de Umidade de Resina.

acuradamente a umidade de uma amostra. Dois métodos simples, com baixo custo, para verificação do teor de umidade são o TVI (Tomasetti's Volatile Indicator) e o ensaio de Tubo de ensaio/Termobloco (Test Tube/Hot Block – TTHB). O procedimento para a técnica TVI pode ser visto na Figura 6-34.

1. Coloque duas lâminas de vidro sobre uma placa aquecida por 1 a 2 minutos a 275 ºC ± 15 ºC (Figura 6-34).
2. Coloque quatro *pellets* ou amostras de grãos plásticos sobre uma das lâminas.
3. Posicione a segunda lâmina aquecida sobre a amostra e pressione os *pellets* entre as lâminas até atingir cerca de 10 mm de diâmetro.
4. Remova as lâminas da placa aquecida e permita que resfriem.
5. O número e o tamanho de bolhas vistas nas amostras de plástico indicam a porcentagem de umidade absorvida. Algumas bolhas podem ser consequência de aprisionamento de ar, mas um número grande de bolhas indica um material com alto teor de umidade. Há uma relação direta entre o número de bolhas e a quantidade de água.

O procedimento para realização do método TTHB é mostrado na Figura 6-35:

1. Aqueça um termobloco com orifícios para tubos de ensaio a 26 ºC ± 10 ºC.
2. Coloque 5,0 g de plástico em um tubo de ensaio de vidro refratário.
3. Tampe o tubo e coloque-o cuidadosamente no termobloco.
4. Permita que o material sofra processo de fusão (cerca de 7 minutos).
5. Remova o tubo e a amostra do termobloco e permita que esfrie por 10 minutos.

6. Observe e registre a relação entre a quantidade de umidade e a área da superfície de condensação sobre o tubo de ensaio.

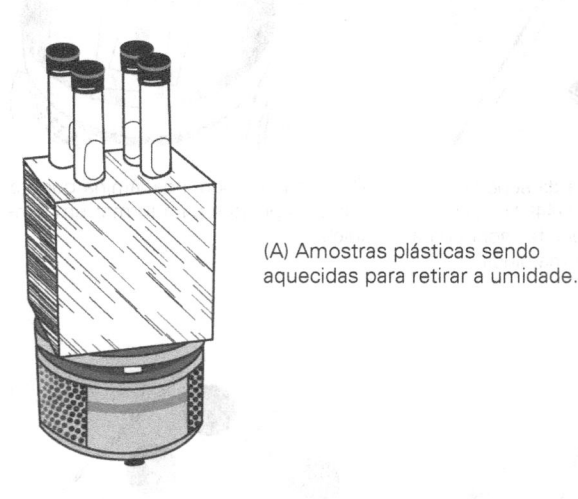

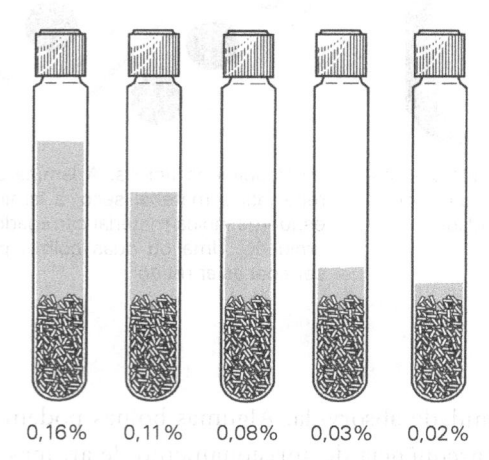

(A) Amostras plásticas sendo aquecidas para retirar a umidade.

0,16%   0,11%   0,08%   0,03%   0,02%

(B) A área de condensação sobre a superfície dos tubos de teste mostra a porcentagem de umidade em cada amostra plástica.

Figura 6-35 – O tubo de teste/método do bloco quente de medida de umidade.

Resistência bioquímica (ASTM G-21 e G-22)

Embora a maioria dos plásticos seja resistente a fungos e bactérias, alguns plásticos e aditivos não são. Nestas condições, eles não são aprovados por instituições como a Agência Americana para Alimentos e Medicamentos (FDA – Food and Drug Administration) para serem usados na embalagem de alimentos e medicamentos. Vários agentes protetores ou antimicrobianos podem ser adicionados aos plásticos para que apresentem resistência bioquímica adequada.

Fratura sob tensão ambiental (*stress cracking*) (ISO 4600 e 6252, ASTM D-1693)

O *stress cracking* (quebra sob tensão) de um plástico, em condições ambientais, pode ser causado por solventes, radiação ou tensão constante. Há diversos testes que expõem a amostra a agentes superficiais.

Um destes testes mantém vários corpos de prova flexionados (em uma estrutura adequada para tal) e solventes escolhidos são aspergidos sobre as amostras. A aspersão de acetona, por exemplo, leva a resultados dramaticamente diferentes sobre a polissulfona quando se compara com um poliéster termoplástico. O poliéster provavelmente não apresentará nenhum efeito sob um *spray* de acetona, enquanto a polissulfona frequentemente se divide instantaneamente em dois pedaços. O poliéster também resiste a tensões na presença de tetracloreto de carbono, metiletilcetona (MEK) e outros produtos químicos aromáticos.

Propriedades ópticas

As propriedades ópticas estão intimamente relacionadas com a estrutura molecular, portanto, as propriedades elétricas, térmicas e ópticas dos plásticos estão inter-relacionadas. Os plásticos apresentam muitas propriedades ópticas, sendo as mais importantes brilho, transparência, opacidade, claridade, cor e índice de refração.

Brilho (ASTM D-2457)

Brilho é o fator de refletância luminosa relativa de uma amostra plástica. Um medidor de brilho direciona a luz sobre a amostra a ângulos de 20°, 45° e 60°; a luz que reflete da superfície é coletada e medida por um detector fotossensível. Um vidro preto é usado como padrão de referência, com valor de 100 unidades de brilho para um dado ângulo de incidência. Os resultados dos ensaios com amostras plásticas fornecem dados comparativos que podem ser usados para classificá-las e para estimar a planicidade de uma superfície. As comparações devem ser feitas somente entre tipos semelhantes de amostras; por exemplo, filmes opacos não devem ser comparados a filmes transparentes.

Transmitância luminosa (ASTM D-1003)

Uma aparência turva ou "leitosa" em plásticos é denominada **opacidade**. Um plástico chamado *transparente* é aquele que absorve muito pouca luz no espectro visível. O termo claridade (*clarity*) está relacionado à medida da distorção observada quando se vê um objeto através de um plástico transparente. Todos estes fatores relacionam-se à transmitância luminosa.

A *transmitância luminosa* é a razão entre a luz transmitida e a luz incidente. Neste teste, um feixe de luz atravessa apenas o ar e chega a um receptor, de modo que se determine a luz incidente. Depois, posiciona-se uma amostra, e a luz a atravessa e só então alcança o receptor. A razão entre o resultado com a amostra e o resultado com ar fornece a medida da transmitância total.

Plásticos amorfos sem adição de carga são os mais transparentes dentre os plásticos; mesmo pequenas quantidades de carga, corantes e outros aditivos interferem na passagem da luz.

Cor

A percepção da cor requer três fatores: uma fonte de luz, um objeto e um observador. Quando a luz atinge o objeto, parte dos raios é refletida e, outra, absorvida. Se o objeto não absorve as frequências azuis, mas absorve todos os outros raios, o observador perceberá o objeto como azul.

Muitos produtos possuem peças diversas que devem combinar umas com as outras em relação à cor. Para descrever a cor, três componentes são usados: a luminosidade (*lightness* ou *value*) varia do claro ao escuro, sendo o preto um dos extremos, o branco, o outro extremo, e o cinza situa-se no meio da escala; a saturação (*saturation* ou *chroma*) representa a intensidade da cor e a cromaticidade ou matiz (*hue*) distingue entre vermelho, azul, amarelo e verde.

Normalmente, dois métodos são mais utilizados para medir cor. Um espectrofotômetro é um instrumento que compara a cor de um padrão à cor de uma amostra e, então, assumem-se valores numéricos para luminosidade, saturação e cromaticidade. A Figura 6-36 mostra um instrumento portátil para medir a cor. Outro método para medir a cor é o olho humano; indivíduos com habilidade para distinção precisa de cores observam as amostras em uma câmara sob diferentes fontes de luz. Embora o espec-

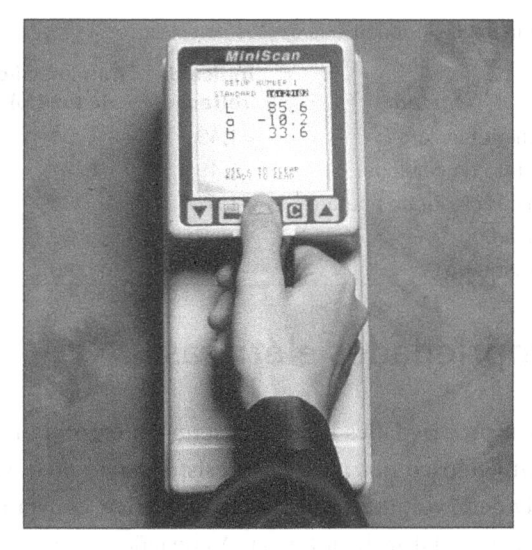

Figura 6-36 – Um colorímetro portátil. (Hunter Associates Laboratory, Inc.)

trofotômetro seja uma ferramenta valiosa, a avaliação final frequentemente depende da comparação visual entre as amostras.

Índice de refração (ISO 489, ASTM D-542)

Quando a luz entra em um material transparente, parte dessa luz é refletida e parte é refratada (Figura 6-37). O índice de refração (n) pode ser expresso em termos do ângulo de incidência (i) e do ângulo de refração (r).

$$n = \frac{\text{sen}\ (i)}{\text{sen}\ (r)}$$

onde i e r são medidos em relação à perpendicular à superfície no ponto de contato. O índice de refração para a maior parte dos plásticos transparentes é cerca de 1,5, o que não difere muito do vidro comum. A Tabela 6-16 fornece o índice de refração para alguns tipos de plástico.

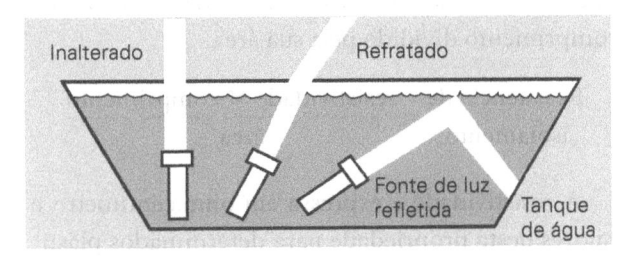

Figura 6-37 – Reflexão e refração da luz.

Tabela 6-16 – Propriedades ópticas dos plásticos

Material	Índice de refração	Transmissão da luz (%)
Metilmetacrilato	<1,49	94
Acetato de celulose	1,49	87
Polivinil cloridrato acetato	1,52	83
Policarbonato	1,59	90
Poliestireno	1,60	90

Propriedades elétricas

Cinco propriedades básicas descrevem o comportamento elétrico dos plásticos: resistência ao arco, resistividade volumétrica, **rigidez dielétrica**, constante dielétrica e fator de potência. As ligações covalentes, predominantes nos polímeros, limitam sua condutividade elétrica e faz com que a maior parte dos plásticos seja isolante elétrico. A adição de cargas como grafite ou metais pode fazer com que os plásticos se tornem condutores ou semicondutores.

Resistência ao arco (ISO 1325, ASTM D-495)

A *resistência ao arco* (ou ao arco voltaico) é uma medida do tempo necessário para que uma determinada corrente elétrica torne a superfície de um plástico condutora em razão da carbonização. A medida é dada em segundos e quanto maior seu valor, mais resistente é o plástico ao arco voltaico. Falhas em relação à resistência ao arco podem ser resultado da ação de produtos químicos corrosivos; contato com ozônio, óxidos nítricos e mesmo acúmulo de poeira e umidade podem levar à diminuição nesta resistência.

Resistividade (ISO 3915, ASTM D-257)

A *resistência do isolamento* é a resistência entre dois condutores em um circuito ou entre um condutor e o aterramento quando estão separados por um isolante. A resistência do isolamento é igual ao produto da resistividade do plástico pelo quociente de seu comprimento dividido pela sua área.

$$\text{Resistência de isolamento} = \frac{\text{resistividade} \times \text{comprimento}}{\text{área}}$$

A resistividade é expressa em ohm.centímetro e valores desta propriedade para determinados plásticos encontram-se na Tabela 6-17.

Rigidez dielétrica (ISO 1325, 3915; ASTM D-149)

A *rigidez dielétrica* é a tensão elétrica máxima que o material suporta antes que ocorra perda das propriedades isolantes; sua unidade é volt por milímetro de espessura (V/mm). Esta propriedade elétrica fornece uma indicação da capacidade de um plástico atuar como isolante elétrico (veja a Figura 6-38 e a Tabela 6-17).

Constante dielétrica (ISO 1325, ASTM D-150)

A *constante dielétrica* de um plástico mensura sua capacidade de armazenar energia elétrica, como mostrado na Figura 6-39. Os plásticos são usados como dielétricos (isolantes) em rádios e outros equipamentos eletrônicos. A constante dielétrica é medida com relação ao ar, para o qual o valor dessa constante é 1,0; assim, plásticos com constante dielétrica de 5 possuirão capacidade 5 vezes maior de armazenar eletricidade do que o ar ou o vácuo.

Quase todas as propriedades elétricas dos plásticos variam com o tempo, a temperatura ou a frequência; por exemplo, os valores mudam se a frequência aumenta (veja a Tabela 6-17 para a constante dielétrica e o fator de potência).

Fator de potência (ASTM D-150)

O *fator de potência* (dissipação) ou ângulo das perdas elétricas, assim como a constante dielétrica, varia com a frequência. É uma medida da potência (em watt) perdida em um isolante plástico. Um ensaio similar ao realizado para determinar o valor da constante dielétrica pode ser usado para medir a potência perdida. Usualmente, as medidas são realizadas à frequência de um milhão de hertz e indicam o porcentual da corrente alternada perdida, na forma de calor, no interior do material dielétrico. Os plásticos com baixos fatores de dissipação apresentam baixa perda de energia e não tendem a superaquecer. Em alguns casos, isto é uma desvantagem, já que eles não podem ser preaquecidos ou selados a quente por métodos de aquecimento por alta frequência (na Tabela 6-17 são encontrados valores de fatores de dissipação para diversos plásticos).

A relação entre calor, corrente e resistência é mostrada na equação a seguir, para cálculo de potência:

$$P = I^2 R$$

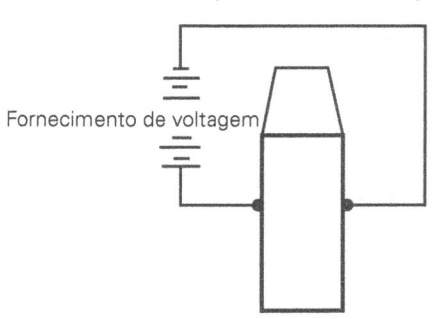

Figura 6-38 – Teste de resistência dielétrica, uma característica importante de materiais plásticos para aplicações de isolamento.

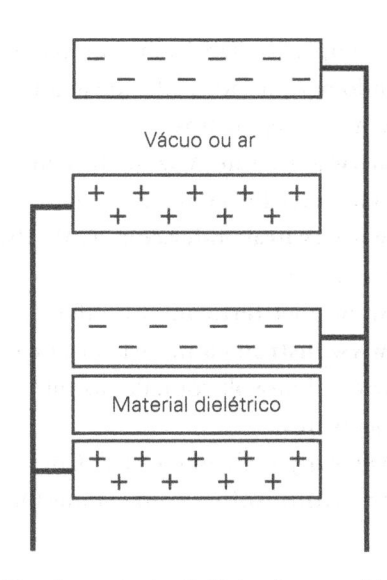

Figura 6-39 – A constante dielétrica é a quantidade de eletricidade armazenada em um material isolante, dividida pela quantidade de eletricidade armazenada em ar ou no vácuo.

A potência P usada para representar o trabalho perdido significa potência perdida ou dissipada. Nesta equação, o valor da potência pode baixar pela diminuição da corrente (I) ou da resistência (R). Em equipamentos elétricos projetados para produzir calor, não se deseja um baixo fator de potência.

Pesquisa na internet

- **http://www.astm.org**. A ASTM mantém um site bastante vasto. A seleção de "Standards" (Padrões) na página inicial leva a uma página de buscas de padrões em que é possível realizar a busca por área de interesse; para isso, clique na lista suspensa sob o título "Browse by Interest Area" (Busca por área de interesse). Ao selecionar "Plastics" na lista, aparecerão centenas de métodos padronizados de ensaios relativos a materiais plásticos. O site disponibiliza um resumo de cada método e é possível adquirir os métodos completos.

- **http://www.iso.org**. Neste endereço são publicados pela ISO (International Organization for Standardization) seus métodos de teste e padrões para materiais plásticos e de borracha. Para encontrá-los, selecione "Products" (Produtos) na página inicial e, na página que será aberta, sob o título "ISO Catalogue", selecione "Browse by ICS" (Busca por ICS). O campo 83 refere-se às indústrias de plástico e borracha e, ao selecioná-lo, aparecerão as opções referentes às subdivisões deste campo; por exemplo, 83.080 diz respeito a materiais plásticos que, por sua vez, apresenta a subdivisão 83-080.20 com padrões para termoplásticos.

Tabela 6-17 – Propriedades elétricas de alguns tipos de plástico

Plástico	Resistividade (Ohm × cm)	Rigidez dielétrica (V/mm)	Constante dielétrica		Fator de potência	
			A 60 Hz	A 10^6 Hz	A 60 Hz	A 10^6 Hz
Acrílico	10^{16}	15.500-19.500	3,0-4,0	2,2-3,2	0,04-0,06	0,02-0,03
Celulósico	10^{15}	8.000-23.500	3,0-7,5	2,8-7,0	0,005-0,12	0,01-0,10
Fluoroplásticos	10^{18}	10.000-23.500	2,1-8,4	2,1-6,43	0,0002-0,04	0,0003-0,17
Poliamidas	10^{15}	12.000-33.000	3,7-5,5	3,2-4,7	0,020-0,014	0,02-0,04
Policarbonato	10^{16}	13.500-19.500	2,97-3,17	2,96	0,0006-0,0009	0,009-0,010
Polietileno	10^{16}	17.500-39.000	2,25-4,88	2,25-2,35	<0,0005	<0,0005
Poliestireno	10^{16}	12.000-23.500	2,45-2,75	2,4-3,8	0,0001-0,003	0,0001-0,003
Silicones	10^{15}	8.000-21.500	2,75-3,05	2,6-2,7	0,007-0,001	0,001-0,002

Muitas empresas fabricam equipamentos de análise, sendo aqui listados sites de algumas líderes mundiais em seus segmentos:

- **http://www.azic.com.** Arizona Instrument LLC.
- **http://www.ccsi-inc.com.** CCSi, Inc.
- **http://www.cwbrabender.com.** C.W. Brabender Instruments, Inc.
- **http://www.goettfert.com.** Goettfert Inc.
- **http://www.instron.com.** Instron Corp.
- **http://www.photovolt.com.** Photovolt Instruments Inc.
- **http://www.q-panel.com.** Q-Lab Corp.
- **http://www.tiniusolsen.com.** Tinius Olsen, Inc.

Vocabulário

As palavras a seguir são encontradas neste capítulo. Consulte o glossário no Apêndice A para encontrar as definições destas palavras, caso você não compreenda como elas se aplicam aos plásticos.

Agentes tixotrópicos
Amortecimento
Brilho
Coluna de gradiente de densidade
Constante gravitacional
Deformação
Densidade relativa
Dureza
Escala Mohs
Escleroscópio
Escoamento *offset*
Fluência a frio
Fluência ou *creep*
Higroscópico
Índice de fluidez
Opacidade
Parâmetro de solubilidade
Temperatura de amolecimento Vicat
Resistência à compressão
Resistência à fadiga
Resistência à flexão
Resistência a solventes
Resistência à tração
Resistência ao cisalhamento
Resistência ao impacto
Rigidez dielétrica
Temperatura de transição vítrea
Tenacidade
Tensão
Viscosidade

Questões

6-1. Liste as sete unidades de base do sistema métrico SI.

6-2. Um gigahertz é igual a _____ Hz.

6-3. Identifique a unidade de força no sistema SI e sua equação.

6-4. Resistência à tração, módulo de elasticidade e pressão atmosférica são medidos em _____.

6-5. No sistema métrico SI, as temperaturas são medidas em _____.

6-6. Duas sociedades técnicas internacionais que desenvolvem padrões e especificações de plásticos são _____ e _____.

6-7. Verdadeiro ou Falso: ao se testar propriedade mecânica, é geralmente importante aplicar força a uma taxa especificada.

6-8. O modulo de Young é a razão entre _____ e _____.

6-9. Para escolher um plástico com maior tenacidade, deve-se escolher um que apresente _____ área sob a curva tensão-deformação.

6-10. O teste do pêndulo mede _____.

6-11. Uma dobradiça plástica depende de qual propriedade?

6-12. A resistência a transmitir vibração é chamada _____.

6-13. A viscosidade é definida como a medida da _____ de um fluido _____.

6-14. O alongamento ao longo do tempo em razão de uma força constante é denominado _____.

6-15. Os plásticos para proteção térmica de espaçonaves são escolhidos por suas propriedades _____.

6-16. À medida que o índice de fluidez de um plástico aumenta, a viscosidade _____.

6-17. A temperaturas inferiores à temperatura de transição vítrea, um plástico se torna _____.

6-18. Cite um plástico que seja higroscópico.

6-19. Cargas utilizadas para tornar os plásticos condutores elétricos são _____ e _____.

6-20. No ensaio de resistência ao arco, a superfície da amostra se torna condutiva por causa da _____.

6-21. Se a resistividade de um material é alta, a resistência do isolamento será _____.

6-22. A rigidez dielétrica indica a adequabilidade de um plástico à sua utilização como _____.

6-23. Os plásticos usados em capacitores elétricos devem apresentar alta _____.

6-24. Para selar a quente um filme plástico por métodos de alta frequência, o _____ não deve ser baixo.

6-25. Um valor de viscosidade de 1 pascal.segundo é igual a _____ poise.

6-26. Cabos de panelas e frigideiras são frequentemente feitos de plástico em virtude da baixa _____ dos plásticos em geral.

6-27. O plástico com a temperatura de autoignição mais baixa é _____.

6-28. Ensaios de *stress-cracking* combinam tensões físicas e _____.

Atividades

Teste de tração

Equipamento. Máquina para ensaio de tração com velocidade constante, registrador dos valores de tensão-deformação, paquímetros e corpos de prova como determinados para a realização do teste. Se possível, adquirir corpos de prova padrão ISO ou ASTM. As amostras também podem ser obtidas pelo corte de chapas dos materiais escolhidos.

6-1. Adquira ou prepare 10 corpos de prova e meça:
   - Comprimento total.
   - Distância entre os pontos de aplicação da tração.
   - Largura e espessura.

   (Registre as dimensões em centímetros e em polegadas.)

6-2. Tracione as amostras à velocidade constante até a ruptura. Calcule a resistência e o alongamento no ponto de escoamento e na ruptura e o módulo de elasticidade nos sistemas SI e inglês.

6-3. Calcule médias e desvios padrão de tensão (carga) e alongamento (deformação) no ponto de escoamento e na ruptura.

6-4. Prepare outros 10 corpos de prova e tracione-os até a falha a uma taxa de deformação significativamente diferente. Por exemplo, use 25 mm/min (1 in/mm) em um grupo de amostras e 500 mm/min (20 in/min) no segundo grupo.

6-5. Calcule médias e desvios padrão como na Etapa 6-3.

6-6. Esboce as curvas de distribuição normal (de Gauss), comparando as resistências e os alongamentos no ponto de escoamento.

6-7. Qual foi o efeito da variação da taxa de deformação?

6-8. Redija um relatório acerca dos resultados obtidos.

Atividade extra no ensaio de tração

Se houver disponibilidade de amostras com origem em moldes com diferentes tipos de canais de alimentação, divida-as em grupos com base na posição desses canais. Teste para verificar qual o efeito da posição do canal (ou canais) de alimentação sobre a resistência e o alongamento. É útil dispor de corpos de prova obtidos tanto a partir de moldes com canal de alimentação em uma das extremidades quanto com canais de alimentação em ambas as extremidades. A alimentação em ambas as extremidades leva à ocorrência de uma linha de solda no centro da peça. A disponibilidade destes dois tipos de peça permite, então, a comparação entre peças com linha de solda e sem linha de solda.

Ensaio de dureza

Equipamento. Um medidor de dureza Rockwell; aquecedor de tiras; dispositivo para medida de temperatura.

Procedimento

6-1. Corte um pedaço da placa do material (acrílico ou policarbonato) em um quadrado de 75 mm de lado. O material deve ter espessura mínima de 3 mm.

6-2. Faça o teste de dureza em 10 pontos da superfície da amostra.

6-3. Coloque a amostra em um aquecedor de tiras e aqueça-a até que amoleça o suficiente para dobrar. Meça a temperatura mais alta alcançada pela amostra. Não dobre, esfrie a amostra preservando a superfície lisa.

6-4. Após resfriá-la, faça o teste em 10 pontos da "região afetada pelo calor".

6-5. Calcule média e desvio padrão para o grupo aquecido e para o não aquecido. Esboce as curvas de distribuição normal (de Gauss).

6-6. Qual o efeito do aquecimento sobre a dureza?

6-7. Resuma os resultados obtidos em um breve relatório.

Atividades extras

Altere sistematicamente as temperaturas atingidas pelos pedaços de amostra. Descubra a faixa de temperatura que resulta na maior ou menor variação na dureza.

Teste de impacto

Equipamento. Máquina para realização de ensaio de impacto *Izod* ou *Charpy* e amostras de dimensões apropriadas.

Procedimento

6-1. Faça o teste de impacto em 10 peças e registre os resultados.

6-2. Exponha 10 peças do mesmo material ao frio. Uma de cada vez, retire-as da exposição ao frio e realize o teste de impacto tão rapidamente quanto possível.

6-3. Calcule médias e desvios padrão. Esboce a curva de distribuição normal (gaussiana).

6-4. Qual foi o efeito do frio sobre a resistência ao impacto?

Atividades extras

Exponha amostras a frio extremo. Permita que retornem à temperatura ambiente antes de realizar o teste de impacto. A exposição ao frio produziu algum efeito duradouro?

Ensaios de expansão térmica linear

6-1. Se houver disponibilidade de um equipamento para medida de expansão térmica, siga as instruções do fabricante.

6-2. Para obtenção de uma medida relativa de expansão térmica, meça cuidadosamente o comprimento de uma amostra e ajuste 1 L de água à temperatura de 20 °C.

6-3. Mergulhe a amostra na água e aqueça a água a 40 °C. Remova a amostra e, rapidamente, meça seu comprimento.

Atenção: Não exceda os 40 °C.

6-4. Calcule a expansão térmica teórica pela equação a seguir:

Expansão térmica teórica (mm) = diferença de temperatura (°C) × coeficiente de expansão térmica (1/°C) × comprimento original (mm)

Os coeficientes para alguns plásticos podem ser encontrados na Tabela 6-10.

6-5. Calcule a expansão térmica experimental pela equação:

Expansão térmica experimental (mm) = comprimento a 40 °C – comprimento a 20 °C

6-6. Compare os valores experimental e teórico.

Capítulo 7

Ingredientes dos plásticos

Introdução

A maioria dos produtos denominados plásticos consiste de um material polimérico o qual foi alterado com o propósito de alterar, ou melhorar, um conjunto de características selecionadas. Este capítulo tem seu foco voltado aos ingredientes empregados para esta alteração de características. Para informações acerca dos processos empregados na mistura destes compostos aos plásticos, consulte o Capítulo 11 sobre extrusão. Existem três categorias principais que englobam estes ingredientes, as quais serão apresentadas neste capítulo:

I. Aditivos
    A. Antioxidantes
    B. Agentes antiestática
    C. Corantes
    D. Agentes de acoplamento
    E. Agentes de cura
    F. Retardantes de chama
    G. Agentes de expansão e espumantes
    H. Estabilizantes térmicos
    I. Modificadores de impacto
    J. Lubrificantes
    K. Agentes nucleantes
    L. Plastificantes
    M. Conservantes
    N. Auxiliares de processamento
    O. Estabilizadores ultravioleta (UV)
II. Agentes de reforço
    A. Lâminas
    B. Fibras
III. Cargas
    A. Nanocompósitos
    B. Cargas em escala macroscópica

Algumas razões para a inclusão de aditivos, agentes de reforço e cargas incluem:

- Melhorar a processabilidade.
- Redução de custos com material.
- Redução da contração.
- Permitir maiores temperaturas de cura pela redução ou diluição de materiais reativos.
- Melhorar o acabamento de superfície.
- Alterar as propriedades térmicas, tais como, coeficiente de expansão, inflamabilidade e condutividade.
- Melhorar propriedades elétricas como condutividade ou resistência.
- Prevenir a degradação durante a fabricação ou o uso; prover cor ou tonalidade desejada.
- Melhorar propriedades mecânicas, tais como, módulo, resistência, dureza, resistência à abrasão e tenacidade.
- Reduzir o coeficiente de atrito.

Uma série de substâncias químicas tem sido usada em conjunto com os materiais plásticos a fim de obter uma alteração em suas propriedades, contudo, as substâncias que alcançaram maior grau de sucesso têm se mostrado perigosas ou até mesmo tóxicas.

Os movimentos ambientalistas impactaram significativamente no uso de insumos químicos na indústria do plástico. A preocupação da sociedade no que tange à poluição do ar e da água tem causado mudanças significativas nos materiais plásticos e nos processos de manufatura. Agências regulatórias, cujo espectro de ação atinge as embalagens para alimentos, medicamentos ou cosméticos, têm agido no intuito de eliminar o uso de substâncias químicas tóxicas na fabricação destas embalagens. Uma medida de impacto significativo adotada por várias destas agências é a de banir um conjunto selecionado de substâncias. Este capítulo descreve os esforços da indústria do plástico para cumprir com a regulação ambiental.

Aditivos

O termo *aditivos* refere-se a uma gama de substâncias químicas adicionadas aos plásticos. As principais categorias a que pertencem os aditivos compreendem os antioxidantes, agentes antiestática, corantes, agentes de acoplamento, agentes de cura, retardantes de chama, agentes espumantes/expansão, estabilizadores térmicos, modificadores de impacto, lubrificantes, agentes nucleadores, plastificantes, preservantes, coadjuvantes de processo e estabilizadores UV.

Em geral, a maioria dos aditivos é misturada a um material base antes da etapa de manufatura, contudo, corantes e agentes de expansão podem ser adicionados durante a moldagem ou a extrusão. Condições de processamento serão apresentadas no Capítulo 11.

No ano de 2000, as vendas de aditivos atingiram valores da ordem de $16 bilhões, e as quantidades empregadas foram superiores a 8,5 bilhões de libras. Neste mesmo período, o mercado de aditivos começou a declinar, em alguns casos em até 50%, contudo, após o colapso do World Trade Center em 11 de setembro de 2001, o preço do óleo cru aumentou significativamente, provocando um aumento no valor dos aditivos. Em 2005, o mercado cresceu para valores da ordem de 23 bilhões de libras, com um valor de $ 21 bilhões. Espera-se para o ano de 2010 que se atinja um valor de 28 bilhões de libras.

Antioxidantes

Oxidação de plásticos envolve uma série de reações químicas com oxigênio, que resultam na ruptura das ligações poliméricas. Moléculas de cadeia longa são quebradas resultando nas moléculas de cadeia curta; se a oxidação continuar, a cisão da cadeia progride ao ponto onde o material torna-se bastante frágil e se desintegra na forma de pó (Figura 7-1). Em temperaturas elevadas, a oxidação, em geral, ocorre mais rapidamente do que em temperatura ambiente, consequentemente, testes que avaliam o potencial oxidativo usualmente expõem amostras ao calor.

Para combater o processo oxidativo, substâncias químicas que visam retardar, ou mesmo impedir, a oxidação são adicionadas aos plásticos. Estas substâncias são chamadas **antioxidantes**. Em virtude do fato de as reações químicas que ocorrem na oxidação serem bastante complexas, *misturas antioxidantes* combinam duas, ou mais, substâncias químicas a fim de aumentar a resistência à oxidação. A maioria dos concentrados contém antioxidantes *primários* e *secundários*. O antioxidante primário age para impedir ou encerrar as reações oxidativas, o antioxidante secundário age na neutralização de materiais reativos que podem causar novos ciclos de oxidação. Quando apropriadamente selecionados, os antioxidantes primários e secundários podem trabalhar em sinergia, aumentando os resultados (Figura 7-2).

Os principais tipos de antioxidantes incluem:

1. Fenólicos
2. Aminas
3. Fosfitos
4. Tioésteres

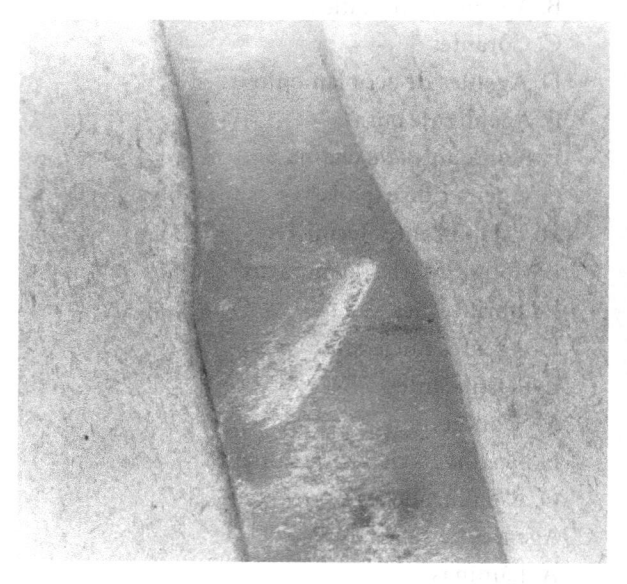

Figura 7-1 – Degradação oxidativa de polipropileno não estabilizado. Este dano ocorreu após 50 horas a 180 °C. Uma unha fez a ranhura na diagonal.

Figura 7-2 – Peças automotivas interiores requerem antioxidantes para oferecer resistência a altas temperaturas e luz intensa do sol. (Ciba Specialty Chemicals)

Os compostos fenólicos e as aminas são, geralmente, empregados como antioxidantes primários, os fosfitos e tioésteres, por sua vez, atuam como antioxidantes secundários.

Alguns plásticos são mais susceptíveis à quebra pela oxidação que outros, por exemplo, polipropileno e polietileno oxidam facilmente. Em razão desta tendência, as indústrias químicas que manufaturam polipropileno geralmente adicionam uma pequena quantidade de antioxidante primário, a fim de prevenir a oxidação durante os processos de extrusão necessários à peletização.

Agentes antiestática

Agentes antiestática podem ser agregados aos plásticos ou aplicados na superfície do produto. Estes agentes captam a umidade do ar, o que faz com que a superfície se torne mais condutiva e venha a dissipar a carga estática.

Os agentes antiestática mais comuns englobam as aminas, compostos de amônia quaternária, fosfatos orgânicos e ésteres de polietilenoglicol. A concentração de agente antioxidante pode exceder a 2%, mas a aplicação e aprovação da FDA (Agência Americana para Alimentos e Medicamentos) são questões primordiais no seu uso.

Corantes

Plásticos podem apresentar-se em grande variedade de cores, e os projetistas têm explorado esta característica com propriedade. De fato, alguns dos usos dos plásticos se baseiam quase que completamente na disponibilidade de uma grande variedade de cores.

Quando da manufatura de produtos coloridos, fabricantes empregam materiais pré-coloridos, corantes líquidos, secos ou concentrados. *Material pré-colorido* é aquele que já foi previamente misturado a um corante desejado. *Corante seco* constitui-se em um corante apresentado na forma de pó seco, o que faz com que seu manuseio seja mais difícil em razão da possibilidade de geração de material particulado (poeira). *Corantes líquidos* apresentam-se em uma base líquida e necessitam de bombas especiais. *Corantes concentrados* são constituídos por uma alta concentração de **corante** em uma base resínica, encontram-se em forma peletizada ou em escamas.

Existem quatro tipos básicos de corantes empregados nestas formas:

1. Corantes
2. Pigmentos orgânicos
3. Pigmentos inorgânicos
4. Pigmentos de efeito especial

Corantes. Corantes são orgânicos e, diferentemente dos pigmentos, são solúveis nos plásticos e tingem o material por meio de ligações químicas com suas moléculas. Em geral, são mais brilhantes e fortes do que os corantes inorgânicos. Corantes compreendem a melhor escolha para um produto totalmente transparente. Embora a estabilidade térmica e à luz seja pobre em alguns corantes, milhares destes corantes são correntemente empregados em plásticos.

Em razão dos corantes serem solúveis nos plásticos eles podem se mover ou migrar. Um corante vermelho pode migrar por uma porção branca, causando a ocorrência da tonalidade rosa.

Pigmentos orgânicos. Pigmentos não são solúveis em solventes comuns ou em resinas, deste modo devem ser misturados e uniformemente dispersos na resina. Pigmentos orgânicos fornecem as cores mais brilhantes, embora ainda opacas, que são possíveis de obter; contudo, as cores transparentes e translúcidas obtidas com pigmentos orgânicos não são tão brilhantes quanto aquelas produzidas pelos corantes. Pigmentos orgânicos podem ser difíceis para dispersar, tendendo à formação de agregados de partículas de pigmentos, os aglomerados, que causam marcas e manchas no produto.

Pigmentos inorgânicos. A maioria dos pigmentos inorgânicos tem base metálica. Óxidos e sulfuretos de titânio, zinco, ferro, cádmio e cromo representam os metais mais comuns que perfazem estes pigmentos (Figura 7-3).

Agências ambientais têm analisado os efeitos dos metais pesados sobre a saúde humana e recomendam o banimento destes compostos. Em 1993, 11 estados norte-americanos baniram, ou restringiram, a presença de metais pesados em embalagens. Os metais que causam maior preocupação são chumbo, mercúrio, cádmio e o cromo hexavalente. O uso destes materiais será regulamentado para níveis inferiores a 100 partes por milhão (ppm), devendo este limite ser atingido em poucos anos após aprovação de legislação.[1] A Agência de Proteção Ambiental Americana (EPA) também propôs legislação que regulamenta a quantidade de cádmio e chumbo permitidos em cinzas de incineradores.

A seguir, metais selecionados e apresentados em ordem de massa molecular:

Metal	Massa molecular em gramas/mol
Chumbo	207
Mercúrio	201
Ouro	197
Tungstênio	184
Bário	137
Césio	133
Iodo	127
Estanho	119
Cádmio	112
Prata	108
Bromo	80
Cromo	52

O uso de alguns destes metais é restrito. Uma preocupação importante é a possibilidade de estes metais serem lixiviados dos aterros, atingindo o lençol freático, incorrendo em uma situação de risco à saúde. Outra questão importante é a da incineração de resíduos quando da presença de metais

Figura 7-3 – Este pigmento inorgânico é uma forma em pó de dióxido de titânio. O titânio branco é brilhante e estável.

pesados, neste caso o resíduo metálico nas cinzas é significativo. As cinzas provenientes do incinerador não podem ser dispostas em aterros convencionais, fazendo com que as questões relativas ao manuseio, armazenamento e disposição dos resíduos sejam um problema relevante.

Pigmentos contendo chumbo, mercúrio, cádmio e cromo hexavalente enfrentam duas situações, estão banidos ou sob escrutínio. Muitas das empresas estão desenvolvendo e comercializando corantes isentos de metal pesado (HMF – heavy-metal-free). Algumas empresas já esperam enfrentar restrições semelhantes para o uso do bário.

Outros pigmentos inorgânicos não apresentam tal perigo para o meio ambiente ou para a saúde. Estes pigmentos incluem insumos como o carbono (negro de fumo), óxido de ferro (vermelho), óxido de cobalto (azul), e embora o sulfato de chumbo (branco) e o sulfeto de cádmio (amarelo) tenham sido populares por anos, estes pigmentos vêm perdendo espaço no mercado.

Os óxidos metálicos são facilmente dispersados em resina, porém não produzem cores tão brilhantes como aquelas dos pigmentos orgânicos ou dos corantes, contudo sua estrutura proporciona uma resistência à luz e ao calor mais efetiva. Para a produção de plásticos opaco-coloridos, a maioria dos pigmentos inorgânicos é usada em altas concentra-

---

[1] Refere-se à legislação norte-americana.

ções, baixas concentrações de pigmento a base de óxido de ferro produzirão uma coloração translúcida.

Pigmentos de efeito especial. Pigmentos de efeito especial podem ser tanto orgânicos quanto inorgânicos. Vidro colorido é usado na forma finamente dividida e constitui um pigmento usado nos plásticos que apresenta estabilidade diante dos efeitos de luz e calor. Pó de vidro colorido mostra-se efetivo no uso em exteriores, em razão de sua estabilidade cromática e resistência química.

Flocos de alumínio, latão, cobre e ouro podem ser usados para produzir um atraente brilho metálico. Plásticos iridiscentes são usados na indústria automotiva, na produção de acabamentos metalizados. Quando metais na forma de pó são misturados a plásticos coloridos, um acabamento único em termos de brilho e de capacidade de refletir as cores é obtido. Quando se pretende obter um brilho perolado, podem ser usadas pérolas naturais ou sintéticas (*pearl essence*).

Quando a energia é absorvida por um material, uma porção dela pode ser liberada na forma de luz. Esta luz é irradiada quando as moléculas e átomos têm seus elétrons excitados a um estado no qual começam a perder energia na forma de partículas denominadas *fótons*. Se energia na forma do calor ocasionar a liberação de fótons de luz, a radiação é do tipo *incandescente*.

Quando energia elétrica, química ou na forma da luz excita elétrons, a radiação da luz é chamada **luminescente**. Materiais luminescentes são em geral adicionados aos plásticos para se produzirem efeitos especiais. Luminescência é categorizada em fluorescência e fosforescência (Figura 7-4). Materiais **fluorescentes** emitem luz somente quando seus elétrons estão em estado de excitação, cessam a emissão de luz quando a fonte de energia responsável pela excitação dos elétrons é removida. Materiais fluorescentes são feitos a partir de sulfuretos de zinco, cálcio e magnésio. Quanto a serem ambientalmente seguros, algumas empresas estão oferecendo colorações fluorescentes isentas de formaldeído em sua composição. Pintura fluorescente realizada em painéis de instrumentos permite, por exemplo, que pilotos façam a leitura dos dados mesmo em condições de pouca emissão de luz visível. Materiais fluorescentes são também usados em jaquetas de caça, capacetes,

(A) Sinais iluminados.

(B) Sinais não iluminados.

Figura 7-4 – Pigmentos fosforescentes brilham no escuro após exposição à luz.

luvas, coletes salva-vidas, adesivos para bicicletas e placas sinalizadoras de tráfego.

Pigmentos **fosforescentes** possuem brilho residual, ou seja, continuam a emitir luz por um determinado período de tempo mesmo após a fonte de excitação ter sido removida. O exemplo mais comum de fosforescência é o tubo de raios catódicos de uma televisão, que emite luz quando uma fonte de energia elétrica torna excitados os materiais fosforescentes que recobrem a superfície interna da tela. Os pigmentos fosforescentes usados nos plásticos e em tintas são feitos de sulfeto de cálcio ou de sulfeto de estrôncio.

Compostos de mesotório e rádio são radioativos e, algumas vezes, são empregados na obtenção de luminescência com características especiais. Deve-se atentar ao fato de que a exposição prolongada a materiais radioativos pode ser perigosa.

Agentes de acoplamento

Agentes de acoplamento são particularmente importantes no processamento de compostos. Estes agentes são usados no tratamento de superfícies, de modo a intensificar as ligações interfaciais entre a matriz polimérica e as **cargas** ou os **agentes de reforço**. Sem este tratamento, muitas das resinas e polímeros não se ligarão aos agentes de reforço ou outros substratos, boa adesão é essencial a fim de assegurar que a matriz polimérica transfira as forças de tensão de uma partícula (fibra ou lâmina) para outra que esteja em contato. Os agentes de acoplamento mais comuns incluem os silanos e titanatos.

Agentes de cura

Agentes de cura constituem uma classe de substâncias químicas que promovem ligações cruzadas; estas substâncias fazem com que as terminações dos monômeros se liguem, formando longas cadeias poliméricas e também ligações cruzadas.

Em razão do fato de que as resinas podem se apresentar como sistemas parcialmente polimerizados (p. ex., resinas em estágio B), outras formas de energia podem causar polimerização prematura. **Inibidores (estabilizadores)** podem ser usados para prolongar o armazenamento e impedir a polimerização.

Catalisadores ou **iniciadores**, também chamados de "endurecedores", são substâncias químicas que auxiliam na união dos monômeros, podendo, também, participar da formação das ligações cruzadas quando houver. Peróxidos orgânicos são usados na polimerização e na formação das ligações cruzadas de termoplásticos (PVC, PS, LDPE, EVA e HDPE) em adição ao poliéster termoconsolidante.

Os iniciadores mais utilizados são na forma de peróxidos instáveis, denominados *compostos azo*. Peróxido de benzoíla e peróxido de metil-etil-cetona são amplamente empregados como iniciadores orgânicos.

O processo de polimerização inicia-se quando os catalisadores são adicionados. Os catalisadores são pouco influenciados pela presença de inibidores na resina. À medida que peróxidos orgânicos são adicionados à resina de poliéster, a reação **exotérmica** de polimerização começa com liberação de calor. Esta liberação de energia na forma de calor acelerará a formação das ligações cruzadas e o processo de polimerização. **Aceleradores** (ou **promotores**) são aditivos que reagem de maneira oposta a dos inibidores e são, em geral, adicionados às resinas a fim de auxiliar na polimerização. Os promotores reagem somente quando um catalisador é adicionado. A reação que causa a polimerização libera a energia em forma de calor. Um acelerador usado em conjunto com o catalisador a base de metil-etil-cetona é o naftanato de cobalto. É importante salientar que todos os aceleradores e peróxidos devem ser manuseados com atenção.

Atenção: Peróxidos podem causar irritação e queimadura da derme. Se aceleradores e catalisadores forem adicionados à mistura ao mesmo tempo, uma reação violenta poderá ocorrer. Sempre misture cuidadosamente o acelerador e depois adicione a quantidade desejada de catalisador à resina.

Resinas que não sofreram pré-adição de aceleradores têm maior vida útil. Tenha em mente que outras formas de energia podem causar a polimerização. Calor, luz ou eletricidade também podem iniciar a reação de polimerização. Sempre armazene os agentes de cura na embalagem original e sob a faixa de temperatura recomendada pelo fabricante.

Retardantes de chama

A maioria dos produtos químicos comercializados na forma de agentes **retardantes de chama** tem por base combinações de bromo, cloro, boro e fósforo. Muitos destes agentes produzem um gás incombustível (halógeno) quando aquecidos. Outros agentes reagem formando uma barreira (espuma) protetora ao calor e à propagação de chama (Figura 7-5).

Alguns dos produtos químicos de uso corrente como retardantes de chama são a alumina tri-hidratada (ATH), compostos halogenados, compostos a base de fósforo. No ano de 2006, a ATH ainda era líder no mercado. ATH funciona resfriando a área circundante à chama, pela produção de água, enquanto os compostos halogenados liberam gases inertes que reduzem a combustão. Vários materiais a base de fósforo formam uma **camada de carvão** na superfície do material impedindo a propagação das chamas.

Agentes retardantes de chama halogenados, a base de cloro ou bromo, têm recebido nas últimas décadas atenção considerável por partes das agências de regulação governamental. Em 1977 foi constatado que o tris-BP (tris(2, 3, dibromopropil) fosfato), que era usado como retardante de chama em roupas de dormir infantis, tinha efeito mutagênico e era provavelmente cancerígeno. A partir de 2006, retardantes de chama clorados vêm sofrendo variados graus de restrição ao uso na Europa, Japão e América do Norte. A China continua a utilizar grandes volumes desta classe de compostos.

Várias formas de agentes retardantes de chama a base de bromo tiveram a sua comercialização restrita ou foram banidas. Em 1977, os Estados Unidos baniram os compostos a base de bifenil polibromado (PBBs). Os difenil éteres polibromados (PBDEs) compreendem um grupo de substâncias químicas, neste grupo o penta-PBDE teve sua comercialização banida nos países da Comunidade Europeia desde julho de 2003; o octa-PBDE, comercializado pela empresa Chemtura, líder no mercado de retardantes de chama, teve sua produção interrompida e será substituída por materiais a base de fósforo. Deca-PBDE está sob escrutínio em razão de bioacumular, o que faz que a exposição, mesmo as pequenas quantidades deste produto, ao longo do tempo, se acumule nos tecidos vivos. Em 1999, um estudo conduzido na Suécia observou que a quantidade de PBDEs dobrou em um período de cinco anos. Em contraste, em 2004 um estudo da União Europeia concluiu que a exposição aos deca-PBDEs não seria uma ameaça, contudo, estabeleceu-se para 2008 a eliminação destes compostos no mercado norte-americano, desde que fosse conseguida uma alternativa viável, do uso do deca-PBDE. Alguns estados americanos, incluindo Califórnia, Michigan e Oregon, criaram restrições locais ou até mesmo baniram alguns dos retardantes a base de bromo.

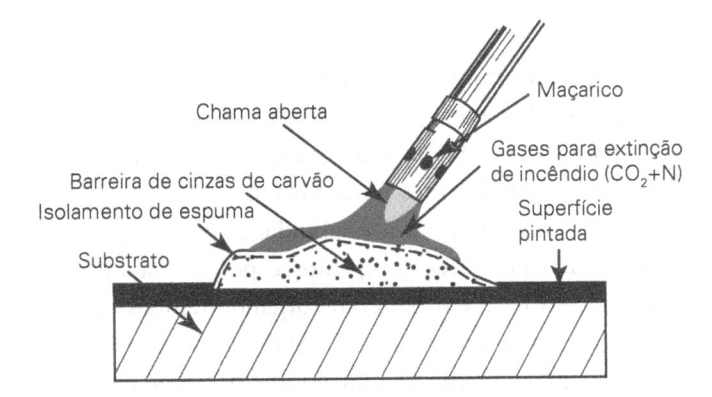

Figura 7-5 – Quando aquecido, este acabamento protetor expande-se para formar uma barreira de isolamento de cinzas de carvão. Ele também emite um gás para extinção de incêndios para retardar a queima.

A despeito da controvérsia que envolve os agentes retardantes de chama clorados e bromados, a necessidade industrial destes compostos continua a crescer. Em 2004, o consumo global de retardantes de chama foi da ordem de 2,9 bilhões de libras. A expectativa para a demanda mundial no ano de 2009 é de 4,6 bilhões de libras, que se traduz em valores que podem chegar a U$ 4,3 bilhões.

Agentes de expansão e espumantes

Termos como *espumante, soprado, celular* e *bolha* são empregados para definir uma variedade ampla de compostos e técnicas de processamento, de modo que se obtenham polímeros com determinada estrutura celular (veja o Capítulo 16). Existem duas classes principais de agentes espumantes – os físicos e os químicos. *Agente espumante de ação física* decompõe-se a uma temperatura específica e promove uma liberação de gases, os quais provocam o surgimento de espaços vazios (células) na estrutura do plástico. *Os agentes de ação química*, por sua vez, liberam estes gases em razão de uma reação química.

Agentes espumantes são largamente empregados na manufatura de placas de espuma à base de poliuretano, assentos para automóveis e caminhões, sofás e outros itens de mobiliário. Os agentes à base de cloro-flúor-carbono (CFC) são bastante eficientes como agentes espumantes de caráter físico para uso com o poliuretano e têm sido usados para este fim por vários anos. Contudo, pesquisas indicaram os CFCs como prejudiciais à camada de ozônio presente na atmosfera. Em 1987, o Protocolo de Montreal, que versa sobre "Substâncias que Reduzem a Camada de Ozônio", propôs a redução, e posterior eliminação, da produção e uso de substâncias que possam vir a atacar a camada de ozônio. Em 1989, o Protocolo foi assinado por 29 nações, desde então o número aumentou para mais de 160 nações. Os Estados Unidos, que suportam amplamente este Protocolo, e a EPA, desenvolveram e implantaram várias ações que visam o término da produção desta classe de compostos. Em 1999, a Emenda de Pequim ao Protocolo de Montreal especificou reduções nas emissões dos agentes redutores da camada de ozônio para janeiro de 2004.

O Ato do Ar Limpo (The Clean Air Act) proibiu a produção e importação dos CFCs a partir de 1996.

Em resposta a estas restrições, muitos fabricantes de espumas passaram a empregar os hidro-cloro-flúor-carbono (HCFC), cujo efeito sobre a camada de ozônio é muito menos prejudicial do que o oriundo do CFC tradicional. O potencial de dano à camada de ozônio do HCFC encontra-se entre 2%-10% do potencial do CFC tradicional. Um aspecto relacionado aos novos agentes espumantes é o de que eles produzem uma espuma que é mais densa, deste modo esta espuma é menos eficiente quando empregada como material para isolamento. Pesquisadores estão trabalhando em duas frentes, a primeira envolve o aumento da efetividade dos HCFCs, e a segunda vertente consiste no desenvolvimento de agentes espumantes isentos de cloro e, por conseguinte, sem ação prejudicial à atmosfera.

Alguns dos compostos a base de HCFCs também têm prevista a sua eliminação. Os HCFCs são considerados agentes redutores da camada de ozônio de classe II. A produção de HCFC-141b foi interrompida em dezembro de 2002. A EPA não age no sentido de eliminar todos os agentes redutores da camada de ozônio de classe II por não considerar, ainda, viável a adoção de substitutos.

A União Europeia e o Protocolo de Montreal apresentaram cronogramas nos quais a eliminação do uso dos HCFCs é delineada. De acordo com o Protocolo de Montreal, os países desenvolvidos devem estabelecer um patamar de redução de 2,8% para os CFCs e HCFCs consumidos até 1989. Em janeiro de 2004, estes países devem ter reduzido o uso em 35%, atingindo em 2010 uma redução de 65% e em 2015 a redução deverá ser de 90% e para 2020, em 99,5%, culminando com 100% de redução em 2030. Em contrapartida, a União Europeia prevê alcançar os 100% de redução em 2026.

Alguns fabricantes têm investigado o uso dos perflúor-carbono (PFCs) como substitutos aos CFCs ou HCFCs, contudo, os PFCs apresentam elevada ação como promotores do efeito estufa, além de perdurarem na atmosfera por períodos de 3.000 a 5.000 anos. Deste modo, a EPA desencoraja o uso irrestrito dos PFCs.

Agentes de expansão, como a azodicarbonamida, são largamente empregados na produção de compostos, tais como HDPE, PP, ABS, PS, PVC e EVA celulares. Estes agentes apresentam diversas vantagens, incluindo rendimento eficiente, aprovação junto à FDA para emprego em alimentos e também a facilidade da sua modificação quando do uso em vários tipos de plásticos (Figura 7-6).

Estabilizantes térmicos

Estabilizantes térmicos são aditivos que têm a função de retardar a decomposição de um polímero, seja ela causada por calor, energia luminosa, oxidação ou atrição mecânica. O PVC possui baixa estabilidade térmica, e esta questão tem sido o foco do desenvolvimento da maioria dos estabilizantes térmicos. No passado, os estabilizantes térmicos eram compostos com base no chumbo e no cádmio. O chumbo foi um aditivo preponderante nos recobrimentos de cabos e fios. Por conta da preocupação acerca da poluição causada pelos metais pesados, estabilizadores isentos de cádmio têm substituído aqueles que apresentam metal em sua composição (Figura 7-7).

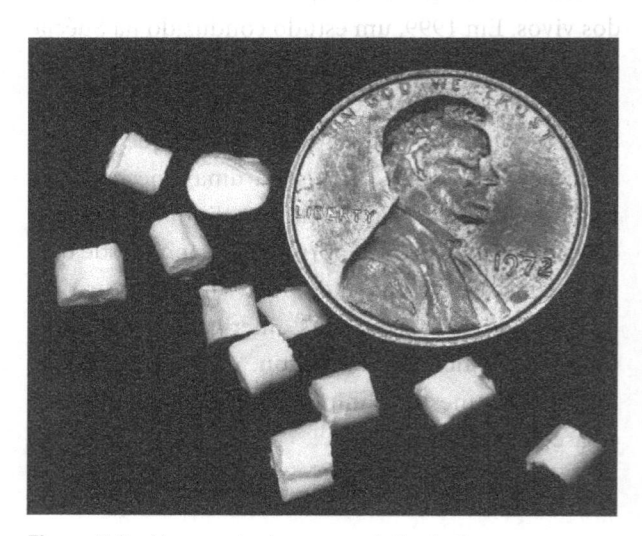

Figura 7-6 – Um agente de sopro peletizado tipo azo.

A questão fundamental é que a maioria das alternativas disponíveis não oferece uma eficiência comparável aos estabilizantes originais. A toxicidade de alguns estabilizantes baseados em cálcio/zinco é bastante baixa, porém, a estabilidade térmica proporcionada por estes compostos é pobre. Estabilizantes com base em materiais organoestânicos são excelentes quando se trata de estabilidade térmica, mas, frequentemente, geram odores desagradáveis. Estabilizantes baseados em bário/zinco apresentam, de modo geral, boas propriedades, mas o bário pode vir a ser alvo de ação regulatória no futuro próximo.

Figura 7-7 – Plásticos utilizados em peças automotivas sob o capô devem suportar altas temperaturas e fluidos quentes. (Ciba Specialty Chemicals)

Em virtude das questões apresentadas é que ainda perdura o uso de estabilizantes a base de chumbo.

Uma maneira de reduzir o uso do chumbo envolve a manufatura de tubos de PVC em um arranjo multicamada, de modo que somente as camadas internas tenham em sua composição estabilizantes à base de chumbo. A eliminação ampla do uso dos metais pode advir do uso dos estabilizadores com base totalmente orgânica. A maioria dos estabilizantes de natureza orgânica tem base em organosulfurados, estes compostos têm potencial para substituir totalmente os metais pesados, embora ainda não sejam amplamente empregados.

Modificadores de impacto

Um ou mais monômeros (usualmente elastômeros) podem ser adicionados, em proporções diversas, aos plásticos visando modificar (melhorar) as propriedades físicas que se relacionam ao estresse mecânico, ao índice de fluidez, à processabilidade, ao acabamento superficial e à resistência às intempéries. O PVC é modificado pela adição de ABS, CPE, EVA ou outro elastômero. (Veja ligas, blendas, etileno etil acrilato e butadieno-estireno.)

Lubrificantes

Lubrificantes são necessários na manufatura dos plásticos. Existem três razões básicas para a adição de lubrificantes durante o processo de produção de polímeros. Em primeiro lugar, os lubrificantes auxiliam na redução do atrito entre a resina e as partes do equipamento de manufatura. Segundo, os lubrificantes participam da emulsificação de outros ingredientes e proveem lubrificação para a resina. Em terceiro, os lubrificantes previnem a adesão do plástico ao molde durante o processamento, após os produtos serem retirados dos moldes, os lubrificantes podem exsudar para a superfície da peça e prevenir a adesão dos mesmos. Os lubrificantes podem, também, fornecer um acabamento liso ou antiaderente à superfície do material.

Diversos agentes lubrificantes são usados em plásticos. Alguns exemplos são as ceras à base de lignita (*montan*) e de carnaúba, a parafina e o ácido esteárico. Carboxilatos metálicos (*metal soap*) como os estearatos de chumbo, cádmio, bário, cálcio e zinco, também são usados como lubrificantes (Tabela 7-1). Durante o processo de manufatura da resina, a maior parte do lubrificante é perdida. Excesso de lubrificante pode provocar uma desaceleração na polimerização ou causar uma **exsudação** visível na superfície do plástico; esta condição pode resultar no surgimento de irregularidades na superfície do plástico.

Alguns plásticos exibem um comportamento autolubrificante e propriedades antiaderentes. Exemplos são os fluorcarbonos, as poliamidas, os polietilenos e o silicone, que por vezes são usados como agentes lubrificantes em outros polímeros. Deve-se ter em mente que todos os aditivos devem ser cuidadosamente escolhidos levando-se em conta sua toxicidade e o uso desejado.

Agentes nucleantes

Agentes nucleantes são adicionados ao polímero com o intuito de aumentar o grau de cristalinidade. Estes agentes podem diminuir o tempo de ciclo, aumentando a velocidade de transição entre os pontos de fusão e solidificação. Alguns agentes nucleantes mais comuns incluem cargas minerais, carvão, argila, talco, dióxido de titânio e estearato potássico. Alterações em propriedades, tais como densidade e transparência, podem ser obtidas pela mudança na cristalinidade dos plásticos.

Tabela 7-1 – Carta de lubrificantes

Plástico	Ésteres alcoólicos	Ceras amídicas	Ésteres complexos	Blendas	Ácidos graxos	Ésteres de glicerol	Estearatos metálicos	Ceras parafínicas	Ceras de polietileno
ABS		X			X	X			
Acetais	X		X						
Acrílicos	X			X					
Alquídicos							X		
Celulósicos	X	X			X	X			
Epóxi				X		X			
Ionômero		X							
Melamínicos			X		X				
Fenólicos				X	X	X			
Poliamídicos	X			X					
Poliéster			X		X	X			
Polietileno		X							
Polipropileno		X			X				
Poliestireno		X	X		X			X	
Poliuretano			X						
Cloreto de polivinila	X	X	X	X	X	X	X	X	X
Sulfonas			X						

Plastificantes

Plasticidade é a habilidade de um material escoar ou tornar-se fluido sob ação de uma força. Um **plastificante** é um agente químico adicionado aos plásticos com o objetivo de aumentar a flexibilidade, reduzir a temperatura de fusão e diminuir a viscosidade. Todas estas propriedades são coadjuvantes no processamento e moldagem. Plastificantes agem de modo similar aos solventes ao reduzirem a viscosidade, contudo, ao facilitar a mobilidade das macromoléculas, seu efeito assemelha-se aos lubrificantes.

É importante lembrar que as ligações de Van der Waals não são de natureza química, mas sim puramente físicas. Plastificantes ajudam a neutralizar a maioria destas forças. Os plastificantes, ao agirem como solventes, produzem um polímero flexível, contudo, sua ação não contempla a posterior evaporação da superfície do polímero durante sua vida útil.

A lixiviação ou perda dos plastificantes é um importante fator a ser considerado, e é extremamente importante que isto não ocorra quando houver contato com alimentos, fármacos e outros itens de consumo. Lixiviação e degaseificação podem fazer com que mangueiras, estofos e outros produtos à base de PVC se tornem rígidos ou quebradiços e venham a se romper. Para resultados melhores, o plastificante e o polímero devem ter parâmetros de solubilidade similares.

Mais de 500 tipos diferentes de plastificantes foram formulados com o intuito de modificar os polímeros. Plastificantes são ingredientes vitais no recobrimento da superfície de plásticos, nas extrusões, nas moldagens e na produção de adesivos e filmes. Um dos plastificantes de uso mais difundido é o dioctilftalato. Alguns dos plastificantes podem ser perigosos. A EPA considera, a partir de testes em laboratório realizados com animais, o di-2-etilhexil-ftalato como carcinogênico, de modo que este plastificante é correntemente classificado como carcinogênico em potencial. Alguns dos plastificantes são listados na Tabela 7-2.

Conservantes

Elastômeros e o PVC altamente plastificado são bastante susceptíveis ao ataque de micro-organismos, insetos e roedores. Exemplos de deterioração por ataque microbiológico podem ser vistos em produtos

Tabela 7-2 – Compatibilidade entre agentes plastificantes selecionados e resinas

Plastificantes	Acetato polivinílico	Cloreto polivinílico	Butiral polivinílico	Poliestireno	Nitrato celulósico	Acetato celulósico	Butirato de acetato celulósico	Etil celulose	Acrílico	Epóxi	Uretano	Poliamida
Butil-benzil-ftalato	C	C	C	C	C	P	C	C	C	C	C	C
Butil-ciclohexil-ftalato	C	C	C	C	C	P	C	C	C	C	C	C
Didecil-ftalato	I	C	C	C	C	C	C	C	C	P	C	P
Butil-octil-ftalato	I	C	P	C	C	I	C	C	C	P	C	C
Dioctil-ftalato	I	C	P	C	C	I	C	C	C	I	C	C
Cresil-difenil-fosfato	C	C	C	P	C	C	C	C	C	C	C	C
N-Etil-o, p- toluenosulfonamida	C	I	C	P	C	C	C	C	C	C	P	C
o, p-Toluenosulfonamida	C	I	C	P	C	C	C	C	C	C	P	C
Parafinas cloradas	C	P	P	C	P	I	P	C	P	P	C	C
Didecilaqipato	I	C	I	C	C	I	C	C	I	I	P	C
Dioctiladipato	I	C	C	C	C	I	C	C	I	I	P	C
Dioctilsebacato	I	C	P	C	C	I	P	C	I	I	P	C

Nota: C – Compatível   I – Incompatível   P – Parcialmente compatível

em que a presença da umidade ou da condensação é preponderante, como as capas para cobertura de automóveis, cortinas para box, linhas demarcativas para piscinas, recobrimento de cabos etc. O uso de produtos antimicrobianos, fungicidas e rodenticidas podem fornecer proteção adequada para muitos dos polímeros. A EPA e a FDA procuram exercer, de maneira cuidadosa, ação regulatória sobre o manuseio e uso de todos os agentes antimicrobianos.

Auxiliares de processamento

Existe uma variedade de aditivos que visam auxiliar as etapas de processamento do material, aumentar a velocidade de produção e melhorar o acabamento da superfície. Agentes **antibloqueio**, como as ceras, migram para a superfície do material e reduzem a aderência das camadas adjacentes, impedindo-as de aderirem umas as outras. *Emulsificantes* são usados para diminuir a tensão superficial entre os compostos, eles têm ação tanto como detergentes quanto como agentes molhantes. Agentes molhantes são usados para *reduzir a viscosidade* e são adicionados em compostos com plastisol a fim de auxiliar no processamento de materiais altamente carregados ou que se tornam muito espessos em razão da passagem do tempo.

Existem diversas razões para a adição de solventes em resinas. A maioria das resinas naturais é muito viscosa, portanto necessita ser diluída ou dissolvida antes do processamento. Vernizes e tintas necessitam ser diluídos em solvente antes da aplicação.

Solventes podem ser considerados auxiliares para o processamento. Em uma etapa como a moldagem, o solvente mantém a resina solubilizada durante a aplicação no molde, a seguir o solvente evapora rapidamente deixando uma película plástica sobre a superfície do molde. Os solventes dissolvem a maioria dos termoplásticos, deste modo podem ser usados para finalidades como a identificação e cementação. Os solventes são úteis para a remoção de resinas que tenham permanecido aderidas às ferramentas e a outros instrumentos. Benzeno, tolueno e outros solventes aromáticos dissolvem os óleos e gorduras naturais da pele. Todos os solventes clorados são potencialmente tóxicos. De maneira geral, quando do manuseio de aditivos para plásticos, deve-se evitar o contato com a pele e a inalação de fumaça e névoas (veja o Capítulo 4).

Estabilizadores ultravioleta (UV)

Poliestireno, cloreto de polivinila, poliolefinas, poliuretanos, entre outros, são todos suscetíveis à ação da luz solar na forma de radiação ultravioleta. A irradiação da luz solar sobre a superfície dos polímeros pode resultar em problemas como a microfissura, mudanças de cor, perda de propriedades (físicas, químicas, elétricas), e estes danos estão associados à absorção de energia luminosa pelo material. A luz ultravioleta corresponde à porção mais destrutiva da irradiação solar que pode vir a atingir os plásticos; sua ação pode liberar energia em quantidade suficiente para romper as ligações químicas entre os átomos.

A fim de reduzir o dano oriundo da exposição à luz UV, os fabricantes adicionam aos produtos estabilizadores UV. Negro de fumo é, por vezes, usado com o estabilizador UV, mas seu emprego é limitado por causa da alteração de cor. No passado os estabilizadores UV mais empregados eram o 2-hidroxibenzofenona, o 2-hidroxifenilbenzotriazol e o 2-cianodifenil-acrilato. Atualmente os avanços acerca dos estabilizadores UV envolvem o emprego das aminas estericamente impedidas (HALS – Hindered-Amine Light Stabilizers). Estes compostos contêm grupos reacionais que se ligam quimicamente às cadeias principais das moléculas dos polímeros, fato que reduz os efeitos da migração e da volatilização. A combinação dos HALS e de antioxidantes fosfíticos ou fenólicos aumenta a resistência a radiação UV.

Agentes de reforço

Agentes de reforço compõem outra classe de substâncias adicionadas às resinas e aos polímeros. Estes ingredientes não se dissolvem na matriz polimérica e, consequentemente, fazem com que o material torne-se um compósito. Existem muitas razões para a adição de agentes de reforço, uma das mais importantes diz respeito à grande melhora nas propriedades físicas do compósito obtido.

Agentes de reforço são frequentemente confundidos com cargas, contudo, as cargas são em forma de partículas pequenas e contribuem moderadamente para a resistência física do material. Os agentes de reforço são ingredientes que aumentam a resistência mecânica de modo geral, melhorando a resistência ao impacto e a rigidez. Uma das razões para a sobreposição nas definições de cargas e agentes de reforço é a de que alguns materiais, como o vidro, podem agir como cargas, agentes de reforço ou ambos.

Existem seis propriedades de alcance geral que influenciam as propriedades dos materiais compósitos.

1. *Ligação interfacial entre matriz e reforço.* A matriz age no sentido de transferir a tensão para os agentes de reforço (muito mais resistentes). A fim de que este objetivo seja alcançado, a força de adesão entre a matriz e o reforço deve ser excelente.

2. *Características do agente de reforço.* Assume-se que o agente de reforço apresenta resistência muito maior do que a matriz. As propriedades efetivas de cada agente de reforço podem variar de acordo com a composição, forma, tamanho e número de defeitos. A produção, manuseio, processamento, aumento de superfície ou a hibridização podem também determinar as propriedades de cada tipo de reforço.

3. *Tamanho e forma do agente de reforço.* Algumas formas e tamanhos podem melhorar as operações de manuseio, carregamento, processamento ou a adesão à matriz. Alguns dos materiais em forma de fibras são tão diminutos que necessitam ser manuseados em feixes, enquanto outros são tecidos em mantas. Material particulado é mais propenso a ser randomicamente distribuído do que quando na forma de fibras longas.

4. *Carregamento do agente de reforço.* Geralmente a resistência mecânica do compósito depende da quantidade de reforço que ele contém. Uma região contendo 60% de reforço e 10% em matriz resínica será quase dez vezes mais forte do que uma região contendo a proporção distribuída de maneira inversa. Alguns compósitos de vidro na forma de filamentos podem ter mais de 80% (massa) de carga, conseguida pela orientação unidirecional dos filamentos. A maioria dos compósitos plásticos reforçados contém menos de 40% (massa) de agentes de reforço.

5. *Técnica de processamento.* Algumas técnicas usadas no processamento permitem que os agentes de reforço sejam alinhados, ou orientados, de maneira

mais cuidadosa. Durante o processamento, os agentes de reforço podem ser quebrados ou danificados, resultando na diminuição das propriedades mecânicas. Dependendo da técnica de processamento, reforços na forma de material particulado ou como fibras curtas têm mais propensão a uma alocação randômica e não orientada na matriz.

6. *Alinhamento ou distribuição do agente de reforço.* O alinhamento ou forma de distribuição do reforço permite maior versatilidade nos compósitos. Durante o processamento, pode-se alinhar, ou orientar, os agentes de reforço de modo a se obter propriedades de caráter direcional. Na Figura 7-8, o alinhamento paralelo (anisotrópico) ou na forma de **fios** contínuos resulta em maior resistência; o alinhamento bidirecional (tecido) provê uma resistência intermediária, enquanto o alinhamento randômico resulta na menor resistência dentre os três.

Agentes de reforço podem ser divididos em dois grandes grupos: lâminas e fibras. A estrutura básica dos elementos laminares dos compósitos é a *lâmina*.

Lâminas

As **lâminas** podem consistir em fibras unidirecionais, tecidos, mantas e placas. Uma vez que as camadas individuais podem agir como reforços, elas podem ser incluídas na forma de outros ingredientes ou aditivos. A configuração da estrutura laminar é mais do que uma técnica de processamento. A seleção, o alinhamento e a composição da lâmina constituirão as propriedades do compósito laminar.

Deve ficar claro que o alinhamento dos reforços é a peça fundamental na configuração de compósitos com propriedades anisotrópicas ou isotrópicas. Como regra geral, considera-se que, se todos os agentes de reforço são dispostos paralelamente (0° *layup*), o compósito será dito direcional.

As propriedades relacionadas à resistência tensional obtida a partir de diferentes alinhamentos das fibras dos agentes de reforço são ilustradas na Figura 7-9. Os feixes cortados randomicamente resultam em resistência mecânica igualmente distribuída em todas as direções. O alinhamento unidirecional das fibras apresenta a maior resistência mensurada em direção paralela à da fibra. À medida que o grau de alinhamento varia entre 0° e 90°, a resistência me-

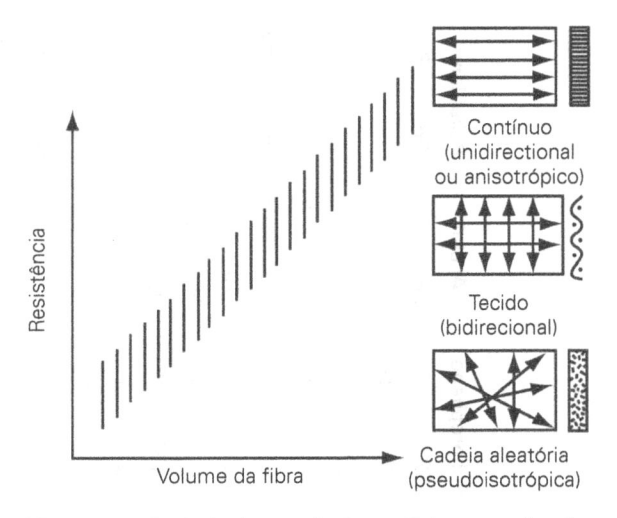

Figura 7-8 – Resistência em relação ao alinhamento de reforço e o volume da fibra.

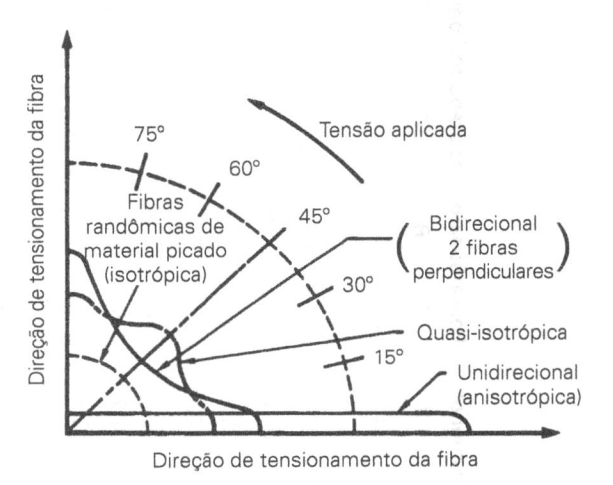

Figura 7-9 – Efeito do alinhamento ou distribuição do reforço.

cânica varia proporcionalmente ao ângulo formado. Ressalte-se que o reforço deve aderir fortemente à matriz e que é necessário prevenir, na conformação do material, a flexão do agente de reforço, a fim de facilitar os mecanismos de transferência das forças que possam vir a ser aplicadas.

Fibras

O grupo de agentes de reforço fibrosos abrange seis subclasses:

1. Vidros
2. Materiais carbonáceos
3. Polímeros
4. Inorgânicos
5. Metais
6. Híbridos

Tabela 7-3 – Propriedades dos termoplásticos: materiais com e sem reforço

Propriedade	Poliamida SR	Poliamida R	Poliestireno* SR	Poliestireno* R	Policarbonato SR	Policarbonato R	Estireno-acrilonitrila† SR	Estireno-acrilonitrila† R	Polipropileno SR	Polipropileno R	Acetal SR	Acetal R	Polietileno SR	Polietileno R
Resistência à tração, MPa	82	206	59	97	62	138	76	124	35	46	69	86	23	76
Resistência ao impacto, com entalhe, J/mm														
A 22,8 °C	0,048	0,202	0,016	0,133	0,106§	0,213	0,024	0,160	0,069	0,112	0,128	0,160	—	0,240
A −40 °C	0,032	0,224	0,010	0,170	0,080§	0,213	—	0,213	—	0,133	—	0,160	—	0,266
Resistência à tração, MPa	2,75	—	2,75	8,34	2,2	11,71	3,58	10,34	1,37	3,10	3,20	5,58	0,82	6,20
Resistência ao cisalhamento, MPa	66	97	—	62	63	83	—	86	33	34	65	62	—	38
Resistência à flexão, MPa	79	255	76	138	83	179	117	179	41 a 55	48	96	110	—	83
Resistência à compressão, MPa	34††	165	96	117	76	130	117	151	59	41	36	90	19 a 24	41
Deformação (27,58 MPa), %	2,5	0,4	1,6	0,6	0,3	0,1	—	0,3	—	6,0	9–15	1,0	—	0,4‡
Alongamento, %	60,0	2,2	2,0	1,1	60–100	1,7	3,2	1,4	>200	3,6	9–15	1,5	60,0	3,5
Absorção de água em 24 h, %	1,5	0,6	0,03	0,07	0,3	0,09	0,2	0,15	0,01	0,05	0,20	1,1	0,01	0,04
Dureza, Rockwell	M79	E75 a 80	M70	E53	M70	E57	M83	E65	R101	M50	M94	M90	R64	R60
Densidade relativa	1,14	1,52	1,05	1,28	1,2	1,52	1,07	1,36	0,90	1,05	1,43	1,7	0,96	1,30
Temperatura de deflexão (a 1,82 MPa), °C	65,6	261	87,8	104,4	137,8	148,9	93,3	107	68,3	137,8	100	168,6	52,2	126,7
Coef. de expansão térmica, °C $\times 10^{-6}$	90	15	60	35	60	15	60	30	70	40	65	30	85	25
Rigidez dielétrica (tempo curto), V/mm	15.157	18.898	19.685	15.591	15.748	18.976	17.717	20.276	29.528	—	19.685	—	—	2.362
Resistividade volumétrica, ohm-cm $\times 10^{15}$	450	2,6	10,0	36,0	20,0	1,4	10^{16}	43,5	17,0	15,0	0,6	38,0	10^{15}	29,0
Constante dielétrica a 60 Hz	4,1	4,5	2,6	3,1	3,1	3,8	3,0	3,6	2,3	—	—	—	2,3	2,9
Fator de potência a 60 Hz	0,0140	0,009	0,0030	0,0048	0,0009	0,0030	0,0085	0,005	—	—	—	—	0,06	0,001
Custo aproximado, ¢/cm³	0,256	0,70	0,04	0,21	0,31	0,56	0,08	0,30	0,05	0,18	0,28	0,67	0,06	0,26

Notas: Colunas intituladas com "SR" referem-se a materiais sem reforço e com "R", a materiais com agentes de reforço.
* Para aplicações gerais, de fluxo médio.
† Resistente ao calor. § Os valores de impacto para policarbonatos são função da espessura. ‡ Carga de 6,8 MPa.
†† À deformação de 1%. Adaptado de *Machine Design, Plastic Reference Issue.*

Fibra de vidro. Um dos agentes de reforço mais importantes é a fibra de vidro (Tabelas 7-3 e 7-4). Em razão da resistência obtida pelo uso do plástico reforçado com vidro, muitos componentes previamente feitos em metal foram trocados por plásticos.

A fibra de vidro pode ser produzida utilizando-se diferentes métodos. Um método comum consiste em fazer passar, através de um orifício de pequeno diâmetro, um feixe de vidro fundido. O diâmetro do feixe é controlado pelo movimento impingido a ele.

O maior componente do vidro é a sílica, mas outros ingredientes permitem a produção de vários tipos de fibra de vidro. O mais comum é a fibra do **tipo E**, que apresenta boas propriedades elétricas (E) e alta resistência mecânica. A fibra de vidro do **tipo C** é empregada em razão da sua resistência química. As fibras tanto do tipo E quanto do tipo C têm resistência mecânica que ultrapassa o valor de 3,4 GPa [493.183 psi]. A fibra do tipo D é usada por conta de seus baixos valores para densidade relativa e constante dielétrica. Fibras do tipo I contêm óxido de chumbo e seu emprego relaciona-se à proteção contra a radiação. Fibras do tipo S são selecionadas para quando elevados valores de resistência mecânica forem necessários, elas são cerca de 20% mais resistentes e duras do que as fibras do tipo E. As fibras do tipo S têm uma resistência mecânica maior do que 4,8 GPa [696.258 psi].

Os processadores de plásticos adquirem três diferentes tipos de vidro produzidos em diversos formatos. Um dos tipos correspondentes, ao fio contínuo

Tabela 7-4 – Propriedades dos plásticos termorrígidos: resinas reforçadas por fibra de vidro

Propriedade	Resina de base				
	Poliéster	Fenólica	Epóxi	Melamínica	Poliuretânica
Qualidade da moldagem	Excelente	Boa	Excelente	Boa	Boa
Temperatura na moldagem por compressão, °C	76,7–160	137,8–176,7	148,9–165,6	137,8–171,1	148,9–204,4
Pressão, MPa	1,72–13,78	13,78–27,58	2,06–34,47	13,78–55,15	0,689–34,47
Contração na moldagem, mm/mm	0,0–0,05	0,002–0,025	0,025–0,05	0,025–0,100	0,228–0,762
Densidade relativa	1,35–2,3	1,75–1,95	1,8–2,0	1,8–2,0	1,11–1,25
Resistência à tração, MPa	173–206	35–69	97–206	35–69	31–55
Alongamento, %	0,5–5,0	0,02	4	—	10–650
Módulo de elasticidade, Pa	0,55–1,38	2,28	2,09	1,65	—
Resistência à compressão, MPa	103–206	117–179	206–262	138–241	138
Resistência à flexão, MPa	69–276	69–414	138–179	103–159	48–62
Impacto, Izod, J/mm	0,1–0,5	0,5–2,5	0,4–0,75	0,2–0,3	Nenhuma ruptura
Dureza, Rockwell	M70–M120	M95–M100	M100–M108	—	M28–R60
Expansão térmica, °C	5–13($\times 10^{-4}$)	4×10^{-4}	2,8–7,6($\times 10^{-4}$)	$3,8 \times 10^{-4}$	25–51($\times 10^{-4}$)
Resistividade volumétrica (a 50% RH, 23 °C), ohm-cm	1×10^{14}	7×10^{12}	$3,8 \times 10^{15}$	2×10^{11}	2×10^{11}–10^{14}
Rigidez dielétrica, V/mm	13.780–19.685	5.512–14.567	14.173	6.693–11.811	12.992–35.433
Constante dielétrica					
A 60 Hz	3,8–6,0	7,1	5,5	9,7–11,1	5,4–7,6
A 1 kHz	4,0–6,0	6,9	—	—	5,6–7,6
Fator de dissipação					
A 60 Hz	0,01–0,04	0,05	0,087	0,14–0,23	0,015–0,048
A 1 kHz	0,01–0,05	0,02	—	—	0,043–0,060
Absorção de água, %	0,01–1,0	0,1–1,2	0,05–0,095	0,9–21	0,7–0,9
Alterações sob a luz solar	Levemente	Escurece	Levemente	Levemente	Levemente a nenhuma
Resistência química	Razoável*	Razoável*	Excelente	Muito boa†	Razoável
Propriedades de usinagem	Boas	—	Boas	Boas	Boas

Notas: *Atacado por ácidos fortes ou álcalis. † Atacado por ácidos fortes. *Fonte: Machine Design. Plastics Reference Issue.*

convencional (***Roving***) são mechas compostas de vários filamentos de vidro agrupados e enrolados, sem estar torcidos, que podem ser facilmente cortados e aplicados às resinas. *Fibras de vidro picadas* (Figura 7-10) estão entre os reforços, que empregam o vidro, mais baratos. A fibra de vidro picada tem comprimento variando entre 3 a 50 mm [0,125 a 2 pol]. A Figura 7-11 ilustra a produção de fibra picada a partir de um fio (*roving*). A fibra de vidro moída tem seus pedaços com comprimento menor do que 1,5 mm [0,062 pol] e é produzida por moinhos de martelo (Figura 7-12). A fibra de vidro moída é empregada em resinas como uma pré-mistura que pretende aumentar a viscosidade e a resistência mecânica do produto. As fibras de fio entrançado (***yarns***) assemelham-se aos fios (*roving*), porém, são trançadas como uma corda (Figura 7-13); agentes de reforço deste tipo são usados na fabricação de grandes contêineres para o armazenamento de líquidos.

A especificação da fibra de vidro entrançado (*yarn*) apresenta uma nomenclatura baseada em um sistema alfa-numérico. Por exemplo, uma fibra designada como ECG 150 2/2 2,8 teria as seguintes especificações:

E = elétrica
C = filamento contínuo
G = diâmetro do filamento igual a 9 μm (veja a Tabela 7-5)

150 = 1/100 do comprimento aproximado (em jardas) presente em uma libra ou 1.500 jardas
2/2 = dois conjuntos de fibras são torcidos separadamente e, depois, enrolados juntos (as

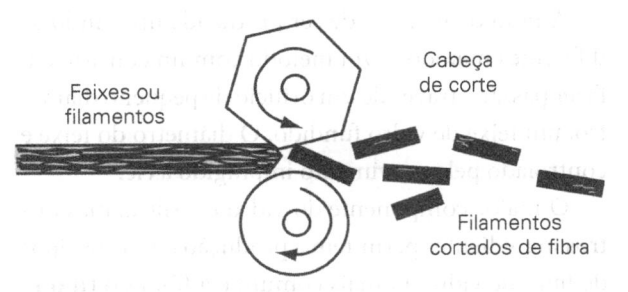

Figura 7-11 – Produção de fibras de vidro picadas.

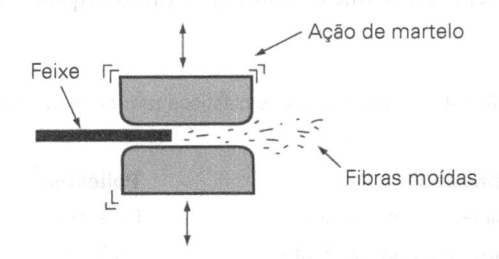

Figura 7-12 – Produção de fibras de vidro moídas.

(A) Fio monofilamento

(B) Fio multifilamento

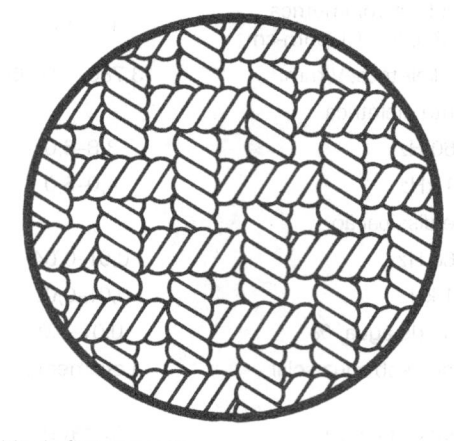

(C) Tecido de fios trançados

Figura 7-13 – Fios.

Figura 7-10 – Fibras de vidro picadas. (PPG Industries, Inc.)

letras S ou Z podem ser usadas para designar o tipo de torção) (Figura 7-14)

2,8 = número de voltas por polegada do entrançado (*yarn*) resultante com torção em S

Neste exemplo, há dois conjuntos básicos de fibras que são trançados juntos. Portanto,

$$15.000/(2 \times 2) = 3.750 \text{ jardas por libra de fio trançado (yarn)}$$

Além das fibras e entrançados, os reforços à base de vidro são também disponíveis em mantas e tecidos. As *mantas* consistem de pedaços de fibras picadas em arranjo não direcional. As fibras são mantidas unidas por uma resina adesiva ou por consolidação mecânica, denominada "agulhagem" (Figura 7-15).

Tabela 7-5 – Designação para diâmetros de fibra de vidro

Designação do filamento	Diâmetro do filamento (µm)	(pol)
C	4,50	0,000175
D	5,00	0,000225
DE	6,00	0,000250
E	7,00	0,000275
G	9,10	0,000375
H	11,12	0,000425
K	13,14	0,000525

O *tecido*, tramado, pode fornecer a mais alta resistência mecânica dentre todas as formas fibrosas; contudo, é cerca de 50% mais caro que as outras formas. Os *rovings* podem ser tramados em forma de tecido, que é usado como agente de reforço em paredes espessas.

Há vários tipos de tecidos de fibra de vidro, uma vez que as fibras podem ser tramadas segundo diferentes padrões, como mostrado na Figura 7-16. A Figura 7-17 mostra três diferentes tipos de agentes de reforço à base de fibra de vidro.

Fibras de carbono. As **fibras de carbono** são usualmente manufaturadas pela oxidação, carbonização e grafitação de uma fibra orgânica. Rayon e poliacrilonitrila (PAN) são correntemente utilizados. Fibras de carbono também podem ser produzidas diretamente a partir de petróleo e carvão (*pitch*), estas fibras são isotrópicas por natureza e devem ter sua orientação

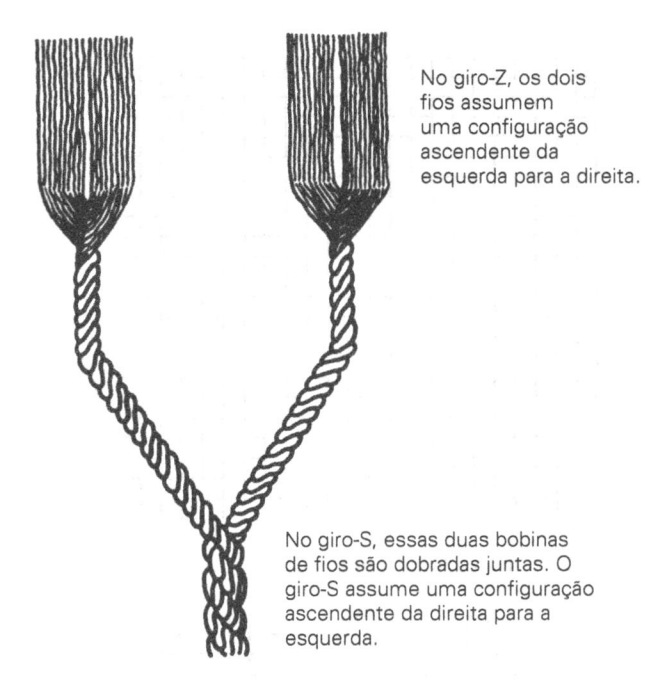

No giro-Z, os dois fios assumem uma configuração ascendente da esquerda para a direita.

No giro-S, essas duas bobinas de fios são dobradas juntas. O giro-S assume uma configuração ascendente da direita para a esquerda.

Figura 7-14 – Nomenclatura de fios.

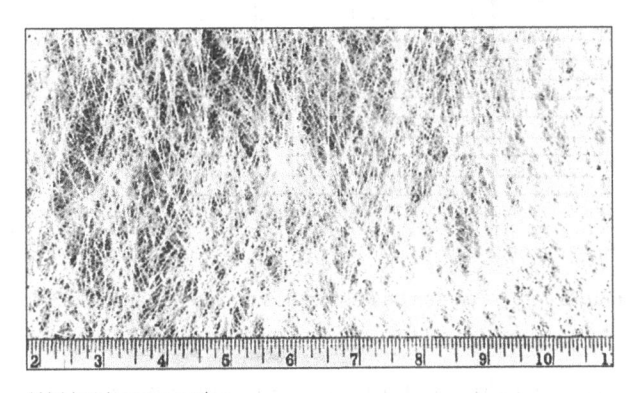

(A) Ligadas por resina.

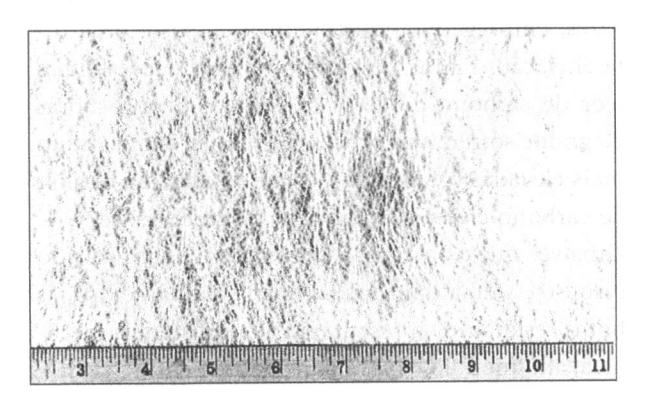

(B) Costuradas (com agulhas).

Figura 7-15 – Esteira de fibras de vidro. (Owens-Corning Fiberglas Corp.)

(A) Plano (quadrada) da trama (tecido).

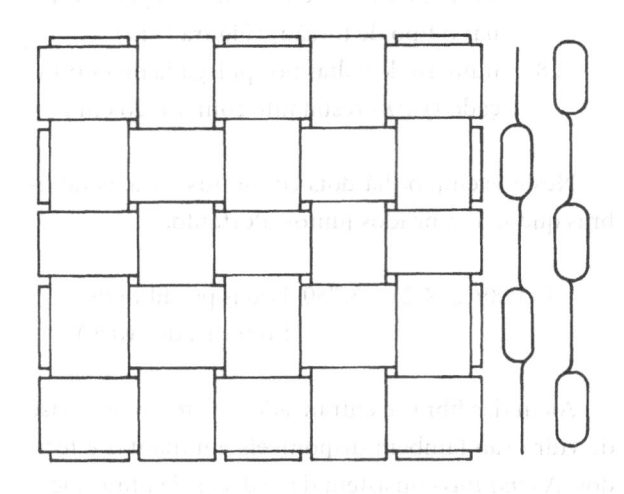

(C) Tecidos de mecha de trama quadrada.

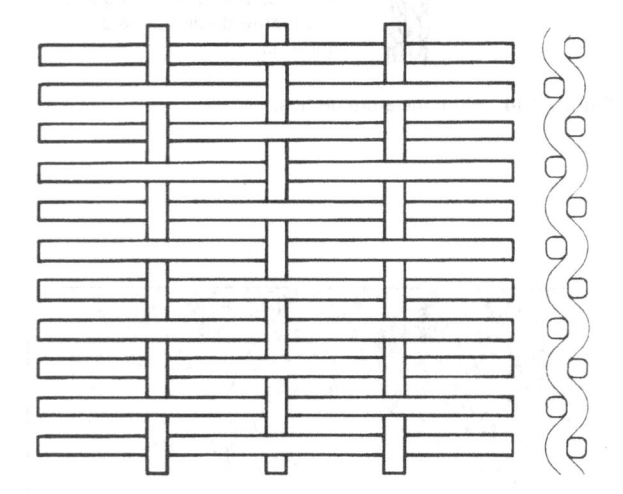

(B) Trama unidirecional.

(D) Multifilamento enrolado ou mecha torcida usado na fabricação de produtos de tecido de fibra de vidro pesada.

Figura 7-16 – Padrões de trama e fios torcidos (Owens-Corning Fiberglas Corp.)

pautada pelo uso posterior como agente de reforço. Embora os termos carbono e grafite sejam, por vezes, empregados indistintamente, existe uma diferenciação. Fibras de carbono (PAN) apresentam teor de carbono de cerca de 95%, enquanto fibras de grafite sofrem um processo a temperaturas muito mais elevadas (grafitação), o que resulta, em análise de carbono elementar, em teor de carbono de 99%. Uma vez que os materiais orgânicos tenham sofrido pirólise e sido alongados na forma de filamentos, as fibras resultantes apresentarão alta resistência mecânica, alto módulo e baixa densidade (Figura 7-18).

Fibras poliméricas. Por muitos anos filamentos de materiais como algodão e seda foram utilizados como agentes de reforço em correias, pneus, engrenagens e outros produtos. Atualmente polímeros sintéticos, como poliéster, poliamida (PA), poliacrilonitrila (PAN), acetato de polivinila (PVA), acetato celulósico (CA), entre outros, são empregados. A fibra sintética de aramida (Kevlar®) é um polímero aromático poliamídico cujas fibras apresentam, comparadas ao vidro, quase o dobro da rigidez, com aproximadamente metade da densidade. Kevlarâ é marca registrada da DuPont. Aramida é o nome genérico para uma série de fibras Kevlar. De modo distinto das fibras de carbono, as fibras Kevlar não conduzem eletricidade tampouco são opacas às ondas de rádio. As fibras do Kevlar 29 são usadas para proteção balística, manufatura de cordas e de capacetes de uso das forças armadas, além

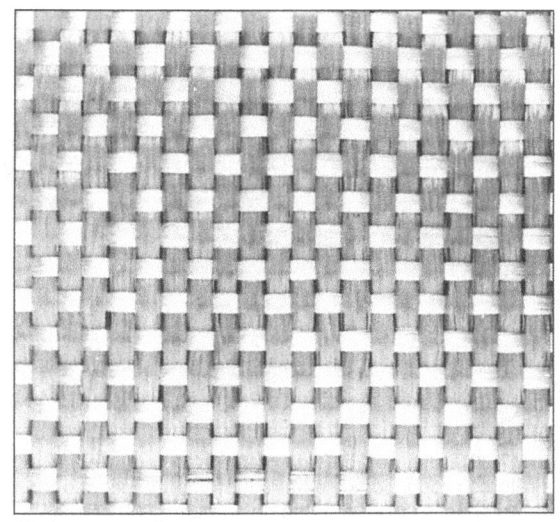

(A) Fios trançados.

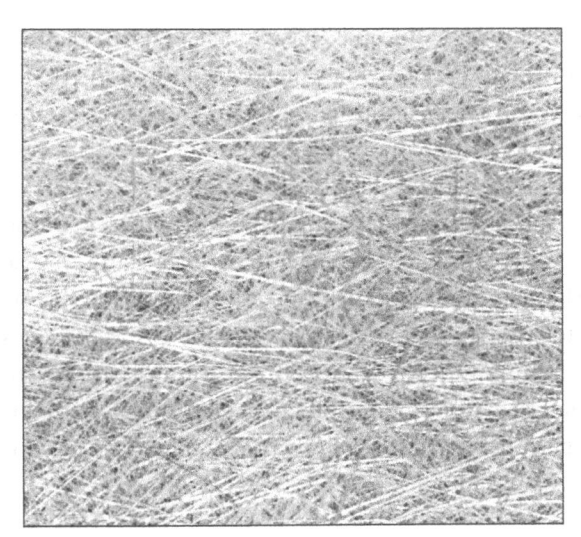

(B) Esteira de fios finos.

(C) Combinação de produtos de fios trançados e esteira.

Figura 7-17 – Algumas das muitas formas de reforços de fibra de vidro. (PPG Industries, Inc.)

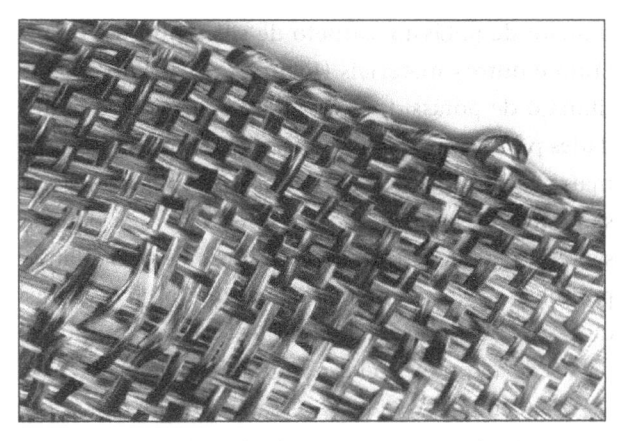

Figura 7-18 – Esta trama de reforço contém tanto fibras de vidro como de carbono. A fibra de vidro é de cor mais clara e a de carbono é mais escura.

de uma variedade de outros fins. Kevlar 49 é usada em estrutura de embarcações (quilha), correias, mangueiras, blindagens e na estrutura de aeronaves. Esta fibra possui resistência similar à Kevlar 29, porém apresenta um valor para o módulo muito maior.

Uma matriz polimérica de alta resistência e de uso comum é o epóxi. Poliésteres, poliamidas fenólicas e outras resinas e sistemas poliméricos também são usados.

Poliéster e fibras poliamídicas encontram aplicação nos compostos de moldagem em massa (BMC – bulk molding compound), nos compostos de moldagem de folha (SMC – sheet molding compound), materiais cuja composição básica é uma resina termofixa acrescida de carga mineral e reforço, e nos compostos de moldagem de espessura (TMC – thick molding compound). Estas fibras também encontram aplicação em processos de laminação, pultrusão, moldagem por transferência de resina, moldagem reforçada por injeção e reação (RRIM – reinforced reaction injection molding), moldagem por transferência de resina por expansão térmica (TERTM – thermal expansion resin transfer molding) e operações de injeção-moldagem.

Fibras inorgânicas. Fibras inorgânicas compreendem uma classe de fibras curtas e cristalinas, por vezes chamadas cristal **whisker**[2]. Estas fibras são feitas a base de óxido de alumínio, óxido de berílio, óxido de magnésio,

---

[2] *Whiskers* são monocristais com alta perfeição e grande razão comprimento/diâmetro. (NT)

titanato de potássio, carbeto de silício, boreto de titânio e outros materiais (Figura 7-19). *Whiskers* de titanato de potássio são usados em grandes quantidades para aumentar a resistência de compósitos em matrizes termoplásticas. Fibras contínuas de boro são mais resistentes do que as de carbono e podem ser empregadas em matriz de alumínio ou matriz polimérica. Matrizes em epóxi com reforço de fibras de boro são de uso em compósitos que compõem partes de aeronaves de uso militar e civil.

As tecnologias de processamento atuais fazem com que estas fibras apresentem custo elevado, em contrapartida, apresentam valores de resistência à tração maiores que 40 GPa [5.802.146 psi]. Os resultados provenientes de pesquisas sobre o uso destes agentes de reforço em aplicações diversas, tais como materiais para uso odontológico, pás de turbinas, equipamentos para uso em águas profundas, entre outros, são encorajadores.

Fibras de carbono e grafite podem sobrepujar a fibra de vidro quando se trata de resistência. Estas fibras são usadas extensivamente em aplicações que demandem materiais autolubrificantes, materiais construtivos das pás de turbinas, pás de helicópteros, elementos vedantes de válvulas, materiais aptos a operações de reentrada na atmosfera. A Figura 7-20 mostra uma raquete de frescobol cuja estrutura é suportada pela grande resistência das fibras de grafite.

Figura 7-20 – Uso de fibras de grafite altamente tensionadas para reforço proporciona a esta raquete de frescobol o tensionamento necessário e um peso de somente 200 gramas.

Fibras cerâmicas conjugam resistência à tração elevada com baixo coeficiente de expansão térmica. Algumas fibras podem alcançar valores de resistência à tensão da ordem de 14 GPa [2.030.750]. Aplicações contemporâneas para as fibras cerâmicas envolvem materiais de uso odontológico, eletrônicos especiais e pesquisa aeroespacial (veja resistência à tração dos *whisker* na Figura 7-21).

Fibras metálicas. Alumínio, aço e outros metais são trefilados em filamentos contínuos. Estas fibras não apresentam propriedades como resistência e densidade comparáveis àquelas exibidas por outros tipos de fibras. Fibras metálicas são usadas para aumentar a condutividade elétrica, a transferência de calor e a resistência mecânica.

Fibras híbridas. As fibras híbridas fazer parte de uma classe especial das fibras. Duas ou mais fibras podem ser combinadas (hibridização), de modo que o resultado seja adequado ao pretendido pelo projetista. Elas propiciam diversas combinações de materiais e propriedades singulares, resultantes destas combinações. Fibras híbridas podem maximizar o rendimento, minimizar o custo ou melhorar alguma deficiência apresentada por fibra de outro material em um efeito sinérgico. Fibras de carbono e vidro

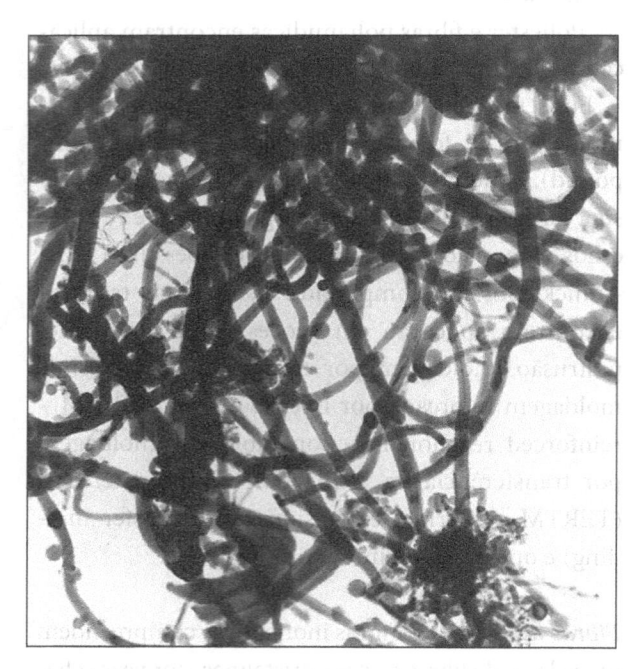

Figura 7-19 – *Whiskers* cerâmicos submicrométricos crescidos sobre uma bola fibrosa. Há uma maior concentração de fibras perto do centro da bola. As fibras variam de tamanhos tão pequenos como dois bilionésimos de um metro até 50 bilionésimos. O diâmetro e o comprimento diminutos destas fibras são vantajosos na moldagem por injeção, o que permite uma maior velocidade de processamento com o mínimo de danos. (J. M. Huber Engineered Materials)

são usadas em conjunto de modo a melhorar propriedades, como a resistência ao impacto, prevenir a ação galvânica e reduzir o custo se comparado ao de uma fibra cuja composição seja de 100% carbono. Quando diferentes fibras são colocadas em uma matriz, o compósito – e não a fibra – é chamada híbrido. Um compósito de lâminas metálicas arranjadas em uma orientação e sequência específica é denominado super-híbrido (ver lâmina).

Algumas das propriedades das fibras mais comumente usadas como agentes de reforço estão apresentadas na Tabela 7-6.

Cargas

A utilização do termo *carga*, frequentemente, é confusa. Em sua origem, este termo descrevia qualquer aditivo usado para preencher[3] os espaços na estrutura polimérica e, com isto, diminuir os custos. No entanto, algumas das cargas que são usadas têm custo mais alto do que a matriz polimérica, de modo que o conceito de *carga* como unicamente um *agregador*

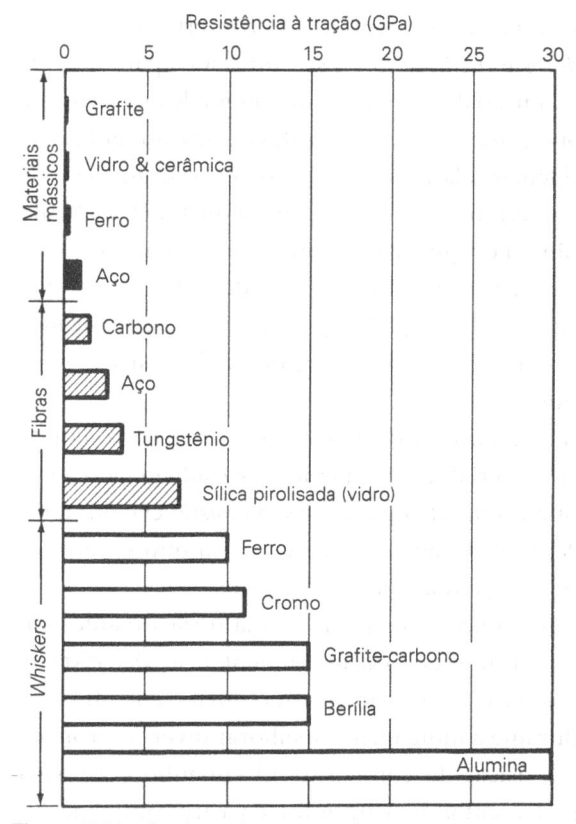

Figura 7-21 – Resistência à tração de vários materiais nas formas mássica, fibra e *whisker*.

Tabela 7-6 – Propriedades das fibras comumente utilizadas como agentes de reforço (metálicas e não metálicas)

Fibra	Densidade relativa	Resistência à tração Limite (MPa)	Módulo de elasticidade de tração Módulo (GPa)
Alumínio	2,70	620	73,0
Óxido de alumínio	3,97	689	323,0
Silicato de alumínio	3,90	4.130	100,0
Aramida (Kevlar 49)	1,4	276	131,0
Amianto	2,50	1.380	172,0
Berílio	1,84	1.310	303,0
Carbeto de berílio	2,44	1.030	310,0
Óxido de berílio	3,03	517	352,0
Boreto de tungstênio-boro	2,30	3.450	441,0
Carbono	1,76	2.760	200,0
Vidro, tipo-E	2,54	3.450	72,0
tipo-S	2,49	4.820	85,0
Grafite	1,50	2.760	345,0
Molibidênio	10,20	1.380	358,0
Poliamida	1,14	827	2,8
Poliéster	1,40	689	4,1
Quartzo	2,20	900	70,0
Aço	7,87	4.130	200,0
Tântalo	16,60	620	193,0
Titânio	4,72	1.930	114,0
Tungstênio	19,30	4.270	400,0

---

[3] O autor refere-se às palavras no idioma original: *filler* e *fill*. (NT)

de volume perde o sentido. Outros termos, como *diluidores* e *melhoradores*, são utilizados para descrever a adição das cargas. A ambiguidade dos termos e a sobreposição das funções das cargas aumentam os problemas relativos à definição dos termos. Neste livro, o termo *carga* será relativo a qualquer partícula diminuta originada de diversas fontes com funções, composição e morfologia variadas. O material que compõe a carga pode apresentar diversas formas, tais como de disco, esfera, de agulha ou irregular (Figura 7-22).

De acordo com a ASTM, uma carga corresponde a um material relativamente inerte adicionado a um plástico, a fim de modificar sua resistência, durabilidade, propriedades de manuseio ou outras características ou, ainda, reduzir os custos.

As cargas podem ser de natureza orgânica ou inorgânica, elas podem aumentar a viscosidade, substituir materiais onerosos, reduzir o encolhimento durante a moldagem e melhorar diversas propriedades físicas do compósito. O tamanho e a forma dos elementos constituintes da carga influenciam sobremaneira o compósito. A **proporção de aspectos** de comprimento-largura das partículas têm de ser considerada. Nos flocos ou fibras esta relação faz com que ocorra resistência ao movimento ou ao realinhamento, acarretando um aumento na resistência mecânica. Partículas com formato esférico produzem compósitos com propriedades isotrópicas. Flocos e/ou fibras metálicas são empregados em compósitos de natureza particulada, a fim de que formem uma barreira elétrica, ou uma camada, na matriz polimérica. Os principais tipos de cargas e suas funções são apresentados na Tabela 7-7. As fibras podem ser classificadas, no que tange ao tamanho, em duas classes principais, nanoescala e escala macroscópica.

Nanocompósitos

Uma definição formal para **nanocompósito** é a de qualquer compósito cujo material que perfaz a carga está na escala submicrométrica. O desenvolvimento dos nanocompósitos se deu no final dos anos 1980. Durante a década de 1990, existiam aplicações, ainda limitadas, destes elementos no processamento de náilon e plásticos de engenharia. Contudo, no final da década de 1990, pode-se presenciar o desenvolvimento considerável na criação de nanocompósitos a partir de insumos relativamente baratos. Um exemplo foi o que envolveu a primeira aplicação de um termoplástico olefínico na produção de algumas unidades de uma van fabricada pela General Motors, em 2002 (Figura 7-23). Desde então, as atividades de pesquisa e desenvolvimento envolvendo nanocompósitos poliméricos têm se mostrado bastante ativas e com crescimento significativo. Um indicativo deste crescimento pode ser pesquisado no site da *Society of Platics Engineers*, que referencia dezenas de artigos. Apresentações, conferências e seminários na área de nanocompósitos, sendo boa parte destes recursos bem recentes.

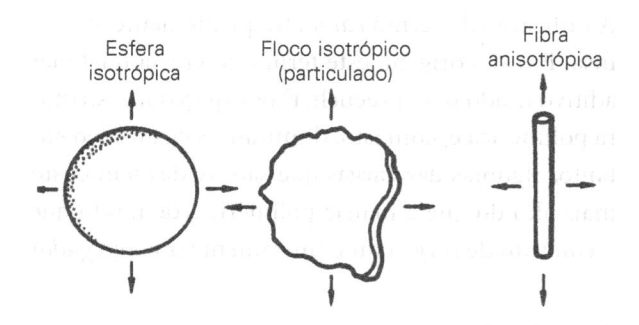

Figura 7-22 – Esferas são isotrópicas, mas não têm proporção de aspecto. Particulados isotrópicos têm propriedades mecânicas uniformes no plano do floco. Fibras têm razões de aspecto mais baixos, mas são anisotrópicas.

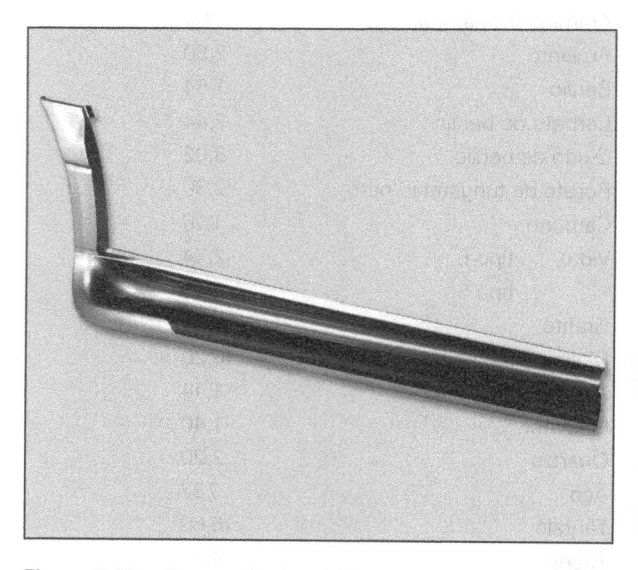

Figura 7-23 – Este apoio de pé feito de nanocompósito, disponível em vans 2002, selecionadas da GMC e Chevrolet, foi a primeira aplicação exterior de nanocompósitos em veículos. (Cortesia da Southern Clay Products, Inc.)

Tabela 7-7 – Principais tipos de cargas

Cargas	Volume	Processabilidade	Resistência térmica	Resistência elétrica	Rigidez	Resistência química	Dureza	Reforço	Condutividade elétrica	Condutividade térmica	Lubrificação	Resistência ao umidecimento	Resistência ao impacto	Resistência à tração	Estabilidade dimensional
Orgânicas															
Serragem	x	x												x	x
Farinha de concha	x	x											x	x	x
Alfa celulose (polpa de madeira)	x		x	x										x	
Fibra de sisal	x		x	x	x	x	x						x	x	x	x
Papel macerado	x	x											x		
Tecido macerado	x			x									x		
Lignina	x	x													
Queratina (penas, cabelo)	x				x								x		
Rayon picado		x	x	x		x	x	x					x	x	x	x
Náilon picado		x	x	x	x	x	x	x			x		x	x	x
Orlom picado		x	x	x	x	x	x	x					x	x	x
Carvão em pó	x		x		x	x							x		
Inorgânicas															
Mica	x		x	x	x	x						x	x		x
Quartzo			x	x	x		x						x	x	
Flocos de vidro		x	x	x	x	x	x					x	x		
Fibra de vidro picada			x	x	x	x	x	x				x	x	x	
Fibra de vidro moída	x	x	x	x	x	x	x					x	x	x	x
Terra diatomácea	x	x	x	x	x		x						x		x
Argila	x	x	x	x	x		x						x		x
Silicato de cálcio		x	x		x		x					x	x		x
Carbonato de cálcio		x	x		x		x								
Alumina trihidratada		x		x	x		x				x				
Pó de alumínio				x		x	x	x	x			x			
Pó de bronze				x		x	x	x	x			x			
Talco	x	x	x	x	x	x	x			x		x			x

Esta tabela não indica o grau de melhora na função indicada. A função principal variará para resinas termoplásticas ou termofixas. Esta tabela deverá ser usada somente como um guia para a seleção das cargas.

É crescente a preocupação com o manuseio seguro de nanofibras e nanopartículas. Em razão do pequeno tamanho destas fibras e partículas, elas podem facilmente penetrar as vias respiratórias causando problemas de saúde. Em razão disso, a EPA criou, em dezembro de 2004, um grupo de trabalho cujo objetivo era o de analisar o potencial de risco envolvido na nanotecnologia. Como resultado, um relatório produzido pela agência (*White Paper*) foi publicado em fevereiro de 2007. Este relatório trazia uma seção que tratava da toxicidade e da identificação de risco envolvidos na utilização e manufatura dos nanomateriais. Esta seção relatava que a toxicidade dos nanotubos de carbono era maior do que a das nanopartículas de negro de fumo (*carbon black*), embora estes compostos sejam bastante similares quimicamente e em tamanho.

Nanocompósitos são geralmente categorizados em razão do tipo de material ou de sua forma, a saber, nanoargilas, nanofibras e nanometais.

Nanoargilas. Nanoargilas baseiam-se em um tipo de argila denominado esmectita. O grupo de argilas minerais abarcado pelas esmectitas inclui o talco e a vermiculita, além de um grupo singular de argilas que contêm elementos na forma de flocos, cuja espessura encontra-se na ordem do nanômetro (milionésima parte do milímetro). A montmorilonita e a hectorita são exemplos de nanoargilas, estas denominações referenciam estas argilas com seus lugares geográficos de origem. Montmorillon na França e Hector no estado da Califórnia (EUA). Se uniformemente espalhadas, 5 gramas destas nanoargilas podem recobrir a área de um campo de futebol americano.[4] Quando adequadamente dispersa na estrutura do plástico, um nanocompósito contendo 2,5% de argila apresenta propriedades similares a um compósito de estrutura convencional que contenha cerca de 20% de talco. Consequentemente, compósitos à base de nanoargilas são mais leves.

O desafio tecnológico no preparo de nanoargilas reside em conseguir que a dispersão da argila no plástico seja feita de maneira correta. São de uso corrente três diferentes técnicas de dispersão. Intercalação de soluções consiste em se dissolver o polímero em um solvente e, então, dispersar a argila na solução e, finalmente, remover o solvente de modo que reste o compósito argila/plástico. Este processo é viável para polímeros solúveis em água; contudo, o fato de que a maioria dos plásticos não o seja, solventes orgânicos fazem-se necessários. O uso de tais solventes incorrerá em custos altos e problemas relacionados à saúde e à segurança, além de problemas concernentes à remoção completa dos solventes. Uma segunda técnica consiste em se misturar a argila com monômeros antes da etapa de polimerização. Os reatores empregados na indústria de processamento de polímeros são, frequentemente, usados na manufatura de diferentes tipos de plásticos, e isto faz com que a adição de argilas durante o processamento possa vir a causar sérios problemas. A terceira técnica envolve a mistura, a quente, da argila com o plástico a partir de extrusoras. Muitos dos materiais argilosos não são compatíveis com os plásticos e, se misturados, se agregarão ao invés de misturar-se uniformemente. A fim de evitar esta aglomeração, a argila pode sofrer um pré-tratamento com adição de alguns insumos químicos de natureza orgânica de modo a aumentar sua compatibilidade. Com este pré-tratamento, uma boa dispersão da argila pode ser obtida mesmo a baixas porcentagens dela; contudo, este baixo percentual de argila pode resultar em que o ganho obtido nas propriedades seja limitado. À medida que a porcentagem de argila na mistura aumenta torna-se muito mais difícil recobrir toda a área superficial disponível da argila com o polímero. Ou seja, os problemas relativos ao processo de dispersão continuam a limitar o emprego da nanoargila.

Nanofibras. As fibras de maior interesse nas aplicações que envolvem plásticos são as fibras de carbono e os nanotubos de carbono. Embora o emprego dos nanotubos de carbono de parede simples venha aumentando, a sua variante de parede múltipla (MWCNTs – multiwall carbon nanotubes) ainda é preponderante no uso envolvendo plásticos.

A fibra de carbono convencional não se apresenta em escala nanométrica, mas as nanofibras de carbono estão disponíveis em diâmetros compreendidos no intervalo entre 70 a 200 nanômetros. Em contraste às nanofibras, MWCNTs apresentam diâmetro muito menor, normalmente o diâmetro interno da ordem de 5 nm e diâmetro externo com cerca de 10 nm, a relação existente entre comprimento e espessura é de 1.000:1, o que implica um comprimento médio cerca de 1.000 vezes maior do que o diâmetro.

O custo dos MWCNTs, cerca de US$ 600 por libra, tem limitado a abrangência de seu uso. A *Bayer Material Science* tenciona aumentar sua capacidade produtiva de MWCNTs, sob o logotipo *Baytubes*, tendo como meta para 2009 alcançar as 200 toneladas métricas, aumentando este valor para 3.000 toneladas métricas em 2012. O líder na produção de MWCNTs é uma companhia baseada em Cambridge, Massachusetts, a *Hyperion Catalysis*. Esta empresa comer-

---

[4] Aproximadamente 5.300 m². (NT)

cializa *masterbatches* aditivados com nanotubos em proporções da ordem de 15% a 20%, além de produzir compósitos para aplicações que visam redução de problemas relacionados ao acúmulo de estática, em policarbonatos, náilon, polifenileno e outros plásticos de engenharia. A fim de competir comercialmente com os nanotubos, algumas empresas têm voltado sua atenção para as nanofibras de carbono, as quais são mais fáceis de produzir. Isto fez com que o valor de venda das nanofibras de carbono atingisse metade, ou até mesmo um quarto, do valor dos MWCNTs.

Em razão do alto custo dos MWCNTs e das nanofibras de carbono, a maioria de suas aplicações envolvendo plásticos restringe-se a partes que requerem características como condutividade elétrica ou capacidade de não acumular carga elétrica estática. Como exemplo de uso dos MWCNTs, encontramos alguns componentes automotivos, como tubulação e conectores relacionados ao transporte de combustível, cujo objetivo é o de evitar o acúmulo de estática. Em computadores, componentes como o disco rígido e processadores necessitam ter facilidade em dissipar a estática. Outras aplicações envolvem produtos com necessidades especiais, como alguns dos equipamentos para esportes, tais como tacos para beisebol, bastões de hóquei, bicicletas e tacos para golfe.

Nanometais. Nanocompósitos com base metal/polímero ainda não são largamente comercializados, porém têm sido objetivo de inúmeras pesquisas. A criação de nanocristais metálicos pode ocorrer antes da polimerização, neste caso os cristais são dispersos em uma solução polimérica ou colocados junto aos monômeros. Outra abordagem é a de adicionar os íons metálicos na solução monomérica e, após a polimerização, fazer com que partículas nanometálicas desenvolvam-se pelos métodos térmicos ou químicos. O uso potencial destes compostos inclui equipamentos para armazenamento magnético de dados, filtros de cor, sensores e instrumentos óticos.

Cargas em escala macroscópica

A adição de cargas tem como resultado o aumento na processabilidade, melhora na aparência do produto, além de outros fatores. Um exemplo de carga é a serragem, a qual pode ser obtida a partir da trituração de restos de madeira; esta carga, na forma de material particulado, é geralmente misturada a resinas fenólicas com o intuito de reduzir a fragilidade e o custo e melhorar o acabamento do produto.

Na maioria das operações de moldagem, o porcentual volumétrico das cargas não excede os 40%, contudo, proporções da ordem de 10%, em resina, podem ser usadas na moldagem de placas de aglomerado. Na indústria de fundição, porcentagens baixas de resina, em torno de 3%, são usadas junto com areia em processos de moldagem em casca.

Para o mármore sintético usam-se pó de mármore natural e resina à base de poliéster a fim de se produzirem itens que se assemelham ao mármore natural. O produto sintetizado apresenta vantagens, como o fato de ser resistente a manchas, além da versatilidade por poder ser produzido em diferentes cores, formas e tamanhos.

A maioria das cargas de natureza orgânica não suporta exposição a altas temperaturas. A fim de melhorar a resistência térmica destes materiais, utilizam-se cargas à base de sílica, tais como areia, quartzo, trípoli ou terra diatomácea.

Terra diatomácea consiste em restos fossilizados de organismos microscópicos (diatomáceos). Este tipo de carga confere um aumento na resistência mecânica à compressão em estruturas rígidas de espuma de poliuretano.

Uma carga cuja distribuição de tamanho de partículas se aproxima daquela apresentada pela fumaça de cigarros (0,007 até 0,050 μm) é chamada fumo de sílica. Esta sílica submicroscópica é adicionada a resinas a fim de se obter um comportamento tixotrópico. **Tixotropia** compreende um estado reológico do material que, quando em repouso, assume o comportamento de um gel e, quando agitado, assemelha-se a um fluido. Outras cargas tixotrópicas podem ser feitas a partir de material finamente dividido, oriundo de cloreto de polivinila, alumina, carbonato de cálcio e outros silicatos. Cab-O-Sil® e Sylodex® são nomes comerciais de duas cargas com comportamento tixotrópico. Cargas tixotrópicas podem ser adicionadas tanto em resinas termorrígidas quanto em termoplásticas. A finalidade destas cargas é diversa e inclui o espessamento da resina, melhora das propriedades relativas ao escoamento de material particulado, aumento da resistência mecânica, diminuição do custo e substituição de algum outro aditivo (Figura 7-24).

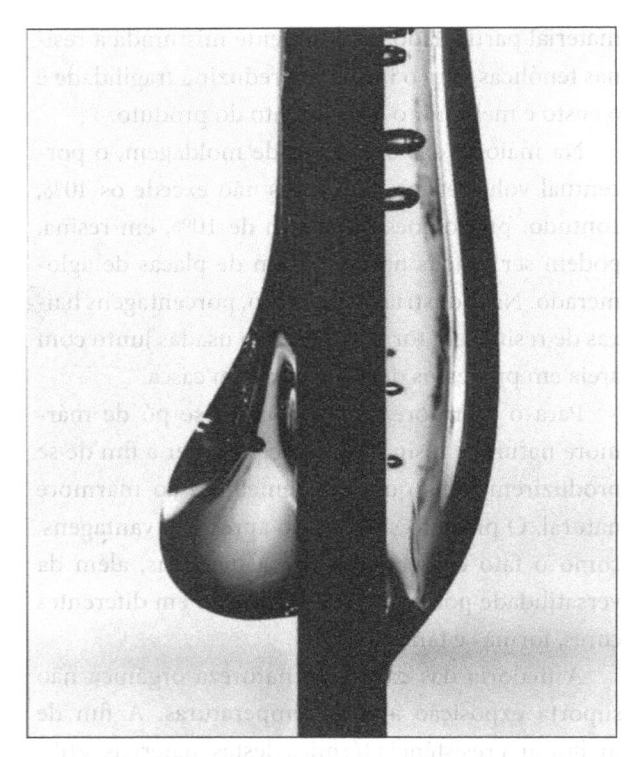

Figura 7-24 – A resina à direita contém um agente tixotrópico. Aquela à esquerda cairá e escorrerá sem este ingrediente. (Cabot Corp.)

Cargas com caráter tixotrópico aumentam a viscosidade (resistência ao escoamento), o que as tornam propícias em aplicações como tintas, adesivos e outros compostos aplicados em superfícies verticais. Estas cargas podem ser adicionadas a resinas com base em poliéster quando da manufatura de superfícies inclinadas ou verticais. Cargas tixotrópicas podem também agir como emulsificantes, a fim de se prevenir a separação de dois ou mais líquidos. Aditivos de base oleosa e aquosa podem ser adicionados e mantidos em fase emulsificada.

Cargas compostas de latão, aço, grafite e alumínio são adicionadas a resinas a fim de propiciar condutividade elétrica na moldagem ou aumentar a resistência mecânica. Plásticos acrescidos destas cargas podem sofrer eletrodeposição. Plásticos contendo chumbo na forma de material particulado são usados como proteção contra raios gama e neutrônicos.

Em algumas situações, ceras, grafite, latão ou vidro são adicionados de modo a fornecer propriedades autolubrificantes em engrenagens plásticas e mancais.

Existem várias razões pelas quais o vidro é comumente utilizado nos plásticos, a saber: é relativamente barato, o processo de adição é fácil, melhora as propriedades físicas e pode ser facilmente colorido. Vidro colorido apresenta vantagens relacionadas a propriedades ópticas, especialmente estabilidade de cor, quando comparada aos corantes químicos. Pequenas esferas ocas de vidro (**microbalões** ou **microesferas**) são usadas como cargas quando da produção de compósitos de baixa densidade.

Pesquisa na internet

- **http://www.aiha.org**. O site da American Industrial Hygiene Association's apresenta seção voltada à nanotecnologia, relacionando artigos, conferências e comissões voltados à nanotecnologia e segurança.
- **http://www.apsci.com**. A Applied Sciences. Inc. produz uma linha de fibras de carbono chamada pyrograf®, uma fibra de carbono de baixo custo.
- **http://www.arap.org**. Site da Alliance for Responsible Atmospheric Policy, entidade que monitora as implicações comerciais advindas da implantação do Protocolo de Montreal. Em particular, esta organização promove o uso do HCFCs em lugar dos CFCs.
- **http://www.bayermaterialscience.com**. A Bayer Material Science manufatura MWCNTs sob o nome comercial de Baytubes®. Uma busca por este nome na página da internet proverá informações acerca de nanotubos.
- **http://www.chemtura.com**. A Chemtura Corporation é líder mundial na produção de aditivos para plásticos, incluindo estabilizantes térmicos, antioxidantes, agentes de acoplamento e agentes antiestáticos.
- **http://www.elementis-specialties.com**. A Elementis Specialties disponibiliza a Bentone® HD, uma argila a base de hectorita.
- **http://www.epa.gov**. No site da EPA pode ser encontrado um abrangente relatório sobre nanotecnologia, publicado em 2007, sob o nome Nanotechnology White Paper. Este relatório contém informações sobre toxicidade de nanotubos de carbono.
- **http://www.fibrils.com**. Site da Hyperion Catalysis International, um dos líderes mundiais na tecnologia que envolve os nanotubos de carbono. A página na internet possui informações relacionadas aos

nanotubos de parede múltipla (CMWNT), comercializados sob a denominação Fibril™. Esta empresa comercializa *masterbatches* contendo de 15% a 20% (massa) de nanotubos.

- **http://www.nanoclay.com.** No ano de 2000, a Southern Clay Products tornou-se parte da Rockwood Specialties. Inc., contudo, a empresa continua a comercializar aditivos para plásticos na forma de nanoargilas, sob o nome comercial de Cloisite®, cuja base é a montmorilonita.
- **http://www.nanocor.com.** A Nanocor comercializa nanoargilas (Nanomer®) para uso em náilon, epóxi, uretanos e plásticos de engenharia. A empresa oferece *masterbatches* de nanoargilas e diversos nanocompósitos peletizados com base no náilon 6.
- **http://www.nanoledge.com.** A Nanoledge é uma empresa sediada na França cujo foco são os nanocompósitos com aplicações em esporte, com atuação similar a outra empresa, a Zyvex Corp..
- **http://www.owenscorning.net.** No site desta empresa, ao selecionar "Products" na página inicial, será retornada uma listagem com várias categorias de produtos, cada categoria trará uma descrição do produto, por vezes acompanhada de uma foto, além de documentação e uma seção de perguntas e respostas.
- **http://www.sud-chemie.com.** A Süd-Chemie AG é fornecedora das nanoargilas de denominação comercial Nanofil®, que constituem um nanocompósito com base na montmorilonita. Três dos graus de Nanofil® disponíveis receberam intercalação orgânica a fim de melhorar a compatibilidade.
- **http://www.tno.nl.** A TNO é uma empresa com sede na Holanda responsável pelo desenvolvimento de uma nanoargila com função de retardante de chama, a Planomers®.
- **http://www.zyvexpro.com.** A Zyvex Performance Materials em sua página declara o intuito de fornecer aos seus clientes "resultados impactantes no uso de nanomateriais à base de carbono". O site também traz informação sobre aplicações do Nanosolve® em aplicações esportivas, como bicicletas de competição e mastros para iates, entre outras.

Vocabulário

As palavras a seguir são encontradas neste capítulo. Consulte o glossário no Apêndice A para encontrar as definições destas palavras, caso você não compreenda como elas se aplicam aos plásticos.

Antibloqueio
Antioxidantes
Agentes antiestática
Fibra de carbono
Catalisadores (iniciadores)
Corante
Agentes de acoplamento
Cristal *whisker*
Agentes de cura
Cargas
Retardante de chama
Fluorescência
Vidro, tipo C
Vidro, tipo E
Estabilizantes térmicos
Inibidores (estabilizadores)
Lâminas
Exsudação de lubrificante
Luminescência
Microbalões (microesferas)
Nanocompósito
Fosforescência
Plastificante
Promotores (aceleradores)
Agentes de reforço
Rovings
Tixotrópicos
Yarns
Exotérmico
Camada de carvão
Fios
Proporção de aspectos

Questões

7-1. Com o intuito de melhorar e, até mesmo, ampliar as propriedades dos plásticos, são empregados os _____.

7-2. O acúmulo da energia estática pode ser reduzido pela adição dos agentes _____.

7-3. Relacione quatro tipos de modificantes de cor.

7-4. A principal característica que diferencia pigmentos de corantes é o fato de que corantes _____ na matriz polimérica.

7-5. A maior desvantagem em relação aos corantes orgânicos é o fato de apresentarem _____ pobre e estabilidade _____.

7-6. Plastificantes são geralmente adicionados ao cloreto de polivinila pela razão de _____.

7-7. Qual a denominação dada às fibras de vidro resistentes ao ataque químico?

7-8. Os monocristais empregados como agentes de reforço são conhecidos por _____.

7-9. Cargas com ação tixotrópica têm por ação aumentar _____.

7-10. Qual é um dos agentes plastificantes mais utilizados_____.

7-11. Cite o tipo de radiação luminosa que apresenta ação destrutiva sobre os plásticos.

7-12. A polimerização é iniciada a partir do uso de _____.

7-13. _____ químicos podem ser empregados na obtenção de plásticos com estrutura celular.

7-14. Identifique agentes estabilizadores que retardem, ou inibam, a degradação oxidativa.

7-15. Iniciadores como _____ são usados como agentes de cura de poliéster insaturado.

7-16. Relacione três aspectos relativos à inclusão das cargas.

7-17. Não ser adequada ao processamento em altas temperaturas é característica de qual tipo de carga?

7-18. Material composto de fibras longas, que tem a função de aumentar a resistência mecânica e ao impacto, é chamado _____.

7-19. Cite quatro razões pelas quais a fibra de vidro é geralmente selecionada como agente de reforço.

7-20. O conjunto de fibras trançadas, longo, semelhante a uma corda, é denominado _____ _____.

7-21. Com o intuito de diminuir a viscosidade e auxiliar no processamento, são adicionados _____ e _____ às resinas.

7-22. O estearato de zinco é um aditivo usado na etapa de moldagem que possui ação _____.

7-23. Partículas diminutas que contribuem moderadamente para o aumento da resistência mecânica são chamadas _____.

7-24. Na prevenção da ocorrência de descoloração e decomposição nos plásticos podemos adicionar _____.

7-25. Microfissuras, alterações de cor e perda de propriedades físicas e químicas podem ser causadas por _____.

7-26. Quando a energia elétrica, química ou em forma de luz excita elétrons, a radiação da luz é chamada _____.

7-27. O fenômeno de exsudação de agente lubrificante na superfície do plástico é causado por _____.

7-28. Em razão da melhor distribuição de cor no produto, os plásticos _____ são superiores aos plásticos pintados.

7-29. Qual aditivo produzirá um compósito mais resistente, negro de fumo ou fibra de grafite?

7-30. O que implica maior resistência, uma moldagem de folha (SMC) ou uma estrutura filamentar?

Atividades

Antioxidante

Antioxidantes são insumos químicos cuja ação é a de reduzir a degradação oxidativa dos plásticos. Sem a presença dos antioxidantes, a maioria dos plásticos comuns teria sua durabilidade reduzida quanto ao uso.

Equipamentos. Flocos de polipropileno, *pellets* de polipropileno para moldagem por injeção, equipamento para moldagem por injeção e uma estufa (preferencialmente com circulação forçada).

Procedimento

7-1. Manufature diferentes peças, injetando-as em variadas formas. Use floco de polipropileno sem quaisquer aditivos, cargas ou agentes de reforço. Use também *pellets* de PP que contenham algum antioxidante.

7-2. Pendure as peças na estufa a 180 °C, para isto *não* utilize fios ou grampos metálicos, pois o metal pode promover a degradação. Alguns tipos de linha de pesca podem funcionar se as peças não forem muito pesadas.

7-3. Mantenha as peças no forno até que alguma degradação se torne aparente. Remova as peças a intervalos regulares de tempo a fim de documentar o avanço no processo de degradação. Mantenha a última (ou as duas últimas) peça até que a mesma se encontre completamente degradada, ou mesmo quebradiça ao manuseio. O procedimento deve também ser seguido para as peças feitas de material peletizado. Elas devem suportar a ação do calor por um tempo maior antes do início da degradação.

7-4. Resuma os resultados obtidos em um breve relatório.

7-5. A fim de acelerar este experimento, molde os *pellets* e os flocos de PP em lâminas finas. Tente produzir lâminas com espessura inferior a 1,0 mm. Exponha as amostras ao calor como descrito no item 7-2. Dentro de poucas horas uma degradação considerável deverá ocorrer. Na Figura 7-25 é mostrada uma amostra que exibe sinais de degradação após 4 horas de exposição a 180 °C.

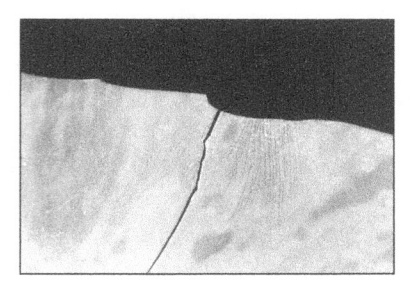

Figura 7-25 – Esta peça de filme de polipropileno não estabilizado exibiu uma fratura frágil após 2 horas a 180 °C.

Agentes de acoplamento

Agentes de acoplamento promovem a adesão entre o material plástico e as cargas ou agentes de reforço. Reforços fibrosos não podem prover a necessária resistência mecânica se eles se desprenderem facilmente da matriz polimérica.

Equipamento. Polipropileno natural (para extrusão ou injeção), dois tipos de fibra de vidro picada – uma compatível com poliestireno (PS) e outra compatível com PP –, uma extrusora, um molde para injeção e um instrumento para medição da resistência à tração.

Procedimento

7-1. Prepare uma batelada de PP, adicionando carga de fibra de vidro compatível com poliestireno. Determine o porcentual de carga de modo a tornar compatível a operação da extrusora disponível. Se a extrusora não operar adequadamente o vidro, mantenha o carregamento inferior a 10%. Prepare uma batelada de material, agora utilizando o mesmo porcentual de carga, porém, compatível com PP. Se a fibra de vidro não se dispersar adequadamente após a primeira passagem pela extrusora, repita o procedimento (para ambos os tipos) por uma segunda ou até mesmo terceira vez.

7-2. Se possível, use um molde para a injeção que produza um corpo de prova padrão para medida de resistência à tração (formato *dog-bone* é indicado). Realize os testes de resistência à tração, determinando as resistências e alongamentos no ponto de escoamento e na ruptura. Calcule valores médios e desvios, faça gráficos que comparem o vidro compatível com PS ao vidro compatível com PP.

7-3. Resuma os resultados obtidos em um breve relatório.

Capítulo 8

Caracterização e seleção de plásticos comerciais

Introdução

Cada novo produto plástico representa a aceitação de decisões tomadas por projetistas, engenheiros, processadores e especialistas em marketing. Estes profissionais determinam a forma, a cor, a função, a resistência, o estilo, a aparência e a confiabilidade do produto. Um dos aspectos do desenvolvimento de um novo produto relaciona-se com a identificação do material a ser utilizado. O objetivo deste capítulo é fornecer uma introdução às várias facetas da caracterização e seleção de materiais. Segue um resumo do conteúdo deste capítulo:

I. Materiais básicos
   A. Técnicas de polimerização
   B. Índice de fluidez
II. Seleção do tipo de material
III. Bancos de dados informatizados para seleção de materiais

Materiais básicos

A escolha entre ABS, PC, PS ou PP é usualmente difícil. Além dos fatores relacionados ao custo, a decisão deve envolver resistência e características de flexibilidade, o uso/ambiente, a aparência da superfície; contudo, em alguns casos, as escolhas encontram-se bem estabelecidas.

Uma embalagem termoformada para ser utilizada em um bolo redondo decorado não precisa ser hermética ou possuir propriedades que previnam a entrada de oxigênio, não precisa ser resistente à radiação ultravioleta, mas precisa proteger a decoração em glacê do bolo e permitir certo nível de empilhamento. Um recipiente como esse normalmente seria produzido em poliestireno que, além de transparente, é barato. Contudo, o poliestireno é bastante frágil e provavelmente quebrará durante o uso, não suportando as duas ou três aberturas esperadas do tempo de vida desta embalagem.

Lentes plásticas para óculos possuem exigências muito mais rigorosas; devem ser altamente transparentes e, ao mesmo tempo, resistir a impacto e riscos. Elas devem ser moldáveis e, ainda, possibilitarem a ação de equipamentos de jateamento de areia, desbaste e polimento. Uma escolha típica para esta aplicação é o policarbonato: ele excederá as exigências em relação ao impacto, não quebra e pode ser bastante resistente a riscos.

Contudo, muitas escolhas de materiais plásticos de base não são óbvias e avanços no mercado de resinas têm tornado as escolhas ainda mais difíceis; por exemplo, o polipropileno reforçado tem sido utilizado em algumas aplicações anteriormente exclusivas dos plásticos de engenharia, como o náilon.

Está fora do alcance deste capítulo enumerar as aplicações usuais para uma variedade de plásticos. Os Apêndices E e F listam muitos exemplos de usos para plásticos comuns. Contudo, há muitas considerações recorrentes nos processos de seleção de material; uma delas é a compreensão das características dos materiais plásticos básicos.

Escolher o plástico de base não é o mesmo que selecionar o material, porque, ainda que alguns produtos comerciais sejam plásticos brutos, não modificados ou reforçados, esses produtos nunca são totalmente poliméricos, pois contêm aditivos. Uma chave para a compreensão de vários plásticos é o índice de fluidez (ou índice de fluxo à fusão) – veja o Capítulo 6. Para uma clara compreensão da importância do índice de fluidez, é importante uma introdução às técnicas de polimerização.

Técnicas de polimerização

Na polimerização, pequenas moléculas de hidrocarbonetos (isômeros) se combinam para formar moléculas muito grandes, frequentemente denominadas macromoléculas. Para que isto ocorra de modo eficiente em um reator químico, o monômero deve apresentar uma forma que forneça alta área superficial e pequeno volume. Quatro diferentes processos garantem uma alta razão entre área superficial e volume: polimerização em massa (*bulk*), em solução, em suspensão e em emulsão. Na **polimerização em massa** (*bulk*), reatores tubulares, estreitos, garantem esta razão; a **polimerização em solução** requer que quantidades pequenas do monômero sejam adicionadas a um grande volume de solvente; por exemplo, na polimerização do poliestireno a partir do monômero estireno, 20% (em massa) do estireno é dissolvido em cerca de 80% de benzeno. Para evitar o emprego de solventes, processos de **polimerização em emulsão** e **em suspensão** utilizam água para circundar as pequenas gotas de monômero. Ao se examinar de perto um polímero em forma de esfera ou escama, em um reator, pode-se perceber quão pequena é a escala em que as reações de polimerização ocorrem.

Independentemente do tipo de processo utilizado, a polimerização ocorre de acordo com as duas maiores classes de reação química: **crescimento em cadeia** (usualmente denominada **polimerização por adição**) ou **crescimento em etapas** (usualmente denominada **polimerização por condensação**).

No crescimento em cadeia (ou adição), a polimerização começa em um ponto pela ação de um iniciador químico e, quase instantaneamente, a cadeia completa se forma, sem o aparecimento de outros produtos químicos. Uma analogia apropriada seria a imagem de um trem se formando pela conexão de centenas de vagões; quando formado, o trem parte sem deixar para trás nenhum vagão. O crescimento da cadeia só é interrompido pelo efeito de produtos químicos que levam a seu fechamento; o encerramento da reação também é afetado pela probabilidade, pureza e tipo do monômero.

No crescimento em etapas (ou condensação), os monômeros se combinam para formar blocos com duas unidades de comprimento que, por sua vez, se combinam para formar blocos com quatro unidades de comprimento. Esta sequência continua até a interrupção do processo. Na polimerização em etapas, usualmente ocorre alguma alteração química no monômero que leva à formação de subprodutos que, se não forem continuamente removidos, tornarão mais lento ou inibirão o processo de polimerização. Os subprodutos mais comuns são água, ácido acético e cloreto de hidrogênio; por exemplo, na reação simultânea à moldagem por injeção, alguns materiais polimerizam por condensação, produzindo água no interior do molde. Os moldes para este tipo de processo de fabricação devem ser recobertos com níquel para evitar a contínua oxidação.

Nem a polimerização por adição, nem a polimerização por condensação são perfeitas; algumas moléculas crescem além do comprimento desejado e outras ficam muito curtas. Isto leva à ocorrência de uma distribuição de comprimentos moleculares. No Capítulo 5 podem ser encontradas orientações sobre como calcular média e desvio padrão de valores que seguem uma distribuição normal, mas as distribuições das moléculas poliméricas são mais complexas e não podem ser completamente descritas pela média e desvio padrão. A razão para este fato é que os comprimentos da molécula não seguem a distribuição normal, mas tendem ao formato mostrado na Figura 8-1.

A forma desta curva (Figura 8-1) é muito importante. Do mesmo modo que ocorre na distribuição normal, esta curva apresenta um valor de pico, identificado como M_n, mas, diferentemente do que ocorre na curva normal, esta não é simétrica, apresentando uma longa cauda à direita. Isto significa que há algumas moléculas muito longas no polímero; se estas moléculas longas fossem desprezíveis, poderia ser razoável assumir que a distribuição fosse normal, contudo, as moléculas longas são muito significativas, pois levam a alterações das propriedades físicas do material.

Para obter uma caracterização mais adequada da distribuição de massas moleculares em um polí-

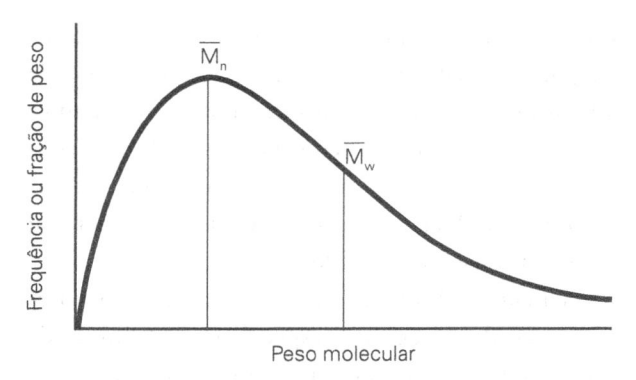

Figura 8-1 – Esta distribuição de pesos moleculares é típica para polímeros em muitos plásticos comerciais.

mero, é necessário tanto a massa molecular média numérica como a massa molecular média ponderal. A **massa molecular média numérica (M_n)** baseia-se na frequência de diferentes comprimentos moleculares em uma amostra, o que implica que as moléculas curtas são tão importantes quanto as longas. Por sua vez, a **massa molecular média ponderada (M_w)** não somente considera a frequência dos diferentes comprimentos moleculares, mas também leva em consideração a contribuição das várias moléculas na massa total da amostra. Esta abordagem faz com que a importância das moléculas mais longas seja maior do que simplesmente contar sua frequência.

A razão entre M_w e M_n é o **índice de polidispersidade (IP)**. Este número guarda alguma semelhança com o desvio padrão da distribuição normal. Um IP de 1,0 representa o polímero teoricamente perfeito, em que todas as moléculas possuem o mesmo comprimento. À medida que o valor do IP cresce, aumenta a diferença entre as moléculas mais longas e mais curtas na amostra. Os valores de IP para os polímeros comerciais variam de 2 a 40.

A determinação da massa molecular média numérica e da massa molecular média ponderada não é simples, requerendo equipamentos específicos e pessoal treinado, o que faz com que muitos fabricantes utilizem o índice de fluidez como uma estimativa grosseira, mas rápida, da massa molecular média de uma amostra.

Índice de fluidez

A Figura 8-2 demonstra a influência de diferentes taxas de fluxo à fusão sobre o fluxo em espiral. Moldes para injeção com fluxo em espiral possuem cavidades muito longas, fazendo com que a carga de plástico esfrie antes que chegue ao final da cavidade. Durante uma análise de fluxo em espiral, a configuração da injetora uniformiza as temperaturas do molde e do plástico fundido, assim como uniformiza a pressão e a velocidade da injeção. Cada carga possui material em excesso, de modo que o fluxo não é interrompido por falta de material, mas porque – nas condições de moldagem definidas – o material não consegue fluir.

O material usado no ensaio de fluxo em espiral mostrado na Figura 8-2 foi o polipropileno homopolímero natural, sendo as diferenças de resultado devido aos diferentes índices de fluidez dos materiais selecionados. Os valores de índice de fluidez indicam a massa (g) de material extrusado em um período de 10 minutos por um orifício de dimensão padronizada. O caminho percorrido na espiral, para diferentes índices de fluidez, é mostrado na Tabela 8-1.

Tabela 8-1 – Relação entre o índice de fluidez e o fluxo em espiral

Índice de fluidez (MFI)	Distância percorrida (pol.)
2	19,5
4	23,25
6	25,75
8	27,5
10	34,5
12	36,25
14	37,25
16	39,75
18	41,25
20	43,75

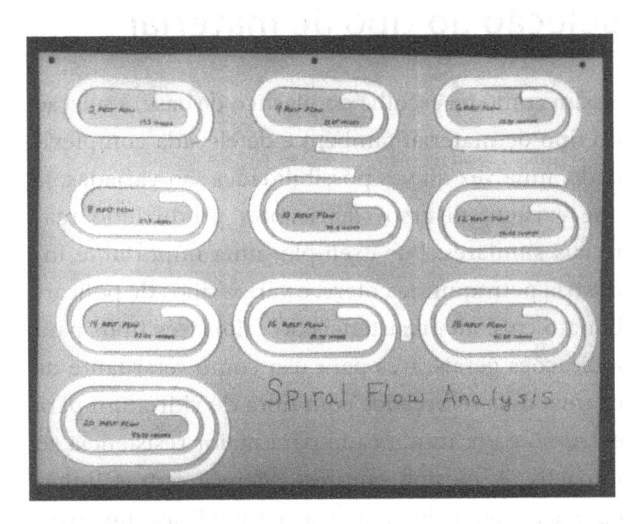

Figura 8-2 – Resultados de análise de fluxo em espiral do polipropileno homopolímero.

Pode-se observar que, à medida que o índice de fluidez (MFI – melt flow index, ou IF) aumenta, a distância percorrida também aumenta; a razão para este aumento é que o comprimento médio da cadeia polimérica diminui à medida que o MFI aumenta. Isto significa que o material com índice de fluidez maior será "mais rápido" que o material com índice menor. As variações no MFI são inversamente correlacionadas com os comprimentos médios das cadeias (ou massa molecular média).

A Tabela 8-2 mostra estas relações, usando dados de tipos selecionados de polipropileno homopolimérico.

Os dados desta Tabela mostram que, à medida o MFI aumenta, tanto M_n como M_w diminuem. Embora a estimativa da massa molecular com base no valor de MFI não seja muito precisa, a tendência geral é usualmente obedecida. A compreensão destas relações pode auxiliar no processo de seleção do material.

Tabela 8-2 – Relação entre índice de fluidez e massas moleculares

Faixa de índice de fluidez	M_n	M_w	IP (M_w/M_n)
0,3-0,6	90.000	850.000	9,5
1-3	65.000	580.000	9
2,6	61.500	375.000	6,1
3-5	60.000	450.000	8
4,6	57.000	333.000	5,9
5-8	35.000	350.000	10
7,5	51.000	296.000	5,8
8,5	50.000	305.000	6,1
8-16	30.000	300.000	10

Seleção do tipo de material

Assim como na escolha do plástico de base, a seleção do tipo de material também é de elevada complexidade, uma vez que as possibilidades são variadas, já que existem diversos fabricantes produzindo materiais similares. Por exemplo, uma importante indústria petroquímica oferece vários tipos de policarbonato com alta resistência ao calor, três tipos para aplicações gerais, três para uso como retardante de chama, dois reforçados com fibra de vidro, um para extrusão e um modificado para maior resistência ao impacto. A mesma empresa oferece outras linhas especiais que incluem aplicações médicas, uma para iluminação, três ópticas e três para uso em lentes automotivas. Outra grande companhia fornece 12 tipos de policarbonato para aplicações gerais, 3 tipos de alta fluidez, 8 para produtos de saúde, 6 retardantes de chama, 5 reforçados com fibra de vidro, 7 resistentes ao desgaste, 7 variedades com qualidade óptica, 4 para moldagem por sopro e 5 tipos de material com alta resistência ao calor.

A maioria das petroquímicas fornece os valores de índice de fluidez nas especificações técnicas de seus produtos, de modo que se infiram os valores de M_n, M_w e IP, usualmente não estabelecidos. Além de variações na polidispersidade e massa molecular, outras diferenças originam-se da combinação de cargas e aditivos. As variedades utilizadas como retardantes de chama incluem produtos químicos que inibem a combustão, os de alta fluidez frequentemente apresentam em sua composição lubrificantes internos para promover o fluxo. A busca pelo material ideal para uma dada aplicação pode ser desgastante.

Bancos de dados informatizados para seleção de materiais

Em virtude do fato de que centenas de fabricantes produzem plásticos em milhares de variedades, a seleção do *melhor* material para um dado produto é muito difícil. Para auxiliar nesta tarefa, bancos de dados reúnem, coletam e organizam dados sobre materiais. Normalmente, as informações destes bancos de dados incluem nome comercial, denominação química, nome do fabricante e diversas propriedades físicas, como resistência, impacto, módulos de flexão e tração, dureza, quantidade de carga, temperatura de fragilidade, temperatura de deflexão térmica, índice de refração, absorção de água, índice de fluidez, contração (linear) na moldagem, entre outras. Os bancos de dados mais completos incluem dados reológicos, curvas de fluência, dados de envelhecimento, resistência química e às intempéries.

Há dois tipos básicos de bancos de dados: os produzidos por empresas de software e os criados pelas indústrias fabricantes de plásticos. As companhias de software reúnem uma grande quantidade de material em bancos de dados e vende-os em CDs ou via on-line. Um destes bancos de dados inclui 17 mil materiais termoplásticos. Fabricantes de resinas, como GE, DuPont, Bayer e BASF, normalmente focam somente em seus próprios produtos e mantêm bancos de dados sobre cerca de 200 a 600 materiais.

Uma vantagem dos bancos de dados específicos dos fabricantes é que, normalmente, incluem mais informações sobre as propriedades físicas do que os fornecidos pelas empresas de software; além disso, é comum que bancos de dados menores apresentem informações mais precisas.

Os bancos de dados incluem algumas ferramentas que permitem ao usuário realizar buscas por materiais que atendem a um conjunto específico de características, de modo que, ao final, o usuário terá uma lista de materiais que atendem às condições estabelecidas.

É inerente ao processo a presunção de que comparações diretas entre os materiais são, basicamente, acuradas; contudo, a validade destas comparações depende da comparabilidade entre os dados adicionados à base de dados. Muitas vezes, ensaios realizados segundo o padrão ASTM podem não ser comparáveis em virtude das dimensões ou formato dos corpos de prova, configuração do molde ou condições de moldagem. Alguns bancos de dados desenvolvidos para empresas específicas têm utilizado testes no padrão ISO, visando à obtenção de resultados mais comparáveis, mas, mesmo quando se comparam plásticos produzidos pelo mesmo fabricante, o problema se mantém. Empresas de maior porte possuem laboratórios de ensaio em várias localizações, e, frequentemente, as máquinas utilizadas para moldar os corpos de prova são de fabricantes diferentes, ou os moldes não são idênticos nas dimensões ou nas condições de resfriamento, ou as condições da moldagem diferem entre os laboratórios. Todos estes fatores introduzem variabilidade nos resultados dos testes.

Resumo

Na escolha de material, o conhecimento acerca das características básicas do polímero é fundamental. Os comprimentos médios das cadeias moleculares e sua distribuição influenciam nas propriedades físicas e nas propriedades de fluxo. Além das características das moléculas poliméricas, a presença de aditivos, cargas, agentes de reforço e colorantes faz com que o plástico atenda a aplicações específicas. As decisões corretas acerca dos materiais garantem a durabilidade e a confiabilidade do produto, enquanto decisões errôneas frequentemente levam a falhas no produto.

Pesquisa na internet

- http://www.sabic-ip.com/gep/pt/Home/Home/home.html. Em agosto de 2007, a General Electric recebeu permissão do governo americano para vender sua divisão de plásticos, a Saudi Basic Industries (SABIC). Consequentemente, a SABIC aparece também quando se realizam buscas na internet sobre "GE Plastics". O "GE Material Selector" (Selecionador de Material da GE) é uma ferramenta que, a partir de informações como propriedades mecânicas, térmicas e elétricas desejadas, localiza a resina que atende ao especificado. Para encontrar esse "Busca de Material", passe o cursor sobre o menu "Produtos e Serviços" na página principal, de modo que se abra uma lista em que você selecionará o item "Resina e Compostos LNP". Então, selecione o menu "Dados e Ferramentas de Engenharia", onde estarão disponíveis diferentes modos de busca por materiais.
- http://www2.dupont.com/Plastics/en_US. A DuPont Plastics fornece duas ferramentas para seleção de materiais; para localizá-las, selecione o item "Knowledge Centre" no menu à esquerda; na lista que se abrirá, selecione "Find a Product". Além da ferramenta de seleção de material da DuPont, o site também hospeda o CAMPUS® (Computer Aided Material Preselection by Uniform Standards), um sistema baseado na ISO 10350.
- http://www.matweb.com. Várias petroquímicas mantém sites como os da SABIC e Dupont, mas também encontram-se disponíveis na internet bancos de dados genéricos. O site MatWeb fornece dados de propriedades mecânicas, físicas e elétricas, além de recomendações sobre processamento.

Vocabulário

As palavras a seguir são encontradas neste capítulo. Consulte o glossário no Apêndice A para encontrar as definições destas palavras, caso você não compreenda como elas se aplicam aos plásticos.

Índice de polidispersidade (IP)
Massa molecular média numérica (M_n)
Massa molecular média ponderada (M_w)
Polimerização em suspensão
Polimerização em emulsão
Polimerização em massa
Polimerização em solução
Polimerização por adição
Polimerização por condensação
Polimerização por crescimento em cadeia
Polimerização por crescimento em etapas

Questões

8-1. Quais processos de polimerização usam água para circundar as gotas de monômero?

8-2. Como se obtêm valores elevados para a razão entre área superficial e volume desejados para a reação de polimerização na polimerização em massa?

8-3. Qual solvente é comumente utilizado na polimerização em solução do estireno?

8-4. Qual a diferença entre a polimerização por crescimento em cadeia e a polimerização em etapas?

8-5. Que tipo de reação de polimerização forma subprodutos?

8-6. O que significa um índice de polidispersidade (IP) igual a 1,0?

8-7. Qual é a faixa aproximada de valores de IP usualmente apresentada pelos plásticos comerciais?

Atividades

Introdução

Uma abordagem prática para aprender sobre distribuições de massas moleculares consiste no estudo de misturas fundidas. As misturas fundidas são blendas de plásticos em que a mistura é feita após a polimerização inicial. Muitas empresas devem fornecer aos clientes plásticos com índices de fluidez determinados; para conseguir o valor desejado, os formuladores misturam porcentagens diferentes de materiais disponíveis com índice de fluidez conhecido. Contudo, isto pode ser bastante complicado, porque predizer o índice de fluidez após a mistura a partir do valor para os componentes individuais requer uma compreensão prática das diferenças entre massas moleculares médias numéricas e massas moleculares médias ponderadas.

Equipamento. Extrusora, peletizadora, plastômero de extrusão ou outro tipo de medidor de índice de fluidez, plásticos selecionados e equipamento de proteção individual adequado.

Procedimento

8-1. Adquira dois ou três homopolímeros não tingidos com diferentes índices de fluidez. Quando possível, obtenha informações acerca da massa molecular média numérica e da massa molecular média ponderada de cada tipo.

8-2. Use o medidor do índice de fluidez para verificar o índice de cada material escolhido. Para melhor precisão, faça várias medidas para cada tipo de homopolímero.

8-3. Determine as porcentagens relativas dos componentes e pese-os. Por exemplo, escolha um tipo de polímero com índice 2 e um com índice 20. Para uma batelada de 500 gramas, use 50% (250 g) de material com índice 2% e 50% (250 g) de material com índice 20. Se as diferenças entre os índices forem elevadas, a dificuldade na previsão do resultado ficará mais óbvia.

8-4. Una a mistura dos dois homopolímeros de índices de fluidez diferentes utilizando a extrusora e peletize o extrusado.

8-5. Tente estimar o valor do índice de fluidez do "novo" plástico. Se o valor imaginado for 11, com base na média entre 20 e 2, reveja a Figura 8-2. A distribuição típica de massas moleculares não é simétrica, mas possui uma assimetria para a direita. Em razão do fato de que a massa molecular média ponderada posiciona-se também à direita do pico de frequência, sua influência não será simétrica.

8-6. Meça o índice de fluidez do material composto.

8-7. Use as técnicas a seguir para gerar uma estimativa do índice de fluidez do novo material:

    a. Determine o logaritmo do valor do índice de fluidez (p. ex., o log de 2 é 0,3).

    b. Multiplique a fração mássica do material (porcentagem do material na mistura dividida por 100) de índice 2 pelo valor do logaritmo (p. ex., 0,5 × 0,3 = 0,15).

    c. Determine o logaritmo do valor do outro índice de fluidez e multiplique pela sua fração mássica (0,5 × 1,3 = 0,65).

    d. Some os dois valores e faça o inverso do logaritmo da soma obtida. Por exemplo, o log inverso de 0,8 é 6,3. Este valor de 6,3 (portanto, o inverso do logaritmo da soma) deve se aproximar do valor de índice de fluidez medido.

8-8. Una misturas de porcentagens mássicas diferentes, como 15% do material de índice 2 e 85% do material de índice 20. Preveja o índice de fluidez resultante e, então, determine-o experimentalmente.

8-9. Use mais de dois componentes para preparar a mistura. O procedimento matemático prediz de forma acurada o índice de fluidez de misturas de três ou mais materiais?

8-10. Resuma os resultados obtidos em um relatório.

Capítulo 9

Usinagem e acabamento

Introdução

Neste capítulo, você aprenderá como plásticos e compósitos são usinados e passam pelo processo de acabamento. Plásticos moldados ou termoformados frequentemente necessitam de processamento posterior, que inclui operações comuns, como remoção de rebarbas, abertura de fendas, polimento e recozimento. Muitas das operações são similares às utilizadas na usinagem e acabamento de produtos metálicos ou de madeira.

O elevado número de máquinas e processos utilizados para modelagem e acabamento de plásticos não permite uma discussão detalhada, contudo, certos conceitos básicos aplicam-se a todos os processos de usinagem e acabamento. Aditivos, cargas e plásticos de diferentes classes requerem técnicas diferentes de modelagem e acabamento. Poucas peças plásticas são feitas unicamente por usinagem, mas a maior parte das peças moldadas precisa passar por acabamento ou processamentos adicionais antes de se tornarem itens utilizáveis.

Todas as operações de usinagem e acabamento apresentam potenciais perigos físicos. Pós finos ou partículas são produzidos na serragem, no corte a *laser* ou com jato d'água. Óculos de proteção e máscara devem ser utilizados pelo operador para prevenir a ocorrência de ferimentos ou a inalação de partículas (veja o Capítulo 4).

As técnicas de processamento de plásticos baseiam-se nas utilizadas para madeira e metal. Quase todos os plásticos podem ser usinados (Figura 9-1); como regra, os termofixos (ou termorrígidos) são mais abrasivos para as ferramentas de corte do que os termoplásticos.

As técnicas de usinagem para materiais compósitos, como os laminados de alta pressão, peças produzidas por bobinamento filamentar (*filament winding*) e plásticos reforçados, tentam prevenir o desgaste e a delaminação do compósito. Agentes de reforço utilizados na matriz de vários compostos são abrasivos, consequentemente, a maior parte das ferramentas de corte deve ser feita de carbureto de tungstênio ou apresentar recobrimento adequado (com diboreto de titânio, por exemplo); podem também ser utilizados cortadores em aço rápido (AISI M2) ou com ponta diamantada. Compósitos boro/epóxi são geralmente cortados com ferramentas diamantadas. A condutividade térmica e o módulo de elasticidade (maciez, flexibilidade) mais baixos da maioria dos termoplásticos fazem com que as ferramentas utilizadas devam ser adequadamente afiadas para permitir que o corte se dê de forma cuidadosa, sem queima, obstrução ou geração de calor por atrito.

Figura 9-1 – A rosca de porções longas de tubos são usinadas, como visto nesta amostra.

A recuperação elástica faz com que orifícios perfurados ou fresados se tornem menores do que o diâmetro das brocas utilizadas, levando, então, ao uso de ferramentas de maior diâmetro. Quando usinados, por causa de seus baixos pontos de fusão, alguns termoplásticos tendem a sofrer alteração de forma (adquirindo consistência de goma), fundir ou rachar. Os plásticos, quando aquecidos, expandem mais do que a maioria dos materiais; seu coeficiente de expansão térmica é aproximadamente 10 vezes maior que os dos metais. Agentes refrigeradores (líquidos ou ar) podem ser necessários para manter a ferramenta limpa e livre de cavacos. Os benefícios da refrigeração incluem ainda o aumento na velocidade de corte, prolongamento da vida útil da ferramenta, cortes mais suaves e eliminação de poeira. Em razão de a matriz polimérica apresentar alto coeficiente de expansão, mesmo pequenas variações de temperatura podem causar problemas em relação ao controle sobre as dimensões da peça usinada.

Os tópicos abordados neste capítulo incluem:

I. Serramento
II. Limagem
III. Furação
IV. Estampagem e corte em matriz de estampagem (*blanking*)
V. Roscamento
VI. Torneamento, fresagem, aplainamento, modelagem e usinagem com comando numérico computadorizado (*router*)
VII. Corte a *laser*
VIII. Corte por fratura induzida
IX. Corte térmico
X. Corte hidrodinâmico
XI. Aplainamento e polimento
XII. Tamboração
XIII. Recozimento e pós-cura

Serramento

Quase todos os tipos de serras foram adaptados para cortar plástico. Serrotes, serras de recorte ou tico-tico, serras de arco, serras manuais e serras de joalheiro podem ser usadas para cortes artesanais ou quando se deseja um corte rápido sem necessidade de precisão. No corte de plásticos, a forma do dente é muito importante.

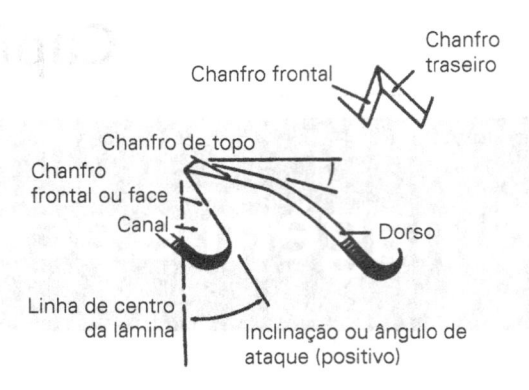

(A) Partes do dente da serra circular.

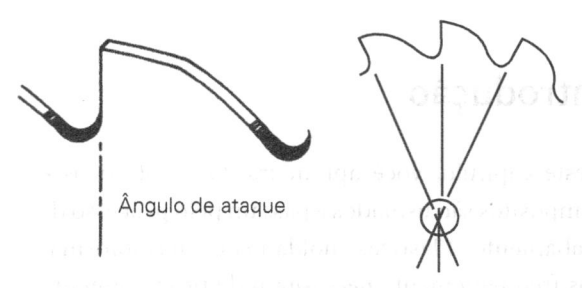

(B) Ângulo de ataque zero de um dente de serra.

(C) Ângulo de ataque zero, em que a linha da face do dente cruza o centro da lâmina.

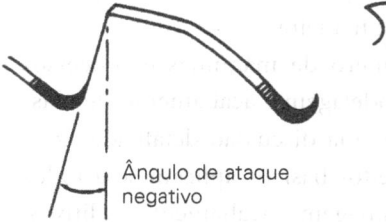

(D) Ângulo de ataque negativo.

(E) Ângulo de ataque positivo.

Figura 9-2 – Características do dente de uma lâmina de serra circular.

Lâminas circulares devem ser do tipo **hollow ground**[1] ou apresentar travamento (*set*) pronunciado. As lâminas devem possuir *garganta* arredondada e funda (Figura 9-2A). O **ângulo de ataque** deve ser zero (ou levemente negativo) e o ângulo de cunha, cerca de 30°. O melhor número de dentes por centímetro varia de acordo com a espessura do material a ser cortado. Quatro ou mais dentes por centímetro devem ser utilizados no corte de materiais finos, enquanto um número menor que quatro dentes por

---

[1] Lâminas do tipo *hollow ground* possuem dentes côncavos, finos e bastante afiados (NT).

centímetro é necessário para plástico com espessura superior a 25 mm (1 polegada).

Para materiais com espessura menor que 25 mm, lâminas serrilhadas de precisão são recomendadas, e para materiais com espessura superior a 25 mm, lâminas do tipo *skip-tooth* são as preferidas.

Uma lâmina para serra de fita do tipo *skip-tooth* (Figura 9-3) apresenta garganta larga, proporcionando um espaço amplo para que as aparas plásticas sejam retiradas do corte feito pela serra (*kerf*). Para melhores resultados, os dentes devem apresentar frente de ataque com ângulo zero e travamento alternado.

Lâminas de serra de fita podem ser revertidas para obter ângulo de ataque zero ou negativo. Lâminas abrasivas de carbureto ou pó de diamante podem ser usadas para cortar compósitos com grafite ou boro/epóxi. Em todas as operações de corte, é melhor suportar a peça com um material maciço, de modo a reduzir a delaminação, lascadura ou desgaste dos compósitos. A Tabela 9-1 sugere o número de dentes por centímetro para diferentes velocidades e espessuras de material.

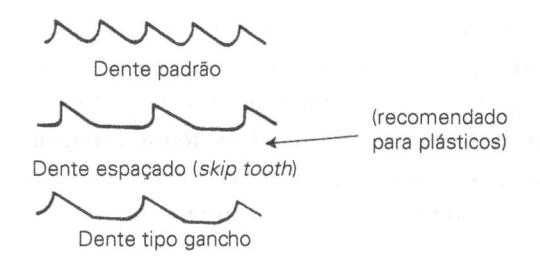

(A) No tipo *skip-tooth* há um canal largo e espaço amplo para saída das aparas. Em alguns casos, para plásticos termorrígidos reforçados com fibra de vidro, utiliza-se o dente do tipo "gancho" (*hook*).

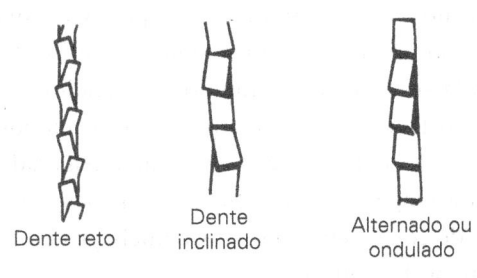

(B) Dentes comuns da lâmina da serra de fita (ponto de vista do corte).

Figura 9-3 – Dentes de uma lâmina de serra-fita.

Tabela 9-1 – Serras mecânicas para corte de plásticos

| | Serras circulares | | | Serras de fita | | |
| | Dentes por cm | | Velocidade (m/s) | Dentes por cm | | Velocidade (m/s) |
Plástico	(<6 mm)	(>6 mm)		(<6 mm)	(>6 mm)	(>6 mm)
Acetal	4	3	40	8	5	7,5-9
Acrílico	3	2	15	6	3	10-20
ABS	4	3	20	4	3	5-15
Acetato de celulose	4	3	15	4	2	7,5-15
Dialilftalato	6	4	12,5	10	5	10-12,5
Epóxi	6	4	15	10	5	7,5-10
Ionômero	6	4	30	4	3	7,5-10
Melamina-formaldeído	6	4	25	10	5	12,5-22,5
Fenol-formaldeído	6	4	15	10	5	7,5-15
Polialômero	4	3	45	3	2	5-7,5
Poliamida	6	4	25	3	2	5-7,5
Policarbonato	4	3	40	3	2	7,5-10
Poliéster	6	4	25	10	5	15-20
Polietileno	6	4	45	3	2	7,5-10
Óxido de polifenileno	6	4	25	3	2	10-15
Polipropileno	6	4	45	3	2	7,5-10
Poliestireno	4	3	10	10	5	10-12,5
Polissulfona	4	3	15	5	3	10-15
Poliuretano	4	3	20	3	2	7,5-10
Cloreto de polivinila	4	3	15	5	3	10-15
Tetrafluoroetileno	4	3	40	4	3	7,5-10

Nota: Veja o Apêndice G: Tabelas úteis.

Nota: Lâminas com poucos dentes por centímetro são necessárias para cortar plásticos com espessura superior a 6 mm. Plásticos finos ou flexíveis podem ser cortados com tesouras ou **matrizes de estampagem** *(blanking). Espumas requerem velocidades de corte superiores a 40 m/s (8.000 pés por minuto).*

Para cortar plásticos com cargas ou agentes de reforço e muitos plásticos termorrígidos, recomendam-se lâminas com pontas em carbureto (Figura 9-4). Elas produzem cortes mais precisos e têm uma vida útil longa. Lâminas com ponta de diamante ou abrasivas também podem ser utilizadas. Recomenda-se o uso de um líquido refrigerador para prevenir obstrução ou superaquecimento, embora seja comum o uso de jatos de CO_2 como refrigerador durante a usinagem de termoplásticos. Todas as ferramentas de corte devem possuir painéis protetores e dispositivos de segurança.

O avanço e a velocidade do corte de compósitos são altamente dependentes da espessura e do material, mas são semelhantes aos utilizados para materiais não ferrosos (veja a Tabela 9-2).

Limagem

Os plásticos termorrígidos são muito duros e frágeis, consequentemente, a limagem remove material na forma de um pó leve. Limas de alumínio tipo A ou outras que possuem dentes grossos, com corte em um único sentido e com ângulo de 45°, são as usualmente escolhidas (Figura 9-5). Os dentes fundos e angulados permitem que a lima remova, por si só, as aparas plásticas. Muitos termoplásticos tendem a obstruir as limas, em função disto, limas de dentes curvos, como as utilizadas em oficinas de automóveis, são boas porque conseguem, também, que as aparas plásticas se desprendam sem auxílio. Limas especiais, projetadas para uso em plástico, devem ser mantidas limpas e não devem ser usadas para a limagem de metais.

Furação

Tanto os materiais termoplásticos como os termorrígidos podem ser furados com brocas comuns, contudo, brocas especialmente projetadas para uso em plástico apresentam resultados superiores. Brocas com pontas de carbureto terão vida útil longa. Os

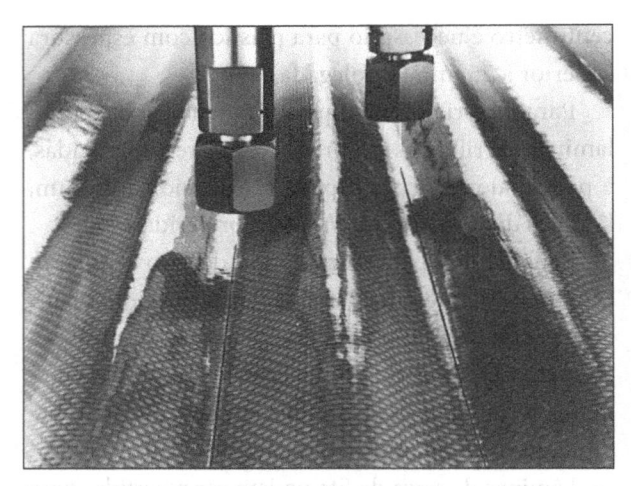

Figura 9-4 – Corte de plásticos. Compósitos como Kevlar são cortados de maneira rápida e limpa por jato d'água (Flow International Corp.).

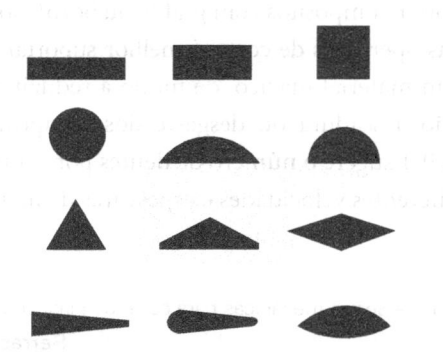

(A) Diferentes perfis de lima.

(B) Limas rotativas podem ser usadas em plásticos.

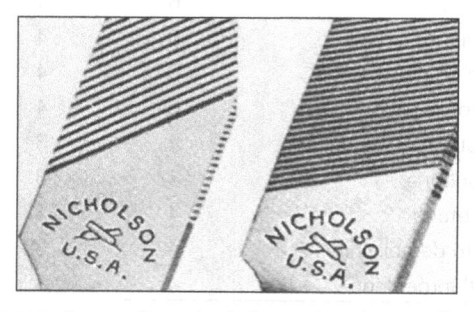

(C) Comparação entre limas de cisalhamento e de esmerilhamento.

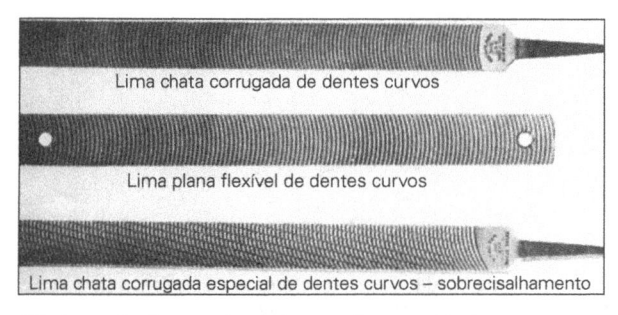

(D) Limas de dentes abaulados usadas em plásticos.

Figura 9-5 – Limas usadas em plásticos.

orifícios perfurados na maior parte dos materiais termoplásticos, e em alguns termorrígidos, são usualmente subdimensionados em 0,05 a 0,10 mm (0,002 a 0,004 pol); assim, uma broca de 6 mm (0,23 pol) não produzirá um orifício de diâmetro suficiente para o encaixe de uma haste de 6 mm. Os termoplásticos podem demandar o uso de um refrigerador para reduzir a geração de calor por atrito e, consequentemente, derretimento do plástico durante a furação.

Para a maior parte dos plásticos e fibras, as brocas devem ser montadas com ângulo de ponta de 60° a 90°, com ângulo de hélice pequeno (espiral suave) e ângulo de incidência de 12° a 15° (Figura 9-6). O ângulo de ataque sobre a borda cortante deve ser zero ou vários graus negativos. Na Tabela 9-3 podem ser encontrados os ângulos de ponta e de ataque para o corte de vários materiais plásticos. Para se obter uma

Tabela 9-2 – Usinagem de compósitos

Operação	Material	Ferramenta de corte	Velocidades	Avanço (espessura <0,250)
Furação	Gl-Pe	0,250-diamante	20.000 rpm	0,002/rev
	B-Ep	0,250-núcleo de diamante (60-140 mesh)	100 sfpm[1]	0,002/rev[2]
	B-Ep	0,250 2-4 canais (aço rápido)	25 sfpm	0,002/rev
	Kv-Ep	Broca chata-carbureto	>25.000 rpm	0,002/rev
	Kv-Ep	Broca com ponta centradora-carbureto	>6.000 rpm	0,002/rev
	Gl-Ep	Carbureto de tungstênio	<2.000 rpm	<0,5 pol/min
	Gr-Ep	Carbureto de tungstênio	>5.000 rpm	<0.5 pol/min
Serra de fita	Kv-Ep	14 dentes, sabre, amolada	3.000-6.000 sfpm	<30 pol/min
	B-Ep	Carbureto ou diamante (60-80 mesh)	2.000-5.000 sfpm	<30 pol/min
	Híbridos		3.000-6.000 sfpm	<30 pol/min
	G-Pe	14 dentes, sabre, amolada	3.000-6.000 sfpm	<30 pol/min
Fresagem	Maioria	Carbureto, 4 canais	300-800 sfpm	<10 pol/min
Serra circular	Gr-Ep, B-Ep	Diamante (60-80 mesh)	6.000 sfpm	<30 pol/min
	Gl-Pe	60 dentes, carbureto ou diamante (60-80 mesh)	5.000 sfpm	<30 pol/min
			5.000 sfpm	<30 pol/min
Torneamento	Kv-Ep	Carbureto	250-300 sfpm	0,002/rev
	Gl-Ep	Carbureto	300-600 sfpm	0,002/rev
Tesoura (guilhotina)	Kv-Ep	Aço rápido ou carbureto	—	<30 pol/min
Escareamento ou alargamento	Maioria	Pó de diamante ou carbureto	20.000 rpm	
			6.000 rpm	<0,5 pol/min
Corte a *laser* (10 kW)	Maioria espessura <0,250	Resfriamento com CO_2	—	<30 pol/min, varia com o material
Corte com jato d'água	Maioria espessura <0,250	60.000 psi — orifício de 0,10 pol	—	<30 pol/min, varia com o material
Abrasão (lixamento-esmerilhamento)	Maioria	Carbureto de silicone ou pó de alumina (úmido)	4.000 sfpm	—
Usinagem CNC	Maioria	Carbureto ou pó de diamante	20.000 rpm	—

[1] Sfpm = sfm = *surface feet per minute* (ou pés por minuto de área superficial); para converter de sfpm para m/min, multiplique por 0,3 (NT). [2] Rev = revolução ou rotação (NT).

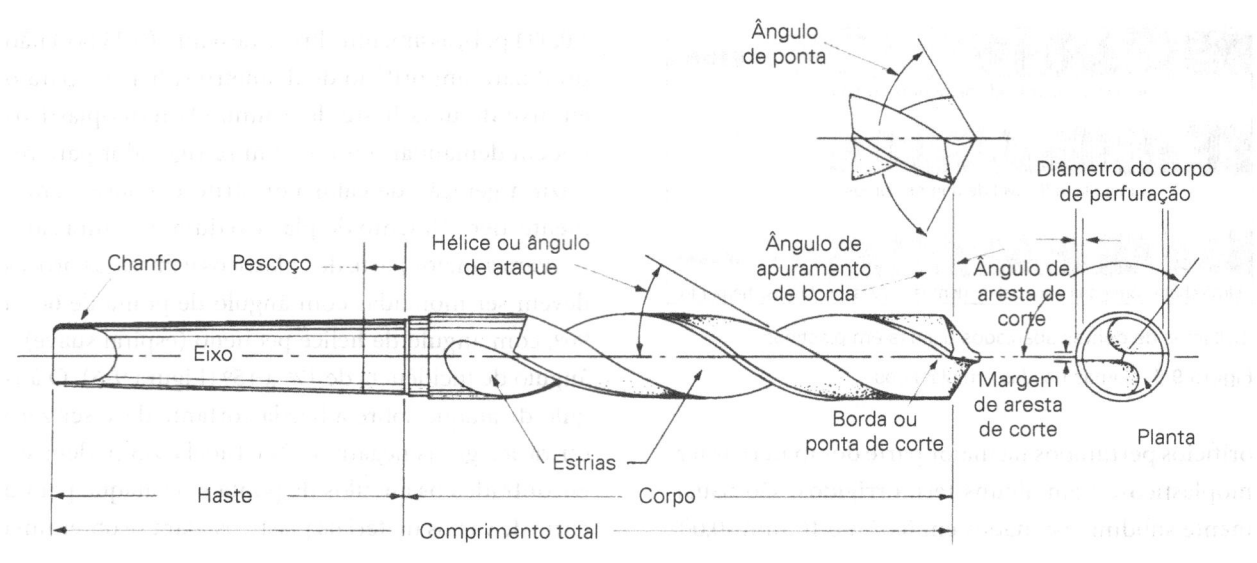

(A) Nomenclatura selecionada para brocas de haste de torção-cônica. Brocas de 12,5 mm [0,5 polegada], ou de diâmetro menor, normalmente têm hastes direitas. (Morse Twist Drill Machine Co.)

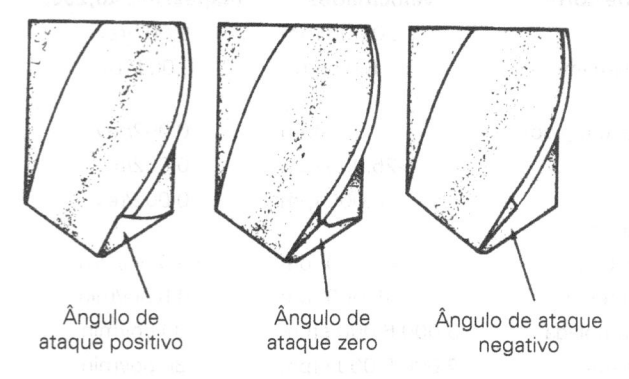

(B) Normalmente prefere-se ângulo de ataque zero, mas valores negativos são às vezes utilizados com poliestireno.

Figura 9-6 – Nomenclatura de brocas.

boa remoção das aparas, é desejável que os sulcos helicoidais sejam grandes, bem polidos e de giro vagaroso (ângulo de ataque da hélice elevado ou broca de espiral rápida).

A maioria dos plásticos é macia o suficiente para que as brocas convencionais tendam, por si só, a penetrar o material e, frequentemente, levam ao lascamento no momento da saída da broca pelo outro lado da peça trabalhada; o uso de uma broca de canal reto ajuda a reduzir esse problema. Brocas convencionais podem ser modificadas pelo desbaste de um plano pequeno, aproximadamente 1,5 mm de largura, sobre as faces das bordas cortantes. Esta modificação ajudará a prevenir que a broca tenda a avançar para o interior do material.

Tabela 9-3 – Geometria da furação

Material	Ângulo de hélice	Ângulo de ponta	Ângulo de incidência	Ângulo de ataque
Termoplástico				
Polietileno	10°-20°	70°-90°	9°-15°	0°
Cloreto de polivinila rígido	25°	120°	9°-15°	0°
Acrílico (polimetilmetacrilato)	25°	120°	12°-20°	0°
Poliestireno	40°-50°	60°-90°	12°-15°	0° a −5°
Poliamida (resina)	17°	70°-90°	9°-15°	0°
Policarbonato	25°	80°-90°	10°-15°	0°
Acetal (resina)	10°-20°	60°-90°	10°-15°	0°
Fluorocarbono (TFE)	10°-20°	70°-90°	91°-15°	0°
Termorrígidos				
Base de papel ou algodão	25°	90°-120°	10°-15°	0°
Fibra de vidro ou outras cargas	25°	90°-120°	10°-15°	0°

Quatro fatores podem afetar a velocidade de corte, são eles:

1. Tipo de plástico
2. Geometria da ferramenta
3. Refrigerador ou lubrificante
4. Avanço e profundidade do corte

A velocidade de corte dos plásticos é dada em **pés por minuto** de área superficial (*feet per minute – fpm*) ou **metros por segundo** (m/s). Metros por segundo referem-se à distância que a borda cortante da broca percorre em um segundo, quando medida sobre a circunferência da ferramenta de corte. A equação a seguir é usada para determinar os metros de área superficial por segundo. Esta informação pode ser obtida em vários manuais.

$$m/s = \pi D \times rpm$$
$$r/s = (m/s) \div (\pi D)$$

onde **rpm = rotações por minuto**

r/s = rotações por segundo

m/s = metros por segundo

D = diâmetro da ferramenta de corte em metros

$\pi = 3{,}14$

Como regra geral, os plásticos apresentam velocidade de corte de 1 m/s (200 fpm). Um guia para a furação de termoplásticos e termorrígidos pode ser encontrado na Tabela 9-4.

A taxa na qual uma broca ou ferramenta de corte se move no material é crucial. A distância que a ferramenta percorre na direção da peça a cada rotação é denominada **avanço**. O avanço é medido em polegadas ou milímetros e, no caso da furação, varia entre 0,25 mm e 0,8 mm (0,001 a 0,003 polegada) por rotação para a maioria dos plásticos, dependendo da espessura do material (Tabela 9-5).

Muitos destes conceitos de velocidade e avanço são aplicados às operações de alargamento, escareamento cilíndrico ou cônico (*counterboring* ou *countersinking*) e rebaixamento (*spotfacing*) – veja a Figura 9-7. Furos podem ser feitos em muitos termoplásticos com punções, e o aquecimento do material pode auxiliar na operação de perfuração.

Brocas, escareadores, alargadores ou rebaixadores com núcleo de diamante podem ser utilizados com auxílio de energia ultrassônica na perfuração de alguns compósitos. Materiais compósitos do tipo boro/epóxi, grafite/boro/epóxi e outros híbridos podem demandar técnicas ultrassônicas.

Estampagem, corte em matriz de estampagem (*blanking*)

Muitos termoplásticos e peças finas de termorrígidos podem ser cortados com o uso de puncionamento, *blanking*, corte com moldes ou moldagem por compressão (Figura 9-8). Estas operações são realizadas

Tabela 9-4 – Guia para velocidade de furação de plásticos

Dimensão da broca	Velocidade para termoplásticos (r/s)	Velocidade para termorrígidos (r/s)
Nº 33 e menores	85	85
Nºs 17 a 32	50	40
Nºs 1 a 16	40	28
1,5 mm	85	85
3 mm	50	50
5 mm	40	40
6 mm	28	28
8 mm	28	20
9,5 mm	20	16
11 mm	16	10
12,5 mm	16	10
A-C	40	28
D-O	20	20
P-Z	20	16

(A) Alargamento
(B) Escareamento cônico
(C) Rebaixamento
(D) Escareamento cilíndrico

Figura 9-7 – Operações de furação em plásticos

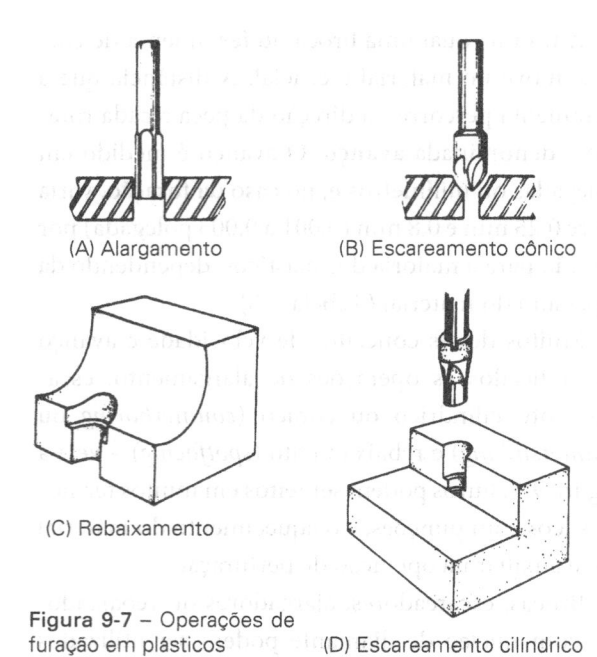

sobre partes planas, com espessura inferior a 6 mm [0,23 pol]. Os orifícios podem ser perfurados ou cortados por matriz, e o aquecimento do material plástico pode auxiliar nessas operações.

A perfuração ou o cisalhamento de materiais compósitos laminares normalmente resultam em algum grau de delaminação, rasgamento de fibra ou esfiapamento das bordas. Recomenda-se que a peça seja ajustada à dimensão final por abrasão.

Roscamento

Métodos e ferramentas usualmente encontrados em ferramentarias podem ser utilizados no roscamento. Para prevenir o superaquecimento, os machos utilizados para abrir as roscas devem ser afiados e ter os canais polidos. Lubrificantes podem também ser utilizados para ajudar na remoção das aparas do orifício. Quando for necessária transparência, um bastão de cera pode ser inserido no orifício perfurado antes do roscamento. A cera lubrifica, ajuda a expelir as aparas e torna a rosca mais transparente.

Em decorrência da recuperação elástica da maioria dos plásticos, machos superdimensionados devem ser utilizados, sendo sua designação dada por:

H1: Dimensão básica à dimensão básica + 0,012 mm
H2: Básica + 0,012 mm à básica + 0,025 mm
H3: Básica + 0,025 mm à básica + 0,038 mm
H4: Básica + 0,038 mm à básica + 0,050 mm

A velocidade de corte para roscamento em máquina deve ser menor que 0,25 m/s [9,842 pol/s] e o macho deve ser constantemente girado em sentido contrário para remoção das aparas. Usualmente, não mais que 75% da rosca completa é cortada em plásti-

Tabela 9-5 – Avanços na furação de plásticos

Material	Velocidade (m/s)	Diâmetro nominal do orifício					
		1,5	3	6	12,5	19	25
Termoplásticos		Avanço, mm/rotação					
Polietileno	0,75-1,0	0,05	0,08	0,13	0,25	0,38	0,5
Polipropileno							
Fluorocarbono (TFE)							
Butirato							
Estireno (alto impacto)	0,75-1,0	0,05	0,1	0,13	0,15	0,15	0,2
Acrilonitrila-butadieno-estireno (ABS)							
Acrílico modificado							
Náilon	0,75-1,0	0,05	0,08	0,13	0,2	0,25	0,3
Acetais							
Policarbonato							
Acrílicos	0,75-1,0	0,02	0,05	0,1	0,2	0,25	0,3
Poliestirenos	0,75-1,0	0,02	0,05	0,08	0,1	0,13	0,15
Termorrígidos							
Base de papel ou algodão	1,0-2,0	0,05	0,08	0,13	0,15	0,25	0,3
Homopolímeros	0,75-1,5	0,05	0,08	0,1	0,15	0,25	0,3
Base de amianto, grafitizados ou de fibra de vidro	1,0-1,25	0,05	0,08	0,13	0,2	0,25	0,3

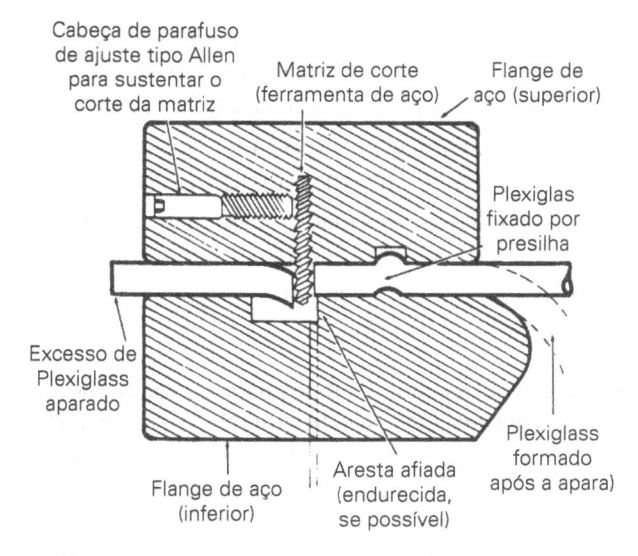

Tabela 9-6 – Algumas roscas métricas no padrão ISO

Diâmetro (mm)	Passo (mm)	Macho (mm)	Profundidade da rosca (mm)	Área na raiz (mm²)
M 2	0,40	1,60	0,25	1,79
M 2,5	0,45	2,05	0,28	2,98
M 3	0,50	2,50	0,31	4,47
M 4	0,70	3,30	0,43	7,75
M 5	0,80	4,20	0,49	12,7
M 6	1,00	5,00	0,61	17,9
M 8	1,25	6,75	0,77	32,8
M 10	1,50	8,50	0,92	52,3
M 12	1,75	10,25	1,07	76,2
M 16	2,00	14,00	1,23	144

P = Passo em mm
$H = 0{,}86603P$
$\frac{H}{4} = 0{,}21651P$
$\frac{H}{6} = 0{,}14434P$
$\frac{H}{8} = 0{,}10825P$
$RR = 0{,}14434P$
Profundidade da rosca no parafuso = $\frac{17}{24}H = 0{,}61343P$
Profundidade da rosca na porca = $\frac{5}{8}H = 0{,}54127P$

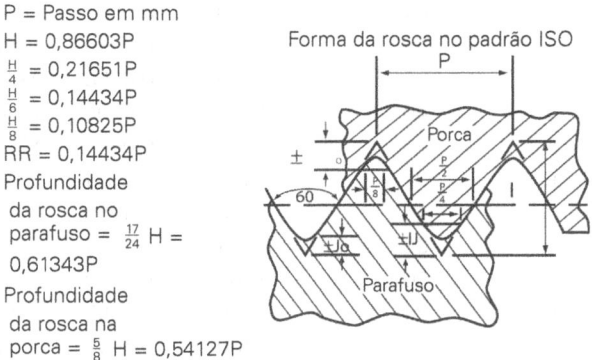

Figura 9-9 – Forma simplificada da rosca no padrão ISO.

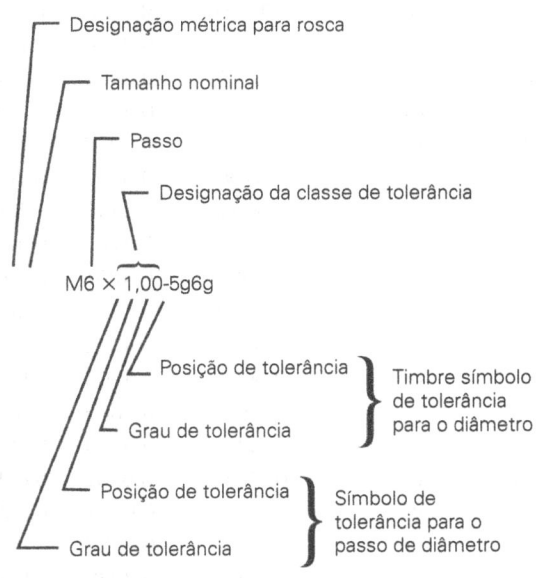

(A) Matrizes de estampagem para o corte de Plexiglas.

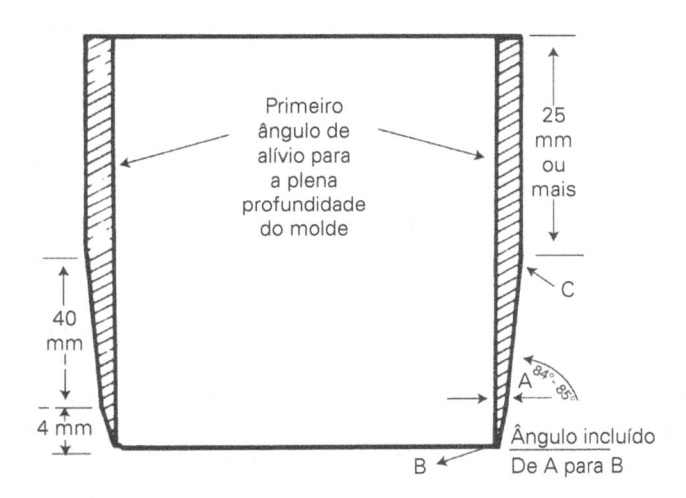

(B) Matriz de corte do tipo "shoemaker" modificado.

Figura 9-8 – Matrizes usadas para cortar plásticos (Atofina Chemicals)

co. O uso de roscas afiadas em V não é recomendado. Roscas nos padrões ISO (sistema métrico) e ACME (Figura 9-9) são as preferidas. A Figura 9-10 mostra a terminologia para a rosca métrica, e algumas roscas métricas no padrão ISO são mostradas na Tabela 9-6. Para obter a dimensão do macho, subtraia o passo do diâmetro. Dimensões de machos para roscas finas e grossas são mostradas na Tabela 9-7.

As roscas podem ser usinadas em plásticos tanto em máquinas de abrir roscas como em tornos (veja o Capítulo 18).

M6 × 1,00-5g6g

(A) Designação métrica para rosca de parafuso.

Classes de ajuste	Roscas internas (porcas)	Roscas internas (parafusos)
Aproximação (precisão requerida para aproximação)	5H	4h
Média (propósitos gerais)	6H	6g
FREF (facilidade de acoplamento)	7H	8g

(B) Classes de ajuste.

Figura 9-10 – Terminologia para a rosca métrica e tipos de ajuste.

Torneamento, fresagem, aplainamento, modelagem e usinagem com comando numérico computadorizado (router)

Ferramentas de corte em aço rápido ou carbureto utilizadas na usinagem de latão e alumínio também podem ser usadas na usinagem de plásticos (Figura 9-11A); os avanços e as velocidades são similares. Para muitos plásticos, a velocidade superficial de 2,5 m/s (492 fpm) com avanço (profundidade de corte) de 0,12 mm a 0,5 mm (0,005 a 0,02 polegada) por rotação fornece bons resultados. Para material cilíndrico, um corte de 1,25 mm (0,049 pol) reduzirá o diâmetro em 2,5 mm (0,098 pol).

Tabela 9-7 – Roscas grossas e finas, com machos correspondentes

Tamanho	Dentes por polegada	Diâmetro maior (pol)	Diâmetro menor (pol)	Passo (pol)	Broca (75% da rosca)	Equivalente decimal (pol)	Broca para ajuste com folga	Equivalente decimal (pol)
2	56	0,0860	0,0628	0,0744	50	0,0700	42	0,0935
	64	0,0860	0,0657	0,0759	50	0,0700	42	0,0935
3	48	0,099	0,0719	0,0855	47	0,0785	36	0,1065
	56	0,099	0,0758	0,0874	45	0,0820	36	0,1065
4	40	0,112	0,0795	0,0958	43	0,0890	31	0,1200
	48	0,112	0,0849	0,0985	42	0,0935	31	0,1200
6	32	0,138	0,0974	0,1177	36	0,1065	26	0,1470
	40	0,138	0,1055	0,1218	33	0,1130	26	0,1470
8	32	0,164	0,1234	0,1437	29	0,1360	17	0,1730
	36	0,164	0,1279	0,1460	29	0,1360	17	0,1730
10	24	0,190	0,1359	0,1629	25	0,1495	8	0,1990
	32	0,190	0,1494	0,1697	21	0,1590	8	0,1990
12	24	0,216	0,1619	0,1889	16	0,1770	1	0,2880
	28	0,216	0,1696	0,1928	14	0,1820	2	0,2210
1/4	20	0,250	0,1850	0,2175	7	0,2010	G	0,2610
	28	0,250	0,2036	0,2268	3	0,2130	G	0,2610
5/16	18	0,3125	0,2403	0,2764	F	0,2570	21/64	0,3281
	24	0,3125	0,2584	0,2854	1	0,2720	21/64	0,3281
3/8	16	0,3750	0,2938	0,3344	5/16	0,3125	25/64	0,3906
	24	0,3750	0,3209	0,3479	Q	0,3320	25/64	0,3906
7/16	14	0,4375	0,3447	0,3911	U	0,3680	15/32	0,4687
	20	0,4375	0,3725	0,4050	25/64	0,3906	29/64	0,4531
1/2	13	0,5000	0,4001	0,4500	27/64	0,4219	17/32	0,5312
	20	0,5000	0,4350	0,4675	29/64	0,4531	33/64	0,5156
9/16	12	0,5625	0,4542	0,5084	31/64	0,4844	19/32	0,5937
	18	0,5625	0,4903	0,5264	33/64	0,5156	37/64	0,5781
5/8	11	0,6250	0,5069	0,5660	17/32	0,5312	21/32	0,6562
	18	0,6250	0,5528	0,5889	37/64	0,5781	41/64	0,6406
3/4	10	0,7500	0,6201	0,6850	21/32	0,6562	25/32	0,7812
	16	0,7500	0,6688	0,7094	11/16	0,6875	49/64	0,7656
7/8	9	0,8750	0,7307	0,8028	49/64	0,7656	29/32	0,9062
	14	0,8750	0,7822	0,8286	13/16	0,8125	57/64	0,8906
1	8	1,0000	0,8376	0,9188	7/8	0,8750	1- 1/32	1,0312
	14	1,0000	0,9072	0,9536	15/16	0,9375	1- 1/64	1,0156
1-1/8	7	1,1250	0,9394	1,0322	63/64	0,9844	1- 5/32	1,1562
	12	1,1250	1,0167	1,0709	1- 3/64	1,0469	1- 5/32	1,1562
1-1/4	7	1,2500	1,0644	1,1572	1- 7/64	1,1094	1- 9/32	1,2812
	12	1,2500	1,1417	1,1959	1- 11/64	1,1719	1- 9/32	1,2812
1-1/2	6	1,5000	1,2835	1,3917	1- 11/32	1,3437	1- 17/32	1,5312
	12	1,5000	1,3917	1,4459	1- 27/64	1,4219	1- 17/32	1,5312

O *fresamento concordante* (*climb cutting* ou *down-cutting*) refere-se a uma operação de fresamento que fornece bom acabamento em plásticos (Figura 9-11B); neste tipo de fresamento, o sentido de avanço da peça se dá na mesma direção da rotação do cortador. A taxa de avanço em uma ferramenta de corte (fresa) de vários gumes (dentes) é expressa em milímetros de corte por dente por segundo. O avanço de uma fresadora é expresso em termos do movimento da mesa (em milímetros) por segundo mais do que em termos da rotação do eixo. A equação a seguir é usada na determinação do avanço em polegadas por minuto ou milímetros por segundo:

$$\text{mm/s} = t \times \text{fpt} \times \text{r/s}$$

onde:
t = número de dentes
mm/s = avanço em milímetros por segundo
fpt = avanço por dente
r/s = frequência de rotação, em rotações por segundo

A Tabela 9-8 apresenta dados de torneamento e fresagem para diversos materiais plásticos, enquanto na Tabela 9-9 podem ser encontrados ângulos de alívio lateral e final e de ataque para as ferramentas utilizadas no corte de diferentes plásticos.

Cortadores com ponta em carbureto são recomendados para os trabalhos de fresamento, aplainamento, modelagem e usinagem CNC. Ferramentas convencionais em aço rápido, usadas para operações com madeira, podem também ser utilizadas em plásticos, desde que sejam afiadas de maneira adequada. Tornos e modeladores são úteis para o corte de cordões, entalhes, canais e para aparar bordas. Ferramentas com ponta de diamante ou carbureto são fundamentais para operações longas, uniformidade de acabamento e precisão.

Corte a *laser*

Um *laser* (sigla em inglês cuja tradução seria amplificação da luz por emissão estimulada) de CO_2 pode fornecer poderosa radiação a um comprimento de onda de 10,6 µm. Uma máquina de **corte a laser** pode ser usada em plásticos para fazer orifícios intricados e padrões complexos (Figura 9-12). A potência do *laser*

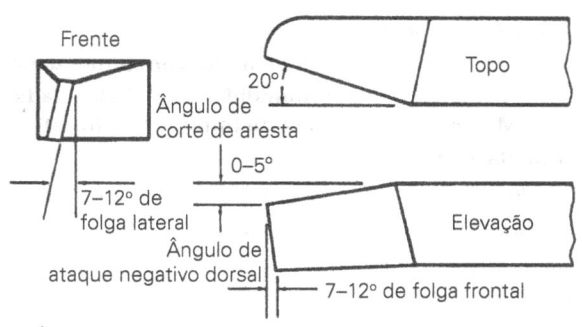

(A) Ângulos de ataque e de folga de uma ferramenta de corte no torneamento de plásticos. Note o ângulo de ataque de 0 – 5°. Uma ferramenta de ponta afiada com ângulo de ataque de +20° é utilizada no torneamento de poliamidas.

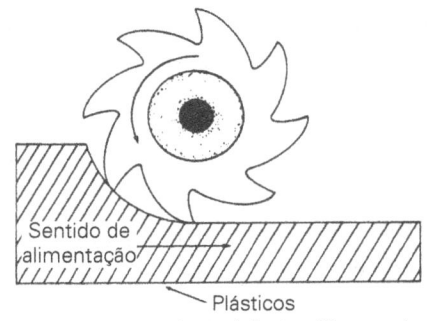

(B) O fresamento concordante (*climb milling* ou *down milling*) é uma técnica na qual o sentido de avanço da peça se dá na mesma direção da rotação da ferramenta de corte.

Figura 9-11 – Usinagem de plásticos.

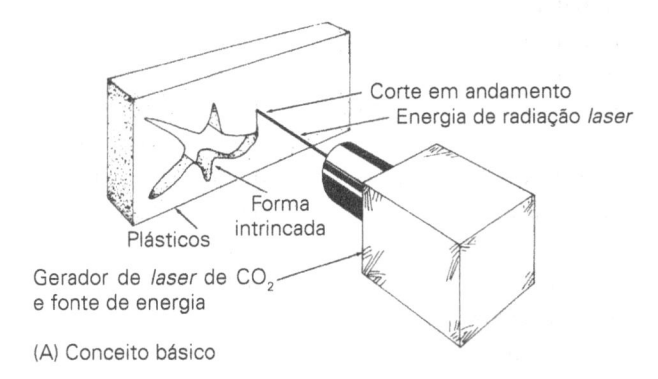

(A) Conceito básico

(B) Este *laser* de CO_2 de 250 W pode cortar uma placa de acrílico de 25 mm (1,0 polegada) a uma velocidade de 100 mm/min. (Coherent, Inc., EUA e EINA SL, Espanha)

Figura 9-12 – A energia luminosa de um *laser* pode ser usada para cortar formas complexas em plástico ou para dar acabamento em peças plásticas.

Tabela 9-8 – Torneamento e fresamento de plásticos

Material	Torneamento com ponta única (aço rápido)			Fresamento – por dente (aço rápido)		
	Profundidade do corte (mm)	Velocidade (m/s)	Avanço (mm/r)	Profundidade do corte (mm)	Velocidade (m/s)	Avanço (mm/dente)
Termoplásticos						
Polietileno	3,8	0,8-1,8	0,25	3,8	2,5-3,8	0,4
Polipropileno	0,6	1,5-2	0,05	3,8	2,5-3,8	0,4
Fluorocarbono (TFE)				1,5	3,8-5	0,1
Butiratos				3,8	2,5-3,8	0,4
ABS	3,8	1,2-1,8	0,38	3,8	2,5-3,8	0,4
Poliamidas	3,8	1,5-2	0,25	3,8	2,5-3,8	0,4
Policarbonato	0,6	2-2,5	0,05	1,5	3,8-5	0,1
Acrílicos	3,8	1,2-1,5	0,05	1,5	3,8-5	0,1
Poliestirenos (baixo e médio impacto)	3,8	0,4-0,5	0,19	3,8	2,5-3,8	0,4
	0,6	0,8-1	0,02	3,8	2,5-3,8	0,4
Termofixos						
Base de papel e de algodão	3,8	2,5-5	0,3	1,5	2,0-2,5	0,12
	0,6	5-10	0,13	1,5	2,0-2,5	0,12
Base de fibra de vidro e grafite	3,8	1-2,5	0,3	1,5	2,0-2,5	0,12
	0,6	2,5-5	0,13	1,5	2,0-2,5	0,12
Base de amianto	3,8	3,2-3,8	0,3	1,5	2,0-2,5	0,12

Tabela 9-9 – Formato da ferramenta de corte para o torneamento

Material de trabalho	Ângulo de alívio lateral (°)	Ângulo de alívio final (°)	Ângulo de ataque (°)
Policarbonato	3	3	0-5
Acetal	4-6	4-6	0-5
Poliamida	5-20	15-25	-5-0
TFE	5-20	0,5-10	0-10
Polietileno	5-20	0,5-10	0-10
Polipropileno	5-20	0,5-10	0-10
Acrílico	5-10	5-10	10-20
Estireno	0-5	0-5	0
Termorrígidos			
Papel ou tecido	13	30-60	-5-0
Vidro	13	33	0

pode ser controlada de forma a simplesmente decapar a superfície plástica ou realmente vaporizá-la e fundi-la. Orifícios e cortes feitos a *laser* apresentam um formato ligeiramente cônico, mas um acabamento limpo, com boa aparência. Os cortes feitos a *laser* são mais precisos e as tolerâncias mais estreitas do que os feitos pelas operações de usinagem convencional. Não há contato físico entre o plástico e o equipamento a *laser*, consequentemente, não são produzidas aparas. O corte a *laser* produz um resíduo de pó fino que é facilmente removido por sistemas a vácuo. A maioria dos polímeros e compósitos pode ser usinada a *laser*, mas compósitos laminares tendem a aquecer, formar bolhas e carbonizar.

Corte por fratura induzida

Acrílicos e outros plásticos, incluindo alguns compósitos, podem ser cortados, visando sua modelagem, por métodos de *fratura induzida*. Estes métodos são semelhantes aos de corte de vidro. Uma ferramenta afiada ou uma lâmina de corte é usada para estriar ou riscar a superfície do plástico; no caso de peças de maior espessura, os dois lados devem ser estriados. Aplica-se, então, pressão ao longo da linha riscada, levando à fratura do plástico. A fratura segue a linha marcada (Figura 9-13).

Corte térmico

Matrizes ou fios aquecidos são usados para cortar plásticos sólidos, celulares e expandidos. Matrizes aquecidas são usadas para cortar tecidos e produtos com contornos complexos, enquanto um fio ou fita aquecido é usualmente utilizado para cortar plásticos

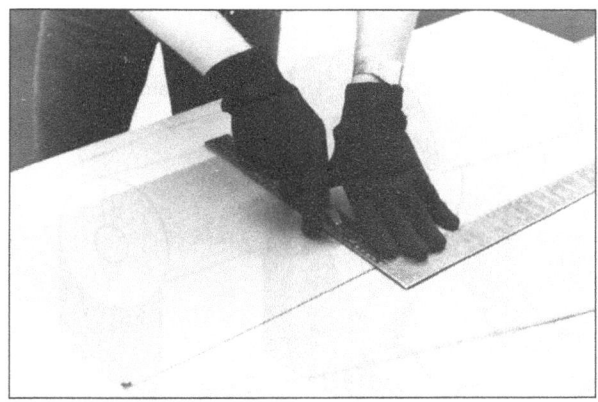

(A) Estriamento de plástico com uma ferramenta.

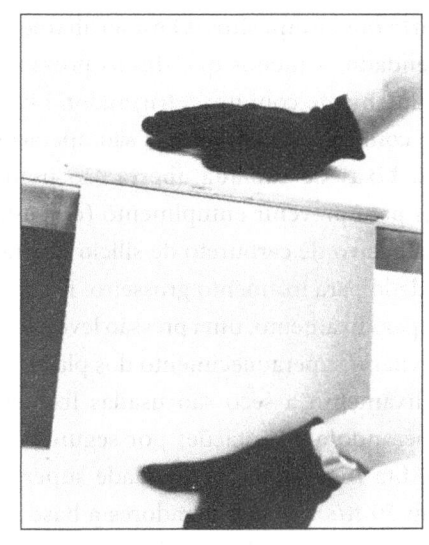

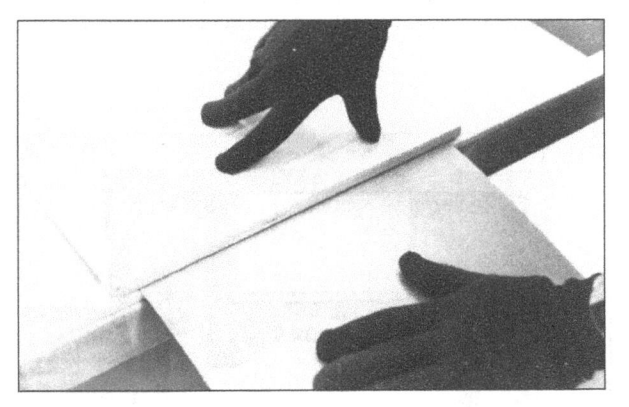

(B) Alinhamento da linha estriada com a borda da mesa.

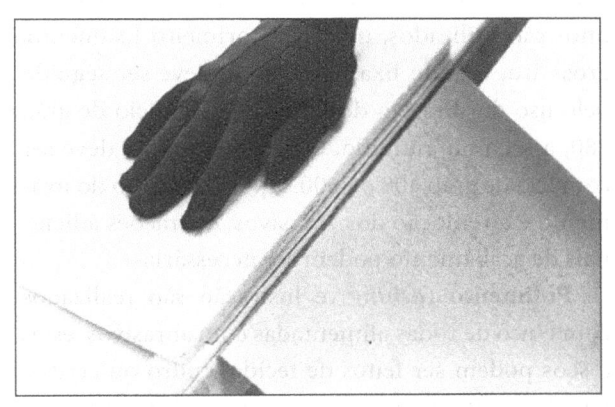

Figura 9-13 – O método de corte por fratura induzida.

(C) Aplicação de força sobre a peça plástica para induzir a fratura.

(D) O corte completo.

expandidos (Figura 9-14). O corte térmico forma uma borda lisa, sem produção de pó ou aparas.

Corte hidrodinâmico

Fluidos a alta velocidade podem ser usados no corte de muitos plásticos e compósitos (Figura 9-4); são utilizados valores de pressão de 320 MPa (46.417 psi). Plásticos celulares ou expandidos com agentes de reforço e plásticos com carga têm sido usinados por este método com sucesso.

Aplainamento e polimento

As técnicas de aplainamento e polimento utilizadas em plásticos são similares às usadas em madeiras, metais e vidro.

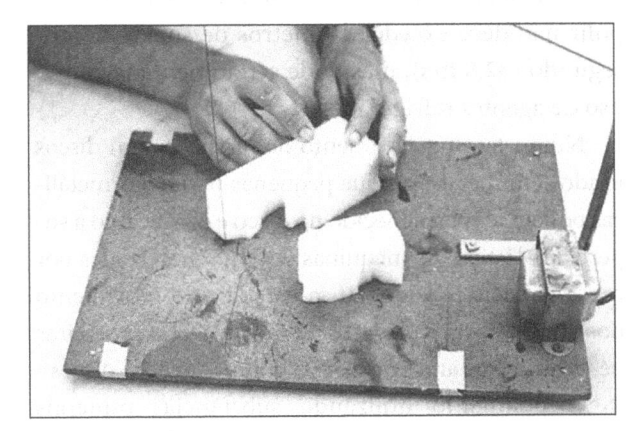

Figura 9-14 – Poliestireno expandido é facilmente cortado com uso de um fio de níquel-cromo aquecido. O fio funde o plástico criando um caminho através do material celular.

Em função das propriedades térmicas e elásticas dos termoplásticos, muitos são difíceis de desgastar. O esmerilhamento abrasivo é mais facilmente realizado em materiais termorrígidos, plásticos reforçados e na maior parte dos compósitos. O esmerilhamento não é recomendado, a menos que discos grossos sejam usados, juntamente com um refrigerador. Lixamento manual e com o uso de máquinas são operações importantes. **Lixas de camada aberta** são usadas nas máquinas para prevenir entupimento (empastamento). Um abrasivo de carbureto de silício de grão 80 é recomendado para lixamento grosseiro. Em qualquer máquina para lixamento, uma pressão leve é usada, de modo a evitar o superaquecimento dos plásticos.

Para lixamento a seco são usadas lixadeiras de disco (operando a 30 rotações por segundo) e lixadeiras de fita (operando à velocidade superficial de 18 m/s ou 59 ft/s). Se refrigeradores à base de água são usados, o abrasivo dura mais tempo e a ação de corte é melhorada. Progressivamente, abrasivos mais finos são utilizados, ou seja, o primeiro lixamento, grosseiro, usando lixa de grão 80, deve ser seguido pelo uso de abrasivo de carbureto de silício de grão 280, a seco ou a úmido. O lixamento final deve ser com lixa de grão 400 ou 600. Após o término do lixamento e a remoção dos abrasivos, operações adicionais de acabamento podem ser necessárias.

Polimento (*ashing*) e lustração são realizados com o uso de rodas alimentadas com abrasivos; estes discos podem ser feitos de tecido, couro ou cerdas. Um disco diferente é utilizado para cada grão abrasivo. A velocidade do acabamento usando as rodas de polir não deve exceder 10 metros de superfície por segundo (32,8 ft/s), mas pode ser aumentada com o uso de agentes refrigeradores.

Nunca faça o acabamento de plásticos com discos usados em metais, porque pequenas partículas metálicas podem ter permanecido no disco e danificarão a superfície plástica. As máquinas devem ser aterradas por causa da eletricidade estática gerada pelo movimento dos discos sobre os plásticos. Remova marcas grosseiras de ferramentas antes de fazer o polimento com discos.

O polimento utilizando substâncias minerais (*ashing*) consiste no uso de abrasivo úmido aplicado a uma roda solta de tecido, sendo comumente utilizada pedra-pomes número 00 (Figura 9-15). Um protetor é colocado sobre a roda, uma vez que a operação ocorre a úmido. Velocidades superficiais superiores a 20 m/s (65,5 ft/s) podem ser utilizadas. O superaquecimento é evitado neste processo, e a roda solta de tecido é rápida no corte de superfícies irregulares.

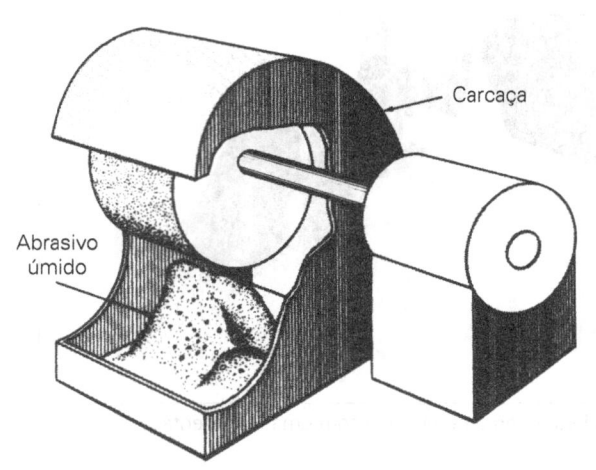

Figura 9-15 – O polimento com pedra-pomes úmida é um método mais rápido do que o utilizado com misturas à base de graxa ou cera. A ação de resfriamento também é melhor.

(A) Carregando uma roda de polir com carbonato de cálcio (*whiting*).

(B) Um disco abrasivo passando sobre uma borda. Cerca de metade de cada face é polida pela movimentação da peça na direção do operador.

Figura 9-16 – Polimento de materiais plásticos. *Nota:* As proteções do equipamento foram retiradas para esta visualização. Equipamentos e acessórios de proteção devem ser sempre empregados quando se utiliza este tipo de equipamento.

Em outro tipo de polimento (*buffing*), barras abrasivas à base de graxa ou cera são aplicadas a uma roda de tecido solta ou costurada; as soltas são usadas para formas mais irregulares ou fendas. Rodas de polimento duras devem ser evitadas.

Para carregar a **roda de polir**, devem-se segurar as barras ou bastões encostados à roda, enquanto ela gira (Figura 9-16A). O contato leva à geração de calor por atrito, que faz com que a cera misturada ao abrasivo amoleça e permaneça aderida à roda. Os abrasivos para polimento mais comuns são o **trípoli**, óxidos de ferro (*rouge*) e outras sílicas finas.

No lustro, outro tipo de polimento, empregam-se compostos de cera contendo abrasivos mais finos, como alumina levigada ou carbonato de cálcio (gesso ou **whiting**). As rodas de polir são geralmente soltas, feitas em flanela ou camurça. Algumas vezes, um polimento final é feito com cera sem abrasivo em roda de flanela ou camurça. A cera preenche muitas imperfeições e protege a superfície polida.

Nunca permita que a roda de polir rotacione em direção às bordas de uma peça, porque isto pode fazer com que seja arrancada de suas mãos. A roda pode girar sobre uma borda, mas não em direção a ela. Sempre mantenha a peça de trabalho abaixo do centro da roda. O melhor procedimento é polir metade da superfície e, então, girar a peça e polir a superfície restante. A peça deve ser movida ou puxada na direção do operador em movimentos rápidos, pode-se dizer "golpes" (Figura 9-16B). Não se pode perder tempo nas pedras de polimento; o material deve ser sempre movimentado. Se mantida uma peça em um único lugar, o calor gerado pelo atrito entre a roda e a peça de trabalho derreterá muitos termoplásticos.

O polimento de plásticos acrílicos e celulósicos, por imersão em solvente, pode ser usado para dissolver defeitos superficiais menores (Figura 9-17A). As peças podem ser imersas em, ou aspergidas por, solventes pelo período de aproximadamente um minuto. Algumas vezes, solventes são usados para polir bordas ou orifícios. Todas as peças que são polidas com o uso de solvente devem ser recozidas para prevenir rachaduras.

Recobrimentos da superfície podem ser usados na maior parte dos plásticos para a obtenção de elevado brilho superficial, o que pode apresentar custo menor do que outras operações de acabamento.

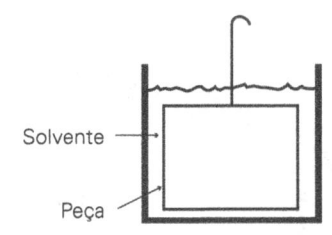

(A) Polimento por imersão em solvente.

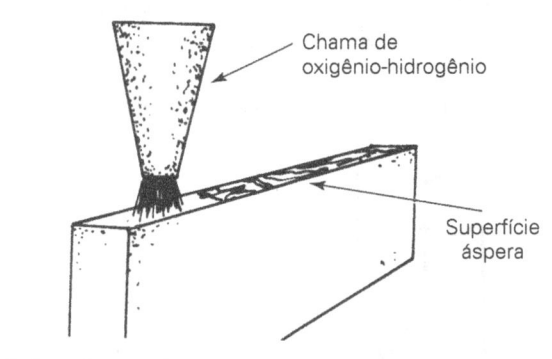

(B) Polimento com chama.

Figura 9-17 – Dois métodos de polimento.

O polimento com chama de oxigênio-hidrogênio pode também ser usado para polir alguns plásticos (Figura 9-17B).

Tamboração

O processo de **tamboração em barril** é uma das opções mais baratas de, rapidamente, dar o acabamento em peças plásticas moldadas. Ele produz um acabamento liso pela rotação das peças plásticas em um tambor com abrasivos e lubrificantes, fazendo que as peças e os abrasivos atritem uns contra os outros, produzindo o efeito de alisamento (Figura 9-18A). A quantidade de material removida depende da velocidade do barril de tamboração, da granulometria do abrasivo e da duração do ciclo de tamboração.

Em outro processo de tamboração, o grão abrasivo é aspergido sobre as peças à medida que elas giram sobre uma cinta de borracha sem fim. A Figura 9-18B mostra peças sendo tamboradas enquanto o abrasivo é derramado sobre elas.

Algumas vezes, gelo seco é usado na tamboração para remover rebarbas da moldagem. O gelo seco congela as rebarbas finas, tornando-as frágeis, e a tamboração as quebra em um curto período de tempo.

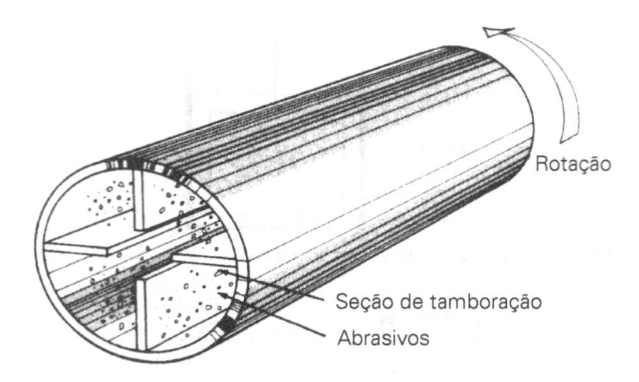

(A) Peças sendo movimentadas em um tambor rotativo.

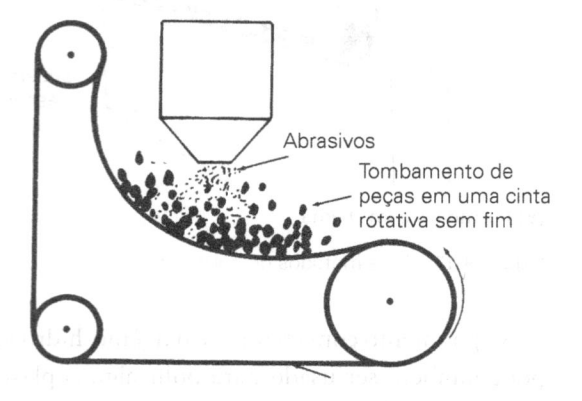

(B) Tamboração de peças em uma cinta sem fim.

Figura 9-18 – Dois métodos de tamboração (*tumbling*)

Recozimento e pós-cura

Durante os processos de moldagem, acabamento e fabricação, as peças plásticas ou de compósito podem desenvolver tensões internas. Produtos químicos podem sensibilizar os plásticos e causar rachaduras.

Muitas peças desenvolvem estas tensões internas como resultado de resfriamento imediatamente após a moldagem ou na cura pós-moldagem, porque reações químicas de cura continuam ocorrendo após o final da polimerização. Os compósitos são, por vezes, deixados no molde ou colocados em uma matriz de cura até que o processo de cura se conclua e toda a atividade química cesse, quando as temperaturas são trazidas ao nível ambiente. Para alguns plásticos e compósitos, as tensões internas podem ser reduzidas ou eliminadas pelo recozimento, que consiste no aquecimento prolongado das peças plásticas a uma temperatura inferior à da moldagem. As peças são, então, resfriadas lentamente. Todas as peças usinadas devem ser recozidas antes da cementação.

As Tabelas 9-10 e 9-11 fornecem os tempos de aquecimento e resfriamento para o recozimento do Plexiglas®. A Figura 9-19 mostra uma grande estufa que pode ser usada neste processo.

Pesquisa na internet

- **http://www.beamdynamics.com.** Muitas empresas fabricam equipamentos para estamparia e corte a *laser*, entre elas a BEAM Dynamics. Selecione "Applications" (Aplicações) na página inicial e, então, escolha "Plastics" (Plásticos). Esta seção do site fornece informações sobre o corte a *laser* de plásticos e mostra, ainda, vários exemplos de produtos comerciais.
- **http://www.flexa.it.** A Flexa é uma empresa italiana que vende equipamentos para fabricantes de placas de sinalização. Na página principal, clique sobre a bandeira inglesa para escolher o idioma inglês. Selecione "Equipments for the forming

Tabela 9-10 – Tempos de aquecimento para o recozimento do Plexiglas®

	Tempo em um forno com circulação forçada, à temperatura indicada (h)									
	Plexiglas G, 11 e 55					Plexiglas I-A				
Espessura (mm)	110°C*	100°C*	90°C*	80°C	70°C**	90°C*	80°C*	70°C*	60°C	50°C
1,5 a 3,8	2	3	5	10	24	2	3	5	10	24
4,8 a 9,5	2½	3½	5½	10½	24	2½	3½	5½	10½	24
12,7 a 19	3	4	6	11	24	3	4	6	11	24
22,2 a 28,5	3½	4½	6½	11½	24	3½	4½	6½	11½	24
31,8 a 38	4	5	7	12	24	4	5	7	12	24

Notas: O valor indicado mostra o período de tempo necessário para que a peça atinja a temperatura de recozimento, mas não inclui o tempo de resfriamento. Veja a Tabela 9-9.
* Peças prontas podem apresentar deformação indesejada quando recozidas a estas temperaturas.
** Apenas para Plexiglas G e Plexiglas 11. A temperatura mínima de recozimento para o Plexiglas 55 é 80 °C.
Fonte: Atofina Chemicals

Tabela 9-11 – Tempos de resfriamento para o recozimento do Plexiglas®

Espessura (mm)	Taxa (°C)/h	Tempo para resfriar da temperatura de recozimento até a máxima temperatura para a remoção							
		Plexiglas G, 11 e 55				Plexiglas I-A			
		110°C	100°C	90°C	80°C	90°C	80°C	70°C	60°C
1,5 a 3,8	122 (50)	¾	½	½	¼	¾	½	½	¼
4,8 a 9,5	50 10	1½	1¼	¾	½	1½	1¼	¾	½
12,7 a 19	22-5	3¼	2¼	1½	¾	3	2¼	1½	¾
22,2 a 28,5	18-8	4¼	3	2	1	4	3	2¼	1
31,8 a 38	14-10	5¾	4½	3	1½	5¾	4½	3	1½

Nota: A temperatura de remoção é 70 °C para os Plexiglas G e 11, 80 °C para o Plexiglas 55 e 50 °C para o Plexiglas 1-A.
Fonte: Atofina Chemicals.

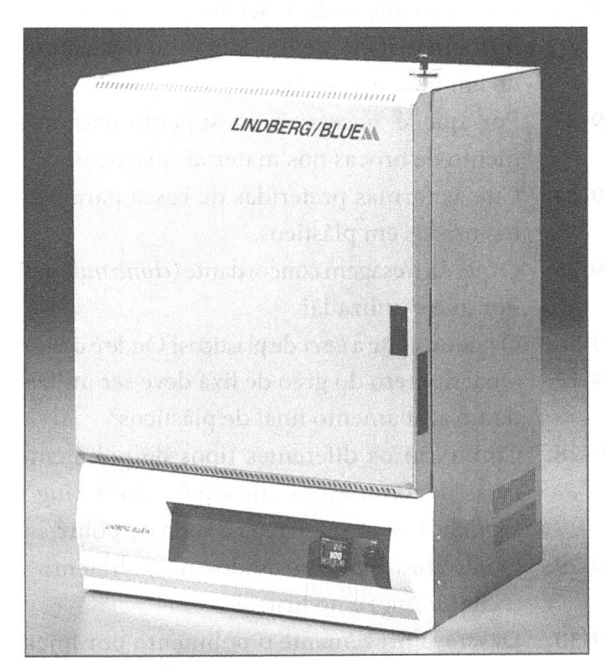

Figura 9-19 – Estufa com convecção forçada controlada por microprocessador (Kendro Lab Products)

of thermoplastics materials". Aparecerá, então, uma lista que incluirá o item "Flame Polishing Machines". A característica que torna este equipamento especial é o fato de que a água é separada em oxigênio e hidrogênio por eletrólise, e esses gases são, então, utilizados na tocha de polimento.

- **http://www.flowcorp.com.** Um dos principais fabricantes de equipamentos de corte por jato d'água é a *Flow International Corporation*. A de "Waterjet cutting" na página principal leva a uma página com um menu à esquerda em que se pode selecionar entre "Applications", por exemplo, e "Vídeos, Brochures, Tradeshows". Esta seção do site traz uma excelente apresentação, em vídeo, da máquina de corte por jato d'água.

- **http://www.thermo.com.** A Thermo Scientific oferece uma grande diversidade de fornos/estufas de precisão, incluindo com convecção natural, convecção mecânica e a vácuo. Para encontrar informação sobre estas estufas, selecione o menu "Products" (Produtos) na página principal. Aparecerá uma lista, então selecione "Equipment and furniture" (Equipamentos e mobiliário), quando surgirá uma segunda lista, selecione "Heating equipments" (Equipamentos para aquecimento).

Vocabulário

As palavras a seguir são encontradas neste capítulo. Consulte o glossário no Apêndice A para encontrar as definições destas palavras, caso você não compreenda como elas se aplicam aos plásticos.

Ângulo de ataque
Avanço
Tamboração em barril
Matriz de estampagem (*blanking*)
Carbonato de cálcio, gesso ou "*whiting*"
Corte a laser
Hollow ground
Lixa de camada aberta
Metros por segundo (m/s)
Pés por minuto (fpm)
Polimento (*ashing*)
Roda de polir
Rotações por minuto (rpm)
Rotações por segundo (r/s)
Trípoli
Kerf

Questões

9-1. Qual o nome do processo de resfriamento lento do plástico para remoção de tensões internas?

9-2. Identifique o número de dentes por centímetro para cortar policarbonato de 6 mm de espessura em uma serra de fita.

9-3. Qual o ângulo de ataque de uma serra circular quando o ângulo de ataque *do dente* e o centro da lâmina estão alinhados?

9-4. Quantas rotações por segundo são necessárias para furar termoplásticos com uma broca de 8 mm?

9-5. A distância que a ferramenta percorre na direção da peça a cada rotação é chamada _____.

9-6. Qual é a abreviação ou símbolo para a "International Organization for Standardization"?

9-7. Qual a denominação em inglês para a fenda (ou entalhe) feita pela serra ou ferramenta de corte?

9-8. Cite o agente de polimento que é algumas vezes utilizado para polir as bordas de acrílicos.

9-9. Descreva a operação de acabamento em que abrasivos úmidos são usados. Qual sua denominação em inglês?

9-10. Como se chama a operação de corte onde são usados fluidos a altas velocidades para cortar plásticos?

9-11. Que tipo de ferramenta de corte (ou de dentes) é essencial para operações longas, acabamento uniforme e precisão?

9-12. O que significa o 1,00 que aparece na designação de rosca M6X1,00-5g6g?

9-13. Cite um abrasivo à base de sílica muito utilizado em algumas operações de acabamento.

9-14. _____ de atrito é um problema importante na usinagem da maioria dos plásticos.

9-15. Cite a operação que é preferida em relação ao lixamento para muitos plásticos por produzir uma borda mais lisa.

9-16. Quantos dentes por centímetro deve possuir uma serra circular para cortar materiais plásticos finos? E materiais de maior espessura?

9-17. Qual tipo de lâmina para serra de fita e qual a velocidade de corte devem ser usados para cortar acrílicos com 3 mm de espessura?

9-18. Como é uma lâmina do tipo *skip-tooth*?

9-19. Cite algumas serras que podem ser usadas para cortar plásticos. Indique os tipos de trabalho em que cada uma pode ser utilizada.

9-20. O que é avanço de furação? Qual é sua faixa de variação, em milímetros, para a maior parte dos plásticos?

9-21. Quais fatores influenciam a velocidade de corte na furação de materiais plásticos?

9-22. Qual precaução deve ser tomada quando se fura um orifício de um tamanho determinado em uma barra plástica?

9-23. Por que é necessário o superdimensionamento de brocas nos materiais plásticos?

9-24. Cite as formas preferidas de rosca para brocas usadas em plásticos.

9-25. O que é a fresagem concordante (*climb milling*)? Por que é utilizada?

9-26. O que é o corte a *laser* de plásticos? Onde é usado?

9-27. Qual número do grão de lixa deve ser utilizado no acabamento final de plásticos?

9-28. Como são os diferentes tipos de polimento cujas denominações em inglês são *ashing* e *buffing*? Como se carrega a roda de polir?

9-29. Quais abrasivos são usados no polimento a seco (*buffing*) e no lustro?

9-30. Descreva brevemente o polimento por imersão em solvente e com uso de chama?

9-31. O que é tamboração? Por que é chamada desta forma?

9-32. O que faz com que ocorra o alisamento na operação de tamboração?

9-33. O que é o recozimento ou pós-cura de peças moldadas ou usinadas? Por que se realiza este procedimento?

9-34. Qual operação de usinagem você escolheria para modelar ou dar acabamento aos seguintes produtos:
   a. Vidros de janelas em policarbonato espesso (6 mm de espessura);
   b. Peças para decoração de árvore de Natal feitas de filmes ou lâminas finas;
   c. Remoção de aparas de um gabinete de rádio;
   d. Alisar ou dar brilho nas bordas de uma peça plástica.

Atividades

Furação

Introdução. A geometria da broca afeta de forma dramática o processo de furação. A Figura 9-20 mostra o início de um orifício (furo cego) em uma peça de acrílico. Note a rugosidade da superfície. Uma broca helicoidal padrão levou a este resultado. Compare a Figura 9-20 com a Figura 9-21, que mostra outro furo cego em acrílico. A superfície na Figura 9-21 é muito mais lisa, porque a broca utilizada tinha uma geometria apropriada para acrílicos.

Equipamento. Furadeira de bancada, brocas, placas de acrílico e óculos de segurança.

Procedimento

9-1. Adquira uma placa de acrílico espessa (no mínimo 6 mm de espessura). As placas mais espessas permitem examinar melhor as paredes do orifício.

9-2. Usando os equipamentos de segurança apropriados e realizando os procedimentos de forma segura, com uma broca de pelo menos 12 mm de diâmetro, faça furos cegos, passantes e parciais. (Orifícios menores apresentam as mesmas características, mas são mais difíceis de inspecionar detalhadamente.) Guarde todas as aparas e cortes.

9-3. Examine o início do orifício, como mostrado nas Figuras 9-20 e 9-21. Examine as paredes internas do orifício e a saída da broca no verso da peça.

9-4. Adquira ou ajuste a broca à geometria recomendada para acrílico na Tabela 9-3.

9-5. Fure um segundo conjunto de furos cegos, passantes e parciais. Examine-os cuidadosamente.

9-6. Compare as aparas feitas pelas diferentes geometrias de broca.

9-7. A broca padrão causou a formação de aparas ao sair da peça? A broca especial propiciou a formação de aparas?

9-8. Faça orifícios com as brocas padrão e especial a diferentes valores de rpm e taxas de avanço.

9-9. As altas velocidades de rotação e/ou altas taxas de avanço, o calor gerado derreteram o acrílico? A broca especial gerou mais ou menos calor de atrito que a broca padrão?

9-10. Registre suas observações e forneça explicações para as diferenças originadas pelas geometrias das brocas.

Fresagem

Introdução. A usinagem de uma ranhura com uma fresa de ponta esférica ou uma fenda com um fresa de ponta reta fornece uma comparação direta entre o fresamento concordante e o convencional. Os efeitos da velocidade e do avanço sobre a qualidade da superfície usinada são também observáveis.

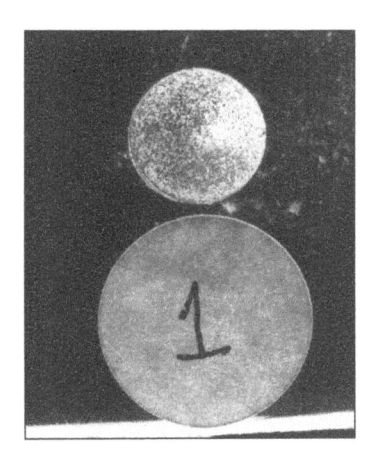

Figura 9-20 – O início de um orifício feito com a utilização de uma broca helicoidal padrão.

Figura 9-21 – O início de um orifício feito com a utilização de uma broca com geometria especial.

Equipamento. Fresadora, brocas selecionadas, placas de plástico ou moldagens espessas o suficiente para possibilitar a fixação no equipamento e óculos de segurança.

Procedimento

9-1. Use uma fresa de ponta esférica para cortar uma ranhura em um determinado material, usando os parâmetros sugeridos na Tabela 9-8. Ferramentas com diâmetros entre 12 e 25 mm facilitam a inspeção.

9-2. A face do corte em que se usou o fresamento concordante apresenta-se mais lisa ou mais rugosa do que a face em que se usou o fresamento convencional?

9-3. A qualidade da superfície varia significativamente com variações na velocidade e no avanço?

9-4. Registre e explique suas observações.

Polimento com chama

Introdução. O polimento com chama é uma técnica comumente utilizada no acabamento de bordas de produtos termoformados ou fabricados em acrílico. As vitrines das lojas de departamento frequentemente exibem bordas polidas com chama. Esta técnica de polimento é popular por ser mais rápida que o polimento com abrasivos.

Equipamento. Chama oxigênio-hidrogênio, diferentes plásticos, luvas e óculos de segurança. Equipamento para corte ou solda com oxiacetileno pode fornecer a maior parte dos componentes necessários. Um regulador de pressão para hidrogênio é necessário porque um regulador de acetileno não pode ser usado em um cilindro de hidrogênio.

Procedimento

9-1. Corte amostras de acrílico ou outros plásticos.

9-2. Use uma chama de oxiacetileno para polir as bordas. Experimente chamas com excesso de oxigênio e de acetileno. Como as diferentes chamas afetam os plásticos? O oxiacetileno pode ser ajustado de modo a não descorar as amostras?

9-3. Prepare a chama oxigênio-hidrogênio.

Cuidado: Qualquer chama oxigênio-hidrogênio é quase invisível. Redobre os cuidados para evitar queimaduras quando manipular a chama oxigênio-hidrogênio.

9-4. Experimente diferentes taxas de deslocamento da chama ao longo da borda de uma amostra.

9-5. A chama remove as marcas causadas pelo serramento?

9-6. Risque intencionalmente uma amostra e, então, faço o polimento. Quão profundas devem ser as marcas de modo que o polimento não as remova?

9-7. Experimente diferentes proporções relativas de oxigênio e hidrogênio. A chama neutra é a melhor para o polimento?

9-8. Registre e explique suas observações.

Capítulo 10

Processo de moldagem

Introdução

Os processos de moldagem convertem resinas, pós, grânulos e outras formas de plásticos em produtos úteis. Uma característica comum a todos os processos de moldagem é que envolvem algum tipo de força. No processamento de pós e grânulos, a força necessária pode ser enorme. Embora a introdução de resinas líquidas nos moldes demande muito menos força do que o necessário para mover grânulos derretidos, algum nível de pressão é essencial.

Há uma grande variedade de processos de moldagem disponíveis para os processadores. Este capítulo não tentará abordar todas essas técnicas. Em vez disso, focará nas três principais áreas de moldagem – injeção, compressão e moldagem por transferência – e em técnicas para resinas líquidas. Um resumo deste capítulo é apresentado a seguir:

I. Moldagem por injeção
   A. Unidade de injeção
   B. Unidade de fechamento
   C. Segurança na moldagem por injeção
   D. Especificações de máquinas de moldagem
   E. Elementos dos ciclos de moldagem
   F. Vantagens da moldagem por injeção
   G. Desvantagens da moldagem por injeção
   H. Moldagem por injeção de termorrígidos
   I. Moldagem por coinjeção
   J. Injeção de fluido
   K. Sobremoldagem
   L. Máquinas elétricas e híbridas
II. Moldagem de materiais líquidos
   A. Moldagem por injeção e reação
   B. Moldagem reforçada por injeção e reação (RRIM)
   C. Moldagem de resina líquida
III. Moldagem de materiais termorrígidos em grânulos ou em placa
   A. Moldagem por compressão
   B. Moldagem por transferência
   C. Moldagem de folha (*sheet molding*)

Moldagem por injeção

A moldagem por injeção é o principal processo na conversão de plásticos em produtos. A lista de produtos moldados por injeção que influenciam nosso cotidiano é quase infinita. Inclui gabinetes de aparelhos de TV e videocassete e de computadores; CDs e aparelhos de CD, óculos, escovas de dente, peças de automóveis, calçados esportivos, canetas esferográficas e móveis de escritório.

O molde por injeção é apropriado para todos os termoplásticos, exceto o politetrafluoretileno (PTFE), poliimidas, alguns poliésteres termoplásticos e algumas variedades especiais. As máquinas de moldagem por injeção (Injection-molding machines – MMIs) para termorrígidos permitem o processamento de plásticos fenólicos, melamina, epóxi, silicone, poliéster e diversos elastômeros. Em todos os casos, materiais granulados ou peletizados absorvem calor suficiente para torná-los "fluíveis". A máquina injeta plástico quente no interior de um molde fechado que cria o formato desejado. Após o resfriamento ou transformação química, um sistema ejetor remove a peça do molde.

A Figura 10-1 mostra três máquinas modernas de moldagem por injeção: um modelo horizontal pequeno e um médio e uma máquina vertical. As três máquinas possuem o mesmo projeto básico, chamado de rosca (ou parafuso) recíproca. Embora existam diversos outros tipos de máquinas de moldagem, as do tipo rosca recíproca são dominantes. Nas máquinas de rosca recíproca, o material granular é rapidamente fundido pelo aquecimento de um **cilindro** e pelo calor de atrito criado pelo giro da rosca. A rosca tem a função de aquecimento, convertendo os *pellets*, e agindo como êmbolo. Quando o material encontra-se uniformemente fluido, a rosca se move, forçando o fundido quente pelo sistema de alimentação das cavidades do molde.

As máquinas de moldagem por injeção (injetoras) são também classificadas como horizontais ou verticais, dependendo da direção em que a unidade de fechamento se move. Se o molde abre e fecha horizontalmente, as peças serão lançadas para baixo ou cairão sobre correias transportadoras após a ejeção. Se o molde abre e fecha verticalmente, as peças não caem após a ejeção. O principal uso da injetora vertical é para moldagem com inserções. Para aumentar a produção, algumas máquinas verticais têm múltiplas metades inferiores do molde. Se duas partes inferiores são usadas, a injetora é do tipo *shuttle* (vaivém) ou rotativa (Figura 10-1C). Enquanto uma metade é carregada com os insertos novos, a outra está no ciclo de injeção. Quando mais de duas partes inferiores são usadas, as injetoras estarão em um arranjo rotatório. Injetoras verticais tipicamente requerem menos espaço que as máquinas horizontais e podem também apresentar menor custo de ferramentas em razão do uso de múltiplas partes inferiores de molde.

Um olhar mais atento para as **máquinas de moldagem por injeção** (MMIs) revela que contêm dois componentes principais – a unidade de injeção e a unidade de fechamento.

Unidade de injeção

A unidade de injeção possui a tarefa de fundir e injetar os materiais. As peças principais dentro desta unidade são o funil de alimentação, o cilindro de plastificação, a cobertura do cilindro, o bico de injeção, a rosca e uma válvula de prevenção de retorno (anel de bloqueio), resistências elétricas, um motor para rotacionar a rosca e um cilindro hidráulico para mover a rosca para frente e para trás. Sistemas de controle mantêm as temperaturas em níveis selecio-

(A) Equipamento Boy 50m. Capacidade de 55 toneladas (US) com "Procan Control®" de circuito fechado para todas as funções da máquina. (Boy Machines Inc.)

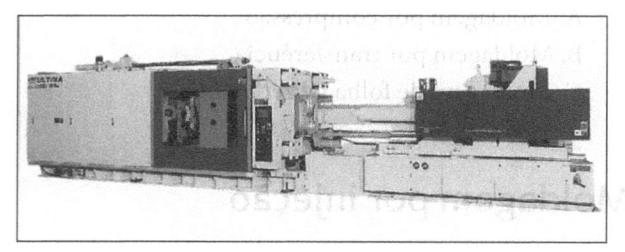

(B) Uma máquina elétrica de moldagem por injeção com capacidade para 1100 toneladas (US). (UBE Machinery, Inc., Ann Arbor, MI)

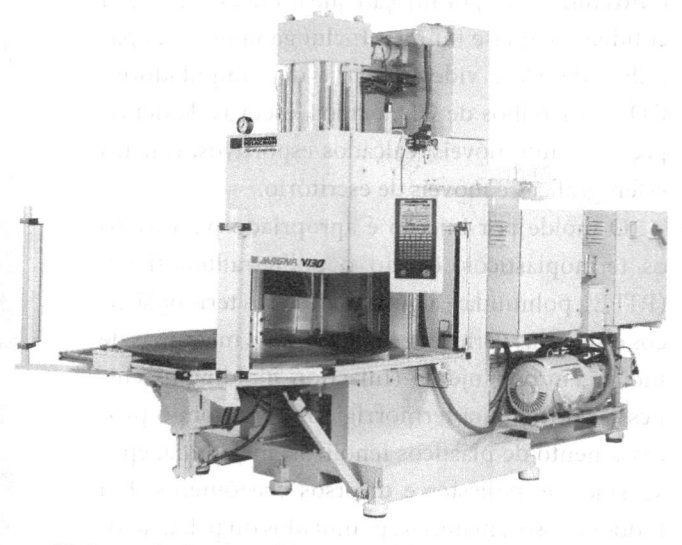

(C) Esta máquina de moldagem por injeção vertical é equipada com mesa rotatória e cortina de luz para segurança do operador. (A fotografia é cortesia de Milacron Inc.)

Figura 10-1 – Três tamanhos de máquinas modernas de moldagem por injeção.

nados, assim como iniciam e controlam o tempo de rotação da rosca e curso da injeção. A Figura 10-2 apresenta um esquema simplificado de uma unidade de **plastificação** típica.

O cilindro de injeção controla os movimentos da rosca. A bomba hidráulica pressiona um óleo hidráulico e, à medida que o óleo preenche o cilindro de injeção, a rosca é movida para frente ou para trás. Fabricantes europeus e asiáticos geralmente determinam a pressão que uma máquina pode exercer em uma unidade chamada **bar**. Um bar é aproximadamente igual a 1 atmosfera, que é aproximadamente 100 kPa (14,7 psi). A pressão que a maioria das máquinas de moldagem por injeção pode aplicar aos materiais plásticos varia de cerca de 1.500 a 2.500 bar (20.000 a 30.000 psi).

A ação da rosca determina a velocidade e a eficiência da plastificação dos *pellets*. A Figura 10-3A mostra uma pequena rosca de injeção. Note que a profundidade dos filetes da rosca na região à direita na figura (parte posterior da rosca) é maior que a do lado esquerdo (região anterior).

Uma rosca típica consiste em três seções principais: a zona de alimentação, a zona de transição e a zona de dosificação (ou homogeneização). A zona de alimentação contém sulcos profundos e é responsável

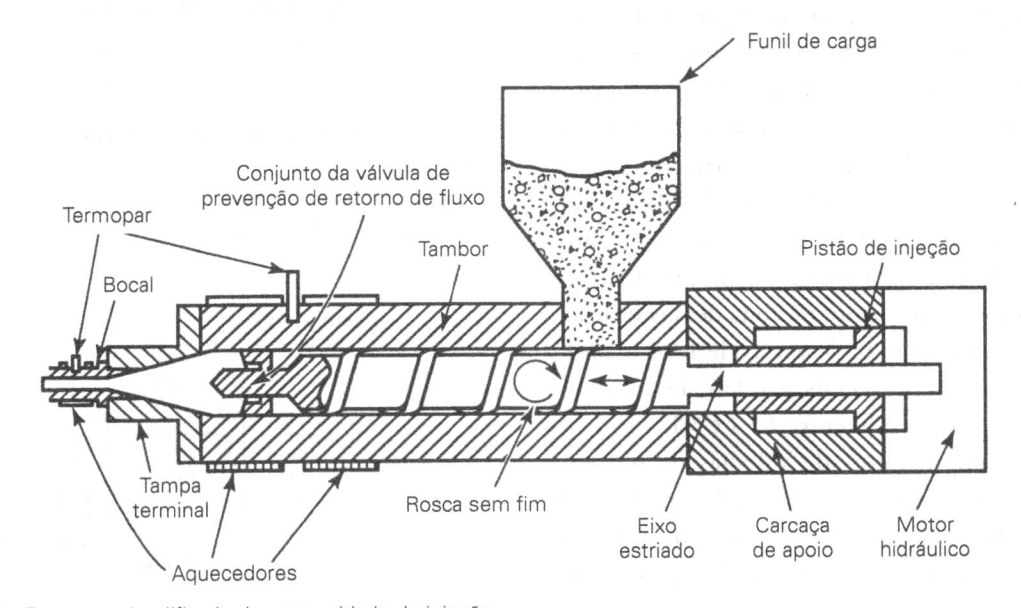

Figura 10-2 – Esquema simplificado de uma unidade de injeção.

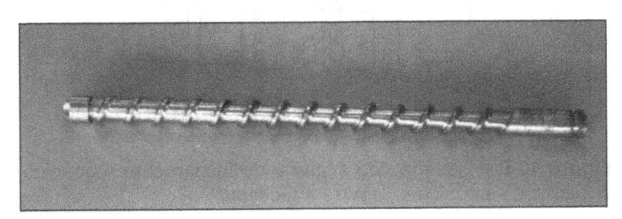

(A) Esta rosca de 30 mm de uma MMI apresenta uma válvula de prevenção de retorno de fluxo (anel de bloqueio). Note as diferenças profundidades dos filetes da rosca.

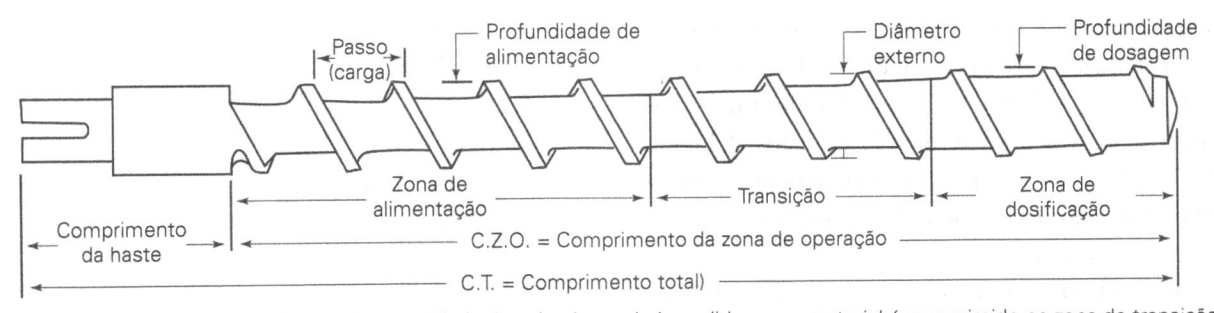

(B) No parafuso de dosagem, uma grande quantidade de calor é gerada à medida que o material é comprimido na zona de transição.

Figura 10-3 – Roscas para moldagem por injeção.

por cerca de metade do comprimento total. A zona de transição é cerca de 1/4 do comprimento total. Durante a transição, a profundidade dos sulcos é reduzida e a compressão e atrito resultantes levam à fusão da maior parte dos *pellets*. O material fundido e quaisquer colorantes e aditivos são misturados na zona de dosificação, em que os filetes das roscas são rasos. A mistura não pode ocorrer até que material esteja fundido; portanto, esta zona da rosca é muito importante. Na zona de dosificação, algumas roscas apresentam formatos especiais para promover a mistura. À medida que o material passa pela zona de dosificação, deve atingir a temperatura desejada de fusão.

As duas principais especificações para uma rosca de injeção são a razão C/D (comprimento/diâmetro) e a razão de compressão (Figura 10-3B). A razão C/D é usualmente o comprimento da seção filetada da rosca dividido pelo diâmetro externo. As razões C/D usuais variam de 18:1 a 24:1, sendo 20:1 a relação mais comum. A razão de compressão é a profundidade dos filetes na zona de alimentação dividida pela profundidade dos filetes na zona de dosificação. A razão de compressão pode variar de 1:5:1 a 4:5:1. Roscas para aplicações gerais geralmente apresentam razões de compressão entre 2:5:1 e 3:1.

Há dois tipos comuns de válvulas de prevenção de retorno, como mostrado na Figura 10-4. O tipo mostrado na Figura 10-3A corresponde ao da Figura 10-4A. A função da válvula de não retorno é prevenir retorno de material durante a injeção. Quando esta válvula não funciona apropriadamente, a pressão sobre o plástico fundido pode ser insuficiente para a obtenção do fluxo desejado para o interior do molde.

Unidade de fechamento

A unidade de fechamento tem a função de abrir e fechar o molde e ejetar as peças. Os dois métodos mais utilizados para gerar as forças de fechamento são o sistema hidráulico e o sistema mecânico (alavanca), acionado por cilindros hidráulicos. A Figura 10-5 mostra o sistema mecânico em ambas posições, tanto aberta como fechada. A Figura 10-6 retrata o sistema hidráulico.

Os dois tipos de sistema são encontrados em uma grande variedade de tamanhos. A fixação por alavanca gera força mecanicamente, assim, requerendo

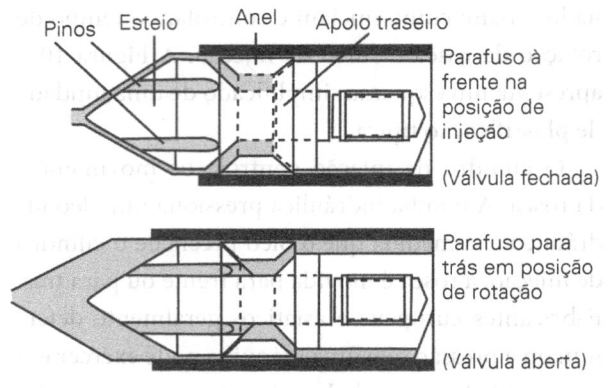

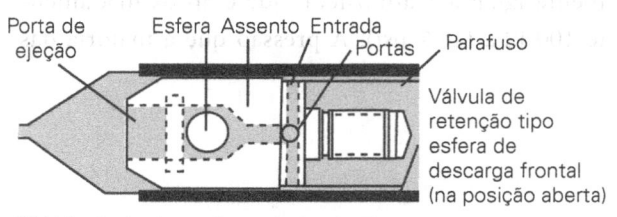

Figura 10-4 – Duas válvulas de retenção utilizadas para evitar o retorno do plástico fundido.

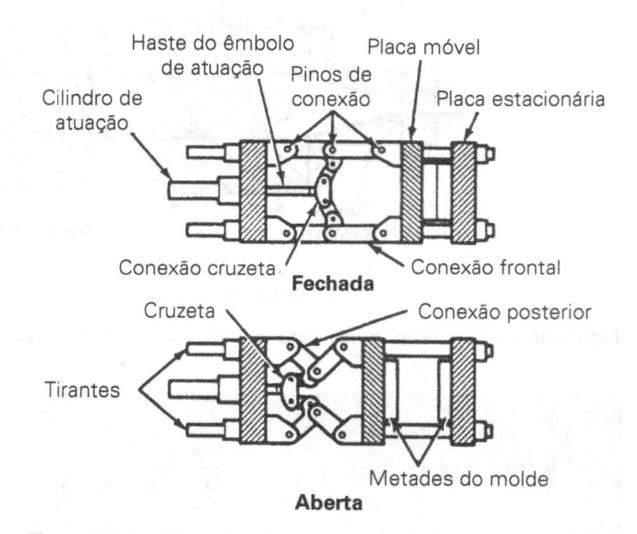

Figura 10-5 – Desenho do sistema de fechamento mecânico em ambas as posições, aberta e fechada.

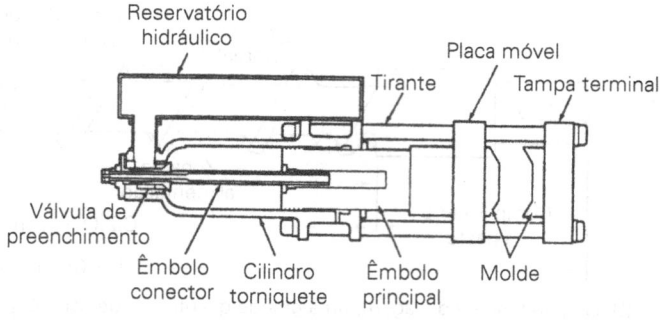

Figura 10-6 – Esquema linear do sistema hidráulico de uma abraçadeira de molde. (*Modern Plastics Encyclopedia*)

cilindros menores na unidade de fechamento. Os grampos hidráulicos eliminam conexões mecânicas, mas requerem cilindros muito maiores. Máquinas de maior porte utilizam uma combinação de mecanismos de fechamento hidráulicos e mecânicos, como mostrado na Figura 10-7.

Além das unidades de plastificação e fechamento, uma máquina típica de moldagem por injeção também inclui uma bomba hidráulica para mover e pressurizar o óleo hidráulico e um reservatório de óleo. Há protetores cobrindo o cilindro de plastificação para prevenir o contato com aquecedores e conexões elétricas. Há um protetor sobre o bico de injeção para impedir o espalhamento do material fundido para o ambiente. A unidade de fechamento é normalmente protegida nas partes frontal, superior e posterior da máquina. A moldagem por injeção é potencialmente perigosa porque envolve material fundido e grandes pressões de fechamento. Para proteger os operadores, vários sistemas de segurança são acionados por uma porta que permite o acesso dos operadores à área de moldagem.

Segurança na moldagem por injeção

Fabricantes de maquinário usam dispositivos para proteger tanto os operadores da máquina quanto a própria máquina. A proteção de operadores e técnicos encontra-se na forma de protetores, portas, sistemas de segurança no fechamento do molde, protetores de purga e sistemas de proteção para a porta traseira. Nos Estados Unidos, é exigido por lei que os sistemas de fechamento de molde possuam três sistemas independentes: sistema mecânico, travamento elétrico e travamento hidráulico.[1]

Sistemas mecânicos. O objetivo do sistema mecânico é prevenir o fechamento de um molde em uma situação em que o operador esteja com mãos e braços entre as metades do molde. Quando os sistemas de segurança elétrico e hidráulico falham e o molde começa a se fechar no braço do operador, uma trava mecânica deve impedir seu fechamento. Todas as pessoas que trabalham na área de moldagem e no seu

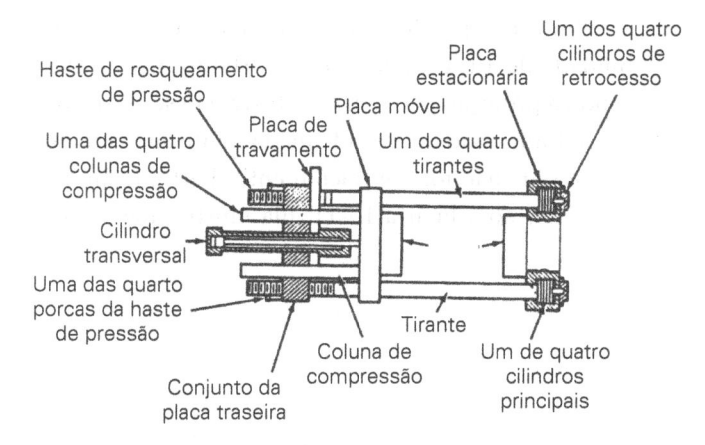

Figura 10-7 – O sistema de fechamento hidromecânico é usado mais frequentemente em máquinas de grande porte.

entorno devem conhecer as travas mecânicas e seus ajustes adequados.

As travas mecânicas respondem ao movimento do portão frontal de uma MMI. Caso a porta se abra, a trava deve ser acionada. As travas aparecem em diferentes formatos e tamanhos, mas dois tipos predominam: o cilindro reto e o cilindro lobulado. No primeiro tipo, o cilindro passa através de um orifício na **placa** fixa da máquina. As placas fixas suportam a metade do molde que não se movimenta. Quando a porta é aberta, uma aba ou barra cai na frente do orifício. Quando o molde começa a se mover, a barra se choca com o cilindro e evita o fechamento do molde.

A trava de segurança exige ajustes antes de cada troca de molde. A distância entre o final do cilindro e a barra deve ser ajustada de modo a permitir que a barra caia facilmente. Deve também ser curta o suficiente de modo que a placa móvel tenha um curso pequeno antes que seja parada. Isto garantirá que a quantidade de movimento da placa móvel seja limitada.

A Figura 10-8 mostra uma trava mecânica na posição fechada, enquanto a Figura 10-9 mostra a mesma trava na posição aberta, permitindo que o cilindro se mova para frente, através do orifício do bloco ligado à placa. A Figura 10-10 mostra outro tipo de trava mecânica, em que a barra está na posição inferior, significando que a porta da máquina estava aberta. O ajuste neste tipo de acessório é feito por uma porca de aperto no cilindro rosqueado ou por fendas usinadas no cilindro. A forma rosqueada é apresentada nas Figuras 10-8 e 10-10.

---

[1] No Brasil, as injetoras devem obedecer ao estabelecido pela Convenção Coletiva sobre Prevenção de Acidentes em Máquinas Injetoras de Plástico (Anexo I – Requisitos de Segurança para Máquinas Injetoras de Plástico). (NT)

Um problema do cilindro do tipo reto é a possibilidade de a trava não "cair", portanto, não fornecendo a proteção necessária. A trava não será ativada se o cilindro não estiver adequadamente ajustado ou se o molde não for completamente aberto. Examine com atenção a Figura 10-11. Ela mostra que a porta frontal está aberta, mas a trava não foi ativada. Jamais se deve permitir esta perigosa situação.

Para evitar a possível falha da trava do cilindro do tipo reto, os fabricantes de máquinas desenvolveram os cilindros lobulados. Estes lóbulos são usinados no cilindro e permitem que o molde abra, prevenindo o

Figura 10-8 – Esta trava mecânica está abaixada, prevenindo o fechamento do molde.

Figura 10-9 – Com a trava mecânica na posição levantada, a haste rosqueada pode mover-se para a frente e permitir o fechamento do molde.

Figura 10-10 – Esta trava de segurança possui uma porção rosqueada para o ajuste de seu comprimento.

Figura 10-11 – Perceba o enorme risco mostrado aqui. A porta frontal da MMI está aberta, mas a barra não está abaixada. Ou a barra está desajustada ou o molde não se encontra totalmente aberto.

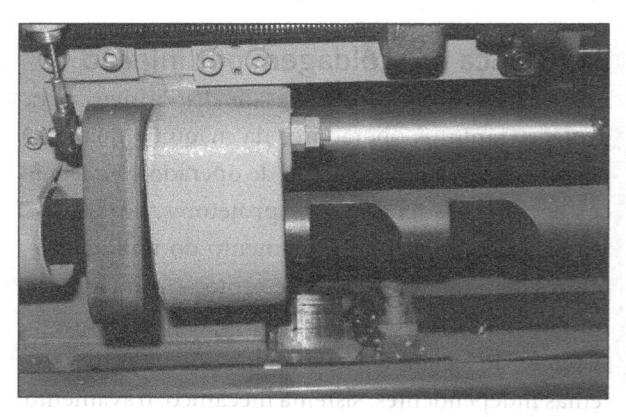

Figura 10-12 – A trava mecânica à esquerda se prende aos encaixes do cilindro de segurança.

Figura 10-13 – O cilindro lobulado evita o risco mostrado na Figura 10-11.

Figura 10-14 – Este tipo de cilindro lobulado aparece em MMIs de portes médio e grande.

Figura 10-15 – A haste aciona o interruptor, mostrando que a porta encontra-se fechada.

fechamento a menos que a trava que se liga ao cilindro seja levantada. As Figuras 10-12, 10-13 e 10-14 mostram vários estilos de trava de segurança bobulados ou entalhados. Uma vantagem do tipo lobulado é que, mesmo que o molde não esteja completamente aberto, o engate acontecerá após uma distância pequena quando o molde começa a se fechar.

Travamento elétrico. O travamento elétrico deve desabilitar o circuito elétrico que controla o fechamento do molde quando a porta é aberta. Muitas máquinas possuem uma pequena haste ligada à porta; quando ela fecha, a haste aciona um interruptor e permite que a máquina inicie um ciclo de injeção. A trava elétrica pode falhar se o interruptor não funcionar ou se peças críticas apresentarem folga e não se ajustarem de maneira adequada.

A Figura 10-15 mostra uma haste de depressão e o orifício que permite que a haste acione o interruptor.

Uma maneira de verificar a trava elétrica é fechar a porta sem acioná-la. Isto pode ser conseguido removendo ou rotacionando o pino de contato da trava elétrica. A Figura 10-16 mostra este ajuste. A placa não deve se mover enquanto a porta estiver fechada. Caso isto ocorra, será necessária uma manutenção imediata para o travamento elétrico.

Este procedimento para verificar o travamento elétrico envolve interferência nos equipamentos de segurança existentes, só devendo ser realizado com extrema cautela, e o pino de contato deve ser imediatamente reposicionado após o final da verificação.

Travamento hidráulico. Os equipamentos para travamento hidráulico devem evitar o fechamento do

Figura 10-16 – A haste mostrada na Figura 10-15 foi rotacionada de forma que a porta se fecha sem acionar o interruptor. Retorne-a imediatamente à posição correta após testar o sistema elétrico de segurança.

molde quando a porta está aberta. Frequentemente, estes equipamentos consistem em uma chave hidráulica e um braço atuador. A Figura 10-17 mostra um braço que se levanta quando a porta é fechada e se abaixa quando a porta está aberta. Outro tipo aparece

Figura 10-17 – Este braço previne ou permite o fluxo de óleo do sistema hidráulico para o fechamento do molde.

na Figura 10-18. Somente quando a porta está fechada o óleo do sistema hidráulico pode entrar no cilindro de fechamento do molde.

Diferentemente do travamento elétrico que, em geral, funciona corretamente ou não funciona de nenhuma forma, os sistemas de segurança hidráulicos podem funcionar parcialmente em virtude de desajustes. Para verificar o sistema hidráulico de segurança, abra a porta, feche o contato do sistema elétrico manualmente e tente fechar o molde, também manualmente. A placa não deve se mover.

Pode ser vantajoso levantar manualmente a barra mecânica antes de verificar o sistema de segurança hidráulico. Caso o sistema de segurança hidráulico falhe, o molde começará a fechar e será parado mecanicamente. Não é recomendado que você pare a placa com a trava mecânica porque a colisão pode danificar os tirantes de união do sistema de fechamento. Algumas máquinas possuem duas travas mecânicas; nessas máquinas, a placa, usualmente, não incidirá sobre os tirantes de união. Contudo, isto não é válido para as máquinas com uma única trava mecânica e um único tirante. Tente evitar este problema em potencial.

Caso o sistema de segurança hidráulico esteja desajustado, o cilindro de fechamento pode acabar recebendo quantidade de óleo suficiente para que o molde se mova lentamente. Quando isto ocorre, ajuste as ligações de modo a prevenir qualquer movimentação de fechamento do molde.

Protetores de purga. Durante a **purga**, plásticos aquecidos podem se espalhar sobre as proximidades e atingir pessoas. Para prevenir tais acidentes, as máquinas de moldagem por injeção possuem protetores de purga. Eles são anteparos metálicos, com formato semelhante ao de uma caixa, que circundam o bico de injeção. A Figura 10-19 mostra um tipo de protetor de purga. Este protetor é fixado à placa estacionária com dobradiças que permitem movimentá-lo. A chave na frente do protetor é um contator de mercúrio. Quando o protetor está levantado, o contator não permite a injeção de plástico quente. Outro tipo de protetor de purga tem um painel articulado que se abre como uma porta. Um contator percebe quando o painel é aberto e previne a injeção.

Sistemas de segurança nas portas traseiras. Muitos operadores de injetoras abrem e fecham a porta frontal durante cada ciclo de injeção. Eles têm três sistemas de segurança[2] para fornecer-lhes proteção. Contudo, a porta traseira não ativa sistemas paralelos de segurança semelhantes. A maioria das injetoras tem uma chave ligada à porta traseira que desliga completamente a máquina se a porta é aberta. A Figura 10-20 apresenta um tipo de dispositivo de segurança de porta traseira. Para abrir a porta traseira, uma cobertura deve ser removida, e, quando isto ocorre, os motores principais não funcionam.

Práticas para uma moldagem segura. Máquinas com os anteparos adequados fornecem proteção para técnicos e operadores. Contudo, anteparos não substituem práticas seguras de moldagem. Plásticos podem degradar na injetora, gerando forças imen-

Figura 10-18 – Este braço do sistema hidráulico de segurança é conectado diretamente ao controle do fluxo de óleo do sistema de fechamento.

Figura 10-19 – Se a purga está ativada e o bico de injeção está exposto, a máquina não iniciará o ciclo de injeção.

---

[2] Os três sistemas referem-se à regulamentação americana, no Brasil, prevê-se o uso de, no mínimo, dois sistemas em série. (NT)

Figura 10-20 – Esta chave de segurança é ligada à porta traseira da injetora.

sas no cilindro (canhão) e bico de injeção. Embora incomum, pressões extremas no cilindro já levaram à destruição de suas coberturas. Para que isso aconteça, a pressão interna deve fazer que todos os parafusos que fixam a cobertura ao cilindro sejam rompidos. Em algumas ocasiões, cilindros explodiram por causa das pressões internas.

Para evitar a elevação da pressão no interior do cilindro de plastificação (canhão), sempre retire o material alimentado quando a máquina permanecer fora de operação por alguns minutos. Quando o bico de injeção não permanece em contato com um molde, excesso de plástico pode escapar do bico de injeção por extravasamento, o que evita o aparecimento de pressurização.

A garganta de alimentação de uma injetora deve ser fria o suficiente para que não funda os *pellets* na garganta ou no fundo do funil de alimentação. Quando o resfriamento na região da garganta é inadequado ou quando ocorre superaquecimento das resistências da parte posterior da zona de aquecimento, os *pellets* podem fundir na zona de alimentação da rosca, na garganta e no fundo do funil de alimentação. Isto pode ser muito perigoso.

Os *pellets* podem se fundir juntos, formando um aglomerado (*bridge*) no fundo do funil. Este aglomerado não permite o fluxo de novos *pellets* na zona de alimentação. Técnicos de moldagem podem romper esse aglomerado com uma barra ou haste. Contudo, esta ação pode ser extremamente perigosa. Caso haja plástico quente sob pressão abaixo do aglomerado, seu rompimento pode levar à explosão deste plástico quente. Já ocorreram mortes de técnicos de molda-

Figura 10-21 – A remoção da cobertura leva à parada das bombas da injetora antes que a porta traseira possa ser aberta.

gem por severas queimaduras decorrentes da explosão de plástico quente pela garganta da máquina.

Segurança para a máquina. A segurança da máquina envolve a implantação de sistemas para proteger a máquina de ser danificada. A maior parte das MMIs possui pinos de segurança, conectando o motor da rosca à rosca. Se o cilindro de plastificação (canhão) não estiver quente o suficiente ou um objeto duro bloquear a rosca, o pino de segurança deve quebrar antes que a rosca sofra danos severos.

Caso algum objeto estranho fique preso entre as metades do molde, dispositivos de proteção para baixas pressões no molde devem proteger o molde de sofrer danos. A chave para este tipo de proteção é evitar a aplicação de pressão total de fechamento até que o molde esteja quase completamente fechado. Somente então a injetora exercerá pressão total contra o molde.

Uma chave de fim de curso sinaliza para os controles da máquina quando o molde está quase fechado. Técnicos de moldagem podem controlar o acionamento da pressão total de fechamento pelo ajuste cuidadoso da chave de fim de curso. Alguns técnicos usam pedaços de papelão como "espaçadores" para verificar o ajuste das chaves para baixa pressão de moldagem. Um ou dois pedaços de papelão entre as metades do molde devem evitar a aplicação de pressão total de fechamento. Sem os pedaços de papelão, o molde deve fechar com ajuste adequado, ou seja, com aplicação da pressão total de fechamento.

Quando as chaves que controlam a pressão no molde estão corretamente ajustadas, a presença de um objeto entre as metades do molde inibirá o fechamento, portanto, interrompendo o ciclo de moldagem. Isto é extremamente importante quando operadores ou ferramentas automatizadas (robôs) carregam insertos no interior de um molde. É possível que insertos metálicos movam-se ou caiam da posição correta. Danos severos ao molde podem resultar disto quando a proteção de pressurização do molde não estiver ajustada corretamente.

Especificação de máquinas de moldagem

Máquinas de moldagem possuem várias características, mas duas delas fornecem um método rápido usado para descrever uma máquina. Esses dois parâmetros de dimensionamento são a capacidade de injeção e a capacidade de fechamento.

Capacidade de injeção. A capacidade de injeção é a quantidade máxima de material que a máquina injetará por ciclo. Em função da grande variação de densidade entre os plásticos comerciais, um padrão de comparação é necessário. O padrão aceito para medidas de capacidade de injeção é o poliestireno. Uma pequena injetora de laboratório terá capacidade de injeção máxima de 20 gramas. Injetoras de grande capacidade podem ter capacidade de injeção de mais de 9 kg (19,8 libras).

Força de fechamento. A força de fechamento é a força máxima que uma máquina pode aplicar ao molde. Um modo de classificar as máquinas de moldagem é distingui-las por tamanho pequeno, médio ou de alta capacidade (jumbo). Geralmente, injetoras pequenas possuem força de fechamento de 99 toneladas ou menos, as de tamanho médio variam de 100 a 2.000 toneladas, e as de alta capacidade padrão são até 10 mil toneladas. Máquinas maiores só se obtêm por encomenda.

Dados sobre volumes de vendas ajudam a determinar a utilização de vários tamanhos. Durante um ano na década de 1990, as vendas americanas de máquinas pequenas foram de pouco menos que 400 unidades. As vendas de máquinas de tamanho médio foram de cerca de 1.200 máquinas, enquanto as vendas das injetoras de alta capacidade foram de aproximadamente 50 unidades. Fica claro que o tamanho médio era dominante. Nesta faixa de tamanho, a pressão mais comum era de cerca de 300 toneladas.

Como regra geral, 3,5 kN (786 lbf) de força são necessários por cada centímetro quadrado de cavidade do molde. Uma injetora com força de fechamento de 3MN (337 tonf) deve ser capaz de moldar uma peça de poliestireno de 250 mm × 325 mm (9,8 × 12,8 pol). Esta peça deve ter uma área superficial de 812,5 cm² (26 pol²). Use a regra geral:

$$3.000 \text{ kN} / 3,5 \text{ kN/cm}^2 = 857 \text{ cm}^2$$

Elementos dos ciclos de moldagem

A moldagem por injeção consiste de cinco passos básicos, mostrados na Figura 10-22:

1. O molde fecha.
2. À medida que a rosca começa a se mover para a frente, a válvula de retenção no limite frontal da rosca evita que o material plastificado se mova para trás, ao longo dos filetes da rosca. Consequentemente, a rosca funciona como um aríete e força o material quente a entrar na cavidade do molde.
3. A rosca mantém a pressão através do bico de injeção até que o plástico esteja resfriado. Na moldagem de termoplástico, *timers* mantêm a pressão sobre o plástico até que o ponto de injeção (ponto de entrada) resfrie. O ponto de injeção, ao resfriar, efetivamente separa as peças moldadas da pressão de injeção. Manter a pressão sobre o plástico após este resfriamento é perda de tempo.
4. *Timers* interrompem a pressão de injeção e a rosca gira para puxar material novo do funil de alimentação. A rosca volta até que uma chave de fim de curso sinalize que a capacidade de injeção foi atingida. Um golpe de descompressão puxa a rosca para trás por uma curta distância. O propósito desta descompressão é evitar o extravasamento de plástico quente dos canais do molde.

5. O molde abre e os pinos ejetores removem a peça moldada.

É comum agrupar estes passos básicos como um *ciclo de tempo*. Todos os sistemas de injeção têm os seguintes quatro elementos em seus ciclos de tempo:

1. *Tempo de enchimento* é o tempo que leva para deslocar o ar para as cavidades do molde com o material plástico.

2. *Tempo de recalque* é o tempo necessário para manter pressão suficiente para o enchimento da peça e para o resfriamento do ponto de entrada (ponto de injeção).

3. *Tempo de resfriamento ou tempo de residência* é o tempo para que o material resfrie ou obtenha rigidez suficiente para a remoção segura da cavidade do molde.

4. *Tempo morto* é o tempo necessário para abrir o molde, remover a peça moldada e fechar o molde.

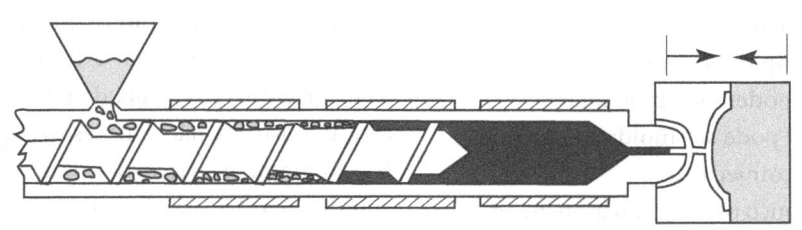

(A) O material aquecido está pronto para a injeção quando o molde fecha.

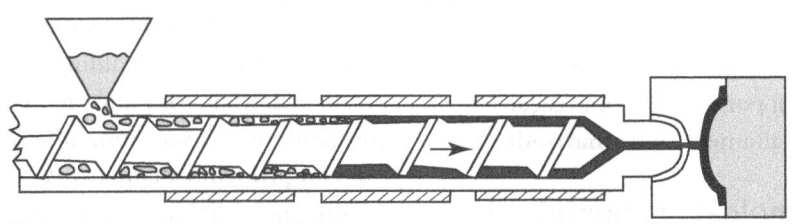

(B) O plástico é injetado no molde.

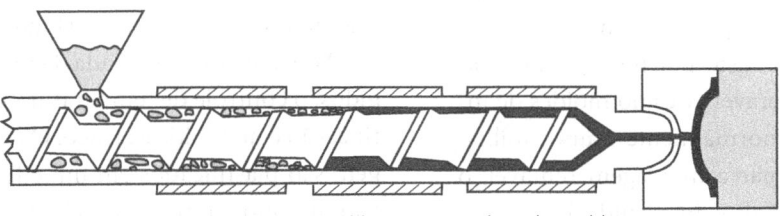

(C) A pressão é mantida até o preenchimento completo do molde.

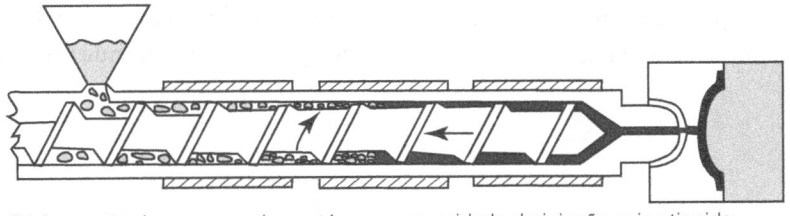

(D) A rotação da rosca continua até que a capacidade de injeção seja atingida.

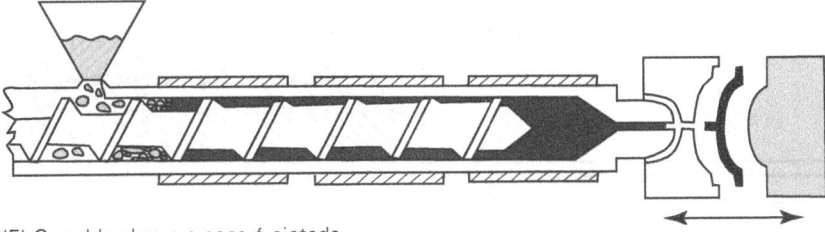

(E) O molde abre e a peça é ejetada.

Figura 10-22 – Os passos do ciclo de injeção.

Vantagens da moldagem por injeção

A moldagem por injeção é popular porque insertos metálicos podem ser usados, apresenta alta produtividade, o acabamento da superfície pode ser controlado para produzir qualquer textura desejada e a precisão dimensional é boa. Para termoplásticos, "galhos" e peças rejeitadas podem ser moídos e reutilizados. A lista a seguir enumera oito vantagens da moldagem por injeção:

1. Apresenta alta produtividade.
2. Cargas e insertos podem ser utilizados.
3. Peças pequenas, complexas, com pequena tolerância dimensional, podem ser moldadas.
4. Mais de um material pode ser moldado por injeção (moldagem por coinjeção)
5. As peças requerem pouco ou nenhum acabamento.
6. O refugo dos termoplásticos pode ser moído e reutilizado.
7. Espumas estruturais de pele integral podem ser moldadas (moldagem por injeção com reação).
8. O processo pode ser altamente **automatizado**.

Desvantagens da moldagem por injeção

A moldagem por injeção não é prática para séries curtas de produção. As máquinas de moldagem são muito caras, portanto, o custo por hora para operar estas máquinas é considerável. Mesmo moldes de injeção pequenos custam normalmente muitos milhares de dólares. Para tornar a moldagem rentável, o número de peças deve ser alto. Em virtude de esse tipo de moldagem ser um processo bastante difundido, muitas empresas competem por contratos. Algumas são incapazes de obter lucro e acabam falindo.

O processo de moldagem por injeção é complicado. Ocasionalmente, fabricantes de molde se deparam com muita dificuldade para fabricar peças aceitáveis em razão de um mau projeto de peça ou de molde. Quando os processos não estão bem controlados, a taxa de perdas aumenta e as rejeições de peças por clientes podem levar a perdas financeiras consideráveis. A Tabela 10-1 lista alguns dos problemas associados com a moldagem por injeção.

Moldagem por injeção de termorrígidos

Tanto a máquina como os projetos de molde diferem quando se realiza a moldagem de materiais termorrígidos. A válvula de retenção (ou de prevenção de retorno) não é necessária porque o material é extremamente viscoso e pouco material sobra no cilindro (canhão) após a injeção. Os filetes da rosca são rasos, com uma razão de compressão de 1:1. Materiais moldados por moldagem de compressão de pré-formas (bulk-molding compound – BMC) e outros materiais com altos teores de cargas e reforços geralmente usam uma injetora de pistão. A razão comprimento-diâmetro (C/D) nestas máquinas geralmente varia de 12:1 a 16:1, pequenas, se comparadas às altas razões utilizadas na moldagem por injeção dos termoplásticos (Figura 10-23).

Para a injeção adequada da maioria dos termorrígidos, o controle de temperatura no cilindro de plastificação e no molde é crítico. Os materiais de moldagem são plastificados em um cilindro relativamente frio, usando compressão. Contudo, as ligações cruzadas devem ocorrer rapidamente após o preenchimento do molde pelo material. As temperaturas no molde possuem um grande impacto sobre os tempos

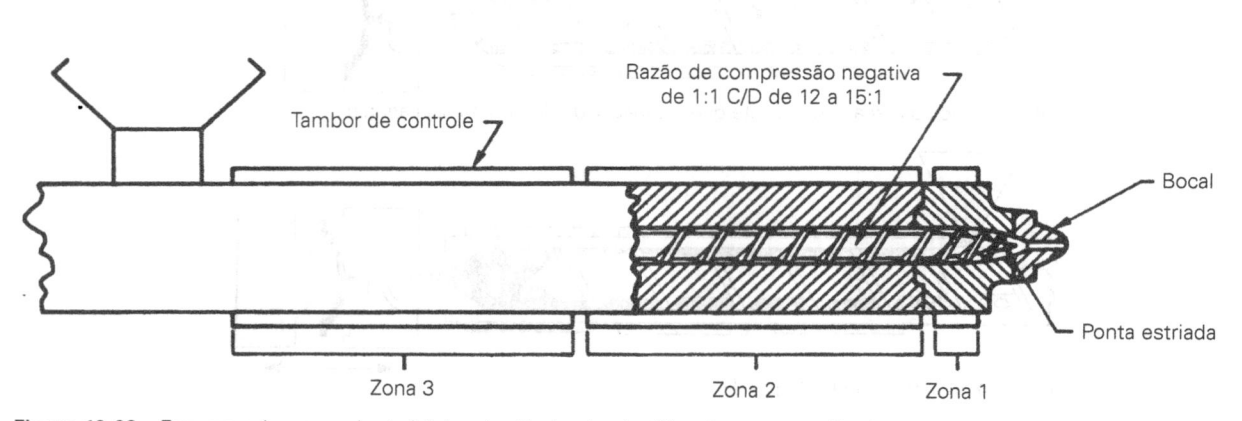

Figura 10-23 – Esquema de um conjunto básico de cilindro de plastificação e rosca utilizado para termorrígidos.

de ciclo. A Figura 10-24 mostra o nível de temperatura requerido em cada seção da injetora.

Moldagem por coinjeção

A *moldagem por coinjeção* é um processo pelo qual dois ou mais materiais são injetados no interior de uma cavidade de molde (Figura 10-25). Usualmente, se produz uma camada de material na superfície do molde e um núcleo central celular. Este material do núcleo inclui agentes espumantes que produzem as densidades celulares desejadas. O processo é às vezes incorretamente chamado de *moldagem sanduíche*, por causa do efeito de camadas de materiais.

Tabela 10-1 – Problemas na moldagem por injeção

Problema	Causa	Possível correção
Manchas negras, pontos ou listas	Desprendimento de plástico queimado das paredes do cilindro de plastificação.	Purgar o cilindro de aquecimento.
	Aprisionamento de ar no molde, levando a queimaduras.	Ventilar adequadamente o molde.
	Queima de grânulos frios por atrito com as paredes do cilindro (canhão).	Usar plástico lubrificado.
Bolhas	Umidade nos grânulos.	Secar os grânulos antes da moldagem.
Rebarbas	Material muito quente.	Reduzir a temperatura.
	Pressão elevada.	Abaixar a pressão.
	Desgaste excessivo do molde ou presença de folgas entre as partes do molde (linha de partição).	Trocar o molde ou refazer as faces de junção das partes do molde.
	Pressão de fechamento insuficiente.	Aumentar a pressão de fechamento.
Acabamento ruim	Molde muito frio.	Elevar a temperatura do molde.
	Pressão de injeção muito baixa.	Aumentar a pressão de injeção.
	Água na superfície do molde.	Limpar o molde.
	Excesso de lubrificante no molde.	Limpar o molde.
	Inadequações na superfície do molde.	Polir o molde.
Moldagem incompleta	Material frio.	Aumentar a temperatura.
	Molde frio.	Aumentar a temperatura no molde.
	Pressão insuficiente.	Elevar a pressão.
	Pontos de entrada (injeção) pequenos.	Aumentar o diâmetro dos pontos de entrada.
	Ar aprisionado.	Aumentar o tamanho dos canais de ventilação.
	Divisão inadequada do fluxo do plástico nos moldes com mais de uma cavidade.	Corrigir o sistema de alimentação das cavidades do molde.
Rechupes	Quantidade insuficiente de plástico no molde.	Aumentar a velocidade de injeção, verificar a dimensão do ponto de injeção.
	Plástico muito quente.	Reduzir a temperatura do cilindro (canhão).
	Pressão de injeção muito baixa.	Aumentar a pressão.
Empenamento	Peça ejetada muito quente.	Reduzir a temperatura do plástico.
	Plástico muito frio.	Elevar a temperatura do cilindro.
	Excesso de alimentação.	Reduzir a quantidade alimentada.
	Pontos de injeção desbalanceados.	Mudar a localização ou reduzir os pontos de injeção.
Marcas na superfície	Material frio.	Aumentar a temperatura do plástico.
	Molde frio.	Elevar a temperatura do molde.
	Injeção lenta.	Aumentar a velocidade de injeção.
	Fluxo desbalanceado nos pontos de injeção e canais de alimentação do molde.	Alterar a divisão de fluxo nos pontos de injeção e canais de alimentação.

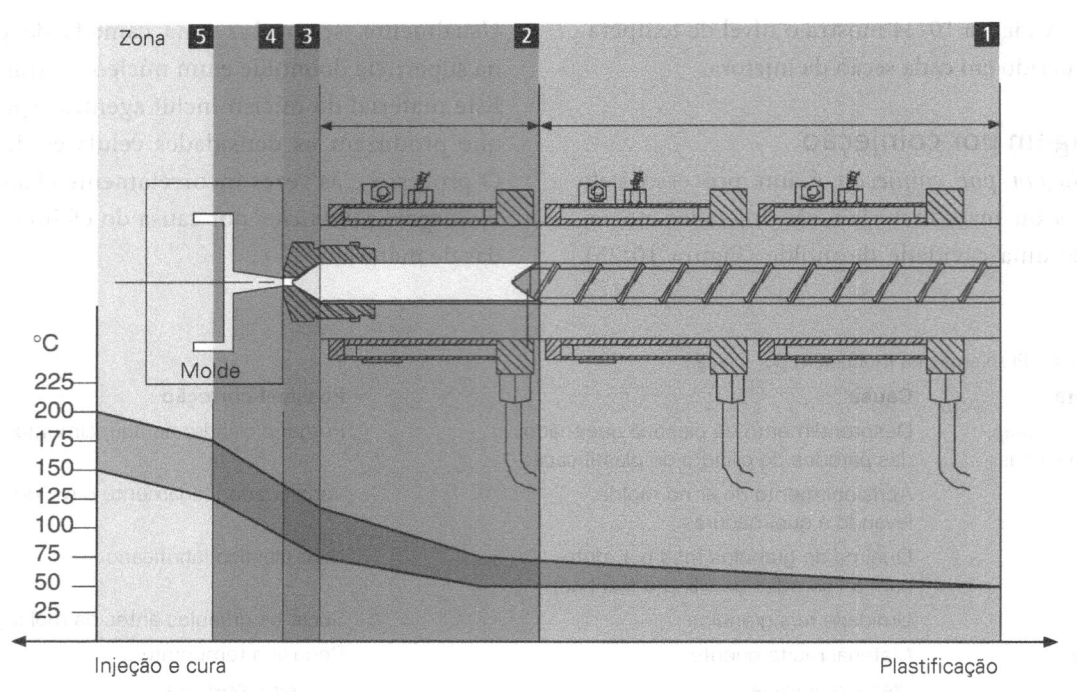

Figura 10-24 – Para evitar a ocorrência de ligações cruzadas nos materiais termorrígidos no interior do cilindro de injeção, as temperaturas devem ser mantidas baixas. (Arburg-GmbH & Co.)

Figura 10-25 – Esta injetora para moldagem por coinjeção alimenta três canais independentes de material fundido ao molde.

A moldagem por coinjeção pode usar diferentes famílias de plástico para a camada superficial (crosta) ou para o núcleo. Reforços com fibras fornecem maior resistência, mas os padrões de fluxo podem levar à orientação indesejada das fibras. A seleção de materiais e aditivos é limitada unicamente pela crosta superficial exposta. Ela, geralmente, precisa ser agradável ao toque ou pigmentada.

Itens que usam o processo de moldagem por coinjeção incluem peças automotivas, componentes de mobiliário, gabinetes de equipamentos de escritório e carcaças de aparelhos eletrônicos.

Injeção de fluido

A injeção de fluido envolve a aplicação de um fluido no plástico fundido durante o processo de moldagem por injeção. O objetivo principal da injeção de fluido é reduzir a quantidade de material utilizado, particularmente em áreas espessas e, consequentemente, poder controlar contrações que podem levar à ocorrência excessiva de rechupes e/ou vazios. Dois fluidos são viáveis – gás e água.

A tecnologia de injeção de gás (em inglês, gas injection technology – GIT) é também chamada de moldagem por injeção assistida por gás e foi desenvolvida há mais de 20 anos; contudo, em razão de batalhas legais sobre patentes, seu uso em larga escala era limitado. Como algumas patentes expiraram recentemente, seu uso tem aumentado rapidamente. Nesse processo, injeta-se um gás comprimido, usualmente nitrogênio, no fundido. O gás, que cria um núcleo oco na peça, ajuda a reduzir os rechupes e a quantidade de material necessário. Com peças de paredes espessas, a economia de material chega a 40%. Uma das pioneiras na utilização desta tecnologia é a Gain Technologies (http://www. gaintechnologies.com), com sede em Michigan. Uma nova versão da injeção de fluido é a tecnologia de injeção de água (em inglês, water injection technology – WIT), que é muito semelhante à GIT, exceto pelo fato de que a água acelera o resfriamento das peças e elimina o custo do nitrogênio. O processo baseia-se em unidades geradoras de pressão que atingem até 300 bar (4.350 psi). A Battenfeld IMT fornece correntemente tanto o sistema de injeção de água como o assistido por gás; dados sobre os sistemas Aquamould® e Airmould® encontram-se disponíveis no site da Battenfeld.

Sobremoldagem

Para obter produtos que combinam rigidez e maciez ou flexibilidade, os fabricantes de produtos plásticos têm utilizado a sobremoldagem. Normalmente, envolve a combinação de um componente rígido e de alta tenacidade com uma camada superficial de material mais macio. Um exemplo, como mostrado na Figura 10-26, é a lâmina de um bastão de hóquei sobre patins. Esta lâmina contém poliamida reforçada com fibra de vidro para obter tenacidade e resistência ao impacto e, para melhorar o controle da bola, uma seção mais macia foi sobremoldada usando um elastômero termoplástico. Como resultado, obtém-se ambos, resistência e melhor controle.

Uma abordagem semelhante da sobremoldagem é vista na Figura 10-27. A empunhadura deste grampo cirúrgico é feita de uma base semirrígida com uma "almofada" elastomérica sobremoldada na base. Este sistema fornece uma conexão segura ao grampo de aço inoxidável com a vantagem adicional de uma fácil remoção e descarte da parte externa da empunhadura. A alta flexibilidade da parte "almofadada" também ajuda a prevenir danos aos tecidos.

Máquinas elétricas e híbridas

Muitos fabricantes de máquinas de moldagem por injeção (MMIs) têm predito uma grande mudança das máquinas hidráulicas para as máquinas elétricas. As MMIs elétricas usam menos energia que as hidráulicas, e o maior motivo para isto é que as máquinas elétricas demandam potência somente quando

Figura 10-26 – Este bastão de hóquei sobre patins apresenta TPE moldado sobre uma base de poliamida. (PolyOne Corporation)

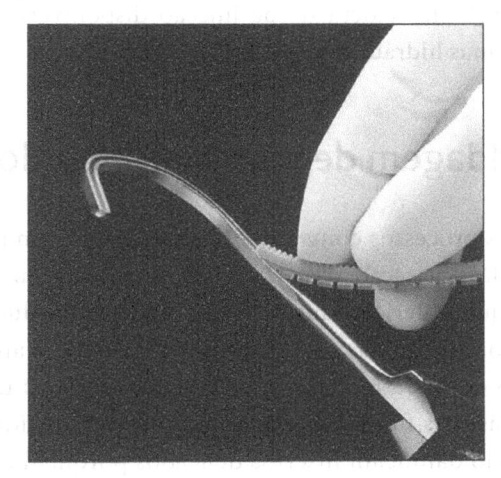

Figura 10-27 – O cabo desta pinça médica é sobremoldado sobre uma base semirrígida. (Novare Surgical Systems, Inc.)

estão realmente em movimento, enquanto as versões hidráulicas requerem energia constante para movimentar as bombas hidráulicas. Além disso, as máquinas elétricas podem fornecer maior precisão nos ciclos de moldagem.

Os fabricantes de MMIs elétricas estimam que elas dominem as máquinas de tamanho pequeno a médio em poucos anos. Embora ofereçam vantagens, as máquinas totalmente elétricas são mais caras – cerca de 15% para as máquinas pequenas e mais de 30% para as máquinas médias ou de grande porte.

O Japão tem levado os Estados Unidos na direção da troca por MMIs totalmente elétricas em virtude de leis bastante restritas sobre o descarte de fluidos hidráulicos. Em 2002, as máquinas totalmente elétricas eram predominantes no Japão, enquanto respondiam por somente 20% a 25% das máquinas novas nos Estados Unidos. Algumas empresas estão reduzindo a produção de máquinas hidráulicas pequenas, especialmente as de capacidade de menos que 100 toneladas de força de fechamento. Em 2002, a maior máquina totalmente elétrica disponível possuía força de fechamento de pouco mais de 1.500 toneladas.

Alguns fabricantes produzem máquinas híbridas, que usam potência hidráulica em algumas funções e motores elétricos em outras. Em geral, usam a potência hidráulica em movimentos lineares e motores elétricos em movimentos rotatórios. Uma vantagem desta combinação é que os motores elétricos fornecem precisão e a parte hidráulica fornece velocidade superior. Máquinas totalmente elétricas não atingem os níveis de velocidade de injeção disponíveis nas máquinas hidráulicas.

Moldagem de materiais líquidos

Vários processos convertem resinas líquidas em peças plásticas acabadas. Uma das principais razões para que materiais líquidos sejam usados é que fluem para o interior das cavidades dos moldes com aplicação de força muito menor do que os *pellets* termoplásticos fundidos. Além disso, materiais líquidos não danificam insertos delicados porque fluem ao redor dos reforços fibrosos. Os processos mais significativos relacionados a materiais líquidos são a moldagem por injeção e reação (*reaction injection molding* – RIM), a moldagem reforçada por injeção e reação (*reinforced reaction injection molding* – RRIM) e a moldagem de resina líquida ou moldagem por transferência de resina (*resin transfer molding* – RTM).

Moldagem por injeção e reação

A **moldagem por injeção e reação (RIM)** é também denominada moldagem de reação líquida ou mistura por choque a alta pressão (high-pressure impingement mixing). É um processo no qual vários sistemas químicos reativos são misturados e forçados para dentro da cavidade do molde, onde uma reação de polimerização ocorre. Embora a maioria dos componentes usuais da RIM seja poliol e isocianato, outros poliuretanos modificados, como monômeros de poliéster, epóxi e poliamida, são utilizados.

O processo envolve a **mistura por colisão no estado atomizado** de dois ou mais líquidos em uma câmara de mistura. Esta mistura é imediatamente injetada em um molde fechado, resultando um produto estrutural, rígido, celular ou expandido (Figura 10-28).

As indústrias moveleiras e automotivas são as principais usuárias de peças moldadas por RIM. Para-choques, cintos, peças absorvedoras de impacto, componentes de para-lamas e elementos de gabinetes são exemplos familiares. A moldagem por injeção e reação é limitada somente pelo tamanho do molde e do equipamento. As exigências em relação à capacidade de fechamento são muito menores do que na moldagem por injeção convencional. Frequentemente, o sistema de fechamento é projetado para permitir que a abertura e o fechamento sejam como a abertura e o fechamento de um livro, o que permite fácil remoção das peças e acesso do operador ao molde (Figura 10-29).

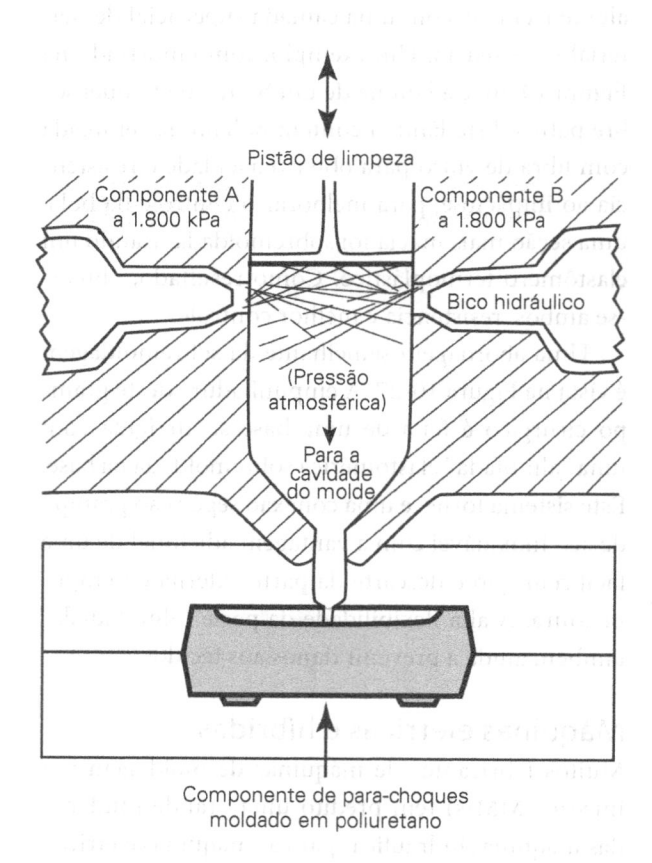

Figura 10-28 – Moldagem por Injeção e Reação (RIM), mostrando a mistura por colisão. Os componentes são atomizados a um spray fino por uma variação de pressão de 1.800 kPa (2.500 psi) para a pressão atmosférica.

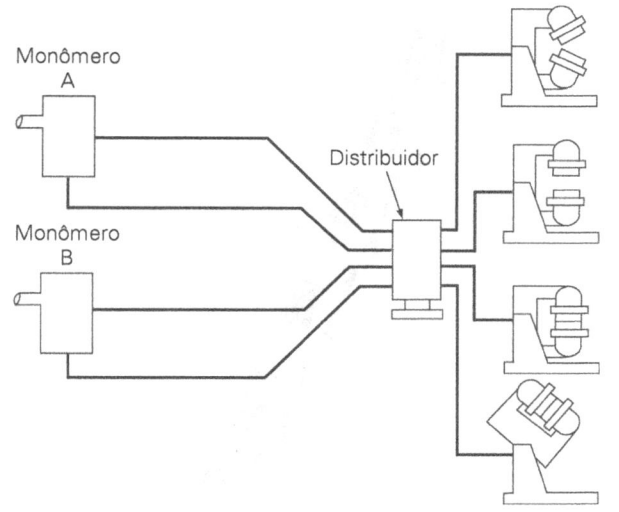

(A) As estações C-Frame (contenção) abertas como um livro para a rápida remoção da peça, e reposicionadas para ventilação.

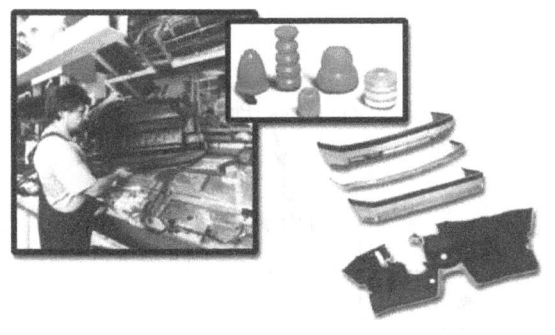

(B) Remoção de um para-choque automotivo de uma máquina de moldagem por injeção e reação (RIM). (Hennecke GmbH).

Figura 10-29 – Sistemas de moldagem por injeção e reação (RIM).

Moldagem reforçada por injeção e reação (RRIM)

Quando fibras curtas ou flocos (particulados) são usados para produzir um produto mais isotrópico, o processo é chamado **moldagem reforçada por injeção e reação** (RRIM). A adição das fibras aumenta a viscosidade do monômero e a abrasão em todas as superfícies de fluxo.

Híbrido poliuretano/ureia, epóxi, poliamida, poliureia, híbrido poliuretano/poliéster, polidiciclopentadieno e outros sistemas de resina têm sido utilizados para RIM e RRIM. As aplicações da RRIM incluem para-lamas, painéis, para-choques, protetores, envoltórios de antenas, carcaças de equipamentos eletrônicos e componentes de mobiliário. Sete vantagens e quatro desvantagens da moldagem por injeção e reação são listadas.

Vantangens da moldagem por injeção e reação (RIM)

1. Núcleo celular e "crosta" integral para produtos duráveis.
2. Tempos de ciclo curtos para produtos grandes.
3. Bons acabamentos e compatíveis com pintura.
4. Mais barata do que a fundição.
5. Os polímeros podem ser reforçados.
6. Custos de energia e ferramental são reduzidos (em comparação à moldagem por injeção).
7. Custo do equipamento mais baixo em função das menores pressões.

Desvantangens da moldagem por injeção e reação

1. Nova tecnologia, demandando investimento em equipamentos.
2. O sistema requer quarto ou mais tanques para os produtos químicos.
3. O sistema requer manuseio de isocianatos.
4. É necessária a utilização de agente desmoldante.

Moldagem de resina líquida

A **moldagem de resina líquida** (*liquid resin molding* – LRM) é um termo utilizado para descrever produtos obtidos por diversos métodos a baixa pressão, em que a mistura é usualmente realizada mecanicamente, e não por impacto. O termo já foi utilizado referindo-se a um processo muito especializado para o embutimento e encapsulamento de componentes. A sigla LRM é usada para descrever um grupo de métodos de processamento que inclui a moldagem por transferência de resina (*resin transfer molding* – RTM), a moldagem por injeção a vácuo (*vacuum injection molding* – VIM) e a moldagem por transferência de resina com expansão térmica (*thermal expansion resin transfer molding* – TERTM), em que as resinas são introduzidas na cavidade do molde sob baixa pressão e curadas rapidamente. Resinas epóxi, silicones, poliésteres e poliuretanos são frequentemente utilizados em processos de moldagem de resina líquida.

Quando materiais termorrígidos líquidos são processados em injetoras especializadas, o projeto da rosca também é específico. Estas roscas devem ser praticamente livres de compressão e, preferencialmente, curtas, com baixa razão C/D. A Figura 10-30 mostra este tipo de configuração.

Moldagem por transferência de resina. A **moldagem por transferência de resina (RTM)**, também chamada **moldagem por injeção de resina,** é um processo pelo qual a resina catalisada é introduzida em um molde em que tenham sido colocadas peças frágeis ou reforços. A baixa pressão não distorce ou move a orientação desejada para as fibras das pré-formas ou outros materiais. Cascos de barcos, escotilhas, gabinetes de computador, molduras para fixação de ventiladores e outras estruturas de compósitos grandes podem ser produzidos com a utilização desta técnica. O conceito básico da RTM é ilustrado na Figura 10-31.

Vantagens da RTM

1. Elimina a etapa de plastificação, necessária quando se usam compostos secos.
2. Permite a encapsulação de peças frágeis ou delicadas.
3. Não há mistura manual.
4. Elimina preaquecimento e pré-formação.
5. Usa pressões mais baixas.
6. A perda de material é mínima.
7. A cura da resina ocorre rapidamente, a baixas temperaturas.
8. Melhora a confiabilidade e a estabilidade dimensional.
9. Reduz o manuseio de material.

Moldagem por injeção a vácuo. Em um processo semelhante à RTM, as pré-formas são colocadas em um molde macho e o molde fêmea é fechado. Estabelece-se condição de vácuo, fazendo que o sistema reativo de resinas seja introduzido na cavidade do molde. Esta técnica, a **moldagem por injeção a vácuo (VIM),** é ilustrada na Figura 10-32.

Moldagem por transferência de resina com expansão térmica. A **moldagem por transferência de resina com expansão térmica (TERTM)** é uma variação do processo de RTM. Um núcleo celular de PVC ou PU é envolto por reforços e colocado no molde. Resina epóxi, ou de outro tipo, é injetada para impregnar os reforços. O molde aquecido faz que o material celular expanda, forçando os reforços impregnados de resina contra as paredes do molde. O sistema é ventilado, de modo a permitir a saída de material em excesso ou de ar aprisionado.

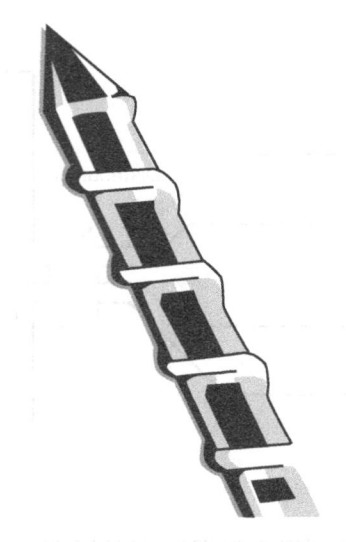

Figura 10-30 – Para reduzir o manuseio do material, esta rosca para termorrígidos líquidos não possui válvula de prevenção de retorno.

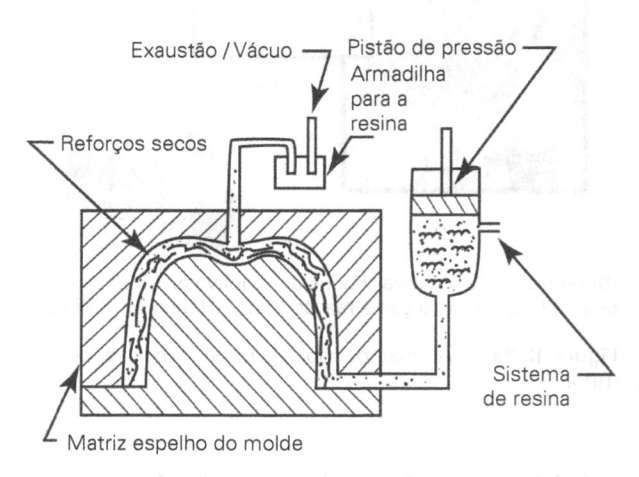

Figura 10-31 – Um conceito de Moldagem por Transferência de Resina (RTM). Reforços dos pré-formados são carregados no interior do molde. Após o fechamento do molde, a resina líquida é injetada no interior do molde e envolve o pré-formado.

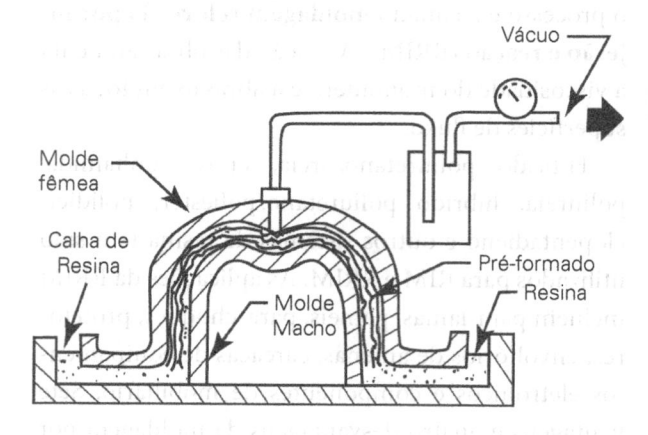

Figura 10-32 – Um conceito de moldagem por injeção a vácuo (VIM).

Moldagem de materiais termorrígidos em grânulos e em placa

Há dois processos largamente utilizados para a moldagem de grânulos ou *pellets* de materiais termorrígidos. São a moldagem por compressão e a moldagem por transferência.

Moldagem por compressão

Um dos mais antigos processos de moldagem conhecidos é denominado **moldagem por compressão**. O material plástico é colocado em uma cavidade de molde e formado por pressão e calor. Como regra geral, os compostos termorrígidos são usados para a moldagem por compressão; contudo, termoplásticos podem ser também utilizados. O processo é parecido com o utilizado para fazer *waffles*. Calor e pressão forçam os materiais a entrar em todas as áreas do molde; depois que o calor endurece a substância, a peça é removida da **cavidade do molde** (Figura 10-33).

Para reduzir o nível de pressão necessário e o tempo de produção (cura), o material plástico é normalmente preaquecido por infravermelho, indução ou outro método de aquecimento, antes de ser colocado na cavidade do molde. Algumas vezes, utiliza-se uma extrusora de rosca para reduzir o tempo de ciclo e aumentar a produtividade. A extrusora de rosca é frequentemente utilizada para fazer tarugos pré-formados, que são alimentados na cavidade do molde. O processo de compressão pela rosca reduz muito o tempo de ciclo, eliminando a maior desvantagem da moldagem por compressão. Peças moldadas por compressão com paredes de grande espessura podem ser produzidas a taxas até 400% maiores por cavidade de molde quando esse método é utilizado.

As moldagens de compressão de pré-formas (*bulk-molding compounds* – BMC) para termorrígidos são usadas na moldagem de compostos de poliéster. BMC é uma mistura de cargas, resinas, agentes endurecedores e outros aditivos. Pré-formas extrusadas e aquecidas deste material podem ser colocadas diretamente na cavidade do molde ou alimentadas por uma calha de alimentação (Figura 10-34).

Outros materiais de grande utilização na moldagem são os plásticos fenólicos, ureia-formaldeído e compostos melamínicos. Como nas BMCs, eles são usualmente pré-formados para se conseguir automação e velocidade. Compostos para moldagem em placas, com alto teor de carga e reforçados, são utilizados. Eles podem ser colocados em camadas alternadas, para a obtenção de propriedades isotrópicas, ou arranjados em uma direção única, para propriedades mais anisotrópicas.

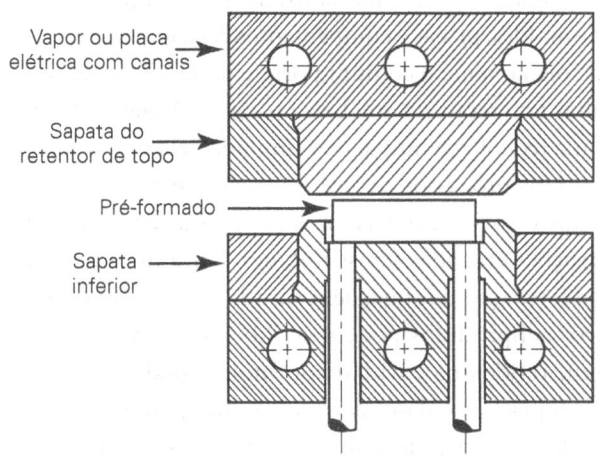

(A) Um pré-formado prestes a ser moldado.

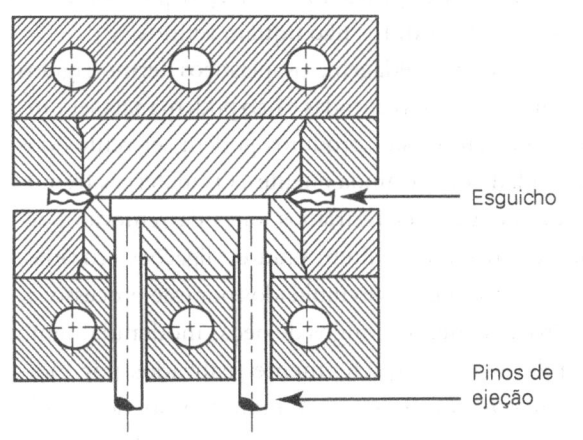

(B) Um molde fechado mostrando o esguicho.

Figura 10-33 – O princípio da moldagem por compressão.

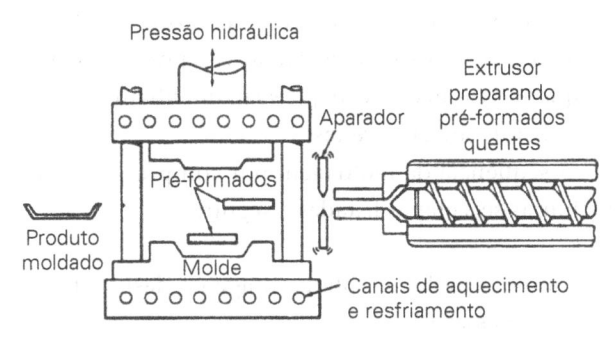

Figura 10-34 – Um processo de moldagem por compressão, em que são mostrados pré-formados aquecidos sendo alimentados na cavidade do molde.

A maioria dos equipamentos de moldagem por compressão é vendida pela pressão fornecida. Usualmente, são necessários 20 MPa (2900 psi) de força para moldagens de até 25 mm (1 pol) de espessura. Deve-se adicionar 5 MPa (725 psi) para cada aumento de 25 mm (1 pol). Esta força é obtida por movimento hidráulico.

Vapor, eletricidade, óleo quente e chama direta são algumas das formas utilizadas para o aquecimento de moldes, placas e equipamentos relacionados. O uso de óleo quente é comum porque pode ser aquecido a altas temperaturas sob baixa pressão. A eletricidade é uma tecnologia limpa, mas limitada pela potência.

Nos processos de pré-formagem e moldagem, o calor e vários catalisadores iniciam a formação das ligações cruzadas (*cross-linking*). Durante as reações de formação das ligações cruzadas, gases, água e outros subprodutos podem ser liberados, mas, se ficarem retidos na cavidade do molde, podem afetar a peça plástica e danificá-la, causando perda de qualidade ou marcas de bolhas em sua superfície. Os moldes, usualmente, possuem ventilação para permitir que estes subprodutos não fiquem retidos.

Durante a moldagem, os plásticos termorrígidos formam as ligações cruzadas e não podem mais ser fundidos. Portanto, estes produtos podem ser removidos da cavidade molde ainda quentes. Os materiais termoplásticos devem ser resfriados antes da remoção porque não formam nenhum grau de ligações cruzadas. Muitos elastômeros são moldados por este processo.

Processamentos longos de peças moderadamente complexas são frequentemente realizados por moldagem por compressão. A manutenção do molde e os custos iniciais são baixos, a perda de material é bem menor e peças de grande volume podem ser moldadas. Contudo, peças de grande complexidade são difíceis de moldar. Insertos, rebaixes, detalhes e orifícios pequenos não são exequíveis por este método quando for necessário que se mantenham as margens de tolerância estreitas.

A sequência da moldagem por compressão pode incluir as seis etapas listadas a seguir:

1. Limpe o molde e aplique o agente desmoldante (se necessário).
2. Coloque a pré-forma no interior da cavidade do molde.
3. Feche o molde.
4. Abra o molde rapidamente para liberar gases aprisionados (**ventilação do molde**).
5. Aplique aquecimento e pressão até que a cura esteja completa (**tempo de residência**).
6. Abra o molde e coloque a peça quente em um gabarito de resfriamento.

Seis vantagens e oito desvantagens da moldagem por compressão são apresentadas a seguir:

Vantagens da moldagem por compressão
1. Há pouco desperdício (em muitos moldes, não há canais de alimentação ou de distribuição).
2. Os custos de ferramenta são baixos.
3. O processo pode ser tanto manual como automatizado.
4. As peças são fiéis ao original e arredondadas.
5. O fluxo de material é curto – é menos provável o deslocamento de insertos, geração de tensões no produto e/ou erosão dos moldes.
6. A utilização de cavidades múltiplas no molde não depende de um sistema de alimentação balanceado.

Desvantagens da moldagem por compressão
1. É difícil moldar peças complexas.
2. Insertos e pinos de ejeção finos são facilmente danificados.
3. Algumas vezes, formatos complexos são difíceis de serem obtidos.
4. Podem ser necessários ciclos de moldagem longos.
5. Peças rejeitadas não podem ser reprocessadas.
6. A remoção das rebarbas pode ser difícil.
7. Algumas dimensões da peça são controladas mais pela carga de material do que pelo molde.
8. Requer equipamento externo de carga e descarga para automação.

Produtos moldados por compressão incluem utensílios de cozinha, botões, fivelas, cabos, maçanetas, carcaças de equipamentos eletroeletrônicos, gavetas, suportes de peças, caixas de rádio, grandes recipientes e muitas peças elétricas.

Duas variações de processos de moldagem por compressão merecem atenção especial: a moldagem a frio e a sinterização.

Moldagem a frio. Na **moldagem a frio**, compostos plásticos (na maioria, fenólicos) são moldados em moldes sem aquecimento. Depois da formagem, a peça é endurecida em um forno, tornando-se uma massa que não se funde (Figura 10-35). Peças de isolantes elétricos, cabos de utensílios, caixas de bateria e volantes de válvulas são exemplos de produtos feitos dessa forma.

Sinterização. **Sinterização** é o processo pelo qual se comprime pó de plástico em um molde a temperaturas ligeiramente inferiores ao ponto de fusão por cerca de meia hora (Figura 10-36). As partículas do pó de plástico são fundidas em conjunto (sinterizadas), mas a massa como um todo não se funde. A ligação é feita pela troca de átomos entre partículas individuais. Após o processo de fusão, o material deve ser pós-formado mediante fornecimento de calor e pressão para se obter as dimensões requeridas.

As três variáveis mais importantes no processo de sinterização são a temperatura, o tempo e a composição do plástico.

Esse processo é adaptado das operações de sinterização da metalurgia do pó. A sinterização pode ser usada para processar politetrafluoretileno, poliamidas e outros plásticos com cargas específicas. É também o método principal pelo qual o politetrafluoretileno é processado. Peças densas com excepcionais propriedades elétricas e mecânicas podem ser produzidas. O custo de ferramentas e produção é alto, e peças com paredes finas ou variações de espessura na seção transversal são difíceis de moldar.

Moldagem por transferência

A **moldagem por transferência** é conhecida e utilizada desde a Segunda Guerra Mundial. O processo é também denominado moldagem por êmbolo, moldagem "duplex", moldagem em etapas, moldagem por trans-

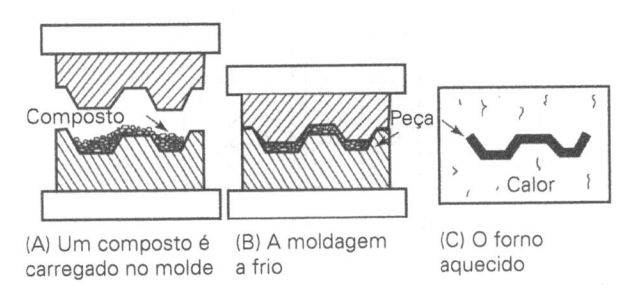

(A) Um composto é carregado no molde
(B) A moldagem a frio
(C) O forno aquecido

Figura 10-35 – O princípio da moldagem a frio.

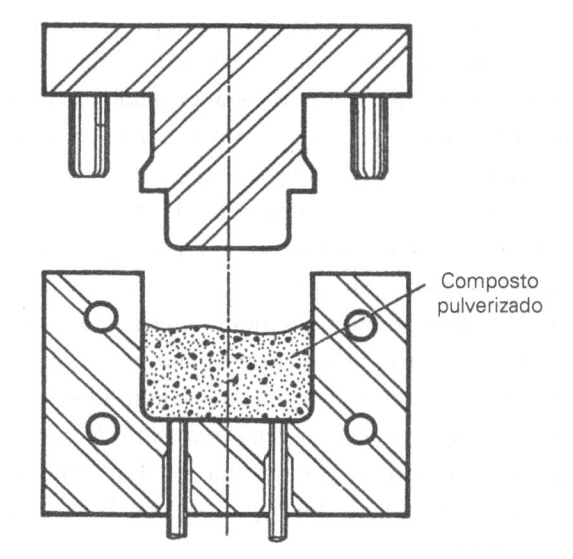

(A) Antes da compressão.

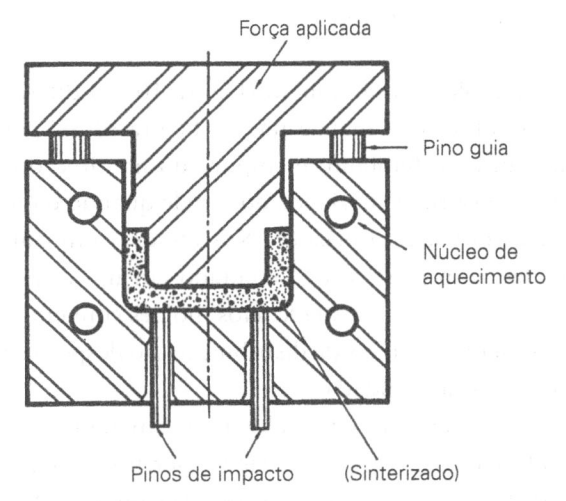

(B) Compressão e aquecimento.

(C) Esta fotografia mostra o pó utilizado na moldagem de PTFE – uma peça compactada, sinterizada, à esquerda e a mesma peça após usinagem à direita.

Figura 10-36 – Sinterização de peças plásticas.

ferência e injeção ou moldagem por impacto. Na verdade, é uma variação da moldagem por compressão, com a diferença que o material é alimentado em uma câmara externa à cavidade do molde. Uma vantagem da moldagem por transferência é que a massa fundida encontra-se fluida ao entrar na cavidade do molde. Formas frágeis e complexas, com insertos ou pinos, podem ser moldadas com precisão. As técnicas de moldagem por transferência são muito semelhantes às da moldagem por injeção, exceto pelo fato de que compostos termorrígidos são normalmente utilizados.

A *American Society of Tool and Manufacturing Engineers* (Sociedade Americana de Engenheiros Mecânicos) reconhece dois tipos básicos de moldes de transferência:

1. Moldes com canal de ataque (*sprue*)
2. Moldes com êmbolo

Os moldes com êmbolo (Figura 10-37) diferem dos moldes com canal de ataque (Figura 10-38) porque um peso (êmbolo) é empurrado na direção da linha divisória da cavidade do molde quando da inserção do material plástico. Nos moldes com canal de ataque, o plástico é alimentado em um orifício (*sprue*) usando a gravidade. Nos moldes com êmbolo, somente os canais de distribuição são desperdiçados nas peças moldadas.

Um terceiro tipo de molde pode também ser incluído na categoria de moldagem por transferência. Neste tipo, o composto a ser moldado é pré-plastificado por uma ação extrusora e, então, um êmbolo força a introdução do fundido no molde (Figura 10-39).

O custo de projetos de molde detalhados e a alta perda associada ao material residual no caminho entre alimentação e molde e nos canais de distribuição do molde e às **rebarbas** são as duas principais limitações da moldagem por transferência.

Embora a maioria das peças seja limitada pelo tamanho, há numerosas aplicações, incluindo tampas de distribuidor, peças de câmeras, peças de interruptores, botões, bobinas e isolamentos de blocos de conectores. Este processo também pode ser utilizado para formas complexas, como frascos e tampas de embalagens para cosméticos.

Uma variação da moldagem por transferência/compressão tem encontrado aplicação no processamento de aparas plásticas recicladas. Embora os materiais não sejam predominantemente termorrígidos, o processo também não é o usualmente empregado para termoplásticos. Plásticos sujos, misturados, não selecionados – incluindo filmes, espumas,

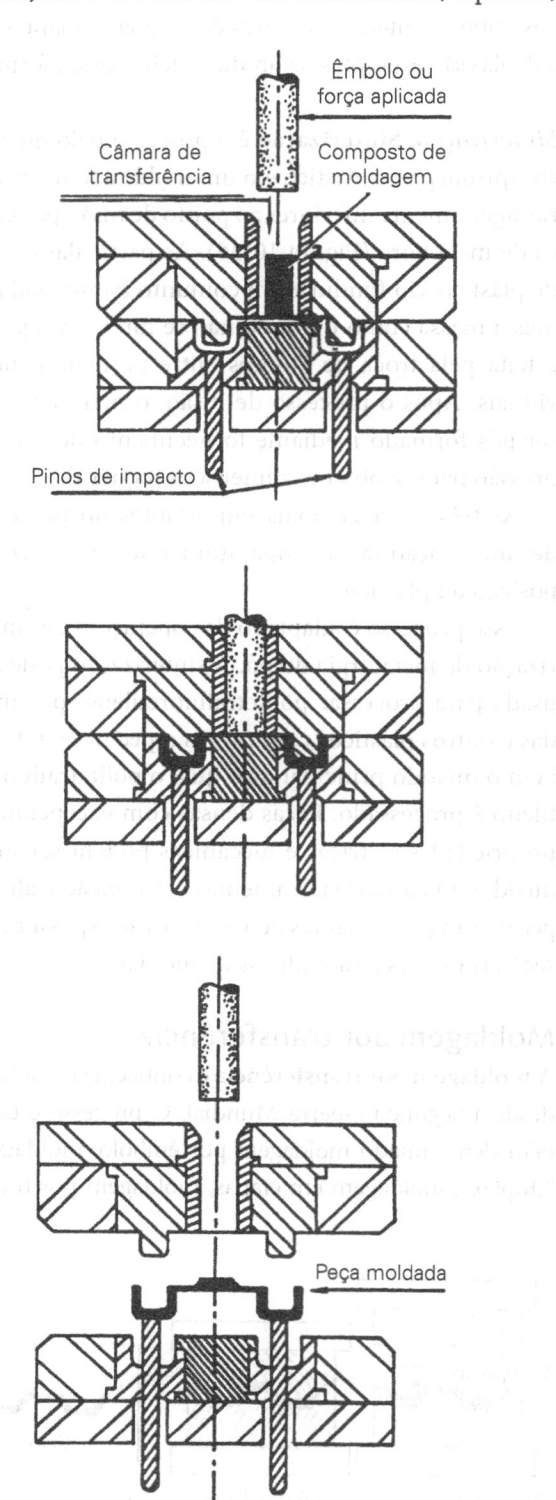

Figura 10-37 – Um molde de transferência com êmbolo (duas placas).

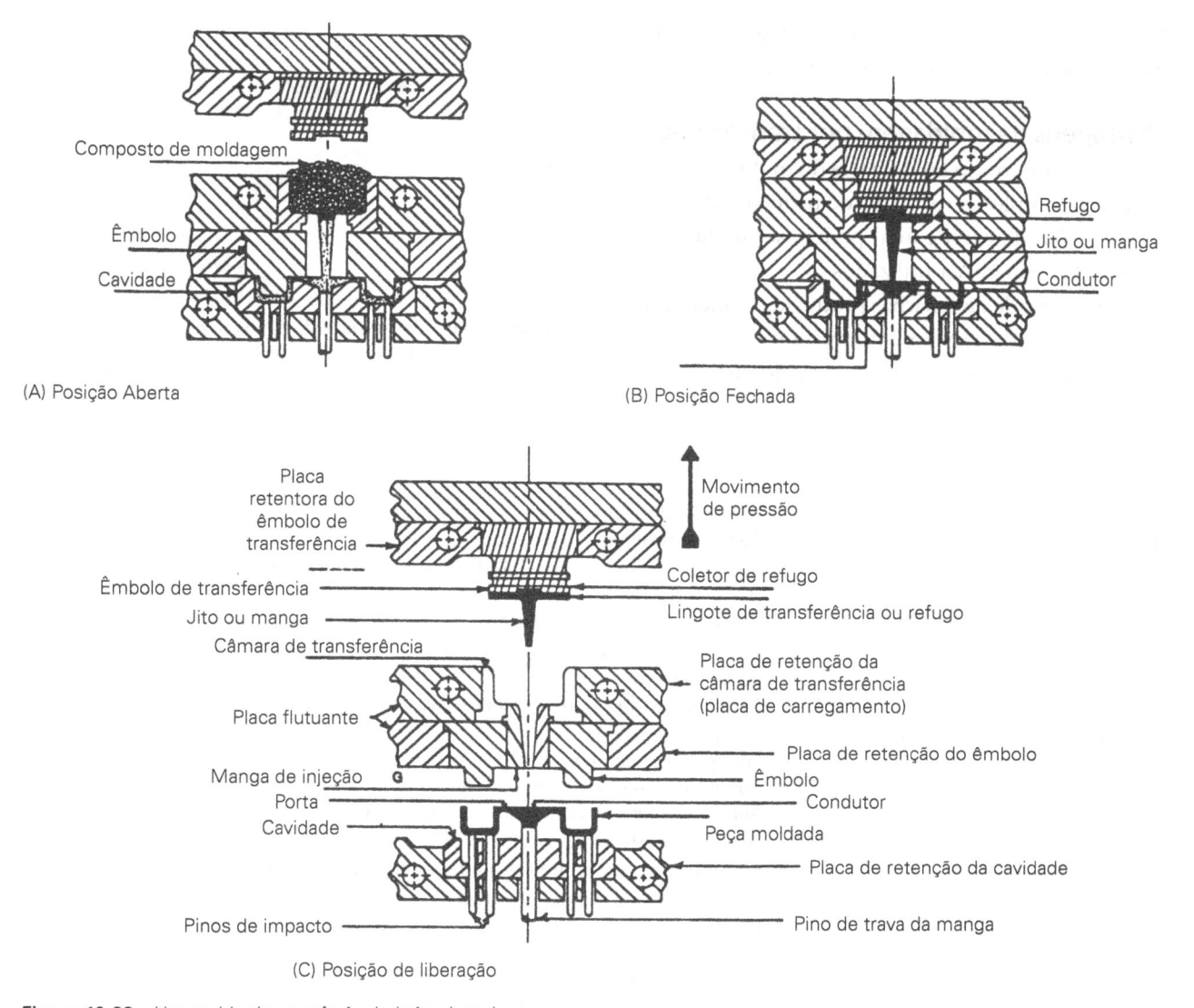

Figura 10-38 – Um molde de transferência (três placas).

resíduos domésticos e outros materiais reciclados – são moídos e adensados para formar flocos. Estes flocos entram, então, em uma câmara e são acelerados a alta velocidade. O calor de atrito do contato com dentes existentes no interior da câmara faz que a massa de material se torne maleável, mas ainda muito distante da viscosidade necessária para a moldagem por injeção. Quando a peça é grande, o material quente é transferido manualmente para um molde de compressão, e quando a peça é pequena, o material entra em processo de moldagem por transferência convencional. A Figura 10-40 mostra volantes de válvulas fabricados por este processo.

Os problemas apresentados na moldagem por compressão e transferência são encontrados na Tabela

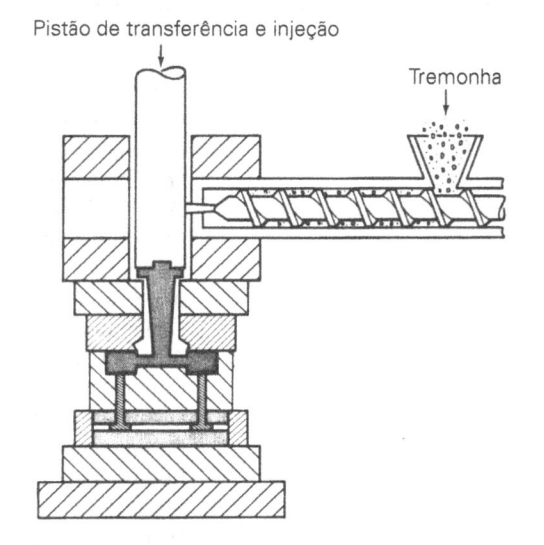

Figura 10-39 – Uma moldagem por transferência e injeção, mostrando o composto extrudado aquecido sendo forçado para o interior da cavidade do molde pelo êmbolo de transferência.

10-2. Seis vantagens e quatro desvantagens da moldagem por transferência são aqui listadas:

Vantagens da moldagem por transferência

1. Há menor erosão ou desgaste do molde.
2. Peças complexas (orifícios de pequeno diâmetro ou seções de parede fina) podem ser moldadas e insertos podem ser utilizados.
3. A quantidade de rebarbas produzidas é menor do que na moldagem por compressão.
4. As densidades são ainda maiores do que na moldagem por compressão.

Figura 10-40 – Estas rodas demandam um processo de moldagem por compressão/transferência para converter plásticos cominuídos, misturados e reciclados em objetos úteis. (Recycled Plastic Products Utah)

Tabela 10-2– Problemas na moldagem por compressão e por transferência

Defeito	Possível correção
Rachaduras no entorno do inserto	Aumente a espessura da parede no entorno dos insertos. Use insertos menores. Use um material mais flexível.
Aparecimento de bolhas	Diminua a temperatura do molde e/ou ciclo de moldagem. Ventile o molde. Aumente a cura – aumente a pressão.
Moldagem incompleta e peça porosa	Aumente a pressão. Preaqueça o material. Aumente a quantidade de material carregado. Aumente a temperatura e/ou o tempo de ciclo. Ventile o molde.
Marcas de queimadura	Reduza o preaquecimento e a temperatura de moldagem.
Adesão ao molde	Aumente a temperatura do molde. Preaqueça para eliminar umidade. Limpe o molde – faça um polimento do molde. Aumente a cura. Verifique o ajuste dos pinos de ejeção.
Marcas superficiais semelhantes à "casca de laranja"	Use material de moldagem mais rígido. Preaqueça o material. Feche o molde vagarosamente antes de aplicar alta pressão. Use material moído mais finamente. Use temperaturas de molde mais baixas.
Marcas de fluxo	Use material mais rígido. Feche o molde vagarosamente antes de aplicar alta pressão. Ventile o molde. Aumente a temperatura do molde.
Empenamento	Resfrie em um gabarito ou modifique o projeto. Aqueça o molde de maneira mais uniforme. Use material mais rígido. Aumente a cura. Diminua a temperatura. Faça o recozimento em um forno.
Rebarba espessa	Reduza a carga do molde. Reduza a temperatura do molde. Aumente a pressão exercida. Feche o molde vagarosamente – elimine a ventilação. Aumente a temperatura. Use materiais menos rígidos. Aumente a pressão de fechamento.

5. Peças múltiplas podem ser moldadas.
6. Requer tempos mais curtos de carregamento e de residência no molde do que os processos de moldagem por compressão.

Desvantagens da moldagem por transferência

1. Há maior desperdício de material nos canais de alimentação e distribuição do molde.
2. Demanda moldes e equipamentos mais caros.
3. Os moldes devem ser ventilados.
4. O material dos canais de alimentação e distribuição deve ser retirado.

Moldagem de folha (*sheet molding*)

Os processos de moldagem de folha são muito semelhantes à moldagem por compressão. Para maiores informações sobre compostos de moldagem de folha (*sheet-molding compounds* – SMC), consulte o Capítulo 13. Os equipamentos para moldagem de folha tendem a ser maiores do que as prensas para moldagem por compressão. Particularmente na indústria automotiva, as moldagens de folha são frequentemente utilizadas para peças grandes. A Figura 10-41 mostra o molde de uma grande prensa para moldagem de folha. O produto fotografado é uma caçamba de carroceria para caminhonete. Note os pinos ejetores, que empurraram a peça para baixo a partir da cavidade do molde superior.

Para vantagens e desvantagens do *sheet molding*, consulte a seção sobre moldagens em matrizes no Capítulo 13.

Figura 10-41 – Esta caçamba de carroceria para caminhonete não enferrujará ou apresentará corrosão como as similares em aço. (The Budd Company)

Pesquisa na internet

- **http://www.engelglobal.com.** Inicialmente, escolha "English" para visualizar a página na língua inglesa. Para encontrar informação sobre máquinas de alta capacidade, passe o mouse sobre o menu "Products" (Produtos) e, na lista suspensa que aparecerá, escolha "duo". Esta classe de máquinas da Engle inclui algumas das maiores injetoras do mundo.
- **http://www.milacron.com/plastics.** A Milacron Inc. fornece informações sobre seus equipamentos para processamento de plásticos. Selecione "Products & Services" (Produtos e Serviços) na página inicial. Isto o levará à possibilidade de escolha entre várias categorias, como "Milacron Injection Molding" e "Milacron Extrusion Systems", sendo possível também realizar buscas sobre diferentes tipos de processamento ou a partir da aplicação desejada (indústria automotiva, aplicações médicas, construção etc). Cada categoria inclui detalhes sobre o maquinário.
- **http://www.ubemachinery.com.** A UBE Machinery Inc. vende injetoras e outros equipamentos especializados para a indústria de plásticos. Suas injetoras hidráulicas possuem força de fechamento de 720 a 7.000 toneladas. Sua linha de máquinas totalmente elétricas varia de 35 a 3.300 toneladas de força de fechamento. Selecione "Injection Molding" (Moldagem por injeção) na página inicial para conhecer as diferentes linhas de injetoras. Uma apresentação sobre o processo Imprest® pode ser encontrada no link http://www.ubemachinery.com/downloads/imprest_technology_files/frame.htm, em que é detalhado este processo de pintura no molde.
- Outros sites para equipamentos de moldagem por injeção:
  http://www.sumitomopm.com
  http://www.husky.ca
  http://www.dr-boy.de
  http://www.cpm-toyo.com
  http://www.arburg.com

Vocabulário

As palavras a seguir são encontradas neste capítulo. Consulte o glossário no Apêndice A para encontrar as definições destas palavras, caso você não compreenda como elas se aplicam aos plásticos.

Automatizada
Cavidade do molde
Cilindro
Máquina de moldagem por injeção (IMM)
Mistura por colisão no estado atomizado
Moldagem a frio
Moldagem de resina líquida (LRM)
Moldagem por compressão
Moldagem por injeção a vácuo (VIM)
Moldagem por injeção de resina
Moldagem por injeção e reação (RIM)
Moldagem por transferência
Moldagem por transferência de resina (RTM)
Moldagem por transferência de resina com expansão térmica (TERTM)
Moldagem reforçada por injeção e reação (RRIM)
Placas
Plastificação
Purga
Rebarba
Sinterização
Tempo de residência
Bar
Ventilação do molde

Questões

10-1. O excesso de material deixado no produto após a moldagem por compressão é chamado _____.

10-2. A quantidade de material usada para preencher o molde durante um processo de moldagem por injeção é chamada _____.

10-3. A principal vantagem da moldagem por injeção sobre os outros processos de moldagem é _____.

10-4. Cite três formas de reduzir o tempo de produção na moldagem por compressão.

10-5. A abertura do molde, na moldagem por compressão, para permitir que os gases escapem durante o ciclo de moldagem é chamada _____.

10-6. A marca na moldagem onde as metades do molde se encontram em seu fechamento é chamada _____.

10-7. O processo de moldagem de itens a partir de pós a temperaturas ligeiramente inferiores ao ponto de fusão do plástico é chamado _____.

10-8. Cite as três maiores desvantagens da moldagem por transferência.

10-9. O tempo que leva para se fechar um molde, formar a peça, abrir o molde e remover a peça resfriada é chamado de _____ de tempo na moldagem por injeção.

10-10. Na moldagem _____, o material é alimentado em uma câmara externa à cavidade do molde, sendo, então, tornado fluido e forçado a entrar na cavidade do molde.

10-11. Os dois fatores que dimensionam a capacidade de uma máquina de moldagem por injeção são a _____ e a _____.

10-12. Os materiais termorrígidos com formatos intricados ou frágeis, com insertos ou pinos, podem ser moldados por _____ ou _____.

10-13. Quais processos de moldagem usam materiais termorrígidos ou termoplásticos selecionados?

10-14. Cite três processos semelhantes ao processo de moldagem por transferência.

10-15. Cite quatro polímeros comumente utilizados na moldagem de resina líquida.

10-16. Uma denominação usual para o tempo em que a máquina de moldagem não está operando é _____.

10-17. A moldagem por injeção e reação é também denominada _____ ou _____ (*high-pressure impingement mixing*).

Atividades

Moldagem por compressão

Introdução. O processo de moldagem por compressão é uma das mais simples e antigas técnicas de processamento de plásticos. Normalmente, são utilizadas resinas termorrígidas.

Equipamento. Prensa para moldagem por compressão, 35 g de resina fenólica, agente desmoldante (silicone), óculos de segurança e luvas resistentes a altas temperaturas.

Procedimento

10-1. Ajuste a temperatura a 190 °C e conecte a tubulação de resfriamento a ambas as placas.

10-2. Inspecione e limpe o molde com um raspador de madeira.

Cuidado: Ferramentas de aço podem danificar as superfícies do molde.

10-3. Coloque todas as peças do molde sobre a placa inferior e feche as placas. Aqueça por 10 minutos.

10-4. Pese cuidadosamente o material fenólico de moldagem em um recipiente (Figura 10-42). Muito material levará à formação de um produto espesso, enquanto muito pouco levará a um produto muito delgado.

10-5. Remova o molde da prensa, usando luvas com isolamento térmico, e coloque o material sobre a resistência aquecida, como mostrado na Figura 10-43.

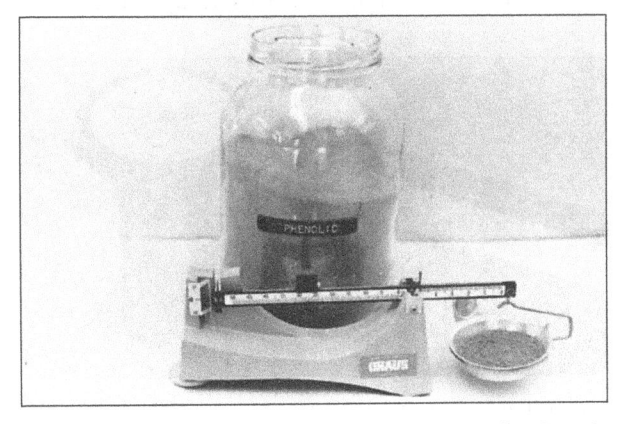

Figura 10-42 – Pese cuidadosamente o material fenólico de moldagem.

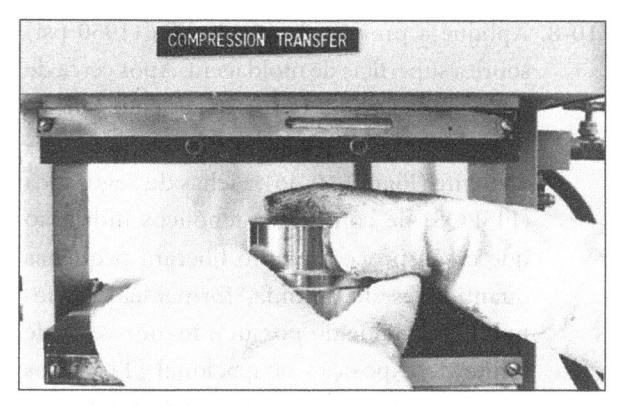

Figura 10-43 – Remoção de molde quente da prensa.

Cuidado: As placas e o molde estão quentes. É necessário prática para manusear moldes aquecidos sem perder tempo e resfriando os moldes.

10-6. Carregue o molde com a resina pesada (Figura 10-44).

10-7. Feche o molde e coloque-o de volta na prensa. Certifique-se de ter centralizado o molde na placa (Figura 10-45).

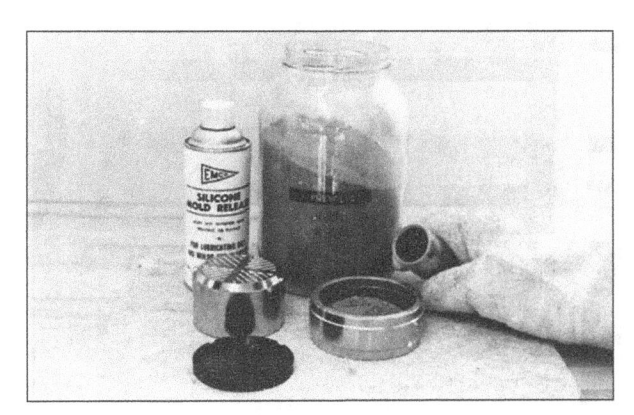

Figura 10-44 – Coloque a quantidade pesada de material fenólico no molde quente.

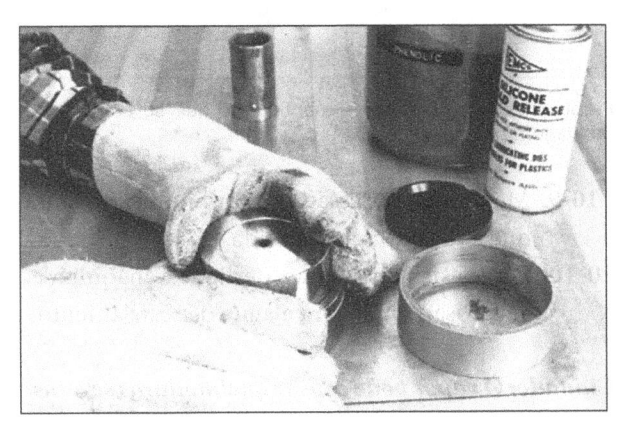

Figura 10-45 – Feche o molde quente e coloque-o de volta na prensa.

10-8. Aplique a pressão de 13.500 kPa (1950 psi) sobre a superfície de moldagem. Após cerca de 10 segundos, alivie a pressão para que haja liberação de gases; então, aplique a pressão novamente (Figura 10-46). Fichas de Segurança (FISPQS) de compostos fenólicos indicarão que o seu processamento liberará pequenas quantidades de amônia, formaldeído e fenol. O formaldeído possui o menor valor de limite de exposição ocupacional (TLV) dos três gases – 0,3 ppm (teto) pela ACGIH[3]. Use ventilação adequada para remover estes gases do ambiente de trabalho.

Figura 10-46 – A pressão é mantida até que se complete a moldagem por compressão.

10-9. Mantenha a pressão por 5 minutos. Garanta que a pressão seja mantida.

10-10. Para resfriar as placas, desligue a máquina e, vagarosamente, abra a água de resfriamento.

Cuidado: O vapor pode causar queimaduras severas.

---
[3] ACGIH – Associação Americana de Higienistas Ocupacionais. (NT)

10-11. Alivie a pressão e remova o molde.

Cuidado: O molde ainda estará quente.

10-12. Cuidadosamente, remova a peça do molde e permita que esfrie. Elimine as rebarbas da peça. Quando a peça apresentar uma superfície fosca, repita o processo a uma temperatura e/ou pressão mais alta.

Moldagem por injeção

Introdução. As dimensões finais de peças moldadas por injeção são controláveis, dentro de certos limites, pelas condições de processamento. Para estudar a relação entre o tamanho da peça e os parâmetros de processamento, é essencial a obtenção de medidas precisas. A Figura 10-47 mostra um equipamento para medidas rápidas e precisas de dimensões.

Equipamento. Injetora, molde que produza uma peça retangular, como um corpo de prova para medida de impacto ou tração, equipamento preciso para medida de dimensões, e termoplásticos cristalinos (HDPE, LDPE ou PP).

Procedimento

10-1. Estabeleça uma condição *de controle* que seja capaz de produzir peças aceitáveis, com pequena variação no comprimento. Isto demandará que a pressão sobre o molde seja mantida até que o ponto de injeção (ponto de entrada no molde) resfrie. Para determinar este tempo, varie o tempo de injeção de um tempo curto até um intervalo de tempo longo. Um tempo curto será apenas ligeira-

Figura 10-47 – Três pinos posicionam o corpo de prova de forma exata e o mostrador indica seu comprimento em relação ao padrão.

mente maior do que o tempo necessário para o preenchimento da peça. O intervalo de tempo longo é superior a 30 segundos. Corte cuidadosamente os "galhos" da peça e pese-os individualmente. O aumento no tempo de injeção fará que a massa pesada aumente, mas, a partir de um dado tempo, não haverá mais aumento da massa. Isto indica que houve resfriamento do ponto de injeção.

Algumas peças com canais de entrada grandes ou com canal de ataque do tipo *sprue* continuarão a ganhar massa, mesmo após 1 minuto de aplicação de pressão. Como isso pode tornar a atividade mais demorada, selecione um molde com pontos de injeção pequenos o suficiente para resfriarem em cerca de 10 segundos.

10-2. Selecione um parâmetro de processo e varie-o de um extremo a outro; por exemplo, selecione a pressão de injeção e altere-a em incrementos de 100 psi na pressão hidráulica. Reduza a pressão até que as peças não sejam completamente preenchidas (ocorra moldagem incompleta) e, então, aumente-a segundo o incremento determinado, até que ocorra o aparecimento de rebarbas.

10-3. Numere cada peça na ordem, de modo a se relacionar cada peça com a condição de operação em que foi obtida.

10-4. Aguarde 40 horas ou mais para estabilização da peça.

10-5. Meça as peças e crie um gráfico de comprimento no eixo Y contra os aumentos de pressão (ou outro parâmetro avaliado) no eixo X.

10-6. Se houver tempo disponível, estude variações na velocidade de injeção, tempo de resfriamento, temperatura do molde, pressão de retorno, rotação da rosca e outros parâmetros de processo.

10-7. Selecione arbitrariamente um comprimento próximo ao extremo superior ou inferior e determine um processo que produziria estas peças com pequenas variações de comprimento.

Características de fluxo do polímero

Introdução. Muitos novos estudantes de plásticos não compreendem intuitivamente o fluxo do polímero. Os aspectos reológicos de fluxo são difíceis de observar sem instrumentação ou molde de fluxo espiral. Contudo, a natureza do escoamento em chafariz (*fountain flow*) é fácil de observar.

Equipamento. Injetora, *pellets* plásticos, um molde e óculos de segurança.

Procedimento

10-1. Posicione um pequeno pedaço de papel higiênico ou lenço de papel na superfície da cavidade. Uma pequena quantidade de água ou graxa fará com que o pedaço de papel fique delicadamente aderido ao molde.

10-2. Preveja a localização do pedaço de papel após o preenchimento da cavidade pelo material fundido.

10-3. Injete a peça e observe a localização do papel. A Figura 10-48 mostra um pedaço de papel sobre um corpo de prova para ensaio de tração.

10-4. Coloque um pedaço de papel em diferentes pontos na cavidade ou no sistema de alimentação do molde. Os pedaços se movem?

Figura 10-48 – Esta pequena peça de tecido não se moveu durante o fluxo de plástico para o interior do molde.

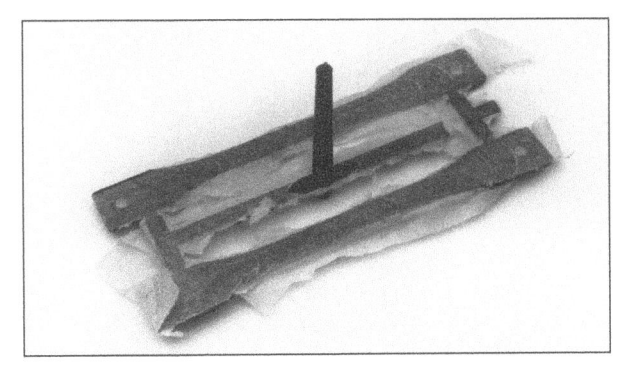

Figura 10-49 – A leve deformação do tecido registra a forma da frente de fluxo à medida que esta avança através do molde.

10-5. Tente prender uma folha de papel sobre toda a superfície da peça. A Figura 10-49 mostra que a força do fluxo não rasga ou move significativamente a folha em qualquer ponto.

10-6. Descreva o processo do preenchimento do molde, considerando as observações de que o fundido não desliza ao longo da superfície do molde.

Capítulo 11

Processos de extrusão

Introdução

A palavra **extrusão** é derivada da palavra latina *extrudere*, que significa empurrar (*trudere*) para fora (*ex*). Na extrusão, pó seco, plástico granular ou com alta carga de reforços é aquecido e forçado através de um orifício em uma matriz. Embora ainda sejam utilizadas extrusoras de pistão, especialmente para produtos feitos de polietileno de ultra alta massa molecular (UHMWPE), as extrusoras de rosca são as preferidas. A rosca plastifica (funde e mistura) o material e o força pela matriz.

Este capítulo trata dos produtos e processos de extrusão. Os principais tópicos são:

I. Equipamentos de extrusão
II. Composição ou compostagem
III. Principais classes de produtos de extrusão
   A. Extrusão de perfil
   B. Extrusão de tubo
   C. Extrusão de placa (ou chapa)
   D. Extrusão de filme
   E. Moldagem de filmes por extrusão e sopro
   F. Extrusão de filamentos
   G. Revestimento por extrusão e recobrimento de fios
IV. Moldagem por sopro
   A. Moldagem por sopro via injeção
   B. Moldagem por sopro via extrusão
   C. Variações na moldagem por sopro

Equipamentos de extrusão

As Figuras 11-1 e 11-2 mostram extrusoras do tipo rosca simples. Embora a instrumentação computadorizada tenha melhorado o controle do processo, o projeto básico das extrusoras de rosca simples não foi alterado por várias décadas. As roscas são medidas pelo diâmetro, variando de máquinas muito pequenas, com roscas de 19 mm [0,75 pol] de diâmetro, até máquinas muito grandes, com roscas de 300 mm [12 pol] de diâmetro. As mais populares apresentam dimensões entre 64 e 76 mm [2,5 a 3 pol].

Além do diâmetro da rosca, as extrusoras são também comercializadas pela quantidade de material que são capazes de plastificar por minuto ou hora. A capacidade das extrusoras com polietileno de baixa densidade pode variar de menos de 2 kg [4,5 lb] a mais de 5.000 kg [11 mil lb] por hora.

As roscas são caracterizadas por suas razões C/D. Uma rosca 20:1 pode ser de 50 mm [1,95 pol] de diâmetro e 1.000 mm [39,37 pol] de comprimento. Roscas curtas, por exemplo, em que a razão C/D seja de 16:1, seriam apropriadas para uma extrusora de perfis. Roscas longas, de até 40:1, produzem melhor mistura dos materiais do que roscas mais curtas. Alguns tipos de rosca são mostrados na Figura 11-3.

A profundidade do canal da rosca é maior na zona de alimentação, o que permite que a rosca arraste *pellets* e outras formas de material. Na zona de transição, a profundidade do canal começa a diminuir. Esta redução contínua força a saída de ar e compacta o material (Figura 11-3A). O material é fundido à medida que atravessa a zona de transição.

O material fundido é então misturado na seção final da rosca, denominada zona de dosificação ou homogeneização. A função da zona de dosificação é obter uma mistura homogênea e regular o fundido. No final do **cilindro misturador** encontra-se um conjunto de telas e uma placa filtro. A **placa filtro** (ou crivo ou disco quebra-fluxo), como a mostrada na Figura 11-4, age como um selo entre o cilindro e a matriz. Também suporta o conjunto de telas e orienta o fluxo de material a partir das telas. A Figura 11-5 mostra

(A) O cilindro está exposto neste extrusor de rosca simples de 150 mm [6 pol.] e C/D 30:1. (Foto de cortesia de Davis-Standard Corporation)

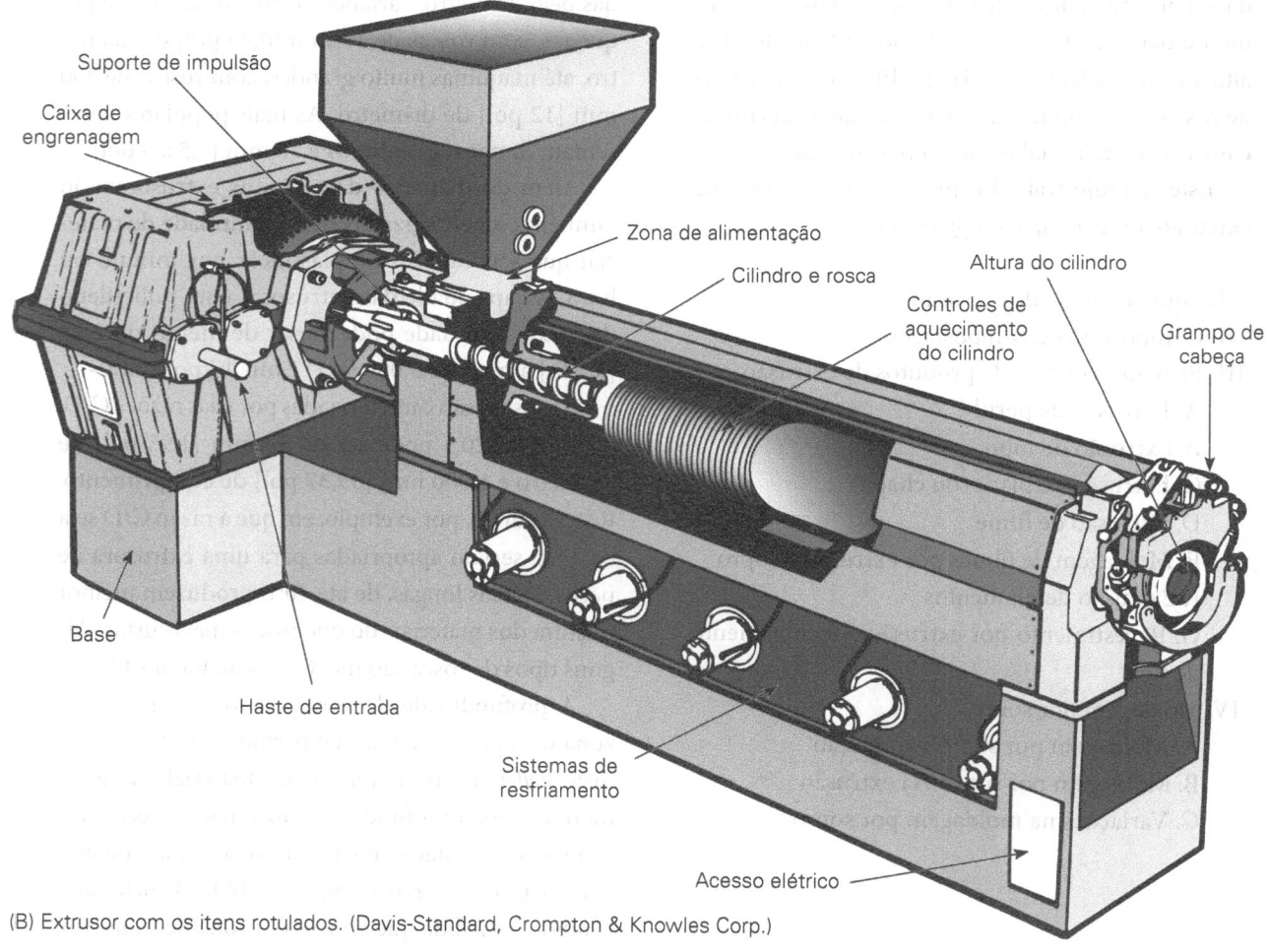

(B) Extrusor com os itens rotulados. (Davis-Standard, Crompton & Knowles Corp.)

Figura 11-1 – Extrusores de rosca simples.

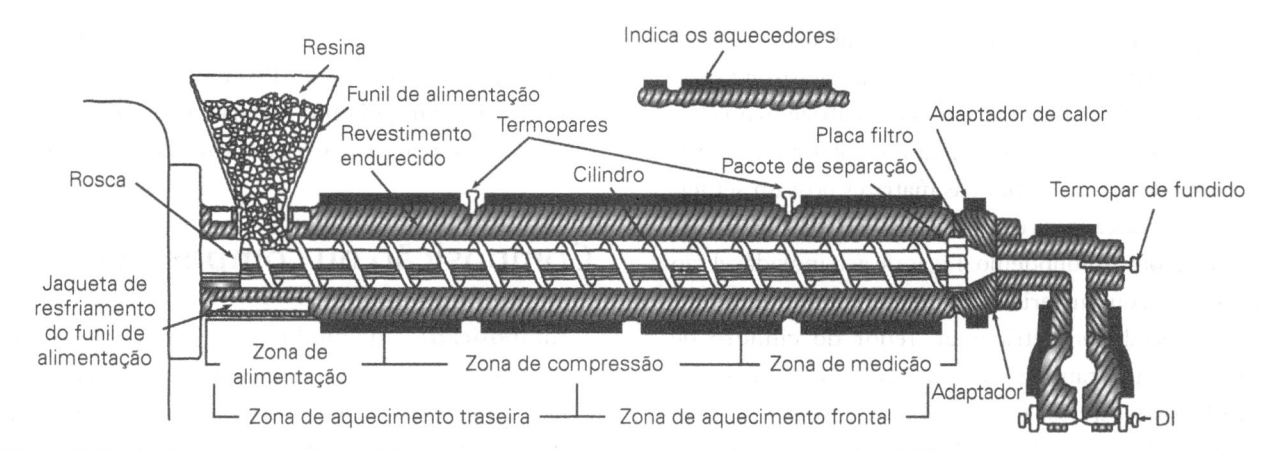

Figura 11-2 – Seção transversal de um típico extrusor de rosca, com o dado virado para baixo. (USI)

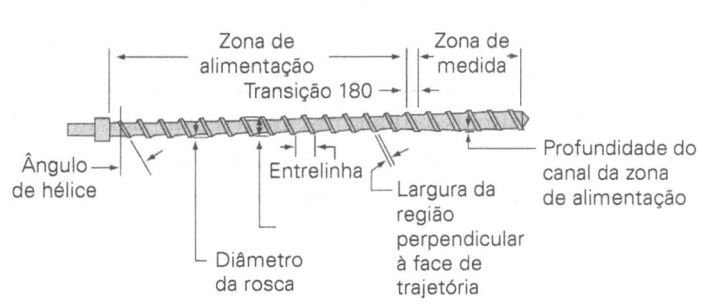

(A) Rosca de medida. (Processamento de materiais termoplásticos)

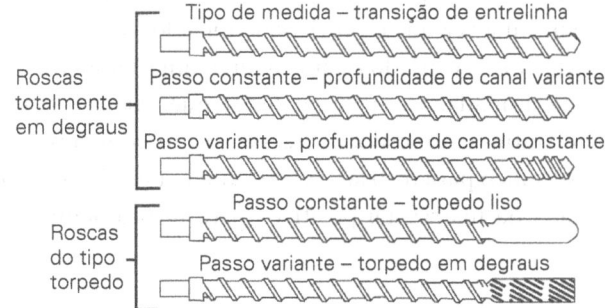

(B) Roscas de extrusores comuns. (Processamento de materiais termoplásticos)

Figura 11-3 – Tipos de rosca de extrusor.

telas de diferentes aberturas. As várias telas juntas filtram pedaços de material estranho e são chamadas conjunto de telas. À medida que as telas se tornam obstruídas, a **pressão de retorno** aumenta.

A maior parte das extrusoras é equipada com um trocador de telas. O mais comum é um do tipo placa que se move de um lado a outro. Deslizando um conjunto de telas limpo, ocorre a exposição do conjunto contaminado. As telas sujas são removidas, as limpas instaladas e o trocador está pronto. Algumas máquinas têm uma correia contínua de tela (algumas vezes rotatória) que pode ser controlada automaticamente para manter uma pressão padrão, mesmo que haja variação nos níveis de contaminação do polímero ou em outras condições de vazão.

Depois de passar pelo conjunto de telas e da placa filtro, o fundido entra na matriz. A matriz realmente molda o plástico fundido à medida que ele sai da extrusora. A matriz mais simples é chamada matriz de orifício único (*single-strand die*), que extruda um

Figura 11-4 – Os buracos através das placas filtro são amarrados com fita com a ponta maior pela rosca do extrusor.

Figura 11-5 – Telas em tamanho de malha variante. Os números de malha referem-se a aberturas por polegada. Malha 14 é grossa; malha 200 é muito fina.

fio ligeiramente maior do que o diâmetro da própria matriz. Matrizes multiorifícios (*multiple-strand dies*) criam vários fios simultaneamente. Matrizes para chapas, tubos, canos e perfis forçam o material a assumir a forma desejada. Embora as matrizes possam ser feitas de aço doce, para usos prolongados elas devem ser de aço cromo-molibdênio. Ligas de aço inoxidável são utilizadas com materiais corrosivos, como PVC.

Aquecedores elétricos ao redor do cilindro de plastificação (canhão) são utilizados para ajudar a fundir os plásticos. Enquanto a extrusora está misturando, ligando e forçando o material pela matriz, o calor de atrito produzido pela ação da rosca pode ser suficiente para plastificar parcialmente o material. Uma vez que o processo é iniciado, aquecedores externos são usados para manter uma temperatura determinada. Como o material que sai da matriz encontra-se fundido, é necessário um equipamento específico para resfriar e suportar o material após sua saída da matriz. Dispositivos para resfriamento incluem imersão em tanques de água, névoas de água e jatos direcionados de ar. Puxadores, cortadores e enroladores manipulam o material resfriado e mantêm o fluxo de extrusado a uma vazão determinada.

Composição ou compostagem

A **composição** (compounding) é o processo de misturar o plástico base com plastificantes, cargas, corantes e outros ingredientes. Anteriormente, as empresas que realizavam tal processo utilizavam extrusoras de rosca simples, matrizes multiorifícios (*multistrand dies*), longos tanques de água para resfriamento e peletizadoras para cortar os fios em *pellets*. Atualmente, a maioria das empresas que preparam as misturas utilizam equipamentos de dupla rosca (Figura 11-6).

As extrusoras de dupla rosca apresentam dois tipos básicos – corrotantes e contrarrotantes. Nas corrotantes (ou corrotacionais), o material é forçado através

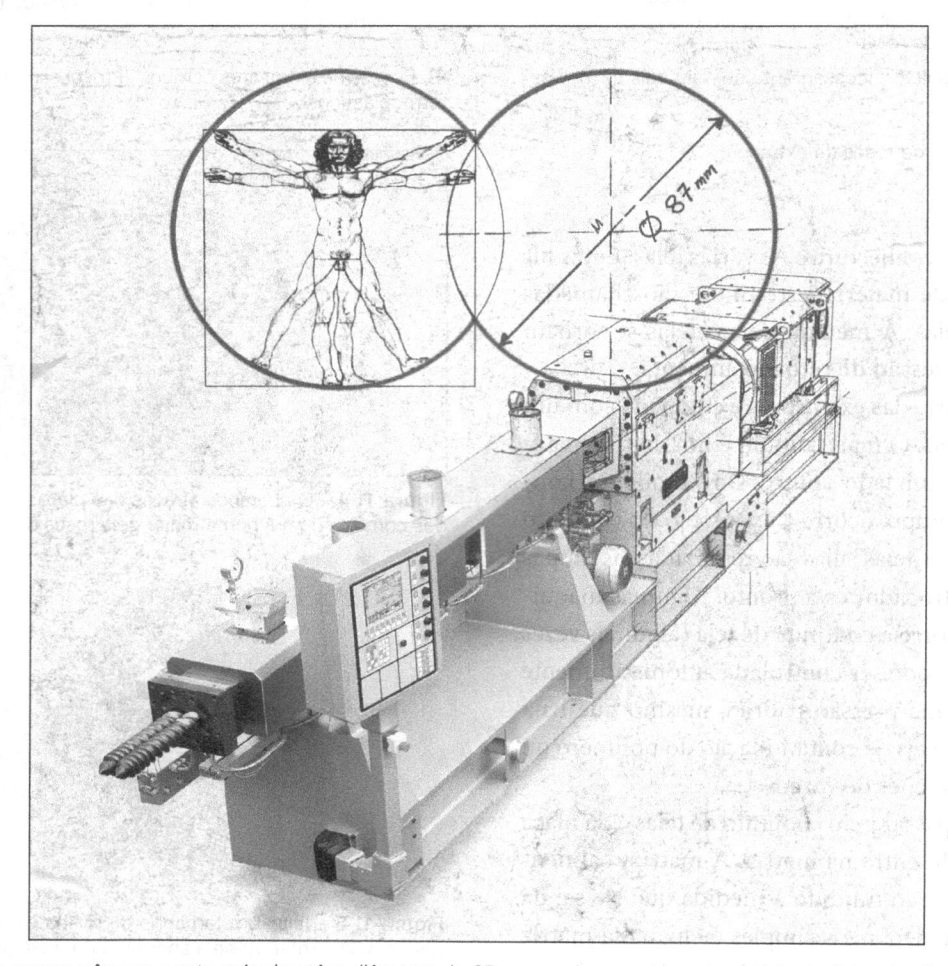

Figura 11-6 – As roscas gêmeas nesta máquina têm diâmetro de 87 mm cada uma. (American Leistritz Extruder Corp.)

do espaço entre as duas roscas, o que também pode ser chamado de beliscão (*nip*). O material que atravessa esse espaço entre as roscas sofre mistura intensiva, contudo, parte do material pode atravessar o cilindro sem passar entre as roscas.

No tipo contrarrotante, o material é transferido de uma rosca para outra no ponto de engrenamento, o que leva o material a seguir um caminho na forma de "8" e, como este caminho tente a ser mais longo, geralmente obtém-se uma melhor homogeneização do que com o tipo corrotacional. A Figura 11-7 mostra a transferência de material de uma rosca para outra.

Extrusoras de dupla rosca contrarrotantes utilizadas na preparação de misturas são encontradas com razões C/D variando entre 12:1 e 48:1. Os diâmetros da rosca variam de 25 mm a 300 mm e a produtividade é de até 27.000 kg/h. Alguns fabricantes oferecem equipamentos com rosca modular. Isto significa que a rosca consiste em um eixo central estriado e vários elementos de mistura e deslocamento que deslizam sobre o eixo. Os elementos de amassamento e deslocamento podem ser direcionados para a esquerda ou para a direita. O uso de elementos direcionados para a esquerda cria pressão de retorno sobre o fundido que se encontra atrás do elemento e reduz a pressão na frente. Com um arranjo cuidadoso destes elementos, a efetiva mistura e deslocamento de materiais difíceis de serem manipulados são possíveis. A Figura 11-8 mostra vários elementos de mistura e deslocamento de um conjunto de roscas e seções do cilindro de plastificação.

Normalmente, as empresas que preparam as composições (misturas) devem estocar, dosar, misturar e transportar muitos componentes diferentes. A mistura em batelada dos componentes pode levar ao problema de segregação, em que ingredientes mais pesados se separam dos mais leves. Uma batelada misturada homogeneamente pode deixar de ser homogênea durante o transporte, especialmente se atravessar longas tubulações.

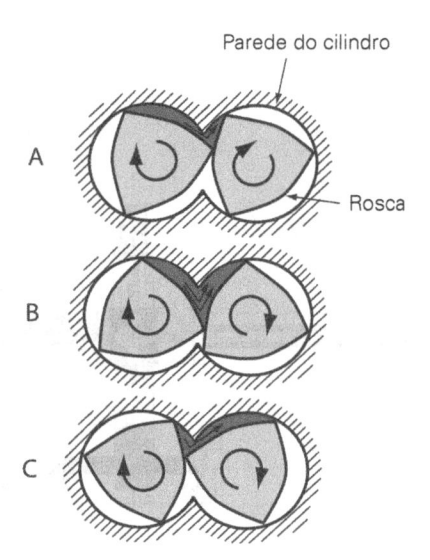

Figura 11-7 – Em máquinas de rosca gêmea de corrotação, uma rosca tira o material da outra, permitindo que materiais pequenos passem através das duas roscas.

Para evitar problemas de segregação decorrentes das diferenças de densidade, muitas empresas trazem as matérias-primas diretamente para a extrusora e usam vários alimentadores/dosadores para alimentar os componentes em quantidades pesadas com precisão no funil de alimentação da extrusora. Extrusoras para preparação de misturas bem equipadas podem combinar até dez linhas de alimentação separadas. Alguns líquidos e fibras podem ser adicionados ao plástico já fundido. Este tipo de **alimentação posterior** requer bombas especiais para líquidos e alimentadores para fibras e pós.

Para economizar espaço, alguns fabricantes compram equipamentos de peletização submersa. A Figura 11-9A apresenta uma visão esquemática de um sistema de peletização submersa. À medida que a

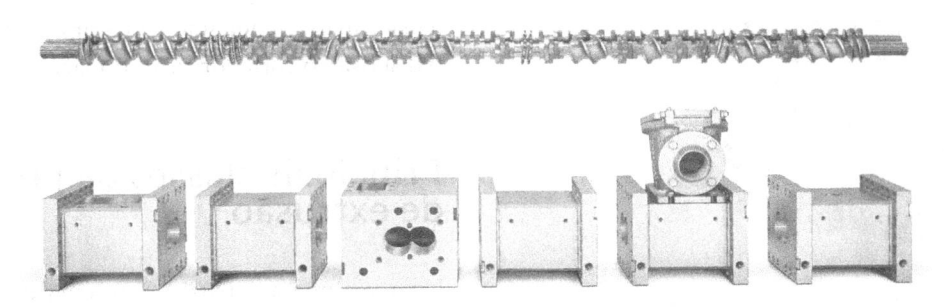

Figura 11-8 – Roscas duplas e seções de tambor. (Cortesia de Coperion [Buss, Waeschel and Werner & Pfleiderer])

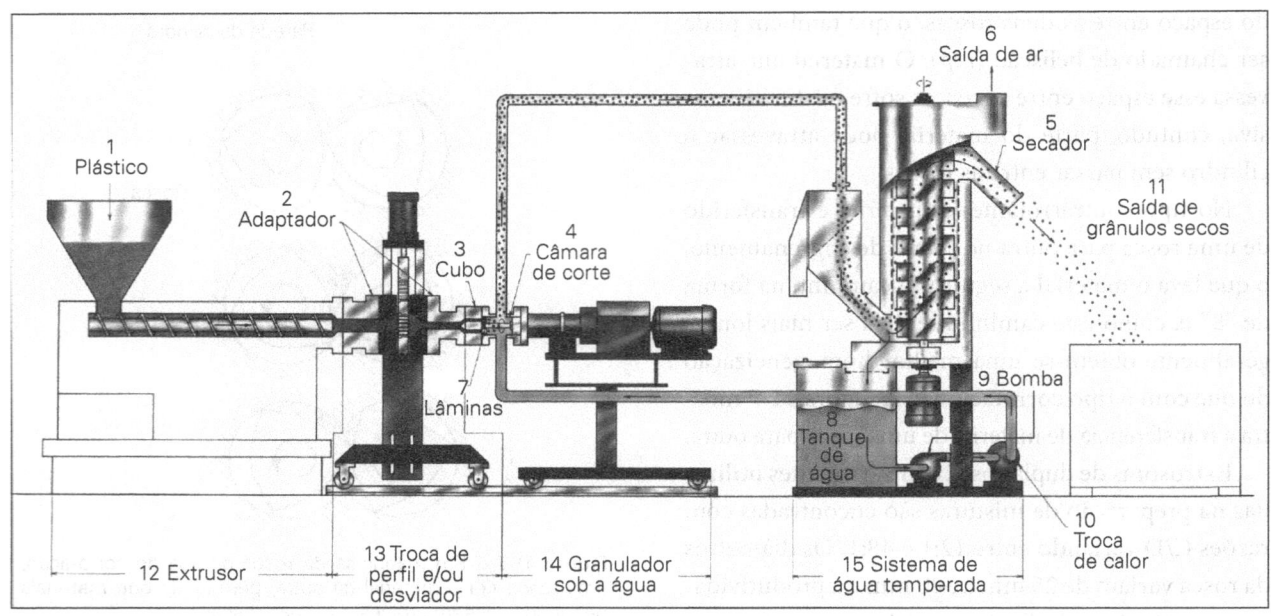

Figura 11-9 (A) Esquema de um sistema de peletização sob água. (Gala Industries, Inc.)

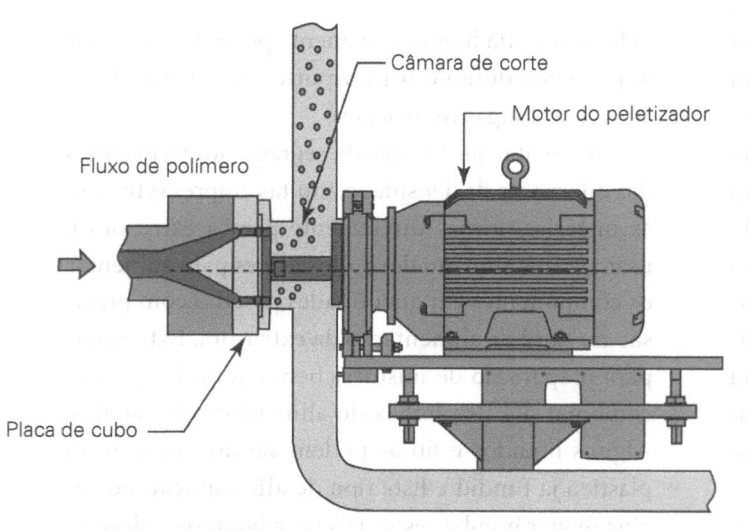

Figura 11-9 (B) Esquema de uma placa de cubo e uma câmara de corte. (Gala Industries, Inc.)

Figura 11-9 (C) A lateral do extrusor da placa de cubo. (Gala Industries, Inc.)

Figura 11-9 (D) Disco central do cortador, que é removido da haste de direção e posicionado no lado da saída do local do cubo. (Gala Industries, Inc.)

mistura plástica preparada deixa a extrusora, passa sobre um cone e é direcionada para o interior de orifícios na placa matriz. A Figura 11-9B mostra um esboço desta parte do peletizador e a Figura 11-9C mostra uma fotografia da face da extrusora onde fica a placa matriz, enquanto na Figura 11-9D se encontra o dispositivo cortador, na outra face da placa matriz.

Principais classes de produtos de extrusão

Uma vez que a extrusão apresenta diversas categorias, é útil dividi-la em suas principais classes de produtos, que são: perfis, tubos, chapas, filmes, filmes soprados, filamentos, fios e arames revestidos.

Extrusão de perfil

O termo **extrusão de perfil** se aplica à maioria dos produtos extrusados que não sejam tubo, filme, chapa e filamentos. A Figura 11-10 mostra alguns desses itens. Tais perfis são geralmente extrusados horizontalmente. Para obter a forma desejada, necessita-se de equipamento que suporte e dê conformação ao extrusado durante o resfriamento. Para o resfriamento utilizam-se jatos de ar, reservatórios de água, spray de água e mantas de resfriamento. O controle do tamanho requer o uso de matrizes específicas, esticadores ou placas.

Controlar o tamanho ou o formato desses perfis pode ser complicado. Quando um material sai da matriz da extrusora, seu formato é alterado em razão de um fenômeno denominado *inchamento do extrusado*. Uma causa importante do inchamento do extrusado é o fato de as moléculas poliméricas tornarem-se orientadas à medida que fluem pela matriz. Após deixarem a matriz, as moléculas orientadas retornam à sua forma enovelada, emaranhada. Esta mudança altera a forma do extrusado. Quando o extrusado não possui seções transversais uniformes, a contração durante o resfriamento também não será uniforme.

Para se obter dimensões exatas nas seções transversais depois que o extrusado for resfriado, tolerâncias devem ser admitidas na configuração do orifício. Para seções transversais complexas, em que paredes finas ou cantos vivos são formados, o resfriamento ocorre mais rapidamente nesses pontos. Estas áreas se contraem primeiro, o que as torna menores do que o resto da seção. Isto significa que a matriz e o formato do plástico (extrusado) podem ser diferentes. Para corrigir este problema, o orifício da matriz deve ser mais largo nestes pontos (Figura 11-11).

Para minimizar os problemas ocasionados pela geometria complexa das matrizes de perfis, alguns fabricantes optam pela pós-formagem de formas mais simples. A pós-formagem em diferentes formatos requer o uso de gabaritos, ponteiras ou calandras. Um formato plano pode ser pós-formado na forma corrugada. Enquanto o extrusado ainda estiver quente, cilindros de seção redonda podem ser pós-formados com seção ovalada ou em novos formatos (Figura 11-12).

Figura 11-10 – Algumas das muitas extrusões de perfil de plásticos. (Fellows Corp.)

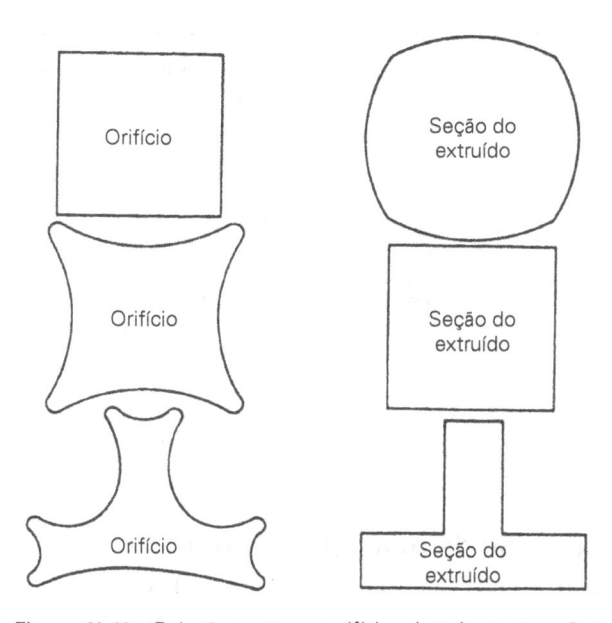

Figura 11-11 – Relações entre os orifícios de cubo e as seções de extruídos.

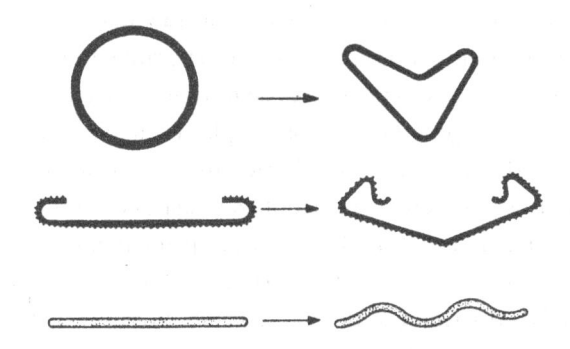

Figura 11-12 – Os extrudados à esquerda são pós-formados em formas à direita, sendo passados através de cilindros.

Extrusão de tubo

Tubos (formas tubulares) são moldados por um orifício e por um mandril (também chamado **torpedo**), que determina as dimensões internas (Figura 11-13). O mandril é mantido na posição adequada por pequenas peças metálicas chamadas **aranhas**.

O diâmetro do cano ou tubo é também controlado pela tensão do puxador. Se o tubo é puxado a uma velocidade superior à velocidade do material fundido extrusado, o produto será menor e mais fino do que a matriz.

Para evitar que o tubo colapse antes de esfriar, ele é mantido fechado na extremidade e ar é forçado através da matriz. A pressão do ar expande levemente o tubo. O tubo aquecido deve ser puxado por meio de um calibrador (a ar ou a vácuo) para que o diâmetro externo se mantenha dentro de um limite de tolerância. A espessura da parede do tubo é controlada pelas dimensões do mandril e do orifício da matriz.

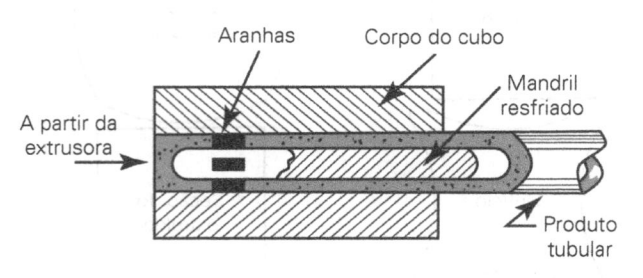

Figura 11-13 – Nesta operação de formação de tubo, o material quente é extruído em torno de um mandril ou pino frio. (DuPont Co.)

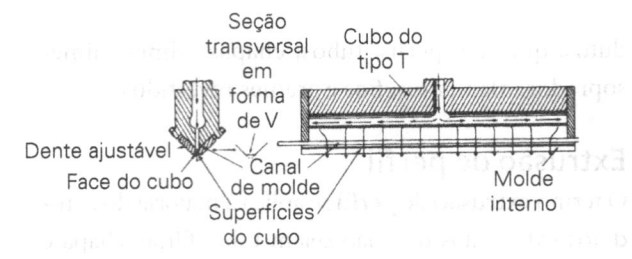

(A) Seção transversal de um cubo em forma de T.

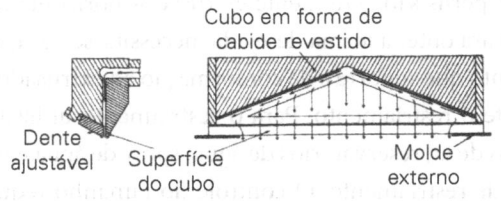

(B) Seção transversal de cubo em forma de cabide revestido.

Figura 11-14 – Dois tipos de cubo de extrusão.

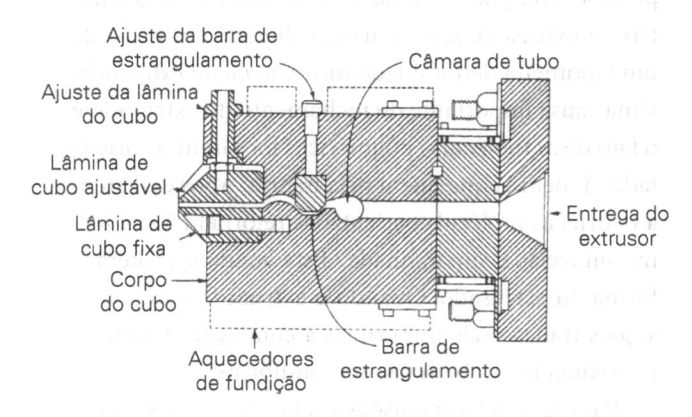

Figura 11-15 – Cubo de extrusão em folha com barras de estrangulamento ajustável. (Phillips Petroleum Co.)

Extrusão de placa (ou chapa)

A Sociedade Americana para Testes e Materiais (*American Society for Testing and Materials* – **ASTM**) definiu **filme** como uma lâmina de plástico com 0,25 mm (0,01 pol) ou menos de espessura. Lâminas com espessura superior a 0,25 mm são consideradas placas. A extrusão de placas produz a matéria-prima utilizada na maior parte das operações de termoformagem.

A moldagem da maioria das placas envolve a extrusão de material termoplástico fundido através de matrizes com fendas horizontais longas, como mostrado na Figura 11-14. Há dois tipos principais dessas matrizes – com canal de distribuição "em T" e com canal de distribuição do tipo "cabide". Nos dois tipos, o material fundido é alimentado no centro da matriz. É, então, moldado pela zona de uniformização (ou câmara de relaxação) e pelos lábios da matriz. A largura pode ser controlada por um sistema externo de restrição de largura ou pela largura real da matriz. Na Figura 11-15, uma barra restritora ajustável é usada na extrusão de placas.

A placa extrusada passa por um conjunto de cilindros (rolos) para que se obtenha o acabamento ou textura desejada na superfície e, além disso, para alcançar, de modo preciso, o valor de espessura. A Figura 11-16 traz uma ilustração desses rolos e uma fotografia da placa saindo da matriz e entrando nos cilindros.

A Tabela 11-1 apresenta alguns problemas comuns na extrusão de placas e possíveis soluções.

Extrusão de filme

A extrusão de filme e a calandragem dão origem a produtos muito similares. Embora a calandragem não seja, tecnicamente, um processo de extrusão, por uma questão de lógica, há mérito em discuti-la juntamente com a extrusão de filme.

A extrusão de filme é semelhante à extrusão de placa, contudo, além da diferença de espessura, as matrizes da extrusão de filme são mais leves e apresentam zonas de uniformização (câmara de relaxação) mais curtas do que as matrizes de extrusão de placa.

Na Figura 11-17A, o filme é extrusado em um tanque com água. Na Figura 11-17B, o filme passa por rolos (ou cilindros) de resfriamento, em um processo por vezes denominado produção de filme por

Tabela 11-1 – Problemas nos equipamentos de extrusão de placas

Problema	Possível correção
Linhas contínuas na direção da extrusão	Faça reparos ou limpe a matriz. Contaminação da matriz ou estriamento dos rolos. Reduza a temperatura na matriz. Use materiais que tenham sido adequadamente secos.
Linhas contínuas atravessando a placa	Operação tensionada – ajuste a tensão sobre a placa. Reduza a temperatura nos rolos de resfriamento ou aumente a temperatura dos rolos. Verifique se não houve aumento da contrapressão (pressão de retorno).
Descoloração	Use rosca e matriz adequadamente projetadas. Minimize a contaminação do material. Temperatura muito alta – excesso de material recuperado. Faça reparos e limpe a matriz.
Variação nas dimensões ao longo da placa	Ajuste do cordão aos rolos de resfriamento. Melhore a distribuição do aquecimento da matriz. Reduza a temperatura nos rolos de resfriamento. Verifique os controladores de temperatura. Faça reparos ou limpe a matriz.
Presença de espaços vazios na placa	Ajuste as condições da linha de extrusão. Use rosca projetada adequadamente. Minimize a contaminação do material. Reduza a temperatura da matéria-prima.
Região (faixa) opaca	Ajuste da matriz muito estreito neste ponto. Minimize a contaminação do material. Aumente a temperatura da matriz. Faça reparos ou limpe a matriz.
Presença de buracos (depressões)	Ajuste as condições da linha de extrusão. Minimize a contaminação do material. Use materiais que tenham sido adequadamente secos. Controle a alimentação de matéria-prima. Reduza a temperatura da matéria-prima.

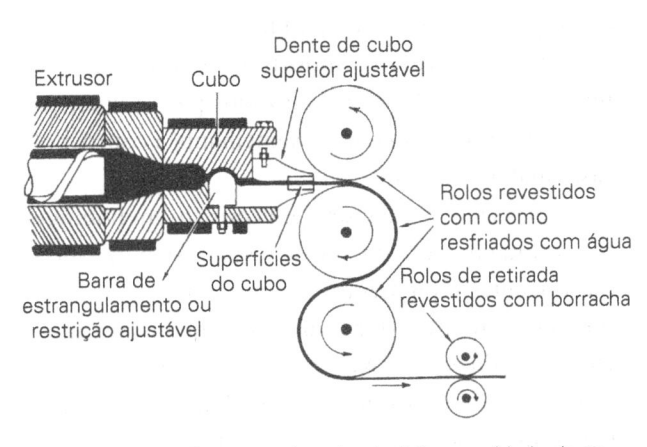

Figura 11-16 (A) Esquema de cubo de folha e unidade de saída. (USI)

Figura 11-16 (B) Este sistema de extrusão em folhas mostra o extrusor, o cubo, a carabina de rolos frios e o controlador para combinar a velocidade do rolo à velocidade de extrusão. (Sistema de extrusão em folha da Reifenhauser Mirex-W)

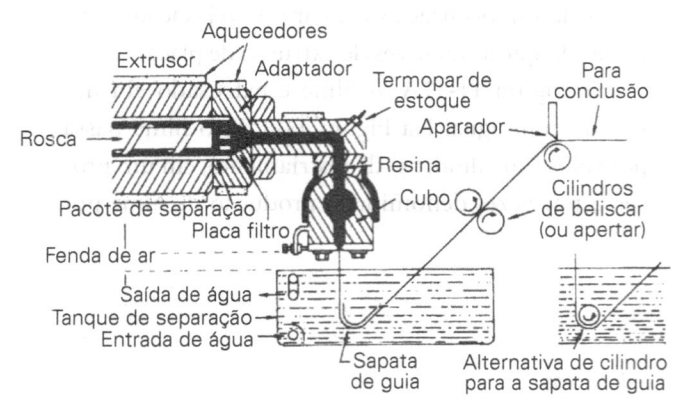

(A) Seção transversal da parte da frente do extrusor de filme plano, o tanque de separação e o equipamento de retirada. (USI)

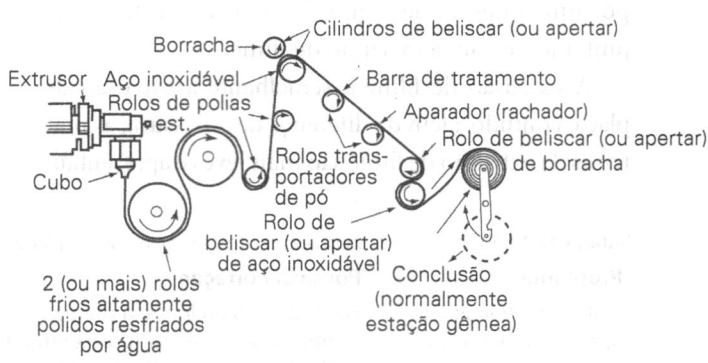

(B) Esquema de equipamento de extrusão de filme de cilindro frio.

Figura 11-17 – Tipos de equipamento de partida de filme.

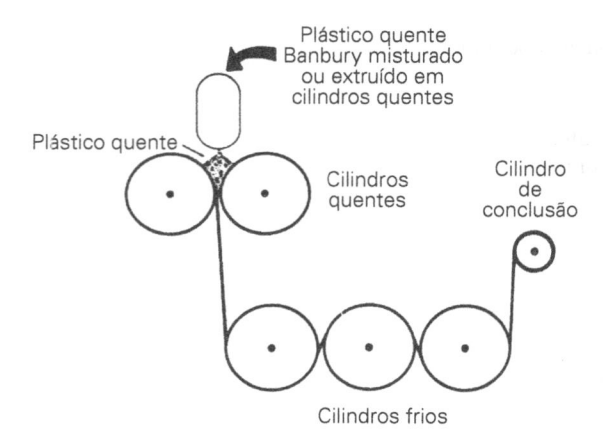

Figura 11-18 – Processo de calandragem.

Figura 11-19 – Calandrando um material termoplástico. (Monsanto Co.)

casting. Tanto os cilindros de resfriamento quanto o tanque de água são usados comercialmente na extrusão de filmes. A temperatura, a vibração e a corrente de água devem ser cuidadosamente controladas quando se utiliza o tanque de água para que se produza um filme sem defeitos e limpo. Filmes de alta resistência têm sido fabricados com a utilização de método em alta velocidade.

A extrusão de filme é mais cara que o filme soprado e, consequentemente, é usada somente quando a qualidade do filme deve ser superior à do filme soprado. Alguns plásticos são sensíveis ao calor e ao tempo e se decompõem ou se degradam quando submetidos a temperaturas elevadas. O PVC é um desses materiais, nos quais, então, em geral, a extrusão plana ou as técnicas de filme sopradas não são utilizadas. O filme de PVC, normalmente, demanda calandragem.

Calandragem. Na calandragem, os materiais termoplásticos são pressionados entre cilindros aquecidos até que se obtenha a espessura final (Figura 11-18). Filmes e formas planas com acabamento brilhante ou em relevo podem ser produzidos por esse método (Figura 11-19). Uma grande quantidade de filme calandrado é usada na indústria têxtil. Filmes com textura ou em relevo são utilizados para a obtenção de produtos com aparência semelhante a couro, bolsas, sapatos e malas.

O processo de calandragem consiste em homogeneizar uma mistura quente de resina, estabilizadores, plastificantes e pigmentos em um amassador contínuo ou um **misturador Banbury**. Esta mistura aquecida é conduzida através de dois rolos para se obter uma placa espessa inicial. À medida que esta placa passa por meio de uma série de cilindros rotatórios aquecidos, torna-se progressivamente mais fina, até que a espessura desejada seja alcançada. Um par de cilindros de acabamento, de alta pressão e de precisão, é utilizado para calibração e gravação em relevo. Ao final, a placa quente é resfriada em um cilindro de resfriamento e tirada na forma de filme ou placa.

Os cilindros da calandra são muito caros e facilmente danificados por contaminantes metálicos. Em função disso, detectores de metal são frequentemente utilizados para verificar a placa antes que ela adentre a calandra. Os equipamentos de calandragem, juntamente com os acessórios de controle, são também muito caros. Os custos de substituição de uma linha de calandra pode exceder $1 milhão, o que tem desencorajado a instalação de equipamentos de calandragem. A calandragem tem algumas vantagens em relação à extrusão e outros métodos na produção de filmes e placas coloridos ou em relevo. Quando as cores são alteradas, a calandra requer uma limpeza mínima, enquanto uma extrusora deve ser purgada e limpa com muito rigor.

Embora as calandras tenham custo elevado, a calandragem continua sendo o método preferido para a produção de placas de PVC com alta taxa de produtividade. Cerca de 95% de todos os produtos calandrados são PVC, e somente 15% são utilizados para a produção de rígidos.

O equipamento de calandragem pode envolver instalações complexas, já que os cilindros da calandra são normalmente colocados em arranjos na forma de L invertido ou em Z (Figura 11-20). Os cilindros e o equipamento de apoio são controlados por muitos sensores e por computadores. As calandras são usualmente classificadas de acordo com o material, a taxa de plastificação, o acabamento superficial desejado e a capacidade de produção. Máquinas grandes apresentam taxa de produção de cerca de 3.000 kg/h. A maioria dos cilindros apresenta menos de 2 m de largura. Com materiais leves, é possível se utilizar larguras de mais de 3 m. As forças de rolagem podem alcançar 350 kN (30,34 toneladas-força) para materiais finos e rígidos.

Vários métodos são utilizados para compensar a deflexão causada pelo cilindro (curvatura): 1) aplica-se força aos mancais externo ou interno; 2) os cilindros são fabricados com uma curvatura leve (coroa); ou 3) arranja-se os cilindros com inclinações alternadas um em relação ao outro (*roll crossing*) (Figura 11-21). A Tabela 11-2 apresenta alguns problemas comuns na calandragem e as respectivas correções.

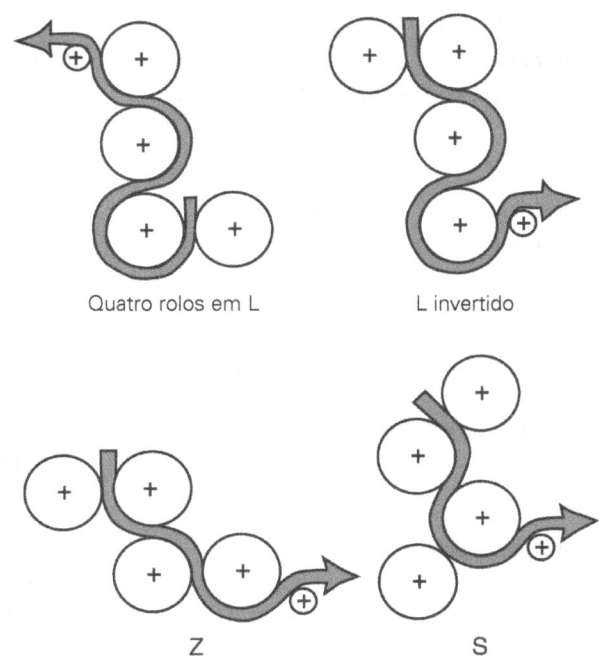

(A) Configurações de calandragem.

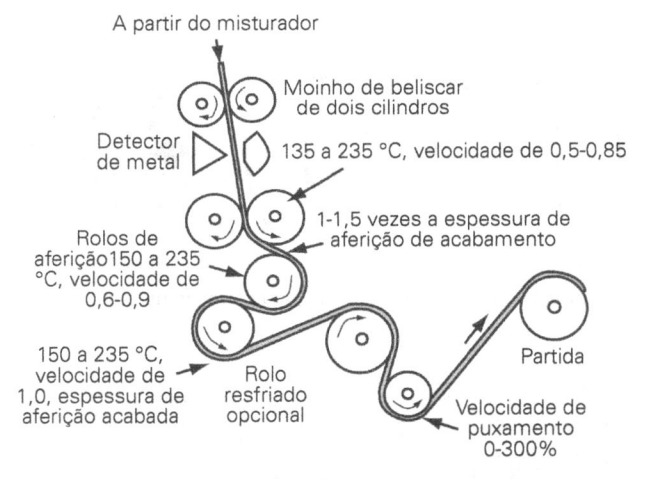

(B) Uma série de cilindros arranjados em forma de Z é usada para calandrar material termoplástico em folha.

Figura 11-20 – Configurações de cilindro de calandragem comuns.

Moldagem de filmes por extrusão e sopro

Na produção de filmes por extrusão e sopro, o filme é obtido ao se forçar o material fundido através de uma matriz e ao redor de um mandril. Dessa, forma, o material emerge do orifício em um formato tubular (Figura 11-22). Neste aspecto, é similar ao processo

Tabela 11-2 – Problemas na calandragem

Problema	Possível solução
Aparecimento de bolhas no filme ou placa	Reduza a temperatura da massa. Reduza a velocidade dos cilindros. Verifique se há contaminação da resina. Reduza a temperatura dos cilindros de resfriamento.
Seção espessa no centro e fina nas extremidades.	Use cilindros com curvatura (coroa). Aumente o espaçamento entre os cilindros. Verifique a carga aplicada aos mancais dos cilindros.
Marcas frias ou "pés-de-galinha"	Aumente a temperatura da matéria-prima. Diminua a velocidade de alimentação.
Presença de pequenos furos (pinholes)	Verifique se há contaminação da resina. Proceda a uma mistura mais cuidadosa dos plastificantes à resina.
Manchas opacas	Verifique se há contaminação da resina ou do lubrificante. Verifique a superfície dos cilindros. Aumente a temperatura da massa. Aumente a temperatura do cilindro.
Acabamento defeituoso	Eleve a temperatura do cilindro. Distância excessiva entre os cilindros.
Curvatura das extremidades da placa (Roll bank)	Temperatura da matéria-prima inadequada – aumente/diminua. Ajuste a velocidade de produção para que permaneça constante. Reduza as temperaturas dos cilindros e a folga entre os cilindros.

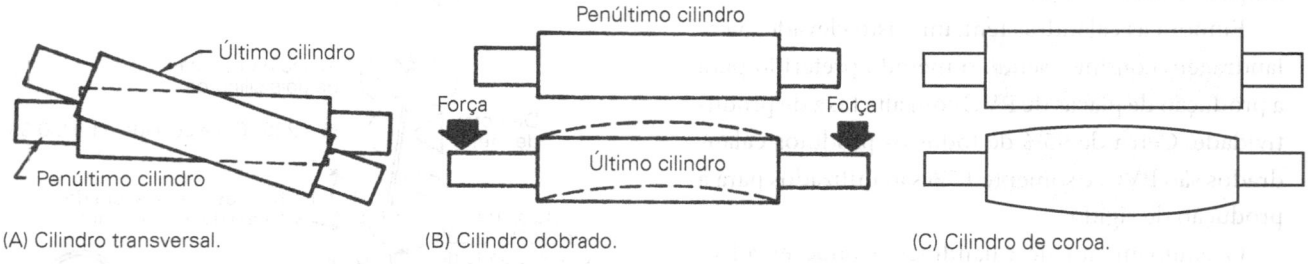

(A) Cilindro transversal.   (B) Cilindro dobrado.   (C) Cilindro de coroa.

Figura 11-21 – Métodos usados para correção de perfil da folha.

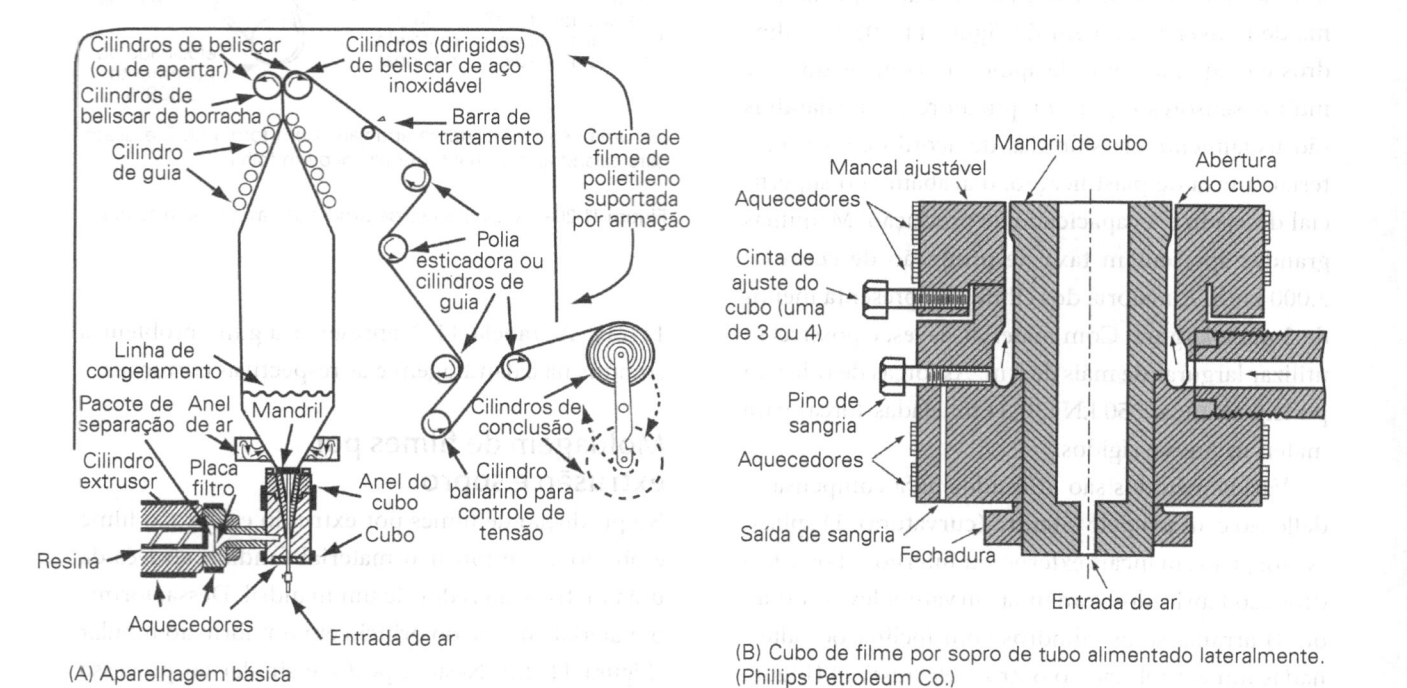

(A) Aparelhagem básica

(B) Cubo de filme por sopro de tubo alimentado lateralmente. (Phillips Petroleum Co.)

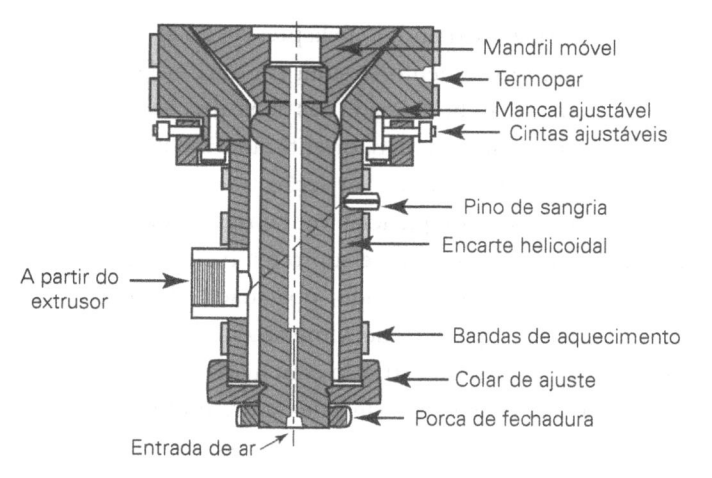

Capítulo 11 – Processos de extrusão 219

(C) Cubo de filme por sopro de abertura ajustável. (U.S. Industrial Chemicals)

Figura 11-22 – Desenhos esquemáticos de procedimentos de filme por extrusão e sopro. (U.S. Industrial Chemicals)

utilizado para fazer tubos ou canos. Este tubo, ou balão, é expandido pelo sopro de ar pelo centro do mandril até que a espessura desejada para o filme seja alcançada. Este processo é semelhante ao que ocorre quando se enche uma bexiga. O tubo é normalmente resfriado pelo ar proveniente de um anel de resfriamento ao redor da matriz (Figura 11-23). A **linha de névoa** (ou de resfriamento ou de cristalização) é a zona onde a temperatura do balão diminui até um valor inferior ao ponto de amolecimento do plástico. Na extrusão de filmes de polietileno ou polipropileno, a zona de cristalização é evidente porque sua aparência é, realmente, de congelada. A zona de cristalização mostra a variação que ocorre à medida que o plástico esfria, desde a condição de fundido (estado

(B) A haste de bolha é claramente visível nesta visão do filme por sopro de HDPE. (Foto de cortesia da Battenfeld-Gloucester)

(A) Esta foto mostra um sistema de medida de espessura de microprocessador, que pode ajustar o extrusor para manter uma espessura desejada no filme por sopro. (Foto de cortesia da Battenfeld-Gloucester)

(C) A caixa da bolha contém o filme soprado de LDPE. (Foto de cortesia da Battenfeld-Gloucester)

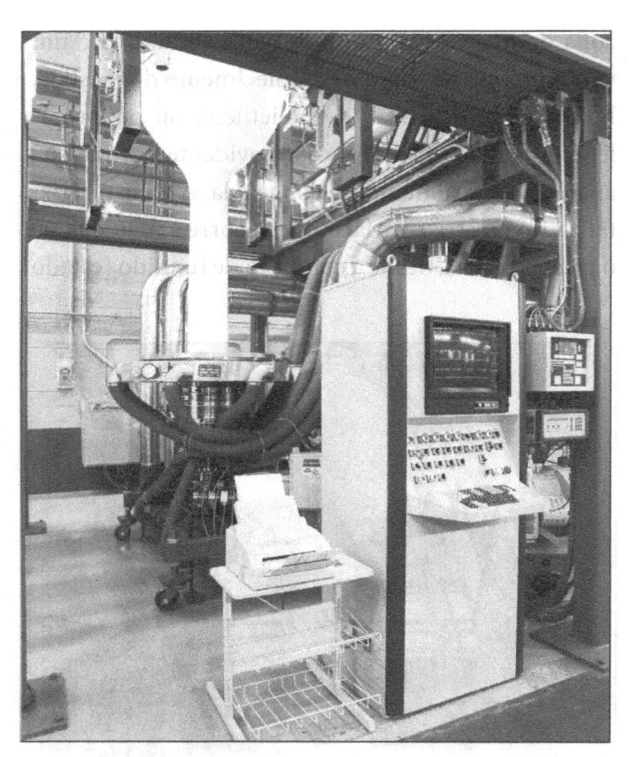

(D) O sistema de controle de microprocessador monitora e ajusta o sistema completo de filme por sopro. (Foto de cortesia da Battenfeld-Gloucester)

Figura 11-23 – Extrusão de filme por sopro.

amorfo) até atingir o estado cristalino. Contudo, para alguns plásticos, a linha de névoa não é visível.

O tamanho e a espessura do filme são controlados por diversos fatores, como: velocidade de extrusão, taxa de produção, apertura da matriz (orifício), temperatura da matéria-prima e pressão do ar no interior do balão. A razão de sopro é a divisão do diâmetro do balão pelo diâmetro da matriz. Os filmes produzidos por extrusão e sopro podem ser comercializados na forma de tubos sem costura, filmes planos, ou moldados em formatos diversos. Durante a produção, é possível abrir o tubo em uma das extremidades. Se o balão é soprado a um diâmetro de 2 m, o filme plano terá uma largura (após abertura) de cerca de 6 m. Matrizes planas desta dimensão não são práticas. Os filmes tubulares são desejáveis como embalagens de baixo custo para alimentos e vestuário. Somente uma operação de selagem a quente é necessária para que se obtenha um saco a partir de um filme tubular soprado.

Os filmes soprados são semiorientados, ou seja, apresentam menos orientação das moléculas em uma única direção do que os filmes obtidos em matrizes horizontais. Os filmes soprados são alongados à medida que o balão é expandido pela pressão do ar. Este alongamento (estiramento) resulta em uma orientação molecular mais balanceada nas duas direções. Os produtos apresentam, então, orientação biaxial – na direção do comprimento e na seção transversal do balão. Uma das consequências vantajosas da obtenção de filmes por extrusão e sopro é a melhora nas propriedades físicas. Contudo, opacidade, defeitos na superfície e espessura do filme são mais difíceis de controlar do que na extrusão com matriz plana. A Tabela 11-3 apresenta informações sobre problemas comuns na produção de filmes por extrusão e sopro.

Extrusão de filamentos

Definições importantes na extrusão de filamentos. Um **filamento** é um único fio de plástico longo e fino. Um pescador provavelmente é mais familiarizado com a linha de pesca monofilamentada. Este filamento único de plástico pode ser obtido no comprimento desejado. *Fios trançados (yarns)* são compostos por fios de plásticos monofilamentados ou multifilamentados.

O termo **fibra** é usado para descrever todos os tipos de filamentos – natural ou plástico, monofilamento ou multifilamento. Inicialmente, as fibras são fiadas ou torcidas em tranças (*yarns*). Então, são tecidas para obter mantas, telas ou outros produtos prontos para o uso.

Para quantificar quão fina é uma fibra, utiliza-se uma unidade chamada **denier**. Um denier é igual à massa em gramas de 9.000 m de fibra. Por exemplo, 9.000 m de um fio trançado 10 denier pesam 10 g. O nome da unidade pode estar relacionado à denominação para uma moeda francesa do século XVI, usada como padrão de medida para se quantificar quão finas eram as fibras de seda.

Fibras plásticas de mesmo diâmetro podem apresentar diferentes denier por causa da diferença na massa específica; contudo, dois filamentos podem apresentar o mesmo denier, mesmo que um deles possua diâmetro maior, se sua massa específica for menor.

Para calcular o denier de um trançado (*yarn*) de filamentos, divida o denier do *yarn* pelo número de filamentos:

$$\frac{8\text{-denier yarn}}{40 \text{ filaments}} = 2 \text{ denier para cada filamento}$$

Tabela 11-3 – Problemas na obtenção de filmes soprados

Problema	Possível correção
Manchas negras no filme	Limpe a matriz e a extrusora. Troque o conjunto de telas. Verifique se a resina está contaminada.
Riscos de matriz no filme	Diminua a pressão na matriz. Aumente a temperatura do material fundido. Faço o polimento de qualquer aspereza no caminho do filme. Verifique a condição da superfície dos rolos puxadores.
Aparecimento de bolhas	Aumente a rotação da rosca e a velocidade de rotação dos cilindros. Feche a torre ou interrompa a corrente de ar. Ajuste o anel de resfriamento visando obter velocidade de ar constante no entorno do anel.
Propriedades físicas e ópticas inadequadas	Aumente a temperatura do material fundido. Aumente a razão de sopro; aumente a altura da linha de névoa. Limpe os lábios da matriz, a extrusora e os cilindros.
Falha na dobra	Diminua a pressão no rolo puxador.
Falha nas linhas de solda	Se possível, faça uma sangria na linha de solda. Aqueça as aranhas da matriz – isole as linhas de ar nesse local. Aumente a temperatura do material fundido. Verifique se há contaminação.
O filme não corre continuamente	Limpe a matriz e a extrusora. Diminua a temperatura do material fundido. Aumente a espessura do filme.

Lembre-se: 9.000 m de um filamento 1-denier pesam 1 g.

9.000 m de um filamento 2-denier pesam 2 g.

A Organização Internacional para Padronização (*International Organization for Standardization* – ISO) desenvolveu um sistema universal para designar a densidade linear de têxteis denominada **tex**. A indústria de tecidos adotou o tex como uma medida da densidade linear. No sistema tex, a quantificação do trançado (*yarn*) é expressa em massa de *yarn* em g/km.

Tipos de filamentos. Nem todos os filamentos sintéticos são usados pela indústria têxtil. Alguns monofilamentos são usados como cerdas em vassouras, escovas de dente e pincéis. Os formatos destes filamentos variam, como mostra a Figura 11-24.

Se a fibra deve ser flexível e macia, necessita-se de um filamento fino. Se a fibra deve resistir ao esmagamento e ser rígida, um filamento mais espesso é utilizado. Fibras de vestuário variam de 2 a 10 denier por filamento. Fibras de tapetes variam de 15 a 30 denier por filamento.

A forma da seção transversal de uma fibra ajuda a determinar a textura do produto final. Formatos triangulares e trilobais fornecem à fibra sintética muitas das propriedades da seda, uma fibra natural.

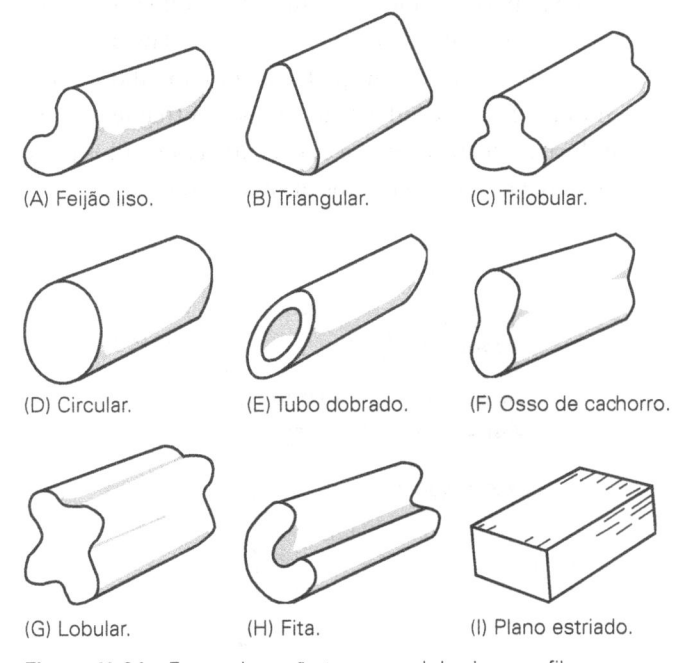

(A) Feijão liso. (B) Triangular. (C) Trilobular.

(D) Circular. (E) Tubo dobrado. (F) Osso de cachorro.

(G) Lobular. (H) Fita. (I) Plano estriado.

Figura 11-24 – Forma da seção transversal de algumas fibras.

Muitos dos filamentos com formato de fita e feijão assemelham-se às fibras de algodão.

Manufatura de filamentos. A produção dos monofilamentos é muito semelhante à dos perfis, exceto pelo fato de que uma matriz multiorifícios é utilizada. Estas matrizes possuem várias aberturas pequenas, das quais o material fundido emerge. Tais matrizes são utilizadas para produzir *pellets* granulares, monofilamentos e fios com multifilamentos.

Para se obter o filamento, o plástico é forçado através de pequenos orifícios, em um processo denominado *fiação*. O plástico é moldado pela abertura da matriz de fiação (**fieira** ou ***spinneret***). Este processo pode ter sido denominado fiação por causa do método de fiação das fibras naturais. A pequena abertura sob a mandíbula do bicho-da-seda é também chamada *spinneret*.

Uma vez que o diâmetro destes orifícios é, frequentemente, menor do que o de um fio de cabelo, as fieiras são usualmente feitas de metais como platina, que resistem a ácidos e ao desgaste. Para que sejam forçados ou extrusados através destas pequenas aberturas, o plástico deve ser fluido.

A fibra acrílica é produzida utilizando-se o processo de fiação mostrado na Figura 11-25. Uma solução química viscosa é extrusada para o banho de coagulação através dos pequenos orifícios da fieira. Neste banho, a solução coagula (fica sólida) e se torna a fibra acrílica Acrilan®. A fibra é lavada, seca, prensada e cortada em pedaços do tamanho de um grampo. Então, é enfardada para ser entregue para as indústrias têxteis, onde é convertida em tecidos para tapetes, vestuário e muitos outros produtos.

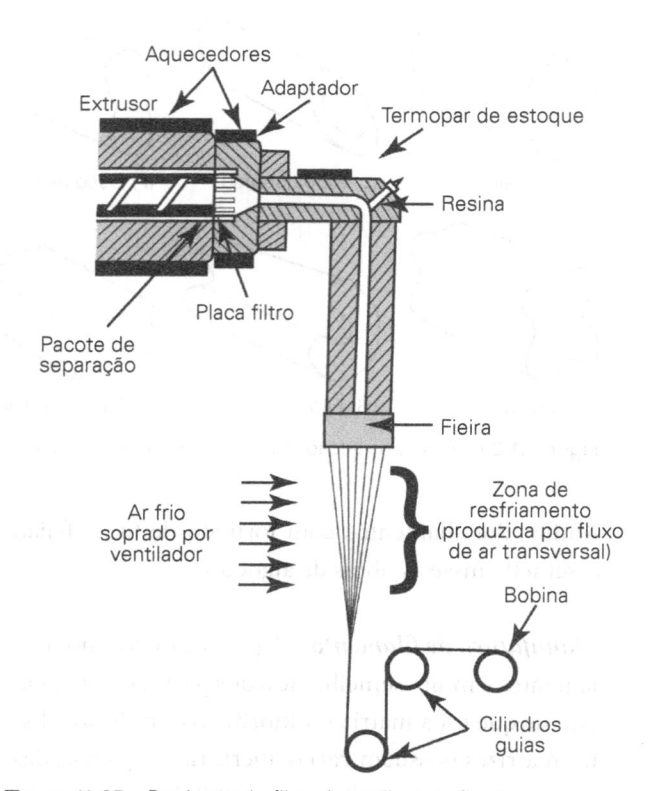

Há três métodos básicos de fiar fibras:

1. No ***melt spinning*** (solidificação rápida a partir do estado líquido), plásticos como polietileno, polipropileno, polivinil, poliamida ou poliésteres termoplásticos são fundidos e forçados através da fieira (*spinneret*). À medida que os filamentos entram em contato com o ar, solidificam e são passados por outros condicionadores (Figura 11-26A).

2. Na **fiação seca**, plásticos como acrílicos, acetato de celulose e cloreto de polivinila são dissolvidos por solventes determinados. A solução é forçada através da fieira (Figura 11-26B) e o filamento passa por meio de uma corrente de ar quente. O ar auxilia na evaporação do solvente presente nas fibras. Por razões econômicas, estes solventes devem ser recuperados para serem reutilizados.

3. A primeira etapa da **fiação úmida** (Figura 11-26C) é semelhante à fiação seca. O plástico é dissolvido

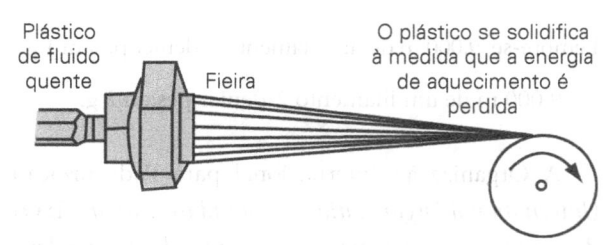

Figura 11-25 – Produção de fibra de acrílico por fiação.

(A) Melt spinning.

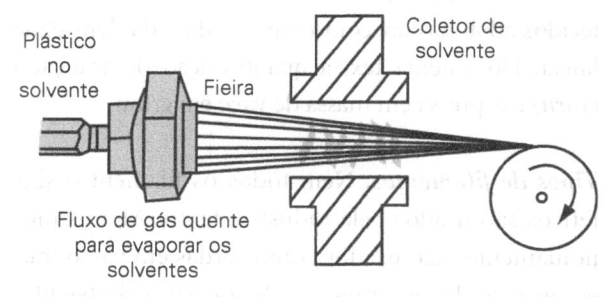

(B) Fiação seca.

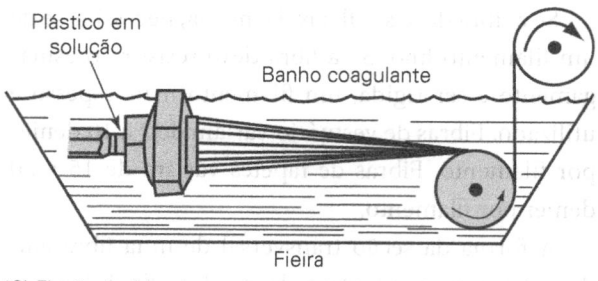

(C) Fiação úmida.

Figura 11-26 – Três métodos básicos de fibras de plásticos por fiação.

em solventes químicos. Esta solução é forçada através da fieira para um banho coagulante, que faz com que o plástico assuma a forma de um filamento sólido. Alguns membros das famílias dos plásticos celulósicos, acrílicos e polivinílicos podem ser processados por fiação úmida.

Os três processos começam pela ação de forçar o plástico, na forma fluida, através da fieira (*spinneret*). E todos terminam pela solidificação do filamento por resfriamento, evaporação ou coagulação (Tabela 11-4).

A resistência de um único filamento pode ser determinada por vários fatores. A maioria das fibras de filamentos é linear e cristalina. Quando grupos de moléculas encontram-se ligados em longas cadeias moleculares paralelas, sítios fortes de ligação adicionais ficam disponíveis. Quando o plástico líquido é forçado através da fieira, muitas das cadeias moleculares são forçadas a se aproximarem e a assumirem uma orientação paralela ao eixo do filamento. Estes empacotamento e rearranjo molecular levam a um aumento na resistência do filamento. Ao se trabalhar mecanicamente o filamento, pode-se completar a orientação molecular e o empacotamento. Este processo mecânico é chamado **estiramento**. O estiramento de plásticos não cristalinos também auxilia na orientação das cadeias moleculares e, portanto, melhora a resistência.

O estiramento dos plásticos é efetuado pela passagem dos filamentos através de um conjunto de rolos de velocidade variável (Figura 11-27). O estiramento do plástico cristalino é contínuo. À medida que a fibra atravessa o processo de estiramento, cada rolo é rotacionado a uma maior velocidade. A velocidade do rolo determina a quantidade de estiramento.

O diâmetro dos monofilamentos varia entre 0,12 e 1,5 mm e podem ser ou manipuladas individualmente ou por máquinas especiais.

Fibras de alta densidade e fios trançados (*yarns*) podem ser processadas a partir de filmes. Este processo utiliza um filme compósito que tenha sido co-extrusado ou laminado. Ele é mecanicamente modelado e cortado (fibrilado) em fios finos. A fibrilação é feita durante o processo de estiramento, enquanto o filme passa entre rolos serrilhados com diferentes velocidades de rotação. Os dentes destes rolos cortam o filme em uma forma fibrosa (Figura 11-28). O filme

Tabela 11-4 – Algumas fibras e seu processo de produção

Fibras	Processo de fiação
Acrílicos e modacrílicos	
Acrilan®	Úmida
Creslan®	Úmida
Dynel® (vinil-acrílico)	Seca
Orlon®	Seca
Verel®	Seca
Ésteres de celulose	
Acetato (Acele®, Estron®)	Seca
Triacetato (Arnel®)	Seca
Celulose, regenerada	
Rayon® (viscose, cuprammonium)	Úmida
Olefinas	
Polietileno	*Melt spinning*
Polipropileno (Avisun®, Herculon®)	*Melt spinning*
Poliamidas	
Náilon 6,6®, Náilon 6®, Qiana®	*Melt spinning*
Poliésteres	
Dacron®, Trevira®, Kodel®, Fortrel®	*Melt spinning*
Poliuretanos	
Glospan®	Úmida
Lycra®	Seca
Numa®	Úmida
Vinis e vinilidinas	
Saran®	*Melt spinning*
Vinyon N®	Seca

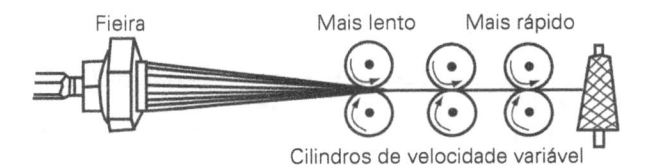

Figura 11-27 – Estiramento de filamentos de plástico.

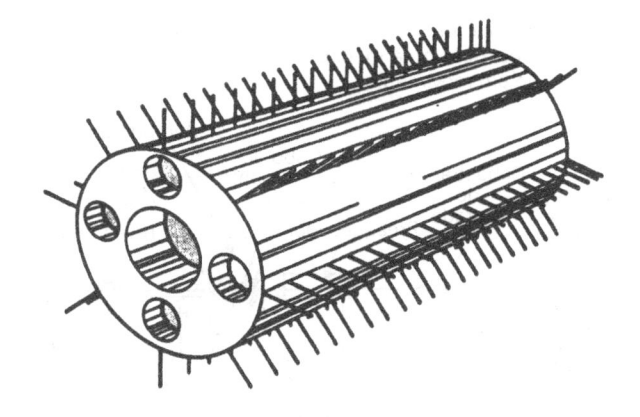

Figura 11-28 – Este dispositivo tem cilindros de pinos que fibrilam os fios de espessuras muito finas.

compósito desenvolve tensões internas à medida que é extrusado, moldado e fibrilado. Esta orientação desigual de tensões nas camadas do filme faz que as fibras se tornem encrespadas e assumam propriedades muito semelhantes às das fibras naturais.

Revestimento por extrusão e recobrimento de fios

Papel, tecido, papelão, plástico e lâminas metálicas são substratos comuns para o revestimento por extrusão (Figura 11-29). No revestimento por extrusão, um filme fino de um plástico fundido é aplicado ao substrato, sem o uso de adesivos, ao se pressionar o filme e o substrato entre cilindros. Para aplicações especiais, pode ser necessária a aplicação de adesivos para a obtenção do grau de aderência adequado. Alguns substratos são preaquecidos e preparados com promotores de adesão, utilizando-se de matrizes de extrusão plana.

No recobrimento de fios e cabos, o substrato para o revestimento por extrusão é o fio (ou cabo). O processo de produção para revestimento por extrusão pode ser visto na Figura 11-30. Nesse processo, o plástico fundido é forçado a envolver o fio ou cabo à medida que o mesmo atravessa a matriz. É a matriz que, efetivamente, é a responsável por controlar e formar o revestimento sobre o fio. Fios e cabos são, normalmente, aquecidos antes do processo de revestimento para eliminar a umidade e melhorar a adesão. Conforme o fio, já revestido, emerge da matriz, é resfriado em um tanque de água. Dois ou mais fios podem ser recobertos ao mesmo tempo. Cabos de televisores e eletrodomésticos em geral são exemplos comuns da aplicação desse método de revestimento. Tiras de madeira, cordões de algodão e filamentos plásticos são alguns dos materiais que podem ser recobertos por este processo.

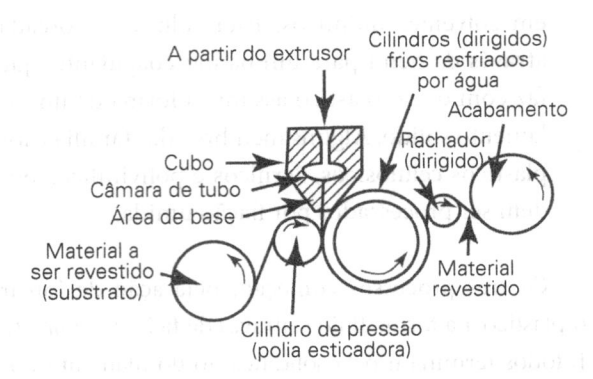

Figura 11-29 – Revestimento por extrusão de substratos.

Moldagem por sopro

Este processo é listado como uma técnica de moldagem, visto que uma força é empregada para pressionar um material aquecido e em forma tubular contra as paredes de um molde. Neste capítulo, este processo é considerado como um tipo de extrusão

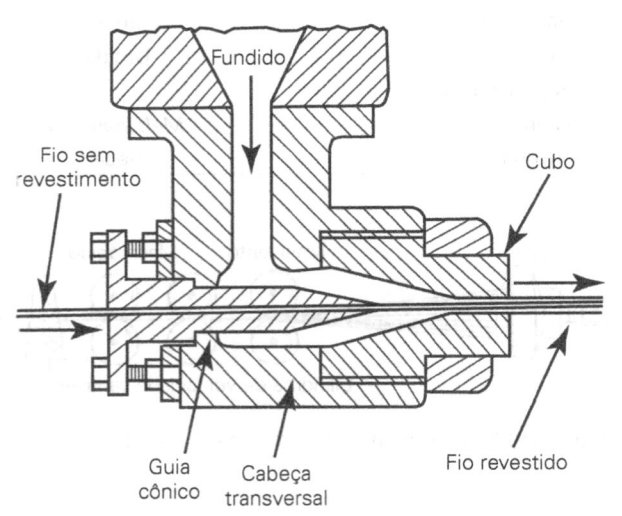

(A) Uma cabeça transversal mantém o cubo de revestimento de fio e o guia cônico à medida que o plástico macio flui ao redor do fio em movimento.

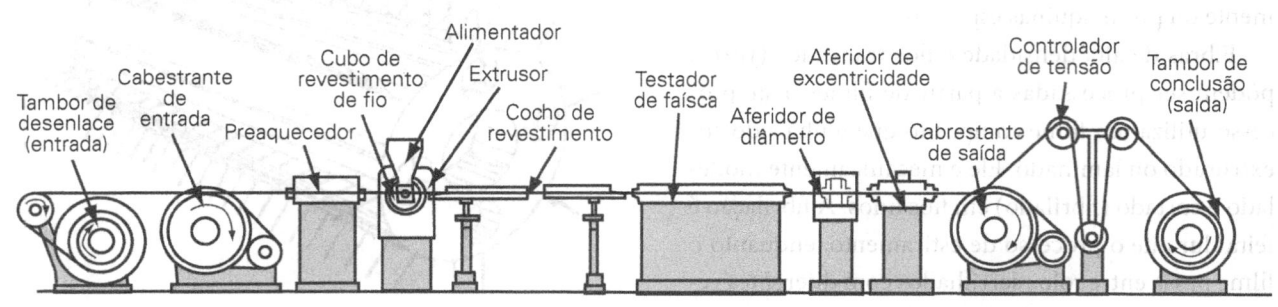

(B) Um esquema do componente geral em uma fábrica de revestimento de fio por extrusão. (U.S. Industrial Chemicals Co.)

Figura 11-30 – Revestimento por extrusão de fio e cabo.

porque extrusoras são empregadas na criação da estrutura tubular que será, posteriormente, inflada dentro do molde.

A moldagem por sopro constitui uma técnica oriunda da indústria do vidro e adaptada para a manufatura de recipientes em peça única e outros produtos. Este processo foi empregado por séculos na produção de garrafas de vidro. Pode-se considerar que a moldagem por sopro de termoplásticos não apresentou desenvolvimento significativo até o final dos anos 1950. Em 1880, a moldagem por sopro era realizada pelo aquecimento de duas folhas de celuloide fixas em um molde, e o ar era forçado para o interior do molde, formando o que talvez tenha sido o primeiro utensílio em termoplástico moldado por sopro produzido nos Estados Unidos, um chocalho para bebês.

O princípio básico acerca da moldagem por sopro é simples e pode ser visualizado na Figura 11-31. Um tubo oco (pré-forma ou *parison*) de um termoplástico fundido é introduzido em um molde, a seguir, uma corrente de ar é forçada (soprada) para dentro do molde, a fim de pressionar o material contra suas paredes, e após um ciclo de resfriamento, o molde é aberto e a peça acabada ejetada. Esse processo é utilizado na produção de diversos objetos, tais como contêineres, brinquedos, embalagens, partes de automóveis e utensílios domésticos.

Existem duas formas básicas para a moldagem por sopro:

1. Moldagem por sopro via injeção
2. Moldagem por sopro via extrusão

A diferença fundamental entre os dois modos reside na maneira na qual a pré-forma (***parison***) é produzida.

Moldagem por sopro via injeção

Esta vertente da moldagem por sopro pode produzir, de maneira mais precisa, peças nas quais determinadas regiões tenham uma determinada espessura. A principal vantagem deste tipo de moldagem é que uma peça, em qualquer formato, na qual a espessura da parede varie, pode ser replicada perfeitamente. Outra vantagem consiste na produção de moldados sem rebarba e, portanto, não há necessidade de acabamento. A principal desvantagem reside na necessidade de

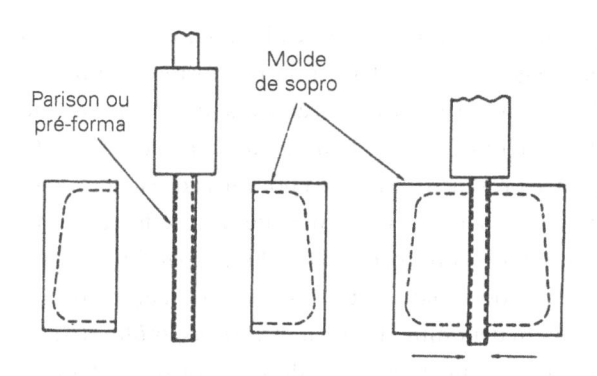

(A) Tubo oco moldado (parison) é colocado entre as metades do molde, que então se fecha.

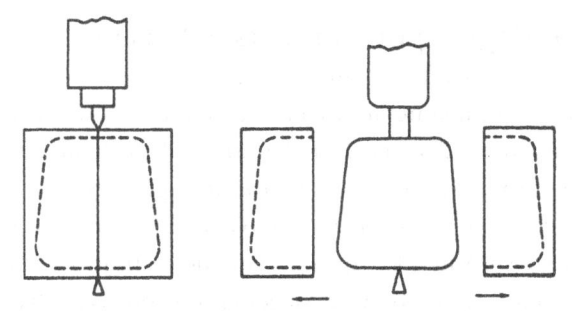

(B) A forma preliminar ainda derretida é puxada para fora e enchida por uma corrente forte de ar. A corrente força o plástico contra as paredes frias do molde. Assim que o produto resfria, o molde se abre e o objeto é retirado.

Figura 11-31 – Sequência de moldagem por sopro (USI).

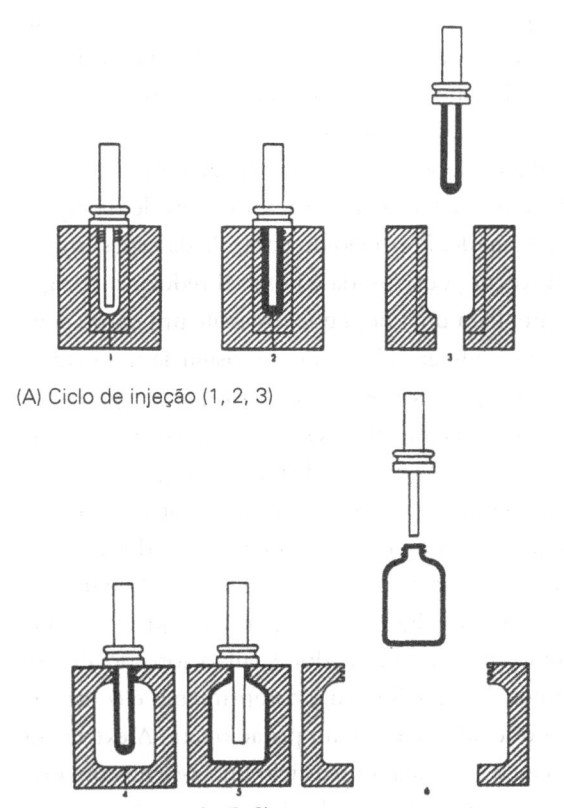

(A) Ciclo de injeção (1, 2, 3)

(B) Ciclo por sopro (4, 5, 6)

Figura 11-32 – Sequência de moldagem por sopro e injeção (USI)

possuir dois moldes para cada objeto. Um molde é empregado na moldagem da pré-forma (Figura 11-32A) e o outro na operação de sopro propriamente dita (Figura 11-32B). Durante a operação de moldagem, a pré-forma, moldada por injeção, é colocada no molde de sopro, e uma corrente de ar é forçada para o interior da pré-forma, fazendo-a expandir contra as paredes do molde. Este processo de injeção-sopro é também denominado, em inglês, *transfer blow* (transferência e sopro), em razão de a pré-forma injetada ser transferida para o molde de sopro (Figura 11-33).

Moldagem por sopro via extrusão

Nesta modalidade, um *parison* é aquecido e extrusado continuamente (exceto quando do uso de acumuladores). As duas metades do molde fecham-se, o que sela a extremidade do *parison* (Figura 11-34), ar é injetado e o *parison* aquecido expande-se contra as paredes do molde. Após a etapa de resfriamento, o produto é ejetado. A moldagem por sopro via extrusão pode produzir objetos grandes, capazes de conter volumes de 10 mil L (2.646 gal.) de água, contudo, pré-formas desta magnitude tem custo extremamente elevado. A moldagem por sopro via extrusão proporciona artefatos livres do acúmulo de tensão interna e é apta à produção de grandes quantidades, mas produz moldados com rebarbas e, consequentemente, demanda retrabalho.

A maior desvantagem na moldagem por sopro via extrusão é a obtenção de um bom controle da espessura da parede. Por meio do controle da espessura da parede da peça extrusada é possível reduzir o adelgaçamento. Para uma peça que necessite um corpo consideravelmente grande aliado à resistência nos cantos, um *parison* pode ser produzido para que as regiões dos cantos da peça tenham espessura maior do que aquelas que resultarão nas paredes da mesma (Figura 11-35).

Na Figura 11-36, são mostrados o arranjo da extrusora e partes do molde. Pelo emprego deste método, um ou mais *parisons* podem ser continuamente extrusados. Na Figura 11-37, plástico aquecido é alimentado em um acumulador e, então, forçado através do molde. Um *parison* cujo comprimento é controlado é produzido quando um pistão opera. A extrusora preenche o acumulador e o ciclo inicia-se novamente.

A espessura da parede do tubo ou do *parison* pode ser controlada (programada) para que se adeque à configuração do contêiner. Isto pode ser realizado utilizando-se uma matriz dotada de um orifício variável, como mostrado na Figura 11-38.

Diferentes técnicas de formar produtos moldados a sopro têm sido desenvolvidas (Figura 11-39). Cada um destes processos possuem características que os levam a apresentar vantagens na moldagem de um dado produto. Em um dos processos ocorre, em uma única operação, o preenchimento e a forma do contêiner, em vez do uso de ar comprimido, o produto é forçado na forma do *parison*.

A moldagem por sopro via extrusão pode ser empregada na produção de todas as formas de compósitos, incluindo os fibrosos, particulados e laminares. Na produção por moldagem por sopro de peças reforçadas, são usadas fibras curtas.

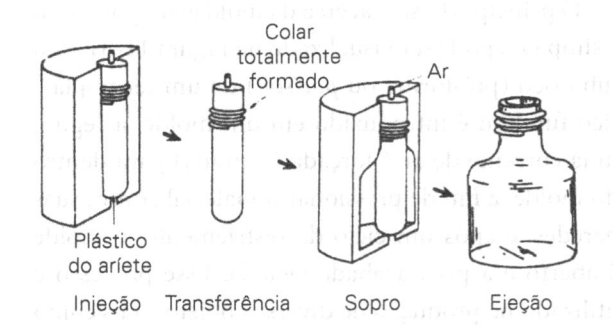

Figura 11-33 – Processo de sopro por injeção. (Monsanto Co.)

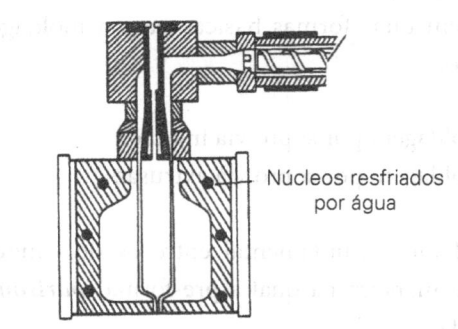

(A) Fechando as metades do molde.

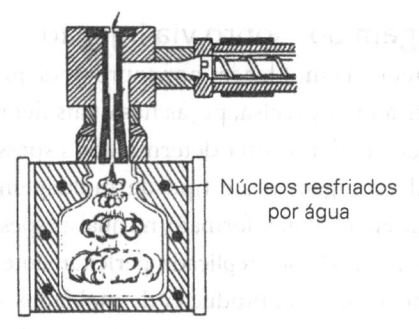

(B) Injeção de ar.

Figura 11-34 – Moldagem por sopro e extrusão.

Na armazenagem de sólidos quentes e líquidos não reativos, contêineres moldados por sopro são, em geral, em monocamada, o que implica que sejam feitos de somente um único material. A Figura 11-40A mostra alguns objetos produzidos em camada única. Se um contêiner for empregado no armazenamento de líquidos voláteis ou reativos, será necessária a adição de camadas de contenção apropriadas. Esta característica será obtida a partir de operações de moldagem a sopro em multicamada. As Figuras 11-40B

(A) Produto de orifício fixo.

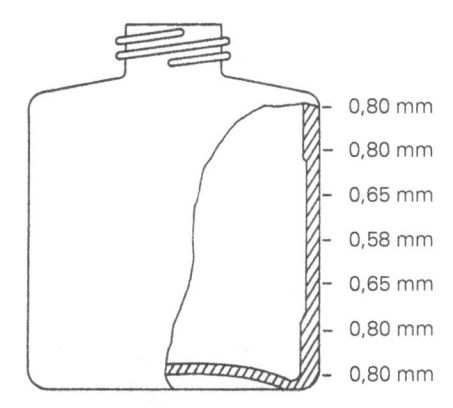

(B) Produto de orifício programado.

Figura 11-35 – Programando um parison com orifício de cubo variável. Observe a espessura da parede.

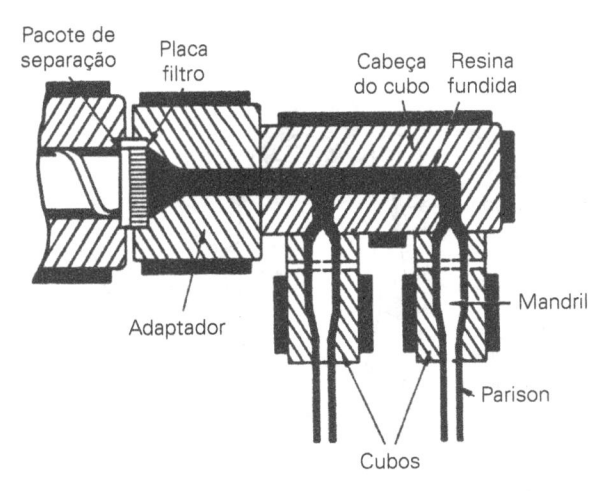

Figura 11-36 – Partes encontradas na maioria dos moldadores de sopro por extrusão.

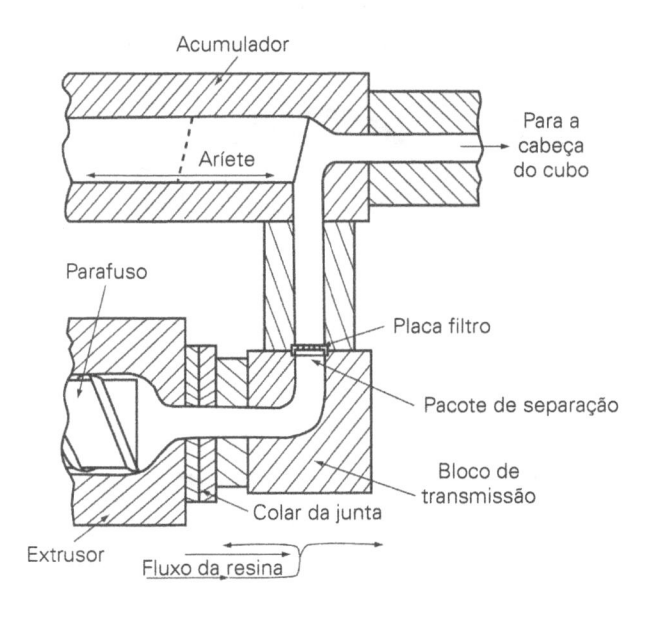

Figura 11-37 – O arranjo do colar do extrusor, bloco de transmissão, pacote de separação e placa filtro encontrado em uma prensa de moldagem por sopro com acumulador.

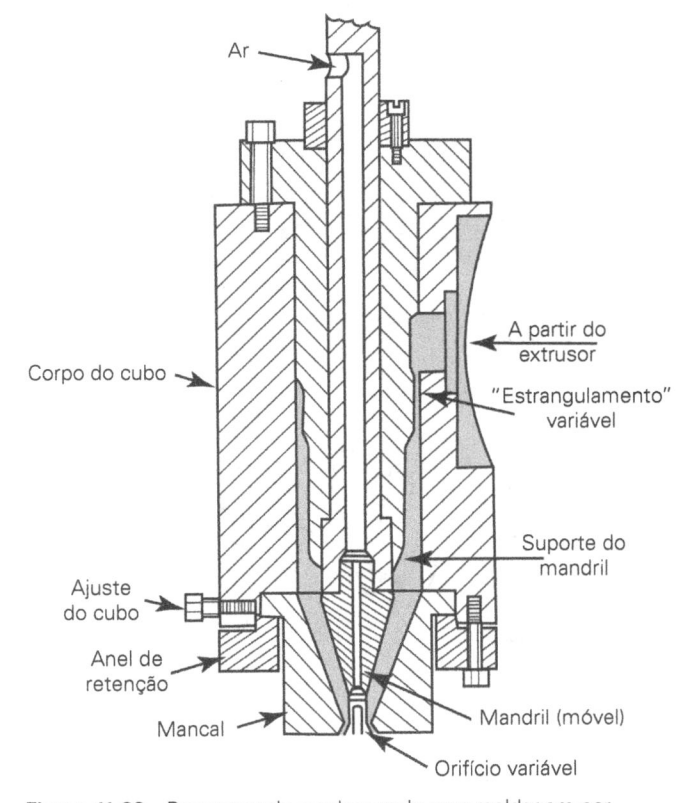

Figura 11-38 – Programando o cubo usado para moldagem por sopro. (Phillips Petroleum Co.)

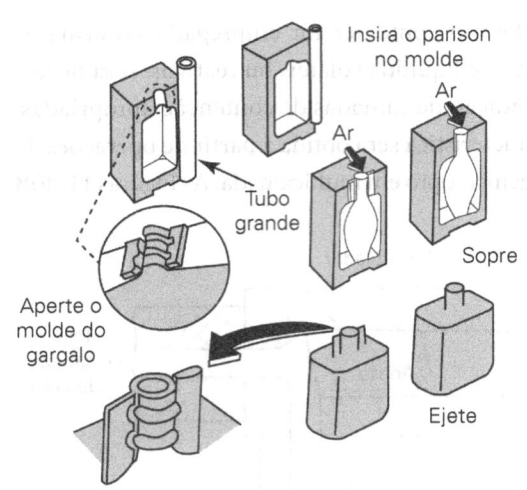

228 Plásticos industriais: teoria e aplicações

(A) Processos regular e de gargalo apertado.

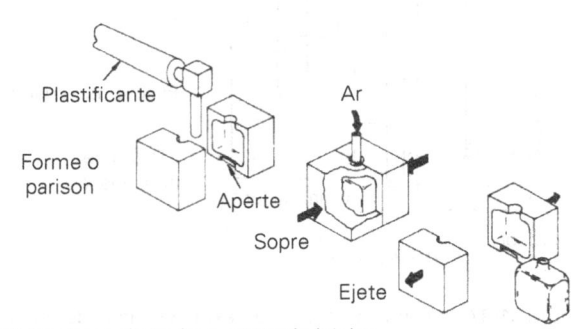

(B) Processo de parison apertado básico.

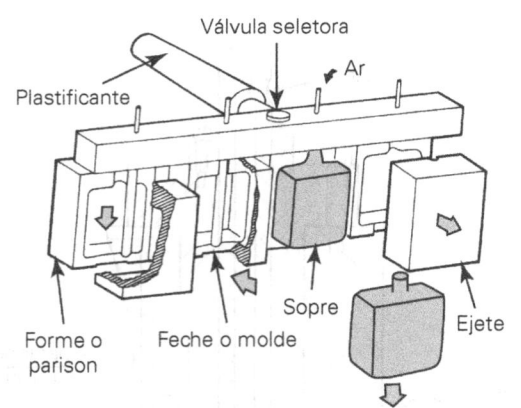

(C) Processos no local.

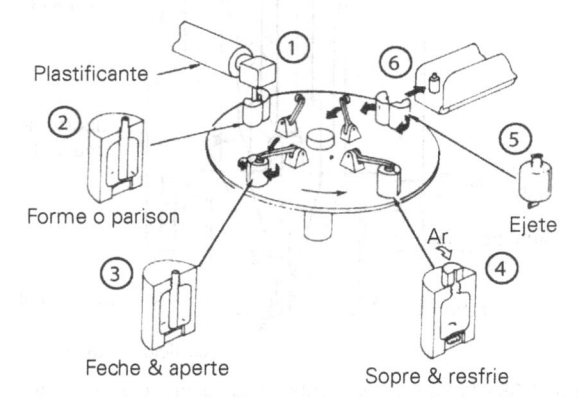

(D) Processo giratório de parison apertado.

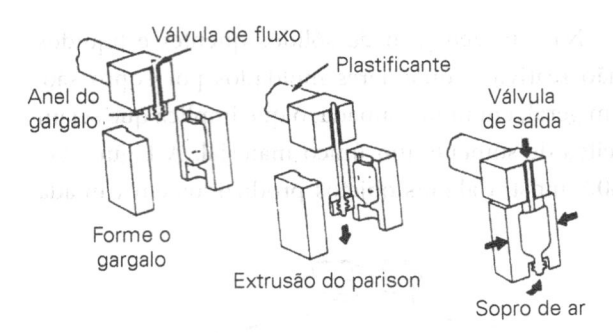

(E) Processo de anel apertado.

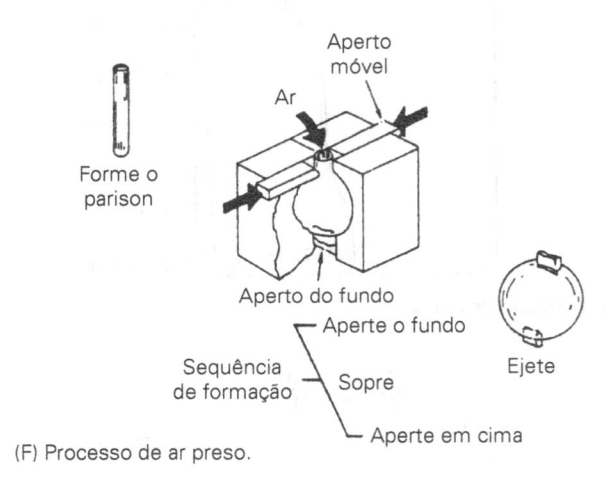

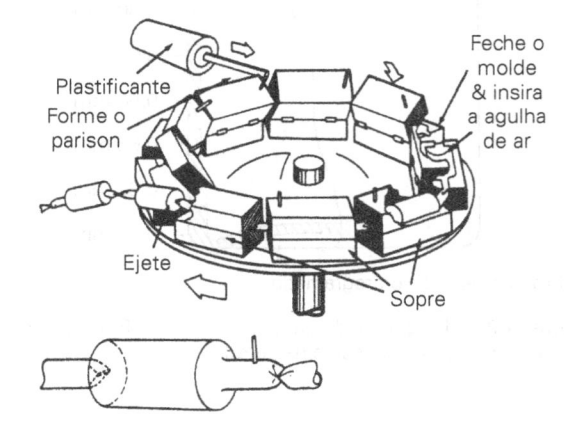

(F) Processo de ar preso.

(G) Processo de parison contínuo (I).

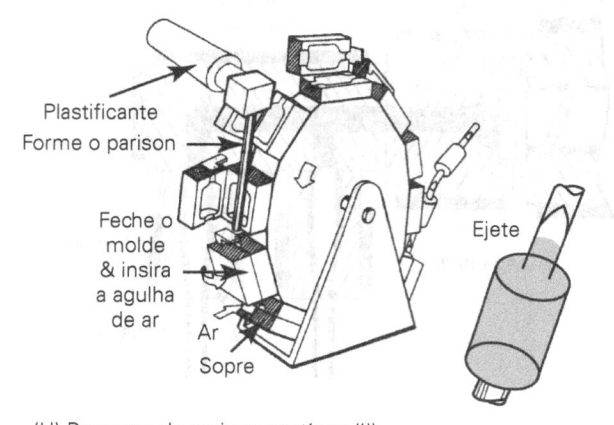

(H) Processo de parison contínuo (II).

Figura 11-39 – Vários processos de moldagem por sopro. (Monsanto Co.)

e 11-40D mostram alguns produtos cuja configuração é em multicamada.

Equipamentos para o manuseio de produtos moldados via sopro, em geral, utilizam-se de áreas de pinçamento (*pinch-off area*) ou anéis de manuseio moldados. A Figura 11-41A mostra um tambor de grande capacidade sendo removido do molde. O elemento robótico agarra a extremidade (cauda) do *parison*. A Figura 11-41B mostra contêineres (galões) que se movimentam guiados através de trilhos na direção de um disco aparador, que remove o anel de manuseio.

A Tabela 11-5 apresenta alguns dos problemas mais comuns relativos à moldagem via sopro e as possíveis ações remediadoras para estes problemas. A seguir, são apresentadas seis vantagens e cinco desvantagens da moldagem por sopro via extrusão.

Vantagens da moldagem por sopro via extrusão

1. Pode ser empregada à maioria dos termoplásticos e termorrígidos existentes.
2. Custo da matriz é menor do que o custo do molde para injeção.
3. A extrusora combina e mistura os materiais a contento.
4. A plastificação do material é mais eficiente na extrusão.
5. A extrusora é equipamento básico em muitos processos que envolvem moldagem.
6. O extrusado pode se apresentar em praticamente qualquer comprimento.

(A) Estes recipientes moldados por sopro têm sua capacidade de 50 a 1.000 L [13 a 260 gal.]. (Cortesia de SIG)

(B) Estes tanques de gasolina de automóveis normalmente contêm sete camadas de material para atingir as características de resistência e de proteção que evitam que a gasolina se evapore através das paredes do tanque. (Cortesia de SIG)

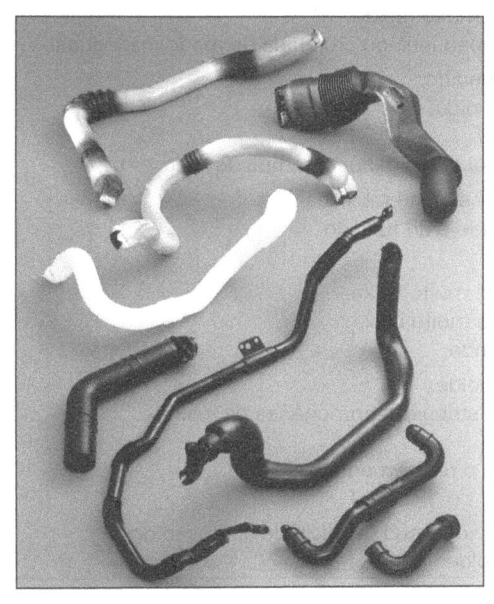

(C) As formas complexas nestes tubos são produzidas usando-se processo de moldagem por sopro de sucção. (Cortesia de SIG)

(D) Este cesto de lixo é um produto de três camadas, das quais a camada interna é feita de materiais reciclados. (Cortesia de SIG)

Figura 11-40 – Alguns produtos moldados por sopro.

Tabela 11-5 – Problemas na moldagem via sopro

Defeito	Solução possível
Excesso de alongamento do *parison*	Reduza a temperatura da matéria-prima. Aumente a taxa de extrusão. Reduza o aquecimento da ponta da matriz.
Linhas de fluxo	O acabamento da superfície da matriz está ruim ou sujo. O orifício de sopro do ar é muito pequeno – aplique mais ar. A taxa de extrusão está baixa – resfriamento do *parison*.
Espessura não uniforme do *parison*	Centralize o mandril e a matriz. Verifique se há aquecimento desigual. Aumente a taxa de extrusão. Reduza a temperatura do fundido. Faça a programação do *parison*.
Curvamento do *parison*	Diferença de temperatura excessiva entre o mandril e o corpo da matriz. Aumente o período de aquecimento. Temperatura da matriz ou espessura da parede desigual.
Marcas do tipo olho-de-peixe no *parison*	Verifique se a resina está úmida. Reduza a temperatura da extrusora para melhor controle do fundido. Aperte as cavilhas da ponta da matriz. Reduza a temperatura da seção de alimentação. Verifique se há contaminação da resina.
Marcas (faixas) no *parison*	Verifique se não há danos na matriz. Verifique se há contaminação do fundido. Aumente a pressão de retorno da extrusora. Limpe e repare a matriz.
Acabamento superficial ruim	A temperatura de extrusão está muito baixa. A temperatura da matriz está muito baixa. As ferramentas estão sujas ou com acabamento ruim. A pressão do ar de sopro está muito baixa. A temperatura do molde está muito baixa. A velocidade do sopro está muito baixa.
Explosão do *parison* ao ser soprado	Reduza a temperatura do fundido. Reduza a pressão do ar ou o tamanho do orifício. Alinhe o *parison* e verifique se há contaminação. Verifique a presença de pontos quentes (*hot spots*) no molde e no *parison*.
Solda defeituosa na área de *pinch-off*	A temperatura do *parison* está muito alta. A temperatura do molde está muito alta. O fechamento do molde está muito rápido. A região de *pinch-off* é muito pequena ou projetada de modo inadequado.
Frasco rompe nas linhas de solda	Aumente a temperatura do fundido. Diminua a temperatura do fundido. Verifique as áreas de *pinch-off*. Verifique a temperatura do molde e diminua o tempo de ciclo.
Frasco adere ao molde	Verifique o projeto do molde – elimine rebaixos. Reduza a temperatura do molde e do fundido. Aumente o tempo de ciclo.
Produto muito pesado	A temperatura do *parison* está muito baixa. O índice de fluidez da resina é muito baixo. A abertura anular é muito grande.
Deformação do frasco	Verifique o resfriamento do molde. Verifique se está ocorrendo distribuição homogênea da resina. Temperatura do fundido baixa. Reduza o tempo de ciclo para o resfriamento.
Rebarbas ao redor do frasco	Temperatura do fundido baixa. Verifique a pressão de sopro e o tempo de início de aplicação do ar. Verifique o fechamento do molde.

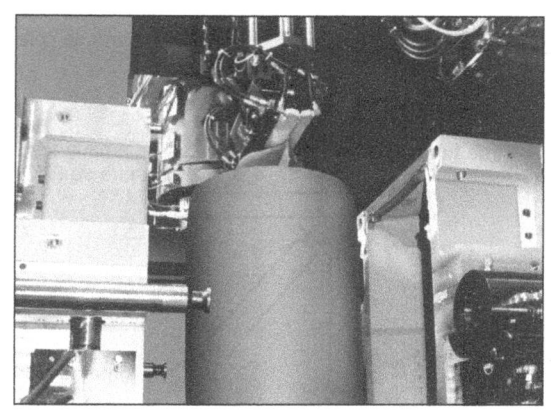

(A) O robô segura a cauda do parison um pouco acima do aperto durante a moldagem deste tambor de 55 galões. (Cortesia de SIG)

(B) Um aparador giratório para garrafas de bocas largas. (Hoover Universal)

Figura 11-41 – Recipientes moldados por sopro necessitam ser aparados para remover as extensões de manuseio e de aperto.

Desvantagens da moldagem por sopro via extrusão

1. Podem ser necessárias operações secundárias, as quais agregarão custos ao processo.
2. Custo elevado de maquinário.
3. Operações de purga e de retirada de rebarbas geram resíduos.
4. A disponibilidade de formas programadas e de configurações de matriz é limitada.
5. O dimensionamento da rosca deve combinar propriedades do escoamento e do material para uma operação eficiente.

Variações na moldagem por sopro

Quatro variações na moldagem por sopro devem ser mencionadas:
1. *Parison* frio.
2. Moldagem por sopro de placas ou chapas.

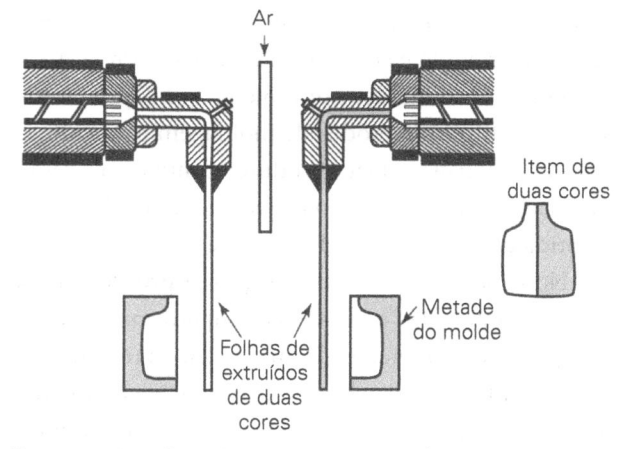

Figura 11-42 – Extruídos de duas cores diferentes são apertados entre duas metades de molde para formar um item de duas cores diferentes por sopro de chapa.

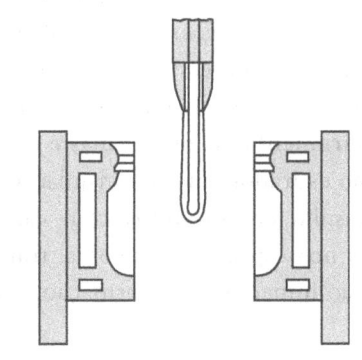

(A) Parison pré-formado moldado por injeção.

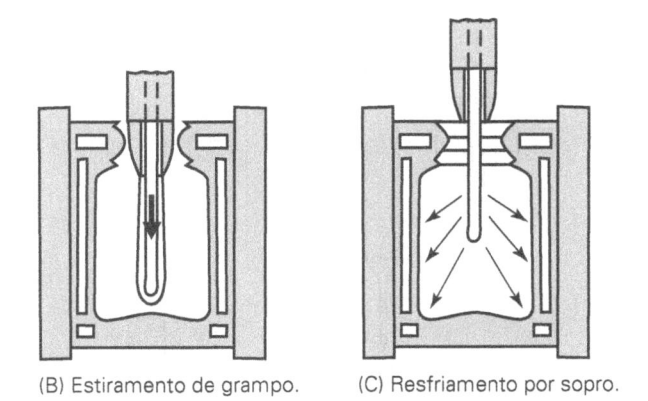

(B) Estiramento de grampo.   (C) Resfriamento por sopro.

Figura 11-43 – A pré-forma é esticada pela ação do pistão e da pressão do ar. Este estiramento biaxial melhora as propriedades.

3. Orientação biaxial (biorientação).
4. Multicamada (coextrusão ou coinjeção).

No processo denominado "*parison* frio", o *parison* é extrudado, por um método convencional, depois é resfriado e, então, armazenado. Quando em uso, o *parison* é aquecido e inflado para atingir a forma pretendida. A maior vantagem deste método é que o *parison* pode ser transportado para outros locais ou armazenado para ser usado na ocasião de uma intercorrência.

Frascos produzidos por moldagem a sopro multicamada utilizam métodos de moldagem com coinjeção ou coextrusão. Estes produtos contêm, em geral, três camadas, uma interna, que age como barreira, contida entre duas camadas externas.

No processo de **moldagem por sopro** de placas, elas são aquecidas e infladas enquanto mantidas fixas pelas duas metades do molde. As extremidades são fundidas juntas pela ação compressiva do molde. Pode-se extrusar as duas folhas em cores diferentes, formando um produto final em duas cores (Figura 11-42); contudo, a região da emenda formada pelas duas partes pode constituir um problema. Em adição, são necessárias duas extrusoras, além da formação de retalhos, que necessitarão ser retrabalhados.

No processo de moldagem a sopro **biorientado**, ou com **estiramento**, as pré-formas e os turbos extrusados são estirados antes da insuflação final. Este processo resulta em produtos com características melhoradas nos aspectos relativos à: transparência, resistência ao impacto e à deformação, resistência à

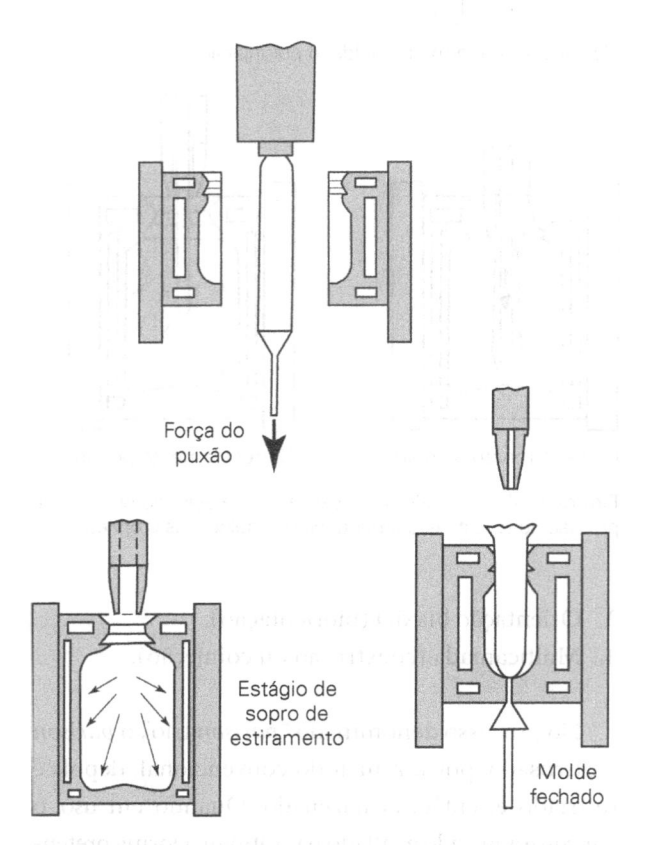

Figura 11-44 – Produto orientado biaxialmente é produzido puxando-se o tubo extruído, e então soprando.

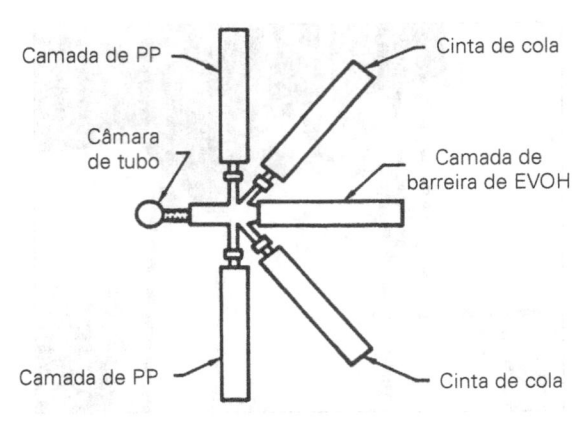

Figura 11-45 – Cinco extrusores são usados para produzir um parison (para itens moldados por sopro) ou bolha (para filmes) de multicamadas.

permeação de líquidos e gases, além de baixa massa. Podem ser usados homopolímeros em lugar dos copolímeros, que implicam maior custo.

No método em que a pré-forma é moldada por injeção, um tarugo estira a pré-forma aquecida durante o ciclo de sopro (Figura 11-43). Nos métodos com *parison*, ele é aquecido e estirado antes do ciclo de sopro (Figura 11-44).

A moldagem por sopro com coextrusão produz, em verdade, um frasco com estrutura laminar (Veja o Capítulo 12, Processos de laminação e materiais). Diversas extrusoras são usadas no processamento do material a ser alimentado nos canais de distribuição da matriz (*manifold*). O frasco, em multicamada, é inflado e moldado a partir do *parison* que emerge do sistema. Alguns frascos destinados ao armazenamento de alimentos podem ter até sete diferentes camadas, prolongando o tempo útil para armazenamento do produto. Um frasco usual para envase de alimentos consiste em camadas de PP/adesivo/EVOH/adesivo/PP (Figura 11-45).

Pesquisa na internet

- **http://www.bge.battenfeld.com.** A Battenfeld Gloucester Engineering Co. fabrica diversos equipamentos para extrusão. Na página principal, selecione "Machines" para acessar "Machines by Type". Esta opção leva a cinco categorias: "blown film", "cast film", "foam", "sheet" e "extrusion coating". Em cada uma destas categorias, podem ser vistas excelentes fotografias e descrições das características dos equipamentos.

- **http://www.davis-standard.com**. A Davis-Standard produz extrusoras e sistemas completos para extrusão. O site traz informações sobre extrusoras de pequeno porte, em escala de laboratório, extrusoras de rosca simples e dupla, de porte pequeno a grande. Os sistemas completos focam na produção de filmes, tubos e perfis, revestimento por extrusão e moldagem por sopro.
- **http://www2.dupont.com**. Além da comercialização de termoplásticos e elastômeros, a DuPont também produz e vende filamentos. Selecione "Plastics" na página inicial e, então, escolha "DuPont Filaments", o que retorna um conjunto de páginas que trata de produtos e aplicações de filamentos. Sob o título "Information", na página principal, encontra-se um documento (24 páginas) sobre o desempenho de filamentos em escovas.
- **http://www.sigasbofill.com**. O SIG Group produz equipamentos para moldagem por sopro para fabricação de garrafas. A seleção de "Plastic Packaging", na página inicial, traz três seções relevantes: "Bottles and Shapes" trata de aspectos relativos ao projeto de garrafas; "Stretch Blow Molding" traz dados e fotografias de equipamentos da série BLOWMAX® e "Barrier Technology" trata da criação de barreiras para permeação de oxigênio em garrafas.

Vocabulário

As palavras a seguir são encontradas neste capítulo. Consulte o glossário no Apêndice A para encontrar as definições destas palavras, caso você não compreenda como elas se aplicam aos plásticos.

Alimentação posterior
Aranhas
Calandragem
Casting
Cilindro misturador
Composição
Denier
Estiramento
Extrusão
Extrusão de perfil
Fiação seca
Fiação úmida
Fibra
Fieira (*spinneret*)
Filamento
Filme
Linha de névoa
Melt spinning
Misturador Banbury
Moldagem por sopro
Moldagem a sopro com estiramento
Moldagem a sopro biorientado
Parison
Placa filtro
Pressão de retorno (contrapressão)
Tex
Torpedo
Transfer blow

Questões

11-1. O tubo plástico oco usado na moldagem por sopro é denominado _____ .

11-2. O processo no qual plástico aquecido é forçado através de uma matriz para moldar formas contínuas é chamado _____ .

11-3. Qual processo de moldagem deve ser usado na manufatura de tubos plásticos (longos)?

11-4. Cite três processos de fiação empregados após a extrusão.

11-5. O processo para alongar um termoplástico, que se encontre na forma de uma placa, tarugo ou filamento, a fim de reduzir a área de seção transversal e alterar suas propriedades físicas é chamado _____ .

11-6. Em razão da orientação molecular, um filme extrusado _____ é geralmente mais resistente do que um filme _____ .

11-7. A rosca da extrusora movimenta o material plástico através _____ do equipamento.

11-8. A _____ da extrusora ajuda a suportar o conjunto de telas e cria um processo de mistura adicional antes de o material plástico deixar a matriz.

11-9. A denominação geral de um produto, ou material, produzido em uma extrusora é _____.

11-10. Cite o nome de dois métodos utilizados na produção de filmes por extrusão.

11-11. Linha _____ é o nome da região que aparenta estar congelada no processo de produção de filme por extrusão e sopro.

11-12. Moldagem por sopro consiste em um refinamento da antiga técnica utilizada na indústria _____.

11-13. Os dois métodos básicos de moldagem por sopro são _____ e _____.

11-14. Na moldagem por sopro, uma matriz com orifício variável pode ser usada a fim de controlar _____ e também a espessura da parede.

11-15. No processo de _____, material aquecido é pressionado entre dois ou mais cilindros rotativos.

11-16. Padrões ou texturas podem ser aplicados sobre filmes ou placas calandrados pela passagem de plásticos aquecidos entre cilindros _____.

11-17. Fieiras (*spinnerets*) são usadas na produção de formas _____.

11-18. Filmes apresentam espessura inferior a _____ mm.

11-19. Placas apresentam espessura superior a _____ mm.

Atividades

Composição por extrusão

Introdução. A composição por extrusão é o processo de misturar vários ingredientes ao polímero base, a fim de se obter material plástico com propriedades pré-especificadas.

Equipamentos. Uma extrusora com peletizadora, polipropileno, fibra de vidro cortada, instrumento para medição de tamanho, forno ou mufla, pinças, cadinho cerâmico, óculos de segurança, luvas de proteção e microscópio ou lente de aumento.

Procedimento

11-1. Verifique se do disco de ruptura da extrusora encontra-se íntegro. Estes discos (ou plugues) têm a função de romperem-se quando a pressão próxima à matriz, se torna elevada. Uma elevação extrema de pressão pode romper os fixadores da matriz incorrendo em uma situação bastante perigosa. Para o alívio da pressão, o disco de ruptura rompe, permitindo ao plástico fluir livremente pelo orifício. A Figura 11-46 mostra um disco de ruptura rompido. A pressão na qual estes discos rompem pode ser predeterminada; o disco exemplificado anteriormente rompe a uma pressão de 5.000 psi.

Figura 11-46 – Este disco de ruptura falha a 5.000 psi.

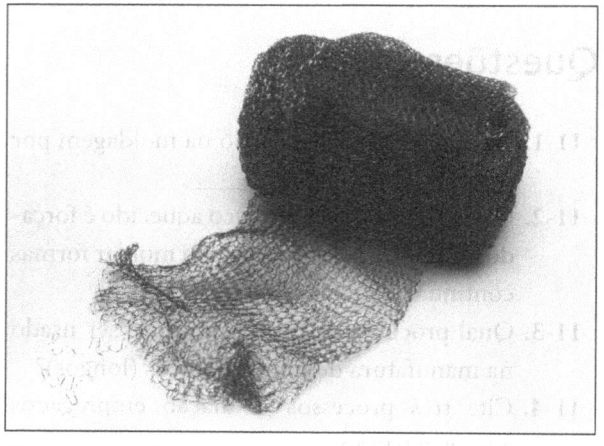

Figura 11-47 – Esta malha de cobre é usada para limpar parafusos do extrusor de plásticos quentes.

11-2. Se a extrusora estiver suja, retire a matriz e extraia a rosca da extrusora. Na maioria dos equipamentos para uso em laboratório, é possível retirar a rosca com facilidade, desde que o barril (cilindro) esteja na temperatura de processamento. Uma tela flexível em cobre, como vista na Figura 11-47, pode ser útil na limpeza da rosca. Esta tela é fornecida em rolos; corte um pedaço de aproximadamente um metro, enrole-o na rosca e faça movimentos de vai e vem para remover resíduos de plástico ainda quentes. Limpe seções curtas de cada vez, pois ao se tentar seções longas pode-se propiciar o resfriamento prematuro dos resíduos a serem removidos.

11-3. Meça o comprimento das fibras de vidro antes do processamento.

11-4. Calcule a quantidade de fibra de vidro necessária para bateladas contendo 2%, 4%, 6%, 8%, 10% e 12% dessa fibra. Uma batelada de 1,0 kg é, em geral, suficiente para produzir vários corpos de prova. Pese as quantidades de vidro e propileno e misture-as manualmente para garantir a distribuição uniforme das fibras. A mistura tende a se separar em camadas contendo mais ou menos fibra de vidro? Como isto pode ser evitado?

11-5. Misture a fibra ao propileno. Selecione uma temperatura de aproximadamente 204 °C [400 °F] na matriz e na seção final do canhão. Se a razão C/D da extrusora for baixa, poderão ser necessárias duas passagens pela extrusora para dispersar adequadamente o vidro. Porcentagens menores deverão compor a mistura com mais facilidade. À medida que a porcentagem de fibra aumenta, a tendência à elevação de pressão aumenta, por causa da não uniformidade na alimentação da rosca. Se a rosca da extrusora apresentar diâmetro menor do que 25 mm (1,0 pol), a fibra pode obstruir a alimentação do material; para reduzir este problema, agite o material na garganta da extrusora com uma ferramenta adequada.

11-6. Após a mistura, pese cuidadosamente um cadinho ou outro recipiente apropriado e, então, pese de 5 a 10 g de *pellets*. Use luvas protetoras e pinças para colocar o cadinho na mufla (ou forno). Calcine o propileno em uma faixa de temperatura de 482 °C a 538 °C. Garanta que a ventilação seja adequada para remover os fumos e fumaça produzidos pela queima do polipropileno.

11-7. Após o resfriamento do recipiente (cadinho), pese-o cuidadosamente e determine a massa de seu conteúdo. Calcule a porcentagem de fibra de vidro. A porcentagem calculada coincide com a original? Se não, qual a razão da diferença?

11-8. A Figura 11-48 mostra um tipo especial de lente de aumento com diferentes escalas em cada estágio. Estas lentes são fornecidas por diferentes fabricantes. Selecione uma escala apropriada e meça o comprimento das fibras de vidro. Quão mais curtas elas se apresentam-se comparadas ao estado inicial?

Figura 11-48 – Esta lente de aumento com estágios graduados fornece medida rápida dos comprimentos das fibras.

11-9. Para comparar as quantidades relativas de fibra nas várias bateladas, selecione um *pellet* de cada batelada. Posicione-o em uma lâmina de microscópio para determinar a quantidade de fibra de vidro. Veja, na Figura 11-49, um exemplo deste arranjo. Após a queima do polipropileno, é possível proceder a uma comparação visual dos diferentes conteúdos de fibra (Figura 11-50). Examine a fibra em um microscópio.

11-10. Molde corpos de prova e teste-os quanto à resistência à tração. A Figura 11-51 mostra uma amplificação da extremidade rompida de um corpo de prova. Note que as fibras de vidro sobressaem da barra.

Figura 11-49 – Estes grânulos estão arranjados em ordem crescente de conteúdo de vidro.

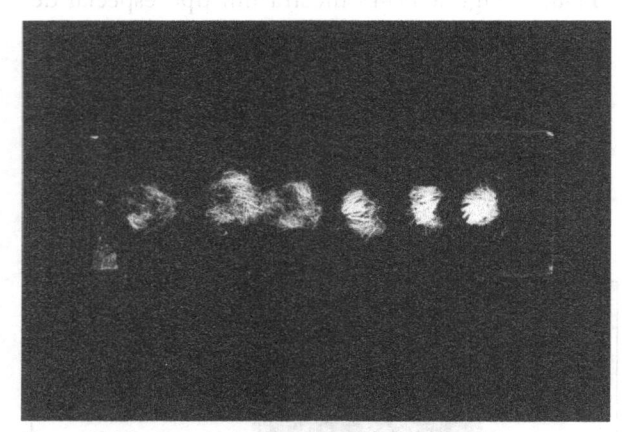

Figura 11-50 – Depois de queimadas, as fibras de vidro remanescentes mostram variações no percentual de conteúdo de vidro.

Figura 11-51 – Esta foto aproximada de uma barra elástica quebrada mostra as fibras de vidro. Algumas se quebraram durante o teste, outras foram puxadas sem quebrar.

11-11. Compare os resultados para quantificar o efeito do teor de fibra sobre a resistência e elongação.

11-12. Resuma os resultados obtidos em um relatório.

Extrusão de perfis

Introdução. Muitas extrusoras em escala de laboratório não incluem gabaritos, aparato de resfriamento e equipamentos para retirada do produto, necessários como suporte à extrusão de perfis. Apesar de esses equipamentos não reproduzirem idealmente a escala industrial, cálculos de vazão nas matrizes de orifício único oferecem a oportunidade de determinar a eficiência da extrusora sob diferentes condições.

Equipamento. Extrusora, instrumento para medição de tamanhos e plásticos escolhidos.

Procedimento

11-1. Limpe a rosca da extrusora e remova-a.

Cuidado: Use luvas protetoras ao manipular a rosca aquecida. Nunca use ferramentas de aço na rosca. Se for necessário o aperto direto da rosca, use ferramentas de latão.

11-2. A Figura 11-52 mostra uma extrusora do tipo rosca simples. Meça o comprimento da seção filetada, o diâmetro da rosca e os comprimentos das zonas de alimentação, transição e dosificação, assim como a profundidade dos filetes nas zonas de alimentação e dosificação.

11-3. Inicie a extrusão e processe material suficiente para que o equipamento atinja uma condição estável de operação.

11-4. Inicie o processamento próximo ao limite máximo de rotação (rpm) do equipamento; colete o extrusado por um período de 30 segundos em um pedaço de papelão ou placa metálica.

11-5. Diminua a rotação por um fator de 10 e repita o passo 2. Continue este processo até atingir uma condição de baixa rotação, cerca de 10 ou 20 rpm.

11-6. Quando as amostras extrusadas tiverem resfriado, pese-as acuradamente. Converta os resultados em vazão mássica (massa por tempo).

11-7. Determine a razão de compressão da rosca por meio da divisão da profundidade dos filetes na zona de alimentação pela profundidade dos filetes na zona de dosificação.

11-8. Determine a razão C/D dividindo o comprimento da seção filetada da rosca pelo seu diâmetro externo.

11-9. Determine a vazão teórica da rosca pela equação:

$R = 2,2\ D^2 h g N$

R = vazão mássica em libras por hora
D = diâmetro da rosca em polegadas
h = profundidade da zona de dosificação em polegadas
g = massa específica do material fundido
N = rotação (rpm) da rosca

11-10. Para determinar a massa específica do material fundido, veja a Tabela 11-6.

11-11 Compare a vazão mássica teórica à vazão mássica medida.

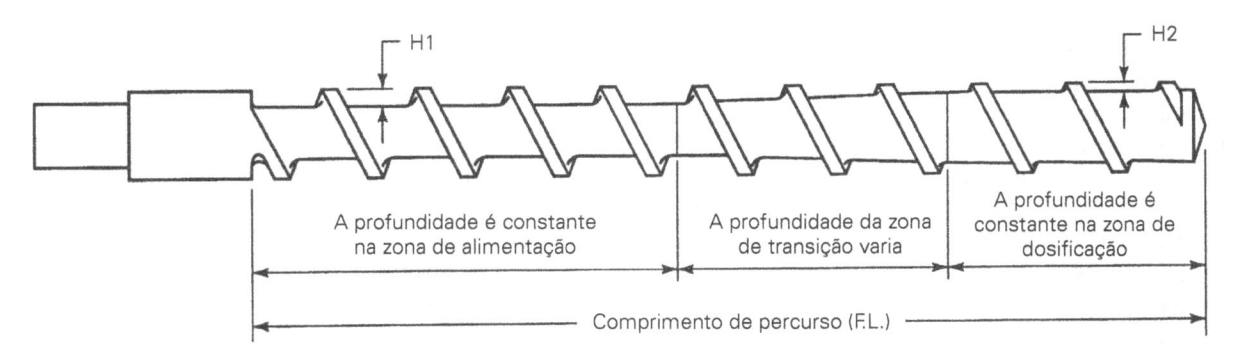

Figura 11-52 – Esquema de um extrusor de rosca única.

Tabela 11-6 – Dados para extrusão de diferentes materiais

Material	Massa específica do material fundido à temperatura de processamento (g/cm³)	Temperatura de extrusão (°F)
ABS – extrusão	0,88	435
ABS – injeção	0,97	
Acetal – injeção	1,17	
Acrílico – extrusão	1,11	375
Acrílico – injeção	1,04	
CAB	1,07	380
Acetato de celulose – extrusão	1,15	380
Acetato de celulose – injeção	1,13	
Propionato de celulose – extrusão	1,10	380
Propionato de celulose – injeção	1,10	
CTFE	1,49	
FEP	1,49	600
Ionômero – extrusão	0,73	500
Ionômero – injeção	0,73	
Náilon 6	0,97	520
Náilon 6/6	0,97	510
Náilon 6/10	0,97	
Náilon 6/12	0,97	475
Náilon 11	0,97	460
Náilon 12	0,97	450
Baseado no óxido de fenileno	0,90	480
Polialômero	0,86	405
Poliarileno éter	1,04	460
Policarbonato	1,02	550
Poliéster PBT	1,11	
Poliéster PET	1,10	480

Continua

Continuação

Material	Massa específica do material fundido à temperatura de processamento (g/cm³)	Temperatura de extrusão (°F)
Polietileno de alta densidade – extrusão	0,72	410
Polietileno de alta densidade – injeção	0,72	
Polietileno de alta densidade – moldagem por sopro	0,73	410
Polietileno de baixa densidade – filme	0,77	350
Polietileno de baixa densidade – injeção	0,76	
Polietileno de baixa densidade – fio	0,76	400
Polietileno de baixa densidade – revestimento externo	0,68	600
Polietileno LLD (linear de baixa densidade) – extrusão	0,75	500
Polietileno LLD – intrusão	0,70	
Polipropileno – extrusão	0,75	450
Polipropileno – intrusão	0,75	
Polipropileno – placa/impacto	0,96	450
Polipropileno – G. P. Cristal	0,97	410
Poliestireno – injeção/impacto	0,96	
Polissulfona	1,16	650
Poliuretano (não elastômero)	1,13	400
PVC – perfis rígidos	1,30	365
PVC – tubo	1,32	380
PVC – rígido/injeção	1,20	
PVC – flexível/fio	1,27	365
PVC – flexível/formas extrusadas	1,14	350
PVC – flexível/injeção	1,20	
PTFE	1,50	
SAN	1,00	420
TFE	1,50	
Elastômero termoplástico (TPE)	0,82	390

Capítulo 12

Processos e materiais de laminação

Introdução

Este capítulo aborda os laminados e os processos necessários para a formação deles. Antes de comparar os tipos de laminados e as várias técnicas de produção, é essencial entender as definições básicas.

O verbo *laminar* descreve o processo de unir duas ou mais camadas de material pela coesão ou adesão. Na indústria de plásticos, as camadas de **laminados** são mantidas juntas por um material plástico. As camadas unidas normalmente fornecem dureza e reforço. Isto torna mais difícil distinguir claramente entre plásticos laminados e reforçados. Uma característica-chave dos laminados é que eles contêm camadas. Em contraste, plásticos reforçados geralmente obtêm a dureza deles de fibras contidas nos plásticos. Os laminados, em geral, consistem de folhas planas, enquanto os plásticos reforçados são normalmente moldados em formas complexas.

Os laminados têm inúmeros usos. Eles aparecem como materiais estruturais em automóveis, móveis, pontes e casas. Eles são também muito importantes nas estruturas de aeronaves, hélices de helicópteros e aplicações aeroespaciais (Figuras 12-1(A) e (B)).

Os laminados incluem chapas metálicas unidas a papel ou tecido. No campo têxtil, camadas de tecidos, espumas plásticas e filmes são unidas em tecidos com finalidade especial.

Para colocar alguma ordem nas diversas aplicações dos laminados, as seções neste capítulo são organizadas de acordo com os materiais que formam as camadas de laminado:

I. Camadas de diferentes plásticos
II. Camadas de papel
III. Camadas de lã de vidro e tapetes
IV. Camadas de metal e favos de metal
V. Camadas de metal e plásticos espumantes

(A) O Pegasus, uma aeronave não tripulada, é construído principalmente de materiais compósitos. (Northrop Grumman)

(B) Estes técnicos estão fazendo um teste ultrassônico para procurar lacunas nos compósitos de fibra de carbono.

Figura 12-1 – Laminados compósitos na construção de aeronave.

Observe que esta lista não inclui todos os laminados. Alguns laminados, unidos com plásticos, não receberão atenção. Um exemplo é o compensado. A Tabela 12-1 fornece dados básicos dos tipos de plásticos utilizados em muitos compensados.

Camadas de diferentes plásticos

Embora seja possível começar com filme ou folha terminada ao produzir laminados de vários plásticos, é normalmente mais econômico extruir as várias camadas simultaneamente. Haste esculpida que contém duas ou mais cores diferentes é um exemplo de laminação de prensagem contínua. Haste esculpida demonstra a capacidade de laminação de prensagem para tornar os produtos mais grossos.

Filmes laminados por prensagem são normalmente utilizados na indústria de embalagem. Filmes compósitos coextruídos de polietileno e acetato de vinila produzem um filme de duas camadas resistente e durável, que, muitas vezes, pode ser selado por aquecimento. As camadas plásticas são unidas no estado fundido e prensadas por meio de um único molde abrindo para fazer o filme laminado de multicamadas (Figuras 12-2 e 12-3).

Um filme laminado de três camadas é utilizado para embrulhar produtos de padaria. Este filme laminado é composto de um cerne mais interno (camada) de polipropileno com duas outras camadas (dobras) de polietileno (Figura 12-4 (A)).

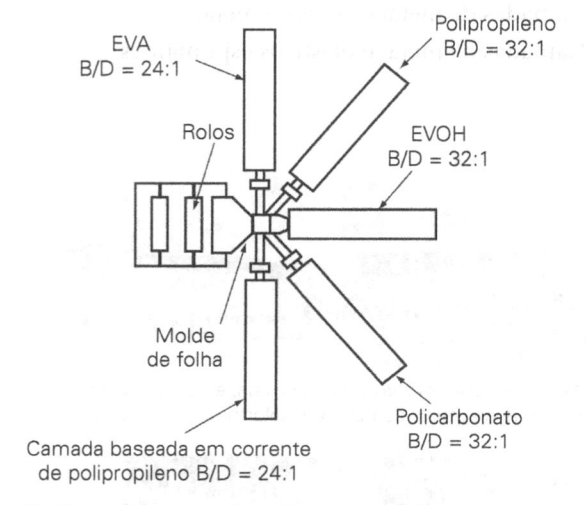

(A) Cinco extrusores são utilizados para produzir um laminado compósito verdadeiro.

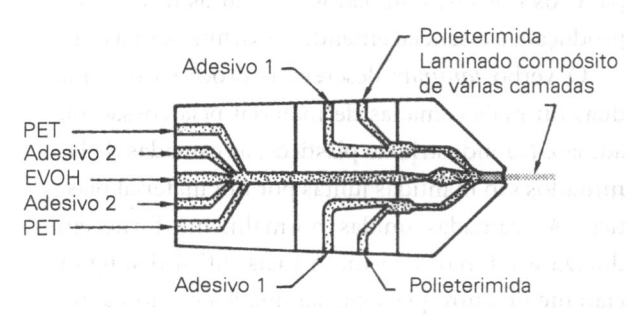

(B) Uma seção transversal deste molde de folha mostra que no mínimo dois extrusores foram utilizados para os adesivos, (1 e 2), um para a camada externa de polieterimida, um para as duas camadas de PET e para a camada de barreira central de EVOH.

Figura 12-2 – Equipamento de extrusão multicamada.

Tabela 12-1 – Plásticos/resinas selecionados e materiais utilizados em laminação

Resina/plásticos	Papel	Tecido de algodão	Lã de vidro fibrosa/tapete	Folha metálica	Compósitos, compensado etc.
Acrílico	BP	–	BP		–
Poliamida	BP	–	BP	BP	–
Polietileno	BP	–	BP	BP	–
Polipropileno	BP	–	BP	BP	–
Poliestireno	–	–	BP		
Cloreto de polivinila	BP	–	–	BP	BP
Poliéster	BP-AP	BP	BP	–	BP
Fenólico	BP-AP	BP-AP	AP-BP	AP	BP-AP
Epóxido	BP	BP-AP	BP-AP	BP	BP
Melanina	AP	AP		AP	
Silicone	–	–	AP	–	BP

Notas: BP = Baixa pressão (laminado).
AP = Alta pressão (laminado).
– = Apenas quantidades limitadas fabricadas nesta categoria.

Filmes de multicamadas são utilizados extensivamente em empacotamento de alimentos (Figura 12-4 (B)). Alguns alimentos são sensíveis ao oxigênio e podem descolorir ou estragar rapidamente. Para reduzir estes problemas, camadas de barreira de oxigênio são incorporadas aos filmes de empacotamento. Alguns exemplos de embalagens de alimentos são mostrados nas Figuras 12-5A, 12-5B e 12-5C.

Em outra aplicação, dois polímeros diferentes formam um filme de sopro coextruído com orientação molecular e então prensado em folha laminada. (Veja a Figura 12-6.)

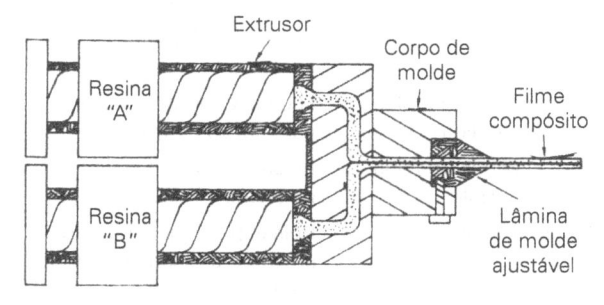

Figura 12-3 – Produção de filme de coextrusão.

(A) Filme de três camadas para uso em sacos de pão.

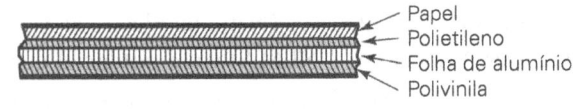

(B) Filme de quatro camadas para uso em bolsa de alimentos.

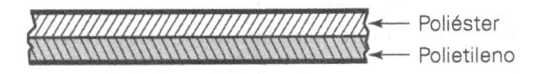

(C) Filme de duas camadas para uso em sacos de aquecimento.

Figura 12-4 – Laminados plásticos.

Existem inúmeras aplicações de laminados de filme de extrusão. Alguns exemplos estão listados na Tabela 12-2.

Camadas de papel

O papel aparece em laminados de duas formas distintas – como uma camada não impregnada ou como um material totalmente impregnado.

Quando o papel não é impregnado, uma ou mais camadas de plástico – geralmente um filme olefínico – são aderidas ao papel com calor e pressão. O objetivo é criar um acabamento brilhante, resistente à água. A capa deste livro é um exemplo desta aplicação. Compare a parte interna da capa com a parte externa. O acabamento brilhante vem de um filme de plástico.

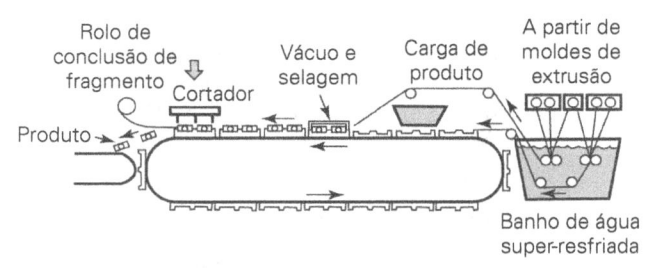

(A) Extrusão e empacotamento.

(B) Pacotes de pão normalmente exigem filmes de três camadas.

(C) Pacotes para carne e nozes exigem filmes de multicamadas com barreiras de oxigênio.

Figura 12-5 – Técnica de extrusão e exemplos de produtos.

Outros produtos que exemplificam este processo são carteiras de identidade e de motorista. Uma vez que a pressão necessária para unir o filme ao papel

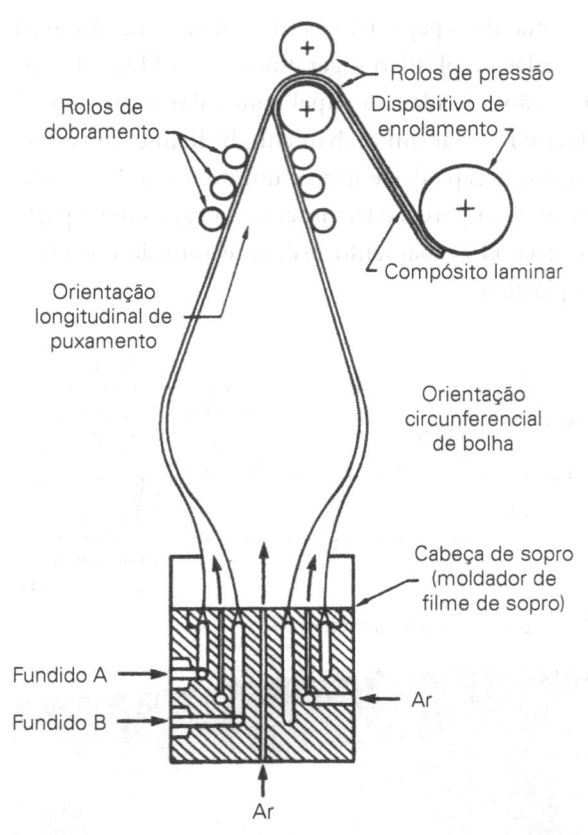

Figura 12-6 – O filme de coextrusão é esticado e orientado em diferentes direções e prensado para formar uma folha laminar compósita.

é bem baixa, estes laminados são normalmente chamados **laminados de baixa pressão**.

Em contraste, laminados impregnados com papel são normalmente chamados de **laminados de alta pressão**. Alguns laminados são processados a pressões acima de 7.000 kPa [1.015 psi]. Muitos laminados de alta pressão contêm resinas termocuradas – especialmente ureia, melanina, fenólico, poliéster e epóxido.

J. P. Wright, o fundador da Continental Fiber Company, teve um papel importante na história dos laminados de alta pressão. Em 1905, ele produziu um dos laminados fenólicos mais antigos. Isto foi cinco anos antes de Baekeland patentear a ideia de utilizar as folhas impregnadas com resinas fenólicas como laminados. Utilizando esta patente básica, muitos laminados industriais de alta pressão foram produzidos a partir de uma economia de papel, tecido, asbestos, fibras sintéticas ou fibra de vidro. Atualmente, existem mais de 50 classificações industriais padrão de laminados para usos elétricos, químicos e mecânicos.

Inicialmente, laminados industriais de alta pressão assumiram o lugar da mica como um material de isolamento elétrico. Em torno de 1913, a Formica Corporation surgiu e produziu os laminados de alta pressão que substituíram a mica (*for mica*) em muitos usos elétricos e mecânicos.

Tabela 12-2 – Laminados de filmes de extrusão selecionados e aplicações

Material laminado	Aplicação
Papel-polietileno de vinila	Bolsas seláveis para leite desidratado, sopas etc.
Acetato-polietileno	Pacote selável a quente e resistente para nozes
Folha metálica-papel-polietileno	Bolsa com barreira para umidade para misturas de sopas, leite desidratado etc.
Policarbonato-polietileno	Pacotes resistentes a furos e fortes
Papel-polietileno-folha metálica-polietileno	Lacres a quente e fortes para sopas desidratadas
Papel-polietileno-folha metálica-vinila	Bolsas seláveis a quente para café instantâneo
Poliéster-polietileno	Bolsas para aquecimento à prova de umidade e fortes para alimentos
Acetato-folha metálica-vinila	Bolsas seláveis a quente e opacas para medicamentos
Papel-acetato	Material resistente a riscos e brilhante para capa de discos e livros em brochura

Por volta de 1930, a Associação Nacional de Fabricantes de Materiais Elétricos (National Electrical Manufactures Association – NEMA) viu o potencial dos laminados decorativos. Em 1947, uma seção separada da NEMA foi estabelecida para trabalhar com agências governamentais e associações interessadas em criar padrões de produto para laminados decorativos.

O processo básico utilizado era fundir as camadas de papel que tinham sido impregnadas com resina fenólica. As camadas externas decorativas e transparentes eram também fundidas no papel. Para aumentar a taxa de produção, muitos laminados eram produzidos ao mesmo tempo por uma prensa de empilhamento. As Figuras 12-7 e 12-8 mostram este procedimento.

Impregnar o papel antes da laminação foi feito por vários métodos. Os mais comuns são pré-mistura, mergulhamento, revestimento ou difusão. A Figura 12-9 mostra estes vários métodos.

Após um período de secagem, o estoque de laminação impregnada é cortado no tamanho desejado e colocado em forma de multissanduíches entre as placas metálicas (placas de separação) da prensa. As placas de platina da prensa não são lisas o suficiente para o acabamento desejado. Estas placas podem ser brilhantes, foscas ou em relevos. Folhas metálicas algumas vezes são utilizadas entre as camadas da superfície para produzir um acabamento decorativo. Em laminados decorativos, uma camada padrão impressa e uma folha de revestimento protetor são superpostas no material de base. O estoque preparado é submetido a aquecimento e alta pressão. A combinação de calor e pressão faz com que a resina flua e as camadas se compactem na massa polimerizada. A polimerização pode também ser atingida por meio de fontes químicas ou de radiação. Quando as resinas termocuradas são curadas ou as resinas termoplásticas esfriam, o laminado é removido da prensa.

Atualmente, os laminados de alta pressão desfrutam de largo uso. *Formica®* e *Wilsonart®* são marcas de laminado, frequentemente, selecionadas para revestimento de cobertura. Em adição às folhas de laminados, estes materiais aparecem como peças gira-

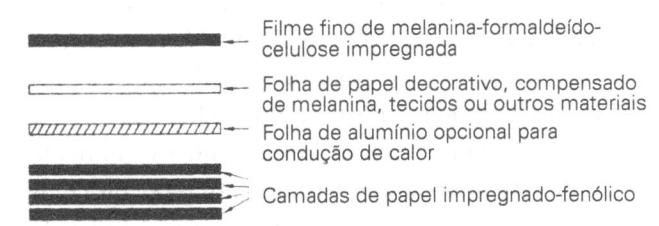

Figura 12-7 – Arranjo típico de camadas em um laminado decorativo de alta pressão.

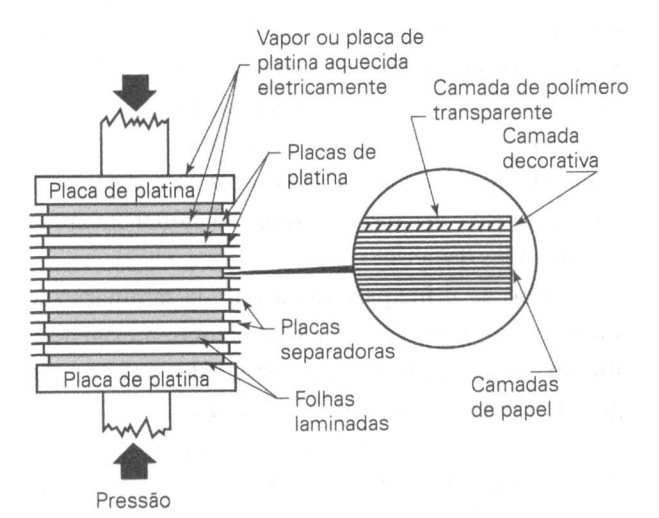

Figura 12-8 – Conceito de empilhamento múltiplo de laminados na prensa.

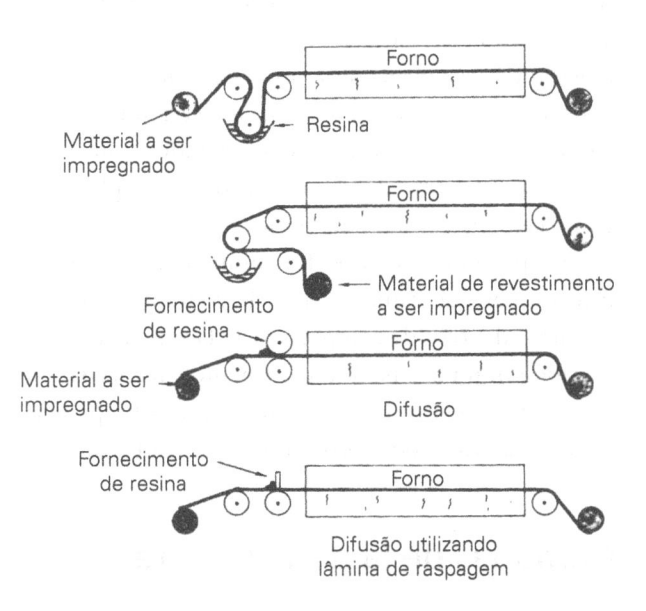

Figura 12-9 – Vários métodos de impregnação.

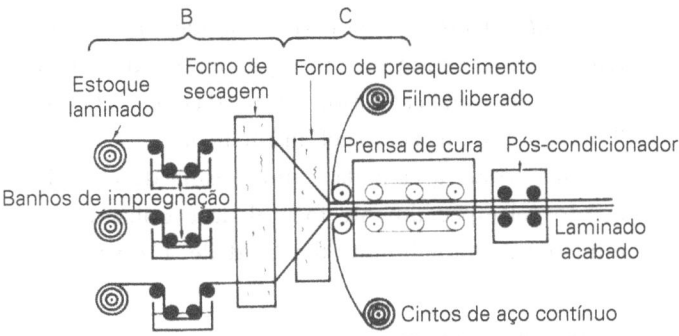

(A) Laminação contínua, na qual a resina (estágio B) é convertida em plásticos infundíveis (estágio C).

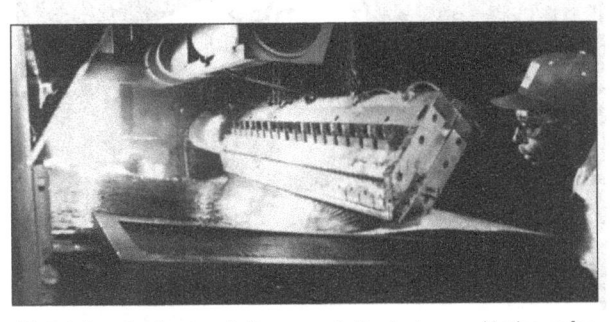

(B) Fabricação de uma folha compósita de termoplástico reforçada com fibra de vidro. (AZDEL, Inc.)

Figura 12-10 – Laminação contínua de folhas de compósitos matriz termocurados e de termoplásticos.

tórias, roldanas, engrenagens, lâminas de ventilador e placas de circuitos prensadas.

Uma desvantagem importante da laminação de alta pressão são as baixas taxas de produção encontradas em comparação à modelagem de injeção de alta velocidade. Para acelerar a produção, alguns fabricantes estabeleceram processos de laminação contínua. Na *laminação contínua* (Figura 12-10), tecidos ou outros reforços são saturados com resina e passados entre duas camadas de filmes plásticos como celofane, etileno ou vinila.

A espessura do compósito laminado é controlada pelo número de camadas que ele contém e por um conjunto de rolos de compressão. O laminado é então puxado por uma zona de aquecimento para acelerar a polimerização. Tendas onduladas, para sol e painéis estruturais, são produtos de laminação contínua.

Camadas de lã de vidro e tapetes

Resinas termocuradas são utilizadas em *laminados de laminação manual* (Figuras 12-11 e 12-12). Estes produtos também são chamados *moldes de contato* ou *moldes abertos*. Depois de o molde (macho ou fêmea) ser revestido com um agente liberador, uma camada de resina catalisada é aplicada e deixada polimerizar em um estado gel (grudento).

Esta primeira camada é uma resina de revestimento gel especialmente formulada e utilizada na indústria para melhorar a flexibilidade, a resistência a bolhas, acabamento superficial ou cor e resistência a manchas. O revestimento gel forma uma camada superficial protetora pela qual os reforços fibrosos não penetram. Uma causa primordial de deterioração de plásticos fibrosos reforçados é a penetração de água que ocorre quando as fibras projetam-se para a superfície. Uma vez que o revestimento de gel foi parcialmente colocado, o reforço é aplicado. Em seguida, mais resina catalisada é jogada, esfregada ou espalhada com *spray* sobre o reforço. Esta sequência é repetida até que a espessura desejada seja atingida. Em cada camada, a mistura é trabalhada dentro da forma do molde com rolo de mão. Então, o laminado compósito reforçado é deixado endurecer ou curar (Figura 12-13). O aquecimento externo é utilizado algumas vezes para acelerar a polimerização.

Figura 12-11 – Processamento de laminação manual ou de contato sendo utilizado para aplicar lã de vidro em uma estrutura de titânio em forma de favo de mel. (Bell Helicopter Co.)

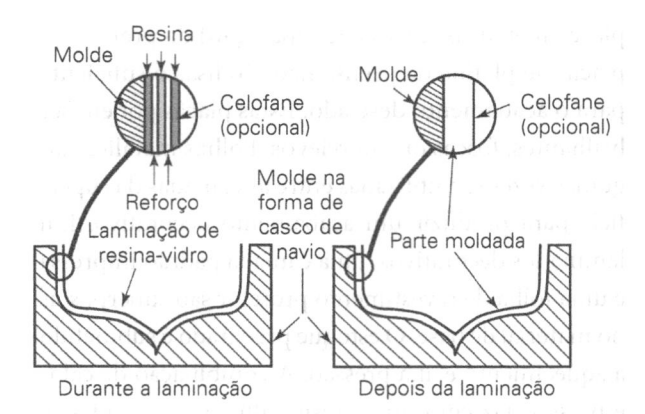

Figura 12-12 – Na laminação manual, o material reforçante em tapetes ou tecido é aplicado ao molde, então saturado com uma resina termocurada específica.

Operações de laminação à mão e espalhamento por *spray* são frequentemente utilizadas alternativamente. Para obter uma superfície de acabamento superior rica em resina, um véu ou superfície fosca é algumas vezes colocado sobre a camada gel. Reforços mais grossos são então colocados sobre esta camada. Algumas operações e projetos utilizam pré-formas, tecido, tapete e mechas para força adicional em áreas selecionadas da peça.

Dentre as principais vantagens da laminação à mão estão o baixo custo de ferramentas, a exigência mínima de equipamento e a habilidade para moldar grandes componentes. Como desvantagens, o processo é enormemente trabalhoso e depende da habilidade do trabalhador, resultando em uma baixa taxa de produção. Além disto, este processo é confuso e expõe os trabalhadores a produtos químicos perigosos.

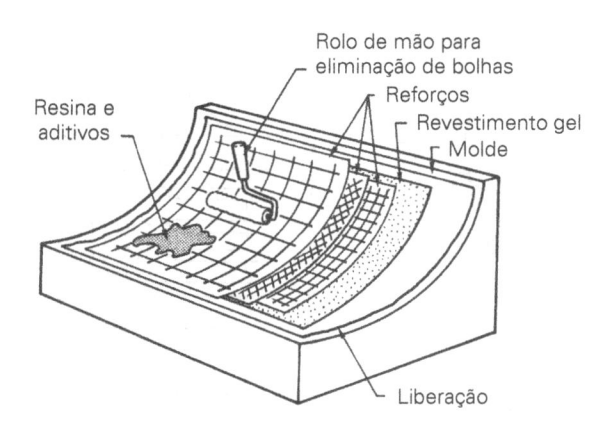

Figura 12-13 – Laminação à mão implica que é necessário pouco equipamento. Em todas as operações de laminação, é importante eliminar (remover) quaisquer bolhas aprisionadas entre as camadas.

Camadas de metal e favos de metal

Laminados constituídos de camadas-faces de metal com núcleos leves são normalmente chamados de **sanduíche**. Tipos de núcleos incluem sólido, papel enrugado, plásticos celulares e **favos** metálicos ou plásticos (Figura 12-14). Como uma regra, favos, *waffle* e sanduíches celulares são isotrópicos e possuem relações térmicas, acústicas e resistência em relação ao peso. As camadas mais externas devem ser fortes para suportar carga de corte axial e no plano. A maioria das forças elásticas e compressivas é transferida para estas camadas. O material nuclear transfere cargas de uma face para a outra.

Todas as propriedades, incluindo térmicas e elétricas, dependem da seleção das faces, núcleos e agentes de união. A união adesiva é crítica se cargas de corte devem ser transmitidas do material do núcleo e para o material do núcleo. Normalmente são utilizados poliamida, epóxi e fenólicos. Fibras de tapete impregnadas com resina, tecido ou papel são filmes adesivos que podem ser usados na ligação do centro com a face.

Materiais nucleares em favo, fabricados de papel pardo impregnado com resina, alumínio, polímeros reforçados com vidro, titânio ou outros materiais, estão entre as estruturas mais fortes para a massa deles. O alumínio é o material nuclear em favo mais comumente usado. Todos os favos são anisotrópi-

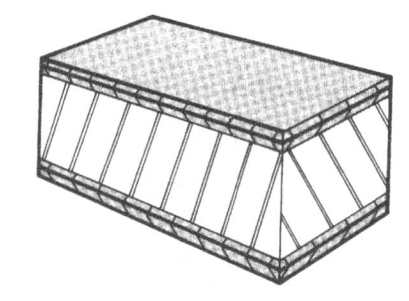

(A) Design básico.

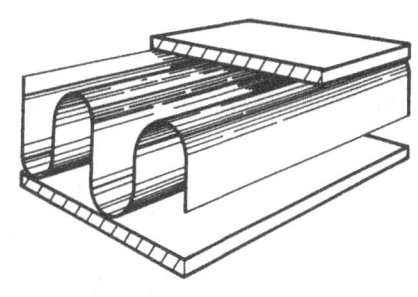

(B) Núcleo de papel enrugado.

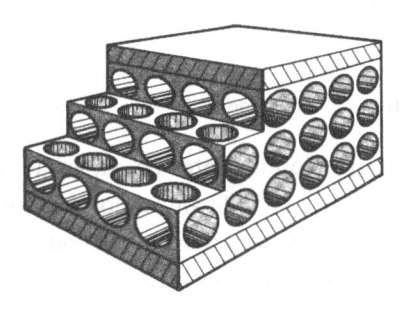

(C) Núcleo plástico celular.

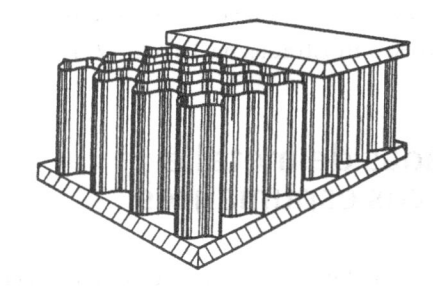

(D) Núcleo favo de mel.

Figura 12-14 – Diversos tipos de construção do núcleo.

cos, e as propriedades dependem da composição, do tamanho da célula e da geometria. Dois métodos principais de produzir materiais nucleares em favo são ilustrados nas Figuras 12-15 e 12-16.

Uma característica única da fabricação de favo utilizando o processo de expansão é que ela pode ser

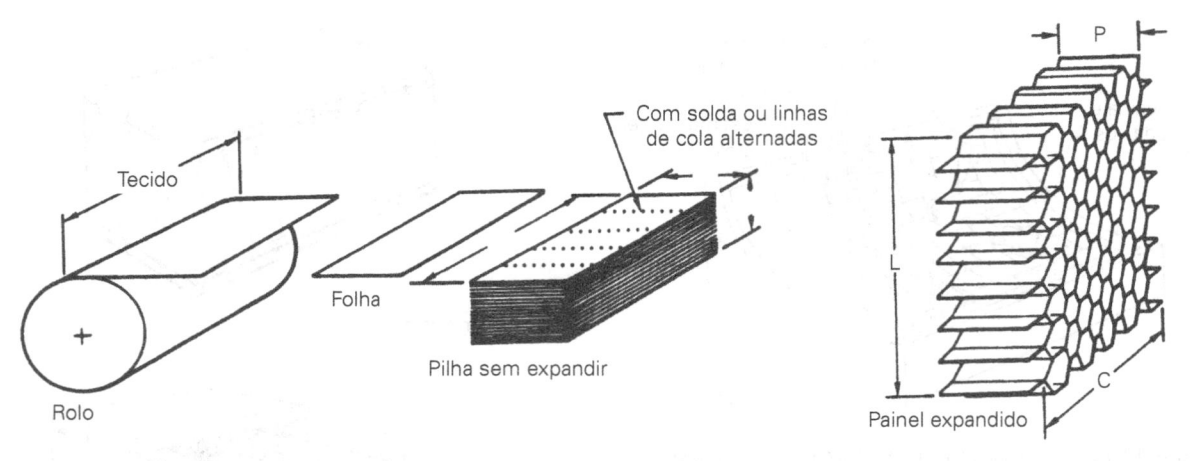

Figura 12-15 – Fabricação de favo pelo processo de expansão.

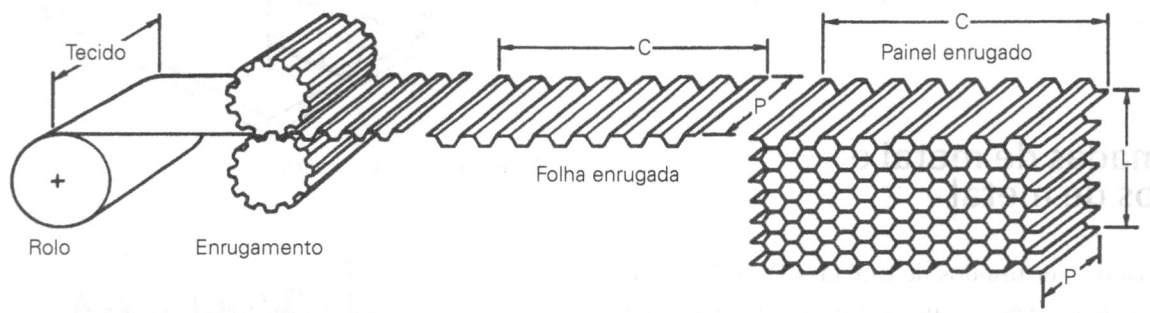

Figura 12-16 – Fabricação de favo pelo processo de enrugamento.

executada em máquina antes da expansão. A Figura 12-17 mostra o favo de alumínio não expandido. Neste estágio, ele poderia ser esticado ou expandido, como mostrado na Figura 12-18.

As propriedades selecionadas de materiais em favo de alumínio são mostradas na Tabela 12-3. As propriedades de vários favos de plásticos reforçados com vidro são mostradas na Tabela 12-4.

Camadas de metal e plásticos espumantes

Figura 12-17 – Favo de alumínio não expandido.

Painéis sanduíche com plásticos espumantes como o núcleo têm larga aplicação na indústria de construção. Eles são utilizados tanto para isolamento quanto para componentes estruturais.

Outros usos para sanduíches de núcleo celular são revestimentos de refrigeradores para caminhões-baús, vagões de trens, *coolers* para alimentos e painéis externos para casas móveis. Outras aplicações incluem portas e painéis de construção.

Em um processo chamado de **moldagem de reservatório de espuma** ou **moldagem de reservatório**

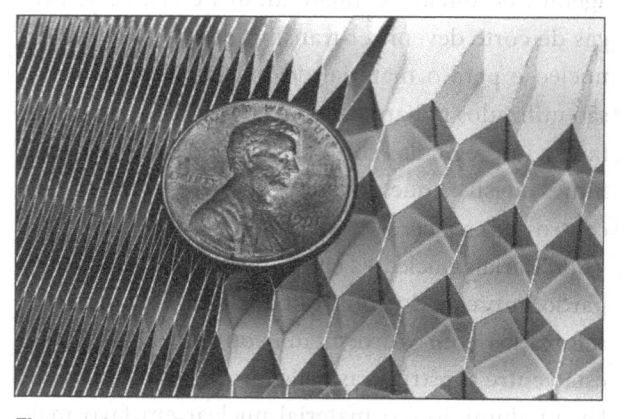

Figura 12-18 – Favo de alumínio em vários estágios de expansão.

Tabela 12-3 – Propriedades de favo de alumínio hexagonal 5056, 5052 e 2024

Favo célula-material-medida	Densidade nominal kg m⁻³	Compreensivo			Placas cortadas			
		Sem cobertura	Estabilizado		Na direção de "comprimento"		Na direção de "largura"	
		Resistência kPa	Resistência kPa	Módulo MPa	Resistência kPa	Módulo MPa	Resistência kPa	Módulo MPa
5056-Favo hexagonal de alumínio								
1/16–5056–0,0007	101	6.894	7.584	2.275	4.447	655	2.551	262
1/16–5056–0,001	144	11.721	12.410	3.447	6.756	758	4.136	344
1/8–5056–0,0007	50	2.344	2.482	668	1.723	310	1.068	137
1/8–5056–0,001	72	4.343	4.619	1.275	2.930	482	1.758	262
5/32–5056–0,001	61	3.275	3.447	965	2.310	393	1.413	165
3/16–5056–0,001	50	2.344	2.482	669	1.758	310	1.069	138
1/4–5056–0,001	37	1.413	1.448	400	1.172	221	724	103
5056-Liga de favo hexagonal de alumínio								
1/16–5052–0,0007	101	5.998	6.274	1.896	3.516	621	2.206	276
1/8–5052–0,0007	50	1.862	1.999	517	1.448	310	896	152
1/8–5052–0,001	72	3.585	3.758	1.034	2.344	483	1.517	214
5/32–5052–0,0007	42	1.379	1.482	379	1.138	255	689	131
5/32–5052–0,001	61	2.723	2.827	758	1.862	386	1.207	182
3/16–5052–0,001	50	1.862	1.999	517	1.448	310	896	1.252
3/16–5052–0,002	91	5.309	5.585	1.517	3.172	621	2.068	265
1/4–5052–0,001	37	1.138	1.207	310	965	221	586	113
1/4–5052–0,004	127	9.377	9.791	2.344	4.826	896	3.034	364
3/8–5052–0,001	26	586	655	138	586	145	345	76

Tabela 12-4 – Propriedades de favos de plásticos reforçados com vidro

Favo célula-material-medida	Compreensivo			Placas cortadas			
	Sem cobertura	Estabilizado		Na direção de "comprimento"		Na direção de "largura"	
	Resistência kPa	Resistência kPa	Módulo MPa	Resistência kPa	Módulo MPa	Resistência kPa	Módulo MPa
Favo de poliimida reforçado com vidro							
HRH 327–3/16–4,0		3.033	344	1.930	199	896	68
HRH 327–3/16–6,0		5.377	599	3.171	310	1.585	103
HRH 327–3/8–4,0		3.033	344	1.930	199	1.034	82
Favo fenólico reforçado com vidro (Reforço trançado obliquamente)							
HFT–1/8–4,0	2.688	3.964	310	2.068	220	1.034	82
HFT–1/8–8,0	9.997	11.203	689	3.964	331	2.344	172
HFT–3/16–3,0	1.896	2.585	220	1.378	165	689	62
Favo de poliéster reforçado com vidro							
HRP–3/16–4,0	3.447	4.137	393	1.793	79	965	34
HRP–3/16–8,0	9.653	11.032	1.131	4.551	234	2.758	103
HRP–1/4–4,5	4.344	4.826	483	2.068	97	1.172	41
HRP–1/4–6,5	7.076	8.136	827	3.103	172	793	76
HRP–3/8–4,5	4.205	4.757	448	2.068	97	1.172	41
HRP–3/8–6,0	6.205	6.895	689	2.758	155	1.793	69

elástico, a espuma de poliuretano de célula aberta é impregnada com epóxi. As duas camadas da casca são então pressionadas contra o núcleo esponjoso, forçando parte do adesivo de epóxi a se aderir às duas faces da casca. A espuma e a matriz tornam-se semelhantes a uma catacumba, estrutura esquelética.

Pesquisa na internet

- **http://www.alcore.com.** A Alcore é uma parte da M. C. Gill Corporation. Ela fabrica uma variedade de favos metálicos. A seleção de "Products" na página o levará à visão geral dos produtos de favos metálicos principais deles e a links para folhas de dados detalhados sobre as propriedades de cada produto.
- **http://www.hexcel.com.** O Hexcel é o maior produtor de fibras de carbono dos Estados Unidos. Ele também vende reforços para compósitos, materiais de matriz, adesivos, materiais de núcleo e de favo e produtos estruturais.
- **http://www.kpfilms.com.** O Klöckner Pentaplast Group é um dos fabricantes de filmes plásticos líderes do mundo. Três áreas deste sítio são de interesse específico. Primeiro, sob "KP Advantage" na página é uma seleção de "Production Processes", que discute as várias maneiras de fazer filmes. Segundo, sob "Products & Solutions", selecione "Pentafood® Food Packaging Films", em seguida "Film Types", depois "Flexible Films" e finalmente "Pentafood® Co-extruded Films". Estes filmes podem conter até 20 camadas. Terceiro, sob "News", selecione "Case Studies" para encontrar artigos sobre aplicações multicamadas em empacotamento.
- **http://www.mastercraft.com.** A MasterCraft Boats Company oferece um sítio com efeitos de som e vídeo elaborados. Selecionando "Our Company" na página, permite que você selecione "Factory Tour". Esta viagem consiste de 18 segmentos, cada um com um vídeo e fotos que seguem a construção de um barco em todos os estágios. Em particular, os segmentos de moldes, revestimentos de gel e laminação são relevantes.
- **http://www.plascore.com.** A Plascore Inc. produz materiais de núcleo tanto em favos metálicos quanto não metálicos. Selecionando "Technical Background" na página e "Honeycomb Cores" o levará a folhas de dados, um guia de seleção, terminologia e informações detalhadas sobre o favo de polipropileno deles, intitulado "Polypropylene Overview".
- **http://www.texasalmet.com.** Este sítio o levará a informações sobre os produtos de uma quarta companhia que fabrica materiais de favo metálicos e não metálicos. O sítio inclui fotografias de vários materiais e informações sobre formas de maquinário, especialmente superfície de sustentação.

Vocabulário

As palavras a seguir são encontradas neste capítulo. Consulte o glossário no Apêndice A para encontrar as definições destas palavras, caso você não compreenda como elas se aplicam aos plásticos.

Favo
Laminado
Laminados de alta pressão
Laminados de baixa pressão
Moldagem de reservatório elástico
Moldagem de reservatório de espuma
Sanduíche

Questões

12-1. Duas desvantagens principais da laminação de alta pressão são as baixas taxas _____ e altas pressões.

12-2. O processo no qual duas ou mais camadas de materiais são unidas é chamado _____.

12-3. Se há duas ou mais tensões interlaminares desfavoráveis, o que pode ocorrer? Sendo assim, pode ser prevenido de forma eficiente?

12-4. Quais são as principais aplicações para os laminados de alta pressão?

12-5. Como os extrusores são utilizados para produzir laminados? As calandras são utilizadas?

12-6. Quais propriedades são favoráveis para aplicações utilizando componentes laminados em favo.

12-7. Dê o nome de quatro materiais centrais de favo e descreva os méritos de cada um em uma aplicação específica.

12-8. Defina plásticos laminados e descreva como vários produtos podem ser formados.

12-9. Defina a seleção de construção em sanduíche em portas de casas, componentes de aviões e contêineres de cargas.

12-10. Descreva o processo de laminação contínua e inclua o tipo de materiais utilizados e aplicações de produtos típicos.

Atividades

Laminação termoplástica de baixa pressão

Introdução. Laminação termoplástica de baixa pressão é um processo que une duas folhas de termoplásticos em torno de um item de papel ou papelão específico. O calor amacia os plásticos, e a pressão faz com que ele flua em torno do item. As bordas das folhas de plásticos as unem termicamente.

Equipamento. Pressão de laminação, placas polidas, almofada mata-borrão e folhas de PVC ou acetato de celulose.

Procedimento

12-1. Ligue as mangueiras de resfriamento com água e ajuste a prensa de platina a 175° C [347 °F]

12-2. Corte as folhas de termoplásticos 5 mm maiores em todos os lados do item a ser laminado.

12-3. Monte um sanduíche de laminação como a seguir:
1 placa de apoio de topo
2 almofadas de mata-borrão de topo
1 placa polida
1 folha de plástico
1 item a ser laminado
1 folha de plástico
2 almofadas de mata-borrão
1 placa de apoio de baixo

12-4. Coloque o sanduíche na prensa. Feche e aplique aproximadamente 37 MPa [5.366 psi] para laminar os itens de papelão ou aproximadamente 20 MPa [2.901 psi] para itens de papel. Utilize temperatura e pressão ligeiramente menores para folhas de PVC.

12-5. Para calcular a pressão necessária para a laminação, utilize 40.000 kg m² como uma pressão mínima.

12-6. Deixe que o sanduíche e os laminados plásticos sejam aquecidos por 5 minutos. Se sanduíches múltiplos forem prensados, aumente o tempo de aquecimento (veja a Figura 12-19).

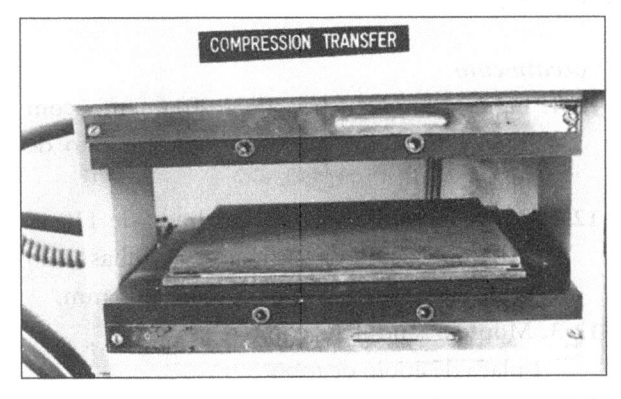

Figura 12-19 – Montagem de sanduíche pronto para ser retirado da prensa de compressão.

12-7. Quando o aquecimento estiver completo, desligue a energia elétrica dos aquecedores e lentamente ligue a água para o ciclo de resfriamento.

Cuidado: As mangueiras de vapor e de retorno estão quentes. Resfrie as placas de platina até que elas atinjam 40 °C [104 °F].

12-8. Libere a pressão hidráulica e remova o sanduíche. Dobre o sanduíche para liberar o laminado. Não utilize uma chave de fenda para erguer à força o laminado. Qualquer estrago na placa polida será transferido para o próximo laminado.

12-9. Procure por uniões, sangramento de cor, bolhas de ar, separação de lâminas ou estragos na superfície.

Laminação de alta pressão com papéis impregnados

Figura 12-20 – Montagem de sanduíche para laminação à alta pressão.

Introdução. Na laminação de alta pressão, a substância de reforço geralmente é papel. Entretanto, tecidos, madeira ou fibra de vidro podem ser impregnados com resina de estágio B fundível. Durante o ciclo de aquecimento e pressão, as folhas impregnadas são fundidas juntas.

Equipamento. Prensa de placas de platina aquecidas; folhas decorativas, melanina impregnada com resina; papéis pardos fenólico impregnado com resina e placas de pressão.

Procedimento

12-1. Ligue as mangueiras de resfriamento com água e ajuste as placas de aquecimento de platina para 175 °C.

12-2. Apare as folhas em um quadrado de 110 × 110 mm. Depois da laminação, as folhas serão acabadas aparando-as para 100 × 100 mm.

12-3. Monte o sanduíche como se segue:
1 placa de apoio de topo
2 almofadas de mata-borrão de topo
1 folha de revestimento
1 folha de decoração
4 ou mais camadas de papel pardo
1 folha polida
2 almofadas de mata-borrão
1 placa de apoio de baixo
(Veja Figura 12-20.)

12-4. Coloque o sanduíche na prensa e aplique aproximadamente 200 MPa [29.101 psi] de pressão. Ao calcular as exigências de pressão, use 245.000 kg m² [35,6 psi] como um mínimo de laminação de alta pressão.

12-5. Aqueça o sanduíche por 10 minutos. A pressão diminuirá à medida que as folhas se deformam. Mantenha a pressão durante o ciclo de moldagem. Se múltiplos sanduíches forem pressionados, aumente o tempo de aquecimento.

12-6. Depois do ciclo de aquecimento, desligue a energia elétrica e lentamente ligue a água para o ciclo de resfriamento.

Cuidado: O vapor e as mangueiras de retorno estão quentes. Esfrie as placas de platina até que elas atinjam 40 °C [104 °F].

12-7. Libere a pressão hidráulica e remova o sanduíche. Flexione o sanduíche para liberar o laminado. Não utilize uma chave de fenda para erguer à força o sanduíche.

12-8. Apare o laminado e verifique se há por separação de lâminas e defeitos na superfície.

Introdução. Se papel pardo e revestimento decorativo impregnado com melanina estão indisponíveis, o seguinte exercício pode fornecer experiência com laminados termocurados.

Equipamento. Prensa de placas de platina aquecida, pedaços de folhas de metal lisas (do mesmo tamanho das placas de platina), resina fenólica em forma de pó, liberador de molde e toalha de papel.

Procedimento

12-1. Corte vários pedaços de papel toalha com o tamanho aproximado das folhas de placas metálicas. O papel toalha é poroso o suficiente para que a resina possa fluir e atravessá-lo. Papéis menos porosos reduzem o fluxo da resina e podem remover a resina ao invés de deixá-la fluir.

12-2. Deposite uma camada de papel e então meça aproximadamente ½ xícara de resina fenólica em pó. Cubra a resina com outra camada de papel e coloque uma folha de placa metálica no papel.

12-3. Coloque o sanduíche em uma prensa de placa de platina aquecida e exerça pressão. O indicador de pressão hidráulica cairá durante a pressurização. Isto indica o fluxo da resina. Dependendo do aquecimento, da pressão e do volume da resina/papel, o salto da pressão hidráulica parará. Isto indica que a ligação cruzada ocorreu.

12-4. Libere a pressão e remova o sanduíche. Remova os materiais de papel/resina. A Figura 12-21 mostra fotos de laminados feitos com duas, quatro e seis camadas de papel.

12-5. Corte fitas do papel laminado e depois as recorte na forma de osso para cão para testes elásticos. A Figura 12-22 mostra as fitas cortadas com uma serra de fita e uma amostra preparada na forma de osso para cão.

12-6. Cuidadosamente meça o comprimento, a largura e a espessura da área padrão. Realize o teste elástico. Uma vez que o fenólico de ligação cruzada é bastante duro, ele pode tender a escorregar na mordida do testador elástico. Se isto ocorrer, um pedaço de tecido de esmeril dobrado sobre a área de apoio elimina a escorregada. A amostra mostrada na Figura 12-22 não passou no teste de 37.1 MPa [5.384 psi].

12-7. Faça um disco de fenólico sem quaisquer camadas de papel e faça o teste com ele. O papel aumenta a resistência do laminado? O papel aumenta a flexibilidade do laminado?

12-8. Repita o procedimento variando as quantidades de papel ou com outras camadas fibrosas, tais como tecido, fibra de vidro, lã de vidro ou tecido de Kevlar.

12-9. Para ver se as camadas de papel ou outro material afetam a contração do laminado, trace linhas rasas em uma folha de placa metálica. Certifique-se de que o espaçamento entre as linhas é conhecido e acurado. A Figura 12-23 mostra as linhas transferidas para o laminado. Estas linhas tinham espaçamento de 1 polegada. A contração do material pode ser calculada medindo-se a distância entre as linhas em um laminado acabado e frio. (Veja a seção no Capítulo 6 sobre cálculos de contração de molde.)

Figura 12-22 – Laminado cortado em fita e preparado como um osso para cão.

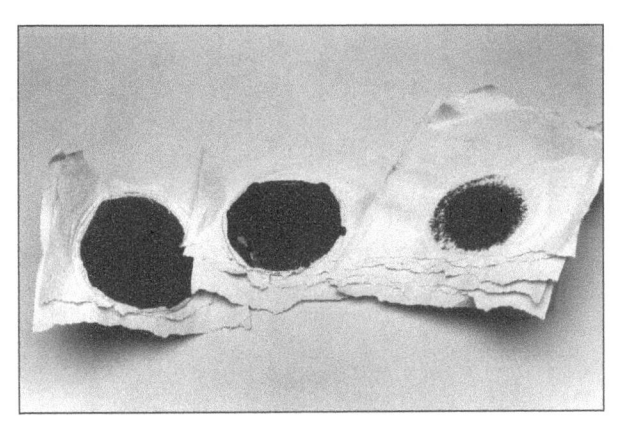

Figura 12-21 – Amostras de laminados de duas, quatro e seis camadas.

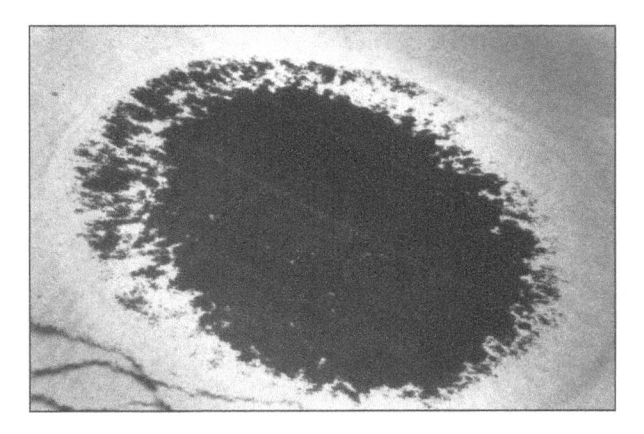

Figura 12-23 – Foto aproximada do laminado fenólico.

Capítulo 13

Processos e materiais reforçadores

Introdução

O termo **plásticos reforçados** não é muito descritivo, pois simplesmente sugere que foi adicionado um agente para melhorar ou *reforçar* o produto. A SPE define plásticos reforçados como "uma composição de plástico na qual os reforçadores são incrustados com propriedades de resistência superiores àquelas da resina base". Termos específicos tais como compósitos *avançados, de alta resistência, projetados,* ou *estruturais,* começaram a ser utilizados nos anos 1960. Com eles, um material exótico endurecedor de coeficiente de resistência mais alta de reforço em novas matrizes foi utilizado.

Atualmente, *plásticos reforçados* são assim denominados para descrever várias formas de materiais compósitos produzidos por um de dez processos reforçadores. Algum dia será possível classificar todos os processos reforçadores e de laminação como **processamento de compósito**.

Algumas técnicas reforçadoras-compósitas são variações de laminação, uma vez que elas podem envolver a combinação de dois ou mais materiais diferentes nas camadas. Outras técnicas são simplesmente modificações de métodos de processamento que produzem um novo material com propriedades específicas ou únicas.

Os seguintes processos reforçadores-compósitos serão abordados neste capítulo:

I. Cubo combinado
   A. Compostos de moldagem por volume
   B. Compostos de moldagem em folhas
II. Processo de laminação à mão ou de contato
III. Pulverização
IV. Formação de vácuo rígida
V. Termoformação de molde frio
VI. Saco de vácuo
VII. Saco de pressão
VIII. Bobinamento de filamento
IX. Reforço centrífugo e reforço de filme moldado por sopro
X. Pultrusão
XI. Formação/impressão a frio

Em cada processo, os moldes, os cubos ou cilindros devem ser feitos com cuidado para garantir a liberação apropriada do produto acabado. Agentes liberadores de filme, cera e silicone são os mais frequentemente utilizados em superfícies de moldes. **Compostos de molde reforçados** não podem ser confundidos com laminados, embora ocasionalmente sejam (Figura 13-1).

No passado, apenas os plásticos termocurados eram reforçados em grandes quantidades. Atualmente, a demanda por termoplásticos reforçados (RTP – reinforced thermoplastics) está aumentando. Uma vez que os materiais termoplásticos podem ser processados de várias maneiras, foram obtidos numerosos usos inovadores.

Compostos moldados reforçados podem ser moldados por métodos de injeção, de cubo combinado, de transferência, de compressão ou de extrusão para levar a produtos com formas complexas e uma ampla faixa de propriedades físicas. Entretanto, surgem algumas dificuldades na moldagem por sopro de pequenos itens de parede grossa. A moldagem por injeção é o método mais comum de processamento de compostos termoplásticos reforçados. (Veja Moldagem por injeção, extrusão no índice.)

Fibras curtas de vidro moído ou cortado são as mais frequentemente utilizadas para compostos moldados reforçados. Veja a Tabela 13-1 que traz uma lista de propriedades dos plásticos reforçados com fibra de vidro. Fibras de plástico em adição a pelos metálicos e cristalinos também são utilizadas.

Cubo combinado

Compostos moldados em volume (brilk-molding compounds – BMC) e compostos moldados em folhas (sheet-molding compounds – SMC) são os materiais mais comuns utilizados no reforço de cubo combinado.

Compostos moldados por volume

Compostos moldados por volume (BMC) são misturas de resinas semelhantes à massa de vidraceiro, catalisadores, enchimentos e reforços de fibras curtas. Os BMC têm muitos nomes. Eles são chamados *oleoso, massa de vidraceiro, pasta* ou *molde de pasta fluida*. Compostos de molde de pasta têm até seu próprio acrônimo, DMC (dough-molding compounds). Todos estes nomes se referem a uma pré-mistura de resinas e reforços.

Compostos moldados por volume são normalmente feitos em forma de barquinha ou cabo para auxiliar nas operações de moldagem e manuseio. Esta massa de vidraceiro fibrosa pode ser extruída em feixe de H ou outras formas de seção vertical e automaticamente alimentada no cubo combinado.

Os BMC são isotrópicos, com comprimentos de fibras normalmente menores que 0,38 mm [0,015 polegadas]. Os comprimentos das fibras distinguem os BMC de outros compostos moldados.

Compostos moldados em folhas

Compostos moldados em folhas (SMC) são misturas de resinas, catalisadores, enchimentos e reforçadores semelhantes a couro.

Estas misturas, algumas vezes, são chamadas de *esteira de fluxo* ou *esteira de molde*. Uma vez que são feitas em forma de folha, as fibras podem ser muito mais longas que nos BMC. Um SMC típico incorpora aproximadamente 30% de fibras de vidro cortadas aleatoriamente de 25 mm [1 polegada], 25% de resi-

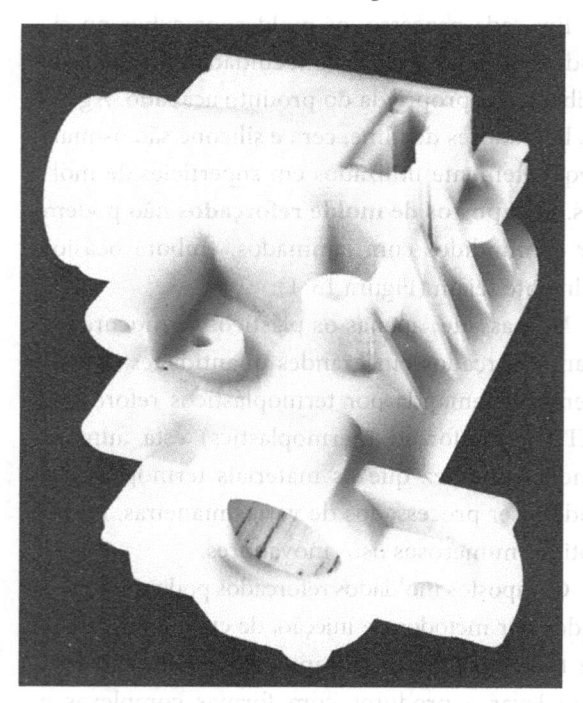

(A) Uma coluna de direção de fechadura de casa feita de náilon reforçado com vidro e moldado por injeção em vez do tradicional maquinário de casa fundido em alumínio.

(B) Itens reforçados e utilizados para uma serra desenvolvida para uso severo.

Figura 13-1 – Alguns exemplos de itens de plásticos reforçados. (Dow Chemical Co.)

Tabela 13-1 – Propriedades típicas de plásticos reforçados com fibras de vidro

Plásticos	Densidade relativa	Resistência elástica 1.000 MPa	Resistência compreensiva 1.000 MPa	Expansão térmica $10^{-4}/°C$	Temperatura de deflecção (a 264 MPa), °C
Acetal	1,54–1,69	62–124	83–86	4,8–4,9	1.062–1.599
Epóxi	1,8–2,0	10–207	207–262	2,8–8,9	834–1.599
Melanina	1,8–2,0	34–69	138–241	3,8–4,3	1.406
Fenólico	1,75–1,95	34–69	117–179	2–5,1	1.027–2.178
Óxido de fenileno	1,21–1,36	97–117	124–207	2,8–5,6	910–986
Policarbonato	1,34–1,58	90–145	117–124	3,6–5,1	965–1.000
Poliéster (termoplástico)	1,48–1,63	69–117	124–134	3,6	1.379–1.586
Poliéster (termocurado)	1,35–2,3	172–207	103–207	3,8–6,4	1.406–1.792
Polietileno	1,09–1,28	48–76	34–41	4,3–6,9	800–876
Polipropileno	1,04–1,22	41–62	45–48	4,1–6,1	910–1.027
Poliestireno	1,20–1,34	69–103	90–131	4,3–5,6	683–717
Polissulfona	1,31–1,47	76–117	131–145	4,3	1.179–1.220
Silicone	1,87	28–41	83–138	–	<3.323

na e 45% de enchimento inorgânico. SMC-25 indica 25% de conteúdo de vidro.

Os SMC fornecem uma sobretaxa maior de vidro (70% de vidro) e produtos mais leves comparados aos BMC. As fibras mais longas fornecem propriedades mecânicas melhoradas. Os SMC incluem muitos tipos especializados que têm abreviaturas como UMC, TMC, LMC e XMC. Composto moldado unidirecionalmente (UMC – Unidirectional-molding compound) normalmente tem 30% de suas fibras reforçadoras contínuas alinhadas em uma direção. Isto dá maior resistência elástica na direção das fibras. Compostos moldados em espessura (TMCs – Thick-molding compound) com até duas polegadas de espessura são possíveis de ser produzidos. Esta folha mais espessa permite maior variação em parte da espessura de parede e uma escolha mais ampla de reforçadores. Os TMC são altamente preenchidos. Os compostos de moldagem de baixa pressão (LMCs – Low-pressure molding compound) são SMC formulados para permitir o uso de técnicas de moldagem de baixa pressão. Compostos de moldagem de alta resistência (HMC – High-strengh molding compound) podem conter mais de 70% de reforço para adicionar resistência e estabilidade dimensional. Compostos de moldagem de reforço direcional (XMC – Directionally reinforced molding compound) são uma folha contendo aproximadamente 75% de reforços contínuos orientados direcionalmente.

Os SMC são formados pela operação de moldagem. A Figura 13-2 mostra vários processos e produtos SMC. Um filme transportador superior e inferior (normalmente polietileno) é utilizado com resinas. Este filme permite que os SMC sejam armazenados ordenadamente à mão e facilmente manuseado antes da operação de moldagem (veja Figura 13-3).

Os SMC exigem pressões de moldagem na faixa de 3,5 a 14 MPa [507 a 2.030 psi]. Temperaturas de processamento variam de acordo com o projeto do produto e a formulação do polímero. Os SMC são alimentados nos moldes e passados pela prensa, curados e desmodelados em um ciclo contínuo. Esta técnica elimina a espera na prensa pelos tempos de ciclo de cura completa.

Os principais mercados para itens moldados de BMC e SMC são a indústria de transporte e de utensílios. Ralos, aquecedores domésticos e caixas de utensílios são todos feitos de BMC. Como o nome SMC implica itens grandes tais como painéis de automóveis, armários, cascos de pequenos barcos, móveis e componentes de utensílios, são feitos deste material e moldes de cubo combinado.

Uma variação deste processo é chamada processamento reforçado amolecido. As partes amolecidas são produzidas cortando-se os materiais reforçadores em pedaços de 0,2 a 10 mm [0,008 a 0,4 polegadas] de comprimento para serem processados nos moldes combinados. Os produtos de resina reforçadores de moldes de cubos combinado são fortes e podem ter acabamento superficial esplêndido tanto por fora quanto por dentro, mas os custos dos moldes e dos

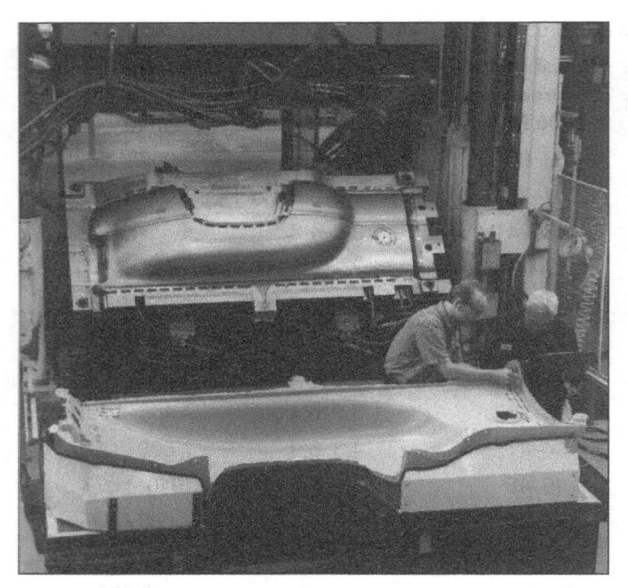

(A) Este molde faz para-lamas de caminhões do tipo pick-up. (The Budd Company)

(B) Braços robóticos manipulam esta cobertura traseira de automóvel. (The Budd Company)

Figura 13-2 – Processos e produtos SMC.

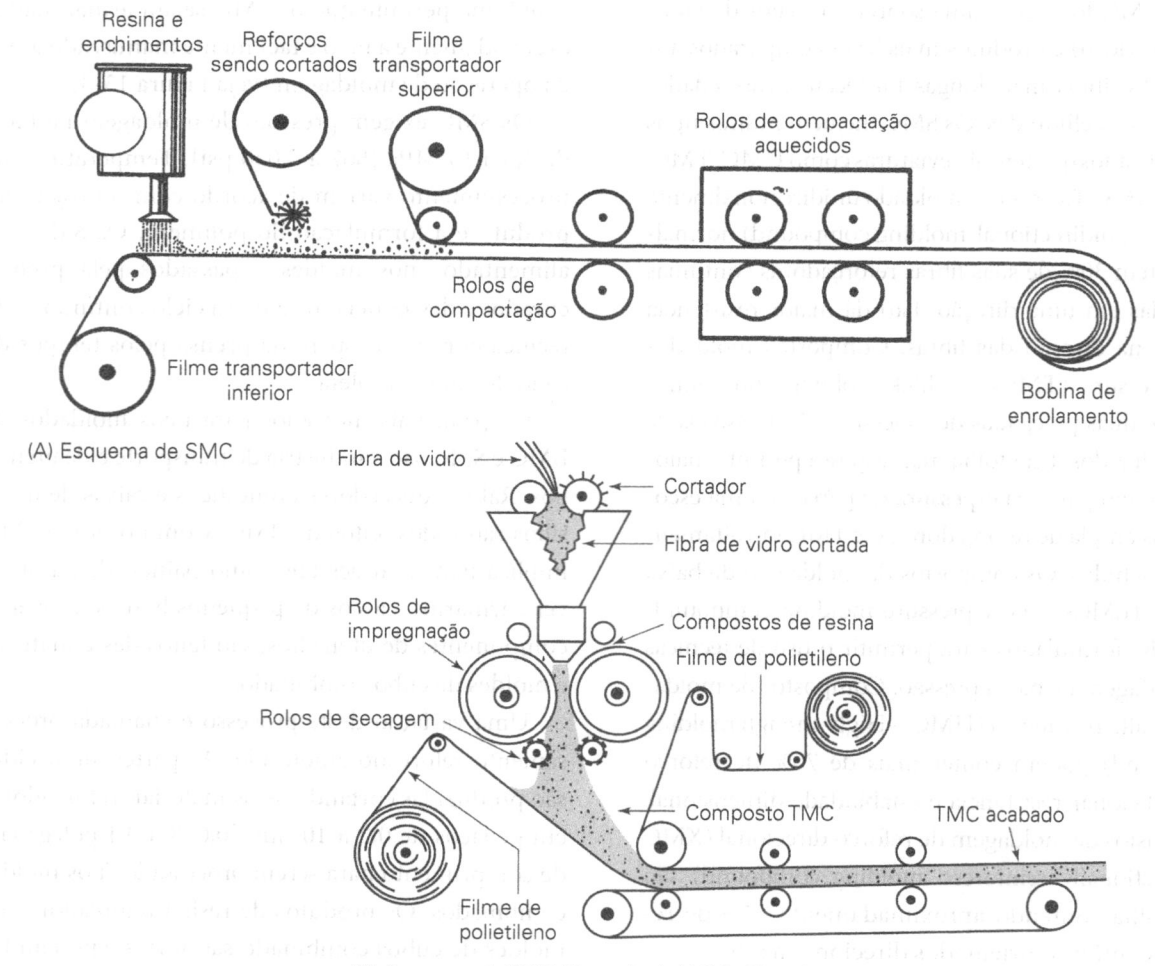

(A) Esquema de SMC

(B) Esquema de TMC (Cortesia da U.S.S. Chemicals Division)

Figura 13-3 – Método de produção para compostos moldados em folha.

equipamentos são altos. A seguir as listas fornecem cinco vantagens e cinco desvantagens do processamento do cubo combinado.

Vantagens do cubo combinado
1. A superfície interior e exterior é acabada.
2. São possíveis formas complexas (incluindo detalhes de nervuras e delgados).
3. É necessário aparar ao mínimo os itens.
4. Os produtos têm boas propriedades mecânicas, tolerância a itens fechados e resistência à corrosão.
5. Taxas de custo e rejeito são relativamente baixas.

Desvantagens do cubo combinado
1. Pré-forma, BMC, TMC, XMC e SMC exigem mais equipamento, manuseio e armazenagem.
2. As guias de prensa devem ter bom paralelismo para tolerâncias fechadas.
3. Os moldes e ferramentas são caros, comparados a moldes abertos.
4. As superfícies devem ser porosas e onduladas.
5. Não existem produtos transparentes.

Processo de laminação à mão ou de contato

Resinas termocuradas são utilizadas nas *moldagens de laminação à mão*. Uma vez que os reforçadores geralmente consistem de uma camada contínua, este processo foi descrito no Capítulo 12 como um tipo de laminação. Entretanto, ele também pode ser considerado um processo reforçador. (Veja o Capítulo 12.)

Pulverização

Na **pulverização**, catalisador, resina e tecido podem ser pulverizados simultaneamente em formas de molde (Figura 13-4). Apesar de considerada uma variação da laminação à mão, este processo pode ser realizado à mão ou por máquina. Depois de o **revestimento gel** ter sido aplicado, tem início a pulverização de resina e fibras cortadas. Um cuidadoso estendimento é importante para evitar danos ao revestimento gel. O estendimento ajuda a **aumentar a densidade** (eliminar bolsas de ar e ajudar na ação de umedecimento) do compósito. Um estendimento ruim pode induzir a fraqueza estrutural levando a bolhas de ar, deslocando as fibras ou provocando um **umedecimento** ruim (revestimento de reforçadores). O calor pode ser aplicado para apressar a cura e aumentar a produção. Este método de baixo custo permite a produção de formas muito complexas. As taxas de produção são altas, comparadas aos métodos de laminação à mão, uma vez que exige cuidados para aplicar camadas uniformes de materiais. Por outro lado, as propriedades mecânicas podem não ser consistentes por todo o produto. Pode-se dar espessura adicional ou placas metálicas de ligação, enchimentos ou outros componentes reforçadores em áreas altamente contornadas ou tensionadas, que podem ser colocados em áreas desejadas e pulverizados mais vezes.

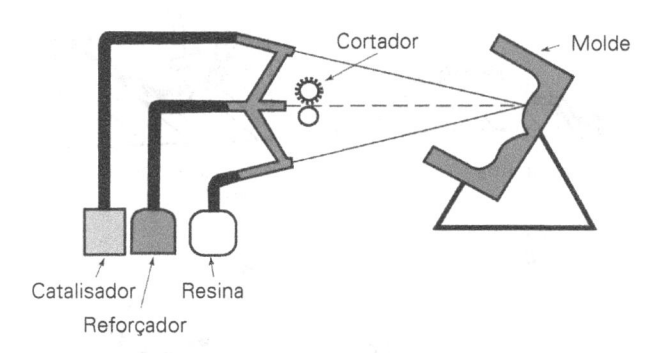

Figura 13-4 – O método de pulverização pode cobrir facilmente formas simples ou complexas, uma vantagem sobre o método de laminação à mão.

Formação de vácuo rígida

Em um processo algumas vezes chamado **pulverização de camada rígida,** uma folga de termoplástico é formada termicamente na forma desejada, eliminando o revestimento gel. PVC, PMMA, ABS e PC são normalmente usados. Esta camada é reforçada (por pulverização ou laminação à mão) na parte de trás para produzir uma banheira, pia, chuveiro, pequenos barcos, sinais externos, bagageiros ou outros produtos similares de compósitos fortes. Este método está ilustrado na Figura 13-5. As listas a seguir fornecem quatro vantagens e três desvantagens da formação de vácuo rígida.

Vantagens da formação de vácuo rígida
1. A crosta de termoplástico fornece acabamento polido.
2. Ela elimina o vazio do revestimento gel da superfície e tempo de gel.
3. Ela exige apenas um molde termoformador.
4. As velocidades de produção são mais rápidas que aquelas obtidas por métodos de pulverização.

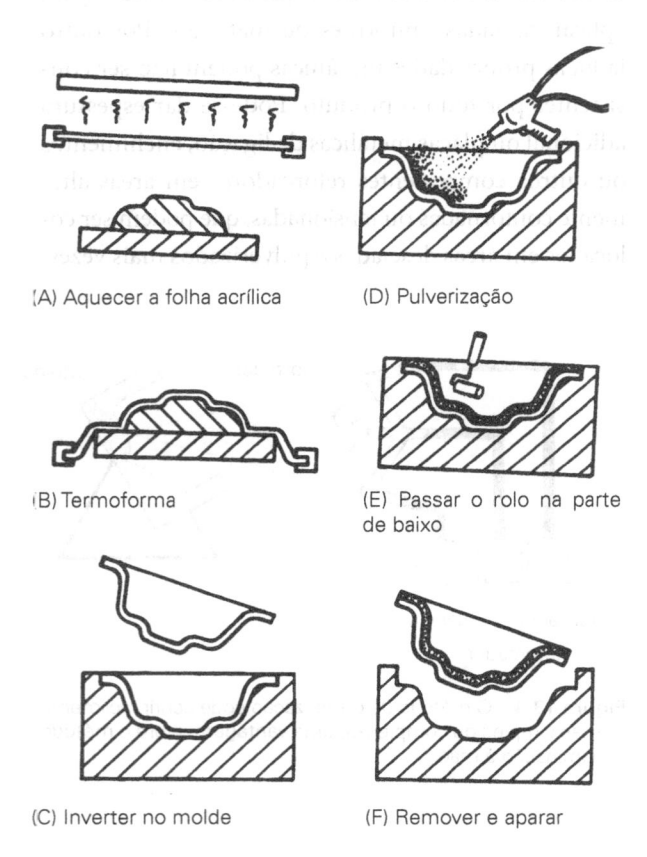

(A) Aquecer a folha acrílica
(B) Termoforma
(C) Inverter no molde
(D) Pulverização
(E) Passar o rolo na parte de baixo
(F) Remover e aparar

Figura 13-5 – O processo de formação de vácuo rígida.

Desvantagens da formação de vácuo rígida
1. Ela precisa de equipamento de termoformação e espaço de armazenamento de folhas.
2. Materiais (folhas de superfície de termoplásticos) são caros.
3. Reparar as superfícies danificadas é difícil.

Termoformação de molde frio

Este processo é similar à formação de vácuo rígida, exceto por duas diferenças principais. Primeiro, as duas superfícies são acabadas e, segundo, as tolerâncias são mais controladas de perto. O processo envolve termoformar uma folha, reforçar a parte de trás por métodos de pré-forma, esteira ou pulverização. Em seguida, o compósito é passado entre os cubos combinados até curar. A polimerização é realizada utilizando-se meios químicos à temperatura ambiente. Uma principal desvantagem é o custo adicional de cubo e o tempo de curagem no molde.

Saco de vácuo

Durante o processamento de saco de vácuo, um filme plástico (normalmente álcool polivinílico, neopreno, polietileno ou poliéster) é colocado sobre a laminação. Aproximadamente 85 kPa de vácuo [25 polegadas de mercúrio] são puxados entre o filme e o molde (Figura 13-6).

O vácuo é normalmente medido em milímetros de mercúrio puxado em um tubo com marcações ou em pascals de pressão. O vácuo em milímetros de mercúrio correspondente a 85 kPa e pode ser calculado utilizando-se esta fórmula:

$$\frac{101 \text{ kPa}}{85 \text{ kPa}} = \frac{760 \text{ mm}}{x}$$

ou

$$x = 656 \text{ mm de mercúrio}$$

onde
x = incógnita (mm de mercúrio)
101 kPa pressão atmosférica conhecida
760 mm = mm de mercúrio correspondendo a 101 kPa de pressão

Os filmes plásticos forçam o material reforçador contra a superfície do molde, produzindo um produto de alta densidade livre de bolhas de ar. Ferramentas para processamento de saco de vácuo são caras quando grandes peças são produzidas. A produção é baixa, comparada com as velocidades de produção de alta velocidade para moldagem de injeção.

Ferramentas tanto macho quanto fêmea são utilizadas. Quando é necessária uma superfície lisa no exterior de um casco de barco, um molde fêmea seria selecionado, enquanto um molde macho provavelmente seria selecionado para uma pia. Uma vez

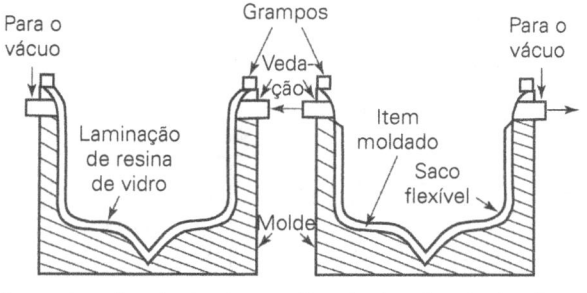

Figura 13-6 – No processamento de saco de vácuo, a aplicação de pressão para uma laminação resulta em resistência melhorada e uma superfície melhor do lado inacabado do item.

que é necessário aquecimento em muitas operações, ferramentas de cerâmica ou metal são utilizadas. Indução de infravermelho, dielétrica, jatos de luz de xenônio ou radiação em feixe podem ser usados para ajudar ou acelerar a cura.

A superfície do molde deve ser protegida para permitir a remoção do compósito acabado. Filmes plásticos, ceras, resinas de silicone, PE, PTFE, PVAl, poliéster (Mylar®) e filmes de poliamida são utilizados como agentes liberadores.

As populares resinas de **laminação úmida** incluem os epóxis e poliésteres. SMC, TMC e reforçadores pré-impregnados com polissulfona, poliimida, fenólicos, ftalato de dialila, silicones ou outros sistemas de resina podem ser utilizados. Estes materiais são frequentemente chamados **prepregs**.

Reforçadores podem incluir materiais de favo, esteiras, tecidos, papel, folhas de alumínio ou outras formas pré-impregnadas.

O processamento de saco de vácuo de laminação úmida é ilustrado na Figura 13-7. Depois de a instrumentação ter sido cuidadosamente protegida com uma cera ou filme liberador (dependendo da geometria do item), uma camada de casca de poliéster finamente trançada ou tecido de poliamida é cuidadosamente posicionado. Algumas vezes uma **camada de sacrifício** (normalmente um tecido fino impregnado de resina) é colocada na superfície do molde. As camadas de laminado são então colocadas na superfície do molde. Uma segunda camada de casca é colocada nas camadas de laminado, seguida por um tecido ou filme liberador. Dacron® e Teflon são normalmente usados como tecidos liberadores. Uma vez que as perfurações permitem que o ar e o excesso de resina escapem, esta camada é algumas vezes chamada de **camada respiradora**. Camadas sangradoras de tecido ou esteira são colocadas no tecido liberador para coletar o ar e a resina que são expulsos. Em algumas composições de compósito, uma **placa de rede** é utilizada para garantir uma superfície lisa e minimizar as variações na temperatura durante o processo de cura. Em seguida, várias camadas de ventilação ou respiração são colocadas de tal forma que o ar possa passar livremente ao longo da superfície do item dentro do saco. O saco pode ser feito de qualquer material flexível que seja hermético e não dissolverá a matriz. Manta de borracha de silicone ou PA é normalmente utilizada. É então aplicado um vácuo de 25 polegadas de mercúrio ou aproximadamente 12 psi de pressão externa. Um alçapão de resina é utilizado para

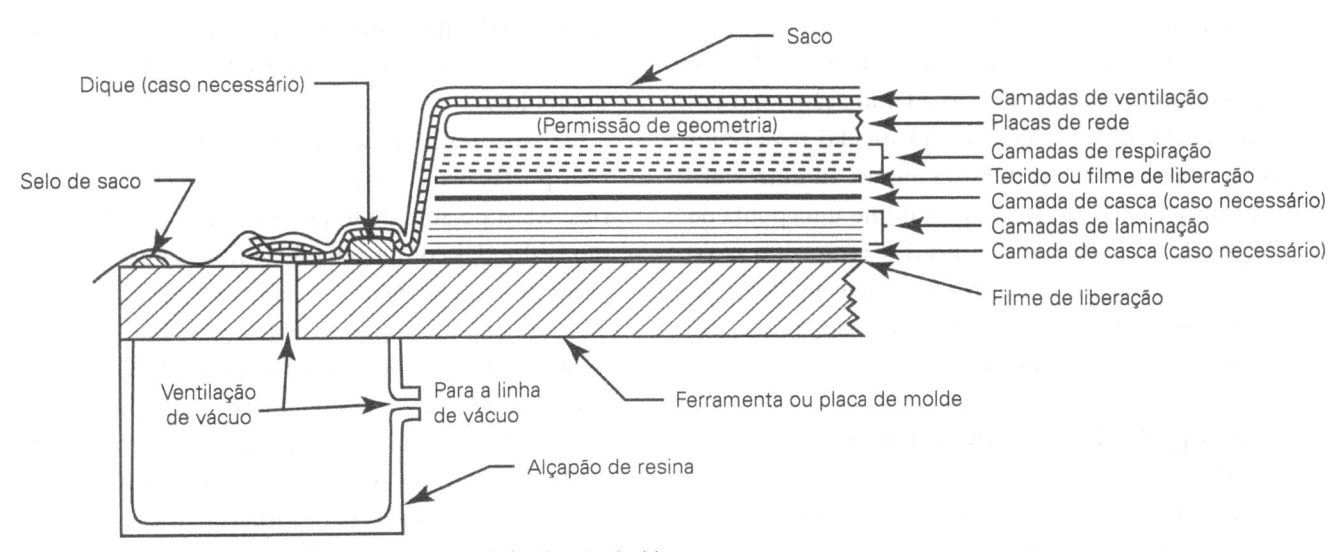

Figura 13-7 – Processamento do saco de vácuo de laminação úmida.

prevenir que a resina líquida em excesso seja puxada para as linhas de vácuo. Quando são necessárias densidade adicional ou exigências de dificuldade de projeto, técnicas de saco de pressão, de um êmbolo mergulhador de borracha, de saco de borracha, de autoclave e de formação de hidroclave são utilizadas.

Os materiais pré-impreganados e secos são normalmente mais difíceis de serem feitos em formas complexas. Pressão adicional, assistência de plugue e fontes de calor externo são usadas para amaciar e ajudar a dar forma ao compósito contra a ferramenta.

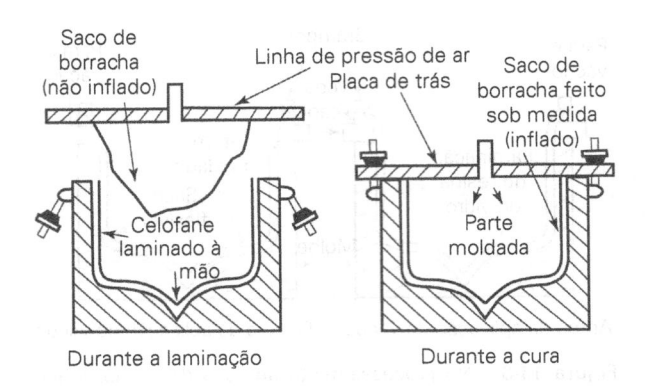

Figura 13-8 – Aquecimento e saco de borracha inflado que aplica pressão são usados no método de moldagem de saco de pressão.

Saco de pressão

O processamento do saco de pressão é também caro e lento, mas permite a fabricação de produtos grandes e densos com bons acabamentos, tanto dentro quanto fora. O processamento do saco de pressão utiliza um saco de borracha para forçar o composto de laminação contra os contornos do molde. Aproximadamente 5,1 psi [35 kPa] de pressão são aplicados ao saco durante o ciclo de aquecimento e cura (Figura 13-8). As pressões raramente excedem 50,8 psi [350 kPa].

Após a laminação, o molde e os compostos podem ser colocados em um autoclave de vapor ou aquecido a gás. As pressões da autoclave de 50,8 a 101,5 psi [350 a 700 kPa] atingirão sobrecarga de vidro maior e ajudarão na remoção de ar.

O termo **hidroclave** implica que um fluido quente é usado para prensar as camadas contra o molde. Em todos os profetos de pressão, as ferramentas (incluindo o saco flexível) devem ser capazes de resistir às pressões de moldagem. As técnicas de saco de pressão usadas para forçar a laminação contra as paredes do molde podem ser adequadas para canos de concavidade longa, tubos, tanques ou outros objetos de paredes paralelas. No mínimo uma ponta do objeto deve ser aberta para inserir e remover o saco.

Três vantagens e quatro desvantagens dos processamentos de saco de vácuo e saco de pressão são encontradas na lista adiante:

Vantagens do saco de vácuo e de pressão
1. Existem maior sobretaxa de vidro e menos lacunas que nos métodos de laminação à mão.
2. A superfície interna tem melhor acabamento que os métodos de laminação à mão.
3. Existe melhor adesão nos compósitos.

Desvantagens do saco de vácuo e de pressão
1. Mais equipamento necessário que nos métodos de laminação à mão.
2. O acabamento da superfície interna não é tão bom quanto o da moldagem de cubo combinado.
3. A qualidade depende da habilidade do operador.
4. Os tempos de ciclo são longos, limitando a produção com molde único.

Bobina de filamento

A **bobina de filamento** produz itens fortes por meio do bobinamento contínuo de reforços fibrosos em um molde.

Filamentos contínuos longos são capazes de transportar mais carga que filamentos curtos aleatórios. Mais de 80% de todas as bobinas de filamento são realizadas com mecha de vidro E. Fibras de carbono de módulo maior, aramida ou Kevlar podem ser usados. Para algumas aplicações, boro, arame, berílio, poliamidas, poliimidas, polissulfonas, bisfenol, poliésteres e outros polímeros são também utilizados. Máquinas de bobinamento especialmente projetadas podem depositar estas fitas em um padrão predeterminado para fornecer resistência máxima na direção desejada (Figura 13-9).

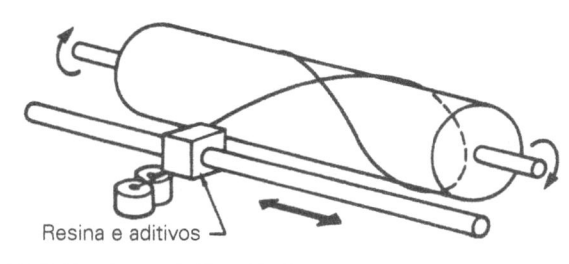

(A) Bobinador em hélice clássica.

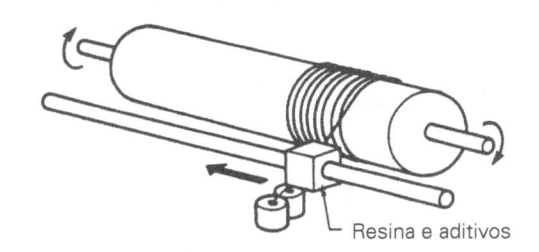

(B) Bobinador em circunferência.

(C) Bobinador polar.

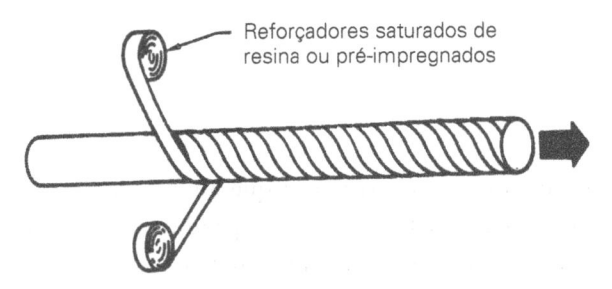

(D) Bobinador em hélice contínua.

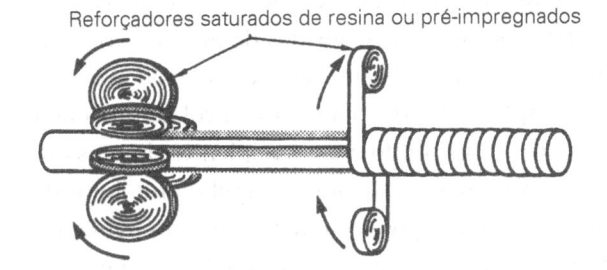

(E) Bobinador axial normal e contínua.

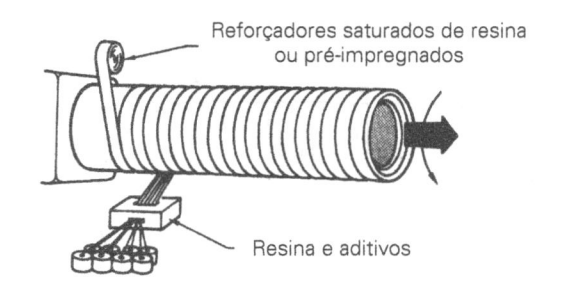

(F) Alguns métodos e projetos de bobinamento.

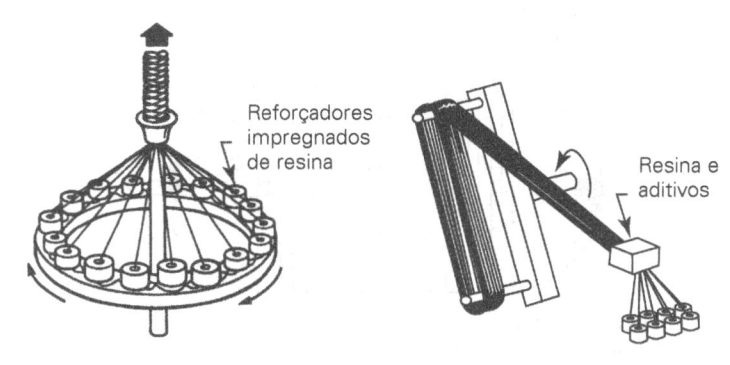

(G) Bobinador de manta em trança.

(H) Bobinador de manta em laçada.

Figura 13-9 – Alguns métodos e projetos de bobinamento.

Figura 13-10 – Bobinamento de filamento úmido. (Owens Corning)

Durante o **bobinamento úmido**, as fibras devem estar totalmente umedecidas em resina antes do bobinamento. As fitas são puxadas por meio de um banho de resina, e o excesso de matriz de resina e o ar aprisionado são forçados (espremidos entre as fitas). A tensão do bobinamento de filamento varia de 0,25 a 1 libra por extremidade (um grupo de filamentos). (Veja a Figura 13-10 mostrando o bobinamento de filamento úmido e observe restrições para a forma de itens preparados por bobinamento de filamento.)

No **bobinamento seco**, reforçadores de estágio B pré-impregnados ajudam a garantir consistência

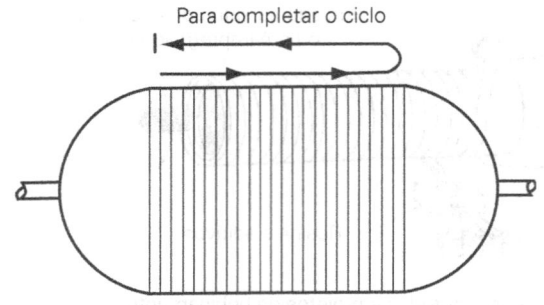

(A) Bobinamentos de laçada circular fornecendo resistência de circunferência ou de aro ótimo em uma estrutura de enrolamento de filamento.

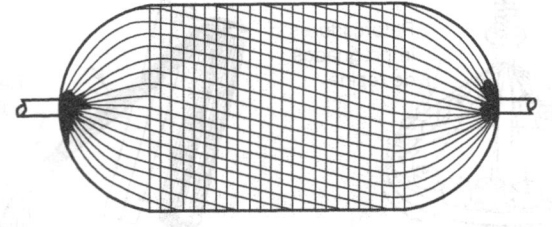

(B) Bobinamentos em hélice de circuito único combinado com bobinamentos de laçada circular fornecem alta resistência à tensão axial.

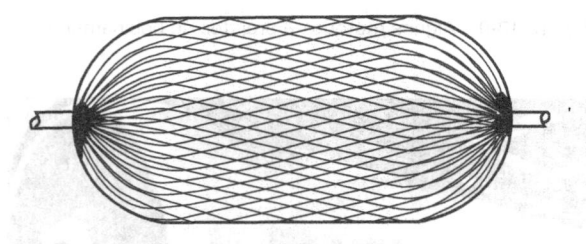

(C) Bobinamentos em hélice de circuito múltiplo permitem uso ótimo das características de força do filamento de vidro, sem a adição de bobinamentos de laçada.

(D) Bobinamentos em hélice dupla são usados quando as aberturas das extremidades da estrutura são de diâmetros diferentes.

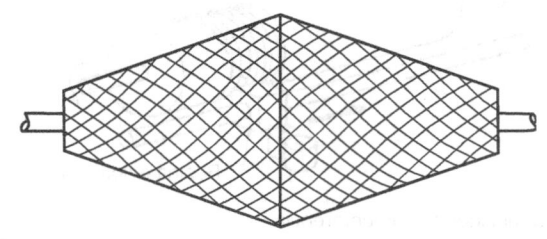

(E) Bobinamentos em hélice variável podem produzir estruturas de formatos desemparelhados.

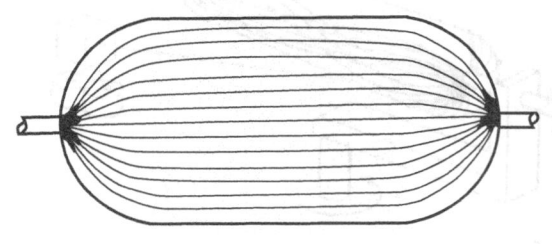

(F) Bobinamentos planos fornecem resistência longitudinal ótima (em relação ao eixo de bobinamento).

Figura 13-11 – Vantagens de vários tipos de bobinamento de filamento. (CIBA-GEIGY)

no projeto contendo reforçadores para resina. Estes reforçadores pré-impregnados podem ser enrolados por máquina ou à mão na ferramenta. A cura pode ser acelerada por **mandris** aquecidos (instrumento), fornos ambientais, endurecedores químicos ou outras fontes de energia. Muitas formas de laminados cilíndricos são produzidas utilizando este método. O mandril articulado deve ter a forma desejada do produto acabado. Mandris solúveis ou de fusão à baixa temperatura podem também ser utilizados para formas ou tamanhos complexos e especiais.

Uma vantagem do bobinamento de filamento é que ele permite ao projetista colocar reforçadores nas áreas sujeitas a maior tensão. Recipientes feitos por este processo normalmente têm uma maior proporção massa-resistência que aqueles feitos por outros métodos. Eles podem ser produzidos em praticamente qualquer tamanho com baixo custo. A Figura 13-11 mostra vários padrões de bobinamento usados para recipientes de pressão.

Em muitos recipientes de pressão, os bobinamentos de filamento não são removidos de um mandril, mas embrulhados em recipientes de metal fino ou plástico.

As aplicações de filamento enrolado incluem caixas de motor de foguete, recipientes de pressão, boias salva-vidas subaquáticas, cúpulas protetoras de antena de radar, ogivas, tanques de armazenamento, canos, feixe de molas automotivo, hélices de helicópteros, longarina de asa de aeronaves, fuselagem e outras partes de aeronaves.

Reforço centrífugo e reforço de filme moldado por sopro

No reforço centrífugo, resina e materiais reforçadores são formados contra a superfície do molde à medida que ele gira (Figura 13-12). Durante esta rotação, a resina é distribuída uniformemente por todo o reforço por meio de força centrífuga. Tanques e tubos podem ser produzidos desta maneira.

Outro processo peculiar envolve o reforço de filme moldado por sopro. Nesse processo, uma folha de compósito é produzida reforçando o filamento dentro do filme soprado quente e pressionando o filme fibroso colocado em camada entre os rolos de compressão. Este conceito é ilustrado na Figura 13-13.

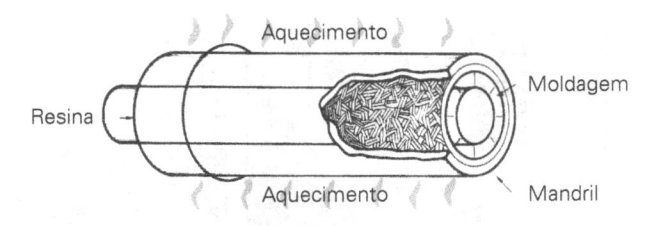

Figura 13-12 – No método centrífugo, reforçador picado e resina são distribuídos uniformemente na superfície interna de um mandril de concavidade. A montagem gira dentro de um forno para proporcionar calor para a cura.

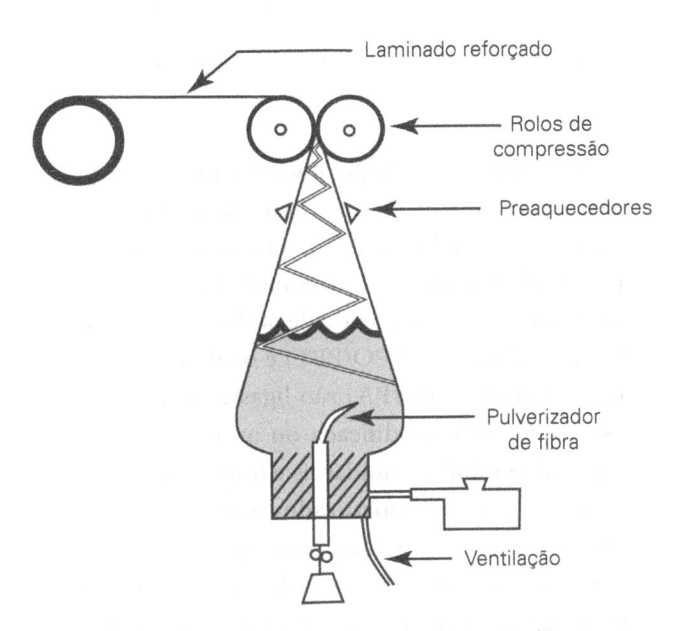

Figura 13-13 – Produção de folhas reforçadas por filamento pelo processo de filme moldado por sopro.

Pultrusão

Na **pultrusão**, esteira ou fiação preliminar (junto com outras fibras) embebida em resina é puxada por um cubo longo aquecido a 120 °C e 150 °C [250 °F a 300 °F]. O produto é modelado, e a resina é polimerizada à medida que é puxada pelo cubo. Aquecimento de radiofrequência ou micro-onda também podem ser usado para acelerar as taxas de produção. O processo dá a impressão de se assemelhar à extrusão. No processo de extrusão, o material homogêneo é *puxado* através da abertura do cubo. Na pultrusão, entretanto, os reforços embebidos em resina são *puxados* por um cubo aquecido onde a resina é curada (Figura 13-14).

Os cubos de pultrusão geralmente têm de 60 a 150 cm [24 a 60 polegadas] de comprimento e são aquecidos para ajudar no processo de polimerização. A cura deve ser cuidadosamente controlada para prevenir quebra, deslaminação, cura incompleta ou que grude às superfícies do cubo.

A produção varia de alguns milímetros a 3 m/ minuto. Várias resinas em uso incluem ésteres de vinila, poliésteres e epóxis. Vidro fibroso é o reforço mais largamente utilizado, apesar de o grafite, carbono, boro, poliésteres e fibras de poliamida poderem ser utilizados. Os reforços podem ser posicionados na área do produto de pultrusão, no qual resistência extra é necessária.

Materiais termoplásticos fundidos a quente e reforços também podem ser usados. Orientação paralela de reforços produz um compósito forte na direção das fibras. Algumas operações podem usar SMC ou pré-formas bobinadas em combinação com outros reforços contínuos para melhorar as propriedades onidirecionais.

Partes laterais de um barracão, canaletas, feixes I, varas de pescar, molas de automóveis, estruturas, superfície de sustentação de aviões, cabos de martelo, esquis, mastro de barraca, tacos de golfe, escadas, raquete de tênis, varas de salto e outras formas de perfis são exemplos de itens produzidos pela pultrusão.

A **pulformagem** é uma variação da pultrusão. À medida que os materiais são puxados dos cestos de reforçadores e impregnados com resina e outros compostos, um número de dispositivos de formação (moldes) de várias formas de seção transversal forma

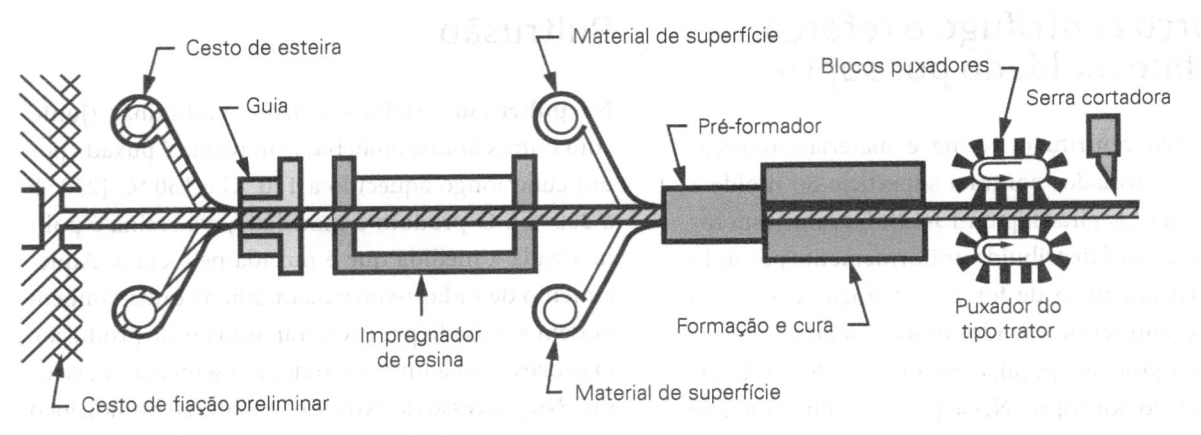

(A) Esquema básico de pultrusão contínua. (Strongwell Company)

a parte do compósito. Em um método, cubos rotatórios machos e fêmeas são unidos em um material de pultrusão e o compósito é curado. As partes curadas podem ser formadas forçando-se a pulforming em um molde fêmea circular grande com um cinto de aço flexível. O molde e o cinto são aquecidos para acelerar a cura em uma operação de pulforming contínua (veja Figura 13-15). As aplicações incluem cabos de martelo, tigelas, molas curvas e outros produtos que não têm uma forma de seção transversal contínua.

Formação/impressão a frio

Termoplásticos reforçados por fibra de vidro, disponível na forma de folhas, podem ser formados a frio da mesma maneira que metais (Figura 13-16). Reforçadores longos são usados para melhorar a proporção massa-resistência.

Durante a operação de formação, a folha é pré-aquecida a aproximadamente 200 °C [392 °F] e então formada em uma prensa de impressão metálica normal. É possível produzir itens com desenhos complexos e variando a espessura da parede usando este método. As taxas de produção podem exceder 260 partes por hora. Vários produtos incluem coberturas de motor, proteções de ventilador, capas de roda, bandeja de bateria, luminárias domésticas, encosto de cadeiras e muitos painéis automotivos de decoração.

De acordo com uma autoridade, folhas de compósito termoplásticas reforçado e impresso poderiam se tornar um substituto do aço impresso produzido em Detroit. Muitas destas folhas têm um acabamen-

(B) Membros de apoio estruturais de poliéster de fibra de vidro reforçado para o piso operacional desta fábrica de misturas químicas foram produzidos por pultrusão. (Strongwell Company)

Figura 13-14 – Método de pultrusão e uma aplicação de produto.

to do molde classe A que pode ser pintado. Aplicações de acabamento automotivo que não são classe A respondem por 80% da demanda de folha de vidro/polipropileno (PP). Policarbonato/tereftalato de polibutileno (PC/PBT), óxido de polifenileno/tereftalato de polibutileno (PPO/PBT) e óxido de polifenileno/poliamida (PPO/PA) são ligas combinadas com esteira de vidro modificada ou outros reforçadores especiais em folhas moldáveis e impressas.

Combinação de **misturados** não impregnados de filamentos termoplásticos contínuos, tais como poliéster éter cetona (PEEK) e poliestireno (PS) com filamentos reforçadores de carbono, aramida de vidro ou metais podem ser transformados em fios, tecidos ou feltros. Pré-formas misturadas tecidas, trançadas ou tricotadas em três dimensões são então aquecidas sob pressão no molde. Os filamentos termoplásticos fundem e molham os reforçadores adjacentes. Estas formas são um material versátil para compósitos.

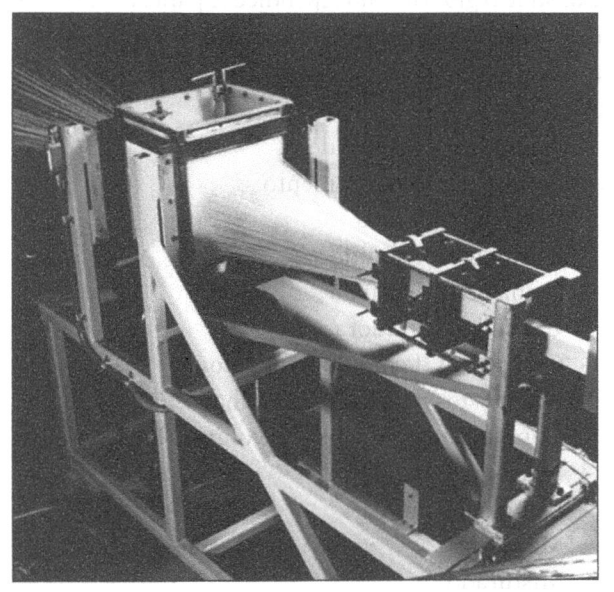

(A) Alimentação de fiação preliminar de vidro através do tanque de umedecimento.

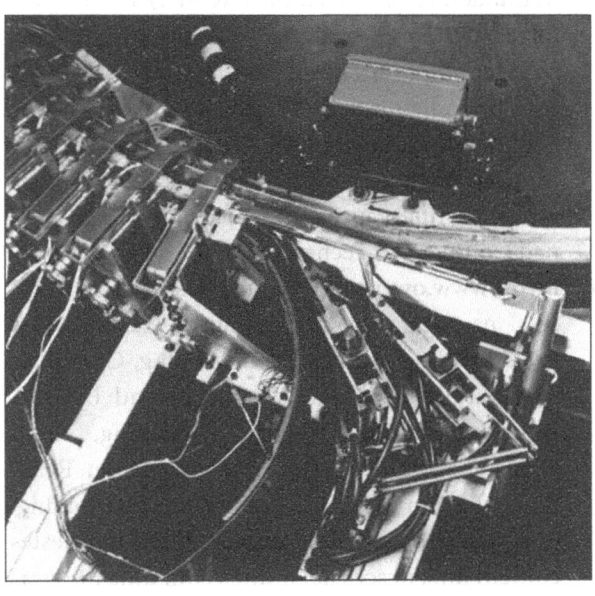

(B) Cubo de cinto aquecido fechado em uma seção de cura.

(C) Estoque de feixe de molas saindo da seção cubo/cinto.

(D) Serra cortadora de estoque de mola flutuante.

Figura 13-15 – Pulforming de um feixe de molas de compósito curvo. (W. Brandt Goldsworthy & Associates)

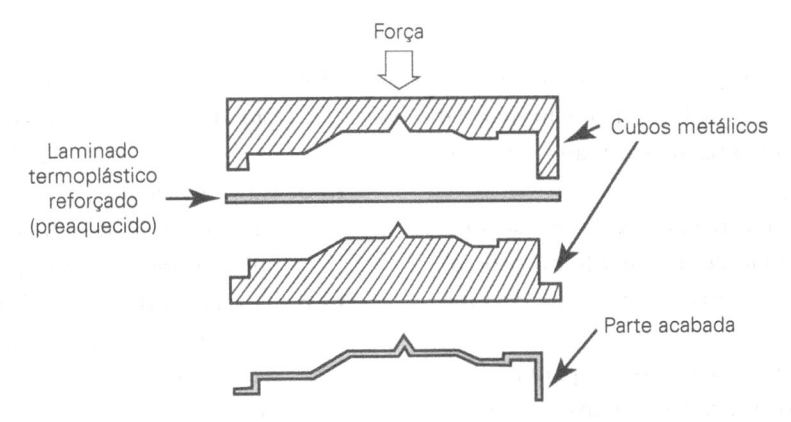

Figura 13-16 – Material em folha de compósito é preaquecido e moldado em cubos de impressão metálicos a frio e equipamento.

Pesquisa na internet

- **http://www.cfa-hq.org.** A American Composites Manufactures Association (ACMA) fornece informações sobre compósitos. A ACMA publica o *CM, Composites Manufacturing*, mensalmente. Este periódico está disponível on-line. Ela também publica o *Composites Research Journal (CRJ)* trimestralmente. Além disso, ela opera um programa de certificação para técnicos, o CCT (Certified Composites Technician).
- **http://www.owenscorning.net.** A seleção de "Process" na página leva a: Continuous Casting, Cold Press Molding, Compression Molding, Contínuos Lamination, Filament Winding, Hand Lay-Up, Infusion Molding, Injection Molding, Resin Transfer Molding, Performing, Pultrusion, Reaction Injection Molding, Resin Transfer Molding, Spay Up and Vacuum Bagging. Cada um destes contém uma descrição, muitos com uma fotografia, documentos e perguntas e respostas.
- **http://www.reichhold.com.** A Reichchold Chemicals, Inc., é um fornecedor líder mundial de resinas de poliéster insaturado. Estes materiais entram em uma variedade de SMC e revestimentos gel. A seleção de "Literature" na página apresentará periódicos, artigos e guias de produtos sobre os materiais deles.
- **http://www.smc-alliance.com.** A SMC Alliance é uma organização europeia de fabricantes e moldadores de SMC e BMC. O sítio fornece informações da organização. A aba "Gallery" na página leva a discussões de produtos notáveis de SMC. As abas "News" e "Publications" oferecem referências a artigos e publicações sobre SMC.

Vocabulário

As palavras a seguir são encontradas neste capítulo. Consulte o glossário no Apêndice A para encontrar as definições destas palavras, caso você não compreenda como elas se aplicam aos plásticos.

Aumentar a densidade
Bobinamento de filamento
Bobinamento seco
Bobinamento úmido
Camada de sacrifício
Camada respiradora
Compostos de molde reforçados
Compostos moldados em folhas
Compostos moldados por volume (BMC)
Hidroclave
Laminação úmida
Mandril
Misturado
Placa de rede
Plásticos reforçados
Prepeg
Processamento compósito
Pulformagem
Pultrusão
Pulverização
Pulverização de camada rígida
Revestimento gel
Umedecimento

Questões

13-1. Plásticos com propriedades de resistência que aumentam pela adição de enchimento e fibras reforçantes à resina base são chamados _____.

13-2. A camada não reforçada fina de resina colocada na superfície de um molde no processo de laminação à mão é chamada de uma _____.

13-3. O processo de usar reforçadores para melhorar algumas propriedades de itens de plástico é chamado _____.

13-4. As duas maiores desvantagens da laminação de alta pressão são baixas taxas ____ _____ e altas pressões.

13-5. Na moldagem _____, a esteira ou fiação preliminar embebida em resina é puxada por meio de um cubo aquecido longo.

13-6. Dê o nome da técnica de processamento mais simples que pode ser usada para produzir um recipiente relativamente forte com uma forma complexa.

Capítulo 14

Processos e materiais de fundição

Introdução

Este capítulo foca os processos de fundição de plásticos e os materiais de fundição frequentemente utilizados. A **fundição** envolve introduzir um plástico liquefeito em um molde e permitir que ele se solidifique. Em contraste, para a moldagem e a extrusão, a fundição se apoia na pressão atmosférica para encher o molde em vez de numa força significativa para empurrar o polímero para a cavidade do molde.

Para encher um molde usando a pressão atmosférica, o polímero deve se aproximar de um estado líquido. Mesmo a temperaturas elevadas, muitos plásticos simplesmente não se tornam líquidos o suficiente para fluir para dentro dos moldes. Muitos polímeros quentes têm uma viscosidade similar à massa de pães. Consequentemente, acetal, PC, PP e muitos outros plásticos não são materiais de fundição. Os monômeros são normalmente mais líquidos que os polímeros e têm viscosidade similar ao xarope para panquecas. Por causa desta propriedade, os monômeros suprem um uso considerável como materiais de fundição.

A fundição inclui um número de processos nos quais monômeros, monômeros modificados, pós ou soluções de solventes são vertidos dentro de um molde, onde transformam-se em uma massa plástica sólida. A transição de líquido para sólido pode ser atingida por evaporação, ação química, resfriamento ou aquecimento externo. Após o material fundido se solidificar no molde, o produto final é removido do molde e acabado.

As técnicas de fundição listadas no resumo de capítulo a seguir podem ser colocadas em seis grupos distintos:

I. Tipos de material
II. Fundição simples
   A. Tipos especiais de fundição simples
III. Fundição de filme
IV. Fundição de fundido quente
V. Fundição slush e fundição estática
   A. Fundição slush
   B. Fundição estática
VI. Fundição rotacional
   A. Fundição centrífuga
   B. Fundição rotacional
VII. Fundição por mergulho

Tipos de material

Existem quatro tipos de materiais utilizados nos processos de fundição. As resinas líquidas são monômeros, xaropes ou termocurados de baixa massa molecular. Com frequência, estes materiais são polímeros de cadeia curta incluindo náilon, acrílico, poliéster e fenólicos. Esses materiais normalmente endurecem por uma reação química para completar a polimerização para termoplásticos ou pela união cruzada para termocurados. Os plásticos fundidos quentes, o segundo grupo, são termoplásticos completamente polimerizados, que são fundidos, formados rotacionalmente e solidificados por resfriamento. Os plastisóis e organosóis são partículas plásticas colocadas em suspensão em um solvente plasticizante. Eles endurecem por evaporação do solvente ou retirando o solvente das partículas. Plastisols têm em uma lata concentração de sólidos, normalmente maior que 90%, o que os torna mais grossos e viscosos. Em contraste, os organosols têm uma porcentagem de sólidos mais baixa, normalmente entre 50% e 90%. Eles geralmente são mais fluidos que os plastisols. O quarto tipo envolve a dissolução de peças plásticas em um solvente volátil e é chamado de plásticos dissolvidos. À medida que o solvente evapora, o material endurece.

Fundição simples

Na **fundição simples**, as resinas líquidas ou plásticos fundidos são vertidos nos moldes e deixados para polimerizar ou esfriar. Os moldes podem ser feitos de madeira, metal, gesso, plásticos selecionados, elastômeros selecionados ou vidro. Por exemplo, silicones geralmente são fundidos sobre formatos para produzir moldes nos quais os plásticos ou outros materiais podem ser fundidos.

Exemplos de produtos produzidos por fundição simples incluem joias, bolas de bilhar, folhas fundidas para janelas, itens de móveis, cristais de relógios, lentes de óculos, cabos para ferramentas, conjuntos de carteiras escolares, maçanetas, tampos de mesa, pias e botões de fantasias. A Figura 14-1 mostra os princípios básicos da fundição simples.

As fundições fenólicas eram parte do desenvolvimento inicial da indústria de plásticos. Leo Baekeland introduziu inúmeros artigos fundidos de baquelita. Atualmente, as resinas mais importantes de fundição são poliéster, epóxi, acrílico, poliestireno, silicones, epóxis, celulose de etila, butirato de acetato de etila e poliuretanos. A mais conhecida é provavelmente a resina de poliéster, porque é utilizada em trabalhos de artesanato e *hobbies*.

Resinas fundidas de poliéster podem ser ocas ou não. Para reduzir o custo de poliéster oco, resinas fundidas são aumentadas com água. Poliésteres aumentados com água têm grande utilização na fundição de móveis e itens de escritório.

Muitas resinas fundidas de poliéster contêm grande quantidade de enchimentos e reforços. Por exemplo, mármore artificial é um produto que contém resíduos de mármore ou carbonato de cálcio (cal) como enchimento e plásticos de poliéster como material de união. Ele é utilizado para produzir bases de abajur, tampos de mesa, compensados exteriores, estátuas e outros produtos semelhantes ao mármore.

Tipos de plásticos de acrílico transparentes são fundidos em bastão, folhas e tubos. As folhas de acrílico normalmente são produzidas vertendo-se um monômero catalisado ou resina parcialmente polimerizada entre duas placas paralelas de vidro (Figura 14-2). O vidro é selado com um material de vedação para prevenir vazamentos e ajudar a controlar a espessura da folha fundida. Depois de a resina ter se polimerizado completamente em um forno ou autoclave, a folha de acrílico é separada das placas de vidro e reaquecida para aliviar o estresse que ocorreu

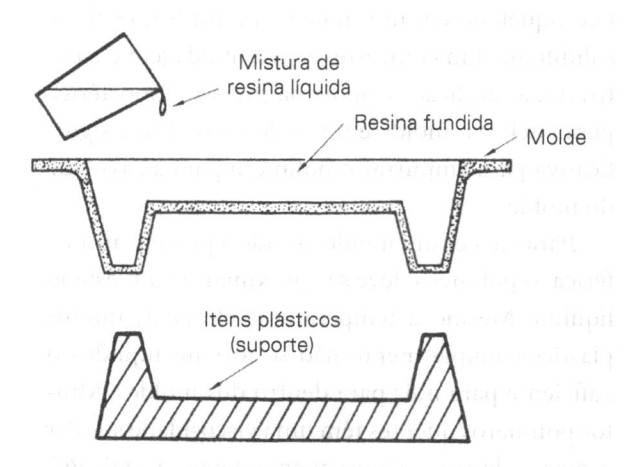

Figura 14-1 – Fundição de sólido em um molde de plástico de peça única e aberto.

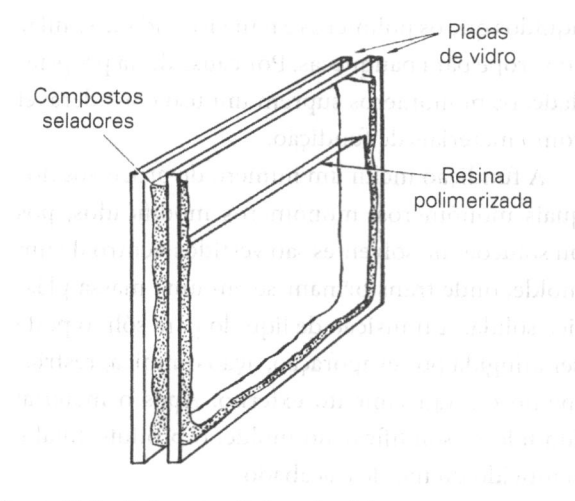

Figura 14-2 – Folhas de plásticos fundidas.

durante o processo de fundição. As faces são cobertas com papel de máscara para proteger a folha durante o transporte, manuseio e fabricação. Folhas não aparadas podem ser compradas com o material selador ainda colado nas bordas (Figura 14-3).

Alguns materiais são impróprios para fundição, mas utilizados na forma de folha. Em contraste à fundição, um processo de corte chamado de fatiamento pode ser necessário. As folhas de nitrato de celulose e outros plásticos podem ser cortadas em fatias (fatiadas) de blocos que foram amaciados por solventes. Depois de os solventes residuais terem sido evaporados, as peças fatiadas são prensadas entre placas polidas para melhorar o acabamento superficial (Figura 14-4).

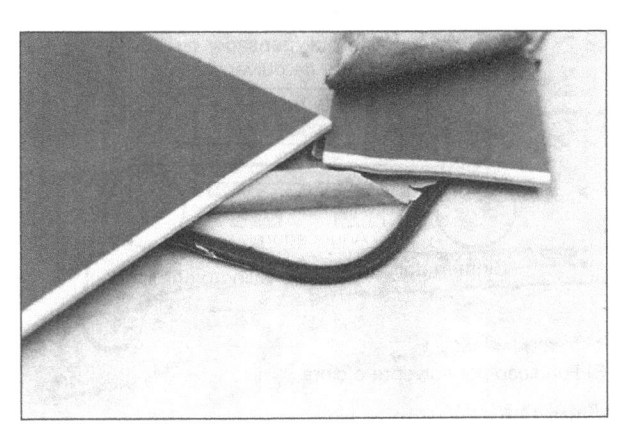

Figura 14-3 – Materiais seladores ainda aderidos às bordas destas folhas de plásticos de acrílico não aparadas.

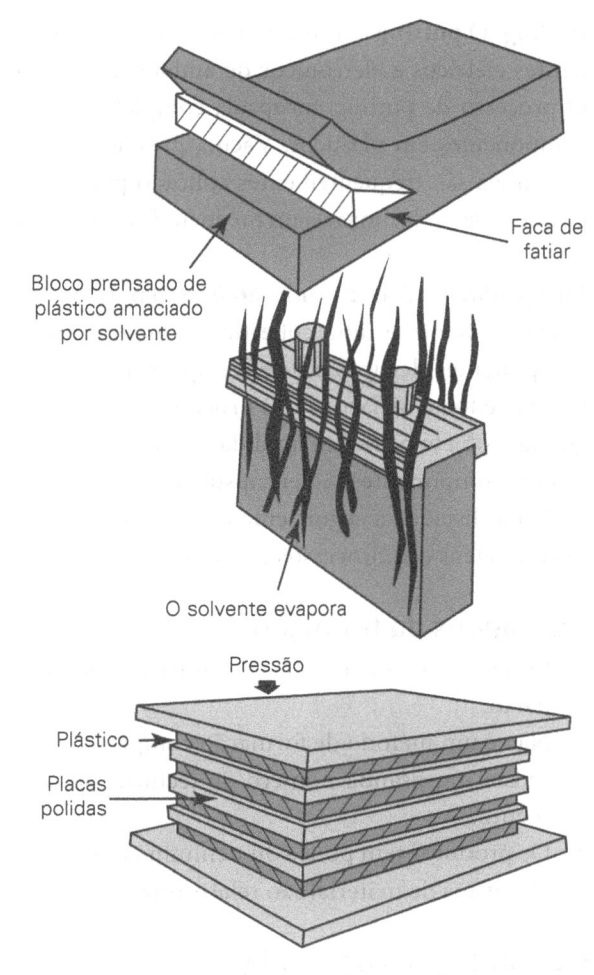

Figura 14-4 – Folhas fatiadas de um bloco de plástico.

Tipos especiais de fundição simples

Em adição à fundição simples comum, três tipos especiais de fundição simples são populares. Referimo-nos a elas como incrustamentos, potting e encapsulação. Apesar de espumas poderem ser fundidas, elas são abordadas sob os processos de espumantes no Capítulo 16.

Incrustamentos. Os **incrustamentos** envolvem os objetos completamente com um plástico transparente. Depois da polimerização, o fundido é removido do molde e normalmente polido (Figura 14-5).

Os objetos são incrustados para preservação, exibição e estudo. Nas ciências biológicas, espécies animais e vegetais normalmente são incrustadas para ajudar a preservá-las. Isto permite o manuseio seguro da maioria das amostras frágeis.

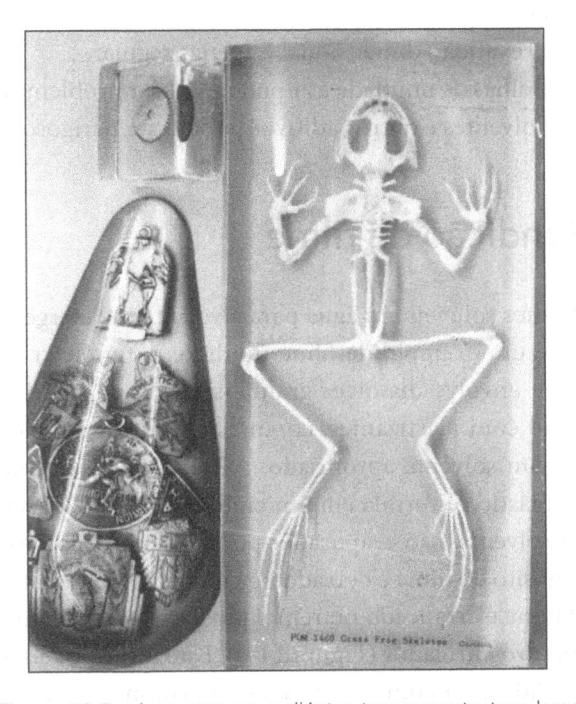

Figura 14-5 – Incrustar em poliéster transparente tem largo uso em objetos como amostras para aulas de ciências.

Potting. O **potting** é utilizado para proteger componentes elétricos e eletrônicos de ambientes nocivos. O processo de potting encapsula completamente os componentes em plásticos. Vácuo, pressão ou força centrífuga são frequentemente aplicado para garantir que todas as lacunas sejam preenchidas com resina.

Encapsulação. A **encapsulação** é similar ao potting. A encapsulação é uma cobertura sem solvente em componentes elétricos. Este envelope de plástico não preenche todas as lacunas. O processo envolve mergulhar o objeto na resina fundida. Depois do potting, muitos componentes são encapsulados.

Estão listadas a seguir cinco vantagens e quatro desvantagens dos processos de fundição.

Vantagens da fundição

1. O custo de equipamentos, ferramentas e moldes é baixo.
2. Não é um método de formação complexo.
3. Existe um grande número de técnicas de tratamento.
4. Os produtos têm pouca ou nenhuma tensão.
5. Os custos de material são relativamente baixos.

Desvantagens da fundição

1. A taxa de produção é baixa e o tempo de ciclo é alto.
2. A exatidão dimensional é apenas regular.
3. Bolhas de umidade e ar podem causar problemas.
4. Solventes e outros aditivos podem ser perigosos.

Fundição de filme

Pacotes solúveis em água para alvejantes e detergentes é um exemplo de filme fundido. A fundição de filme envolve dissolver grânulos ou pó de plástico junto com plastizantes, corantes ou outros aditivos em um solvente apropriado. A solução de solvente do plástico é vertida em um cinto de aço inoxidável. Os solventes são evaporados por adição de calor, e o depósito do filme é deixado no cinto em movimento. O filme é arrancado ou removido e enrolado em um cilindro enrolador (Figura 14-6). Este filme pode ser fundido como um revestimento ou laminado diretamente em tecido, papel ou outros substratos.

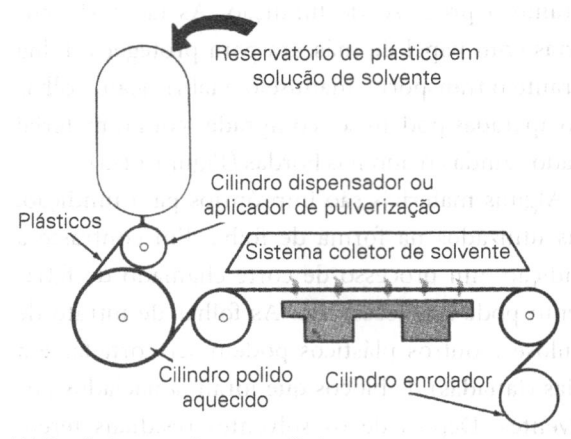

(A) Fundição por solvente e cilindro.

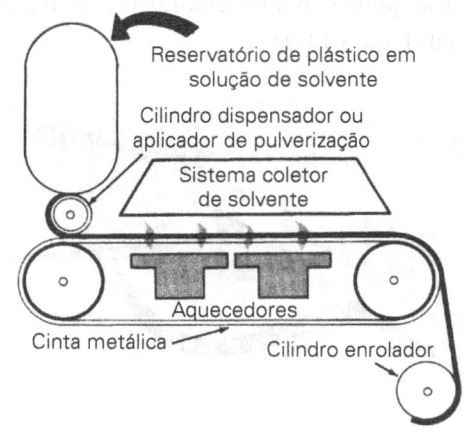

(B) Fundição por solvente e cinta.

Figura 14-6 – Fundição de filme.

A fundição por solvente de filme oferece as três vantagens a seguir em relação a outros processos de aquecimento e fusão:

1. Não são necessários aditivos para estabilização de aquecimento e lubrificação.
2. Os filmes são uniformes em espessura e oticamente transparentes.
3. Nenhuma orientação ou tensão é possível com este método.

Para ser economicamente viável, a fundição por solvente de filme necessita de um sistema de recuperação de solvente. Plásticos que podem ser fundidos por solvente incluem acetato de celulose, butirato de celulose, propionato de celulose, celulose de etila, cloreto de polivinila, metacrilato de polimetila, policarbonato, álcool polivinílico e outros copolímeros. A fundição de látex plásticos líquidos em superfícies revestidas com Teflon em vez de aço inoxidável também pode ser utilizada para produzir filmes especiais.

Dispersões aquosas de politetrafluoroetileno e fluoreto de polivinila são fundidas em cintas aquecidas a temperaturas abaixo do seu ponto de fusão. Este método é cômodo para produzir filmes e folhas de materiais que são difíceis de processar por outros meios. Estes filmes são usados como revestimentos antiaderente, material de calefação e componentes seladores para canos e juntas.

Fundição de fundido quente

Os plásticos **fundidos quentes** eram usados para fundição desde a Segunda Guerra Mundial. Hoje, formulações de fundido quente podem ser baseadas na celulose de etila, butirato de acetato de celulose, poliamida, metacrilato de butila, polietileno e outras misturas. O maior uso é a produção de revestimentos removíveis e adesivos. Resinas fundidas quentes podem ser usadas para produzir moldes para a fundição de outros materiais. Também, resinas fundidas quentes são usadas em processo de fundição para potting e encapsulação (Figura 14-7). Nem todos os compostos de potting são termoplásticos e fundidos quentes. O silicone é mais frequentemente usado para revestir, selar e fundir. Entretanto, resinas epóxi e poliéster também são usadas para estes propósitos.

Itens elétricos podem ser protegidos de ambientes hostis, sendo colocados em moldes e tendo resina quente despejada sobre os componentes. Quando frio, o plástico fornece proteção para fios e partes vitais. Os componentes encapsulados ou conservados podem então ser montados com outros itens para produzir o produto acabado. Algumas encapsulações e potting não são fundidos em moldes separados, mas produzidos despejando-se o composto derretido diretamente sobre os componentes dentro da caixa do produto acabado. O isolamento de itens em um chassi de rádio ou um motor é um exemplo bem conhecido. Se os componentes são fundidos no local e não removidos do formato de molde, eles devem ser classificados como revestimentos.

Fundição slush e fundição estática

A fundição slush e a fundição estática dividem o mesmo tipo de processo, mas normalmente não os materiais. Fundições slush baseiam-se em materiais de fundição líquidos, enquanto as fundições estáticas normalmente começam com pós.

Fundição slush

Os principais materiais para fundições slush são **plastisols** e **organosols**. Os plastisols são misturas de plásticos e plastizantes moídos (Figura 14-8). Os organosols são dispersões de vinila ou poliamida em solventes orgânicos e plastizantes (Figura 14-9). Os organosols consistem de 50% a 90% de sólidos. Os sólidos são partículas minúsculas de plástico, frequentemente PVC moído. Organosols contêm tanto plastizantes quanto quantidades variadas de solventes. Um plastisol pode ser convertido em um organosol adicionando-se solventes selecionados.

Itens fundidos por slush são ocos, mas têm uma abertura similar àquelas encontradas em itens de bonecas, bulbos de seringa e recipientes especiais. Qualquer projeto no molde estará do lado de fora do produto.

A **fundição slush** envolve despejar dispersões de cloreto de polivinila ou outros plásticos em um molde quente, aberto e oco. À medida que o material bate nas paredes do molde, começa a se solidificar (Figura 14-10). A espessura da parede do item moldado aumenta à medida que a temperatura aumenta ou a solução é deixada no molde quente. Quando a espessura desejada da parede é atingida, o excesso de material é despejado do molde. O molde é então colocado em um forno até que o plástico derreta ou a evaporação do solvente esteja completa. Depois do

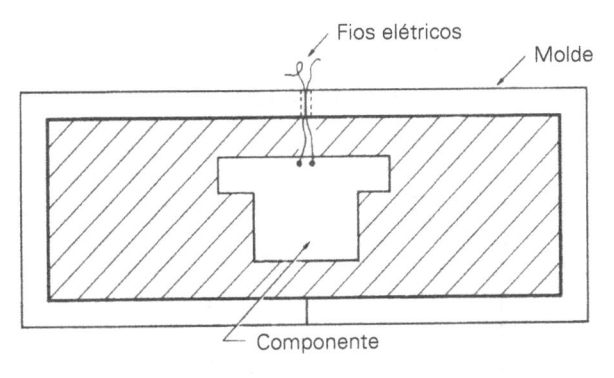

Figura 14-7 – Encapsulação de fundido quente de um componente eletrônico.

resfriamento com água, o molde é aberto e o produto é removido.

Moldes comerciais são normalmente produzidos de alumínio, porque este metal permite um ciclo rápido e os custos das ferramentas são baixos. Moldes de cerâmica, aço, gesso ou plástico também podem ser usados. Vibração, rotação ou o uso de câmaras de vácuo podem ser necessários para retirar as bolhas de ar no produto de plastisol.

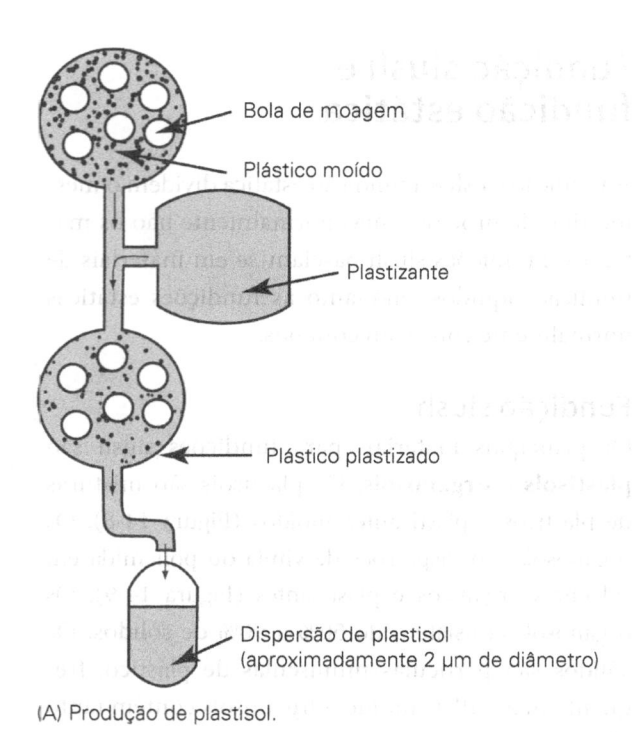

(A) Produção de plastisol.

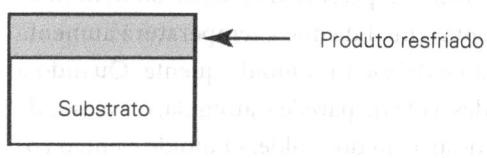

(3) Fusão de plastisol ao substrato.

Figura 14-8 – Produção e uso de plastisols.

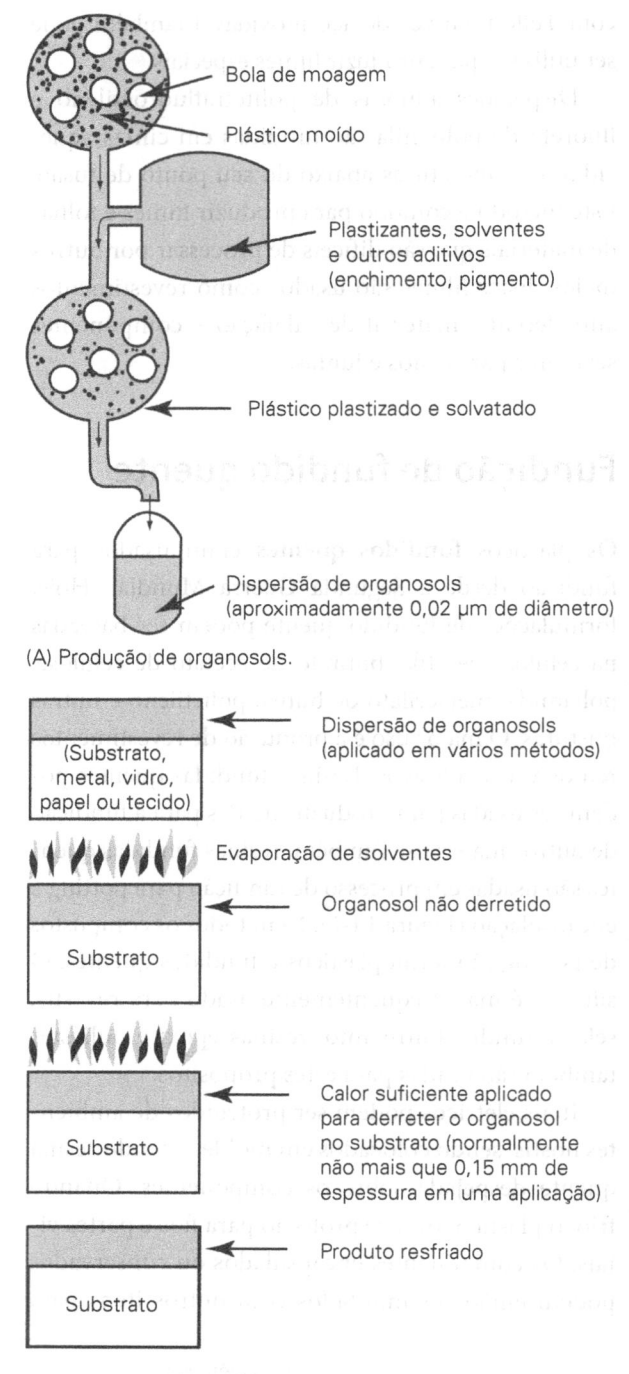

(A) Produção de organosols.

(B) Fusão de organosols ao substrato.

Figura 14-9 – Produção e uso de organosols.

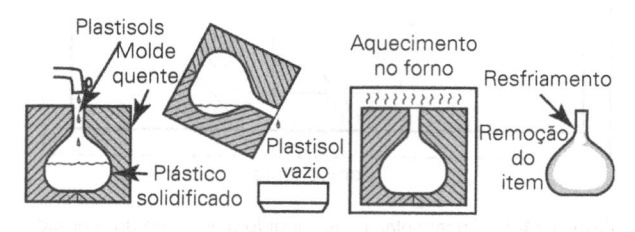

Figura 14-10 – Fundição slush básica com plastisols.

Organosols são fundidos e os solventes são deixados escapar. O plástico seco e não derretido é deixado no substrato. Aplica-se, então, calor para derreter o plástico.

Fundição estática

Pós de termoplástico são também usados em um processo seco, algumas vezes chamado **fundição estática**. Na fundição estática, um molde metálico é preenchido com plásticos em pó e colocado em um forno quente (Figura 14-11). À medida que o calor penetra o molde, o pó se funde e derrete na parede do molde. Quando a espessura desejada da parede é obtida, o excesso de pó é removido do molde. O molde deve retornar ao forno até que as partículas de pó tenham derretido completamente.

Tanques enormes de armazenamento e recipientes com paredes pesadas são exemplos de produtos produzidos pelo uso deste método de fundição. Poliestireno celular ou poliuretanos podem ser colocados no espaço restante na fabricação de dispositivos de flutuação de parede robusta.

Em um processo relacionado, conhecido como **microlaminação vibracional** (VIM – Vibrational microlamination), é utilizada uma combinação de calor e vibração. Camadas finas de homopolímero alternando com camadas reforçadas são utilizadas para produzir tanques enormes de armazenamento, brinquedos ocos, bulbos de seringa ou outros recipientes (Figura 14-12).

Fundição rotacional

A fundição rotacional baseia-se na rotação de um molde para distribuir homogeneamente o material

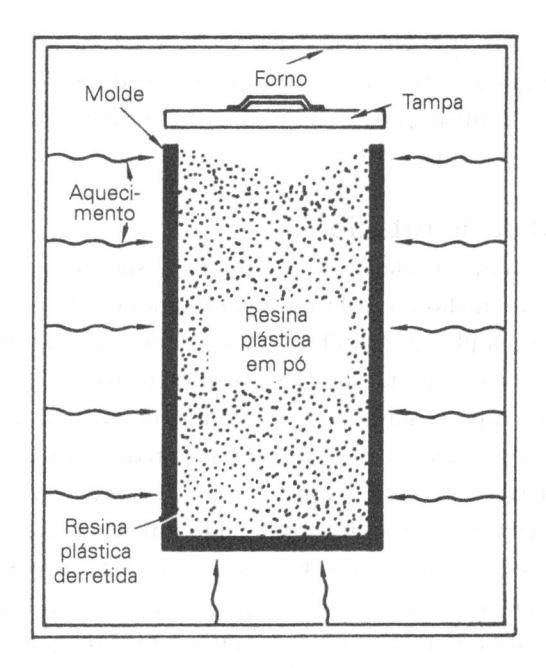

Figura 14-11 – Princípio de fundição estática.

de fundição nas suas paredes. Os materiais usados são plásticos em pó, monômeros ou dispersões. A fundição rotacional inclui duas categorias básicas que se originam no número de eixos de rotação. Se o molde gira em um único plano, o processo é identificado como **fundição centrífuga**. Se o molde move-se em dois planos de rotação, o processo é **fundição rotacional**.

Fundição centrífuga

A fundição centrífuga normalmente produz formatos cilíndricos. Grandes canos e tubos são exemplos de produtos típicos. Utilizando-se processos especiais, mandris infláveis e materiais reforçados podem ser colocados próximo à camada da crosta para produzir um compósito de alta densidade contendo vigas

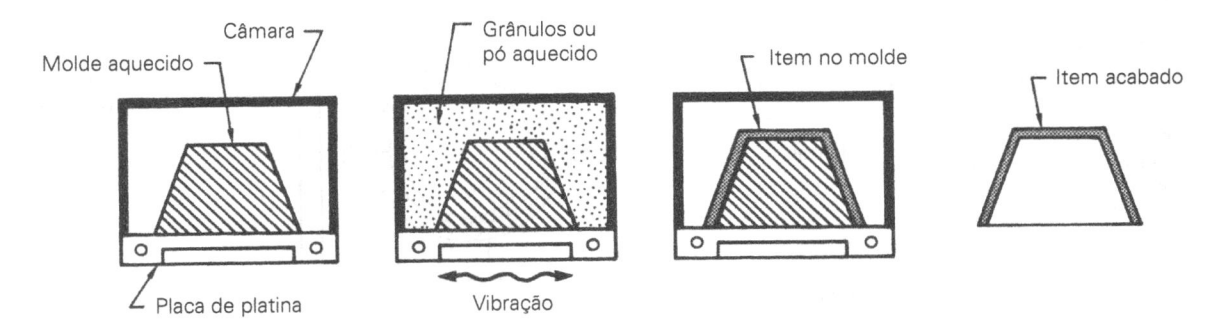

Figura 14-12 – Na VIM, diferentes formulações, tipos de plástico e/ou reforços podem ser usados alternativamente para produzir um laminado verdadeiro.

ou outros projetos geométricos. Em outra operação, laminação úmida é colocada na parede do molde. A força centrífuga faz com que o reforço e a matriz tomem a forma do molde.

Fundição rotacional

Na fundição rotacional, pós ou dispersões de plástico são medidos e colocados em moldes de alumínio de múltiplas peças. O molde é então colocado em um forno e girado em dois planos (eixos) ao mesmo tempo (Figura 14-13). Este movimento espalha homogeneamente o material nas paredes do molde quente. O plástico se funde à medida que ele toca as superfícies do molde, produzindo um revestimento de peça única. O ciclo de aquecimento está completo quando todo o pó ou dispersão derreteram. Entretanto, o molde continua a girar à medida que ele entra em uma câmara de resfriamento. Polímeros cristalinos fundidos geralmente são resfriados ao ar, enquanto polímeros amorfos podem ser resfriados rapidamente por jato ou banho de água. Finalmente, o produto plástico resfriado é removido.

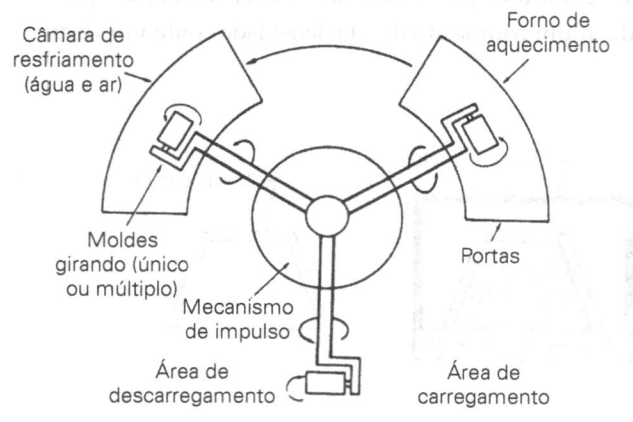

Programando-se a velocidade de rotação, a espessura da parede nas diferentes áreas pode ser controlada. Caso seja desejável ter uma seção de parede grossa em torno de uma linha de separação de uma bola, o eixo secundário pode ser programado para girar a uma velocidade mais rápida que o eixo principal. Isto coloca mais material em pó contra o molde quente naquela área específica. A Figura 14-14 mostra como isto é feito.

A fundição rotacional pode ser usada para objetos ocos completamente fechados, tais como bolas, brinquedos, recipientes e itens industriais, incluindo braços de poltronas, viseiras de sol, tanques de combustíveis e boias. A Figura 14-15 mostra o equipamento de fundição rotacional, e a Figura 14-16 mostra alguns itens produzidos por fundição rotacional.

Itens preenchidos com espuma e de parede dupla, incluindo compósitos verdadeiros, também podem ser produzidos. Reforços de fibra curta são usados, e deve-se tomar cuidado para prevenir fibras de reforço que se projetam para fora. Colocar uma camada de um homopolímero sobre o polímero reforçado pode superar este problema. Em uma operação, uma camada sólida de crosta exterior é produzida, seguida pela liberação de uma segunda carga de material a partir de uma *caixa de descarregamento* no molde.

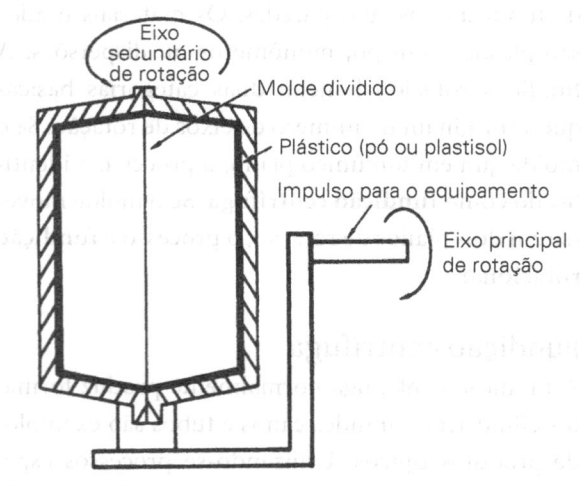

Fundição por mergulho

A **fundição por mergulho** é um processo simples no qual um molde aquecido é mergulhado em uma dis-

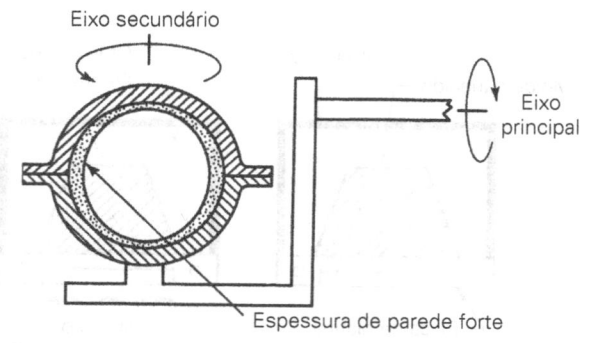

Figura 14-13 – Princípio de fundição rotacional.

Figura 14-14 – A espessura da parede em uma bola pode variar se a rotação do eixo secundário for mais rápida que a do eixo principal.

(A) Máquina de moldagem com braço independente de oito pés do tipo Rotospeed™. (Cortesia de Ferry Industries)

(B) Máquina de moldagem com braço independente de dezesseis pés do tipo Rotospeed™. (Cortesia de Ferry Industries)

(C) Máquina de moldagem de torre rotatória de seis pés do tipo Rotospeed™. (Cortesia de Ferry Industries)

Figura 14-15 – Máquinas para fundição rotacional.

dentro de uma dispersão de plastisol (Figura 14-17). À medida que a resina toca a superfície quente do molde, ela começa a derreter e amalgamar. A espessura das peças continua a aumentar à medida que permanece na solução. Caso deseje uma espessura adicional, a peça revestida pode ser reaquecida e mergulhada de novo. Depois de obter a espessura desejada, o molde é removido do forno e resfriado, e o item é então retirado do molde. A espessura do produto é determinada pela temperatura do molde e pelo tempo que o molde quente fica no plastisol.

(A) Sistema de proteção frontal de veículo (VFPS) moldado rotacionalmente. (Cortesia de Team Poly)

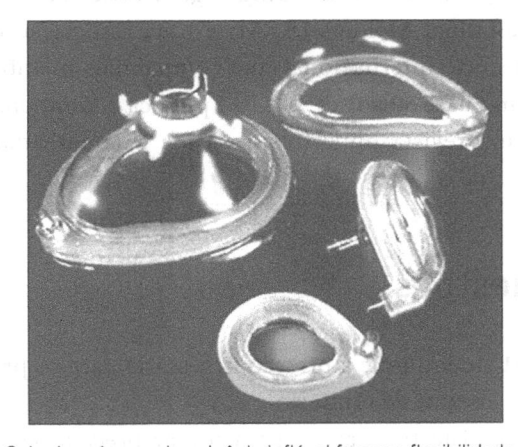

(B) Selo de máscara de oxigênio inflável fornece flexibilidade para o conforto do paciente. (Cortesia de Roto Plastics Corporation)

Figura 14-16 – Produtos feitos por equipamento de moldagem rotacional.

persão líquida de plástico. O plástico se funde e adere à superfície metálica quente. Depois de o molde ser removido da dispersão, entra em um forno de cura para garantir a fusão adequada das partículas de plástico. Após a cura, o plástico é desgarrado do molde.

A fundição por mergulho não deve ser confundida com o *revestimento por mergulho*. Revestimentos não são removidos do substrato. Na fundição por mergulho, um mandril preaquecido da forma e tamanho da *parte interna* do produto é mergulhado

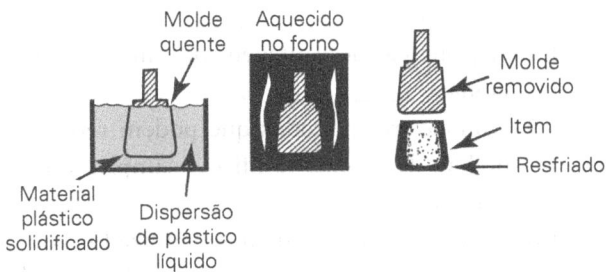

Figura 14-17 – Esquema de fundição por mergulho.

Várias camadas ou cores e formulações alternadas podem ser aplicadas alternando-se calor e mergulho. Qualquer projeto no molde aparecerá dentro do produto. Luvas plásticas, galochas, bolsas de moedas, capas de tomadas contra faísca e brinquedos são exemplos de produtos fundidos por mergulho.

Pesquisa na internet

- **http://www.ferryindustries.com.** A Ferry Industries, Inc., vende máquinas de moldagem rotacional. Selecione "Enter" na página e a seguir selecione "Roto-Speed Machines" para ter acesso à informação sobre as capacidades dos vários modelos.
- **http://www.rotomolding.net.** Este é o sítio da Rotational Molding Division da SPE. Selecionando "Rotomolding Demo" o levará para uma demonstração animada em rotomodelagem. Selecionando "Products" na página e você será guiado para uma "Technical Library" on-line. Escolhendo este link, você verá uma longa lista de artigos da SPE em processos e materiais de moldagem rotacional.
- **http://www.rotomolding.org.** A Association of Rotatinal Molders (ARM) é uma associação de negócio internacional com companhias-membro em quase 60 países. A ARM publica a *Rotational*, uma revista bimestral dedicada a temas atuais focando a indústria de moldagem rotacional. Ela também patrocina o show de negócios Rotoplas. O sítio da internet retrata as aplicações de projetos que demonstram as enormes capacidades do processo.

Vocabulário

As palavras a seguir são encontradas neste capítulo. Consulte o glossário no Apêndice A para encontrar as definições destas palavras, caso você não compreenda como elas se aplicam aos plásticos.

Fundição
Fundição centrífuga
Fundição por mergulho
Incrustamento
Encapsulação
Fundido quente
Organosols
Plastisols
Potting
Fundição rotacional
Fundição simples
Fundição slush
Fundição estática
Microlaminação vibracional

Questões

14-1. Identifique a pressão necessária para os processos de fundição.

14-2. Liste três razões para tomar precauções ao usar resinas de poliéster e catalisador.

14-3. Os processos de submergir um molde quente em uma resina e remover o plástico do molde são chamados _____.

14-4. A principal desvantagem da fundição rotacional é _____.

14-5. Nomeie três métodos que podem retirar as bolhas de ar nas fundições simples ou de plastisols.

14-6. Quais materiais podem ser utilizados como molde para a fundição por mergulho?

14-7. Dê o nome dos compostos de fundição que são dispersões de vinila em solventes.

14-8. Identifique as folhas de plástico que normalmente são fundidas entre duas placas de vidro polidas. O papel protetor é então aplicado na superfície.

14-9. Um processo em que um objeto é completamente incluso em plástico transparente é chamado _____.

14-10. Os moldes para a fundição estática normalmente são feitos de _____.

14-12. Dê o nome de três medidas que ajudariam a reduzir o problema de bolhas de ar nas fundições simples.

14-13. Dê o nome de um processo similar à fundição slush em que são usados pós secos de termoplástico.

14-14. Identifique a principal diferença entre o revestimento de mergulho e a fundição por mergulho.

14-15. Objetos de peça única e ocos podem ser feitos pelo processo de fundição _____.

14-16. Para derreter completamente os pós ou dispersões, um segundo ciclo de aquecimento é necessário com a fundição _____.

14-17. Uma vez que materiais de ferramentas facilmente moldadas são usados, moldes de fundição normalmente são _____ caros que moldes para a modelagem por injeção.

14-18. Quais dois parâmetros determinam a espessura da parede de uma fundição rotacional?

14-19. Se um plástico não é facilmente processado por métodos de aquecimento, qual processo pode ser usado para fazer filmes muito finos?

14-20. Produtos de plastisol são populares porque são usados métodos e moldes baratos com a fundição _____.

14-21. Dê quatro razões pelas quais os processos de fundição são menos caros que as operações de moldagem.

14-22. Dê o nome da causa comum de buracos ou marcas durante ou nas fundições.

Atividades

Fundição rotacional

Introdução. Na fundição rotacional, o molde recebe uma quantidade medida de plástico. O molde é fechado, aquecido e girado em torno de dois eixos, produzindo produtos de um pedaço e ocos. As fundições podem incluir camadas de materiais diferentes.

Equipamento. Equipamento de fundição rotacional, moldes de fundição rotacional, liberador de molde, polietileno em pó, luvas resistentes ao calor e balde com água.

Procedimento

14-1. Preaqueça o forno de modelagem a 200 °C [392 °F].

14-2. Limpe os moldes e aplique um revestimento leve de liberador de molde. Liberador de molde em excesso danificará a maciez superficial do moldante.

14-3. Coloque uma quantidade medida de pó de polietileno (pré-colorido, ou adicione pigmento de cor se desejado) em uma metade do molde. Limpe todo o pó das beiradas do molde para prevenir esguichos (veja a Figura 14-18).

14-4. Feche o molde e o coloque em um dispositivo de rotação.

Figura 14-18 – Molde com pó não derretido.

Cuidado: Use equipamento de proteção. O forno é quente (veja a Figura 14-19).

14-5. Feche a porta do forno e ajuste o tempo para 10 minutos.

14-6. Ajuste o mecanismo de rotação na velocidade mais rápida para moldes pequenos, e na mais lenta para moldes maiores.

14-7. Desligue os aquecedores elétricos e comece o ciclo de resfriamento. Continue a rotação porque o fluxo de ar ajuda o resfriamento;

Figura 14-19 – Molde fechado e colocado no forno.

caso contrário, o plástico quente no molde cairá ou escorrerá. Esfrie com ar por 5 minutos. Não remova do forno até que a temperatura do molde esteja abaixo de 100 °C [212 °F].

14-8. Coloque o molde na água para continuar resfriando rápido.

Cuidado: O molde está quente!

14-9. Remova o molde da água e abra-o. Não use ferramentas de metal para remover as partes, pois isto pode provocar estragos nas superfícies do molde (veja a Figura 14-20).
14-10. Apare os escorridos se necessário. Corte o item ao meio e meça a espessura da parede. A espessura da parede está uniforme?
14-11. Tente prever a espessura da parede que resultará de uma carga maior ou menor de pó. Faça a modelagem para avaliar a sua previsão.

Figura 14-20 – Após o resfriamento, o item é removido do molde.

Fundição slush

Introdução. Variações de fundição slush são usadas para produzir itens ocos. Embora muitos produtos industriais exijam equipamento automático, alguns itens devem ser retirados manualmente do molde. Produtos de plastisol variam na textura de macio e flexível a semirrígido. Esta variação depende da formulação do plastisol.

Equipamento. Luvas resistentes ao calor, forno, molde de fundição slush, liberador de molde e recipiente com água.

Procedimento

14-1. Limpe o molde e aplique um revestimento leve de liberador de molde.
14-2. Preaqueça o forno a 200 °C [392 °F].
14-3. Coloque o molde em um forno quente por 10 minutos. Use equipamento de proteção.

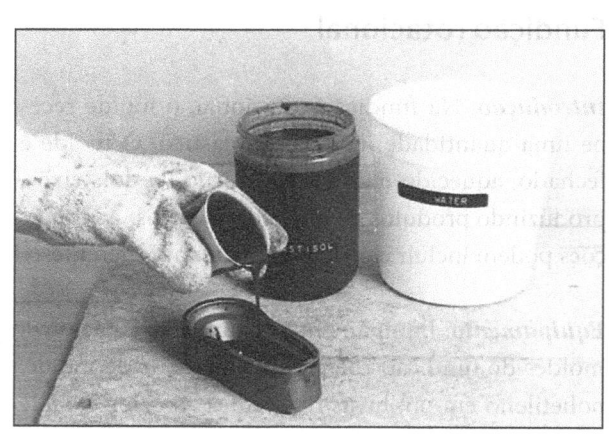

Figura 14-21 – Encha o molde com plastisol.

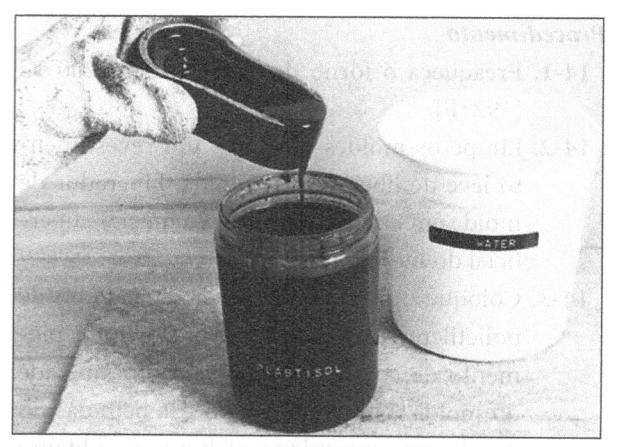

Figura 14-22 – Depois de 5 minutos, retire o excesso de plastisol do molde.

Figura 14-23 – Depois do plastisol ter sido curado, resfrie o objeto em água.

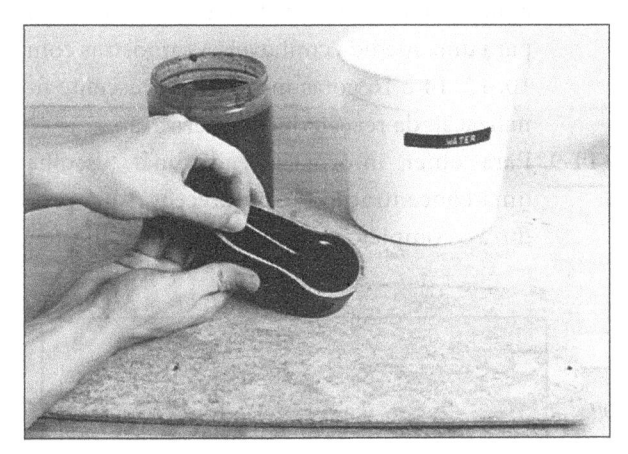

Figura 14-24 – Retire o plastisol do molde.

Figura 14-25 – Item de plastisol acabado, fundido por slush.

14-4. Remova o molde quente do forno. Coloque-o em uma superfície resistente ao calor e rapidamente despeje plastisol no molde.

14-5. Depois de 5 minutos, tire o excesso de plastisol do molde quente (veja a Figura 14-22).

14-6. Ajuste o forno para 175 °C [347 °F].

14-7. Retorne o molde para o forno quente por 20 minutos. As etapas de 4 até 7 podem ser repetidas se uma espessura de parede mais pesada é desejada.

14-8. Remova o molde quente do forno e esfrie-o em água (veja a Figura 14-23).

14-9. Remova o item do molde. Não use ferramentas de metal para remover o item ou a superfície do molde pode ser arranhada (veja a Figura 14-24). A Figura 14-25 mostra um apoiador de porta fundido por slush.

14-10. Repita todo o processo para descobrir o efeito de tempos de preaquecimento mais longos ou temperaturas de preaquecimento mais altas.

Fundição de poliéster

Introdução. Uma investigação das resinas de fundição de poliéster pode fornecer uma demonstração de polimerização e uma oportunidade para observar a reação de polimerização. O catalisador (endurecedor) usado para curar a resina de poliéster normalmente é o peróxido de cetona etil metil (MEK).

Cuidado: MEK é um peróxido orgânico e deve ser manuseado cuidadosamente.

O MEK combina-se quimicamente com os aceleradores na resina. Esta reação libera produtos químicos chamados radicais livres, que fazem com que as moléculas de poliéster (insaturado) comecem a polimerizar. Para documentar a mudança da resina líquida para sólida, poliéster polimerizado, complete a atividade a seguir.

Equipamento. Copos de papel de 10 ml, resina e endurecedor de fundição de poliéster, palitos de misturar, luvas de vinil, serra de fita, máquina de moagem e testador de dureza Rockwell.

Precauções de segurança. Vista luvas de vinil ao manusear a resina líquida e o catalisador. Trabalhe em uma área bem ventilada.

Procedimento

14-1. Estabeleça um volume para as amostras. Aproximadamente metade de um copo de 100 ml é conveniente.

14-2. Escolha etapas de concentração do endurecedor. A Figura 14-26 mostra copos com 4, 8, 12, 16, 20 e 24 gotas de endurecedor. Após colocar o endurecedor na resina, agite totalmente usando palitos de agitação.

14-3. Deixe por 24 horas para a polimerização.

14-4. Remova o copo de papel do endurecedor de poliéster. A Figura 14-27 mostra as amostras endurecidas. A amostra com 4 gotas não endureceu.

14-5. Utilize uma serra de fita para cortar dois lados para fornecer superfícies de aperto. Também, tire algum material de cima e de baixo para obter superfícies limpas para trabalhar na máquina. A Figura 14-27 mostra uma amostra pronta para colocar na máquina.

14-6. Faça com que as superfícies de cima e de baixo fiquem planas. Se as superfícies não forem planas, o resultado do teste de dureza pode ser errôneo. A Figura 14-27 também mostra uma amostra após ter sido trabalhada para ficar plana.

14-7. Teste a dureza das amostras com um testador de dureza Rockwell. A escala Rockwell M deve ser apropriada.

14-8. Coloque os resultados no gráfico. Se as etapas de concentração de endurecimento foram muito grandes ou muito pequenas, repita com incrementos menores. A Figura 14-28 mostra os resultados de tal teste. Observe que ela inclui dados de amostras com 10 e 14 gotas de endurecedor. Observe também que, com 8 gotas, o material estava muito macio para uma medida confiável. As amostras com 10, 12, 14 e 16 gotas mostram a crescente finalização da reação de polimerização.

14-9. Para obter informação adicional, escolha uma concentração de endurecedor que produza o completo endurecimento do poliéster.

Figura 14-26 – Amostras de poliéster com várias concentrações de endurecedor.

Figura 14-27 – Uma amostra removida do copo de papel, uma amostra cortada com a serra de fita e uma trabalhada para criar uma superfície plana.

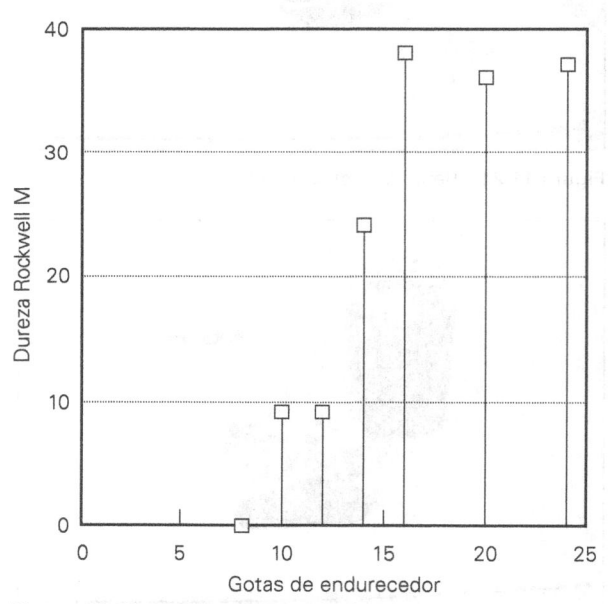

Figura 14-28 – Gráfico dos resultados do teste de dureza de Rockwell.

14-10. Faça uma amostra com uma concentração selecionada e meça as variações na temperatura da resina à medida que se polimeriza. A Figura 14-29 mostra uma montagem usada para coletar os dados de tempo/temperatura.

14-11. Coloque os resultados no gráfico. A Figura 14-30 mostra uma curva criada por 16 gotas de endurecedor. A maior temperatura atingida é chamada exoterma de pico.

14-12. Determine como as variações na concentração de endurecedor afetam a curva tempo/temperatura.

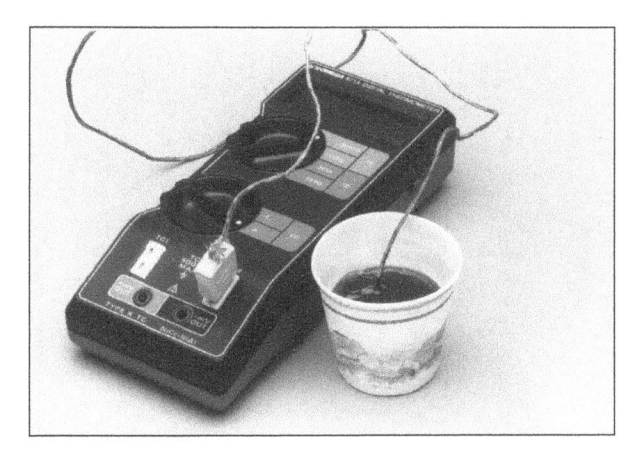

Figura 14-29 – Montagem para medir a temperatura do curamento de resina.

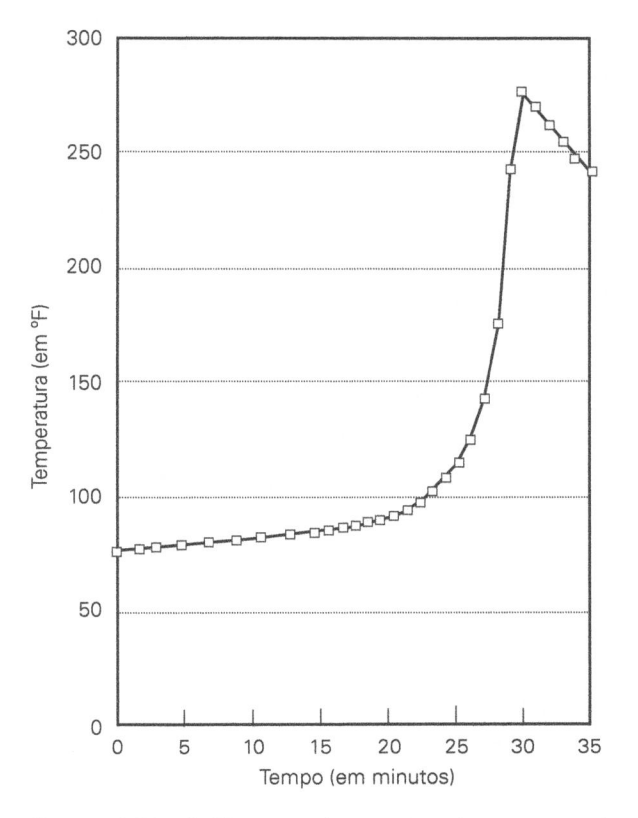

Figura 14-30 – Gráfico tempo/temperatura do curamento da resina de poliéster.

Capítulo 15

Termoformagem

Introdução

A **termoformagem** é uma técnica antiga. Os anciãos egípcios descobriram que chifres de animais e cascos de tartarugas eram aquecidos e formavam uma variedade de recipientes e formas. Quando os plásticos sintéticos tornaram-se disponíveis, a termoformagem foi usada como uma aplicação precoce. Nos Estados Unidos, John Hyatt termoformou folhas de celulose sobre núcleos de madeira, produzindo teclas de piano.

Hoje, os itens termoformados nos cercam. Eles incluem sinais, acessórios leves, formas de gelo, utensílios de casa, brinquedos e para-brisas de barco (Figura 15-1). A indústria de embalagens investe pesadamente na termoformagem. Biscoitos, pílulas e outros produtos são normalmente empacotados em embalagens de bolha. Porções únicas de manteiga, geleia e outros alimentos também aparecem em embalagens de bolha. Itens de substituição e

(B) Capas transparentes para produtos alimentícios formadas sob vácuo.

(C) Estruturas de plástico transparente para um pacote de exibição são termoformadas em uma rede contínua de folhas de plástico. (Cortesia de Ticona, negócio de polímeros técnicos de Celanese AG)

(A) Esta carcaça de carro feita sob medida é confeccionada de painéis formados sob vácuo que são colados. (United States Gypsum Company, Industrial Products Division)

Figura 15-1 – Alguns artigos fabricados pelo processo de termoformagem.

ferramentas são outros exemplos que, algumas vezes, são embalados de crosta.

Os materiais usados na termoformagem incluem muitos termoplásticos – exceto acetais, poliamidas e fluorocarbonetos. Normalmente, folhas de termoformagem contêm apenas um plástico básico. Entretanto, alguns compósitos de termoplástico também são termoformados.

Os processos de termoformagem são possíveis porque as folhas de termoplástico podem ser amaciadas e reformatadas, enquanto mantêm a nova forma à medida que o material é esfriado. Uma vez que muitas folhas de termoformagem eram originalmente formadas por extrusão de folha, considerável energia, tempo e espaço podem ser economizados por termoformagem diretamente de folhas à medida que elas deixam o extrudor. Entretanto, muitas indústrias de termoformagem frequentemente variam materiais, cores e texturas. Eles não são bons candidatos para a imediata termoformagem de folhas de extrudores.

O tipo de força necessária para alterar uma folha em um produto desejado pode ser pressão mecânica, de ar ou de vácuo. Em muitos casos, a termoformagem exige a combinação de duas ou três fontes de pressão.

As ferramentas podem variar de moldes de gesso de baixo custo a moldes de aço resfriados por água que são caros. A ferramenta mais comum é o alumínio fundido. Madeira, gesso natural, *hardboard*, resinas fenólicas fundidas, resinas epóxi ou poliéster, cheias ou vazias, metal pulverizado e aço também podem ser usados para moldes. Tanto os moldes machos (plugue) quanto fêmeas (cavidade) são usados. Os moldes exigem projetos suficientes para garantir a remoção das partes sem tensão.

Uma vez que os custos de ferramentas são normalmente baixos, os itens com grandes áreas superficiais podem ser produzidos de maneira econômica. Protótipos e escalas curtas também são práticos. Apesar de a exatidão dimensional ser boa, o afinamento pode ser um problema em alguns projetos.

Neste capítulo, são abordadas 13 técnicas básicas de termoformagem. Elas estão listadas a seguir no esboço do capítulo.

I. Formagem por vácuo direto
II. Formagem positiva
III. Formagem de molde combinado
IV. Formagem por vácuo assistida por pistão e bolha de pressão
V. Formagem por vácuo assistida por pistão
VI. Formagem por pressão assistida por pistão
VII. Formagem por pressão na fase sólida (SPPF)
VIII. Formagem por vácuo de bolha
IX. Formagem por vácuo de bolha e pressão na bolha
X. Formagem por pressão com aquecimento de contato e folha presa
XI. Formagem por envelope de ar
XII. Formagem livre
XIII. Termoformagem de folha dupla
XIV. Termoformagem de embalagem bolha ou embalagem de crosta
XV. Formagem mecânica

Algumas das máquinas industriais modernas de termoformagem que realizam estes processos são mostradas na Figura 15-2.

(A) Esta termoformadora contínua pode atingir uma profundidade de estiramento de 127 m [15 pol]. (Cortesia de Brown Machine LLC)

(B) Esta termoformadora de alta velocidade pode atingir 40 batidas por minuto. (Cortesia de Brown Machine LLC)

(C) O índice elétrico nesta termoformadora permite a indexação rápida e confiável de folhas. (Cortesia de Brown Machine LLC)

Figura 15-2 – Máquinas industriais modernas de termoformagem.

Formagem por vácuo direto

A **formagem por vácuo** é a mais versátil e mais amplamente usada no processo de termoformação. O equipamento de vácuo custa menos que o equipamento de processamento por pressão ou mecânico.

Na formagem por vácuo direto, uma folha de plástico é presa em uma estrutura e aquecida. Enquanto a folha quente está em um estado amolecido, ela é colocada sobre uma cavidade de molde evacuada. O ar é removido desta cavidade por vácuo (Figura 15-3), e a pressão atmosférica (10 kPa) força a folha quente contra as paredes e contornos do molde. Quando o plástico esfria, o item formado é removido se necessário, e o acabamento final e a decoração podem ser feitos. Sopradores ou ventiladores são usados para acelerar o resfriamento. Uma desvantagem da termoformagem é que as peças formadas normalmente devem ser aparadas e os fragmentos devem ser reprocessados.

Muitos sistemas de vácuo têm um tanque de sobretensão para garantir um vácuo constante de 500 a 760 mm de mercúrio. Partes superiores são for-

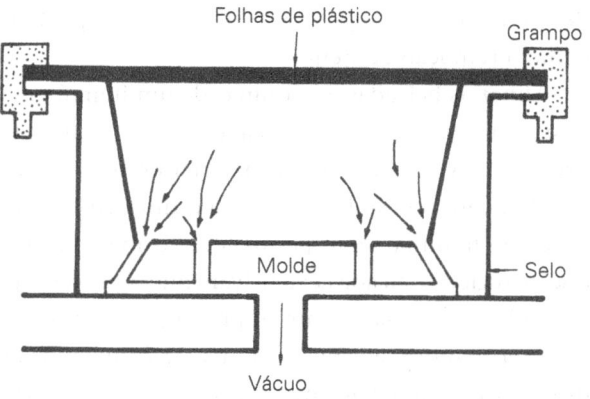

(A) Uma folha de plástico presa e aquecida é forçada para dentro do molde por pressão atmosférica depois que é aplicado vácuo ao molde. (Atlas Vac Machine Co.)

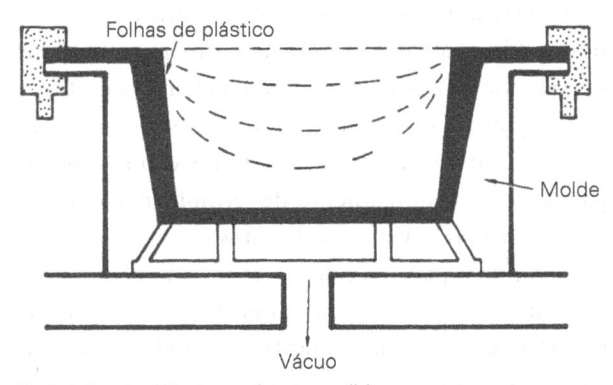

(B) A folha de plástico esfria à medida que entra em contato com o molde. (Atlas Vac Machine Co.)

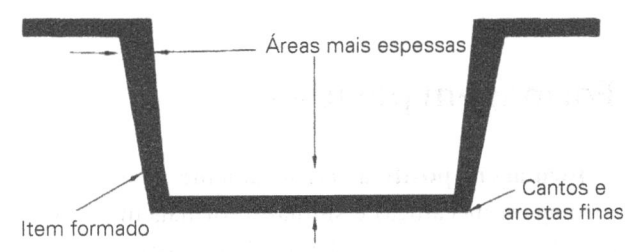

(C) As áreas da folha que tocaram o molde por último são as mais finas. (Atlas Vac Machine Co.)

Figura 15-3 – Formagem por vácuo direto.

madas aplicando-se rapidamente o vácuo antes que qualquer porção da folha tenha esfriado. As fendas são preferíveis porque são mais eficientes que os buracos, para permitir que o ar seja puxado do molde. As fendas ou buracos devem ser menores que 0,65 mm [0,025 pol] em diâmetro, para evitar que a superfície fique marcada na parte formada. Um buraco ou fenda deve ser colocado em todas as partes baixas ou desconectadas do molde. Se isto não for feito, o ar pode ser aprisionado sob a folha quente sem local para sair. A menos que sejam desmontáveis, os moldes devem incluir um ângulo (arraste) de 2° a 7° para facilitar a remoção do item.

Afinar as beiradas e as quinas de um item é uma desvantagem de moldes de cavidade relativamente profunda. À medida que o material de folha é colocado dentro do molde, ele estica e afina. As regiões esticadas minimamente permanecerão mais grossas que as regiões esticadas extensivamente. Quando são formadas folhas planas pré-impressas, o afinamento deve ser mantido em mente ao tentar compensar as distorções durante a formagem. A formagem por vácuo direto está limitada aos projetos simples e rasos, e o aparamento ocorrerá nas quinas.

O **estiramento** ou **relação de estiramento** de um molde evacuado é a relação entre a profundidade máxima da cavidade e o vão da abertura do topo. Para o polietileno de alta densidade, os melhores resultados são obtidos quando esta relação não ultrapassa 0,7:1. O equipamento de termoformagem e os corantes são relativamente baratos.

Quando o plástico esfria, é removido para o aparamento ou o processamento posterior, se necessário. Marcas superficiais (marcas do molde) aparecem *dentro* do produto, enquanto tais marcas são visíveis *fora* do item na formagem por vácuo direto.

Formagem positiva

A **formagem positiva** (erroneamente chamada de formagem mecânica) é similar à formagem por vácuo direto, exceto que, depois de o plástico ser colocado em uma estrutura e aquecido, ele é mecanicamente esticado sobre o molde macho. É aplicado vácuo (na realidade, pressão diferencial) que empurra o plástico quente contra todas as partes do molde (Figura 15-4). A folha que toca o molde permanece próxima à sua espessura original. As paredes laterais são formadas pelo material que cobre entre as beiradas superiores do molde e a vedação na base.

É possível formar itens por meio da formagem positiva com uma relação profundidade diâmetro de aproximadamente 4:1. Embora altas relações de estiramento sejam possíveis com a formação positiva, a técnica é também muito complexa. Como regra, os moldes machos são fáceis de fazer e custam menos que os moldes fêmeas, mas são mais facilmente danificados.

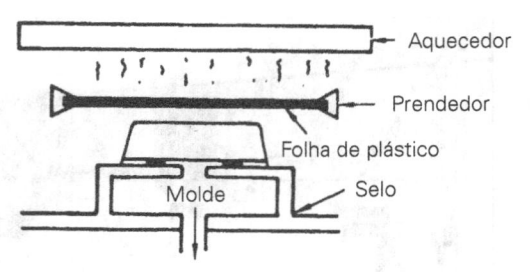

(A) Folha de plástico aquecida e presa deve ser puxada sobre o molde, ou o molde forçado para a folha.

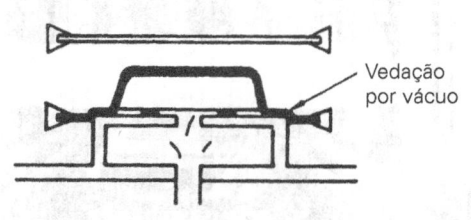

(B) Uma vez que a folha formou um selo em torno do molde, aplica-se um vácuo para puxar a folha de plástico bem apertada contra a superfície do molde.

(C) A distribuição da espessura da parede no item moldado.

Figura 15-4 – Princípio de formação de plástico através da formagem positiva. (Atlas Vac Machine Co.)

A formagem positiva tem também sido usada para formar uma folha de plástico quente sobre moldes machos ou fêmeas apenas por força gravitacional. Os moldes fêmeas são os mais indicados para formagem de cavidades múltiplas, uma vez que os moldes machos exigem mais espaçamento.

Formagem de molde combinado

A **formagem de molde combinado** é similar à moldagem por compressão. Uma folha é aquecida e colocada entre cubos macho e fêmea, que podem ser feitos de madeira, gesso, epóxi ou outros materiais (Figura 15-5). Partes exatas com tolerâncias próximas podem ser rapidamente produzidas nos moldes caros resfriados por água. Detalhe moldado muito bom e exatidão dimensional, incluindo superfície escrita e granular, pode ser obtido com moldes resfriados com água. Uma vez que existem marcas nas superfícies de ambos os lados do produto acabado, os dados de molde *devem* ser protegidos de arranhões ou defeitos. Tais defeitos seriam reproduzidos pelos materiais termoplásticos. Um molde de superfície lisa não deve ser utilizado com poliolefinas, porque o ar pode ser aprisionado entre o plástico quente e um molde altamente polido. Superfícies de molde tratadas com jato de areia normalmente são usadas para estes materiais.

Formagem a vácuo assistida por pistão e bolha de pressão

Para termoformagem profunda, a formagem a vácuo assistida por pistão e bolha de pressão é um processo importante. Utilizando este processo, é possível controlar a espessura do artigo formado. O item pode ter espessura uniforme ou variada.

Uma vez que a folha tiver sido colocada na estrutura e aquecida, a pressão controlada do ar cria uma bolha (Figura 15-6). Esta bolha estica o material para uma altura predeterminada, normalmente controlada

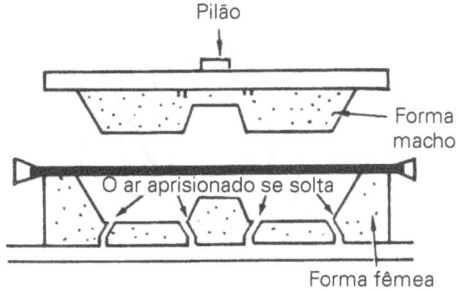

(A) A folha de plástico aquecida pode ser presa sobre a forma fêmea, como mostrado, ou disposta como uma cortina sobre a forma do molde.

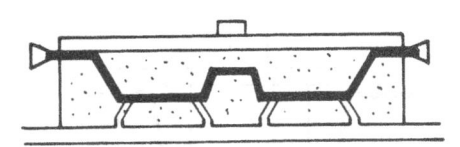

(B) Orifícios permitem que o ar aprisionado saia à medida que o molde fecha e forma o item.

(C) A distribuição de materiais no produto depende das formas dos dois cubos.

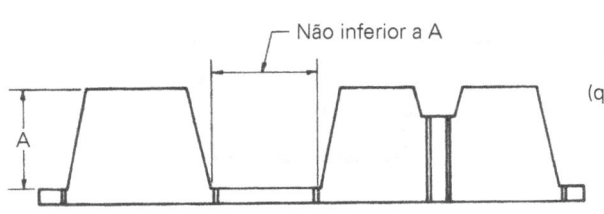

(D) As formas do molde macho devem estar espaçadas a uma distância igual ou maior que a altura delas ou pode ocorrer a formação de uma rede.

Figura 15-5 – Princípio da formagem de molde combinado. (Atlas Vac Machine Co.)

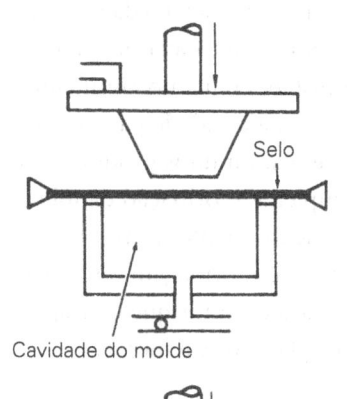

(A) A folha de plástico é aquecida e selada através da cavidade do molde.

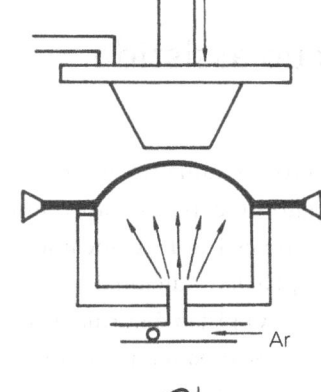

(B) É introduzido ar, soprando a folha para cima formando uma bolha esticada uniformemente.

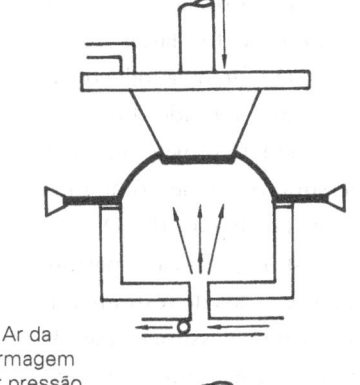

(C) Um pistão, com a forma aproximadamente igual ao contorno da cavidade, pressiona para baixo a bolha, forçando-a para dentro do molde.

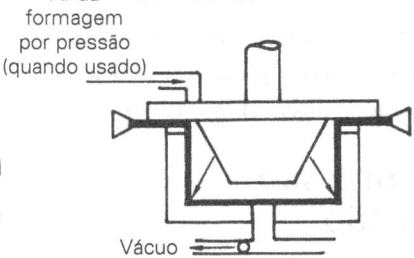

(D) Quando o pistão atinge seu ponto mais baixo, o vácuo é aplicado para puxar o plástico contra as paredes do molde. O ar pode ser introduzido de cima para ajudar a formagem.

Figura 15-6 – Formagem a vácuo assistida por pistão e bolha de pressão. (Atlas Vac Machine Co.)

por uma fotocélula. O assistente de pistão macho é então abaixado, forçando o material esticado para baixo dentro da cavidade. O pistão macho é normalmente aquecido para evitar o resfriamento prematuro do plástico. O pistão é fabricado tão grande quanto possível para permitir que o plástico seja esticado até próximo da forma final do produto acabado. A penetração do pistão pode variar de 70% a 80% da profundidade da cavidade do molde. É aplicada pressão do ar a partir da lateral do pistão, enquanto simultaneamente um vácuo é aplicado na cavidade para ajudar a dar forma à folha quente. Para muitos produtos, só o vácuo é usado para completar a formação da folha. Na Figura 15-6, tanto o vácuo quanto a pressão são aplicados durante o processo de formagem. O molde fêmea deve ser ventilado para permitir que o ar aprisionado escape de entre os plásticos e o molde.

Formagem a vácuo assistida por pistão

Para ajudar a prevenir cantos ou afinamento periférico de artigos com formato de copo ou caixa, um **pistão assistente** é usado para esticar mecanicamente e puxar o material de plástico adicional para a cavidade fêmea (Figura 15-7). O pistão é normalmente aquecido até exatamente abaixo da temperatura de formagem do material de folha. O pistão deve variar de 10% a 20% menor em comprimento e largura que o molde fêmea. Depois que o pistão forçou a folha quente para dentro da cavidade, o ar é retirado do molde, completando a formação do item. O projeto ou forma do pistão determina a espessura da parede, como mostrado em uma seção transversal na Figura 15-7D.

A formagem a vácuo assistida por pistão permite estiramento de profundidade e ciclos de resfriamento mais curtos e melhor controle de espessura de parede. Entretanto, é necessário um controle rígido de temperatura, e o equipamento é mais complexo que aquele usado na formagem por vácuo direto (Figura 15.8).

Formagem por pressão assistida por pistão

A formagem por pressão assistida por pistão é similar à formagem a vácuo assistida por pistão, porque

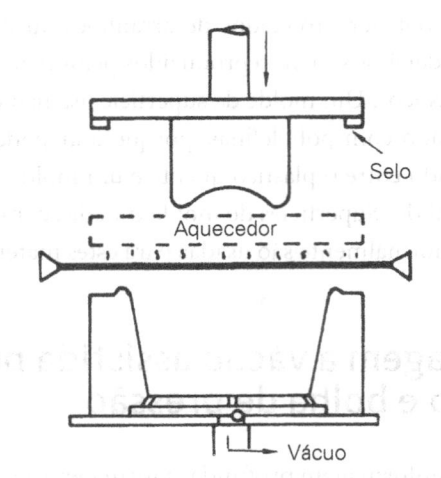

(A) A folha de plástico presa e aquecida é posicionada sobre a cavidade do molde.

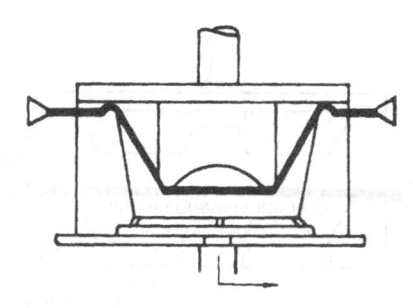

(B) Um pistão, no formato aproximado da cavidade do molde, mergulha na folha de plástico para pré-esticá-lo.

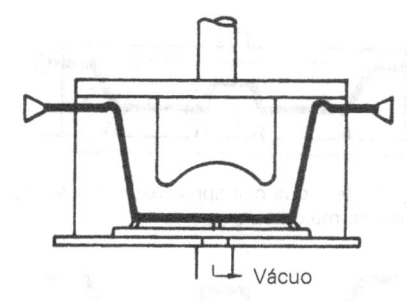

(C) Quando o pistão atinge o limite de seu trajeto, um vácuo é aplicado na cavidade do molde.

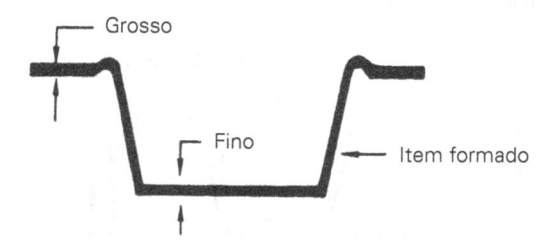

(D) As áreas do pistão, tocando a folha primeiro, formam áreas mais espessas em razão do efeito de esfriamento.

Figura 15-7 – Formagem à vácuo assistida por pistão. (Atlas Vac Machine Co.)

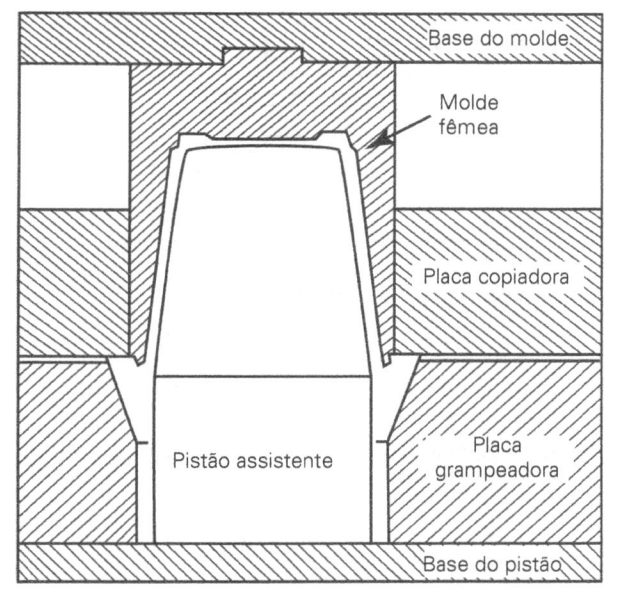

(A) Desenho do grampo.

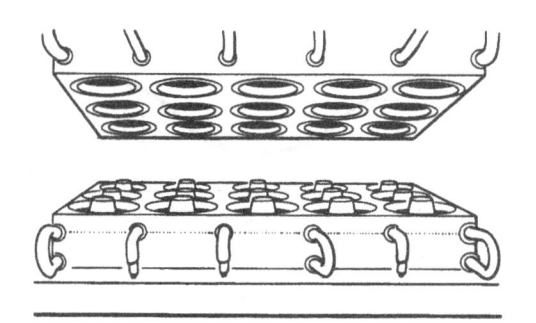

(B) RAM grampos de itens.

Figura 15-8 – Moldagem de área restrita (RAM – Restricted-area molding), com grampos de itens individuais construídos dentro do molde. Isto ajuda a esticar o material e reduzir a relação de estiramento. (Brown Machine Co.)

o pistão força o plástico quente para dentro da cavidade fêmea. A pressão de ar aplicada pelo pistão força a folha de plástico contra as paredes do molde (Figura 15-9).

Formagem por pressão na fase sólida (SPPF)

Um processo chamado **formagem por pressão na fase sólida (SPPF – solid phase pressure forming)** é similar à formagem assistida por pistão. A técnica começa com uma coberta sólida (pós-precipitados, extruídos e moldados por compressão) que é aquecida até exatamente abaixo do seu ponto de fusão. O polipropileno ou outras folhas PP de multicamadas são usados. A coberta é então pressionada em uma forma

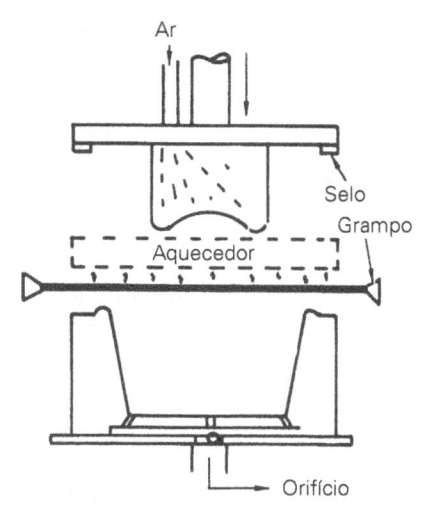

(A) A folha quente e presa é posicionada sobre a cavidade do molde.

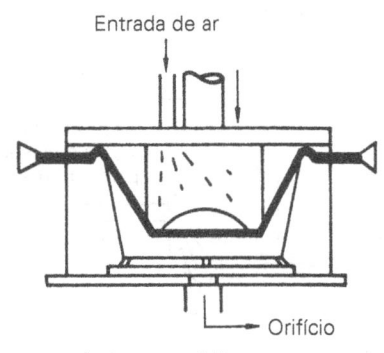

(B) À medida que o pistão toca a folha, o ar escapa por debaixo da folha.

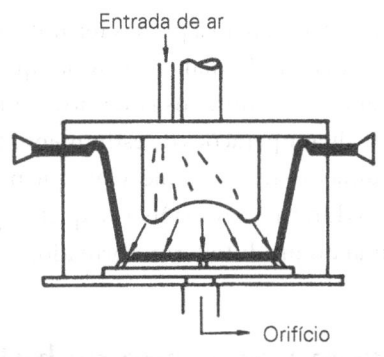

(C) À medida que o pistão completa sua batida e sela o molde, a pressão do ar é aplicada pelo lado do pistão, forçando o plástico contra o molde.

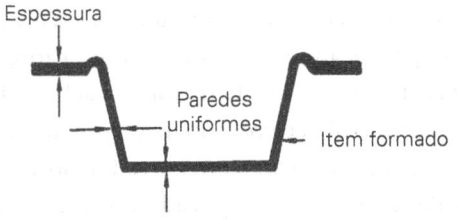

(D) A formagem por pressão assistida por pistão é capaz de produzir produtos com espessura de parede uniforme.

Figura 15-9 – Formagem por pressão assistida por pistão. (Atlas Vac Machine Co.)

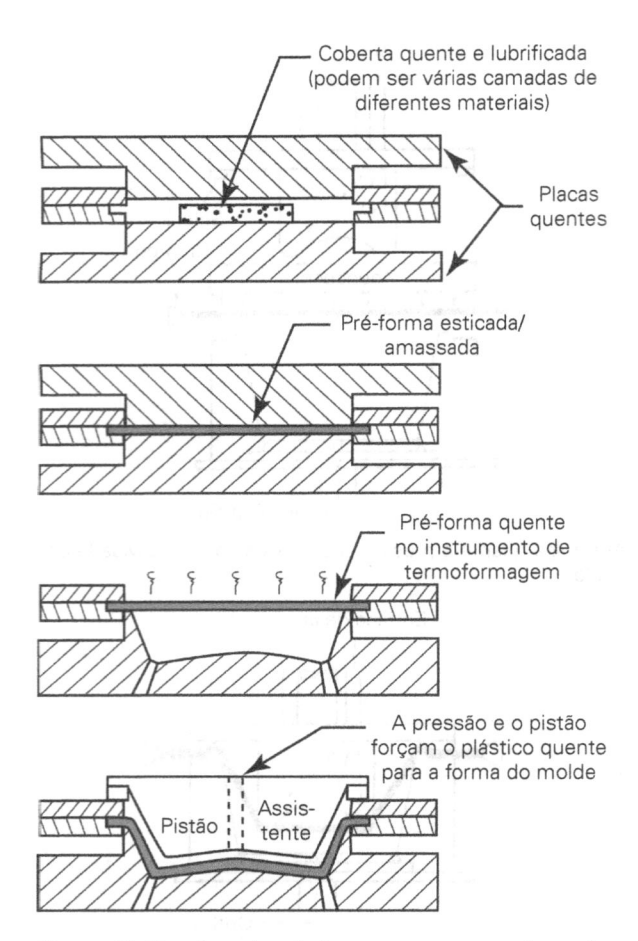

Figura 15-10 – Conceito de formagem por pressão na fase sólida.

de folha e transferida para a prensa termoformadora. Um pistão estica ainda mais o material quente, e a pressão de ar o força contra os lados do molde (Figura 15-10). As duas operações de estiramento (biaxial) provocam uma orientação molecular, que melhora a resistência, a dureza e a resistência à quebra por tensão ambiental do produto termoformado.

Formagem por vácuo de bolha

Na **formagem por vácuo de bolha**, a folha de plástico quente é colocada sobre uma caixa e é aplicado vácuo, provocando uma bolha para ser forçada para a caixa (Figura 15-11). Um molde macho é abaixado, e o vácuo na caixa é liberado. Isto faz com que o plástico *responda bruscamente* ao redor do molde macho. Pode ser também aplicado um vácuo no molde macho para ajudar a puxar o plástico para o lugar. A formagem por vácuo de bolha permite formar itens complexos com reentrâncias.

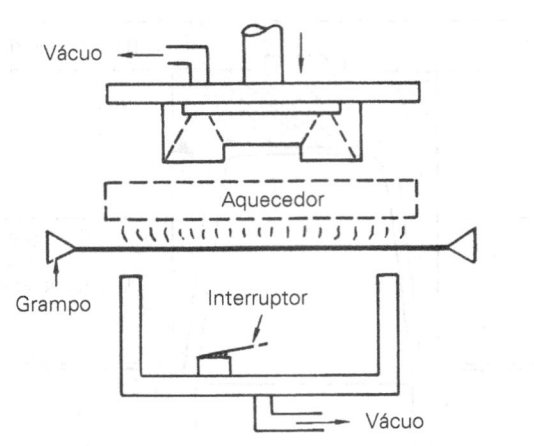

(A) A folha de plástico é aquecida e selada no topo da caixa de vácuo. (Atlas Vac Machine Co.)

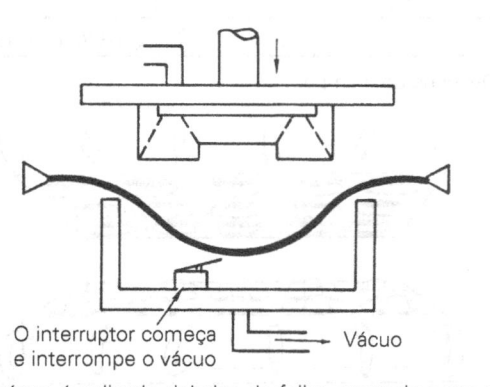

(B) O vácuo é aplicado debaixo da folha, puxando-a em uma forma côncava. (Atlas Vac Machine Co.)

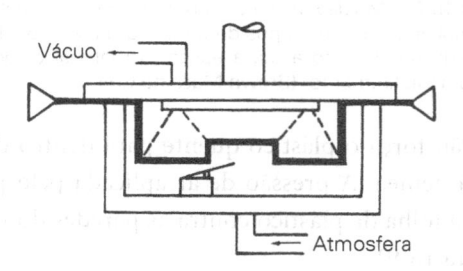

(C) O pistão macho é abaixado e um vácuo aplicado através dele. Ao mesmo tempo, o vácuo debaixo da folha é aberto. (Atlas Vac Machine Co.)

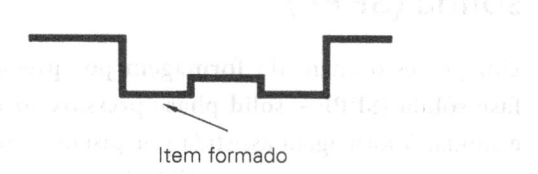

(D) As profundidades de estiramento podem ser obtidas com este processo para formar itens de bagagem, de automóveis e outros. (Atlas Vac achine Co.)

Figura 15-11 – Formagem por vácuo de bolha. (Atlas Vac Machine Co.)

Formagem por vácuo de bolha e pressão na bolha

Como o próprio nome sugere, a folha é aquecida e então esticada em forma de bolha pela pressão do ar (Figura 15-12). A folha pré-estica aproximadamente 35% a 40%, e o molde macho é então abaixado. É aplicado vácuo ao molde macho, enquanto a pressão de ar é forçada dentro da cavidade fêmea. Isto faz com que a folha quente responda bruscamente em torno do molde macho. Aparecem marcas superficiais ao lado do molde macho.

A formagem por vácuo de bolha e pressão na bolha permite profundidade de estiramento e a formação de itens complexos. Entretanto, o equipamento é complexo e caro.

Formagem por pressão com aquecimento de contato e folha presa

Este processo é semelhante à formagem por vácuo direto, exceto que a pressão de ar e um vácuo assistente podem ser usados para forçar o plástico quente para dentro do molde fêmea. A Figura 15-13 mostra as etapas seguidas durante este processo.

Formagem por envelope de ar

A **formagem por envelope de ar** é similar à formagem por vácuo de bolha, com a exceção do método usado para criar a bolha esticada. Este conceito é ilustrado na Figura 15-14.

Formagem livre

Na **formagem livre**, a pressão de ar acima de 2,7 MPa [390 psi] pode ser usada para soprar uma folha de plástico quente através da silhueta de um molde fêmea (Figura 15-15). A pressão de ar faz com que a folha forme um artigo liso na forma de bolha. Uma trava pode ser usada para formar contornos especiais na bolha. Painéis de claraboia e capotas de aeronaves são exemplos bem conhecidos desta técnica. A menos que uma trava seja usada, não existem marcas

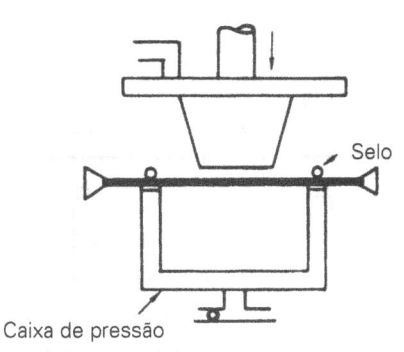

(A) A folha de plástico aquecida é presa e selada em torno de uma caixa de pressão.

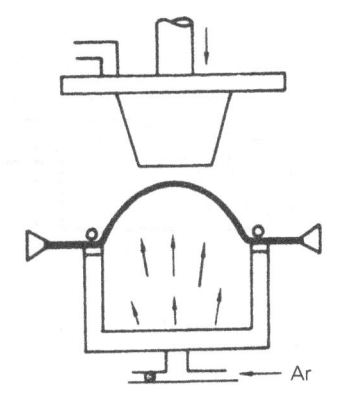

(B) A pressão de ar é introduzida debaixo da folha, fazendo com que uma grande bolha se forme.

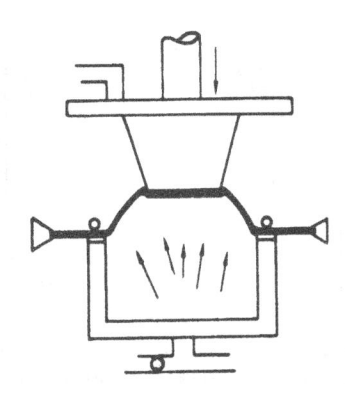

(C) Um pistão é forçado na bolha, enquanto a pressão de ar é mantida em um nível constante.

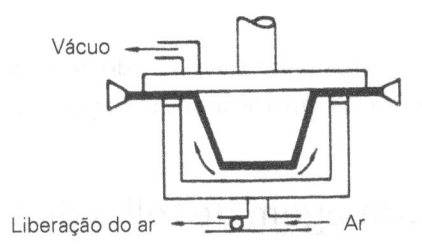

(D) A pressão de ar debaixo da bolha e o vácuo no lado do pistão criam uma tensão uniforme.

Figura 15-12 – Formagem por pressão com aquecimento de contato e folha presa. (Atlas Vac Machine Co.)

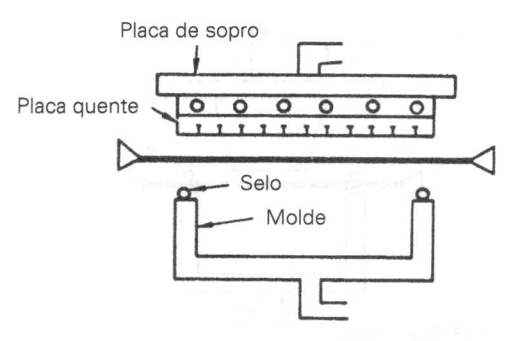

(A) Uma placa plana e porosa permite que o ar seja soprado em sua face.

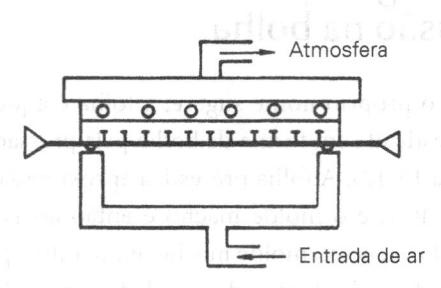

(B) A pressão do ar por baixo e um vácuo por cima forçam a folha fortemente contra a placa aquecida.

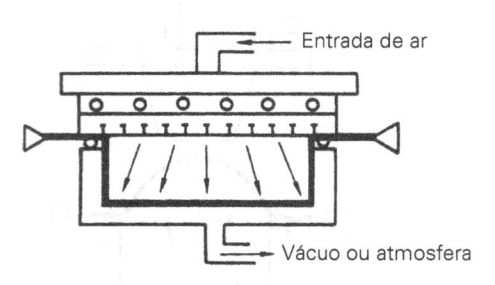

(C) O ar é soprado através da placa para forçar o plástico para dentro da cavidade do molde.

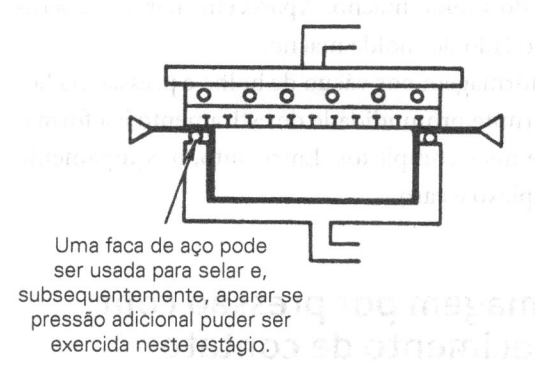

(D) Após a formagem, pressão adicional pode ser exercida. Uma faca de aço pode ser usada para selar e, subsequentemente, aparar se pressão adicional puder ser exercida neste estágio.

Figura 15-13 – Formagem por pressão com aquecimento de contato e folha presa. (Atlas Vac Machine Co.)

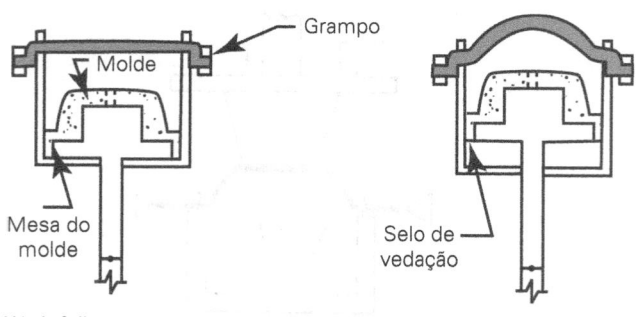

(A) A folha é presa no topo de uma câmara de parede vertical.

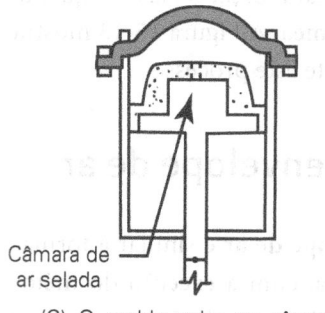

(B) Pré-profundidade é atingida por uma pressão construída entre a folha e a mesa do molde.

(C) O molde sobe na câmara. A mesa do molde é selada nas beiradas da parede da câmara.

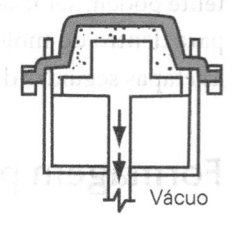

(D) O espaço entre o molde e a folha é evacuado à medida que a folha é formada contra o molde por uma pressão de ar diferencial.

Figura 15-14 – Formagem por envelope de ar.

superficiais. Apenas o ar toca cada lado do material. Não haverá marcas superficiais de grampeamento.

Termoformagem de folha dupla

A **termoformagem de folha dupla** é um método usado para fazer produtos ocos de paredes finas. Neste processo, duas folhas separadas são aquecidas até que estejam quentes e maleáveis. As folhas são indexadas na estação de moldagem, na qual se posicionam uma sobre a outra. O vácuo puxa a folha superior para a cavidade superior do molde, e a folha mais baixa para um molde mais baixo. À medida que as folhas esticam dentro das cavidades do molde, as metades do molde se fecham, selando as duas folhas juntas. Algumas vezes, pode ser introduzida pressão entre as folhas para ajudar na formagem e no resfriamento. Dutos de trabalho, paletas e caixas de plástico são itens produzidos desta maneira.

Termoformagem de embalagem bolha ou embalagem de crosta

A indústria de embalagem se apoia em embalagens de bolha ou de crosta para manter e exibir pequenos itens individuais. As embalagens de bolha geralmente começam com uma folha de material plástico transparente. Esta folha recebe formagem utilizando uma variedade de métodos, mencionados anteriormente neste capítulo, para criar muitos reservatórios pequenos. Depois de o produto ser colocado nos reservatórios, uma folha de papelão é colocada no topo. A folha é reaquecida e pressionada contra o papelão, consequentemente criando um selo. A folha completa é então cortada em embalagens individuais. A termoformagem da embalagem de crosta é diferente, porque os itens são colocados em uma folha de papelão perfurado. Uma folha de plástico aquecida é colocada sobre os itens e o papelão. As perfurações permitem que o vácuo puxe a folha em torno dos itens e sele a folha ao papelão. De novo, a etapa final é cortar a folha em embalagens individuais.

Formagem mecânica

Na **formagem mecânica**, nenhum vácuo ou pressão é usado para formar o item. Apesar de ser similar à modelagem combinada, moldes macho e fêmea com encaixes próximos *não* são usados. Apenas a força mecânica de dobrar, esticar ou manter a folha quente é usada.

Este processo é algumas vezes classificado como uma operação de fabricação ou pós-formagem. O processo de formagem pode utilizar gabaritos de formagem de madeira simples para fornecer a forma desejada, usando fornos, um aquecedor de fita ou pistolas de aquecimento para a fonte de calor. O estoque plano pode ser aquecido e enrolado em torno de formas cilíndricas, ou o estoque pode ser aquecido em uma faixa estreita e dobrado em ângulos retos. Tubos, bastões e outras formas de perfil podem ser formados mecanicamente (Figura 15-16).

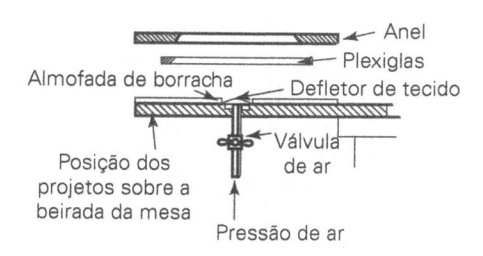

(A) Montagem básica.

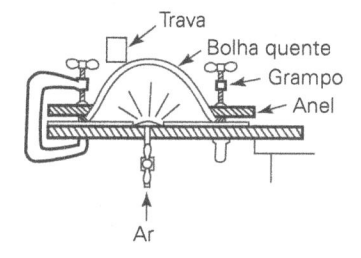

(B) Injeção de ar.

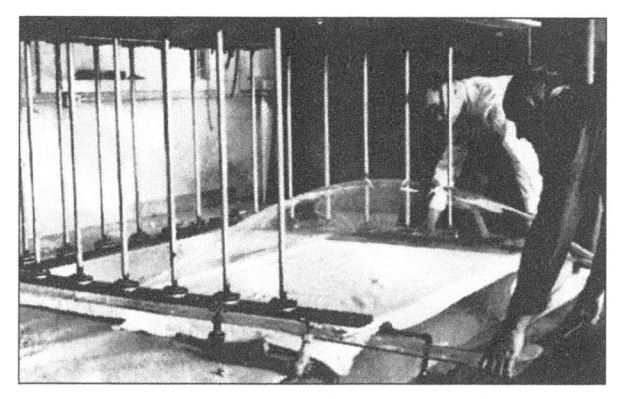

(C) Removendo um produto na forma de bolha produzido por formagem livre. (Atofina Chemicals)

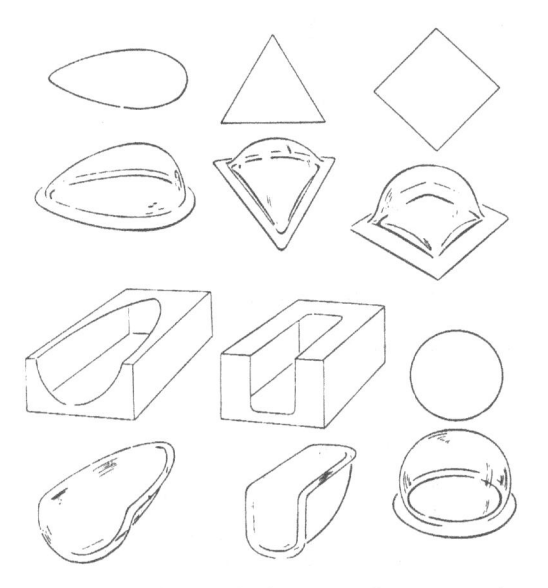

(D) Exemplos de formas de formagem livre que podem ser obtidas com várias aberturas. (Atofina Chemicals)

Figura 15-15 – Formagem livre de bolhas de plástico.

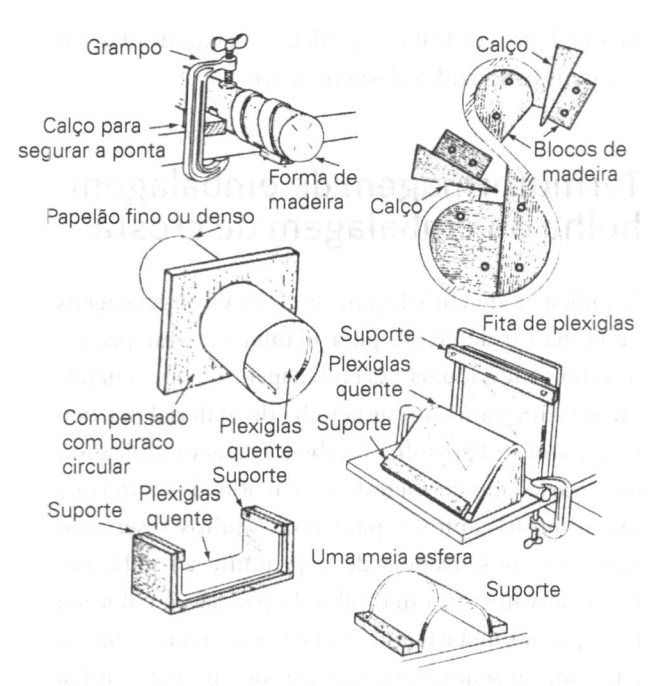

Figura 15-16 – Exemplos de formagem mecânica. (Atofina Chemicals)

A **formagem de pistão e anel** (Figura 15-17), algumas vezes, é considerada um processo de formagem separado. Não é usado nenhum vácuo ou pressão de ar. Consequentemente, pode ser classificada como um tipo de formagem mecânica.

O processo consiste de uma forma de molde macho e um molde de silhueta fêmea modelado similarmente (não um molde combinado). O plástico quente é forçado pelo macho através do *anel* (não necessariamente uma forma irregular) do molde fêmea. O plástico frio toma a forma do molde macho que ele toca. A Tabela 15-1 lista alguns problemas comuns encontrados na termoformagem de plástico.

Pesquisa na internet

- **http://www.brown-machine.com.** A Brown Machine fabrica máquinas de termoformagem e equipamento auxiliar. Ao ecolher "Products" na página inicial, você obtém uma lista de categoria de máquinas, incluindo cortador de folha, contínuo e prensa de aparar. Além das fotografias, a página oferece especificações de todas as máquinas.
- **http://www.gnplastics.com.** A G.N. Plastics Company fabrica equipamento de termoformagem.

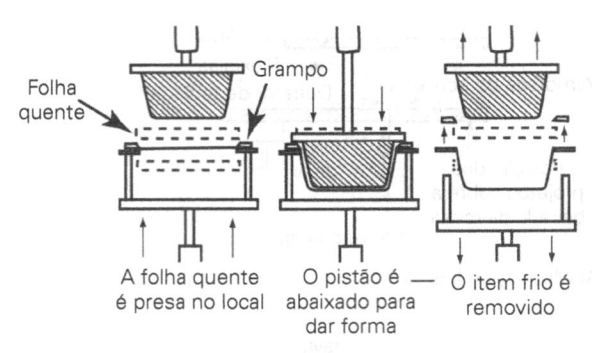

(A) Princípio básico de formagem de pistão e anel.

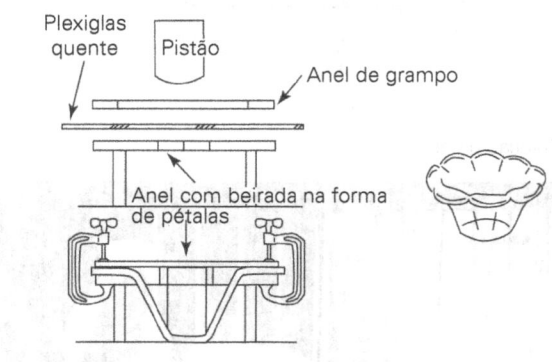

(B) Vaso (Atofina Chemicals).

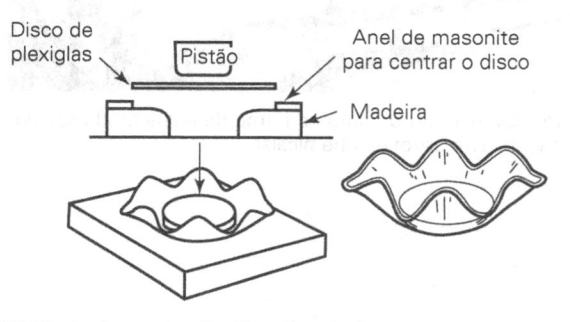

(C) Tigela decorativa (Atofina Chemicals).

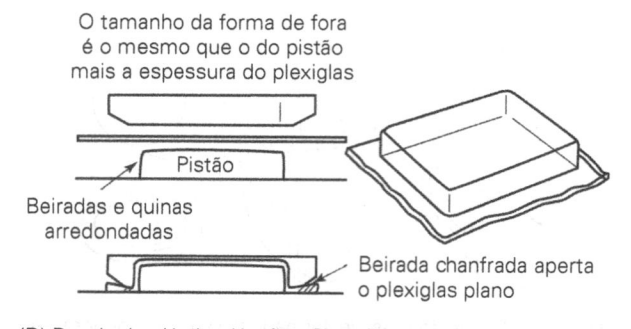

(D) Panela de plástico (Atofina Chemicals).

Figura 15-17 – Exemplos de formagem de pistão e anel.

Escolha "Our Thermoformer Models" na parte de baixo da página inicial. Isto o levará para os detalhes sobre a linha de máquinas. Algumas das descrições também incluem vídeos das máquinas em operação.

- **http://www.plaskolite.com**. A Plakolite, Inc., fabrica uma variedade de folhas acrílicas usadas principalmente na termoformagem. Inicialmente, escolha "Products" na página inicial. Em seguida selecione "Industrial" na página seguinte. Isto o levará a descrições, especificações e fotos de um número de usos e graus de folha de acrílico. Estoque de rolo é normalmente usado para painéis outdoor porque o comprimento é basicamente ilimitado.
- **http://www.polypack.com**. A Polypack, Inc., vende uma grande variedade de equipamentos de embalagem de redução. Selecione "Equipament" na página inicial. O sítio fornece um vídeo curto sobre cada uma das máquinas e um livreto. Os vídeos são excelentes em qualidade e mostram as máquinas em operação.
- **http://www.tracopackaging.com**. A Traco Manufacturing Inc. produz filmes de embalagem de redução e máquinas. Para encontrar informação sobre as máquinas, selecione "Traco Pack II" ou "TM-1620" na página inicial. Estas máquinas embrulham e selam embalagens com velocidade que varia de até aproximadamente 10 embalagens por minuto.

Vocabulário

As palavras a seguir são encontradas neste capítulo. Consulte o glossário no Apêndice A para encontrar as definições destas palavras, caso você não compreenda como elas se aplicam aos plásticos.

Assistida por pistão
Formagem de molde combinado
Formagem de pistão e anel
Formagem livre
Formagem mecânica
Formagem por envelope de ar
Formagem por pressão na fase sólida (SPPF)
Formagem por vácuo
Formagem por vácuo de bolha
Formagem positiva
Relação de estiramento
Termoformagem
Termoformagem de folha dupla

Tabela 15-1 – Solução de problemas na termoformagem

Defeito	Possível solução
Pequenos furos	Buracos para o vácuo muito grande, muito vácuo ou aquecimento desigual. Junte septo ao topo da armação do grampo.
Formação de rede ou de ponte	Quinas pontiagudas na profundidade de estiramento, mude o projeto ou o formato do molde. Use cortina mecânica ou assistência de pistão, ou adicione buracos de vácuo. Confira o sistema de vácuo e diminua o ciclo de aquecimento.
Marcas superficiais	Ação lenta em dispor o material pode aprisionar o ar. Limpe o molde ou remova o alto brilho da superfície do molde. Remova todas as marcas de ferramentas ou padrões de grãos da madeira do molde. O molde pode estar esfriando a folha de plástico muito rapidamente.
Pós-diminuição excessiva	Gire a folha em relação ao molde. Aumente o tempo de resfriamento.
Vesículas ou bolhas	Folha muito quente – diminua a temperatura de aquecimento. Ingredientes da formulação da folha incorretos ou higroscópicos.
Grudando no molde	Alise o molde ou aumente a cera e o borrão. Use ferramentas de liberação mecânica, pressão de ar ou liberador de molde. O molde pode estar muito morno, ou aumente o ciclo de resfriamento.
Peças formadas incompletamente	Aumente o ciclo de aquecimento e o vácuo. Adicione buracos de vácuo.
Peças distorcidas	Projeto do molde ruim – confira as ceras e as barras de suporte. Aumente o ciclo de resfriamento ou esfrie os moldes. Folha removida muito rapidamente enquanto ainda quente.
Mudança na intensidade da cor	Use um projeto de molde apropriado e permita o afinamento da peça. Aumente o ciclo de aquecimento, aqueça o molde e assista. Utilize folha padrão e adicione buracos de vácuo.

Questões

15-1. Nomeie três materiais que possibilitam a produção de moldes de formagem por vácuo.

15-2. Identifique a embalagem que faz uso do produto como molde.

15-3. Identifique o processo que produzirá produtos com maiores detalhes.

15-4. A formagem mecânica é o nome usado incorretamente para a formagem _____.

15-5. O nome da unidade ou equipamento usado para aquecer uma seção pequena de plástico de tal forma que possa ser dobrado em um ângulo pontiagudo é _____.

15-6. Os lados de um molde de termoformagem são encerados para ajudar na remoção do item. Esta cera é chamada _____.

15-7. Dê o nome de quatro produtos típicos produzidos por termoformagem.

15-8. Qual técnica de termoformagem é usada para formar um item com uma grande profundidade de estiramento?

15-9. Um _____ ou _____ é normalmente colocado em todas as partes baixas ou desconectadas do molde de termoformagem.

15-10. O _____ de um molde fêmea é a relação entre a profundidade máxima da cavidade e o vão através da abertura do topo.

15-11. Qual é a maior desvantagem da formagem por vácuo direto usando cavidades profundas?

15-12. Na formagem _____, não é utilizado vácuo ou pressão de ar para dar forma às folhas de plástico quente.

15-13. Nomeio o termo usado para marcas deixadas na folha formada se o molde não é liso ou limpo.

15-14. Se os buracos de vácuo são muito grandes ou se existe muito vácuo ou aquecimento desigual, ocorrerá _____ ou _____.

15-15. Na formagem livre utiliza-se molde macho ou fêmea?

15-16. Nos métodos assistidos por pistão, a penetração do pistão normalmente não excede _____ % da profundidade da cavidade do molde.

15-17. Na formagem _____ e _____, um molde macho e um molde fêmea de silhueta similarmente formada dão forma ao plástico quente.

15-18. Quinas pontiagudas em uma profundidade de estiramento podem provocar _____ ou formação de ponte.

15-19. Nomei três vantagens que os moldes de metal para termoformagem oferecem.

15-20. O que você pode fazer com os fragmentos e aparas que sobram dos processos de termoformagem?

15-21. Um dos mais comuns materiais de equipamento para a termoformagem é _____.

15-22. A termoformagem é possível porque as folhas de termoplástico podem ser _____ e _____.

15-23. Na formagem por vácuo, _____ força a folha de plástico quente contra os contornos do molde.

15-24. É mais desejável e eficiente ter _____ em vez de buracos como passagens para puxar o ar do molde.

15-25. Os moldes machos são facilmente produzidos e geralmente custam menos que os moldes _____.

15-26. Itens de exatidão e tolerância próxima com bons detalhes podem ser produzidos por formagem _____.

15-27. Como regra geral, um molde de superfície lisa não deve ser usado na formagem _____.

15-28. É mais fácil controlar a espessura de produtos termoformados de profundidade utilizando-se os processos de formagem _____ ou por vácuo de bolha e pressão na bolha.

15-29. Dê duas vantagens da termoformagem.

15-30. Dê duas desvantagens da termoformagem.

15-31. Nomeie um processo no qual a folha de termoplástico aquecida é puxada para dentro ou sobre uma superfície de molde.

15-32. Na formagem positiva é usado vácuo?

15-33. Qual é a maior desvantagem da termoformagem de molde combinado?

15-34. Na formagem por vácuo, é usada apenas pressão _____.

15-35. A principal diferença entre a formagem por pressão assistida por pistão e a formagem a vácuo assistida por pistão é que as pressões _____ podem ser usadas com formagem por pressão.

15-36. Descreva a termoformagem por vácuo direto.

15-37. Descreva como a espessura do produto é controlada na formagem a vácuo assistida por pistão e bolha de pressão.

15-38. O que determina a espessura da parede do produto na termoformagem por pressão assistida por pistão?

15-39. A que se refere a palavra vácuo de bolha na expressão formagem por vácuo de bolha?

15-40. Descreva a formagem livre.

15-41. Descreva a formagem mecânica e a formagem por pistão e anel.

Atividades

Termoformagem por sopro livre

Introdução. Na termoformagem por sopro livre, um anel ou uma junta mantém embaixo de si uma folha de plástico quente. O anel deve prevenir o vazamento de ar de tal forma que, quando o ar é forçado abaixo da folha, ela se expande para cima em uma bolha lisa. Folhas de acrílico são populares para produtos soprados livremente.

Equipamento. Uma máquina de termoformagem, um anel ou junta, suprimento de ar regulado e equipamento de segurança pessoal.

Procedimento

15-1. Corte uma folha de plástico com aproximadamente 50 mm maior que a abertura na forma. A Figura 15-18 mostra um anel típico para sopro livre.

15-2. Ajuste a pressão de ar para "0" no regulador.

15-3. Monte a folha de plástico sob o anel e a aqueça até que possa tomar forma. Caso esteja utilizando acrílico, aqueça a folha até que a temperatura esteja entre 150 °C [300 °F] e 190 °C [375 °F].

15-4. Medir com exatidão a temperatura de uma folha de termoformagem com um pirômetro é difícil, porque a folha perde temperatura muito rapidamente. Se possível, obtenha fitas de temperatura de termoformagem, como mostrado na Figura 15-19. Os aumentos nestas fitas mudam de cor nas temperaturas pré-ajustadas. A Figura 15-20 mostra uma peça de plástico que atingiu uma temperatura de 143 °C [290 °F].

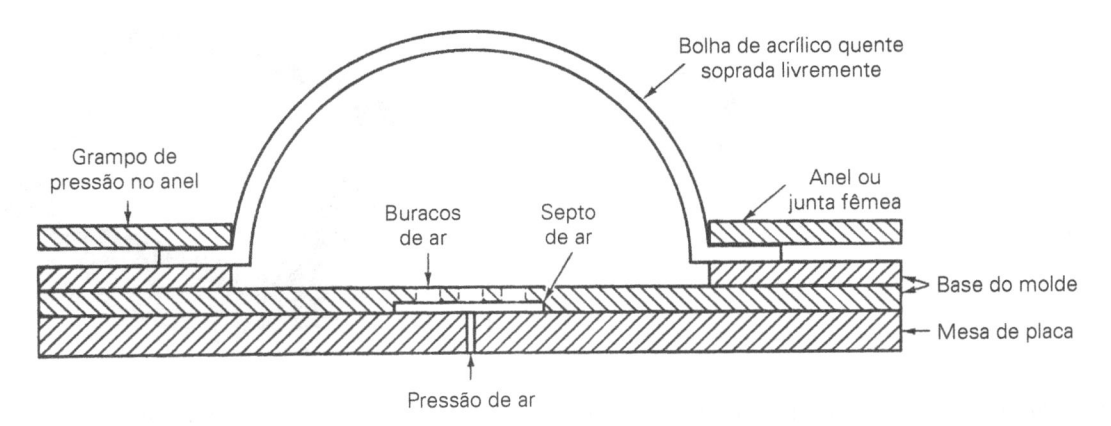

Figura 15-18 – Anel para sopro livre.

15-5. Quando o termoformador ficou tempo o suficiente para estabilizar a temperatura, use as fitas de temperatura para determinar o tempo de forno necessário para atingir a temperatura desejada. Uma vez que o tempo é conhecido, use este tempo e elimine os dispositivos de medir temperatura.

15-6. Quando a folha estiver pronta para a formagem, remova a fonte de calor e aumente a pressão de ar até que o item seja soprado para a altura desejada.

15-7. Mantenha a pressão até que o item esteja frio e remova-o do grampo.

15-8. Corte o item ao meio e meça a espessura da parede. A parede é uniforme? Como a parede de itens de sopro livre se compara à parede de itens formados por vácuo direto?

Memória de plástico

Introdução. A termoformagem fornece uma boa oportunidade de observar a memória dos plásticos. A memória pode levar à deformação se um item termoformado ficar quente o bastante para permitir um relaxamento de tensão.

Equipamento. Máquina de termoformagem, folhas de termoformagem e moldes simples.

Procedimento

15-1. Caso haja disponibilidade de um termoformador de laboratório, mas não exista um molde apropriado, consulte a Figura 15-21 e a Figura 15-22 para um molde extremamente simples. Este molde é uma peça de 2 × 6 com buracos feitos com broca e fita de espuma autoadesiva usada para criar tanto

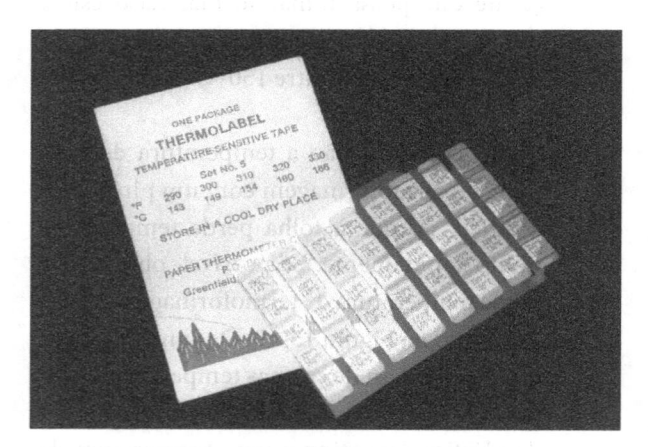

Figura 15-19 – Fitas sensíveis à temperatura mostram várias faixas de temperatura. Esta amostra cobre a faixa de 143 ºC a 166 ºC.

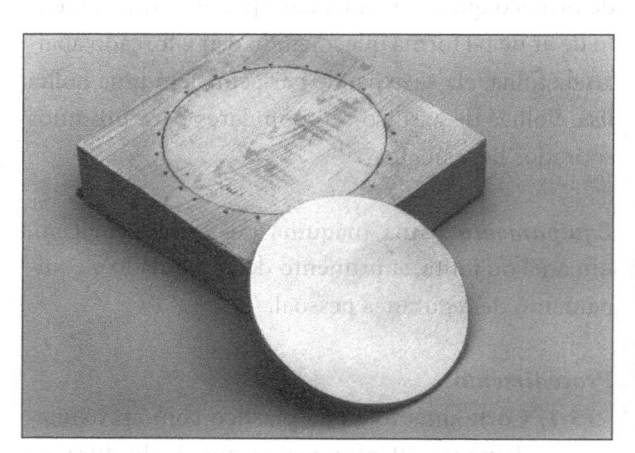

Figura 15-21 – Molde de termoformagem simples para níveis de esmeril Taber.

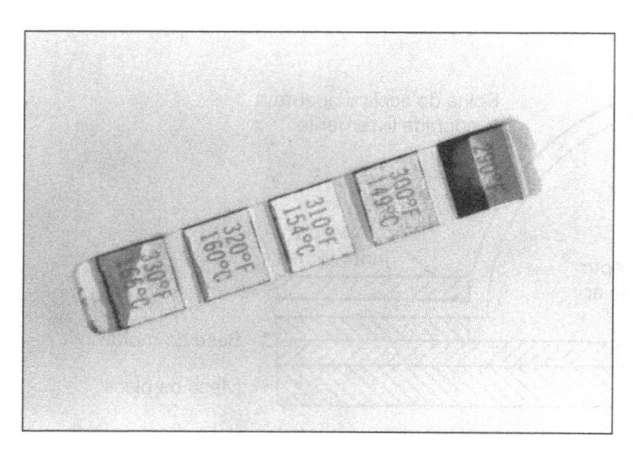

Figura 15-20 – Está fita atingiu a temperatura de 143 ºC, mas não a de 149 ºC.

Figura 15-22 – Fundo do molde de termoformagem, mostrando os buracos de ar e a fita de espuma.

um selo quanto uma abertura para os buracos de vácuo. O disco de alumínio permite a termoformagem de níveis para a injeção de discos esmerilhados Taber moldados. Outras formas são igualmente úteis na observação da memória do plástico.

15-2. Depois de medir a espessura de uma folha, aqueça-a em torno do molde, como mostrado na Figura 15-23.

Figura 15-23 – Folha termoformada em torno de disco de alumínio e aplainada usando a memória do plástico.

15-3. Remova a folha e deixa-a esfriar. Em seguida, remonte-a em um termoformador. Aqueça até que a folha fique plana e então remova-a rapidamente da fonte de calor.
15-4. Quando a folha estiver fria, meça-a para ver se permaneceu qualquer afinamento. A Figura 15-23 mostra tanto uma folha formada quanto uma folha que voltou a ser plana pela memória.
15-5. Puxe ainda mais a mesma folha usando um objeto mais grosso. A Figura 15-24 mostra o uso de um pequeno grampo em C.
15-6. Depois de remover o grampo ou outro item, reaqueça para ver se a folha volta a ser plana. Se não aparecerem buracos durante a formagem, a folha deve voltar completamente.
15-7. Quantas vezes a memória do plástico funcionará? O quanto de profundidade uma folha pode ser puxada e ainda manter sua memória?

Formagem por vácuo direto e formagem assistida por pistão

Introdução. Diminuição localizada é um problema significativo experimentado na formagem por vácuo direto. A proposta deste exercício é comparar a formagem por vácuo direto com a formagem assistida por pistão.

Equipamento. Um termoformador, um molde fêmea, um pistão para o molde selecionado e folhas de termoformagem.

Procedimento

15-1. Se as folhas de termoformagem são OS, nenhum problema surgirá com a umidade. Entretanto, se as folhas são ABS, elas podem estar úmidas e precisam ser secas. Quando são secas apropriadamente, estas folhas podem exibir bolhas na superfície após a formagem.

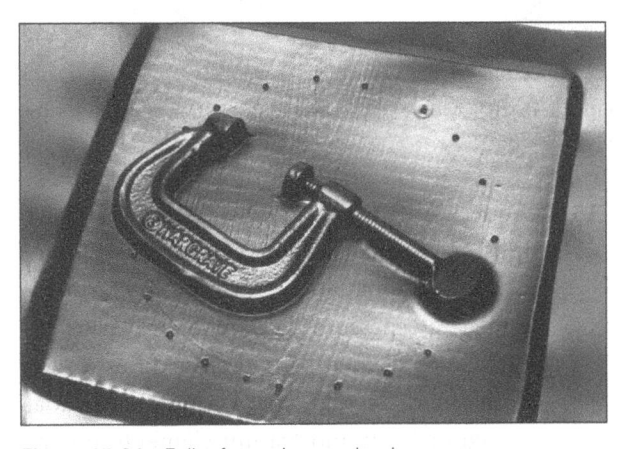

Figura 15-24 – Folha formada ao redor de um pequeno grampo em C.

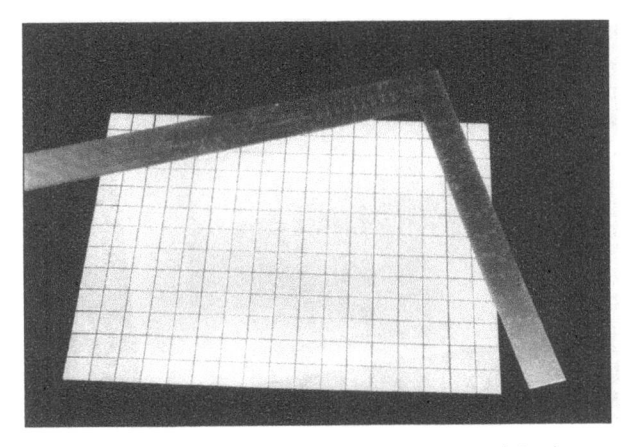

Figura 15-25 – Folha de termoformagem com padrão de grades de 1 polegada quadrada.

15-2. Determine o tempo necessário para atingir a temperatura de termoformagem escolhida. Se as folhas são de OS, escolha a temperatura entre 130 °C e 180 °C. Faça grades nas folhas de termoformagem, como mostrado na Figura 15-25. A grade mostrada é espaçada a cada 1 polegada.

15-3. Localize a folha na estrutura de grampo, tendo certeza de que a grade está paralela ao grampo. O molde usado para demonstrar este exercício é visto na Figura 15-26.

Figura 15-26 – Molde usado para demonstrar as técnicas de termoformagem.

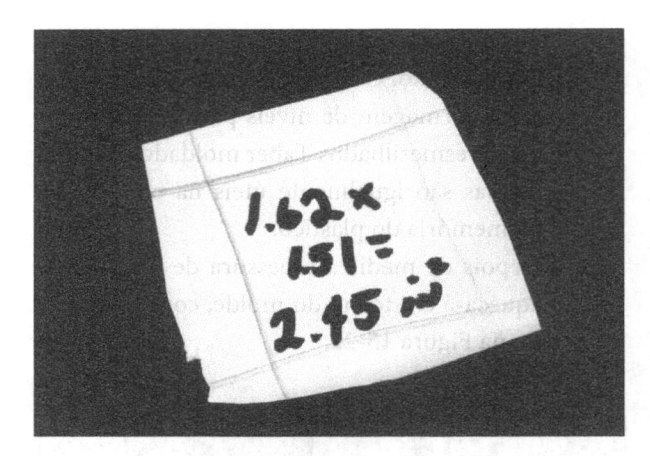

Figura 15-28 – Este elemento tinha 1 pol² antes da formagem. Dever-se-ia resultar em um estiramento biaxial uniforme em um quadrado. Este elemento foi esticado quase uniformemente.

15-4. Aqueça e dê forma à folha. A Figura 15-27 mostra a formagem por vácuo direto. Observe como a folha estica. Corte a folha formada e meça a espessura da parede em vários locais. Se os elementos tiverem sido esticados de maneira regular, meça a grade esticada. A Figura 15-28 mostra um elemento esticado regularmente. A folha original tinha 0,0625 polegada de espessura. O elemento esticou para 2,45 pol² e, pelos cálculos, teria uma espessura de 0,0256 pol. A espessura medida foi 0,025 pol.

15-5. Se os elementos não são uniformes no estiramento, como mostrado na Figura 15-29, pode ser mais fácil medir a espessura que calculá-la.

15-6. Forme uma folha usando o assistente de pistão. O pistão usado para esta demonstração é visto na Figura 15-26. A profundidade da penetração do pistão é crítica. Se a profundidade é muito grande, a área da folha no contato com o pistão esticará muito pouco. Isto forçará o estiramento extensivo nos elementos vizinhos e pode levar a um afinamento maior que o encontrado na formagem por vácuo direto. A Figura 15-30 mostra um

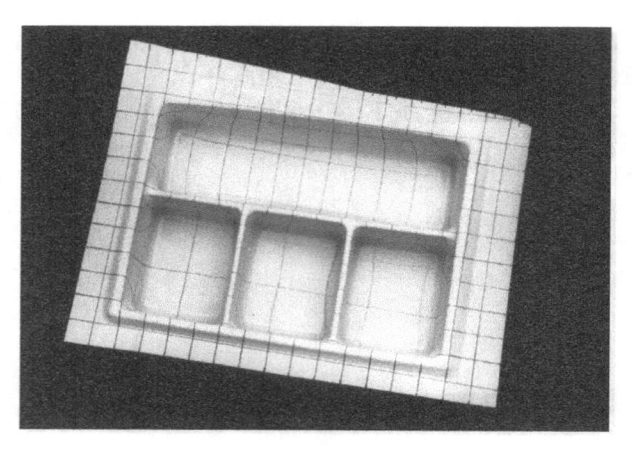

Figura 15-27 – Exemplo de desenho usando a termoformagem direta.

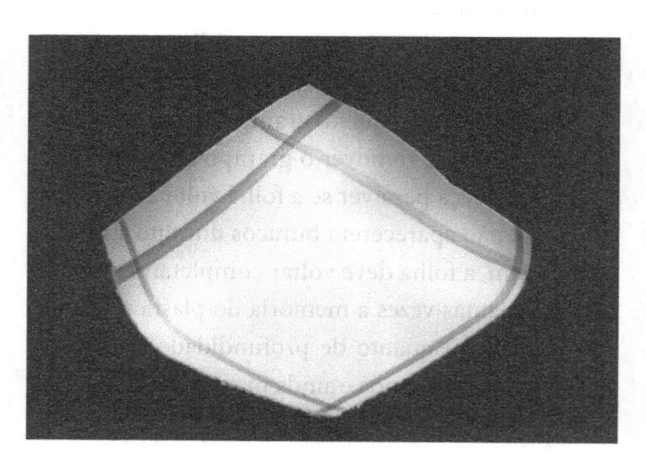

Figura 15-29 – Este elemento não foi uniforme no estiramento. Sua espessura varia consideravelmente.

desenho com profundidade de pistão muito grande. Se a profundidade do pistão é muito baixa, haverá pouca variação comparada à formagem por vácuo direto. A Figura 15-31 mostra um desenho no qual o pistão ajudou a reduzir o afinamento localizado. Observe a mudança nos padrões de estiramento.

15-7. Ajuste o pistão para otimizar a espessura nas quinas do item e calcule o ganho máximo na espessura da parede nas quinas.

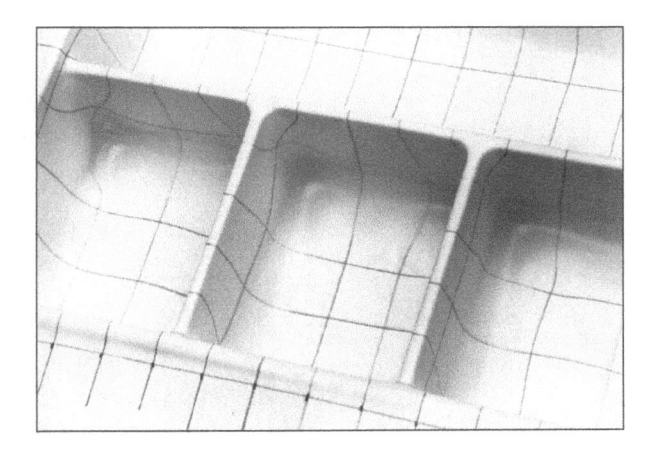

Figura 15-30 – A profundidade do pistão foi muito grande e evitou que os elementos centrais se esticassem, provocando afinamento excessivo nos elementos vizinhos.

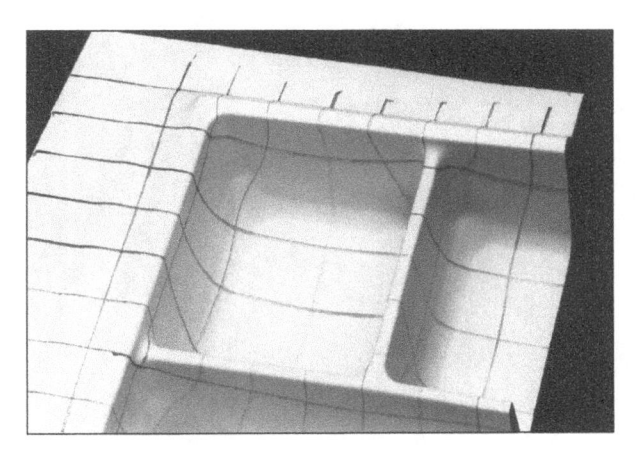

Figura 15-31 – Este desenho mostra um melhoramento comparado à termoformagem mostrada na Figura 15-27.

Capítulo 16

Processos de expansão

Introdução

Os métodos de expandir plásticos são descritos neste capítulo. Um **plástico expandido** é similar a uma esponja, pão ou creme chantilly, porque todos são celulares na estrutura. Os plásticos expandidos são, algumas vezes, chamados plásticos escumados, inchados, espumados ou de bolha. Eles podem ser classificados pela estrutura celular, pela densidade, pelo tipo de plástico ou pelo grau de flexibilidade, incluindo formas rígidas, semirrígidas e flexíveis.

Estes materiais celulares (do latim *cellula*, significando pequena célula ou quarto) podem ser classificados como de **célula fechada** ou **célula aberta** (veja a Figura 16-1). Se cada célula é uma célula discreta separada, ela é um material de célula fechada. Se as células estão interconectadas, com aberturas entre elas (semelhante à esponja), o polímero é um material de célula aberta. Estes polímeros expandidos (celulares) podem ter densidades que variam em relação à da matriz sólida até menos de 9 kg/m^3 [0,56 lb ft^{-3}]. Aproximadamente todos os termoplásticos e plásticos termocurados podem ser expandidos e também transformados em retardadores de chama. A Tabela 16-1 relaciona algumas propriedades de alguns plásticos expandidos.

As resinas são transformadas em plásticos expandidos usando seis métodos básicos os quais são descritos a seguir:

1. Colapso térmico de agente de sopro de produtos químicos, liberando um gás em uma partícula de plástico (um método popular)

Pentanos, hexanos, halocarbonetos ou misturas destes materiais são forçados sob pressão dentro das partículas de plástico. À medida que a pérola ou grânulo de plástico é aquecida, o polímero torna-se macio, o que permite soprar os agentes para vaporizar. Isto produz uma peça expandida algumas vezes chamada bolha pré-inflada, pré-formada ou pré-expandida. O esfriamento deve ser cuidadosamente controlado para prevenir o colapso da célula ou o pré-inflado. O esfriamento repentino pode criar um vácuo interno parcial na célula. Esta pré-expansão é facilitada por aquecimento a seco, radiação de radiofrequência, vapor ou água fervente. Os materiais pré-expandidos devem ser usados em alguns dias para prevenir a perda completa de todos os agentes de expansão voláteis. Tais materiais devem ser mantidos em um recipiente hermeticamente fechado e frio até que estejam prontos para moldagem. PS, SAN, PP, PVC e PE são transformados em celular usando este método.

Figura 16-1 – Exemplos de plásticos celulares PS de célula fechada (acima) e PV de célula aberta (abaixo).

Os **agentes de sopro** vaporizam rapidamente a partir de pastilhas de polietileno. Consequentemente, sua vida na prateleira é muito curta. Muitos modeladores simplesmente encomendam **pré-inflados** pré-expandidos para processamento final. Para evitar que o celular colapse antes do resfriamento, algumas vezes poliolefinas são unidas por ligação cruzada por radiação. Antes da modelagem, os pré-inflados são colocados em tanques de armazenamento para difundir o ar dentro deles. Então, são pressurizados e moldados em um produto de célula fechada. Os pré-inflados normalmente são estabilizados usando-se secagem térmica e recozimento por um período de várias horas. O pentano e o butano são compostos orgânicos voláteis.

2. Dissolução de um gás que expande à temperatura ambiente na resina (um método comum)

O nitrogênio e outros gases podem ser forçados diretamente dentro do polímero fundido. Usando um equipamento de injeção ou extrusão, lacres de haste de rosca especial evitam o escape de gás da matriz quente. À medida que o fundido deixa o cubo ou entra na cavidade do molde, o gás vaporiza-se e faz com que o polímero se expanda. Uma vez que a matriz fundida cai abaixo da temperatura de transição do vidro, a expansão é estabilizada.

3. Adição de um componente líquido ou sólido que se vaporiza quando aquecido no fundido (algumas vezes feito para produzir espumas estruturais) (Figura 16-2)

Os agentes de sopro granulados, em pó ou líquidos podem ser misturados e forçados através do fundido. Eles permanecem comprimidos no molde até

Tabela 16-1 – Algumas propriedades de plásticos expandidos

	Coeficiente linear de expansão 10⁶/°C	Absorção de água % por volume	Capacidade de suportar combustão mm/min¹	Faixa de densidade kg/m³	Condutividade térmica W/m¹ K	Temperatura de serviço máxima °C	Poder de compressão kPa
Acetato de celulose	6,35	13–17	Queima-se lentamente	96–128	0,043	176	862–1.034
Epóxi							
Empacotado no lugar	38	1–2	Autoextinguível	210–400	0,028–1,15	260	13–14 × 10³
Formado no lugar	102		Autoextinguível	80–128	0,035	148	551,5–758
Fenólico							
Tipo reativo	5–10	15–50	Autoextinguível	16–1.280	0,036–6,48	121	172,3–419
Polietileno	24,1	1,0	63,5	400–480	0,05–0,058	71	68,9–275,7
Poliestireno							
Expelido	11	0,1–0,5	Autoextinguível	20–72	0,03–0,05	79	68,9–965
Pérolas expandidas	10,1	1,0	Autoextinguível	16–160	0,03–0,039	85	68,9–1.375
Pérolas e outros pré-expandidos	10,1	0,01	Autoextinguível	80–160	0,03	85	310,2–838
Cloreto de polivinila							
Célula aberta			Autoextinguível	48–169		50–107	
Célula fechada			Autoextinguível	64–400		50–107	
Silicone							
Pó pré-misturado		2,1–3,2	Não se queima	192–256	0,043	343	689–2.241
Resina líquida, rígida e semirrígida		0,28	Autoextinguível	56–72	0,04–0,43	343	55
Flexível			Autoextinguível	112–144	0,045–0,052	315	
Uretana							
Rígida	1.370		Autoextinguível	32–640	0,016–0,024	148–176	172–210
Flexível	1.650	10	Queima-se lentamente	22–320	0,032	107	

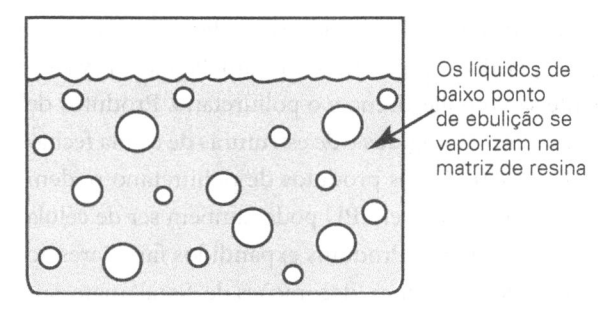

Figura 16-2 – Bolhas de gás são formadas à medida que os produtos químicos mudam de estado físico.

que sejam forçados para a atmosfera. Isto fará com que ocorra a rápida descompressão (expansão). PS, CA, PE, PP, ABS e PVC são expandidos utilizando-se este método.

4. Colocar rapidamente ar dentro da resina e curar ou esfriar a resina (algumas vezes usado na produção de fundo de carpete) (Figura 16-3)

Os ésteres vinílicos, formaldeído de ureia (UF), fenólicos, poliésteres e alguns polímeros de dispersão são transformados em celulares utilizando métodos mecânicos.

5. Adição de componentes que liberam gás dentro da resina por meio de reação química

Este é um método popular para produzir materiais expandidos a partir de polímeros de condensação. Resinas líquidas, catalisadores e agentes de sopro são mantidos separados até que sejam moldados. Depois de misturar, uma reação química expande a matriz em um material celular curado. À medida que a matriz se expande, muitas paredes de células se quebram, formando uma estrutura de catacumba. Poliésteres, poliuretana (PU), formaldeído de ureia (UF), epóxi (EP), poliuretana de poliéster (EU), silicone (SI), isocianuratos, carbodiimida e muitos elastômeros usam este método de expansão. As poliuretanas e o poliestireno respondem por mais de 90% do isolamento encontrado nos refrigeradores, congeladores, tanques criogênicos e construção celular. O isocianato é normalmente expandido entre camadas de folhas de alumínio, feltro, aço, madeira ou revestimento de gesso. Poliuretanas flexíveis são de célula aberta, enquanto as poliuretanas rígidas são feitas de materiais de célula fechada.

O uso de clorofluorocarbonetos (CFCs) como agentes de sopro tem sido severamente restringido pela EPA. Para acelerar a redução ou a eliminação de CFCs, uma taxa especial no uso deles começou em 1994. Em 1996, o Clean Air Act proibiu a produção e a importação de CFCs. A mudança para hidroclorofluorcarbonetos (HCFCs), que são menos destruidores do ozônio que os tradicionais CFCs, não eliminou a preocupação da EPA. A produção de HCFC-141b, um produto químico usado como agente de sopro, terminou em dezembro de 2002. Uma alternativa é o uso do perfluorocarbonetos (PFCs). Entretanto os PFCs são gases de efeito estufa em potencial, e a EPA também desencoraja o uso deles.

6. Volatizar a mistura (o vapor deixado nas resinas pelo calor gerado durante uma reação química exotérmica anterior)

Sistemas de sopro de água podem ser usados em alguns polímeros de condensação. Em adição ao vapor da água condensado, dióxido de carbono é liberado. Alguns sistemas combinam água e halocarboneto na mistura de resina.

Materiais celulares reforçados podem ser produzidos com reforços particulados e fibrosos dispersados por toda a matriz de polímero. As fibras tendem a se orientar paralelamente às paredes das células, resultando em uma rigidez melhorada. Epóxis reforçadas têm sido mecanicamente misturadas com pérolas pré-expandidas (PS, PVC) e completamente

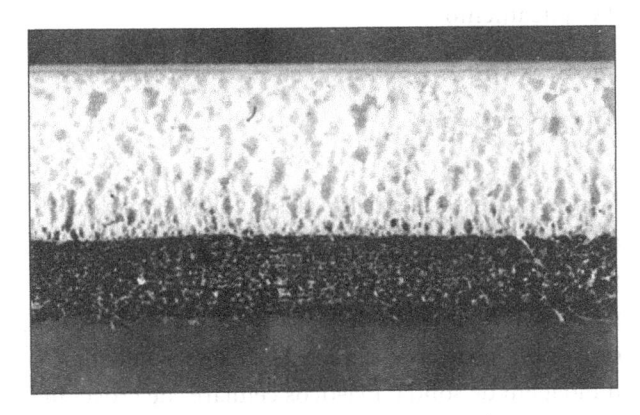

Figura 16-3 – Polivinila mecanicamente escumada ou espumada em construção de piso grosso. Aumentado 10×. (Occidental Chemical Corp.)

expandidas e curadas em um molde. Materiais celulares são também usados na fabricação de compósitos sanduíche.

Plásticos sintáticos são algumas vezes classificados como um grupo separado de plástico expandido. Os **plásticos sintáticos** são produzidos combinando-se microscopicamente pequenas bolas ocas (0,03 mm) de vidro ou plástico em uma matriz de resina de união (Figura 16-4). Isto produz um material de célula fechada leve. A mistura parecida com material de vidraceiro pode ser moldada ou aplicada à mão em espaços não acessíveis de outras maneiras. Os plásticos sintáticos são normalmente usados em ferramentas, aliviantes nazais, isolamento térmico e dispositivos de flutuação resistentes à alta compressão.

Materiais celulares têm sido produzidos colocando-se esferas de vidro na formulação da matriz de polímero antes da sinterização. Em um processo chamado de **lixiviação**, vários sais ou outros polímeros podem ser sinterizados juntos. Uma solução de solvente dissolve os cristais ou polímeros selecionados, deixando uma matriz porosa. Camadas alternadas de polímeros compatíveis, reforços e misturas de cristais solúveis produzem um verdadeiro componente compósito.

Plásticos expandidos são usados para isolamento, empacotamento, amortecimento e flutuação. Alguns agem como um isolante acústico ou térmico. Outros são usados como barreiras de umidade na construção. Materiais de epóxi expandidos são usados em acessórios ou modelos de ferramenta leve. Plásticos expandidos também podem ser usados em materiais não corrosíveis, leves e absorvedores de choque para automóveis, aeronaves, móveis, barcos e estruturas em forma de favo. Na indústria têxtil, plásticos expandidos são usados em estofamento e isolamento para fornecer ao artigo de vestuário uma textura ou uma sensação especial.

Durante a Segunda Guerra Mundial, a Dow Chemical Company introduziu produtos de poliestireno expandido nos Estados Unidos, e a General Electric fabricou produtos de fenólico expandido. Os dois principais plásticos expandidos na atualidade provavelmente são o poliestireno e o poliuretano. Produtos de poliestireno são rígidos e de estruturas de célula fechada (Figura 16-5). Os produtos de poliuretano podem ser rígidos ou flexíveis. PU pode também ser de célula fechada ou aberta. Produtos expandidos familiares ao consumidor são telhas, decorações de Natal, materiais de flutuação, brinquedos, revestimento de embalagens para itens frágeis, colchão, travesseiros, fundo de tapete, esponjas e recipientes descartáveis.

Figura 16-5 – Poliestireno celular fechado tem excelentes qualidades de isolamento térmico. (Sinclair-Koppers Co.)

Os processos a seguir são explicados neste capítulo:

I. Moldagem
   A. Processamento de baixa pressão
   B. Processamento de alta pressão
   C. Outros processos de expansão
II. Fundição
III. Expansão no local
IV. Jateamento

Moldagem

Vários processos têm sido desenvolvidos para moldar plásticos expansíveis. Estes incluem moldagem por injeção, moldagem por compressão, moldagem por extrusão, moldagem drielétrica (um método de expansão de alta frequência), câmara de vapor e moldagem de sonda. Plásticos celulares de crosta integral ou espumosos são normalmente fundidos ou moldados. Uma crosta sólida e densa de plástico é for-

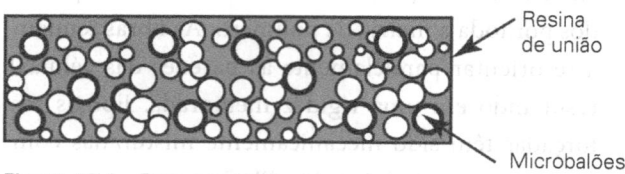

Figura 16-4 – Espuma sintática.

mada na superfície do molde à medida que é aquecido. Durante o processo de formação da crosta, um núcleo celular é formado a partir da força empregada pelos agentes de sopro ou gás dentro do fundido, produzindo a estrutura celular (Figura 16-6).

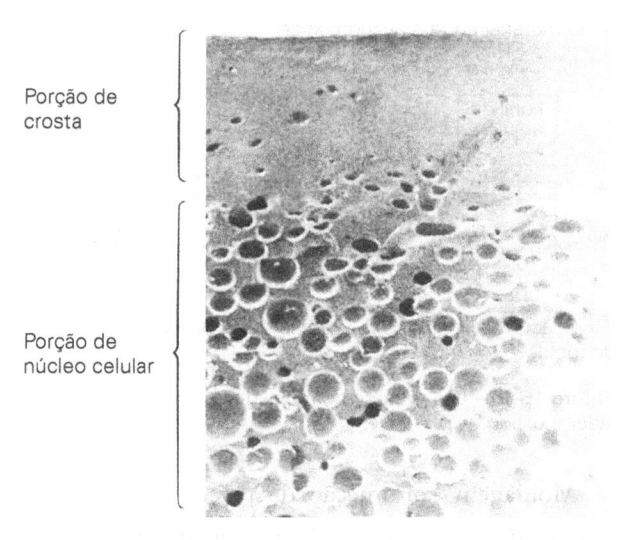

Figura 16-6 – Nesta fotografia, a transição da crosta sólida para o núcleo celular pode ser vista.

Em adição, para terminar os produtos feitos com plástico expandido, padrões de espuma para fundições metálicas são também largamente utilizados. Padrões de poliestireno espumoso são muito mais barato têm a resistência e durabilidade necessária, e o poliestireno vaporiza rapidamente quando em contato com metais fundidos.

O termo **espuma estrutural** inclui qualquer plástico celular com uma crosta integral. Sua dureza depende muito da espessura da crosta. Existem diversos métodos de fabricar esta crosta integral; entretanto, produtos de espuma estrutural são moldados a partir do fundido, por processos de baixa pressão ou de alta pressão (Figura 16-7).

Processamento de baixa pressão

O processamento de baixa pressão é o mais simples, bem como o método mais popular e econômico usado para itens grandes. Normalmente, o equipamento usado para este processo inclui uma máquina simples de modelagem por injeção, que foi modificada para permitir a injeção do agente de expansão. Se um agente de expansão compactado em bolhas é adicionado diretamente ao funil de adição junto com o ma-

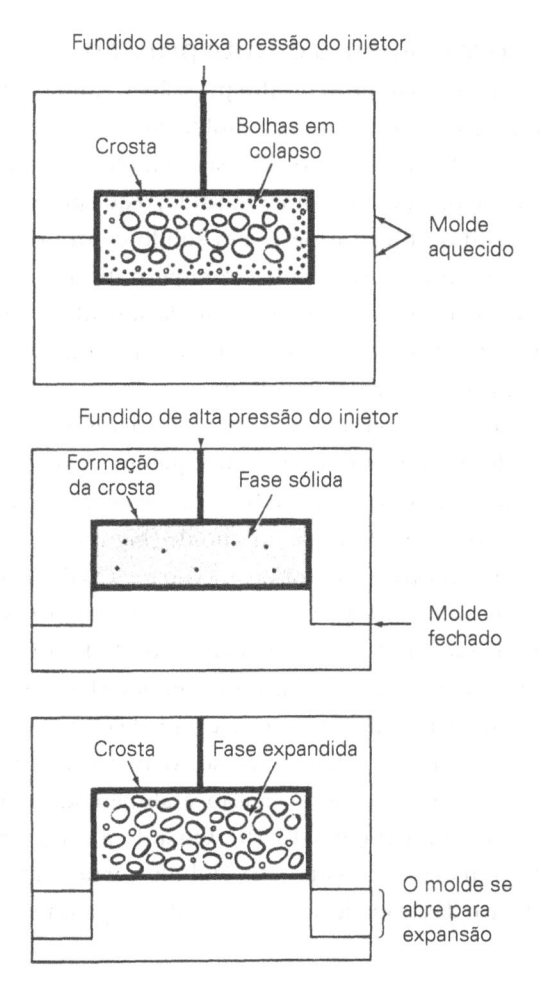

Figura 16-7 – Métodos de baixa e alta pressão de produtos expandidos com uma crosta integral.

terial básico, não é necessária nenhuma mudança. As modificações podem envolver projetos de rosca especial, a adição de um acumulador ou a instalação de bicos de injeção múltipla no molde. Uma mistura de plástico fundido e gás é injetada no molde a uma pressão de 1 a 5 MPa [145 a 725 psi]. Uma crosta é formada à medida que a célula de gás colapsa contra os lados do molde. A espessura da crosta é controlada pela quantidade de fundido forçado no molde, bem como pela temperatura e pressão do molde. O tipo de agente de sopro usado ou a quantidade de gás forçado dentro do fundido também ajudam a determinar a espessura da crosta e a densidade do item.

As técnicas de baixa pressão produzem itens de célula fechada que são praticamente livres de tensão. O colapso das células na superfície do molde algumas vezes produz um padrão de espiral superficial nos itens.

Processamento de alta pressão

No **processamento de alta pressão**, o fundido aquecido é forçado dentro do molde com pressões de 30 a 140 MPa [4.351 a 20.307 psi]. O molde é completamente preenchido com o fundido, o que permite que o fundido transforme-se em sólido contra o molde ou as superfícies do cubo. Para permitir a expansão, a cavidade do molde é aumentada abrindo levemente o molde ou retirando núcleos. O fundido expande com este aumento de volume.

Em um método, o agente de expansão é adicionado diretamente na mistura quente. A pressão da rosca não permite que o material se expanda até que seja forçado dentro de um molde (Figura 16-8).

Em outros métodos de injeção e extrusão, o agente de sopro ou de expansão, corantes e outros aditivos são fundidos diretamente no plástico fundido exatamente antes de entrar no molde (Figura 16-9). A expansão então ocorre na cavidade do molde.

Ainda em outro processo, o material extruído com os agentes de expansão é alimentado em um acumulador (Figura 16-10). Quando a carga predeterminada é atingida, um êmbolo força o material dentro da cavidade do molde, onde a expansão ocorre.

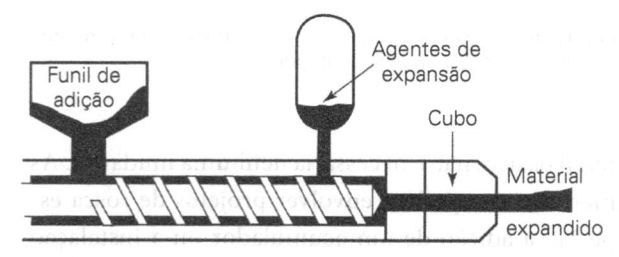

Figura 16-8 – Método de rosca.

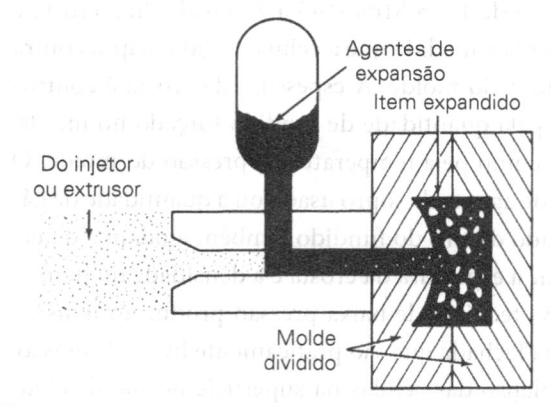

Figura 16-9 – Um método de moldagem no qual o agente de expansão é adicionado ao plástico fundido exatamente antes do plástico entrar no molde.

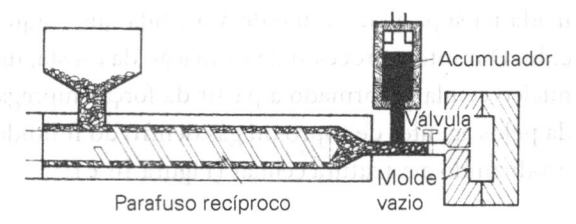

(A) O material entra no acumulador.

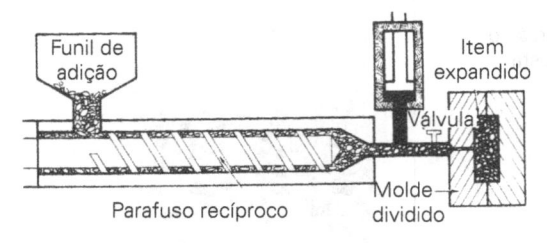

(B) O acumulador força o material para dentro da cavidade do molde.

Figura 16-10 – Um método de moldagem no qual um acumulador é usado.

Moldagem por injeção de reação (*reaction injection molding* – RIM), moldagem por injeção de reação de reforçado (*reinforced reaction injection molding* – RRIM) e **moldagem de esteira/RIM** (*mat molding/RIM* – MM/RIM) têm crescido rapidamente depois de extensivo uso na indústria automotiva e inúmeras aplicações estruturais. Os reforços melhoram muito a estabilidade dimensional, a resistência ao impacto e o coeficiente de impacto. Em uma técnica de moldagem de transferência de resina modificada, fibras longas ou esteiras são colocadas no molde e uma mistura de componentes reativos é forçada para dentro da cavidade. O produto resultante de MM/RIM é resistente, leve e forte.

A Figura 16-11 mostra um processo de RIM para moldar espuma de poliuretano. Os materiais líquidos entram da metade inferior da cavidade do molde. O molde então se fecha antes que a reação química ocorra, o que faz com que o material vire espuma. À medida que ele se expande, a espuma preenche o molde e, quando curado, mantém a forma do molde. Como visto na Figura 16-11, a moldagem de espuma exige o aparamento e o estofamento à medida que sai do molde antes do item estar completo.

Um plástico expandido com uma crosta (camada não expandida) é produzido forçando-se a mistura quente ao redor de um torpedo fixo. A forma extruída é um contorno oco da forma do cubo de enquadramento. O extrudato então expande, preen-

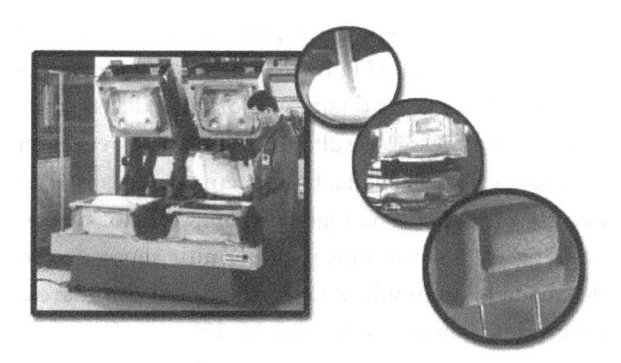

Figura 16-11 – Estágios na moldagem de encostos de cabeça automotivo, de poliuretano espumoso. (Cortesia da Bayer)

chendo o centro oco, e a crosta é formada pela ação de resfriamento dos cubos de enquadramento e de resfriamento (Figura 16-12). Perfis estruturais são produzidos por este método.

Em outro processo, dois plásticos da mesma formulação ou de famílias diferentes são injetados dentro de um molde, um após o outro. O primeiro plástico não contém agentes de expansão e é parcialmente injetado dentro do molde. O segundo plástico, contendo agentes de expansão, é então injetado contra o primeiro plástico, forçando-o contra as beiradas do molde e formando uma camada em torno do plástico expansível. Para fechar a camada, mais da primeira resina é injetada dentro do molde, encapsulando completamente a segunda resina. O item resultante tem uma crosta externa de um tipo de plástico e um núcleo interno de plástico expandido.

Em um processo único chamado contrapressão de gás, o gás é forçado dentro de uma cavidade de molde vazia e selada. O fundido é então forçado dentro da cavidade contra a pressão do gás. A expansão começa à medida que o molde é ventilado.

Os materiais polivinílicos extruídos podem ser expandidos à medida que emergem do cubo, ou estocados para expansão futura. Eles são usados na indústria de artigos de vestuário como componentes únicos, ou fornecendo o forro do tecido (Figura 16-13).

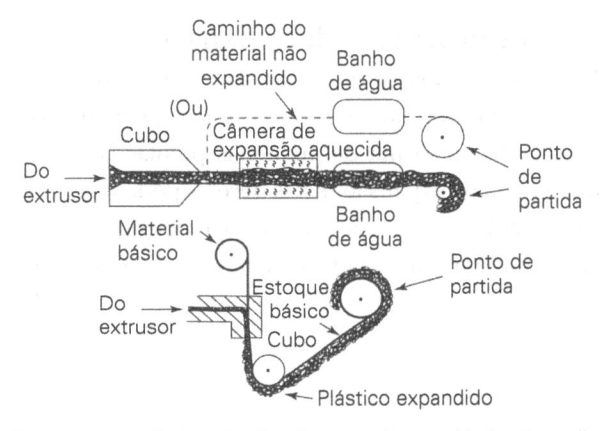

Figura 16-13 – Dois métodos de expandir um plástico à medida que ele emerge do cubo.

Materiais espumosos são usados como fundo em tapetes ou outros pisos, como mostrado na Figura 16-14A. Gramado artificial para campos atléticos tem se tornado um produto extremamente complexo. O Astroturf®, como visto na Figura 16-14B, consiste de uma almofada de PVC espumoso por baixo do gramado artificial. Têm sido adicionados enchimentos ao gramado artificial para evitar que as fibras, que normalmente feitas de náilon ou materiais de olefinas, se embaracem e fiquem muito duras. Tais enchimentos consistem de areia e/ou pérolas de borracha. A dificuldade com estes sistemas é que, com o tempo, a areia se acomoda no fundo, fazendo com que a superfície pobremente drenada se compacta, o que pode levar à dureza. Tentativas recentes de corrigir isto são mostradas nas Figuras 16-14C e 16-14D. Estas superfícies incluem almofadas de espuma, palha artificial de náilon 6,6, fibras de polietileno e enchimento de borracha. O objetivo é criar uma superfície durável que não se compacte com o tempo.

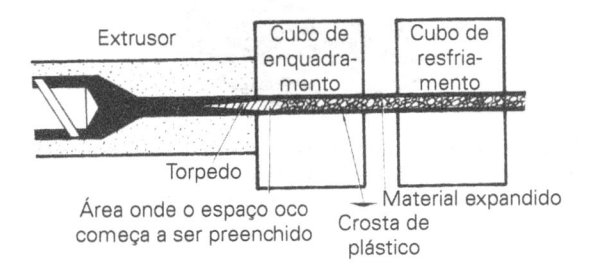

(A) Um método de produção.

(B) Um tapete de vinila espumosa com uma crosta em ambos os lados.

Figura 16-12 – Formando uma crosta em plásticos expandidos.

Na moldagem por compressão de plásticos expansíveis, a formulação de resina é extruída dentro da câmara de moldagem e o molde é fechado. A resina fundida se expande rapidamente, enchendo a cavidade do molde.

Uma das maiores demandas é para toras, pranchas e folhas de poliestireno extruído. Elas são produzidas extruindo o plástico derretido contendo o agente de expansão de um cubo. A expansão ocorre rapidamente no orifício do cubo. Bastões, tubos ou outras formas podem ser produzidos desta maneira.

A Tabela 16-2 fornece soluções para problemas que podem ocorrer durantes os processos de expansão.

Outros processos de expansão

Nem todos os plásticos expandidos fazem uso do método quente-fundido. O poliestireno é normalmente produzido na forma de pequenas pérolas contendo um agente de expansão. Estas pérolas podem ser pré-expandidas por aquecimento ou radiação e, então, colocadas em uma cavidade de molde onde são aquecidas novamente, em geral por vapor, provocando expansão adicional (Figura 16-15). Estas pérolas expandem até 40 vezes o tamanho original delas (Figura 16-6), e a pressão resultante, as empacota em uma estrutura celular fechada. Um sistema de expansão de pérolas é mostrado na Figura 16-15. Orifícios de caixas de núcleo são usados para permitir vapor dentro da cavidade do molde, e tais orifícios deixam marcas no produto expandido (Figura 16-15C).

A excitação térmica de moléculas por meio de energia de rádio de alta frequência também é empregada para expandir pérolas. Esta é algumas vezes chamada moldagem dielétrica, porque não exige linhas de vapor, umidade, orifícios de vapor ou moldes metálicos. Incrustações ou substratos decorativos de papel, tecido ou plástico podem ser moldados no local utilizando-se este método (Figura 16-17).

Exemplos bem conhecidos produzidos por este método incluem xícaras com isolamento, caixas de gelo, decorações de feriados, itens de inovação, brinquedos e muitos produtos de flutuação e isolamento térmico.

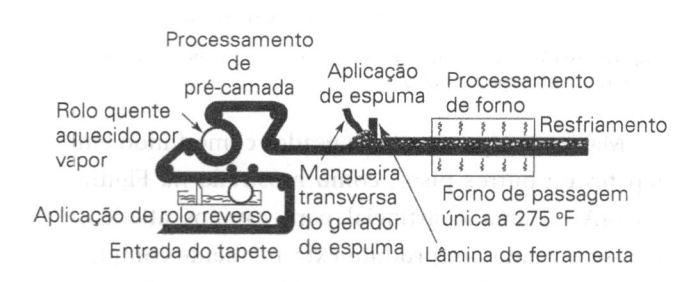

(A) Aplicação de fundo de tapete.

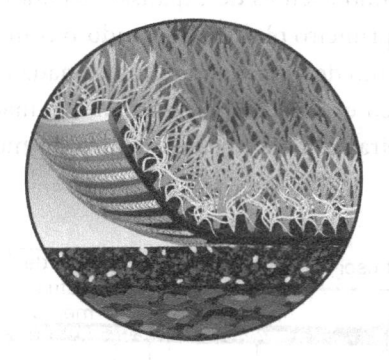

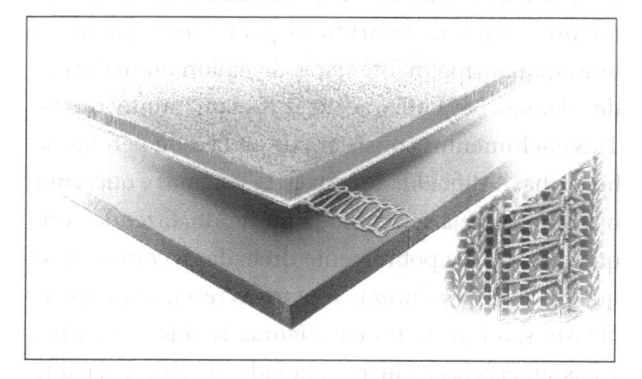

(B) Esta visão do Astroturf® mostra uma almofada de espuma, fundo trançado e pilha de náilon. (SRI Sports, Inc.)

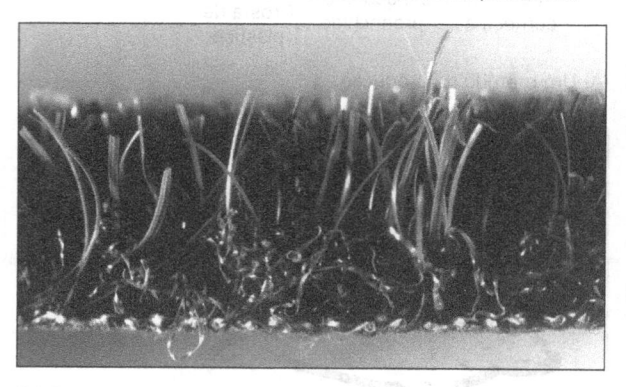

(C) Esta fotografia aproximada do Astroplay® mostra a palha artificial que apoia as fibras e mantém as partículas de enchimento de borracha na base dos sistemas. (SRI Sports, Inc.)

(D) O Astroplay® é um sistema de gramado artificial que inclui uma almofada de borracha e fundo de fibra de vidro para proporcionar estabilidade. (SRI Sports, Inc.)

Figura 16-14 – As espumas são usadas em muitos pisos e aplicações em campos atléticos.

Tabela 16-2 – Solução de problemas nos processos de expansão

Defeito	Possíveis causas e soluções
Molde não preenchido	Ventilar, lançamento curto, gás aprisionado, aumentar a pressão e a quantidade de material, usar materiais mais frescos.
Caroços ou buracos na superfície	Reduzir a quantidade de liberador de molde – liberador de molde interferindo com o agente de sopro, aumentar a temperatura do molde, material não suficiente no molde, temperatura de fusão incorreta, concentração incorreta de agente de sopro, polir o cubo ou a superfície do molde.
Peças distorcidas	Projeto ruim do molde, aumentar o tempo de molde, aumentar o ciclo de cura, permitir seções espessas para esfriar mais longamente, aumentar a resistência do molde.
Agarrando no molde	Aumentar o liberador de molde, selecionar o liberador correto, projeto de molde ruim, molde frio, polir os moldes.
Itens muito densos	Aumentar o agente de sopro ou gás, usar pérolas pré-expandidas frescas, diminuir as pressões de injeção, reduzir o fundido.
Densidade dos itens varia	Misturar completamente os compostos, conferir o projeto da rosca, aumentar a temperatura do molde, aumentar a temperatura do fundido, aumentar o tempo de interrupção ou cura.

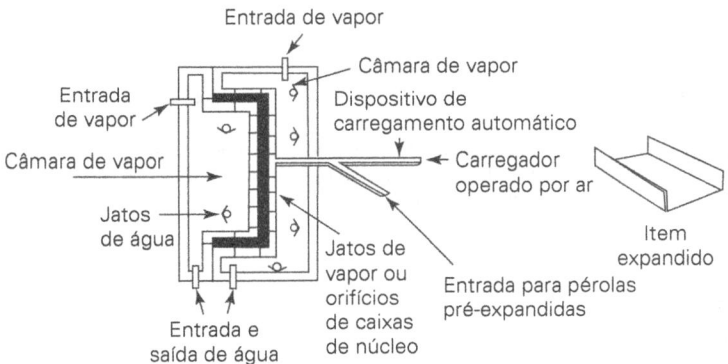

(A) Molde de expansão de pérola típico que usa vapor.

(B) Parte mostrando o orifício da caixa de núcleo e as marcas de jato de vapor.

(C) Aproximação da marca do orifício da caixa de núcleo deixada no produto expandido.

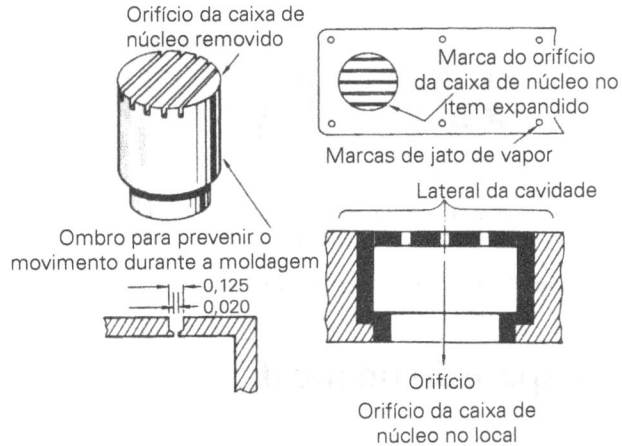

Figura 16-15 – Expansão de plástico sem o uso de um método quente-fundido.

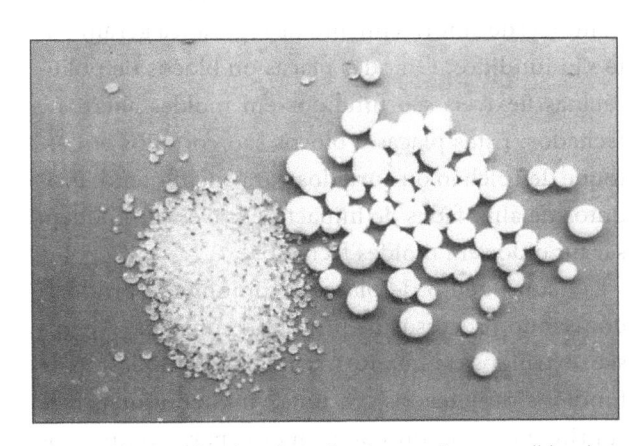

Figura 16-16 – Pérolas de poliestireno não expandidas (esquerda) e expandidas (direita).

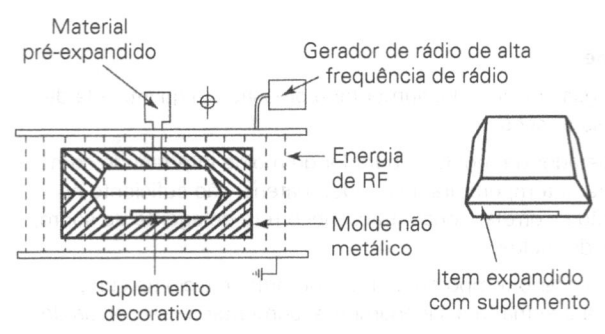

(A) Princípio básico de expandir plástico usando energia de frequência de rádio.

(B) A radiação também pode ser usada para expandir e curar plásticos.

Figura 16-17 – Os plásticos podem ser expandidos por radiação.

Fundição

Na fundição de materiais plásticos expansíveis, a mistura de resina contendo catalisador e agente de expansão química é colocada em um molde onde ela se expande em uma estrutura celular (Figura 16-18). Poliuretanas, poliéteres, ureia-formaldeído, polivinilas e fenólicos são geralmente expandidos por fundição. Dispositivos de flutuação, esponjas, colchões e materiais de amortecimento de segurança geralmente são fundidos. Grandes placas ou blocos de poliuretanas flexíveis são fundidos em moldes abertos e fechados. Estas placas e blocos são cortados em estoque de colchão ou cortados para enchimento. Produtos de almofadas de impacto e travesseiro podem ser fundidos em moldes fechados.

O suprimento de placas é comumente produzido usando processos de produção contínua. Alguns são extruídos, enquanto muitos são simplesmente fundidos ou jateados em uma cinta contínua. Este suprimento é usado como núcleo para compósitos sanduíche ou laminados.

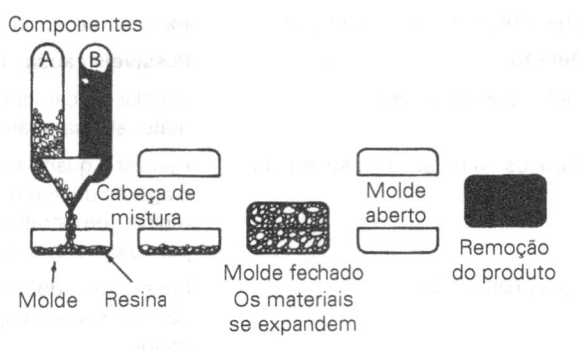

(A) Esquema de produção para materiais plásticos fundidos.

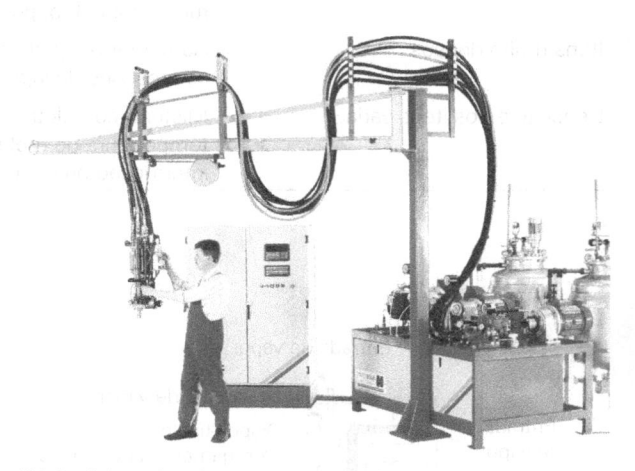

(B) As linhas da cabeça e sobre a cabeça entregam os componentes de poliuretana para um molde antes de a expansão ocorrer. (Cortesia da Bayer)

(C) Esta unidade mede e mistura os componentes para a espuma de poliuretana. (Cortesia da Bayer)

Figura 16-18 – Equipamento para itens de poliuretana expandida.

Expansão no local

A **expansão no local** é similar à fundição, exceto que o plástico expandido e o molde tornam-se juntos o produto acabado. Isolamento em trailers de caminhão, carros de trens e portas de geladeira; material de flutuação em barcos; e revestimentos em tecidos são exemplos de expansão no local.

Neste processo, a resina, o catalisador, os agentes de expansão e outros ingredientes são misturados e despejados na cavidade (Figura 16-19). A expansão ocorre à temperatura ambiente, mas a mistura pode ser aquecida para uma maior reação de expansão. Este método é chamado *in situ* (no local ou na posição). As formas sintáticas de plástico também pode ser colocadas nesta categoria.

Jateamento

Um dispositivo especial de jateamento é usado para colocar plástico expansível nas superfícies do molde ou paredes e telhados para isolamento. A Figura 16-20 mostra dois exemplos deste tipo de formagem.

Cinco vantagens e seis desvantagens de plástico expandido estão listadas a seguir.

Vantagens de plástico expandido

1. Produtos leves e menos caros com baixa condutividade térmica.
2. Existe uma grande gama de formulações desde rígido até flexível.
3. Existe uma grande gama de técnicas de processamento.
4. Moldes menos caros para métodos de fundição de baixa pressão tornam possíveis produtos grandes.
5. Itens podem ter altas proporções resistência-massa.

Desvantagens de plástico expandido

1. O processo é lento, alguns precisam de ciclo de cura.
2. É necessário equipamento especial para métodos de quente-fundido.
3. Os projetos de equipamento e molde são mais caros para o método de alta pressão.
4. O acabamento da superfície pode ser difícil de controlar.
5. O tamanho do item é limitado no método de alta pressão.
6. Alguns processos emitem gases voláteis ou vapores tóxicos.

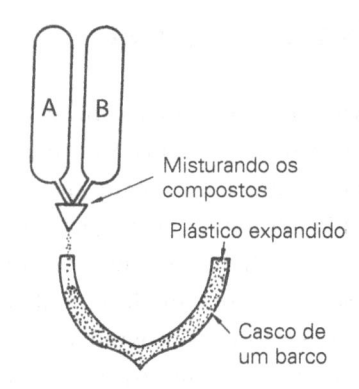

(A) Camadas entre a parte externa e a interna dos cascos de um barco.

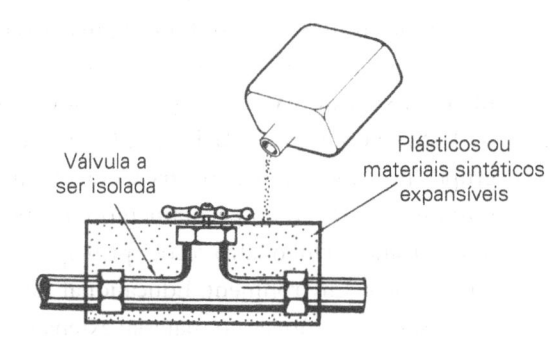

(B) Em torno de uma válvula.

Figura 16-19 – Formagem de expandido no local.

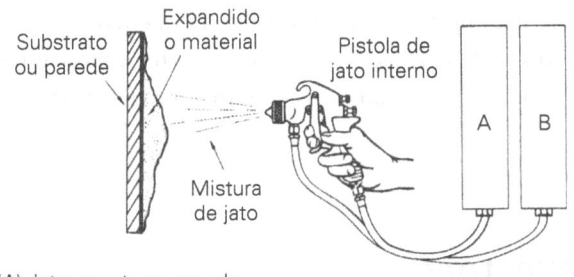

(A) Jateamento na parede.

(B) Fazendo uma camada de casa.

Figura 16-20 – Alguns exemplos de formagem por jato.

Pesquisa na internet

- http://www.dartcontainer.com. A Dart Container Corporation é um fabricante internacional de copos de espuma e recipientes de alimentos. Selecionando "Products" na página inicial o levará às descrições e dimensões de vários recipientes e copos. Selecionando "Environment" leva você a informações sobre os programas ambientais da Dart, poliestireno e muitos documentos em relação à reciclagem e redução de fonte. Sob Environment existe uma seleção identificada como Scientific Studies. Ela contém alguns resultados de pesquisa em copos de poliestireno.
- http://www.polystyrene.org. Este endereço leva a Plastics Foodservice Packaging Group, um dos grupos no American Chemistry Council. Sua proposta é defender o empacotamento com poliestireno. O sítio inclui quatro seções principais: Polystyrene Facts, Environment, Educational Resources e Links. Cada seção leva o material extensivo sobre o empacotamento com poliestireno.
- http://www.sierraclub.org. Em contraste com as informações dos fabricantes de poliestireno, o Sierra Club apresenta informação que é muito crítica no uso de poliestireno. Para encontrar estes dados, digite "styrofoam" na busca na página inicial. Isto então o levará a uma longa lista de artigos sobre poliestireno e preocupações ambientais. Digitando "foaming agents" no campo de busca produzirá uma lista muito longa de artigos e publicações sobre os produtos químicos usados para fazer espuma, especialmente CFCs.

Vocabulário

As palavras a seguir são encontradas neste capítulo. Consulte o glossário no Apêndice A para encontrar as definições destas palavras, caso você não compreenda como elas se aplicam aos plásticos.

Agentes de sopor
Célula aberta
Célula fechada
Espuma estrutural
Expansão no local
In situ
Lixiviação
Moldagem de esteira/RIM (MM/RIM)
Plástico expandido (espumoso)
Plástico sintático
Pré-infladas
Processamento de alta pressão

Questões

16-1. Nomeie três termos usados para descrever o processo de expansão.

16-2. A estrutura celular de plástico expandido é _____ ou _____.

16-3. Os plásticos celulares têm densidades relativas _____ que os plásticos sólidos.

16-4. Tanto os termocurados quanto os termoplásticos podem ser usados na expansão no local?

16-5. Nomeie seis métodos de formação da estrutura celular nos processos de expansão.

16-6. Alguns plásticos expandidos podem ser termoformados. Eles são geralmente feitos a partir de plásticos _____.

16-7. Liste quatro usos de produto geral de plástico expandido.

16-8. O que é usado para expandir pérolas de poliestireno no molde?

16-9. Plásticos celulares com crosta integral são chamados _____.

16-10. Qual o tipo de estrutura celular que um colete salva-vidas teria?

16-11. Plásticos expandidos flexíveis são usados principalmente para _____.

16-12. Os dois principais plásticos expandidos em uso na atualidade provavelmente são _____ e _____.

16-13. Nomeie quatro processos básicos de plástico espumoso.

16-14. Quais processos seriam selecionados para moldar a frente de automóveis?

16-15. Estiroespuma é um _____ para plástico celular de poliestireno.

16-16. Qual processo ou processos de expansão seria(m) usado(s) para produzir cada um dos seguintes produtos?
    a. Colchão
    b. Painel de automóvel
    c. Caixa de ovos
    d. Caixa de gelo ou geladeira
    e. Isolamento em paredes de casa

16-17. À medida que as pérolas de poliestireno são aquecidas, o agente _____ faz com que as pérolas inchem.

16-18. Pérolas pré-expandidas e não expandidas têm um tempo de vida limitado, porque perdem o agente _____ delas.

16-19. O que o termo *in situ* significa?

16-20. À medida que as pérolas de poliestireno se expandem e exercem força contra as paredes de outras pérolas, elas formam uma estrutura _____ sem células rompidas.

16-21. Nomeie quatro itens que podem ser produzidos por fundição de plásticos expandidos.

16-22. A expansão no local é apropriada quando o material celular não será _____.

16-23. Na fundição, o plástico expandido é sempre _____ do molde.

16-24. Nomeie o processo de formagem no qual a resina e o agente de expansão são atomizados e forçados para fora de uma pistola para atingir um molde ou substrato.

16-25. Onde é usada uma maior quantidade de espuma de poliuretana flexível?

16-26. É _____ que determina as propriedades físicas de plásticos expandidos.

16-27. Nomeie a principal aplicação para espumas de poliuretana rígida.

16-28. Muitas formas de perfil celular com uma crosta superficial são reproduzidas por métodos _____.

16-29. Itens de poliestireno expandido e moldes devem ser _____ antes de remover o item expandido, porque o calor latente no centro do item de plástico pode continuar a provocar a expansão.

16-30. Bolas de vidro ou plástico pequenas são algumas vezes usadas para fazer plástico _____.

16-31. Nomeie quatro métodos de pérolas de poliestireno pré-expandidas.

16-32. Na formagem de baixa pressão de produtos emoldurados estruturalmente, são comuns pressões de 1 a _____ MPa.

16-33. Se o produto não está completamente na forma ou o molde não está cheio, a causa pode ser _____.

16-34. Em alguns produtos de poliestireno expandido, você pode ver marcas deixadas pelos _____ usado para permitir o vapor dentro da cavidade do molde.

16-35. Duas principais desvantagens dos métodos de alta pressão de produtos de expansão são moldes _____ e tamanho do item _____.

16-36. Descreva uma maneira de produzir um plástico expandido que tenha uma crosta.

16-37. Identifique um uso para espuma sintática e diga por que a espuma seria desvantajosa para usar na aplicação.

Atividades

Agentes de sopro

Introdução. Um tipo de agente de sopro consiste de produtos químicos que se decompõem nas temperaturas de processamento e liberam gases que formam bolhas minúsculas em um plástico. A quantidade de agente de sopro usada afeta o tamanho e o número de células criadas. Um agente comum deste tipo é baseado na azodicabonamida. Tais materiais são normalmente chamados de agentes de sopro do tipo azo.

Equipamento. Modelador de injeção, HDPE, agente de sopro do tipo azo, faca de lâmina, fermento, balança acurada e miscroscópio.

Procedimento

16-1. Um agente de sopro precisa ativar na mesma faixa de temperatura necessária para o processamento do plástico desejado. Obtenha um agente de sopro do tipo azo apropriado para HDPE. A Figura 16-21 mostra porções de três HDPE atiradas com ar.

A amostra de cima contém um agente de sopro do tipo azo, enquanto as duas de baixo contêm fermento. A diferença entre as amostras sopradas com fermento foi o tempo de residência na máquina de molde. A amostra do centro está descolorida comparada ao material de azo. Entretanto, ela não está descolorida como a amostra mais abaixo, que escureceu por causa do tempo de residência mais longo.

16-2. Misture o agente de sopro e o plástico básico em um abastecedor recomendado pelo fabricante. Se usar fermento no HDPE, use 3% como um ponto de partida.

16-3. Faça pequenas injeções de ar. Tenha certeza de que estão disponíveis orifícios adequados para remover os vapores liberados do plástico quente. As injeções de ar fornecerão uma oportunidade desimpedida para os agentes de sopro expandir. A Figura 16-22 é um corte de aproximadamente 13 mm [0,5 pol] de diâmetro a partir do topo da amostra na Figura 16-21.

Não confunda lacunas de vácuo com células provocadas pelos agentes de sopro. A

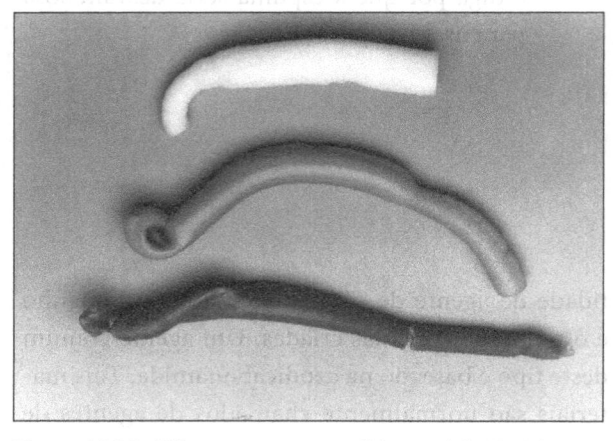

Figura 16-21 – Três amostras expandidas por injeções de ar.

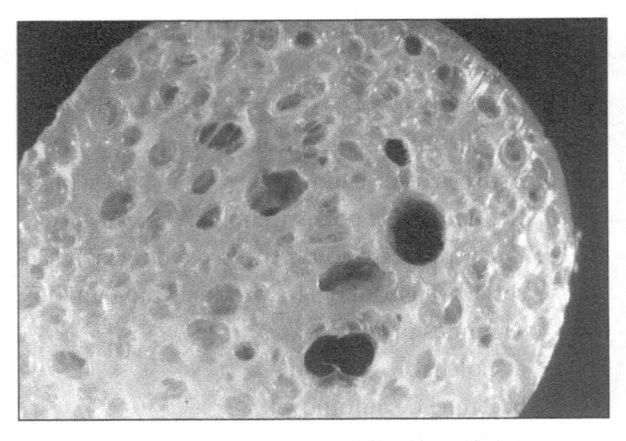

Figura 16-22 – Seção transversal de injeções de ar mostrando a estrutura da célula.

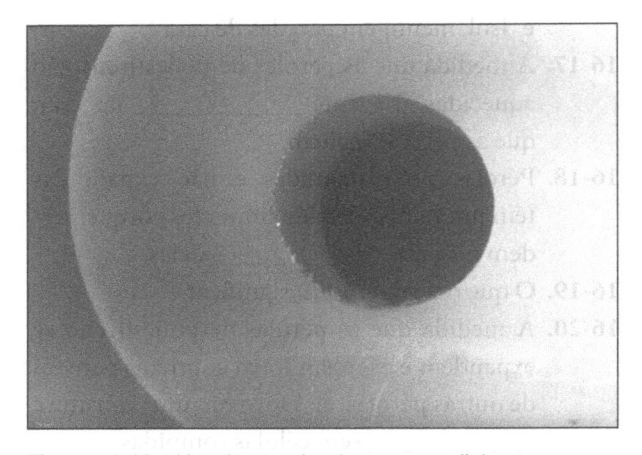

Figura 16-23 – Uma lacuna de vácuo em um jitó.

Figura 16-23 é o corte transversal de um jitó de HDPE. O buraco não era bolha de ar, mas desenvolveu durante o resfriamento.

Quando as forças provocadas pelo encolhimento superam a resistência da superfície mais externa do item, o resultado é uma marca de afundamento. Quando a superfície mais externa é mais forte que as forças de contração, o resultado é normalmente uma lacuna de vácuo.

16-4. Meça a gravidade específica de uma parte de uma injeção de ar. Alterar a porcentagem do agente de sopro afetará a gravidade específica. Inspecione visualmente uma fatia da injeção de ar por um microscópio. O HDPE natural é suficientemente translúcido para permitir boa inspeção nas seções facilmente cortadas com uma faca de lâmina afiada.

16-5. A moldagem por injeção com equipamento convencional não leva a produtos uniforme-

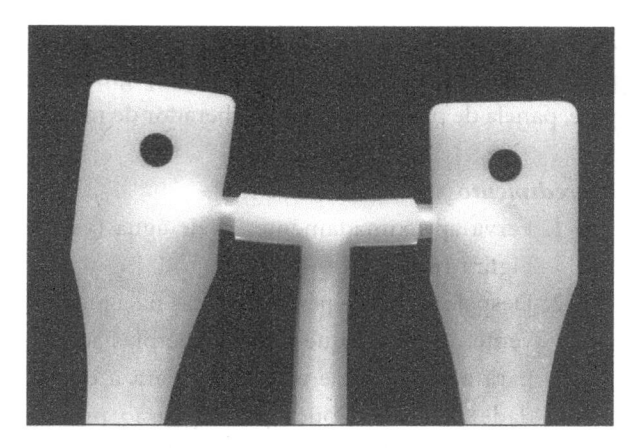

Figura 16-24 – Item tirado do molde rapidamente mostra maior expansão nas áreas mais quentes ou áreas mais grossas.

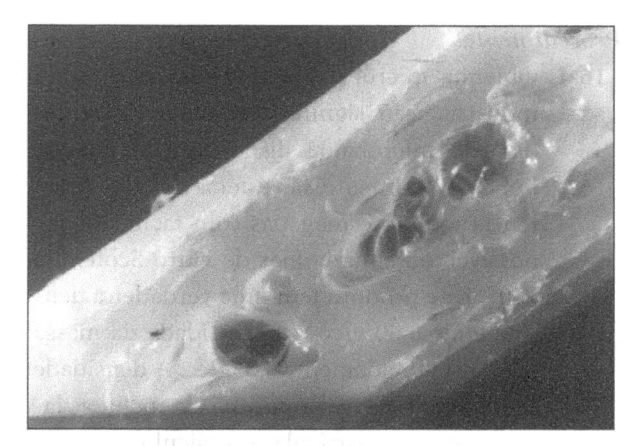

(A) Expansão próxima ao fim do fluxo.

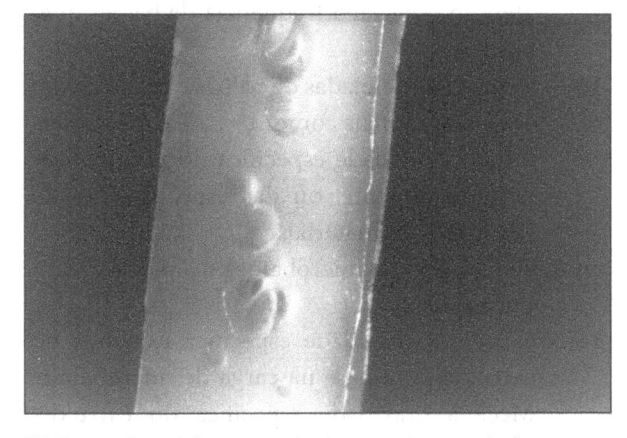

(B) Expansão próxima ao meio do comprimento do fluxo.

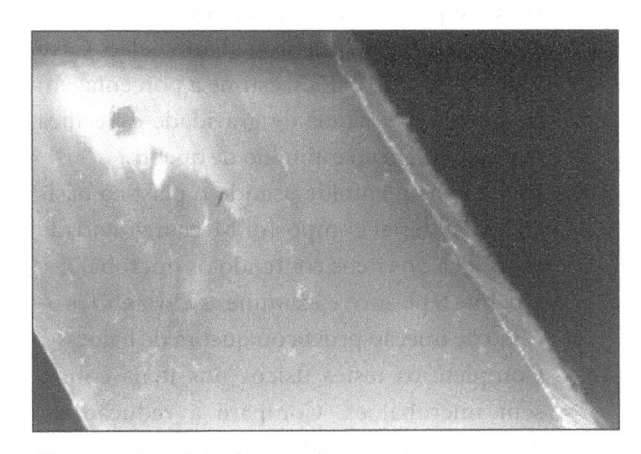

(C) Expansão próxima à entrada.

Figura 16-25 – Expansão afetada pela localização.

mente densos. A Figura 16-24 mostra itens feitos quando o molde é aberto imediatamente após a injeção estar completa. As regiões mais quentes, aquelas no centro dos itens e próximas às entradas, expandiram mais que as regiões vizinhas.

16-6. Em moldagem de injeção curta, o material no fim do fluxo tem a oportunidade de expandir porque não está pressurizado e tem um lado aberto no molde. As Figuras 16-25A, 16-25B e 16-25C mostram cortes transversais de uma injeção rápida – a 16-25A próxima ao fim do fluxo, a 16-25B na metade do caminho da entrada e a 16-25-C próxima à entrada. As diferenças no tamanho da célula demonstram o decaimento na pressão à medida que o fluxo fica mais distante da entrada.

16-7. Injete itens inteiros sob várias pressões de injeção. Meça a gravidade específica das seções cortadas da mesma região do item. Qual faixa de gravidades específicas pode ser controlada com a pressão de injeção?

16-8. Escreva um relatório resumindo seus achados.

Microbalões

Introdução. Esferas de vidro minúsculas têm sido usadas por anos para reduzir o peso em itens de SMC e BMC. As esferas de vidro são tão pequenas que aproximadamente 30 esferas podem se encaixar no espaço ocupado por um grão de sal comum. Entretanto, tentativas de usar microbalões nos produtos moldados por injeção foram enormemente malsucedidas, porque as forças necessárias na composição e moldagem esmagavam as esferas. Recentemente, novas microesferas de alta resistência têm sido aplicadas nos produtos moldados por injeção. Um fabricante de extrusão alega taxas de sobrevivência de aproximadamente 90%.

Procedimento

16-1. Obtenha microbalões. Microbalões de grau industrial são significativamente diferentes daqueles microbalões disponíveis em lojas de hobby. Geralmente, são esferas de baixa resistência e serão esmagadas com facilidade. Se possível, obtenha bolhas de vidro Scotchlite S60®. Este produto tem uma verdadeira densidade de 0,60 g/cc^{-3}. A densidade da massa é de aproximadamente 0,35g/cc. A densidade do todo é mais baixa porque ela inclui as lacunas entre as partículas no cálculo.

16-2. Examine os balões sob o microscópio. Preste atenção especial à frequência de balões quebrados.

16-3. Pese várias bateladas de balões e plástico com cargas adicionais como, 1%, 2% e 4%. Determine a gravidade específica do plástico, experimentalmente, ou das especificações do fabricante do material.

16-4. Componha os microbalões no plástico com um extrusor.

16-5. Calcule a gravidade específica esperada do extruído com base na carga de microbalões. Meça a gravidade específica do extruído. Queime o material base e examine o material residual pelo microscópio para ver se o processo de extrusão quebrou algum balão. Caso tenha quebrado balões, estime a porcentagem de quebra. Os dados de gravidade específica correspondem ao estimado de quebra?

16-6. Injete itens de molde usando o plástico básico e o material composto. Meça a gravidade específica dos itens contendo os microbalões. Queime o plástico e examine as cinzas. O processo de injeção provocou quebra de balões?

16-7. Complete os testes físicos nos itens com e sem microbalões. Compare a redução do peso em relação à redução de resistência.

16-8. Escreva um relatório resumindo seus achados.

Pérolas de poliestireno expandidas

Introdução. Plásticos de poliestireno celular produzidos a partir de pérolas aparecem em vários produtos. Pequenas pérolas de poliestireno contendo um gás volátil expandem quando a energia térmica (95 °C ou 204 °F) vaporiza o gás. Sob aquecimento e pressão, as pérolas se fundem parcialmente.

Equipamento. Pérolas de PS, placa quente ou trempe de fogão, recipiente de água, molde, pigmentos, pote, panela de pressão, peneira e liberador de molde.

Procedimento

16-1. Ferva aproximadamente 2 l de água (veja a Figura 16-26).

16-2. Despeje 50 ml de pérolas frescas na água fervente. Agite até que todas as pérolas subam para a superfície e expandam para a densidade desejada. Pouca pré-expansão produzirá um produto duro e denso. Se as pérolas são muito pré-expandidas, elas não encherão apropriadamente o molde durante a operação de expansão.

16-3. Usando uma peneira, remova as pérolas pré-expandidas da água para parar a pré-expansão, como mostrado na Figura 16-27.

Cuidado: A água e as pérolas estão quentes. É melhor usar as pérolas pré-expandidas em 24 horas.

16-4. Tenha certeza de que o molde esteja limpo. Aplique um revestimento leve de liberador de molde.

16-5. Encha o molde até a metade com pérolas pré-expandidas. Pigmentos em pó podem ser adicionados e cuidadosamente misturados com as pérolas neste momento. As pérolas devem ser empilhadas no alto. Remova as pérolas das beiradas do molde. Adicione uma colher de chá de pérolas não expandidas para um produto mais duro e mais denso. A Figura 16-28 mostra a etapa do enchimento do molde.

Figura 16-26 – Tenha certeza de que todos os materiais estão cuidadosamente preparados para expandir as pérolas de poliestireno.

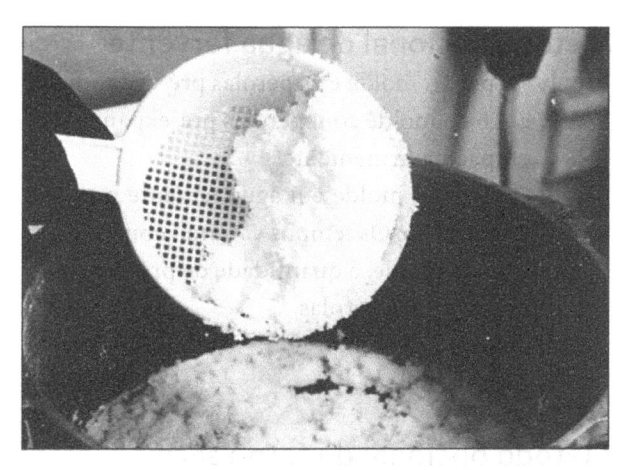

Figura 16-27 – Pérolas pré-expandidas sendo removidas da água.

Figura 16-28 – Encha o molde até a metade com pérolas pré--expandidas.

16-6. Cuidadosamente monte o molde e sacuda-o para distribuir as pérolas uniformemente.
16-7. Coloque o molde em uma panela de pressão contendo no mínimo 1 litro de água.
16-8. Coloque a tampa na panela, garantindo que esteja vedada e que a válvula de segurança esteja funcionando.
16-9. Deixe a pressão aumentar até aproximadamente 100 kPa [14,6 psi]. Mantenha a pressão por 5 minutos. Não deixe a pressão exceder 140 kPa [20 psi]. (Veja a Figura 16-29.)
16-10. Remova a panela do queimador e deixe a pressão cair lentamente (aproximadamente 5 minutos).

Cuidado: Tome cuidado com o vapor quente que escapa.

Figura 16-29 – Coloque o molde cheio na panela, tampe a panela e eleve a pressão até 100 kPa. **Não exceda** 140 kPa.

16-11. Depois que todo o vapor escapar, abra a panela, remova o molde (Figura 16-30) e coloque-o em água fria (Figura 16-31).

Cuidado: Use luvas e óculos de proteção.

Figura 16-30 – Remova o molde quente da panela.

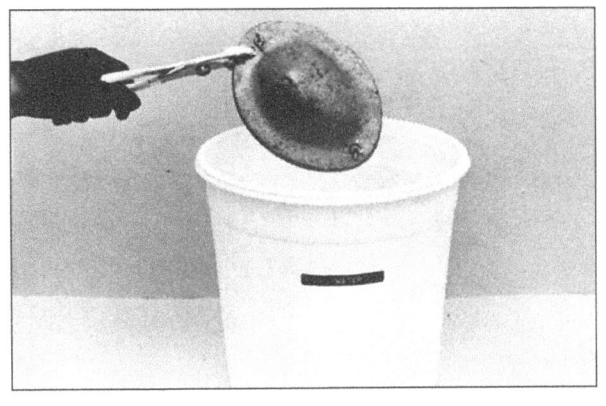

Figura 16-31 – Esfrie o molde em água fria.

16-12. Abra o molde e remova o item expandido. Pode-se usar ar comprimido na remoção do item. Apare as beiradas. Se as pérolas não se expandiram totalmente ou não se fundiram, aumente a pressão e/ou o tempo de ciclo. Se o produto encolheu ou tem áreas fundidas, reduza a pressão, o ciclo de aquecimento e/ou a pré-expansão (Figura 16-32).

Figura 16-32 – Remova cuidadosamente o produto expandido e apare.

Método opcional de água fervente

16-1. Prepare o molde e as pérolas pré-expandidas.

16-2. Encha o molde com pérolas pré-expandidas e empacote firmemente.

16-3. Coloque o molde em água fervente por 40 a 45 minutos. Os tempos variarão com o tamanho do molde, a quantidade de pré-expansão e a idade das pérolas.

16-4. Esfrie em água.

16-5. Remova o item.

Método opcional do forno seco

16-1. Prepare o molde e as pérolas pré-expandidas.

16-2. Encha 10% do volume do molde com água.

16-3. Encha o molde com uma mistura de pérolas pré-expandidas e não expandidas. Use pérolas úmidas.

16-4. Coloque o molde em um forno a 175 °C [347 °F] por aproximadamente 10 minutos. Os tempos variarão com o tamanho do molde, a quantidade de pré-expansão e a idade das pérolas.

16-5. Esfrie em água.

16-6. Remova o item.

Capítulo 17

Processos de revestimento

Introdução

Revestimentos plásticos são encontrados em carros, casas, máquinas e até nas unhas. Neste capítulo você aprenderá como vários revestimentos são aplicados. Muitos revestimentos são aplicados a um substrato para melhorar as propriedades do produto, protegendo, isolando, lubrificando ou adicionando beleza durável. Os revestimentos podem ter uma combinação de propriedades, tais como flexibilidade, textura, cor e transparência inigualável a qualquer outro material.

Para um processo ser classificado como um *revestimento*, o material plástico deve permanecer no substrato. Produtos de revestimento por imersão ou revestimento por filme não são considerados revestimentos, porque o plástico é removido do substrato ou do molde. O revestimento pode ser confundido com outros processos em razão das variações no processamento e porque é utilizado equipamento similar.

É importante selecionar os materiais de revestimento que são razoavelmente próximos da expansão térmica do substrato a ser revestido. Isto se torna especialmente importante quando são usados reforços. Normalmente, alguns processos de revestimento reforçado são mais bem classificados como modificações de técnicas de laminação e reforço. Reforços podem ajudar a estabilizar a matriz do revestimento. A adesão é um dos fatores mais críticos em qualquer operação de revestimento. Alguns substratos devem ser apropriadamente preparados antes do revestimento.

No processamento por extrusão, o revestimento de fio exemplifica como mais de um material pode ser colocado através de um cubo de extrusão. Na extrusão ou calandra de filmes, os filmes quentes são normalmente colocados em outros substratos que os revestem. O uso de dispersão líquida ou soluções de solventes é considerado um método de revestimento se o filme é removido. Entretanto, é considerado um processo de revestimento se o filme permanece no substrato.

Existem nove técnicas de qualidade (algumas vezes superpostas) pelas quais os plásticos são colocados nos substratos. Estas estão listadas no esboço do capítulo a seguir.

  I. Revestimento por extrusão
 II. Revestimento por calandra
III. Revestimento de pó
    A. Revestimento de leito fluidizado
    B. Revestimento de leito eletrostático
    C. Revestimento de pistola de pó eletrostático
 IV. Revestimento de transferência
  V. Revestimento de lâmina ou rolo
 VI. Revestimento de imersão
VII. Revestimento de jato
VIII. Revestimento metálico
    A. Adesivos
    B. Eletrogalvanização
    C. Metalização a vácuo
    D. Revestimento precipitado
 IX. Revestimento por escova

Revestimento por extrusão

Extrusão única ou coextrusão de fundido quente pode ser colocada no substrato ou ao seu redor. O **revestimento de filme de extrusão** é uma técnica na qual o filme de plástico quente é colocado em um substrato e deixado para esfriar. Para melhor adesão, o filme quente deve bater o substrato pré-aquecido e seco antes que atinja o beliscão do rolo de pressão (Figura 17-1). O rolo frio é esfriado por água para acelerar o resfriamento do filme quente. Ele é geralmente laminado por cromo para maior durabilidade e transferência de alto brilho e pode ser modelado para produzir texturas especiais na superfície do filme. A espessura do filme é controlada pelo orifício do cubo e pela velocidade de superfície do rolo frio. O substrato está movendo mais rápido que o extruído quente à medida que ele sai do cubo de extrusão.

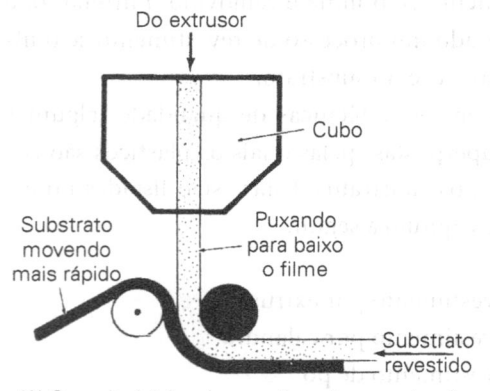

O extruído é puxado para a espessura desejada exatamente antes de atingir o beliscão de pressão e os rolos quentes.

Várias técnicas de revestimento produzem um compósito laminado simples. Uma vez que o objetivo básico do revestimento é fornecer proteção, alguns materiais são considerados mais eficientes para revestimento que outros. Poliolefinas, EVA, PET, PVC, PA e outros polímeros são normalmente usados no revestimento por extrusão de vários substratos. Estes materiais fornecem barreiras contra umidade, gás e líquido e superfícies seladas a quente. O revestimento de polietileno em caixas de leite de papelão é um exemplo comum de barreira contra líquido e revestimento selado a quente.

Plásticos expandidos também são extruídos em vários substratos. O substrato pode ser puxado através do cubo de extrusão, como visto no revestimento de fio, cabo, hastes e alguns têxteis (Figura 17-2). Cinco vantagens e duas desvantagens do revestimento por extrusão são apresentadas a seguir:

Vantagens do revestimento por extrusão
1. Plásticos de multicamada podem ser colocados no substrato.
2. Não são necessários solventes.
3. A espessura aplicada ao substrato pode variar.
4. Existe espessura de revestimento uniforme em fio e cabo.
5. Revestimentos celulares podem ser colocados no substrato.

(A) Conceito básico do revestimento por extrusão.

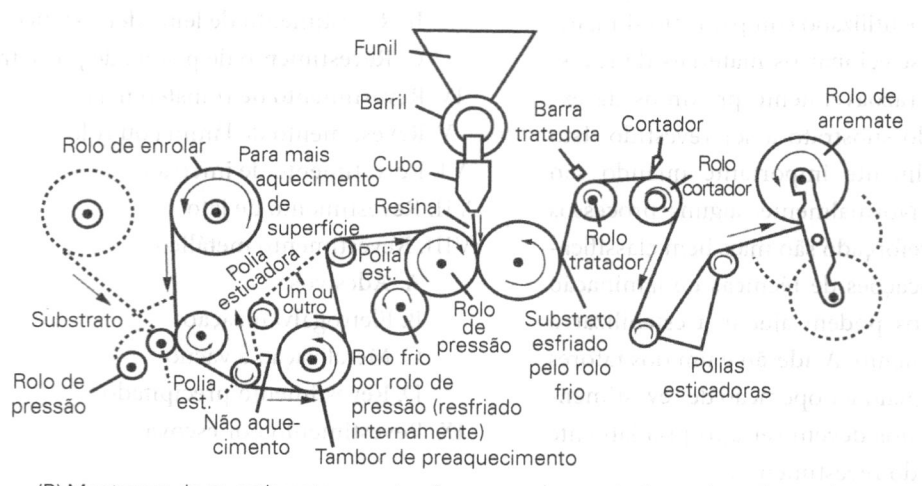

(B) Montagem de revestimento por extrusão com equipamento de enrolar e desenrolar.

Figura 17-1 – Revestimento de filme por extrusão.

Desvantagens do revestimento por extrusão

1. Os extruídos são fundidos quentes.
2. O equipamento é caro.

Revestimento por calandra

Filmes lustrados podem ser usados como um revestimento em muitos substratos, por meio de um método similar ao revestimento por extrusão. O filme quente é espremido no substrato pela pressão dos rolos de aferição aquecidos (Figura 17-3).

O revestimento de rolo fundido é uma modificação da calandra. Neste processo, o substrato pré-aquecido é pressionado no fundido quente por um rolo coberto por borracha. Um rolo de relevo pode ser usado. O material revestido é esfriado e colocado nos rolos de arremate.

Fundidos quentes sensíveis à pressão e reativos ao calor normalmente usados como adesivos podem ser revestidos em um substrato. Papel, plástico e têxteis são revestidos usando-se este processo.

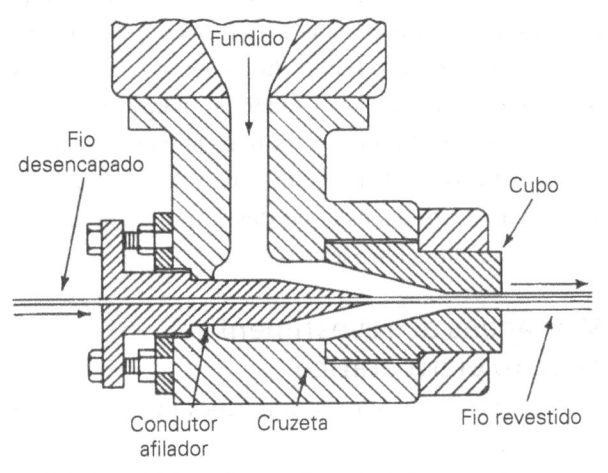

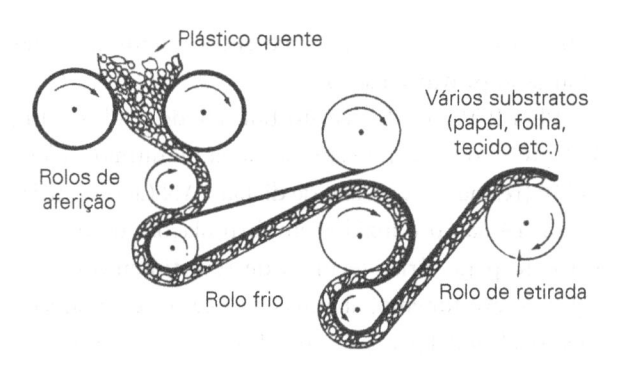

Figura 17-3 – Revestimento por calandra.

Cinco vantagens e duas desvantagens do revestimento por calandra são listadas a seguir.

Vantagens do revestimento por calandra

1. É um processo contínuo de alta velocidade.
2. Ele proporciona controle preciso da espessura.
3. Fundidos quentes sensíveis à pressão e reativos com calor podem ser usados.
4. Os revestimentos são livres de tensão.
5. Séries curtas são relativamente econômicas.

Desvantagens do revestimento por calandra

1. O custo do equipamento é alto.
2. É necessário equipamento adicional para estoque plano.

Revestimento de pó

Existem dez técnicas conhecidas para aplicar revestimento de pó plástico. Entretanto, as técnicas de leito fluidizado, de leito eletrostático e de pistola de pó eletrostático são os três principais processos utilizados na atualidade. O processo de revestir um

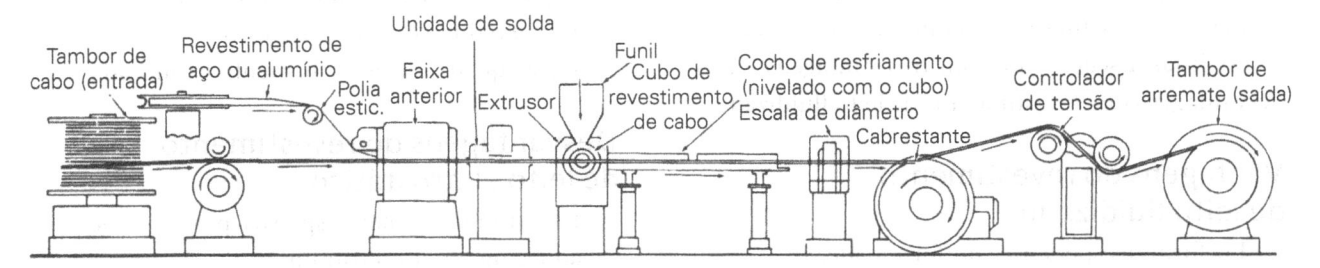

(A) Princípios básicos de revestimento de fio.

(B) Esquema da usina de extrusão de revestimento de cabo.

Figura 17-2 – Processo de revestimento de fio por extrusão.

substrato com pó de plástico seco é algumas vezes chamado **pintura a seco**.

PE, EP, PA, CAB (acetato-butirato de celulose), PP, PU, ACS (polietileno-estireno de acrilonitralo), PVC, DAIP (resina de isoftalato de dialila), AN (acrilonitrila) e PMMA são produzidos em formulações de pó sem solvente para várias técnicas de revestimento de pó. Após o revestimento, algumas técnicas exigem aquecimento adicional para garantir a fusão completa ou cura.

Revestimento de leito fluidizado

No **revestimento de leito fluidizado**, um item aquecido é suspenso em um tanque de plástico finamente transformado em pó – normalmente um termoplástico. O fundo do tanque tem uma membrana porosa para permitir que o ar ou gás inerte atomize o plástico em pó em uma tempestade de pó fino semelhante a uma nuvem. Talvez o termo "nuvem de pó" fosse mais descritivo, porque a velocidade do ar é cuidadosamente controlada. Esta fase sólido-ar parece agir como um líquido fervente – consequentemente o termo leito fluidizado.

Quando o pó bate no item quente, se funde e gruda na superfície do item. O item é, então, removido do tanque de revestimento e colocado em um forno aquecido, onde o calor funde ou cura o revestimento de pó. O tamanho do item é limitado pelo tamanho do tanque fluidizado. Epóxi, poliésteres, polietileno, poliamidas, polivinilas, celulósicos, fluoroplásticos, poliuretanos e acrílicos são usados no revestimento de pó.

O processo de leito fluidizado originou-se na Alemanha em 1953 e tornou-se um processo de plástico útil nos Estados Unidos.

Em uma variação deste processo, o pó fluidizado é jateado em itens preaquecidos em uma câmara separada. O excesso de jato é coletado e reutilizado. (Este processo é algumas vezes chamado de **revestimento de jato de leito fluidizado**.) O revestimento no item é, então, fundido em um forno aquecido.

As listas a seguir mostram três vantagens e seis desvantagens dos revestimentos de leito fluidizado.

Vantagens do revestimento de leito fluidizado

1. Ele fornece espessura e uniformidade.
2. Pode-se usar termoplástico e termocurado.
3. Não é necessário solvente.

Desvantagens do revestimento de leito fluidizado

1. O substrato deve ser aquecido acima do derretimento do plástico ou da temperatura de fusão.
2. Pode ser necessário um escovador.
3. Revestimentos finos são difíceis de controlar.
4. É difícil uma automação contínua da linha.
5. É necessária uma pós-cura.
6. O acabamento da superfície pode ser não uniforme (casca de laranja).

Revestimento de leito eletrostático

No **revestimento de leito eletrostático**, uma nuvem fina de pós de plástico carregados negativamente é jateada e depositada em um objeto carregado positivamente.

A polaridade pode ser invertida para algumas operações. Mais de 100 mil volts com baixa amperagem (menos de 100 mA) são usados para carregar as partículas à medida que são atomizadas pelo ar ou equipamento sem ar. A atração eletrostática faz com que as partículas cubram todas as superfícies condutoras do substrato. Estes itens podem ou não necessitar de preaquecimento. Se o preaquecimento não for usado, a cura ou fusão devem ocorrer antes que o pó de plástico perca sua carga. A cura é feita em um forno aquecido. Folhas finas, telas, canos, itens de lavadoras de louças, geladeiras, máquinas de lavar e carros, bem como máquinas de mar e fazenda, são revestidos por leito eletrostático. Estão listadas a seguir cinco vantagens e seis desvantagens do revestimento de leito eletrostático.

Vantagens do revestimento de leito eletrostático

1. Revestimentos finos e uniformes são facilmente aplicados.
2. Não é necessário preaquecimento.
3. O processo é facilmente automatizado.
4. Existe reduzido jato em excesso.
5. Existe qualidade de acabamento melhorada.

Desvantagens do revestimento de leito eletrostático

1. Revestimentos mais espessos precisam de preaquecimento do substrato.
2. Abertura pequena ou ângulos apertados são difíceis de revestir.

3. Pode ser necessário um sistema de recuperação de pó.
4. Só podem ser usados resinas ou plásticos iônicos.
5. Geralmente é necessária uma pós-cura.
6. Os substratos podem necessitar de preparação especial.

Revestimento de pistola de pó eletrostático

O processo de pistola de pó eletrostático é similar à pintura com uma pistola. Neste processo, ao pó de plástico seco é fornecida uma carga elétrica negativa à medida que é jateado no objeto-base a ser revestido. A fusão ou a cura deve ocorrer em um forno antes que as partículas de pó percam as suas cargas elétricas, ou elas cairão do item. É possível revestir formas complexas usando este método. O forno de fusão é o fator limitante em relação ao tamanho. Fabricantes de automóveis podem, no futuro, substituir os processos de acabamento líquido com métodos de revestimento de pó. Centenas de produtos são revestidas usando-se este processo. Os exemplos incluem cercas externas, tanques de produtos químicos, cavaletes de galvanização e itens de lava louças, geladeiras e lava roupas.

As listas a seguir mostram cinco vantagens e sete desvantagens do revestimento de pistola eletrostática.

Vantagens do revestimento de pistola de pó eletrostático

1. Revestimentos finos e uniformes são facilmente aplicados.
2. Não é necessário preaquecimento.
3. O processo é facilmente automatizado.
4. Durações curtas e revestimento de peças de formato estranho são práticos.
5. O custo do equipamento é mais baixo que para o revestimento de leito eletrostático.

Desvantagens do revestimento de pistola de pó eletrostático

1. Revestimentos espessos exigem preaquecimento do substrato.
2. Pequenas aberturas ou ângulos apertados são difíceis de revestir.
3. Pode ser necessário um sistema de recuperação de pó.
4. Apenas resinas ou plásticos iônicos podem ser usados.
5. É necessária uma pós-cura.
6. O custo do trabalho é alto.
7. É difícil controlar a espessura.

Revestimento de transferência

No **revestimento de transferência**, um papel de liberação é revestido com uma solução de plástico e seco em um forno. Um segundo revestimento de plástico é aplicado sobre o primeiro e uma camada de tecido é colocada nesta camada ainda úmida. Em seguida, o têxtil revestido passa através de rolos de pressão e em um forno secante. Finalmente, o papel de liberação é puxado do tecido revestido. Este método produz uma crosta resistente como couro no tecido (Figura 17-4).

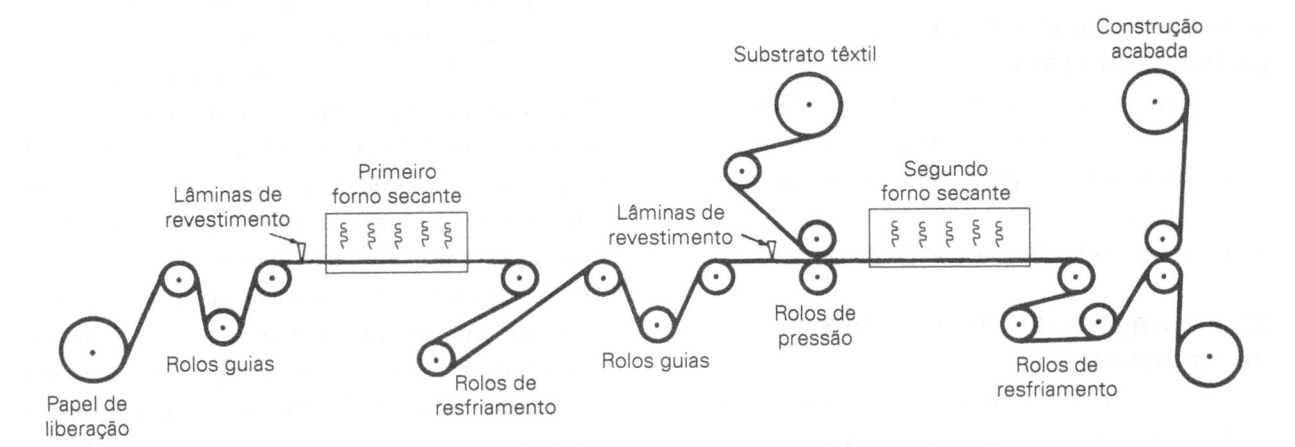

Figura 17-4 – Diagrama de uma linha de revestimento de transferência.

Poliuretanas e PVC são normalmente usados para revestir tecidos na fabricação de tendas, calçados, tapeçaria e roupas de moda.

São listadas a seguir duas vantagens e uma desvantagem deste processo:

Vantagens do revestimento de transferência

1. São possíveis substratos multirrevestidos e coloridos.
2. Larga escolha de substratos pode ser revestida.

Desvantagem do revestimento de transferência

1. São necessários papel de liberação e equipamento adicional.

Revestimento de lâmina ou rolo

Métodos de revestimento de lâmina ou rolo são outras maneiras de espalhar uma dispersão ou mistura de solvente de plástico em um substrato. A cura ou secagem do revestimento de plástico pode ser feita usando fornos de aquecimento, sistemas de evaporação, rolos de aquecimento, catalisadores ou irradiação.

O método de lâmina pode envolver um raspador de lâmina ou um jato de ar estreito chamado **lâmina de ar**. Ambos os lados do substrato podem ser revestidos utilizando-se este método.

Papel e tecido normalmente são revestidos por meio deste processo. São listadas a seguir quatro vantagens e duas desvantagens dos processos de revestimento de lâmina ou rolo.

Vantagens do revestimento de lâmina ou rolo

1. É um processo contínuo de alta velocidade.
2. Ele fornece excelente controle de espessura.
3. Revestimentos de plastisol são livres de pressão ou tensão.
4. Revestimentos espessos são possíveis.

Desvantagens do revestimento de lâmina ou rolo

1. O equipamento e o tempo de montagem são caros.
2. Não é justificável para durações curtas.

Revestimento de imersão

Os **revestimentos de imersão** são aplicados mergulhando-se o objeto aquecido em dispersões de líquidos ou misturas de solvente de plástico. O plástico mais comum usado é o cloreto de polivinila. Para dispersões, é necessário um ciclo de aquecimento para fundir ou curar o plástico no objeto revestido. Entretanto, alguns revestimentos de imersão podem endurecer pela simples evaporação dos solventes. Geralmente, são necessários dez minutos de aquecimento para cada milímetro de espessura de revestimento. As temperaturas de cura variam de 175 °C a 190 °C [350 °F a 375 °F]. Cabos de ferramenta e prateleiras de lava louças são exemplos dos produtos mais comuns revestidos por imersão. Os objetos são limitados pelo tamanho do tanque de imersão (Figura 17-5).

Revestimentos em fitas são frequentemente usados para garantir que os itens de reposição cheguem em boa forma e possam ser estocados sob condições variadas. Tais revestimentos são colocados em engrenagens, pistolas e outras ferramentas. Quando as superfícies executadas em máquinas ou polidas precisam de proteção durante a fabricação ou outras operações, os revestimentos em fitas podem ser aplicados. Eles têm boa coesão, embora tenham relativamente adesão ruim. Como resultado, estes revestimentos podem ser descascados ou descamados do item. Revestimentos em fitas são algumas vezes usados como filmes de máscara em eletrogalvanização ou em aplicações de tintas (Figura 17-6).

Fios, cabos, cordões de lã e encanamento podem ser revestidos usando um processo de imersão modificado, no qual o substrato passa através de um suprimento de plastisol ou organosol. Tanto o preaquecimento do substrato quanto o pós-aquecimento do produto aceleram a fusão. A espessura do revestimento é controlada de várias maneiras. A fibra pode ser passada através de uma abertura de cubo, fixando o tamanho e a forma do revestimento. Se não é usado o cubo, a viscosidade e a temperatura determinam o tamanho e a forma. Várias passagens através do plastisol ou organosol aumentarão a espessura. Este processo pode ser realizado em uma posição vertical ou horizontal (Figura 17-7). São apresentadas a seguir duas vantagens e cinco desvantagens do revestimento de imersão.

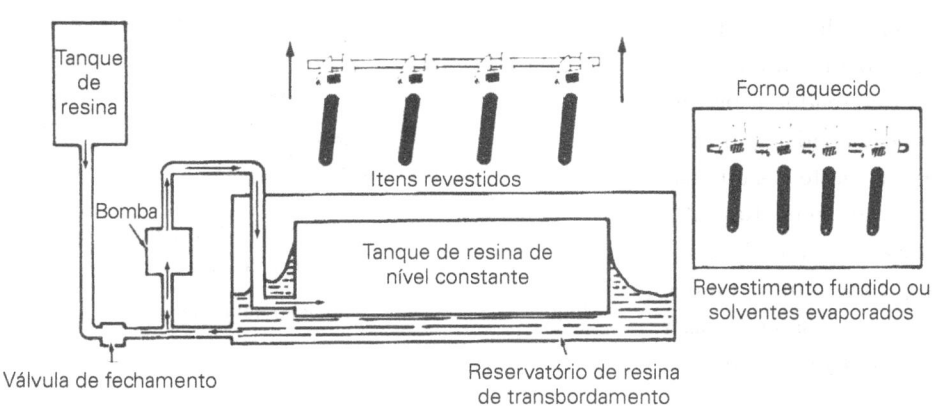

(A) Técnica de revestimento de imersão.

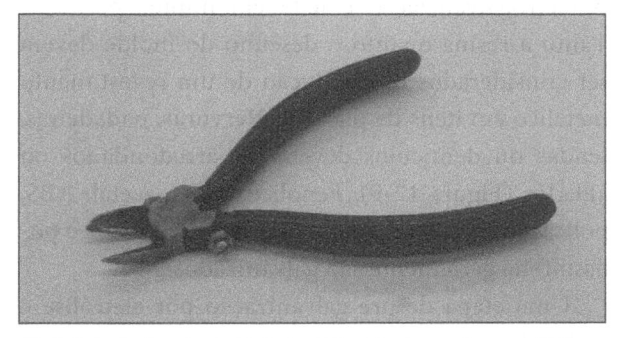

(B) Cabos de ferramentas revestidos por imersão com PVC.

Figura 17-5 – Processo e produtos de revestimento de imersão.

Figura 17-6 – Revestimentos em fitas protegem ferramentas de corte.

Vantagens do revestimento de imersão

1. Revestimentos leves e pesados podem ser aplicados em formas complexas.
2. Usa-se equipamento relativamente barato.

Desvantagens do revestimento de imersão

1. Podem ser necessários escovadores.
2. Plastisol exigem substratos preaquecidos e pós--aquecimento.
3. Os organosols exigem recuperação de solvente ou exaustão.
4. A vida do pote e a viscosidade devem ser controladas.
5. A velocidade de retirada da imersão deve ser controlada para espessura de revestimento uniforme.

Revestimento de jato

No **revestimento de jato**, dispersões, soluções de solvente ou pós-fundidos são atomizados pela ação do ar, gás inerte ou da própria pressão da solução (sem ar) e depositados no substrato. Os exemplos incluem revestimento de jato de móvel, casas e veículos com tintas ou vernizes plásticos. Dispersões de cloreto de polivinila (plastisol) têm sido usadas para revestimento de jato de vagões de trens.

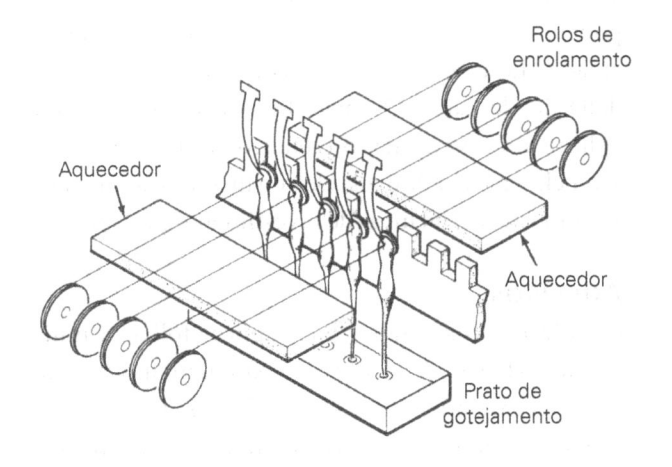

Figura 17-7 – Este processo de imersão modificado pode aplicar um revestimento de plastisol a fios, cabos, cordões de lã ou encanamentos em velocidades muito altas. (PolyOne Corporation)

Em um processo algumas vezes chamado de **revestimento de chama**, pós finamente moídos são soprados através de um bico de queimador, especialmente desenhado, de uma pistola de jato (Figura 17-8). À medida que ele passa através deste gás ou bico aquecido eletricamente, o pó é rapidamente fundido. O plástico fundido quente esfria e adere ao substrato. Este processo é útil para itens que são muito grandes para outros métodos de revestimento. São listadas a seguir três vantagens e três desvantagens do revestimento de jato.

Vantagens do revestimento de jato
1. O custo do equipamento é baixo.
2. Durações curtas são econômicas.
3. É rápido e adaptável à variação em tamanho.

Desvantagens do revestimento de jato
1. É difícil controlar a espessura do revestimento.
2. Os custos de trabalho podem ser altos.
3. Excesso de jato e defeitos na superfície (escorridos e casca de laranja) podem ser um problema.

Revestimento metálico

Talvez o revestimento metálico não deva ser classificado como um processo básico da indústria de plástico. Entretanto, uma vez que muitos plásticos estão associados com este processo, talvez a informação a seguir seja útil. Além de serem usados como um acabamento decorativo, os revestimentos metálicos podem fornecer uma superfície condutora de eletricidade, durável e resistente à corrosão, ou adicionar deflexão de calor. Os métodos mais comuns para aplicar um revestimento metálico em um substrato são pelo uso de adesivos, eletrogalvanização, metalização a vácuo e técnicas de revestimento precipitado.

Adesivos
Os **adesivos** são usados para aplicar folhas a muitas superfícies. A indústria têxtil tem usado este método para aderir folhas metálicas a desenhos de artigos de vestuário especiais. Itens complexos ou irregulares são difíceis de revestir, assim como é difícil para polietileno, fluoroplásticos e poliamidas aderirem a metais.

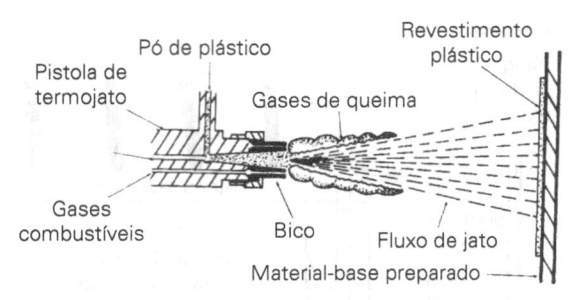

Figura 17-8 – Princípio do revestimento de chama.

Eletrogalvanização
A eletrogalvanização é feita em muitos plásticos. Tanto a resina quanto o desenho do molde devem ser considerados na produção de um revestimento metálico em itens de plástico. Nervuras, nadadeiras, fendas ou dentículos devem ser arredondados ou afilados (Figura 17-9). Fenólico, ureia, acetal, ABS, policarbonato, óxido de polifenileno, acrílicos e polissulfona geralmente são galvanizados.

Uma etapa de pré-galvanização por eletrólise é realizada cuidadosamente limpando o item de plástico e causticando a superfície para garantir a adesão (Figuras 17-10 e 17-11). A parte causticada é limpa novamente e as superfícies são *semeadas* com um catalisador de metal nobre. Um acelerador é adicionado para ativar o metal nobre, e a solução do metal reage autocataliticamente na solução de eletrólise. Soluções de eletrólise de cobre, prata e níquel são usadas para preparar um depósito variando de 0,25 a 0,80 micrometro [10 a 30 milionésimos de polegada] de espessura. Uma vez que uma superfície condutora foi estabelecida, soluções de galvanização comer-

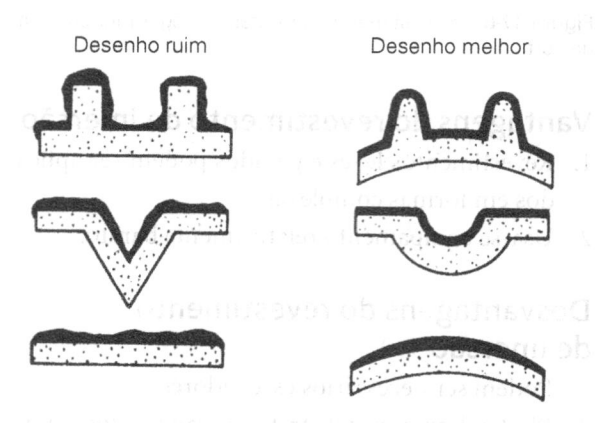

Figura 17-9 – Quando os itens a serem galvanizados, frisas e dobras de grande raio são desejados.

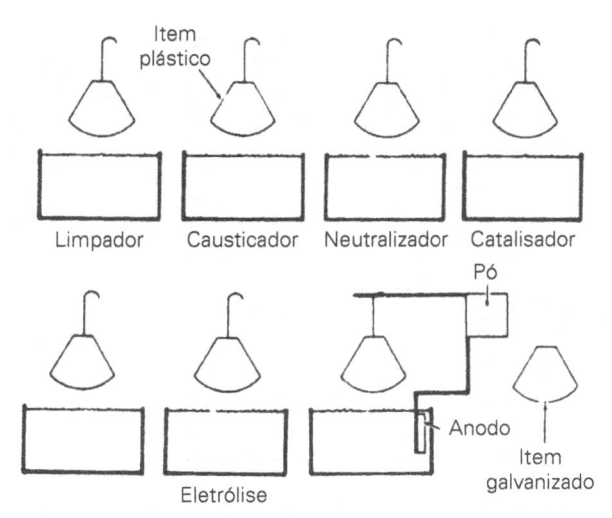

Figura 17-10 – Sequência de operações na eletrogalvanização de plástico.

ciais, tais como cromo, níquel, latão, ouro, cobre e zinco, podem ser usadas. Muitos plásticos galvanizados adquirem um acabamento semelhante ao cromo. As listas a seguir mostram duas vantagens e sete desvantagens da eletrogalvanização em plástico.

Vantagens da eletrogalvanização
1. Ela atinge acabamentos semelhantes a espelho.
2. Ela produz bom controle de espessura.

Desvantagens da eletrogalvanização
1. Buracos e ângulos finos são difíceis de galvanizar.
2. Alguns plásticos não são facilmente galvanizados.
3. Os plásticos devem ser limpos e causticados antes da galvanização.
4. O tempo de ciclo é longo.
5. O custo inicial é alto.
6. É caro para durações curtas.
7. O acabamento da superfície do plástico deve ser próximo de perfeito em maciez.

Metalização a vácuo

Na **metalização a vácuo**, os itens de plástico ou filmes são limpos totalmente e recebem uma base de revestimento de verniz para preencher os defeitos da superfície e selar os poros do plástico. Poliolefinas e poliamidas são causticadas quimicamente para garantir boa adesão. Os plásticos são colocados em uma câmara de vácuo, e as pequenas peças ou fitas do metal de revestimento (cromo, ouro, prata, zinco ou alumínio) são colocadas em filamentos especiais de aquecimento. A câmara é selada, e o ciclo de vácuo é iniciado. Quando o vácuo desejado é atingido (0,5 micrometro de Hg ou aproximadamente 0,07 Pa), os filamentos são aquecidos. As peças do metal se fundem (por alta voltagem) e vaporizam, revestindo tudo que o vapor toca na câmara, bem como condensando ou solidificando nas superfícies do condensador (Figura 17-12). Os itens devem girar para uma cobertura completa, porque o metal vaporizado viaja em uma linha reta. Uma vez que a galvanização termine, o vácuo é liberado, e os itens são removidos. Para ajudar a proteger a superfície galvanizada da oxidação e abrasão, um revestimento de verniz é aplicado (Figura 17-13). Este acabamento é mais adequado para aplicações interiores.

Alternativamente, por meio da evaporação de dois ou mais metais, é possível criar uma laminação de

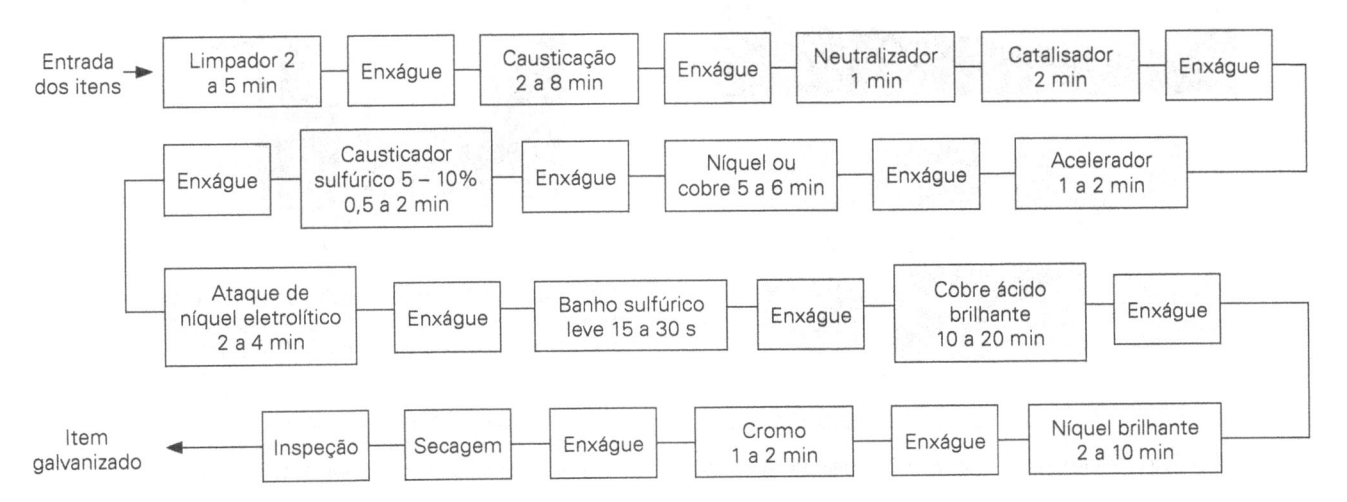

Figura 17-11 – Fluxograma de um processo de galvanização típico.

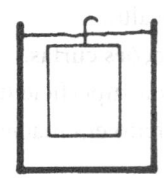

330 Plásticos industriais: teoria e aplicações

(A) Limpando e causticando o item.

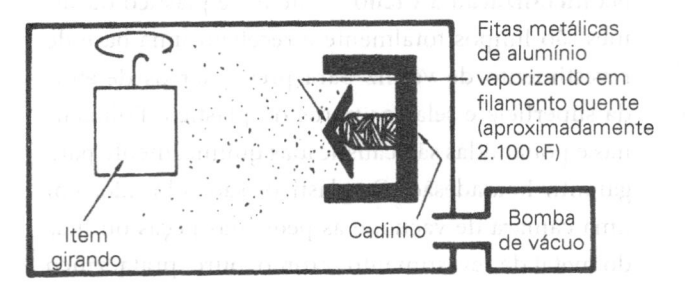

(B) Vaporizando o alumínio para revestir o plástico.

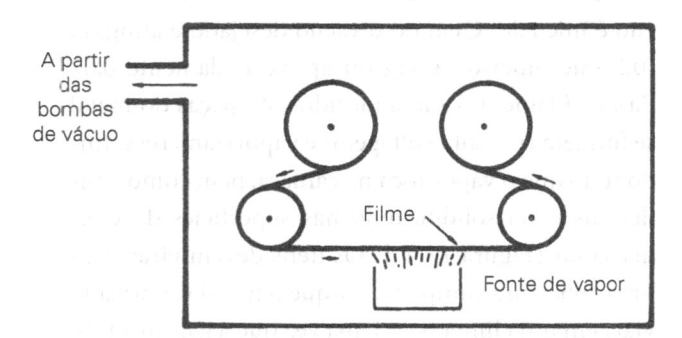

Fitas metálicas de alumínio vaporizando em filamento quente (aproximadamente 2.100 °F)

Item girando — Cadinho — Bomba de vácuo

(C) Metalização a vácuo em filme plástico.

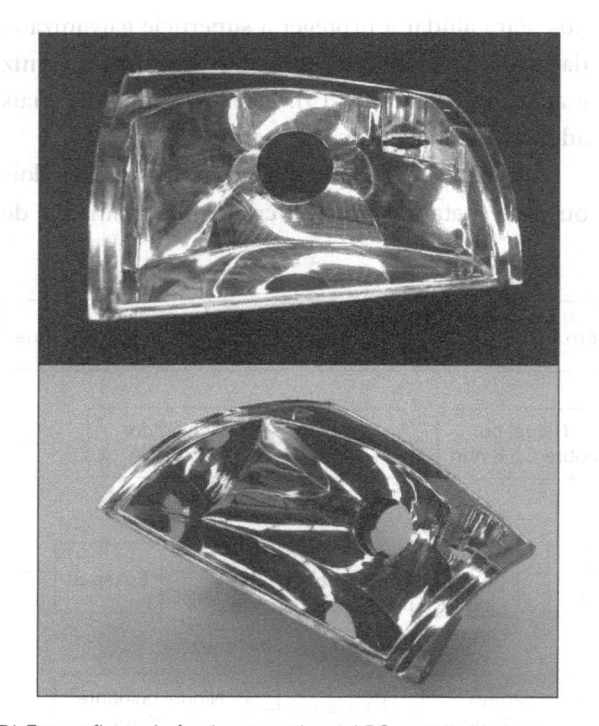

A partir das bombas de vácuo — Filme — Fonte de vapor

(D) Este refletor de farol automotivo é ABS metalizado a vácuo.

Figura 17-12 – Metalização a vácuo de itens de plástico.

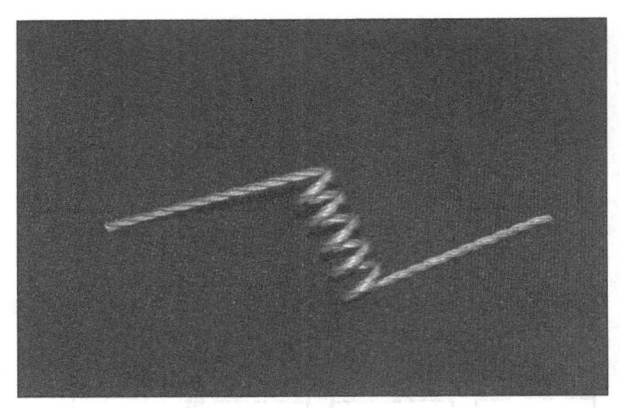

(A) Quando é aplicada corrente elétrica, este filamento de fio de tungstênio trançado torna-se incandescente.

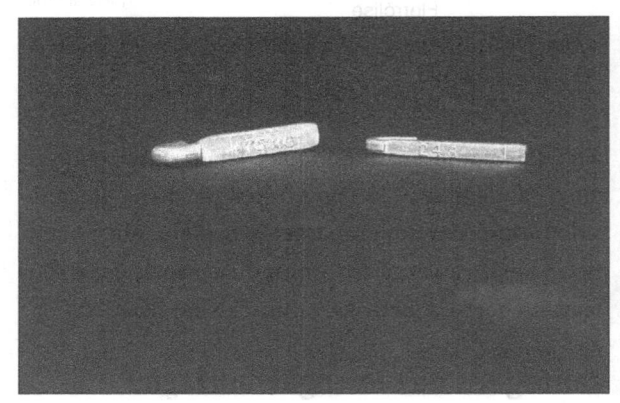

(B) Estas pequenas peças de alumínio puro, chamadas bengalas doces, penduram-se nos filamentos, fundem-se e, então, vaporizam. Para revestimentos mais grossos são usadas peças mais pesadas.

(C) O alumínio funde-se, espalha-se em uma camada fina sobre os elementos e vaporiza-se. A vaporização ou cintilação os filamentos leva apenas de 5 a 10 segundos, com uma temperatura de 1.100 °C (2.100 °F) realizada naquele período. Os produtos metalizados são então removidos da câmara de vácuo e mergulhados em um verniz de revestimento superior de proteção. O revestimento superior transparente pode ser tingido, permitindo uma grande escolha de cores.

Figura 17-13 – Processo de metalização a vácuo e suprimentos.

cromo/cobre/cromo ou aço/cobre/aço. Este processo é algumas vezes chamado **galvanização de vapor laminado**. As listas a seguir mostram quatro vantagens e cinco desvantagens do processo de revestimento de metalização a vácuo.

Vantagens do revestimento de metalização a vácuo

1. São produzidos revestimentos ultrafinos e uniformes.
2. Quase todos os plásticos podem ser usados.
3. Ele produz acabamentos semelhantes a espelhos.
4. Não existe processamento químico.

Desvantagens do revestimento de metalização a vácuo

1. Os plásticos devem ser recobertos com verniz para bons resultados.
2. A câmara de vácuo limita o tamanho dos itens e a velocidade de produção.
3. Arranhões e rachaduras são agravados.
4. O custo inicial é alto.
5. É caro para duração curta.

Revestimento precipitado

Metais ou refratários podem ser depositados usando sistemas de precipitação. Equipamento eletrônico de ímã pulveriza o revestimento metálico. Átomos de cromo caem (precipitam) na superfície plástica à medida que o gás argônio bate em um eletrodo consistindo do revestimento metálico. As espessuras típicas variam de 0,005 mm a 0,07 mm [0,00019 a 0,00275 pol]. Um revestimento transparente de PU, acrilato ou celulósico é, então, aplicado ao revestimento metálico. Este processo é usado para revestir maçanetas, filmes, refletores de luz, equipamento de carro e acessórios de encanamento. Seguem quatro vantagens e três desvantagens deste procedimento.

Vantagens do revestimento precipitado

1. Revestimentos ultrafinos.
2. Ele fornece excelente adesão.
3. São possíveis sistemas de linha automatizados.
4. Os itens são condutores elétricos.

Desvantagens do revestimento precipitado

1. São necessários alta tecnologia e investimento de capital.
2. Arranhões ou rachaduras são agravados.
3. É necessário revestimento protetor sobre a camada precipitada.

Revestimento por escova

Revestimentos com solvente e sem solvente são frequentemente escovados em um substrato à mão. Muitas pinturas e acabamentos são aplicados desta maneira. Acabamentos sem solvente consistem de sistemas de dois componentes de resinas e agentes de cura que são misturados e aplicados. Poliéster, silicone de epóxi e algumas resinas de poliuretano são usados em formulações sem solvente. Revestimentos baseados em solvente podem exigir secagem ao ar ou aquecimento para cura.

A habilidade do aplicador e o tipo de viscosidade do material determinam a qualidade do acabamento.

Revestimentos de proteção em tanques de metal grandes são frequentemente aplicados à mão ou por métodos de pulverização. Se colocados sob o solo, os tanques devem ser protegidos da corrosão e da ação eletrolítica.

Alguns exemplos familiares incluem revestimentos em casas, máquinas, móveis e unhas. São mostradas a seguir duas vantagens e três desvantagens do revestimento por escova.

Vantagens do revestimento por escova

1. O custo do equipamento é baixo.
2. Durações curtas e protótipos não são caros.

Desvantagens do revestimento por escova

1. Os custos de trabalho são altos.
2. Existe um controle ruim da espessura.
3. O acabamento é difícil de controlar e reproduzir.

Pesquisa na internet

- **http://www.extrusiondies.com.** A Extrusion Dies Industries, LLC fabrica cubos de extrusão para folha, filme e aplicações de revestimento. A partir da página inicial, selecionando "Products" e, em seguida, "Extrusion Coating", o levará a informações sobre uma variedade de cubos de revestimento de extrusão e suas capacidades.
- **http://www.innotekll.com.** A Innotek® fabrica pós para aplicações de revestimento em pó. Selecionando "Related Links" na página principal, você será levado para artigos sobre revestimento de leito fluido, bem como para informações sobre vários processos de revestimento.
- **http://www.muellercorp.com.** A Mueller Corporation especializa-se em metalização a vácuo. Seu sítio fornece uma seção de processo de metalização, incluindo detalhes em equipamento, carga, revestimento básico, secagem de solvente, câmara de vácuo, revestimento superior e inspeção. As fotografias sobre processo de metalização são extremamente informativas.
- **http://www.southwire.com.** A Southwire Company fabrica cabo ROMEX® – um cabo extremamente conhecido para cabeamento elétrico. Seu site fornece informações sobre uma grande variedade de fios e cabos. A seção "Technical Resources" contém uma gama de dados na seleção de cabos de força.
- **http://www.okonite.com.** A Okonite Company fabrica fios e cabos isolados. A seleção de "Engineering Technical Center" na página principal levará você a um número de tópicos sobre condutores e isolantes. O site fornece uma tabela na seleção de materiais de capa. Esta tabela avalia o plástico usado para isolamento, baseado em um número de critérios.

Vocabulário

As palavras a seguir são encontradas neste capítulo. Consulte o glossário no Apêndice A para encontrar as definições destas palavras, caso você não compreenda como elas se aplicam aos plásticos.

Adesivos
Lâmina de ar
Pintura a seco
Revestimento de chama
Revestimento de filme de extrusão
Revestimento de leito eletrostático
Revestimento de leito fluidizado
Revestimentos de imersão
Revestimento de jato de leito fluidizado
Galvanização de vapor laminado
Revestimento de jato
Revestimento de transferência
Metalização a vácuo

Questões

17-1. Para um processo ser classificado como um revestimento, o plástico deve permanecer no _____.

17-2. A técnica pela qual o plástico extruído quente é pressionado em um substrato sem adesivo é chamada _____.

17-3. O revestimento usado para proteger ferramentas da ferrugem e de estragos nas partes cortantes durante o transporte é chamado _____.

17-4. Nomeie dois processos usados para colocar um revestimento em fio.

17-5. Revestimento de rolo fundido é uma modificação do processo _____.

17-6. Qual processo é usado para colocar revestimentos em cabos de ferramentas?

17-7. Qual é a principal vantagem do revestimento de eletrogalvanização?

17-8. Quais as duas principais vantagens do revestimento por escova?

17-9. Qual processo de revestimento seria usado para produzir filmes de sombreamento de janela refletivos?

17-10. Quantos minutos de tempo de aquecimento são necessários para cada milímetro de espessura de revestimento por imersão?

17-11. Nomeie quatro métodos que podem ser usados para espalhar dispersão ou mistura de solventes em um substrato.

17-12. A espessura de parede ideal para uma bolsa de moedas mergulhada em vinila é _____.

17-13. A temperatura usada para curar plastisols é _____.

17-14. O principal elemento na cura de um revestimento de plastisol é _____.

17-15. O principal elemento na cura de um revestimento de organosol é _____.

17-16. Cite um método que pode ser usado para colocar um revestimento em tecido.

17-17. Cite as duas principais desvantagens do revestimento por extrusão.

17-18. Quais as causas do pó atomizar no processamento de leito fluidizado?

17-19. O processo de revestimento de um substrato com um plástico seco é algumas vezes chamado _____.

17-20. Cite a principal desvantagem do revestimento de transferência.

17-21. Nos processos de revestimento _____ _____, o plástico e o substrato recebem cargas opostas.

17-22. O plástico mais comumente usado para revestimento por imersão é _____.

17-23. Para acelerar a fusão no revestimento de imersão, _____ e _____ o substrato são práticas comuns.

17-24. Um revestimento de _____ é algumas vezes aplicado a superfícies galvanizadas para minimizar a oxidação e a abrasão.

17-25. Metais e refratários podem ser depositados por sistemas de revestimento _____.

17-26. Nomeie quatro razões para revestir um substrato.

17-27. Cite três processos principais de revestimento de pó seco.

17-28. Cite três materiais comumente revestidos por transferência.

17-29. Um jato estreito de ar usado para espalhar ou dispersar resinas ou plásticos em um substrato é chamado de um _____.

17-30. Cite quatro produtos que normalmente são revestidos por jato.

17-31. Nomeie os quatro principais métodos de metalizar um substrato.

17-32. Antes da metalização a vácuo, aos itens são dados um revestimento de _____ para minimizar os defeitos da superfície, fornecer uma superfície refletiva e selar o substrato.

17-33. Durante o ciclo de metalização a vácuo, os itens de plástico devem ser _____, porque o metal vaporizado viaja em um caminho reto.

17-34. Tecidos são revestidos para resistência a umidade e produtos químicos, enquanto potes, panelas e ferramentas são revestidos para uma resistência _____ e a produtos químicos.

17-35. Um fabricante tem os seguintes produtos para serem revestidos. Recomende técnicas de revestimento para cada um.
 a. Grade de plástico para parecer cromo.
 b. Placas de parede de concreto para construção.
 c. Peça de joalheria de duas cores (preto e dourado).
 d. Capas de livro.
 e. Roupa de chuva de tecido.

17-36. Descreva o processo de revestimento de leito fluidizado.

17-37. No revestimento de leito eletrostático, como o pó seco se deposita no item?

17-38. O que é revestimento de pistola de pó eletrostático? Como se difere do revestimento de leito eletrostático?

17-39. Descreva brevemente o processo de eletrogalvanização. Quais materiais plásticos são bem adequados para este processo?

17-40. Como você montaria um processo simples para revestir cabos de ferramentas com um plástico resistente?

17-41. Liste os processos de revestimento que exigem aquecimento para a cura. Liste, também, aqueles que não exigem aquecimento para a cura.

Atividades

Revestimento de leito fluidizado

Introdução. O revestimento de leito fluidizado é um processo de revestimento de pó que utiliza materiais termoplásticos ou termocurados. As Figuras 17-14, 17-15 e 17-16 mostram vários tipos de revestidores de leito fluidizado. Todos os três revestidores contêm um fundo poroso que permite a passagem de ar ou outros gases. O ar força sua passagem através do pó, fazendo com que o pó flutue no tanque de uma forma como se fosse um fluido. O pó funde e gruda à superfície dos substratos preaquecidos quando são mergulhados no leito. Um ciclo de pós-aquecimento polirá a superfície do termoplástico e fará a cura final do termocurado.

Figura 17-14 – Pequeno fluidizador comercial de laboratório.

Figura 17-15 – Pequeno fluidizador de laboratório feito em casa.

Figura 17-16 – Fluidizador de laboratório com compressor.

Equipamento. Revestidor de leito fluidizado, pó de polietileno, compasso de calibre, forno, substratos para imersão e luvas isolantes.

Procedimento

17-1. Faça substratos para imersão. A Figura 17-17 mostra um substrato de aço, cortado de uma fita de 3 mm x 18 mm. Estas peças têm aproximadamente 40 mm de comprimento. Outros tamanhos ou formas de substratos são também funcionais. Amarre um pequeno pedaço de arame a cada substrato como mostrado. Meça a espessura dos substratos.

17-2. Pendure os substratos em um forno e aqueça a 177 °C [335 °F].

17-3. Prepare um leito fluidizado adicionando pó de polietileno e ajustando a pressão de ar para fluidizar totalmente o pó. Dependendo do tipo de fluidizador, 20 a 30 kPa [2,9 a 5 psi] podem ser o suficiente.

17-4. Remova uma peça de metal do forno, pendure-a pelo arame e mergulhe-a rapidamente no leito. Registre a duração de tempo no leito. Remova a peça e sacuda o excesso de pó.

17-5. Retorne a peça revestida para o forno para alisar a superfície pela fusão das partículas de pó.

17-6. Remova-a do forno e a esfrie.

17-7. Meça a espessura da peça revestida e calcule a espessura do revestimento. O revestimento é mais grosso na parte inferior que na parte superior da peça?

17-8. Normalmente é possível remover o revestimento cortando ao longo das beiradas do metal e descascando o revestimento. Um item na Figura 17-17 mostra um revestimento levantado do substrato. Medindo a espessura em um revestimento descascado pode-se aumentar a exatidão da medida.

Figura 17-17 – Substratos sem revestimento, revestido e descascado.

17.9. Determine arbitrariamente uma espessura desejada de revestimento. Os revestimentos na Figura 17-17 eram de aproximadamente 0,38 mm [0,015 pol] de espessura.

17.10. Determine um processo que produz a repetidamente um revestimento liso e uniforme de uma espessura desejada. Aqui estão os parâmetros de importância:
- Temperatura de preaquecimento
- Temperatura e tempo de pós-aquecimento
- Tempo de imersão
- Profundidade que o substrato é imerso no leito
- Agitação durante a imersão
- Limpeza do substrato
- Pressão de ar

17.11. Escreva um relatório resumindo o processo que produziu um revestimento ótimo.

Investigações adicionais. Para determinar os efeitos do material de substrato, fabrique substratos de aço, alumínio e cobre ou latão. Garanta que tenham dimensões idênticas. Aqueça-os nas mesmas temperaturas e mergulhe-os igualmente. A espessura do revestimento varia de um tipo de substrato para outro?

Revestimento de imersão

Introdução. Um plastisol é uma mistura de pó de cloreto de polivinila e um plastizante. Quando um substrato preaquecido é imerso em um plastisol, partículas de PVC aderem ao substrato. O pós-aquecimento completa a fusão das partículas de PVC.

Equipamento. Dispersões de vinila, substratos para imersão, forno, compasso de calibre, testador de tensão e luvas isolantes.

Procedimento

17-1. Fabrique substratos para imersão. Os substratos mostrados na Figura 17-18 são alumínio e foram cortados de uma barra de 6 mm × 25 mm. Eles devem ser de aproximadamente 100 mm de extensão para se encaixar em um galão de dispersão de vinila.

17-2. Preaqueça os substratos a 200 °C [392 °F]. Trabalhando rapidamente, remova o substrato do forno e pendure-o na dispersão. A Figura 17-18 mostra um revestimento de imersão em progresso. Registre o tempo de imersão. Remova da dispersão e deixe todas as gotas caírem.

17-3. Retorne para o forno e cure a 175 °C [347 °F].

17-4. Quando totalmente fundido, remova do forno e esfrie.

17-5. Remova o revestimento do substrato ou corte as beiradas do substrato.

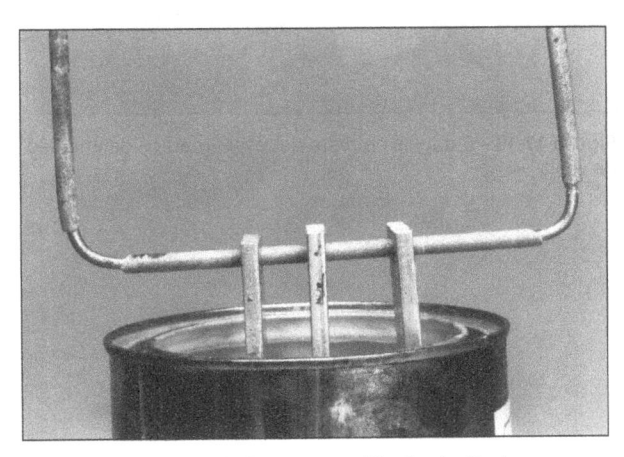

Figura 17-18 – Imergindo em um galão de plastisol.

17-6. A Figura 17-19 mostra um substrato que foi mergulhado, um pedaço de vinila cortado na forma de um osso de cachorro e outro pedaço depois do teste de tensão. Para cortar o osso de cachorro, use um cortador, como mostrado na Figura 17-20. Se um cortador não estiver disponível, use tesouras para cortar na forma. Faça o teste de tensão da amostra de vinila para determinar a resistência e a porcentagem de alongamento. Omitindo o corte na forma de osso de cachorro fornecerá uma fita de largura uniforme. Isto pode levar a dificuldades se a amostra começar a escorregar das mandíbulas do testador de tensão. A amostra quebrada na Figura 17-19 tem uma resistência à tensão de 9,78 MPa [1417 psi] e um alongamento de 385%.

17-7. Determine experimentalmente um processo que produza uma vinila lisa, uniforme, forte e elástica. Os parâmetros significativos são estes:
- Temperatura de preaquecimento
- Tempo de imersão
- Temperatura de cura
- Tempo de cura
- Maciez da superfície do substrato

Figura 17-20 – Cortador na forma de osso de cachorro mostrando as beiradas cortantes.

Cuidado: O superaquecimento do plastisol liberará gás cloreto de hidrogênio (HCl). Garanta ventilação adequada próximo ao forno.

17-8. Escreva um relatório resumindo o processo que produziu o vinila ótimo.

Atividades adicionais

a. Para observar os efeitos da maciez, faça o polimento de uma superfície do substrato e torne áspera a superfície do lado oposto. Qual o efeito que uma superfície áspera produz?

b. Investigue o efeito do tempo de pós-aquecimento. Produza várias amostras, aumentando gradativamente o tempo de pós-aquecimento e teste para determinar os efeitos nas propriedades físicas do vinila.

c. Faça uma pesquisa sobre luvas cirúrgicas de látex. Em razão das preocupações com a AIDS, o uso de luvas de látex tem aumentado. Como os fabricantes produzem luvas com espessura uniforme e sem buracos?

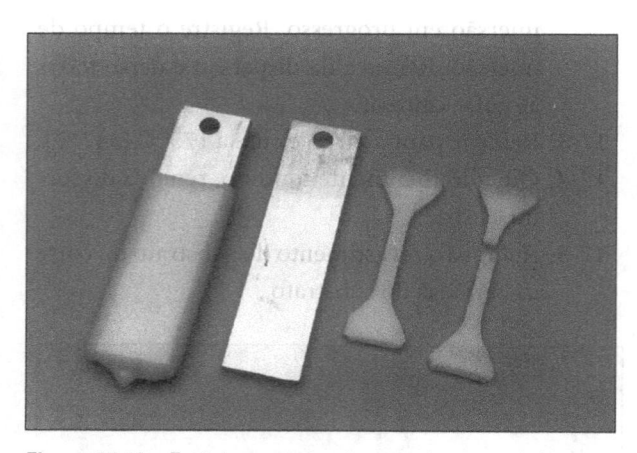

Figura 17-19 – Estágios no teste de revestimentos de imersão de vinila.

Capítulo 18

Processos de fabricação e materiais

Introdução

Assim como a madeira, o metal ou outros materiais, os componentes de plástico geralmente requerem algum tipo de transformação ou fabricação. Este capítulo discutirá os principais processos de fabricação e os materiais utilizados nesses processos. Há quatro métodos gerais utilizados para unir plásticos destacados neste capítulo e listados a seguir:

I. Adesão mecânica
   A. Resinas termoplásticas
   B. Resinas termofixas
   C. Adesivos elastoméricos
II. Adesão química
   A. Adesão por solvente
   B. Técnicas de aquecimento por fricção
   C. Técnicas de transferência de calor
III. Fixação mecânica
IV. Montagem por fricção
   A. União por prensagem
   B. União por encaixe
   C. União por encolhimento

Adesão mecânica

Adesivos são uma ampla classe de substâncias que unem materiais por uma superfície de ligação. Quando os adesivos mantêm as partes unidas pela interligação das superfícies são denominados adesivos mecânicos ou físicos. Adesivos mecânicos são apresentados em várias formas. Entretanto, devem estar no estado líquido durante a operação de adesão. Isso assegura um contato intimo com os **aderentes** (superfícies sendo aderidas). Na adesão mecânica não há fluxo dos aderentes.

Plásticos de origem animal e natural têm sido utilizados como adesivos por séculos. Cera e goma-laca já foram amplamente utilizadas para selar cartas e documentos importantes. Muitas civilizações antigas utilizaram piche para selar rachaduras em barcos e jangadas. Arqueólogos encontraram evidências que há mais de 30 séculos atrás os egípcios utilizaram adesivos para anexar folhas de ouro a caixões de madeira e criptas.

Houve um tempo em que a palavra **cola** referia-se a um adesivo obtido de peles, cartilagens, ossos e outros materiais de origem animal. Atualmente, o termo é sinônimo de adesivos a base de plásticos.

Adesivos mecânicos geralmente dividem-se em três categorias básicas: 1) resinas termoplásticas; 2) resinas termofixas; e 3) do tipo elastomérico. A Tabela 18-1 apresenta alguns adesivos termofixos e termoplásticos, assim como suas formas disponíveis.

Resinas termoplásticas

Resinas termoplásticas incluem adesivos baseados em materiais acrílicos, vinílicos, celulósicos e *hot-melts* (adesivos sólidos termofundíveis, também conhecidos como "cola quente").

Adesivos acrílicos. Adesivos acrílicos vão desde materiais rígidos a flexíveis. Uma classe popular de adesivos acrílicos são os **cianoacrilatos**. É um adesivo de colagem rápida que polimeriza quando recebe pressão. O solvente *N,N-dimetilformamida* pode ser utilizado para dissolver esse adesivo e limpar excessos não polimerizados; contudo, esse adesivo não é curado por evaporação de solvente, e sim por polimerização.

Tabela 18-1 – Formas disponíveis de adesivos plásticos selecionados

Adesivos plásticos	Formas disponíveis
Termofixos	
Caseína	Pó, F
Epóxi	Pa, D, F
Formaldeído melamina	Pó, F
Fenol formaldeído	Pó, F
Poliéster	Pó, F
Poliuretano	D, L, Pó, F
Resorcinol-formaldeído	D, L, Pó, F
Silicone	L, Pó, Pa
Ureia-formaldeído	D, Pó, F
Termoplásticos	
Acetato de celulose	L, H, Pó, F
Butirato de celulose	L, Pó, F
Carboximetilcelulose	Pó, L
Etilcelulose	H, L
Hidroxietilcelulose	Pó, L
Metilcelulose	Pó, L
Nitrato de celulose	Pó, L
Poliamida	H, F
Polietileno	H
Polimetilmetacrilato	L
Poliestireno	Pó, H
Acetato de polivinila	Pp, D, L
Álcool de polivinila	Pó, D, L
Cloreto de polivinila	Pa, Pó, L

Notação: Pó–pó; F–filme; D–dispersão; L–líquido; Pa–pasta; H–*hot melt*; Pp–"permanentemente pegajosa"

Adesivos vinílicos. Adesivos vinílicos englobam uma ampla variedade de materiais. O **álcool de polivinila** é um adesivo à base de água utilizado para colar papel, têxteis e couro. A camada intermediária dos vidros laminados é feita de **polivinil butiral** por causa da excelente adesão a esse material. As propriedades elétricas e de isolamento do **polivinil formol** o torna ideal para fios de cobre enamel. O **polivinil acetal** se destaca como substância adesiva para metais.

Um adesivo moderno muito popular é a denominada "cola branca" ou "cola escolar", que é feita de acetato de polivinila. Esse adesivo é comercializado em uma forma líquida de colagem rápida, pronta para uso. Esse famoso adesivo consiste de uma dispersão de acetato de polivinila em um solvente que geralmente é água, e por isso deve-se evitar que congele. Carpinteiros, artistas, secretárias e muitas outras pessoas beneficiam-se das propriedades adesivas deste material.

Adesivos celulósicos. Adesivos celulósicos são populares e disponíveis na forma de pó, *hot-melt* ou dissolvidos em solvente. A cola americana *Duco® Cement* é um exemplo de adesivo de nitrocelulose multipropósito. É impermeável e limpa, adere a madeira, metal, vidro, papel e a diversos plásticos. Acetatos de celulose e butiratos são colas bastante conhecidas, utilizadas em modelos plásticos para montar réplicas de carros, aviões etc.

Adesivos hot-melt. Os *hot-melts* tornaram-se populares pela facilidade e flexibilidade de uso, demonstrando sua alta capacidade adesiva quando resfriado. Vários termoplásticos são utilizados como adesivos *hot-melt*, incluindo polietileno, poliestireno e acetato de polivinila.

Bastões ou pequenas varas destes plásticos são aquecidos em uma pistola elétrica. O plástico derretido é então injetado através do bico da pistola para aplicação na superfície a ser colada. A Figura 18-1 mostra uma tira de couro sendo montada utilizando adesivo *hot-melt* em uma pistola aplicadora eletricamente aquecida. A indústria de calçados vem atualmente usando esse adesivo como um meio eficaz na colagem de peças de couro.

Artigos pequenos e que demandem montagem rápida podem ser colados utilizando esse método. Provavelmente a maior desvantagem de adesivos *hot-melt* é sua dificuldade de aplicação em superfícies de grandes dimensões, pois resfria muito rapidamente, impossibilitando esse tipo de operação.

Resinas termofixas

Resinas termofixas endurecem por reações de polimerização que geralmente ocorrem após a aplicação da camada de resina nas partes aderentes. A polimerização ocorre em razão das reações térmicas ou com uso de catalisadores. As maiores classes de resinas termofixas incluem os epóxis, as resinas amínicas e as resinas fenólicas.

Resinas amínicas. A caseína e a resina ureia-formaldeído (resinas amínicas) são muito utilizadas na indústria madeireira. Algumas resinas de ureia são

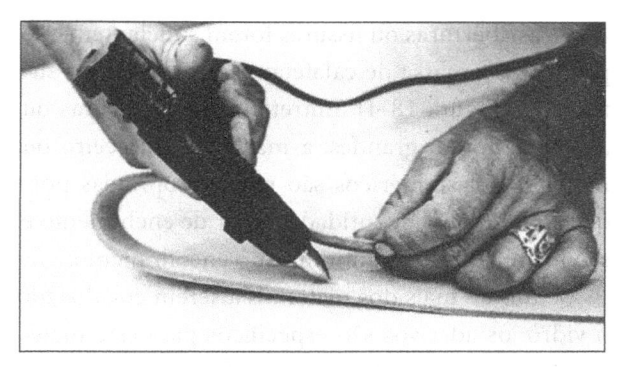

Figura 18-1 – Esta pistola de cola é usada para aplicar adesivos fundidos quentes.

comercializadas na forma líquida para uso em chapas de compensados laminados, compensados sarrafeados e aglomerados.

O uso de moldes para obtenção de peças de metal é um importante processo utilizado na indústria de fundição. Resinas fenólicas e amínicas são utilizadas para manter a areia destes moldes unida.

Resinas fenólicas. As resinas **fenol-formaldeído** são comercializadas nas formas líquida, em filme ou em pó. Os filmes apresentam espessuras a partir de 0,025 mm [0,001 pol] e são acondicionados entre os materiais a serem unidos. Umidade no material ou vapores externos podem causar a liquefação do filme ou seu escorrimento. A reação de cura ocorre entre temperaturas de 120 °C a 150 °C [250 °F a 300 °F]. Outra opção é o uso de filme reforçado. Estes filmes são saturados com o adesivo, e geralmente são tão finos como lenços de papel. Eles são utilizados da mesma maneira que os filmes não reforçados, mas são mais fáceis de manusear e aplicar.

Grandes quantidades de adesivos de resina fenólica são utilizadas na manufatura de chapas de compensado laminado ou sarrafeado para exteriores.

Resinas **resorcinol-formaldeído** são outro tipo de adesivo fenólico que é comercializado na forma líquida. A mistura do catalisador em pó ocorre no momento em que serão aplicadas. Essa resina tem a vantagem de curar a temperatura ambiente e é resistente ao calor e à umidade. Grandes quantidades de chapas de compensado naval e para uso externo são coladas com este adesivo (Figura 18-2).

O uso de aquecimento de alta frequência reduz enormemente o tempo de cura ou polimerização de muitos plásticos utilizados como adesivos. O campo de

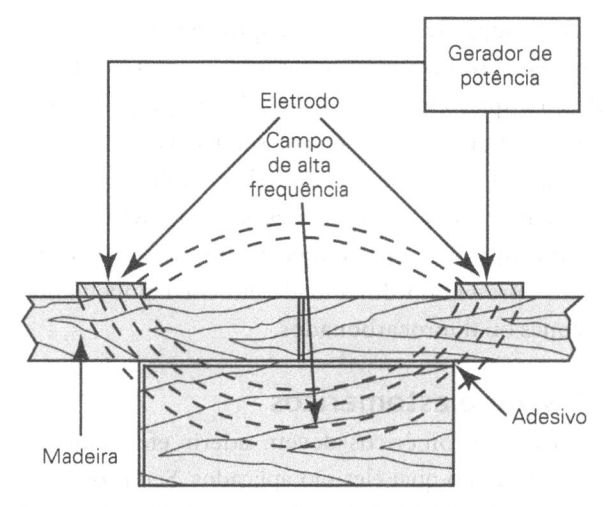

Figura 18-2 – Ondas de alta frequência (rádio) podem ser usadas para aquecer adesivos.

alta frequência excita as moléculas do adesivo, causando calor e rápida polimerização. Com frequência, partes de madeira são unidas com adesivos de resorcinol-formaldeído durante este processo.

Rebolos e lixas de papel são feitas de grãos abrasivos e um agente plástico de liga. Os rebolos são feitos de grãos abrasivos, resina pulverizada e resina líquida, em um processo de moldagem a frio. A Figura 18-3 mostra algumas lixas e rebolos típicos feitos com resina fenólica e outros tipos de resina.

Resinas Epóxi. Adesivos de **resina epóxi** são adesivos termofixos disponíveis na forma bicomponente. A polimerização se dá pela mistura da resina epóxi e um catalisador na forma de pó ou de resina. O calor é utilizado algumas vezes para ajudar a acelerar o processo. Epóxi mono componente especialmente formulado pode ser polimerizado apenas pela aplicação de calor.

Figura 18-3 – Muitas rodas de esmerilhar e lixas são coladas com resina.

Se as superfícies estiverem apropriadamente preparadas, as resinas epóxi apresentarão uma excelente adesão a quase todos os materiais. As propriedades adesivas superiores dos epóxis são usadas para colar porcelana fina e cobre a laminados fenólicos em circuitos impressos, componentes em sanduíche ou estruturas tipo pele. Entretanto, até mesmo os adesivos epóxis apresentam dificuldade em colar polietileno, silicones ou fluorocarbonados.

Adesivos elastoméricos

Adesivos elastoméricos devem aderir efetivamente ao substrato no qual eles são aplicados. Seu propósito básico é evitar a penetração de umidade, ar ou outros agentes em pequenas fissuras ou aberturas. Para serem efetivos, esses compostos devem manter a adesão quando o material ao qual estão aderidos esticar ou comprimir-se. Por exemplo, os compostos que selam janelas de vidro a esquadrias de alumínio devem suportar diferentes expansões, em decorrência da expansão do alumínio ser 2,5 vezes maior que a do vidro.

Adesivos elastoméricos possuem diversas denominações genéricas, como massa de calafetar, selante e massa de vidraceiro, dependendo da aplicação. Alguns dos selantes mais comuns inclusos nessa classe de materiais são os polissulfetos, acrílicos, poliuretanos, silicones e borrachas naturais ou sintéticas.

Figura 18-4 – Muitos materiais de calefação, de selagem e de esmaltagem estão disponíveis em cartuchos para fácil aplicação.

Se as aberturas ou fissuras forem suficientemente pequenas, a massa de calafetar e os selantes são suficientes (Figura 18-4). Entretanto, se as fissuras ou aberturas forem grandes, a massa de vidraceiro ou remendos elastoméricos são mais apropriadas porque contém uma quantidade maior de enchimento e são formulados para minimizar o encolhimento.

Se um ou mais dos materiais a serem colados for o vidro, os adesivos são específicos para este material. Muitos destes adesivos específicos e as massas de vidraceiro contêm compostos de acrílico. Sua aplicação é simples e não quebra, cede ou estilhaça facilmente. A Figura 18-5 mostra aplicações automotivas destes adesivos especiais e a Figura 18-6 demonstra a aplicação em janelas.

Se materiais cerâmicos precisam ser selados, formulações especiais de epóxi e silicone são utilizadas, como as utilizadas ao redor de banheiras e louças de banheiro.

A indústria aeronáutica desenvolveu diversos adesivos especiais para colar partes de alumínio. O polímero polissulfeto é um selante bastante eficaz, com uma ampla gama de aplicações nas indústrias aeronáutica, elétrica e de construção civil.

Um método eficiente de aplicar selantes é o uso de fitas compressíveis ou pistolas de extrusão. Fitas compressíveis são rolos de selante na forma de tiras de filme adesivo. São utilizadas na indústria automotiva para selar partes metálicas e como selantes nas janelas.

Pistolas de extrusão são aplicadores versáteis que usam refis ou recipientes descartáveis do composto selante. Estes dispositivos empurram o selante pelo bico injetor da pistola durante a aplicação.

Adesão química

Adesão específica ou **adesão química** é definida como a adesão entre superfícies que se mantêm juntas por forças de valência do mesmo tipo que dão origem à coesão do material. As forças que mantêm as moléculas de todos os materiais unidas são denominadas forças **coesivas**. Estas forças incluem as ligações primárias fortes de valência e as ligações secundárias fracas.

Nos adesivos químicos, há uma forte atração de valência entre os materiais enquanto as moléculas fluem juntas. Durante a solda dos metais, por exem-

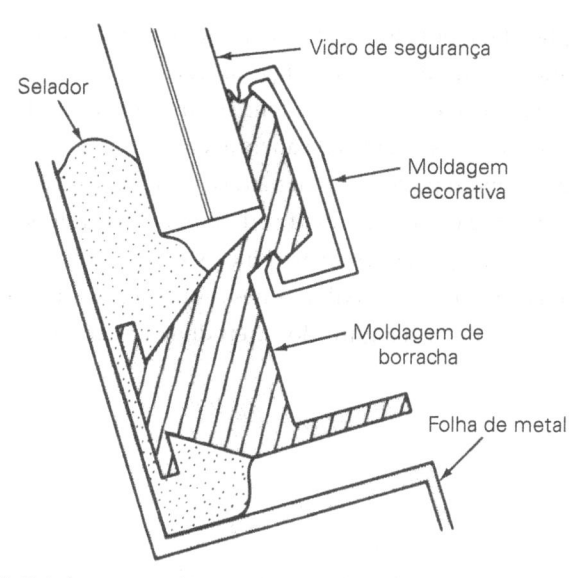

(A) Selador com moldagem de borracha e fita de metal decorativa.

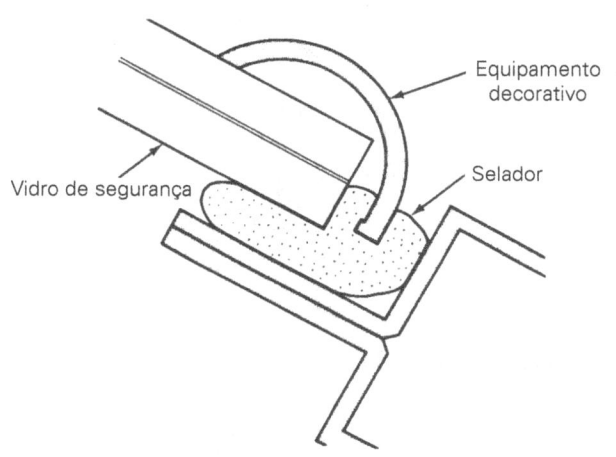

(B) Selador com fita de moldagem.

Figura 18-5 – Métodos de selagem usados para para-brisas de automóveis.

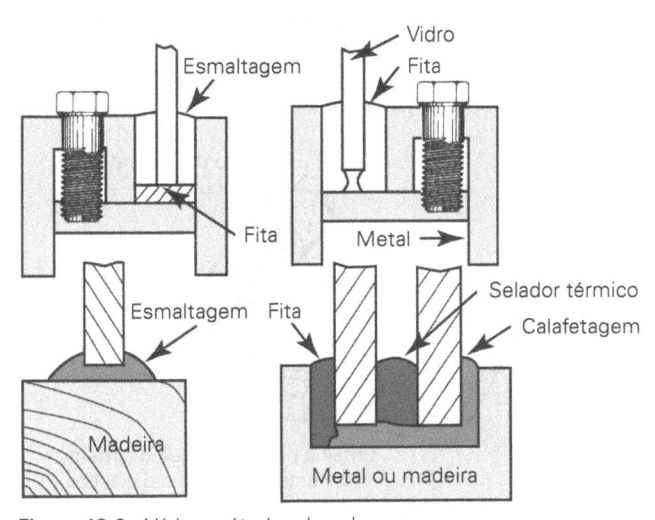

Figura 18-6 – Vários métodos de selagem.

plo, o metal derretido flui e uma ação química coesiva ocorre entre as peças.

Deve ser aparente que a ligação química pode acontecer somente na ocorrência de um amolecimento ou fluxo entre dois materiais. Se as superfícies não fluírem, as peças são mantidas unidas apenas por forças físicas ou mecânicas. Na ligação coesiva de metais, o calor deve ser aplicado para causar o fluxo e mistura das moléculas. As ligações coesivas de plásticos requerem tanto o uso de solventes ou calor. Este tipo de ligação não ocorre em materiais termofixos. Técnicas de calor promovem o derretimento ou amolecimento do material, causado por fricção entre partes plásticas ou calor transferido por um metal aquecido.

Adesão por solvente

Há duas formas básicas de adesivos baseados em solventes – **solventes de ancoragem** e **monômeros de ancoragem**. Solventes de ancoragem dissolvem as superfícies dos plásticos a serem unidos, formando uma forte ligação intermolecular enquanto evapora. Monômeros de ancoragem fundamentam-se no uso do monômero de ao menos um dos plásticos a serem unidos. Ele sofre ação de catalisador para que a ligação seja produzida por polimerização. Ambas as ligações de coesão ou adesão ocorrerão, dependendo da composição química dos materiais a serem unidos.

Solventes de ancoragem ou *solventes de dopagem* são dois tipos de substâncias de uso comum. Os primeiros são solventes ou blendas de solventes que dissolvem o material. Quando o solvente evapora, as peças permanecem unidas. **Solventes de dopagem** são compostos de pequenas quantidades de um dos próprios materiais plásticos a serem unidos. Esta substância apresenta-se na forma viscosa, e deixa uma fina película do material original na junção das partes coladas quando seco.

Solventes com baixo ponto de ebulição evaporam rapidamente (Tabela 18-2). Assim, as partes precisam ser unidas antes que todo o solvente evapore. Um exemplo destes materiais é o cloreto de metileno, com um ponto de ebulição de 40 °C [104 °F]. Solventes de ancoragem precisam ser aplicados nas partes plásticas por qualquer um dos métodos descritos a seguir. A despeito do método utilizado, todas as partes precisam estar limpas e amolecidas. Uma

Tabela 18-2 – Solventes de ancoragem comuns para termoplásticos

Plásticos	Solventes	Ponto de ebulição °C	°F
ABS	Metil etil cetona	80	[176]
	Metil isobutil cetona	117	[243]
	Cloreto de metileno	40	[104]
Acrílico	Dicloroetano	84	[183]
	Cloreto de metileno	40	[104]
	Tricloreto de vinila	87	[189]
Celulose Plásticos:			
Acetato	Clorofórmio	61	[142]
	Cloreto de metileno	40	[104]
Butirato, propionato	Dicloroetano	84	[183]
Etil acetato	Metil etil cetona	80	[176]
Etil celulose	Acetona	57	[135]
Policarbonato	Dicloreto de etileno	41	[106]
	Cloreto de metileno	40	[104]
Óxido de polipropileno	Clorofórmio	61	[142]
	Dicloreto de etileno	84	[183]
	Cloreto de metileno	40	[104]
	Tolueno	110	[232]
Polissulfona	Cloreto de metileno	40	[104]
Poliestireno	Dicloreto de etileno	84	[183]
	Metil etil cetona	80	[176]
	Cloreto de metileno	40	[104]
	Tolueno	110	[232]
Cloreto de polivinila e copolímeros	Acetona	57	[135]
	Ciclohexano	81	[178]
	Metil etil cetona	80	[176]
	Tetrahidrofurano	65	[149]

junta em formato de V é a preferida por muitos fabricantes para efetuar uniões em topo (Figura 18-7).

Usando o método da imersão, as peças podem ser simplesmente imersas em um solvente até que uma superfície amolecida seja obtida. As peças são então colocadas em contato com uma ligeira pressão até que todo o solvente evapore. Caso muita pressão seja aplicada, a porção amolecida pode ser apertada para fora, resultando em uma ligação fraca.

Superfícies amplas podem ser imersas ou pulverizadas com solventes de ancoragem. Ligações coesivas também podem ser efetuadas, permitindo-se que o solvente escoe para dentro de juntas finas por ação capilar. Pequenas escovas, pincéis e aplicadores são úteis ferramentas auxiliares nessa operação. A Figura 18-8 demonstra alguns dos métodos mais comuns.

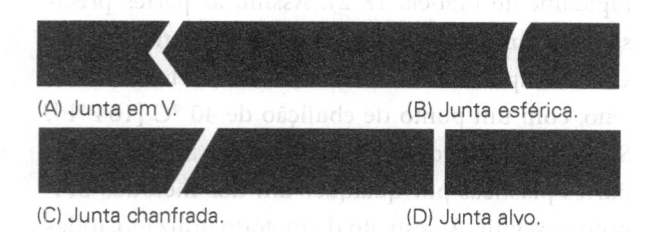

(A) Junta em V.
(B) Junta esférica.
(C) Junta chanfrada.
(D) Junta alvo.

Figura 18-7 – Tipos de juntas.

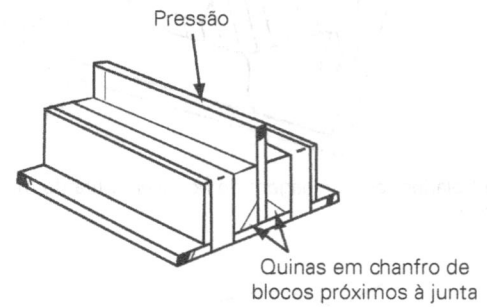

(A) Junta em T.
(B) Cimentando uma baliza em uma chapa. 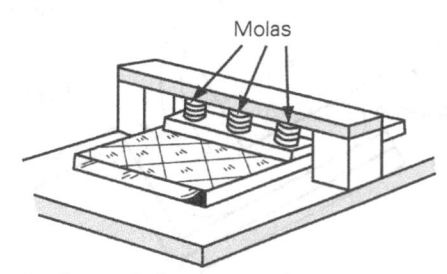
(C) Equipamento de junta de extremidade. 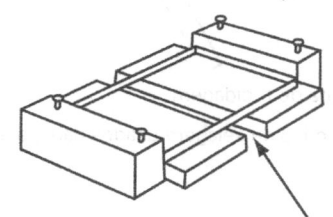
(D) Colando quina.

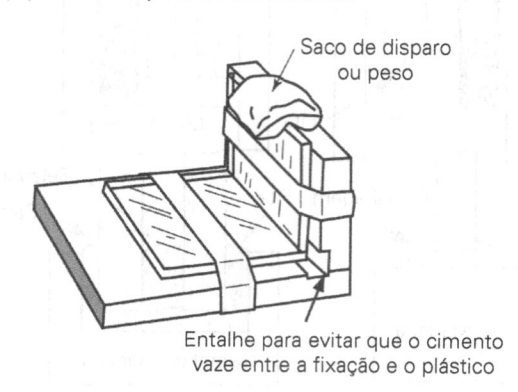

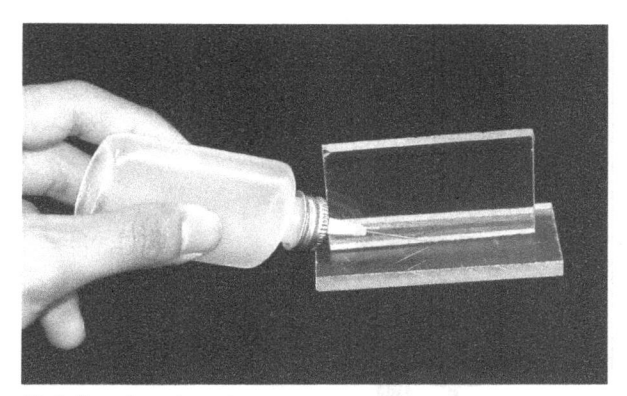

(E) Aplicando o cimento com uma seringa.

Figura 18-8 – Vários métodos de cimentagem. (Cadillac Plastics Co.)

Técnicas de aquecimento por fricção

As principais técnicas de adesão química que utilizam aquecimento por fricção são a soldagem de rotação, a adesão dielétrica e a adesão ultrassônica.

Adesão por soldagem de rotação. A **soldagem de rotação** é um método de juntar partes circulares de termoplástico por fricção. Quando uma ou ambas as partes são friccionadas contra a outra, o calor gerado pela fricção provoca o derretimento coesivo. Dependendo do diâmetro e do material, as partes precisam girar a 6 m/s [20 ft/s], com menos de 138 kPa [20 psi] de pressão de contato. Quando a fusão ocorre, a rotação finaliza e a solda solidifica sob pressão.

As partes também podem ser soldadas por rotação utilizando-se uma haste de carga girando rapidamente sobre as mesmas. Uma haste pesada constituída pelo material de origem é girada a 5.000 rpm, movendo-se ao longo da junta de soldagem enquanto é derretida (veja a Figura 18-9). A aparência da solda de plástico lembra uma solda de arco em metal.

A adesão por vibração, uma variação da soldagem por rotação, é um método pelo qual peças não circulares podem ser soldadas. As frequências de vibração variam de 90 a 120 Hz e as pressões nas juntas variam entre 1.300 a 1800 kPa [200 a 250 psi].

Quase todos os polímeros termoplásticos processáveis por fusão (mesmo polímeros diferentes com temperaturas de fusão diferentes) podem ser unidos na forma de garrafas, tubos e outros recipientes.

Adesão dielétrica ou de alta frequência. A *adesão dielétrica* é utilizada para unir filmes plásticos, tecidos

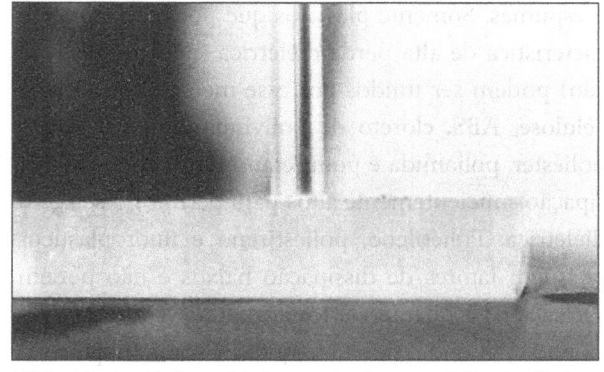

(A) Bastão de plástico soldado por rotação a uma folha de plástico.

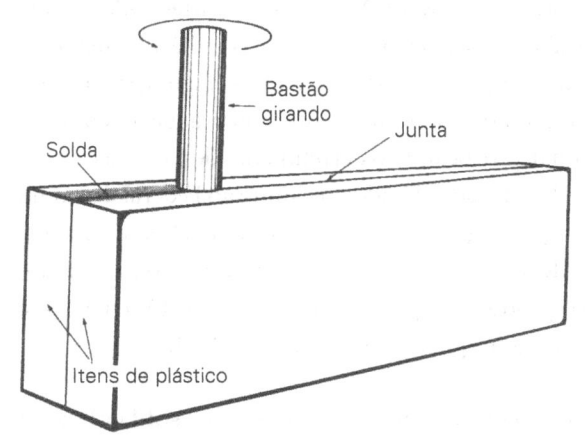

(B) Um método de solda de rotação de juntas.

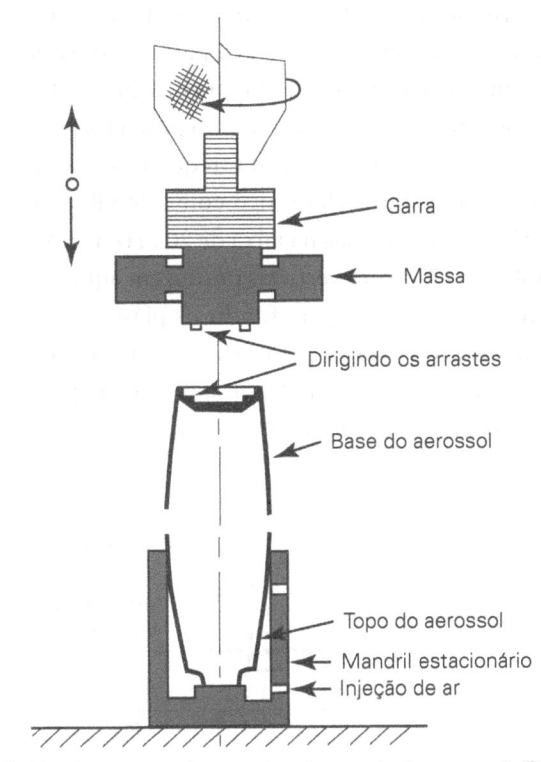

(C) Soldando por rotação metades de garrafa de aerossol. (DuPont Co.)

Figura 18-9 – Princípio de soldagem de rotação (colagem).

e espumas. Somente plásticos que possuam uma característica de alta perda dielétrica (fator de dissipação) podem ser unidos por esse método. Acetato de celulose, ABS, cloreto de polivinila, epóxi, poliéter, poliéster, poliamida e poliuretano tem fatores de dissipação suficientemente altos para permitir a selagem dielétrica. Polietileno, poliestireno e fluoroplásticos possuem fatores de dissipação baixos e não podem ser selados a quente eletronicamente. A fusão real é causada por ondas de alta frequência (radiofrequência) de transmissores ou geradores disponíveis em diversos valores em kilowatts. Nas áreas das partes onde as ondas de alta frequência são aplicadas, as moléculas tentam se realinhar por causa das oscilações (Figura 18-10). Esse rápido movimento molecular causa aquecimento friccional, provocando o derretimento destas áreas.

Nos Estados Unidos, a Comissão Federal de Comunicações regula o uso de energia de alta frequência. Isso se deve ao fato de os sinais gerados serem similares aos produzidos pelas transmissões de TV e FM, operando a frequências entre 20 e 40 MHz.

Adesão ultrassônica. No processo de **solda ultrassônica** duas partes plásticas são colocadas juntas em um suporte ou nicho. A ponta do aparelho de soldagem ultrassônica comprime as partes usando pressões relativamente baixas (veja as Figuras 18-11A e 18-11B). Quase imediatamente depois de a ponta tocar as partes, inicia-se a vibração à alta frequência. Na máquina, um transdutor eletrônico converte vibrações de 60 Hz em frequências na faixa de 20 kHz a 40 kHz na ponta. As vibrações verticais produzem aquecimento friccional suficiente para fundir os plásticos. Depois de um curto período, geralmente uma fração de segundo, a vibração para. A ponta continua apertando as partes até que o plástico solidifique.

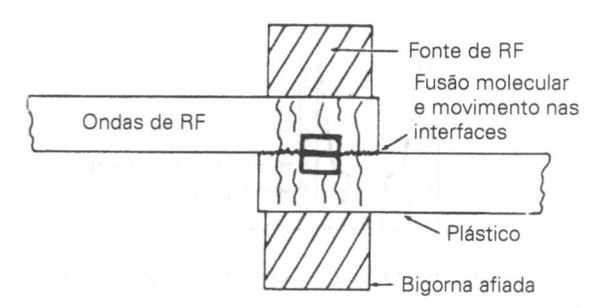

Figura 18-10 – Selagem de aquecimento dielétrico com ondas de frequência de rádio.

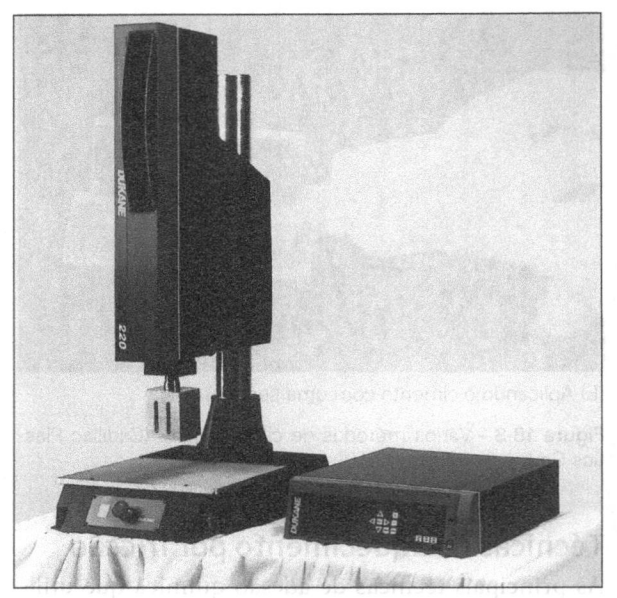

(A) O Millennium, modelo 220, um soldador de ultrassom de 20 kHz com um controlador de processo dinâmico. (Foto de cortesia da Dukane Corporation)

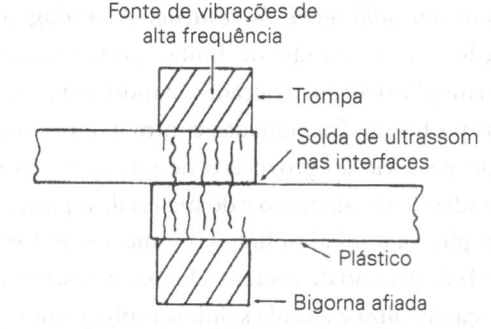

(B) Diretores de energia moldados em itens eliminam o movimento de plástico fundido nas bordas da junta.

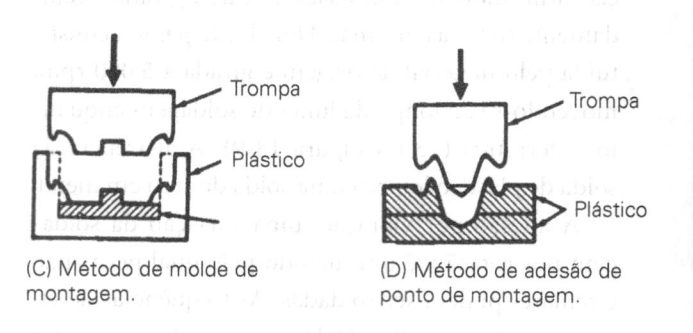

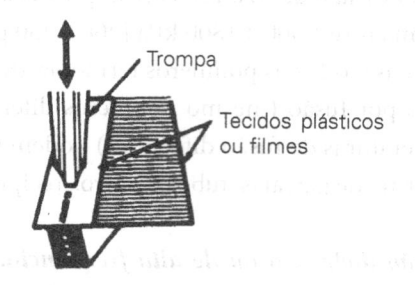

(C) Método de molde de montagem.

(D) Método de adesão de ponto de montagem.

(E) Método de costura de adesão.

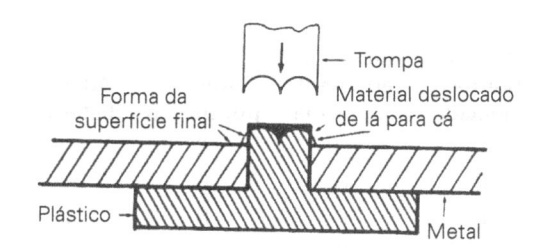

(F) Montagem de metal e plástico pelo método de stake. (Branson Sonic Co.)

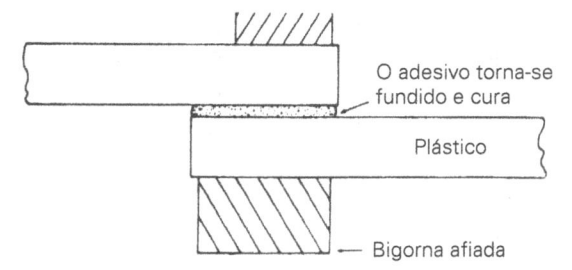

(G) Vibrações de ultrassom fundem e curam os adesivos.

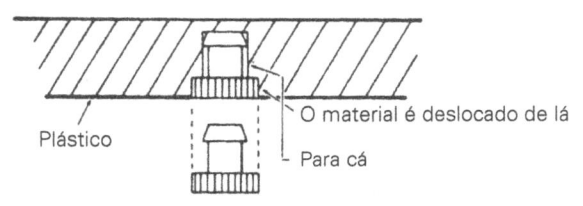

(H) Inserindo um botão de plástico. (Branson Sonic Co.)

Figura 18-11 – Métodos de colagem por ultrassom.

Técnicas ultrassônicas são usadas para derreter os adesivos, solda a ponto, e costurar filmes ou tecidos juntos sem uso de agulha e linha (Figuras 18-11C, 18-11D e 18-11E). Soldas simples podem ser efetuadas entre 0,2 a 0,5 segundos.

Staking é o termo usado para descrever a formação de uma cabeça de travamento por ultrassom ou por ferramenta de aquecimento em um pino de plástico semelhante ao formato de uma cabeça em um rebite de metal (veja a Figura 18-11F). Partes de plástico com esse tipo de protuberância podem ser unidas com essa técnica.

Muitos adesivos podem ser derretidos ou curados por vibrações ultrassônicas (Figura 18-11G). Sistemas ultrassônicos também podem ser usados para cortar tecidos de termoplástico.

Adesão a ponto é um processo utilizado em plásticos acima de 6 mm [0,25 pol] de espessura semelhante à solda a ponto de metais, utilizando-se pontas especialmente projetadas e equipamento de alta potência (Figura 18-11D). Vibrações da ponta penetram a primeira folha, atingindo quase metade da espessura da segunda. Depois, o material derretido flui no espaço entre as folhas. Filmes e tecidos são costurados de maneira semelhante.

Adesão de inserção utiliza frequências ultrassônicas para inserir partes metálicas nas peças plásticas (Figura 18-11H). A ponta é utilizada para guiar o inserto metálico e direcionar as vibrações de alta frequência em um buraco de dimensão menor do que a do inserto. Conforme o plástico derrete, a pressão da ponta força o inserto dentro do buraco. O plástico se acomoda então em volta do inserto quando resfria.

Técnicas de transferência de calor

A adesão química pode também envolver transferência de calor de metais aquecidos ou gases nas partes plásticas. Técnicas comuns incluem adesão por gás aquecido, solda por ferramenta aquecida, adesão por impulso e adesão eletromagnética.

Adesão por gás aquecido. A **solda por gás aquecido** consiste no direcionamento de gás aquecido (geralmente nitrogênio) a temperaturas em torno de 200 °C a 425 °C [400 °F a 800 °F] nas juntas a serem fundidas. A temperatura nas tochas de gás não flamejante é controlada regulando-se o fluxo de gás ou fonte de aquecimento, usando elementos elétricos de aquecimento com nitrogênio ou ar a pressões entre 14 e 28 kPa [2 a 4 psi]. Esse processo é similar ao de solda a chama de metais (Figura 18-12). Hastes de enchimento ou de material semelhante ao plástico de origem são utilizadas na área a ser soldada. A resistência à tração de soldas em relação ao material de origem é superior a 85% (Tabela 18-3). Como em toda técnica de soldagem, as partes precisam ser apropriadamente limpas e preparadas, e juntas de topo precisam ser chanfradas a 60°.

Fixação a quente de pinos. Semelhante à solda por gás aquecido, este método utiliza ar aquecido para amaciar estacas ou pinos que normalmente se estendem por buracos em peças de encaixe. Quando os pinos atingem a temperatura adequada, o ar quente é removido e uma ferramenta de conformação a frio comprime o material fundido na forma desejada, fixando as peças.

Tabela 18-3 – Soldas de plásticos selecionados

Material	Força de adesão, %	Adesão a ponto	*Staking* e inserção	Estampagem	Solda por gás aquecido	Adesão por ferramenta aquecida	Adesão por fricção	Adesão dielétrica
ABS	95–100	E	E	R	E	B	E	—
Acetal	65–70	B	E	P	B	B	B	B
Acrílicos	95–100	B	E	P	E	R	B	B
Butiratos	90–100	B	B–R	B	P	B	B	E
Celulósicos	90–100	B	B–R	B	P	B	B	E
Fenóxi	90–100	B	E	B	B	B	B	B
Poliamidas	90–100	E	E	R–P	B	R	B	B
Policarbonatos	95–100	E	E	B–R	E	B	B	B
Polietileno	90–100	E	E	B	B–P	E	B	—
Poliimida	80–90	R	B	P	B	B	B	B
Polifenileno	95–100	E	B	R–P	B	B	B	B
Polipropileno	90–100	E	E	B	B–P	B	B	—
Polissulfona	95–100	E	E	R	B	R	B	B
Poliestireno	95–100	E	E	R	E	B	E	—
Vinil	40–100	B	B–R	R	R–P	E	E	E

Nota: E – excelente, B – boa, R – regular, P – pobre.

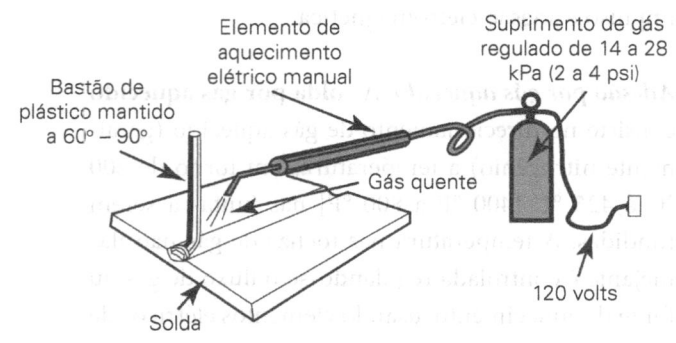

(A) Princípio de soldagem por gás aquecido.

(B) Unidade de soldagem de plástico típica. (Laramy Products Co.)

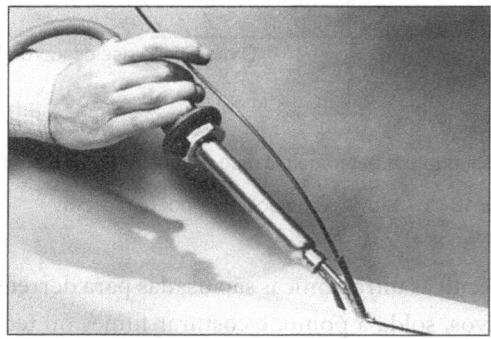

(C) Bastão de enchimento e ponta de soldagem. (Laramy Products Co.)

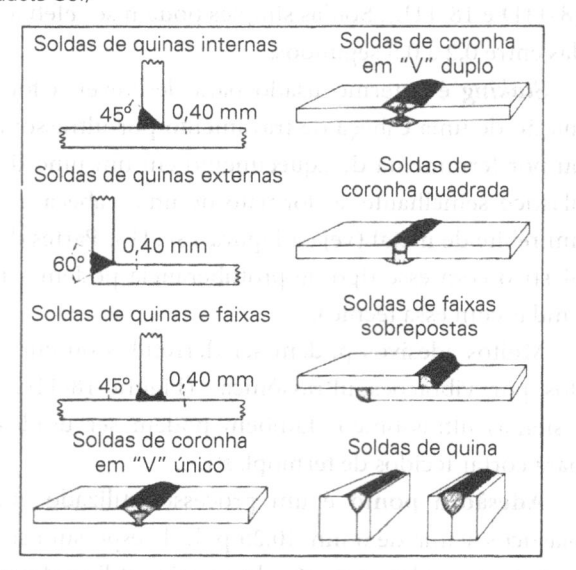

(D) Tipos de juntas produzidos pela soldagem de termoplásticos por gás aquecido. (Modern Plastics Magazine)

Figura 18-12 – Soldagem de plásticos por gás aquecido.

Solda por ferramenta aquecida. Como demonstrado na Figura 18-13, a solda por ferramenta aquecida, também denominada solda de fusão, é um método em que materiais similares são aquecidos e as peças são colocadas em contato durante a fase em que estão derretidas. As áreas derretidas são deixadas para resfriar sob pressão (Figura 18-13A). Aquecedores de fita elétrica, chapas quentes, ferros de solda ou ferramentas especiais de aquecimento são utilizadas para fundir as superfícies plásticas. As superfícies das ferramentas de aquecimento possuem muitas vezes revestimentos de Teflon. Entretanto, o uso de lubrificantes ou outros materiais para prevenir que porções do plástico grudem no metal aquecido não é recomendado porque estes materiais contaminam e enfraquecem a solda.

Tubos e suas conexões podem ser soldados com ferramentas aquecidas, mas um dos mais comuns usos da união por calor é a fusão de filmes (Figura 18-13B). Nem todos os termoplásticos podem ser selados por aquecimento. Neste caso, podem ser revestidos com uma camada de plásticos que podem ser selados por aquecimento. Rolos eletricamente aquecidos, mandíbulas, placas ou bandas metálicas são usadas para derreter e fundir camadas de filmes

Adesão por impulso. A adesão por impulso pode ser descrita como o método de soldagem por ferramenta aquecida que não efetua uso da ferramenta de forma contínua. Um impulso de eletricidade controlado é utilizado para aquecer as ferramentas (Figura 18-14). Filmes plásticos de 0,25 mm [0,01 pol] de espessura são mantidos sob pressão enquanto a ferramenta é rapidamente aquecida e resfriada.

Adesão eletromagnética. A **adesão por indução** é uma técnica eletromagnética usada para unir peças termoplásticas, embora não possam ser aquecidas diretamente por indução. O calor é produzido por

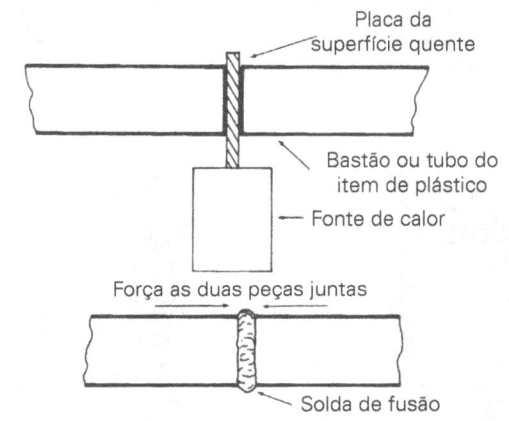

(A) Colagem por ferramenta aquecida de itens de plástico por soldagem de fusão.

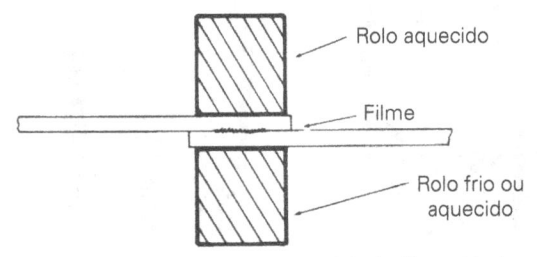

(B) Colagem por ferramenta aquecida de filme plástico usando rolos.

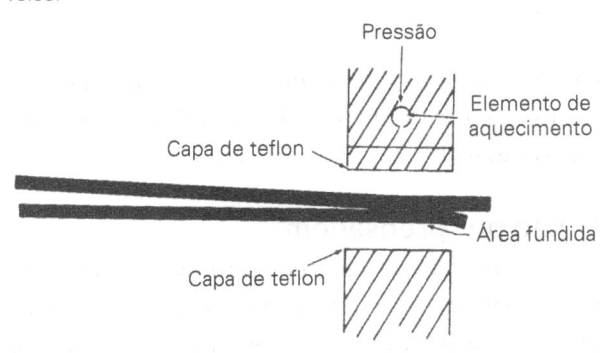

(C) Colagem por ferramenta aquecida de filme plástico usando prensa.

Figura 18-13 – Colagem de plástico por ferramenta aquecida.

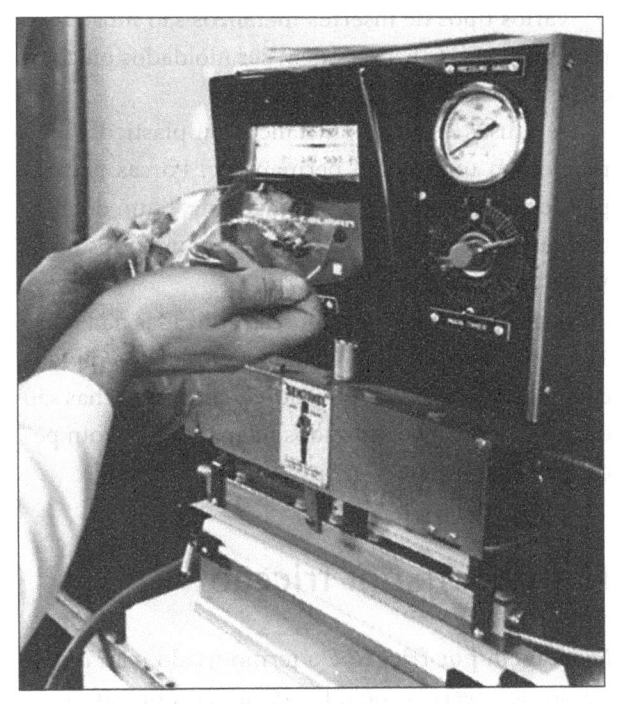

Figura 18-14 – Uma máquina de colagem por impulso sendo usada para colar filme.

um gerador de indução com potência variando entre 1 e 5 kW e frequências entre 4 e 47 MHz. Pós metálicos (óxido de ferro, aço, ferritas, grafite) ou insertos devem ser colocados entre as juntas plásticas. Quando excitados pela fonte de indução de alta frequência, os materiais metálicos tornam-se quentes e derretem nas proximidades do material plástico. Os insertos metálicos ou pós permanecem dentro da solda após o término do processo. Somente uns poucos segundos e uma pequena quantidade de pressão são necessários para este rápido método de soldagem (Figura 18-15).

A bobina de indução precisa estar o mais próximo possível da junta para que a solda seja rápida. Para efetuar o alinhamento das peças, ferramentas não metálicas devem ser usadas.

Fixação mecânica

Há uma grande variedade de fixadores mecânicos que podem ser utilizados com plásticos. Parafusos autobrocantes são usados se os fixadores não precisarem ser removidos frequentemente. Entretanto, quando são necessárias desmontagens posteriores das peças, insertos metálicos com rosca são colocados dentro das peças plásticas.

Vários tipos de insertos metálicos são mostrados na Figura 18-16. Estes podem ser moldados ou colocados na peça depois da moldagem.

Parafusos e rebites (metálicos ou plásticos) proporcionam uma união permanente. Porcas padrão, parafusos e roscas feitos por máquina, tanto de plástico quanto metálicas, são usados em métodos de fixação comuns (Figura 18-17).

A mola de fixação e as porcas utilizadas na Figura 18-18 são exemplos de fixadores mecânicos rápidos e baratos. Dobradiças, puxadores, clipes e buchas são outros dispositivos utilizados na montagem com peças plásticas.

Montagem por fricção

Montagem por fricção é o termo usado para a descrição de diversos métodos de união por compressão. Os mais comuns são a união por prensagem, por

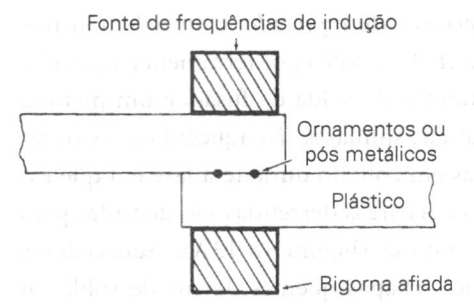

Figura 18-15 – Técnica eletromagnética de soldagem por indução.

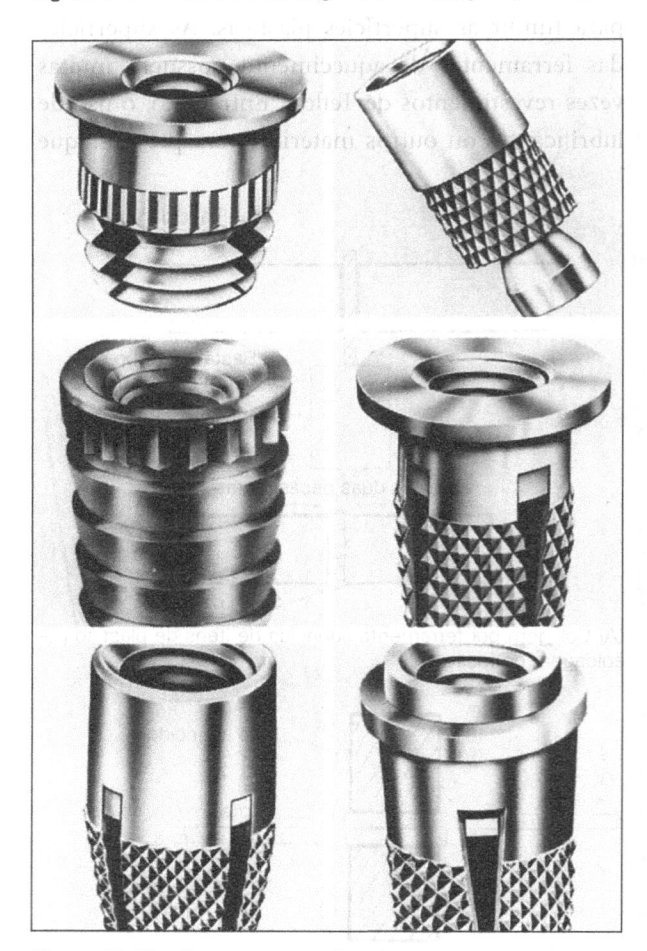

Figura 18-16 – Ornamentos projetados para uso em plásticos são instalados rapidamente e facilmente após a moldagem. (Emhart Teknologies/Dodge)

encaixe e por encolhimento. Essas técnicas podem ser usadas para unir matérias semelhantes ou não, sem o uso de fixadores mecânicos.

União por prensagem

A união por prensagem pode ser usada para inserir partes metálicas ou plásticas em outros componentes plásticos. As partes precisam ser unidas enquanto os plásticos ainda estiverem quentes. Quando um eixo é pressionado contra um rolamento ou manga, tanto

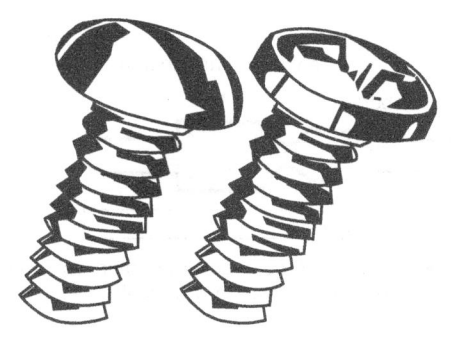

(A) Roscas feitas por máquina (autobrocantes) projetadas para plásticos duros. (Parker-Kalon Fasteners Co.)

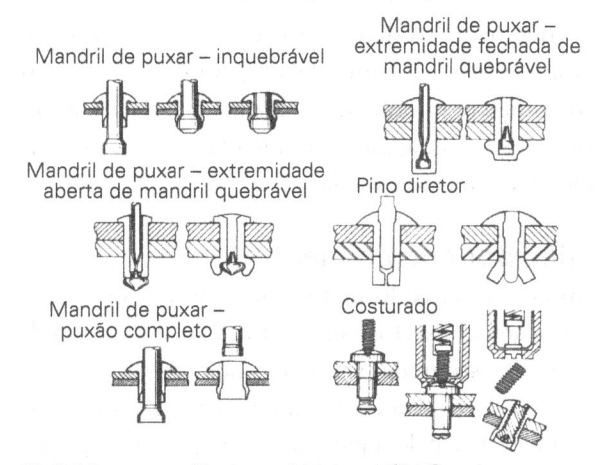

(B) Rebites cegos (Fastener Division, USM Corp.)

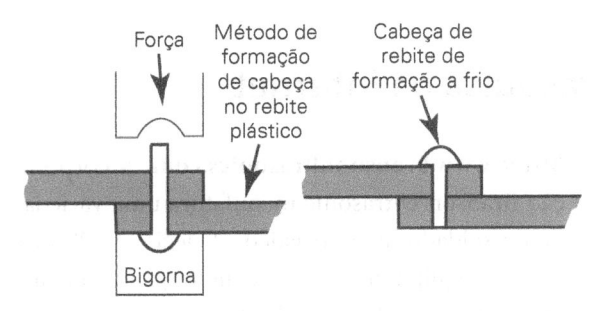

(C) Formação a frio de rebites plásticos. Cabeças podem ser formadas por meios mecânicos ou explosivos.

Figura 18-17 – Alguns métodos de montagem.

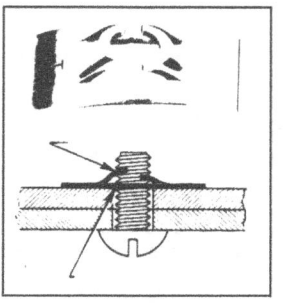

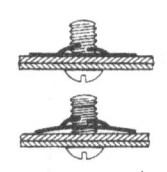

A contraporca de costura única, que é aplicada rapidamente, fecha por um aperto de dente curvado quando o pino ou o parafuso é apertado

(A) Contraporca de costura única (Cortesia de Tinnerman Palnut Engineered Products, LLC)

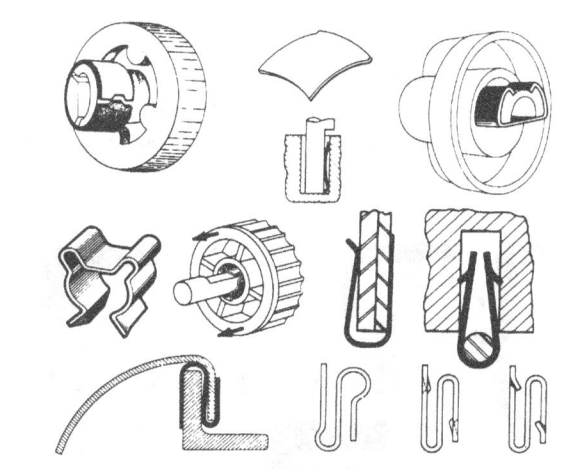

(B) Prendedores mecânicos e dispositivos para montagem de itens plásticos.

Figura 18-18 – Prendedores mecânicos baratos.

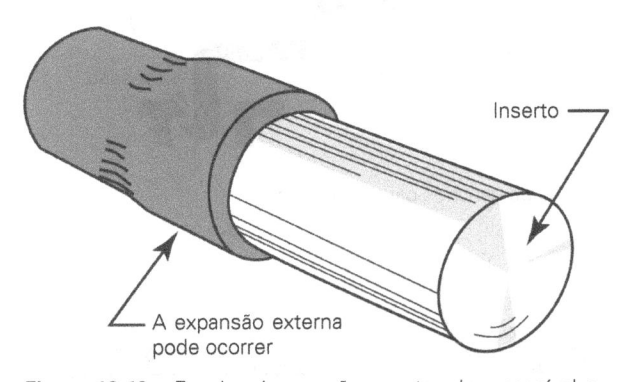

Figura 18-19 – Encaixe de pressão, mostrando a possível expansão de diâmetro externo dos itens de plástico.

o diâmetro interno como o lado externo podem ser expandidos (Figura 18-19).

A diferença entre a união por prensagem e a por encaixe é a quantidade de força necessária no processo.

União por encaixe

A união por encaixe é um método de montagem na qual as partes são encaixadas. Os plásticos são encaixados em fendas, chanfros ou anéis de retenção. Alguns exemplos de união por encaixe são os fechos simples ou travas em caixas de plástico, ou as capas e lentes em diversas peças, como nas peças automotivas, capas de lâmpadas de flash e painéis de instrumentos (Figura 18-20).

Tanto na união por encaixe como na por prensagem, uma das duas peças tem dimensões menores do que a outra para que ambas não se encaixem sem a aplicação de algum esforço. A diferença intencional entre as dimensões destas duas partes é denominada **afastamento** ou **abono**. Um afastamento negativo é

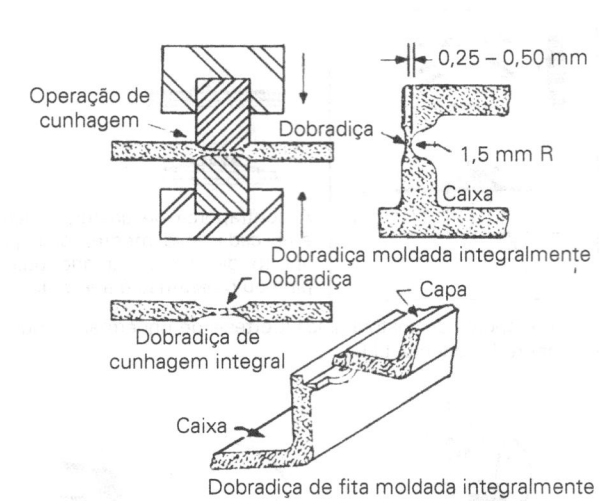

(A) Exemplos de dobradiças moldadas integralmente e em espiral.

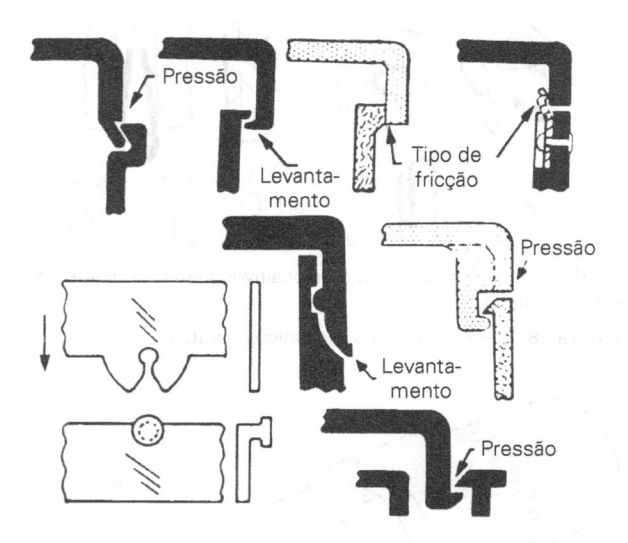

(B) Tipos de ganchos para recipientes.

(C) Dois exemplos de encaixe de envelope.

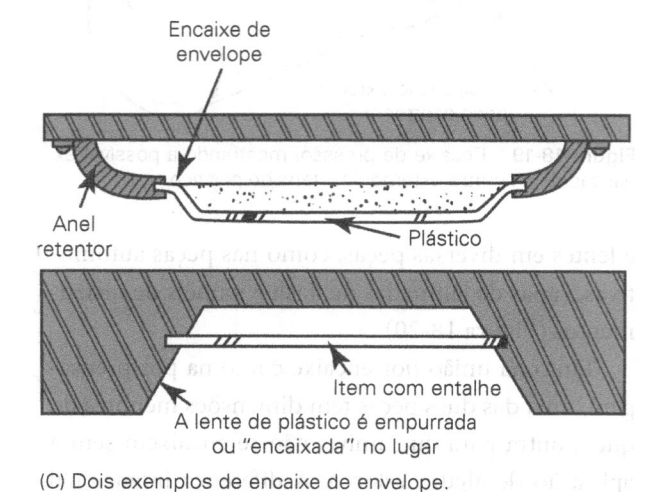

Figura 18-20 – Métodos de montagem usando encaixe de envelope e técnicas de dobradiça integral.

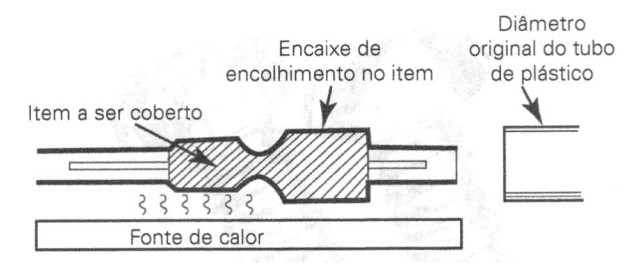

Figura 18-21 – Encaixe de encolhimento em tubo de plástico sobre item eletrônico. Observe o tamanho do tubo antes do aquecimento.

denominado **interferência**, uma característica necessária para um encaixe justo. As variações de dimensões que ocorrem de modo não intencional, porém, que ainda estejam dentro de um padrão aceitável, são denominadas **tolerâncias**. As dimensões aceitáveis, máxima e mínima, são denominadas *limites*. Estes limites definem a tolerância.

União por encolhimento

A **união por encolhimento** refere-se ao processo de colocação de insertos nos plásticos logo após a moldagem e resfriamento dos mesmos (Figura 18-21). Também se refere à colocação de partes plásticas sobre substratos, pelo aquecimento do plástico e posterior encolhimento ao seu formato original.

Pesquisa na internet

- **http://www.bransonultrasonics.com.** A corporação Branson Ultrasonic manufatura uma variedade de soldadoras de plásticos. Selecione "Plastics joining equipment and technology" na página inicial. Depois, clique em "Information" e após em "How Technologies Work." Essa seção inclui demonstrações em vídeo como: utilização de laser, soldagem ultrassônica, vibração linear, vibração orbital, solda por chapa quente e solda de rotação.
- **http://www.dukcorp.com.** Na homepage da empresa Dukane, selecione "Intelligent Assembly Solutions". Então, em "Process", selecione um dos processos. Há desenhos e descrições disponíveis sobre o processo de solda ultrassônica, solda a *laser*, solda vibracional, solda de rotação, solda por chapa quente e fixação a quente de pinos.
- **http://www.laramyplasticwelders.com.** A Laramy Products, LLC., disponibiliza manuais de equipamentos de solda a gás aquecido para plásticos.

- **http://www.lord.com.** A companhia Lord fabrica adesivos e revestimentos. Na página inicial selecione "Adhesives Coatings". Então, selecionando "Automotive Assembly" haverá a disponibilização de informações de vários adesivos formulados especialmente para colar compósitos e metais.

Diversas empresas fabricam insertos para plásticos. Os formatos mudam dependendo do método de inserção. Os métodos mais comuns são o de moldagem com o inserto dentro, prensagem do inserto, autoencaixe, inserção ultrassônica ou térmica. Alguns produtores são listados a seguir:
- **http://www.emhart.com**
- **http://www.yardleyproducts.com**
- **http://www.tristar-inserts.com**

Vocabulário

As palavras a seguir são encontradas neste capítulo. Consulte o glossário no Apêndice A para encontrar as definições destas palavras, caso você não compreenda como elas se aplicam aos plásticos.

Aderentes
Adesão a ponto
Adesão de inserção
Adesão por indução
Adesão química (ou específica)
Afastamento (ou abono)
Álcool de polivinila
Cianoacrilato
Coesivo
Cola
Fenol-formaldeído
Interferência
Monômeros de ancoragem
Montagem por fricção
Resina epóxi
Resorcinol-formaldeído
Solventes de ancoragem
Soldagem de rotação
Solda por gás aquecido
Solda ultrassônica
Solventes de dopagem
Staking
Polivinil acetato
Polivinil butirato
Polivinil formol
União por encolhimento
Tolerâncias

Questões

18-1. Identifique o tipo de adesão criado quando materiais se juntam com ocorrência de entrelaçamento de moléculas.

18-2. Cite um processo de solda para plásticos semelhante à solda ponto dos metais.

18-3. Um _____ fator de dissipação é essencial para a solda dielétrica ou de alta frequência.

18-4. O processo que utilize vibração de alta frequência é denominado _____ .

18-5. O porcentual de força de ligação para solda a gás aquecido do polietileno é _____ .

18-6. Dê o nome do método de solda por fricção para peças circulares de termoplásticos.

18-7. Liste três solventes utilizados no processo de adesão por solvente de plásticos acrílicos.

18-8. Qual dos solventes da Tabela 18-2 evaporará com maior velocidade?

18-9. A mistura composta por solvente e uma pequena quantidade dos plásticos a serem aderidos é denominada _____.

18-10. Cite o termo utilizado para descrever a formação por ultrassom de uma protuberância em vigas de plástico.

18-11. A inserção é uma técnica de qual método de adesão?

18-12. Qual método de adesão pode ser utilizado em embalagem de carne no açougue de um supermercado?

18-13. Dê o nome de dois plásticos frequentemente soldados pelo método do gás aquecido.

18-14. Dê o nome do processo de adesão no qual o filme plástico é rapidamente aquecido e resfriado pelo cabeçote do equipamento.

18-15. Liste duas vantagens da adesão por impulso.

18-16. Denomine as quatro maneiras básicas de adesão de peças plásticas.

18-17. Solventes ou blendas de solventes que fundem junções plásticas selecionadas são denominados _____.

18-18. Em qual dos quatro métodos básicos de adesão a solda de rotação se enquadra?

18-19. Na _____, os materiais termoplásticos são amolecidos por um jato de gás quente.

18-20. Identifique o método de adesão usualmente utilizado em filmes e tecidos.

18-21. Termoplásticos com fatores _____ como o ABS podem ser selados por solda dielétrica.

18-22. Na _____, a alta frequência promove a aceleração do movimento das moléculas provocando a fusão do plástico.

18-23. Adesivos termofixos são _____ na maior parte dos solventes, uma vez que estejam curados.

18-24. Na adesão por solvente, a evaporação do _____ pode causar fissuras de tensão.

18-25. A preparação das superfícies na solda de termoplásticos é semelhante a _____.

18-26. Uma variedade de _____ podem ser utilizadas na adesão de termoplásticos, incluindo ferros de solda, resistências elétricas de fita e chapas quentes.

18-27. Um tipo especial de porca funcionando como furo com rosca é denominado _____.

18-28. Em razão dos materiais _____ serem tão frágeis para que parafusos atarrachantes possam ser usados, os do tipo meia-rosca devem ser usados.

18-29. Diga um gás que pode ser usado no método da solda aquecida.

Atividades

Adesão por solvente

Introdução. O método de adesão por solvente pode ser efetuado sem complicações, porém sua análise não é tão fácil. O teste de tração para a adesão por solvente frequentemente resulta na fratura do substrato e não de suas soldas. O teste de cisalhamento pode ser aplicado sem problemas quando as amostras são devidamente preparadas. Para manter a área de adesão uniforme, é recomendado um suporte.

Equipamentos. Placa de acrílico com 6 mm [1/4 pol] de espessura, acetona, conta gotas, máquina universal de testes e serra.

Procedimento

18-1. Utilize um suporte de alumínio semelhante ao mostrado na Figura 18-22. Esse suporte é projetado para peças de acrílico com 6 mm [0,25 pol] de espessura, 25 mm [1 pol] de largura e aproximadamente 400 mm [16 pol] de comprimento.

Figura 18-22 – Acessório de alumínio alinhando três fitas de acrílico para colar amostras de teste.

18-2. Depois de cortar as peças de acrílico com 25 mm [1 pol] de espessura, retire as rebarbas e fixe-as no suporte, uma a uma. Aplique acetona na superfície da primeira peça e, então, coloque a segunda peça de acrílico no suporte. Novamente, espalhe a acetona na superfície desta segunda peça antes de posicionar no suporte a terceira peça. Assegure-se de que as peças estejam firmemente fixadas no suporte e então coloque um peso sobre a última peça.

Figura 18-23 – Corte de amostra colada em tamanho para teste.

18-3. Deixe o solvente evaporar por 24 horas e então recorte as peças fixadas em pedaços com 25 mm [1 pol] de comprimento (veja a Figura 18-23). Meça cuidadosamente para determinar a área aderida.
18-4. Ajuste o equipamento para teste de compressão.
18-5. As peças podem romper durante o teste, então, para segurança do operador e dos observadores, posicione uma proteção em volta da amostra. Uma lata com fundo removido pode servir para este propósito, basta pendurá-la na placa de compressão superior ou simplesmente em cima do suporte do equipamento.
18-6. A amostra da Figura 18-23 possui uma área de adesão de 450 mm² [0,75 pol²] em cada lado, ou seja, um total de 900 mm² [1,5 pol²]. Essa área necessita de uma força considerável para provocar ruptura. Assegure-se de que a célula de carga do equipamento universal possua capacidade suficiente para o teste.
18-7. Efetue o teste a baixa velocidade, em torno de 5 mm/min [0,2 pol/min]. Se as "pernas" da amostra possuírem a mesma altura e as áreas aderidas forem iguais, as soldas devem romper simultaneamente. Se o teste for bem-sucedido, ambas as soldas devem romper-se produzindo três pedaços sem fratura. As soldas na amostra demonstrada romperam a 16,5 MPa [2400 psi].

Atividades adicionais
a. Compare a força das juntas aderidas por solvente utilizando diferentes adesivos.
b. Alguns adesivos envolvem tanto forças coesivas quanto adesão mecânica. Aplique adesivo de contato em ambas as superfícies e aguarde que endureça. Quando as duas superfícies forem pressionadas uma contra a outra, a adesão resultante possuirá ligações coesivas entre as duas superfícies e também adesão mecânica entre o adesivo e o aderente. Um posterior exame cuidadoso deve indicar se ocorreu ruptura mecânica ou no adesivo.
c. Compare as ligações do solvente e do adesivo para as juntas efetuadas utilizando fita adesiva de dupla face.

Solda de rotação

Na solda de rotação, o calor gerado por fricção amolece as duas superfícies, permitindo que haja entrelaçamento molecular. Quando as áreas aquecidas resfriam, as ligações ganham considerável força.

Equipamentos. Placas acrílicas, haste ou tubo acrílico de 12 mm [0,5 pol] de diâmetro ou menor, furadeira de bancada e suportes de alinhamento de teste de tração.

Procedimento
18-1. Corte quadrados de 25 a 30 mm² da placa de acrílico.
18-2. Corte peças de 60 a 75 mm de comprimento do bastão ou cilindro de acrílico. Estas peças devem ser longas o suficiente para serem acopladas ao mandril da furadeira de bancada e encaixar nas garras do teste de tração. A Figura 18-24 mostra os materiais prontos para a solda de rotação.
18-3. Acople o bastão no mandril da furadeira de bancada. Com a furadeira ligada, pressione o bastão girante contra o quadrado de acrílico. Quando o calor gerado pelo atrito tiver amolecido a superfície acrílica, desligue a furadeira. Mantenha o bastão pressionado contra o quadrado até que este comece a resfriar.
18-4. Para efetuar o teste de tração da solda, um conjunto com os bastões posicionados opostos um ao outro deve ser montado. Para posicionar o segundo bastão no conjunto, faça um suporte metálico simples que contenha um buraco com diâmetro pouco maior do que o dos bastões. Coloque o segundo bastão

no mandril da furadeira e posicione o primeiro bastão soldado no quadrado no suporte (como visto na Figura 18-25) e proceda a solda de rotação do conjunto.

18-5. Efetue o teste de tração com o conjunto montado. Pode ser necessário acoplar o adaptador tipo "V" nas garras do equipamento universal. A amostra da Figura 18-25 rompeu a 4,7 MPa [684 psi].

18-6. Determine a combinação das variáveis do processo (rpm, pressão e tempo) que resultam nas maiores forças de adesão.

Adesão por impulso

Introdução. O selo ou junção por calor gera uma ligação térmica entre duas ou mais camadas de filme termoplástico. A adesão por impulso utiliza ferramentas que ficam aquecidas apenas durante o ciclo de adesão, ou seja, um aquecimento rápido seguido por resfriamento do material. Borracha de silicone, PTFE e outros agentes antiaderentes são utilizados para evitar que os plásticos aquecidos grudem na ferramenta de aquecimento. Este método é comum na indústria de embalagem, pois é frequentemente utilizado em materiais que não permanecerão unidos, a menos que sejam mantidos unidos enquanto resfriam.

Equipamento. Equipamento de adesão por impulso e sacos de sanduíche.

Procedimento

18-1. Cuidadosamente, examine o saco de sanduíche para checar se é feito de material laminado ou se foi obtido de um filme único (p. ex., por sopro).

18-2. Recorte as costuras do saco.

18-3. Reúna novamente as costuras e ajuste o tempo de ciclo e a corrente do equipamento de forma a obter uma boa solda e um corte preciso. Os elementos de corte da máquina geralmente são revestidos por PTFE. Procure por rachaduras ou fissuras nesse revestimento para que o corte não seja afetado.

18-4. A ferramenta de corte deve descer no centro da zona de solda. A operação pode não se completar caso o corte ocorra muito perto da borda.

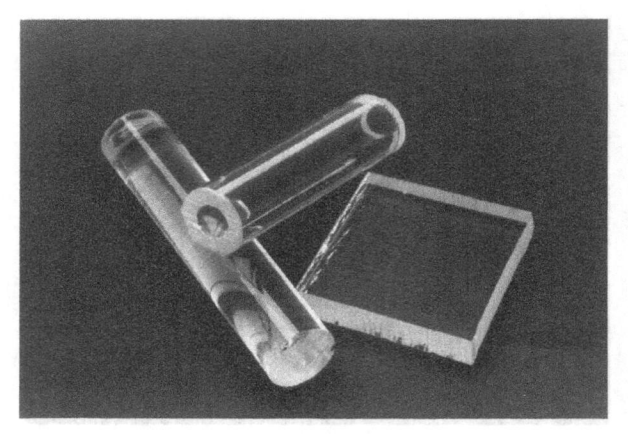

Figura 18-24 – Amostra de material para soldagem rotatória.

Figura 18-25 – Acessório para alinhar o segundo bastão.

18-5. Um revestimento danificado no elemento de aquecimento resultará em um corte mal feito ou em uma adesão ineficiente.

Solda por gás aquecido

Introdução. A solda por gás aquecido geralmente é utilizada para unir materiais termoplásticos com espessura superior a 1 mm. O gás quente derrete os plásticos, que se fundem. Para alguns materiais, é adequado o uso de ar quente, porém, para outros, o uso de nitrogênio é essencial para prevenir a oxidação e obter soldas mais fortes. Na Tabela 18-4 estão listadas temperaturas, gases e ângulos de solda para alguns plásticos.

Há quatro variáveis importantes a considerar quando se efetua uma solda por gás aquecido:

1. Temperatura do gás
2. Pressão do gás

Tabela 18-4 – Dados de solda de termoplásticos

	Temperatura de solda, °C	Gás de solda	Força da solda de topo, %	Ângulo de solda, graus
ABS	175–200	Nitrogênio	50–85	60
Acrílico	315–345	Ar	75–85	90
Polieter clorado	315–345	Ar	65–90	90
Fluorocarbonados	285–345	Ar	85–90	90
Policarbonato	315–345	Nitrogênio	65–85	90
Polietileno	285–315	Nitrogênio	50–80	60
Polipropileno	285–315	Nitrogênio	65–90	60
Poliestireno	175–400	Ar	50–80	60
PVC	260–285	Ar	75–90	90

3. Vareta de solda e ângulo da alimentação do gás
4. Velocidade de alimentação

Equipamento. Peça de 2 × 20 × 100 mm do material, vareta de solda do mesmo material e o aparelho de solda por gás aquecido.

Procedimento

18-1. Cubra a mesa com material resistente a temperatura.

18-2. Escolha um plástico e determine os parâmetros de operação a partir da Tabela 18-4.

18-3. O suprimento de gás deve estar em torno de 25 kPa [3,6 psi]. O volume de gás passando pelo elemento de aquecimento determinará sua temperatura. Não acople a unidade de aquecimento até que o gás esteja fluindo pela tocha.

18-4. Verifique a temperatura do gás.

18-5. Mantenha a ponta de soldagem em torno de 6 mm [1/4 pol] longe do termômetro para medir a temperatura do gás.

Figura 18-26 – Luva ejetora com bastão saliente para posicionar o inserto costurado.

18-6. Direcione em torno de 60% do calor para as peças de plástico e 40% para a vareta de solda. Uma vez que o plástico tenha derretido, pressione levemente a vareta de solda no local a ser soldado.

18-7. No final da solda, continue mantendo uma leve pressão na vareta de solda até que se resfrie.

18-8. Corte a vareta de solda.

18-9. Efetue diversas soldas antes de desligar o aparelho de solda.

18-10. Efetue os testes de tração e compare os resultados com os dados da Tabela 18-4.

Insertos com rosca em moldados

Introdução. Insertos com rosca possuem vasta aplicação em peças plásticas. Há diversos fabricantes de insertos, disponíveis em diferentes comprimentos, diâmetros e passos de rosca. A força de fixação de um inserto depende do plástico que o acomoda, da temperatura do inserto durante a moldagem, assim como de outras condições no processo de moldagem por injeção. Para examinar sistematicamente os efeitos da variação das condições em processo sobre diferentes materiais, é necessário preparar os equipamentos para moldagem e análise.

Equipamento. Máquina de moldagem por injeção, molde para acomodação e fixação dos insertos, suporte de teste, amostras de plástico e insertos com rosca.

Procedimento

18-1. Prepare um molde de injeção simples. A remoção da peça do molde pode ser um problema, assim, uma solução pode ser o uso de um pino ejetor, como o da Figura 18-26. Para evitar que o plástico de alguma forma penetre na cavidade interna do inserto, o pino projetado a partir da manga do ejetor possui um diâmetro idêntico ao menor diâmetro da rosca do inserto de bronze, assim como também ambos os comprimentos são idênticos. Durante a ejeção, o ejetor pressiona o inserto, empurrando a peça para fora do molde. A Figura 18-27 mostra um inserto no pino dentro da cavidade do molde. Note o dano causado na face do molde quando um inserto cai do pino durante o fechamento do molde (Figuras 18-26 e 18-27)

18-2. A peça finalizada é demonstrada na Figura 18-28. Para ensaiar o inserto, há a necessidade de uso de um suporte para acoplá-lo ao equipamento de teste, como o da Figura 18-29. O furo no suporte é largo o suficiente para permitir que o inserto passe por ele sem ficar retido. A Figura 18-30 mostra o conjunto pronto para ser acoplado ao equipamento de testes universal. O eixo com rosca será afixado ao mordente superior do equipamento, e o suporte ao inferior.

18-3. Determine as condições de moldagem, os materiais a serem testados e obtenha um conjunto de peças.

18-4. Aguarde pelo menos 40 horas para as partes estabilizarem antes dos ensaios.

18-5. Calcule as médias e os desvios padrão para determinar a magnitude relativa dos efeitos.

Figura 18-28 – Uma amostra aparada.

Figura 18-29 – Acessório de manutenção para testar insertos costurados.

Figura 18-27 – Inserto no molde em pino ejetor.

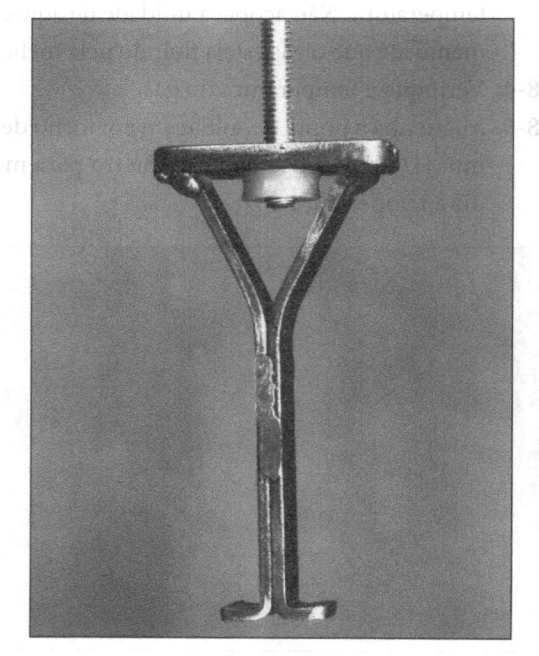

Figura 18-30 – Amostra posicionada no acessório, pronta para o carregamento em testador elástico.

Capítulo 19

Processos de decoração

Introdução

Neste capítulo você vai aprender que plásticos podem ser decorados pelas mesmas razões que tecido, cerâmica, metais e outros materiais, utilizando processos muito semelhantes.

Uma variedade de processos de decoração é usada na produção de peças de plástico. A decoração pode ser realizada durante a moldagem ou logo após, ou até mesmo antes da embalagem e montagem final. A maneira mais barata de produzir padrões decorativos no produto é incluí-los diretamente na cavidade do molde. Estes padrões podem ser texturas, contornos de relevo, cavidades ou mensagens informativas como as marcas comerciais, números de patentes, símbolos, letras, números ou direções.

Gravação em relevo ou *texturização* de *hot melts* pode ser classificada como um tipo de moldagem rotativa. A maioria das folhas ou filmes de termoplásticos é gravada em relevo a partir de um rolo de composição ou passando entre rolos tipo macho e fêmea. Para alcançar os padrões desejados, deve haver um equilíbrio entre a pressão do rolo, fornecimento de calor e resfriamento subsequentes. Alguns polivinis e poliuretanos são gravados utilizando uma forma de papel texturizado. Depois que o polímero resfria ou cura, o papel é removido, deixando para trás o padrão de sua textura.

Ao decorar itens de plásticos no molde ou fora dele, o tratamento da superfície e sua limpeza são de importância vital. Não somente os moldes devem estar limpos e isentos de marcas, mas os itens a serem moldados devem ser adequadamente preparados para garantir bons resultados na decoração. A **névoa** (*blushing*) é o tipo de problema que ocorre quando se efetua a aplicação de revestimentos sobre itens que não foram adequadamente secos para eliminar a umidade superficial. Fissuração é o aparecimento de pequenas rachaduras no plástico, podendo ocorrer por causa da ação do solvente ao longo de linhas de tensão no plástico moldado. As **fissuras** (*crazing*) podem ocorrer sobre ou sob a superfície do plástico ou até mesmo estender-se pelas camadas do material.

O problema pode ser resolvido alterando o *design* do molde para minimizar as regiões de tensão.

As superfícies dos plásticos devem estar perfeitamente limpas antes da etapa de decoração. Todos os vestígios da desmoldagem, lubrificantes e plastificantes devem ser removidos. Peças de plástico podem se tornar eletrostaticamente carregadas, atrair poeira e impedir a aplicação dos revestimentos. Solventes ou agentes eliminadores de eletricidade estática podem ser usados para limpar e preparar artigos plásticos para decoração.

Poliolefinas, poliacetais e poliamidas devem ser tratadas por um dos métodos descritos a seguir para garantir aderência satisfatória da decoração.

Tratamento de chama consiste na passagem da peça por meio de uma chama oxidante quente, entre 1.100 °C a 2.800 °C [2.012 °F a 5.072 °F]. Esta exposição momentânea à chama não causa deformação nos plásticos, apenas torna sua superfície receptiva aos métodos de decoração.

Tratamento químico consiste em submergir a peça (ou partes da peça) em um banho de ácido.

Nos poliacetais e polímeros de polimetilpenteno, o banho desgasta a superfície, tornando-os receptivos para decoração. Para muitos termoplásticos, usa-se a imersão em solventes ou a ação de seus vapores como tratamento de desgaste da superfície.

Descarga corona é um processo em que a superfície dos plásticos é oxidada por uma descarga de elétrons (efeito corona). A peça ou filme são oxidados ao passar entre dois eletrodos de descarga.

No **tratamento por plasma,** os plásticos são submetidos a uma descarga elétrica em uma câmara de vácuo fechada. Átomos na superfície dos plásticos são fisicamente alterados e rearranjados, tornando as características de aderência excelentes.

Os nove tratamentos de decoração mais amplamente utilizados para plásticos estão incluídos na estrutura de tópicos do capítulo, e são listados a seguir:

I. Coloração
II. Pintura
   A. Pintura por *spray*
   B. Pintura eletrostática
   C. Pintura por imersão
   D. Pintura utilizando tela vazada
   E. Marcação por preenchimento
   F. Revestimento por rolo
III. *Hot stamping*
IV. Galvanização
V. Gravação
VI. Impressão
VII. Decoração dentro do molde
VIII. Decoração por transferência de calor
IX. Diversos outros métodos de decoração e acabamento

Coloração

A coloração de plásticos consiste em misturar pigmentos de baixo custo a resina base. Nesse método, obter exatamente a cor desejada não é uma tarefa fácil, pois mesmo lotes sucessivos de plástico da mesma cor podem sofrer variações. Os produtores de resinas plásticas coloridas recomendam que se mantenha um bom estoque de material, ou que se dê preferência ao uso de cores padrão. Componentes de plástico de um mesmo produto podem ser produzidos em diferentes plantas e em momentos distintos, o que torna necessária a adoção criteriosa de padrões de cor a serem seguidos. Plastificantes, cargas e até o processo de moldagem podem afetar a cor do produto final.

Corantes em pó, pastas concentradas, pigmentos orgânicos e partículas metálicas são produtos geralmente misturados com resina, utilizando misturadores tipo Banbury, misturadores de dois rolos ou misturadores contínuos. Em seguida, a resina colorida pode ser fundida ou extrudada. Corantes com solvente de base química ou de base de água tem sido utilizados com sucesso em muitos plásticos, em razão de sua facilidade de aplicação. O procedimento consiste em simplesmente mergulhar as peças no banho de corante e usar ar para secagem. Três vantagens e desvantagens do processo de decoração por coloração decoração são listadas a seguir:

Vantagens de colorir plásticos

1. O controle de coloração na resina é melhor na produção em massa.
2. O tingimento é menos oneroso para pequenas tiragens.
3. O tingimento de superfícies é melhor para lentes.

Desvantagens de colorir plásticos

1. Algumas cores são difíceis de produzir e combinar exatamente com o padrão desejado.
2. Pode haver migração ou variação de cor em peças com espessuras desiguais.
3. A mistura de pigmentos na resina tem um custo maior para pequenas tiragens.

Pintura

A pintura de plásticos é uma forma popular e de baixo custo para decorar peças e fornecer flexibilidade quanto ao *design* e cores do produto. Plásticos transparentes, claros ou translúcidos podem ser pintados em suas partes de trás, para obter impressionantes efeitos de contraste ou aparência que não são possíveis de obter por outros métodos. Os seis métodos de pintura usados na decoração plásticos incluem:

1. Pintura por spray
2. Pintura eletrostática
3. Pintura por imersão

4. Pintura utilizando tela vazada
5. Marcação por preenchimento
6. Revestimento por rolo

Os sistemas que usam solventes ou que sofrem cura, utilizados para a pintura, devem ser escolhidos e controlados com cuidado. Como regra geral, plásticos termofixos são menos sujeitos a problemas de inchaço, desgaste, fissuração e ação de solventes. A temperatura pode ser um fator limitante para a cura de tintas em muitos plásticos. Em alguns casos, a radiação tem sido usada para curar revestimentos em plásticos (Veja o Capítulo 20).

Pintura por spray

O método mais versátil e frequentemente utilizado para decoração de artigos plásticos de todos os tamanhos é a pintura por *spray*. É um método de baixo custo e de rápida aplicação de revestimentos. As pistolas utilizam pressão (ou pressão hidráulica da própria tinta) para atomizar a tinta.

O mascaramento é uma operação necessária quando não se deseja que determinadas áreas da peça sejam pintadas. Pode ser feito com fita adesiva, folhas de papel ou até formas de metais que são mais duráveis, dependendo de cada aplicação. Máscaras de polivinil álcool também podem ser pulverizadas sobre determinadas áreas da peça e mais tarde removidas por decapagem ou solventes. Máscaras eletroformadas de metais são preferidas em alguns casos, porque são duráveis e conformam-se nos contornos do item. Quatro tipos básicos de máscaras eletroformadas são mostrados na Figura 19-1.

Pintura eletrostática

Em pintura eletrostática (também conhecida como *spray* eletrostático), o primeiro passo é o tratamento da superfície dos plásticos para receber uma carga elétrica. Em seguida, a superfície recebe uma tinta atomizada que possui carga oposta. A pintura pode ser atomizada por ar, pressão hidráulica ou força centrífuga (Figura 19-2). Quase 95% de tinta atomizada é atraída para a superfície carregada, o que torna o método uma maneira altamente eficiente de aplicação da pintura. No entanto, cantos estreitos são difíceis de cobrir e máscaras de metais não são práticas neste método. Caso seja utilizado o pó plástico, o substrato revestido deve ser colocado em um forno para fundir o pó ao produto. Não há nenhum solvente liberado durante a aplicação ou no processo de cura. Entrentanto, o produto deve ser capaz de suportar as temperaturas necessárias para cura.

Pintura por imersão

A pintura por imersão (Figura 19-3) é bastante útil quando for desejada apenas uma cor ou uma pintura de base. Um revestimento uniforme só é obtido

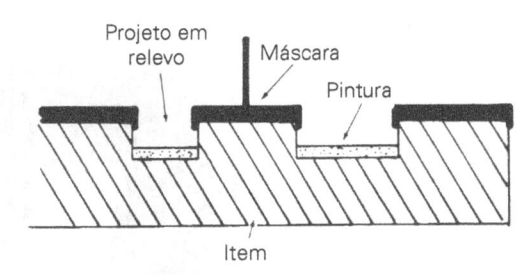

(A) Máscara de aba em projeto em relevo.

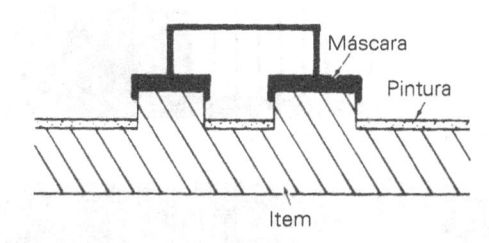

(B) Máscara de tampa em projeto elevado.

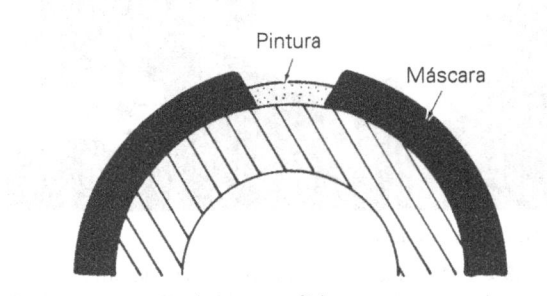

(C) Máscara recortada na superfície.

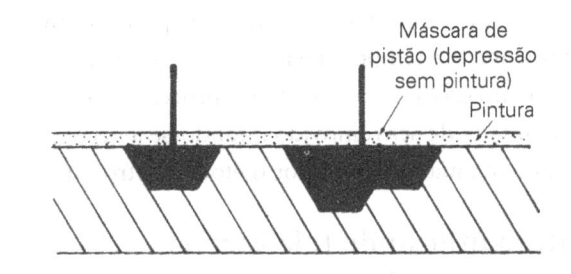

(D) Máscara de pistão para depressões sem pintura.

Figura 19-1 – Tipos básicos de máscaras eletroformadas.

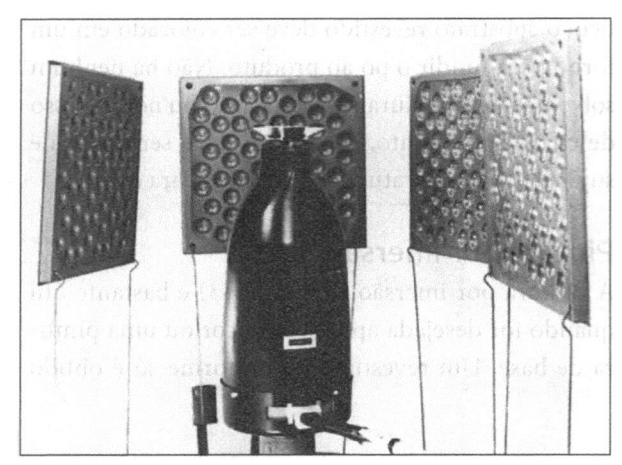

(A) Atomização eletrostática.

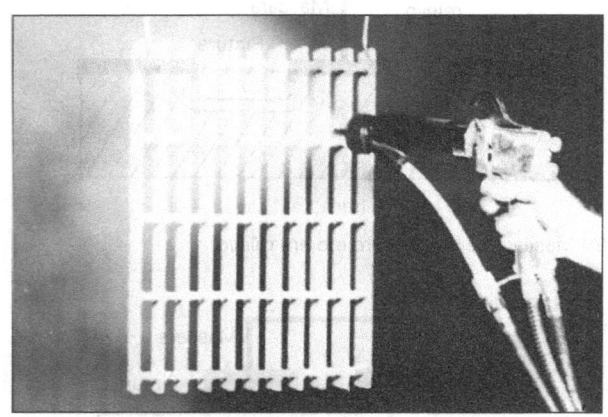

(B) Atomização de ar comprimido.

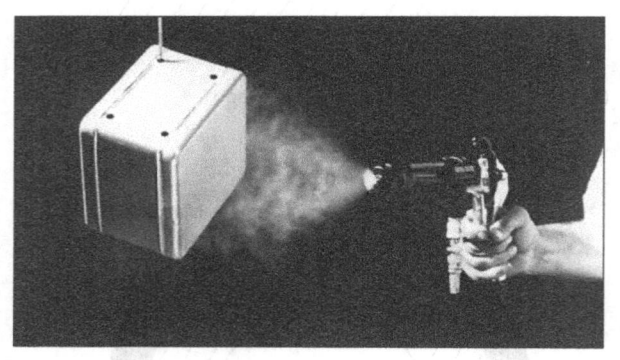

(C) Atomização hidráulica.

Figura 19-2 – Métodos de pintura de atomização em tinta eletrostática. (Cortesia de ITW Ransburg Eletrostatic Systems)

quando a peça é retirada do banho de pintura muito lentamente, e a tempo suficiente para que haja o escorrimento do excesso. Em alguns processos, o excesso de tinta pode ser removido girando-se a peça, limpando-a manualmente ou por métodos eletrostáticos.

Pintura utilizando tela vazada

A pintura utilizando tela é uma opção atrativa e versátil de decorar itens de plásticos. O método requer

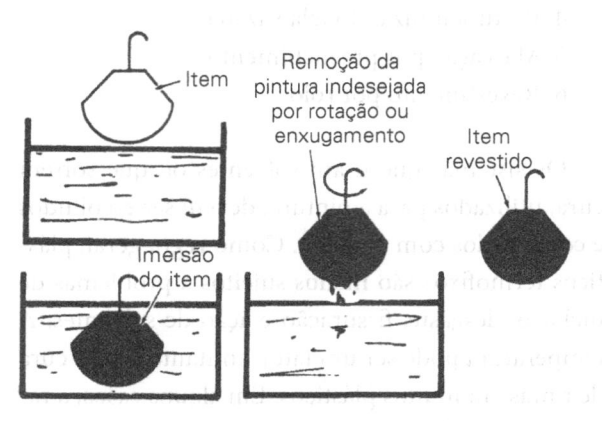

Figura 19-3 – Pintura de imersão.

que a tinta seja forçada através de pequenos orifícios de uma tela de molde vazado (estêncil) na superfície do produto. O processo ficou popularmente conhecido como *silk screen* porque as primeiras telas eram feitas de seda. Atualmente, as telas são feitas de malha de metal, poliamida finamente tecida, poliéster ou outros plásticos. Um estêncil de tela simples é construído, bloqueando-se as áreas onde não se deseja a passagem de tinta. Para desenhos ou letras mais intrincados, estênceis fotográficos são aplicados na tela. Quando expostos e imersos em um banho de revelador fotográfico, vão lavar para fora da tela as áreas expostas. No processo de aplicação, a tinta passará através destas aberturas para a superfície dos plásticos abaixo da tela.

Marcação por preenchimento

No processo de marcação por preenchimento, a tinta é aplicada somente nas regiões de baixo relevo da peça (Figura 19-4). Letras, números ou figuras em uma peça de plástico são destacadas como depressões pintadas na parte moldada. Os recessos são retirados por jateamento ou limpando-se a pintura nas bordas das depressões. Para garantir uma imagem mais nítida, a depressão deve ser profunda e estreita. Se a depressão ou o desenho forem muito amplos, a ação de desbaste ou limpeza pode acabar removendo a pintura. O excesso de tinta em volta do desenho pode ser removido polindo-se ou efetuando limpeza manual.

Revestimento por rolo

As porções da peça em alto relevo, letras, números ou outros desenhos podem ser pintadas simplesmente passando-se um rolo de revestimento sobre

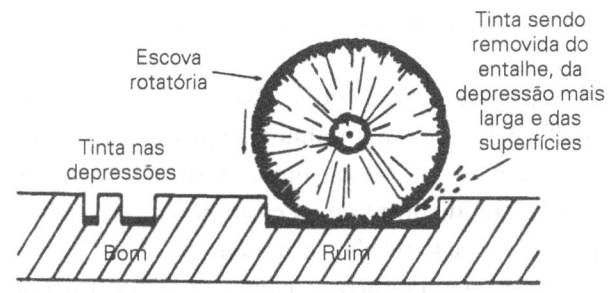

Figura 19-4 – Método de preenchimento de pintura.

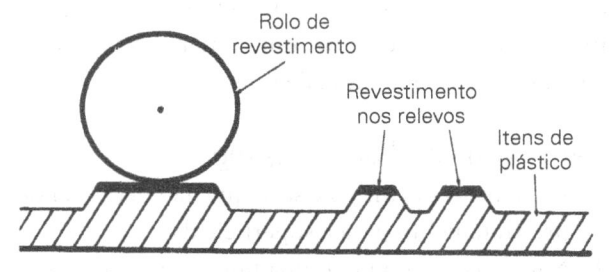

Figura 19-5 – Revestimento por rolo de relevos.

eles (Figura 19-5). Em alguns casos, o mascaramento de porções do artigo pode ser necessário. Quando as bordas e cantos são nítidos e altamente ressaltados, os detalhes se destacam pelo revestimento. O processo de revestimento por rolos pode ser automatizado para produção em massa ou, quando se deseja pequenas tiragens, estas podem ser efeituadas com um rolo de mão.

Três vantagens e seis desvantagens do uso de processos de pintura para decoração seguem:

Vantagens da pintura

1. Vários métodos de baixo custo estão disponíveis.
2. O pré-tratamento na maioria dos plásticos não é necessário.
3. A variação de *designers* e métodos pode ocultar imperfeições.

Desvantagens de pintura

1. Alguns plásticos são sensíveis ao solvente.
2. Métodos manuais (não automatizados) possuem custos mais elevados.
3. A tinta reduz a resistência ao impacto e ao frio.
4. Manchas de olho de peixe podem ocorrer quando se usa silicone ou outros antiaderentes.
5. Alguns solventes podem ser danosos a saúde.
6. O uso de fornos de secagem pode ser um problema para alguns termoplásticos.

Hot stamping

Folheamento ou ***hot stamping***, como é popularmente conhecido, é um método limpo, simples e econômico para a decoração de produtos termoplásticos. Neste processo, uma marca ou imagem é transferida de um filme base para a superfície do produto, pelo uso de calor e pressão. A Figura 19-6 mostra as várias camadas na folha de *hot-stamping*. Uma ampla variedade de cores, tanto à base de pigmentos quanto metálicos, assim como padrões multicoloridos e imagens pré-impressas, estão disponíveis para uso em *hot stamping*. Em contraste com métodos que usam tinta líquida para a decoração, o *hot stamping* é menos sensível à umidade e poeira no ar. Carimbos de borracha de silicone (planos ou em folha) são frequentemente usados no processo de transferência do filme base para o substrato.

Máquinas de estampagem de filme utilizam dois métodos gerais de transferir uma imagem – seja pela uso de prensa vertical ou de roletes. Prensas de roletes são preferidas para grandes superfícies planas,

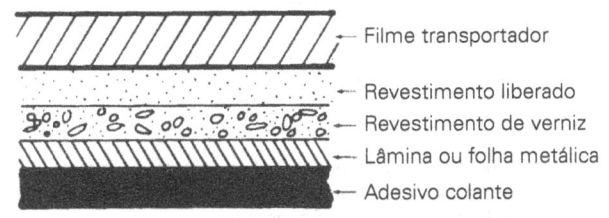

(A) Diagrama de corte transversal de um filme de *hot-stamping*.

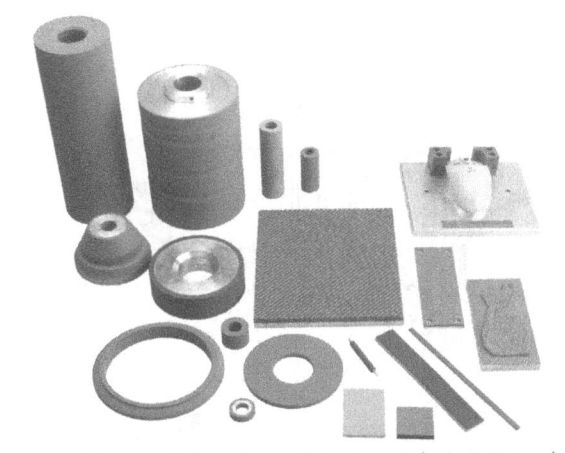

(B) Esta foto com ferramentas de hot-stamping mostra cubos metálicos, cubos de silicone (tanto planos como curvos), rolos de silicone e folhas. (Cortesia de United Silicone, Inc.)

Figura 19-6 – Suprimentos de folheamento.

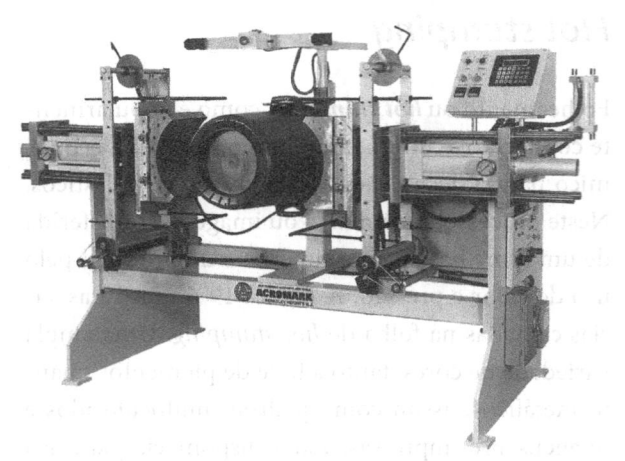

(A) Acessórios próprios são necessários para sustentar este carrinho de lixo durante o processo de *hot-stamping*. (Acromark Insustries Inc.)

(B) Este sistema semiautomático utiliza uma mesa giratória e um robô, que pega e coloca no lugar, para decorar sacolas de tacos de golfe. (Acromark Insustries Inc.)

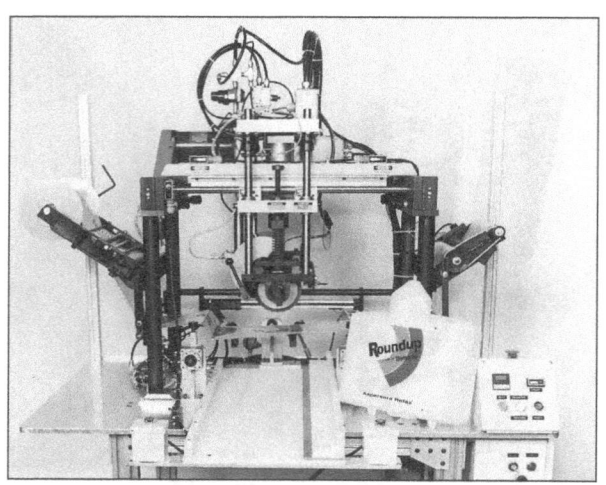

(C) Para manter a superfície da garrafa firme durante o processo de *hot-stamping* por rolo, esta prensa aplica pressão de ar dentro da garrafa. (Acromark Insustries Inc.)

Figura 19-7 – Várias máquinas de *hot-stamping*.

porque evitam problemas de ar preso entre a folha e a peça.

Seja qual for o método, o *hot stamping* pode ser usado para decorar produtos pequenos e grandes. A Figura 19-7A, por exemplo, mostra um carrinho de lixo grande pronto para estampagem, onde duas prensas de 10 toneladas carimbam simultaneamente ambos os lados do carro. A Figura 19-7B mostra uma mesa giratória e duas prensas verticais de 5 toneladas decorando bolsas de golfe. A Figura 19-7C mostra uma peça de médio porte, um contêiner de pesticidas agrícolas e a máquina de roletes.

Vantagens de *hot stamping*

1. É um processo limpo e seco que não necessita de pré-tratamento para a superfície da peça.
2. Não é necessária nenhuma limpeza por solvente.
3. Pode ser automatizado para produção de alta velocidade ou interface direta com operações de moldagem.
4. Cores e padrões podem ser alteradas rapidamente.
5. A decoração pode ser feita em superfícies com falhas ou outros padrões.

Desvantagens de *hot stamping*

1. As transferências multicoloridas são relativamente caras.
2. Requer uma função secundária após a moldagem de peças.
3. O investimento do capital inicial é significativo.

Galvanização

Os processos de galvanização e metalização a vácuo foram discutidos no Capítulo 17, no tópico de revestimentos metálicos. Há muitas aplicações funcionais de revestimento com metal em plásticos, mas um número bem menor de aplicações decorativas. Itens eletrônicos, tais como folhas metalizadas para dielétricos, semicondutores e resistores, assim como espelhos flexíveis e revestimento de resistência à corrosão, são alguns dos exemplos de aplicativos funcionais. Os exemplos de aplicações decorativas são o acabamento espelhado em itens automotivos, eletrodomésticos, joias e peças de brinquedo. Quatro vantagens e cinco desvantagens de galvanização são listadas aqui:

Vantagens da galvanização
1. Acabamento de metal tem uma qualidade próxima a do espelho.
2. Raros são os casos de peças de plástico que necessitem polimento antes do revestimento.
3. A espessura do galvanizado varia entre 0,00038 a 0,025 mm.
4. A galvanização é mais durável do que a metalização.

Desvantagens da galvanização
1. O acabamento do molde e seu design devem ser considerados com atenção.
2. Nem todos os plásticos são facilmente banhados.
3. A instalação é cara e inclui muitas etapas.
4. Existem muitas variáveis para controlar a aderência adequada, desempenho e acabamento.
5. A galvanização é mais cara do que a metalização.

Gravação

Apesar de ser um meio durável de marcação e decoração de plásticos, esse método raramente é usado em uma escala de produção. Máquinas de gravação pantográficas podem ser automáticas ou manuais e, muitas vezes, são usadas para gravar placas laminadas de nome, sinais de porta, diretórios e equipamentos. Elas também podem colocar nomes e marcas de identificação em bolas de boliche, tacos de golfe e outros itens. Folhas laminadas de gravura contêm duas ou mais camadas de plástico colorido. Quando é efetuada a gravura, esta atravessa a camada superior, expondo a camada da segunda cor contrastante (Figura 19-8).

Impressão

Há mais de 11 métodos diferentes e muitas combinações destes métodos utilizados para a impressão em plásticos.

Tipografia é um método no qual se aplica tinta a chapas de impressão rígidas em relevo, sendo então pressionadas contra a parte de plástico. A parte elevada da chapa transfere a imagem.

Letterflex é semelhante à tipografia, com excessão de que chapas de impressão flexíveis são usadas. Placas flexíveis possuem a capacidade de transferir desenhos para superfícies irregulares.

Impressão flexográfica assemelha-se a impressão *letterflex*, mas uma tinta líquida é usada em vez de tinta em pasta. Na maior parte dos equipamentos utiliza-se cilindros rotativos para transferência das tintas, que secam rapidamente por evaporação solvente.

O *offset* **seco** é um método em que uma chapa de impressão rígida em relevo transfere uma imagem de tinta em pasta para um cilindro especial denominado "cobertor". O rolo cobertor, por sua vez, transfere a imagem de tinta para a peça de plástico, por isso o nome *offset* (deslocamento). Se for necessário impressão multicor, uma série de cabeçotes de *offset* podem ser usados para aplicar cores diferentes para o cilindro cobertor. A imagem multicolorida é então transferida para as peças plásticas, em uma única etapa de impressão.

O *offset* **litográfico** é semelhante ao *offset* seco, exceto que a impressão sobre a chapa não é em alto ou baixo relevo. Este processo é baseado no princípio de que água e óleo não se misturam. A imagem ou mensagem a ser impressa é colocada na chapa, por um processo químico fotográfico. Essas imagens podem ser colocadas diretamente na placa, utilizando

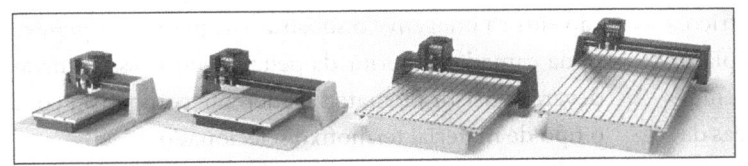

(A) Vários tamanhos de mesas de gravação 2D. (Cortesia de Vision Engraving Systems)

Figura 19-8 – Equipamento de gravação para suporte plano e curvo.

(B) Esta mesa de gravação 3D pode manusear itens cilíndricos de até 25 cm [10 pol.] de diâmetro. (Cortesia de Vision Engraving Systems)

fitas especiais ou lápis graxo. Somente as partes com imagens oleosas serão receptivas para o tipo de tinta utilizada. As áreas não tratadas, por sua vez, serão receptivas à água, mas a tinta será repelida. Um cilindro de água deve passar primeiro sobre a chapa de *offset* litográfico. Em seguida, o rolo de tinta depositará tinta sobre as áreas receptivas. A imagem é transferida da chapa de impressão para um cilindro de *offset* de borracha (cobertor), que coloca a imagem sobre a peça de plástico.

Rotogravura (ou impressão *intaglio*) é um processo em que a imagem está em baixo relevo na chapa de impressão. A tinta é espalhada por toda a superfície da chapa de impressão e uma faca de raspagem, popularmente conhecida como *doctor blade*, é utilizada para retirar o excesso de tinta, deixando apenas as cavidades em baixo relevo com tinta. Por fim, a tinta que permaneceu nas áreas de baixo relevo é transferida ao produto quando este entra em contato direto com a chapa.

Silk screen é um método de impressão em que a tinta é forçada para o produto através de uma tela de malha fina, metálica ou de outro material. Um rodo de borracha é usado para forçar a pintura pela tela. A tela é um estêncil com pontos bloqueados, por onde a passagem de tinta não é desejada, para a formação do desenho a ser transferido para a peça plástica.

O ***stencil*** (molde vazado) ou, como se escreve em português, estêncil, é semelhante à impressão por *silk screen*, exceto pelo fato de que as áreas abertas (aquelas a serem impressas) são de fato vazadas. Estênceis podem ser positivos ou negativos. Na impressão de estêncil positivo, a imagem é aberta e utiliza-se *spray* ou rolos que transferem a tinta através dessas áreas abertas para o produto. Na impressão de estêncil negativo, a imagem é bloqueada e o plano de fundo é pintado, deixando sem tinta na área de estêncil. A impressão por estêncil pode ser considerada como uma operação de mascaramento.

A **impressão eletrostática** foi adaptada para várias técnicas de impressão bem conhecidas. Neste processo, as tintas em pó são atraídas para as áreas a serem impressas por uma diferença de potencial elétrico, sendo que não há nenhum contato direto entre a placa de impressão ou tela e o produto. Existem vários métodos nos quais uma tela é feita condutora nas áreas da imagem e não condutora nas demais áreas. Partículas secas e carregadas são mantidas nas áreas abertas até que sejam descarregadas por uma placa traseira opostamente carregada. O objeto a ser impresso é colocado entre a tela e a placa traseira, e quando a tinta é descarregada, atinge a superfície do substrato. Um agente de fixação é aplicado para fornecer uma imagem permanente. A imagem é fielmente reproduzida independentemente da configuração de superfície do substrato. Usando esse método, as imagens podem até ser impressas na gema de ovo cru ou produtos similares. Tintas comestíveis são usadas para identificar, decorar e fornecer mensagens em frutas e legumes.

A **impressão por transferência de calor** é usada como um processo de decoração, mas também se caracteriza como importante método de impressão. O processo é semelhante ao *hot stamping* porque um filme base fornece suporte à imagem a ser impressa. A tinta termoplástica é aquecida e transferida para o produto por um rolo de borracha aquecida.

O *hot stamping*, como explicado anteriormente, é o processo decorativo de transferência de corantes de um filme base para um produto utilizando calor e pressão, mas por vezes também é utilizado como um método de impressão.

Decoração dentro do molde

Durante a **decoração dentro do molde**, o produto moldado recebe uma sobreposição ou filme de revestimento ou *película*, que acabará se tornando parte do produto final. Tanto materiais termofixos quanto termoplásticos podem receber imagens decorativas por meio deste processo.

Para os produtos termofixos, o filme pode ser uma folha de celulose clara, coberta com um material de moldagem parcialmente curado. Esse revestimento decorativo é colocado na cavidade do molde enquanto o material termofixo encontra-se apenas parcialmente curado. Dando-se prosseguimento ao ciclo de moldagem, a decoração adere ao material em seguida, tornando-se uma parte integrante do produto. A ligação entre a imagem e o substrato de plástico dependerá da camada posterior da película, pois essa camada deverá consistir de material aderente compatível com o tipo de material termofixo selecionado.

Para este tipo de material, outra alternativa de aplicação de sobreposição é efetuar um corte na peça a fim de obter uma cavidade de encaixe perfeito no local escolhido. Métodos eletrostáticos também podem ser usados para aderir a aplicação no local apropriado.

Um filme de poliéster é normalmente utilizado com produtos termoplásticos. Na moldagem por injeção, essa película é colocada no molde antes de fechá-lo para a injeção. Conforme o material fundido flui para dentro da cavidade, a sobreposição adere totalmente ao substrato de plástico. Quando os ciclos de produção são longos, torna-se desejável automatizar o carregamento da película no molde. Máquinas de bobinamento de películas mantêm um rolo novo de filme em um lado do molde e um rolo de carga do outro lado. Quando o molde é aberto, a parte decorada é ejetada, e o enrolador de película retira a parte utilizada do filme posicionando, dentro do molde, o material novo em apenas uma operação.

De maneira análoga aos filmes de *hot stamping*, as folhas de decoração usadas dentro do molde podem conter diversas camadas. A camada inferior das folhas adere ao material termoplástico selecionado. A decoração, que pode conter várias cores ou texturas, é geralmente protegida por uma camada transparente de cobertura, que proporcionará resistência à abrasão e riscos. Outra tecnologia é a liberação ativada por calor, onde a decoração é liberada de um filme base para a peça por aquecimento.

Peças obtidas por sopro (*blow molding*) são muitas vezes decoradas no molde. A tinta ou imagem impressa é depositada sobre um filme ou papel base. Conforme os plásticos aquecidos expandem e preenchem a cavidade do molde, a imagem é transferida da base para a peça moldada. As vantagens e desvantagens de decoração no molde são especificadas aqui:

Vantagens de decoração dentro do molde

1. Imagens totalmente coloridas, meios-tons ou combinações podem ser utilizadas.
2. Fortes ligações podem ser obtidas.
3. Desenhos e pequenas tiragens possuem baixo custo.
4. A eficiência do processo pode atingir mais de 90%.

Desvantagens de decoração dentro do molde

1. Os custos da película, do trabalho manual de carregamento no molde ou mesmo as máquinas de carregamento automatizadas são altos.

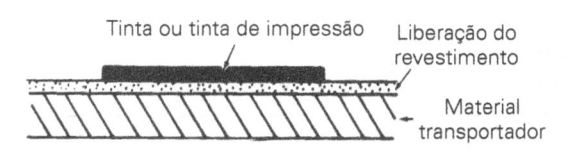

(A) Estrutura do suporte de decoração de transferência a quente.

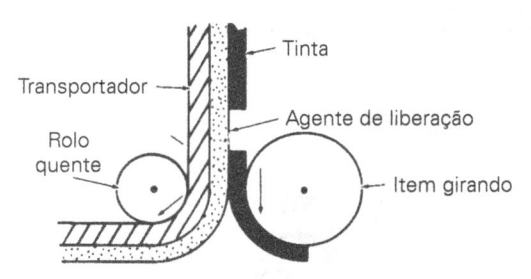

(B) Método de rolo de projeto de transferência.

Figura 19-9 – Equipamentos e processos de decoração de transferência.

2. O projeto do molde deve minimizar a turbulência e as operações de lavagem.
3. O projeto do molde deve ser efetuado de modo que a folha separe-se corretamente nas bordas para minimizar a limpeza.

Decoração por transferência de calor

Na decoração por transferência de calor, a imagem é transferida de um filme base para a peça de plástico, como descrito anteriormente. A estrutura das folhas para decoração por transferência de calor é mostrada na Figura 19-9A. A base preaquecida é aderida ao produto por um cilindro de borracha aquecido (Figura 19-9B).

Um processo de decoração ou impressão que se assemelha a uma combinação de gravura e impressão *offset* é denominado **tampo print**. Neste processo, um bloco de transferência flexível pega a impressão de chapa de gravura pintada (Figura 19-10A) e a transfere para o item a ser impresso. O fornecimento de toda a tinta transportada pelo painel de transferência é depositado na peça, deixando o bloco limpo. O bloco flexível adapta-se às superfícies ásperas e desiguais, mantendo nitidez absoluta de reprodução. Cabeçotes de impressão de vários formatos podem ser usados em uma ampla variedade de texturas e objetos. Além disso, a impressão multicolorida, incluindo-se meios-tons, do tipo *wet-on-wet*, pode

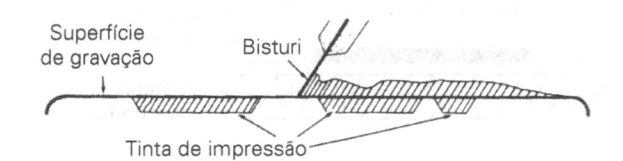

(A) Placa gravada com a tinta de impressão mantida em áreas necessárias. A superfície da gravação é limpa com bisturi.

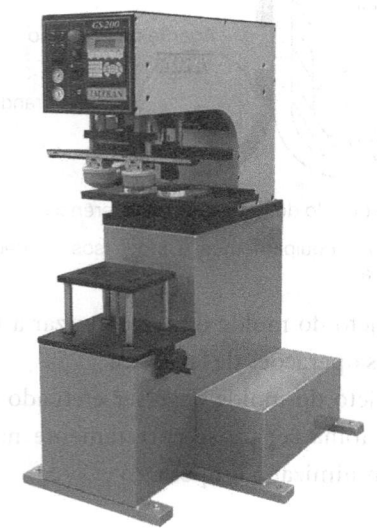

(B) Esta impressora de bloco tem uma taxa de ciclo máxima de 1.800 impressões por hora e tem configuração opcional de três cores. (Cortesia de United Silicone, Inc.)

Figura 19-10 – Equipamento de impressão por bloco.

ser obtida com esse tipo de equipamento (Figura 19-10B). Quase qualquer tipo de tinta de impressão ou pintura pode ser usado com este processo relativamente simples. Dependendo do tipo de produto, até 20.000 peças por hora podem ser automaticamente decoradas. Duas vantagens e desvantagens do processo de decoração de transferência de calor são listadas aqui:

Vantagens de decoração por transferência de calor

1. É semelhante ao *hot stamping*, exceto que desenhos multicoloridos são possíveis.
2. Muitos sistemas de transferência de calor estão disponíveis.

Desvantagens de transferência de calor de decoração

1. Desenhos e filmes base são dispendiosos.
2. São necessárias operações e equipamentos secundários.

Diversos outros métodos de decoração e acabamento

Existem muitos outros métodos de decoração, incluindo rótulos sensíveis à pressão, decalcomanias, *flocking* (texturização que imita veludo, por colagem de finas partículas na superfície) e revestimentos ou recobrimentos decorativos.

Rótulos sensíveis à pressão são fáceis de aplicar. Os desenhos, logotipos ou mensagens geralmente são impressos no filme plástico, que recebe o adesivo em sua parte de trás. Os rótulos prontos são aplicados manualmente ou por meios mecânicos nos produtos acabados.

Decalcomanias, comumente conhecidas como decalques, são um meio de transferir imagens ou desenhos para plásticos. Geralmente, consistem em filmes decorativos aplicados sobre um papel antiaderente. Para a aplicação, a decalcomania é umedecida em água, e o filme adesivado solta-se do papel, sendo transferido para a superfície plástica desejada. Este processo não é amplamente utilizado porque as decalcomanias não apresentam rapidez e precisão de posicionamento na aplicação em superfícies plásticas.

O *flocking* é um importante método para conseguir um acabamento aveludado sobre qualquer superfície, sendo efetuado por meios mecânicos ou eletrostáticos. No processo, o produto é coberto com um adesivo e, posteriormente, depositam-se pequenas fibras nas regiões adesivadas. O uso deste tipo de acabamento é comum em papéis de parede, brinquedos e mobiliário.

Há também uma série de processos decorativos com madeira granulada (serragem, aparas, *chips* etc.). Alguns são executados pela passagem de placas contendo madeira granulada por rolos gravados para aplicação de um fundo com cor contrastante. Na verdade, esse tipo de procedimento é considerado uma adaptação de processo impressão. Alguns laminados decorativos e revestimentos folheados também são usados para decorar substratos. Produtos de metal revestido com polivinil são usados em prateleiras de lojas, divisórias, mobiliário, automóveis, equipamentos de cozinha e interiores de ônibus. Este tipo de acabamento tanto é durável quanto decorativo.

Muitos filmes e motivos podem ser termomoldados, possibilitando a decoração de peças tridimensionais termoformadas. O molde de termoformação pode ser preenchido por fundição ou injeção, porém, deve-se tomar precauções para evitar a diminuição de espessura ou distorção de plásticos.

Quatro vantagens e duas desvantagens do processo de decoração por adesivos sensíveis à pressão são listadas aqui:

Vantagens de adesivos sensíveis à pressão

1. Possui taxa de aplicação de relativa alta velocidade para um processo manual.
2. Desenhos e padrões multicoloridos são possíveis.
3. Pode ser utilizado em qualquer tipo de plástico.
4. É relativamente barato para pequenas tiragens e eventuais mudanças nos padrões.

Desvantagens do sensível à pressão de decoração

1. São necessários equipamentos e operações secundárias.
2. Rótulos de superfície podem ser desgastados ou removidos.

Pesquisa na internet

- **http://www.ctlaminating.com.** Empresa de laminação de Connecticut. É uma das muitas empresas que efetuam impressão em plásticos, utilizando telas de seda, técnicas de deslocamento e impressão flexográfica. O site contém numerosos exemplos de produtos e equipamentos de impressão.
- **http://www.enhancetech.com.** A empresa Enhance Technologies Inc. utiliza o processo de transferência para colocar gráficos complexos em termoplásticos. O site apresenta uma seção intitulada "transfer process" (processo de tranferência), que fornece uma visão geral desta tecnologia. A empresa afirma que seu padrão de oito cores é resistente à luz por mais de 500 horas QUV (Veja o Capítulo 6 para informações sobre testes de intemperismo acelerado).
- **http://www.itwimtran.com.** A divisão da ITW – Imtran comercializa material de *hot-stamping*, equipamentos e almofadas para impressão. Esse site fornece dados sobre os diversos modelos de impressoras de almofada.
- **http://www.unitedsilicone.com.** A divisão da ITW – United Silicone fornece informações importantes sobre *hot stamping* e outros processos de decoração, como os baseados em transferência de calor. Selecione "Hot Stamp/Heat Transfer" na página inicial para acessar as discussões sobre as vantagens do uso do processo *hot stamping*, assim como seus equipamentos, acessórios, ferramentas, métodos e teoria. A seção sobre processos de transferência de calor inclui dados em várias máquinas de transferência vertical e *roll-on*.

Vocabulário

As palavras a seguir são encontradas neste capítulo. Consulte o glossário no Apêndice A para encontrar as definições destas palavras, caso você não compreenda como elas se aplicam aos plásticos.

Decoração dentro do molde
Descarga corona
Fissuras (*crazing*)
Gravação em relevo
Hot stamping
Impressão flexográfica
Impressão eletrostática
Impressão por transferência de calor
Letterflex
Névoa (*blushing*)
Offset seco
Offset litográfico
Rotogravura
Silk screen
Stencil
Tampo print
Tipografia
Tratamento por plasma
Tratamento de chama
Tratamento químico

Questões

19-1. Um _____ pode ser usado para impedir que a pintura de silicone se deposite onde não é desejada.

19-2. Descreva duas vantagens do carimbo de silicone de *hot-stamping*.

19-3. Em qual processo de pintura o desgaste da superfície não remove facilmente o desenho?

19-4. Qual aditivo pode diminuir a resistência elétrica em um plástico?

19-5. Descreva o que pode ocorrer quando a aplicação de um revestimento é efetuada sobre itens que não tiveram sua umidade superficial adequadamente removida.

19-6. O nome de um misturador conhecido usado para misturar ingredientes plásticos é _____.

19-7. O *hot stamping* é também denominado _____.

19-8. Descreva três usos funcionais dos revestimentos.

19-9. Descreva três usos decorativos da galvanização.

19-10. A espessura do galvanizado varia entre ___ _____ e _____ mm.

19-11. Um importante método de criar um acabamento aveludado sobre uma superfície por meios mecânicos ou eletrostáticos é denominado _____.

19-12. Dê o nome do processo no qual uma imagem é transferida de um filme base para o produto por estampagem com formas rígidas ou flexíveis, utilizando calor e pressão.

19-13. Pode ser menos dispendioso incorporar o desenho desejado no _____, cilindros ou bicos de aplicação.

19-14. A maioria dos processos de decoração exigem que o substrato seja completamente _ _____ de lubrificantes de desmoldagem e plastificantes.

19-15. A melhor e mais barata maneira de colorir produtos plásticos é misturar pigmentos a _____.

19-16. Plastificantes, _____, e moldagem podem afetar a cor.

19-17. Um método barato e popular de pintar plásticos é _____.

19-18. Uma variedade de formas e tamanhos diferentes de produtos pode ser rapidamente pintada por métodos _____.

19-19. Dê o nome de três métodos de atomização de tinta.

19-20. O excesso de tinta pode ser removido no processo de revestimento de mergulho pela rotação da peça, limpeza manual ou por _____.

19-21. O processo de forçar tintas especiais ou pintura através de pequenos orifícios de uma tela para a superfície do produto é chamado _____ ou _____.

19-22. No processo de _____, a depressão de imagem deve ser profunda e estreita para detalhes mais finos e delicados.

19-23. Motivos em relevo, letras, números ou outros desenhos são facilmente decorados por _____.

19-24. Dê o nome de cinco métodos de impressão em produtos plásticos.

19-25. O padrão ou a decoração passam a fazer parte do artigo plástico assim que são fundidos, usando calor e pressão durante a decoração, por _____.

19-26. Por causa do uso de uma almofada de impressão, o processo de _____ é especialmente útil para a decoração de superfícies irregulares.

19-27. Qual é o termo usado para indicar que duas ou mais camadas de plástico (ou metais) são unidas sob pressão _____.

19-28. Rótulos são aderidos ao substrato por __ _____, enquanto os decalques são aderidos por _____.

19-29. Dê o nome de quatro métodos de pré-tratamento do polietileno para poder receber pintura.

Atividades

Decoração dentro do molde

Introdução. A decoração dentro do molde utiliza o calor de plásticos quentes para a adesão de decorações ou mensagens ao produto. Sua maior vantagem é a eliminação de operações secundárias de impressão ou decoração.

Equipamento. Máquina de injeção, etiqueta *in mold* (IML – *in mold label*), molde para barras de teste e fita transparente Scotch® número 600 da 3M®.

19-1. Se possível, adquira a IML. Etiquetas deste tipo para ABS são populares e não são difíceis de achar no mercado. No entanto, se a IML não estiver disponível, podem ser usadas folhas de *hot-stamping* como material substituto. A principal diferença entre a IML e a folha de *hot-stamping* é a espessura do filme suporte não aderente (também denominado *liner* ou *carrier*). A IML apresenta *liner* muito mais espesso do que as folhas de *hot-stamping*. A Figura 19-11 mostra um disco ABS coberto com madeira granulada aplicada dentro do molde. Com este disco é possível efetuar um teste da resistência à abrasão em um equipamento Taber.

19-2. Se o molde de injeção usado para a decoração dentro do molde possuir uma superfície plana, posicione a película (o IML ou a folha de *hot-stamping*) nesse lado. Certifique-se de que o material fundido entrará em contato com o verso da película. Se o material fundido entrar em contato com o lado "errado", não ocorrerá a aderência.

19-3. Se o material fundido forçar a película em uma cavidade, o trecho resultante pode exceder a resistência do *liner* e causar um rasgo, especialmente quando se utiliza a folha de *hot-stamping*. O rasgo poderá permitir que o material fundido escorra para o lado errado da película. Na Figura 19-12 é apresentado um exemplo deste problema. Observe que o rasgo começou em uma borda da peça. Para evitar rasgar a película, use um molde com lado plano. Mesmo na parte plana do molde a folha de *hot-stamping* poderá esticar durante a injeção. A Figura 19-13 mostra pequenas rugas em tiras, formadas perto da borda da peça. Esse problema geralmente não ocorre quando o *liner* é mais espesso.

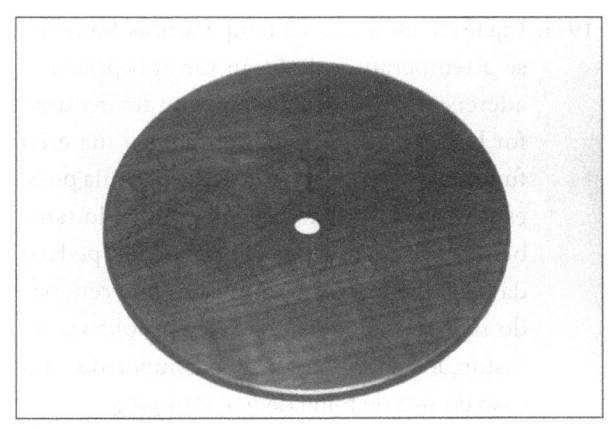

Figura 19-11 – Folha dentro do molde em um disco esmerilhador Taber.

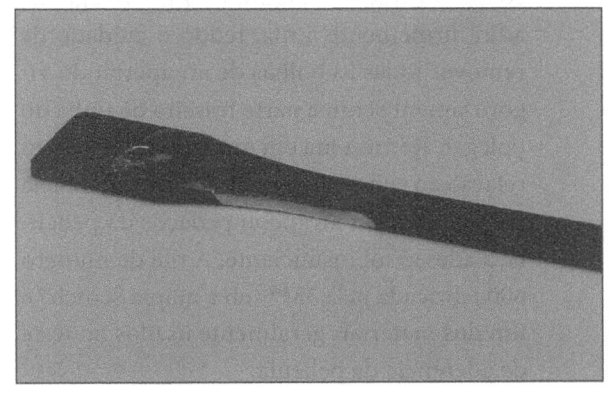

Figura 19-12 – Este é um exemplo de fluxo fundido no lado "errado" da folha. A folha é rasgada devido ao esticamento do fundido injetado.

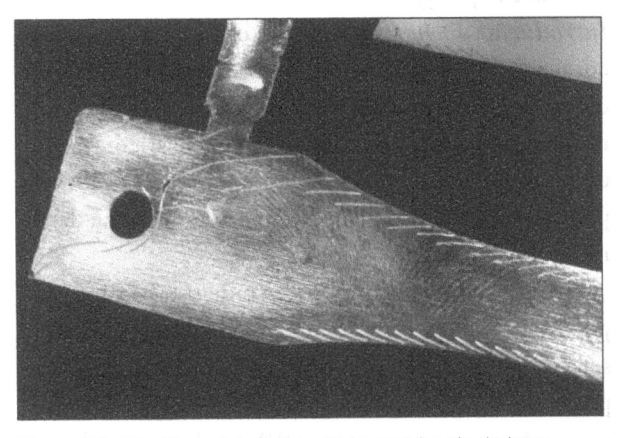

Figura 19-13 – Rugas de folha próximas à borda do item.

19-4. Injete em uma faixa de temperaturas. Somente se a temperatura de fusão for apropriada, a aderência será boa. Se a temperatura de fusão for baixa, a adesão será pobre. Se o material fundido estiver muito quente, a película pode esticar e distorcer o desenho, podendo também ocorrer perda de brilho e até um pedaço da película pode ser completamente removido se estiver queimado. Esses problemas de distorção serão bastante pronunciados no caso do uso de folha de *hot-stamping*.

19-5. Teste a aderência da folha usando o teste de fita. Primeiro, efetue as hachuras na amostra, como mostrado na Figura 19-14. Em seguida, adira firmemente a fita, tendo o cuidado de remover todas as bolhas de ar, apertando vigorosamente com a parte traseira da unha do polegar. Retire a fita em um ângulo de 90° em relação ao substrato e verifique se a aderência falhou. Se a fita arrancou pedaços da película, a adesão foi insuficiente. A fita de número 600 fabricada pela 3M® sob a marca Scotch® é um dos materiais geralmente usados no teste de aderência da película.

19-6. A utilização de películas com diferentes níveis de compatibilidade apresentará variações significativas. A Figura 19-14 mostra uma película de *hot-stamping* compatível com materiais estirênicos que foi utilizada em polipropileno. Quase nenhuma película apresentou aderência.

19-7. Para finalizar o experimento, escreva um relatório resumindo seus resultados.

Hot stamping

Introdução. O *hot stamping* é um processo de decoração em que folhas de metais ou pigmentos são colocados em um *liner*. Uma ferramenta aquecida é usada para pressionar contra o *foil* e plásticos, fazendo com que o *foil* seja destacado do *liner*. O calor e a pressão do processo promovem a aderência da decoração ao substrato.

O *hot stamping* é um processo de uso bastante popular usado na decoração de plásticos. A película deve ser compatível com o substrato de plástico para que possa ser decorado. Películas compatíveis com materiais estirênicos, como o PS, HIPS (poliestireno de alto impacto, *high-impact polystirene*) e ABS são comumente usadas. Outro tipo de película é utilizada na adesão a olefinas. Uma incompatibilidade entre o substrato plástico e a película reduzirá drasticamente a aderência.

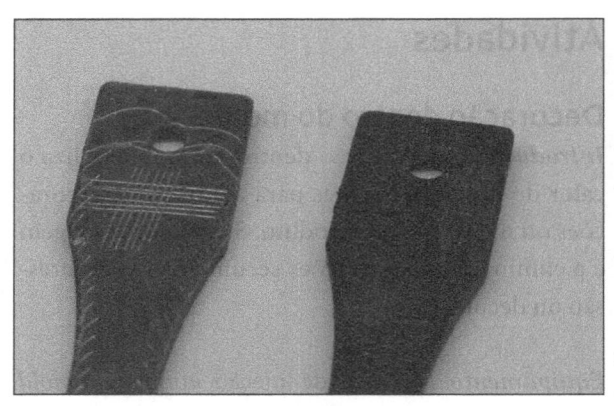

Figura 19-14 – Uma amostra está riscada transversalmente e pronta para o teste de fita. A outra mostra que a folha de estireno não aderiu ao item de PP.

Equipamento. Uma máquina de *hot stamping*, películas de estirênicos, películas de olefinas, ferramenta de estampagem e uma chapa plana de borracha de silicone.

19-1. Estampe palavras ou letras em diferentes plásticos usando as películas de estirênicos e de olefínicos. Teste a aderência usando a borracha de um lápis. Se a aderência for alta, a força necessária para retirar a decoração também será alta.

19-2. Estampe usando a chapa de borracha de silicone plana sobre um simples pedaço de matéria plástica. Isso resultará em uma superfície grande o suficiente para o teste de fita da aderência da película. Hachure a superfície para verificar a aderência com um teste de fita. A força de adesão será influenciada tanto pelo tempo quanto pela temperatura do processo de estampagem.

19-3. Tente estampar em polietileno ou polipropileno, pois estes materiais muitas vezes resistem à adesão. Para aumentar a aderência, trate a superfície do substrato com uma chama. Um bico de bunsen ou uma tocha de propano podem fornecer a chama. Atenção para não derreter o substrato ou carbonizar a superfície. Varie o tempo de contato com a chama e teste seus efeitos na aderência.

Capítulo 20

Processos com uso de radiação

Introdução

O processamento com radiação pode poupar energia, apresentar vantagens econômicas e também baixa taxa de geração de poluentes. Neste capítulo, será apresentado como esta tecnologia torna possível novos produtos e ideias de fabricação.

O uso de radiação no processamento de produtos é uma área tecnológica em ascenção, na qual sistemas de radiações ionizantes e não ionizantes são usados para alterar e melhorar as propriedades físicas dos materiais ou componentes. Em 2001, a indústria de cura por radiação, nos Estados Unidos, criou produtos que movimentaram mais de 1 bilhão de dólares. Tintas e revestimentos constituem o maior mercado, seguido pelo setor de embalagens. É um segmento industrial que vem crescendo aproximadamente 10% por ano. A seguinte estrutura de tópicos será apresentanda neste capítulo:

I. Métodos de radiação
II. Fontes de radiação
   A. Radiação ionizante
   B. Radiação não ionizante
   C. Segurança de radiação
III. Irradiação de polímeros
   A. Danos causados por radiação
   B. Melhorias causadas por uso de radiação
   C. Polimerização por radiação
   D. Enxerto por radiação
   E. Vantagens da radiação
   F. Aplicações

Métodos de radiação

O termo **radiação** pode referir-se à energia transportada por intermédio de ondas ou partículas. A partícula que transporta energia é denominada **fóton**. Na energia radiante, o fóton apresenta comportamento de movimento ondulatório (Figura 20-1A), e apresenta comportamento de partícula quando absorvido ou emitido por átomos ou moléculas.

A lâmpada elétrica de filamento opera a uma temperatura de 2.300 °C [4.172 °F], emitindo ondas de radiação que são visíveis. O Sol, cujas temperaturas na superfície chegam a 6.000 °C [10.832 °F], emite tanto radiação visível como invisível. Os comprimentos de onda dos fótons são medidos em micrômetros, sendo que o olho humano pode visualizar radiações com comprimentos de onda curtos e longos, na faixa entre 400 µm [$15,7 \times 10^{-6}$ pol] e 700 µm [$27,5 \times 10^{-6}$ pol]. As radiações **ultravioleta** são ondas de energia que podem queimar ou bronzear partes expostas do corpo humano, embora sejam invisíveis a olho nu, pois apresentam comprimentos de onda mais curtos do que $15,7 \times 10^{-6}$ pol. [400 µm]. A radiação solar, a queima de combustíveis ou elementos radioativos são consideradas fontes naturais de radiação (Figura 20-1B). Alguns exemplos dos mais importantes elementos radioativos que ocorrem naturalmente são actínio, rádio, tório e urânio. Estes materiais radioativos emitem fótons de energia e/ou partículas enquanto seus núcleos se desintegram e diminuem em massa. A Terra apresenta pequenos traços de substâncias radioativas em comparação com o Sol, que é intensamente radioativo.

(A) Comprimentos de ondas de radiação.

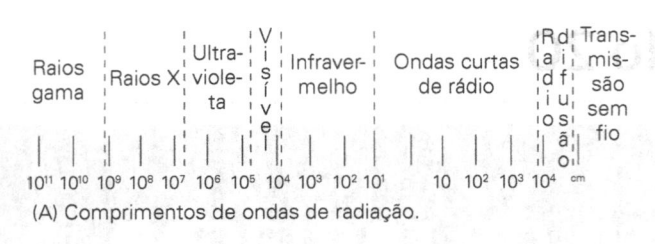

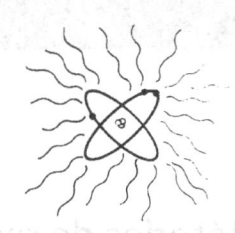

(B) A radiação de luz (visível) torna as coisas visíveis.

(C) A radiação de calor (infravermelho) pode ser sentida.

(D) A radiação radioativa não pode ser vista ou sentida.

Figura 20-1 – Tipos de radiação.

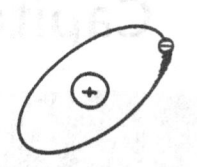

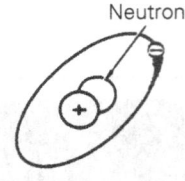

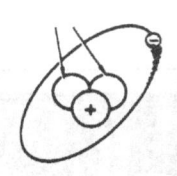

(A) Forma estável: hidrogênio $_1H^1$

(B) Forma estável rara: deutério $_1H^2$

(C) Forma radioativa rara: trítio $_1H^3$

Figura 20-2 – Isótopos de hidrogênio.

A radiação pode ser produzida por reatores nucleares, aceleradores e radioisótopos naturais ou artificiais. A fonte de radiação controlada mais importante são os radioisótopos artificiais. Os cientistas têm utilizado e controlado radiações induzidas de forma que possam servir às necessidades humanas.

Quando o número de *prótons* no núcleo de um átomo é alterado, um elemento diferente é formado. Se o número de *nêutrons* no núcleo é alterado, um novo elemento não é formado, mas a massa do elemento é diferente. Diferentes formas (massas) do mesmo elemento são denominadas **isótopos**. A maioria dos elementos contêm vários isótopos. Mesmo um elemento simples como o hidrogênio possui três isótopos distintos (Figura 20-2). A maioria dos átomos de hidrogênio apresenta número de massa (número de prótons e nêutrons) igual a 1, o que significa que eles não possuem nenhum neutron. Um número muito pequeno de ocorrências naturais de átomos de hidrogênio possuem um nêutron e um próton, resultando em um número de massa igual a 2. Mas somente quando o hidrogênio tem dois nêutrons e um próton (número de massa igual a 3), ele é considerado radioativo.

Em 1900, o físico alemão Max Planck lançou a tese de que os fótons seriam conjuntos ou pacotes de energia eletromagnética. Esta energia pode ser absorvida ou emitida por átomos ou moléculas. A unidade de energia transportada por um único fóton foi denominada **quantum** (*quanta* no plural). Fótons de radiação de energia podem ser classificados em dois grupos básicos – eletricamente neutros e carregados de radiação.

Partículas alfa são massas pesadas e lentas, contendo uma carga positiva dupla (dois prótons e dois nêutrons). Quando as partículas alfa atingem outros átomos, sua carga positiva dupla remove um ou mais elétrons, deixando o átomo ou molécula em um estado dissociado ou ionizado. Conforme discutido no Capítulo 2, a ionização é o processo de transformação de átomos ou moléculas não carregados em íons. Átomos no estado ionizado possuem tanto cargas positivas como negativas.

Elétrons expulsos dos núcleos de átomos a velocidades e energias muito altas são denominados **partículas beta**. Quando um neutron se desintegra, torna-se um próton e um elétron. O próton, muitas vezes, permanece no núcleo, enquanto o elétron é emitido como partícula beta. Partículas beta são elétrons que possuem uma carga negativa. Como as partículas beta apresentam uma fração de 0,000544 da massa de um próton, eles se movimentam muito mais rapidamente e têm maior poder de penetração que as partículas alfa.

A maior parte da energia contida nas partículas alfa e beta é perdida quando interagem com elétrons de outros átomos. Como essas partículas carregadas podem passar através da matéria, perdem ou transferem toda a sua energia excedente para os núcleos ou elétrons orbitais dos átomos com que se deparam. Como as partículas beta são negativamente carregadas, elas podem empurrar ou repelir elétrons, deixando o átomo com carga positiva. As partículas beta, no entanto, também podem ligar-se aos átomos, conferindo-lhes carga negativa.

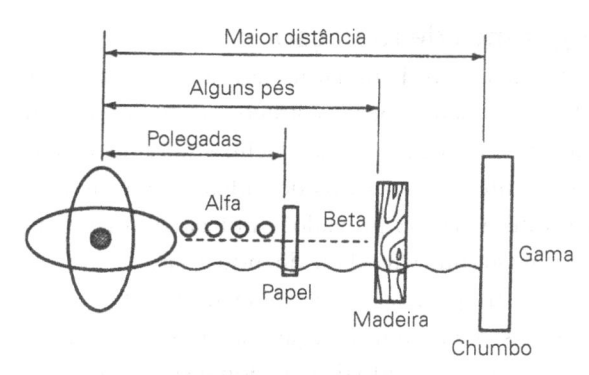

Figura 20-3 – Três tipos de radiação emitida por átomos instáveis ou radioisótopos: alfa (parada por papel), beta (parada por madeira) e gama (parada por chumbo).

Radiações gama são ondas eletromagnéticas curtas com nenhuma carga elétrica, mas com altíssima frequência. **Raios gama** e *raios x* são semelhantes, exceto pela sua origem e capacidade de penetração, pois as partículas gama podem penetrar até o mais denso dos materiais. Mais de um metro de espessura de concreto é necessário para parar o efeito da radiação de raios gama (Figura 20-3).

A energia dos fótons gama é absorvida ou perdida (Figura 20-4A) para a matéria de três maneiras principais:

1. A energia pode ser perdida ou transferida para um elétron com o qual colida, forçando o elétron para fora da órbita (Figura 20-4B).
2. O fóton gama pode colidir com um elétron em órbita, transferindo apenas uma parte da sua energia, enquanto o resto continua em uma nova direção (Figura 20-4 C).
3. O fóton ou raio gama é aniquilado quando ele passa perto de um poderoso campo elétrico de um núcleo (Figura 20-4 D).

No último método de perda de energia de raios gama, o poderoso campo elétrico de um núcleo atômico divide o fóton gama em duas partículas de cargas opostas – um elétron e um pósitron. O pósitron rapidamente perde sua energia pela colisão com elétrons orbitais. O efeito da radiação gama é semelhante ao efeito das radiações alfa e beta. Os elétrons são retirados das órbitas, causando efeitos de ionização e excitação nos materiais.

Nêutrons são partículas sem carga que podem colidir com núcleos atômicos, resultando em radiações alfa e gama, enquanto a energia é transferida ou perdida.

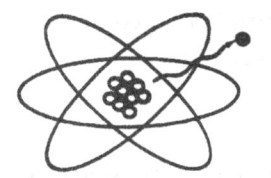

(A) Radioisótopo com fóton de energia sendo emitido.

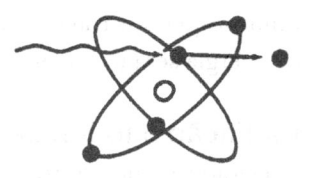

(B) Energia gama sendo completamente absorvida, forçando um elétron para fora da órbita e transferindo energia.

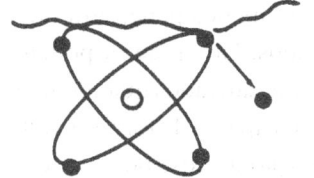

(C) Parte da energia continua em nova direção e parte é usada para ejetar o elétron da órbita.

(D) A radiação gama é aniquilada. São criados elétron e pósitron e a energia é compartilhada.

Figura 20-4 – Interação da radiação gama com a matéria.

Fontes de radiação

Existem dois tipos básicos de fontes de radiação – aqueles que produzem radiação ionizante e aqueles que produzem radiação não ionizante.

Radiação ionizante

O cobalto-60, o estrôncio-90 e o césio-137 são três fontes comercialmente disponíveis de *radioisótopos* que produzem radiação ionizante. Eles são usados em razão de sua disponibilidade, características úteis, meia vida razoavelmente longa e custo acessível. Outra fonte de radiação ionizante é o urânio utilizado ou queimado dos resíduos de reatores de fissão.

A radiação gama, embora seja muito penetrante, não é uma das principais fontes de radiações ionizantes por vários motivos. Por ser lenta, pode exigir várias horas para tratamento. Suas fontes de isótopos são difíceis de controlar e a fonte não pode ser desligada. Também são necessários trabalhadores muito experientes e capacitados especificamente para sua operação.

Os aceleradores de feixes de elétrons são a principal fonte de radiações ionizantes, usada para tratamento por radiação. O processamento por **irradiação** implica que um tratamento dirigido ou controlado de energia será usado em polímero.

Radiação não ionizante

Aceleradores de elétrons, tais como geradores de Van de Graaff, ciclotrons, sincrotrons e transformadores ressonantes podem ser utilizados para a produção de radiação não ionizante.

Elétrons de máquinas são menos penetrantes do que radiação de radioisótopos. No entanto, podem ser facilmente controlados e desativados quando não exigidos. Estas máquinas são capazes de fornecer 200 kW de potência. A classificação de dose pode ser expressa em uma unidade denominada **Gray** (Gy). Um Gray indica a absorção da dose de um Joule de energia em um quilograma de plásticos (1 J/kg). Como regra geral, 1 kW de potência é necessário para fornecer uma dose de 10 kGy a 360 kg [793 lb] de plásticos por hora.

Radiações de elétrons penetram apenas alguns milímetros em plásticos, mas podem irradiar produtos em um ritmo muito acelerado. Ultravioleta, infravermelho, de indução, dielétrica e micro-ondas são as fontes mais familiares de radiação não ionizante. Elas são geralmente usadas para acelerar o processamento por aquecimento, secagem e cura.

Fontes de radiação ultravioleta, como arcos de plasma, filamentos de tungstênio e arcos de carbono, produzem radiação com muito poder penetrante para filmes e tratamento superficial de plásticos. Também têm sido produzidos materiais pré-impregnados, que finalizam a cura quando expostos à luz solar.

A radiação infravermelha é frequentemente usada em termoformagem, extrusão de filmes, orientação, gravação, revestimento, laminação, secagem e processos de cura.

Fontes de indução (energia eletromagnética) têm sido usadas para produzir soldas, preaquecer plásticos preenchidos com metal e curar determinados adesivos.

Fontes dielétricas (energia de radiofrequência) têm sido utilizadas no preaquecimento de plásticos, na cura de resinas, na expansão de esferas de poliestireno, para derreter ou selar plásticos e secar revestimentos.

Fontes de micro-ondas são usadas para acelerar a velocidade de cura e para aquecer, derreter e secar compostos.

Segurança de radiação

Todas as formas de radiação natural devem ser consideradas nocivas para polímeros e perigosas para trabalhar, porque não são facilmente controladas. No entanto, os processos de radiação são métodos de produção já comprovados e utilizados atualmente por uma grande variedade de indústrias.

Com frequência, a desvantagem discutida sobre o processamento por radiação é a segurança, porque, devido a um elemento de emocionalismo, é frequentemente associado com a palavra *radiação*.

Raios, altas voltagens e exposição de ozônio constituem riscos potenciais do processamento por radiação. No entanto, a segurança no processamento por radiação é possível pela compreensão dos riscos envolvidos e pela adoção de um programa de segurança apropriado. Existem normas de segurança publicadas e níveis de exposição máximos de segurança para diferentes tipos de radiação, definidos por várias agências governamentais.

Para qualquer empresa que pretenda utilizar o processamento por radiação, é aconselhável que a administração contrate um consultor qualificado para planejar, projetar e implantar um programa de proteção de radiação para a planta e o seu pessoal.

Irradiação de polímeros

A transferência de energia da fonte de radiação para o material auxilia na quebra das ligações e reorganização dos átomos em novas estruturas. As muitas mudanças que ocorrem em substâncias covalentes afetam diretamente algumas importantes propriedades físicas. Os efeitos da radiação sobre plásticos podem ser divididos em quatro categorias:

1. Danos causados por radiação
2. Melhoria por radiação
3. Polimerização por radiação
4. Enxerto por radiação

Danos causados por radiação

A quebra de ligações covalentes utilizando radiação nuclear é denominada cisão. Essa separação de ligações carbono-carbono pode diminuir a massa molecular do polímero. Na Figura 20-5 é demonstrado

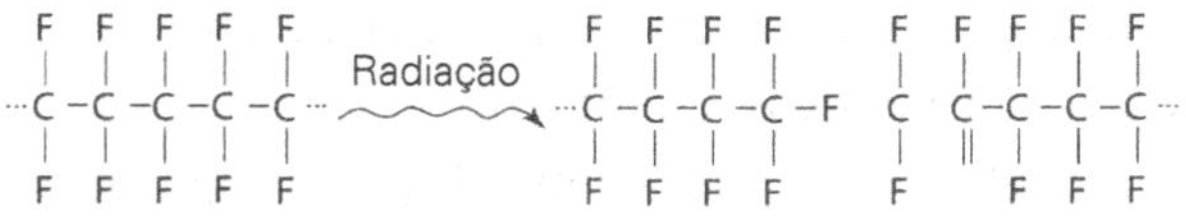

Figura 20-5 – Degradação por radiação.

que a irradiação de politetrafluoretileno provoca a quebra em segmentos menores de plásticos de cadeia longa e linear. Como resultado destas quebras, os plásticos perdem parte de sua resistência.

Os sintomas degradativos incluem rachaduras, fissuração, descoloração, endurecimento, fragilização, amolecimento e outras alterações de propriedades físicas indesejáveis, associadas à massa molecular, distribuição da massa molecular, ramificação, cristalinidade e reticulação.

Com a irradiação controlada, o polietileno torna-se um material reticulado, insolúvel e não fusível. As melhorias podem incluir maior resistência ao calor, promover a estabilidade em temperaturas elevadas, redução no fluxo a frio e redução na fragilização por tensão ou por calor. Efeitos da radiação sobre alguns polímeros são demonstrados na Tabela 20-1.

A separação de ligações carbono-carbono também pode formar radicais livres, que eventualmente promovem a reticulação, ramificação, polimerização ou a formação de subprodutos gasosos. Na Figura 20-

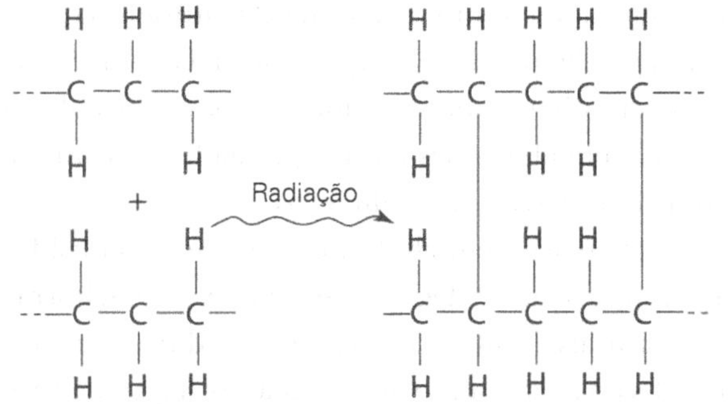

(A) Recombinação levando à polimerização ou ligação cruzada de radicais de hidrocarboneto.

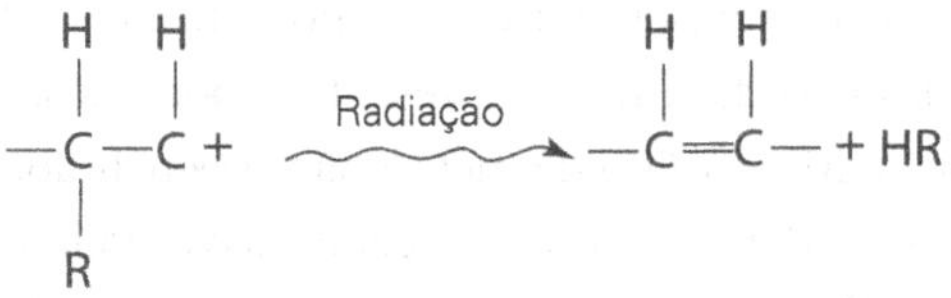

(B) Produto gasoso formado pela radiação.

Figura 20-6 – Formação de radicais livres através da radiação.

6A, a radiação é mostrada como a causa da polimerização e reticulação dos radicais de hidrocarbonetos. A Figura 20-6B mostra que um produto gasoso é formado durante o processo de irradiação. O radical (R) pode ser H, F, Cl etc., assim como o produto gasoso. A irradiação pode provocar a retirada de átomos do material. Essa dissociação ou deslocamento de um

Tabela 20-1 – Efeitos da radiação sobre alguns polímeros

Polímero	Resistência a radiação	Dose de radiação para danos significativos (Mrads)
ABS	Bom	100
EP	Excelente	100–10.000
FEP	Razoável	20
PC	Bom	100+
PCTFE	Razoável	10–20
PE	Bom	100
PFV, PFV$_2$, PETFE, PECTFE	Bom	100
PI	Excelente	100–10.000
PMMA	Razoável	5
Poliésteres (aromáticos)	Bom	100
Poliésteres (insaturados)	Bom	1.000
Polimetilpenteno	Bom	30 a 50
PP	Razoável	10
PS	Excelente	1.000
PSO	Excelente	1.000
PTFE	Ruim	2
PU	Excelente	1.000+
PVC	Bom	50–100
UF	Bom	500

átomo resulta em um defeito na estrutura básica do polímero (Figura 20-7). Estas vacâncias em estruturas cristalinas e outras modificações moleculares resultam em alterações nas propriedades mecânicas, químicas e elétricas de polímeros.

A reticulação em elastômeros pode ser considerada uma forma de degradação. Por exemplo, borrachas naturais e sintéticas tornarem-se duras e frágeis em relação ao aumento de reticulação (Figura 20-8 e Figura 20-9).

Preenchimentos fenólicos (de minerais, vitreos e de amianto), epóxis, poliuretanos, poliestirenos, silicones e plásticos de furanos apresentam boa resistência à radiação. Metacrilato de metilo não preenchido, cloreto de vinilideno, poliésteres, celulósicos, poliamidas e politetrafluoroetileno têm resistência à radiação relativamente fraca. Estes plásticos se tornam quebradiços e suas propriedades óticas desejáveis são afetadas pela descoloralção e esbranquiçamento. Cargas e aditivos químicos podem ajudar a absorver uma grande quantidade de energia de radiação, considerando que a pigmentação pesada dos plásticos pode interromper a penetração profunda de radiação danosa.

Melhorias por radiação

Embora alguns polímeros sejam danificados por radiação, outros podem beneficiar-se efetivamente pelo uso de quantidades controladas. A reticulação, enxertia e ramificação em materiais termoplásticos podem produzir muitas das propriedades físicas desejáveis de plásticos termofixos.

O polietileno é um exemplo de plástico que se beneficia de irradiação controlada. O uso de radiação controlada faz que algumas ligações existentes possam ser quebradas e os átomos rearranjados em uma estrutura ramificada. A ramificação da cadeia do PE eleva sua temperatura de amolecimento acima do ponto de fervura da água (vale observar que a radiação em excesso pode reverter esse efeito pela ruptura das principais ligações nas cadeias). Os efeitos da radiação sobre alguns polímeros são mostrados na Tabela 20-1.

Processamento por radiação. Atualmente, o processamento por radiação é efetuado com mais frequência com máquinas de elétrons ou fontes de radioisótopos como cobalto-60. Esta radiação pode aumentar a massa molecular de alguns polímeros, ligando suas moléculas, ou diminuir a massa molecular, pela degradação de outras. São estas reticulações e degradações que representam a maioria das alterações nas propriedades dos plásticos.

A capacidade da radiação para iniciar a ionização e formação de radicais livres pode revelar-se superior à capacidade de outros agentes, como o calor ou produtos químicos.

A principal desvantagem industrial de reações químicas induzidas por radiação é seu relativo alto custo. Com a integração direta da etapa de irradiação

Figura 20-7 – Estrutura linear de plástico com átomo perdido. A vacância na estrutura cristalina é um local em potencial para o ataque de radical.

Figura 20-8 – Oxidação (ligação de radical de oxigênio) do polibutadieno. Esta ligação cruzada resulta em efeito de envelhecimento rápido com perda de tensão elástica.

Dosagem de nêutrons/cm²

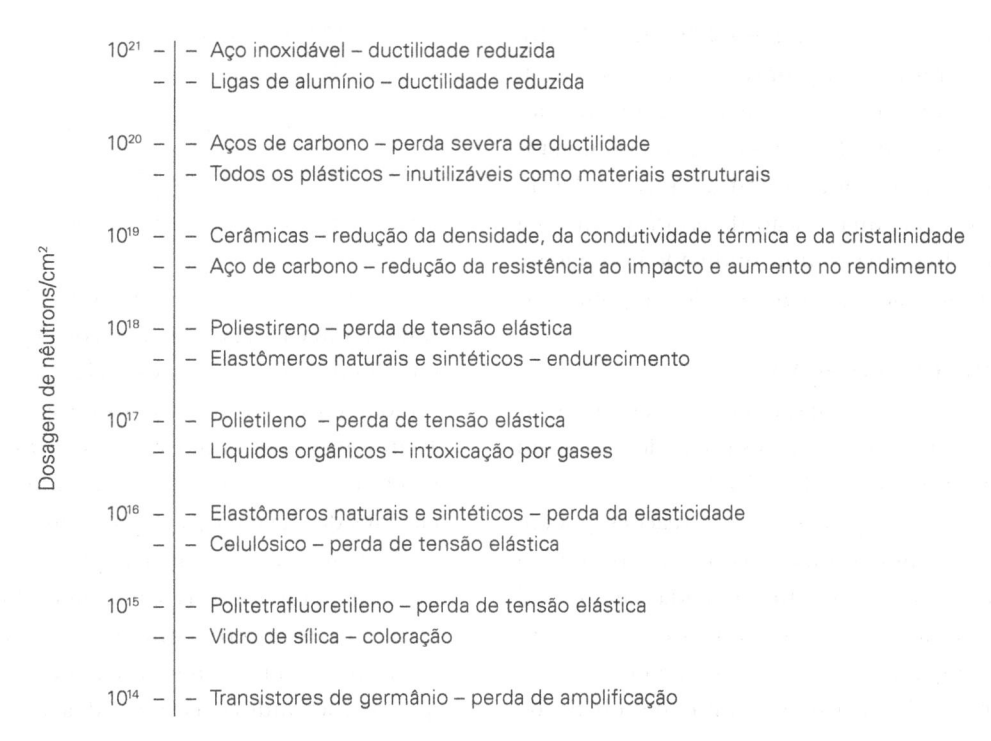

- 10^{21} — Aço inoxidável – ductilidade reduzida
- — Ligas de alumínio – ductilidade reduzida
- 10^{20} — Aços de carbono – perda severa de ductilidade
- — Todos os plásticos – inutilizáveis como materiais estruturais
- 10^{19} — Cerâmicas – redução da densidade, da condutividade térmica e da cristalinidade
- — Aço de carbono – redução da resistência ao impacto e aumento no rendimento
- 10^{18} — Poliestireno – perda de tensão elástica
- — Elastômeros naturais e sintéticos – endurecimento
- 10^{17} — Polietileno – perda de tensão elástica
- — Líquidos orgânicos – intoxicação por gases
- 10^{16} — Elastômeros naturais e sintéticos – perda da elasticidade
- — Celulósico – perda de tensão elástica
- 10^{15} — Politetrafluoretileno – perda de tensão elástica
- — Vidro de sílica – coloração
- 10^{14} — Transistores de germânio – perda de amplificação

Figura 20-9 – Variações nas propriedades dos materiais provocadas pela radiação. O uso controlado da radiação pode ser benéfico.

à linha de processamento, o custo dos sistemas de radiação tem diminuído, e a previsão é que, em breve, esse tipo de tecnologia poderá ser capaz de competir com o processamento químico em alguns usos.

O tratamento ultravioleta pode melhorar características de superfície, como a resistência a intempéries, endurecimento, penetração e a neutralização de eletricidade estática.

A reticulação de capas de fios, elastômeros e outras peças de plástico melhora a resistência ao fissuramento por tensão, abrasão, ataque de produtos químicos e deformação.

Polimerização por radiação

Durante a dissociação de uma ligação covalente por irradiação, fragmentos de radicais livres são formados. Estes radicais estarão disponíveis imediatamente para recombinações. As mesmas forças de energia nuclear que causam despolimerização de plásticos podem começar a reticulação e polimerização de resinas de monômero (Figura 20-10).

A polimerização e a reticulação são usadas para curar camadas de revestimento, adesivos ou monômeros de polímero. Doses típicas para faixas de reti-

Figura 20-10 – Ramificação do polietileno.

culação de polímeros (em Mrads) variam de 20 a 30 para PE, de 5 a 8 para PVC, de 8 a 16 para PVDF, de 10 a 15 para EVA e de 6 a 10 para ECTFE.

Enxerto por radiação

Quando um determinado tipo de monômero é polimerizado e um outro tipo é polimerizado adicionalmente na estrutura da cadeia principal, resulta em um copolímero de enxerto ou *grafting*. Pela irradiação de um polímero, adição de um monômero diferente e nova irradiação, forma-se um copolímero de enxerto. A estrutura de um copolímero de enxerto é mostrada na Figura 20-11. A recombinação ou a estruturação das duas unidades de monômero diferentes (A e B), muitas vezes, resulta em propriedades exclusivas. É possível que copolímeros de enxerto com propriedades altamente específicas possam ser combinados para aplicações de produtos otimizados. A irradiação pode desencadear uma reação de *grafting* em uma zona de superfície fina ou um conduzido homogeneamente por meio de seções grossas de um polímero.

Vantagens de radiação

O processamento por radiação pode apresentar inúmeras vantagens que compensam a desvantagem principal de alto custo (Tabela 20-2).

A primeira vantagem é que as reações podem ter início em temperaturas mais baixas do que em processamento químico. Uma segunda vantagem é a boa penetração, que permite que a reação ocorra dentro de equipamentos comuns a uma taxa uniforme. Embora a radiação gama de fontes de cobalto-60 possa penetrar mais de 300 mm [12 pol], a taxa de tratamento é lenta e os tempos de exposição são longos. Fontes de radiações de elétrons podem reagir rapidamente com materiais de espessura inferior a 10 mm [0,39 pol]. Por estas razões, mais de 90% dos produtos irradiados são processados por fontes de elétrons de alta energia (Figuras 20-12A e 20-12B).

Uma terceira vantagem é que os monômeros podem ser polimerizados sem catalisadores químicos, aceleradores e outros componentes que possam deixar impurezas no material. Uma quarta vantagem é que reações induzidas por radiação não são muito

```
AAAAAAAAAAAAAAAAAAAAAAAAAAAAAA
    |
    BBBBBBBBBB
```

Figura 20-11 – Na polimerização de enxerto, o monômero de um tipo (B) é enxertado em um polímero de um tipo (A) diferente. Uma vez que os copolímeros de enxerto contêm longas sequências de duas unidades monoméricas diferentes, obtêm-se algumas propriedades únicas.

Tabela 20-2 – Aplicações industriais para processamento de feixes de elétrons

Produto	Melhorias de produto e vantagens de processo	Processo
Isolamento de fios e cabos, isolamento de tubos e filmes plásticos de embalagens	Encolhimento; resistência ao impacto, corte, calor, solventes, fissura por tensão e baixas perdas dielétricas.	Reticulação, vulcanização
Espuma de polietileno	Compactação, resistência à tração e alongamento reduzido.	Reticulação, vulcanização
Borracha natural e sintética	Estabilidade a temperaturas elevadas, resistência à abrasão, vulcanização a frio, e eliminação de agentes de vulcanização.	Reticulação, vulcanização
Adesivos: 　Sensíveis à pressão 　Aglomerados 　Laminados	Aumento da quantidade de ligações e eliminação dos solventes no processamento. Melhoria da resistência a ataques químicos, a lascagem, à abrasão e ao desgaste por interpéries.	Cura, polimerização
Revestimentos e tintas em: 　Madeira 　Metais 　Plásticos	100% de eficiência no revestimento, cura de alta velocidade, flexibilidade na manipulação, baixo consumo de energia, cura a temperatura ambiente e sem limitação de cores.	Cura, polimerização
Madeira e impregnados orgânicos	Resistência a deterioração, a arranhões, a abrasão, a deformação, ao inchaço e a intemperismos. Promoção da estabilidade dimensional e uniformidade de superfície.	Cura, polimerização
Celulose	Combinação química aprimorada.	Despolimerização
Têxteis e fibras têxteis	Melhorias na dobragem, encolhimento, coloração, dissipação estática, estabilidade térmica e resistência ao intemperismo.	Enxerto
Filmes e papéis	Aderência a superfícies e melhor molhabilidade.	Enxerto
Produtos descartáveis para medicina	Esterilização fria de pacotes e suprimentos.	Irradiação
Embalagens e recipientes	Redução ou eliminação do monômero residual.	Polimerização
Polímeros	Degradação controlada ou alteração do índice de derretimento.	Irradiação, despolimerização, reticulação

Capítulo 20 – Processos com uso de radiação

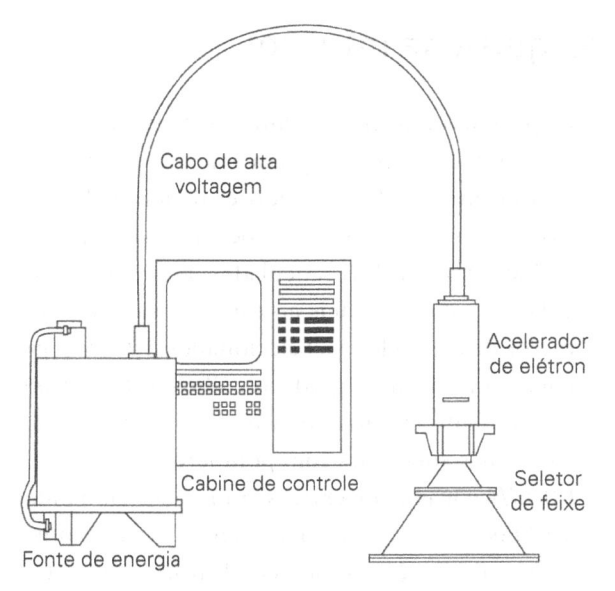

(A) Diagrama dos principais componentes do sistema de processamento por feixe de elétrons.

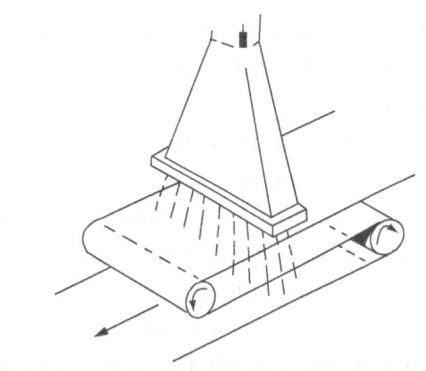

(B) Festooning é um método usado para o processamento contínuo de folhas flexíveis ou redes de material.

Figura 20-12 – Princípios do processamento de radiação por feixe de elétrons. (High Voltage Engineering Corp.)

Figura 20-13 – O recipiente de polietileno no centro foi exposto à radiação controlada para melhorar a resistência ao calor. Os recipientes à esquerda e à direita não foram tratados. Eles perdem a forma a 175 °C [350 °F].

afetadas pela presença de pigmentos, preenchimentos, antioxidantes e outros ingredientes em resina ou polímero. Uma quinta vantagem é que a reticulação e a enxertia podem ser efetuadas em peças anteriormente moldadas, como filmes, tubos, revestimento, molduras e outros produtos. Revestimentos na forma monomérica podem ser aplicados com processamento de radiação. Isso elimina o uso de solventes e os sistemas de coleta ou recuperação de solventes. Finalmente, a sexta vantagem é que a mistura e o armazenamento de produtos químicos que são utilizados no processamento químico podem ser eliminados.

Aplicações

Além das vantagens já mencionadas, o processamento por radiação pode fornecer outras oportunidades de explorar mercados que não são possíveis por outros meios (Figura 20-13).

O *grafting* e a homopolimerização de vários monômeros em papéis e tecidos promovem melhorias no volume, resiliência, resistência a ataques ácidos e resistência à tração. Irradiação de alguns produtos têxteis celulósicos tem auxiliado no desenvolvimento de tecidos do tipo *dura-press*. O *grafting* de determinados monômeros para espuma de poliuretano, fibras naturais e têxteis plásticos melhoram a resistência a intempéries, bem como facilitam a engomagem, colagem, tingimento e estampagem. Pequenas doses de radiação promovem a degradação da superfície de alguns plásticos, de modo a melhorar a aderência da tinta à sua superfície.

A impregnação de monômeros em madeira, papel, concreto e certos compósitos tem aumentado sua dureza, resistência e estabilidade dimensional após a irradiação. Por exemplo, a dureza da madeira de pinheiro tem sido 700% maior usando esse método. Resinas fusíveis solúveis e de baixa massa molecular, como novolacs e resóis, são usadas na produção de pré-impregnados (materiais impregnados de reforço). O termo *estágio A* é usado para se referir a resinas de novolac e resol. Sob alto vácuo a madeira, os tecidos, as fibras de vidro e os papéis podem ser saturados com resinas de *estágio-A*. Estes pré-impregnados supersaturados, em seguida, podem ser expostos à radiação de cobalto, fazendo com que o material transforme-se em termofixo. O material passa do *estágio-A* para um material "borrachudo", conhecido como *estágio-B*. Outras reações posteriores resultam um produto endurecido, insolúvel, infusível e rígido, sendo esta última fase de polimerização, conhecida como *estágio-C*.

Os termos *estágio (ou fase) A, B e C* também são usados para descrever condições análogas em outras resinas termofixas. (Consulte fenólicos no apêndice F.)

Um tipo de polietileno *encolhível* comercialmente disponível, denominado genericamente como *shrink-wrap*, é frequentemente usado na embalagem de produtos alimentares. Este filme irradiado é reticulado por radiação para conferir-lhe maior resistência. O filme pode ser esticado em mais de 200% e é normalmente comercializado já com alguma tensão. Quando aquecido a 82 °C [180 °F] ou mais, esse filme tende a reduzir-se para suas dimensões originais, produzindo um empacotamento apertado. A radiação também é usada como um sistema de esterilização sem calor de alimentos e material cirúrgico embalados dessa maneira.

Radioisótopos são usados em muitas aplicações de medição, principalmente como marcadores. Resinas de monômero, filmes soprados, películas extrudadas, tintas ou outros revestimentos podem ter sua espessura medida sem contactar ou marcar a superfície do material com esse recurso. O uso desse método de medição on line na produção pode otimizar o consumo de matérias-primas, reduzir ou eliminar desperdícios, garantir espessuras mais uniformes e acelerar a produtividade (Figura 20-14).

Quatro vantagens de processamento por radiação e três de suas desvantagens estão listados a seguir:

Vantagens do processamento por radiação
1. Melhora muitas propriedades importantes de plásticos.
2. Muitos processos de radiação não ionizante aceleram a produção pela promoção do aquecimento ou início da polimerização.
3. Nenhum contato físico é necessário.
4. Fontes da máquina podem ser controladas com facilidade e requerem menos blindagem.

Desvantagens do processamento de radiação
1. Equipamentos de radiação gama são relativamente caros, e alguns são altamente especializados.
2. Demanda manuseio cuidadoso e pessoal altamente capacitado (especialmente para radiações ionizantes).
3. Há perigo potencial para os operadores em razão da radiação ionizante e radioisótopos.

Pesquisa na internet

- **http://www.e-beam-rdi.com.** A Radiation Dynamics Inc. é uma empresa líder na fabricação e fornecimento de aceleradores de feixes de elétrons industriais. As aplicações de seus sistemas incluem fios e cabos reticulados, polímeros reticulados, tubos retráteis ao calor e cisão de polímeros de cadeia longa. Selecionando *Site Map* na página inicial, em seguida, escolhendo *Industrial* e finalmente *Irradiation*, acessa-se a informação sobre suas aplicações com polímeros.
- **http://www.ebeamservices.com.** Selecionando *Technology* na página inicial, tem-se acesso a uma seção sobre noções básicas de *E-Beam*, um tratamento útil em processos de irradiação industrial. Selecionando *Technical Papers*, você será direcionado a um grupo de artigos sobre a utilização de processos de feixe de elétrons para plásticos e compósitos.
- **http://www.electrontech.com.** A Electron Technologies Corp. fornece serviços de irradiação para diversas indústrias, incluindo a extrusão de plásticos e moldagem. Selecionando *About* na página inicial, disponibiliza-se uma visão geral do processamento de irradiação.
- **http://www.iba-worldwide.com/industrial/applications/material.** O site da IBA Industrial fornece informações sobre o processamento de irradiação de vários materiais poliméricos.

Vocabulário

As palavras a seguir são encontradas neste capítulo. Consulte o glossário no Apêndice A para encontrar as definições destas palavras, caso você não compreenda como elas se aplicam aos plásticos.

Fóton	Partículas beta
Gray	Quantum
Irradiação	Radiação
Isótopos	Radiação gama
Nêutrons	Raio gama
Partículas alfa	Ultravioleta

Questões

20-1. Cite o termo que se refere ao bombardeio de plástico com uma variedade de partículas subatômicas, que pode ser efetuado com o intuito de polimerizar e alterar as propriedades físicas do plástico.

20-2. É a mais importante fonte de radiação controlada: _____.

20-3. _____ ocorre quando um ou mais tipos diferentes de monômeros são conectados à estrutura principal de uma cadeia polimérica.

20-4. Cite cinco plásticos que têm resistência de radiação ruim.

20-5. Denomine dois aditivos para plásticos que podem ajudar a impedir a penetração de radiação danosa.

20-6. A partícula transportadora de energia em ondas é denominada _____.

20-7. Elétrons movimentando-se a alta velocidade e com alta energia são chamados de partículas _____.

20-8. Diferentes formas do mesmo elemento com diferentes massas atômicas são denominadas _____.

20-9. O rompimento de ligações covalentes por radiações nucleares é denominado _____.

20-10. Os dois tipos de sistemas de radiação ou fontes são _____ e _____.

20-11. Quantidades controladas de irradiação podem causar _____ de ligações, para a formação de radicais livres e reticulação.

20-12. Irradiação descontrolada pode romper ligações, reduzindo _____ e _____.

20-13. Descreva quatro efeitos adversos da irradiação.

20-14. Dê o nome de três possíveis fontes de radiações ionizantes para irradiação de plásticos.

20-15. Dê o nome de quatro possíveis fontes de radiação não ionizante para irradiação de plásticos.

20-16. _____ é o termo usado para descrever a dose dada na irradiação de polímeros.

20-17. Fontes de radiação devem ser manipuladas com cuidado somente por _____ altamente capacitados.

20-18. Doses acumuladas ou exposição a radiação _____ e _____ podem causar danos permanentes às células do corpo humano.

20-19. Dê o nome de quatro grandes vantagens de processamento por irradiação.

20-20. _____ são chamadas de fontes de energia, e podem ser usadas para preaquecer compostos de moldagem, filmes de selagem a quente, polimerizar resinas e expandir esferas de poliestireno.

20-21. Raios _____ são radiações que queimam ou bronzeiam o corpo humano.

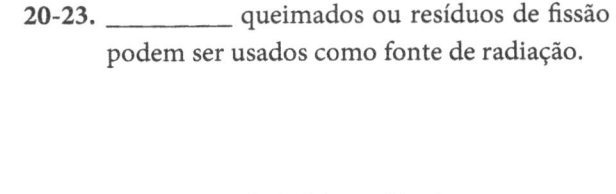

20-22. Identifique as partículas que apresentam massas pesadas, lentas e com uma carga positiva dupla.

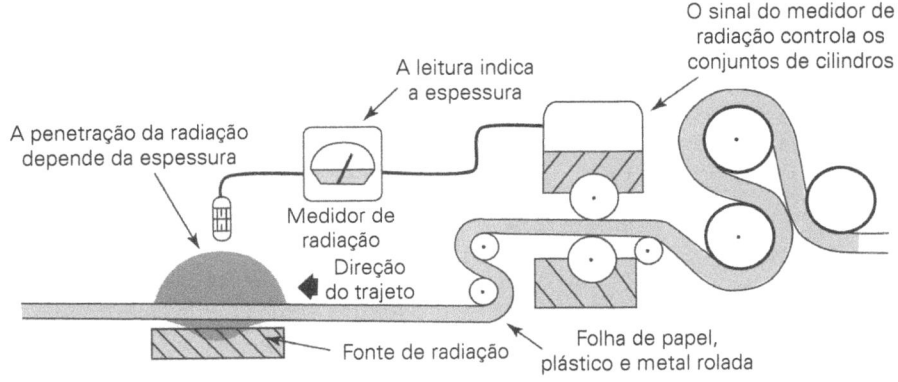

20-23. _____ queimados ou resíduos de fissão podem ser usados como fonte de radiação.

Figura 20-14 – Os radioisótopos são usados para aferir continuamente a espessura de um material sem haver contato físico com ele.

20-24. Como regra geral, todas as formas de radiação natural devem ser consideradas _____ aos polímeros.

20-25. Mais de _____ % de produtos irradiados são processados por fontes de elétrons de alta energia.

20-26. Para quais dos seguintes produtos ou aplicativos você selecionaria o processamento por radiações ionizantes ou não ionizantes?
  a. Polimerização de determinadas resinas
  b. Tratamento de superfície de filmes
  c. Secagem de grânulos de plástico ou de preformas

Capítulo 21

Considerações de projeto

Introdução

Este capítulo resume as regras básicas para projetar produtos. Em razão da diversidade de materiais, processos e usos de produto, projetar produtos com plásticos demanda uma experiência maior que com outros materiais. A informação apresentada neste capítulo deve servir como guia fundamental e ponto de partida útil na compreensão da complexidade de projetar produtos plásticos. Veja o Apêndice H para fontes adicionais de informação.

Existem muitas fontes que podem ser usadas para estudar problemas de projeto específicos e algumas estão incluídas na discussão de materiais e processos individuais.

Nos primeiros anos de desenvolvimento, com frequência os plásticos eram escolhidos como substitutos de outros materiais. Alguns destes primeiros produtos tinham muito sucesso por causa da consideração e do conceito dados ao escolher os materiais. Por outro lado, alguns destes produtos fracassavam porque os projetistas não tinham conhecimento suficiente sobre as propriedades dos plásticos usados ou eram motivados pelo custo e não pelo uso prático do material. Os produtos simplesmente não suportavam o uso diário e partiam. O conhecimento dos projetistas sobre a propriedade dos plásticos tem crescido com a indústria. Uma vez que os plásticos têm combinações de propriedades que nenhum outro material possui, isto é, resistência, leveza, flexibilidade e transparência (Tabela 21-1), agora, são escolhidos como materiais principais ao invés de substitutos.

As considerações de projeto para compósitos de polímero são mais complexas que aquelas para homopolímeros. Muitos compósitos variam com o tempo sob carga, taxa de carregamento, pequenas variações na temperatura, composição da matriz, forma de material, configuração de reforço e método de fabricação. Dependendo das exigências de projeto, podem ser projetados para serem isotrópicos, quasi-isotrópicos ou anisotrópicos.

Nas últimas décadas, o desenvolvimento de tecnologias baseadas em computação tem tido a maior influência no projeto. Apesar da disponibilidade de uma rede sem fim de programas e sistemas, o projeto e desenvolvimento de produto se apoia em **projeto auxiliado por computador (CAD), engenharia baseada em computador (CAE)** e em sistemas de análise de fluxo, como o Moldflow®. O CAD e o CAE têm crescido em grandes campos, com muitas companhias oferecendo produtos de software. Contudo, tanto o CAD quanto o CAE começaram usando computadores de grande porte, e migraram também para os computadores pessoais. À medida que o poder dos computadores pessoais (PC) cresceu, mais capacidades tornaram-se disponíveis em pacotes CAD e CAE baseadas em PC. Essa tendência continua, fazendo os PCs tanto mais poderosos quanto menos caros.

Análise de fluxo com o auxílio de computador

Até o ano 2000, as duas maiores empresas envolvidas na análise de fluxo com o auxílio de computador eram a Moldflow e a AC Technology. Ambas

Tabela 21-1 – Plásticos versus metais

Propriedades de plásticos que podem ser...	Favorável ou desfavorável
Favorável 1. Leve 2. Melhor resistência a produtos químicos e umidade 3. Melhor resistência a choque e vibração 4. Transparente ou translúcido 5. Tendência a absorver vibração e som 6. Maior resistência à abrasão e ao uso 7. Autolubrificação 8. Geralmente, mais fácil de lubrificar 9. Pode ter cor integral 10. O custo tende a cair. Na atualidade o preço de plásticos compósitos é aproximadamente 11% mais baixo que cinco anos atrás. Entretanto, plásticos de alto volume estabelecido há muitos anos – fenólicos, estirenos, vinilas, por exemplo – parece ter atingido um patamar de preço e os preços variam somente quando a demanda está fora de fase com o fornecimento. 11. Geralmente, custam menos por item acabado 12. Consolidação de itens **Desfavorável** 1. Resistência mais baixa 2. Muito maior expansão térmica 3. Maior susceptibilidade para arrastar, para fluxo frio e deformação sob carga 4. Menor resistência ao calor – tanto à degradação térmica quanto à distorção pelo aquecimento 5. Mais sujeito à perda de maleabilidade a baixas temperaturas 6. Mais macio 7. Menos dúctil 8. As dimensões variam pela absorção de umidade ou solventes 9. Inflamável 10. Algumas variedades se degradam pela radiação ultravioleta 11. A maioria custa mais (por milímetro cúbico) que os metais competitivos. Quase todos custam mais por quilograma	1. Flexível – mesmo as variedades rígidas mais elásticas que os metais 2. Não condutores elétricos 3. Isolantes térmicos 4. Formado pela aplicação de calor e pressão **Exceções** 1. Alguns plásticos reforçados (epóxis, poliésteres e fenólicos reforçados com vidro) são quase tão rígidos e fortes (particularmente em relação à massa) quanto a maioria dos aços; provavelmente até mais estáveis dimensionalmente 2. Alguns filmes e folhas orientados (poliésteres orientados) têm maiores proporções resistência-massa que aços laminados à frio. 3. Alguns plásticos são agora mais baratos que metais competidores (náilon *versus* latão, acetal *versus* zinco, acrílico *versus* aço inoxidável). 4. Alguns plásticos são mais resistentes a temperaturas mais baixas que o normal (acrílico não tem ponto de quebra conhecido). 5. Muitas combinações plástico-metal estendem a faixa de aplicações úteis de ambos (laminados metal vinila, vinis com chumbo, poliésteres metalizados e PTFE preenchidos com chumbo). 6. Os componentes de plástico e metal podem ser combinados para produzir um balanço desejado de propriedades (itens de plástico com moldagem no local, suplementos de metal em fibras; engrenagens com centros de ferro fundido e dentes de náilon; suporte giratório com haste e suporte de náilon ou revestimento de suporte de TFE. 7. Enchimentos metálicos em plásticos os tornam eletricamente ou termicamente condutores ou magnéticos.

as empresas desenvolveram e comercializaram programas para prognosticar o fluxo, o resfriamento e a deformação de produtos de plástico nos processos de moldagem por injeção simulada, de moldagem por injeção auxiliada por gás e de moldagem por coinjeção. Os programas eram chamados C-Mold®. Em 2000, a Moldflow comprou o C-Mold e agora mantém o palco central no mundo de análise de fluxo.

Protótipo rápido

O tradicional protótipo, uma atividade industrial longa, envolve processos de execução de trabalho em máquinas como moagem, torneamento e trituração. Alguns protótipos têm sido feitos inclusive por fundição. Em contraste, novos processos de protótipo são mais rápidos e podem criar objetos físicos diretamente de desenhos de CAD. Os modelos de **protótipo rápido** normalmente envolvem construir uma forma com o uso de muitas camadas finas – algumas vezes tantas quantas 5 a 10 camadas para cada milímetro de modelo. O protótipo rápido começou em torno de 1990 e por volta do ano 2002 cresceu para um mercado de 1 bilhão de dólares americanos por ano. Desde 2002, o maior crescimento ocorreu em impressoras 3D, que estão com custo mais baixo que outros sistemas e não exigem ventilação especial. As duas empresas que têm liderado as vendas de impressoras 3D são Stratasys e Z Corp. Como uma indicação do rápido crescimento de impressoras 3D, ambas as empresas têm vendido sistemas por mais de dez anos, mas aproximadamente metade do total das vendas ocorreu entre 2003 e 2006.

O equipamento de protótipo rápido pode ser categorizado de acordo com três materiais comuns usados: fotopolímeros, termoplásticos e adesivos. Os sistemas de fotopolímeros, normalmente chamados de esterolitografia (SLA), usam um polímero líquido que é solidificado em camadas finas pela exposição a determinados comprimentos de onda de luz. A Figura 21-1 mostra um modelo criado por um sistema SLA. Normalmente, a cura de cada camada por exigir um ou dois minutos porque a fonte de luz é laser. Durante o processo de cura, o material de fotopolímero encolhe e pode se distorcer. Para minimizar a distorção, estruturas de suporte – normalmente paredes finas em um padrão de grade – devem ser adicionadas aos modelos. Os sistemas de termoplásticos, em geral chamados sinterização a laser (LS), fundem e, então, aplicam camadas finas de plástico quente ao modelo em crescimento. O material se funde à camada inferior, criando um objeto contínuo. Os sistemas de adesivo, geralmente chamados de tecnologia de laminação de papel (PLT), usam várias ataduras para ligar as camadas de papel. O método de laminação de papel é o menos caro das três abordagens e produz modelos com distorção mínima.

A Figura 21-2 mostra um modelo no processo de remoção de um leito de gesso em pó em uma impressora 3D Z-Corp. Esse tipo de sistema não precisa de uma estrutura de suporte para o modelo porque o gesso ao redor fornece estabilidade. Por outro lado, a impressora 3D Stratasys constrói o modelo com um grau de plástico ABS. A Figura 21-3 mostra a cabeça de extrusão de uma unidade Stratasys durante as operações de purgação. Os materiais para ambos os modelos e a estrutura de suporte estão visíveis. O filamento branco (ABS) é para o modelo e o filamento mais escuro é o material de suporte, que pode ser dissolvido em uma solução de água quente. Uma vez

Figura 21-1 – Esta foto mostra um sistema SLA®. Observe a estrutura de suporte que apoia o modelo de roda à medida que as camadas são adicionadas. (Cortesia da 3D Systems, Inc.)

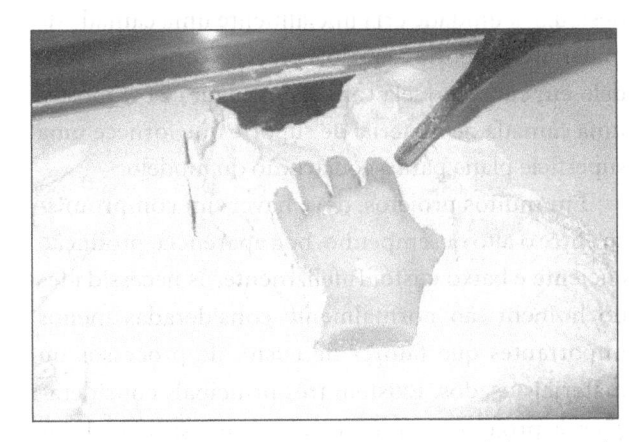

Figura 21-2 – Um pequeno vácuo remove o pó de gesso do entorno do modelo de uma mão em uma unidade Z-Corp.

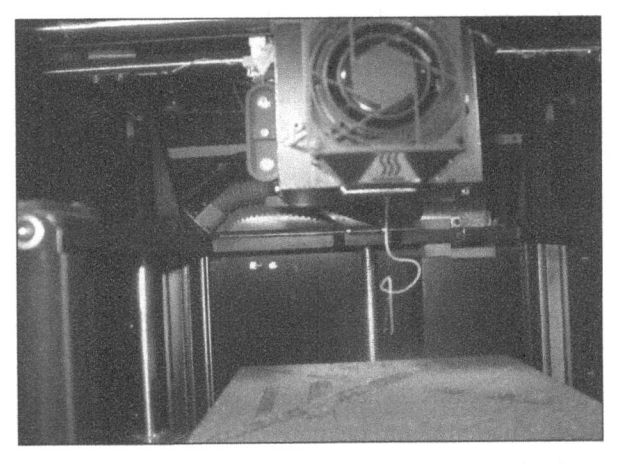

Figura 21-3 – A purgação da cabeça da impressora garante que o material do modelo, ABS branco, e o material de suporte, polímero mais escuro solúvel em água, estejam ambos fluindo apropriadamente.

Figura 21-4 – Na placa de espuma reutilizável, permanece uma camada de material de suporte após o modelo ter sido removido. Se o modelo tem cavidades internas, o material de suporte deve ser dissolvido para removê-lo.

que a base na qual o modelo é construído pode ser desigual, a unidade cria inicialmente uma camada de material de suporte e, então, começa a construir o modelo em cima daquela camada. A Figura 21-4 mostra uma camada de material de suporte que fornece uma superfície plana para a construção do modelo.

Em muitos projetos, deve haver um compromisso entre o alto desempenho, boa aparência, produção eficiente e baixo custo. Infelizmente, as necessidades do homem são normalmente consideradas menos importantes que fatores de custo, de processos ou materiais usados. Existem três principais considerações de projeto (algumas vezes sobrepostas), inclusas no seguinte esboço do capítulo:

I. Considerações de material
   A. Ambiente
   B. Características elétricas
   C. Características químicas
   D. Fatores mecânicos
   E. Economia
II. Considerações de projeto
   A. Aparência
   B. Limitações de projeto
III. Considerações de produção
   A. Processos de fabricação
   B. Encolhimento de material
   C. Tolerâncias
   D. Projeto de molde
   E. Teste de desempenho

Considerações de material

Os materiais com as propriedades certas devem ser escolhidos para satisfazer as condições de projeto, de economia e de serviço. No passado, o projeto era comumente alterado para compensar as limitações de material.

O cuidado deve ser exercitado ao usar informações sobre o desempenho da matriz obtida de folhas de dados ou do fabricante. Muitos destes dados são baseados em avaliações controladas de laboratório. É muito difícil comparar dados patenteados de diferentes fornecedores. Entretanto, isto não implica que estes dados não possam ser utilizados na triagem de materiais candidatos.

Os clientes normalmente usam as **especificações** em um documento para declarar todas as exigências a serem satisfeitas pelo produto proposto, materiais ou outros padrões. Existem vários tipos diferentes de **padrões**, incluindo padrões *físicos*, como os mantidos pelo National Bureau of Standards (NBS); padrões *regulatórios*, tais como aqueles da EPA; padrões *voluntários*, recomendados pelas sociedades técnicas, produtores, associações de mercado ou outros grupos como Underwriters Laboratories (UL); e *mil* (militares) e padrões *públicos*, promovidos por organizações profissionais, como a ASTM.

O uso do sistema métrico e a internacionalização de padrões podem reduzir custos associados a materiais, produção, inventário, projeto, teste, engenharia, documentação e controle de qualidade. Existe evidência substancial de que a utilização do sistema métrico e a padronização diminuem os custos. Devemos mudar nossas atitudes em relação às medidas e padrões internacionais se desejarmos diminuir significativamente os custos e aumentar o mercado internacional.

Com a evolução do computador, métodos sistemáticos de triagem e seleção de materiais são mais fáceis. Os modelos de computador podem prever e antecipar a maioria das circunstâncias nas quais o material pode falhar. Em alguns modelos de computador, a cada propriedade é atribuído um valor de acordo com a importância. Em seguida, cada propriedade que se espera que o item tolere é introduzida. O computador selecionará a melhor combinação de materiais e processos.

Os materiais plásticos devem ser escolhidos com cuidado, mantendo-se o uso do produto final em mente. As propriedades dos plásticos dependem mais da temperatura do que os outros materiais. Os plásticos são mais sensíveis à variação no ambiente. Consequentemente, muitas famílias de plástico podem ser limitadas pelo uso. Não existe material que possuirá todas as qualidades desejadas. Entretanto, características indesejáveis podem ser compensadas no projeto do produto.

A escolha do material final para um produto é baseada no mais favorável balanço de projeto, fabricação e custo total ou preço de venda do item acabado. Tanto os projetos simples quanto os complicados podem precisar de menos operações de processamento e fabricação usando plásticos, que podem ser combinados com as características do material para tornar o custo do plástico competitivo com outros materiais usados para itens específicos.

Ambiente

Ao projetar um produto plástico, os ambientes físicos, químicos e térmicos são importantes para se considerar. A faixa usual de temperatura da maioria dos plásticos raramente excede 200 °C [392 °F]. Muitos itens de plástico expostos às energias radiante e ultravioleta sofrem quebra, tornam-se quebradiços e perdem resistência mecânica. Os fluorocarbonos, os silicones, as poliimidas e plásticos preenchidos devem ser usados para produtos que operam abaixo de 230 °C [450 °F]. Os ambientes exóticos de fora do espaço e o corpo humano estão tornando-se lugares comuns para materiais plásticos. Os materiais de isolamento e ablativos usados para veículos espaciais, bem como reforços de artéria e válvulas, são apenas uma pequena parte desses novos produtos.

Alguns plásticos mantêm suas propriedades em temperaturas criogênicas (extremamente baixas). Por exemplo, recipientes, suportes autolubrificantes e tubos flexíveis devem funcionar adequadamente em temperaturas abaixo de zero. Os ambientes frios e hostis do espaço e da Terra são apenas dois exemplos. A qualquer momento em que embalagens de alimentos e a refrigeração são considerados ou sabor e odores são um problema, o plástico deve ser escolhido. A United States Food and Administration lista os plásticos aceitáveis para empacotamento de alimentos.

Em 1969, o governo norte-americano aprovou a Child Protection na Toy Safety Act. Ela foi concluída em 1973 pelo Consumer Product Safety Commission (CPSC). Em 1995, estas leis foram revisadas na Child Safety Protection Act, que ainda está em vigência. Esta lei ordena rotulagem preventiva em relação aos perigos de asfixia para crianças abaixo de três anos. Estas regulamentações têm ajudado a proteger crianças, mas em 1999, quase 70 mil crianças abaixo da idade de cinco anos foram para aos prontos-socorros apresentando ferimentos relacionados aos brinquedos.

Em adição às temperaturas extremas, à umidade, à radiação, aos abrasivos e a outros fatores ambientais, o projetista deve considerar a resistência ao fogo. Não existem plásticos completamente resistentes ao fogo.

Os compósitos de fibra de poliimida e boro têm resistência à temperatura alta e durabilidade. Os compósitos de fibra de poliimida e grafite podem competir com metais na resistência e atingem economias significativas em peso a temperaturas de serviço de até 316 °C [600 °F]. O pó de boro é, algumas vezes, adicionado à matriz para ajudar a estabilizar o carvão que se forma na oxidação térmica. Outros aditivos resistentes à chama ou uma matriz ablativa também podem ser usados. O perigo apresentado por chamas abertas é a mais séria desvantagem do uso de plásticos em tecidos e estruturas arquitetônicas.

Lembre-se, a degradação térmica e a ligação cruzada não são fenômenos reversíveis. A transição de vidro, a fusão e a cristalização de muitas matrizes são reversíveis.

A umidade pode provocar a deterioração e o enfraquecimento do reforço e da ligação de matriz nos compósitos. Quaisquer buracos, beiradas expostas ou áreas executadas em máquina devem receber um revestimento de proteção para prevenir a infiltração ou o vazamento de umidade.

Características elétricas

Todos os plásticos têm isolamento elétrico característico. Apesar de a seleção de plástico ser normalmente baseada nas propriedades mecânicas, térmicas e químicas, muito do pioneirismo em plástico foi para usos elétricos. Os problemas de isolamento elétrico, tais como ambientes de alta altitude, do espaço, do fundo do mar e do subsolo são resolvidos utilizando-se plástico. Radar para qualquer tempo e sonares de fundo d'água não seriam possíveis sem o uso de plásticos. Eles são usados para isolar, revestir e proteger os componentes eletrônicos.

Compósitos particulados usando carbono, grafite, metal ou reforços revestidos de metal fornecem blindagem EMI para muitos produtos.

Características químicas

As naturezas química e elétrica dos plásticos estão intimamente relacionadas em razão da sua composição molecular. Não existe regra geral para a resistência química. Os plásticos devem ser testados em ambiente químico de seu uso real. Os fluorocarbonos, os poliéteres clorados e as poliolefinas estão entre os materiais mais resistentes aos produtos químicos. Alguns plásticos reagem como membranas semipermeáveis. Eles permitem que produtos químicos ou gases selecionados passem e bloqueiem outros. A permeabilidade dos plásticos de polietileno é um recurso no empacotamento de frutas e carnes frescas. Os silicones e outros plásticos permitem que oxigênio e gases passem através de uma membrana fina, enquanto para as moléculas de água e muitos íons de produtos químicos ao mesmo tempo. A filtração seletiva de minerais da água pode ser feita com membranas de plástico semipermeáveis.

Fatores mecânicos

As considerações de material incluem os fatores mecânicos de fatiga, elásticos, de curvatura, de resistência à compressão, de dureza, de amortecimento, de fluxo frio, de expansão térmica e estabilidade dimensional. Todas estas propriedades foram abordadas no Capítulo 6. Apesar de os enchimentos melhorarem a estabilidade dimensional de todos os plásticos, produtos que precisam de estabilidade dimensional pedem uma cuidadosa escolha de material. Um fator algumas vezes usado na avaliação e seleção é a relação resistência-massa – a proporção entre a resistência à elasticidade e a densidade do material. Os plásticos podem superar aços na relação resistência-massa.

Exemplo:
Divida a resistência à elasticidade do material pela densidade.

$$\text{Plástico selecionado} - \frac{0{,}70 \text{ Gpa}}{2 \text{ g/cm}^3} = 0{,}350$$

$$\text{Aço selecionado} - \frac{1{,}665 \text{ Gpa}}{7{,}7 \text{ g/cm}^3} = 0{,}214$$

O tipo e orientação de reforços influenciam enormemente nas propriedades de produtos compósitos. Algumas especificações nos projetos críticos designarão um **fator de segurança** (FS). Um fator de segurança (algumas vezes chamado fator de projeto) é definido como a proporção da resistência máxima do material em relação à tensão de funcionamento admissível.

$$\text{FS} = \frac{\text{Resistência máxima}}{\text{Tensão de funcionamento admissível}}$$

O FS para uma engrenagem de aterrissagem de compósito de aeronave deve ser 10,0, enquanto que, para uma mola de automóvel, será apenas 3,0. Com dados exatos e confiáveis, alguns projetos usam fatores de segurança de 1,5 a 2,0.

Economia

A consideração econômica é a fase final da seleção de material. É melhor incluir os custos de material na triagem preliminar dos materiais candidatos. Materiais com propriedades de desempenho sem grande importância ou materiais caros precisam ser eliminados neste ponto. Qualquer material pode continuar a ser um possível candidato, dependendo dos parâmetros de processamento, condições de montagem, de acabamento e serviço. Um polímero com características de desempenho mínimas pode não ser a melhor escolha caso confiabilidade e qualidade sejam importantes.

O custo é sempre o fator principal na consideração de projeto ou seleção de material. A relação resistência-massa ou resistência a produtos químicos, mecânica e umidade podem superar a desvantagem do preço. Alguns plásticos custam mais por quilograma que os metais ou outros materiais, mas os plásticos normalmente custam menos por item acabado. A comparação mais significativa entre diferentes plásticos é o custo por centímetro cúbico. Em qualquer operação de moldagem, a densidade aparente e os fatores de volume são importantes na análise do custo.

A **densidade aparente**, algumas vezes chamada *densidade de volume*, é a massa por unidade de volume de um material. Ela é calculada colocando-se a amostra de teste em uma proveta e tomando-se a medida. O volume (*V*) da amostra é o produto de sua altura (*H*) pela área transversal (*A*). Portanto, *V* = *HA*.

$$\text{Densidade aparente} = \frac{M}{V}$$

Onde:
V = volume me centímetro cúbicos ocupado pelo material na proveta
H = altura em centímetros do material na proveta
A = área transversal em centímetros quadrados da proveta
M = massa em gramas do material na proveta

Muitos itens de plástico e de compósito de polímero custam dez vezes mais que o aço. Em uma base de volume, alguns têm custo menor que os metais.

O **fator de volume** é a razão entre o volume do pó de moldagem solto e o volume da mesma massa da resina após a moldagem. Os fatores de volume podem ser calculados como se segue:

$$\text{Fator de volume} = \frac{D_2}{D_1}$$

onde:
D_2 = densidade média da espécie moldada ou formada
D_1 = densidade aparente média do material plástico antes da formagem

A economia deve também incluir o método de produção e as limitações de projeto de produto. Tanques de gasolina sem costura de peça única podem ser moldados rotacionalmente ou por sopro. O último processo usa equipamentos mais caros, mas pode produzir mais rapidamente, portanto, reduzindo custos. Contrariamente, tanques de armazenamento grandes podem ser produzidos mais economicamente por fundição rotacional que por moldagem de sopro.

Os investimentos de capital para nova ferramenta, equipamento ou espaço físico podem resultar na consideração de materiais e/ou processos diferentes. Não se pode esperar que se comparem às operações intensivas de trabalho, normalmente associadas à moldagem úmida ou aberta, com as facilidades automatizadas de algumas empresas. O número de itens a ser produzido e os custos da produção inicial podem ser um fator decisivo. Os fatores dominantes no projeto de plásticos são serviço, produção e custo. O uso e o desempenho do item ou produto devem ser uma preocupação em definir alguns fatores de projeto. Para cada projeto, pode haver várias opções de produção e processo. O custo normalmente aparece para superar a maioria das outras preocupações de projeto e desenvolvimento e normalmente é baseado no método de produção.

O volume de vendas é também muito importante. Se um molde custa US$ 10 mil e apenas 10 mil serão produzidos, o custo do molde seria de US$ 1,00 por item. Se um milhão de itens serão produzidos, o custo do molde seria de US$ 0,01 por item.

Muitos componentes de compósito podem ser mais eficientes em termos de custo em longo prazo. Em muitas aplicações, os produtos podem simplesmente durar mais que metais. Os componentes de compósito de peça única poderiam reduzir o número de moldes usados, ferramenta e tempo de montagem na produção de um casco de barco, de fuselagem ou de pisos automotivos. Componentes de compósitos ou plásticos resistentes à corrosão e leves poderiam diminuir os custos de energia de combustível pela vida toda do veículo de transporte. Menos energia é consumida (incluindo o conteúdo de energia da matéria-prima) na produção de itens de polímero. Os plásticos são, em sua maioria, derivados do petróleo, e devem continuar a competir por fontes de esgotamento.

Considerações de projeto

Ao considerar as condições totais de projeto, as exigências de aplicação ou função intencionada, de ambiente, de confiabilidade e as especificações devem ser revisadas. Os bancos de dados de sistema em computador podem alertar os projetistas de que o projeto está fora de parâmetros do material ou processo escolhido. Veja o apêndice H para fontes adicionais de informação.

Aparência

O consumidor está provavelmente mais atento à aparência física e à utilidade. Isto inclui projeto, cor, propriedades óticas e acabamento superficial. Os elementos de projeto e aparência encerram várias propriedades ao mesmo tempo. Cor, textura, forma e material podem influenciar no apelo ao consumidor. Um exemplo é o móvel polido, de linhas atrativas de estilo dinamarquês com madeira escura e um acabamento de descoloração. Mudar qualquer destes elementos ou propriedades mudaria drasticamente o projeto e a aparência do móvel.

Algumas características notáveis dos plásticos são que podem ser transparentes ou coloridos, lisos como vidros ou flexíveis e macios como pele. Em muitos casos, os plásticos podem ser os únicos materiais com combinação desejada de propriedades para preencher as necessidades de serviço.

Para garantir o projeto apropriado, deve haver uma cooperação próxima entre os manufaturadores de molde, os manufaturadores, os processadores e os fabricantes.

Deve-se refletir sobre o projeto dos itens de plástico antes de ser moldado para garantir que a melhor combinação de propriedades mecânica, elétrica, química e térmica seja obtida.

Pressões residuais aumentam como resultado por se forçar o material para corresponder a uma forma de molde. Essas pressões são bloqueadas durante o resfriamento ou cura e encolhimento da matriz. Elas podem provocar distorção nas superfícies planas. A distorção é algumas vezes proporcional à quantidade de encolhimento da matriz e geralmente é resultado do encolhimento diferencial.

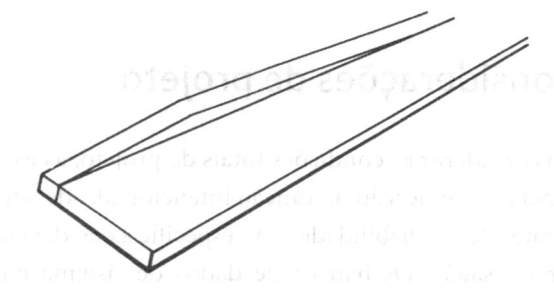

(A) Faixas planas e longas empenarão. Suportes devem ser adicionados ou a peça coroada em uma forma convexa.

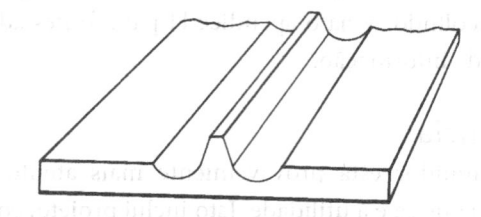

(B) Partes desiguais provocaram distorção, empenamento, quebras, declínio ou outros problemas por causa da diferença no encolhimento de parte para parte.

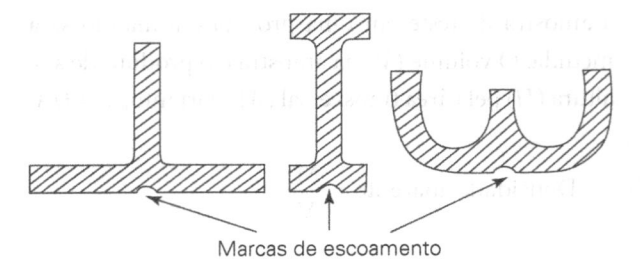

(C) A espessura de paredes e suportes em item de termoplástico deve ser 60% da espessura das paredes principais. Isto reduzirá a possibilidade de marcas de escoamento.

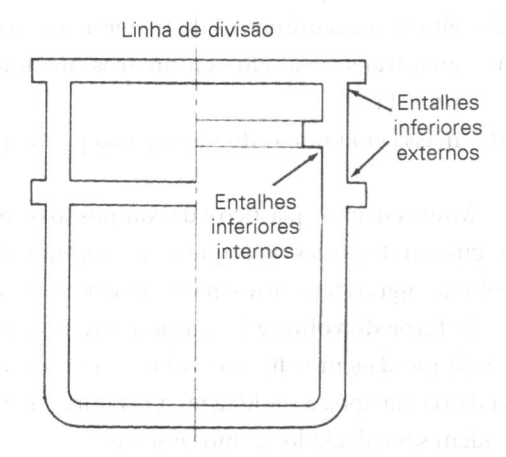

(D) Uma moldagem simples com entalhes inferiores internos.

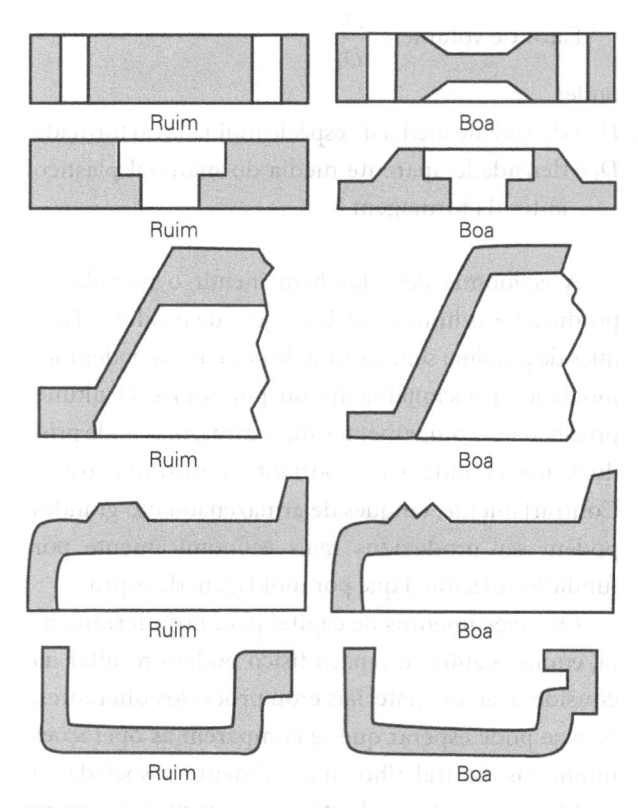

(E) A importância de espessuras seccionais uniformes.

Figura 21-5 – Precauções para observar na produção de produtos plásticos.

Não existem regras rígidas e rápidas para determinar a espessura de parede mais prática de um item moldado. Suportes, ornamentos, flanges e pérolas são métodos comuns de adicionar resistência sem aumentar a espessura da parede. Áreas planas grandes devem ser ligeiramente convexas ou coroadas para maior resistência e para prevenir distorção de pressão (Figura 21-5A).

Na moldagem, é importante que todas as áreas da cavidade do molde sejam preenchidas com facilidade para minimizar uniformemente a maioria da pressão na moldagem do item. Uma espessura de parede uniforme no projeto é importante para prevenir encolhimento desigual de partes finas e grossas (Figura 21-5B). Se a espessura da parede não é uniforme, o item moldado pode distorcer, empenar ou ter tensões internas ou quebrar. De 6 a 13 mm [0,24 a 0,51 pol] pode-se considerar espessura de parede pesada em itens moldados.

Em geral, os **suportes** na base devem ter uma largura igual à metade da espessura da parede adjacente (Figura 21-5C). Eles não devem ser mais altos que três vezes a espessura da parede. Projetos de **ornamentos** devem ter um diâmetro externo igual a duas vezes o diâmetro interno do buraco. Eles não devem ser mais altos que duas vezes o seu diâmetro.

Os itens de plástico devem ter molduras e curvaturas para aumentar a resistência, auxiliar o fluxo de material fundido e reduzir os pontos de concentração de tensão. Todos os raios devem ser amplos e o raio mínimo recomendado é 0,50 mm [0,020 pol]. Um bom projeto padrão é ajustar a proporção entre o raio da moldura e a espessura nominal da parede para 0,5. Isto significa que, quando um suporte com uma parede nominal de 3 mm [0,125 pol] encontra uma parede, o raio da moldura deve ser 1,5 mm [0,062 pol].

Cortes inferiores (internos ou externos) nos itens devem, quando possível, ser evitados. Os **cortes inferiores** (Figura 21-5D) normalmente aumentam os custos de equipamento, exigindo técnicas para moldagem, remoção do item (o que normalmente requer itens móveis no molde) e gabaritos de resfriamento. Um corte inferior leve pode ser tolerado em alguns produtos quando se usa materiais elásticos e flexíveis. O item moldado pode ser solto ou tirado da cavidade enquanto quente. As dimensões dos cortes inferiores devem ser menores que 5% do diâmetro do item. Na Tabela 21-2, é mostrada a complexidade dos itens usados em vários processos.

A decoração pode ser considerada um fator funcional importante no projeto de plástico. O produto pode incluir texturas, instruções, etiquetas ou letras e deve ser decorado de uma maneira que não complique a remoção do molde. As decorações devem fornecer serviço durável para o consumidor. As letras são normalmente esculpidas, gravadas a quente ou causticadas eletronicamente dentro das cavidades do molde (Figura 21-6).

Figura 21-6 – O item elétrico foi moldado em uma das duas cavidades do molde de injeção. Observe as letras gravadas na cavidade do molde.

Limitações de projeto

Após a seleção de material, equipamento e processamento têm um efeito marcante nas propriedades e qualidade de todos os produtos plásticos.

O projeto do produto e, finalmente, o molde usado para fabricar o produto, estão intimamente ligados à produção. Taxas de produção, linhas de saída, tolerâncias dimensionais, cortes inferiores, acabamento e encolhimento do material estão dentre os fatores que devem ser mantidos em mente pelo fabricante do molde ou projetista do equipamento. Por exemplo, cortes inferiores e suplementos diminuem as taxas de produção e exigem moldes mais caros.

O problema do encolhimento de material é igualmente importante tanto para o projetista de moldes quanto para o projetista de produtos moldados. A perda de solventes, plastizantes ou umidade durante a moldagem, somada à reação química de polimerização em alguns materiais, resultam no encolhimento.

Tabela 21-2 – Formas de processamento de plástico – complexidade do item

Forma de processamento	Espessura da seção, mm		Ornamentos	Cortes inferiores	Suplemento	Buracos
	Máx.	Mín.				
Moldagem de sopro	> 6,35	0,254	Possível	Sim – mas reduz a taxa de produção	Sim	Sim
Moldagens de injeção	> 25,4; normalmente 6,35	0,381	Sim	Possível – mas indesejável; reduz a velocidade de produção e aumenta o custo	Sim – variedade de enfileirados e não enfileirados	Sim – tanto direto como cego
Extrusões de corte	12,7	0,254	Sim	Sim – nenhuma dificuldade	Sim – nenhuma dificuldade	Sim – apenas na direção da extrusão; mín. de 0,50 – 1,0 mm
Moldagens de folha (termoformação)	76,2	0,00635	Sim	Sim – mas reduz a taxa de produção	Sim	Não
Moldagens por calandragem		0,508	Sim	Sim – a flexibilidade do vinila permite cortes inferiores drásticos	Sim	Sim
Moldagens de compressão		0,889–3,175	Possível	Possível – mas não recomendado	Sim – mas evite suplementos longos, finos e delicados	Sim – tanto direto quanto cego; ambos devem ser arredondados, grandes e com ângulos retos com a superfície do item
Moldagens de transferência		0,889–3,175	Possível	Possível – mas deve ser evitado; reduz a taxa de produção	Sim – suplementos delicados podem ser usados	Sim – deve ser arredondado, grande e com ângulos reto com a superfície do item
Plástico de moldagem reforçada	Saco: 25,4; cubo combinado 6,35	Saco: 2,54; cubo combinado 0,762	Possível	Saco: sim; cubo combinado: não	Saco: sim; cubo combinado: possível	Saco: apenas grande; cubo combinado: sim
Fundição		3,175–4,762	Sim	Sim – mas somente com moldes divididos e descaroçado	Sim	Sim

Fonte: Adaptado de *Materials Selector*, Materials Engineering, Reinhold Publishing Corp., Subsidiary of Litton Publications, Inc., Division of Litton Industries.

Durante a moldagem por injeção de materiais cristalinos, o encolhimento é afetado pela velocidade de resfriamento.

Seções mais grossas, que levam mais tempo para esfriar, sofrerão maior encolhimento que seções adjacentes mais finas, que esfriam rapidamente.

A contração térmica do material deve também ser considerada. Os valores térmicos para muitos plásticos são relativamente grandes. Isto é um recurso na remoção de produtos moldados das cavidades do molde. Caso sejam necessárias tolerâncias estreitas, deve-se considerar o encolhimento de material e a estabilidade dimensional. O encolhimento de material é, algumas vezes, usado para garantir encaixes compactos ou reduzidos de suplementos metálicos.

Usando um modelo de computador em um sistema CAD, é possível mostrar a resposta da tensão do item com uma geometria específica, conteúdo de reforço, orientação de reforço e orientação de moldagem (fluxo). O modelo de computador pode exigir o uso de suportes, contornos ou outras configurações para produzir propriedades isotrópicas ou anisotrópicas.

Após o projeto preliminar estar finalizado, um protótipo físico é normalmente produzido. Isto permite ao engenheiro de projeto e outros visualizarem e testar em um molde protótipo em funcionamento. O desempenho simulado e os testes de serviço podem ser executados com o protótipo. Caso sejam cometidos erros de projeto ou material, podem ser feitas especificações para um reprojeto.

As considerações tanto de material quanto de produção são importantes ao projetar produtos plásticos. Os problemas encontrados durante a produção de produtos plásticos normalmente demandam a seleção das técnicas de produção antes das considerações de material ser abordadas.

Considerações de produção

Em qualquer projeto de produto, o comportamento e o custo do material são normalmente refletidos na moldagem, fabricação e técnicas montagem. O projetista de equipamento deve considerar o encolhimento de material, a tolerância dimensional, projeto de molde, suplementos, decorações, pinos ejetores, linhas divisórias, taxas de produção e outras operações pós-processamento (Tabela 21-3).

Decoração, rosca, orifícios de perfuração ou outro processo de fabricação ou técnicas de montagem podem tornar a produção mais lenta, diminuir as propriedades de desempenho e aumentar os custos.

A forma, tamanho, formulação da matriz e a forma de polímero do item normalmente limitarão a produção a uma ou duas maneiras possíveis.

Tabela 21-3 – Considerações de projeto

Plástico	Encolhimento linear de molde, mm/mm	Tolerância dimensional prática mm/mm (cavidade única)			Conicidade exigida, graus		
		Fino	Padrão	Grosso	Fino	Padrão	Grosso
ABS	0,127–0,203	0,051	0,102	0,152	0,25	0,50	1,00
Acetal	0,508–0,635	0,102	0,152	0,229	0,50	0,75	1,00
Acrílico	0,025–0,102	0,076	0,127	0,178	0,25	0,75	1,25
Alquide (preenchido)	0,102–0,203	0,51	0,102	0,127	0,25	0,50	1,00
Amino (preenchido)	0,279–0,305	0,51	0,076	0,102	0,125	0,5	1,00
Celulósico	0,076–0,254	0,076	0,127	0,178	0,125	0,5	1,00
Poliéster clorado	0,102–0,152	0,102	0,152	0,229	0,25	0,50	1,00
Epóxi	0,025–0,102	0,051	0,102	0,125	0,25	0,50	1,00
Fluoroplástico (CTFE)	0,254–0,381	0,051	0,076	0,127	0,25	0,50	1,00
Ionômero	0,076–0,508	0,076	0,102	0,152	0,50	1,00	2,00
Poliamida (6.6)	0,203–0,381	0,127	0,178	0,279	0,125	0,25	0,50
Fenólico (preenchido)	0,102–0,229	0,038	0,051	0,064	0,125	0,50	1,00
Óxido de fenileno	0,025–0,152	0,051	0,102	0,152	0,25	0,50	1,00
Polialômero	0,254–0,508	0,051	0,102	0,152	0,25	0,50	1,00
Policarbonato	0,127–0,178	0,076	0,152	0,203	0,25	0,50	1,00
Poliéster (termoplástico)	0,076–0,457	0,051	0,102	0,152	0,25	0,50	1,00
Polietileno (alta densidade)	0,508–1,270	0,076	0,127	0,178	0,50	0,75	1,50
Polipropileno	0,254–0,635	0,076	0,127	0,178	1,00	1,50	2,00
Poliestireno	0,025–0,152	0,051	0,102	0,152	0,25	0,50	1,00
Polissulfona	0,152–0,178	0,102	0,127	0,152	0,25	0,50	1,00
Poliuretano	0,254–0,508	0,051	0,102	0,152	0,25	0,50	1,0
Polivinila (PVC) (rígido)	0,025–0,127	0,051	0,102	0,152	0,25	0,50	1,00
Silicone (fundido)	0,127–0,152	0,051	0,102	0,152	0,125	0,25	0,50

Processos de fabricação

Com a nova tecnologia e materiais, o processamento é geralmente o fator competitivo decisivo. Hoje, existem poucas limitações no processamento de materiais termoplásticos e termocurados que anos atrás. Processos que eram impensáveis há alguns anos agora são rotineiros. Muitos termocurados são agora moldados ou extruídos por injeção. Alguns materiais são processados no equipamento de termoplástico e curados mais tarde. O polietileno pode ter ligações cruzadas por métodos químicos ou de radiação após a extrusão. Tanto os termoplásticos como os termocurados podem ser transformados em celulares. Por causa da moldabilidade, as taxas de produção e outras propriedades de material, aparentemente materiais dispendiosos tornam-se produtos baratos.

Uma comparação de fatores de processamento e econômicos é mostrada na Tabela 21-4.

Encolhimento de material

Irregularidades na espessura da parede podem criar tensões internas no item moldado. Seções grossas esfriam mais lentamente que aquelas finas e podem criar *marcas de encolhimento* bem como encolhimento diferencial no plástico cristalino. Como regra geral, plásticos cristalinos moldados por injeção têm alto encolhimento, enquanto plásticos amorfos encolhem menos.

Uma grande quantidade de pressão deve ser exercida para forçar o material pelas seções de parede fina no molde, que cria problemas adicionais por causa do encolhimento de material. Polietilenos, poliacetais, poliamidas, polipropilenos e alguns polivinilas encolhem entre 0,50 e 0,76 mm/mm [0,20 e 0,030 pol/pol] após a moldagem. Moldes para plástico cristalino e outros amorfos devem permitir o encolhimento de material.

Normalmente, plásticos moldados por injeção encolhem mais na direção do fluxo que oposto ao eixo transversal ao fluxo. Isto é causado principalmente pelo padrão de orientação desenvolvido pela direção do fluxo da porta ou portas. O encolhimento diferencial resulta porque o plástico orientado normalmente tem encolhimento mais alto que o plástico

Tabela 21-4 – Fatores econômicos associados com processos diferentes

Método de produção	Mínimo econômico	Taxa de produção	Custo do equipamento	Custo de ferramenta
Autoclave	1 – 100	Baixa	Baixo	Baixo
Moldagem de sopro	1.000 – 10.000	Alta	Baixo	Baixo
Calendragem (metros)	1.000 – 10.000	Alta	Alto	Alto
Processos de fundição	100 – 1.000	Baixa – Alta	Baixo	Baixo
Processos de revestimento	1 – 1.000	Alta	Baixo – Alto	Baixo
Moldagem de compressão	1.000 – 10.000	Alta	Baixo	Baixo
Processos de expansão	1.000 – 10.000	Alta	Baixo – Alto	Baixo – Alto
Extrusão (metros)	1.000 – 10.000	Alta	Alto	Baixo
Enrolamento de filamento	1 – 100	Baixa	Baixo – Alto	Baixo
Moldagem de injeção	10.000 – 100.000	Alta	Alto	Alto
Laminação (contínua)	1.000 – 10.000	Alta	Baixo	Alto
Laminação à mão	1 – 100	Baixa	Baixo	Baixo
Executado a máquina	1 – 100	Baixa	Baixo	Baixo
Cubo combinado	1.000 – 10.000	Alta	Alto	Alto
Formagem mecânica	1 – 100	Baixa – Alta	Baixo	Baixo
Saco de pressão	1 – 100	Baixa	Baixo	Baixo
Pulformagem (metros)	1.000 – 10.000	Baixa – Alta	Baixo	Alto
Pultrusão (metros)	1.000 – 10.000	Baixa – Alta	Alto	Baixo – Alto
Fundição rotacional	100 – 1.000	Baixa	Baixo	Baixo
Pulverização	1 – 100	Baixa	Baixo	Baixo
Termoformagem	100 – 1.000	Alta	Baixo	Baixo
Moldagem de transferência	1.000 – 10.000	Alta	Baixo	Alto
Saco de vácuo	1 – 100	Baixa	Baixo	Baixo

não orientado. Polímeros reforçados por fibra não são exceção.

Os polímeros reforçados por fibra encolherão mais ao longo do eixo transversal ao fluxo do que ao longo do eixo do fluxo de material. O encolhimento típico de polímeros reforçados por fibra é aproximadamente de um terço à metade que os polímeros não reforçados. A razão é que eles são orientados na direção do fluxo para prevenir o encolhimento livre normal do plástico ou polímero.

Tolerâncias

A manutenção das **tolerâncias** dimensionais está intimamente relacionada ao encolhimento. A moldagem de itens com tolerâncias de precisão exigem a seleção cuidadosa de material e os custos de ferramentas são maiores. As tolerâncias dimensionais de artigos moldados em cavidade única podem ser mantidas a ±0,05 mm/mm [±0,002 pol/pol], ou menos com plásticos selecionados. Erros na ferramenta, variações no encolhimento entre peças de multicavidades, e diferenças na temperatura, carga e pressão de cavidade para cavidade aumentam as tolerâncias dimensionais críticas de moldes de cavidades múltiplas. Por exemplo, se o número de cavidades é aumentado para 50, a tolerância prática mais próxima pode então ser ±0,025 mm/mm [±0,010 pol/pol].

Os padrões de tolerância foram estabelecidos pelos modeladores sob encomenda e pela *Standards Committee* of the *Society of the Plastics Industry, Inc.* Estes padrões devem ser usados apenas como guia porque o material plástico individual e o projeto considerados na determinação das dimensões.

Existem três classes de tolerâncias dimensionais para itens moldados de plástico. Elas são expressas como mais ou menos variações permitidas em polegadas por polegadas (pol/pol) ou milímetros por milímetros (mm/mm). A **tolerância fina** é o limite mais estreito possível de variação possível sobre produção controlada. A **tolerância padrão** é o controle dimensional que pode ser mantido sob condições de fabricação média. A **tolerância grossa** é aceitável em itens onde as dimensões exatas não são importantes ou críticas.

Para que o item seja removido com facilidade da cavidade de moldagem, deve ser fornecida uma folga (tanto dentro quanto fora). O grau de folga pode variar de acordo com o processo de moldagem, profundidade do item, tipo de material e espessura da parede. Uma folga de 0,25 graus é suficiente para itens moldados que sejam rasos. Para projetos estruturados e núcleos, os ângulos de folga devem ser aumentados.

Por exemplo, se um item tem uma profundidade de 250 mm [10 pol] e um ângulo de folga de 1,0 grau, a folga total da peça será 4,45 mm [0,175 pol] por lado.

Projeto de molde

O projeto de molde é um importante fator na determinação do rendimento da moldagem. Uma vez que o projeto do molde é um assunto complexo, apenas uma abordagem geral é mostrada na Figura 21-7. Um molde de duas placas tem uma linha divisória principal. Em contraste, um molde de três placas tem duas linhas divisórias. Uma linha permite a remoção dos itens moldados, enquanto a outra linha divisória libera o sistema de canais de alimentação. Um molde de três partes, como mostrado na Figura 21-8, separa o canal de alimentação dos itens moldados.

À medida que o material fundido quente é forçado pelo bico para dentro do molde, flui pelos canais ou passagens (Figura 21-9A). Os termos **bucha de injeção**, **canal de alimentação** e **abertura** são usados para designar estes canais (Figura 21-9B).

O canal altamente cônico que conecta o bico com os canais de alimentação é chamado *bucha de injeção*. Em um molde de cavidade única, a bucha de injeção alimenta diretamente por meio de uma abertura para dentro da cavidade do molde. Se a bucha de injeção alimenta diretamente, a necessidade de um canal de alimentação e abertura separados é eliminada. Na maioria dos moldes de cavidade única, não há necessidade de um canal de alimentação a não ser que a parte esteja sendo montada em mais de um lugar.

Os canais *de alimentação* são canais estreitos que transportam o plástico fundido da bucha de injeção para cada cavidade. Nos moldes de cavidades múltiplas, o sistema de canal de alimentação deve ser projetado de tal forma que todos os materiais trafeguem distâncias iguais pelos canais de alimentação de seções transversais iguais (Figura 21-10). Isto garante que pressões iguais sejam mantidas nos canais de alimentação e nas cavidades. Sem pressões iguais, as cavidades não serão cheias com a mesma velocidade e podem ocorrer defeitos nos itens.

Quando uma série de canais de alimentação e aberturas é usada, canais de alimentação trapezoidais e semicirculares são produzidos por máquinas dentro do molde (Figura 21-11). Com os canais de alimentação e aberturas trapezoidais e semicirculares, apenas metade do molde ou placa do cubo é produzido por máquina. Canais de alimentação trapezoidais e semicirculares são fáceis de serem executados em máquina, mas geralmente exigem mais pressão de moldagem. Canais de alimentação circulares são

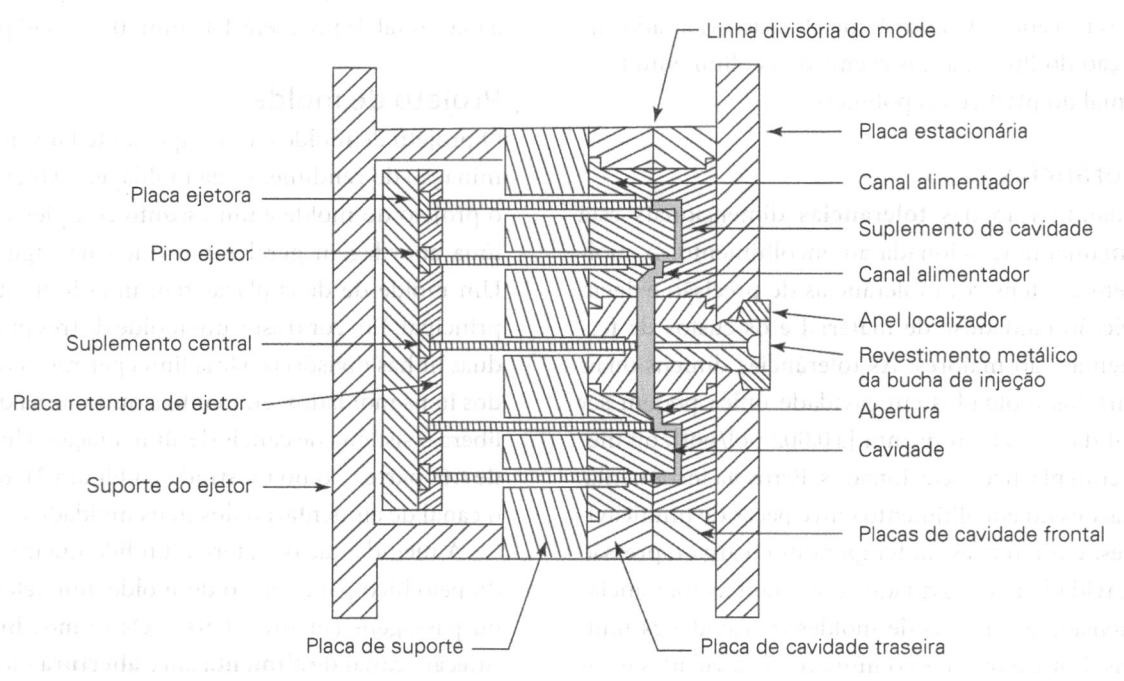

Figura 21-7 – Molde de injeção de duas placas. (Gulf Oil Chemicals Co.)

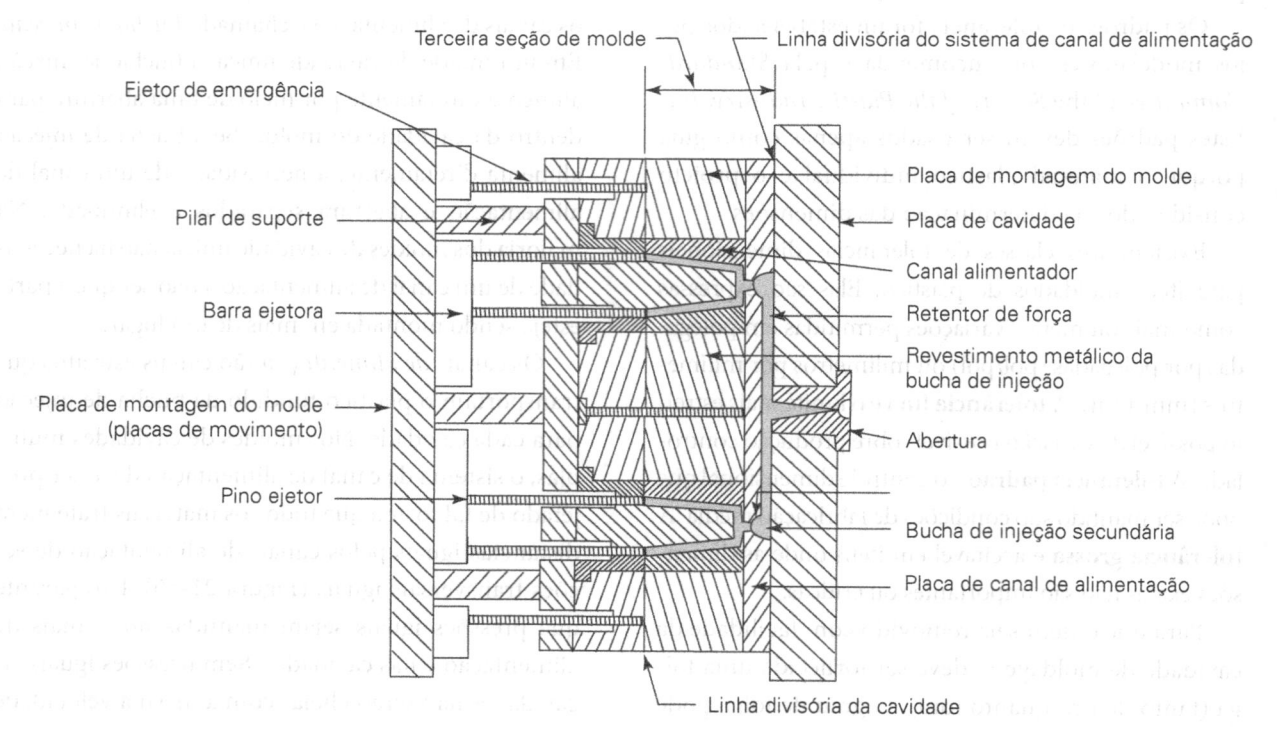

Figura 21-8 – Molde de injeção de três partes. (Gulf Oil Chemicals Co.)

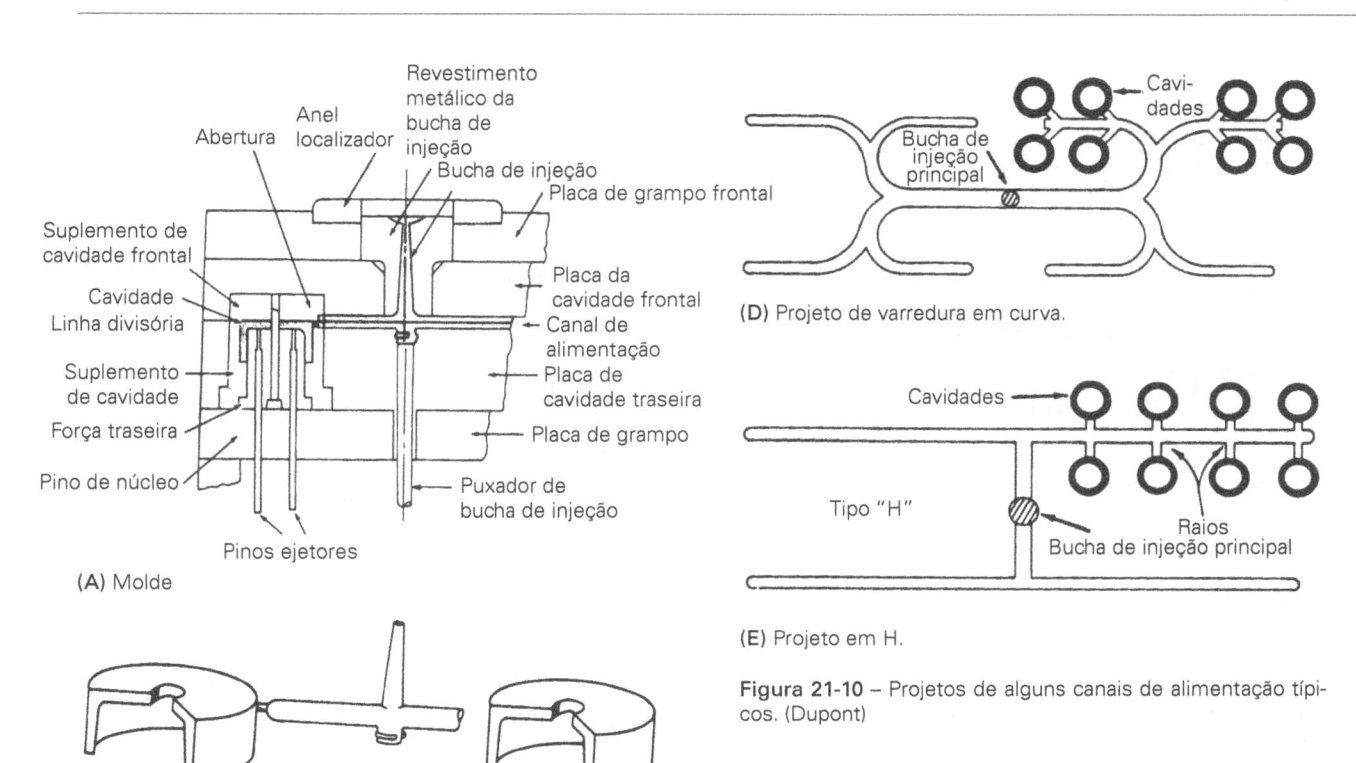

Suplemento de cavidade frontal — Abertura — Anel localizador — Revestimento metálico da bucha de injeção — Bucha de injeção — Placa de grampo frontal — Placa da cavidade frontal — Canal de alimentação — Placa de cavidade traseira — Placa de grampo — Puxador de bucha de injeção — Pinos ejetores — Pino de núcleo — Força traseira — Suplemento de cavidade — Cavidade — Linha divisória

(A) Molde

(B) Item moldado, canal de alimentação, abertura, bucha de injeção e item típico.

Figura 21-9 – Construção de um molde de injeção e de um item moldado.

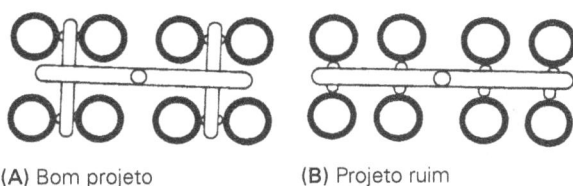

(A) Bom projeto (B) Projeto ruim

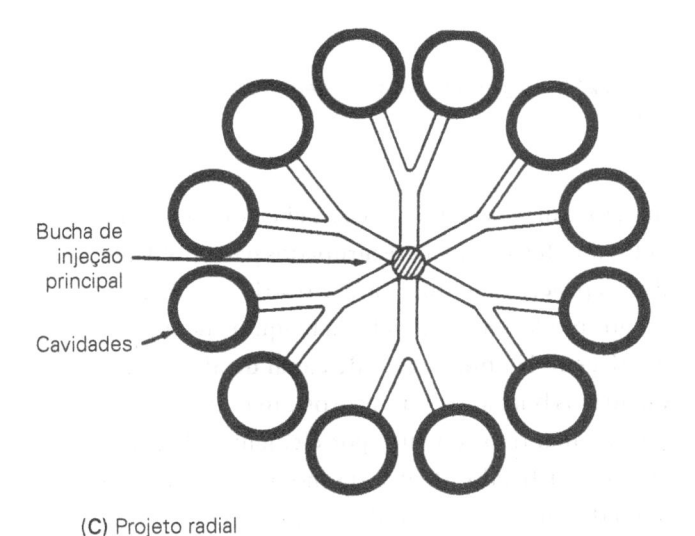

(C) Projeto radial — Bucha de injeção principal — Cavidades

(D) Projeto de varredura em curva. — Bucha de injeção principal — Cavidades

(E) Projeto em H. — Cavidades — Tipo "H" — Bucha de injeção principal — Raios

Figura 21-10 – Projetos de alguns canais de alimentação típicos. (Dupont)

(A) Trapezoidal. — Abertura — Canal de alimentação

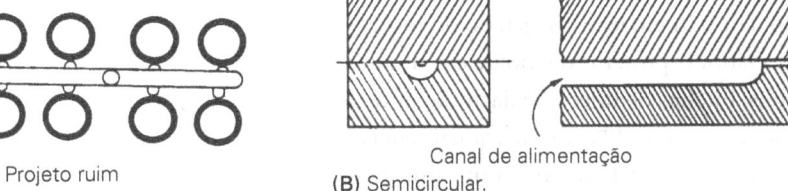

(B) Semicircular. — Abertura — Canal de alimentação

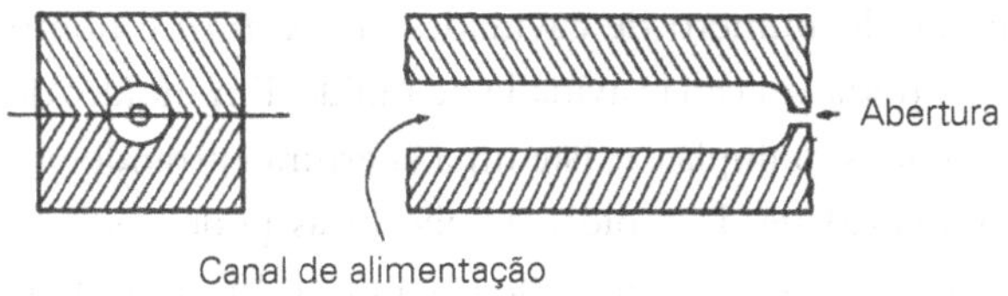

(C) Circular. — Abertura — Canal de alimentação

Figura 21-11 – Três sistemas básicos de canal de alimentação usados para modelagem de transferência e de injeção.

aconselháveis para moldagem de transferência se plastificantes são usados. Passagens capilares (submarino), como na Figura 21-12, podem ser usadas, mas este sistema também exige pressões de moldagens maiores.

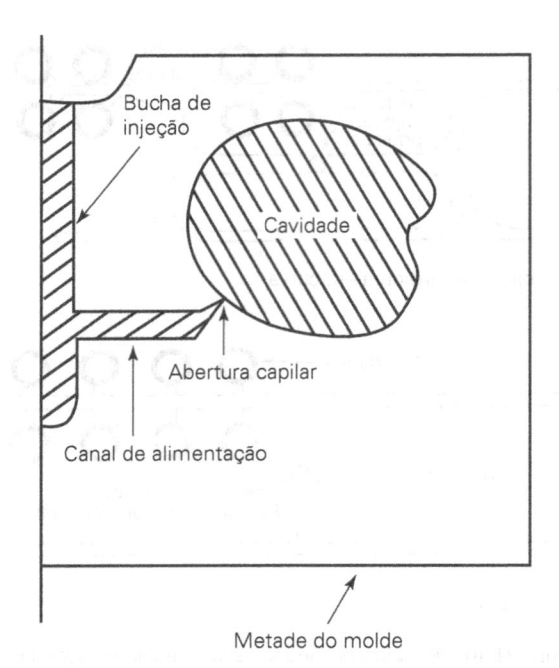

Figura 21-12 – Sistema de abertura capilar (submarino), que elimina os problemas de ejeção da abertura. Ele também reduz ou elimina os problemas de acabamento causados por marcas de aberturas grandes.

(A) Abertura de diafragma.
(B) Abertura capilar.
(C) Abertura de bucha de injeção.
(D) Abertura tipo submarino.
(E) Abertura tipo aba.
(F) Abertura tipo leque.
(G) Abertura tipo cunha de canto.
(H) Abertura de extremidade lateral.
(I) Abertura na forma de Y.

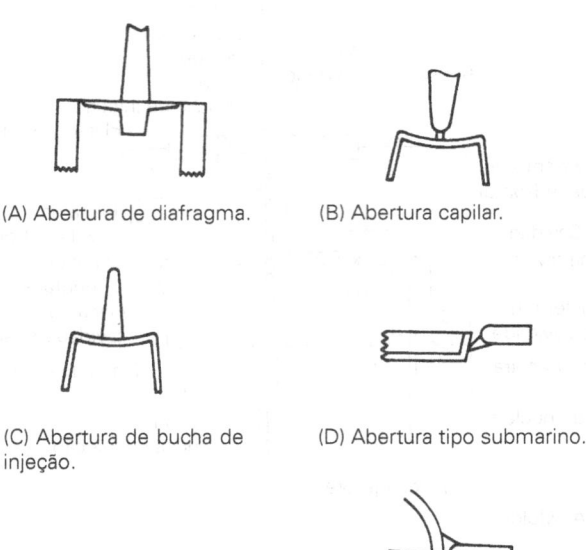

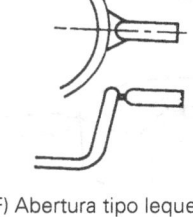

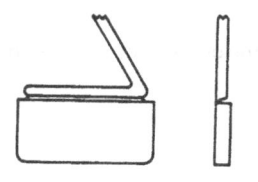

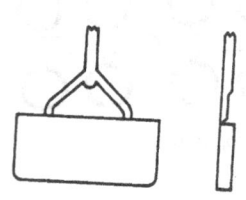

Figura 21-3 – Alguns dos muitos sistemas de passagens possíveis.

Uma abertura capilar é um orifício de 0,76 mm [0,030 pol] ou menos, através do qual o fundido flui para dentro da cavidade do molde. O submarino é um tipo de abertura lateral, onde o orifício do canal alimentador para dentro do molde está localizado, abaixo da linha divisória ou superfície do molde. O item é quebrado do sistema do canal de alimentação ou ejetado do molde.

O custo de elaborar projetos de molde e o alto desperdício de culls, buchas de injeção e flash são as duas principais limitações da moldagem de transferência.

Em alguns moldes, existe apenas uma única cavidade, enquanto outros têm muitas. Independentemente do número de cavidades, a *abertura* é ponto de entrada em cada cavidade de molde. Em moldes de cavidades múltiplas, existe uma abertura entrando em cada cavidade do molde. As aberturas podem ser de qualquer forma ou tamanho (Figura 21-13). Entretanto, normalmente são pequenas de tal forma que deixam uma marca tão pequena quanto possível. As aberturas devem permitir um fluxo suave de material fundido para dentro da cavidade. Uma abertura pequena ajudará o item acabado a sair asseadamente da bucha de injeção e dos canais de alimentação (Figura 21-14).

As buchas de injeção, aberturas e canais de alimentação são normalmente resfriados e removidos do molde com os itens de cada ciclo. As buchas de injeção, canais de alimentação e aberturas são removidos dos itens e, então, reagrupados para moldagem. Este reprocessamento é caro e restringe a massa de artigos modelados por ciclo da máquina de injeção e moldagem. Na **moldagem de canal de alimentação quente**, as buchas de injeção e os canais de alimentação são mantidos quentes por elementos de aquecimento construídos dentro do molde. À medida que o molde abre, o item curado se rompe livremente do

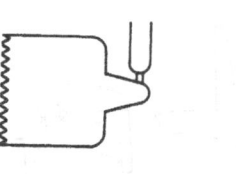

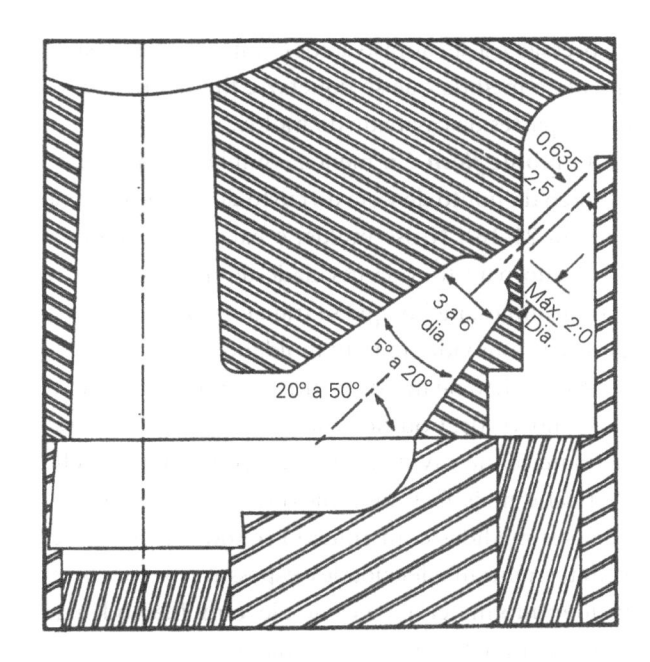

Figura 21.14 – Uma abertura de túnel, que pode ser considerada uma variação do projeto de abertura capilar. (Mobay Chemical Co.)

sistema de alimentação do fundido ainda quente. No próximo ciclo, o material quente remanescente na bucha de injeção e no canal de alimentação é forçado para dentro da cavidade (Figura 21-15).

Um sistema similar chamado **moldagem de canal de alimentação isolado** é usado na moldagem de polietileno e outros materiais com transferência térmica baixa (Figura 21-16). Este sistema é também chamado **moldagem sem canal de alimentação**. Nesse projeto, são usados canais de alimentação grandes. À medida que o material fundido é forçado por estes canais de alimentação, ele começa a se solidificar, formando um revestimento de plástico que serve como isolante para o núcleo mais interno do material fundido. O núcleo mais interno quente continua a fluir pelo canal de alimentação, semelhante a um túnel para dentro da cavidade do molde. Um torpedo ou sonda aquecido pode ser inserido em cada abertura. Isso ajuda a controlar o congelamento e o escorrimento.

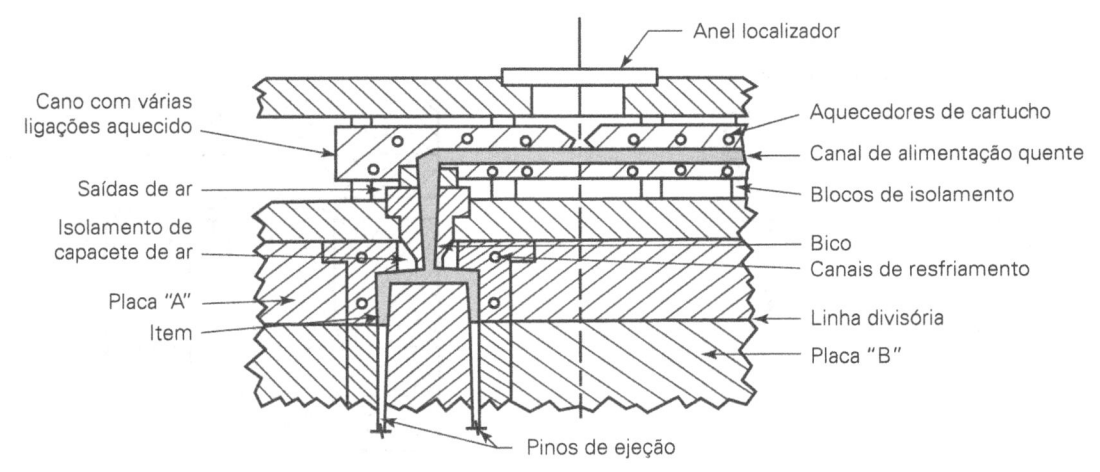

Figura 21-15 – Desenho esquemático do molde de canal de alimentação quente.

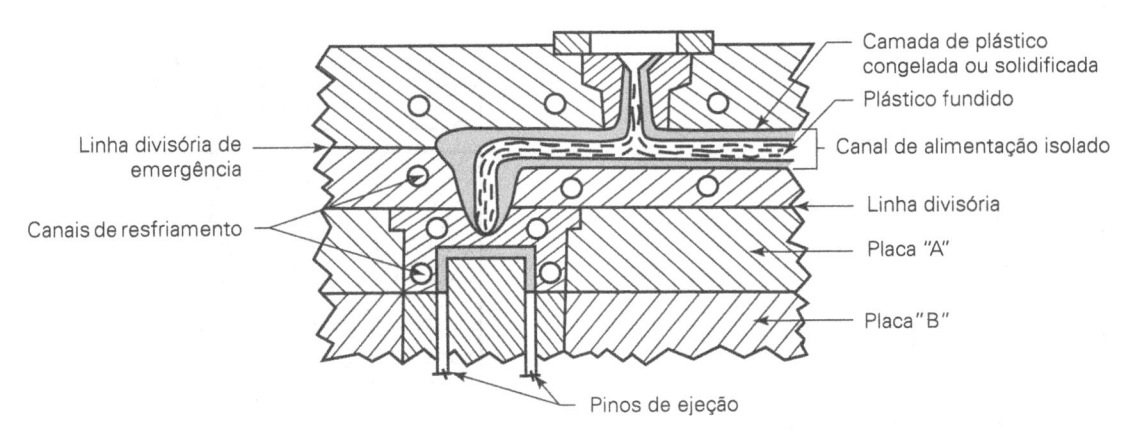

Figura 21-16 – Princípio de moldagem de canal de alimentação isolado.

Existem muitos outros projetos de molde que podem incluir moldes de abertura com válvula, moldes únicos ou múltiplos (Figura 21-17), moldes de desparafusar (para fibras internas e externas), moldes de pino ou biela (para cortes inferiores e núcleos) e moldes multicoloridos e multimaterial. Nos moldes multicoloridos, uma segunda cor ou material é injetada em torno da primeira moldagem, deixando porções da primeira moldagem expostas. Exemplos de produtos multicoloridos são maçanetas especiais, botões e chaves de letra e número.

Boa folga, abertura apropriada, espessura de parede constante, resfriamento apropriado, ejeção suficiente, aços apropriados e suporte de molde amplo são fatores importantes no projeto de molde. (Veja o Capítulo 22.)

Projeto de molde de compressão. Existem três tipos diferentes de projetos de molde de compressão. Os moldes de compressão são normalmente produzidos a partir de aço temperado, que pode resistir à grande pressão e ação abrasiva dos compostos de plástico quente à medida que se liquefaz e flui dentro de todas as partes da cavidade do molde.

O **molde** *flash* é o menos complexo e mais econômico do ponto de vista do custo do molde original (Figura 21-18). Nesse molde, o excesso de material é forçado para fora da cavidade de moldagem para formar um esguicho, que se transforma em rejeito, e deve ser removido do item moldado.

No projeto de molde positivo, o fornecimento de esguicho vertical ou horizontal é feito pelo excesso de material na cavidade (Figura 21-19). O esguicho vertical é mais fácil de remover. As realizações devem ser medidas com cuidado se todos os itens devem ter a mesma densidade e espessura. Se for carregado muito material na cavidade, o molde pode não fechar completamente. Nos moldes positivos, ocorre pouco ou nenhum esguicho. Esse projeto é usado para moldagem laminada altamente preenchida ou materiais de grande volume.

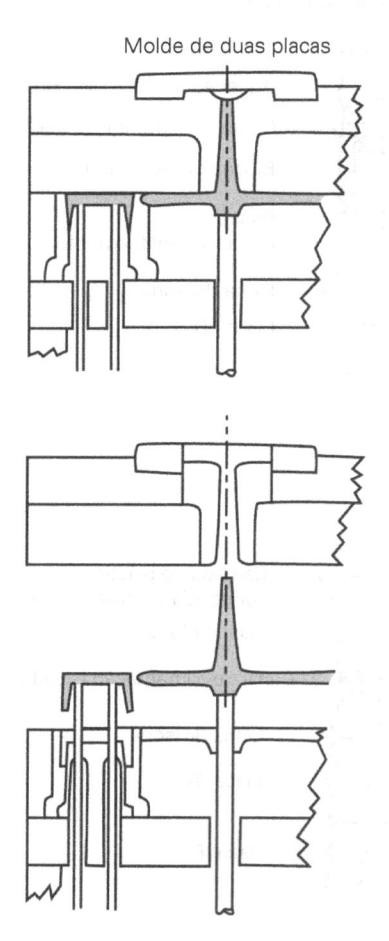

Figura 21-17 – Projeto de molde múltiplo para moldagem por injeção. (Dupont Co.)

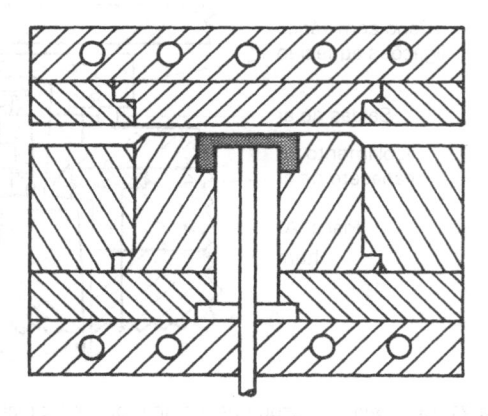

Figura 21-18 – Projeto de molde *flash*.

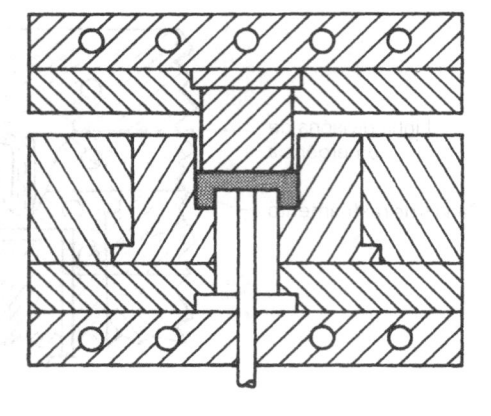

Figura 21-19 – Projeto de molde positivo.

Com moldes completamente positivos, os gases liberados durante a cura química de termocurados podem ser aprisionados na cavidade do molde. O molde pode ser aberto rapidamente para permitir que os gases escapem. Esta operação é, algumas vezes, chamada aspiração.

Os **moldes semipositivos** têm rejeito de esguicho horizontal e vertical (Figura 21-20). Esse projeto é caro para se produzir e manter, mas é o mais prático quando são necessários muitos itens ou longas durações. O projeto permite alguma inexatidão de carga permitindo esguicho, embora fornecendo um item moldado denso e uniforme. À medida que a carga do molde é comprimida na cavidade, qualquer excesso de material escapa. À medida que o corpo do molde continua a fechar, muito pouco material é deixado para o esguicho. Quando o molde se fecha completamente, a metade macho de encaixe é parada pelo *pouso*.

Projeto de molde de sopro. A construção de um molde de sopro é menos cara. Alumínio, berílio-cobre ou aço são usados como materiais básicos. O alumínio é um dos mais baratos materiais de molde de sopro. Ele é leve e transfere calor facilmente. Berílio-cobre é mais duro e resistente ao uso, mas também mais caro. O aço é usado nos pontos de fechamento. No caso do uso de moldes ferrosos, eles são laminados para prevenir ferrugem ou corrosão (veja Capítulo 22).

Linhas divisórias. As **linhas divisórias** são normalmente colocadas no maior raio do item moldado (Figura 21-21). Se a linha divisória não é o plano de maior dimensão, o molde deve ter partes removíveis, e moldes ou materiais flexíveis devem ser usados. Se

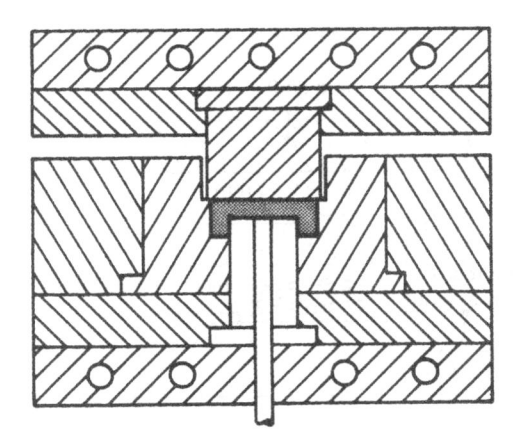

Figura 21-20 – Projeto de molde semipositivo.

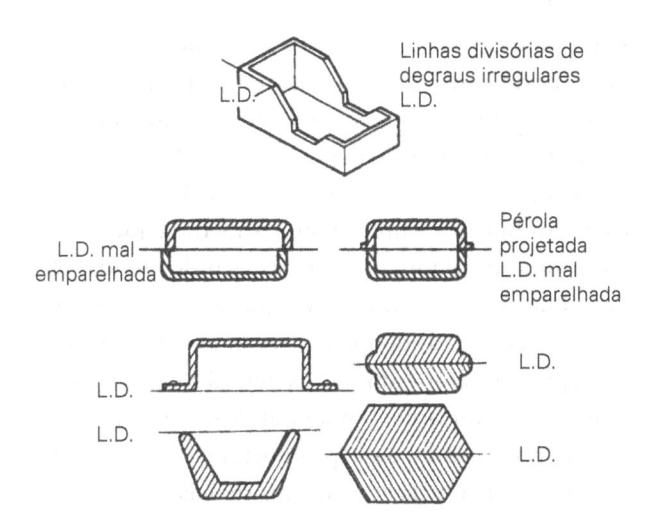

Figura 21-21 – Várias localizações para as linhas divisórias.

a linha divisória não pode ser ocultada ou colocada em uma beirada imperceptível, geralmente é necessário acabamento.

Pinos ejetores ou de revés. Os pinos ejetores ou de revés empurram os itens mais duros do molde. Eles devem tocar o item em áreas escondidas ou imperceptíveis e devem evitar o contato com uma superfície plana, a não ser que projetos decorativos possam ajudar a ocultar as marcas. Os pinos devem ser feitos tão grandes quanto possível para um equipamento de vida mais longa. Os pinos de revés, lâminas ou formas de revestimento metálico não devem pressionar as áreas finas do item.

Os pinos normalmente são ligados a uma barra mestre ou placa de pino. Eles são puxados niveladamente com a superfície do molde por ação de mola. Quando o cubo é aberto, um bastão ligado à barra mestre ou placa de pino bate em uma alavanca estacionária, empurrando todos os pinos para frente, forçando o item para fora da cavidade.

Todos os moldes precisam se ventilar. Os pinos ejetores podem ser alterados para fornecer ventilação.

Ornamentos. Os ornamentos e buracos devem ser projetados e colocados na cavidade do molde ou item com cuidado. Um esboço liberal deve fornecer pinos e tampões longos. Uma regra geral é nunca ter um buraco mais profundo que quatro vezes o diâmetro do pino ou tampão. Pinos longos geralmente são feitos para corresponderem à metade de um buraco, permitindo duas vezes a limitação da profundidade do buraco. Pinos longos são facilmente quebrados e dobrados pela pressão do plástico fluindo.

A colocação das aberturas da modelagem em relação aos buracos é importante. À medida que o material fundido é forçado para dentro do molde, ele deve fluir em torno dos pinos que se projetam para dentro da cavidade do molde. Quando o molde abre, esses pinos são retirados. Se os itens devem ser montados nesses buracos, o material deve ser feito mais grosso produzindo uma protuberância (Figura 21-22). A protuberância adiciona resistência, a qual evita que o material se quebre. Os pinos geralmente restringem o fluxo de material e podem provocar marcas de fluxo, linhas de solda ou possíveis quebras por causa da tensão de moldagem (Figura 21-23). As linhas de fluxo e padrões são mostradas na Figura 21-24.

Quando ornamentos de metal são moldados no local, o material plástico fundido é forçado ao redor do ornamento. À medida que o plástico esfria, ele encolhe substancialmente em torno do ornamento metálico, contribuindo com o poder de aderência do ornamento. Os ornamentos podem ser colocados em itens termoplásticos usando técnicas de ultrassom. Antes de moldar, os ornamentos podem ser posicionados automaticamente ou à mão em pequenos pinos localizadores na cavidade do molde. Para evitar a quebra, material suficiente deve ser fornecido em torno dos ornamentos.

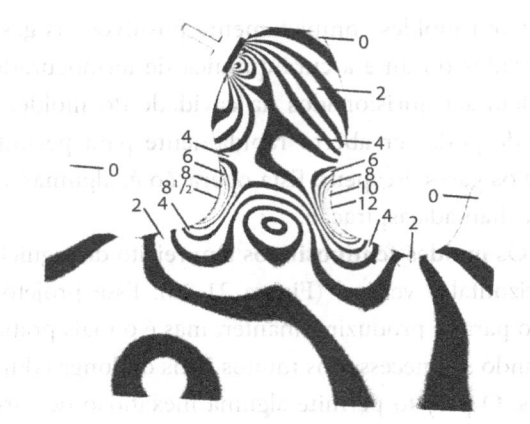

Figura 21-23 – Linhas de tensão de moldagem no item moldado por injeção são visíveis sob luz polarizada.

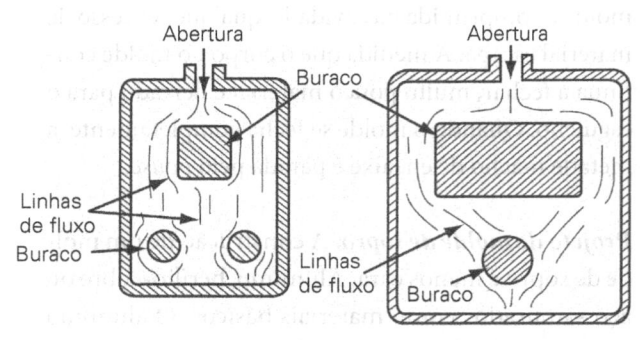

Figura 21-24 – Padrões de fluxo devem ser mantidos em mente ao projetar moldes. As linhas de fluxo podem aparecer ao redor de buracos e suportes nas aberturas opostas.

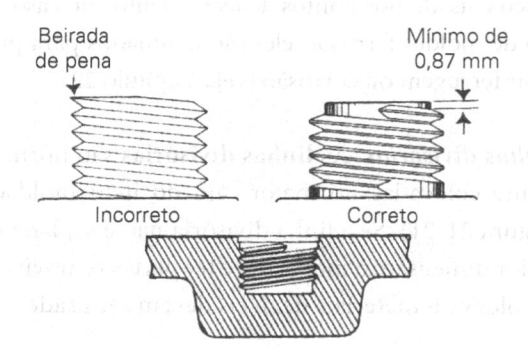

(A) Fazendo rosca corretamente e incorretamente.

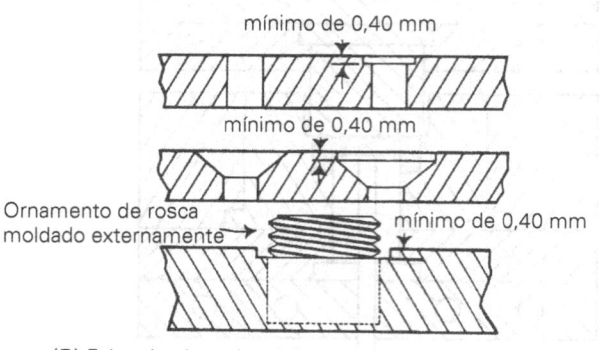

(B) Folga de pinos de núcleo.

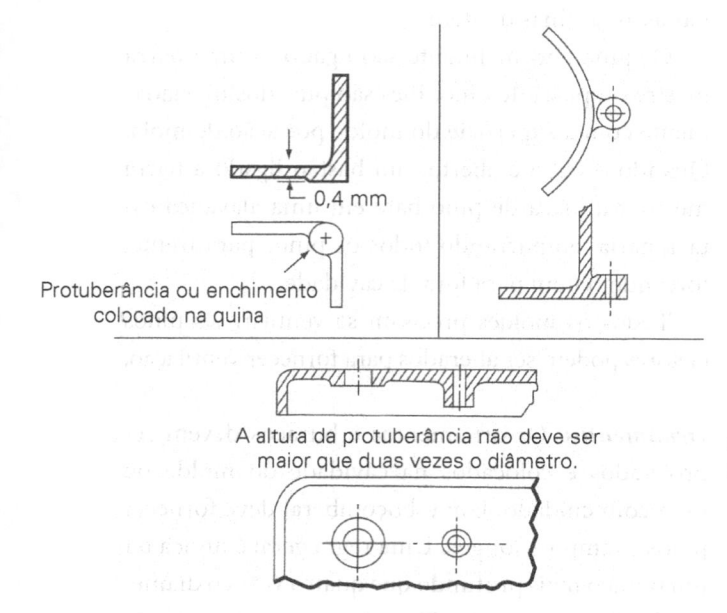

Figura 21-22 – Importância do projeto de protuberância. (SPI)

Figura 21-25 – Colocando roscas e pinos de núcleo nos plásticos.

Peças produzidas com abertura capilar no molde podem precisar de alguma rosca na abertura ou canal de injeção. Muitos moldes são projetados de tal forma que as aberturas são automaticamente cortadas do item à medida que a prensa é aberta.

Roscas internas ou externas podem ser moldadas dentro dos itens plásticos. Itens cortados internamente podem precisar de um mecanismo de desatarraxamento para remover o molde. Uma folga de 0,08 mm [0,03 pol] deve ser fornecida na extremidade de todas as roscas (Figura 21-25A).

Ornamentos metálicos moldados dentro do item têm maior resistência. Geralmente, a proporção da espessura da parede em torno do ornamento em relação ao diâmetro do ornamento deve ser ligeiramente maior que um. Não se esqueça de que os materiais têm diferentes coeficientes de expansão.

Para buracos de pino de núcleo cegos, deve-se deixar um mínimo de 0,04 mm [0,015 pol] de folga para parafusos, ornamentos ou outros dispositivos de segurar (Figura 21-25B).

Projeto de molde combinado. Os parâmetros de projeto são similares à modelagem de compressão. Itens compósitos grandes como banheiras, boxes de chuveiro e inúmeros painéis de automóveis são moldados a partir de SMC. Muitas operações de SMC são pré-cortadas, não exigem compressão de molde e não produzem esguicho. Protuberâncias, ornamentos e suportes são utilizados com métodos SMC e TMC. Caso sejam usadas camadas ou peças, faça a ligação de superposição tão grande quanto possível para prevenir quebra por tensão.

Projeto de molde aberto. Técnicas de laminação, de pulverização, de autoclave e de saco são similares. Cuidadosa atenção deve ser dada à formulação da matriz e à orientação de reforços. Isto pode ter mais influência nas propriedades do compósito acabado que o projeto. Os reforços devem ser superpostos por duas polegadas e todas as juntas devem ser alternadas. Protuberâncias e suportes que são usados para adicionar resistência devem ser generosamente cônicos. Projetos de itens integrados simples com variações graduais na espessura são desejáveis. Buracos soprados (pneumáticos) devem ser localizados na parte inferior do molde para ajudar na remoção do item.

Projeto de pultrusão. Protuberâncias, buracos, números em relevo ou superfícies de textura não podem ser usados com este processo de reforço contínuo. Quinas afinadas ou transições de espessura podem resultar em zonas ricas em resina com fibras quebradas.

Projeto de bobina de filamento. Neste molde aberto, processo de reforço contínuo, as fibras são orientadas para combinar a direção e a grandeza da tensão. A colocação de filamentos controlada por computador é projetada para compensar o ângulo, o reforço de contorno, largura da banda, a folga nas engrenagens do equipamento e outras considerações de projeto. Os projetos podem pedir mandris (molde) permanentes ou removíveis. (Veja Ferramentas no Capítulo 22.)

Projeto laminar. O critério de projeto de princípio está relacionado com a orientação do reforço em cada camada. Um projeto próximo ao ótimo que resiste a todas as cargas pode ser laminado consistindo em camadas a 0°, ±45° e 90° (Figura 2-26). Para evitar distorção do laminado, deve haver uma camada a −45° para cada camada a +45° (veja Figura 21-27). A lâmina deve ser orientada na direção principal das tensões antecipadas. As fibras arranjadas de maneira aleatória (isotrópica) terão resistência igual em todas as direções. Os modos deficientes e deflexão de compósitos são mostrados na Figura 21-28.

(A) Todas as camadas a 0°. Resulta em uma carga axial no comportamento alongamento-corte.

(B) Duas camadas a ± (qualquer ângulo). Opondo deformações de corte nas camadas mais e menos resulta na interação alongamento-torção.

(C) Uma pilha 0°/90°. Este arranjo dobra sob pura tensão porque o centroide módulo-peso não é coincidente com o centroide geométrico, resultando em um caminho de carga equivalente.

(D) Outra pilha 0°/90°. Por causa das características de expansão térmica diferente em cada camada, esta pilha se deforma em "forma de sela" quando aquecido.

Figura 21-26 – Efeitos de simetria na deflexão de compósitos. (*Machine Design*)

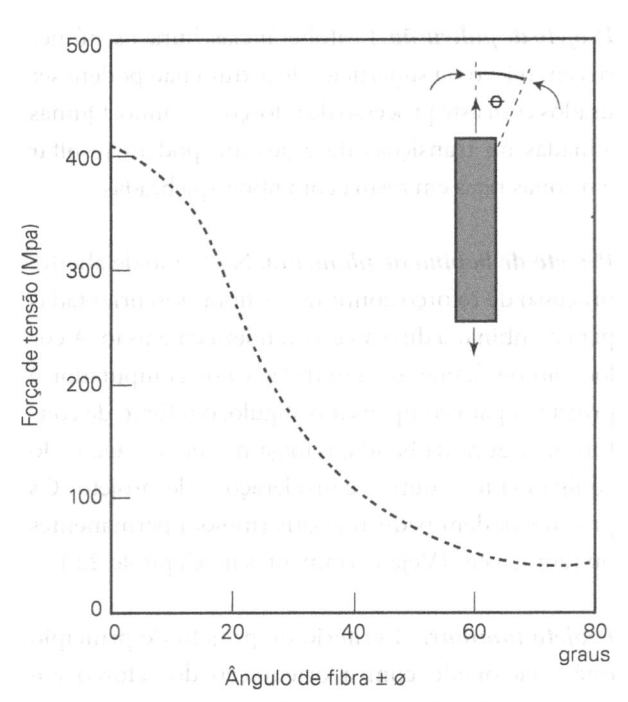

Figura 21-27 – Módulo de tensão de compósitos de carbono/epóxi cai repentinamente à medida que o ângulo entre as fibras e a direção da carga extensível é aumentado. (*Machine Design*)

do fabricado de acordo com as especificações. É uma técnica basicamente usada para o gerenciamento de atingir a qualidade. A **inspeção** garante que o pessoal de fabricação confira os procedimentos de técnica e leituras padrão, bem como detecte falhas nos materiais de processamento. A inspeção é parte do controle de qualidade. Veja o Apêndice G para fontes adicionais de informação.

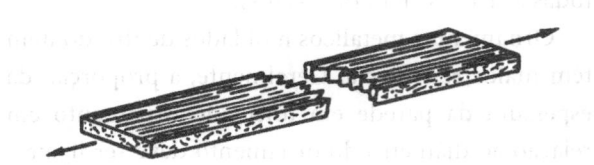

(A) Falha de tensão de fibra para todas as fibras na direção da carga (0°).

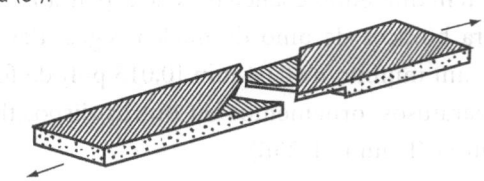

(B) Falha para corte de resina para fibras a ±45°.

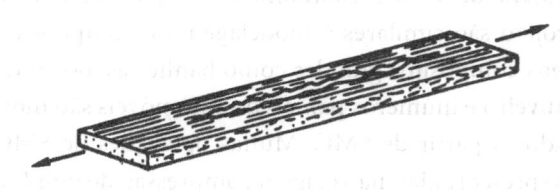

(C) Falha para corte de resina através da espessura entre fibras a 0°. Normalmente provocada por adesão fibra-resina ruim.

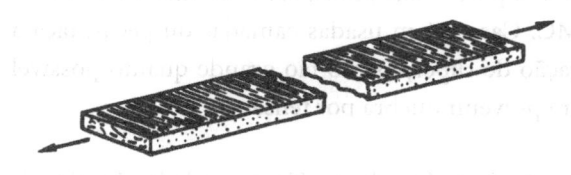

(D) Falha de tensão de resina entre fibras a 90° em relação à carga.

Figura 21-28 – Modos de falha de compósitos na tensão. A resistência tensional de um compósito estrutural carbono/epóxi está sempre relacionada à direção da fibra. Um teste elástico mostra o comportamento notavelmente diferente nos compósitos que têm orientação de fibra diferente. No compósito multidirecional, camadas simples podem fracassar na deficiência estrutural global. O reconhecimento de vários modos de falha e o conhecimento de como os compósitos fracassam são pré-requisitos para determinar uma dificuldade. (*Machine Design*)

Para laminados sanduíche, as faces de alta densidade devem resistir mais à tensão diagonal, à compressão, ao corte e ao empeno.

A Tabela 21-5 mostra as vantagens e limitações de vários processos.

Teste de desempenho

O verdadeiro teste de qualquer produto é o desempenho sob condições de operação reais. Os testes podem ser usados como indicadores para o projeto de produto, para refazer o projeto e serviço de produto confiável. O termo **teste** implica que métodos ou procedimentos são empregados para determinar se os itens atendem as propriedades exigidas ou especificadas. Um tanque de pressão, uma caixa de motor de foguete ou um poste de galeria podem ser submetidos a um teste crítico (prova) de passar/rejeitar. Os procedimentos de **controle de qualidade** devem ser usados para determinar se um produto está sen-

Tabela 21-5 – Método de processamento de plástico – processos, vantagens, limitações

Método de processamento	Processo	Vantagens	Limitações
Modelagem por injeção	Similar à fundição de cubo de metais. Um composto de moldagem termoplástica é aquecido em um cilindro a uma temperatura controlada e, então, forçado sob pressão por meio de buchas de injeção, canais de alimentação e aberturas dentro de um molde frio; a resina se solidifica rapidamente, o molde é aberto e os itens ejetados; com determinadas modificações, materiais termocurados podem ser usados para itens pequenos.	Velocidade produção extremamente rápida e consequentemente baixo custo por item; pouco acabamento necessário; acabamento superficial excelente; boa exatidão dimensional; habilidade para produzir variedade de formas relativamente complexas e complicadas.	Custos altos de ferramenta e cubo; alta perda de fragmentos; limitado a itens relativamente pequenos, não práticos para série pequena.
Extrusão	O poder de moldagem de termoplástico é alimentado por meio de um funil para uma câmara onde é aquecido para maleabilidade e então dirigido, normalmente por um parafuso giratório, por um cubo tendo a seção transversal desejada; os comprimentos do extruído são usados como é ou cortado em seções; com modificações, se pode usar materiais termocurados.	Custo de ferramenta muito baixo, o material pode ser colocado onde necessário, grande variedade de formas complexas possíveis; taxa de produção rápida.	Difícil atingir tolerâncias próximas, as aberturas devem ser na direção da extrusão; limitado a formas de seção transversal uniforme (comprimento longitudinal).
Termoformagem	Formagem de vácuo – A folha amolecida por calor é colocada sobre um molde macho ou fêmea; o ar é evacuado de entre as folha e o molde, fazendo com que a folha corresponda ao contorno do molde. Existem varias modificações, incluindo formagem de resposta rápida ao vácuo, assistida por pistão, formagem de drap etc.	Procedimento simples, exatidão dimensional boa; habilidade para produzir itens grandes com seções.	Limitado a itens de perfil baixo.
	Formagem de pressão ou sopro – O inverso da formagem de vácuo na qual a pressão positiva de ar ao invés do vácuo é aplicada para formar a folha ao contorno do molde.	Habilidade de produzir itens com desenhos profundos, habilidade de usar folha muito grossa para formagem de vácuo, boa exatidão dimensional; taxa de produção rápida.	Relativamente caro; os moldes devem ser altamente polidos.
	Formagem mecânica – Equipamento metálico de folha (prensa, dobradores, rolos, vinculadores etc.) forma folhas aquecidas por meios mecânicos. O aquecimento localizado é usado para ângulos de dobra; onde as dobras são necessárias, os elementos de aquecimento são arranjados em série.	Habilidade para formar materiais pesados e/ou resistentes; simples, barata; taxa de produção rápida.	Limitado a formas relativamente simples.
Moldagens de sopro	Um tubo de extruído (parison) de plástico aquecido dentro das duas metades de um molde fêmea é expandido contra os lados do molde pela pressão do ar; o método mais comum usa equipamento de moldagem por injeção com um molde especial.	Custo baixo de ferramenta e cubo; habilidade para produzir formas ocas relativamente complexas em uma peça.	Limitado a itens ocos ou tubulares; dificuldade para controlar a espessura da parede.
Fundições *slush*, rotacional e por mergulho	O material em pó (polietileno) ou líquido (normalmente plastisol ou organosol de vinila) é despejado em um molde fechado, o molde é aquecido para fundir uma espessura específica de material adjacente à superfície do molde, o excesso de material é jogado para fora e o item semifundido colocado em um forno para a cura final. Uma variação, a moldagem rotacional, fornece itens ocos completamente fechados.	Moldes de baixo custo, grau de complexidade alto, pouco encolhimento.	Taxa de produção relativamente baixa, escolha limitada de materiais.

Continua

Continuação

Método de processamento	Processo	Vantagens	Limitações
Moldagens de compressão	Uma resina termocurada parcialmente polimerizada, normalmente pré-formada, é colocada em uma cavidade de molde aquecido; o molde é fechado, aquecido e pressão é aplicada e o material flui e enche a cavidade do molde; o aquecimento completa a polimerização e o molde é aberto para remover o item endurecido. O método é algumas vezes usado para termoplásticos, por exemplo, discos fonográficos de vinil; nesta operação, o molde é esfriado antes de ser aberto.	Pouco desperdício de material e custos reduzidos de acabamento por causa da ausência de buchas de injeção, canais de alimentação, aberturas etc.; possibilidade de itens grandes e volumosos.	Itens extremamente complicados envolvendo ornamentos, desenhos laterais, buracos pequenos, inserções laterais etc., não práticos; tolerâncias extremamente próximas difíceis de atingir.
Moldagens de transferência	Usado basicamente para materiais termocurados, este método difere da moldagem de compressão em relação ao plástico ser 1) aquecido primeiro para maleabilidade em uma câmara de transferência; e 2) alimentado, por meios de um mergulhador, por meio de buchas de injeção, canais de alimentação e aberturas para dentro de um molde fechado.	Seções finas e ornamentos delicados facilmente usados; o fluxo de material é mais facilmente controlado que na moldagem de compressão; boa exatidão dimensional; taxa de produção rápida.	Moldes mais elaborados que os moldes de compressão e consequentemente mais caros; perda de material no cull e na bucha de injeção; tamanho dos itens de alguma forma limitado.
Processamento de molde aberto	Contato – O armazenamento, que consiste de uma mistura de reforço (geralmente lã de vidro e fibras) e resina (geralmente termocurada), é colocado no molde à mão e deixado endurecer sem calor ou pressão.	Custo baixo, nenhuma limitação no tamanho ou forma do item.	Itens algumas vezes irregulares no desempenho e aparência; limitado a poliéster, epóxi e alguns fenólicos.
	Autoclave – A montagem do saco de vácuo é simplesmente colocada em um autoclave com ar quente a pressões de até 1,38 MPa.	Moldagens de melhor qualidade.	Taxa de produção baixa.
	Enrolamento de filamento – Filamentos de vidro, normalmente na forma de mechas, são saturados com resina e enrolados por máquina em mandris tendo a forma do item acabado desejado; o item acabado é curado a temperatura ambiente ou em um forno, dependendo da resina usada e do tamanho do item.	Fornece filamentos de reforço precisamente orientados; excelente relação resistência-massa; boa uniformidade.	Limitado a formas de curvaturas positivas; perfurações ou cortes reduzem a resistência.
	Moldagem de jato – Sistemas de resina e fibras cortadas são pulverizadas simultaneamente de duas pistolas contra um molde: Depois de pulverizar, a camada é aplainada com um cilindro de mão. Curado a temperatura ambiente ou em forno.	Baixo custo; taxa de produção relativamente alta; possibilidade de alto grau de complexidade.	Exige trabalhadores habilidosos; falta de reprodutibilidade.
Fundições	O material plástico (normalmente termocurado exceto para acrílico) é aquecido para uma massa fluida, despejado dentro do molde (sem pressão), curado e removido do molde.	Custo do molde baixo; capacidade para produzir itens grandes com seções grossas; exige pouco acabamento; bom acabamento da superfície.	Limitado a formas relativamente simples.
Moldagens a frio	O método é similar à modelagem de compressão em relação ao material ser carregado em um molde dividido ou aberto; ele difere em relação a não usar calor – somente pressão. Depois que o item é removido do molde, é colocado em um forno para curar ao estado final.	Por causa do uso de materiais especiais. Os itens têm excelentes propriedades de isolantes elétricos e resistência à umidade e calor; baixo custo; taxa de produção rápida.	Acabamento de superfície ruim; exatidão dimensional ruim; os moldes desgastam-se rapidamente; acabamento relativamente caro; os materiais devem ser misturados e usados imediatamente.

Continua

Continuação

Método de processamento	Processo	Vantagens	Limitações
Moldagem de saco	Saco de vácuo – Similar ao contato exceto que um filme de álcool polivinílico é colocado sobre a camada e aplicado um vácuo entre o filme e o molde (aproximadamente 82 kPa).	A maior densificação permite maior conteúdo de vidro, resultando em maior resistência.	Limitado a poliéster, epóxis e alguns fenólicos.
	Saco de pressão – Uma variação do saco de vácuo no qual uma manta de borracha (ou saco) é colocada contra o filme e inflado para aplicar aproximadamente 350 kPa.	Permite conteúdo de vidro maior.	Limitado a poliéster, epóxis e alguns fenólicos.
Moldagem de cubo combinado	Cubo combinado – Uma variação da moldagem de compressão convencional, este processo usa dois moldes metálicos que têm um encaixe próximo, área de encaixe para selar na resina e aparar o reforço, o reforço, normalmente a esteira ou a pré-forma, é posicionado no molde, uma quantidade de resina pré-medida é despejada e o molde é fechado e aquecido; as pressões normalmente variam entre 1,04 e 2,75 MPa.	Taxas de produção rápidas; boa qualidade e excelente reprodutibilidade; excelente acabamento superficial de ambos os lados; eliminação da operação de aparar; alta resistência por causa do conteúdo de vidro muito alto.	Custos de molde e equipamento altos; a complexidade dos itens é restrita; o tamanho do item é limitado.

Fonte: Adaptado de Materials Selector, Materials Engineering, Penton/IPC uma subsidiária da Pittway Corp.

Pesquisa na internet

- **http://www.3dsystems.com.** A 3D Systems Coorporation oferece três tipos de sistemas rápidos de protótipo, os sistema SLA baseado em estereolitografia, o sistema SLS® baseado na sinterização a laser e um número de impressoras 3D baseadas em modelagem de multijato. O site da internet inclui detalhes sobre as capacidades dos vários sistemas. Para protótipos capazes de uso funcional, os sistemas de sinterização a laser podem fundir materiais de náilon e de náilon preenchidos com vidro. Em contraste, os sistemas de esterolitografia e impressoras 3D usam um material muito similar ao ABS.
- **http://www.home.utah.edu/~asn8200/rapid.html.** Este site é chamado The Rapid Prototyping Home Page e fornece uma listagem completa de empresas, indivíduos e assuntos relacionados com o protótipo rápido. A tabela de conteúdo para este site relaciona sistemas de RP comerciais, fornecedores de serviços comerciais, consultores, academia e pesquisa, publicações e conferências, artigos de revista, associações profissionais e outros tópicos sobre protótipo rápido.
- **http://www.howstuffworks.com/stereolith.html.** Este sítio fornece uma introdução para a estereolitografia (SLA). Ele contém várias fotografias de perto de um sistema SLA e alguns modelos. Este sítio contém informação apenas sobre estereolitografia e não aborda a sinterização a laser ou laminação de papel.
- **http://www.moldflow.com.** A Moldflow Corporation fornece simulações de computador de processos de plásticos, especialmente moldagem por injeção. Para rever os desenvolvimentos de simulação por computador na indústria de plásticos, revise a seção "History" sob a aba "Company" na página inicial. Para localizar materiais de e de instrução selecione "Training" em "Services" na página inicial. A Moldflow Center for Professional Development (MCPD) oferece cursos no uso eficiente de seus sistemas de programas. Estes cursos esboçam sessões ao vivo, instrução baseada na internet e CR-ROM interativo.
- **http://www.paralleldesign.com.** Selecione "Design for Moldability" na página inicial. Isto lhe fornece mais de 30 animações para problemas de projeto e soluções para moldes de injeção.
- **http://www.plastics.dupon.com.** A Dupont, como os outros principais fornecedores de plásticos, preparou guias de projeto para ajudar os projetistas de novos itens. Para encontrar estes guias de projeto, selecione "Products" na página inicial. Então selecione um grupo de materiais de interesse, por exemplo, "Engineering Thermoplastics".

Então procure "Design Guide" (não "Design Guides"). Isto te levará aos guias para materiais específicos. Estes guias contêm dados extensivos em sistemas de abertura apropriados, ângulos de esboço, encaixes com fecho de mola e outras boas práticas de projeto.

Vocabulário

As palavras a seguir são encontradas neste capítulo. Consulte o glossário no Apêndice A para encontrar as definições destas palavras, caso você não compreenda como elas se aplicam aos plásticos.

Densidade aparente
Ornamento
Fator de volume
Projeto auxiliado por computador (CAD)
Engenharia base em computador (CAE)
Tolerância grossa
Tolerância fina
Molde *flash*
Abertura
Moldagem de canal de alimentação quente
Moldagem de canal de alimentação isolado
Inspeção
Linhas divisórias
Controle de qualidade
Protótipo rápido
Suportes
Canal de alimentação
Moldagem sem canal de alimentação
Fator de segurança
Molde semipositivo
Especificação
Bucha de injeção
Tolerância padrão
Padrão
Teste
Tolerâncias
Cortes inferiores

Questões

21-1. Na _____, as buchas de injeção e os canais de alimentação são mantidos quentes por meio de elementos de aquecimento construídos dentro do molde.

21-2. O _____ é o ponto de entrada na cavidade do molde.

21-3. Canais estreitos que conduzem o plástico fundido da bucha de alimentação para cada cavidade são chamados _____.

21-4. As linhas divisórias são normalmente colocadas no _____ do item moldado.

21-5. O _____ é o orifício no molde onde o produto é formado.

21-6. O número mínimo econômico de peças produzidas por laminação à mão é _____ _____.

21-7. Intimamente relacionado com o encolhimento é _____ dimensional.

21-8. O canal cônico ligando o bico e os canais de alimentação são chamados _____.

21-9. Nos projetos de molde de compressão _____, nenhuma precaução é tomada para colocar o excesso de material na cavidade.

21-10. Itens moldados são empurrados do molde por _____ ou _____.

21-11. Com abertura _____, as peças podem não exigir corte de abertura ou de bucha de injeção. Os cubos são projetados de tal forma que as aberturas são cortadas automaticamente.

21-12. Cite as três exigências dominantes ao projetar plástico.

21-13. Se um molde custa US$ 5.000 e 10 mil itens são feitos, o custo do molde seria _____ _____ por item.

21-14. Em basicamente qualquer projeto, deve-se fazer um compromisso entre o mais alto desempenho, aparência atrativa, produção eficiente e _____.

21-15. Liste quatro propriedades favoráveis que a maioria dos plásticos possui.

21-16. Liste quatro propriedades desfavoráveis que a maioria dos plásticos possui.

21-17. Além das considerações elétricas, químicas, mecânicas e econômicas, cite quatro exigências adicionais para se considerar antes de o produto ser feito.

21-18. A comparação mais significativa na estimativa de custo de um produto plástico é o custo por _____.

21-19. Os plásticos são mais leves por _____ que a maioria dos materiais.

21-20. Os problemas encontrados na produção de produtos de plástico normalmente exigem a seleção de _____ antes das considerações de material ou _____.

21-21. Existiam muitos problemas associados às aplicações mais antigas dos plásticos porque os projetistas esqueciam que o produto acabado deveria _____ como projetado e desejado.

21-22. Cortes inferiores nos itens normalmente aumentam os custos _____.

21-23. Com relativamente poucas exceções, o __ _____ de plástico desenvolvido no passado foi por tentativa e erro.

21-24. Os plásticos têm substituído metais em muitas aplicações por causa da economia de energia e _____.

21-25. Se a espessura da parede não é _____, o item moldado pode distorcer, empenar ou ter tensão interna.

21-26. A marca em um item moldado resultante do encontro de dois ou mais fluxos durante a operação de moldagem é chamada _____.

21-27. Aparências superficiais na forma de ondas provocadas por fluxo inapropriado do plástico quente dentro da cavidade do molde são conhecidas como _____.

21-28. Para ajudar a prevenir marcas de fluxo, _____ ou troque a localização da abertura.

21-29. Cite três métodos de produzir uma rosca interna em um item de plástico.

Capítulo 22

Ferramentas e fabricação de molde

Introdução

Processos de fabricação de ferramenta, equipamento e métodos para dar forma a plásticos serão abordados neste capítulo. Nem todas as informações se aplicarão a todo processo de modelagem, porque alguns processos são muito especializados.

Em outubro de 2002, a U.S. International Trade Commission entregou um relatório sobre a indústria de ferramenta, cubo e molde industrial nos Estados Unidos. O relatório indicou que esta indústria perdeu aproximadamente 200 empresas entre 1999 e 2002. Embora vários fatores contribuíssem para este declínio, a crescente competição internacional, especialmente do Canadá e da China, teve um grande papel. Os moldes fabricados no Canadá eram em média 40% mais baratos que as ferramentas nos Estados Unidos. Em 2002, dependendo dos métodos usados para medir, a China tinha a segunda ou terceira indústria de fabricação de moldes e cubos do mundo. A American Mold Builders Association reclama que os fabricantes de moldes chineses economizam em custos 50% ou mais. Em resposta, muitos fabricantes de moldes trabalharam para reduzir os custos de trabalho e instituíram novas tecnologias baseadas em computador.

Fabricação de molde assistida por computador (*computer-assisted design and manufacturing* – CAMM) é um resultado de tecnologia de microprocessador e pode melhorar a produtividade em mais de 100%. Os sistemas de projeto e de fabricação assistida por computador (*computer-assisted moldmarking* – CAD/CAM) são usados para projetar e ajudar na fabricação de moldes. Este equipamento ajusta, automaticamente, as dimensões da cavidade para diferentes resinas ou contornos especiais. As informações de projeto e fabricação em máquinas para produzir moldes de cavidades múltiplas ou para a substituição de núcleos ou cavidades estão armazenadas na memória do sistema.

A Figura 22-1 mostra um molde extremamente complexo de injeção de cavidades múltiplas. Este molde foi criado por operadores de máquina altamente habilidosos, usando programas de computador elaborados.

CAMM permite à indústria de plástico produzir configurações de alta qualidade, tolerâncias próximas e projetos confiáveis a um preço competitivo. A indústria de fabricação de molde e ferramenta é altamente intensa em mão de obra. Aqui, os sistemas de computador são ferramentas sofisticadas que aumentam a produtividade. Os departamentos de esboço e de projeto podem utilizar sistemas

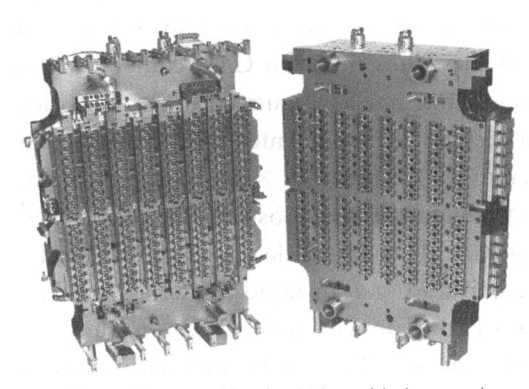

Figura 22-1 – Este molde de 144 cavidades produz pré-formados de PET para garrafas de refrigerante. (Cortesia de Husky)

CAD para dimensionar automaticamente o esboço e permitir o encolhimento de material. A base de dados nos programas CAM podem selecionar a base do molde e recomendar a colocação de pinos ejetores, luvas, anéis localizadores, pinos de retorno, puxadores ou outros detalhes. Embora o tempo de esboço e os parâmetros de troca de ferramenta representem uma porcentagem do custo total do item, os sistemas CAMM reduzem enormemente este tempo e facilitam as modificações ou trocas nos parâmetros de ferramentas.

A maioria das indústrias de fabricação de moldes é composta por lojas sob encomenda que se especializam em fazer moldes ou oferece, serviços especiais, tais como galvanizar, polir, tratar com aquecimento, gravar ou fazer moldes em máquinas.

A informação da modelagem é dada na discussão de cada processo. Entretanto, o Capítulo 21 deve ser revisado para as considerações de projeto básico. Você deve também revisar as descrições das famílias de plásticos, porque contêm informação sobre as propriedades e projetos que afetam a moldabilidade.

O resumo para este capítulo é apresentado aqui:

I. Planejamento
II. Ferramenta
   A. Custos de ferramenta
III. Processamento por máquina
   B. Erosão química

Planejamento

Muitos projetos de molde começam com esboços que permitem ao fabricante de molde tomar decisões sobre o desenho e visualizar como os itens serão feitos. Os desenhos finais do CAD conterão notas, dimensões e tolerâncias. Algumas dimensões críticas podem precisar de acabamentos superficiais tão baixos quanto 0,0025 mm [$9,8 \times 10^{-7}$ pol] para alguns itens. O projeto também mostrará algumas exigências especiais. Tolerâncias de encolhimento, acabamento, gravação, galvanização, materiais especiais ou outros fatores dimensionais serão anotados.

Os sistemas CAM permitem ao usuário determinar os sistemas de resfriamento, acabamento caminho da ferramenta, geometria do item, alimentações e limitações inerentes ao equipamento (folga das engrenagens, desgaste da ferramenta) antes da execução em máquina. Depois que o programa é verificado, ele é estocado para usar mais tarde.

Os sistemas CAM podem utilizar a informação armazenada para cortar e formar os moldes. Aproximadamente 80% do tempo do fabricante de molde é devotado a ajustar a ferramenta de máquina. Apenas 20% é na realidade gasto cortando o material. Os sistemas CAD/CAM reduzem substancialmente o tempo de ajuste, de moldagem e de execução em máquina.

Quase toda fase do processo de desenvolvimento do produto, do conceito até a finalização, pode utilizar CAMM para economizar tempo e reduzir custos.

Ferramenta

Coletivamente, gabaritos, acessórios de fixação, moldes, cubos, calibradores, dispositivos de travamento e equipamento de inspeção serão chamados de **ferramentas**. Os termos **gabarito** e **acessório de fixação** são normalmente usados de forma permutáveis. Ambos são dispositivos usados para localizar e segurar uma peça de trabalho na posição correta durante a execução em máquina, inspeção ou montagem. Um *gabarito* guia a ferramenta durante a operação de fabricação tal como na perfuração. Um *acessório de fixação* não tem guias de ferramenta embutido. Ele é usado, principalmente, para manter seguramente o trabalho durante a execução na máquina, resfriamento e secagem.

Parte do custo de fabricação de plástico é o custo de acessórios de fixação especiais. Estas são as ferramentas usadas para ajudar a medir ou colocar uma carga de plástico em uma máquina de moldagem, remover esguicho, remover itens moldados ou segurar os itens para resfriamento. Alguns são usados para ajudar a execução em máquina. Estes incluem blocos de segurar, gabaritos de broca e cubos perfuradores.

Custos de ferramenta

Muitos fatores afetam os custos de ferramenta: o tamanho da linha de produção, a técnica de produção, os reforços, os aditivos, a orientação das fibras, a matriz, a complexidade do projeto, a tolerância necessária, a quantidade de manutenção de molde e o trabalho realizado em máquina.

Moldes de cavidades múltiplas, ou aqueles com ornamentos ou acabamentos superficiais especiais, adicionam custo às ferramentas. Projetar uma montagem de molde que tenha cavidades permutáveis pode diminuir os custos porque as novas cavidades podem ser inseridas para formar outros itens, assim estendendo o uso do molde original. Para um pequeno número de itens, um molde de cavidades múltiplas pode não ser econômico porque as tolerâncias de ferramenta são muito mais difíceis de manter. Além disso, a manutenção de molde e a execução em máquina são mais caras para moldes de cavidades múltiplas.

Dois comentários normalmente citados na indústria de fabricação de molde são "Não existe nada tão simples como um item de plástico" e "O item só é tão bom quanto o molde que o prepara." Cada uma destas observações mostra a importância da ferramenta e do projeto de molde. (Veja Figura 22.2.)

Existem quatro tipos amplos de ferramentas: 1) protótipo; 2) temporária; 3) duração curta; e 4) produção. Estes estão mostrados na Tabela 22-1.

Os tipos de materiais usados em ferramenta incluem emplastro de gesso, plástico, madeira e metais.

Plásticos. Ferramentas de polímero (plásticos e elastômeros) são usadas para fazer padrões mestres, ferramentas de transferência, núcleos, caixas, modelos, cubos de pressão, gabaritos de guia, acessórios de fixação, ferramentas de inspeção e protótipos. Plásticos laminados, reforçados e preenchidos são usados, principalmente, para fabricar cubos, acessórios de fixação e padrões de fundição.

Os moldes de polímero geralmente são divididos em dois grupos: aqueles que são suportados e aqueles que não são. Espumas e na forma de favos normalmente são usadas para fornecer apoio forte e leve para ferramentas.

A Figura 22-3 mostra etapas no desenvolvimento de uma ferramenta para um item compósito que utiliza núcleo de alumínio na forma de favo e uma superfície de epóxi executada em máquina. Esta ferramenta pode suportar temperaturas de autoclave de 177 °C [350 °F] e pressões de 0,62 MPa [90 psi].

O uso de plástico na fabricação de cubo está crescendo rapidamente. Fenólicos preenchidos com metal e reforçados com vidro, ureias, melaninas, poliésteres, epóxis, silicones e poliuretanas são fortes, leves e fáceis de serem executados em máquina. Alumínio e aço são enchimentos comuns que oferecem condutividade térmica melhorada, facilidade de execução em máquina, resistência e temperatura e vida de serviço estendidas. Muitos podem ser preenchidos com espuma. Estes materiais são usados em ferramentas nas indústrias tanto de plástico quanto de metais. As ferramentas de plástico têm sido usadas como cubos curvos, cubos formando estiramento e cubos de queda de martelo. Acetais, policarbonatos, polietileno de alta densidade, fluoroplásticos e poliamidas são usados como ferramentas. Estes materiais são usados para cubos de cunhagem combinada, gabaritos e acessórios de fixação. A aceitabilidade de ferramentas de plásticos é verificada pelo seu amplo uso nas indústrias aeroespacial, de aeronaves e automotiva.

Figura 22-2 – A importância da equipe de ferramenta e de cubo não pode ser entendida. Este produtor de ferramenta e cubo coloca toques de acabamento em um molde de aço de injeção. (Bethlehem Steel)

Tabela 22-1 – Tipos gerais de ferramenta

Classificação da ferramenta	Número de itens	Materiais da ferramenta
Protótipo	1–10	Gesso, madeira, gesso reforçado
Temporária	10–100	Gesso trabalhado, gesso reforçado, suportado por deposição de metais, metais macios fundidos e trabalhados em máquina
Duração curta	100–1.000	Metais macios, aço
Produção	> 1.000	Aço, metais macios para alguns processos

(A) O núcleo de alumínio na forma de favo é duro o suficiente para prevenir deformação durante o processamento em um autoclave ou forno. A execução em máquina fornece uma forma bruta para o núcleo. (Cortesia de Vantico A&T US, Inc.)

(B) Uma camada grossa de epóxi especializado constitui a superfície da lateral da ferramenta. (Cortesia de Vantico A&T US, Inc.)

(C) Depois de o epóxi ter curado, a execução em máquina cria o contorno final da ferramenta. (Cortesia de Vantico A&T US, Inc.)

Figura 22-3 – Um exemplo de ferramenta de baixo custo para compósitos.

Moldes grandes e reforçados por epóxi são populares para técnicas tanto de laminação quanto de pulverização. Estas ferramentas são montadas e suportadas por bases e estruturas de metal. Na Figura 22-4, a ferramenta de polímero é usada para formar SMC. A ferramenta de polímero deve ser capaz de suportar a prolongada exposição às temperaturas de cura.

As **ferramentas de plástico** têm várias vantagens sobre as ferramentas de metal ou madeira. As ferramentas de plástico podem ser fundidas em moldes baratos, duplicadas facilmente e frequentemente modificadas em termos de projeto. A ferramenta de plástico também é leve em massa e resistente à corrosão. Compostos fundidos a quente estão substituindo a madeira e o aço em cubos, martelos, manequins, protótipos e outros acessórios usados na indústria.

Itens de móveis complexos são, por vezes, produzidos a partir de moldes de polímeros flexíveis. Silicones são o mais popular, mas os elastômeros de polissulfito e poliuretano também são usados.

Moldes flexíveis sem apoio são usados na indústria de móveis para reproduzir fielmente desenhos de partículas de madeira. O conceito básico da modelagem de êmbolo flexível ou de pressão de elastômero é mostrado na Figura 22-5.

Emplastros de gesso. A United States Gypsum Company tem desenvolvido um número de materiais de gesso de alta resistência. Estes materiais têm resis-

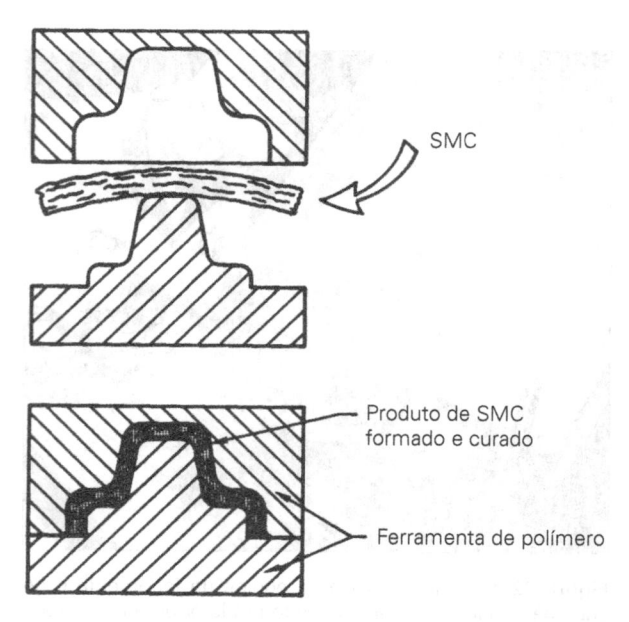

Figura 22-4 – Molde de cubo combinado de SMC usando ferramenta de polímero.

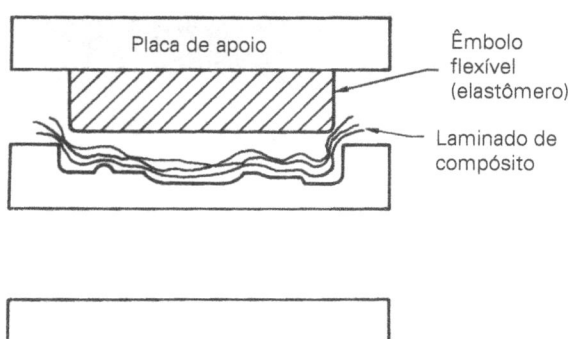

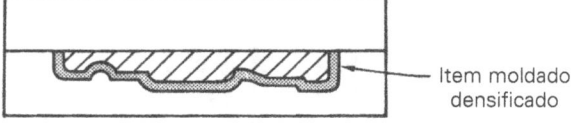

Figura 22-5 – Modelagem de êmbolo flexível ou de pressão de elastômero.

tência o suficiente para produzir modelos de protótipo, modelos de cubo, ferramentas de transferência (ejeção), padrões e moldes de cubo para formar plásticos (Figura 22-4).

Fibras, metais expandidos ou outros materiais são normalmente usados para adicionar resistência à ferramenta de gesso. Bases e estruturas de metal fornecem montagem segura. Em algumas técnicas, modelos (palheiro ou modelos) ajudam a dar forma ao gesso úmido. Até uma pilha de pedras ou uma bexiga expandida (balão) pode ser usada para ajudar a formar o contorno geral. O gesso é facilmente esculpido à mão. Os modelos podem ser produzidos colocando-se gesso sobre formas em argila, cera, madeira ou estrutura de arame. Pedras, cera e outras formas de modelo são geralmente removidas e substituídas por suporte de plástico reforçado. Alguns moldes de gesso são projetados para serem usados apenas uma vez. Projetos ocos ou alguns projetos que se quebram exigem que o molde de gesso seja quebrado e lavado. Moldes típicos de gesso têm suas faces recobertas com deposição de metal, revestimento de polímero ou laterais cobertas com compósito para fornecer uma superfície durável para a remoção do item. Os revestimentos de metal também melhoram a condutividade térmica necessária em algumas técnicas de moldagem. Espirais de resfriamento podem ser fundidas durante o trabalho com ferramenta.

Os nomes registrados Ultracal®, Hydrocal® e Hydrostone® são encontrados em gessos usados para ferramentas. Moldes padrão formados por vácuo são normalmente fabricados de gessos de baixo custo. O hidrostone tem uma resistência compressiva média de aproximadamente 11 mil psi [76 MPa].

O gesso é um material padrão mestre importante do qual os moldes mestre de crosta de polímero e de metal são produzidos.

Madeira. Ferramenta de madeira é usada ocasionalmente para protótipos e trabalhos de curta duração. Ela também é usada para alguns cubos de termoformagem e para trabalho padrão.

Metais. Embora os plásticos possam se tornar o material dominante no futuro, não podemos ter produtos de plástico sem metais.

Para protótipo ou material de curta duração, metais de baixo ponto de fusão podem ser usados. Zinco, chumbo, estanho, bismuto, cádmio e alumínio são usados nos cubos de termoformagem, padrões de fundição e modelos de duplicação. O alumínio é um metal popular para muitos processos de modelagem porque é leve, fácil de trabalhar em máquina e bom condutor térmico.

O alumínio 7075 é uma liga popular, de alto grau e tratada com calor; algumas vezes, é anodizada e galvanizada para melhorar a dureza superficial e prolongar a vida útil. O alumínio (7075-T652) é usado extensivamente na modelagem a sopro, modelagem de saco, termoformagem e protótipos. Ele é macio e necessita de resistência e dureza suficientes para evitar que o material se arraste nos moldes de injeção ou áreas de aperto nos moldes de sopro.

O berílio-cobre (C17200) é usado em alguns moldes de injeção e processos de modelagem por sopro. Este material pode ser fundido, trabalhado e torcido. Ele também pode ser fundido à pressão usando-se uma lareira máster. Em outras palavras, muitas cavidades podem ser produzidas com uma lareira. O BeCu geralmente é fornecido para os fabricantes de moldes temperados a 38-42 Rockwell C. Berílio-cobre reproduzirá os detalhes finos. Padrões de grãos de madeira são exemplos dos possíveis detalhes feitos usando moldes de BeCu.

Os moldes **Kirksite** (Zamak®, liga de zinco), feitos de uma liga de alumínio e zinco, são usados porque são baratos. Este metal reproduzirá detalhes de forma melhor que o alumínio e também durarão mais tempo. Em razão da baixa temperatura de derramamento de 425 °C [800 °F], é possível fundir linhas de resfriamento no molde. Estas ligas são usadas para operações de moldagem de sopro de longa duração. As beiradas de aperto devem ser protegidas contra concentrações de tensão excessiva pelos ornamentos de aço.

O aço é vital para a indústria de plástico. O carbono, elemento básico no plástico, é também um importante ingrediente do aço, mas o aço deve ter elementos de liga adicionais para a fabricação de molde. Se necessário, a dureza do molde pode variar de 35 a 65 Rocwell C (Figura 22-6).

Uma liga de aço sem carbono muito popular, usada para bases e componentes estruturais de máquinas, é a AISI 1020, 1025, 1030, 1040 e 1045.

Várias ligas de aço podem ser usadas para linhas de produção de longo termo. Nos casos em que a alta tensão compressiva e resistência de uso a elevadas temperaturas são necessárias, um aço AISI tipo H21 pode ser usado. O símbolo H indica aços de ferramenta de trabalho a quente.

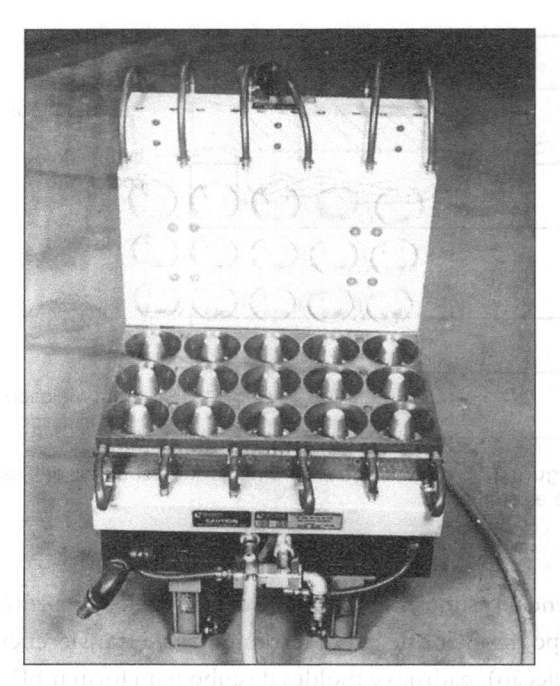

Figura 22-6 – Um molde de termoformagem de 15 cavidades. Esta é uma ferramenta de metal de alta produção e de longa duração. (Cortesia da Brown Machine LLC.)

Análise do aço tipo H:
0,35% de carbono
0,25% de manganês
0,50% de silício
3,25% de cromo
9,00% de tungstênio
0,40% de vanádio

AISI tipo WI é um aço de ferramenta de alta qualidade, não diluído em carbono e endurecido em água, usado em várias aplicações de ferramenta.

Análise do aço tipo WI:
1,05% de carbono
0,20% de manganês
0,20% de silício
Nenhuma liga

Fabricantes de ferramentas desejam há muito tempo um cubo de aço que não deforme. Um tipo de aço que combina as características de dureza profunda de aços endurecidos por ar com a simplicidade de possíveis tratamentos de calor de baixa temperatura em muitos aços endurecidos por óleo é o AISI tipo A6. O símbolo A é usado para aços endurecidos pelo ar.

Análise do aço tipo A6:
0,70% de carbono
2,25% de manganês
0,30% de silício
1,00% de cromo
1,35% de molibdênio
Mais sulfetos de liga

Ligas de aços populares, incluindo aços de ferramentas, são o AISI tipo A2 e A6, usados para moldes de injeção, transferência, compressão e de lareira mestra. Aços endurecidos completamente, tais como o D2 e D3, também são populares. Os aços D3 de cromo e alto conteúdo de carbono têm boa resistência ao uso. As cavidades de molde, placas de suporte, lâminas e cubos são feitos de aço de cromo-molibdênio 4140.

O símbolo P representa um aço endurecido por precipitação. O AISI tipo P20 é apropriado para todos os tipos de cavidades de molde de injeção. Ele pode ser endurecido para uma dureza de núcleo de 28 Rockwell C.

Análise do aço tipo P20:
0,30% de carbono
0,25% de molibdênio
0,75% de cromo

As cavidades de molde, blocos de apoio, cubos e outras ferramentas são feitas de aços P20 e P21.

O aço inoxidável tipo 420 e 440C pode ser usados onde a resistência à corrosão é necessária ou onde existem condições atmosféricas adversas. Ele pode desenvolver uma dureza de 45 a 50 Rockwelll C.

Os aços endurecidos por óleo são, algumas vezes, selecionados para peças corrediças e de esfregamento. O tipo 02 é o mais comum.

O carbeto de tungstênio é largamente utilizado para machos de tarraxa de corte por sua boa resistência ao uso e à abrasão. As cavidades de molde podem ser feitas a partir deste tipo de material cerâmico, mas é quebradiço e mais duro para esculpir que os aços de ferramentas.

Ferramentas de miscelânea. Existem inúmeras técnicas de ferramentas de miscelânea inovadoras. Cera e sais solúveis são usados em alguns casos. Mandris, lâminas ou outras formas de molde têm sido fabricados com elastômeros inflados de ar. Até mesmo formas de vidro são usadas como moldes. Depois de fundir, formar ou enrolar filamento, o vidro é, algumas vezes, quebrado e removido. Em algumas aplicações, concreto e gelo têm sido usados para produzir ferramenta única. As vantagens e desvantagens de materiais de ferramenta selecionados são mostradas na Tabela 22-2.

Processamento por máquina

Existem inúmeros processos usados na fabricação de ferramentas e cubos a partir de aços. Moagem, torneamento, perfuração, sondagem, esmerilhamento, fresagem, fundição, aplainamento, gravação, eletrofromagem, execução em máquina de descarga elétrica, galvanização, soldagem e tratamento por calor são apenas alguns.

A fabricação de ferramenta deve ser vista como um processo firmemente controlado ao invés de uma sequência de tarefas discretas. O controle da fabricação de ferramentas pode ser feito com a ajuda de um

Tabela 22-2 – Vantagens e desvantagens de materiais de ferramentas selecionados

Material de ferramenta	Vantagens	Desvantagens
Alumínio	Baixo custo; boa transferência de calor, facilmente trabalhado em máquina, resistente à corrosão; leve; não enferruja	Porosidade; maciez; esfoliante; expansão térmica; durações limitadas
Liga de cobre (latão, bronze, berílio)	Facilmente trabalhada em máquina; detalhe de superfície bom; alta condutividade térmica; não enferruja	Maciez; o cobre inibe a crua; atacado por alguns ácidos; facilmente danificado; durações limitadas
Miscelânea (sais, infláveis, ceras, cerâmicas)	Alguns são de baixo custo, reutilizáveis; projetados com rebaixamentos; facilmente fabricados; leves, duros; condutores térmicos; cerâmicas são materiais de alta temperatura	Alguns são macios; facilmente danificado; instável dimensionalmente; danificado por temperatura alta ou produtos químicos; condutores térmicos ruins
Gesso	Baixo custo; facilmente esculpido; boa estabilidade dimensional; não enferruja	Porosidade; maciez; condutividade térmica ruim; facilmente danificado; estabilidade dimensional limitada; durações curtas; faixa térmica limitada
Polímeros (laminados, reforçados, enchidos)	Baixo custo; facilmente fabricados; expansão térmica similar a muitos compósitos; leves; não enferrujam; econômicos em projetos grandes; poucos itens	Projeto limitado; condutividade térmica ruim; estabilidade dimensional limitada; durações limitadas; faixa térmica limitada
Aço	Mais durável; resistência térmica alta; resistente ao uso e forte; condutividade térmica	Ferramentas mais caras; difícil de trabalhar em máquinas; limitações de tamanho; muitas partes; enferruja; pesado
Madeira	Baixo custo; executada em máquina com facilidade; não enferruja	Porosidade; estabilidade dimensional ruim; macio; durações limitadas; condutividade térmica e resistências ruins
Liga de zinco (chumbo, estanho)	Baixo custo; facilmente executada em máquina; boa em detalhes; não enferruja e boa condutividade térmica	Macio; facilmente danificado; durações limitadas; faixa térmica e de resistências limitadas

computador. Os sistemas CIM podem controlar máquinas de ferramentas individuais numericamente controladas por computador (CNC). A fabricação de ferramenta começa com o planejamento e o balanceamento da carga de trabalho, especificações e técnicas com capacidades de máquina. Erros no processo de planejamento podem ser caros e resultar em tempo de produção excessivo e até em falha da ferramenta. Algumas vezes, a execução em máquina de moldes e ferramentas é separada em duas áreas amplas: execução inicial em máquina, que envolve torneamento bruto e moagem, e execução final em máquina, que envolve esmerilhamento, execução em máquina de descarga elétrica (EDM) e polimento. Estes processos normalmente ocorrem após o endurecimento.

Moagem, torneamento, perfuração, sondagem e esmerilhamento são processos de ferramentas de corte. Fresadora, planadoras, tornos mecânicos, máquinas de perfuração, máquinas de esmerilhamento, máquinas de moagem e várias máquinas de duplicar e pantógrafo são normalmente usadas para cortar metal ao fazer moldes e cubos.

Uma máquina de duplicação é uma máquina de moagem vertical especialmente modificada, que corta moldes duplicados a partir de um padrão mestre. A proporção entre o padrão e a cavidade geralmente é 1:1.

Máquinas de pantógrafo são similares às máquinas de duplicação, exceto que operam em proporções variáveis de até 20:1. A grande redução de proporção permite que o aço seja trabalhado em máquina com detalhe muito delicado pelos movimentos coordenados da mesa e da ferramenta de corte.

Fresagem, gravação, eletroformagem e execução de trabalho em máquina de descarga elétrica são processos de *deslocamento de metal*. Eles são usados na fabricação de moldes nos quais nenhuma ferramenta de corte está envolvida.

A fresagem a frio envolve empurrar uma peça de aço muito duro em uma folha de aço não endurecido (Figura 22-7). O processo é realizado a temperatura ambiente. As pressões variam de 1.380 MPa a 2.760 MPa [200 a 400 x 10^3 psi], dependendo dos metais fresados e do material em folha usado. As máquinas de fresagem podem precisar de capacidade de pressão tão alta quanto 2.722 toneladas [3.000 tons].

Em um procedimento apropriado chamado Cavaform, uma fresa-matriz pode fornecer um número ilimitado de impressões, caracterizadas por uma incrível fidelidade ao tamanho e ao acabamento da fresa-matriz. Este procedimento de formar estampagem a frio é realizado em muitos aços em um estado temperado. Um aço de cavidade pode ser escolhido para satisfazer as exigências de moldagem com baixa distorção de tratamento de calor. Pode ser também tratado a vácuo para minimizar o polimento após o tratamento de calor. A principal desvantagem é que este procedimento geralmente exige um buraco completo na parte de baixo da impressão.

Em geral, fresas-matriz são feitas de aços de ferramenta endurecidos por óleo, contendo uma alta porcentagem de cromo. Pode ser mais econômico fresar cavidades únicas de cubo, mas a fresagem normalmente é usada para fazer grandes números de impressões para moldes de cavidades múltiplas. Moldes de cavidades múltiplas são frequentemente numerados para permitir a localização instantânea de quaisquer problemas de moldagem.

Uma ligeira tração deve ser fornecida para permitir a remoção da fresa-matriz da folha em formação. A fresa-matriz deve ser limpa, pois uma marca de caneta na fresa-matriz pode ser transferida para a cavidade durante a operação de fresagem.

Depois da fresagem, a folha é trabalhada em máquina e endurecida antes de ser colocada na base do

(A) Fresa-matriz fria próxima de ser forçada no bloco de cavidade.

(B) Cavidade formada no bloco pela fresa-matriz.

(C) Fresa-matriz removida. O bloco de cavidade será trabalhado em máquina e endurecido.

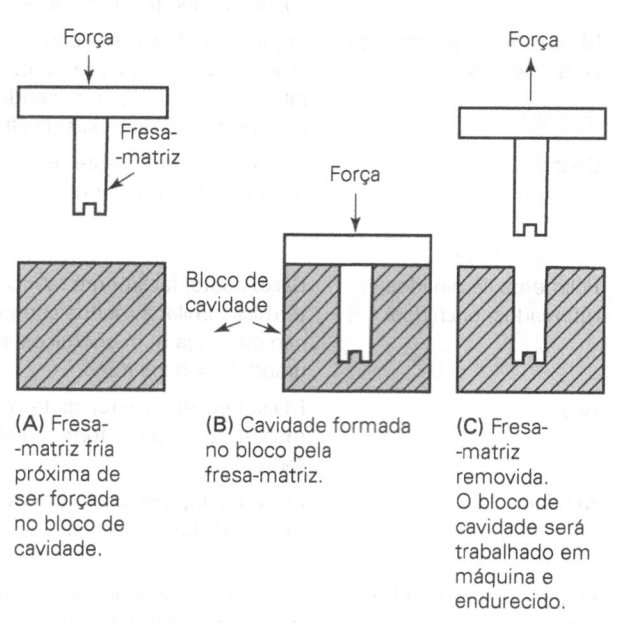

Figura 22-7 – Diagrama do processo de deslocamento de metal (fresagem).

molde. Na Figura 22-8A, uma fresa-matriz terminada (à direita) foi formada na cavidade do bloco (ao centro) na folha de aço. À esquerda está a *força*, ou a porção macho do molde de compressão. Um item moldado por compressão acabado é mostrado na Figura 22-8B. Ele foi moldado na cavidade acabada do molde.

Comparada com métodos mecânicos, a erosão elétrica ou o **trabalho executado em máquina de descarga elétrica** (*electrical-discharge machining EDM*) é um método razoavelmente lento de remoção de metal. O aço é removido a aproximadamente $4,37 \times 10^{-4}$ mm^3/min. [0,016 pol^3/min.]. O local do trabalho pode ser endurecido antes de a cavidade ser formada, o que remove quaisquer problemas de tratamento com calor depois do trabalho em máquina ou formagem. Durante o processo de trabalho com máquina, um padrão mestre de cobre, zinco ou grafite é feito. O padrão é, então, colocado a aproximadamente 0,025 mm [0,00098 pol] da peça de trabalho e tanto a peça de trabalho quanto o mestre são submergidos em um fluido dielétrico ruim, como querosene ou óleo leve. A corrente é forçada por meio da separação entre o mestre e a peça de trabalho, e cada descarga remove quantidades mínimas de substância de ambos. A perda de material do mestre de ferramenta deve ser compensada para se obter cavidades exatas na peça trabalhada.

Muitas máquinas de EDM modernas atualmente incorporam um movimento orbital multieixos na cabeça de fuso, que permite que um eletrodo seja usado para o dimensionamento final aproximado e acabamento.

Para mestres de ferramenta baratos feitos de carbono ou zinco, a proporção de material removido da peça de trabalho pode ser de mais de 20:1. A precisão pode estar em ±0,025 mm [±0,001 pol] com um rebaixamento final de menos de 0,007 mm [30 micropolegadas].

As técnicas tanto de corte de arame quanto de gravação de matrizes normalmente eliminam a necessidade de operações de acabamento secundárias. O EDM de arame produzirá cavidades complexas e exatas que são difíceis ou impossíveis de produzir com técnicas convencionais. Na Figura 22-9, uma EDM de arame controlada por CNC corta a forma final desses cubos de moldagem. O princípio da EDM é mostrado na Figura 22-10.

Erosão química

Na **erosão química** (gravação), uma solução ácida ou básica é usada para criar uma depressão ou cavidade. O processo normalmente envolve o uso de mascaradores quimicamente resistentes, tais como cera, tintas baseadas em plástico ou filmes. O mascarador é removido das áreas onde o metal será removido quimicamente. Cavidades ou desenhos rasos são normalmente reproduzidos com texturas copiando tecidos e couro. Materiais fotossensíveis são geralmente usados na indústria de impressão.

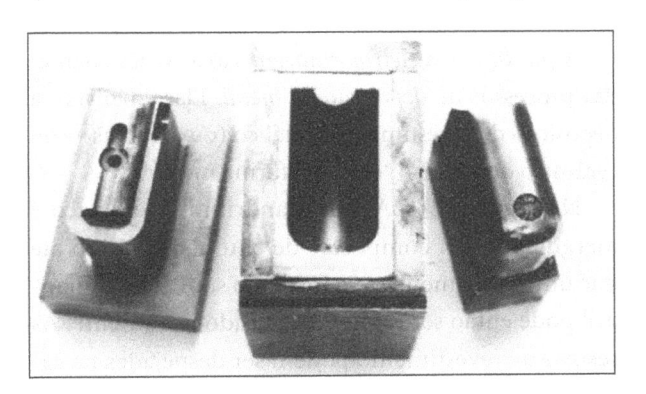

(A) Fresa-matriz, à direita, foi prensada em um bloco de aço, no centro.

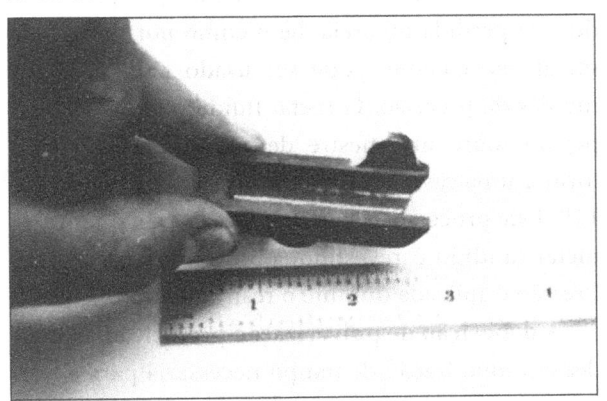

(B) O item acabado, moldado por compressão de um molde fresado.

Figura 22-8 – Exemplo de fresagem.

Figura 22-9 – Uma máquina de EDM de arame controlada por CNC.

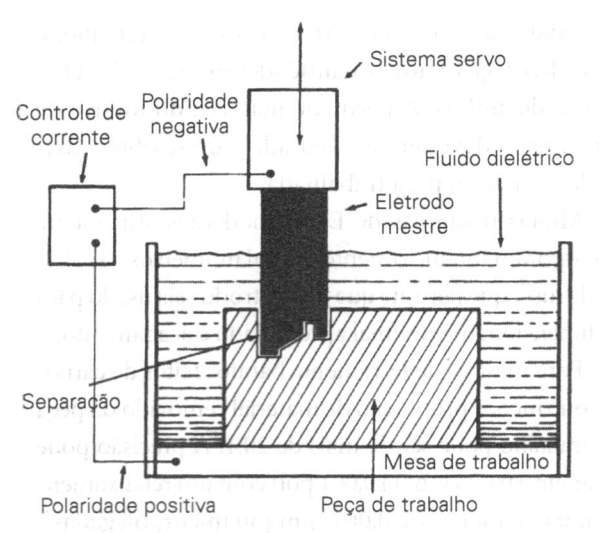

420 Plásticos industriais: teoria e aplicações

(A) Observe que a distância entre a peça de trabalho e a ferramenta mestre é uniforme.

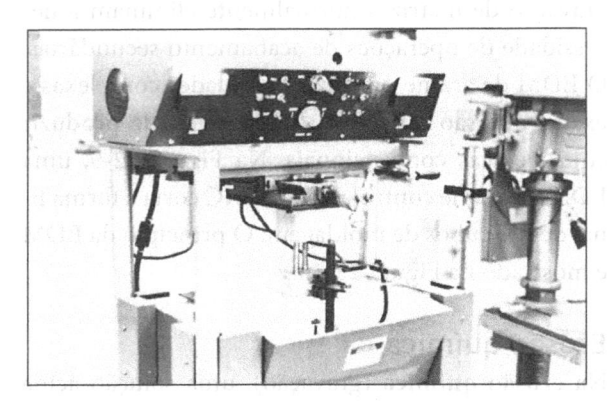

(B) Uma EDM de tamanho de laboratório.

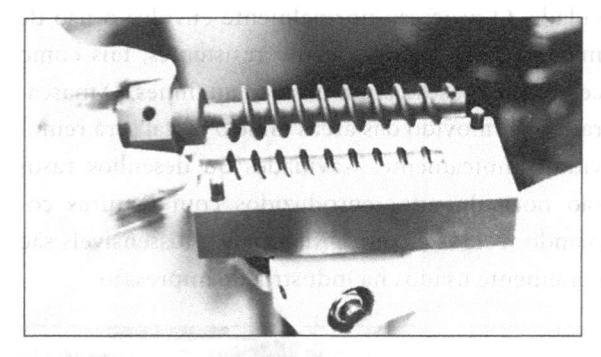

(C) Eletrodo mestre de carbono usado para fazer cavidade de cubo.

Figura 22-10 – Execução em máquina de erosão elétrica (EDM) de um cubo.

Devem ser feitas permissões para compensar os efeitos do *raio de gravação* ou do *efeito de gravação*. À medida que o gravador age na peça de trabalho, tende a cortar por baixo o padrão mascarador. Em cortes profundos, o rebaixamento pode ser sério. A Figura 22-11 representa os efeitos do fator de gravação na erosão química.

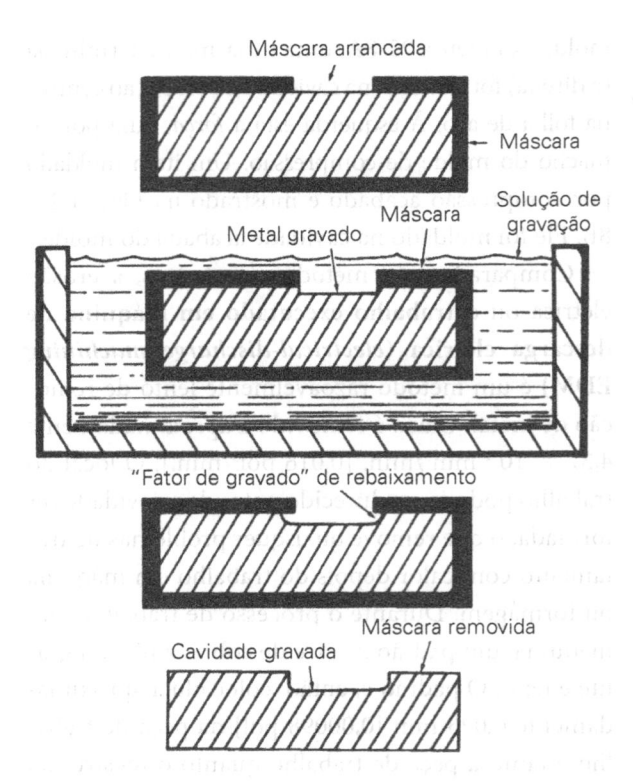

Figura 22-11 – Método de erosão química de produção de uma cavidade de cubo.

A *fundição* e a *eletroformagem* são às vezes chamadas processos de *deposição de metal*. Elas envolvem a deposição de revestimento metálico (ou algumas vezes cerâmico ou plástico) em uma forma mestre.

Na Figura 22-12A, um mandril mestre de aço é mergulhado em compostos de chumbo fundido até que um revestimento seja formado sobre ele. O mandril pode então ser removido e usado novamente. As resinas de revestimento podem ser despejadas na camada e removidas quando estão polimerizadas.

O revestimento quente de metais por processos de cera perdida ou areia, bem como por moldes de metal permanente, pode ser usado para produzir moldes de precisão. O metal fundido pode ser despejado sobre um mestre de aço endurecido para formar uma cavidade, como mostrado na Figura 22-12B. Este processo é chamado **fresagem a quente**. O metal fundido é revestido sobre uma fresa-matriz. Pressão é aplicada durante o resfriamento.

A **deposição de pulverização** promete criar moldes em uma fração de tempo necessária para a execução tradicional em máquina. O processo, como mostrado na Figura 22-13, começa com um projeto de CAD. Um modelo de tamanho total do projeto

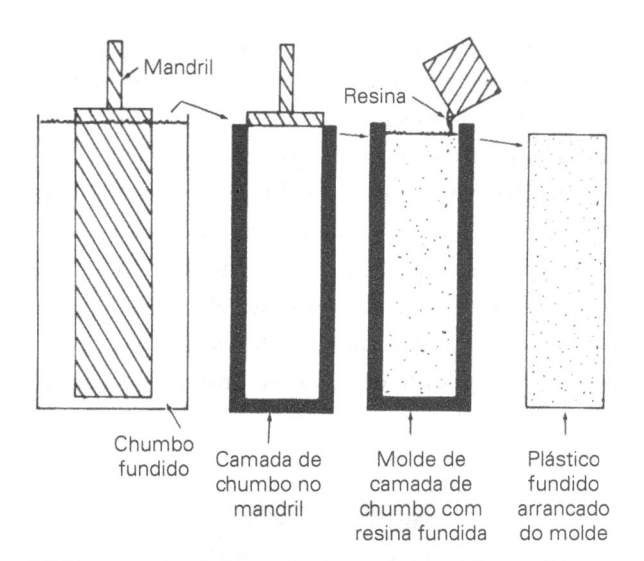

(A) Etapas na fundição de plástico usando moldes fundidos.

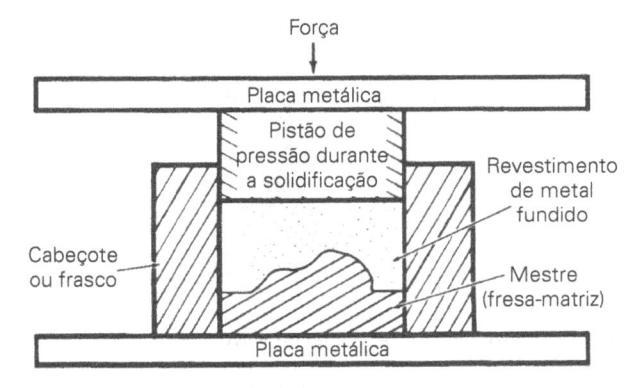

(B) O metal fundido é fundido no mestre. A pressão do pistão resulta em um revestimento estreito e denso.

Figura 22-12 – Fundição de plástico e metal.

é usado para criar um padrão de cerâmica. Em seguida, o aço de ferramenta fundido é pulverizado no padrão de cerâmica. A taxa de deposição pode superar 200 quilogramas por hora e produzir uma construção uniforme no padrão. Após a remoção do patrão do depósito, ele é limpado, polido e encaixado em uma base de molde padrão. A máquina de pulverização, mostrada na Figura 22-13B, pode produzir um ornamento em aproximadamente duas horas. Máquinas maiores ainda estão em fase de projeto.

A **eletroformagem** é um processo de eletrogalvanização. Um mandril exato de plástico, vidro, cera ou vários metais é usado como mestre para depositar eletricamente os íons metálicos a partir de uma solução química (Figura 22-14). Os moldes recebem uma camada fina do material e podem ter rebaixamentos, mas normalmente têm um acabamento altamente

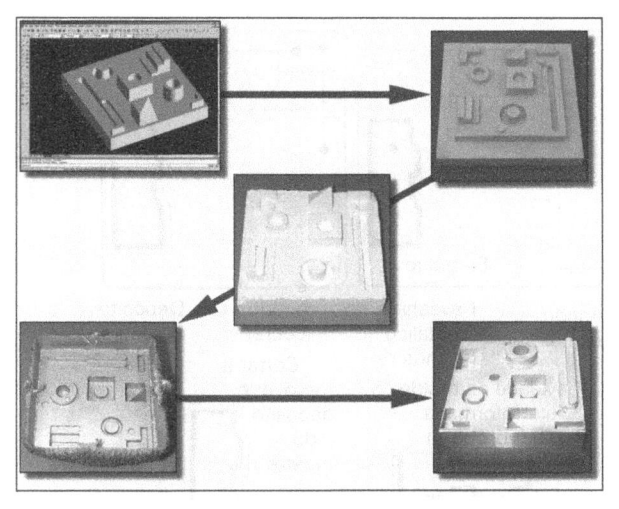

(A) O aço de ferramenta pulverizado é a imagem inversa do padrão de cerâmica no centro. Após a remoção do jato em excesso em torno das beiradas, o aço está pronto para se encaixar na base do molde.

(B) Esta máquina injeta aço de ferramenta fundido em um fluxo de alta velocidade de nitrogênio. O jato resultante deposita muitas gotas minúsculas no padrão.

Figura 22-13 – Processos de deposição de jato. (RSP Tooling, LLC.)

polido. A cavidade pode ser reforçada por galvanização de cobre por trás da camada. Resistência adicional pode ser fornecida colocando-se a cavidade do cubo em epóxi de enchimento. As cavidades podem ser usadas para a termoformagem, moldagem de sopro ou moldagem de injeção (Figura 22-15).

As principais vantagens de moldes eltroformados são sua reprodução exata de detalhes, a porosidade zero, o encolhimento zero e o baixo custo. As principais desvantagens incluem as limitações de projeto, a maciez relativa e a dificuldade com cavidades múltiplas.

Às vezes, é desejável ter a peça moldada pregada ligeiramente a uma metade do molde, dependendo

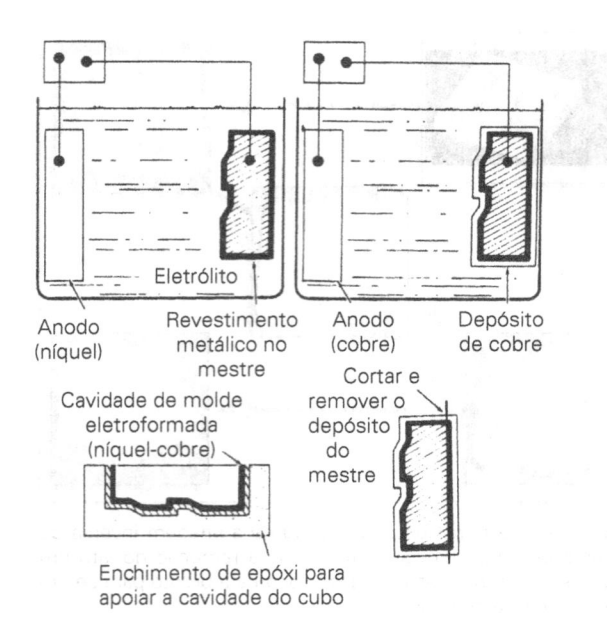

Figura 22-14 – Cavidade de molde eletroformada. Revestimento de cobre e enchimento de epóxi por trás para reforçar a cavidade de níquel.

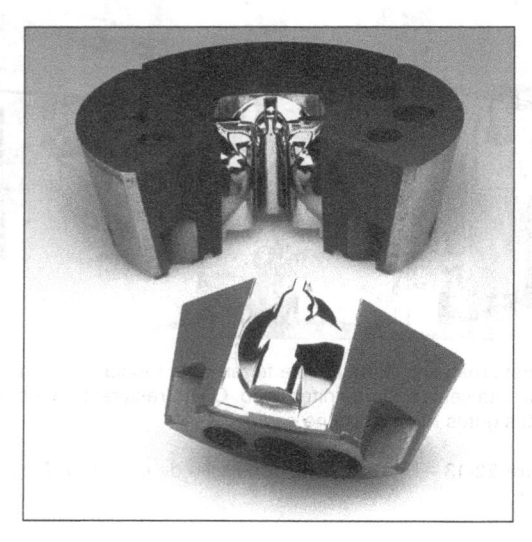

Figura 22-15 – A galvanização dura de cromo desses componentes de molde aumenta a dureza, reduz o coeficiente de fricção e fornece resistência à corrosão. (Cortesia de Meadville Plating Co., Inc.)

do mecanismo de retirada. A aderência excessiva pode ser causada por entalhes ou rebaixamentos no molde ou sujeira na superfície da cavidade. Ao limpar os cubos e cavidades, usa-se normalmente uma cera, lubrificante ou jato de silicone. Para marcas resistentes, um raspador de madeira ou escova de latão pode também ser usado. Nunca use raspadores de aço ao limpar cavidades porque podem arranhar ou danificar o acabamento polido em suas superfícies.

Existem inúmeros outros métodos de deposição de metal que podem ser usados para fabricar moldes. Metais pulverizados por chama e metalização a vácuo são dois de tais métodos. (Veja Capítulo 17.)

A eletrogalvanização, a soldagem e o tratamento de calor são usados na fabricação de moldes. Muitas operações de acabamento de moldes são feitas à mão. Um molde de aço pode ser eletrogalvanizado para proteger a cavidade do cubo da corrosão e fornecer o acabamento desejado no produto de plástico (Figura 22-16).

Figura 22-16 – Para fazer a área de válvula neste pino central mais resistente ao uso, ela recebeu um depósito grosso de cromo. (Cortesia de Meadville Plating Co., Inc.)

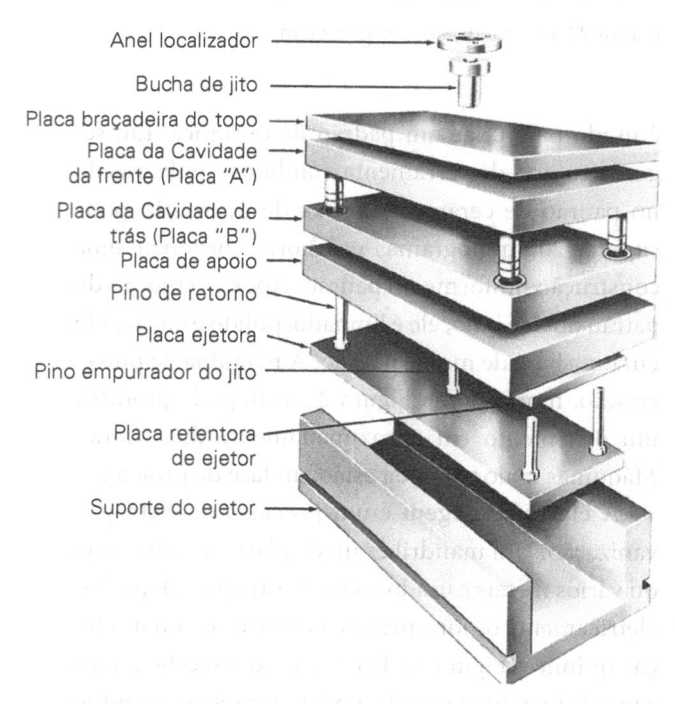

Figura 22-17 – Vista ampliada de uma base de molde padrão, mostrando suas partes. (D-M-E Co.)

Capítulo 22 – Ferramentas e fabricação de molde 423

As bases de molde são importantes para o fabricante de ferramenta. As bases apoiam as cavidades no lugar e são feitas espessas o suficiente para fornecerem aquecimento e resfriamento para as cavidades. Elas são feitas de aço e estão disponíveis em tamanho padrão. As bases podem ser compradas para acolher a maioria dos moldes sob encomenda de propriedade (Figura 22-18). Moldes sem escoamentos têm sistemas de tubo de distribuição ou mancais de montante. Os fabricantes de moldes normalmente compram bicos para os tubos de distribuição de um fornecedor. A Figura 22-19 mostra um número de estilos de bicos para moldes sem escoamentos.

Os **pinos de alinhamento** garantem o encaixe apropriado das cavidades quando a base do molde é comprada junto. Se a montagem não está alinhada apropriadamente e as linhas divisórias não estão apropriadamente inscritas, as cavidades dos moldes

Figura 22-19 – Estes bicos de sistemas de escoamento a quente mostram muitos estilos de pontas. (Cortesia de Husky.)

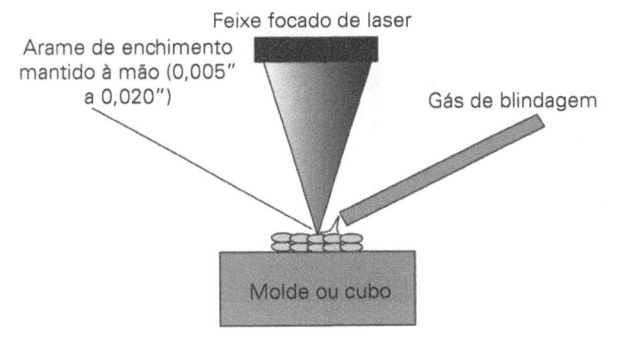

(A) O laser focado cria uma piscina tão pequena de solda que é necessário um microscópio para a soldagem exata.

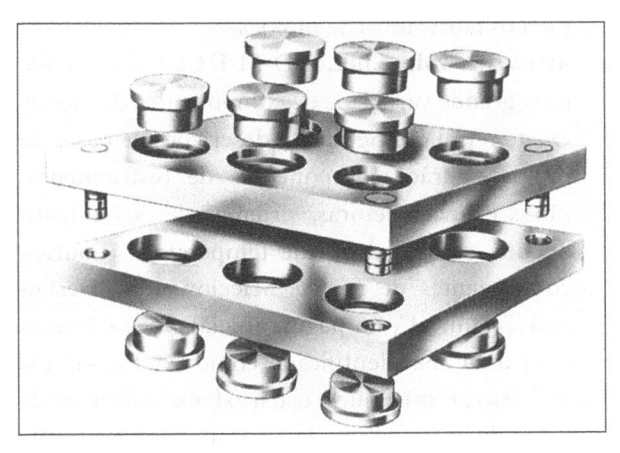

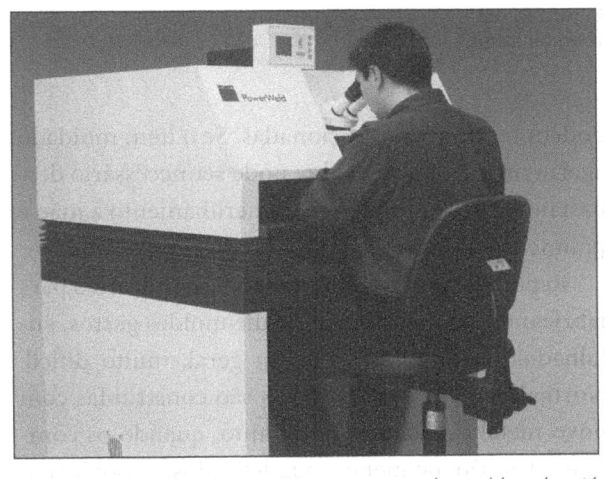

(A) Cilindros de ornamento de cavidade padrão mostrando buracos vazios na cavidade galvanizada superior e inferior para receber ornamentos.

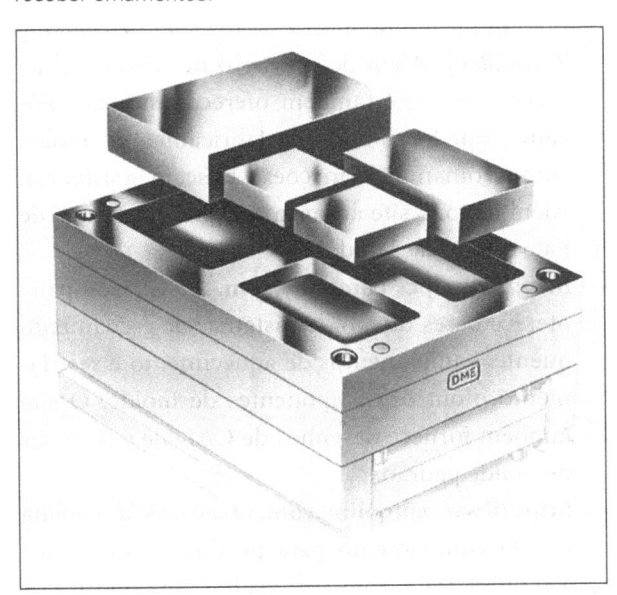

(B) Blocos de ornamento de cavidade retangular padrão mostrados com caçapas realizadas em máquina na base do molde.

Figura 22-18 – Blocos de ornamento de cavidade padrão. (D-M-E Co.)

(B) A máquina de microssoldagem acomoda moldes de até 150 quilogramas [330 libras].

(C) Esta foto mostra o reparo de uma beirada gasta em um componente delicado de molde.

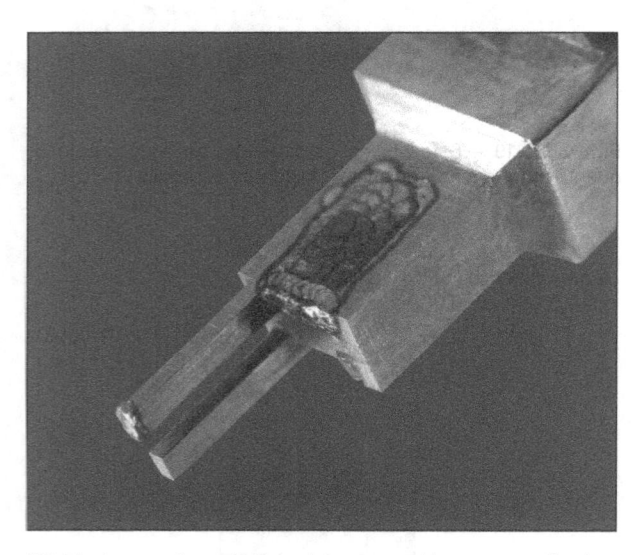

(D) Mudanças de projeto podem ser rapidamente realizadas, se itens delicados e pequenos podem ser facilmente alterados ao invés de substituídos.

Figura 22-20 – Microssoldagem para reparos de molde. (Cortesia de Trumpf, Inc.)

podem ter de ser reposicionadas. Se o item moldado agarra na cavidade do cubo, pode ser necessário desbastamento de última hora, esmerilhamento à mão e polimento do molde.

Reparo de molde é um trabalho significativo para fabricantes de moldes. Substituir moldes gastos, entalhados ou danificados é, em geral, muito difícil. Normalmente, as partes gastas são construídas com novo metal e soldadas. Entretanto, quando os componentes são pequenos ou delicados, a soldagem tradicional pode ser quase impossível. Em muitos casos, o equipamento especial de microssoldagem a laser pode criar soldas minúsculas. A Figura 22-20A mostra um esquema do processo, que pode focar o ponto de solda entre 0,3 mm e 0,6 mm [0,012 a 0,024 pol]. A Figura 22-20B mostra um operador usando o equipamento e produzindo soldas como aquelas vistas nas Figuras 22-20C e 22-20D.

Pesquisa na internet

- **http://www.amba.org.** A American Mold Builders Association fornece anúncios sobre conferências, feiras de mercado e outros tópicos importantes para os fabricantes de moldes.
- **http://www.dme.net.** A D-M-E Company vende uma grande variedade de componentes de molde. O site retrata fotografias e descrições de bases de molde padrão, componentes de resfriamento, pinos e luvas ejetoras, sistemas de escoamento quente, controladores de temperatura e outros componentes de molde. Selecionando "Design and Technical", na página inicial, você é levado para uma aba identificada como "Get CAD Files". Isto permite que o usuário baixe desenhos de CAD de bases de molde e componentes a partir de uma extensiva biblioteca de desenhos.
- **http://www.moldmakingtechnology.com.** Este site é mantido pelo publicador da revista *Moldmaking Technology*. Além de acessar o número atual da revista, este site também oferece "Industry Fórum", um local onde os fabricantes de molde compartilham informações e buscam assistência. Além disto, o site anuncia a Exposição Anual de Fabricantes de Molde.
- **http://www.pcs-company.com.** A PCS Company oferece bases de molde, sistemas de escoamento quente, equipamentos de aquecimento e resfriamento e outros componentes de molde. O site também fornece desenhos de CAD de suas bases de molde padrão.
- **http://www.rsptooling.com.** O site da RSP Tooling retrata equipamento para produzir moldes por aço pulverizado sobre um padrão de cerâmica. A tecnologia elimina o trabalho em máquina tradicional na produção de moldes e reivindica grandes reduções no tempo de produção de molde.

Vocabulário

As palavras a seguir são encontradas neste capítulo. Consulte o glossário no Apêndice A para encontrar as definições destas palavras, caso você não compreenda como elas se aplicam aos plásticos.

Deposição de pulverização
Eletroformagem
Erosão química
Ferramenta
Ferramenta de plástico
Acessório de fixação
Fresagem a quente
Gabarito
Kirksite
Pinos de alinhamento
Trabalho executado em máquina de descarga elétrica (EDM)

Questões

22-1. Fixações especiais, moldes, cubos etc., que permitem que o fabricante produza itens são chamados _____ .

22-2. Nomeie uma aplicação para guiar e posicionar com exatidão as ferramentas durante a operação envolvida na produção de itens permutáveis.

22-3. Muitos projetos de molde começam do _____ preliminar.

22-4. Um elemento fundamental tanto no plástico quanto no aço é _____ .

22-5. Fresagem, gravação, eletroformagem e trabalho em máquina de descarga elétrica geralmente são classificados como processos _____ .

22-6. Uma liga de alumínio e zinco usada para moldes que tem alta condutividade térmica é conhecida como _____ .

22-7. A maioria das indústrias de fabricação de molde é composta de lojas _____ .

22-8. Ferramentas _____ são mais difíceis para manter nos moldes de cavidades múltiplas.

22-9. Ferramentas para trabalho de produção de longa duração geralmente são feitas de _____ .

22-10. Os nomes registrados Ultracal, Hydrocal e Hydrostone referem-se a _____ usados para ferramentas.

22-11. Nomeie o material de ferramenta que tem várias vantagens, incluindo leveza, resistência à corrosão e baixo custo.

22-12. Dispositivos que mantêm o alinhamento apropriado da cavidade à medida que o molde se fecha são chamados _____ .

22-13. O ato de dar forma a plásticos ou resinas nos produtos acabados por calor e/ou pressão é chamado de _____ .

22-14. A ferramenta usada para manter as cavidades no lugar é chamada _____ .

22-15. Liste quatro métodos que podem ser usados para produzir um molde no qual não estão envolvidas ferramentas de corte.

22-16. Uma vez que _____ são relativamente baratos e têm resistência suficiente para produzir alguns tipos de moldes, eles são usados em protótipos ou ferramenta experimental.

22-17. Muitas ferramentas e cubos de metal estão sendo substituídas por _____ , uma vez que são fortes, leves e fáceis de trabalhar em máquina.

22-18. Um material popular para moldes de termoformagem e de moldagem de sopro é _____ , porque é leve, fácil de trabalhar em máquina e tem boa condutividade térmica.

22-19. Se um molde de moldagem por sopro exige detalhe de fino molde e deve ser facilmente trabalhado em máquina, mas mais resistente que o alumínio, pode-se usar _____ .

22-20. Para alta resistência, resistência ao uso e durações de produção altas, os moldes devem ser feitos de _____ .

22-21. Uma máquina de _____ é similar e funciona como uma máquina duplicadora, exceto que ela, normalmente, é ajustada para operar a proporções tão altas quanto 20 para 1.

22-22. Nenhuma ferramenta de corte é usada nas operações em máquina classificadas como processos _____.

22-23. O processo no qual uma peça de aço muito duro é empurrada em uma folha de aço não endurecida e não aquecida para formar uma cavidade de molde é chamado _____.

22-24. Um meio elétrico de remover metais por erosão elétrica é chamado _____.

22-25. Na _____ ou gravação, uma solução ácida ou básica é usada para criar uma cavidade.

22-26. Parte do custo de fabricação de produtos plásticos é devido a _____ ou ferramentas especiais.

22-27. Conjunto de máquinas ou moldes _____ e aqueles com ornamentos exigem custos adicionais de ferramentas.

22-28. O aço para molde pode variar entre 35 e 65 Rockwell C em _____, dependendo das exigências.

22-29. Nomeie o tipo de ferramenta que você selecionaria para produzir cada um destes:
   a. 10 bandejas de servir termoformadas
   b. 10 mil moldagens de gravura em madeira para portas de móveis
   c. 10 mil assentos de cadeira de polipropileno
   d. 10 milhões de espelhos de tomadas elétricas

22-30. Onde é necessária a resistência à corrosão ou existem condições atmosféricas adversas, o aço _____ pode ser usado para moldes.

Capítulo 23

Considerações comerciais

Introdução

Neste capítulo, você aprenderá que a equipe de produção e o gerenciamento devem trabalhar juntos para formar um negócio de plástico de sucesso. O financiamento, o equipamento, as cotações de preço, a localidade da fábrica e outros fatores devem também ser considerados.

A fabricação de itens de plástico é um negócio competitivo. A seleção de material, as técnicas de processamento, as velocidades de produção e outras variáveis devem ser consideradas no preço de venda (veja os Capítulos 21 e 22).

Os fabricantes de resina e moldes sob encomenda são as melhores fontes de informação com relação ao desempenho de um material de plástico. A quantidade e a composição dos ingredientes da resina são variáveis importantes. Ao **estimar** ou planejar novos itens, consulte os fabricantes de resina e indique todas as especificações. Você deve ser capaz de responder às seguintes questões:

1. Como o item será usado?
2. Qual grau da resina será usado?
3. Quais exigências físicas os itens acabados devem satisfazer?
4. Quais técnicas de processamento serão usadas?
5. Quantos itens serão fabricados?
6. Será necessário investimento de capital em novos equipamentos?
7. Quais as especificações de confiabilidade e qualidade de cada item?
8. Seremos capazes de produzir o que o consumidor quer com um lucro?
9. Como e quando o consumidor pagará por nossos serviços?

Dependendo da quantidade, as cotações de preço podem variar muito. Por exemplo, o preço de um pacote de 0,5 kg [1,1 lb] de polietileno pode superar US$ 2,00 por kg. O mesmo material em pacotes de 25 kg [55 lb] pode sair em torno de US$ 1,65 o kg. Em volumes anuais acima de 100 mil kg [220 mil lb], este material pode ser vendido por US$ 1,10 o kg. Este capítulo inclui os seguintes tópicos:

I. Financiamento
II. Gerenciamento e pessoal
III. Moldagem de plástico
IV. Equipamento auxiliar
V. Controle de temperatura de moldagem
VI. Pneumáticos e hidráulicos
VII. Cotação de preço
VIII. Terreno da fábrica
IX. Despacho

Financiamento

Grande interesse e perspectiva não são os únicos prerrequisitos para começar um empreendimento industrial, porque nenhum negócio pode ser bem-sucedido e crescer sem o financiamento suficiente.

Uma das principais funções do gerenciamento é planejar a estrutura de capital do negócio com cuidado. Em uma propriedade, capital privado ou empréstimos são usados para financiar, e em uma corporação, a venda do estoque é usada para a capitalização.

Algumas empresas de equipamentos fornecem financiamento para a compra de maquinário por meio de pagamentos a prazo ou pré-datados, planos de compra de arrendamento ou financiamento direto. Outras fontes de capital incluem empresas de seguro, bancos comerciais, hipotecas, concededores de empréstimos privados e outros. O Small Business Investment Act de 1958 tem ajudado muitas empresas pequenas. Além disto, o Small Business Administration (uma agência federal dos Estados Unidos) tem ajudado milhares de negócios a garantir empréstimos.

Gerenciamento e pessoal

Frequentemente, tem sido dito que "Um negócio é tão forte ou de tanto sucesso quanto suas operações de gerenciamento". Muitos empreendimentos declinam a cada ano, enquanto outros continuam lutando, apenas sobrevivendo. Muitos dos problemas de um negócio lutando e decaindo podem estar associados ao mau gerenciamento. O gerenciamento deve coordenar o empreendimento, regulando as posses, o pessoal e o tempo para se obter um lucro.

A principal preocupação da indústria de plástico é que o fornecimento de trabalho não está mantendo o passo com sua taxa de crescimento. Existem grandes oportunidades de emprego para mulheres, porque elas constituem aproximadamente metade da força de trabalho na indústria de plástico. A área de pesquisa em particular precisa de homens e mulheres para trabalhar com polímeros, processos e fabricação. Muitas empresas de plástico têm a necessidade de pessoal profissional, incluindo executivos, engenheiros e supervisores; pessoal técnico, tais como técnicos e engenheiros; trabalhadores qualificados, incluindo mecânicos, técnicos, assistentes e pessoal responsável pela montagem do maquinário; e trabalhadores não qualificados e semiqualificados, tais como manipuladores de material, operadores de equipamento e empacotadores.

Muitos pessoais não qualificados e semiqualificados podem ser treinados pela empresa. Entretanto, profissionais, técnicos e pessoais qualificados devem possuir ensino médio ou treinamento em escola técnica.

A indústria de plástico continuará a competir pelo limitado fornecimento de projetistas qualificados, engenheiros e fabricantes de molde. O uso de sistemas CAD, CAM, CAE, CAMM e CIM pode provar ser uma maneira de satisfazer o desafio da falta de pessoal qualificado, bem como o aumento da produtividade.

O gerenciamento deve manter boas relações de trabalho, que podem incluir a negociação coletiva com os sindicatos dos trabalhadores. Uma boa relação de trabalho entre os trabalhadores e o gerenciamento é parte de um empreendimento de sucesso.

Moldagem de plástico

Muito tem sido escrito sobre as propriedades gerais e os processos de formação de plástico. A moldagem de plástico é um processo difícil e, frequentemente, precisa de experiência considerável para resolver os problemas de produção. A tecnologia na indústria do plástico está constantemente mudando. Apenas informações e precauções básicas sobre moldagem de plástico pode ser fornecida aqui (Tabela 23-1).

A capacidade de moldagem de equipamento pode limitar a taxa de produção. As limitações incluem

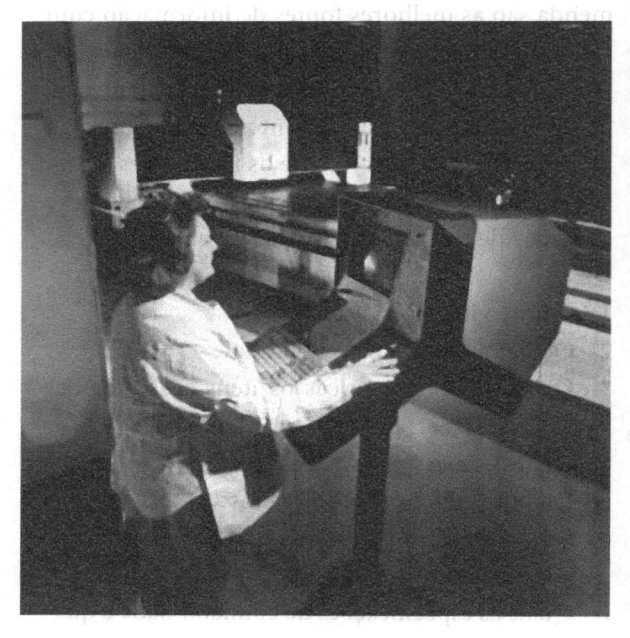

Figura 23-1 – Esta máquina automática de assentamento de fita para assentar os cursos exatos de fita de grafite/epóxi é uma importante etapa na produção de componentes de aeronave F-16. (Lockheed Martin)

Tabela 23-1 – Vantagens e desvantagens de métodos de fabricação selecionados

Método de Fabricação	Moldagem por injeção	Enrolamento de filamento	Moldagem de sopro	Pultrusão	Fundição rotacional	Saco de Vácuo	Extrusão	Jateamento	Termoformagem	Laminação à mão
Custo do capital da máquina	alto	baixo-alto	baixo	alto	baixo	baixo	alto	baixo	baixo	baixo
Custos do molde/ferramenta	altos	baixos-altos	baixos	baixos-altos	baixos	baixos	baixos	baixos	baixos	baixos
Custos de material	altos	altos	altos	altos	baixos	altos	altos	altos	altos	altos
Tempos de ciclo	baixos-altos	altos	baixos-altos	altos	altos	altos	baixos	altos	altos	altos
Taxa de produção	alta	baixa	alta	baixa	baixa	baixa	alta	baixa	alta	baixa
Exatidão dimensional	boa	regular	regular	regular	regular	regular	regular	regular	ruim	regular
Estágios de acabamento	nenhuma	alguns	alguns	sim	alguns	alguns	sim	alguns	sim	alguns
Variação da espessura	baixa	regular	regular	regular	baixa	baixa	baixa	baixa	alta	baixa
Tensão na moldagem	pouca	pouca	pouca	pouca	pouca	pouca	pouca	pouca	pouca	pouca
Roscas de molde de lata	sim	não	sim	não	sim	não	não	não	não	não
Buracos de molde de lata	sim	sim	sim	não	sim	sim	não	sim	não	sim
Componentes moldados de extremidade aberta	sim	sim	sim	sim	sim	sim	sim	sim	sim	sim
Ornamentos moldados juntos	sim	sim	não	não	sim	sim	não	sim	não	sim
Desperdício de material	nenhum	algum	algum	nenhum	nenhum	algum	algum	algum	algum	algum

as pressões disponíveis da prensa, a quantidade de material que será moldada e o tamanho físico. Por exemplo, as prensas de compressão podem variar em capacidade de menos de 5 até mais de 1.500 toneladas [5,5 a 1,653 tons] de pressão. As máquinas de extrusão podem plasticizar de menos de 8 até mais de 5.000 kg [17 a 11 mil lb] por hora. As máquinas de injeção podem variar de menos de 20 g até mais de 20 kg [0,7 oz a 44 lb] por ciclo. As pressões de travamento variam de menos de 2 até mais de 1.500 toneladas [2,2 a 1,653 tons]. É comum operar a maioria dos equipamentos com 75% da capacidade em vez de com a capacidade máxima.

Muitas técnicas de compósito de molde aberto são realizadas à mão. A colocação de camadas de fita de compósito sobre ferramentas especializadas é lenta. O trabalho à mão tem adicionado as desvantagens de possível orientação incorreta de fita, lacunas induzidas pelo processo e/ou porosidade. Uma solução para reduzir os custos de fabricação e garantir qualidade consistente do item é utilizar equipamento de assentamento de fita como parte do processo de moldagem. Na Figura 23-1, o item é formado, movimento após movimento, camada após camada, por meio da laminação da fita grafite/epóxi em um padrão de camada cruzada, projetado em computador. Ele é então curado em uma autoclave sob calor e pressão controlados. O item de aeronave resultante tem uma esplêndida resistência, mais uma vantagem de peso, não encontradas em nenhum metal (Figura 23-2).

Equipamento auxiliar

Os materiais de plástico são maus condutores de calor. Alguns plásticos são higroscópicos, isto é, absorvem umidade. Por estas razões, um **equipamento auxiliar** de preaquecimento pode ser necessário para reduzir o conteúdo de umidade e a polimerização ou o tempo de formagem. Normalmente, secadores alimentadores são usados na injeção e nos extrusores para remover a umidade dos compostos de moldagem e ajudar a garantir moldagem consistente. Atualmente, dois tipos de secadoras comuns na indústria são secadoras de ar quente e dessecantes. As secadoras dessecantes utilizam um leito de produtos químicos que remove a umidade do ar para acelerar o processo de secagem. Normalmente, estas secadoras forçam o ar quente e seco através de grânulos para remover a umidade. Uma abordagem alternativa é combinar calor e vácuo em um sistema de secagem. A Figura 23-3 ilustra tal sistema. O preaquecimento de termocurados pode ser realizado usando-se vários métodos térmicos de aquecimento que utilizam energia infravermelha, sônica ou de radiofrequência. O preaquecimento pode reduzir o tempo de cura e de ciclo, bem como prevenir riscos, segregação de cor, tensão de moldagem e encolhimento do item. Ele também permite um fluxo mais uniforme de compostos de moldagem pesadamente preenchidos.

Em geral, os moldadores devem compor seus próprios aditivos em resinas ou compostos. Misturas tanto quentes quanto secas podem ser necessárias para combinar plastizantes, corantes ou outros aditivos. O uso de silos de material ou outros sistemas de transporte pode ser necessário.

(A) Partes significativas do F-16, incluindo a asa vertical e o estabilizador horizontal, são feitas de materiais compósitos de grafite/epóxi. (Lockheed Martin)

(B) Este Join Strike Figther (JFS) esboça um corpo que contém aproximadamente 40% em massa de compósito de carbono. Ele está em desenvolvimento e espera-se que atinja a produção por volta de 2008. (Cortesia de Lockheed Martin)

Figura 23-2 – Uso de compósitos em aeronaves.

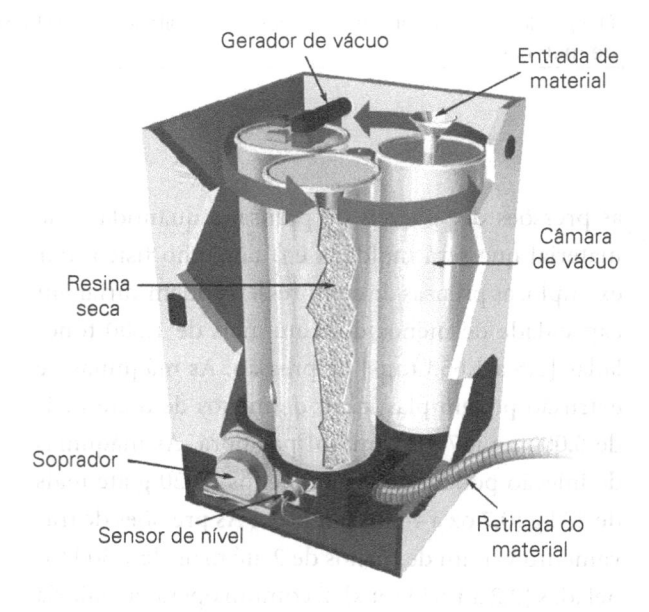

Figura 23-3 – Esta secadora usa calor e vácuo para reduzir o tempo necessário para secar plástico granulado. (Cortesia de Maguire Products, Inc.)

Os microprocessadores podem controlar muitas operações de manuseio de material. Por monitoramento e controle centralizado, todos os ajustes podem ser feitos e a condição de todas as estações pode ser conferida. Estes sistemas armazenam parâmetros de moldagem e dados da série real (fórmulas) para uso futuro ou para prevenir que os materiais errados entrem em um processo. Alimentadores de carga e misturadores são controlados para pesar e medir com exatidão os ingredientes para cada máquina. As operações de constituição de extrusão exigem sistemas precisos para pesar e dispensar com exatidão vários ingredientes. A Figura 23-4 mostra um pequeno sistema de perda de peso para extrusão. Muitos fornecedores de secadoras concordam que o controle de microprocessador é a chave para o sucesso de sua tecnologia. Os microprocessadores podem controlar com exatidão o uso de energia para criar sistemas de secagem de alto desempenho livre de sujeira.

O equipamento de pré-forma e os carregadores são importantes na moldagem de compressão e de muitos sistemas de compósito.

A moldagem de injeção, moldagem de sopro, termoformagem e outras técnicas de moldagem podem exigir o uso de reesmerilhadores ou granuladores para triturar montantes, escorridos ou outros pedaços de fragmentos cortados em materiais de moldagem úteis. Algumas destas operações são realizadas fora da linha. Os processadores procuram por barulho e redução de espaço no local do piso, bem como a eficiência de energia e a facilidade de manutenção ao selecionar granuladores.

Os **tanques de recozimento** são usados com produtos termoplásticos para reduzir marcas de depósito e distorção. Grandes carcaças ou peças similares são normalmente colocadas sobre blocos de encolhimento, em gabaritos ou em cubos para ajudar a manter as dimensões corretas e minimizar a distorção durante o resfriamento. Muitos volantes de automóveis antigos quebravam após um período de tempo em razão do encolhimento latente do item moldado. O recozimento apropriado e a seleção resolveram tais problemas.

O processamento de espiral fechada com resfriadores controlados, por computador e torres de resfriamento, é útil para reduzir o consumo de energia, bem como o aumento de produtividade.

O crescimento do uso de robótica tem sido fenomenal. A principal razão para este crescimento é o aumento da produtividade. Além disto, os robôs podem substituir operadores humanos em trabalhos com materiais quentes, chatos e altamente fatigantes. O uso de robôs eficientes e flexíveis pode liberar humanos para realizar tarefas criativas e de resolução de problemas da empresa (Figura 23-5).

Embora a remoção de itens seja a principal aplicação dos robôs, eles também podem realizar uma variedade de operações secundárias que melhoram a qualidade do item e reduzem os custos de trabalho. Os robôs podem ser usados como dispositivos de manuseio de itens, transportar itens para estações secundárias e empacotar. Isto pode eliminar funções sem valor para a fábrica, como atribuir funcionários para empacotar itens. As operações pós-moldagem feitas por robôs podem incluir montagem, colagem, soldagem sônica, decoração ou corte de montante.

Alguns fabricantes usam código de barras para manter o rastro do fluxo de material, inventário e produção de item. O código de barras é usado em **sistemas de fabricação flexíveis (*flexible manufacturing systems* – FMS)**. O FMS consiste em fabricar células que são equipadas com um número de operações executadas em máquina controladas por computador ou operações de moldagem ou outro equipamento automatizado. À medida que os diferentes

Figura 23-4 – Este sistema gravimétrico pesa com exatidão e mistura os ingredientes para garantir um fluxo uniforme de material para o extrusor. (Cortesia de Battenfeld-Gloucester)-

itens codificados movimentam-se para baixo na linha, os sistemas FMS ou CIM determinam quais operações (montagem, decoração, acabamento) estão prontas para serem realizadas.

Granuladores são moedores que são usados para reprocessar o material. Estas máquinas giram uma série de facas ou lâminas em uma câmara para picar montantes, escorridos e itens rejeitados em partículas de tamanho aproximadamente igual ao dos grânulos (Figura 23-6). Frequentemente, o material é misturado com novos grânulos e retornado ao equipamento de processamento. O método de reusar o material é comumente usado na moldagem por extrusão, injeção e sopro.

Figura 23-6 – Este granulador tem um gargalo de abertura de aproximadamente 30 cm × 30 cm – grande o suficiente para acomodar itens muito grandes. Para operações robóticas, um alimentador modificado aceita itens jogados de cima. (Cortesia de IMS Company)

(A) Esta foto mostra um robô de pegar e colocar em uma pequena máquina toda elétrica de moldagem de injeção. O robô pode atingir um tempo de ciclo de 4 segundos usando todos os três eixos de movimento. (Cortesia da Husky)

(B) Os robôs mostrados removem um para-choque de carro de uma prensa de moldagem de injeção, fazendo praticamente tudo no que se refere ao manuseio do material no processo de produção. O movimento de estação para estação é guiado automaticamente por veículos ou por um sistema de monotrilho automático superior. A pintura também é feita por robôs. Os para-choques, fabricados a partir de uma liga de policarbonato/poliéster chamada de Xenoy®, são tão fortes quanto aço, porém mais leves, mais baratos e fáceis de pintar. Eles atendem cs padrões de batida a cinco milhas por hora e não enferrujam. (Ford Motor Co.)

Figura 23-5 – Uso de robôs na fabricação de produtos plásticos.

Controle de temperatura de moldagem

Um dos fatores mais importantes na moldagem eficiente é controlar a temperatura. O sistema de controle de temperatura pode consistir em quatro partes básicas, incluindo o termopar, o controlador de temperatura, o dispositivo de produção de potência e aquecedores. Um sistema de controle usando estas quatro partes é mostrado na Figura 23-7.

O termopar é um dispositivo feito de dois metais distintos. Normalmente, são usadas combinações de ferro com constantã ou cobre com constantã. Quando o aquecimento é aplicado à junção dos dois metais, os elétrons são liberados, produzindo uma corrente elétrica que é medida em graus em um calibrador. Mais de 98% de todos os sensores de temperatura usados na indústria de plásticos são termopares. Entretanto, os detectores de temperatura de resistência (bulbos de resistência) têm sido usados em algumas instalações.

Mais recentemente, a instrumentação para o controle de temperatura progrediu para três desenhos principais. O tipo mais antigo era baseado em um multivoltímetro. Ele era capaz de manter uma temperatura específica em uma faixa de ±17 °C [±30 °F]. Em contraste, desenhos no estado sólido podem normalmente manter temperaturas em ±11 °C [±20 °F]. Um sistema baseado em microprocessador pode normalmente atingir controle de ±3 °C [±5 °F]. Para atingir tal controle exato, os microprocessadores permitem o uso de controles PID (proporcional, integral, derivado). Além da exatidão, os controles de microprocessadores são mais confiáveis que os desenhos mais antigos. Os sistemas PID tendem a ser aproximadamente 12 vezes mais confiáveis que os desenhos de multivoltímetros e seis vezes melhor que os dispositivos de estado sólido.

Muitas máquinas modernas são operadas por potência hidráulica e energia elétrica. Também podem ser necessários fornecimentos de vácuo, ar comprimido, água quente e água gelada. Para a maioria dos itens, a água fria é usada para resfriar o molde e reduzir o tempo de ciclo de moldagem.

É importante, na moldagem de injeção, que o sistema de resfriamento seja capaz de remover a carga de calor total gerada durante cada ciclo. O sistema deve também ser projetado para garantir que todas as seções moldadas, grossas ou finas, esfriem na mesma proporção para minimizar o potencial encolhimento diferencial.

O microprocessador tem feito mudanças importantes em todas as áreas de processamento de plásticos, incluindo resfriadores e controladores de temperatura de molde. Os controladores de temperatura de molde baseados em microprocessador podem manter os moldes ou resfriadores em ±1 °F. Controladores eletromecânicos e de estado sólido normalmente têm taxas de exatidão de ±3 °F.

Balanças, escalas, **pirômetros**, relógios e vários dispositivos de cronometragem são acessórios importantes. Existem muitos fabricantes de máquinas e equipamentos auxiliares para a indústria de plástico.

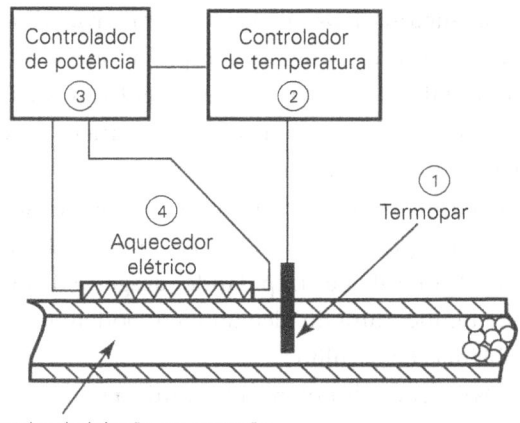

Figura 23-7 – As quatro partes básicas de um sistema de controle de temperatura usado na indústria de plástico. (West Instruments, Gulton MCS Division)

Pneumáticos e hidráulicos

Acessórios e equipamentos impulsionados por pneumática e hidráulica são importantes no processamento de plásticos (Figura 23-8).

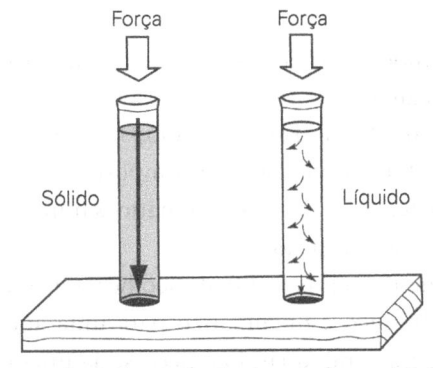

(A) Comparação da transmissão de uma força através de um sólido e de um líquido.

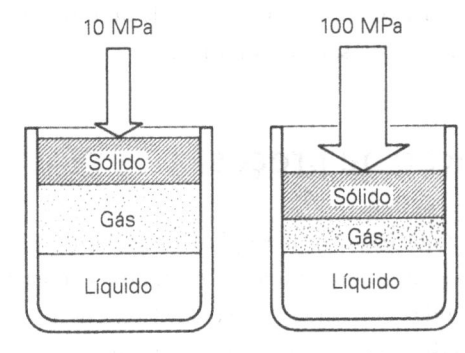

(B) O gás pode ser comprimido, mas um líquido resiste à compressão.

Figura 23-8 – A força é transmitida diferentemente por sólidos, líquidos e gases. Um sólido transmite força apenas na direção da força aplicada. Os líquidos (sistemas hidráulicos) e gases (sistemas pneumáticos) transmitem força em todas as direções.

Os **pneumáticos** são usados para ativar cilindros de ar e fornecer potência compacta, leve e sem vibração. Filtros, secadores de ar, reguladores e lubrificadores são acessórios necessários para os sistemas pneumáticos operarem.

Óleo inapropriado ou a presença de ar ou umidade pode provocar barulho nas linhas hidráulicas. Além disto, válvulas trepidando, desgaste da bomba e alta temperatura do óleo também podem provocar problemas de barulho.

Os sistemas de potência **hidráulica** podem ser divididos em quatro componentes básicos:

1. *Bombas* que forçam o fluido através do sistema.
2. *Motores ou cilindros* que convertem a pressão do fluido em rotação ou extensão de uma haste.
3. *Válvulas de controle* que regulam a pressão e a direção do fluxo de fluido (Figuras 23-9A e 23-9B).
4. *Componentes auxiliares*, os quais incluem encanamento, encaixes, reservatórios, filtros, trocadores de calor, tubo com várias ligações, lubrificadores e instrumentação.

Os símbolos gráficos são usados para mostrar esquematicamente as informações sobre o sistema de potência de fluido. Estes símbolos não representam pressões, fluxo ou ajustes de composto. Alguns dispositivos têm diagramas esquemáticos impressos em placas de identificação.

Frequentemente, é difícil escolher entre um sistema hidráulico e pneumático para uma aplicação. Como regra geral, quando é necessária uma grande quantidade de força, deve-se usar hidráulicos; quando se precisa de uma alta velocidade ou uma resposta rápida, deve-se usar pneumáticos.

Cotação de preços

Uma vez que todos os itens plásticos são formados por processos utilizando moldes ou cubos, é lógico que uma grande consideração deve ser dada a eles.

A pedra fundamental de qualquer negócio em plástico é ferramenta. Em um mercado árduo e competitivo, um negócio deve produzir mais rapidamente os moldes mais baratos e melhores do que a concorrência, e o negócio deve ser lucrativo.

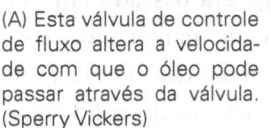

(A) Esta válvula de controle de fluxo altera a velocidade com que o óleo pode passar através da válvula. (Sperry Vickers)

(B) Uma válvula de controle direcional. (Sperry Vickers)

Figura 23-9 – Componentes hidráulicos.

Ferramentas de máquina controlada numericamente por computador (*computer-numerically controlled* – CNC) e equipamentos de projetos e fabricação auxiliados por computador (CAD/CAM) ajudam a produzir moldes melhores e mais exatos, com economias substanciais de custo e tempo.

Todas as cotações de preço para produtos moldados devem ser baseadas no projeto e na condição geral do molde. Em longa duração, o cubo mais barato normalmente não é a melhor compra. Moldes de compressão, transferência e injeção são caros.

É comum que as cotações de preço sejam baseadas em **moldes sob encomenda**. Estes moldes são pertencentes ao consumidor e devolvidos ao moldador para se produzir itens. O maior perigo em cotar preços é o fracasso por levar em consideração a condição do molde sob encomenda. Todas as cotações devem ser baseadas na aprovação do molde sob encomenda, porque pode ser necessário o reparo ou a alteração do molde.

Se o cubo é pertencente ou feito pelo moldador, ele é chamado **molde do proprietário**. Nas cotações para produtos que serão feitos com molde do proprietário, o moldador deve obter muito lucro para amortizar, ou pagar, o molde. Normalmente, uma parte do custo da fabricação do molde é calculada dentro do preço de cada item ou cada milhar de itens.

A corrosão é um inimigo de moldes sob encomenda ou do proprietário. Os moldes deve receber um revestimento resistente à umidade, anticorrosivo e buracos de água, ar ou vapor devem ser secos e receber um revestimento de óleo. O molde deve ser armazenado junto com todos os seus acessórios.

Uma ferramenta grande (painéis, casco de barcos, escoadouros) requer consideração cuidadosa do espaço de produção e instalações de armazenagem adequadas. Ambos se adicionam ao custo do produto.

Terreno da fábrica

O terreno da fábrica deve ser determinado em relação à proximidade da matéria-prima, bem como do mercado em potencial. O frete deve se refletir no custo de cada produto plástico. Uma cotação deve refletir os índices de taxas, condições de trabalho e salários. Se existe um aumento antecipado das taxas e salários, a cotação de preço deve incluir tal aumento nos custos de produção.

Muitos estados e comunidades encorajam o desenvolvimento de novos empreendimentos. Eles oferecem taxas reduzidas e força de trabalho adequada. As relações de trabalho e incentivos de taxas podem ser as principais preocupações ao se instalar um fábrica.

Outras considerações para a localização da fábrica são um conjunto de trabalhadores qualificados e a proximidade de instituições educacionais.

Despacho

Despachar plásticos, resinas e produtos químicos se encaixa na categoria de regulamentos governamentais especiais. O serviço de correio postal dos Estados Unidos estabeleceu que qualquer líquido que produza vapores inflamáveis a uma temperatura abaixo ou igual a 7 °C [20 °F] pode ser enviado (Seção 124.2d, Postal Manual). Materiais venenosos são geralmente tratados como não enviáveis pelo correio pelas previsões de 124.2d. Substâncias cáusticas ou corrosivas são proibidas no 124.22. As proibições mencionadas são especificadas pela lei na Seção 1716 do Título 18, U.S. Code. Sólidos de ácidos, de bases, de materiais oxidantes ou altamente inflamáveis, líquidos altamente inflamáveis, materiais radioativos ou artigos emitindo odores represensíveis também são considerados como não permitidos para envio pelo correio.

O Department of Transportation (DOT) regulamenta o transporte interestadual de plásticos de nitrato de celulose por ferrovia, rodovia ou hidrovia. Empacotamento especial deve ser usado ao despachar este material.

A Interstate Commerce Commission (ICC) regulamenta o empacotamento. O comércio, a etiquetagem e o transporte de materiais perigosos ou restritos. Padrões para muitos recipientes de despacho são especificados e os regulamentos também especificam o uso de etiquetas. Por exemplo, líquidos inflamáveis exigem uma etiqueta vermelha; sólidos inflamáveis, uma etiqueta amarela; e líquidos corrosivos, uma etiqueta branca. Existem também outras etiquetas para venenos e embarques de material radioativo. É responsabilidade da agência de transporte conferir a etiqueta para ter certeza de que está correta e preenchida pelo expedidor.

Se existe qualquer dúvida sobre o despacho de materiais plásticos inflamáveis, é melhor conferir com o escritório local da ICC. Determinadas cidades têm decretos que proíbem veículos contendo itens inflamáveis de passar por túneis ou pontes. Tais regulamentos da Interstate Commerce Commision devem sempre ser observados.

Pesquisa na internet

- **http://www.husky.com.** A Husky fabrica robôs pega e entrega para máquina de modelagem por injeção. Par encontrar informações sobre estes robôs, selecione "Products" na página inicial e então escolha "Tracer Robots".
- **http://www.imscompany.com.** A IMS Company fornece sumprimentos e equipamentos para as indústrias de processamento de plásticos, borracha e metal. Além de suprimentos, a IMS também trabalha com resfriadores, granuladores, secadores e carregadores. A seção intitulada "Tech Tips" contém materiais de instrução em uma gama de tópicos relacionados ao equipamento auxiliar. Por exemplo, "Molds Company 101" aborda a seleção apropriada, a classificação por tamanho e o uso seguro de grampos de moldes.
- **http://www.lockheedmartin.com.** Para localizar informações sobre tecnologias de compósitos e equipamento auxiliar necessário na produção de compósitos, procure por "composites" na página inicial. Na lista de documentos em compósitos, encontre "Capabilities", que o levará para "Engineering", "Material Development", "Process Development", "Manufacturing" e "Testin".

- **http://www.maguire.com.** A Maguire Products Inc. produz equipamentos de medida e mistura para moldagem, extrusão e composição de plásticos. Para encontrar informações sobre o funcionamento e a operação dos produtos, selecione "Brochures" na página inicial. A seção "Brochures" contém vários catálogos no formato PDF, e também arquivos de vídeos e demonstrações. Os vídeos incluem toda a apresentação em mistura e alimentação gravimétrica de materiais. Apresentações extensivas de PowerPoint® também são fornecidas.
- **http://www.parker.com.** A Parker Hannifin Corporation é uma das empresas líderes na produção tecnologias de movimento e de controle. Este sítio inclui informações sobre componentes hidráulicos. Para localizar a vasta rede de materiais de instrução, investigue http://www.parker.com/training. Em particular, três seções fornecem fontes educacionais. Elas são "Download Files", "University Meeting" e "Symposium".

Vocabulário

As palavras a seguir são encontradas neste capítulo. Consulte o glossário no Apêndice A para encontrar as definições destas palavras, caso você não compreenda como elas se aplicam aos plásticos.

Tanques de recozimento
Equipamento auxiliar
Moldes sob encomenda
Estimativa
Sistemas de fabricação flexíveis
Pneumáticos
Molde do proprietário
Pirômetro
Hidráulica

Questões

23-1. O maior perigo na cotação de preços de molde sob encomenda é não levar em consideração o _____ do molde sob encomenda.

23-2. Normalmente, uma parte do custo da fabricação de um molde é calculada na produção de cada peça. Isto é chamado _____.

23-3. Os moldes feitos pelo cliente e usados pelo moldador são chamados moldes _____ _____.

23-4. A transmissão de potência através de um fluxo controlado de líquidos é conhecida como _____.

23-5. Moldes feitos pelo moldador a ele pertencentes são chamados de moldes _____.

23-6. O _____ é um dispositivo feito de dois metais distintos. Combinações de ferro e constatã ou cobre e constatã são normalmente usadas.

23-7. Um material _____ tende a absorver umidade.

23-8. A _____ do equipamento de moldagem limitará o tamanho do produto.

23-9. Nomeie quatro peças de equipamento auxiliar que podem ser necessárias para operações de moldagem por injeção.

23-10. Nomeie quatro fatores que podem influenciar a localização da fábrica.

23-11. Nomeie quatro fatores que podem influenciar o custo de cada produto de plástico quando é estimado o planejamento de novos itens.

23-12. A Interstate Commerce Commission regula o empacotamento, a comercialização, a etiquetagem e o transporte de materiais de _____ ou _____.

23-13. Você selecionaria um sistema de potência hidráulico ou pneumático se fosse necessária uma grande força?

23-14. Quando uma alta velocidade e uma resposta rápida são necessárias, você selecionaria um sistema de potência hidráulica ou pneumática?

23-15. A melhor fonte de informação sobre o desempenho de um material são os fabricantes de _____ e os moldadores _____.

23-16. Em um empreendimento _____, o capital privado ou empréstimos são usados para financiamento.

23-17. A venda de ações é usada para a capitalização em um empreendimento _____.

23-18. Planejar a estrutura de capital de um empreendimento é a principal função do _____.

23-19. Relações de sucesso entre _____ e _____ são parte de um empreendimento bem-sucedido.

23-20. Nomeie os quatro componentes básicos dos sistemas de potência hidráulica.

23-21. A pedra fundamental de qualquer negócio em plástico é _____.

23-22. É comum funcionar ou operar a maioria dos equipamentos de moldagem na capacidade máxima de _____.

23-23. Nomeie as quatro classificações gerais de pessoal que trabalha com plásticos.

23-24. Aproximadamente _____ % da força de trabalho da indústria de plástico é feminina.

23-25. Caso se use equipamento _____ e CNC, moldes melhores e mais exatos podem ser produzidos com economia no custo e no tempo.

23-26. Em adição à produtividade aumentada, _____ podem ser usados para liberar operadores humanos de tarefas com materiais quentes, chatas e altamente fatigantes.

Apêndice A

Glossário

Abertura – Na moldagem de injeção e transferência, é o orifício através do qual o fundido entra na cavidade. Algumas vezes, a porta tem a mesma seção transversal que o escorredor ligado a ela.

Acessório de fixação – Um dispositivo usado para apoiar o trabalho durante o processamento ou fabricação.

Aderidos – Superfícies sendo aderidas.

Adesão – O estado em que duas superfícies são mantidas juntas por forças interfaciais, que podem consistir da ação de interconexão (meios mecânicos).

Adesão a ponto – Uma técnica de soldagem ultrassônica similar à soldagem de ponto.

Adesão de inserção – O uso de ultrassom para colocar ornamentos metálicos dentro do plástico.

Adesão por indução – Campos eletromagnéticos de alta frequência são usados para excitar as moléculas dos ornamentos metálicos colocados no plástico ou nas interfaces, desse modo fundindo-o no plástico. Os ornamentos permanecem na junta.

Adesão química (ou específica) – Adesão causada pelas forças de valência.

Adesivo – Uma substância capaz de manter materiais juntos por meio de fixação.

Afastamento (ou abono) – As diferenças intencionais nas dimensões de dois itens.

Agente antiestática – Um aditivo que reduz as cargas estáticas em uma superfície plástica.

Agentes de acoplamento – Compostos químicos que promovem a adesão entre reforços e o material plástico básico.

Agentes de cura – Produtos químicos que provocam a termocuragem de plásticos para união cruzada ou cura.

Agentes de reforços – Materiais que aumentam a resistência, a dureza e a resistência ao impacto.

Agentes de sopro – Tipicamente, agentes de sopro são produtos químicos que se decompõem para criar bolhas pequenas de nitrogênio ou dióxido de carbono em plásticos fundidos. Este procedimento produz vários tipos de espumas.

Agentes tixotrópicos – Materiais que, quando adicionados a um líquido, o tornam semelhante a um gel em repouso, mas fluido quando agitado.

Álcool de polivinila – Um adesivo baseado em água para papel e tecidos.

Alimentação posterior – Fazer materiais entrarem em um extrusor após a abertura de alimentação.

Amorfo – Um termo que significa não cristalino. Os plásticos que têm um arranjo amorfo de cadeias moleculares normalmente são transparentes.

Amortecimento – Variações nas propriedades resultantes das condições de carregamento dinâmico (vibrações). O amortecimento fornece um mecanismo para dissipar a energia, sem aumento excessivo da temperatura, previne a quebra sensível e é importante para o desempenho de fatiga.

Anel benzênico – Um anel de seis átomos em uma molécula de benzeno.

Ângulo de ataque – O ângulo entre uma ferramenta de corte e a superfície da peça de trabalho.

Antibloqueio – Materiais que previnem dois plásticos de adesão indesejada.

Antioxidante – Um estabilizador que retarda a quebra do plástico por oxidação.

Aranhas – Pernas que mantêm um mandril no centro de um cubo de extrusão.

Ato da Conservação e Recuperação de Recursos (RCRA) – Uma lei federal aprovada em 1976 que promove a reutilização, redução, incineração e reciclagem de materiais.

Aumentar a densidade – O processo de remoção de ar dos compósitos.

Automatizado – Dispositivos mecânicos e eletrônicos.

Auxiliada por pistão – Um tipo de termoformagem que estica previamente uma folha com um pistão antes de aplicar vácuo.

Avanço – A distância em que a ferramenta de corte move-se para o trabalho com cada revolução.

Baquelite – Um plástico termocurado de fenólico, inventado por Leo Baekeland em 1907.

Bar – A unidade "bar" não é uma unidade SI, embora seja frequentemente usada em conjunção com unidades SI. Um bar é aproximadamente igual à pressão do ar no nível do mar; logo 1 bar é igual a 14,5 psi.

Barril – Recipiente cilíndrico no qual a hélice do extrusor gira.

Barril de rotação – Um método barato de tirar a luminosidade e polir itens plásticos, girando-os em um tambor com abrasivos e lubrificantes.

Biodegradável – Material que se decompõe quimicamente sob a ação de biorganismos.

Bobinamento a seco – Um tipo de enrolar um filamento que usa reforços pré-impregnados.

Bobinamento de filamento – Um processo de fabricação de compósito que consiste de enrolar uma fibra contínua de reforço (impregnada com resina) em torno de uma forma giratória e removível (mandril).

Bobinamento úmido – Os filamentos passam por um banho de resina líquida antes de serem enrolados em um mandril.

Borracha – Poliisopreno natural e sintético.

Borracha natural – Látex natural não vulcanizado.

Brilho – Fator de refletância luminosa relativa de uma amostra de plástico.

Bucha de injeção (montante) – No molde, é o canal (ou canais) através do qual o plástico é conduzido para a cavidade do molde.

CAD – Projeto auxiliado por computador; um sistema de computador que ajuda ou auxilia na criação, modificação e exibição de um projeto. Ele é usado para produzir projetos e ilustrações tridimensionais do item proposto. O termo *CAD* é também usado para se referir ao esboço auxiliado por computador.

Cadeia principal – A cadeia principal de uma molécula de plástico.

CAE – Engenharia auxiliada por computador; um sistema de computador que auxilia na engenharia ou ciclo de projeto. Ele analisa o projeto e calcula a previsão de desempenho da vida útil e fatores de projeto de segurança.

Calandragem – Processo de formagem de uma folha contínua por esmagamento do material entre dois cilindros paralelos para fornecer o acabamento desejado ou garantir a espessura uniforme.

Camada de carvão – Uma camada de material carbonizado que age como um isolante para proteger um material da queima ou de continuar a queimar.

Camada de sacrifício – Na laminação úmida, tecido fino normalmente usado para proteger o molde.

Camada respiradora – Uma camada de tecido que permite que o ar e o excesso de resina escapem durante o processamento por saco de vácuo.

Canais de alimentação – Canais através dos quais o plástico flui do montante para as aberturas das cavidades dos moldes.

Carbonato de cálcio, gesso ou "whiting" – Abrasivo em pó de carbonato de cálcio.

Carcinógeno – Uma substância ou agente que pode causar um crescimento anormal de tecido ou tumores em humanos ou animais. Um material identificado como um carcinógeno animal não necessariamente causa câncer em humanos. Exemplos de carcinógenos humanos incluem o alcatrão, que pode causar câncer de pele, e cloreto de vinila, que pode causar câncer de fígado.

Carga – Uma substância inerte adicionada a um plástico para torná-lo mais barato. As cargas podem melhorar as propriedades físicas. A porcentagem de carga usada é normalmente pequena em contraste com os reforços.

Caseína – Um material proteico precipitado do leite desnatado pela ação de renina ou ácido diluído. A caseína do coalho é transformada em plástico.

Casting – Um processo de fabricação de filme que converte resinas líquidas em filmes.

Catalisador – Uma substância química adicionada em quantidade mínima (em comparação às quantidades de reagentes primários) que aumenta acentuadamente a velocidade da cura ou polimerização de um composto. Também chamado iniciador.

Cavidade do molde – A cavidade ou matriz na qual os plásticos são formados. Também usada para modelar plásticos ou resinas em itens acabados, por meio de calor ou calor e pressão.

Célula aberta – Refere-se à interconexão de células em plásticos espumosos ou celulares.

Célula fechada – Descrição das condições de células individuais que constituem o plástico celular ou espumoso quando as células não estão interconectadas.

Celuloide – Um plástico forte e elástico feito de nitrocelulose, cânfora e álcool. O celuloide é usado como nome registrado de alguns plásticos.

Cianoacrilato – Um tipo de adesivo termoplástico baseado em acrílico.

Cilindro misturador – Dispositivo especial de mistura parafusado em um extrusor.

Cinzas leves – Um tipo de cinza, produzido por incineradores, que é transportada pelo ar. Ela deve ser removida antes que os gases de combustão e fumaça sejam dissipados na atmosfera.

Cinzas pesadas – O resíduo de combustão que se assenta no fundo de um incinerador.

Coesão – A propensão de uma substância aderir a si própria; a atração interna de partículas moleculares frente a si própria; a habilidade de resistir à separação da massa.

Cola – Antigamente, era um adesivo preparado pelo aquecimento com água de peles, tendões e outros produtos laterais de animais. No uso geral, o termo é agora sinônimo de *adesivo*.

Colódio – Um filme fino e transparente de piroxilina seca.

Coluna de gradiente de densidade – Uma coluna composta de camadas líquidas que diminui em densidade de baixo para cima. Uma amostra afunda até que atinja a camada que corresponda à sua densidade, onde ela permanece flutuando.

Combustível – Um material que se queima com facilidade. Os combustíveis líquidos têm um ponto de fusão de ignição de 38 °C ou acima.

Composição – Uma substância composta de dois ou mais elementos unidos em proporções definidas.

Composto de molde reforçado – Um material reforçado com enchimentos especiais, fibras ou outros materiais para atender às necessidades de projeto.

Composto fenólico – Uma resina sintética produzida pela condensação de um álcool aromático com um aldeído, especialmente de fenol com formaldeído.

Compostos moldados em folha (*SMC*) – Misturas de resinas, catalisadores, enchimentos e reforços semelhantes a couro.

Compostos moldados por volume (*BMC*) – Misturas de resinas semelhantes à massa de vidraceiro, catalisadores, enchimentos e reforços de fibras curtas.

Conferência Americana de Higienistas Industriais Governamentais (*ACGIH*) – Esta organização publica guias e recomendações sobre limites de exposição a vários produtos químicos.

Constante gravitacional – 9,807 metros por segundo ao quadrado é a aceleração provocada na terra pela gravidade.

Controle de qualidade – Um procedimento usado para determinar se um produto está sendo fabricado de acordo com as especificações; uma técnica de gerenciamento para atingir a qualidade. A inspeção é parte da técnica.

Copolimerização – Polimerização de adição que envolve mais de um tipo de mero.

Copolímero – Um polímero baseado na combinação de dois isômeros.

Copolímero alternado – Um copolímero com uma estrutura química na qual dois tipos de monômeros se alternam na cadeia polimérica.

Copolímero em bloco – Uma molécula polimérica constituída de seções comparativamente longas de uma composição química, separadas umas das outras por segmentos de caráter químico diferente.

Copolímero randômico – Um tipo de copolímero no qual os dois tipos de monômeros têm arranjos aleatórios ao longo do comprimento da cadeia molecular.

Copolímeros grafitizados – Uma combinação de duas ou mais cadeias de características constitucional ou configuracional diferentes, uma das quais é a espinha dorsal e no mínimo uma das quais está(ão) ligada(s) a algum(uns) ponto(s) ao longo da espinha dorsal e constitui uma cadeia lateral.

Corantes – Corantes ou pigmentos que fornecem cor ao plástico.

Corte a laser – Uma maneira de cortar materiais usando a energia do laser.

Corte interlaminar – A resistência ao corte na ruptura em que o plano de quebra está localizado entre as camadas de reforço de um laminado.

Cortes inferiores – Usados quando há uma protuberância ou um recuo que impeça a remoção de um molde rígido de duas peças. Materiais flexíveis podem ser ejetados intactos com ligeiras incisões.

Cristal whisker – Cristais curtos em fibras orgânicas, tal como boreto de titânio.

Cristalino – Um tipo básico de arranjo molecular encontrado em muitos termoplásticos.

Cristalização – O processo ou estado da estrutura molecular em alguns plásticos que denota a uniformidade e a solidez das cadeias moleculares que formam o polímero; normalmente atribuído à formação de cristais sólidos que têm uma forma geométrica definida.

Curva tipo sino – Uma representação gráfica de uma distribuição padrão normal.

Decoração dentro do molde – Fazer decorações ou padrões em produtos moldados, colocando o padrão ou a imagem na cavidade do molde, antes do ciclo de moldagem vigente. O padrão torna-se parte do item de plástico à medida que ele se funde por aquecimento ou pressão.

Deformação – A razão entre o alongamento e o comprimento do calibre de uma amostra de teste; isto é, a variação no comprimento por unidade do comprimento original.

Delineação – Um processo de encaixe para itens, similar ao encapsulamento, exceto que o objeto pode ser simplesmente coberto e não circundado por um envelope de plástico. Normalmente, considerado um processo de revestimento.

Denier – A massa em gramas de 9.000 m (29.527 pés) de fibra sintética na forma de um filamento único e contínuo.

Densidade aparente – A massa por unidade de volume de um material; inclui as lacunas inerentes ao material.

Densidade relativa – A densidade de qualquer material dividida pela densidade da água a uma temperatura padrão, normalmente 20 °C ou 23 °C [68 °F ou 73 °F]. Uma vez que a densidade da água é aproximadamente 1,00 g/cm^3, a densidade em gramas por centímetro cúbico e a densidade relativa são numericamente iguais.

Deposição de pulverização – Uma técnica para aplicar uma camada de metal sobre uma superfície do molde.

Descarga corona – Um método de oxidar um filme de plástico para torná-lo imprimível. É atingida passando-se o filme entre eletrodos e o submetendo a uma descarga de alta voltagem.

Despolimerização – Uma reação química que quebra um polímero em seus monômeros ou em outras moléculas orgânicas curtas.

Desvio padrão – Uma medida do espalhamento de uma distribuição.

Desvio padrão combinado – Um desvio padrão baseado em dois ou mais desvios padrão. Ele é usado nas representações gráficas de distribuições.

Distribuição – Uma coleção de valores.

Distribuição normal – Uma distribuição simétrica, que tem tendência central.

Distribuição padrão normal – Uma distribuição com uma média de zero e um desvio padrão de 1,0.

Distribuição simétrica – Uma distribuição que tem frequências de valores similares acima e abaixo da média.

Dose letal (LD) – A concentração de uma substância, sendo testada, que matará o animal de teste.

Dureza – A resistência de um material à compressão, ao entalhe e ao arranhão.

Ebonite – Uma forma dura e quebradiça de borracha vulcanizada.

Elastômero – Uma substância parecida com borracha que pode ser esticada várias vezes em seu comprimento original e que, ao ser liberada da tensão, retorna rapidamente a quase o seu comprimento original.

Elastômero termoplástico (TPE) – Um grupo de materiais que pode ser processado como plástico, mas têm características físicas similares à borracha.

Elastômero termoplástico de olefina (TPO) – Um plástico, baseado no polietileno ou polipropileno, que exibe as características de borracha.

Eletroformagem – Fabricação de objetos metálicos por eletrodeposição.

Elutriação – Um processo que separa contaminantes e partículas finas de um fluxo de materiais plásticos picados, por descargas para cima.

Encapsulação – Incluir um item, normalmente um componente eletrônico, em um envelope de plástico, imergindo-o em uma resina fundida e deixando que a resina se solidifique por polimerização ou resfriamento.

Equipamento auxiliar – Equipamento necessário para ajudar a controlar ou formar o produto. Filtros, ventiladores, fornos e bobinas de enrolamento são exemplos.

Erosão química – Um método químico de remover metal.

Escala Mohs – Uma escala de dureza baseada na habilidade de os materiais mais duros arranharem os mais macios.

Escleroscópio – Um instrumento para medir a elasticidade, deixando cair um soquete com uma ponta em cone plano de uma determinada altura em uma amostra e, então, anotando a altura de ressalto.

Escoamento offset – Para materiais que não exibem um ponto de produção claro, é calculada uma produção *offset*. Ela fornece um ponto de produção em uma determinada localização na curva de tensão de compressão.

Especificação – Uma lista de um conjunto de exigências a serem satisfeitas por um produto, material, processo ou sistema indicando (quando apropriado); o procedimento pelo qual se pode determinar se as exigências são satisfeitas. As especificações podem citar padrões, serem expressas em termos numéricos e incluir acordos ou exigências contratuais entre o comprador e o vendedor.

Espuma estrutural – Plástico celular com crosta integral.

Estabilizantes térmicos – Aditivos que retardam a decomposição do polímero pelo calor.

Estimativa – O ato de determinar, a partir de exemplos, experiências ou outros parâmetros estatísticos, o custo de um produto ou serviço.

Estiramento – Processo de esticar uma folha, um tubo, um filme ou um filamento de termoplástico para reduzir a área transversal e mudar as propriedades físicas.

Exotérmico – Calor liberado durante a reação (cura).

Expansão no local – Um processo no qual resina, catalisador e outros ingredientes são misturados e despejados no local necessário. A expansão ocorre no local à temperatura ambiente.

Exsudação de lubrificante – Provocada pelo excesso de lubrificantes na superfície do plástico, gerando um filme irregular, nebuloso e gorduroso.

Extrusão – A compactação e a ação de forçar um material plástico através de um orifício, de uma maneira mais ou menos contínua.

Extrusões de perfil – Formas extruídas com contornos complexos.

Fator de segurança – A razão entre a resistência máxima do material e a tensão de serviço permitida.

Fator de volume – A proporção entre o volume de qualquer massa de plástico solto e o volume de mesma massa do material após a moldagem ou formagem.

Favo – Um produto fabricado de metal, papel ou outros materiais, que é impregnado de resina e formado em células com formato hexagonal. Usado como material de núcleo para construção em sanduíche ou laminada.

Fenol-formaldeído – Um tipo de adesivo termocurado, normalmente chamado de fenólico.

Ferramenta – Um termo amplo que se refere a gabaritos, acessórios de fixação, cubos, moldes, medidores e equipamento de inspeção.

Ferramentas de plástico – Ferramentas, cubos, gabaritos ou acessórios de fixação, usados basicamente para trocas de formação de metal, construídos de plásticos (normalmente materiais laminados ou fundidos).

Fiação seca – Uma técnica para a fabricação de fibras que envolve a evaporação de solventes.

Fiação úmida – Uma técnica para a fabricação de fibras que envolve a coagulação química de gel plástico.

Fibra de carbono – Fibra que contém carbono.

Fibras – Este termo normalmente se refere a comprimentos relativamente curtos de vários materiais com seções transversais muito curtas. As fibras podem ser feitas de filamentos picados.

Ficha de Segurança de Material (*MSDS*) – Uma fonte de informação sobre os riscos à saúde causados por produtos químicos industriais.

Fieira – Um tipo de cubo de extrusão com muitos buracos minúsculos. Um plástico fundido é forçado através dos buracos para produzir fibras e filamentos finos.

Filamento – Uma fibra caracterizada por comprimento extremo, com pouca ou nenhuma trança. Um filamento é normalmente produzido sem a operação de rotação necessária para as fibras.

Filme – Material plástico com 0,25 mm ou menos de espessura.

Fios – Um feixe de filamentos.

Fissuras finas – Pequenas quebras provocadas por penetração de solventes ao longo das linhas de tensão.

Fluência a frio – Veja *Fluência ou* creep, a seguir.

Fluência ou creep – A deformação permanente de um material resultante de aplicação prolongada de uma tensão abaixo do limite elástico. Um plástico submetido a uma carga, por um período de tempo, tende a se deformar mais do que se deformaria com a mesma carga liberada imediatamente após a aplicação. O grau da deformação é dependente da duração da carga. A fluência à temperatura ambiente é algumas vezes chamada *fluência a frio*.

Fluorescência – Uma propriedade de uma substância que faz com que ela produza luz enquanto está sendo irradiada com energia radiante, como luz ultravioleta ou raios X.

Forças de Van der Waals – Atração interatômica secundária fraca, surgindo de efeitos de dipolo internos.

Formagem de molde combinado – Formagem de folhas quentes entre moldes macho e fêmea combinados.

Formagem de pistão e anel – Uma técnica de termoformagem que exige tanto molde macho quanto molde de silhueta fêmea.

Formagem de pressão na fase sólida – Um processo que pressiona um espaço vazio em uma folha e, então, termoforma a folha.

Formagem livre – A pressão do ar é usada para soprar uma folha de plástico aquecida, cujas beiradas estão sendo mantidas em uma estrutura, até que a forma desejada ou altura sejam atingidas.

Formagem mecânica – Processo no qual folhas aquecidas de plásticos são modeladas e formadas à mão ou com a ajuda de gabaritos e acessórios. Nenhum molde é usado.

Formagem por envelope de ar – Um processo de teleformagem no qual a pressão de ar é usada para formar uma bolha e um vácuo é, então, usado para formar o plástico quente contra o molde.

Formagem por vácuo – Método de formagem de folha no qual as beiradas são grampeadas em uma estrutura estacionária e o plástico é aquecido e puxado para baixo por um vácuo dentro do molde.

Formagem por vácuo de bolha – Uma técnica na qual uma folha de plástico é esticada em forma de bolha por vácuo ou pressão de ar; um molde macho é inserido dentro da bolha, e o vácuo ou pressão de ar é liberado, permitindo que o plástico forme uma bolha sobre o molde.

Formagem positiva – Método de formagem de uma folha de termoplástico em uma estrutura móvel. A folha é aquecida e disposta sobre os pontos altos de um molde macho. O vácuo é, então, aplicado para completar a formagem.

Fosforescência – Luminescência que dura por um período após a excitação.

Fotodegradável – Materiais que se decompõem devido à ação da luz do sol.

Fóton – A quantidade mínima de energia eletromagnética que pode existir em um determinado comprimento de onda. Um quantum de energia luminosa é análogo ao elétron.

Fresagem a quente – Um processo no qual o metal derretido é fundido sobre uma fresa matriz e prensado durante o resfriamento.

Fundição – O processo de derramar um plástico ou outra resina fluida aquecido em um molde para se solidificar e tomar a forma do molde por meio do resfriamento, perda de solvente ou término da polimerização. Nenhuma pressão é usada. O termo *fundição* não deve ser usado como sinônimo de *moldagem*.

Fundição centrífuga – Um processo que normalmente produz grandes canos e tubos.

Fundição estática – Um processo que funde uma camada de plástico em pó à superfície externa de um molde.

Fundição por mergulho – O processo de submergir um molde quente em uma resina. Após o resfriamento, o produto é removido do molde.

Fundição rotacional – Um método usado para fazer objetos ocos de plastisols ou pós. O molde é carregado e rotacionado em um ou mais planos. O molde quente funde a substância em um gel durante a rotação, cobrindo todas as superfícies. O molde é, então, resfriado e o produto removido.

Fundição simples – Fundição na qual as resinas líquidas são despejadas nos moldes.

Fundição slush – Fundição na qual uma resina na forma líquida ou de pó é despejada em um molde quente, onde se forma um depósito viscoso. O excesso de graxa é drenado, o molde é resfriado e o fundido removido.

Fundido quente – Um termo geral referindo-se às resinas sintéticas de termoplásticos compostas de materiais 100% sólidos e usadas como adesivos a temperaturas de 120 °C e 200 °C [248 °F e 392 °F].

Gabarito – Um dispositivo para guiar e localizar ferramentas de forma exata durante a fabricação de itens permutáveis.

Galalite – Um plástico preparado pelo endurecimento da caseína com formaldeído.

Galvanização de vapor laminado – O processo de metalização de vácuo alternando camadas de revestimentos metálicos em um substrato polimérico.

Gaylord – Um grande recipiente retangular com um volume de aproximadamente uma jarda cúbica. Um *gaylord* de grânulos de plástico pesa aproximadamente 1.000 libras.

Geração de energia por resíduos (WTE) – Um termo para descrever as instalações que usam os lixos sólidos como combustíveis em incineradores, que produzem eletricidade e vapor.

Goma de borracha – Látex natural não vulcanizado.

Goma-laca – Um polímero natural; laca refinada, uma resina normalmente produzida em camadas finas e escamosas ou conchas e usada em materiais de verniz e de isolamento.

Grau de polimerização (GP) – Número médio de unidades estruturais por massa molecular média. Em muitos plásticos, o GP deve atingir vários milhares para alcançar propriedades físicas vantajosas.

Gravação em relevo – Um tipo de moldagem giratória que coloca um padrão em filmes plásticos.

Gray (Gy) – A unidade de medida da dose de radiação ionizante absorvida, definida como um joule por quilograma (1 Gy = 1 J/kg).

Grupo lateral – Um grupo de átomos ligado ao lado da cadeia principal de moléculas de plástico.

Guta-percha – Um produto semelhante à borracha, obtido de determinadas árvores tropicais.

Hidráulica – O ramo da ciência que lida com líquidos em movimento; a transmissão, o controle ou o fluxo de energia pelos líquidos.

Hidrocarboneto – Um composto orgânico contendo apenas carbono e hidrogênio e normalmente encontrado no petróleo, gás natural, carvão e betume.

Hidroclave – Um dispositivo que usa o fluido quente para pressionar as camadas de compósito contra um molde.

Hidrólise – Um tipo de despolimerização que produz monômeros a partir de polímeros quimicamente atacados.

Higroscópico – Tendência a absorver e reter umidade.

Histograma – Um gráfico de barras verticais das frequências dos valores em uma distribuição.

Hollow ground – Uma lâmina de serra especialmente esmerilhada, de tal forma que os dentes cortantes são a porção mais grossa, para prevenir o comprometimento dos entalhes.

Homopolímero – Um polímero consistindo de estruturas monoméricas semelhantes.

Hot stamping – Operação de decoração para marcar plásticos na qual uma folha metálica ou pintura é estampada com cubos metálicos aquecidos na face do plástico. Compostos de tinta podem também podem ser usados.

Impressão eletrostática – O depósito de tinta em uma superfície plástica, onde o potencial eletrostático é usado para atrair a tinta seca através de uma área aberta definida pela opacidade.

Impressão flexográfica – Uma técnica de impressão que se baseia em placas flexíveis e tintas líquidas.

Impressão por transferência de calor – Um método de impressão similar ao de *hot stamping*.

In situ – A técnica de depositar um plástico espumoso onde a formação da espuma irá ocorrer.

Inalação – Respirar um material para dentro dos pulmões. A inalação é a principal rota de exposição a materiais tóxicos nas indústrias de processamento de plástico.

Incrustamento – Anexação de um objeto em um envelope de plástico transparente imergindo-o em uma resina fundida, deixando que a resina se polimerize.

Índice de fluidez – Também chamado MFR ou taxa de fluxo de fundido; a quantidade de material em gramas que é extruída por meio de um orifício em 10 minutos sob condições específicas.

Índice de polidispersibilidade – A razão entre a massa molecular média e o número de massa molecular média.

Inflamável – Um material que se queima rapidamente. Líquidos inflamáveis têm um ponto de ignição de 38 °C ou abaixo.

Infravermelho (IR) – A parte do espectro de luz que contém comprimentos de onda mais longos que a luz vermelha visível.

Inibidor – Uma substância que diminui a reação química. Os inibidores, algumas vezes, são usados em determinados monômeros e resinas para prolongar o tempo de armazenagem.

Inspeção – Um termo usado para indicar que, durante a fabricação de um item, o pessoal conduzirá exames visuais do material, da colocação de camadas, das leituras das válvulas etc.

Instalação de recuperação de materiais (MRF) – Uma instalação para juntar, classificar e enfardar materiais reciclados.

Interação intermolecular – Efeitos entre moléculas devido a cargas e estruturas dipolares.

Interações de dipolo – Efeitos de cargas positivas e negativas separadas na molécula.

Interferência – A compensação negativa usada para garantir um encolhimento compacto ou encaixe de pressão.

Irradiação – Um processo de expor materiais poliméricos à radiação para provocar mudanças moleculares.

Isótopo – Um de um grupo de nuclídeos que tenham o mesmo número atômico, mas diferentes massas atômicas.

Kerf – A fenda ou o entalhe feito por uma serra ou ferramenta cortante.

Kirksite – Uma liga de alumínio e zinco usada para moldes. Tem alta condutividade térmica.

Lac – Uma substância resinosa vermelha escura depositada por insetos em escama em ramos de árvores; usada na fabricação de verniz.

Lâmina – Uma camada fina de material, geralmente se referindo a compósitos.

Lâmina de ar – Um jato fino de ar usado para controlar a espessura de revestimentos líquidos.

Laminação úmida – Um processo que envolve a adição de resinas líquidas a camadas de reforços, normalmente esteiras ou tecidos fibrosos.

Laminado – Duas ou mais camadas de material unidas. O termo geralmente se aplica às camadas pré-formadas unidas por adesivos ou calor e pressão. O termo também se aplica a filmes de plásticos compósitos com outros filmes, folha metálica e papel, apesar de terem sido feitos por revestimento de espalhamento ou revestimento de extrusão. Um laminado reforçado normalmente se refere a camadas superpostas de tecidos ou reforços fibrosos impregnados com resina ou revestidos com resina que foram unidas, especialmente por calor e pressão. Quando a pressão de ligação é no mínimo 7.000 kPa [1.015 psi], o produto é chamado laminado de alta pressão. Os produtos pressionados a pressões abaixo de 7.000 kPa são chamados laminados de baixa pressão. Os produtos fabricados com pouca ou nenhuma pressão, tais como laminações à mão, estruturas de filamentos torcidos e pulverizações, são algumas vezes chamados laminados de pressão de contato.

Laminados de alta pressão – Laminados formados e curados a pressões mais altas que 7.000 kPa (1.015 psi).

Laminados de baixa pressão – Em geral, laminados moldados e curados a pressões variando de 2,8 MPa [0,4 psi] à pressão de contato.

LD-50 – Uma dose de material que é letal para no mínimo 50% de um grupo de animais de teste.

Letterflex – Um tipo de impressão que usa placas de impressão flexíveis.

Ligação covalente – Ligação atômica através do compartilhamento de elétrons.

Ligação covalente simples – O tipo de ligação química encontrada mais frequentemente nos plásticos. Ela permite a rotação, a torção e dobraduras de cadeias moleculares.

Ligações cruzadas – A união de cadeias poliméricas adjacentes.

Ligações iônicas – Ligação atômica por atração elétrica de íons diferentes.

Ligações metálicas – O tipo de ligação química encontrado nos metais.

Ligações químicas primárias – A maneira básica de os átomos se ligarem entre si.

Limite de exposição de curta duração (STEL) – Um nível de exposição a produtos químicos por 15 minutos.

Limite de exposição permitido (PEL) – Uma medida usada pela Osha para definir o nível de exposição aceitável para um dia de 8 horas como parte de uma semana de 40 horas.

Limite de exposição recomendado (REL) – Uma medida de exposição aceitável para produtos químicos aceitáveis.

Limite máximo – Um limite de exposição máximo que nunca deve ser excedido, mesmo para durações de tempo curtas.

Linha de névoa – Na extrusão, é uma zona na forma de anel localizada no ponto onde o filme atinge seu diâmetro final.

Linha de seleção – Um tipo de tecnologia de classificação, em que os operadores selecionam tipos de materiais de uma cinta transportadora em movimento.

Linhas divisórias – Marcas em uma moldagem ou fundição, onde as metades do molde encontram-se durante o fechamento.

Lixa de camada aberta – Lixa grossa (número 80 ou menos).

Lixiviação – Remoção de um componente solúvel de uma mistura polimérica com solventes.

Luminescência – Emissão de luz por radiação de fótons após ativação inicial. Os pigmentos luminescentes são ativados por radiação ultravioleta, produzindo luminescência muito forte.

m/s – Metros por segundo.

Macromoléculas – As moléculas grandes (gigantes) que constituem os polímeros superiores.

Mandril – Uma forma em torno da qual o filamento enrolado e estruturas compósitas tomam forma.

Máquina de moldagem por injeção (IMM) – Uma máquina que funde o plástico e força o fundido dentro do molde.

Massa molecular – A soma das massas atômicas de todos os átomos em uma molécula. Em polímeros superiores, as massas moleculares de moléculas individuais variam enormemente, logo devem ser expressas como médias. A massa molecular média de polímeros pode ser expressa como o número de massa molecular média (M_n) ou a massa molecular média de massa (M_s). Os métodos de medir a massa molecular incluem pressão osmótica, dispersão de luz, pressão de solução, viscosidade de solução e equilíbrio de sedimentação.

Massa molecular média numérica (M_n) – Um tipo de massa molecular média baseada na frequência de moléculas de vários comprimentos em uma distribuição.

Massa molecular média ponderada (M_w) – Um tipo de massa molecular baseada nas combustões de cada fração de massa em relação à massa molecular total de uma amostra.

Matriz de estampagem (blanking) – O corte de folhas planas de suporte para formar por meio de uma batida precisa, enquanto são apoiadas em um cubo combinado. Pressões de batida são usadas.

Média – A média aritmética de valores em uma distribuição.

Média ponderada de tempo (TWA) – Um valor que representa um nível de exposição aceitável para 8 horas por dia, como parte de uma semana de 40 horas de trabalho.

Mediana – Uma medida selecionada de tal forma que metade dos números em uma série é maior que ele e metade é menor.

Melt spinning – Uma técnica de fabricação de fibras que envolve o resfriamento de fibras por ar.

Mero – A menor unidade que se repete em um polímero.

Metalização a vácuo – Um processo no qual as superfícies são revestidas finamente expondo-as a um vapor metálico sob vácuo.

Metros por segundo (m/s) *de superfície* – Uma medida das velocidades de corte para furar, tornear ou esmerilhar.

Microbalões – Esferas ocas de vidro. Também chamados microesferas.

Microlaminação vibracional (VIM) – Um processo de fundição no qual os moldes aquecidos são vibrados em um leito de grânulos ou pó de polímero.

Mistura no estado atomizado por colisão – Um método de mistura no qual dois ou mais materiais se colidem.

Misturado – Uma mistura de muitos tipos de filamento.

Misturador banbury – Uma máquina usada para compor materiais. A máquina contém um par de rotores contra giratórios, que trituram e misturam os materiais.

Moda – Um valor com a frequência mais alta em um conjunto de dados.

Moldagem a frio – Um procedimento no qual uma composição ganha forma à temperatura ambiente e é curada por subsequente cozimento.

Moldagem a sopro com estiramento – Um processo de moldagem por sopro que estica o extrusado em duas direções.

Moldagem de canal de alimentação isolado – Um tipo de sistema de alimentação que se baseia em grandes alimentadores para prevenir o congelamento.

Moldagem de canal de alimentação quente – Um processo usando um molde de escorredor quente que mantém o montante e o alimentador quentes.

Moldagem de esteira/RIM (MM/RIM) – Moldagem de injeção de reação de moldagem de esteira.

Moldagem de reservatório de espuma – Veja *moldagem de reservatório elástico*.

Moldagem de reservatório elástico – Um processo no qual as camadas de crosta são pregadas com epóxi a espumas de célula aberta.

Moldagem de resina líquida (LRM) – Um processo que força as resinas líquidas dentro das cavidades dos moldes sob baixa pressão.

Moldagem por compressão – Uma técnica na qual o composto moldado é colocado em uma cavidade de molde aberto, o molde é fechado e aquecido e uma pressão é aplicada até que o material tenha sido curado ou resfriado.

Moldagem por injeção a vácuo (VIM) – Um processo que utiliza o vácuo para puxar a resina líquida reativa para dentro de uma cavidade de molde.

Moldagem por injeção de resina – Um processo que envolve a injeção de resina líquida em um molde.

Moldagem por injeção e reação (RIM) – O processo de moldagem no qual dois ou mais polímeros líquidos são misturados por atomização de colisão em uma câmara de mistura, e então injetados em um molde fechado.

Moldagem por sopro – Um método de fabricação no qual uma forma preliminar é forçada na forma da cavidade do molde por pressão interna de ar.

Moldagem por sopro biorientada – Um processo de moldagem por sopro que usa um bastão para esticar uma pré-forma antes de soprar.

Moldagem por transferência – Um método de moldagem de plástico no qual o material é amolecido por calor e pressão em uma câmara de transferência, e então é forçado por alta pressão através dos montantes, alimentadores e portões em um molde fechado para cura final.

Moldagem por transferência de resina (RTM) – A transferência de resina catalisada em um molde fechado no qual o reforço de fibra foi colocado. Também chamado de *moldagem por injeção de resina* e *moldagem de resina líquida (LRM)*.

Moldagem por transferência de resina com expansão térmica (TERTM) – Uma variação do processo RTM no qual, depois de a resina ser injetada, o calor faz com que o material do núcleo se expanda, forçando os reforços e a matriz contra as paredes do molde.

Moldagem reforçada por injeção e reação (RRIM) – Um processo que combina a moldagem por injeção e reação com reforços fibrosos, geralmente esteiras de vidro.

Moldagem sem canais de alimentação – Um termo sinônimo com moldagem de alimentador isolado.

Molde flash – O tipo menos complexo e mais econômico de molde de compressão.

Molde semipositivo – Um tipo de molde de compressão que tem esguicho tanto vertical quanto horizontal.

Moldes do proprietário – Moldes feitos e pertencentes ao moldador.

Moldes sob encomenda – Moldes pertencentes ao consumidor e usado pelo moldador.

Molécula – A menor partícula de uma substância que pode existir independentemente, enquanto mantém a identidade química da substância.

Monômeros de ancoragem – Cimentos baseados em monômero do plástico a ser unido.

Montagem por fricção – Técnica para unir materiais, semelhantes ou não semelhantes, sem tranca mecânica.

n – Um termo estatístico que se refere a um tamanho ou número de observações de amostra em uma distribuição.

Nanocompósito – Um material compósito no qual os enchimentos são submicro em tamanho.

Nêutron – Uma partícula atômica que é eletricamente neutra.

Névoa – Um defeito de superfície causado pela aplicação de um revestimento sobre uma superfície que não estava totalmente seca.

Nitrocelulose (nitrato de celulose) – Material formado pela ação de uma mistura de ácido sulfúrico e ácido nítrico na celulose. O nitrato de celulose usado para a fabricação de celuloide normalmente contém de 10,8% a 11,1 % de nitrogênio.

Número de registro CAS – Número de registro do Chemical Abstracts Services, o qual identifica, sem ambiguidade, todas as substâncias químicas conhecidas.

Número de registro do Chemical Abstracts Services – Este número identifica cada produto químico industrial.

Offset *litográfico* – Um método de impressão que não tem impressões em alto ou baixo relevo.

Offset *seco* – Um método de impressão que usa uma tinta em pasta.

Opacidade – A aparência nebulosa ou turva de uma amostra que seria transparente, provocada pela dispersão da luz na amostra ou em suas superfícies.

Organosol – Uma dispersão, normalmente de vinila ou poliamida, em uma fase líquida contendo um ou mais solventes orgânicos.

Orientação – As moléculas de plástico podem ser orientadas em uma direção (uniaxialmente) ou em duas direções (biaxialmente). A orientação é provocada pelo fluxo ou estiramento e altera as propriedades físicas do material.

Ornamento – Uma protuberância em um item projetado para adicionar resistência ou para facilitar a montagem.

Padrão – Um documento ou objeto para comparação física, para definir nomenclatura, conceitos, processos ou métodos de teste.

Parâmetro de solubilidade – Uma medida da reatividade de plásticos e solventes orgânicos. Um solvente com um parâmetro de solubilidade mais baixo que aquele de um plástico selecionado pode dissolver este plástico.

Parceria de Reciclagem de Veículos (VRP) – Uma organização de companhias de automóveis que busca promover a reciclagem de carros e itens deles.

Parison – O tubo de plástico oco do qual um produto é moldado por sopro.

Parkesine – Um plástico antigo feito de colódio por Alexander Parkes.

Partículas alfa – Um tipo de radiação caracterizado por massas pesadas em movimento lento.

Partículas beta – Um tipo de radiação que consiste em partículas de alta velocidade e alta energia.

Pés por minuto – Uma medida de redução de velocidades necessária para perfuração, giro e moagem.

Pinos de alinhamento – Dispositivos que mantêm o alinhamento apropriado da cavidade à medida que o molde se fecha.

Pintura a seco – Também conhecida como revestimento de pó, é um processo para revestir um substrato com pós.

Pirólise – Decomposição química de uma substância por calor e pressão, usada para transformar rejeitos em compostos úteis.

Pirômetro – Um dispositivo usado para medir a radiação térmica.

Piroxilina – Uma forma moderadamente nitrada de celulose. Ela era usada extensivamente em processos fotográficos antigos.

Placa – Uma placa grossa de metal que apoia o molde na máquina de moldagem por injeção.

Placa de rede – Uma placa de metal lisa usada no contato com a laminação, durante a cura, para transmitir pressão e fornecer uma superfície lisa ao item acabado.

Placa filtro – Uma placa perfurada de metal localizada entre a ponta da rosca e a cabeça do cubo.

Plástico – Um adjetivo, significando flexível e capaz de ser moldado por pressão. Plástico é normalmente usado incorretamente como palavra genérica para a indústria de plástico e seus produtos.

Plástico expandido (espumoso) – Plástico celular ou semelhante a esponja.

Plástico reforçado – Plástico com resistência aumentada pela adição de enchimento e fibras de reforço, tecidos ou esteiras para a resina de base.

Plástico sintático – Resinas ou plásticos celulares com enchimento de baixa densidade.

Plásticos – Materiais baseados em hidrocarbonetos que são sólidos no estado acabado.

Plásticos naturais – Plásticos produzidos por plantas, insetos ou animais.

Plastificante – Agente químico adicionado ao plástico para torná-lo mais macio e mais flexível.

Plastificar – Tornar plástico. A capacidade de plastificação de uma máquina de moldagem por injeção é o peso máximo de material (PS) que ela pode preparar por injeção em uma hora.

Plastisols – Misturas de plásticos finamente moídos e plastificantes.

Pneumáticos – Dispositivos que agem por ar comprimido.

Polaridade – Propriedade de um corpo que possua um eixo magnético ou elétrico positivo ou negativo.

Polimento (ashing) – O uso de abrasivos úmidos em roldanas para limpar com areia e polir plásticos.

Polimerização – O processo de crescimento de moléculas grandes a partir de moléculas pequenas.

Polimerização em massa – A polimerização de um monômero sem adição de solventes ou água.

Polimerização em solução – Um processo em que os solventes inertes são usados para fazer que as soluções de monômeros se polimerizem.

Polimerização em suspensão – Um processo no qual os monômeros líquidos são polimerizados como gotas líquidas suspensas em água.

Polimerização por adição – Um tipo de polimerização que adiciona um genuíno ao outro. Geralmente não leva a produtos laterais.

Polimerização por condensação – Polimerização por reação química que também produz um produto lateral.

Polimerização por crescimento em cadeia – Um tipo de polimerização no qual as cadeias crescem da iniciação até a finalização quase instantaneamente.

Polimerização por crescimento em etapas – Um tipo de polimerização na qual dois meros combinam-se para formar cadeias com dois meros de comprimento. Então, os dois pedaços de mero combinam-se para formar quatro meros. A reação continua dessa maneira até completar.

Polimerização por emulsão – Um processo em que os monômeros são polimerizados por iniciadores solúveis em água, enquanto dispersos em uma solução de sabão concentrada.

Polímero – Um composto com massa molecular alta, natural ou sintético, cuja estrutura pode ser representada por uma unidade pequena que se repete (o mero). Alguns polímeros são elásticos e alguns são plásticos.

Polivinil acetal – Um tipo de adesivo plástico baseado em PVC.

Polivinil butiral – O adesivo usado como intercamada no vidro de segurança.

Polivinil formol – Um adesivo usado para esmaltes de fio.

Pontes de hidrogênio – Um tipo resistente de força secundária de ligação.

Ponto de ignição – A temperatura na qual os vapores são emitidos o suficiente para formar uma mistura que sofre ignição com o ar próximo à superfície do líquido.

Pré-infladas – As peças pré-expandidas de polímeros usados para fazer itens de polímero celular.

Prepeg – Um reforço que já foi impregnado com resina.

Pressão de retorno – A resistência viscosa de um material para continuar a fluir quando um molde é fechado. A resistência do fluxo direto do material fundido durante a extrusão.

Processamento de alta pressão – Processos de expansão à alta pressão que utilizam pressões de até 140 MPa e, então, abrem o molde para permitir espaço para a expansão.

Processamento de compósito – Uma combinação de dois ou mais materiais (geralmente uma matriz polimérica com reforços). Os componentes estruturais dos compósitos são algumas vezes subdivididos em fibrosos, flocos, laminares, particulados e esqueléticos.

Promotor – Um produto químico, por si só um catalisador fraco, que acelera enormemente a atividade de um catalisador. Também chamado de acelerador.

Proporção de aspecto – A proporção do comprimento de uma partícula em relação à sua largura.

Protótipo rápido – Criar objetos físicos diretamente dos desenhos de CAD sem o uso dos tradicionais processos de trabalho em máquina.

Pulforming – Uma variação da pultrusão; a pulforming usa moldes para produzir várias formas de seção transversal.

Pultrusão – Um processo contínuo para a fabricação de compósitos com uma forma de seção transversal constante. O processo consiste em puxar um material reforçado com fibra, por meio de um banho de impregnação de resina, para dentro de um cubo de dar forma onde a resina é subsequentemente curada.

Pulverização – Um termo geral cobrindo vários processos usando uma pistola de pulverização. No plástico reforçado, o termo se aplica à pulverização simultânea de resina e fibras de reforço picada dentro do molde ou mandril.

Pulverização de camada rígida – Um processo que substitui um revestimento gel com uma camada termoformada, que é reforçada por pulverização ou laminação à mão.

Purga – Limpeza de uma cor ou tipo de material do cilindro de uma máquina de moldagem.

Quantum – A menor quantidade de energia que existe independentemente.

r/s – Revoluções por segundo.

Radiação – Uma forma de energia transportada por ondas ou partículas. São os sistemas mais comuns para polímeros utilizarem feixes de elétrons.

Radiação gama – Um tipo de radiação com ondas muito curtas de alta frequência.

Raio gama – Radiação eletromagnética originando em um núcleo atômico.

Ramificação – Cadeias laterais ligadas à cadeia principal do polímero. As cadeias laterais podem ser longas ou curtas.

Rebarba – Plástico extra colocado em uma moldagem ao longo da linha divisória. Ele deve ser removido para fazer um item acabado.

Recozimento – Um processo de manter um material a uma temperatura próxima, mas abaixo, de seu ponto de fusão por um período de tempo para aliviar a tensão interna sem distorção da forma.

Relação de estiramento – A proporção da profundidade máxima da cavidade em relação à envergadura mínima da abertura do topo de um molde de termoplástico.

Resíduo de trituração de automóveis (ASR) – A parte retalhada de automóveis que não é reciclada.

Resíduos sólidos urbanos (MSW) – Materiais de rejeitos coletados de casas e indústrias. O MSW vai para aterros, a não ser que programas de reciclagem recuperem os materiais úteis do fluxo de lixo.

Resina – Substância sólida ou semissólida semelhante à goma que pode ser obtida de determinadas plantas e árvores ou fabricados de materiais sintéticos.

Resina epóxi – Material baseado em óxido de etileno, nos seus derivados ou nos seus homólogos. As resinas de epóxi formam termoplásticos de cadeia reta e resinas termocuradas.

Resistência à compressão – A maior carga suportada por uma amostra de teste em um teste compressivo, dividida pela área original da amostra.

Resistência à fadiga – A tensão cíclica mais alta que um material pode suportar em um determinado número de ciclos antes de a falha ocorrer.

Resistência à flexão (módulo de ruptura) – A tensão mais alta nas fibras mais externas na flexão de uma amostra no momento de rachadura ou quebra. No caso de plásticos, ela normalmente é mais alta que a resistência à tensão.

Resistência a solvente – A habilidade de um material plástico suportar a exposição a um solvente.

Resistência à tração – A carga máxima necessária para produzir uma fratura por meio da tensão.

Resistência ao cisalhamento – A carga máxima necessária para produzir uma quebra pela ação de corte.

Resistência ao impacto – A habilidade de um material de suportar a carga de choque.

Resorcionol-formaldeído – Um tipo de adesivo fenólico.

Retardante de chama – Um material que reduz a capacidade de um plástico de suportar a combustão.

Revestimento de chama – Método de aplicar um revestimento plástico, em que plástico em pó e fluxos apropriados são projetados através de um cone de chama na superfície.

Revestimento de filme de extrusão – O revestimento de resina colocado em um substrato por extrusão de um filme fino de resina fundida e pressionado para dentro ou no substrato (ou ambos) sem usar adesivos.

Revestimento de imersão – Aplicação de um revestimento mergulhando-se um item em um tanque de resina ou plastisol fundido e, então, esfriando-o. O objeto pode ser aquecido, e o pó pode ser usado para o revestimento; o pó se funde assim que bate no objeto quente.

Revestimento de jato – Um processo de revestimento que atomiza um revestimento líquido com ar ou pressão.

Revestimento de jato em leito fluidizado – Um método de revestimento de itens aquecidos, os quais são imersos em um leito fluidizado de fase densa de resina em pó. Os objetos são normalmente aquecidos em um forno para fornecer um revestimento liso.

Revestimento de leito eletrostático – Um tipo de revestimento com pó que utiliza cargas eletrostáticas para manter o pó em um substrato antes de fundir.

Revestimento de transferência – Um processo de revestimento que produz uma crosta semelhante a couro em um tecido.

Revestimento gel – Uma camada fina de resina aplicada à superfície do produto. As camadas de reforço podem ser então construídas.

Rigidez dielétrica – Uma medida da voltagem necessária para quebrar ou formar um arco voltaico por todo o material plástico.

Roda de polir – Uma operação que fornece um lustro maior à superfície. Não pretende remover muito material, e normalmente é feita após o polimento.

Rotogravura – Um método de impressão no qual a tinta é aplicada a um cilindro que contém reentrâncias para aprisionar a tinta.

Roving – Um feixe de fitas não torcidas, normalmente de vidro fibroso.

rpm – Revoluções por minuto.

SAE código J1344 – Um código para fabricar plásticos para ajudar na sua identificação. Este código pode auxiliar a reciclagem de plásticos automotivos.

Sanduíche – Uma classe de compósitos laminares composta de um núcleo de material de peso leve (em forma de favo, plástico espumoso etc.), ao qual duas faces ou peles finas e de alta resistência são aderidas.

Saturados – Compostos orgânicos que não contêm ligações duplas ou triplas e, assim, não podem adicionar elementos ou compostos.

Silk screen – Um tipo de impressão na qual a tinta ou a pintura é forçada no produto através de um material de tela fino.

Sinterização – Formagem de itens a partir de pós-fundíveis. É o processo de manter o pó pressionado a uma temperatura exatamente abaixo de seu ponto de fusão.

Sistemas de fabricação flexíveis (FMS) – Uma série de máquinas e estações de trabalho associadas, unidas por um controle hierárquico comum, proporcionando a produção automática de uma família de peças de trabalho. Um sistema de transporte, tanto para peça de trabalho quanto para ferramenta, é tanto integral para uma FMS como é controle computadorizado.

Solda por gás aquecido – Uma técnica para unir materiais termoplásticos na qual os materiais são amolecidos por um jato de ar quente, a partir de um maçarico de soldagem, e unidos nos pontos amolecidos. Geralmente, uma haste do mesmo material é usada para preencher e consolidar o espaço vazio.

Soldagem (ligação) de rotação – Um processo de fundir dois objetos, forçando-os juntos enquanto um ou ambos são girados, até que o calor de fricção funda a interface. A rotação é, então, parada, e a pressão mantida, até que as partes sejam congeladas juntas.

Soldagem ultrassônica – Um processo de ligação que usa o calor gerado pelas vibrações rápidas e de baixa amplitude.

Solventes de ancoragem – Uma técnica adesiva que usa um solvente para dissolver as superfícies sendo unidas.

Solventes de dopagem – Cimentos constituídos de solventes e uma pequena quantidade do plástico a ser unido.

Staking – Usar calor ou ultrassom para formar uma cabeça em um suporte de plástico.

Stencil – Um método de impressão similar ao *silk screen*, mas sem rede de conexão nas áreas abertas.

Suporte – Um membro de reforço de um item fabricado ou moldado.

Tampo-print – Um processo de transferência de tinta de uma superfície entalhada, cheia de tinta, para a superfície de um produto, pelo uso de uma esteira de impressão (transferência) flexível.

Tanque de flotação – Um tanque que promove a separação de plásticos ou contaminantes com base na diferença de densidades.

Tanques de recozimento – Dispositivos para reduzir a distorção em produtos termoplásticos.

Temperatura de amolecimento Vicat – A temperatura na qual uma agulha plana de 1 mm² circular ou seção transversal quadrada penetra uma espécie de termoplástico até uma profundidade de 1 mm sob uma carga específica, usando uma taxa uniforme de aumento de temperatura (definição de ASTM D1525).

Temperatura de transição vítrea (T_g) – Uma temperatura característica na qual os polímeros vítreos amorfos tornam-se flexíveis ou semelhantes à borracha, por causa do movimento de segmentos moleculares.

Tempo de residência – Uma pausa na aplicação de pressão a um molde feita exatamente antes de o molde estar completamente fechado. A pausa permite que o gás escape do material de moldagem.

Tenacidade – Um termo com uma larga variedade de significados, sendo nenhuma definição física mecânica geralmente reconhecida. Representada pela energia necessária para quebrar um material igual à área sob a curva de tensão-compressão.

Tendência central – O agrupamento de pontos de dados em torno de um ponto central.

Tensão – A força que produz, ou tende a produzir, deformação de uma substância, expressa como a razão da carga aplicada em relação à área transversal original.

Tensões residuais – As tensões que permanecem nos objetos após a fabricação estar completa.

Termofino – Um polímero em rede que sofrerá ou sofreu uma reação química pela ação do calor, catalisadores, luz ultravioleta etc., que o leva a um estado relativamente infundível.

Termoformagem – Qualquer processo de formar uma folha de termoplástico, que consiste de aquecer a folha e puxá-la para baixo para uma superfície de molde.

Termoformagem de folha dupla – Um método de termoformagem para fazer objetos ocos de parede fina.

Termoplástico – (adj.) Capaz de ser amaciado repetidamente por calor e endurecido por resfriamento. (subst.) Um polímero linear que amaciará repetidamente quando aquecido e endurecerá quando resfriado.

Terpolímero – Um polímero que consiste de três tipos distintos de produtos químicos.

Teste – Um termo que implica que métodos ou procedimentos são usados para determinar propriedades físicas, mecânicas, químicas, ópticas, elétricas ou outras propriedades de um item.

Tex – Uma unidade padrão ISO de densidade linear, usada como medida de contagem de fio. Um tex é a densidade linear de um tecido que tem uma massa de 1 g e um comprimento de 1 km, e é igual a 10^{-6} kg/m.

Tipografia – Um método de impressão que marca com tinta o topo de partes de placas em relevo.

Tixotropia – Estado de materiais que são semelhantes a gel em repouso, mas fluidos quando agitados. Os líquidos contendo sólidos suspensos são aptos a serem tixotrópicos.

Tolerância fina – O limite mais estreito possível de variação nas dimensões.

Tolerância grossa – Uma tolerância onde as dimensões exatas não são críticas.

Tolerância padrão – Os limites da variação dimensional que podem ser mantidos nas condições de fabricação médias.

Tolerâncias – Permissões para variações não intencionais nas dimensões.

Torpedo – Um tubo oco que fornece o ar necessário para encher os objetos moldados por sopro.

Trabalho executado em máquina de descarga elétrica (EDM) – Um processo baseado na erosão de metais por faísca elétrica.

Transfer blow – Um tipo de moldagem de sopro que enche uma forma preliminar antes que esfrie.

Tratamento de chama – Passar um item por uma chama oxidante quente.

Tratamento por plasma – Submissão de um plástico a uma descarga elétrica em uma câmara de vácuo fechada.

Tratamento químico – Submersão de itens em um banho ácido.

Trípoli – Uma sílica abrasiva.

Ultravioleta – Uma parte invisível do espectro de luz exatamente além do violeta.

Umedecimento – Remoção de bolhas de ar de materiais de reforço.

União por encolhimento – Um método de união no qual um suplemento é colocado em um item de plástico enquanto está quente. A união por encolhimento tem a vantagem de o plástico expandir quando aquecido e encolher quando resfriado. O plástico é normalmente aquecido e o suplemento é colocado em um buraco de tamanho menor. Com o resfriamento, o plástico encolhe em torno do suplemento.

Unidades de massa atômica (umas) – Um número igual ao número de prótons no núcleo de um átomo do elemento.

Valor-limite de tolerância (TLV) – Um termo usado pela ACGIH para expressar a concentração de um material transportado pelo ar, ao qual todas as pessoas podem ser expostas, dia após dia, sem efeitos adversos. A ACGIH expressa TLV de três maneiras: 1) *TLV-TWA*: a concentração média ponderada por tempo para um dia de trabalho normal de 8 horas ou semana de 40 horas de trabalho. 2) *TLV-STEL*: o limite ou concentração máxima de exposição de curto termo para um período de exposição contínuo de 15 minutos (máximo de quatro destes períodos por dia, com no mínimo 60 minutos entre os períodos de exposição e desde que o *TLV-TWA* não seja excedido). 3) *TLV-C*: o limite máximo – a concentração que não pode ser excedida, mesmo instantaneamente.

Ventilação do molde – A abertura e o fechamento de um molde que permitem que os gases escapem mais cedo no ciclo de moldagem. Também chamado desgaseificação.

Vidro, tipo C – Fibras de vidro quimicamente resistentes.

Vidro, tipo E – Fibras de vidro de grau elétrico.

Viscosidade – Uma medida da fricção interna resultante quando uma camada de fluido é provocada a se mover em relação à outra camada.

VRP – Parceira de reciclagem de veículos.

Vulcanizar – O processo de endurecimento da borracha natural compondo-a com enxofre em pó.

Yarns – Feixe de fios enrolados.

Apêndice B

Abreviaturas para materiais selecionados

Abreviatura	Termo polimérico ou nome genérico
ABA	Acrilato de butadieno e acrilonitrila
ABS	Acrilonitrila-butadiento-estireno
AES	Acrilonitrila-etilpropileno-estireno
AI	Polímeros de amida-imida
AMMA	Acrilonitrila-metil-metacrilato
AN	Acrilonitrila
AP	Propileno de etileno
APET	Tereftalato de polietileno amorfo
ASA	Acrílico-estireno-acrilonitrila
ATH	Triidrato de alumínio
AU	Poliuretano de poliéster
BBP	Ftalato de benzil e butil
BDP	Polímeros biodegradáveis
BFK	Plástico reforçado com fibra de boro
BMC	Compostos moldados em volume
BMI	Bismaleimida
BOPP	Polipropileno orientado biaxialmente
CA	Acetato de celulose
CAB	Butirato de acetato de celulose
CAP	Propionato de acetato de celulose
CAR	Fibra de carbono
CF	Formaldeído de cresol
CFC	Fluorocarboneto clorado
CFRP	Plásticos reforçados com fibra de carbono
CMC	Celulose de carboximetila
CN	Nitrato de celulose
COPA	Copoliamida
CP	Propionato de celulose
CPE	Polietileno clorado
CPET	PET cristalizado
CPVC	Cloreto de polivinila clorado
CS	Caseína
CTFE	Etileno de (poli) clorotrifluoro

Abreviatura	Termo polimérico ou nome genérico
DAIP	Resina de isoftalato de dialila
DAP	Resina de ftalato de dialila
DCHP	Ftalato de diciclohexila
DCPD	(Poli) Diciclopentadieno
DGEBA	Éter de bisfenol A e diglicidila (epóxi)
DMAL	Dimetilacetamida
DMC	Compostos de moldagem em pasta
DOPT	Tereftalato de di-2-etilhexila
DP	Grau de polimerização
EC	Celulose de etila
ECTFE	Etileno-clorotrifluoroetileno
EEA	Acrilato de etila-etileno
EMA	Acrilato de metila-etileno
EMAC	Acrilato de metila polietileno
EP	Epóxi
EPDM	Borracha de etileno propileno dieno
EPE	Éster de resina de epóxi
EP-G-G	Prepreg de resina de epóxi e tecido de vidro
EPM	Copolímero de etileno propileno
EPR	Copolímero de etileno e propileno
EPS	Poliestireno expandido
ESI	Copolímeros de etileno-estireno
ETFE	Tetrafluoroetileno de etileno
EU	Poliuretano de poliéster
EVA	Acetato de vinila e etileno
EVOH	Álcool vinílico de etileno
FEP	Propileno etileno fluorado (também PFEP)
FRP	Poliéster reforçado com fibra de vidro
FRTP	Termoplástico reforçado com fibra de vidro
GF	Reforço de fibra de vidro
GF-EP	Resina epóxi reforçada com fibra de vidro

Abreviatura	Termo polimérico ou nome genérico
GR	Reforço de fibra de vidro
GRP	Plástico reforçado com fibra de vidro
HCl	Cloreto de hidrogênio
HCFC	Hidroclorofluorocarboneto
HDPE	Polietileno de alta densidade
HF	Fluoreto de hidrogênio
HIPS	Poliestireno de alto impacto
HMC	Compostos de moldagem de alta resistência
HMW-HDPE	Polietileno de alta massa molecular e alta densidade
HNP	Polímero superior de nitrila
IPN	Rede polimérica interpenetrante
LCP	Polímeros de cristal líquido
LDPE	Polietileno de baixa densidade
LIM	Moldagem de colisão de líquido
LLDPE	Polietileno linear de baixa densidade
LMC	Compostos de moldagem de baixo custo
LRM	Moldagem de resina líquida
MA	Anidrido maleico
MBS	Metacrilato-butadieno-estireno
MC	Celulose de metila
MDI	Diisocianato de metileno
MEK	Cetona etila metila
MEKP	Peróxido de cetona etila metila
MF	Formaldeído de melamina
MMA	Metacrilato de metila
NBR	Borracha de acrilonitrila-butadieno
OPET	Tereftalato de polietileno orientado
OPP	Polipropileno orientado
OPVC	Cloreto de polivinila orientado
OSA	Acrilonitrila-etileno de olefina modificada
PA	Poliamida
PAA	Ácido poliacrílico
PAI	Poliamida-imida
PAN	Poliacrilonitrila
PAPI	Isocianato de polifenila e polimetileno
PB	Polibutileno
PBAN	Polibutadieno-acrilonitrila
PBB	Bifenilas polibromadas
PBDE	Éter difenila polibromada
PBS	Polibutadieno-estireno
PBT	Tereftalato de polibutileno
PC	Policarbonato
PCTFE	Policlorotrifluoroetileno
PDAP	Ftalato de polidialila
PE	Polietileno
PEEK	Poliéteretercetona
PEI	Polieterimida
PEN	Naftalato de polietileno
PEO	Óxido de polietileno
PES	Sulfona de poliéster
PET	Tereftalato de polietileno
PETG	PET modificado com glicol
PEVA	Acetato de vinila de polietileno
PF	Resina de formaldeído-fenol
PFA	Perfluoroalcóxi
PFC	Perfluorocarbonetos
PFEP	Polifluoroetilenopropileno
PHEMA	Metacrilato de polihidroxietila
PI	Poliimida
PIBSA	Poliisobutileno
PLA	Ácido poliático
PMA	Acrilato de polimetila
PMCA	Polimetilcloroacrilato
PMMA	Metacrilato de polimetila
PMP	Polimetilpenteno
POM	Polioximetileno
PP	Polipropileno
PPC	Carbonato de poliftalato
PPE	Éter polifenileno
PPO	Óxido polifenileno
PPSO	Polifenilsulfona
PS	Poliestireno
PSO	Polissulfona
PTFE	Politetrafluoroetileno
PTMT	Tereftalato de politetrametileno
PU	Poliuretano
PUR	Carbonato de poliftalato
PVA	Álcool polivinílico
PVaC	Acetato de polivinila
PVB	Butiral de polivinila
PVC	Cloreto de polivinila
PVDC	Dicloreto de polivinila
PVDF	Fluoreto de polivinilideno
PVF	Fluoreto de polivinila
PVF_2	Fluoreto de polivinilideno
SAN	Estireno-acrilonitrila
SBP	Plásticos de estireno-butadieno
SBR	Borracha de estireno-butadieno
SI	Silicone
SMA	Anidrido maleico-estireno
SMC	Compostos de moldagem em folha
SRP	Plásticos de estireno-borracha
TDI	Diisocianato de tolueno
TFE	Politetrafluoroetileno
TMC	Compostos de moldagem grossa

Abreviatura	Termo polimérico ou nome genérico
TPA	Ácido tereftálico
TPE	Elastômero de termoplástico
TPO	Elastômeros de termoplásticos de olefinas
TPU	Poliuretano de termoplástico
TPX	Polimetilpentano
UF	Ureia-formaldeído
UHMWPE	Polietileno de massa molecular ultra-alta

Abreviatura	Termo polimérico ou nome genérico
UF	Ureia-formaldeído
UMC	Compostos de moldagem unidirecional
UP	Plásticos de uretana
VAE	Acetato de vinila-propileno
VCP	Cloreto de vinila-propileno
VDC	Cloreto de vinilideno
VLDPE	Polietileno de densidade muito baixa

Apêndice C

Nomes comerciais e fabricantes

Nome comercial	Polímero	Fabricante
Abasfil	ABS Reforçado	AKZO Engineering
Absinol	ABS	Allied Resinous Products, Inc.
Absolac	ABS	Bayer AG
Absolan	SAN	Bayer AG
Abson	Resinas e compostos de ABS	BF Goodrich Chemical Co.
Accord	Amida de poliéster	Bayer AG
Acelon	Filme de acetato de celulose	May & Baker, Ltd.
Acetophane	Filme de acetato de celulose	UCB-Sidac
Achieve	Metaloceno PP	Exxon Mobil Chemical Co.
Aclar	Filmes de fluorohalocarbonetos CTFE	Allied Chemical Corp.
Acralen	Polímero de acetato de vinila etileno	Verona Dyestuffs Div. Verona Corp.
Acrilan	Acrílico (acrilonitrila-cloreto de vinila)	Monsanto Co.
Acroleaf	Folha de estampa a quente	Acromark Co.
Acrylaglas	Estireno-acrilonitrila reforçados com fibra de vidro	Dart Industries, Inc.
Acrylicomb	Folha de acrílico de face em favo	Dimensional Plastics Corp.
Acrylite	Compostos de moldagem de acrílico; folhas de acrílico fundidas	Cyro
Acryloid	Acrílico modificador para PVC; resinas de revestimento	Rohm & Haas Co.
Acrylux	Acrílico	Westlake Plastics Co.
Adell	Náilon 6,6	Adell
Adflex	Elastômero termoplástico	Basell Polyolefins B.V.
Aeroflex	Estrusões de polietileno	Anchor Plastics Co.
Aeron	Náilon resvestido por plástico	Flexfilm Products, Inc.
Aerotuf	Estrusões de polipropileno	Anchor Plastics Co.
Afcolene	Poliestireno e copolímeros de SAN	Pechiney-Saint- Gobain
Afcoryl	Copolímeros de ABS	Pechiney-Saint- Gobain
Affinity	Plastômero de poliolefina	Dow Plastics
Akulon	Náilon 6 e 6/6	Schulman
Alathon	Resinas de polietileno	E. I. du Pont de Nemours & Co.
Alfane	Cimento de resina de epóxi termocurada	Atlas Minerals & Chemicals Div., of ESB Inc.
Algoflon	PTFE	Ausimont
Alpha	Resinas de vinila	Alpha Chemical and Plastics

Nome comercial	Polímero	Fabricante
Alpha-Clan	Monômero reativo	Marvon Div., Borg-Warner Corp.
Alphalux	PPO	Marvon Chemical Co.
Alsynite	Painéis de plástico reforçado	Reichhold Chemicals, Inc.
Amberlac	Resinas de alcide modificadas	Rohm & Haas Co.
Amberol	Resinas fenólica e maleica	Rohm & Haas Co.
Amer-Plate	Material em folha de PVC	Ameron Corrosion Control Div.
Ampol	Acetatos de celulose	American Polymers, Inc.
Amres	Acetatos de celulose	Pacific Resins & Chemicals, Inc.
Ancorex	Extrusões de ABS	Anchor Plastics Co.
Anvyl	Extrusões de vinila	Anchor Plastics Co.
APEC	Policarbonato	Miles
Apogen	Séries de resina de epóxi	Apogee Chemical, Inc.
Araclor	Polifenilas policloradas	Monsanto Co.
Araldite	Resinas e endurecedores de epóxi	CIBA Products Co.
Armorite	Revestimento de vinila	John L. Armitage & Co.
Arnel	Fibra de triacetato de celulose	Celanese Corp.
Arochem	Resinas fenólicas modificadas	Ashland Chemical Co.
Arodure	Resinas de ureia	Ashland Chemical Co.
Arofene	Resinas fenólicas	Ashland Chemical Co.
Aroplaz	Resinas de alcide	Ashland Chemical Co.
Aroset	Resinas de acrílico	Ashland Chemical Co.
Arothane	Resina de poliéster	Ashland Chemical Co.
Artfoam	Espuma rígida de uretano	Strux Corp.
Arylon	Compostos de éter poliarila	Uniroyal, Inc.
Arylon T	Éter poliarila	Uniroyal, Inc.
Ascot	Folha de poliolefina colada de forma entrelaçada e revestida	Appleton Coated Paper Co.
Ashlene	Náilon 6,6	Ashley
Astralit	Folhas de copolímero de vinila	Dynamit Nobel of America, Inc.
Astroplay	Náilon, polietileno, borracha	Astroturf LLC.
Astroturf	Náilon, polietileno	Monsanto Co.
Astryn	Compostos de alto desempenho	Basell Polyolefins B. V.
Atlac	Resina de poliéster	Atlas Chemical Industries, Inc.
Aurum	Poliimida termoplástica	Mitsui Chemicals, Inc.
Averam	Inorgânico	FMC Corp.
Avisco	Filmes de PVC	FMC Corp.
Avistar	Filme de poliéster	FMC Corp.
Avisun	Polipropileno	Avisun Corp.
Bakelite	Compostos e resinas de polietileno, copolímeros de etileno, epóxi, fenólico, poliestireno, fenóxi, ABS e vinila	Union Carbide Corp.
Bayblend	Misturas de PC/ABS	Bayer Corp.
Baydur	Espumas rígidas de uretano	Bayer Corp.
Bayflex	Poliuretano elastomérico	Bayer Corp.
Beetle	Compostos de moldagem de ureia	American Cyanamid Co.
Betalux	Acetal enchido com TFE	Westlake Plastics Co.
Biota PLA	Poliactídio	Biota
Bio-Flex	Misturas de PLA	FKuR Kunststoff GmbH
Blanex	Compostos de polietileno com ligação cruzada	Reichhold Chemicals, Inc.

Nome comercial	Polímero	Fabricante
Blapol	Compostos e concentrados de cor de polietileno	Reichhold Chemicals, Inc.
Blapol	Compostos de extrusão e de moldagem de polietileno	Blane Chemical Div., Reichhold Chemicals, Inc.
Blendex	Resina de ABS	Marbon Div., Borg-Warner Corp.
Bolta Flex	Filme e folhas de vinila	General Tire & Rubber Co., Chemical/ Plastics Div.
Bolta Thene	Folhas rígidas de olefina	General Tire & Rubber Co., Chemical/ Plastics Div.
Boltaron	Folhas de plástico rígido de ABS ou PVC	GenCorp
Boronal	Poliolefinas com boro	Allied Resinous Products
Bostik	Adesivos de epóxi e poliuretano	Bostik-Finch, Inc.
Bronco	Piroxilina ou vinila apoiada	General Tire & Rubber Co., Chemical/ Plastics Div.
Budene	Polibutadieno	Goodyear Tire & Rubber Co., Chemical/ Plastics Div.
Butaprene	Látex de estireno-butadieno	Firestone Plastics Co. Div., Firestone Tire & Rubber
Cadco	Bastão, folha, tubo e filme de plástico	Cadillac Plastic & Chemical Co.
Calibre	Policarbonato	Dow
Capran	Náilon 6 filme	Allied Chemical Corp.
Capran	Filmes e folhas de Náilon	Allied Chemical Corp.
Capron	Náilon 6,6	Allied Signal
Carbaglas	Policarbonato reforçado com fibra de vidro	Fiberfil Div., Dart Industries, Inc.
Carilon	Policetona	Shell Chemicals
Carolux	Espuma flexível e preenchida de uretano	North Carolina Foam Industries, Inc.
Carstan	Catalisadores de espuma de uretano	Cincinnati Milacron Chemicals, Inc.
Castcar	Filmes de poliolefina fundida	Mobil Chemical Co.
Castethane	Sistema de elastômero de moldagem fundível	Upjohn Co., CPR Div.
Castomer	Sistema de elastômero de uretano	Baxenden Chemical Co.
Castomer	Revestimento e elastômero de uretano	Isocyanate Products Div., Witco Chemical Corp.
Celanar	Filme de poliéster	Hoechst Celanese
Celanex	Poliéster termoplástico	Hoechst Celanese
Celcon	Resinas de copolímero de acetal	Hoechst Celanese
Cellasto	Itens de elastômero de uretano microcelular	North American Urethanes, Inc.
Cellofoam	Espuma de poliestireno	US Mineral Products Co.
Cellonex	Acetato de celulose	Dyamit Nobel of America, Inc.
Celluliner	Espuma elástica expandida de poliestireno	Gilman Brothers Co.
Cellulite	Espuma expandida de poliestireno	Gilman Brothers Co.
Celpak	Espuma rígida de poliuretano	Dacar Chemical Products Co.
Celthane	Espuma rígida de poliuretano	Decar Chemical Products
Chem-o-sol	Plastisol de PVC	Chemical Products Co.
Chem-o-thane	Compostos de fundição de elastômero de poliuretano	Chemical Products Corp.
Chemfluor	Plástico de fluorocarboneto	Chemplast, Inc.
Chemglaze	Materiais de revestimento baseados em poliuretano	Hughson Chemical Co., Div., Lord Corp.
Chemgrip	Adesivos de epóxi para TFE	Chemplast, Inc.
Chevron PE	Polietileno	Chevron
Cimglas	Moldagens de poliéster reforçado com fibra de vidro	Cincinnati Milacron, Molded Plastics Div.
Clocel	Sistema de espuma rígida de uretano	Baxenden Chemical Co.
Clopane	Filme e tubo de PVC	Clopay Corp.
Cloudfoam	Espuma de poliuretano	International Foam Div., Holiday Inns of America

Nome comercial	Polímero	Fabricante
Co-Rexyn	Resinas e revestimentos em gel de poliéster	Interplastic Corp., Commercial Resins Div.
Cobocell	Tubo de Acetato e butirato de celulose	Cobon Plastics Corp.
Coboflon	Tubo de teflon	Cobon Plastics Corp.
Cobothane	Tubo de acetato de vinila-etileno	Cobon Plastics Corp.
Colorail	Corrimãos de policloreto de vinila	Blum, Julius & Co.
Colovin	Folha de vinila de calendra	Columbus Coated Fabrics
Conathane	Fundido, pote, ferramenta e composto adesivo de poliuretano	Conap, Inc.
Conolite	Lâmina de poliéster	Woodall Industries, Inc.
Cordo	Filmes e espumas de PVC	Ferro Corp., Composites Div.
Cordoflex	Soluções de fluoreto de vinila etc.	Ferro Corp., Composites Div.
Corlite	Espuma reforçada	Snark Products, Inc.
Coror-Foam	Sistema de espumas de uretano	Cook Paint & Varnish
Coverlight HTV	Tecido de náilon revestido com vinila	Reeves Brothers, Inc.
Creslan	Acrílico	American Cyanamid Co.
Crystic	Resinas de poliéster insaturado	Scott Bader Co.
Cumar	Resinas de cumarona-indeno	Neville Chemical Co.
Curithane (Series)	Polianilina, polivinila; catalisador organomercúrico	Upjohn Co., Polymer Chemicals Div.
Curon	Espuma de poliuretano	Reeves Brothers, Inc.
Cycogel	ABS	Bayer AG
Cycolac	Resinas de ABS	Marbon Div., Borg-Warner Corp.
Cycolon	Composições resinosas sintéticas	Marbon Div., Borg-Warner Corp.
Cycoloy	Ligas de polímeros sintéticos com resinas de ABS	Marbon Div., Borg-Warner Corp.
Cyclopac 930	Barreira de ABS e nitrila	Borg-Warner Chemicals
Cyovin	Misturas de polímeros de enxerto de ABS autoextinguíveis	Marbon Div., Borg-Warner Corp.
Cyglas	Compostos de moldagem de poliéster preenchidos com vidro	American Cyanamid Co.
Cymel	Compostos de moldagem de melamina	American Cyanamid Co.
Cyrex	Liga acrílica PC	Cyro
Dacovin	Compostos de PVC	Diamond Shamrock Chemical Co.
Dacron	Poliéster	E. I. du Pont de Nemours & Co.
Dapon	Resina de ftalato de dialila	FMC Corp., Organic Chemicals Div.
Daran	Revestimentos de emulsão de cloreto de polivinilideno	W. R. Grace & Co., Polymers & Chemicals Div.
Daratak	Emulsões de homopolímero de acetato de polivinila	W. R. Grace & Co., Polymers & Chemicals Div.
Darex	Látex de estireno-butadieno	W. R. Grace & Co., Polymers & Chemicals Div.
Davon	Compostos reforçados & resinas de TFE	Davies Nitrate Co.
Delrin	Resina de acetal	E. I. du Pont de Nemours & Co.
Densite	Espuma de uretano moldado flexível	General Foam Div., Tenneco Chemical, Inc.
Derakane	Resinas de éter de vinila	Dow Chemical Co.
Desmopan	Uretano termoplástico	Bayer Corp.
Dexflex	Olefinas termoplásticas	Solvay Engineered Polymers
Dexon	Propileno-acrílico	Exxon Chemical USA
Diaron	Resinas de melamina	Reichhold Chemicals, Inc.
Dielux	Acetal	Westlake Plastics Co.
Dion-Iso	Poliésteres isoftálicos	Diamond Shamrock Chemical Co.

Nome comercial	Polímero	Fabricante
Dolphon	Resina e compostos de epóxi & resinas de poliéster	John C. Dolph Co.
Dorvon	Espuma de poliestireno moldado	Dow Chemical Co.
Dow Corning	Silicones	Dow Corning Corp.
Dowlex	LLDPE	Dow Plastics
Dri-Lite	Poliestireno expandido	Poly Foam, Inc.
Duco	Lacas	E. I. du Pont de Nemours & Co.
Duracel	Lacas para acetato de celulose e outros plásticos	Maas & Waldstein Co.
Duracon	Copolímero de acetal	Polyplastics Co.
Duradene	Copolímero de estireno-butadieno	Firestone Polymers
Duraflex	Polibutileno	Shell
Dural	PVC semirrígido de acrílico modificado	Alpha Chemical & Plastics Corp.
Duramac	Alcides modificados por óleo	Commercial Solvents Corp.
Durane	Poliuretano	Raffi & Swanson, Inc.
Duraplex	Resinas de alcide	Rohm & Haas Co.
Durelene	Tubo de PVC flexível	Plastic Corp. Warehousing
Durethan	Náilon 6	Miles
Durethene	Filme de polietileno	Sinclair-Koppers Co.
Durez	Resinas de alcide e fenólico	Chemical/ Occidental/ Plastics Corp.
Duron	Compostos de moldagem e resinas de fenólico	Firestone Foam Products Co.
Dutral	Borracha de EPM e EPDM	EniChem SpA
Dyal	Resinas de alcide e alcide estirenado	Sherwin Williams Chemicals
Dyalon	Material de elastômero de uretano	Thombert, Inc.
Dyloam	Poliestireno expandido	W. R. Grace & Co.
Dylan	Polietileno	ARCO/Polymers, Inc.
Dylark	Poliestireno	NOVA Chemicals Corp.
Dylel	Plástico ABS	Sinclair-Koppers Co.
Dylene	Folha orientada e resina de poliestireno	ARCO
Dylite	Folhas extruídas, pérola de poliestireno expandível etc.	ARCO
E-Form	Compostos de moldagem de epóxi	Allied Products Corp.
Eastar	Copoliéster	Eastman Co.
Easy-Kote	Composto de liberação de fluorocarbono	Borco Chemicals, Inc.
Easypoxy	Kits de adesivo de epóxi	Conap, Inc.
Ebolan	Compostos de TFE	Chicago Gasket Co.
Eccosil	Resinas de silicone	Emerson & Cumming, Inc.
Ecdel	Elastômero	Eastman Co.
Ektar	Poliéster, plástico termoplástico	Eastman Performance
El Rexene	Resinas de polietileno, polipropileno, poliestireno e ABS	Dart Industries, Inc.
Elastoflex	Poliuretano flexível	BASF Corp.
Elastolit	Termoplástico de engenharia de uretano	North American Urethanes, Inc.
Elastollyx	Termoplástico de engenharia de uretano	North American Urethanes, Inc.
Elastolur	Revestimentos de uretano	BASF
Elastonate	Pré-polímeros de isocianato de uretano	BASF
Elastonol	Poliois de poliéster-uretano	North American Urethanes, Inc.
Elastopel	Termoplástico de engenharia de uretano	North American Urethanes, Inc.
Elastopor	Espuma de uretano rígido	BASF Corp.

Nome comercial	Polímero	Fabricante
Electroglas	Acrílico fundido	Gasflex Corp.
Elvace	Copolímeros de acetato de etileno	E. I. du Pont de Nemours & Co.
Elvacet	Emulsões de acetato de polivinila	E. I. du Pont de Nemours & Co.
Elvacite	Resinas de acrílico	E. I. du Pont de Nemours & Co.
Elvamide	Resinas de náilon	E. I. du Pont de Nemours & Co.
Elvanol	Álcoois polivinílicos	E. I. du Pont de Nemours & Co.
Elvax	Resinas de vinila; resinas de terpolímero ácido	E. I. du Pont de Nemours & Co.
Empee	Polietileno	Monmouth
Ensocote	Revestimento de verniz de PVC	Uniroyal, Inc.
Ensolex	Material de folha de plástico celular	Uniroyal, Inc.
Ensolite	Material de folha de plástico celular	Uniroyal, Inc.
Epi-Rez	Resinas de epóxi básico	Celanese Coatings Co.
Epi-Tex	Resinas de éster de epóxi	Celanese Coatings Co.
Epikote	Resina de epóxi	Shell Chemical Co.
Epocap	Compostos de epóxi de duas partes	Hardman, Inc.
Epocast	Epóxis	Furane Plastics, Inc.
Epocrete	Materiais de epóxi de duas partes	Hardman, Inc.
Epocryl	Resina de acrilato de epóxi	Shell Chemical Co.
Epocure	Agentes de cura de epóxi	Hardman, Inc.
Epolast	Compostos de epóxi de duas partes	Hardman, Inc.
Epolene	Ceras de baixa massa molecular	Eastman Co.
Epolite	Compostos de epóxi	Hexcel Corp. Rezolin Div.
Epomarine	Compostos de epóxi de duas partes	Hardman, Inc.
Epon	Resina de epóxi; endurecedor	Shell Chemical Co.
Eponol	Resina de poliéter linear	Shell Chemical Co.
Eposet	Compostos de epóxi de duas partes	Hardman, Inc.
Epotuf	Resinas de epóxi	Reichhold Chemicals, Inc.
Escor	Copolímero de acetato de acrílico de etileno	ExxonMobil Chemical Co.
Escorene	LDPE e LLDPE	Exxon
Estane	Resinas e compostos de poliuretano	BF Goodrich Chemical Co.
Estron	Acetato	Eastman Kodak Co.
Ethafoam	Espuma de polietileno	Dow Chemical Co.
Ethocel	Resina de celulose de etila	Dow Chemical Co.
Ethofil	Polietileno reforçado com fibra de vidro	AKZO Engineering
Ethoglas	Polietileno reforçado com fibra de vidro	Fiberfil Div., Dart Industries, Inc.
Ethosar	Polietileno reforçado com fibra de vidro	Fiberfil Div., Dart Industries, Inc.
Ethylux	Polietileno	Westlake Plastics Co.
Evenglo	Resinas de poliestireno	Sinclair-Koppers Co.
Everflex	Emulsão de copolímero de acetato de polivinila	W. R. Grace & Co., Polymers & Chemicals Div.
Everlon	Espuma de uretano	Stauffer Chemical Co.
Exact	Plastômero metaloceno	ExxonMobil Chemical Co.
Exceed	LLDPE	ExxonMobil Chemical Co.
Excelite	Tubo de polietileno	Thermoplastic Processes
Exon	Resinas, compostos e látex de PVC	Firestone Tire & Rubber Co.
Extane	Tubo de poliuretano	Pipe Line Service Co.
Extrel	Filmes de polietileno e polipropileno	Exxon Chemical, USA
Extren	Formas de poliéster reforçado com fibra de vidro	Morrison Molded Fiber Glass Co.

Nome comercial	Polímero	Fabricante
Fabrikoid	Tecido revestido com piroxilina	Stauffer Chemical Co.
Facilon	Tecidos de PVC reforçados	Sun Chemical Corp.
Fassgard	Revestimento de vinila no náilon	M. J. Fassler & Co.
Fasslon	Revestimento de vinila	M. J. Fassler & Co.
Felor	Filamentos de náilon	E. I. du Pont de Nemours & Co.
Ferex	PP de alto brilho	Ferro Corp.
Ferrene	Poliolefinas	Ferro Corp.
Fiber foam	Espuma reforçada de poliéster	Weeks Engineered Plastics
Fiberite	Composto de moldagem de malemina	ICI Fiberite
Fibro	Rayon	Courtaulds NA, Inc.
Fina	Polipropileno	Fina
Finacene	HDPE e LDPE	ATOFINA
Finaprene	Elastômero SBS	ATOFINA
Finathene	HDPE	ATOFINA
Flexane	Uretanos	Devcon Corp.
Flexathene	TPO	Equistar Chemicals LP
Flexocel	Sistemas de espuma de uretano	Baxenden Chem Co.
Flexprene	TPEs estirênicos	Teknor Apex
Floranier	Celulose para éster	ITT Rayonier, Inc.
Fluokem	Jato de teflon	Bel-Art Products
Fluon	Resina de TFE	ICI American, Inc.
Fluorglas	PTFE revistido e tecido de lã de vidro, laminados e cintas impregnadas	Dodge Industries, Inc.
Fluorocord	Material de fluorocarboneto	Raybestos Manhattan
Fluorofilm	Filmes de teflon fundido	Dilectrix Corp.
Fluoroglide	Lubrificante de filme seco de TFE	Chemplast, Inc.
Fluororay	Fluorocarboneto preenchido	Raybestos Manhattan
Fluorored	Compostos de TFE	John L. Dore Co.
Fluorosint	Composição básica de TFE-fluorocarboneto	Polymer Corp.
Foamthane	Espuma rígida de poliuretano	Pittsburgh Corning Corp.
Formadall	Composto pré-misturado de poliéster	Woodall Industries, Inc.
Formaldafil	Acetal reforçado com fibra de vidro	AKZO Engineering
Formaldaglas	Acetal reforçado com fibra de vidro	Fiberfil Div., Dart Industries, Inc.
Formaldasar	Acetal reforçado com fibra de vidro	Fiberfil Div., Dart Industries, Inc.
Formica	Laminado de alta pressão	American Cyanamid Co.
Formrez	Produtos químicos de elastômero de uretano	Witco Chemical Corp., Organics Div.
Formvar	Resinas formais de polivinila	Monsanto Co.
Forticel	Resinas e floco de propionate de celulose	Hoechst Celanese
Fortiflex	Resinas de polietileno	Solvay Polymers
Fortilene	Polímeros de solvay de polipropileno	
Fortrel	Poliéster	Fiber Industries, Inc.
Fortron	Sulfeto de polifenileno	Ticona
Fosta-Net	Malha extruída de espuma de poliestireno	Foster Grant Co.
Fosta Tuf-Flex	Poliestireno de alto impacto	Foster Grant Co.
Fostacryl	Resina termoplástica de poliestireno	Foster Grant Co.
Fostafoam	Pérolas de poliestireno expandido	Foster Grant Co.
Fostalite	Pó de moldagem de poliestireno de estabilidade leve	Foster Grant Co.

Nome comercial	Polímero	Fabricante
Fostarene	Pó de moldagem de poliestireno	Foster Grant Co.
Futron	Pó de polietileno	Fusion Rubbermaid Co.
Geloy	ASA com habilidade ao tempo	GE Plastics
Gelva	Acetato de polivinila	Monsanto Co.
Genal	Compostos fenólicos	General Electric Co.
Genthane	Borracha de poliuretano	General Tire & Rubber Co.
Gentro	Borracha de estireno-butadieno	General Tire & Rubber Co.
Geon	Compostos, látex e resinas de vinila	BF Goodrich Chemical Co.
Gil-Fold	Folha de polietileno	Gilman Brothers Co.
Glaskyd	Composto de moldagem de alcide	American Cyanamid Co.
Glyptal	Resinas de alcide	General Electric Co.
Goldglas	PMMA	ATOFINA
Gordon Superdense	Poliestireno em forma de pelotas	Hammond Plastics, Inc.
Gordon Superflow	Poliestireno na forma granular ou em pelotas	Hammond Plastics, Inc.
Gracon	Compostos de PVC	W. R. Grace & Co.
GravoFLEX	Folhas de ABS	Hermes Plastics, Inc.
GravoPLY	Folhas de acrílico	Hermes Plastics, Inc.
Grilamid	Náilon 12	EMS
Grilon	Náilon 6	EMS
GUR	UHMW-PE	Ticona
Halon	Compostos de moldagem de TFE	Allied Chemical Corp.
Haylar	CTFE	Ausimont
Haysite	Laminados de poliéster	Synthane-Taylor Corp.
Herculon	Olefina	Hercules, Inc.
Herox	Filamentos de náilon	E. I. du Pont de Nemours & Co.
Hetrofoam	Sistemas de espuma retardante de fogo de uretano	Durez Div., Hooker Chemical Corp.
Hetron	Resinas de poliéster retardante de fogo	Durez Div., Hooker Chemical Corp.
Hex-One	Polietileno de alta densidade	Gulf Oil Co.
Hicor	Polietileno orientado	Mobil Plastics
Hi-fax	Polietileno	Hercules, Inc.
HiGlass	PP reforçado com vidro	Himont
Hipertuf	PEN	Shell Chemicals
Hi-Styrolux	Poliestireno de alto impacto	Westlake Plastics
Hostaform	Copolímero acetila	Ticona
Hostalen	Polietileno	Hoechst Celanese
Hostaflon	PTFE	Hoechst Celanese
Hydrepoxy	Epóxis baseados em água	Acme Chemicals Div., Allied Products Corp.
Hydro Foam	Fenolformaldeído expandido	Smithers Co.
Hyflon	Perfluoroalcóxi	Ausimont
Hylar	Fluoreto de polivinilideno	Solvay Polymers
Impet	Poliéster termoplástico	Ticona
Implex	Pó de moldagem acrílico	Rohm & Haas Co.
Ingeo	Poli(ácido lático)	NatureWorks LLC
Inspire	PP	Dow Plastics
Intamix	Compostos de PVC rígido	Diamond Shamrock Chemical Co.
Interpol	Sistemas resinosos poliméricos	Freeman Chemical Corp.
Intol	Borracha de estireno-butadieno	EniChem SpA
Iotek	Ionômeros	ExxonMobil Chemical Co.

Nome comercial	Polímero	Fabricante
Irvinil	Resinas e compostos de PVC	Great American Chem.
Isoderm	Espuma de crosta integral rígida e flexível de uretano	Upjohn Co., CPR Div.
Isofoam	Sistemas de espuma de uretano	Witco Chemical Corp.
Isonate	Sistemas de uretano e diisocianatos	Upjohn Co., CPR Div.
Isoteraglas	Tecido de vidro dracon revestido com elastômero de isocianato	Natvar Corp.
Isothane	Espumas de poliuretano flexível	Bernel Foam Products Co.
Iupilon	Engenharia de policarbonato	Mitsubishi Plastics Corp.
Jetfoam	Espuma de poliuretano	International Foam
K-Prene	Material fundido de uretano	Di-Acro Kaufman
Kadel	Polímeros de policetona	BP Amoco
Kalex	Elastômeros de poliuretano de duas partes	Hardman, Inc.
Kalidar	PEN	DuPont
Kalspray	Sistemas de espuma de uretano rígida	Baxenden Chemical Co.
Kamax	Acrílico	Rohm & Haas
Kapton	Polimida	E. I. du Pont de Nemours & Co.
Keltrol	Copolímero de viniltolueno	Spencer Kellogg
Ken U-Thane	Poliuretanos; ingredientes de espuma de uretano	Kenrich Petrochemicals Inc.
Kencolor	Silicone/dispersão de pigmentos	Kenrich Petrochemicals Inc.
Kevlar	Fibra de aramida	E.I. du Pont de Nemours & Co.
Kodacel	Folha e filme de celulósico	Eastman Chemical Products, Inc.
Kodar	Termoplástico de copoliéster	Eastman Chemical Products, Inc.
Kodel	Poliéster	Eastman Kodak Co.
Kohinor	Resinas e compostos de vinila	Pantasote Co.
Korad	Filme de acrílico	Rohm & Haas Co.
Koroseal	Filmes de vinila	BF Goodrich Chemical Co.
Kralastic	Resina de alto impacto de ABS	Uniroyal, Inc.
Kralon	Resinas de estireno e ABS de alto impacto	Uniroyal, Inc.
Kraton	Polímeros de estireno-butadieno	Shell Chemical Co.
Krene	Filme e folha de plástico	Union Carbide Corp.
Krystal	Folha de PVC	Allied Chemical Corp.
Krystaltite	Filmes encolhidos de PVC	Allied Chemical Corp.
Kydene	Pó de acrílico/PVC	Rohm & Haas Co.
Kydex	Folhas de acrílico/PVC	Rohm & Haas Co.
Kynar (Series)	Fluoreto de polivinilideno	Elf Atochem North America
Lacqtene	Polietileno	ATOFINA
Lamabond	Polietileno reforçado	Lamex, Columbian Carbon Co.
Lamar	Laminato de vinila Mylar	Morgan Adhesives Co.
Laminac	Resinas de poliéster	American Cyanamid Co.
Last-A-foam	Espuma de plástico	General Plastics Mfg.
Levapren	EVA	Bayer Corp.
Lexan	Resinas, filme e folha de policarbonato	General Electric Co., Plastics Dept.
Lomod	Elastômero de copoliéster	GE Plastics
Lotryl	Copolímeros de EBA e EDA	ATOFINA
Lucalor	PVC clorado	ATOFINA
Lucite	Resinas de acrílico	E. I. du Pont de Nemours & Co.
Luflexen	Metaloceno mLLDPE	Basell Polyolefins B. V.

Nome comercial	Polímero	Fabricante
Lumasite	Folha de acrílico	American Acrylic Corp.
Lupolen	Polietileno	Basell Polyolefins B. V.
Luran	Copolímeros de estireno acrilonitrila	BASF
Lustran	Resinas de extrusão e moldagem de SAN e ABS	Monsanto Co.
Lustrex	Resinas de extrusão e moldagem de estireno	Monsanto Co.
Lycra	Spandex	E. I. du Pont de Nemours & Co.
Lytex	Compósitos de epóxi	Quantum
Macal	Filme de vinil fundido	Morgan Adhesives Co.
Maclin	Resinas de vinil	Maclin
Magnum	ABS	Dow Plastics
Makrolon	Policarbonato	Miles
Marafoam	Resina de espuma de poliuretano	Marblette Co.
Maraglas	Resina fundida de epóxi	Marblette Co.
Maranyl	Náilon 6,6	ICI Americas
Maraset	Resina de epóxi	Marblette Co.
Marathane	Compostos de uretano	Allied Products Corp.
Maraweld	Resina de epóxi	Marblette Co.
Marlex	Polietilenos, polipropilenos e outros plásticos de poliolefina	Phillips Petroleum
Marnot	Filme de policarbonato	Bayer AG
Marvinol	Resinas e compostos de vinila	Uniroyal, Inc.
Meldin	Poliimida e poliimida reforçada	Dixon Corp.
Melinar	PET para recipientes	E.I. du Pont de Nemours & Co.
Merlon	Policarbonato	Mobay Chemical Co.
Metallex	Folhas de acrílico fundido	Hermes Plastics, Inc.
Meticone	Cubos e folhas de borracha de silicone	Hermes Plastics, Inc.
Metocene	Metaloceno PP	Basell Polyolefins B. V.
Metre-Set	Adesivos de epóxi	Metachem Resins Corp.
Micarta	Laminados termocurados	Westinghouse Electric Corp.
Micro-Matte	Folha de acrílico extruído com acabamento de resíduo metálico	Extrudaline, Inc.
Micropel	Pós de náilon	Nypel, Inc.
Microsol	Plastisol de vinil	Michigan Chrome & Chemical Co.
Microthene	Poliolefinas em pó	U.S. Industrial Chemicals Co.
Milmar	Poliéster	Morgan Adhesives Co.
Mini-Vaps	Polietileno expandido	Malge Co., Agile Div.
Minit Grip	Adesivos de epóxi	High-Strength Plastics Corp.
Minit Man	Adesivos de epóxi	Kristal Draft, Inc.
Minlon	Náilon reforçado de mineral	E.I. du Pont de Nemours & Co.
Mipoplast	Folhas de PVC flexível	Dynamit Nobel of America, Inc.
Mirasol	Resinas alcide: éster de epóxi	C. J. Osborn Chemicals, Inc.
Mirbane	Resina amino	Shows Highpolymer Co.
Mirel	PLA para moldagem de injeção	Telles
Mirrex	PVC rígido acetinado	Tenneco Chemicals, Inc., Tenneco Plastics Div.
Mista Foam	Sistemas de espuma de uretano	M. R. Plastics & Coatings, Inc.
Mod-Epox	Resinas de epóxi	Monsanto Co. Modifier
Molycor	Tubo de epóxi reforçado com fibra de vidro	A. O. Smith, Inland, Inc.
Mondur	Isocianatos	Mobay Chemical Co.

Nome comercial	Polímero	Fabricante
Monocast	Náilon polimerizado diretamente	Polymer Corp.
Moplen	Polipropileno isotático	Montecatini Edison S.p.A.
Multrathane	Produto químico de elastômero de uretano	Mobay Chemical Co.
Multron	Poliésteres	Mobay Chemical Co.
Mylar	Filme de poliéster	E. I. du Pont de Nemours & Co.
Nakan	Vinil termoplástico	ATOFINA
Nanofil	Nanocompósito de argila	Süd-Chemie AG
Nanosolve	Nanocompósito de carbono	Zyvex Performance Materials
Napryl	Polipropileno	Pechiney-Saint-Gobain
Natene	Polietileno de alta densidade	Pechniney-Saint-Gobain
Natureworks	PLA	NatureWorks LLC
Naugahyde	Tecidos revestidos com vinil	Uniroyal, Inc.
NeoCryl	Resinas e emulsão de resina de acrílico	Polyvinyl Chemicals, Inc.
Neopolen	Pérola de PE expandido	BASF
NeoRez	Emulsões de estireno e soluções de uretano	Polyvinyl Chemicals, Inc.
NeoVac	Emulsões de PVA	Polyvinyl Chemicals, Inc.
Nestorite	Fenólico e ureia-formaldeído	James Ferguson & Sons
Nevillac	Resina de cumarona-indeno modificada	Neville Chemical Co.
Nimbus	Espuma de poliuretano	General Tire & Rubber Co.
Nitrocol	Dispersão e pigmento básico de nitrocelulose	C. J. Osborn Chemicals, Inc.
Nob-Lock	Material em folha de PVC	Ameron Corrosion Control Div.
Nopcofoam	Sistemas de espuma de uretano	Diamond Shamrock Chemical Co., Resinous Products Div.
Norchem	Resina de polietileno de baixa densidade	Northern Petrochemical Co.
Nordel IP	Borracha de hidrocarboneto	DuPont Dow Elastomers
Noryl	Óxido de polietileno modificado	General Electric Co., Plastics Dept.
Novacor	Poliestireno	Novacor
Novamid	Engenharia de poliamida 6	Mitsubishi Plastics Corp.
Novarex	Engenharia de policarbonato	Mitsubishi Plastics Corp.
Novodur	ABS	Bayer AG
Nupol	Resinas de acrílico termocuradas	Freeman Chemical Corp.
NYCOA	Náilon 6,6	Náilon Corp. of America
Nyglathane	Poliuretana preenchida com vidro	Nypel, Inc.
Nylafil	Náilon reforçado com fibra de vidro	AKZO Engineering
Nylaglas	Náilon reforçado com fibra de vidro	AKZO Engineering
Nylasar	Náilon reforçado com fibra de vidro	AKZO Engineering
Nylasint	Itens de náilon sinterizado	Polymer Corp.
Nylatron	Náilons preenchidos	Polymer Corp.
Nylo-Seal	Tubo de náilon 11	Imperial-Eastman Corp.
Nylux	Náilon	Westlake Plastics Co.
Nypelube	Náilons preenchidos com TFE	Nypel, Inc.
Nyreg	Compostos de moldagem de náilon reforçado com vidro	Nypel, Inc.
Oasis	Fenol-formaldeído expandido	Smithers Co.
Oilon Pv 80	Perfis, tubo, hastes, resinas baseados em acetal	Cadillac Plastic & Chemical Co.
Olefane	Filme de polipropileno	Amoco Chemicals Corp.
Olefil	Resina de polipropileno preenchido	Amoco Chemicals Corp.
Oleflo	Resina de polipropileno	Amoco Chemicals Corp.

Nome comercial	Polímero	Fabricante
Olemer	Copolímero de polipropileno	Amoco Chemicals Corp.
Oletac	Polipropileno amorfo	Amoco Chemicals Corp.
Opalon	Materiais flexíveis de PVC	Monsanto Co.
Oppanol	Poliisobutileno	BASF Wyandotte Corp.
Optema	Acrilato de metila etileno	ExxonMobil Chemical Corp.
Optum	Liga de poliolefina	Ferro Corp.
Orevac	Terpolímero EVA	ATOFINA
Orgalacqe	Pós de epóxi e PVC	Aquitaine-Organico
Orgamide R	Náilon 6	Aquitaine-Organico
Orlon	Fibra de acrílico	E. I. du Pont de Nemours & Co.
Oxy	Séries de PVC	Occidental Chemical Co.
Oxyblend	PVC	Occidental Chemical Co.
Panda	Tecido revestido de uretano e vinil	Pandel-Bradford Inc.
Papi	Isocianato de polimetileno e polifenil	Upjohn Co., Polymer Chemicals Div.
Paradene	Resinas de cumarona-indeno escuras	Neville Chemical Co.
Paraplex	Resinas e plastizantes de poliéster	Rohm & Haas Co.
Paxon	Polietileno	Allied Signal
Pelaspan	Poliestireno expandível	Dow Chemical Co.
Pelaspan-Pac	Poliestireno expandível	Dow Chemical Co.
Pellethane	Uretano termoplástico	Dow Plastics
Pellon Aire	Têxtil sem lã	Pellon Corp.
Pentafood	Filme coextruído	Klöckner Pentaplast Group
Penton	Poliéster clorado	Hercules, Inc.
PermaRex	Epóxi fundido	Permali, Inc.
Permelite	Composto de moldagem de melamina	Melamine Plastics, Inc.
Petion	PET preenchido com vidro	Miles
Petra	Poliéster	Allied Signal
Pethrothene	Polietileno de baixa, média e alta densidade	Quantum USI
Petrothene XL	Polietileno com ligação cruzada	U.S. Industrial Chemical Co.
Phenoweld	Adesivo de fenólico	Hardman, Inc.
Philjo	Filmes de poliolefina	Phillips-Joana Co.
Philprene	Estireno-butadieno	Phillips Chemical Corp.
Piccoflex	Resinas de acrilonitrila-estireno	Pennsylvania Industrial Chemical Corp.
Piccolastic	Resinas de poliestireno	Pennsylvania Industrial Chemical Corp.
Piccotex	Copolímero de viniltolueno	Pennsylvania Industrial Chemical Corp.
Piccournaron	Resinas de cumarona-indeno	Pennsylvania Industrial Chemical Corp.
Piccovar	Alquil aromático: resinas	Pennsylvania Industrial Chemical Corp.
Pienco	Resinas de poliéster	Mol-Rex Div., American Petrochemical Corp.
Pinpoly	Espuma de poliuretano reforçada	Holiday Inns of America, Inc.
Plaskon	Moldagem de plástico	Allied Chemical Corp.
Plastic Steel	Reparo e ferramenta de epóxi	Devcon Corp.
Platamid	Adesivo fundido quente	ATOFINA
Platherm	Adesivo fundido quente de copoliéster	ATOFINA
Plenco	Melamina e fenólico	Plastics Engineering
Pleogen	Resinas e revestimento gel de poliéster; sistemas de poliuretano	Mol-Rex Div., Whittake Corp.
Plexiglas	Pós de moldagem e folhas de acrílico	Rohm & Haas Co.
Plicose	Filme, folha, tubo e sacolas de polietileno	Diamond Shamrock Corp.
Pliobond	Adesivo	Goodyear Tire & Rubber Co.

Nome comercial	Polímero	Fabricante
Pliolite	Resinas de estireno-butadieno	Goodyear Tire & Rubber Co.
Pliothene	Misturas de polietileno-borracha	Ametek/Westchester Plastics
Pliovic	Resinas de PVC	Goodyear Tire & Rubber Co.
Pluracol	Poliésteres	BASF Wyandotte Corp.
Pluragard	Espumas de uretano	BASF Wyandotte Corp.
Pluronic	Poliésteres	BASF Wyandotte Corp.
Plyocite	Camadas impregnadas de fenólico	Reichhold Chemicals, Inc.
Plyophen	Resinas de fenólico	Reichhold Chemicals, Inc.
Pocan	Poliéster, termoplástico	Miles
Polex	Acrílico orientado	Southwestern Plastics, Inc.
Pollopas	Compostos de ureia-formaldeído	Dynamit Nobel of America, Inc.
Polvonite	Material plástico celular em forma de folha	Voplex Corp.
Polycarbafil	PC reforçado com vidro	Akzo Engineering
Poly-Dap	Compostos de moldagem elétricos de ftalato de dialila	U.S. Polymeric, Inc.
Poly-Eth	Polietileno de baixa densidade	Gulf Oil Corp.
Poly-Eth-Hi-D	Polietileno de alta densidade	Gulf Oil Corp.
Polycarbafil	Policarbonato reforçado com fibra de vidro	Fiberfill Div., Dart Industries, Inc.
Polycure	Compostos de polietileno com ligação cruzada	Crooke Color & Chemical Co.
Polyfoam	Espuma de poliuretano	General Tire & Rubber Co.
Polyfort	Polipropileno reforçado	Schulman
Polyimidal	Poliimida termoplástica	Raychem Corp.
Polylite	Resinas de poliésteres	Reichhold Chemicals, Inc.
Polymet	Metal sinterizado preenchido com plástico	Polymer Corp.
Polymul (series)	Emulsões de polietileno	Diamond Shamrock Chemical Co.
Polyteraglas	Tecido de vidro Dracon revestido com poliéster	Natvar Corp.
Polywrap	Filme plástico	Flex-O-Glass, Inc.
Poxy-Gard	Compostos de epóxi sem solvente	Sterling, Div. Reichhold Chemicals, Inc.
PPO	Óxido de polifenileno	Reichhold Chemicals, Inc.
Prevail	Termoplástico	Dow Plastics
Pro-fax	Polipropileno	Hercules, Inc.
Profil	Polipropileno reforçado por fibra de vidro	AKZO Engineering
Proglas	Polipropileno reforçado por fibra de vidro	Fiberfil Div., Dart Industries, Inc.
Prohi	Polietileno de alta densidade	Protective Lining Corp.
Propathene	Composto e polímeros de polipropileno	Imperical Chemical Ind., Ltd., Plastics Div.
Propylsar	Polipropileno reforçado por fibra de vidro	Fiberfil Div., Dart Industries, Inc.
Propylux	Polipropileno	Westlake Plastics Co.
Protectolite	Filme de polietileno	Protective Lining Corp.
Protron	Polietileno de resistência ultra-alta	Protective Lining Corp.
Pulse	Mistura PC/ABS	Dow Plastics
Purilon	Rayon	FMC Corp.
Quelflam	Uretanos, baixa difusão de chama na superfície	Baxenden Chemical Co.
Radel A	Polímeros de poliétersulfona	BP Amoco
Radel B	Polímeros de poliétersulfona	BP Amoco
Radilon	Náilon 6,6 International	Polymers
Rayflex	Rayon	FMC Corp.

Nome comercial	Polímero	Fabricante
Regalite	PVC flexível transparente e polido de impressão	Tenneco Advanced Materials, Inc.
REN-Shape	Material epóxi	Ren Plastics, Inc.
Ren-Thane	Elastômeros de uretano	Ren Plastics, Inc.
Resiglas	Resinas de poliéster etc.	Kristal Draft, Inc.
Resimene	Resinas de melamina	Monsanto Co.
Resinoid	Composto de moldagem fenólico	Resinoid
Resinol	Poliolefinas	Allied Resinous Products, Inc.
Resinox	Resinas de fenólico	Monsanto Co.
Resorasa-bond	Resorcinol e fenol-resorcinol	Pacific Resins & Chemicals, Inc.
Respond	Elastômeros termoplásticos	Solvay Engineered Polymers
Restfoam	Espuma de uretano	Stauffer Chemical Co., Plastics Div.
Retain	ABS e ABS/PC reciclados	Dow Plastics
Rexene	Filme de PE	Rexene
Rexolene	Folha de poliolefina com ligação cruzada	Brand-Rex Co.
Rexolite	Suprimento de folha e bastão de poliestireno	Brand-Rex Co.
Reynosol	Uretano, PVC	Hoover Ball & Bearing Co.
Rilsan	Náilon 11 e 12 copolímeros	ATOFINA
Rhodiod	Folha de acetato de celulose	M & B Plastics, Ltd.
Rhoplex	Emulsão de acrílico	Rohm & Haas Co.
Richfoam	Espuma de uretano	E. R. Carpenter Co.
Rigidite	Resinas de poliésteres e folha de acrílico modificado	American Cyanamid Co.
Rigidsol	Plastisol rígido	Watson-Standard Co.
Rimtec	Resinas de vinil	Rimtec
Rogers	Compostos de moldagem de epóxi	Rogers
Rolox	Compostos de epóxi de duas partes	Hardman, Inc.
Rotothene	Polietileno para rotomoldagem	Rototron Corp.
Rotothon	Polietileno para rotomoldagem	Rototron Corp.
Royalex	Material em folha de termoplástico celular estrutural	Uniroyal, Inc.
Royalite	Material termoplástico	Uniroyal Inc., Uniroyal Plastic Products
Roylar	Elastoplástico de poliuretano	Uniroyal, Inc.
Rucoam	Filme e folha de vinil	Hooker Chemical Corp.
Rucoblend	Compostos de vinil	Hooker Chemical Corp.
Rucon	Resinas de vinil	Hooker Chemical Corp.
Rucothane	Poliuretanos	Hooker Chemical Corp.
Rynite	PET	E.I. du Pont de Nemours & Co.
Ryton	Sulfeto de polifenileno	Phillips Chemical Co.
Santolite	Resina de aril-sulfonamida-formadeído	Monsanto Co.
Saran	Resina de cloreto de polivinilideno	Dow Chemical Co.
Satin Foam	Espuma de poliestireno extruído	Dow Chemical Co.
Scotchpak	Filme de poliéster selável a quente	3M Co.
Scotchpar	Filme de poliéster	3M Co.
Selectrofoam	Sistemas de espuma de uretano e polióis	PPG Industries, Inc.
Selectron	Resinas sintéticas polimerizáveis; poliésteres	PPG Industries, Inc.
Sequel	Poliolefinas de engenharia	Solvay Engineered Polymers
Shareen	Náilon	Courtaulds North America, Inc.
Shuvin	Compostos de moldagem de vinila	Blane Chemical Div., Reichhold Chemicals, Inc.

Nome comercial	Polímero	Fabricante
Silastic	Borracha de silicone	Dow Corning Corp.
Silly Putty	Silicone	Crayola
Sinkral	ABS	EniChem SpA
Sinvet	Policarbonato	Bayer AG
Sipon	Resinas alquil e aril	Alcolac, Inc.
Siponate	Sulfonatos de alquila e arila	Alcolac, Inc.
Skinwich	Espuma de crosta integral de uretano rígido e flexível	Upjohn Co.
Soarnol	EVA	ATOFINA
Softlite	Espuma de ionômero	Gilman Brothers Co.
Solarflex	Polietileno clorado	Pantasote Co.
Solef	Fluoreto de polivinilideno	Solvay Polymers
Solithane	Pré-polímeros de uretano	Thiokol Chemical Corp.
Sonite	Composto de resina de epóxi	Smooth-On, Inc.
Spandal	Laminados de uretano rígido	Baxenclen Chemical Co.
Spandofoam	Placa e quadro de espuma de uretano rígido	Baxenden Chemical Co.
Spancloplast	Placa e quadro de poliestireno expandido	Baxenden Chemical Co.
Spectar	Copoliéster	Eastman Co.
Spectran	Poliéster	Monsanto Textiles Co.
Spenkel	Resinas de poliuretano	Spencer Kellogg Div., Textron Inc.
Spudware	Plástico biodegradável baseado em amido	Excellent Packaging Supply (EPS)
Starez	Resina de acetato de polivinila	Standard Brands Chemical Ind., Inc.
Structoform	Compostos de moldagem em folha	Fiberite Corp.
Stryton	Náilon	Phillips Fibers Corp.
Stylafoam	Folha de poliestrireno revestido	Gilman Brothers Co.
Stypol	Poliésteres	Freeman Chemical Corp., Div., H. H. Robertson Co.
Styrafil	Poliestrireno reforçado por fibra de vidro	AKZO Engineering
Styroblend	Misturas de estireno butadieno	BASF
Styrodur C	Espuma rígida de poliestrieno	BASF
Styroflex	Filme de poliestireno orientado biaxialmente	Natvar Corp.
Styrofoam	Espuma de poliestireno	Dow Chemical Co.
Styrolux	Poliestireno	Westlake Plastics Co.
Styropor	Poliestireno espandido	BASF
Styron	Resina de poliestireno	Dow Chemical Co.
Styronol	Estireno	Allied Resinous Products, Inc.
Sulfasar	Polissulfona reforçada por fibra de vidro	Fiberfil Div., Dart Industries, Inc.
Sulfil	Polissulfona reforçada por fibra de vidro	AKZO Engineering
Sunfrost	Vinilas termoplásticas	ATOFINA
Sunlon	Resina de poliamida	Sun Chemical Corp.
Super Aeroflex	Polietileno linear	Anchor Plastic Co.
Super Coilife	Resina de cadinho de epóxi	Westinghouse Electric Corp.
Super Dylan	Polietileno de alta densidade	Sinclair-Koppers Co.
Superflex	Poliestireno de alto impacto de enxerto	Gordon Chemical Co.
Superflow	Poliestireno	Gordon Chemical Co.
Sur-Flex	Filme de ionômero	Flex-O-Glass, Inc.
Surlyn	Resina de ionômero	E. I. du Pont de Nemours & Co.
Syn-U-Tex	Ureia-formaldeído e melamina-formaldeído	Celanese Resins Div., Celanese Coatings Co.
Syntex	Resinas de éster de alcide e poliuretano	Celanese Resins Div., Celanese Coatings Co.
Syretex	Resinas de alcide estirenizada	Celanese Resins Div., Celanese Coatings Co.

Nome comercial	Polímero	Fabricante
TanClad	Plastisol pulverizado ou mergulhado	Tamite Industries, Inc.
Tedlar	Filme de PVF	E. I. du Pont de Nemours & Co.
Tedur	Sulfeto de polietileno reforçado	Miles
Teflon	Resinas de fluorocarboneto de FEP e TFE	E. I. du Pont de Nemours & Co.
Tefzel	PE-TFE	DuPont
Tekron	TPEs estirênicos	Teknor Apex Thermoplastic Elastomer Div.
Telcar	Elastômeros de olefina	Teknor Apex Thermoplastic Elastomer Div.
TempRite	PVC para cano	BF Goodrich
Tenite	Compostos de PE e celulósico	Eastman Chemical Products, Inc.
Tenn Foam	Espuma de poliuretano	Morristown Foam Corp.
Terblend	Liga de ASA/PC	BASF
Tere-Cast	Compostos fundidos de poliéster	Sterling Div., Reichhold Chemicals, Inc.
Terluran	ABS	BASF
Terlux	ABS transparente	BASF
Terucello	Celulose de carboximetila	Showa Highpolymer Company
Tetra-Phen	Resinas do tipo fenólico	Georgia-Pacific Corp. Chemical Div.
Tetra-Ria	Resinas do tipo amino	Georgia-Pacific Corp. Chemical Div.
Tetraloy	Compostos de moldagem de TFE preenchido	Whitford Chemical Corp.
Tetran	Politetrafluoroetileno	Pennwalt Corp.
Texalon	Acetal e náilon	Texapol
Texin	Composto de moldagem de elastômero de uretano	Miles
Textolite	Laminados industriais	General Electric Co., Laminated Products Dept.
Thermaloy	PC/ABS	Bayer AG
Thermalux	Polissulfona	Westlake Plastics Co.
Thermasol	Plastisol e organosol de vinil	Lakeside Plastics International
Thermco	Poliestireno expandido	Holland Plastics Co.
Thermocomp AE	ABS reforçado	Thermofil
Thermocomp	Náilon reforçado	LNP
Thorane	Espuma rígida de poliuretano	Dow Chemical Co.
T-Lock	Material em folha de PVC	Amercoat Corp.
Torlon	Poliamida-imida	Amoco Performance Products
TPX	Polimetilpenteno	Mitsue Petrochemical Industries
Tran-Stay	Filme de poliéster plano	Transilwrap Co.
Transil GA	Folhas de acetato pré-revestidas	Transilwrap Co.
Traytuf	PET	Shell Chemicals
Tri-Foil	Folha de alumínio revestido com TFE	Tri-Point Industries, Inc.
Trilon	Politetrafluoroetileno	Dynamit Nobel of America, Inc.
Triocel	Acetato	Celanese Fibers Marketing Co.
Trolen (series)	Folhas de polietileno e polipropileno	Dynamit Nobel of America, Inc.
Trolitan (series)	Compostos de fenol-formaldeído; boro	Dynamit Nobel of America, Inc.
Trolitrax	Laminados industriais	Dynamit Nobel of America, Inc.
Trosifol	Filme de butiral de polivinila	Dynamit Nobel of America, Inc.
Tuffak	Policarbonato	Rohm & Haas Co.
Tuftane	Filme e folha de poliuretano	BF Goodrich Chemical Co.
Tybrene	Acrilonitrila-butadieno-estireno	Dow Chemical Co.
Tynex	Filamentos de poliamida	E. I. du Pont de Nemours & Co.
Tyril	Resina de estireno-acrilonitrila	Dow Chemical Co.
Tyrilfoam	Espuma de estireno-acrilonitrila	Dow Chemical Co.

Nome comercial	Polímero	Fabricante
Tyrin	Polietileno clorado	Dow Chemical Co.
Udel	Polímeros de sulfona	Amoco Performance Products
U-Thane	Uretano de estoque de quadro de isolamento rígido	Upjohn Co., CPR Div.
Uformite	Resinas de ureia e melamina	Rohm and Haas Co.
Ultem	Polieterimida	GE Plastics
Ultradur	Poliéster, termoplástico	BASF
Ultraform	Acetal	BASF
Ultramid	Poliamida 6;6,6; e 6,10	BASF Wyandotte Corp.
Ultrapas	Compostos de melamina-formaldeído	Dynamit Nobel of America, Inc.
Ultrason E	Poliétersulfona	BASF
Ultrason S	Polissulfona	BASF
Ultrathene	Resinas e copolímeros de etileno-acetato de vinila	U.S. Industrial Chemicals Co.
Ultron	Filme e folha de PVC	Monsanto Co.
Unifoam	Espuma de poliuretano	William T. Burnett & Co.
Unipoxy	Resinas e adesivos de epóxi	Kristal Kraft, Inc.
Urafil	Poliuretano reforçado com fibra de vidro	Fiberfil Div., Dart Industries, Inc.
Urglas	Poliuretano reforçado com fibra de vidro	Fiberfil Div., Dart Industries, Inc.
Uralite	Compostos de uretano	Rezolin Div., Hexcel Corp.
Uramol	Compostos de moldagem de ureia-formaldeído	Gordon Chemicals Co.
Urapac	Sistemas de uretano rígido	North American Urethanes, Inc.
Urapol	Revestimento elastomérico de uretano	Poly Resins
Uvex	Folha de butirato de acetato de celulose	Eastman Chemical Products, Inc.
Valite	Composto de moldagem fenólico	Valite
Valox	Poliéster termoplástico	General Electric Co.
Valsof	Emulsões de polietileno	Valchem Div., United Merchants & Mfrs., Inc.
Vandar	Liga PBT	Hoechst Celanese
Varcum	Resinas fenólicas	Reichhold Chemicals, Inc.
Varex	Resinas de poliéster	McCloskey Varnish Co.
Varkyd	Resinas de alcide e alcide modificado	McCloskey Varnish Co.
Varkyclane	Veículos de uretano	McCloskey Varnish Co.
Varsil	Fibra de vidro revestida de silicone	New Jersey Wood Finishing Co.
V del	Resinas de polissulfona	Union Carbide Corp.
Vectra	Fibras de polipropileno	Exxon Chemical USA
Velene	Laminado de espuma de estireno	Scott Paper Co., Foam Division
Velcro	Náilon, poliéster	Velcro Industries B.V.
Velon	Filme e folha	Firestone Plastics Co., Div., Firestone Tire & Rubber Co.
Versel	Poliéster termoplástico	Allied Chemical Corp.
Versi-Ply	Filmes coextruídos	Pierson Industries, Inc.
Verton	Compósito de fibra longa	LNP Engineering Plastics Inc.
Vespel	Poliimida	E.I. du Pont de Nemours & Co.
Vestamid	Náilon 6,12	Huels America
Vibrathane	Elastômero de poliuretano	Uniroyal, Inc.
Vibrin-Mat	Compostos de moldagem de poliéster-vidro	Marco Chemical Div., W. R. Grace & Co.
Vibro-Flo	Pós de revestimento de epóxi e poliéster	Armstrong Products Co.
Vinidur	Copolímeros de enxerto de cloreto de vinila/acrilato	BASF

Nome comercial	Polímero	Fabricante
Vinoflex	Resinas de PVC	BASF Wyandotte Corp.
Vista	Resinas de vinil	Vista
Vistanex	Poliisobutileno	ExxonMobil Chemical Co.
Vitel	Resina de poliéster	Goodyear Tire & Rubber Co., Chemical Div.
Vithane	Resinas de poliuretano	Goodyear Tire & Rubber Co., Chemical Div.
Viton	Fluoroelastômero	DuPont Dow Elastomers
Vituf	Resina de poliéster	Goodyear Tire & Rubber Co., Chemical Div.
Volara	Espuma de polietileno de baixa densidade de célula fechada	Voltek, Inc.
Volaron	Espuma de polietileno de baixa densidade de célula fechada	Voltek, Inc.
Volasta	Espuma de polietileno de média densidade de célula fechada	Voltek, Inc.
Voranol	Resinas de poliuretano	Dow Chemical Co.
Vult-Acet	Látex de acetato de polivinila	General Latex & Chemical Corp.
Vultafoam	Sistemas de uretano	General Latex & Chemical Corp.
Vultathane	Revestimentos de uretano	General Latex & Chemical Corp.
Vycron	Poliéster	Beaunit Corp.
Vydyne	Náilon 6,6	Monsanto
Vygen	Resina de PVC	General Tire & Rubber Co., Chemical/ Plastics Div.
Vynaclor	Emulsões, revestomento e fixadores de cloreto de vinila	National Starch & Chemical Corp.
Vynaloy	Folha de vinil	BF Goodrich Chemical Co.
Vyram	Materiais de PVC rígido	Monsanto Co.
Weldfast	Adesivos de epóxi e poliéster	Fibercast Co.
Wellamid (series)	Resinas de moldagem de poliamida 6 e 6,6	Wellman, Inc., Plastics Div.
Well-A-Meld	Resinas de náilon reforçado	Wellman, Inc.
Westcoat	Revestimentos em fitas	Western Coating Co.
Whirlclad	Revestimentos de plástico	Polymer Corp.
Whitcon	Lubrificantes fluoroplásticos	Whitford Chemical Corp.
Wicaloid	Emulsões de estireno-butadieno	Wica Chemicals, Div., Ott Chemical Co.
Wicaset	Emulsões de acetto de polivinila	Wica Chemicals, Div., Ott Chemical Co.
Wilfex	Plastisol de vinil	Flexible Products Co.
Xenoy	PBT	GE Plastics
Xylon	Poliamida 6 e 6.6	Fiberfil Div., Dart Industries, Inc.
Zantrel	Rayon	American Enka Co.
Zefran	Acrílico, poliéster de náilon	Dow Badische Co.
Zelux	Filmes de polietileno	Union Carbide Corp., Chemicals & Plastics Div.
Zendel	Filmes de polietileno	Union Carbide Corp., Chemicals & Plastics Div.
Zerion	Copolímero de acrílico e estireno	Dow Chemical Co.
Zetafin	Resinas de copolímero de etileno	Dow Chemical Co.
ZYLAR	Terpolímeros de acrílico	NOVA Chemicals Corp.
Zytel	Náilon	E. I. du Pont de Nemours & Co.

Apêndice D

Identificação de material

Identificando plásticos

Os plásticos são materiais complexos. Identificá-los não é fácil, porque podem conter polímeros bem como outros ingredientes, incluindo enchimentos. A insolubilidade de alguns plásticos se adiciona ao problema. A identificação correta exige ferramentas e técnicas complexas.

Um estudante ou consumidor pode ter de identificar um plástico para que o reparo ou novas partes possam ser feitas. Os testes de laboratório podem ajudar a identificar os ingredientes do material desconhecido. Os métodos apresentados neste apêndice destinam-se à fácil identificação dos tipos básicos de polímeros. Os métodos de identificação que envolvem instrumentos complexos não são cobertos.

Métodos mais sofisticados incluem análise espectroscópica de infravermelho, que é o único método acurado de obter a identificação quantitativa de polímeros desconhecidos. Outro método altamente complexo e caro é a difração de raios X, que é usada para a identificação de compostos cristalinos sólidos.

Métodos de identificação

Existem cinco métodos de identificação amplos para plásticos:

1. Nome comercial
2. Aparência
3. Efeitos do calor
4. Efeitos de solventes
5. Densidade relativa

Nome comercial

Os numerosos nomes comerciais usados atualmente identificam o produto de um fabricante, manufaturador ou processador. Os nomes comerciais podem estar associados com o produto ou o material plástico. Em qualquer caso, os nomes comerciais podem servir como um guia para identificar os plásticos. Veja o Apêndice C para os nomes comerciais de materiais plásticos no mercado comercial.

Se o nome comercial é conhecido, o fornecedor ou fabricante pode ser a mais confiável fonte de informação sobre os tipos de plásticos, ingredientes, aditivos ou propriedades físicas. Os números de série e lote podem variar, mas a maioria das informações essenciais será conhecida pelo fornecedor. Similar às marcas de gasolina, os aditivos podem variar em cada família de plástico fabricado.

Aparência

Muitas dicas físicas ou visuais podem ser usadas para ajudar a identificar os materiais plásticos. Os plásticos na matéria-prima, não compostos ou no estágio de bolotas são mais difíceis de identificar que os produtos acabados. Os materiais termoplásticos, geralmente, são produzidos em forma de pó, granular ou em bolotas. Os materiais termocurados, normalmente, são feitos na forma de pós, pré-formas ou resinas.

O método de fabricação, bem como a aplicação do produto, pode ser uma boa dica para a identificação do plástico. Os materiais termoplásticos são normalmente extruídos, formados por injeção, calandrado, moldado por sopro e moldado por vácuo. Polietileno, poliestireno e celulósicos são usados extensivamente na indústria de recipientes e embalagens. Solventes e produtos químicos irritantes são os mais indicados de ser estocados em recipientes de polietileno. Polietileno, politetrafluoroetileno, poliacetais e poliamidas têm uma textura maleável não encontrada na maioria dos polímeros.

Os plásticos termocurados são geralmente moldados por compressão, moldados por transferência, fundidos ou laminados. Alguns termocurados são reforçados. Outros são reforçados ou altamente preenchidos. Algumas características identificáveis de plásticos são dadas na Tabela D-1.

Efeitos do calor

Quando as espécies de plástico são aquecidas em tubos de ensaio, odores diferentes de plásticos específicos podem ser identificados (veja a Tabela D-2). A queima efetiva da amostra em chama aberta pode fornecer dicas adicionais. O poliestireno e seus copolímeros queimam com fumaça preta (carbono). O polietileno queima com uma chama clara e goteja quando queimado.

O ponto de fusão real pode fornecer dicas para a identificação. Os materiais termocurados não fundem. Vários termoplásticos fundem a menos de 195 °C [203 °F]. Uma pistola de soldagem elétrica pode ser pressionada na superfície do plástico. Se o material amolecer e a ponta quente afundar nele, o material é um termoplástico. Se o material permanecer duro e apenas torrar, é um termocurado.

O ponto de fusão e de amolecimento pode ser observado colocando-se um pequeno pedaço de termoplástico desconhecido e uma placa de aquecimento elétrica em um forno. A temperatura deve ser cuidadosamente controlada e registrada. Quando a espécie está a poucos graus do suspeito ponto de fusão, a temperatura deve ser aumentada a uma taxa de 1 °C/min.

Um método padrão de testar polímeros é fornecido em ASTM D-2117. Para polímeros que não têm ponto de fusão definido (como polietileno, poliestireno, acrílico e celulósico), ou para aqueles que fundem com uma temperatura de transição larga, o teste de Vicat de ponto de amolecimento é descrito no Capítulo 6. Os pontos de fusão de plásticos selecionados são fornecidos na Tabela D-2.

Dois testes que se baseiam nos efeitos do calor são o teste de Beilstein e o teste de Lassaigne.

O teste de Beilstein. O teste de Beilstein é um método simples de determinar a presença de um halogênio (cloro, flúor, bromo e iodo). Para este teste, aqueça um fio de cobre limpo em uma chama de Bunsen até que fique incandescente. Toque rapidamente o fio quente na amostra de teste e, então, retorne o fio para a chama. Uma chama verde mostra a presença de halogênio. Os plásticos contendo cloro são policlorotrifluoroetileno, cloreto de polivinila, cloreto de polivinilideno e outros. Eles proporcionam resultados positivos para o teste de halogênio. Se o teste de halogênio é negativo, o polímero pode ser composto de apenas carbono, hidrogênio, oxigênio e silício.

O teste de Lassaigne. Para análise química adicional, o procedimento de Lassaigne da fusão de sódio pode ser usado.

Cuidado: Embora muito útil, este teste é perigoso, porque o sódio é altamente reativo. Ele deve ser realizado com muito cuidado.

Para conduzir o teste de Lassaigne, coloque 5 gramas da amostra em um tubo de ignição com 0,1 grama de sódio. Aqueça o tubo até que a amostra se decomponha, enquanto mantém a extremidade aberta do tubo apontando para longe de você. Enquanto o tubo ainda está vermelho-quente, coloque-o em água destilada e moa-o com um grau e pistilo. Enquanto a mistura ainda está quente, filtre o carbono e os fragmentos de vidro. Divida o filtrado resultante em quatro porções iguais. Use estas porções para realizar os testes padrão para nitrogênio, cloro, flúor e enxofre.

Efeitos de solventes

Testes para solubilidade e insolubilidade de plásticos são métodos de identificação facilmente realizáveis. Exceto para poliolefinas, acetais, poliamidas e fluoroplásticos – materiais termoplásticos podem ser considerados solúveis à temperatura ambiente. Plásticos termocurados podem ser considerados resistentes a solventes.

Cuidado: Ao fazer os testes de solubilidade, lembre-se de que as soluções podem ser inflamáveis, desprender fumaça tóxica, serem absorvidas pela pele ou as três. Precauções de segurança adequadas devem ser tomadas.

Antes de um teste de solubilidade ser feito, um solvente químico deve ser selecionado. Para ajudar a identificar polímeros e solventes que podem reagir molecularmente entre si, números de parâmetros de solubilidade foram atribuídos a polímeros e solventes selecionados (Tabela D-3).

Um polímero deve dissolver em um solvente que tem um parâmetro de solubilidade menor ou similar. Isto nem sempre acontece devido à cristalização ou à ligação de hidrogênio.

Ao fazer testes de solubilidade, use a proporção de 1 volume de amostra de plástico para 20 volumes de solvente em ebulição ou à temperatura ambiente. Um condensador de refluxo resfriado com água pode ser usado para coletar o solvente ou minimizar a perda de solvente durante o aquecimento. A Tabela D-4 mostra os solventes selecionados com os plásticos selecionados.

Tabela D-1 – Identificação de plásticos selecionados

Plástico	Aparência	Aplicações
ABS	Semelhante ao estireno, resistente, anel semelhante a metal quando tocado, translúcido	Utensílios e armários de ferramentas, painéis de instrumentos, malas, caixas de embalagem, itens de esporte
Acetal	Resistente, duro, anel semelhante a metal quando tocado, sensação de maleável, translúcido	Válvulas de base de aerossol, isqueiros, cintos de transporte, encanamento, zíperes
Acrílico	Quebradiço, duro, transparente	Modelos, polimento, cera
Alquidico	Duro, resistente, quebradiço, normalmente preenchido em volume, opaco	Elétricos, pinturas
Alílico	Duro, preenchido, reforçado, transparente a opaco	Elétricos, seladores
Aminos	Duro, quebradiço, opaco com alguma translucidez	Botões de utensílios, tampas de garrafa, discadores, cabos
Celulósico	Varia; resistente, transparente	Explosivos, tecidos, pacote, medicamentos, alças, brinquedos
Poliésteres clorados	Resistente, translúcido ou opaco	Elétricos, equipamento de laboratório, encanamento
Epóxis	Duro, maioria das vezes preenchido, reforçado, transparente	Adesivos, fundição, acabamentos
Fluoroplásticos	Resistente, sensação de maleável, translúcido	Revestimentos antiaderente, ponto de apoio, vedação, selos, elétricos
Ionômeros	Resistente, resistente ao impacto, transparente	Recipientes, revestimentos de papel, vidros de segurança, escudos, brinquedos
Plástico de barreira de nitrila	Resistente, transparente, resistente ao impacto	Pacotes
Fenólicos	Duro, quebradiço, preenchido, reforçado, transparente	Adesivos, bolas de bilhar, pós de moldagem
Óxido de fenileno	Resistente, duro, normalmente preenchido, reforçado, opaco	Caixas de utensílios, consoles, elétricos, respiradores
Poliamidas	Resistente, sensação de maleável, translúcido	Pentes, taramela de portas, galhetas, engrenagens, assentos de válvulas
Éter poliarila	Resistente ao impacto, semelhante a policarbonato, translúcido a opaco	Utensílios, pintura automotiva, elétricos
Sulfona poliarila	Resistente, firme, opaco, semelhante a policarbonato	Usos de alta temperatura em aeronaves, indústria e produtos de consumo

Continua →

Continuação

Plástico	Aparência	Aplicações
Policarbonato	Semelhante a estireno, resistente, anel semelhante a metal quando tocado, translúcido	Dispensador de bebidas, filmes, lentes, acessórios de fixação de luz, utensílios pequenos, quebra-vento
Poliéster aromático	Firme, resistente, opaco	Revestimentos, isolamento, transistores
Poliéster termoplástico	Duro, resistente, opaco	Garrafas de bebidas, empacotamento, fotografia, fitas, rótulos
Poliéster insaturado	Duro, quebradiço, preenchido, transparente	Móveis, cúpula de radar, equipamentos de esporte, tanques, bandejas
Poliolefinas	Sensação de maleável, resistente, macio, translúcido	Tapete, cadeiras, pratos, seringas médicas, brinquedos
Sulfeto de polifenileno	Firme, duro, opaco	Suportes, engrenagens, revestimentos
Poliestireno	Quebradiço, marcas brancas de dobra, anel semelhante a metal quando tocado, transparente	Pacotes de bolha, tampas de garrafa, pratos, lentes, caixas transparentes de exibição
Polissulfona	Rígido, semelhante ao policarbonato, transparente a opaco	Aeroespaço, tampas de distribuição, equipamento hospitalar, cabeça de chuveiro
Silicones	Resistente, duro, preenchido, alguma flexibilidade, opaco	Órgãos artificiais, graxa, tintas, moldes, polimentos, Silly Putty, à prova d'água
Uretanos	Fundidos resistentes, maioria das vezes espumoso, flexível, opaco	Para-choques, enchimentos, linha elástica, isolamento, esponjas, pneus
Vinilas	Resistente, alguns flexíveis, transparente	Bolas, bonecas, coberturas de chão, mangueiras de jardim, roupa de chuva, ladrilhos de parede, papel de parede

Tabela D-2 – Testes de identificação para plásticos selecionados

Termoplástico	Queima em chama, perigo de fumaça e chama	Odor e perigo respiratório	Ponto de fusão, °C
ABS	Chama amarela, fumaça preta, gotejamento, continua queimando	Borracha, acentuado, corrosivo	100
Acetal	Chama azul, nenhuma fumaça, gotejamento, funde, pode queimar, continua queimando	Formaldeído	181
Acrílico	Chama azul, amarela no topo, cinza branca, fumaça preta, som de estalo, esguicha, continua queimando	Fruta, floral	105
Acetato de celulose	Chama amarela ou amarela alaranjada para verde, funde, goteja, continua queimando, fumaça preta	Açúcar queimado, ácido acético, papel queimando	230
Butirato de acetato de celulose	Chama azul, amarela no topo, faísca, funde, goteja, o gotejamento pode queimar, continua queimando	Cânfora, manteiga rançosa	140
Celulose de etila	Chama amarela pálida para verde azulada com bordas azuis, funde, goteja, queima gotejando	Madeira queimada, açúcar queimado	135
Propileno de etileno fluorado	Funde, decompõe, forma gases perigosos	Ligeiramente ácido ou açúcar queimado. **Não inale**	275
Ionômeros	Chama amarela com borda azul, continua queimando, alguma fumaça preta, funde, borbulha, queima gotejando	Parafina	110
Fenóxi	Queima e não goteja	Ácido	93

Continua →

Continuação

Termoplástico	Queima em chama, perigo de fumaça e chama	Odor e perigo respiratório	Ponto de fusão, °C
Polialômero	Chama amarela ou amarela alaranjada com borda azul, continua queimando, fumaça preta, fundido transparente, esguicha, queima gotejando	Parafina	120
Poliamidas 6,6	Chama azul, ponta amarela, funde e goteja, autoextingue, espuma	Lã ou cabelo queimado	265
Policarbonato	Decompõe, chamusca, autoextingue, fumaça preta densa, esguicha chama laranja	Característico, doce, compare com amostra conhecida	150
Policlorotrifluoro-etileno	Chama amarela, não suportará combustão	Fumaça ligeiramente ácida. **Não inale**	220
Polietileno	Chama azul, topo amarelo, gotejamento pode queimar, área quente transparente, queima-se rapidamente, continua queimando	Parafina	110
Poliimidas	Esguicha, quebradiço, chama azul		
Óxido de polifenileno	Chama amarela para amarelo alaranjado, não goteja, esguicha, difícil de inflamar-se, fumaça preta grossa, decompõe	Parafina, fenol	105
Polipropileno	Chama azul, goteja, área quente transparente, queima lentamente, traços de fumaça branca, funde, incha	Pesado, doce, parafina, asfalto queimado	176
Polissulfonas	Chama amarela ou laranja, fumaça preta, goteja, autoextingue, faísca, decompõe	Ácido	200
Poliestireno	Chama amarela, fumaça densa, pedaços de carbono no ar, goteja, continua queimando, borbulha	Gases de iluminação, doce, cravo de defunto, floral	100
Politetrafluoroetileno	Chama amarela, ligeiramente verde na base, não suportará a combustão, autoextingue, torna-se límpido	Nenhum. **Não inale**	327
Acetato de polivinila	Chama amarela, fumaça preta, faísca, continua queimando, alguma fuligem, verde no teste de fio de cobre	Vinagre, ácido acético	60
Álcool polivinílico	Amarelo, fumacento	Desagradável, doce	105
Cloreto de polivinila	Chama amarela, verde nas beiradas, fumaça preta ou cinza, chamusca, deixa cinzas	Ácido clorídrico	75
Fluoreto de polivinila	Amarelo pálido	Ácido	230
Cloreto de polivinilideno	Amarelo com a base verde, esguicha fumaça verde, fumacento, autoextingue	Pungente	210
Caseína	Chama amarela, queima com contato com a chama, chamusca	Leite queimado	
Ftalato de dialila	Chama amarela, borda verde azulada, autoextingue	Ácido	
Epóxi	Chama amarela, alguma fuligem, cospe fumaça preta, chamusca, continua queimando	Fenol fenólico, ácido	

Continua →

Termoplástico	Queima em chama, perigo de fumaça e chama	Odor e perigo respiratório	Ponto de fusão, °C
Formaldeído de melanina	Difícil de queimar, autoextingue, incha, quebra, chama amarela, base verde azulada, torna-se branco	Semelhante a peixe, formaldeído	
Fenólico	Quebra, deforma, difícil de queimar, autoextingue, chama amarela, pouca fumaça preta	Fenol fenólico	
Poliéster	Chama amarela, borda azul, queima, cinza e pérolas pretas, continua queimando, fumaça preta densa, não goteja	Doce, doce amargo, carvão queimado	
Poliuretana	Amarelo com base azul, fumaça preta grossa, esguicha, pode fundir e gotejar, continua queimando	Ácido	
Silicone	Chama branca amarelada brilhante, baixa, fumaça branca, cinza branca, continua queimando	Nenhum	
Formaldeído de ureia	Chama amarela com borda azul esverdeada, autoextingue	Panquecas	

Tabela D-3 – Parâmetros de solubilidade de solventes e plásticos selecionados

Solvente	Parâmetro de solubilidade	Plástico	Parâmetro de solubilidade
Água	23,4	Politetrafluoroetileno	6,2
Álcool metílico	14,5	Polietileno	7,9-8,1
Álcool etílico	12,7	Polipropileno	7,9
Álcool isopropílico	11,5	Poliestireno	8,5-9,7
Fenol	14,5	Acetato de polivinila	9,4
Álcool n-butílico	11,4	Metacrilato de polimetila	9,0-9,5
Acetato de etila	9,1	Cloreto de polivinila	9,38-9,5
Clorofórmio	9,3	Policarbonato de bisfenol A	9,5
Tricloroetileno	9,3	Cloreto de polivinilideno	9,8
Cloreto de metileno	9,7	Tereftalato de polietileno	10,7
Dicloreto de etileno	9,8	Nitrato de celulose	10,56-10,48
Ciclohexanona	9,9	Acetato de celulose	11,35
Acetona	10,0	Epóxido	11,0
Acetato de isopropila	8,4	Poliacetal	11,1
Tetracloreto de carbono	8,6	Poliamida 6, 6	13,6
Tolueno	9,0	Indeno de coumarona	8,0-10,6
Xileno	8,9	Alquídico	7,0-11,2
Cetona isopropil metil	8,4		
Ciclohexano	8,2		
Turpentina	8,1		
Acetato de amila metila	8,0		
Metil ciclohexano	7,8		
Heptano	7,5		

Densidade relativa

A presença de enchimentos ou outros aditivos bem como o grau de polimerização (DP) podem tornar a identificação de plásticos pelos testes de densidade relativa mais difícil. A presença de enchimentos e aditivos pode fazer com que a densidade relativa difira enormemente daquela do plástico em si. Poliolefinas, ionômeros e poliestireno de baixa densidade flutuam em água (que tem uma densidade relativa de 1,00).

Se uma coluna de gradiente de densidade não está disponível, algumas soluções de densidades conhecidas podem fornecer dados consideráveis. Misture as soluções de água destilada e nitrato de cálcio e meça-as com hidrômetros de grau técnico até que uma densidade relativa seja obtida. Para densidades menores que a da água (1,00), o álcool isopropílico pode ser usado. O álcool isopropílico de concentração total tem uma densidade relativa de 0,92. Este valor pode ser aumentado adicionando-se pequenas quantidades de água destilada.

Se um plástico flutua em uma solução com densidade relativa de 0,94, ele pode ser um plástico de polietileno de média ou baixa densidade. Se a amostra flutua em uma solução de 0,92, ela deve ser polietileno ou polipropileno de baixa densidade. Se a amostra afunda em todas as soluções abaixo de uma densidade relativa de 2,00, a amostra é um plástico de fluorocarboneto.

Todas as soluções podem ser estocadas em recipientes limpos e reusados. Entretanto, a densidade de soluções deve ser conferida durante o procedimento de teste. Fatores tais como temperatura e evaporação podem mudar radicalmente o valor da densidade relativa.

A razão resistência-massa de um plástico pode também ajudar na identificação. Os plásticos geralmente pesam consideravelmente menos em relação ao volume que metais e a maioria de outros materiais. Um plástico espumoso estrutural reforçado com uma densidade de 550 kg/m^3 [35 lb/ft^3] e uma resistência elástica de 20,0 MPa [2,9 $\times$ 10^3 psi] teria uma razão resistência-massa de 0,57. Em contraste, o aço com uma resistência elástica de 700 MPa [1,0 $\times$ 10^5 psi] e uma densidade de 7,750 kg/m^3 [484 lb/ft^3] tem uma razão de 0,09. Estas razões são algumas vezes usadas em critérios de projetos.

Tabela D-4 – Identificação de plásticos selecionados pelos métodos de teste de solvente

Plástico	Acetona	Benzeno	Álcool furfúrico	Tolueno	Solventes especiais
ABS	Insolúvel	Parcialmente solúvel	Insolúvel	Solúvel	Dicloreto de etileno
Acrílico	Solúvel	Solúvel	Parcialmente solúvel	Solúvel	Dicloreto de etileno
Acetato de celulose	Solúvel	Parcialmente solúvel	Solúvel	Parcialmente solúvel	Ácido acético
Butirato, acetato de celulose	Solúvel	Parcialmente solúvel	Solúvel	Parcialmente solúvel	Acetato de etila
Fuorocarboneto	Insolúvel (maioria)	Insolúvel	Insolúvel	Insolúvel	Dimetilacetamida (não FEP-TFE)
Poliamida	Insolúvel	Insolúvel	Insolúvel	Insolúvel	Etanol aquoso quente
Policarbonato	Parcialmente solúvel	Parcialmente solúvel	Insolúvel	Parcialmente solúvel	Tolueno-benzeno quente
Polietileno	Insolúvel	Insolúvel	Insolúvel	Insolúvel	Tolueno-benzeno quente
Polipropileno	Insolúvel	Insolúvel	Insolúvel	Insolúvel	Tolueno-benzeno quente
Poliestireno	Solúvel	Solúvel	Parcialmente solúvel	Solúvel	Dicloreto de metileno
Acetato de vinila	Solúvel	Solúvel	Insolúvel	Solúvel	Ciclohexanol
Cloreto de vinila	Solúvel	Insolúvel	Insolúvel	Parcialmente solúvel	Ciclohexanol

Apêndice E

Termoplástico

É importante que você se familiarize com os termoplásticos. Neste apêndice, procure pelas propriedades e pelas aplicações de resistência de cada plástico, porque as propriedades dos plásticos afetam o projeto, o processamento, os aspectos econômicos e os serviços do produto.

Este apêndice trata grupos individuais de termoplásticos na seguinte ordem:

- acetais (poliacetais)
- acrílico
- acrilatos
- acrilonitrila
- acrílico-estireno-acrilonitrila (ASA)
- acrilonitrila-butadieno-estireno (ABS)
- acrilonitrila-polietileno clorado-estireno (ACS)
- celulósico
- poliésteres clorados
- cumarona-indeno
- fluoroplástico
- ionômero
- barreiras de nitrila
- fenóxi
- polialômeros
- poliamidas
- policarbonatos
- polieteretercetona
- polieterimida
- poliéster (termoplástico)
- poliimidas (termoplástico)
- polimetilpentano
- poliolefinas (PE, PP, PB)
- óxidos de polifenileno
- sulfeto de polifenileno
- éteres poliarila
- poliestireno (PS)
- estireno-acrilonitrila (SAN)
- estireno-butadieno (SBP)
- polissulfonas
- polivinilas

Plástico de poliacetal (POM)

Um gás altamente reativo, o formaldeído (CH_2O), pode ser polimerizado de diversas maneiras. O formaldeído, ou *metanal*, é o mais simples do grupo de formaldeídos dos produtos químicos. A terminação para os aldeídos é *AL*, derivada da primeira sílaba de aldeído.

Polímeros simples baseados no formaldeído são conhecidos desde 1859. Em 1960, o primeiro poliformaldeído foi colocado no mercado pela DuPont. O polímero de poliformaldeído (poliacetal) é basicamente uma estrutura molecular linear, altamente cristalina e longa. O termo *acetal* refere-se ao átomo de oxigênio que une as unidades repetitivas da estrutura do polímero. Polioximetileno (POM) é o termo químico correto. Acetal é o termo genérico.

Um número de iniciadores ou catalisadores é usado para polimerizar a resina básica de poliacetal incluindo ácidos, bases, compostos metálicos, cobalto e níquel.

Aqui está a estrutura do poliacetal:

$$H\text{-}O\text{-}(CH_2\text{-}O\text{-}CH_2\text{-}O)n H : R$$

OU

$$n \overset{H}{\underset{H}{C}} = O \rightarrow \underset{O}{\overset{}{CH_2}} \underset{O}{\overset{}{CH_2}} \underset{O}{\overset{}{CH_2}} \underset{O}{\overset{}{CH_2}} \underset{O}{\overset{}{CH_2}} \underset{O}{\overset{}{CH_2}} R$$

R = Éter ou Éster

O plástico de poliformaldeído mais conhecido é a estrutura linear de oximetileno com grupos terminais ligados. Entretanto, existem muitas miscelâneas de polímeros derivados de aldeídos.

A resistência térmica e química é aumentada quando os ésteres e éteres estão ligados como grupos terminais. Tanto os ésteres quanto os éteres são altamente inertes frente a muitos reagentes químicos. Eles são quimicamente compatíveis nas reações químicas orgânicas.

$$\underset{\text{Água}}{\text{H-O-H}} \quad \underset{\text{Éter}}{\text{R-O-R}} \quad \underset{\text{Ácido carboxílico}}{\text{R-C-OH}} \quad \underset{\text{Éster}}{\text{R-C-OR}}$$
$$\qquad\qquad\qquad\qquad \overset{\text{O}}{\|} \qquad\qquad \overset{\text{O}}{\|}$$

As fórmulas anteriores mostram algumas das relações estruturais entre água, éteres, ácidos carboxílicos e ésteres.

Empacotamento denso e comprimentos de ligação curtos são normalmente encontrados nos plásticos de poliacetal e fornecem um material duro, rígido e dimensionalmente estável. Os poliacetais têm alta resistência a reagentes orgânicos e a uma grande faixa de temperatura.

Os poliacetais são facilmente fabricados, oferecem propriedades não encontradas nos metais e são competitivos com metais não ferrosos em custo e desempenho. Eles são similares às poliamidas em muitos aspectos. Os acetais fornecem durabilidade superior à fadiga, resistência ao arrastamento, dureza e resistência à água, e estão entre os termoplásticos mais fortes e duros e podem ser preenchidos para maior resistência, estabilidade dimensional, resistência à abrasão e propriedades elétricas melhoradas (Figura E-1).

Em temperatura ambiente, os poliacetais são resistentes à maioria dos produtos químicos, a manchas e solventes orgânicos. Os exemplos incluem chá, suco de beterraba, óleos e detergentes domésticos. Entretanto, café quente normalmente causará mancha. A resistência a ácidos e alcaloides fortes e agentes oxidantes é ruim. A copolimerização e o enchimento melhoram a resistência a produtos químicos do material.

A resistência térmica e a umidade são características de polímeros de acetal. Por esta razão, são usados para acessórios de encanamentos, rotores de bomba, esteiras transportadoras, válvulas de represamento de aerossol e cabeças de chuveiro.

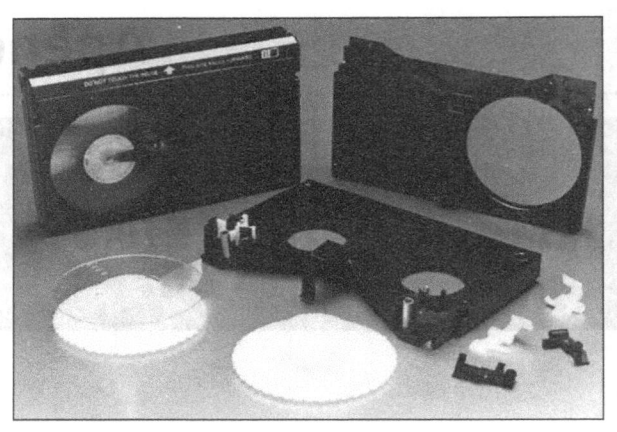

Figura E-1 – Estes itens de alta tensão de videocassetes são moldados a partir de plástico de acetal. (DuPont Co.)

Os acetais devem ser protegidos de exposição prolongada à luz ultravioleta. Tal exposição faz com que a superfície fique marcada, a massa molecular reduzida e provoca a degradação lenta. Pintura e/ou enchimento com carbono preto ou reagentes químicos que absorvem luz ultravioleta protegerão os produtos de acetal para usos externos.

Os acetais estão disponíveis na forma de grânulos ou de pó para o processamento na moldagem de injeção convencional, moldagem de sopro e máquinas de extrusão. Em razão de sua estrutura altamente cristalina dos poliacetais, não é possível fazer filme oticamente transparente. O operador deve adequar a ventilação ao processar materiais de poliacetal, porque na degradação em alta temperatura, os acetais liberam um gás tóxico e potencialmente letal.

A Tabela E-1 fornece algumas das propriedades mais importantes de plásticos de acetal; a seguir, as seis vantagens e as seis desvantagens:

Vantagens do poliacetal
1. Alta resistência elástica com rigidez e dureza
2. Excelente estabilidade dimensional
3. Superfícies moldadas lustrosas
4. Baixa estática e coeficiente de fricção
5. Retenção de propriedades mecânicas e elétricas a 120 °C [248 °F]
6. Baixa permeabilidade a gás e vapor

Desvantagens do poliacetal
1. Resistência ruim a ácidos e bases
2. Sujeito à degradação UV
3. Inflamável
4. Impróprio para contato com alimentos

5. Difícil de ligar
6. Tóxico – libera vapores com a degradação

Acrílico

Em 1901, Otto Rohm relatou muito da sua pesquisa que mais tarde levou à exploração comercial do acrílico. Enquanto perseguia sua pesquisa na Alemanha, Dr. Rohm tomou uma parte ativa no primeiro desenvolvimento comercial de poliacrilatos em 1927. Por volta de 1931, havia uma fábrica da Rohm e Hass Company operando nos Estados Unidos. Muitos destes materiais mais antigos eram usados como revestimentos ou para componentes de aeronaves. Por exemplo, os acrílicos eram usados em para-brisas e torres em forma de bolha em aeronaves durante a Segunda Guerra Mundial. Destes compostos mais antigos, um extensivo grupo de monômeros tornou-se disponível e as aplicações comerciais desses polímeros têm crescido rapidamente.

O termo *acrílico* inclui ésteres e ácidos acrílico e metacrílicos e outros derivados. Os principais monômeros de ácido e éster são mostrados na Tabela E-2. Para evitar possível confusão, a fórmula do acrílico básico é mostrada com possíveis grupos laterais R_1 e R_2 na Figura E-2.

Existem muitas possibilidades de monômeros e métodos de preparação. A mais importante é a preparação comercial do metacrilato de metila a partir da cianodrina de acetona. Estes homonômeros e comonômeros podem ser polimerizados usando-se vários métodos comerciais, incluindo polimerização em massa, solução, emulsão, suspensão e granulação. Em todos os casos, um catalisador de peróxido orgânico é usado para começar a polimerização. Muitos dos pós de moldagem são feitos por métodos de emulsão. A polimerização em massa é usada para as folhas de fundição e formas de perfil.

A versatilidade dos monômeros de acrílico no processamento, na copolimerização e nas propriedades de estado de conclusão ou final tem contribuído

Tabela E-1 – Propriedades de acetais

Propriedade	Acetal (homopolímero)	Acetal (20% de enchimento de vidro)
Qualidades de moldagem	Excelente	Bom/excelente
Densidade relativa	1,42	1,56
Resistência elástica, MPa	68,9	58,6–75,8
(psi)	(10.000)	(8.500–11.000)
Resistência à compressão (10% defl.), MPa	124	124
(psi)	(18.000)	(18.000)
Resistência ao impacto, Izod, J/mm	0,07 (Inj) 0,115 (Ext)	0,04
(pés-lb/pol)	1,4 (Inj) 2,3 (Ext)	(0,8)
Durezas, Rockwell	M94, R120	M75–M90
Expansão térmica, (10^{-4}/°C)	20,6	9–20,6
Resistência ao calor, °C	90	85–105
(°F)	(195)	(185–220)
Resistência dielétrica, V/mm	14,960	22.835
Constante dielétrica (a 60 Hz)	3,7	3,9
Fator de dissipação (a 60 Hz)	3,7	3,9
Resistência a arco voltaico, s	129	136
Absorção de água (24 h), %	0,25	0,25–0,29
Taxa de queima, mm/min	Lenta/28	20–25,4
(pol/min)	(Lenta/1,1)	(0,8–1,0)
Efeito da luz do Sol	Marca ligeiramente	Marca ligeiramente
Efeito de ácidos	Resiste a alguns	Resiste a alguns
Efeito de bases	Resiste a alguns	Resiste a alguns
Efeito de solventes	Excelente resistência	Excelente resistência
Qualidades para execução em máquina	Excelente	Boa/regular
Qualidades ópticas	Translúcido/opaco	Opaco

Tabela E-2 – Principais monômeros de ácido e éster

Ácido acrílico	Acrilato de metila	Acrilato de etila	Acrilato de *n*-butila	Acrilato de isobutila	Acrilato de 2-etilhexila
$CH_2=CHCOOH$	$CH_2=CHCOOCH_3$	$CH_2=CHCOOC_2H_5$	$CH_2=CHCOOC_4H_9$	$CH_2=CHCOOCH_2CH(CH_3)_2$	$CH_2=CHCOOCH_2CH(C_2H_5)C_4H_9$
Ácido metacrílico	Metacrilato de metila	Metacrilato de etila	Metacrilato de n-butila		Metacrilato de laurila
$CH_2=\underset{\underset{CH_3}{\mid}}{C}COOH$	$CH_2=\underset{\underset{CH_3}{\mid}}{C}COOCH_3$	$CH_2=\underset{\underset{CH_3}{\mid}}{C}COOC_2H_5$	$CH_2=\underset{\underset{CH_3}{\mid}}{C}COOC_4H_9$		$CH_2=\underset{\underset{CH_3}{\mid}}{C}COO(CH_2)_nCH_3$
Metacrilato de estearila	Metacrilato 2-hidroetila	Metacrilato de hidroxipropila	Metacrilato de 2-dimetilaminoetila		Metacrilato de 2-t-butilaminoetila
$CH_2=\underset{\underset{CH_3}{\mid}}{C}COO(CH_2)_8CH_3$	$CH_2=\underset{\underset{CH_3}{\mid}}{C}COOCH_2CH_2OH$	$CH_2=\underset{\underset{CH_3}{\mid}}{C}COO(C_3H_6)OH_4$	$CH_2=\underset{\underset{CH_3}{\mid}}{C}COOCH_2CH_2N(CH_3)_2$		$CH_2=\underset{\underset{CH_3}{\mid}}{C}COOCH_2CH_2NHC(CH_3)_3$

para o uso deles largamente. A Tabela E-3 relaciona algumas propriedades básicas dos acrílicos.

O metacrilato de polimetila é um termoplástico atático, amorfo e transparente. Por causa de sua alta transparência (aproximadamente 92%), é usado para muitas aplicações óticas, é um bom isolante elétrico para baixas frequências e tem boa resistência ao tempo. Sinais de avisos externos é um uso familiar dos acrílicos.

O metacrilato de polimetila é um material padrão usado para lentes e coberturas de lanternas traseiras de automóveis. Este material é usado para para-brisas e cabines de aeronaves, bem como para corpos em bolha nos helicópteros.

O metacrilato de polimetila pode ser produzido por qualquer processo de termoplástico típico. Ele pode ser fabricado por consolidação de solvente. Folhas fundidas e extruídas e formas de perfil são formas populares. As formas de folha são largamente usadas para divisórias de cômodos e cúpulas de luz do sol e como um substituto do vidro em janelas. Estes plásticos têm sido largamente usados na indústria de tintas na forma de emulsão. Os acrílicos de emulsão são populares como um revestimento claro, duro e de cera de polimento para pisos. Os adesivos baseados em acrílico estão disponíveis com uma gama de usos e propriedades. Estes adesivos são transparentes e disponíveis nas formas de base de solvente (secagem ao ar), de fundido quente ou sensível à pressão. A Figura E-3 mostra um selador de acrílico sendo aplicado diretamente a uma estrutura de alumínio escorregadio sob a água.

Folhas reforçadas com vidro são usadas para produzir peças sanitárias, vãos, banheiras e prateleiras. Revestimentos líquidos de proteção, conheci-

(A) Fórmula básica do acrílico.

(B) O hidrogênio substitui R1 e R2 para produzir o ácido acrílico.

(C) O grupo metila substitui R1 para produzir o ácido metacrílico.

Figura E-2 – Fórmula de acrílico, com duas substituições de radicais possíveis.

dos como revestimentos gel, podem ser usados com reforços como fundo de tampas. Resinas altamente preenchidas e reforçadas são formuladas para união cruzada em matrizes de termocurados e usadas para produzir acessórios e móveis de banheiro que imitam mármore.

Alguns nomes registrados bem conhecidos para o metacrilato de polimetila são Pexiglas®, Lucite® e

Figura E-3 – Um selador de acrílico sendo aplicado sob a água. (Cobalt Corp.)

Tabela E-3 – Propriedades dos acrílicos

Propriedade	Metacrilato de metila (moldagem)	Acrílico-copolímero PVC (moldagem)	ABS (alto impacto)
Qualidades de moldagem	Excelente		Bom/excelente
Densidade relativa	1,17–1,20	1,30	1,01–1,04
Resistência elástica, MPa	48–76	38	30–53
(psi)	(7.000–11.000)	(5.500)	(4.500–7.500)
Resistência à compressão, MPa	83–125	43	30–55
(psi)	(12.000–18.000)	(6.200)	(4.500–8.000)
Resistência ao impacto, Izod, J/mm	0,015–0,025	0,75	0,25–0,4*
(pés-lb/pol)	(0,3–0,5)	(15)	(5,0–8,0)†
Dureza, Rockwell	M85–M105	R104	R75–R105
Expansão térmica, (10^{-4}/°C)	12–23	12–29	24–33
Resistência ao calor, °C	60–94	60–98	60–98
(°F)	(140–200)	(140–210)	(140–210)
Resistência dielétrica, V/mm	15.800–20.000	15.800	13.800–18.000
Constante dielétrica (a 60 Hz)	3,3–3,9	4	2,4–5,0
Fator de dissipação (a 60 Hz)	0,04–0,06	0,04	0,003–0,008
Resistência a arco voltaico, s	Sem pistas	25	50–85
Absorção de água (24 h), %	0,1–0,4	0,13	0,20–0,45
Taxa de queima, mm/min	Lenta 0,5–30	Não queima	Lenta/autoextinguível
(pol/min)	(Lenta 0,6–1,2)		
Efeito da luz do Sol	Nulo	Nulo	Amarela
Efeito de ácidos	Atacado por ácidos oxidantes fortes	Ligeiramente	Atacado por ácidos oxidantes fortes
Efeito de bases	Atacado	Nenhum	Nenhum
Efeito de solventes	Solúvel em cetonas, ésteres e hidrocarbonetos aromáticos e clorados	Atacado em cetonas, ésteres e hidrocarbonetos aromáticos e clorados	Solúvel em cetonas, ésteres
Qualidades para execução em máquina	Bom/excelente	Excelente	Excelente
Qualidades ópticas	Transparente a opaco	Opaco	Translúcido

Notas: *A 23°C, 3 × 12 mmL bar
†A 73°F, 1/8 × 1/2 em bar

Acrylite®. A partir das listas a seguir, você pode observar que existem mais vantagens (11) que desvantagens (5) do acrílico.

Vantagens dos acrílicos

1. Larga faixa de cores
2. Claridade ótica excepcional
3. Queime lentamente, liberando pouca ou nenhuma fumaça
4. Excelente resistência ao tempo e ao ultravioleta
5. Fácil de fabricar
6. Excelentes propriedades elétricas
7. Não afetado por alimentos ou tecidos humanos
8. Rigidez com boa resistência ao impacto
9. Alto brilho e boa *sensação*
10. Excelente estabilidade dimensional e baixo encolhimento de molde
11. Formagem de estiramento melhora a dureza biaxial

Desvantagens dos acrílicos

1. Baixa resistência a solventes
2. Possibilidade de quebra com tensão
3. Combustibilidade
4. Temperatura de serviço contínua limitada de 93 °C [200 °F]
5. Inflexibilidade

Poliacrilatos

Os poliacrilatos são transparentes, resistente a produtos químicos e ao tempo e têm um ponto de amolecimento baixo. As aplicações incluem filmes, adesivos e revestimentos de superfície para papéis e tecidos. Eles normalmente são composições de copolímeros. O acrilato de polietila pode ser unido por ligações cruzadas para formar elastômeros termocurados. Os monômeros de poliacrilato são usados como plastizantes para outros polímeros de vinila.

Os ésteres de acrílico podem ser obtidos da reação de cianoidrina de etileno com ácido sulfúrico e álcool.

$$HO \cdot CH_2 \cdot CH_2 \cdot CN \xrightarrow[H_2SO_4]{ROH} CH_2 : CH \cdot CO \cdot O \cdot R$$

O acrílico e o cloreto de polivinila (PMMA/PVC) podem ser transformados em liga para produzir uma folha resistente e durável que pode ser facilmente termoformada em sinais, bandejas de aeronaves e assentos de serviço público. (Veja Figura E-4.)

Poliacrilonitrila e polimetacrilonitrila

Antes da Segunda Guerra Mundial, os elastômeros e fibras produzidas de materiais de poliacrilonitrila e polimetacrilonitrila eram simplesmente curiosidades de laboratório. Desde aquele tempo, tem havido uma rápida expansão do uso de acrilonitrila, normalmente como o principal ingrediente nas fibras de acrílico. Estes polímeros são copolimerizados e esticados para orientar a cadeia molecular. Orlon e Dynel, classificaram como *fibras modacrílicas*, que contêm menos de 85% de acrilonitrila. As fibras modacrílicas contêm pelo menos 35% de unidades de acrilonitrila. As *fibras de acrílico* como Acrilan, Creslan e Zefran® contêm mais de 85% de acrilonitrila.

Poliacrilonitrila não modificada é somente ligeiramente termoplástico e difícil de moldar porque suas ligações de hidrogênio resistem ao fluxo. Copolímeros de estireno, acrilatos de etila, metacrilatos e outros monômeros são extruídos na forma de fibra amorfa. Entretanto, neste ponto a fibra é tão fraca para ser de valor que é esticada para produzir um maior grau de cristalização. A resistência elástica é bastante aumentada como um resultado desta orientação molecular. (Veja Plástico de barreira de nitrila, neste apêndice)

Os monômeros de acrilonitrila e metacrilonitrila são mostrados a seguir:

$$CH_2 = CHCN \qquad CH_2 = C - CN$$
$$Acrilonitrila \qquad \qquad | \qquad$$
$$CH_3$$
$$Metacrilonitrila$$

Acrilonitrila-estireno-acrilonitrila (ASA)

O teropolímero de acrílico-estireno-acrilonitrila pode variar nas porcentagens de cada componente para melhorar ou talhar uma propriedade específica. O excelente polimento de superfície torna-o atrativo como uma camada de cobertura para coextrusão sobre ABS, PC ou PVC. As aplicações exteriores incluem sinais, tubos enterrados, ramais, equipamento recreacional, coberturas de carros de acampamento, corpos ATV e calhas.

Este material é também misturado com PC (ASA/PC) formando liga com PVC (ASA/PVC) e PMMA (ASA/PMMA) para melhorar propriedades específicas. As ligas ASA/PMMA têm excelentes habilidades ao tempo, polimento e durabilidade. Elas são usadas para produzir fontes e banheiras de água quente.

Acrilonitrila-butadieno-estireno (ABS)

Os polímeros ABS são resinas de termoplásticas opacas formadas pela polimerização de monômeros de acrilonitrila-butadieno-estireno. Uma vez que possuem uma combinação diversa de propriedades, muitos especialistas os classificam como uma família de plástico. Entretanto são na realidade terpolímeros ("ter" significando três) de três monômeros, e *não* uma família distinta. O desenvolvimento deles resultou de esforços de pesquisa em borracha sintética durante

Figura E-4 – Uma folha de acrílico termoformada oferece resistência à luz do sol e durabilidade ao impacto para este sinal.

e depois da Segunda Guerra Mundial. As proporções dos três ingredientes podem variar, o que explica o maior número de propriedades possíveis.

Os três ingredientes são mostrados aqui. A acrilonitrila é também conhecida como cianeto de vinila e nitrila de acrílico.

$$CH_2=CHCN$$
Acrilonitrila

$$CH_2=CH-CH=CH_2$$
Butadieno

$$C_6H_5-CH=CH_2$$
Estireno

Aqui está uma estrutura representativa para a acrilonitrila-butadieno-estireno:

Acrilonitrila-butadieno-estireno

As técnicas de polimerização de enxerto são comumente usadas para fazer vários graus deste material.

As resinas são higroscópicas (absorvem umidade). É aconselhável uma pré-secagem antes da moldagem. Os materiais ABS podem ser produzidos em todas as máquinas de processamento de termoplástico.

Os materiais ABS são caracterizados pela resistência a produtos químicos, calor e impacto. Eles são usados em aparelhos domésticos, bagagem leve, caixa de câmeras, cano, ferramentas domésticas de potência, equipamento automotivo, caixas de bateria, caixas de ferramentas, engradado de empacotamento, caixas de rádio, armários e vários componentes de móveis. Eles podem ser eletroplacas e usados em automóveis, utensílios e aplicações domésticas.

A Tabela E-3 lista algumas das propriedades de materiais ABS; a seguir as nove vantagens e as cinco desvantagens do ABS:

Vantagens do ABS

1. Fácil de fabricar e colorir
2. Resistência a alto impacto com dureza e rigidez
3. Boas propriedades elétricas
4. Excelente adesão por revestimentos metálicos
5. Resistência regular ao tempo e alto polimento
6. Fácil de formar por métodos de termoplástico convencionais
7. Boa resistência a produtos químicos
8. Leve
9. Absorção de umidade muito baixa

Desvantagens do ABS

1. Baixa resistência a solventes
2. Sujeito a ataque por materiais orgânicos de baixa massa molecular
3. Baixa resistência dielétrica
4. Apenas poucos alongamentos disponíveis
5. Baixa temperatura de serviço contínua

Acrilonitrila-polietileno clorado-estireno (ACS)

Por causa do conteúdo de cloro, este terpolímero supera o ABS nas propriedades de retardante de fogo, habilidade ao tempo e temperaturas de serviço. As aplicações incluem caixa para máquinas domésticas, caixas de utensílios e conectores elétricos.

Misturas de ABS/PA têm excelente resistência a produtos químicos e à temperatura para componentes sob o capô de automóveis. As ligas ABS/PC preenchem o intervalo de preço e desempenho entre policarbonato e ABS. As aplicações típicas incluem caixas de máquinas de escrever, anéis de lanternas traseiras, bandejas de alimentos institucionais e caixas de utensílios. As ligas ABS/PVC são usadas em ventiladores de ar-condicionado, grelhas, carcaça de bagagem e caixas de computador, em razão da excepcional resistência ao impacto delas, à rigidez e ao baixo custo. As ligas ABS/EVA têm boa resistência ao impacto e quebra sob tensão. O conteúdo de elastômero em ABS/EPDM (monômero de etileno-propileno-dieno) melhora o impacto de baixa temperatura e o coeficiente de impacto de potência.

Celulósico

A celulose ($C_6H_{10}O_5$) é o material que compõe a estrutura, ou paredes celulares, de todos os vegetais. A celulose é nossa matéria-prima industrial mais antiga, mais familiar e mais útil porque é a mais abundante em qualquer lugar em uma forma ou em outra.

Os vegetais também são matéria-prima muito barata. Podemos produzir abrigos, roupas e alimentos a partir dela. Palhas e capim de cereais são compostos de aproximadamente 40% de celulose. Madeira e algodão são as principais fontes deste material. Moléculas de cadeia longa de unidades de glicose se repetindo são chamadas de "plásticos naturais modificados quimicamente".

A estrutura química da celulose é mostrada na Figura E-5. Cada molécula de celulose contém três grupos hidroxila (OH) aos quais grupos diferentes podem se ligar para formar vários plásticos celulósicos. A celulose pode sofrer uma reação na união de éter entre as unidades.

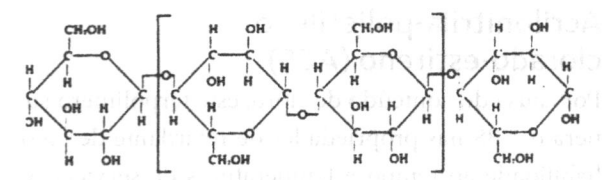

Figura E-5 – Estrutura química da celulose.

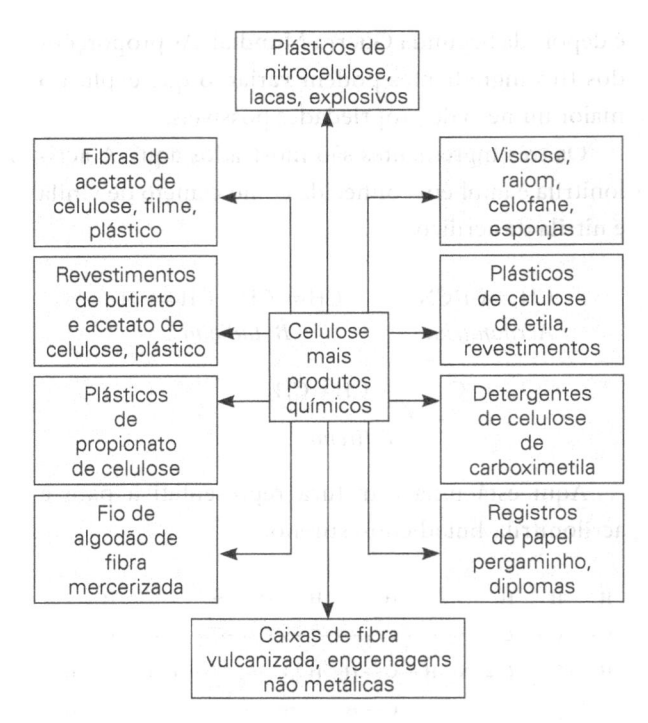

Figura E-6 – Os plásticos de celulose (DuPont Co.)

O termo *celulósico* se refere aos plásticos derivados da celulose, uma família que consiste de muitos tipos de plástico separados e distintos. A relação da celulose aos muitos plásticos e aplicações é mostrada na Figura E-6.

Existem três grandes grupos de plástico celulósico. *Celulose regenerada* é a primeira modificação química para um material solúvel, então reconvertido por meios químicos em sua substância original. Os *ésteres de celulose* são formados quando vários ácidos reagem com os grupos hidroxila (OH) da celulose. Os *éteres de celulose* são compostos derivados da alquilação da celulose.

Celulose regenerada

Exemplos de produtos de celulose regenerada são celofane, raiom de viscose e raiom de cupramonio (não é mais de importância comercial).

Na sua forma natural, a celulose é insolúvel e incapaz de fluir como fundido. Mesmo na forma em pó, ela retém uma estrutura fibrosa.

Existe evidência de que em 1857 descobriu-se a celulose dissolvida em uma solução amoniacal de óxido de cobre. Por volta de 1897, a Alemanha estava produzindo comercialmente um fio fibroso por rotação desta solução em um banho coagulante de ácido ou base. Quaisquer íons de cobre restante eram removidos por banhos adicionais de ácido. Este processo caro era chamado de processo *cupramonio* (para cobre e amônia), e a fibra era conhecida como *raiom cupramonio*. Fibras sintéticas mais novas com propriedades igualmente desejáveis são menos caras de produzir; consequentemente o raiom cupramonio tem perdido sua popularidade.

Em 1892, C. F. Cross e E. J. Bevan da Inglaterra produziram uma fibra de celulose diferente. Eles trataram a celulose alcalina (celulose tratada com soda cáustica) com dissulfeto de carbono para formar um xantato. O xantato de celulose é solúvel em água para fornecer uma solução viscosa (consequentemente o nome) chamada de *viscose*. A viscose foi, então, extruída através de aberturas de fiandeiras em uma solução coagulante de ácido sulfúrico e sulfato de sódio. O raiom se tornou um nome genérico aceitável para fibras compostas de celulose regenerada. Ele é ainda encontrado em tecido de roupa e tem algum uso em fios de pneu.

As patentes de produção foram dadas a J. F. Brandenberger da França em 1908 para um filme de celulose regenerada e extruída chamado de *celofane*. Da mesma forma que o raiom de viscose, a solução de xantato é regenerada por coagulação em um banho de ácido. Depois que o celofane é seco, ele normalmente recebe um revestimento resistente à água de acetato de etila ou nitrato de celulose. Os filmes de celofane revestido e não revestido são usados no empacotamento de produtos alimentícios e farmacêuticos.

Ésteres de celulose

Dentre os ésteres de celulose estão o nitrato de celulose, o acetato de celulose, o butirato de celulose e o propionato de acetato de celulose. Neste grupo de plásticos, os ácidos são usados para reagir com o grupo hidroxila (OH) para formar os ésteres.

O Professor Bracconot da França inicialmente descobriu a nitração da celulose em 1832. A descoberta de que a mistura de ácidos nítrico e sulfúrico com algodão produziria a nitrocelulose (ou nitrato de celulose) foi feita por C. F. Schonbein da Inglaterra. Embora este material tenha sido um útil explosivo militar, ele tem pouco valor comercial como plástico. A Figura E-7 mostra a nitração da celulose.

Na Exibição Internacional de Londres em 1862, Alexander Parks da Inglaterra foi premiado com a medalha de bronze pelo seu novo material plástico chamado *Parkesine*. Ele era composto de nitrato de celulose com plastizante de óleo de mamona.

Nos Estados Unidos, John Wesley Hyatt criou o mesmo material enquanto procurava um substituto para as bolas de bilhar de marfim. Seus experimentos seguiram o trabalho anterior do químico americano Maynard. Maynard tinha dissolvido nitrato de celulose em álcool etílico e éter para formar um produto usado como curativo para ferimentos. Ele deu a esta solução o nome de *colódion*. Quando a solução de colódion era espalhada sobre uma ferida, o solvente evaporava, deixando uma fina camada protetora. Uma versão da história da descoberta de Hyatt do material que se tornou conhecido como *celuloide* relata o derramamento acidental de cânfora em algumas folhas de piroxilina (nitrato de celulose) levando-o a observar as propriedades melhoradas. Outra versão é a de que ele tinha tratado um ferimento coberto por colódion com solução de cânfora quando descobriu uma mudança no produto de nitrato de celulose.

Em 1870, Hyatt e seu irmão patentearam o processo de tratamento de nitrato de celulose com cânfora e, por volta de 1872, o celuloide tornou-se um sucesso comercial. Os produtos feitos inteiramente de nitrocelulose eram altamente explosivos, tornavam-se quebradiços e sofriam enormemente com o encolhimento. O uso da cânfora como um plastizante eliminou muitas destas desvantagens. O celuloide é feito da piroxilina (celulose nitrada), cânfora e álcool. Ele é altamente combustível, mas não explosivo.

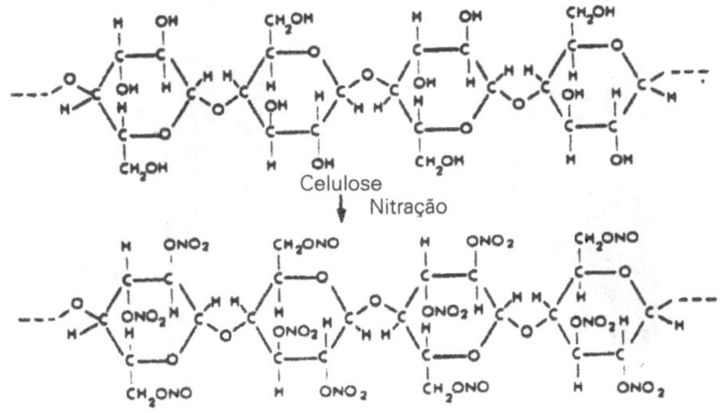

Figura E-7 – Nitração de celulose usada para produzir nitrocelulose.

Nitrato de celulose (CN)

O nitrato de celulose foi usado em aplicações dentárias, roupas masculinas, aplicações de higiene pessoal e filme fotográfico (Figura E-8), bem como em outras aplicações.

Atualmente, ele é raramente usado por causa das dificuldades de processamento e da alta inflamabilidade. O nitrato de celulose não pode ser moldado por injeção ou compressão. Ele é normalmente extrudído ou fundido em blocos grandes dos quais as folhas são fatiadas. Os filmes são feitos por fundição contínua de uma solução de celulose em uma superfície lisa. À medida que os solventes evaporam, o filme é removido da superfície e colocado em rolos secantes. As folhas e filmes podem ser processados por vácuo. As bolas de tênis de mesa e alguns poucos itens de novidade ainda podem ser feitos de plástico de nitrato de celulose. Os ésteres de nitrato de celulose são encontrados em vernizes para metais e acabamentos para madeira e são ingredientes comuns para tintas em aerossol e polidores de unhas.

Acetato de celulose (CA)

O acetato de celulose é o mais útil dos plásticos celulósicos. Durante a Primeira Guerra Mundial, o britânico

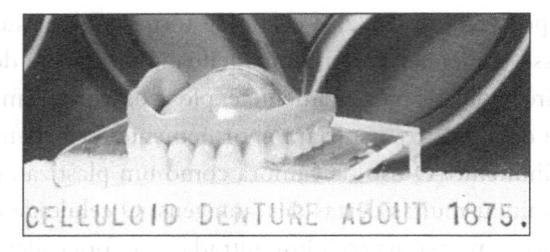

(A) Aplicação dentária.

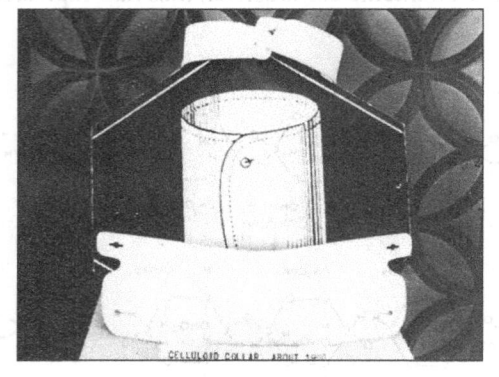

(B) Uso em roupas masculinas.

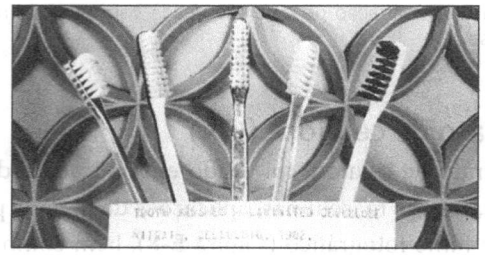

(C) Aplicação de higiene pessoal.

(D) Base do filme que levou ao crescimento da fotografia como um *hobby* popular.

Figura E-8 – Alguns dos usos iniciais de celuloide. (Ticana, o negócio de polímeros técnicos da Celanese AG)

garantiu a ajuda de Henry e Camille Dreyfus da Suíça para começar a produção em larga escala de acetato de celulose. O acetato de celulose forneceu um verniz retardante de fogo para os aviões cobertos com tecido usados naquela época. Por volta de 1929, graus comerciais de pó de moldagem, fibras, folhas e tubos estavam sendo produzidos nos Estados Unidos.

Métodos básicos para a fabricação deste material lembram aqueles usados na fabricação do nitrato de celulose. A acetilação da celulose é realizada em uma mistura de acido acético e anidrido acético, usando ácido sulfúrico como catalisador. O acetato ou grupo acetila (CH_3CO) é a fonte da reação química com os grupos hidroxila (OH). Veja a seguir a estrutura do triacetato de celulose:

Triacetato de celulose

Os acetatos de celulose exibem baixa resistência ao calor, à eletricidade, ao tempo e a produtos químicos. Eles são razoavelmente baratos e podem ser transparentes ou coloridos. Os seus principais usos são como filmes e folhas na indústria de embalagem e exibição. Eles são fabricados em quase todos os processos de termoplástico e moldados em cabos de escova, pentes e armações de óculos. Recipientes de exibição formados por vácuo para produtos de ferramentas e alimentos são comuns, e filmes que permitem a passagem de umidade e gases são usados em embalagem comercial de frutas e vegetais. Filmes revestidos são usados em fitas de gravação magnética e filme fotográfico. Os plásticos de acetato de celulose são feitos em fibras para uso em tecidos. Eles são também empregados como vernizes na indústria de revestimento. A Tabela E-4 fornece algumas das propriedades do acetato de celulose.

Butirato de acetato de celulose (CAB)

O butirato de acetato de celulose foi desenvolvido em meados da década de 1930 pela Hercules Powder Company e Eastman. Este material é produzido reagindo à celulose com uma mistura de ácidos sulfúrico e acético. A *esterificação* é finalizada quando a celulose reage com ácido butírico e anidrido acético. A reação é similar à produção do acetato de celulose, com a diferença de que o ácido butírico também é usado. O produto resultante tem os grupos acetila (CH_3O) e os grupos butila ($CH_3CH_2CH_2CH$) na unidade de celulose que se repete. Este produto tem

Tabela E-4 – Propriedades dos celulósicos

Propriedade	Celulose de etila (moldagem)	Acetato de celulose (moldagem)	Proprionato de Celulose (moldagem)
Qualidades de moldagem	Excelente	Excelente	Excelente
Densidade relativa	1,09–1,17	1,22–1,34	1,17–1,24
Resistência elástica, MPa	13,8–41,4	13–62	14–53,8
(psi)	(2.000–8.000)	(1.900–9.000)	(2.000–22.000)
Resistência à compressão, MPa	69–241	14–248	165,5–152
(psi)	(10.000–35.000)	(2.000–36.000)	(2.400–22.000)
Resistência ao impacto, Izod, J/mm	0,1–0,43	0,02–0,26	0,025–0,58
(pés-lb/pol)	(2,0–8,5)	(0,4–5,2)	(0,05–11,5)
Dureza, Rockwell	R50–R115	R34–R125	R10–R122
Expansão térmica, (10^{-4}/°C)	25–50	20–46	28–43
Resistência ao calor, °C	46–85	60–105	68–105
(°F)	(115–185)	(140–220)	(155–220)
Resistência dielétrica, V/mm	13.800–19.685	9.840–23.620	11.810–17.715
Constante dielétrica (a 60 Hz)	3,0–4,2	3,5–7,5	3,7–4,3
Fator de dissipação (a 60 Hz)	0,005–0,020	0,01–0,06	0,01–0,04
Resistência a arco voltaico, s	60–80	50–310	175–190
Absorção de água (24 h), %	0,8–1,8	1,7–6,5	1,2–2,8
Taxa de queima, mm/min	Lenta	Lenta/altoextiguível	Lenta 25–33
(pol/min)			(1,0–1,3)
Efeito da luz do Sol	Pouco	Pouco	Pouco
Efeito de ácidos	Decompõe-se	Decompõe-se	Decompõe-se
Efeito de bases	Pouco	Decompõe-se	Decompõe-se
Efeito de solventes	Solúvel em cetonas, ésteres, hidrocarbonetos clorados, hidrocarbonetos aromáticos	Solúvel em cetonas, ésteres, hidrocarbonetos clorados, hidrocarbonetos aromáticos	Solúvel em cetonas, ésteres, hidrocarbonetos clorados, hidrocarbonetos aromáticos
Qualidades para execução em máquina	Boa	Excelente	Excelente
Qualidades ópticas	Transparente/opaco	Transparente/opaco	Transparente/opaco

estabilidade dimensional melhorada, resiste bem ao tempo e é mais resistente a produtos químicos e à umidade que o acetato de celulose.

O butirato de acetato de celulose é usado em teclas de tabulador de máquinas de escritório, itens de automóveis, cabos de ferramentas, sinais de avisos, revestimentos em fitas, volantes, tubos, canos e componentes de empacotamento. Provavelmente, a aplicação mais familiar deste material seja nos cabos de chaves de fenda (Figura E-9).

Propionato de acetato de celulose

Em 1931, o propionato de acetato de celulose (também chamado simplesmente de propionato de celulose) foi desenvolvido pela Celanese Plastics Company. Ele não era largamente utilizado até a falta de materiais durante a Segunda Guerra Mundial. Ele é feito da mesma forma que outros acetatos, com a adição de ácido propiônico (CH_3CH_2COOH) no lugar de anidrido acético. Suas propriedades gerais são similares àquelas do butirato de acetato de celulose. Entretanto, exibe resistência superior ao calor e menor absorção de umidade. Os principais usos do propionato de acetato de celulose incluem canetas, itens automotivos, cabos de escova, volantes, brinquedos, novidades e filme de empacotamento para exibição. A seguir são apresentadas nove vantagens e quatro desvantagens dos ésteres celulósicos:

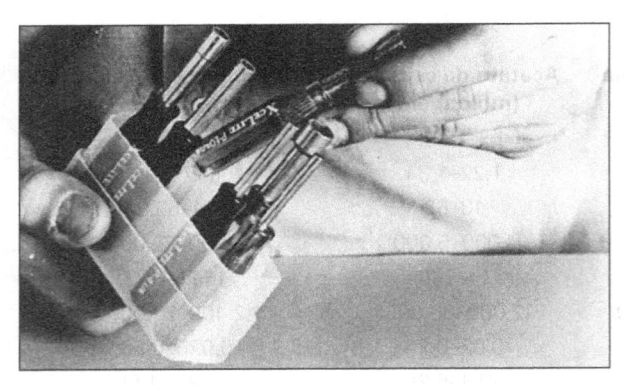

Figura E-9 – O butirato de celulose e o acetato de celulose são usados para cabos destas ferramentas. (Eastman Chemical Products, Inc.)

Vantagens dos ésteres celulósicos

1. Forma moldagens polidas por métodos de termoplástico
2. Claridade excepcional (butiratos e propionatos)
3. Dureza, mesmo a temperaturas baixas
4. Excelente colarabilidade
5. Sem base petroquímica
6. Ampla faixa de características de processamento
7. Resiste à quebra por tensão
8. Excelente resistência ao tempo (butiratos)
9. Queima-se lentamente (exceto nitrato de celulose)

Desvantagens de ésteres celulósicos

1. Resistência ruim a solvente
2. Baixa resistência a materiais alcalinos
3. Relativamente baixa resistência à compressão
4. Inflamável

Éteres de celulose

Dentre os éteres de celulose estão a celulose de etila, a celulose de metila, a celulose de hidroximetila, a celulose de carboximetila e a celulose de benzila. A fabricação geralmente envolve a preparação de celulose básica e outros reagentes, como mostra a Figura E-10.

A *celulose de etila* (EC) é a mais importante dos éteres de celulose e é a única usada como material plástico. As pesquisas básicas e patentes foram estabelecidas por Dreyfus em 1912. Por volta de 1934, a Hercules Powder Company ofereceu classes comerciais nos Estados Unidos.

A celulose básica (celulose de soda) é tratada com cloreto de etila para formar a celulose de etila.

A substituição de radical (*eterificação*) deste etóxi pode fazer com que o produto final varie sobre uma larga faixa de propriedades. Na eterificação, os átomos de hidrogênio dos grupos etila são substituídos pelos grupos etila (C_2H_5) (Figura E-11). Este plástico de celulose é duro, flexível e resistente à umidade. A Tabela E-4 fornece algumas propriedades da celulose de etila.

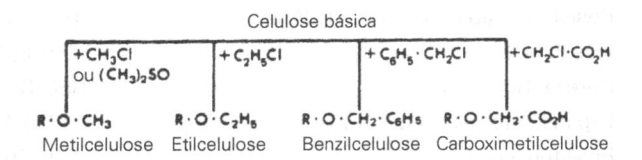

Figura E-10 – Plástico de celulose a partir da celulose básica e outros reagentes. O R nestas fórmulas representa o esqueleto de celulose.

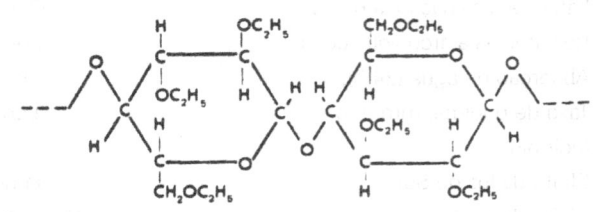

Figura E-11 – Celulose de etila (completamente etilada).

A celulose de etila é usada em capacetes de futebol americano, caixas de lanternas, ornamentos de móveis, pacotes de cosméticos, cabos de ferramentas e pacotes de bolhas. Ela tem sido usada para revestimentos protetores em pinos de boliche e nas formulações de tintas, esmaltes e vernizes. A celulose de etila é também um ingrediente comum em laquê e é, normalmente, usada como um fundido quente para revestimentos em fita. Estes revestimentos protegem itens metálicos contra corrosão e desfiguração durante o transporte e armazenamento.

A *celulose de metila* é preparada da mesma forma que a celulose de etila, mas usa-se cloreto de metila ou sulfato de metila em vez de cloreto de etila. Na eterificação, o hidrogênio do grupo OH é substituído pelos grupos metila (CH_3):

$$R(ONa)_{3n} + CH_3Cl_2 \rightarrow R(OCH)_{3n}$$
Celulose de metila

A celulose de metila encontra um vasto número de usos. Ela é solúvel em água e comestível. Ela é usada como um emulsificador engrossante em cosméticos e adesivos e é um adesivo de papel de parede bem conhecido e material de engomar tecidos. Ela é útil para engrossar e emulsificar tintas à base de água, molhos de saladas, sorvete, misturas de bolo, enchimento de torta, biscoitos crocantes e outros produtos. Na indústria farmacêutica é usada para revestir comprimidos e como soluções de lentes de contato (Figura E-12).

A *celulose de hidroximetila* é produzida reagindo-se a celulose básica com óxido de etileno e tem muitas das mesmas aplicações da celulose de metila. Na equação esquemática a seguir, R representa o esqueleto de celulose.

$$R(ONa)_{3n} + \overset{O}{\underset{CH_2CH_2}{\triangle}} \rightarrow R(OCH_2CH_2OH)_{3n}$$
Celulose de hidroximetila

No passado, a *celulose de benzila* era usada para moldagens e extrusões. Entretanto, nos Estados Unidos ela é incapaz de competir com outros polímeros.

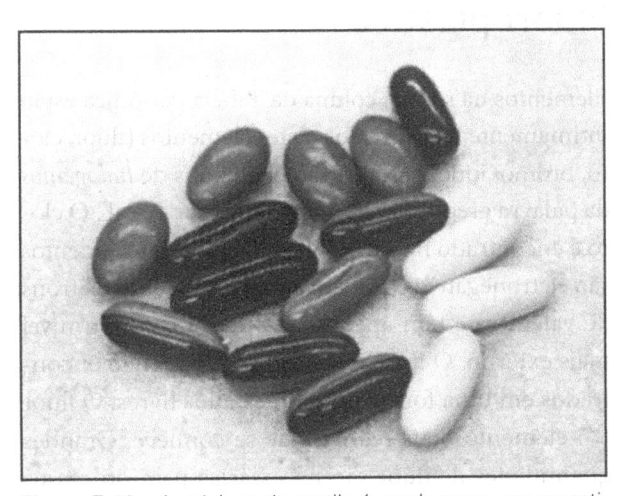

Figura E-12 – A celulose de metila é usada como um revestimento de medicamentos.

A *celulose de carboximetila* (algumas vezes chamada de celulose de carboximetila de sódio) é feita de celulose básica e cloroacetato de sódio. Da mesma forma que a celulose de metila, é solúvel em água e usada como engomadora, goma ou agente emulsificante. A celulose de carboximetila pode ser encontrada em alimentos, medicamentos e revestimentos. Ela é um agente de suspensão solúvel em água de primeira classe para loções, bases de geleia, unguento, pastas de dentes, tintas e sabões. Ela é usada para revestir comprimidos, papel e tecidos.

$$R(ONa)_{3n} + ClCH_2COONa \rightarrow R(OCH_2COONa)_{3n} + NaCl$$
Celulose de carboximetila de sódio

Poliéteres clorados

Em 1959, a Hercules Powder Company introduziu os *poliéteres clorados* com o nome registrado de Penton^{MR}. Entretanto, em 1972, a Hercules descontinuou a produção e as vendas. Este material termoplástico era produzido pela cloração do pentaeritritol. O diclorometila oxiciclobutano era polimerizado em um produto linear e cristalino. Este material, o pentol, era mais de 45% de cloro em massa (Figura E-13).

Os poliéteres clorados podem ser processados em equipamento de termoplástico. Esses materiais são plásticos de alto desempenho e alto preço (Tabela E-5). Eles têm sido revestidos em substratos metálicos usando leito fluidizado, pulverização de chama ou processos de solvente. Os itens moldados possuem alta resistência, resistência ao calor, excelente resistência elétrica e química e baixa absorção de água. Embora o alto preço restrinja o uso deles, eles foram utilizados como revestimentos para válvulas, bombas e medidores. Os itens moldados incluem componentes de medidores químicos, canos, válvulas, equipamento de laboratório e isoladores elétricos. Entretanto, em temperaturas degradantes, o gás cloro letal é liberado.

Até hoje, não existem planos para outros produtores fabricarem este plástico com sua natureza química distinta.

Figura E-13 – Produção de pentol, um poliéter clorado.

Tabela E-5 – Propriedades de poliéter clorado

Propriedade	Poliéter clorado
Qualidades de moldagem	Excelente
Densidade relativa	1,4
Resistência à compressão, MPa	41
(psi)	(6.000)
Resistência ao impacto, Izod, J/mm	0,002
(pés-lb/pol)	(0,4)
Dureza, Rockwell	R100
Expansão térmica, (10^{-4}/°C)	20
Resistência ao calor, °C	143
(°F)	(290)
Resistência dielétrica, V/mm	16.000
Constante dielétrica (a 60 Hz)	3,1
Fator de dissipação (a 60 Hz)	0,01
Resistência a arco voltaico, s	0,01
Absorção de água (24 h), %	Autoextinguível
Taxa de queima, mm/min	Pouco
Efeito da luz do Sol	Atacado por ácidos oxidantes
Efeito de ácidos	Nenhum
Efeito de solventes	Resistente
Qualidades para execução em máquina	Excelente
Qualidades ópticas	Translúcido/opaco

Plástico de cumarona-indeno

A cumarona e o indeno são obtidos da fracionação de alcatrão de carvão, mas são raramente separados. Estes produtos baratos assemelham-se ao estireno na estrutura química. A cumarona e o indeno podem ser polimerizados por ação catalítica iônica de ácido sulfúrico. Uma gama de produtos, de resina pegajosa a plástico quebradiço, pode ser obtida de proporções variadas de cumarona e indeno ou copolimerização com outros polímeros:

Cumarona   *Indeno*   *Estireno*

Embora disponível muito antes da Segunda Guerra Mundial, equações lineares simultâneas não estão disponíveis como compostos de moldagem e têm encontrado apenas usos limitados como uniões, modificadores ou extensores para outros polímeros e compostos. As maiores quantidades de cumarona e indeno são usadas na produção de tintas e como uniões em ladrilhos de piso e tapetes.

As peculiaridades destes compostos variam enormemente. Os copolímeros de cumarona-indeno são bons isolantes elétricos. Eles são solúveis em hidrocarbonetos, cetonas e ésteres. Eles variam de claro a escuro na cor e são baratos para produzir. Eles são verdadeiros materiais termoplásticos com ponto de amolecimento de 35 °C a 50 °C [100 °F a 120 °F]. As aplicações incluem tintas de impressão, revestimentos para papel, adesivos, compostos de encapsulação, algumas caixas de bateria, revestimento de freio, compostos de calafetagem, goma de mascar, compostos de cura de concreto e ligadores de emulsão.

Fluoroplástico

Elementos na sétima coluna da Tabela Periódica estão intimamente relacionados. Estes elementos (flúor, cloro, bromo, iodo e ástato) são chamados de *halogênios* da palavra grega que significa "produtor de sal". O cloro é encontrado no sal comum. Todos estes elementos são eletronegativos (podem atrair e manter os elétrons de valência) e têm apenas sete elétrons no seu nível mais externo. O flúor e o cloro são gases não encontrados em uma forma pura ou estados livres. O flúor é o elemento mais reativo que se conhece. Grandes quantidades de flúor são necessárias para processos ligados com a tecnologia de energia nuclear, tal como o isolamento do urânio metálico.

Os compostos contendo flúor são normalmente chamados de *fluorocarbonetos*, embora a definição mais estrita de fluorocarboneto deva ser usada para se referir a compostos contendo apenas flúor e carbono.

O químico francês Moissan isolou o flúor puro em 1886, mas permaneceu uma curiosidade de laboratório até 1930. Em 1931, o nome registrado Freon® foi anunciado. O fluorocarboneto é um composto de carbono, cloro e flúor. Um exemplo é o CCl_2F_2. Os freons são usados extensivamente como refrigerantes. Os fluorocarbonetos são também usados na formação de materiais poliméricos.

Em 1938, foi descoberto acidentalmente o primeiro polifluorocarboneto nos laboratórios de pesquisa da DuPont. Foi descoberto que o gás tetrafluoroetileno formava um pó branco insolúvel e grudento quando estocado em cilindros de aço. Um número de polímeros de fluorocarbonetos tem sido desenvolvido como um resultado desta descoberta.

O termo *fluoroplástico* é usado para descrever estruturas semelhantes ao alceno que têm algum ou todos os átomos de hidrogênio substituídos por flúor.

É a presença dos átomos de flúor que fornece as propriedades características únicas da família de fluoroplástico. Estas propriedades estão diretamente ligadas à alta energia de ligação do flúor ao carbono e à alta eletronegatividade dos átomos de flúor. A estabilidade térmica e a resistência a solvente, elétrica e química são enfraquecidas se os átomos de flúor (F) forem substituídos por átomos de hidrogênio (H) ou cloro (Cl). As ligações C — H e C — Cl são mais fracas que as ligações C — F e estão mais vulneráveis a ataque químico e decomposição térmica.

Os principais fluoroplásticos estão demonstrados na Figura E-14. Existem apenas dois tipos de plásticos de fluorocarbonetos: politetrafluoroetileno (PTFP) e politetrafluoropropileno (PFEP, FEP ou propileno de etileno fluorado). Os outros devem ser considerados copolímeros ou polímeros contendo flúor.

Politetrafluoroetileno (PTFE)

O politetrafluoroetileno $(CF_2=CF_2)_n$ responde por aproximadamente 90% (em volume) dos plásticos fluorados. O monômero tetrafluoroetileno é obtido pela pirólise de clorodifluorometano. O tetrafluoroetileno é polimerizado na presença de água e de um catalisador de peróxido sob alta pressão. O PTFE é um material termoplástico altamente cristalino e grudento com uma temperatura de serviço de − 268 °C a + 288 °C [− 450 °F a + 550 °F]. A alta força de ligação e o entrelaçamento compacto dos átomos de flúor em torno da espinha dorsal de carbono evitam o processamento do PTFE por métodos termoplásticos normais. Atualmente, não pode ser plastizado para ajudar o processamento. A maioria do material é fabricada em pré-formas e sinterizada.

A sinterização é uma técnica de fabricação especial usada para metais e plásticos. O material em pó é prensado em um molde à temperatura exatamente abaixo de seu ponto de fusão ou degradação até que as partículas se fundam (sinterizem). A massa como um todo não funde neste processo. As moldagens de sinterização podem ser feitas por máquinas. As formulações especiais podem ser extruídas na forma de bastões, tubos e fibras usando-se dispersões orgânicas de polímero. Estas são vaporizadas mais tarde à medida que o produto é sinterizado. Suspensoides coagulados podem ser usados quase da mesma maneira. Graus pré-sinterizados deste material podem ser extruídos por meio de zonas de compactação e sinterização extremamente longas de cubos especiais. Muitos filmes, fitas e revestimentos são fundidos, imersos ou pulverizados a partir de dispersões de PTFE, usando-se um processo de secagem e sinterização. Os filmes e fitas podem também ser cortados ou fatiados de estoques de folhas.

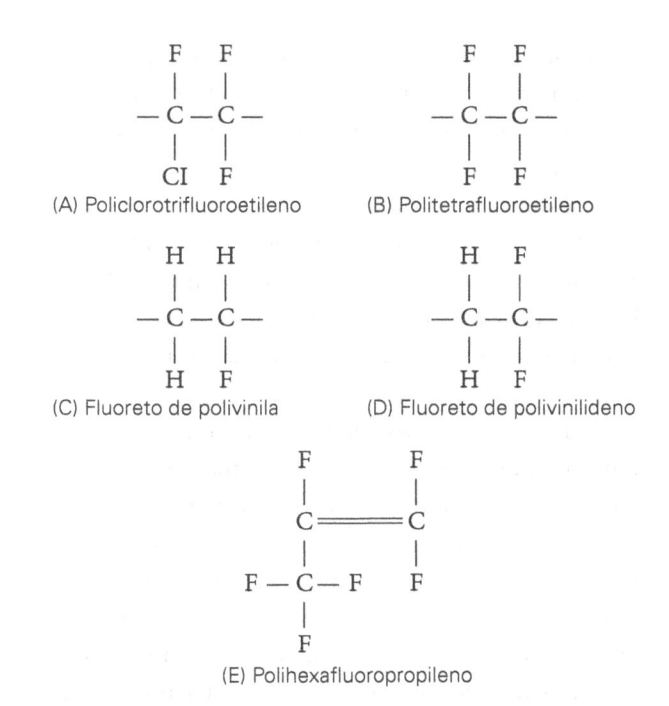

Figura E-14 – Monômeros de fluoroplástico e polímeros contendo flúor.

O *teflon* é um marca registrada familiar para homopolímeros e copolímeros de politetrafluoroetileno. Sua propriedade antiaderente (baixo coeficiente de fricção) torna-o um revestimento muito útil. O teflon é aplicado a muitos substratos metálicos, incluindo panelas. Não existe solvente conhecido para estes materiais. Eles podem ser quimicamente atacados e ligados por adesivo com adesivos de contato ou de epóxi. Os filmes podem ser selados juntos por calor, mas não a outros materiais.

Os fluorocarbonetos têm uma massa maior que os hidrocarbonetos, porque o flúor tem uma massa atômica de 18,9984 e o hidrogênio, de apenas 1,00797. Os fluoroplásticos são, portanto, mais pesados que os outros plásticos. As densidades relativas variam de 2,0 a 2,3.

O PTFE exige técnicas de fabricação especiais. Sua inatividade química, resistência ao tempo única, características de isolantes elétricos, alta resistência ao calor, baixo coeficiente de fricção e propriedades não adesivas têm levado a inúmeros usos. Itens revestidos com PTFE têm um coeficiente de fricção tão baixo que liberam e escorregam facilmente sem exigir lubrificação. Lâminas de serra, panelas, utensílios, pás de neve, equipamento de padaria e mancais em geral são aplicações comuns (Figura E-15). Dispersões de pulverização em aerossol de partículas de tamanho de mícron de politerafluoroetileno são usadas como um lubrificante e agente antiaderente para substratos de metal, de vidro ou de plástico. Muitas formas de perfil são usadas para aplicações químicas, mecânicas e elétricas (Figura E-16). Tubo encolhível é usado para cobrir rolos, molas, vidro e itens elétricos. Fitas e filmes polidos ou extruídos podem ser

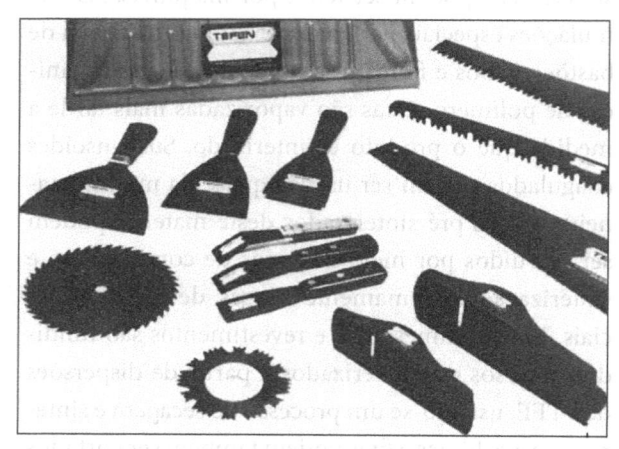

Figura E-15 – Ferramentas revestidas com Teflon. (Cortesia da DuPont Co.)

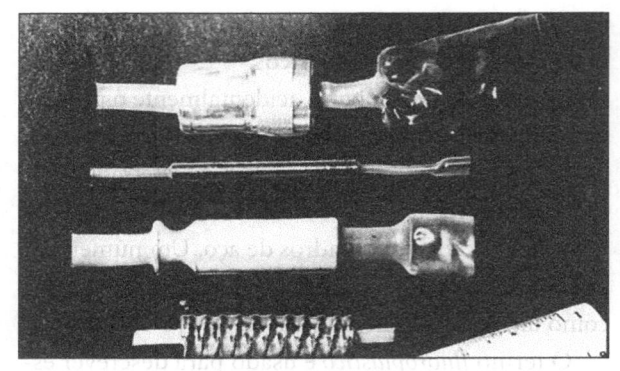

(A) Tubo protetor encolhível.

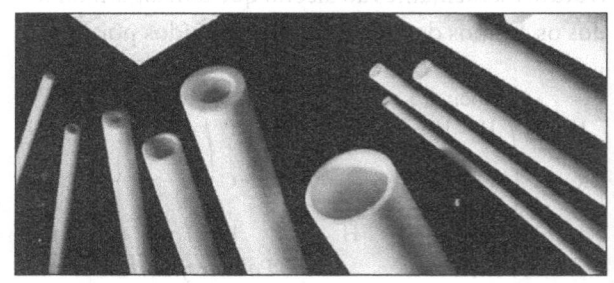

(B) Vários bastões e tubos (DuPont Co.)

Figura E-16 – Várias aplicações do PTFE (Chemplast, Inc.)

usados para materiais seladores, de empacotamento e de vedação. Pontes, canos, túneis e prédios podem se escorar em juntas de deslize, placas de expansão ou tapetes de escovação ou de suporte de politetrafluoroetileno (Figura E-17).

O excelente isolamento elétrico e os baixos fatores de dissipação do politetrafluoroetileno o tornam útil para isolamento de fio e cabo, espaçadores de fio coaxial, laminados para circuitos impressos e muitas outras aplicações elétricas. Seis vantagens e oito desvantagens do PTFE são demonstradas a seguir:

Vantagens do politetrafluoroetileno

1. Não inflamável
2. Excelente resistência a produtos químicos e solvente
3. Excelente habilidade ao tempo
4. Baixo coeficiente de fricção (propriedade antiaderente)
5. Faixa de serviço térmico ampla
6. Propriedades elétricas muito boas

Desvantagens do politetrafluoroetileno

1. Não processável por métodos comuns de termoplástico

e carbono. O polifluoroetilenopropileno é feito pela copolimerização de tetrafluoroetileno com hexafluoropropileno (Figura E-18).

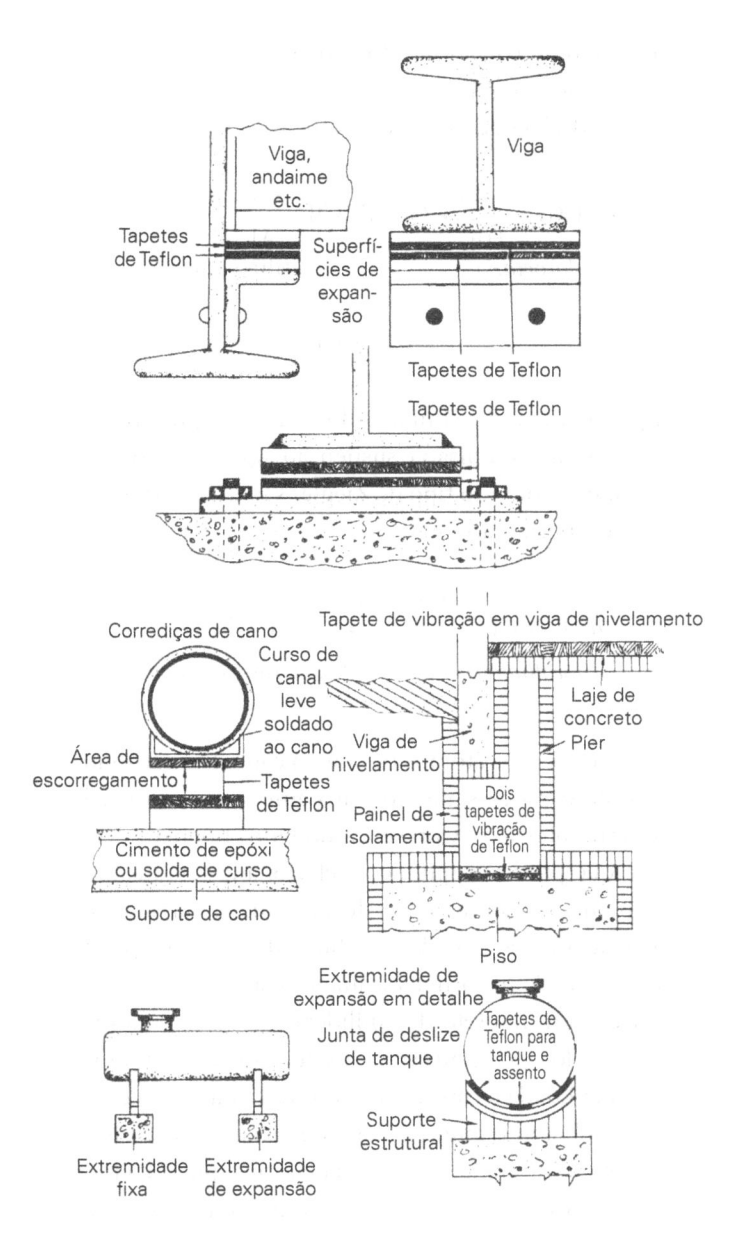

Figura E-17 – Tapetes de Teflon têm muitos usos na construção. (Teflon®)

2. Tóxico na degradação térmica
3. Sujeito à deformação
4. Permeável
5. Exige altas temperaturas de processamento
6. Resistência baixa
7. Alta densidade
8. Comparativamente de alto custo

Polifluoroetilenopropileno (PFEP ou FEP)

Em 1965, DuPont anunciou outro fluoroplástico de Teflon completamente composto de átomos de flúor e carbono. O polifluoroetilenopropileno é feito pela copolimerização de tetrafluoroetileno com hexafluoropropileno (Figura E-18).

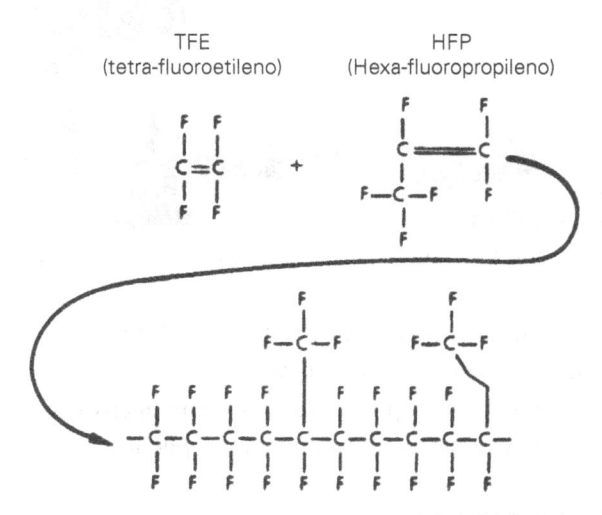

Figura E-18 – Fabricação de polifluoroetilenopropileno.

O rompimento parcial da cadeia polimérica por grupos como o propileno $CF_3CF=CF_2$ reduz o ponto de fusão e a viscosidade das resinas de FEP. O polifluoroetilenopropileno pode ser processado usando métodos normais de termoplástico. Isto reduz os custos de produção de itens moldados previamente de PTFE. Por causa dos grupos CF_3 pendurados, este copolímero é menos cristalino, mais processável e transparente em filmes de até 0,25 mm [0,01 pol] de espessura.

Os plásticos de PFEP comercial possuem propriedades similares àquelas do PTFE. Eles são quimicamente inertes e possuem propriedades de isolamento elétrico muito boas, bem como resistência ao impacto um pouco maior. As temperaturas de serviço podem exceder 205 °C [400 °F]. Os plásticos de polifluoroetilenopropileno são usados extensivamente pelas indústrias militar e de espaçonave para isolamento elétrico e alta confiabilidade em temperaturas criogênicas. Eles são usados para revestir calhas, canos e tubos, bem como para revestir objetos onde um coeficiente de fricção ou características antiaderentes é necessário. O PFEP é moldado em itens tais como gaxetas, engrenagens, rotores, circuitos impressos, canos, encaixes, válvulas, placas de expansão, suportes e outras formas de perfil (Figura E-19).

Em 1933, tanto a Alemanha quanto os Estados Unidos estavam fabricando material de fluoroplástico em conexão com a pesquisa de bomba atômica.

Figura E-19 – Coberturas antiaderentes de PFEP encolhível aplicadas a rolos. (DuPont Co.)

Ele era usado no manuseio do fluoreto de urânio, um composto de urânio com flúor.

A seguir são apresentadas seis vantagens e seis desvantagens do polifluoroetilenopropileno:

Vantagens do polifluoroetilenopropileno (PFEP)
1. Processável por métodos normais de termoplástico
2. Resistente a produtos químicos (incluindo agentes oxidantes)
3. Excelente resistência a solventes
4. Características antiaderentes
5. Não inflamável
6. Baixos coeficientes de fricção, constante dielétrica, encolhimento de molde e absorção de água

Desvantagens do polifluoroetilenopropileno (PFEP)
1. Comparativamente de alto custo
2. Alta densidade
3. Sujeito à deformação
4. Baixa resistência à compressão e elástica
5. Baixa rigidez
6. Tóxico na decomposição térmica

Policlorotrifluoroetileno (PCTFE ou CTFE)

O policlorotrifluoroetileno é produzido em várias formulações. Os átomos de cloro são substituídos por flúor na cadeia de carbono:

$$—CF_2—CF$$
$$|$$
$$Cl$$

Policlorotrifluoroetileno (PCTFE)

Os monômeros são obtidos por fluoração do hexacloroetano e, então, a desalogenação (remoção controlada do halogênio, cloro) com zinco em álcool:

$$CCl_3CCl_3 \xrightarrow[HF]{Anidro} CCl_2FCClF_2 \xrightarrow[\substack{Álcool \\ etílico \ em \\ ebulição}]{Zinco} CClF$$

Hexacloroetano

$$= CF_2 + Cl_2$$

A polimerização é similar à do PTFE porque é realizada em uma emulsão e suspensão aquosa. Peróxido ou catalisadores do tipo de Ziegler são usados durante a polimerização total:

$$nCF_2 = CFCl \xrightarrow{polimeriza} (—CF_2CFCl—)_n$$

Clorofluoroetileno   *Policlorotrifluoroetileno*

A adição dos átomos de cloro à cadeia de carbono permite o processamento por equipamento normal de termoplástico. A presença do cloro também permite que produtos químicos selecionados ataquem e quebrem parcialmente a cadeia polimérica cristalina. Dependendo do grau de cristalinidade, o PCTFE pode ser produzido na forma oticamente clara. A copolimerização com fluoreto de vinilideno ou outros fluoroplásticos fornece graus variados de inatividade química, estabilidade térmica e outras propriedades únicas.

O policlorotrifluoroetileno é mais duro, mais flexível e possui maior resistência elástica que o PTFE. É mais caro que o PTFE e tem uma temperatura de serviço variando de – 240 °C a + 205 °C [– 400 °F a + 400 °F]. A introdução do átomo de cloro diminui suas propriedades de isolamento elétrico e aumenta o coeficiente de fricção. Embora seja mais caro que o politetrafluoroetileno, encontra usos similares. Os exemplos incluem isolamento de fio, cabo, placas de circuito impresso e componentes eletrônicos (Figura E-20). A propriedade de resistência química é mais bem usada na produção de janelas transparentes para produtos químicos, seladores, gaxetas, anéis em O e revestimento de cano, bem como embalagem de medicamento e lubrificante. As dispersões e filmes podem ser usados no revestimento de reatores, tanques de estocagem, corpos de válvulas, encaixes e canos. Os filmes podem ser selados usando técnicas

(A) Isolamento de fios e cabos

(B) Assentos de válvulas em bola

Figura E-20 – Dois usos de PCTFE (DuPont Co.)

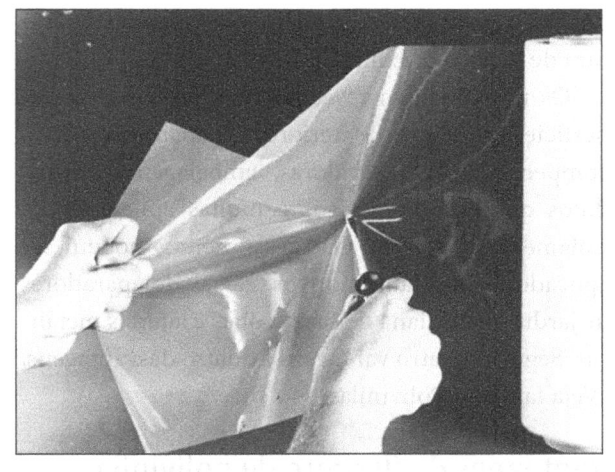

Figura E-21 – O etileno-clorotrifluoroetileno (E-CTFE) tem propriedades de alto desempenho comuns a outros fluoropolímeros. Ele os supera na impermeabilidade, resistência elástica e resistência à abrasão. (DuPont Co.)

térmicas e de ultrassom. Os adesivos de epóxi podem ser usados em superfícies quimicamente atacadas.

Os plásticos flexíveis de etileno-clorotrifluoroetileno (E CTFE) são demonstrados na Figura E-21. A seguir são apresentadas oito vantagens e cinco desvantagens do policlorotrifluoroetileno:

Vantagens do policlorotrifluoroetileno (PCTFE ou CTFE)

1. Excelente resistência a solventes
2. Oticamente claro
3. Absorção de umidade zero
4. Autoextinguível
5. Baixa permeabilidade
6. Resistência à deformação melhor que PTFE ou PFEP
7. Coeficiente de fricção muito baixo
8. Boa capacidade de temperatura baixa

Desvantagens do policlorotrifluoroetileno (PCTFE ou CTFE)

1. Propriedades elétricas mais baixas que o PTFE
2. Mais difícil de moldar que o PFEP
3. Cristaliza com o resfriamento lento
4. Menos resistente a solvente que o PTFE e o PFEP
5. Coeficiente de fricção mais alto que o PTFE e o PFEP

Floureto de polivinila (PVF)

Em 1900, a preparação mais antiga do gás fluoreto de vinila era considerada impossível para polimerizar. Entretanto, em 1958, DuPont anunciou a polimerização do fluoreto de vinila (PVF). Em 1933, as resinas de monômeros foram preparadas na Alemanha reagindo-se fluoreto de hidrogênio com acetileno, usando catalisadores selecionados:

$$HF + CH \equiv CH \xrightarrow{\text{catalisadores}} CH_2 = CHF$$

Embora o monômero seja conhecido dos químicos há muito tempo, ele é mais difícil de fabricar ou polimerizar. A polimerização é realizada usando catalisadores de peróxido em várias soluções aquosas a altas pressões.

O fluoreto de polivinila pode ser processado usando métodos normais de termoplástico. Estes plásticos são fortes, duros, flexíveis e transparentes. Eles têm excelente resistência ao tempo. O PVF tem boa resistência elétrica e química com uma temperatura de serviço próxima de 150 °C [300 °F].

Os usos incluem revestimentos protetores e superfícies para usos exteriores, acabamentos para compensado, fitas seladoras, embalagem de produtos químicos corrosivos e muitas aplicações de isolamentos elétricos. Os revestimentos podem ser aplicados a itens automotivos, caixas de aparadores de jardim, veneziana de casa, calhas e laterais metálicas. Seguem quatro vantagens e quatro desvantagens. (Veja também Polivinilas.)

Vantagens de fluoreto de polivinila
1. Processável por métodos de termoplásticos
2. Baixa permeabilidade
3. Retardante de chama
4. Boa resistência a solvente

Desvantagens de fluoreto de polivinila
1. Capacidade térmica mais baixa que os polímeros fluorados
2. Tóxico (na decomposição térmica)
3. Ligação de dipolo alta
4. Sujeito a ataque de ácidos fortes

Fluoreto de polivinilideno (PVDF)

O fluoreto de polivinilideno (PVF_2) é muito parecido com o fluoreto de polivinila. Tornou-se disponível em 1961 e foi produzido pela Pennwalt Chemical Corporation sob o nome registrado de Kynar. O fluoreto de polivinilideno é polimerizado termicamente por deidroalogenação (remoção de átomos de hidrogênio e cloro) do clorodifluoroetano sob pressão:

$$CH_3CClF_2 \xrightarrow{500-1700°C} CH_2 = CF_2 + HCl$$

Da mesma forma que o fluoreto de polivinila, o PVDF não tem a resistência química do PTFE ou do PCTFE. Os grupos alternantes CH_2 e CF_2 na sua espinha dorsal contribuem para as suas características de dureza e flexibilidade. A presença de átomos de hidrogênio reduz a resistência química e permite que a consolidação e a degradação por solvente. Os materiais de PVDF são processados utilizando métodos de termoplástico e são selados por ultrassom ou termicamente. O PVDF encontra largo uso nas formas de revestimento e filme por causa da sua dureza, propriedades óticas e resistência à abrasão, produtos químicos e radiação ultravioleta. As temperaturas de serviço variam de $-62 °C$ a $+150 °C$ [$-80 °F$ a $+300 °F$]. Um uso familiar é o revestimento visto em telhados e laterais de alumínio. Os itens moldados podem incluir itens como válvulas, propulsores, tubulação química e componentes eletrônicos (Figura E-22).

Seguem seis vantagens e três desvantagens do fluoreto de polivinilideno. (Veja também Polivinilas.)

Vantagens do fluoreto de polivinilideno
1. Processável por métodos de termoplásticos
2. Baixa deformação
3. Excelente habilidade ao tempo
4. Não inflamável
5. Resistência à abrasão melhor que o PTFE
6. Boa resistência a solvente

Desvantagens do fluoreto de polivinilideno
1. Menor capacidade térmica e resistência química que o PTFE ou PCTFE

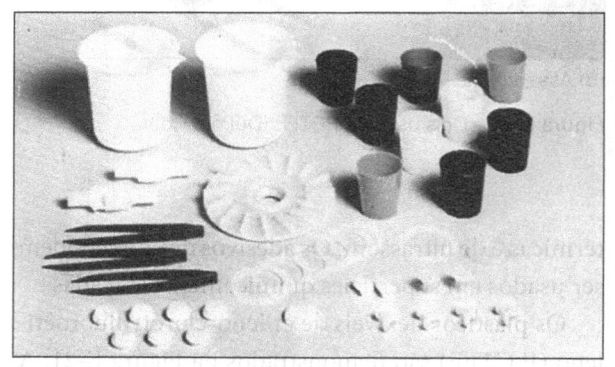

(A) Equipamento de laboratório, bobinas, propulsores, recipientes e gaxeta

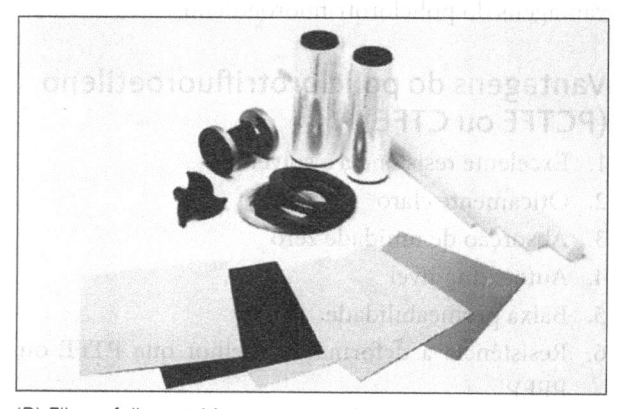

(B) Filme, folha, moldagem e revestimentos

Figura E-22 – O fluoreto de polivinila tem muitos usos (KREHA)

2. Tóxico na decomposição térmica
3. Alto dipolo

Perfluoroalcóxi (PFA)

Em 1972, DuPont ofereceu o perfluoroalcóxi (PFA) sob a marca registrada Tefzel®. Ele é produzido da polimerização do perfluoroalcóxietileno. O PFA pode ser processado usando-se métodos normais de termoplásticos. Este plástico tem propriedades similares ao PTFE e ao PFEP. Ele está disponível nas formas de grânulos, de filme, de folha, de bastão e de pó.

Os usos incluem isolantes dielétricos e elétricos, revestimentos e forro para válvulas, canos e bombas. A seguir sete vantagens e seis desvantagens do PFA:

Vantagens do perfluoroalcóxi (PFA)

1. Habilidade em temperaturas mais altas que o PFEP
2. Excelente resistência a produtos químicos (incluindo agentes oxidantes)
3. Excelente resistência a solventes
4. Características antiaderentes
5. Não inflamável
6. Baixo coeficiente de fricção
7. Processável por métodos de termoplásticos

Desvantagens do perfluoroalcóxi (PFA)

1. Custo comparativamente alto
2. Alta densidade
3. Sujeito à deformação
4. Baixa resistência elástica e à compressão
5. Baixa rigidez
6. Tóxico na decomposição térmica

Outros fluoroplásticos

Existem inúmeros outros polímeros e copolímeros contendo flúor. O fluoreto de clorotrifluoroetileno/vinilideno é usado na fabricação de anéis em O e gaxetas:

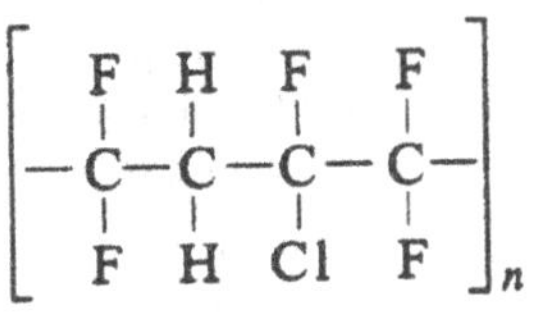

$$\begin{bmatrix} F & H & F & F \\ | & | & | & | \\ -C-C-C-C- \\ | & | & | & | \\ F & H & Cl & F \end{bmatrix}_n$$

O fluoreto de hexafluoropropileno/vinilideno é um excelente elastômero resistente a óleo e graxa usado para anéis em O, selos e gaxetas.

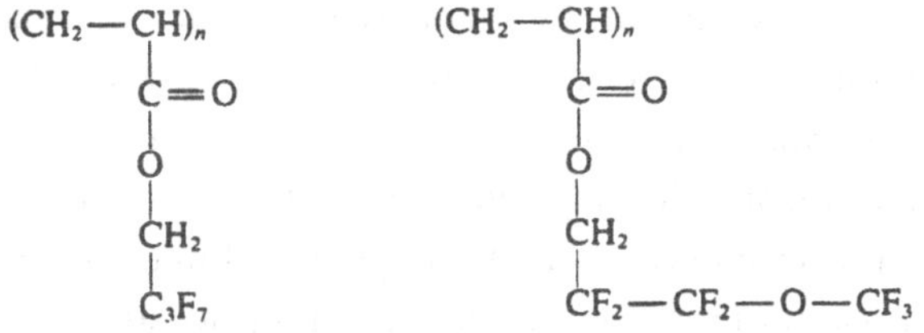

Figura E-23 – Dois elastômeros de fluoroacrilato.

A estrutura química de dois elastômeros de fluoroacrilato é mostrada na Figura E-23. O polifluoronitrosometano, silicones e poliésteres contendo flúor bem como outros polímeros contendo flúor também estão sendo produzidos.

O copolímero linear em cadeia etileno-clorotrifluoroetileno (ECTFE) tem propriedades de alto desempenho similares a outros fluoroplásticos. Ele os supera em permeabilidade, resistência elástica, resistência ao uso e à deformação. Os usos incluem agentes liberadores, forros de tanques e dielétricos.

O copolímero etileno tetrafluoroetileno (ETFE) tem propriedades e aplicações similares àquelas do ECTFE.

Em temperaturas de degradação, o gás tóxico flúor é liberado. (Veja o Capítulo 4, Saúde e Segurança.) As propriedades dos fluoroplásticos básicos estão listadas na Tabela E-6.

Ionômeros

Em 1964, DuPont introduziu um novo material, conhecido como *ionômeros*, que tinha características tanto de termoplástico quanto de termocurados. A ligação iônica é raramente encontrada em plástico, mas é característica de ionômeros. Os ionômeros possuem cadeias similares ao polietileno, com ligações cruzadas de íon de sódio, potássio ou íons similares (Figura E-24). Neste material tanto os compostos

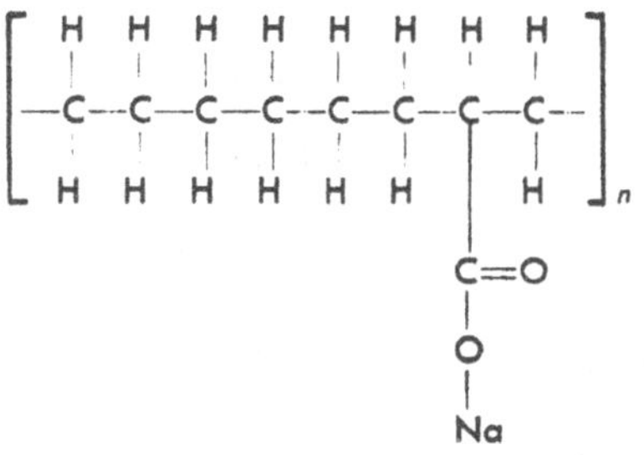

Figura E-24 – Um exemplo de estrutura de ionômero.

orgânicos quanto os inorgânicos estão unidos e uma vez que a ligação cruzada é basicamente iônica, as ligações mais fracas são facilmente quebradas com o aquecimento. Consequentemente, este material pode ser processado como um termoplástico. Em temperaturas atmosféricas, os plásticos têm propriedades normalmente associadas com polímeros unidos.

A cadeia básica de ionômero é feita pela polimerização de etileno e ácido matacrílico. Outras cadeias poliméricas baratas podem ser desenvolvidas usando ligações cruzadas similares.

Uma vez que eles combinam forças iônicas e covalentes na estrutura molecular deles, os ionômeros podem existir em inúmeros estados físicos e possuir

Tabela E-6 – Propriedades de fluoroplásticos

Propriedade	Politetrafluoro- -etileno (PTFE)	Polifluoroetileno- -propileno (PFEP)	Policlorotrifluoro- -etileno (PCTFE)	Fluoreto de polivinila (PVF)	Fluoreto de polivolinideno (PVF_2)
Qualidades de moldagem	Excelente	Excelente	Excelente	Excelente	Excelente
Densidade relativa	2,14–2,2	2,12–2,17	2,1–2,2		1,75–1,78
Resistência elástica, MPa	14–35	19–21	30–40	58–124	40–50
(psi)	(2.000–5.000)	(2.700–3.100)	(4.500–6.000)		(5.500–7.400)
Resistência à compressão, MPa	12–14		30–50	30–50	60
(psi)	(1.700–2.000)	(4.500–7.400)	(4.500–7.400)	(8.680)	(8.680)
Resistência ao impacto, Izod, J/mm	0,40	Não quebra	0,125–0,135	0,18–0,2	0,18–0,2
(pés-lb/pol)	(8)	(2,5–2,7)	(2,5–2,7)	(3,6–4,0)	(3,6–4,0)
Dureza, Rockwell	Shore	Rockwell	Rockwell	Shore	Shore
Expansão térmica, (10^{-4}/°C)	D50–D65	R25	R75–R95	D80	D80
Resistência ao calor, °C	25	20–27	11–18	70	22
(°F)	287	205	175–199	149	149
Resistência dielétrica, V/mm	(550)	(400)	(350–390)	(300)	(300)
Constante dielétrica (a 60 Hz)	19.000	19.500–23.500	19.500–23.500	10.000	10.000
Fator de dissipação (a 60 Hz)	2,1	2,1	2,24–2,8	8,4	8,4
Resistência a arco voltaico, s	0,0002	<0,0003	0,0012	0,049	0,049
Absorção de água (24 h), %	300	165+	360	50–70	50–70
Taxa de queima, mm/min	0,00	0,01	0,00	0,04	0,04
(pol/min)	Nenhum	Nenhum	Nenhum	Autoextinguível	Autoextinguível
Efeito da luz do Sol	Nenhum	Nenhum	Nenhum	Pouco branqueamento	Pouco
Efeito de ácidos	Nenhum	Nenhum	Nenhum	Atacado por ácido sulfúrico	Atacado por ácido sulfúrico
Efeito de bases	Nenhum	Nenhum	Nenhum	Nenhum	Nenhum
Efeito de solventes	Nenhum	Nenhum	Nenhum	Resiste à maioria	Resiste à maioria
Qualidades para execução em máquina	Excelente	Excelente	Excelente	Excelente	Excelente
Qualidades ópticas	Opaco	Transparente	Translúcido/opaco	Transparente	Transparente/ translúcido

inúmeras propriedades físicas. Eles podem ser processados e reprocessados usando qualquer técnica de termoplástico. Eles são mais caros que o polietileno, mas possuem maior permeabilidade ao vapor de umidade que o polietileno. Os ionômeros estão disponíveis em formas transparentes.

Os usos de ionômeros incluem óculos de segurança, escudos, guarda de para-choques, brinquedos, recipientes, filmes de empacotamento e isolamento elétrico, bem como revestimentos de papel, pinos de boliche ou outros substratos (Figura E-25). Na indústria de sapatos, são usados como forros internos, solas e saltos. Os ionômeros são coextruídos com filmes de poliéster para produzir uma camada selável por calor melhorando a durabilidade de empacotamento.

Os ionômeros são usados para um número de aplicações de mercado de compósitos. Filmes laminados ou coextruídos são usados em bolsas abertas em gota para empacotamento de medicamentos e alimentos. Laminados metálicos e em folha e crosta selável por calor e empacotamento em bolha continuam a crescer. Aplicações de espumosos incluem guarda de para--choques, componentes de calçados, tapetes de luta livre e almofadas de assentos de elevadores de esqui. Os revestimentos de ionômero em bolas de golfe e pinos de boliche estendem a vida útil destes produtos.

A Tabela E-7 fornece algumas propriedades de ionômeros. A seguir são apresentadas sete vantagens e quatro desvantagens de ionômeros:

Tabela E-7 – Propriedades dos ionômeros

Propriedade	Ionômero
Qualidades de moldagem	Excelente
Densidade relativa	0,93–0,96
Resistência elástica, MPa	24–35
(psi)	(3.500–5.000)
Resistência ao impacto, Izod, J/mm	0,3–0,75
(pés-lb/pol)	(6–15)
Dureza, Shore	D50–D65
Expansão térmica, (10^{-4}/°C)	30
Resistência ao calor, °C	70–105
(°F)	(160–220)
Resistência dielétrica, V/mm	35.000–40.000
Constante dielétrica (a 60 Hz)	2,4–2,5
Fator de dissipação (a 60 Hz)	0,001–0,003
Resistência a arco voltaico, s	90
Absorção de água (24 h), %	0,1–1,4
Taxa de queima, mm/min	Muito lenta
Efeito da luz do Sol	Exige estabilizadores
Efeito de ácidos	Atacado por ácidos oxidantes
Efeito de bases	Muito resistente
Efeito de solventes	Muito resistente
Qualidades para execução em máquina	Regular/boa
Qualidades ópticas	Transparente

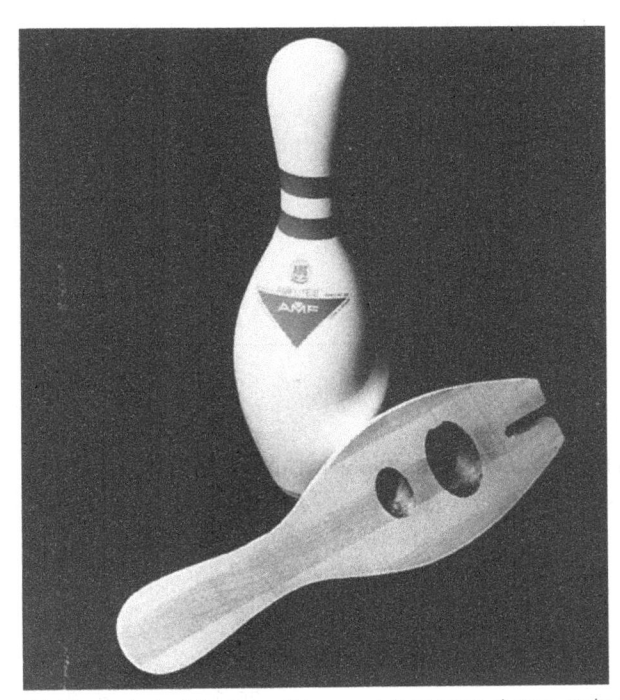

(A) Pinos de boliche revestidos com ionômero duram mais tempo que os pinos cobertos com outros materiais protetores.

(B) Guardas de para-choques moldados por injeção de espuma de ionômero são mais fortes e mais leves que construções sólidas.

Figura E-25 – Aplicações de ionômeros. (DuPont Co.)

Vantagens de ionômeros
1. Excelente resistência à abrasão
2. Excelente resistência ao choque, mesmo em baixas temperaturas
3. Boas feições elétricas
4. Alta resistência à fusão
5. Resistência à abrasão
6. Não se dissolve em solventes comuns
7. Excelentes cores transparentes

Desvantagens de ionômeros
1. Alguma expansão a partir de misturas de detergente e álcool
2. Deve ser estabilizado para uso externo
3. Temperatura de serviço de 72 °C [161 °F]
4. Deve competir com as poliolefinas mais baratas

Plásticos de barreira de nitrila

Formulações de copolímeros contendo uma funcionalidade de nitrila (C≡N) de mais de 50% são chamadas de polímeros de nitrila.

Estes plásticos oferecem permeabilidade muito baixa e formam uma barreira contra gases e odores. Esta propriedade é o resultado do alto conteúdo de nitrila. A transparência e a processabilidade deles os tornam um bom candidato para uso como recipientes.

Cada fabricante de plástico de barreira de nitrila varia a formulação.

Muitas combinações são baseadas na acrilonitrila (AN ou metacrilonitrila). Algumas formulações podem atingir 75% de AN. Todas as formulações são amorfas com uma ligeira matiz amarela. As composições de monômeros aproximadas de barreira nitrila são mostradas na Tabela E-8. O produto de Borg-Warner, *Cyclopac 930*®, contém mais de 64% de acrilonitrila, 6% de butadieno e 21% de estireno.

Embora sejam sensíveis ao calor, os plásticos de barreira de nitrila têm sido usados com todas as técnicas de processamento de termoplástico (Tabela E-9).

Estes plásticos têm sido usados em recipientes de bebidas, pacotes de alimentos e recipientes para muitos fluidos não alimentícios.

Os monômeros residuais de AN de recipientes de alimentos não podem exceder a 0,10 ppm.

Tabela E-9 – Propriedades de plásticos de barreira

Propriedade	Barreira de nitrila (padrões)
Qualidades de moldagem	Boa
Densidade relativa	1,15
Resistência elástica, MPa	62
(psi)	(9.000)
Resistência ao impacto, Izod, J/mm	0,075–0,2
(pés-lb/pol)	(1,5–4)
Dureza, Rockwell	M72–78
Expansão térmica, (10^{-4}/°C)	16,89
Resistência ao calor, °C	70–100
(°F)	(158–212)
Resistência dielétrica, V/mm	8.660
Constante dielétrica (a 60 Hz)	4,55
Fator de dissipação (a 60 Hz)	0,07
Absorção de água (24 h), %	0,28
Taxa de queima, mm/min	—
Efeito da luz do Sol	Ligeiro amarelamento
Efeito de ácidos	Nenhum/atacado
Efeito de bases	Nenhum/atacado
Efeito de solventes	Dissolve-se em acetonitrila
Qualidades para execução em máquina	Boa
Qualidades ópticas	Transparente

Tabela E-8 – Composições estimadas de plástico de barreira de nitrila

Composição	Cycopac 930 da Borg-Warner	Lo Pac da Monsanto	Sohlo Barex	DuPont NR-16	ICI LPT*
Acrilonitrila, %	65–75	65–75	65–75	65–75	65–75
Butadieno, %	5–10		5–8		
Acrilato de metila, %			20–25		
Metacrilato de metila, %			3–5		
Estireno, %	20–30	25–35		25–35	25–35

* LPT – *Low permeability thermoplastics* (termoplásticos de baixa permeabilidade).

Fenóxi

Em 1962, uma família de resinas baseada no bisfenol A e na epicloroidrina foi introduzida pela Union Carbide. Estas resinas eram chamadas de *fenóxi*, mas poderiam ser classificadas como polihidroxieteres. A estrutura do plástico lembra os policarbonatos e o material tem propriedades similares.

$$\left[-O-\underset{CH}{\overset{CH}{\underset{|}{\overset{|}{C}}}}-\bigcirc-\underset{CH}{\overset{CH}{\underset{|}{\overset{|}{C}}}}-O-\underset{H}{\overset{H}{\underset{|}{\overset{|}{C}}}}-\underset{OH}{\overset{H}{\underset{|}{\overset{|}{C}}}}-\underset{H}{\overset{H}{\underset{|}{\overset{|}{C}}}}- \right]$$

As resinas de fenóxi são feitas e vendidas como resinas de epóxi de termoplástico. Elas podem ser processadas em maquinário normal de termoplástico com temperaturas de serviço em excesso de 75 °C [170 °F].

Por causa dos grupos hidroxila reativos, as resinas de fenóxi podem ter ligações cruzadas. Os agentes de ligação cruzada podem incluir diisocianatos, anidridos, triazinas e melaninas.

Os homopolímeros têm boa resistência à deformação, alto alongamento, baixa absorção de umidade e baixa transmissão de gás, bem como alta rigidez, resistência elástica e ductibilidade. Eles encontram aplicações como revestimentos transparentes ou coloridos, itens eletrônicos moldados, cano para gás e óleo cru, equipamento esportivo, caixas de utensílios, caixas de cosméticos, adesivos e recipientes para alimentos e medicamentos.

A Tabela E-10 fornece algumas das propriedades do fenóxi.

Polialômeros

Em 1962, um plástico distintamente diferente de copolímeros simples de polietileno e polipropileno foi produzido pela Eastman. O processo chamado de *alomerismo* é conduzido por polimerização alternadamente de monômeros de etileno e propileno. O alomerismo se refere à variação da composição química sem mudança da forma cristalina. O plástico exibe a cristalinidade normalmente associada com os homopolímeros de etileno e propileno. O termo *polialômero* é usado para distinguir este plástico alternadamente segmentado de homopolímeros e copolímeros de etileno e propileno.

Embora altamente cristalino, os polialômeros podem ter uma densidade relativa tão baixa quanto 0,896. Eles estão disponíveis em várias formulações. As propriedades incluem alta rigidez, resistência ao impacto e resistência à abrasão. A flexibilidade deles tem sido usada na produção de caixas articuladas, fitas de folhas removíveis e vários outros dobradores. Os polialômeros podem ser usados como recipiente de alimento ou filmes sobre uma grande faixa de temperaturas de serviço. Eles encontram uso limitado onde outras olefinas são marginais.

Tabela E-10 – Propriedades do fenóxi

Propriedade	Fenóxi
Qualidades de moldagem	Boa
Densidade relativa	1,18–1,3
Resistência elástica, MPa	62–65
(psi)	(9.000–9.500)
Resistência ao impacto, Izod, J/mm	0,125
(pés-lb/pol)	(2,5)
Resistência ao calor, °C	80
(°F)	(175)
Constante dielétrica (a 60 Hz)	4,1
Fator de dissipação (a 60 Hz)	0,001
Absorção de água (24 h), %	0,13
Taxa de queima, mm/min	Autoextinguível
Efeito de ácidos	Resistente
Efeito de bases	Resistente
Efeito de solventes	Solúvel em cetonas
Qualidades para execução em máquina	Boa
Qualidades ópticas	Translúcido/opaco

O processamento pode ser feito em equipamento de termoplástico normal. Da mesma forma que o polietileno, os polialômeros não estão coesivamente ligados, mas podem ser soldados.

A Tabela E-11 relaciona algumas das propriedades dos polialômeros.

Poliamidas (PA)

A partir da pesquisa que começou em 1928, Wallace Hume Carothers e seus colegas concluíram que os poliésteres não eram adequados para produção

Tabela E-11 – Propriedades de polialômeros

Propriedade	Polialômero (homopolímero)
Qualidades de moldagem	Excelente
Densidade relativa	0,896–0,899
Resistência elástica, MPa	20–27
(psi)	(3.000–3.850)
Resistência ao impacto, Izod, J/mm	8,5–12,5
(pés-lb/pol)	(170–250)
Dureza, Rockwell	R50–R85
Expansão térmica, $10^{-4}/°C$	21–25
Resistência ao calor, °C	50–95
(°F)	(124–200)
Resistência dielétrica, V/mm	32.000–36.000
Constante dielétrica (a 60 Hz)	2,3–2,8
Fator de dissipação (a 60 Hz)	0,0005
Absorção de água (24 h), %	0,01
Taxa de queima	Lenta
Efeito da luz do Sol	Pouco—deve ser protegido
Efeito de ácidos	Muito resistente
Efeito de bases	Muito resistente
Efeito de solventes	Muito resistente
Qualidades para execução em máquina	Boa
Qualidades ópticas	Transparente

comercial de fibra. Carothers teve sucesso em produzir poliésteres de alta massa molecular e orientá-los pelo alongamento sob tensão. Entretanto, estas fibras ainda eram inadequadas e não podiam ser enroladas com sucesso. Os aminoácidos presentes na seda, uma fibra natural, inspiraram Carothers a estudar as poliamidas sintéticas. Das muitas formulações de aminoácidos, diaminas e ácidos dibásicos, várias se mostraram promissoras como possíveis fibras. Por volta de 1938, a primeira poliamida desenvolvida comercialmente foi introduzida pela DuPont. Era a poliamida 6,6 e ela recebeu o nome de *Náilon*. Este plástico de condensação foi chamado de Náilon 6,6 (também escrito como 66 ou 6/6) porque tanto o ácido quanto a amina contêm seis átomos de carbono.

O termo náilon veio para significar qualquer poliamida que possa ser processada em filamentos, fibras, filmes e itens moldados.

A união de amida – CONH – (amida) que se repete está presente em uma série de Náilons termoplásticos lineares:

• Náilon 6 – Policaprolactama:
$[NH(CH_2)_5CO]x$

• Náilon 6,6 – Polihexametilenodipamida:
$[NH(CH_2)_6NHCO(CH_2)_4CO]x$

• Náilon 6,10 – Polihexametilenosebacamida:
$[NH(CH_2)_6NHCO(CH_2)_8CO]x$

• Náilon 11 – Poli(ácido 11-aminoundecanoico):
$[NH(CH_2)_{10}CO]x$

• Náilon 12 – Poli(ácido 12-aminododecanoico):
$[NH(CH_2)_{11}CO]x$

Existem vários tipos de náilon disponíveis atualmente, incluindo Náilon 8, 9 e 46 e copolímeros de diaminas e ácidos mais sofisticados. Nos Estados Unidos, o Náilon 6,6 e o Náilon 6 são de longe os mais usados. As propriedades dos náilons podem também ser variadas introduzindo aditivos. As resinas de poliamidas contendo amino reagirão com um número de materiais e ligações cruzadas, reações de termocurado são possíveis.

Embora desenvolvido principalmente como fibras, as poliamidas encontram usos como compostos de moldagem, extrusões, revestimentos, adesivos e materiais de fundição. Os acetais e fluorocarbonetos compartilham algumas das mesmas propriedades e usos que a poliamida. As resinas de poliamidas são caras. Elas são selecionadas quando outras resinas não satisfarão as exigências de serviço. As resinas de acetal são superiores na tolerância à fadiga, na resistência à deformação e na resistência à água. Os náilons têm encontrado competição crescente destas resinas.

Os compostos de moldagem foram oferecidos em 1941 e têm crescido nas aplicações. Eles estão entre os mais resistentes materiais plásticos. Os náilons são autolubrificantes, impenetráveis à maioria dos produtos químicos e altamente impermeáveis ao oxigênio. Eles

$$NH_2(CH_2)_6NH_2 + COOH(CH_2)_4COOH \longrightarrow$$
Hexametilenodiamina   *Ácido adípico*

$$\longrightarrow n[NH_2(CH_2)_6NH\cdot CO(CH_2)_4COOH] \longrightarrow calor \longrightarrow$$
Sal de náilon

$$\longrightarrow [NH(CH_2)_4NH.CO(CH_2)_4CO]_n - + nH_2O$$
Cadeia polimérica de náilon 6,6

não são atacados por fungos e bactérias. As poliamidas podem ser usadas em recipientes de alimentos.

As maiores aplicações dos compostos homopolímeros de moldagem (Náilons 6, 6,6, 6,10, 11 e 12) incluem engrenagens, anéis, suportes, válvulas, assentos, pentes, rodízio de móveis e prendedor de porta. Eles são usados onde se necessita de resistência ao uso, operação em silêncio e baixo coeficiente de fricção.

Por causa da estrutura cristalina delas, os produtos de poliamida têm uma aparência leitosa opaca (Figura E-26). Os filmes transparentes podem ser obtidos a partir do Náilon 6 e 6,6 se eles forem esfriados muito rapidamente. As poliamidas são materiais amorfos límpidos quando fundidos. Com o resfriamento, se cristalizam e tornam-se nebulosas. Esta cristalinidade contribui para a rigidez, a resistência e a resistência ao calor. As poliamidas são mais difíceis de processar que outros materiais termoplásticos.

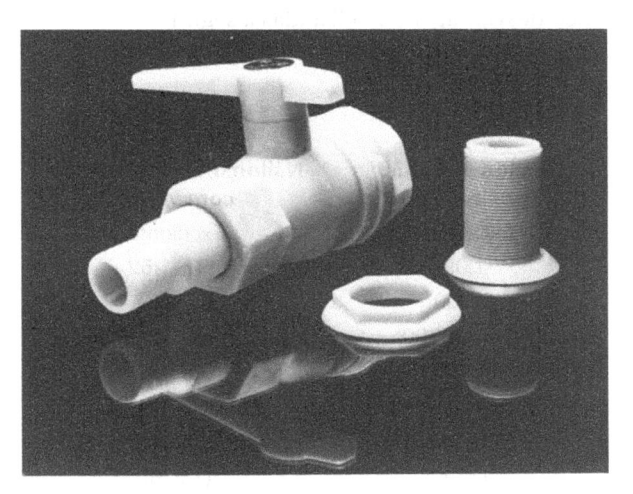

Figura E-26 – Os produtos de poliamida têm uma aparência opaca leitosa como visto nesta válvula de encaixe. (DuPont Co.)

Todo equipamento de processamento de termoplástico pode ser usado, mas temperaturas de processamento razoavelmente altas são necessárias. O ponto de fusão de uma poliamida é abrupto ou brusco; isto é, as poliamidas não amolecem ou fundem em uma faixa larga de temperaturas (Figura E-27). Quando têm energia suficiente para superar as atrações cristalinas e moleculares, elas de repente tornam-se líquidas e podem ser processadas. Uma vez que todos os náilons absorvem água, eles são secos antes da moldagem. Isto garante as propriedades físicas desejadas no produto moldado.

Filmes extruídos e soprados são usados para acondicionar óleos, graxa, queijo, bacon e outros produtos em que é essencial a baixa permeabilidade aos gases. Uma nova aplicação da especialidade de náilon age como uma camada de barreira em recipientes. A Figura E-28 mostra vários recipientes que contêm uma barreira transparente de náilon para prevenir que os gases permeiem as paredes do recipiente e entrem nos seus conteúdos. As altas temperaturas de serviço do filme de náilon são usadas para ferver e assar, no recipiente, produtos alimentícios. Embora as poliamidas sejam higroscópicas (absorvam água), elas encontram aplicações como isolantes elétricos.

O Náilon 11 pode ser usado como um revestimento protetor em substratos metálicos. As poliamidas são usadas em uma forma de pó usando processos de pulverização ou de leito fluidizado. Os usos típicos incluem rolos, hastes, corrediças de painéis, filetes, propulsores de bomba e suportes. As dispersões em água e em solventes orgânicos de resina de poliamida permitem determinadas aplicações de adesivo e revestimento em papéis, madeira e tecidos.

Figura E-27 – Um radiador automotivo pode ser feito de poliamida porque ela não fundirá em uma faixa larga de temperatura.

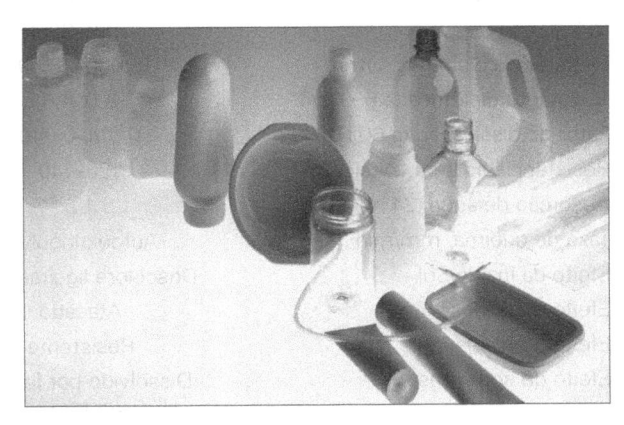

Figura E-28 – Estes recipientes têm camadas de barreira de MXD6, um material de náilon especial feito pela Mitsubishi Gás Chemical Company. (Cortesia de Vancom e Partners)

Os adesivos baseados em poliamida podem ser o tipo fundido quente ou de solução. Os adesivos de fundido quente são simplesmente aquecidos acima do ponto de fusão e aplicados. As resinas de aminopoliamida podem reagir com resinas epóxi ou fenólica para produzir adesivo termocurado. Estes adesivos encontram uso em colar madeira, laminados de papel e alumínio, bem como colar cobre a placas de circuitos impressos. Eles são usados como adesivos flexíveis em embalagens de pão, pacotes de sopa desidratada, pacotes de cigarro e encadernações. As combinações poliamida-epóxi são usadas como sistemas de duas partes nas aplicações de fundição, tais como embalagem e encapsulação de componentes elétricos. Quando combinadas com pigmentos e outros agentes modificantes, as poliamidas podem ser usadas como tinta de impressão. Os usos das poliamidas em tecidos e tapetes são bem conhecidos e precisam de um pouco de discussão.

Roupas, tendas leves, cortinas de chuveiro e sombrinhas estão entre os produtos feitos de náilon. Monofilamentos, multifilamentos e fibras principais são feitos por rotação do fundido. Isto é seguido pelo esticamento frio para aumentar a resistência à tensão e a elasticidade. Os monofilamentos são usados em linhas de pesca, suturas cirúrgicas, cordões de pneus, corda, equipamento esportivo, escovas, cabelo artificial humano e pele sintética de animal.

As poliamidas são facilmente trabalhadas em máquina, mas furar ou mandrilar buracos provavelmente serão ligeiramente alargados devido à elasticidade do material.

A poliamida de cimento é difícil porque é resitente ao solvente. Entretanto, fenóis e ácido fórmico são solventes específicos que são usados nas poliamidas de cimento. As resinas epóxi também são empregadas para este propósito.

Algumas das características básicas das poliamidas são mostradas na Tabela E-12. Sete vantagens e cinco desvantagens são listadas a seguir:

Tabela E-12 – Propriedades das poliamidas

Propriedade	Náilon 6,6 (não preenchido)	Náilon 6,10 (não preenchido)	Náilon 6,10 (preenchido com vidro)
Qualidades de moldagem	Excelente	Excelente	Excelente
Densidade relativa	1,13–1,15	1,09	1,17–1,52
Resistência elástica, MPa	62–82	58–60	89–240
(psi)	(9.000–12.000)	(8.500–8.600)	(13.000–35.000)
Resistência à compressão, MPa	46–86	46–90	90–165
(psi)	(6.700–12.500)	(6.700–13.000)	(13.000–24.000)
Resistência ao impacto, Izod, J/mm	0,05–0,1	0,06	0,06–0,3
(pés-lb/pol)	(1,0–2,0)	(1,2)	(1,2–6)
Dureza, Rockwell	R108–R120	R111	M94, E75
Expansão térmica, 10^{-4}/°C	20	23	3–8
Resistência ao calor, °C	80–150	80–120	150–205
(°F)	(180–300)	(180–250)	(300–400)
Resistência dielétrica, V/mm	15.000–18.500	13.500–19.000	16.000–20.000
Constante dielétrica (a 60 Hz)	4,0–4,6	3,9	4,0–4,6
Fator de dissipação (a 60 Hz)	0,014–0,040	0,04	0,001–0,025
Resistência ao arco voltaico, s	130–140	100–140	92–148
Absorção de água (24 h), %	1,5	0,4	0,2–2
Taxa de queima, mm/min	Autoextinguível	Autoextinguível	Autoextinguível
Efeito da luz do Sol	Descolore ligeiramente	Descolore ligeiramente	Descolore ligeiramente
Efeito de ácidos	Atacado	Atacado	Atacado
Efeito de bases	Resistente	Nenhum	Nenhum
Efeito de solventes	Dissolvido por fenol & ácido fórmico	Dissolvido por fenóis	Dissolvido por fenóis
Qualidades para execução em máquina	Excelente	Regular	Regular
Qualidades ópticas	Translúcido/opaco	Translúcido/opaco	Translúcido/opaco

Vantagens das poliamidas (náilon)
1. Flexível, forte e resistente ao impacto
2. Baixo coeficiente de fricção
3. Resistência à abrasão
4. Resistência a altas temperaturas
5. Processável por métodos termoplásticos
6. Boa resistência a solvente
7. Resistência a bases

Desvantagens das poliamidas
1. Alta absorção de umidade com instabilidade dimensional
2. Sujeita ao ataque por ácidos fortes e agentes oxidantes
3. Requer estabilização de ultravioleta
4. Alto encolhimento nas seções moldadas
5. Propriedades mecânicas e elétricas influenciadas por conteúdo de umidade

Policarbonatos (PC)

Um importante material usado na produção de plástico é o fenol. Ele é usado na produção de resinas de fenólico, de poliamida, de epóxi, de óxido de polifenileno e de policarbonato.

O fenol é um composto que tem um grupo hidroxila ligado a um anel aromático. Algumas vezes ele é chamado de *monohidroxi benzeno*, C_6H_5OH.

O bisfenol A (dois fenóis e acetona), um ingrediente vital na produção de policarbonatos, pode ser preparado combinando-se acetona com fenol (Figura E-29).

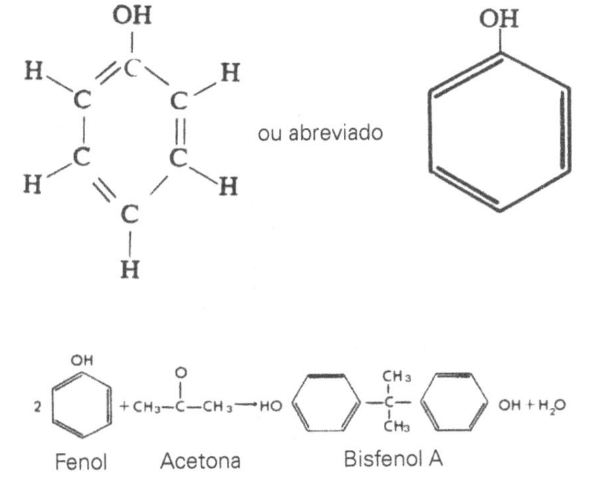

Figura E-29 – Preparação do bisfenol A.

O bisfenol A é, algumas vezes, chamado de difenilol propano ou bis-dimetilmetano.

Os policarbonatos são poliésteres lineares e amorfos porque eles contêm ésteres de ácido carbônico e um bisfenol aromático.

Outro material importante usado na produção de policarbonato é o fosgênio. O fosgênio, um gás venenoso, foi usado na Primeira Guerra Mundial.

Em 1898, A. Einhorn preparou um material de policarbonato a partir da reação de resorcinol e fosgênio. Tanto W. H. Carothers quanto F. J. Natta realizaram pesquisa em um número de policarbonatos usando reações de éster.

A pesquisa continuou depois da Segunda Guerra Mundial na Alemanha por Farbenfabriken Bayer e pela General Eletric nos Estados Unidos. Por volta de 1957, ambos tinham realizado a produção de policarbonatos produzidos a partir do bisfenol A. O volume de produção nos Estados Unidos não começou até 1959.

Existem dois métodos gerais de preparação de policarbonatos. O método mais comum é reagir bisfenol A purificado com fosgênio sob condições alcalinas (Figura E-30). Um método alternativo envolve a reação de bisfenol A purificado com carbonato de difenila (meta-carbonato) na presença de catalisadores sob vácuo (Figura E-31).

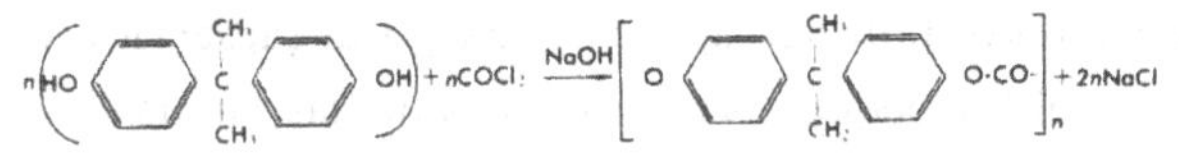

Figura E-30 – O primeiro método usado para preparar policarbonatos.

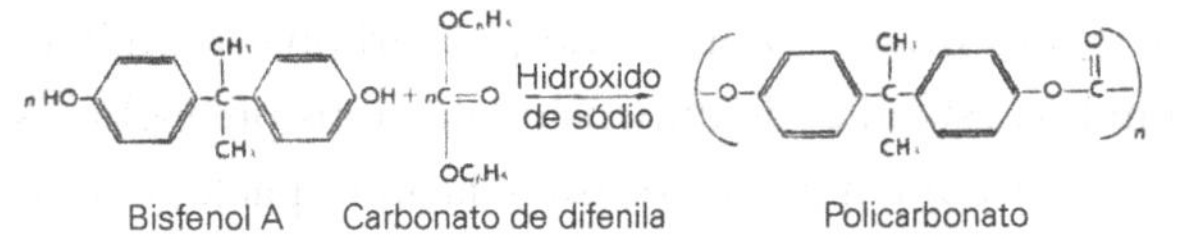

Figura E-31 – O segundo método usado para preparar policarbonatos.

A pureza do bisfenol A é vital se o plástico tiver que possuir alta clareza e cadeias lineares longas sem substâncias de ligação cruzada.

O processo de fosgenação é preferido porque pode ser realizado em temperaturas baixas usando tecnologia e equipamento simples. O processo necessita de recuperação de solventes e sais inorgânicos. Entretanto, o produto é comparativamente alto em custo usando outro método.

Os policarbonatos podem ser processados usando todos os métodos normais de termoplástico. A resistência ao calor e altas temperaturas de fusão exigem temperaturas de processamento mais altas. A temperatura de moldagem é muito crítica e deve ser controlada exatamente para produções úteis. Os policarbonatos são sensíveis à hidrólise em temperaturas de processamento altas. Os compostos devem ser secos, ou deve-se usar equipamento de cilindro de ventilação, porque a água provocará bolhas bem como outras manchas nos itens. As propriedades únicas dos policarbonatos são devido aos grupos carbonatos e à presença dos anéis de benzeno na cadeia molecular longa e repetitiva. As propriedades do policarbonato incluem alta resistência ao impacto, transparência, excelente resistência à deformação, limites de temperatura amplos, alta estabilidade dimensional, boas características elétricas e comportamento de autoextinção. Graus de transparência consistentes são usados em lentes, filmes, para-brisas, instalação de luz, recipientes, componentes de utensílios e discos compactos (Figura E-32). A resistência à temperatura é útil em cabos de prato quente, potes de café, tampas de pipoqueiras, secadores de cabelo e caixas de utensílios. Estes plásticos têm excelente propriedades de − 170 °C a + 132 °C [− 275 °F a + 270 °F]. Os policarbonatos fornecem a resistência ao impacto e a dobra necessária em propulsores de bomba, capacetes de segurança, servidores de bebidas, pequenos utensílios, bandejas, sinais, itens de aeronaves, câmeras e vários usos de embalagem e filme. Os pacotes coextruídos são usados em bandejas seguras para alimentos em forno e congelados e sacos de micro-ondas. Os itens de policarbonato também têm boa estabilidade dimensional. Graus preenchidos com vidro melhoram a resistência ao impacto, à umidade e a produtos químicos.

A maioria dos solventes aromáticos, ésteres e cetonas atacará os policarbonatos. Os hidrocarbonetos clorados são usados como cimentos de solventes para ligações coesivas.

Existem várias centenas de variações na estutura de policarbonatos. A estrutura pode ser mudada pela substituição de vários radicais como grupos laterais ou separando-se os anéis de benzeno por mais de um átomo de carbono. Algumas combinações estruturais possíveis são mostradas na Figura E-33.

Algumas das propriedades dos policarbonatos estão listadas na Tabela E-13. A seguir são indicadas as cinco vantagens e as quatro desvantagens:

Vantagens dos policarbonatos
1. Alta resistência ao impacto
2. Excelente resistência à deformação
3. Disponível em graus transparentes
4. Temperatura de aplicação contínua acima de 120 °C [248 °F]
5. Estabilidade dimensional muito boa

Desvantagens dos policarbonatos
1. Altas temperaturas de processamento
2. Resistência a bases ruim
3. Sujeito à fissura por solvente
4. Necessita de estabilização de ultravioleta

Figura E-32 – Este pequeno disco compacto de policarbonato armazena imagens em uma câmera digital.

Figura E-33 – Possíveis combinações de policarbonatos.

Tabela E-13 – Propriedades de policarbonatos

Propriedade	Policarbonato (não preenchido)	Policarbonato (preenchido com 10%–40% de vidro)
Qualidades de moldagem	Boa/excelente	Muito boa
Densidade relativa	1,2	1,24–1,52
Resistência elástica, MPa	55–65	83–172
(psi)	(8.000–9.500)	(12.000–25.000)
Resistência à compressão, MPa	71–75	90–145
(psi)	(10.300–10.800)	(13.000–21.000)
Resistência ao impacto, Izod (pés-lb/pol)	0,6–0,9	0,06–0,325
J/mm	(12–18)	(1,2–6,5)
Medida de barra	12,7 x 3,175 mm	6,35 x 12,7 mm
Durezas, Rockwell	M73–78, R115, R125	M88–M95
Expansão térmica, (10^{-4}/°C)	16,8	4,3–10
Resistência ao calor, °C	120	135
(°F)	(250)	(275)
Resistência dielétrica, V/mm	15.500	18.000
Constante dielétrica (a 60 Hz)	2,97–3,17	3,0–3,53
Fator de dissipação (a 60 Hz)	0,0009	0,0009–0,0013
Resistência a arco voltaico, s	10–120	5–120
Absorção de água (24 h), %	0,15–0,18	0,07–0,20
Taxa de queima, mm/min	Autoextinguível	Lenta 20–30
(pol/min)		(0,8–1,2)
Efeito da luz do Sol	Pouco	Pouco
Efeito de ácidos	Atacado lentamente	Atacado por ácidos oxidantes
Efeito de bases	Atacado	Atacado
Efeito de solventes	Solúvel em hidrocarbonetos aromáticos e clorados	Solúvel em hidrocarbonetos aromáticos e clorados
Qualidades para execução em máquina	Excelente	Regular
Qualidades ópticas	Translúcido/opaco	Transparente/opaco

Polietereetercetona (PEEK)

A estrutura totalmente aromática de PEEK contribui para alta resistência à alta temperatura deste termoplástico cristalino. A unidade básica repetitiva está apresentada na Figura E-34. O PEEK pode ser processado fundido em equipamento convencional de termoplástico. As aplicações incluem revestimentos em fio e compósitos de alta temperatura para componentes de aeronaves e aviões.

Polieterimida (PEI)

A polieterimida (PEI) é um termoplástico amorfo baseado em unidades de éter e imida que se repetem. A estrutura química geral destes polímeros é mostrada na Figura E-35. Graus reforçados e preenchidos podem melhorar a elasticidade, a resistência à temperatura e à deformação. Todos os graus são processados em equipamento convencional. As aplicações típicas incluem componentes de motor de jato, panelas para forno, conjunto de circuitos flexíveis, estruturas de compósitos para aviões e embalagem de alimento.

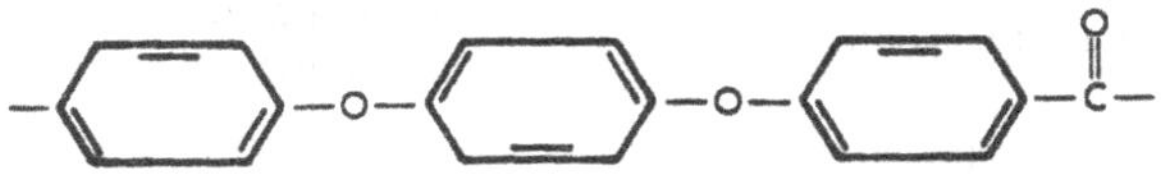

Figura E-34 – A estrutura química geral da polieterimida.

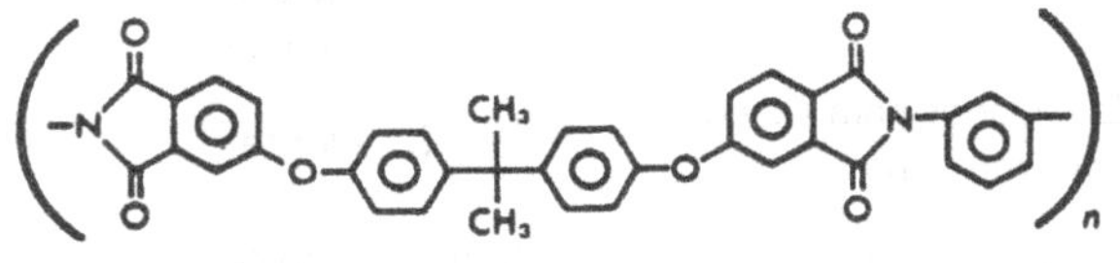

Figura E-35 – Estrutura química do PEEK.

Poliésteres termoplásticos

O grupo de poliésteres termoplásticos de plástico inclui poliésteres saturados e poliésteres aromáticos. Os nomes de mercado familiares de poliésteres saturados são Dracon e Mylar.

Poliésteres saturados

Os poliésteres saturados são baseados na reação de ácido terftálico ($C_6H_4(COOH)_2$) e etileno glicol (($CH_2)_2(OH)_2$). Eles são polímeros lineares com alta massa molecular (Tabela E-14). Os poliésteres saturados são usados na produção de filme e fibra. W. H.

Tabela E-14 – Propriedades de poliésteres termoplásticos: poliéster saturado

Propriedade	Tereftalato de polietileno (PETP oo PET)	Tereftalato de polibutileno (PBTP) (não preenchido)	Aromático linear (decompõe-se a 550)	Aromático linear (grau de injeção)
Qualidades de moldagem	Boa	Boa	Precipita	Boa
Densidade relativa	1,34–1,39	1,31–1,38	1,45	1,39
Resistência elástica, MPa	59–72	56	17	20
(psi)	(8.550–10.500)	(8.100)	(2.500)	(2.900)
Resistência à compressão, MPa	76–128	59–100	76–105	68
(psi)	(11.025–18.130)	(8.550–14.500)	(11.025–15.230)	(9.860)
Resistência ao impacto, Izod (pés-lb/pol)	0,01–0,04	0,04–0,05		0,08
J/mm	(0,2–0,8)	(0,8–1)		(1,6)
Durezas	Rockwell M94–M101	Rockwell M68–M98	Shore D88	—
Expansão térmica, (10^{-4}/°C)	15,2–24	155	7,1	7,36
Resistência ao calor, °C	80–120	50–90		280
(°F)	(176–248)	(122–194)		(536)
Resistência dielétrica, V/mm	13.780–15.750	16.500		13.750
Constante dielétrica (a 60 Hz)	3,65	3,29		3,22
Fator de dissipação (a 60 Hz)	0,0055			0,0046
Resistência a arco voltaico, s	40–120	75–192		100
Absorção de água (24 h), %	0,02	0,08		0,01
Taxa de queima, mm/min	Queima lentamente	10		
Efeito da luz do Sol	Descolore ligeiramente	Descolore	Nenhum	
Efeito de ácidos	Atacado por ácidos oxidantes	Atacado	Pouco	Pouco
Efeito de bases		Atacado	Atacado	Atacado
Efeito de solventes	Atacado por hidrocarbonetos halogenados	Resistente	Resistente	Resistente
Qualidades para execução em máquina	Excelente	Regular	Regular	Boa
Qualidades ópticas	Transparente/opaco	Opaco	Opaco	Translúcido

Carothers fez sua pesquisa básica com poliésteres lineares. Depois de vários anos, ele parou de tentar produzir fibras de poliéster e começou a investigar as poliamidas sintéticas.

O *tereftalato de polietileno* (PET) pode ser produzido por polimerização de condensação de fundido a partir do ácido terftálico ou terftalato de dimetila e etileno glicol.

Para reduzir a cristalinidade, o PET pode ser copolimerizado. Os copolímeros de PET modificado de glicol são chamados de PETG. Garrafas transparentes de xampu e detergente são aplicações familiares. O copoliéster PCTA é produzido a partir de ciclohexanodimetanol, ácido tereftálico (TPA) e outros ácidos dibásicos (Figura E-36).

Este plástico tem sido usado para embalagem de alimento, fibras de roupas, tapetes e cordões de pneus por aproximadamente 20 anos. O PET domina a embalagem de bebidas carbonatadas por causa de sua relativamente baixa permeabilidade ao gás e facilidade e economia no processamento. Muitos recipientes de bebidas carbonatadas usam um processo de duas etapas que envolvem moldar por injeção uma pré-forma e, então, esticá-la por sopro para a forma final. A Figura E-37 mostra um projeto de pré-forma comum.

Muitas aplicações exigem que o PET seja orientado e cristalino para propriedades otimizadas. Os processos de orientação são atingidos de 100 ºC a 120 ºC [212 ºF a 248 ºF], ou ligeiramente acima da temperatura de transição de vidro (T_g).

O PET é usado para fibras sintéticas, filme fotográfico, fitas de vídeo, recipientes para forno dual, fitas magnéticas e de computador e inúmeras garrafas de bebidas, incluindo bebidas alcoólicas destiladas. Graus reforçados e preenchidos são usados em engrenagens, grelhas de ventilação frontal, interruptores elétricos e itens esportivos.

Uma vez que o volume de PET reciclado tem crescido dramaticamente nos últimos anos, os produtos usando PET reciclado têm se tornado familiar. A Figura E-38 mostra uma das aplicações de PET reciclado em itens de caminhão.

O *tereftalato de polibutileno* (PBT) ou tereftalato de politetrametileno (PTMT) foi introduzido em 1962. O etileno glicol, um anticongelante automotivo, é também um dos principais materiais usados na produção de fibras de poliéster. O desenvolvimento original começou na Inglaterra pela Imperial Chemical Industries (ICI). Por volta de 1953, a DuPont tinha comprado os direitos de desenvolver as fibras de Dracon. Os graus de extrusão e injeção estavam no mercado por volta de 1969.

Os poliésteres saturados (não reativos) não sofrem ligação cruzada. Estes poliésteres lineares são termoplásticos. Vestuário e tecidos são usos comuns destas fibras. Os usos industriais podem incluir reforços para esteiras e pneus.

Figura E-36 – A claridade dos recipientes de PET expõem o conteúdo ao dano da luz UV. Os aditivos químicos podem reduzir a perda de cor. (Ciba Specialty Chemicals)

Figura E-37 – Caixa de roda feita de garrafas de refrigerante reciclada. (Cortesia do Lavergne Group)

Figura E-38 – Este reforço de abertura de grade (GOR) é feito de PET reciclado que foi composto com fibras de vidro para aumentar a resistência e dureza. (Cortesia do Lavergne Group)

Os filmes de poliéster são usados em fita de gravação, isolantes dielétricos, filme fotográfico e produtos alimentícios aquecidos no pacote.

Por causa da natureza termoplástica deles, os compostos baseados em PET e PBT saturado podem ser moldados por injeção ou extrusão.

Nomes de mercado bem conhecidos incluem Terylene®, Dracon, fibras Kodel e filme Mylar. Outros usos incluem engrenagens, casquetes distribuidores, rotores, caixas de utensílios, roldanas, itens de interruptor, móveis, extensões de para-lama e embalamento. A seguir são listadas duas vantagens e três desvantagens dos poliésteres saturados:

Vantagens dos poliésteres saturados
1. Flexível e rígido
2. Processável por métodos termoplásticos

Desvantagens dos poliésteres saturados
1. Sujeito ao ataque por ácidos e bases
2. Baixa resistência térmica
3. Resistência ruim a solvente

Poliésteres aromáticos

Em 1971 e 1974, os poliésteres de oxibenzoila foram introduzidos pela Carborundum sob os nomes registrados de Ekonol® e Ekcel®. Ambos materiais são cadeias lineares de unidades de *p*-oxibenzoila. Uma vez que o Ekonol não funde abaixo de sua temperatura de decomposição, ele deve ser sintetizado, moldado por compressão ou pulverizado por plasma. O Ekcel pode ser processado por equipamento de injeção e extrusão. A estabilidade à alta temperatura, rigidez e condutividade térmica são propriedades importantes.

Algumas formulações podem ser processadas fundidas, mas devem exigir temperaturas de processamento entre 300 °C e 400 °C [527 °F a 842 °F]. Os membros desta classe de materiais são, algumas vezes, chamados de polímeros de cristal líquido (LCP) nemáticos e anisotrópicos ou polímeros autorreforçantes. Estes termos tentam descrever a formação de cadeias fibrosas firmemente empacotadas durante a fase de fundido. É a cadeia fibrosa que fornece ao polímero suas qualidades autorreforçantes. Os itens devem ser projetados para acomodar as características anisotrópicas do LCP. As aplicações incluem bombas químicas, panéis para forno, itens de motor e componentes de aeronaves espaciais.

Os usos típicos incluem suportes, selos, assentos de válvula, rotores, itens de alto desempenho de aeronaves e automóveis, componentes de isolamento elétrico e revestimentos para panelas.

Em 1978, o *poliarilato* foi introduzido. Este plástico de cor âmbar é feito de ácido, tereftálico e bisfenol A.

Os poliarilatos são materiais termoplásticos de poliésteres. O termo *aril* refere-se ao grupo fenila derivado de um composto aromático. Um número de graus de liga e enchimento está disponível.

O poriarilato deve ser seco antes do início da moldagem de injeção e extrusão. Ele tem excelente resistência térmica ao ultravioleta e à deflexão de calor. As aplicações incluem a vitrificação, caixas de utensílios, conectores elétricos e acessórios de fixação de luz, esmaltagem exterior, lentes de lâmpadas halógenas e panéis selecionados de micro-ondas.

As propriedades típicas são mostradas na Tabela E-15.

Tabela E-15 – Propriedades do poliarilato

Propriedade	Poliarilato
Qualidades de moldagem	Boa
Densidade relativa	1,21
Resistência elástica, MPa	48–75
(psi)	(6.962–10.879)
Resistência ao impacto, Izod (6 mm), J/mm	0,24
(pés-lb/pol)	(4)
Durezas, Rockwell	R105
Temperatura de deflexão, (a 1,82 MPa ou 264 psi), °C	280
(°F)	(536)
Absorção de água (24 h), %	0,01
Índice refrativo óptico	1,64

Poliimidas termoplásticas

As poliimidas foram desenvolvidas pela DuPont em 1962. Elas são obtidas a partir da polimerização de condensação de um dianidrido aromático e uma diamina aromática (Figura E-39). As poliimidas são lineares e termoplásticos e são difíceis de processar. Elas podem ser moldadas deixando-se tempo suficiente para o fluxo ocorrer assim que a temperatura de transição do vidro é excedida. Muitas poliimidas

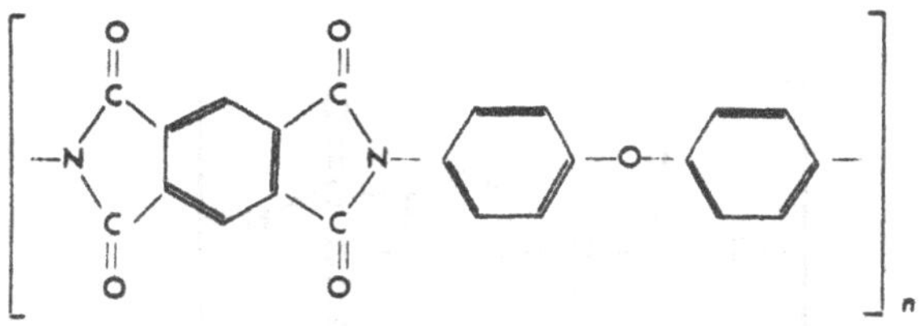

Figura E-39 – Estrutura básica da poliimida.

não fundem, mas devem ser fabricadas por maquinário ou outros métodos de formagem.

A polimerização adicional fornece plástico com resistência ao calor ligeiramente mais baixa que a polimerização de condensação.

As poliimidas competem com vários fluorocarbonetos nas aplicações que exigem baixa fricção, boa resistência, rigidez, alta resistência dielétrica e resistência ao calor. Elas possuem boa resistência à radiação, mas são superadas na resistência química pelos fluoroplásticos. A poliimida é atacada por soluções de base forte, hidrazina, dióxido de nitrogênio e compostos de amina secundária.

Embora cara e difícil de processar, as poliimidas são usadas na fabricação de aeronaves espaciais, eletrônicos, usina nuclear, escritório e equipamento industrial. Outros itens fabricados incluem assento de válvula, gaxetas, anéis de pistão, arruelas de propulsores de mancais. Os filmes são feitos por um processo de fundição (normalmente na forma de prepolímero). Elas são usadas para laminados, dielétricos e revestimentos.

A poliimida pode ser aplicada como um líquido quente com equipamento de pulverização eletrostática. Após a cura e o cozimento a 290 °C [550 °F], a poliimida forma um acabamento duro e brilho flexível similar a porcelana.

O contato prolongado com esta resina e seus redutores podem provocar sérias rachaduras na pele dos trabalhadores. Os solventes não são mais tóxicos que outros aromáticos.

A Tabela E-16 fornece algumas propriedades das poliimidas. A lista a seguir relaciona seis vantagens e desvantagens das poliimidas:

Vantagens da poliimida

1. Capacidade de exposição curta a temperatura de 315 °C a 371 °C [de 600 °F a 700 °F]
2. Excelente barreira

Tabela E-16 – Propriedades das poliimidas

Propriedade	Poliimida (não preenchida)
Qualidades de moldagem	Boa
Densidade relativa	1,43
Resistência elástica, MPa	70
(psi)	(10.000)
Resistência à compressão, MPa	> 165
(psi)	(> 24.000)
Resistência ao impacto, Izod J/mm	0,045
(pés-lb/pol)	(0,9)
Durezas, Rockwell	E45 – E58
Resistência ao calor, °C	300
(°F)	(570)
Resistência dielétrica, V/mm	22.000
Constante dielétrica (a 60 Hz)	3,4
Resistência a arco voltaico, s	230
Absorção de água (24 h), %	0,32
Taxa de queima	Não queima
Efeito de ácidos	Resistente
Efeito de bases	Atacado
Efeito de solventes	Resistente
Qualidades de execução em máquina	Excelente
Qualidades ópticas	Opaco

3. Propriedades elétricas muito boas
4. Excelente resistência a solvente e ao uso
5. Boa capacidade de adesão
6. Especialmente adequada para a fabricação de compósitos

Desvantagens da poliimida

1. Dificuldade de fabricação
2. Higroscópico (absorve umidade)
3. Sujeito à ataque por bases
4. Custo comparativamente alto
5. Cor escura
6. Muitos tipos têm voláteis ou contêm solventes que devem ser ventilados durante a cura

Poliamida-imida (PAI)

Um membro amorfo da família da poliimida é a poliamida-imida. Ela foi comercializada em 1972 pela Amoco Chemicals sob o nome registrado de Torlon®. Este material contém anéis aromáticos e uma união de nitrogênio, como mostrado na Figura E-40. A poliamida-imida tem propriedades impressionantes

(Tabela E-17). Este material pode suportar temperaturas contínuas de 260 °C [500 °F]. Por causa de seu baixo coeficiente de fricção, temperatura de serviço e estabilidade dimensional, a poliamida-imida pode ser processada em equipamento de espaçonave, engrenagens, válvulas, filmes, laminados, acabamentos, adesivos e componentes de motor de jato (Figura E-41).

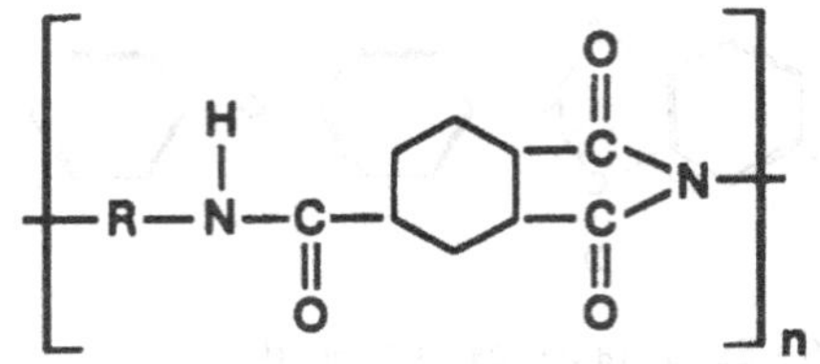

Figura E-40 – Fórmula estrutural geral de poliamida-imida.

Tabela E-17 – Propriedades de poliamina-imida

Propriedade	Poli(amida-imida) (não preenchida)
Qualidades de moldagem	Excelente
Densidade relativa	1,41
Resistência elástica, MPa	185
(psi)	(26.830)
Resistência à compressão, MPa	275
(psi)	(39.900)
Resistência ao impacto, Izod, J/mm	0,125
(pés-lb/pol)	(2,5)
Durezas, Rockwell	E78
Expansão térmica, $10^{-4}/°C$	9.144
Resistência ao calor, °C	260
(°F)	(500)
Resistência dielétrica, V/mm	>400
Constante dielétrica (a 60 Hz)	3,5
Resistência a arco voltaico, s	125
Absorção de água (24 h), %	0,28
Taxa de queima	Não queima
Efeito de ácidos	Muito resistente
Efeito de bases	Muito resistente
Efeito de solventes	Muito resistente
Qualidades de execução em máquina	Excelente

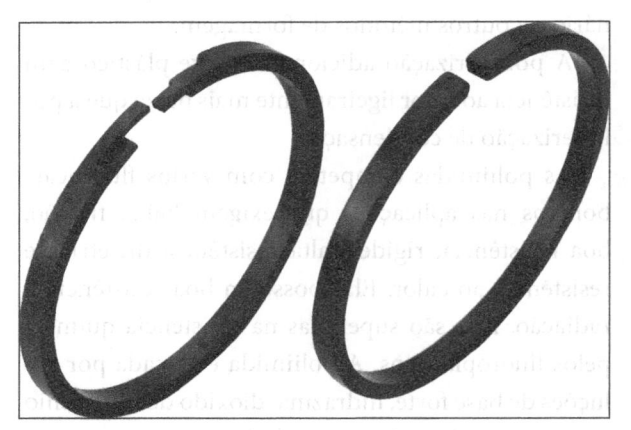

Polimetilpenteno

Este plástico é relatado como uma poliolefina alifática arranjada isotaticamente de 4-metilpenteno-1. O polimetilpenteno foi desenvolvido no laboratório em 1955. Ele não ganhou valor comercial até a Imperial Chemicals Industries, Ltd. anunciá-lo sob o nome registrado de TPX® em 1965.

Os catalisadores do tipo Ziegler são usados para polimerizar o 4-metilpenteno-1 em pressões atmosféricas (Figura E-42). Após a polimerização, os resíduos de catalisador são removidos por lavagem com álcool metílico. O material é, então, composto na

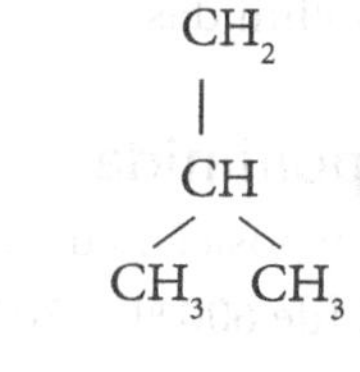

(A) Estes anéis de selo de transmissão mantêm resistência até 260 °C [500 °F]. (Solvay Advanced Polymers, LLC)

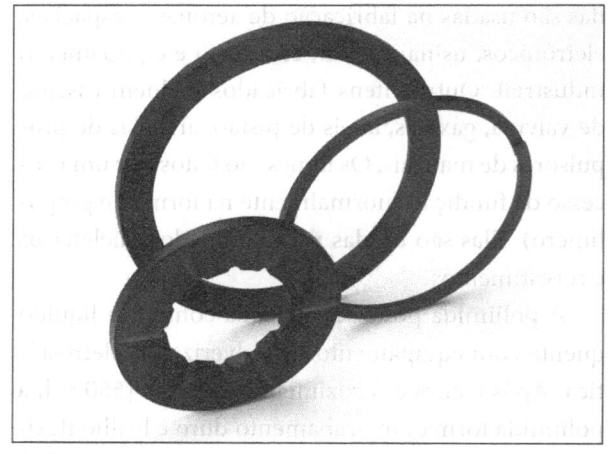

(B) Estas arruelas de propulsores de poliamida-imida têm excelente resistência à deformação. (Solvay Advanced Polymers, LLC)

Figura E-41 – Aplicações de poliamida-imida.

Figura E-42 – Poli(4-metilpenteno-1).

forma granular com estabilizadores, pigmentos, enchimentos ou outros aditivos.

As fórmulas para este tipo de plástico são mostradas na Figura E-43. Para evitar confusão, os átomos de carbono da cadeia contínua devem ser numerados. Isto foi feito nas fórmulas adiante.

A copolimerização com outras unidades de olefina (incluindo hexeno-1, octeno-1, deceno-1 e octadeceno-1) pode oferecer propriedades óticas e mecânicas melhoradas.

O poli(4-metilpenteno-1) comercial tem uma temperatura de serviço relativamente alta que pode exceder 160 °C [320 °F]. Embora o plástico seja aproximadamente 50% cristalino, ele tem um valor de transmissão de luz de 90%. O crescimento da esferulita pode ser retardado pelo rápido resfriamento da massa moldada. O empacotamento aberto da estrutura cristalina fornece ao polimetilpenteno uma densidade relativa baixa de 0,83. Isto é próximo do mínimo teórico para termoplástico.

O polimetilpenteno pode ser processado em equipamento normal de termoplástico em temperaturas de processamento que podem exceder 245 °C [470 °F].

Apesar de seu alto custo, este plástico tem encontrado usos em usinas químicas, equipamento médico de autoclave, difusores de luz, encapsulamento de componentes eletrônicos, lentes e itens de laboratório (Figura E-44). Um uso bem conhecido para este plástico é o embalamento de alimentos assado e cozido no pacote. Estes pacotes são usados nos serviços domésticos e de alimentação para companhias aéreas ou usinas de fabricação. Os alimentos embalados podem ser fervidos em água ou cozidos em fornos

$$CH_3-\underset{1}{CH}(CH_3)-\underset{2}{CH}-\underset{3}{CH_2}-\underset{4}{CH_2}-\underset{5}{CH_2}-\underset{6}{CH_3}$$

$$\underset{1}{CH_3}-\underset{2}{CH_2}-\underset{3}{CH}(CH_3)-\underset{4\,CH_2}{|}-\underset{5\,CH_3}{|}$$

Figura E-43 – Fórmulas de cadeia contínua com os átomos de carbono numerados.

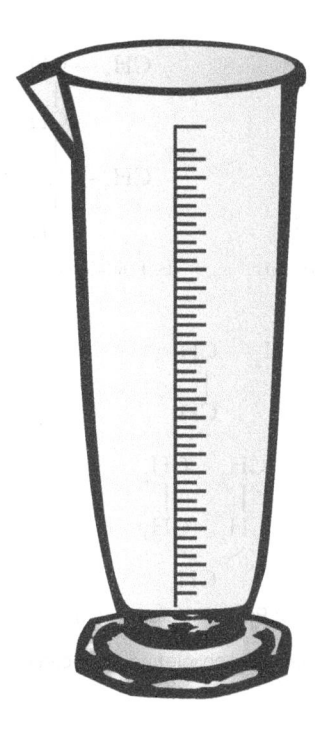

Figura E-44 – A claridade, a resistência química e a rigidez do polimetilpenteno o tornam adequado para itens de laboratório.

convencionais ou de micro-ondas. A transparência é útil em mostrar os materiais em equipamento de dispensação.

Outras poliolefinas de ramificações laterais também são possíveis. Três polímeros deste tipo são mostrados na Figura E-45. As cadeias laterais aumentam a rigidez e levam a pontos de fusão mais altos. O polivinila ciclohexano funde a aproximadamente 338 °C [640 °F]. A Tabela E-18 fornece algumas das propriedades do polimetilpenteno. Cinco vantagens e duas desvantagens do polimetilpenteno são apresentadas a seguir:

Vantagens do polimetilpenteno

1. Densidade mínima (mais baixa que do polietileno)
2. Alto valor de transmissão de luz (90%)
3. Excelentes resistividades dielétricas, de volume e fator de potência
4. Ponto de fusão mais alto que o polietileno
5. Boa resistência química

Desvantagens do polimetilpenteno

1. Deve ser estabilizado contra a maioria das fontes de radiação
2. Mais caro que o polietileno

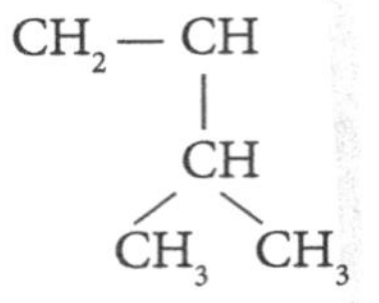

(A) Poli(3-metilbuteno-1)

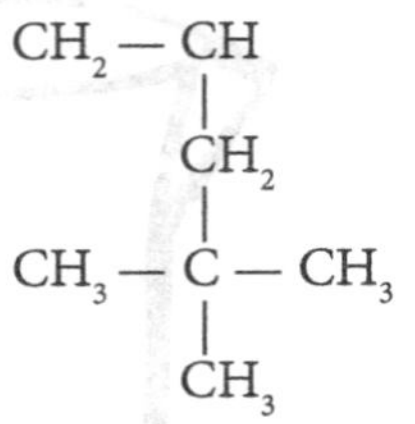

(B) Poli(4,4-dimetilpenteno-1)

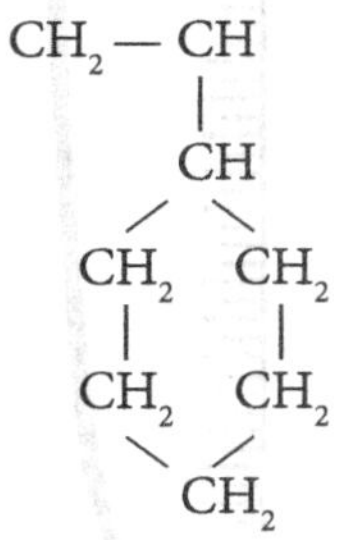

(C) Poli(vinilciclohexano)

Figura E-45 – Polímeros de poliolefina ramificada lateralmente.

Tabela E-18 – Propriedades do polimetilpenteno

Propriedade	Polimetilpenteno (não preenchido)
Qualidades de moldagem	Excelente
Densidade relativa	0,83
Resistência elástica, MPa	25–28
(psi)	(3.500–4.000)
Resistência ao impacto, Izod, J/mm	0,02–0,08
(pés-lb/pol)	(0,4–1,6)
Durezas, Rockwell	L67–74
Expansão térmica, 10^{-4}/°C	29,7
Resistência ao calor, °C	120–160
(°F)	(250–320)
Resistência dielétrica, V/mm	28.000
Constante dielétrica (a 60 Hz)	212
Fator de dissipação (a 60 Hz)	0,0007
Absorção de água (24 h), %	0,01
Taxa de queima	25
(pol/min)	(1,0)
Efeito da luz do Sol	Crazes
Efeito de ácidos	Atacado por agentes oxidantes
Efeito de bases	Resistente
Efeito de solventes	Atacado por aromáticos clorados
Qualidades de execução em máquina	Boa
Qualidades ópticas	Transparente/opaco

Poliolefinas: polietileno (PE)

O gás etileno é um membro de um grupo importante de hidrocarbonetos insaturados alifáticos chamados *olefinas* ou *alcenos*. Um *etênico* se refere a materiais de etileno. A palavra olefina significa formação de óleo.

O termo foi originalmente dado ao etileno porque o óleo era formado quando o etileno era tratado com cloro. Entretanto, olefina agora se refere a todos os hidrocarbonetos com ligações duplas lineares carbono–carbono. Devido a esta ligação, as olefinas são altamente reativas. Alguns dos principais monômeros de olefina são mostrados na Tabela E-19.

Nos Estados Unidos, o gás etileno é prontamente produzido pela quebra de hidrocarbonetos maiores de gás natural e petróleo. A importância e a relação do etileno com outros polímeros são mostradas na Figura E-46.

Entre 1879 e 1900, vários químicos fizeram experiências com polímeros de polietileno linear. Em 1900, E. Bamberger e F. Tschirner usaram o material caro diazometano para produzir polietileno linear o qual chamaram de "polimetileno".

$$2_n \left(\begin{array}{c} CH_2 \\ N \mathrel{\mathop{=\!\!\!=}} N \end{array} \right) \longrightarrow -(-CH_2-CH_2-)_n- + 2_n \cdot N_2$$

Diazometano *Polietileno*

Em 1930, W. H. Carothers e seus coautores relataram a produção de polietileno de baixa massa molecular. A viabilidade comercial do polietileno resultou da pesquisa de Dr. E. W. Fawcett e Dr. R. O. Gibson da Imperial Church Industries (ICI) na Inglaterra. Em 1933, a descoberta deles foi um resultado da investigação da reação do benzaldeído com o etileno (obtido do carvão) sob alta pressão e temperatura. Em setembro de 1939, a ICI começou a produção comercial de polietileno e as demandas da Segunda Guerra Mundial usaram todo o polietileno produzido para isolar os cabos de redes de alta frequência. Por volta de 1943, os Estados Unidos estavam produzindo polietileno usando os métodos de alta pressão desenvolvidos pela ICI. Estes antigos materiais de baixa densidade eram altamente ramificados, com um arranjo desordenado de cadeias moleculares. Os materiais de baixa densidade são mais macios, mais flexíveis e fundem a temperaturas mais baixas, portanto, podem ser mais facilmente processados. Por volta de 1954, dois novos métodos foram desenvolvidos para fabricar polietileno com densidades relativas mais altas de 0,91 a 0,97.

Tabela E-19 – Os principais monômeros de olefinas

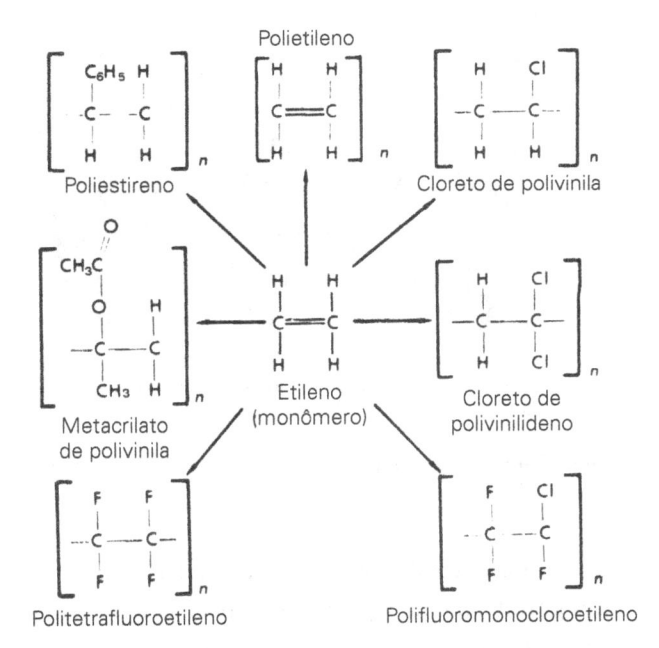

Fórmula química	Nome da olefina
H H | | C = C | | H H	Etileno
H H | | C = C | | CH_3 H	Propileno
H H | | C = C | | C_2H_5 H	Buteno-1
H H | | C = C | | H_2C H | H—C—CH_3 | CH_3	4-Metilpenteno

Figura E-46 – O monômero de etileno e sua relação com outras resinas de monômero.

Um processo, desenvolvido na Alemanha por Karl Ziegler e associados, permitiu a polimerização de etileno a baixas pressões e temperaturas, na presença de trietil alumínio e tetracloreto de titânio como catalisadores. Ao mesmo tempo, a Phillips Petroleum Company desenvolveu um processo de polimerização usando baixas pressões com um catalisador de sílica alumínio promovido por trióxido de cromo. A conversão de etileno a polietileno também pode ser atingida com um catalisador de óxido de molibdênio em um suporte de alumina e outros promotores, um processo desenvolvido pela Standard Oil of Indiana. Apenas pequenas quantidades têm sido produzidas nos Estados Unidos usando este processo.

O processo de Ziegler é usado mais extensivamente fora dos Estados Unidos, enquanto o processo da Phillips Petroleum é normalmente usado por empresas dos Estados Unidos.

O polietileno pode ser produzido com cadeias ramificadas ou lineares (Figura E-47) usando os métodos de alta pressão (ICI) ou baixa pressão (Ziegler, Phillips, Standard Oil). A diferenciação do tipo de polímero baseada nas pressões usadas para a polimerização não é empregada atualmente. A American Society for Testing na Materials (ASTM) dividiu os polietilenos em cinco grupos:

- Tipo 1 (Ramificado) 0,910 – 0,925 (baixa densidade)
- Tipo 2 0,926 – 0,940 (densidade média)
- Tipo 3 0,941 – 0,959 (alta densidade)
- Tipo 4 (linear) 0,969 e acima (alta densidade a homopolímeros de ultra alta densidade)
- Tipo 5 PE termocurado com ligação cruzada

A partir da Figura E-48, pode-se ver que as propriedades físicas dos polietilenos de baixa densidade (ramificados) e de alta densidade (lineares) são diferentes. O polietileno de baixa densidade tem cristalinidade de 60% a 70%. Os polímeros de alta densidade podem variar na cristalinidade de 75% a 90% (Figura E-49).

Com a densidade aumentada, as propriedades de rigidez, ponto de amolecimento, resistência à elasticidade, cristalinidade e resistência à deformação são aumentadas. O aumento da densidade reduz a resistência ao impacto, o alongamento, a flexibilidade e a transparência.

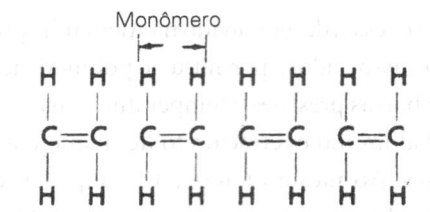

(A) Monômeros de etileno

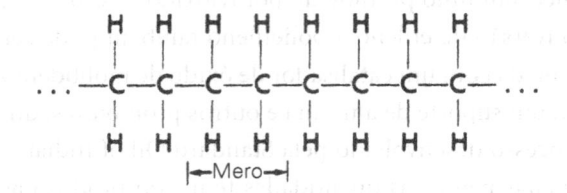

|←Mero→|

(B) Polímero contendo muitos meros C_2H_4

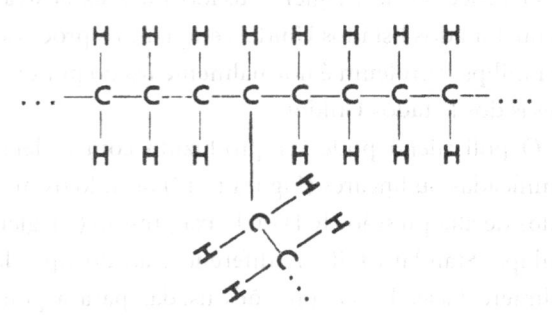

(C) Polímero com ramificação

Figura E-47 – Polimerização de adição do etileno. A ligação dupla original do monômero de etileno é quebrada, formando duas ligações para unir meros adjacentes.

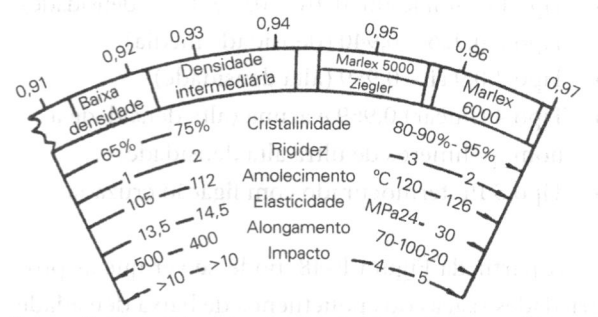

Figura E-48 – Faixa de densidade do polietileno. (Conoco Phillips Company)

(A) A micrografia eletrônica mostra as uniões de intercristalinidade unindo braços radiais de esferulita de polietileno. (Cortesia da Lucent Technologies Bell Laboratories.)

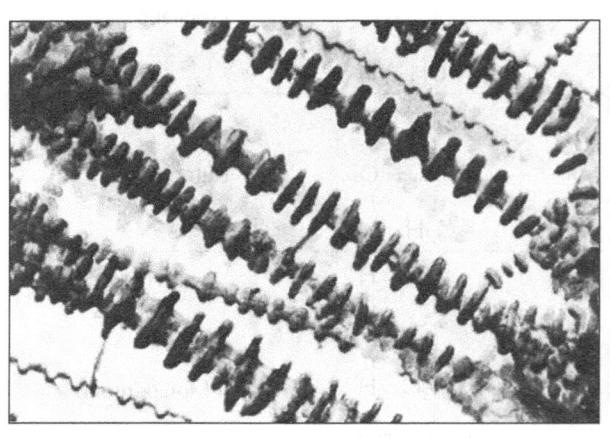

(B) Pequenos cristais em plaquetas de polietileno crescidos nas uniões intercristalinas podem ser vistos nesta micrografia eletrônica. (Cortesia da Lucent Technologies Bell Laboratories.)

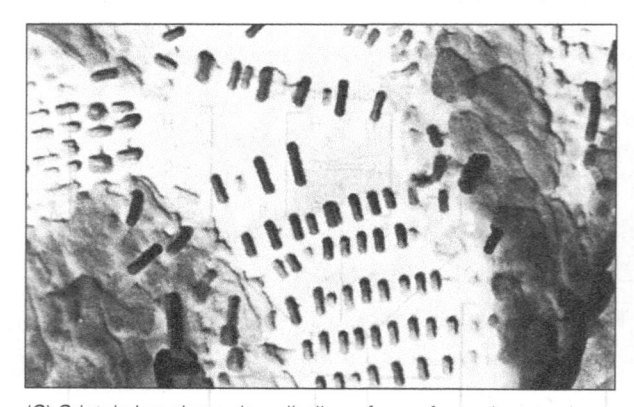

(C) Cristais lamelares de polietileno foram formados por deposição de polímero das soluções de uniões. (Cortesia da Lucent Technologies Bell Laboratories.)

Figura E-49 – Vistas de perto do polietileno. (Bell Telephone Laboratories)

As propriedades do polietileno podem ser controladas e identificadas pela massa molecular e sua distribuição. A massa molecular e a sua distribuição podem ter os efeitos mostrados na Tabela E-20.

A Figura E-50 é uma representação esquemática comparando um polímero com distribuição de massa molecular estreita com um polímero com distribuição de massa molecular ampla. A distribuição de massa molecular é a proporção de cadeias moleculares grande, média e pequena da resina. Se a resina é composta de cadeias que estão próximas ao comprimento médio, a distribuição de massa molecular é chamada *estreita*. As cadeias moleculares que são de comprimento médio podem fluir passando apressadamente cada uma mais facilmente que as grandes.

Um dispositivo de índice de fundido é usado para medir o fluxo de fundido em uma temperatura e pressão específicas. Este índice de fundido depende da massa molecular e da sua distribuição.

À medida que o índice de fundido diminui, a viscosidade do fundido, a resistência à elasticidade, o alongamento e a resistência ao impacto aumentam. Para muitos métodos de processamento, é desejável que a resina quente flua facilmente, indicando o uso de uma resina com um alto índice de fundido. Os polietilenos com alta massa molecular têm um baixo índice de fundido. Variando a densidade, a massa molecular e a distribuição de massa molecular, o polietileno contendo uma larga variedade de propriedades pode ser produzido.

O polietileno pode ter ligação cruzada para converter um material termoplástico em um termocurado. Após a formagem, tal conversão abre muitas novas possibilidades. Esta ligação cruzada pode ser realizada por agentes químicos (normalmente peróxidos) ou irradiação. Existe um crescente uso comercial da irradiação para provocar a ramificação de produtos de polietileno. (Veja o Capítulo 20, Processos com o uso de Radiação.) A ligação cruzada por radiação é rápida e não leva a resíduos capazes de objeção. Os itens irradiados podem ser expostos a temperaturas em excesso de 250 °C [500 °F], como mostrado na Figura E-51.

A radiação excessiva pode reverter o efeito da ligação cruzada quebrando as principais ligações na cadeia molecular. Os estabilizadores ou pigmentos de carbono preto devem ser usados para absorver ou bloquear os efeitos prejudiciais da radiação ultravioleta no polietileno.

Por causa do baixo preço, da facilidade de processamento e da ampla faixa de propriedades, o polietileno tem se tornado o plástico mais usado. Como um dos termoplásticos mais leves, ele pode ser escolhido onde os custos são baseados em massa cúbica. As resistências elétrica e química muito boas levaram ao largo uso do polietileno em revestimentos de fio e dielétricos. O polietileno é também usado em recipientes, tanques, canos e revestimentos onde os agentes químicos estão presentes. Na temperatura ambiente, não existe solvente para o polietileno. Entretanto, ele é facilmente soldado.

Tabela E-20 – Variações de propriedade provocadas pela massa molecular e distribuição

Propriedade	À medida que a massa molecular aumenta (índice de fundido diminui)	À medida que a distribuição de massa molecular aumenta
Viscosidade de fundido	Aumenta	
Resistência à elasticidade na ruptura	Aumenta	Nenhuma variação significativa
Alongamento na ruptura	Aumenta	Nenhuma variação significativa
Resistência à deformação	Aumenta	Aumenta
Resistência ao impacto	Aumenta	Aumenta
Resistência à fragilidade em baixa temperatura	Aumenta	
Resistência à quebra de tensão ambiental	Aumenta	Aumenta
Temperatura de amolecimento		Aumenta

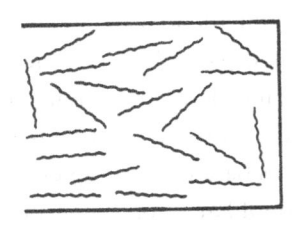

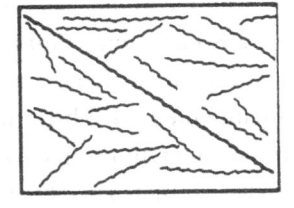

(A) Estreita   (B) Ampla

Figura E-50 – Distribuição de massa molecular.

Figura E-51 – O tratamento por radiação controlado pode melhorar a resistência ao calor do polietileno. O recipiente central foi tratado e manteve sua forma a 175 °C [350 °F].

O polietileno pode ser facilmente processado usando métodos de termoplástico. Provavelmente o maior uso seja na produção de recipientes e filme consumido pela indústria de embalagens. Recipientes moldados pelo sopro são visto em qualquer supermercado. Estes recipientes substituem aqueles mais pesados feitos de vidro e metal. Sacolas de plástico resistentes para empacotamento de alimentos e produtos de padaria são exemplos dos muitos usos para o polietileno. Brinquedos coloridos moldados por rotação e equipamento de parques podem resistir ao uso robusto de crianças ativas (Figura E-52).

Os filmes de polietileno de densidade mais baixa são fabricados com boa claridade pelo resfriamento rápido do fundido à medida que ele emerge do cubo. À medida que o fundido amorfo é rapidamente resfriado, a cristalização difundida não tem tempo de ocorrer. Os filmes de baixa densidade são usados para embalar peças de roupa novas, tais como camisas e suéteres, bem como lençóis e cobertores. Na lavanderia e limpeza a seco, filmes muito finos são usados para embalagem. Os filmes de alta densidade são usados onde se necessita de maior resistência ao calor, como nos pacotes de alimentos de cozimento na embalagem. Coberturas de silagem, forro de reservatório, coberturas de semeaduras, barreiras de umidade e para cobrir grãos de colheita são apenas alguns usos na construção, na agricultura e na horticultura.

Embora o polietileno seja uma boa barreira de umidade, ele tem uma alta permeabilidade ao gás, não deve ser usado sob vácuo ou para transportar materiais gasosos. Embora permeável ao oxigênio e ao dióxido de carbono, os filmes usados para carnes e alguns produtos podem requerer pequenos buracos para permitir a ventilação. O oxigênio mantém a carne com a aparência vermelha e previne que a umidade condense no produto embalado. A vedação a quente e empacotamento de encolhimento são realizados usando estes filmes. A vedação de aquecimento eletrônico e de radiofrequência é difícil por causa do baixo fator de dissipação (potência) elétrica do polietileno.

O polietileno é usado para revestir papel e tecidos para melhorar a resistência deles à umidade bem como outras propriedades. Os materiais revestidos podem então ser selados por aquecimento. A embalagem de leite é um uso bem conhecido. As formas em pó são usadas para revestimento por imersão, pulverização de chama e revestimento de leito fluidizado quando uma camada impenetrável a produtos químicos e umidade é necessária.

Os brinquedos moldados por injeção, caixas de pequenos utensílios, vasilhas de lixo, recipientes de congelador e flores artificiais se beneficiam da rigidez, da inatividade a produto químico e das baixas temperaturas de serviço do polietileno.

Cano e tubulação de polietileno extruído são usados em usinas químicas e para alguns serviços domésticos de água fria. Cano de esgoto ondulado atualmente está substituindo o cano e telha de barro ou concreto porque é mais barato, mais rápido de instalar e mais leve. Os monofilamentos encontram usos para cordas e redes de pesca e são elaborados para cadeiras de jardim. O polietileno é largamente

(A) Brinquedos de polietileno moldados rotacionalmente oferecem cores brilhantes e alta resistência ao impacto.

(B) Equipamento de parque obtém muito de seu apelo nas cores intensas.

Figura E-52 – Produtos de polietileno moldados rotacionalmente. (Ciba Specialty Chemicals)

utilizado como cobertura de fio e cabo elétrico. Filmes irradiados ou com ligação cruzada são usados como dielétricos em espirais em bobinas elétricas. Eles também têm aplicações limitadas em embalagem.

O polietileno pode ser espumado por vários métodos. Um agente espumoso que quebra e libera um gás durante a operação de moldagem é preferido para usos comerciais. Um método físico de formar espuma consiste da introdução de um gás, como o nitrogênio, na resina fundida sob pressão. Enquanto no molde e sob pressão atmosférica, o polietileno preenchido com gás se expande. A azodicarbonamida pode ser usada para a formação química de espuma de resinas de baixa ou alta densidade. As espumas podem ser escolhidas como material de vedação de materiais dielétricos em cabos coaxiais. As espumas de ligação cruzada são adequadas para enchimento, embalagem ou flutuação, enquanto a espuma estrutural é usada para componentes de móvel e painéis internos em automóveis. As espumas de baixa densidade encontram usos em tapetes de luta livre, estofamento atlético e equipamento de flutuação.

A Tabela E-21 fornece as propriedades do polietileno de baixa, média e alta densidade. A seguir seguem seis vantagens e cinco desvantagens do polietileno:

Vantagens do polietileno
1. Baixo custo (exceto o UHMWPE)
2. Excelentes propriedades dielétricas
3. Resistência à umidade
4. Resistência química muito boa

Tabela E-21 – Propriedades do polietileno

Propriedade	Polietileno de baixa densidade	Polietileno de densidade média	Polietileno de alta densidade
Qualidades de moldagem	Excelente	Excelente	Excelente
Densidade relativa	0,910–0,925	0,926–0,940	0,941–0,965
Resistência elástica, MPa	4–16	8,24	20–38
(psi)	(600–2.300)	(1.200–3.500)	(3.100–5.500)
Resistência à compressão, MPa			19–25
(psi)			(2.700–3.600)
Resistência ao impacto, Izod, J/mm	Não se quebra	0,025–0,8	0,025–1,0
(pés-lb/pol)		(,05–16)	(0,5–20)
Durezas, Shore	D41–D46	D50–D60	D60–D70
R10	R15		
Expansão térmica, 10^{-4}/°C	25–50	35–40	28–33
Resistência ao calor, °C	80–100	105–120	
(°F)	(180–212)	(220–250)	(250)
Resistência dielétrica, V/mm	18.000–39.000	18.000–39.000	18.000–20.000
Constante dielétrica (a 60 Hz)	2,25–2,35	2,25–2,35	2,30–2,35
Fator de dissipação (a 60 Hz)	0,0005	0,0005	0,0005
Resistência ao arco voltaico, s	135–160	200–235	
Absorção de água (24 h), %	0,015	0,01	0,01
Taxa de queima, mm/min	Lenta 26	Lenta 25–26	Lenta 25–26
(pol/min)	(1,04)	(1–1,04)	(1–1,04)
Efeito da luz do Sol	Produz fissuras – deve ser estabilizado	Produz fissuras – deve ser estabilizado	Produz fissuras – deve ser estabilizado
Efeito de ácidos	Ácidos oxidantes	Ácidos oxidantes	Ácidos oxidants
Efeito de bases	Resistente	Resistente	Resistente
Efeito de solventes	Resistente (abaixo de 60°C)	Resistente (abaixo de 60°C)	Resistente (abaixo de 60°C)
Qualidades de execução em máquina	Boa	Boa	Excelente
Qualidades ópticas	Transparente/opaco	Transparente/opaco	Transparente/opaco

5. Disponível em graus para alimentos
6. Processável por todos os métodos termoplástico (exceto HMWHPE e UHMWPE)

Desvantagens do polietileno
1. Alta expansão térmica
2. Fraca resistência ao tempo
3. Sujeito à quebra por tensão (exceto UHMWPE)
4. Dificuldade em ligar
5. Inflamável

Adicionar enchimentos, reforços ou outros monômeros também pode mudar as propriedades. Alguns dos comonômeros comuns são mostrados na Tabela E-22.

Um número de novas técnicas de polimerização tem expandido a aplicação potencial do polietileno.

Polietileno de baixíssima densidade (VLDPE)

Este polietileno linear apolar é produzido pela copolimerização do etileno e outras olefinas alfa. As densidades variam de 0,890 a 0,915. O VLDPE é facilmente processado em luvas descartáveis, embalagens de encolhimento, mangueiras limpadores a vácuo, tubulação, tubos de espremer, garrafas, embrulho de encolhimento, forros de filme de fraldas e outros produtos de cuidados com a saúde.

Polietileno linear de baixa densidade (LLDPE)

A produção de polietileno linear de baixa densidade é controlada pela seleção de catalisador e regulagem das condições de reação. As densidades variam de 0,916 a 0,930. Estes plásticos contêm pouca se alguma ramificação da cadeia. Como resultado, estes plásticos exibem boa conduta flexível, baixa distorção e resistência melhorada à quebra por tensão. Os filmes para gelo, lixo, vestuário e sacos para produtos são fortes bem como resistentes a furo e rasgo.

Polietileno de alta densidade de massa molecular (HMW-HDPE)

Os polietilenos de alta densidade de massa molecular são polímeros lineares com uma massa molecular variando de 200 mil a 500 mil. Propileno, buteno e hexeno são monômeros comuns. A alta massa molecular resulta em rigidez, resistência química, resistência ao impacto e alta resistência à abrasão. As altas viscosidades de fundido exigem atenção especial ao equipamento e aos projetos de molde. As densidades são maiores que 0,941. Forros de lixo, sacos de mercearia, cano industrial, tanques de gás e recipientes de transporte são aplicações familiares.

Polietileno de ultra-alta massa molecular (UHMWPE)

Os polietilenos de ultra-alta massa molecular têm massas moleculares variando de 3 a 6 milhões. Isto explica a alta resistência deles ao uso, a inatividade química e o baixo coeficiente de fricção. Estes materiais não fundem ou fluem como outros polietilenos. O processamento é similar aos métodos usados com politetrafluoroetileno (PTFE).

A sinterização leva a produtos com microporisidade. A extrusão de força e a moldagem de compressão são os principais métodos usados.

As aplicações incluem itens de bomba química, selos, implantes cirúrgicos, pontas de caneta e superfícies de bloco de corte de açougue.

Tabela E-22 – Comonômeros comuns com olefinas

Fórmula química	Nome da olefina
$CH_2=CH-C_4H_9$	1-Hexano
$CH_2=CH-O-CO-CH_3$	Acetato de vinila
$CH_2=CH-CO-O-CH_3$	Acrilato de metila
$CH_2=CH-CO-OH$	Acrilato de metila

Ácido de etileno

Uma ampla variedade de propriedades similares àquelas do LDPE pode ser produzida variando os grupos carboxila pendurados na cadeia de polietileno. Estes grupos carboxila reduzem a cristalinidade do produto, assim melhorando a claridade, diminuindo a temperatura necessária para selagem a quente e melhorando a adesão a outros substratos.

Os moldes devem ser projetados para acomodar as qualidades de adesivo. O equipamento de processamento deve ser resistente à corrosão.

A FDA permite até 25% de ácido acrílico e 20% de ácido metacrílico para os copolímeros de etileno que entram em contato com alimento.

Muitas aplicações do ácido de etileno e copolímeros são para embalagens de alimentos, papéis revestidos e sacos e latas de folha de compósito.

Acrilato de etileno-etila (EEA)

Variando os grupos acrilato de etila pendurados na cadeia de etileno, as propriedades podem variar de semelhante à borracha até polímeros semelhantes ao polietileno duro. O grupo etila na cadeia PE diminui a cristalinidade.

As aplicações incluem adesivos de fundido quente, embrulho de encolhimento, sacos de produtos, produtos em saco em caixa e revestimento de fio.

Acrilato de etileno-metila (EMA)

Este copolímero é produzido pela adição de monômero de acrilato de metila (40% em massa) com gás etileno.

O EMA é uma olefina forte, termicamente estável com boas características elastoméricas. As aplicações típicas incluem luvas médicas descartáveis, camadas fortes e seláveis com calor e revestimentos de embalagens de compósitos.

Os polímeros EMA satisfazem as exigências da FDA e da USDA para uso em embalagens de alimentos.

Acetato de etileno-vinila (EVA)

Uma ampla variedade de propriedades desta família de polímeros de termoplástico está disponível. O acetato de vinila é copolimerizado em quantidades variadas na faixa de 5% a 50% em massa na cadeia de etileno. Se os grupos acetato de vinila laterais excedem 50%, eles são considerados etileno de acetato de vinila (VAE).

As aplicações típicas do EVA incluem fundidos quentes, brinquedos flexíveis, tubos médicos e de bebida, embalagem encolhível, sacos de produtos e numerosas variedades de revestimentos.

Poliolefinas: polipropileno

Até 1954, muitas tentativas de produzir plástico a partir de poleolefinas tinha pouco sucesso comercial e apenas a família do poletileno era comercialmente importante. Em 1955, o cientista italiano F. J. Natta anunciou a descoberta do polipropileno estereoespecífico. A palavra *estereoespecífico* indica que as moléculas estão arranjadas em uma ordem definida no espaço. Isto está em contraste com os arranjos ramificados ou aleatórios. Natta chamou este material regular arranjado de *polipropileno isotático*. Enquanto fazia experiências com os catalisadores do tipo de Ziegler, ele substituiu o tetracloreto de titânio no $Al(C_2H_5) + TiCl_4$ com o catalisador estereoespecífico tricloreto de titânio. Isto levou à produção comercial do polipropileno.

Não é surpreendente que o polipropileno e o polietileno tenham muitas propriedades iguais. Eles são similares na origem e fabricação. O polipropileno tem se tornado um forte competidor do polietileno.

O gás polipropileno, $CH_3 — CH_2 = CH_2$, é menos caro que o etileno. Ele é obtido do craqueamento a alta temperatura dos hidrocarbonetos do petróleo e do propano. A unidade estrutural básica do polipropileno é mostrada abaixo:

$$\left(\begin{array}{cc} CH_3 & H \\ | & | \\ C — C \\ | & | \\ H & H \end{array}\right)_n$$

A Figura E-53 mostra os arranjos estereoestáticos do polipropileno. Na Figura E-53A, as cadeias moleculares mostram um alto grau de ordem, com todos os grupos CH_3 ao longo de um lado. Os polímeros atáticos são materiais semelhantes à borracha, transparentes e de valor comercial limitado. Os graus de plásticos atáticos e sindiotáticos são mais resistentes ao impacto que os graus isotáticos. Tanto a estrutura sindiotática quanto atática podem estar presentes em pequenas quantidades nos plásticos isotáticos.

(A) Isotático

(B) Atático

(C) Sindiotático

Figura E-53 – Arranjos estereotáticos do polipropileno.

O polipropileno disponível comercialmente é aproximadamente 90% a 95% isotático.

As propriedades físicas gerais do polipropileno são similares àquelas do polietileno de alta densidade. Entretanto, o polietileno e o polipropileno se diferem em relação a quatro importantes aspectos:

1. O polipropileno tem uma densidade relativa de 0,90; o polietileno tem densidades relativas de 0,941 a 0,965.
2. A temperatura de serviço do polipropileno é mais alta.
3. O polipropileno é mais duro, mais rígido e tem um ponto de quebra mais alto.
4. O polipropileno é mais resistente à quebra de tensão do ambiente (Figura E-54).

As propriedades elétricas e químicas dos dois materiais são muito similares. O polipropileno é mais suscetível à oxidação e degrada-se em temperaturas elevadas.

O polipropileno pode também ser feito com uma variedade de propriedades adicionando-se enchimentos, reforços ou misturas de monômeros especiais (Figura E-55). Ele é facilmente processado em todos os equipamentos convencionais de termoplástico. Embora ele não possa ser cimentado por meios coesivos, é facilmente soldado.

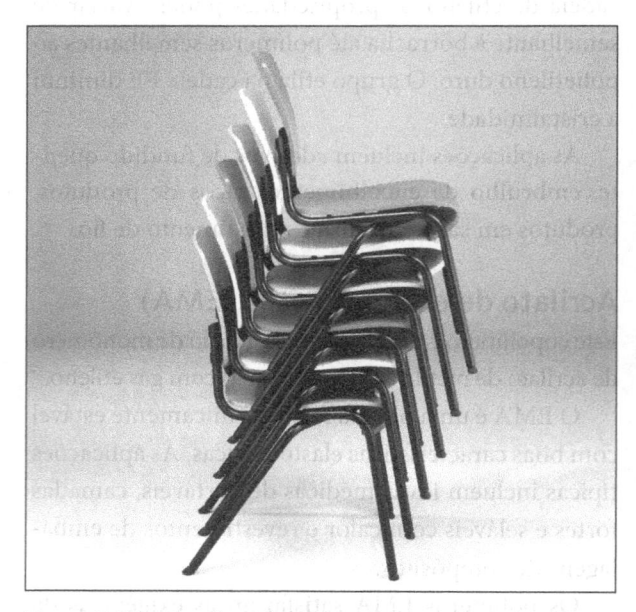

Figura E-54 – O polipropileno é usado em cadeiras moldadas por injeção por causa da sua resistência à quebra. (Ciba Specialty Chemicals)

O polipropileno compete com o polietileno em muitos usos. Ele tem a vantagem de uma temperatura de serviço mais alta e é normalmente usado para itens esterilizáveis de hospital (Figura E-56), pratos, itens de utensílios, componentes de lava-louças, recipientes, itens incorporando dobradiças integrais, dutos automotivos e ornamento. Monofilamentos extruídos e puxados encontram uso em cordas que flutuarão em água. Algumas fibras estão encontrando usos crescentes em têxteis e painéis exteriores ou carpete automotivo. Ele pode ser usado como filme de embalagem forte ou isolante elétrico em fio e cabo. Fibra estreita de filme, um processo conhecido como filibração, é largamente usada na produção de cordas e fibras a partir do polipropileno. Ele é moldado por coextrusão de sopro em numerosos recipientes de alimento.

Por causa da primeira taxa de resistência à abrasão, da alta temperatura de serviço e do custo potencialmente mais baixo, o polipropileno espumoso

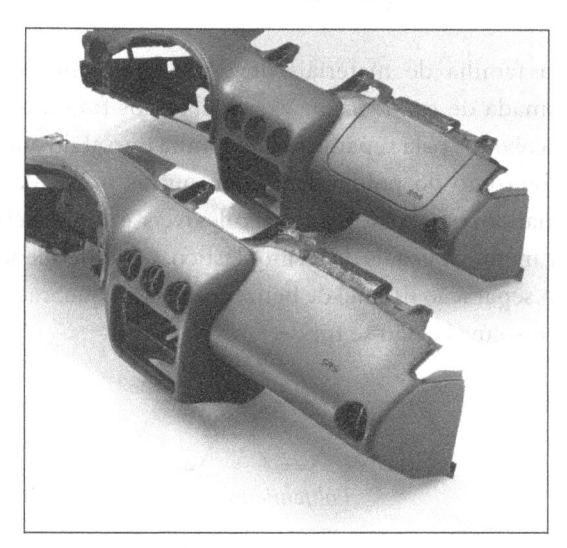

Figura E-55 – Este painel de instrumento automotivo com portas de air-bag é feito de polipropileno reforçado com vidro. (Cortesia de Delphi Corp.)

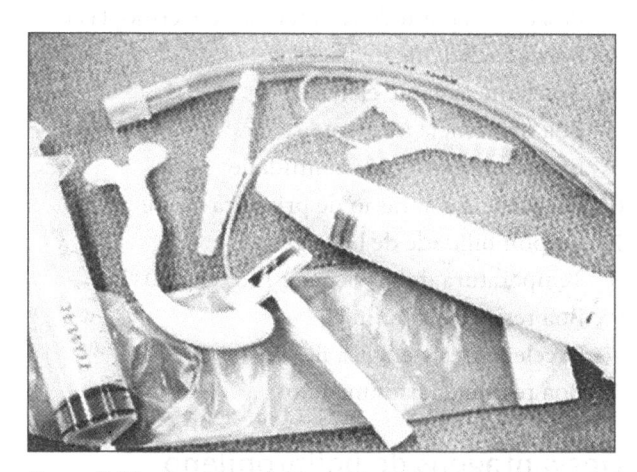

Figura E-56 – Itens hospitalares esterilizáveis por gás e vapor.

Tabela E-23 – Propriedades do polipropileno

Propriedade	Homopolímero polipropileno (não modificado)	Polipropileno (reforçado por vidro)
Qualidades de moldagem	Excelente	Excelente
Densidade relativa	0,902–0,906	1,05–1,24
Resistência elástica, MPa	31–38	42–62
(psi)	(4.500–5.500)	(6.000–9.000)
Resistência à compressão, MPa	38–55	38–48
(psi)	(5.500–8.000)	(5.500–7.000)
Resistência ao impacto, Izod, J/mm	0,025–0,1	0,05–0,25
(pés-lb/pol)	(0,5–2)	(1–5)
Durezas, Rockwell	R85–R110	R90
Expansão térmica, $10^{-4}/°C$	14,7–25,9	7,4–13,2
Resistência ao calor, °C	110–150	150–160
(°F)	(225–300)	(300–320)
Resistência dielétrica, V/mm	20.000–26.000	20.000–25.500
Constante dielétrica (a 60 Hz)	2,2–2,6	2,37
Fator de dissipação (a 60 Hz)	0,0005	0,0022
Resistência ao arco voltaico, s	138–185	74
Absorção de água (24 h), %	0,01	0,01–0,05
Taxa de queima	Lenta	Lenta – não queima
Efeito da luz do Sol	Produz fissuras – deve ser estabilizado	Produz fissuras – deve ser estabilizado
Efeito de ácidos	Ácidos oxidantes	Lentamente atacado por ácidos oxidantes
Efeito de bases	Resistente	Resistente
Efeito de solventes	Resistente (abaixo de 80°C)	Resistente (abaixo de 80°C)
Qualidades de execução em máquina	Boa	Regular
Qualidades ópticas	Transparente/opaco	Opaco

está encontrando um mercado crescente. O polipropileno celular é espumado quase da mesma forma que o polietileno.

A Tabela E-23 relaciona algumas das propriedades do polipropileno. Onze vantagens e seis desvantagens do polipropileno estão a seguir:

Vantagens do polipropileno
1. Processável por todos os métodos de termoplástico
2. Baixo coeficiente de fricção
3. Excelente isolante elétrico
4. Boa resistência à fadiga
5. Excelente resistência à umidade
6. Resistência à abrasão de primeira classe
7. Disponibilidade de bom grau
8. Temperatura de serviço até 126 °C [260 °F]
9. Boa resistência química
10. Excelente resistência à flexão
11. Boa resistência ao impacto

Desvantagens do polipropileno
1. Quebra-se pela irradiação ultravioleta
2. Habilidade ao tempo ruim
3. Inflamável (graus que retardam a chama estão disponíveis)
4. Sujeito a ataque por solventes clorados e aromáticos
5. Dificuldade em se ligar
6. Quebra oxidativa acelerada por metais

Poliolefinas: polibutatileno (PB)

Em 1974, uma poliolefina, chamada de polibutatileno (PB), foi introduzida pela Witco Chemical Corporation. Ela contém grupos etila laterais na espinha dorsal linear. Este material isotático linear pode existir em uma variedade de formas cristalinas. Com o resfriamento, o material é menos de 30% cristalino. Durante a maturação e depois da completa transformação cristalina, muitas técnicas pós-formagem podem ser usadas. A cristalinidade então varia de 50% a 55% após o resfriamento. O polibutatileno pode ser formado por técnicas convencionais de termoplástico.

Os principais usos incluem filmes de alto desempenho, forros de tanques e tubos. Ele é também usado como adesivos de fundido quente e coextruídos como barreiras de umidade e embalagens seladas a quente. A Tabela E-24 fornece algumas propriedades do polibutileno.

Óxidos de polifenileno

Esta família de materiais deve provavelmente ser chamada de *polifenileno*. Vários plásticos foram desenvolvidos pela separação da espinha dorsal do anel de benzeno do polifenileno com outras moléculas, tornando estes plásticos mais flexíveis e moldáveis por métodos usuais de termoplástico. O polifenileno sem separação de anel de benzeno é muito quebradiço, insolúvel e não se funde.

Polifenileno

Poli(óxido de fenileno)

Poli-p-xilyleno

Polimonocloroparaxilieno

Poli(sulfeto de fenileno)

Três vantagens e três desvantagens dos polifenilenos são apresentadas a seguir:

Vantagens do polifenileno
1. Excelente resistência a solvente
2. Boa resistência à radiação
3. Alta estabilidade térmica e oxidativa

Desvantagens do polifenileno
1. Dificuldade em processar
2. Comparativamente caro
3. Disponibilidade limitada

Tabela E-24 – Propriedades do polibutileno

Propriedade	Polibutileno (graus de moldagem)
Qualidades de moldagem	Boa
Densidade relativa	0,908–0,917
Resistência elástica, MPa	26–30
(psi)	(3.770–4.350)
Resistência ao impacto, Izod, J/mm	Não quebra
Durezas, Shore	D55–D65
Expansão térmica, $10^{-4}/°C$	—
Resistência ao calor, °C	<110
(°F)	(<230)
Constante dielétrica (a 60 Hz)	2,55
Fator de dissipação (a 60 Hz)	0,0005
Absorção de água (24 h), %	<0,01–0,026
Taxa de queima, mm/min	45,7
(pol/min)	(1,8)
Efeito da luz do Sol	Produz fissura
Efeito de ácidos	Atacado por ácidos oxidantes
Efeito de bases	Muito resistente
Efeito de solventes	Resistente
Qualidades de execução em máquina	Boa
Qualidades ópticas	Translúcido

Óxido de polifenileno (PPO)

Em 1964, a Union Carbide comprou um plástico chamado óxido de polifenileno. Ele pode ser preparado pela oxidação catalítica do 2,6-dimetilfenol (Figura E-57).

Materiais similares têm sido preparados fazendo uso de etila, isopropila ou outros grupos alquila. Em 1965, a General Eletric Co. introduziu o éter poli-2,6-dimetil-1,4-fenileno como um material de óxido de polifenileno. Então em 1966, a General Eletric anunciou outro termoplástico similar com o nome de mercado Noryl®. Este material é uma mistura física de óxido de polifenileno e poliestireno de alto impacto, possuindo uma grande disversidade de formulações e propriedades.

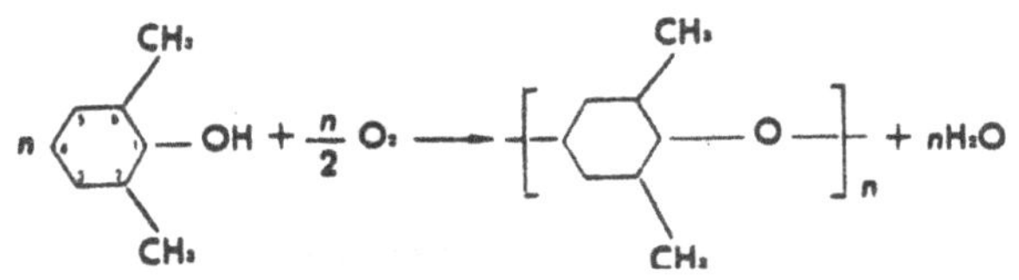

Figura E-57 – Preparação do óxido de polifenileno.

Uma vez que o Noryl custa menos e suas propriedades são similares às dos óxidos de fenileno, muitos usos são os mesmos. Este material de óxido de fenileno modificado (Noryl) pode ser processado por equipamento normal de termoplástico com temperaturas de processamento variando de 190 °C a 300 °C [375 °F a 575 °F]. Partes de óxido de fenileno modificado podem ser soldadas, seladas a quente ou cimentadas por solventes com clorofórmio e dicloreto de etileno. Graus preenchidos, reforçados e retardantes de chama são usados como alternativas para metais estampados, PC, PA e poliésteres. As aplicações típicas incluem terminais de exibição de vídeo, propulsores de bomba, cúpulas protetoras de radares, caixas de pequenos utensílios e painéis de instrumento. As listas a seguir mostram cinco vantagens e uma desvantagem do óxido de polifenileno:

Vantagens do óxido de polifenileno
1. Boa resistência à fadiga e ao impacto
2. Pode ser laminado com metal
3. Estável térmica e oxidativamente
4. Resistente à radiação
5. Processável por métodos termoplásticos

Desvantagens do óxido de polifenileno
1. Comparativamente de alto custo

Éter polifenileno (PPE)

Os polímeros e ligas de polifenileno pertencem ao grupo de poliéteres aromáticos. Para ser considerado útil, estes poliéteres são deixados com OS para diminuir a viscosidade de fundido e permitir o processamento convencional. Sem esta separação de OS, o polímero é muito quebradiço, insolúvel e não se funde. Estes copolímeros são usados para caixa de pequenos utensílios e componentes elétricos.

Parilenos

Em 1965, a Union Carbide introduziu o poli-p-xilileno sob o nome de mercado *Parylene®* (Figura E-58). Seu mercado básico é nas aplicações de revestimento e filme.

O Parylene C (polimonocloroparaxilieno) oferece permeabilidade melhorada para umidade e gases. Os parilenes não são formados da mesma maneira que os outros termoplásticos. Eles são polimerizados como revestimentos na superfície do produto. O

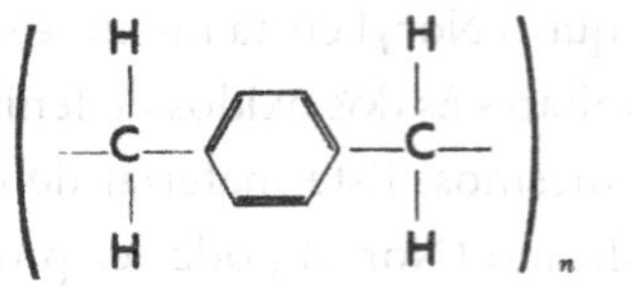

Figura E-58 – Estrutura do poliparaxileno.

processo é similar à metalização a vácuo. A Tabela E-25 lista algumas propriedades dos parilenes.

Sulfeto de polifenileno (PPS)

Em 1968, a Phillips Petroleum Company anunciou um material conhecido como sulfeto de polifenileno com o nome registrado de Ryton®. O material está disponível como composto termoplástico ou termocurado. A ligação cruzada é atingida usando meios térmicos ou químicos.

Este polímero rígido e cristalino contendo anéis de benzeno e ligações de enxofre exibe alta estabilidade à temperatura e resistência química e à abrasão. Os usos típicos incluem componentes de computador, componentes de calibre, secadores de cabelo, recintos de bombas submersíveis e caixas de pequenos utensílios. Ele também é usado como um adesivo, resina de laminação e como revestimentos de itens elétricos.

A Tabela E-26 fornece algumas das características dos três óxidos de polifenileno. A seguir são apresentadas seis vantagens mais quatro desvantagens do sulfeto de polifenileno:

Vantagens do sulfeto de polifenileno
1. Capacidade de uso estendido a 232 °C [450 °F]
2. Boa resistência a solvente e produto químico
3. Boa resistência a radiação
4. Excelente estabilidade dimensional
5. Não inflamável
5. Baixa absorção de água

Desvantagens do sulfeto de polifenileno
1. Difícil de processar (alta temperatura de fusão)
2. Custo comparativamente alto
3. Precisa de enchimento para resistência ao impacto
4. Sujeito ao ataque por hidrocarbonetos aromáticos

Éteres poliarila

Os éteres poliarila, sulfona de poliarila e óxido de fenileno têm boas propriedades físicas e mecânicas, boas temperaturas de deflexão de calor, alta resistência ao impacto e boa resistência a produto químico.

Existem três diferentes grupos de produtos químicos que unem a estrutura de fenileno – isopropilideno, éter e sulfona. A união de éter com o carbono do grupo isopropilideno fornece rigidez e flexibilidade ao plástico. (Veja Óxido de polifenileno e Éter de polifenilideno, neste apêndice)

Em 1972, a Uniroyal introduziu um plástico de éter poliarila sob o nome de mercado de Arylon T®.

Os éteres de poliarila são preparados a partir de compostos aromáticos contendo uniões de enxofre. O polímero resultante é mais facilmente processado, e as temperaturas de serviço podem exceder a 75 °C [170 °F]. Os usos incluem itens de máquina de negócio, capacetes, itens de carros de neve, canos, válvulas e componentes de utensílios.

A Tabela E-27 lista as propriedades do éter poliarila.

Poliestireno (PS)

O *estireno* é um dos compostos de vinila mais antigos que se conhece. Entretanto, a exploração industrial deste material não começou até o final da década de

Tabela E-25 – Propriedades do parilene

Propriedade	Poliparaxileno	Polimonocloroparaxileno
Qualidades de moldagem	Processo especial	Processo especial
Densidade relativa	1,11	1,289
Resistência elástica, MPa	44,8	68,9
(psi)	(6.500)	(9.995)
Expansão térmica, 10^{-4}/°C	17,52	8,89
Resistência ao calor, °C	94	116
(°F)	(201)	(240)
Absorção de água (24 h), %	0,06	0,01
Efeito de solventes	Insolúvel na maioria	Insolúvel na maioria
Qualidades ópticas	Transparente	Transparente

Tabela E-26 – Propriedades do óxido de polifenileno

Propriedade	Óxido de polifenileno (não preenchido)	Noryl SE-1 SE-100	Sulfetos de polifenileno
Qualidades de moldagem	Excelente	Excelente	Excelente
Densidade relativa	1,06–1,10	1,06–1,10	1,34
Resistência elástica, MPa	54–66	54–66	75
(psi)	(7.800–9.600)	(7.800–9.600)	(10.800)
Resistência à compressão, MPa	110–113	110-113	
(psi)	(16.000–16.400)	(16.000–16.400)	
Resistência ao impacto, Izod, J/mm	0,25*	0,25*	0,015 at 24 °C
			0,5 at 150 °C
(pés-lb/pol)	(5,0)*	(5,0)*	(0,3 at 75 °F)
			(1,0 at 300 °F)
Durezas, Rockwell	R115–R119	R115–R119	R124
Expansão térmica, $10^{-4}/°C$	13,2	8,4–9,4	14
Resistência ao calor, °C	80–105	100–130	205–260
(°F)	(175–220)	(212–265)	(400–500)
Resistência dielétrica, V/mm	15.500–21.500	15.500–21.500	23.500
Constante dielétrica (a 60 Hz)	2,64	2,64–2,65	3,11
Fator de dissipação (a 60 Hz)	0,0004	0,0006–0,0007	
Resistência ao arco voltaico, s	75		
Absorção de água (24 h), %	0,066		0,02
Taxa de queima	Autoextinguível, não goteja	Autoextinguível, não goteja	Não queima
Efeito da luz do Sol	Cores podem desbotar	Cores podem desbotar	
Efeito de ácidos	Nenhum		Atacado por ácidos oxidantes
Efeito de bases	Nenhum		Nenhum
Efeito de solventes	Solúvel em alguns aromáticos	Solúvel em alguns aromáticos	Resistente
Qualidades de execução em máquina	Excelente	Excelente	Excelente
Qualidades ópticas	Opaco	Opaco	Opaco

Tabela E-27 – Propriedades do éter poliarila

Propriedade	Éter poliarila (não preenchido)
Qualidades de moldagem	Excelente
Densidade relativa	1,14
Resistência elástica, MPa	52
(psi)	(7.500)
Resistência à compressão, MPa	110
(psi)	(16.000)
Resistência ao impacto, Izod, J/mm	0,4
(pés-lb/pol)	(8)
Tamanho da barra, mm	12,7 x 7,25
(pol)	1/2 x 1/4
Durezas, Rockwell	R117
Expansão térmica, $10^{-4}/°C$	16,5
Resistência ao calor, °C	120–130
(°F)	(250–270)
Resistência dielétrica, V/mm	16,930
Constante dielétrica (a 60 Hz)	3,14
Fator de dissipação (a 60 Hz)	0,006
Resistência ao arco voltaico, s	180
Absorção de água (24 h), %	0,25
Taxa de queima	Lenta
Efeito da luz do Sol	Pouco, amarela
Efeito de ácidos	Resistente
Efeito de bases	Nenhum
Efeito de solventes	Solúvel em cetonas, ésters, aromáticos clorados
Qualidades de execução em máquina	Excelente
Qualidades ópticas	Translúcido;opaco

1920. Este composto aromático simples foi isolado em 1839 pelo químico alemão Edward Simon. As primeiras soluções de monômero foram obtidas a partir de resinas naturais como do estoraque e sangue de dragão (uma resina da fruta malasiana palma de rota). Em 1851, o químico francês M. Berthelot relatou a produção dos monômeros de estireno passando benzeno e etilbenzeno através de um tubo quente ao rubor. Esta desidrogenação do etilbenzeno é a base dos métodos comerciais atuais.

Por volta de 1925, o poliestireno (PS) estava comercialmente disponível na Alemanha e nos Estados Unidos. Para a Alemanha, o poliestireno tornou-se um dos plásticos mais vitais usados na Segunda Guerra Mundial. A Alemanha já tinha embarcado na produção de grande escala da borracha sintética. O estireno era um ingrediente essencial para a produção da borracha de estireno e butadieno. Quando as fontes naturais de borracha foram cortadas em 1941, os Estados Unidos começaram um programa de estrondo para a produção de borracha a partir do estireno e do butadieno. Esta borracha sintética ficou conhecida como a Borracha de Estireno Governamental (GR-S). Ainda existe uma grande demanda pela borracha sintética de estireno e butadieno.

O estireno é quimicamente conhecido como o vinil benzeno, com a fórmula:

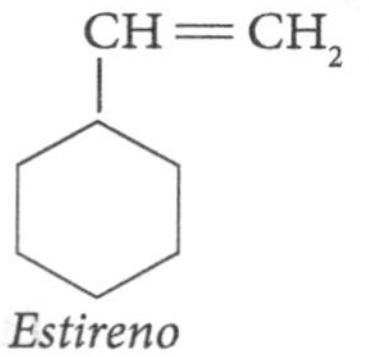

$$CH=CH_2$$

Estireno

Na forma pura, este composto vinílico aromático polimerizará lentamente por adição à temperatura ambiente. O monômero é obtido comercialmente do etil benzeno (Figura E-59).

O estireno pode ser polimerizado usando a polimerização em volume, de solvente, de emulsão ou de suspensão. Os peróxidos orgânicos são utilizados para acelerar o processo.

O poliestireno é um termoplástico atático e amorfo com a fórmula mostrada na Figura E-60. Ele é barato, duro, rígido, transparente, facilmente moldado e possui boa resistência elétrica e à umidade. As propriedades físicas variam dependendo da distribuição de massa molecular, do processamento e de aditivos.

O poliestireno pode ser processado por processos termoplásticos normais e pode ser cimentado com solvente. Alguns usos comuns incluem ladrilhos de parede, itens elétricos, pacotes em bolha, lentes, tampas de garrafas, jarras pequenas, forros de refrigerador formado a vácuo, recipientes de todos os tipos e caixas de exibição transparentes. Os filmes finos e estoque de folha têm um anel metálico quando batido ou quando cai. Estas formas são usadas em alimentos embalados e outros itens como alguns pacotes de cigarro. As crianças veem o uso do poliestireno em conjuntos de modelo e brinquedos. Os adultos podem estar informados de pratos, utensílios e copos baratos. Os filamentos são extruídos e deliberadamente esticados ou puxados para orientar as cadeias moleculares. A orientação adiciona resistência elástica na direção do estiramento. Os filamentos podem ser usados para cerdas de escovas.

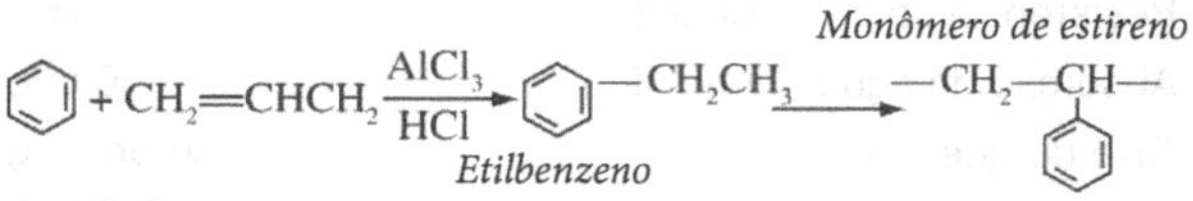

Figura E-59 – Produção do monômero vinil benzeno (estireno)

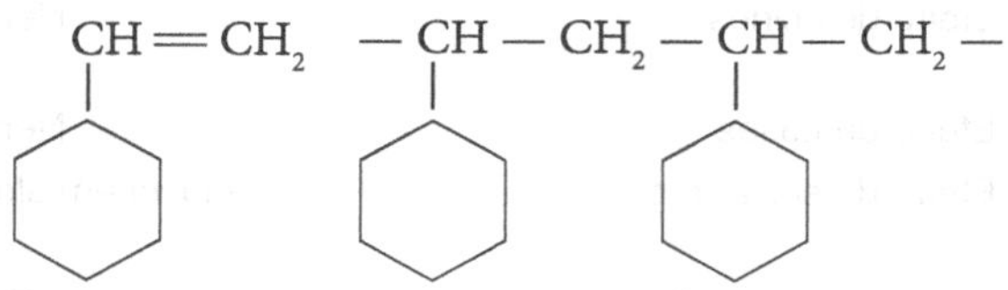

Figura E-60 – Polimerização do estireno.

Poliestireno expandido ou espumoso é fabricado aquecendo o poliestireno contendo um produtor de gás ou agente de *sopro*. A espuma é atingida misturando um líquido volátil como o cloreto de metileno, propileno, butileno ou fluorocarbonetos no fundido quente. À medida que a mistura emerge do extrudor, os agentes de sopro liberam produtos gasosos que resultam em um material celular de baixa densidade.

O poliestireno expandido (EPS) é produzido de grânulos de poliestireno contendo um agente de sopro aprisionado. Estes agentes podem ser pentano, neopentano ou éter de petróleo. Com a pré-expansão ou moldagem final, o agente de sopro se volatiza, fazendo com que as pérolas individuais se expandam e se fundam. Vapor ou outras fontes de calor são usados para provocar esta expansão. Tanto as formas expandidas quanto espumosas têm uma estrutura celular fechada de tal forma que podem ser usadas como dispositivos de flutuação. Por causa de sua baixa condutividade térmica, este material tem encontrado largo uso como isolante térmico (Figura E-61) usado em geladeiras, salas frias para armazenamento, caixas de exibição refrigeradas e paredes de prédios. O EPS tem a vantagem adicional de ser à prova de umidade. Ele tem muitos usos de embalagem por causa de seu valor de isolante térmico e suas características de absorção de impacto. O empacotamento no poliestireno celular pode economizar nos custos de transporte e quebra.

As folhas de poliestireno expandido ou espumoso podem ser termoformadas. Elas são fabricadas em itens de embalagem familiares como caixa de ovos e bandejas de carne e produtos. Copos de bebidas moldados, óculos e caixa de gelo são itens normalmente usados.

Os poliestirenos não podem suportar aquecimento prolongado acima de 65 °C [150 °F] sem distorção. Consequentemente, não são bons materiais exteriores. Os graus especiais e aditivos podem ser usados para corrigir este problema. Os poliestirenos reforçados com fibra de vidro são usados em montagens automotivas, máquinas de negócios e caixas de utensílios.

As propriedades do poliestireno podem ser consideravelmente variadas por copolimerização e outras modificações. A borracha de estireno e butadieno foi mencionada anteriormente. O poliestireno é usado em itens esportivos, brinquedos, revestimento de fio e cabo, solas de calçado e pneus. Dois dos copolímeros mais úteis (terpolímeros) são estireno-acrilonitrila e acrilonitrila-butadieno-estireno (ABS).

A Tabela E-28 fornece algumas das propriedades do poliestireno. A seguir são apresentadas nove vantagens e seis desvantagens do poliestireno:

Vantagens do poliestireno
1. Claridade ótica
2. Massa leve
3. Brilho alto
4. Excelentes propriedades elétricas
5. Bons graus disponíveis
6. Processável por todos os métodos termoplásticos
7. Baixo custo
8. Boa estabilidade dimensional
9. Boa rigidez

Desvantagens do poliestireno
1. Inflamável (graus retardantes disponíveis)
2. Baixa resistência às intempéries
3. Baixa resistência a solvente
4. Quebradiço de homopolímeros
5. Sujeito à quebra por tensão e ambiental
6. Baixa estabilidade térmica

Estireno-acrilonitrila (SAN)

A acrilonitrila (CH_2=CHCHN) é copolimerizada com o estireno (C_6H_6), fornecendo uma maior resistência a vários solventes, gorduras e outros compostos que o poliestireno (Figura E-62). Estes produtos são adequados para componentes que exigem resistência a impacto e resistência a produtos químicos e são usados em aspirador de pó e equipamento de cozinha.

Os copolímeros de estireno-acrilonitrila (SAN) podem ter aproximadamente 20% a 30% de conteúdo de acrilonitrila. Uma ampla faixa de propriedades e processabilidade pode ser obtida variando as proporções de cada monômero. Um fundido ligeiramente

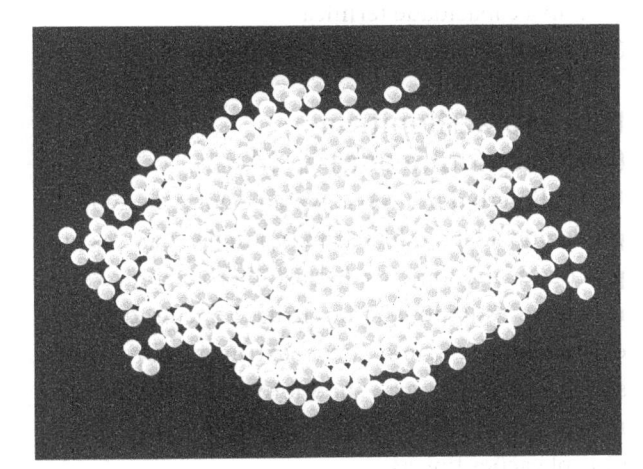

Figura E-61 – Grânulos de poliestireno expandido. (Sinclair-Koppers Co.)

Figura E-62 – Mero SAN.

Tabela E-28 – Propriedades do poliestireno

Propriedade	Poliestireno (não preenchido)	Poliestireno resistente ao calor e ao impacto	Poliestireno (preenchido com 20–30% de vidro)
Qualidades de moldagem	Excelente	Excelente	Excelente
Densidade relativa	1,04–1,09	1,04–1,10	1,20–1,33
Resistência elástica, MPa	35–83	10–48	62–104
(psi)	(5.000–12.000)	(1.500–7.000)	(9.000–15.000)
Resistência à compressão, MPa	80–110	28–62	93–124
(psi)	(11.500–16.000)	(4.000–9.000)	(13.500–18.000)
Resistência ao impacto, Izod, J/mm	0,0125–0,02	0,025–0,55	0,02–0,22
(pés-lb/pol)	(0,25–0,40)	(0,5–11)	(0,4–4,5)
Durezas, Rockwell	M65–M80	M20–M80, R50–R100	M70–M95
Expansão térmica, 10^{-4}/°C	15,2–20	8,5–53	4,5–11
Resistência ao calor, °C	65–78	60–80	82–95
(°F)	(150–170)	(140–175)	(180–200)
Resistência dielétrica, V/mm	19.500–27.500	11.500–23.500	13.500–16.500
Constante dielétrica (a 60 Hz)	2,45–2,65	2,45–4,75	
Fator de dissipação (a 60 Hz)	0,0001–0,0003	2,45–4,75	0,004–0,014
Resistência ao arco voltaico, s	60–80	10–20	25–40
Absorção de água (24 h), %	0,03–0,10	0,05–0,6	0,05–0,10
Taxa de queima	Lenta	Lenta	Lenta – não queima
Efeito da luz do Sol	Amarela ligeiramente	Amarela ligeiramente	Amarela ligeiramente
Efeito de ácidos	Ácidos oxidantes	Ácidos oxidantes	Ácidos oxidantes
Efeito de bases	Nenhum	Nenhum	Resistente
Efeito de solventes	Solúvel em hidrocarbonetos aromáticos e clorados	Solúvel em hidrocarbonetos aromáticos e clorados	Solúvel em hidrocarbonetos aromáticos e clorados
Qualidades de execução em máquina	Boa	Boa	Boa
Qualidades ópticas	Transparente	Translúcido/opaco	Translúcido/opaco

amarelo é típico do SAN devido à copolimerização da acrilonitrila com o membro estireno.

Este copolímero é facilmente moldado e processado. Os materiais do tipo SAN absorvem inerentemente mais umidade como vestígio de prata. Recomenda-se a pré-secagem.

A metil etil cetona, o tricloroetileno e o cloreto de metila estão entre os solventes eficientes para SAN.

Este plástico duro, resistente ao calor é usado para itens de telefone, recipientes, painéis decorativos, jarros de liquidificador, seringas, compartimentos de geladeira, pacotes de alimentos e lentes (Figura E-63).

A Tabela E-29 lista algumas das propriedades do SAN. Três vantagens e três desvantagens do estireno-acrilonitrila (SAN) estão relacionadas a seguir:

Vantagens do estireno-acrilonitrila

1. Processável por métodos termoplásticos
2. Rígido e transparente
3. Resistência a solvente melhorada em relação ao poliestireno

Desvantagens do estireno-acrilonitrila

1. Absorção de água maior que o poliestireno
2. Baixa capacidade térmica
3. Baixa resistência ao impacto

Estireno-acrilonitrila (olefina modificada) (OSA)

Um polímero duro, resistente ao calor e ao tempo, é produzido adaptando-se a massa molecular e as proporções de monômeros de elastômero olefínico saturado com estireno e acrilonitrila. Ele é usado quase exclusivamente como um coextrusor sobre outros substratos. Coberturas superiores, cascos de barco e madeira decorativa e painéis de construção metálica são aplicações típicas.

(A) Jarra para geleia de petróleo

(B) Caixa para pré-limpeza de ar

Figura E-63 – Dois usos de SAN transparente. (Solutia, Inc.)

Tabela E-29 – Propriedades do SAN

Propriedade	SAN (não preenchido)
Qualidades de moldagem	Boa
Densidade relativa	1,075–1,1
Resistência elástica, MPa	1,075–1,1
(psi)	(9.000–12.000)
Resistência à compressão, MPa	97–117
(psi)	(14.000–17.000)
Resistência ao impacto, Izod, J/mm	0,01–0,02
(pés-lb/pol)	(0,35–0,50)
Durezas, Rockwell	M80–M90
Expansão térmica, 10^{-4}/°C	M80–M90
Resistência ao calor, °C	60–96
(°F)	(140–205)
Resistência dielétrica, V/mm	15.750–19.685
Constante dielétrica (a 60 Hz)	2,6–3,4
Fator de dissipação (a 60 Hz)	0,006–0,008
Resistência ao arco voltaico, s	100–150
Absorção de água (24 h), %	0,20–0,30
Taxa de queima	Lenta/autoextinguível
Efeito da luz do Sol	Amarela
Efeito de ácidos	Nenhum
Efeito de bases	Atacado por agentes oxidantes
Efeito de solventes	Solúvel em cetonas e ésteres
Qualidades de execução em máquina	Boa
Qualidades óticas	Transparente

Plásticos de estireno-butadieno (SBP)

Este copolímero amorfo consiste de dois blocos de unidades que se repetem de estireno separados por um bloco de butadieno. Isto mostra um contraste com o estireno butadieno SBR, que é termocurado.

Estes polímeros são idealmente adequados para aplicações de empacotamento incluindo xícaras, recipientes de delicatéssen, bandejas de carne, jarras, garrafas, pacotes de crosta e embrulho. Graus reforçados e preenchidos são usados em cabos de ferramentas, caixas de equipamento de escritório, dispositivos médicos e brinquedos.

Estireno-anidrido maleico (SMA)

Este termoplástico é distinguido do similar estirênico e das famílias ABS pela maior resistência ao calor. O SMA é obtido pela copolimerização do anidrido maleico e estireno. O butadieno é algumas vezes terpolimerizado para produzir versões modificadas no impacto. As aplicações incluem caixas de aspirador de pó, caixas de espelho, coberturas superiores termoformadas, lâminas de ventilador, dutos de aquecimento e bandejas de serviço para alimento.

Polissulfonas

Em 1965, a Union Carbide introduziu um termoplástico linear resistente ao calor chamado de polissulfona. A estrutura básica repetitiva consiste de anéis de benzeno unidos por um grupo sulfona (SO_2), um grupo isopropilideno (CH_3CH_3C) e uma união de éter (O).

Uma polissulfona básica é fabricada misturando bisfenol A com clorobenzeno e dimetil sulfóxido em uma solução de soda cáustica. A polimerização de condensação resultante é mostrada na Figura E-64. A cor âmbar à luz do plástico é um resultado da adição de cloreto de metila, que termina a polimerização. A excelente resistência térmica e à oxidação é o resultado das uniões do benzeno à sulfona. A polissulfona pode ser processada usando todos os métodos normais. Ela deve ser seca antes do uso e pode necessitar de temperaturas de processamento em excesso de 370 °C [700 °F]. As temperaturas de serviço variam de −100 °C a +175 °C [−150 °F a +345 °F].

A polissulfona pode ser trabalhada em máquina, selada por aquecimento ou cimentada com solvente usando formamida ou acetamida de dimetila.

As polissulfonas são competitivas com muitos termocurados. Elas podem ser processadas em equipamento de ciclo rápido de termoplástico. As polissulfonas têm excelentes propriedades mecânicas, elétricas e térmicas. Elas são usadas para canos de água quente, caixas de pilhas alcalinas, tampas de distribuidor, escudo facial para astronautas, freios de circuito elétrico, caixa de utensílios, equipamento de hospital, componentes do interior de embarcações aeroespaciais, cabeça de chuveiro, lentes e inúmeros componentes de isolamento elétrico (Figura E-65). Quando usadas no exterior, as polissulfonas devem ser pintadas ou eletrogalvanizadas para evitar degradação. Cinco vantagens e quatro desvantagens das polissulfonas são apresentadas a seguir:

Vantagens das polissulfonas

1. Boa estabilidade térmica
2. Excelente resistência à deformação à alta temperatura
3. Transparente
4. Duro e rígido
5. Processável por métodos de termoplástico

Figura E-64 – Estrutura básica repetitiva da polissulfona.

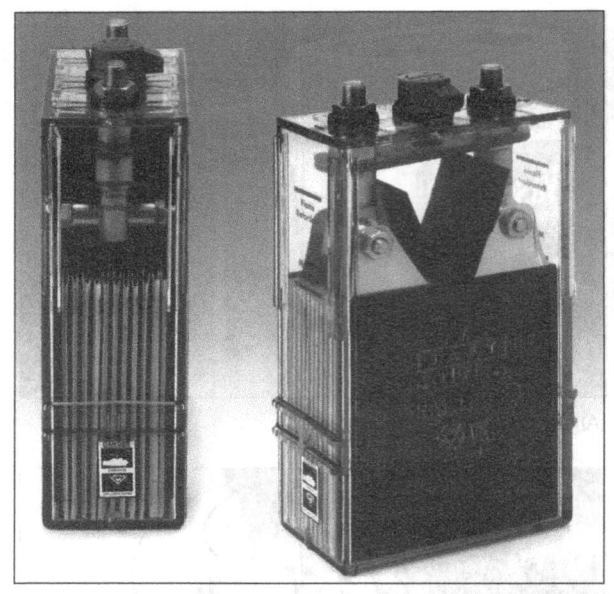

(A) Esta caixa de bateria industrial feita de polissulfona resiste ao fluido eletrólito de hidróxido de potássio, bem como à vibração e a altas temperaturas. (Solvay Advanced Polymers, LLC)

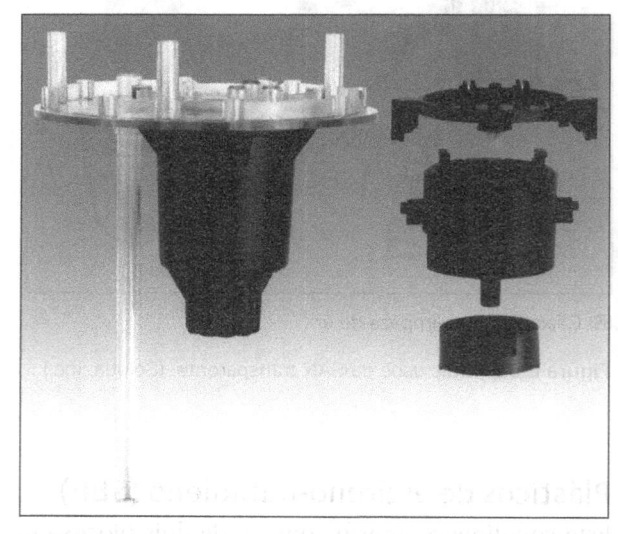

(B) A água quente e pressurizada não deforma ou flexiona estes itens de polissulfona encontrados em uma cafeteria. (Solvay Advanced Polymers, LLC)

Figura E-65 – Aplicações da polissulfona.

Desvantagens das polissulfonas

1. Sujeito ao ataque por muitos solventes
2. Baixa resistência às intempéries
3. Sujeito à quebra por tensão
4. Temperatura de processamento alta

Poliarilsulfona

A poliarilsulfona é um termoplástico de alta temperatura amorfo introduzido em 1983. Ela oferece propriedades similares a outras sulfonas aromáticas.

Os exemplos de usos incluem quadros de circuitos, bobinas de alta temperatura, vidros de observação, caixas de lâmpadas, conectores e caixas elétricos e painéis de materiais compósitos para inúmeros componentes de transporte.

As polissulfonas têm sido preparadas usando uma variedade de bisfenóis com uniões de metileno, sulfeto ou oxigênio. Na poliarilsulfona, os grupos bisfenol são unidos por grupos éter e sulfona. Não existem grupos isopropileno (alifático) presentes. O termo *aril* se refere ao grupo fenol derivado de um composto aromático. Se mais de um hidrogênio é substituído no grupo arila ao dar nome a estes compostos, normalmente é usado um sistema de numeração. Três possíveis benzenos dissubstituídos são mostrados na Figura E-66. As propriedades básicas das polissulfonas são fornecidas na Tabela E-30.

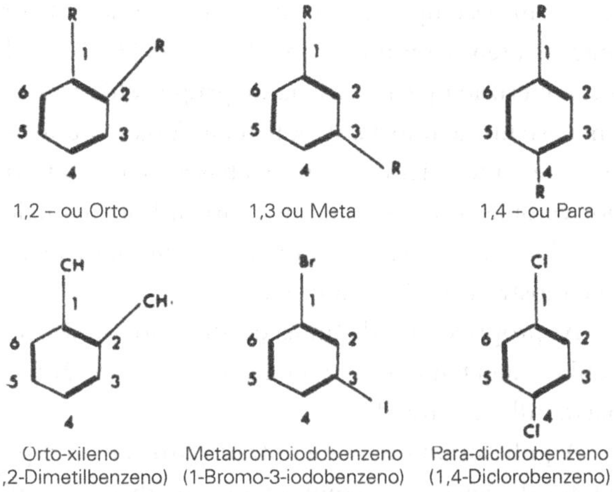

Figura E-66 – Três possíveis benzenos dissubstituídos.

Polietersulfona (PES)

Este plástico, com excelente resistência a oxidação e térmica, foi introduzido em 1973. A polietersulfona

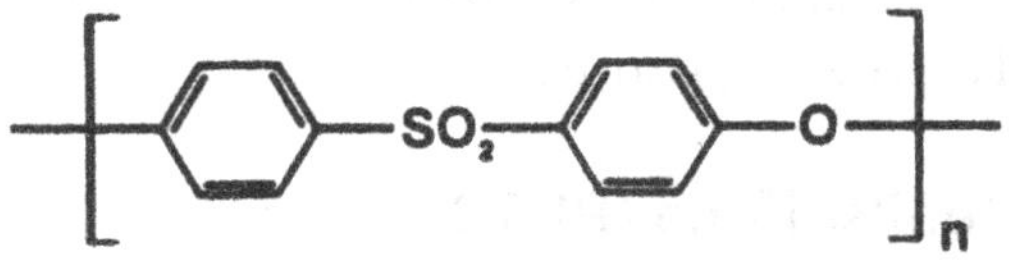

Figura E-67 – Unidade repetitiva básica de polietersulfona.

Tabela E-30 – Propriedades de polissulfonas

Propriedade	Polissulfona (não preenchida)	Poliarilsulfona (não preenchida)
Qualidades de moldagem	Excelente	Excelente
Densidade relativa	1,24	1,36
Resistência elástica, MPa	70	90
(psi)	(10.200)	(13.000)
Resistência à compressão, MPa	96	123
(psi)	(13.900)	(17.900)
Resistência ao impacto, Izod, J/mm	0,06; bar 7,25 mm	0,25
(pés-lb/pol)	(1,3); (bar 1/4 pol)	(5)
Durezas, Rockwell	M69, R120	M110
Expansão térmica, $10^{-4}/°C$	13,2–14,2	11,9
Resistência ao calor, °C	150–175	260
(°F)	(300–345)	(500)
Resistência dielétrica, V/mm	16.730	13.800
Constante dielétrica (a 60 Hz)	3,14	3,94
Fator de dissipação (a 60 Hz)	0,0008	0,003
Resistência ao arco voltaico, s	75–122	67
Absorção de água (24 h), %	0,22	1,8
Taxa de queima	Autoextinguível	Autoextinguível
Efeito da luz do Sol	Perda de resistência, amarela ligeiramente	Pouco
Efeito de ácidos	Nenhum	Nenhum
Efeito de bases	Nenhum	Nenhum
Efeito de solventes	Parcialmente solúvel em hidrocarbonetos aromáticos	Solúvel em solventes altamente polares
Qualidades de execução em máquina	Excelente	Excelente
Qualidades ópticas	Transparente/opaco	Opaco

tem bom desempenho sob forças de tensão e deformação, a temperaturas acima de 200 °C [390 °F]. Ela é caracterizada pela ausência de grupos alifáticos e é uma estrutura amorfa. A polietersulfona é muito resistente tanto a ácidos quanto a bases, mas é atacada por cetonas, ésteres e alguns hidrocarbonetos halogenados e aromáticos. A unidade monomérica básica é mostrada na Figura E-67.

As propriedades distintas do PES são seu desempenho a alta temperatura, boa resistência mecânica e baixa inflamabilidade.

A polissulfona tem encontrado usos em componentes de aeronaves, componentes médicos esterilizáveis e portas de fornos. Os graus compostos estendem suas temperaturas úteis e melhoram as propriedades mecânicas. Eles têm sido usados como adesivos e podem ser laminados. A Tabela E-31 fornece as propriedades destes plásticos.

Polifenilsulfona (PPSO)

A sulfona que melhor resiste à quebra por tensão é a polifenilsulfona. Intriduzida em 1976, a polifenilsulfona é uma estrutura amorfa com resistência ao impacto muito alta que suportará uma temperatura de serviço de 190 °C [375 °F]. Os usos incluem transportadores de semicondutores, válvulas, placas de circuitos e componentes de aeronaves.

Polivinilas

Existe um grande e variado grupo de polímeros de adição que os químicos chamam de vinilas. Estes têm a fórmula:

$$CH_2 = CH - R \text{ ou } CH_2 = C \begin{array}{c} R \\ | \\ | \\ R \end{array}$$

Os radicais (R) podem estar ligados a este grupo vinila repetitivo como grupos laterais para formar vários polímeros relacionados entre si. Os polímeros adicionais com os grupos laterais ligados estão mostrados na Tabela E-32.

Pelo uso comum, o *plástico de vinila* são aqueles polímeros com o nome vinila. Muitas autoridades limitam a discussão deles para incluir apenas o cloreto

Tabela E-31 – Propriedades da polietersulfona

Propriedade	Poliétersulfona (não preenchida)
Qualidades de moldagem	Excelente
Densidade relativa	1,37
Resistência elástica, MPa	84
(psi)	(12.180)
Resistência ao impacto, Izod, J/mm	0,08
(pés-lb/pol)	(1,6)
Durezas, Rockwell	M88
Expansão térmica, 10^{-4}/°C	13–97
Resistência ao calor, °C	150
(°F)	(300)
Resistência dielétrica, V/mm	15.750
Constante dielétrica (a 60 Hz)	3,5
Fator de dissipação (a 60 Hz)	0,001
Resistência ao arco voltaico, s	65–75
Absorção de água (24 h), %	0,43
Efeito da luz do Sol	Amarela
Efeito de ácidos	Nenhuma
Efeito de bases	Nenhuma
Efeito de solventes	Atacado por hidrocarbonetos aromáticos
Qualidades de execução em máquina	Excelente
Qualidades ópticas	Transparente

de polivinila e o acetato de polivinila. Os homopolímeros ou copolímeros de polivinila podem incluir o cloreto de polivinila, o acetato de polivinila, o álcool polivinílico, o butiral de polivinila, o acetal de polivinila e o cloreto de polivinilideno. Os vinilas fluorados são abordados com outros polímeros contendo flúor.

A história dos polivinilas pode ser rastreada em 1835. O químico francês V. Regnault relatou que um resíduo branco poderia ser sintetizado a partir do dicloreto de etileno em uma solução alcoólica. Este resíduo branco duro foi relatado novamente em 1872 por E. Baumann. Ele apareceu enquanto reagia o acetileno com o brometo de hidrogênio na luz do sol. Em ambos os casos, a luz do sol era o catalisador que produzia o resíduo branco. Em 1912, o químico russo I. Ostromislenski relatou a mesma polimerização pela luz do sol do cloreto de vinila e brometo de vinila. Por volta de 1930, as patentes comerciais foram dadas em vários países para a fabricação do cloreto de vinila.

Tabela E-32 – Monômeros monofuncionais e seus polímeros

Monômero	Polímero
$CH_2=CH_2$ Etileno	$\rightarrow -CH_2-CH_2-CH_2-CH_2-CH_2-CH_2-CH_2-CH_2-$ Polietileno
$CH_2=CH-O-COCH_3$ Acetato de vinila	$\rightarrow -CH_2-CH(O-COCH_3)-CH_2-CH(O-COCH_3)-CH_2-CH(O-COCH_3)-CH_2-CH(O-COCH_3)-\ldots$ Acetato de polivinila
$CH_2=CH-Cl$ Cloreto de vinila	$\rightarrow -CH_2-CHCl-CH_2-CHCl-CH_2-CHCl-CH_2-CHCl-\ldots$ Cloreto de polivinila
$CH_2=CH-C_6H_5$ Estireno (vinil benzene)	$\rightarrow -CH_2-CH(C_6H_5)-CH_2-CH(C_6H_5)-CH_2-CH(C_6H_5)-CH_2-CH(C_6H_5)-\ldots$ Poliestireno
$CH_2=CCl_2$ Cloreto de vinilideno	$\rightarrow -CH_2-CCl_2-CH_2-CCl_2-CH_2-CCl_2-CH_2-CCl_2-\ldots$ Cloreto de polivinilideno
$CH_2=CH-COOH$ Ácido acrílico	$\rightarrow -CH_2-CH(COOH)-CH_2-CH(COOH)-CH_2-CH(COOH)-CH_2-CH(COOH)-\ldots$ Ácido poliacrílico
$CH_2=C(COOH)(CH_3)$ Ácido metacrílico	$\rightarrow -CH_2-C(COOH)(CH_3)-CH_2-C(COOH)(CH_3)-CH_2-C(COOH)(CH_3)-CH_2-C(COOH)(CH_3)-\ldots$ Ácido polimetacrílico
$CH_2=C(CH_3)_2$ Isobutileno	$\rightarrow -CH_2-C(CH_3)_2-CH_2-C(CH_3)_2-CH_2-C(CH_3)_2-CH_2-C(CH_3)_2-\ldots$ Poliisobutileno

Em 1933. W. L. Semon da B. F. Boarich Company adicionou um plastizante, fosfato de triolila, aos compostos de cloreto de polivinila. A massa de polímero resultante podia ser facilmente moldada e processada sem decomposição substancial.

Alemanha, Grã-Bretanha e Estados Unidos produziram comercialmente cloreto de polivinila plastizado (PVC) durante a Segunda Guerra Mundial. Ele era largamente usado como um substituto da borracha.

Atualmente, o cloreto de polivinila é o plástico líder em produção na Europa, enquanto ele é o segundo para o polietileno nos Estados Unidos. A molécula de cloreto de polivinila (C_2H_3Cl) é similar ao polietileno como mostrado na Figura E-68.

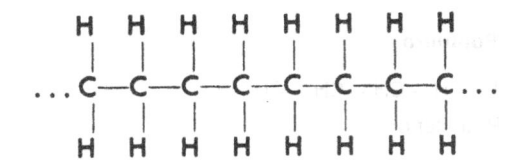

(A) Polietileno

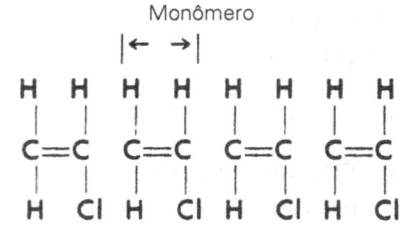

(B) Cloreto de vinila

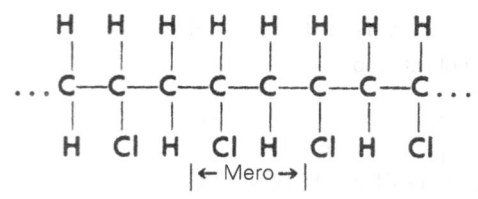

(C) Cloreto de polivinila

Figura E-68 – Similaridade entre o polietileno e o cloreto de polivinila.

Cloreto de polivinila

A matéria-prima do cloreto de polivinila, dependendo da disponibilidade, é o gás acetileno ou etileno. O etileno é a fonte chefe nos Estados Unidos. Durante a sua fabricação, a polimerização pode ser iniciada usando peróxidos, compostos azo, persulfatos, luz ultravioleta ou fontes radioativas. Para a polimerização adicional, as ligações duplas dos monômeros devem ser quebradas pelo uso de calor, luz, pressão ou um sistema de catalisador.

Os usos do plástico cloreto de polivinila podem ser expandidos pela adição de plastizantes, enchimentos, reforços, lubrificantes e estabilizadores. Eles podem ser formulados em compostos flexíveis, rígidos, elastômeros ou espumosos.

O cloreto de polivinila é mais largamente usado nas formas de filme flexível e folha. Estes filmes e folhas competem com outros filmes pelo uso em recipientes dobradiços, forros de tambor, sacos e pacotes. Papéis de parede laváveis e determinados tecidos, como sacolas de mão, roupas de chuva, sobretudos e vestidos, são outros usos. As folhas são transformadas em tanques químicos e trabalho de cano de todos os tipos. Eles são facilmente fabricados por soldagem, selagem a quente ou cimentado por solventes com misturas de cetonas ou hidrocarbonetos aromáticos.

As formas de perfil extruído do cloreto de polivinila tanto rígido quanto flexível são usadas nas moldagens de arquitetura, selos, gaxetas, calhas, laterais de exterior, mangueiras de jardim e moldagens para

(A) Revestimento de polivinila em madeira para acabamento à prova d'água e durabilidade. (Andersen Windows Inc.)

(B) Calha e sistema de escoamento. (Plastmo Ltd., Ontário, Canadá)

Figura E-69 – Os revestimentos de polivinila têm muitos usos.

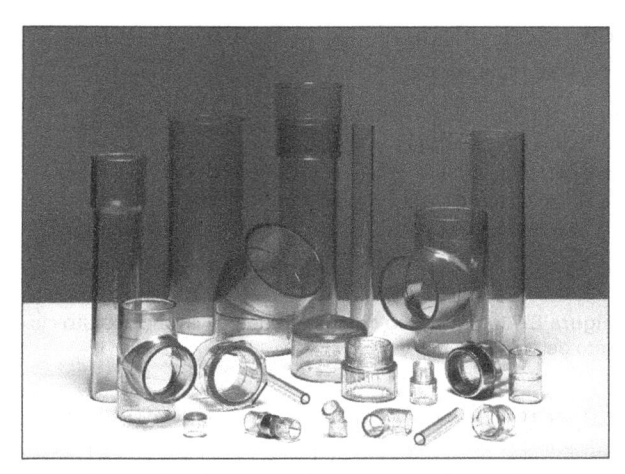

Figura E-70 – Estes encaixes transparentes de encanamentos são feitos de PVC Harvel ClearTM. (Cortesia de Harvel Plastics, Inc. Easton, PA, www.harvel.com Harvel Plastics, Inc. Todos os direitos reservados.)

partições móveis (Figura E-69). Os encaixes de cano de PVC moldados por injeção são populares por muitos anos. Como visto na Figura E-70, uma versão transparente de tais encaixes de cano tornou-se disponível recentemente.

Organosols e plastisols são líquidos ou dispersões ou emulsões pastosas de cloreto de polivinila. Eles são usados para revestir vários substratos incluindo metais, madeiras, plásticos e tecidos. Eles podem ser aplicados usando imersão, pulverização espalhamento ou fundição slush e rotacional. Os laminados de filme de polivinila, espuma e tecidos são usados para materiais de tapeçaria. Os revestimentos de imersão são encontrados em cabos de ferramentas, ralos de pia e outros substratos como camada protetora. As fundições slush e rotacional de polivinilas são usadas para produzir artigos ocos, tais como bolas, bonecas e recipientes grandes. Os polivinilas e seus copolímeros são usados na produção de coberturas de piso e azulejos. As espumas têm encontrado aplicação limitada nas indústrias de tecido e tapetes. Grandes quantidades de PVC são usadas como recipientes moldados por sopro e coberturas extruídas para fio elétrico.

Geralmente, os materiais na família do vinila são resistentes a chama, água, produto químico e abrasão. Eles têm boa resistência às intempéries e podem ser transparentes. Para ajudar no processamento e fornecer várias propriedades, os polivinilas são normalmente plastizados. Os compostos de PVC tanto plastizado quanto não plastizado estão disponíveis. Os graus não plastizados são usados em fábricas químicas e nas indústrias de construção. Os graus plastizados são mais flexíveis e macios. Com o aumento do plastizante, existe mais mistura ou migração do produto químico plastizante para os materiais adjacentes. Isto é de importância primordial ao embalar produtos alimentícios e suprimentos médicos.

Todas as técnicas de processamento de termoplástico são empregadas com os vinilas.

O cloreto de polivinila (PVC) é o vinila mais largamente usado e normalmente pensado. Entretanto, outros homopolímeros e copolímeros de polivinila estão encontrando uso crescente. A seguir são apresentadas seis vantagens e cinco desvantagens do cloreto de polivinila:

Vantagens do cloreto de polivinila (PVC)
1. Processável por métodos de termoplástico
2. Ampla faixa de flexibilidade (pela variação dos níveis de plastizantes)
3. Não inflamável
4. Estabilidade dimensional
5. Comparativamente de baixo custo
6. Boa resistência ao tempo

Desvantagens do cloreto de polivinila (PVC)
1. Sujeito ao ataque por vários solventes
2. Capacidade térmica limitada
3. A decomposição térmica desprende HCl
4. Manchado por compostos de enxofre
5. Densidade mais alta que muitos plásticos

Acetato de polivinila (PVAc)
O acetato de vinila (CH_2=CH—O—$COCH_3$) é preparado industrialmente a partir de reações de ácido acético e acetileno. Os homopolímeros encontram apenas usos limitados devido ao excessivo fluxo frio e ao ponto de amolecimento baixo. Eles são usados em tintas, adesivos e várias operações de acabamento de roupas. Os acetatos de polivinila são normalmente encontrados em uma forma de emulsão. As *colas brancas* são emulsões de acetato de polivinila familiares. As características de absorção de umidade são altas com a escolha de álcoois e cetonas como solventes. Os adesivos reumedecidos e formulações

de fundido quente são outros usos bem conhecidos. Os acetatos de polivinila são usados como emulsões de fixadores em algumas formulações de tintas. A resistência deles à degradação pela luz do sol os torna úteis para revestimento de exterior e de interior. Outros usos podem incluir fixadores em papel, papelão, cimentos portland, tecidos e bases de goma de mascar.

Alguns dos produtos comerciais mais bem conhecidos são copolímeros de cloreto de polivinila e acetato de polivinila (Figura E-71) usados em coberturas de piso e discos fonográficos modernos. Estes discos têm várias vantagens sobre o poliestireno e os discos de goma-laca mais antigos. As duas vantagens e as três desvantagens do acetato de polivinila são apresentadas a seguir:

Vantagens do acetato de polivinila
1. Excelente para formagem em filmes
2. Selável por calor

Desvantagens do acetato de polivinila
1. Baixa estabilidade térmica
2. Resistência a solvente ruim
3. Baixa resistência a produto químico

Formal de polivinila
O formal de polivinila é geralmente produzido a partir do acetato de polivinila, formaldeído e outros aditivos que trocam os grupos laterais de álcool na cadeia por grupos laterais de *formal*. O formal de polivinila encontra seus maiores usos como revestimentos para recipientes metálicos e esmaltes para fio elétrico.

Álcool polivinílico (PVA)
O álcool polivinílico é um derivado útil da alcoólise do acetato de polivinila (Figura E-72). O álcool metílico (metanol) é usado neste processo. O álcool polivinílico (PVA) é solúvel tanto em água quanto em álcool. As propriedades variam dependendo da concentração do acetato de polivinila que permanece na solução alcoólica. O álcool polivinílico pode ser usado como fixador e adesivo para papel, cerâmica, cosmético e tecidos. Ele encontra uso em pacotes solúveis em água para sabões, alvejantes e desinfetantes. Ele é um útil agente liberador de molde usado na fabricação de produtos de plástico reforçado. Tem havido apenas limitado uso do álcool polivinílico para moldagens e fibras.

Figura E-71 – Produção de acetato de polivinila e acetato-cloreto de polivinila.

Figura E-72 – Álcool polivinílico (grupos OH laterais).

Acetal de polivinila
Mais um derivado útil do acetato de polivinila é o acetal de polivinila. Ele é produzido a partir do tratamento de álcool polivinílico (do acetato depolivinila) com um acetalteído (Figura E-73). Os materiais de acetal de polivinila encontram uso limitado como adesivos, revestimento de superfícies, filmes, moldagens ou modificadores de tecidos.

Butiral de polivinila (PVB)
O butiral de polivinila é produzido a partir do álcool polivinílico (Figura E-74). Este plástico é usado em um filme entre camadas em vidro de segurança laminado.

Dicloreto de polivinilideno (PVDC)
Em 1839, uma substância similar ao cloreto de vinila foi descoberta, mas ela continha mais de um átomo de cloro (Figura E-75). Este material tinha se tornado comercialmente importante como cloreto de vinilideno ($H_2C{=}CCl_2$).

O cloreto de polivinilideno é caro e difícil de processar. Consequentemente, ele é normalmente encontrado como um copolímero com o cloreto de vinila, acrilonitrila ou ésteres acrilato. Um filme bem

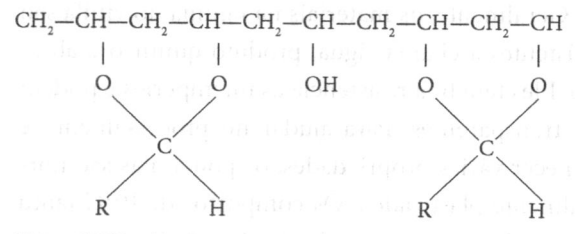

Figura E-73 – Um acetal de polivinila.

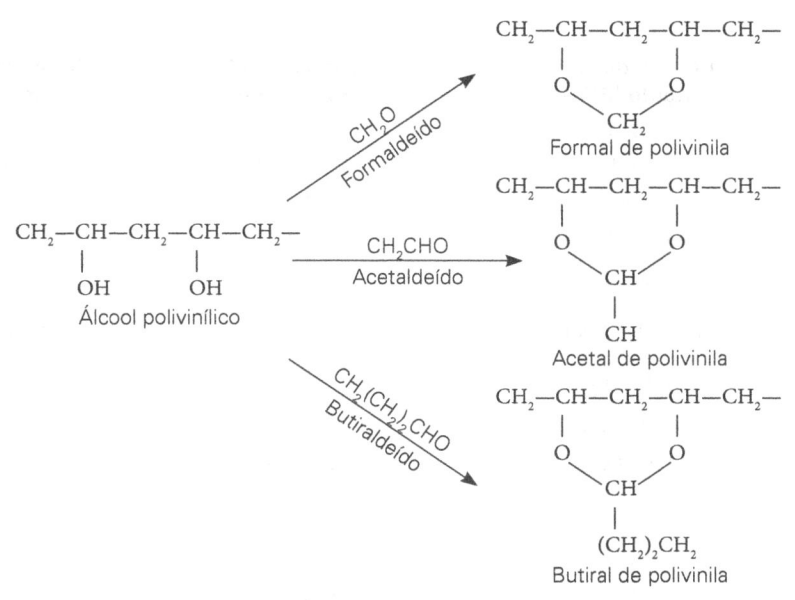

Figura E-74 – Produção de butiral de polivinila.

Figura E-75 – Polimerização do cloreto de vinilideno.

conhecido de embrulhar alimentos, Saran, é um copolímero de cloreto de vinilideno e acrilonitrila. Ele exibe claridade e dureza e ainda permite um pouco de transmissão de gás ou umidade.

O uso chefe dos copolímeros de cloreto de polivinilideno (Figura E-76) é em revestimento e empacotamento com filme. Entretanto, eles têm encontrado aplicação como fibras para tapetes, tapeçaria de assentos de automóveis, roupagem e têxteis de barraca. A inatividade química os permite serem usados em

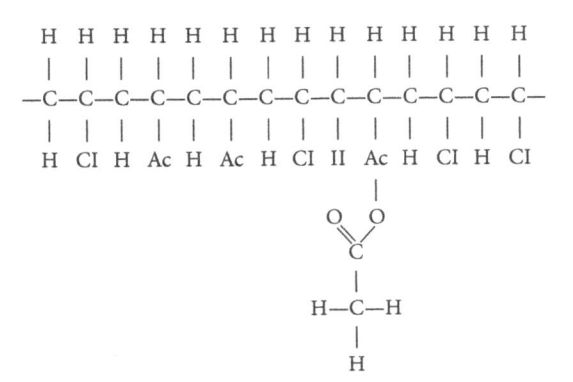

Figura E-76 – Copolimerização de cloreto de vinila e acetato de vinila.

canos, encaixes de tubulação, forros de cano e filtros.

Existem muitos outros polímeros de polivinila que justificam pesquisa e estudo adicional. A carbazola de polivinila é usada para dielétricos, a pirrolidona de polivinila é usada como substituto do plasma sanguíneo e o ésteres polivinílicos são usados como aditivos. As ureias de polivinila, os isocianatos de polivinila e o cloroacetato de polivinila têm sido explorados para uso comercial.

Todos os polímeros clorados ou contendo cloro podem emitir gás cloro tóxico na quebra a alta temperatura. A ventilação adequada deve ser fornecida para proteger o operador durante o processamento.

A Tabela E-33 fornece algumas propriedades de plástico polivinílico. As quatro vantagens e as duas desvantagens de cloreto de polivinilideno são apresentadas a seguir:

Vantagens de cloreto de polivinilideno

1. Baixa permeabilidade à água
2. Aprovado pela FDA para embrulhar alimentos
3. Processável por métodos de termoplástico
4. Não inflamável

Desvantagens de cloreto de polivinilideno

1. Resistência mais baixa que o PVC
2. Sujeito à deformação

Tabela E-33 – Propriedades dos polivinilas

Propriedade	Cloreto de vinila rígido (PVC)	Acetato – PVC (copolímero)	Composto de cloreto de vinilideno
Qualidades de moldagem	Boa	Boa	Excelente
Densidade relativa	1,30–1,45	1,16–1,18	1,65–1,72
Resistência elástica, MPa	34–62	17–28	21–34
(psi)	(5.000–9.000)	(2.500–4.000)	(3.000–5.000)
Resistência à compressão, MPa	55–90		14–19
(psi)	(8.000–13.000)		(2.000–2.700)
Resistência ao impacto, Izod, J/mm	0,02–1,0		0,06–0,05
(pés-lb/pol)	(0,4–20,0)		(0,3–1,0)
Durezas, Rockwell	M110–M120	R34–R40	M50–M65
Expansão térmica, 10^{-4}/°C	12,7–47		48,3
Resistência ao calor, °C	65–80	55–60	70–90
(°F)	(150–175)	(130–140)	(160–200)
Resistência dielétrica, V/mm	15.750–19.700	12.000–15.750	15.750–23.500
Constante dielétrica (a 60 Hz)	3,2–3,6	3,5–4,5	4,5–6,0
Fator de dissipação (a 60 Hz)	0,007–0,020		0,030–0,045
Resistência ao arco voltaico, s	60–80		
Absorção de água (24 h), %	0,07–0,4	3,0+	0,1
Taxa de queima	Autoextinguível	Autoextinguível	Autoextinguível
Efeito da luz do Sol	Precisa de estabilizante	Precisa de estabilizante	Pouco
Efeito de ácidos	Nenhum/pouco	Nenhum/pouco	Resistente
Efeito de bases	Nenhum	Nenhum	Resistente
Efeito de solventes	Solúvel em cetona e ésteres	Solúvel em cetona e ésteres	Nenhum/pouco
Qualidades de execução em máquina	Excelente		Boa
Qualidades ópticas	Transparente	Transparente	Transparente

Apêndice F

Plásticos termocurados

Seu estudo de resinas plásticas não está completo até você ser tornar familiarizado com os plásticos termocurados. Procure as propriedades e aplicações excelentes de cada plástico descrito neste apêndice, porque as propriedades dos plásticos afetam o projeto do produto, o processamento, o lado econômico e o serviço.

Você deve se lembrar que os materiais termocurados sofrem uma reação química e tornam-se "curados". Em geral, a maioria é material de alta massa molecular resultando em um plástico duro e quebradiço.

Este apêndice aborda os grupos individuais de plástico termocurado. Estes são *alcides, alilílicos, plástico de amino (ureia-formaldeído e melanina-formaldeído), caseína, epóxi, furano, fenólico, poliésteres insaturados, poliuretano e silicones.*

Alcides

No passado, havia alguma confusão sobre as resinas alquina baseadas em éster. O termo *alcide* foi usado uma vez estritamente para poliésteres insaturados modificados com ácidos graxos ou óleos vegetais. Estas resinas são usadas em tintas e outros revestimentos. Atualmente, os *compostos de moldagem de alcide* se referem a poliésteres insaturados modificados por monômero não volátil (como o ftalato de dialila) e vários enchimentos. Os compostos são formados em grânulos, bastão, noduloso, massa de vidraceiro e formas longas que permitem moldagem automática contínua.

Para obter uma resina adequada para compostos de moldagem, o mecanismo de ligação cruzada deve ser modificado de tal forma que ocorra a cura rápida no molde. O uso de iniciadores no composto de resina também acelera a polimerização das ligações duplas. Estas resinas não devem ser confundidas com compostos de moldagem de poliéster saturado, que são lineares e termoplásticos.

R. H. Kenle cunhou a palavra *alcide* a partir de "al" do álcool e "cid" de *ácido*. Resinas de alcide podem ser produzidas reagindo ácido ftálico, etileno glicol e os ácidos graxos de vários óleos, tais como óleo de linhaça, de soja ou de tungue (Figura F-1). Em 1927, Kienle combinou ácidos graxos com ésteres insaturados, enquanto buscava uma melhor

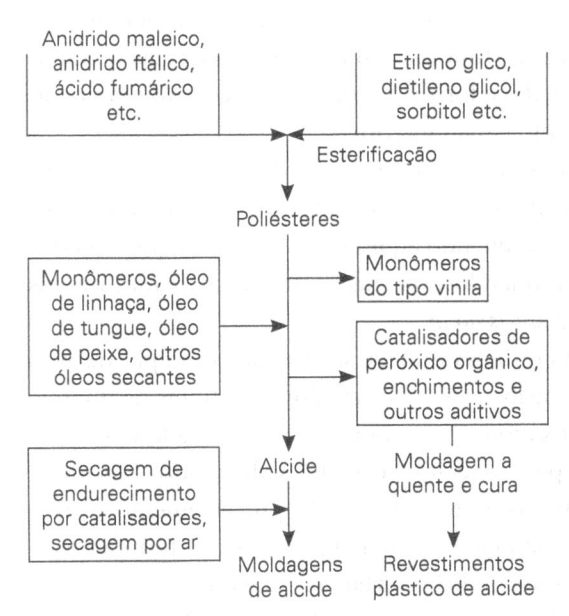

Figura F-1 – Produção de revestimentos e moldagens de alcide.

resina de isolamento elétrico para a General Eletric. A necessidade de materiais na Segunda Guerra Mundial aumentou muito o interesse nas residas de acabamento de alcide.

As resinas de alcide podem ter uma estrutura similar ao exemplo mostrado na Figura F-2. Quando a resina é aplicada a um substrato, agentes de aquecimento ou oxidantes são usados para começar a ligação cruzada.

Um especialista estima que aproximadamente metade dos revestimentos de superfície usados nos Estados Unidos sejam revestimentos de poliésteres alcide. O uso crescente de revestimentos de silicone e látex acrílico pode reduzir drasticamente este número.

Os revestimentos de alcide são valiosos por causa do relativo baixo custo, da durabilidade, da resistência ao calor e da adaptabilidade. Eles podem ser modificados para atender às necessidades de revestimentos especiais. Para aumentar a durabilidade e a resistência à abrasão, a resina pode ser usada para modificar as resinas de alcide. As resinas fenólicas e epóxi podem melhorar a dureza e a resistência a produto químico e à água. Os monômeros de estireno adicionados à resina podem estender a flexibilidade do revestimento acabado e servir como agentes de ligação cruzada.

As resinas de alcide são usadas em tintas de casa *à base de óleo*, esmalte a fogo, tinta de implementos agrícolas, tinta de emulsão, esmalte de alpendre e de convés. As resinas de alcide modificadas podem produzir revestimentos especiais como os acabamentos *ondulados* e forjados, normalmente usados em equipamento e maquinário.

Os acabamentos de estufa de alcide são chamados de *conversíveis a quente*. Eles se polimerizam ou endurecem quando aquecidos. As resinas que se endurecem quando expostas ao ar são chamadas resinas *conversíveis ao ar*.

As resinas de alcide são usadas como plastizantes para vários plásticos, veículos para tintas de impressão, fixadores para abrasivos e óleos e adesivos especiais para madeira, borracha, vidro, couro e tecidos.

As novas tecnologias de processamento e usos para compostos de moldagem de alcide termocurado são também de importância comercial.

Os compostos de moldagem de alcide são processados em equipamento de compressão, transfe-

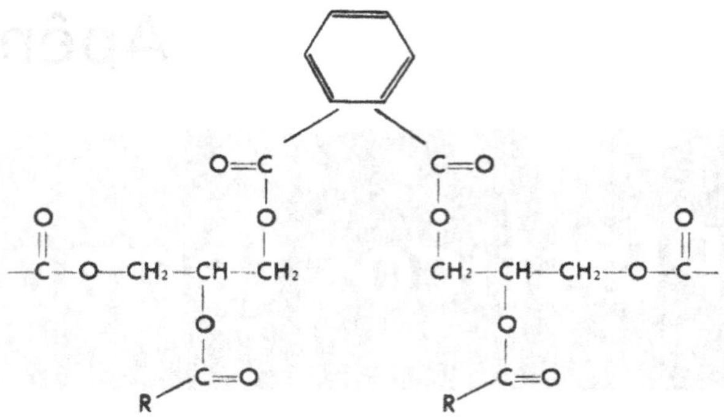

Figura F-2 – Cadeia longa de resina de alcide com grupos insaturados.

rência e de fuso recíproco. Usando iniciadores como o peróxido de benzoíla ou hidroperóxido de butila terciária, as resinas insaturadas podem ser fabricadas com ligação cruzada nas temperaturas de moldagem (maiores que 50 °C ou 120 °F). Os ciclos de moldagem podem ser menos de 20 segundos.

Os usos típicos de compostos de moldagem de alcide incluem caixa de utensílios, cabos de utensílios, bolas de bilhar, interruptores de circuito, chaves, caixas de motor e itens de capacitor e comutador. Eles têm sido usados em aplicações elétricas quando as resinas fenólicas ou amino mais baratas estão disponíveis.

Os compostos alcide na forma de massa de vidraceiro são usados para encapsular componentes eletrônicos e elétricos. As diferentes formulações de resina, enchimentos e técnicas de processamento fornecem uma larga faixa de características físicas.

A Tabela F-1 fornece algumas das propriedades dos plásticos de alcide.

Alílicos

As resinas alílicas normalmente envolvem a esterificação de álcool alílico e um ácido dibásico (Figura F-3). O odor pungente do álcool alílico ($CH_2=CHCH_2OH$) é conhecido da ciência desde 1856. O nome *alílico* foi cunhado da palavra em latim *allium*, que significa alho. Estas resinas não se tornaram comercialmente úteis até 1955, embora uma resina alílica tenha sido usada em 1941 como uma resina de laminação de baixa pressão.

Os alílicos e poliésteres têm aplicações, propriedades e motivos históricos de desenvolvimento em comum. Por esta razão, os alílicos algumas vezes são

Tabela F-1 – Propriedades do alcide

Propriedade	Alcide (preenchido com vidro)	Composto de moldagem de alcide (preenchido)
Qualidades de moldagem	Excelente	Excelente
Densidade relativa	2,12–2,15	1,65–2,30
Resistência elástica, MPa	28–64	21–62
(psi)	(4.000–9.500)	(3.000–9.000)
Resistência à compressão, MPa	103–221	83–262
(psi)	(15.000–32.000)	(12.000–38.000)
Resistência ao impacto, Izod, J/mm	0,03–0,5	0,015–0,025
(pés-lb/pol)	(0,60–10)	(0,30–0,50)
Durezas, Barcol	60–70	55–80
Rockwell	E98	E95
Expansão térmica, $10^{-4}/°C$	3,8–6,35	5,08–12,7
Resistência ao calor, °C	230	150–230
(°F)	(450)	(300–450)
Resistência dielétrica, V/mm	9.845–20.870	13.800–17.720
Constante dielétrica (a 60 Hz)	5,7	5,1–7,5
Fator de dissipação (a 60 Hz)	0,010	0,009–0,06
Resistência ao arco voltaico, s	150–210	75–240
Absorção de água (24 h), %	0,05–0,25	0,05–0,50
Taxa de queima	Lento para queimar	Lento para queimar
Efeito da luz do Sol	Nenhum	Nenhum
Efeito de ácidos	Regular	Nenhum
Efeito de bases	Regular	Atacado
Efeito de solventes	De regular/bom	De regular/bom
Qualidades de execução em máquina	Ruim/regular	Ruim/regular
Qualidades ópticas	Opaco	Opaco

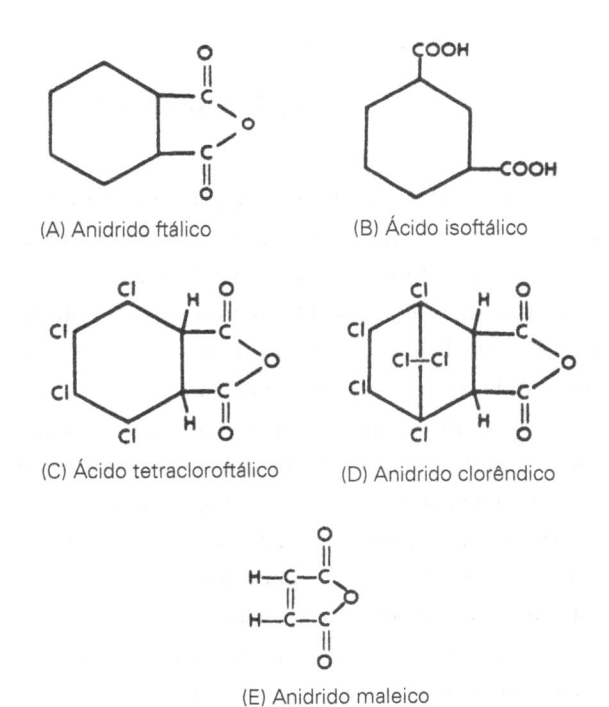

(A) Anidrido ftálico
(B) Ácido isoftálico
(C) Ácido tetracloroftálico
(D) Anidrido clorêndico
(E) Anidrido maleico

Figura F-3 – Ácido dibásico usado na fabricação dos monômeros alílicos.

equivocadamente incluídos nos estudos de poliésteres. Os monômeros de alila são usados como agentes de ligação cruzada nos poliésteres, que adiciona confusão. Os alílicos são uma família de plástico distinta baseada nos alcoóis monohídricos, enquanto a base química para os poliésteres é o álcool poli-hídrico.

Os alílicos são únicos no que diz respeito a poderem formar pré-polímeros (resinas parcialmente polimerizadas). Eles podem ser homopolimerizados ou copolimerizados. Os ésteres monoalílicos podem ser produzidos como resinas termocuradas ou termoplásticas. Os ésteres monoalílicos saturados (termoplástico) são, algumas vezes, usados como agentes de copolimerização nas resinas alcide e vinila. Os ésteres monoalílicos insaturados têm sido usados para produzir polímeros simples, incluindo o acrilato de alila, o cloroacrilato de alila, o metacrilato de alila, o crotonato de alila, o cinamato de alila, o cinamalacetato de alila, o furoato de alila e o furfuriacrilato de alila.

Os polímeros simples têm sido produzidos a partir dos ésteres de dialila incluindo o maleato de dialila (DAM), o oxalato de dialila, o succinato de dialila, o sebaceato de dialila, o ftalato de dialila (DAP), o carbonato de dialila, o carbonato de bisalila de dietileno glicol, o isoftalato de dialila (DAIP) e outros (Figura F-4). Os compostos mais amplamente utilizados comercialmente são DAP (Figura F-4A) e DAIP (Figura F-4B).

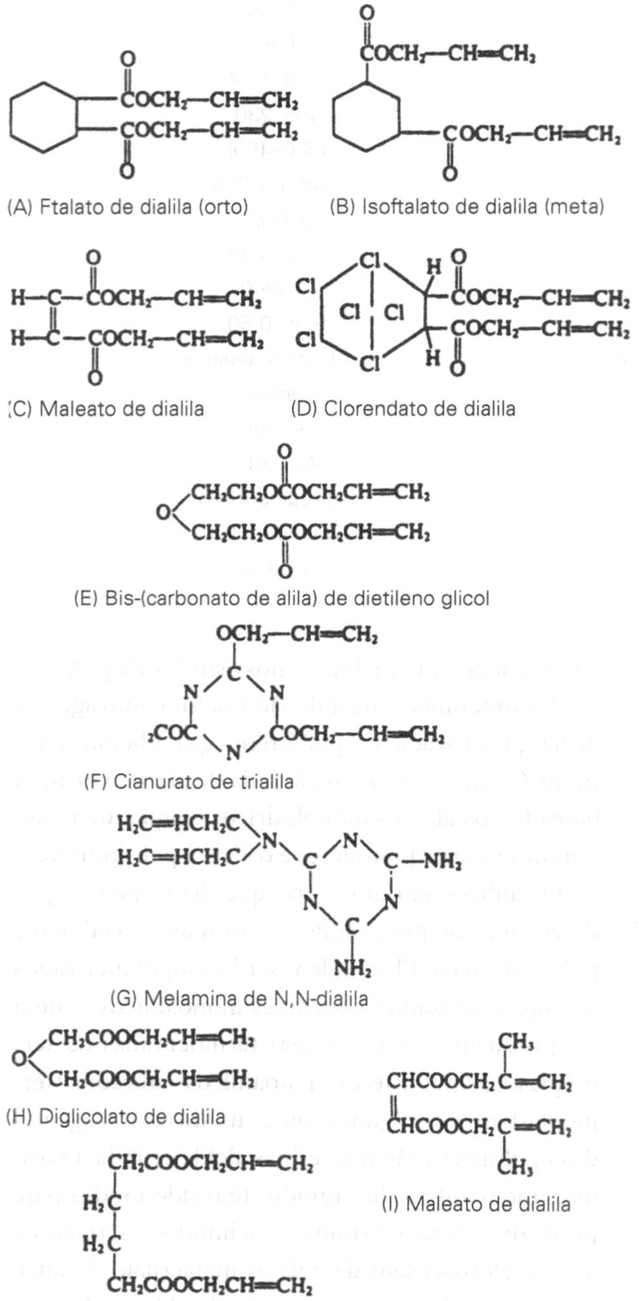

(A) Ftalato de dialila (orto)
(B) Isoftalato de dialila (meta)
(C) Maleato de dialila
(D) Clorendato de dialila
(E) Bis-(carbonato de alila) de dietileno glicol
(F) Cianurato de trialila
(G) Melamina de N,N-dialila
(H) Diglicolato de dialila
(I) Maleato de dialila
(J) Adipato de dialila

Figura F-4 – Fórmulas estruturais de alguns monômeros alílicos comerciais.

As resinas de dialila são normalmente fornecidas como monômeros ou pré-polímeros. Ambas as formas são convertidas em plástico termocurado completamente polimerizado pela adição de catalisadores de peróxido selecionados. O peróxido de benzoíla ou perbenzoato de *tert*butila são dois catalisadores normalmente usados para a polimerização de compostos de resina alílica. Se mantidas a baixas temperaturas, estas resinas e compostos podem ser catalisados e estocados por mais de um ano. Quando o material é submetido a temperaturas normais de moldes, prensas ou fornos, a cura completa é atingida.

O monômero de resina de bis-carbonato de alila dietileno glicol (Figura F-4E), usada para laminação e fundição ótica, está ilustrado a seguir. A resina poderia ser polimerizada com peróxido de benzoíla a uma temperatura de 82 °C [180 °F].

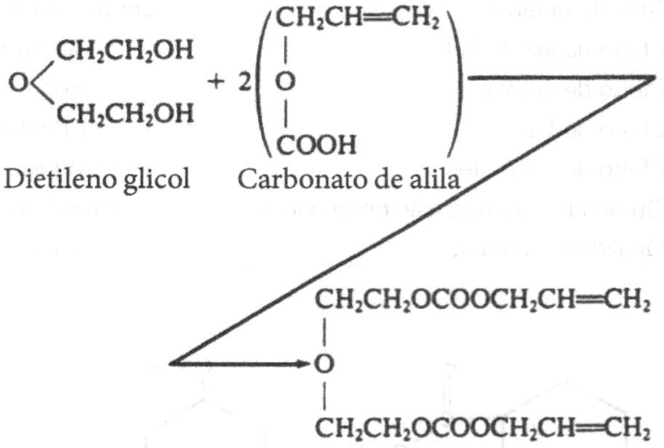

Dietileno glicol   Carbonato de alila

O ftalato de dialila pode ser usado como um material de revestimento e de laminação, mas é provavelmente mais destacado por seu principal uso como composto de moldagem. O ftalato de dialila polimerizará e fará ligação cruzada porque tem duas ligações duplas disponíveis (veja Figura F-4A.)

As boas propriedades mecânicas, químicas, térmicas e elétricas são só alguns dos atributos atrativos do ftalato de dialila (Figura F-5). Ele também oferece longa vida na prateleira e facilidade de manuseio. A resistência à radiação e à separação torna estes materiais úteis em ambientes espaciais.

Quase todos os compostos de moldagem alílicos incluem catalisadores, enchimentos e reforços e normalmente são misturados em pré-misturas semelhantes à massa de vidraceiro. O alto custo é um fator que limita o uso de alílicos em aplicações onde as propriedades deles são vitais. Os compostos podem ser moldados por compressão ou por transferência. Alguns satisfazem as exigências de máquinas especiais de injeção de alta velocidade, encapsulação de baixa pressão e extrusão.

Algumas formulações de resinas alílicas são usadas para produzir laminados. As resinas de monômero são usadas para pré-impregnar madeira, papel, tecidos ou outros materiais para laminação. Alguns melhoram várias propriedades no papel e vestuários. As resistências à dobra, à água e ao desbotamento podem ser melhoradas pela adição de monômeros de ftalato de dialila a tecidos selecionados. Para móveis e painel, laminados decorativos pré-impregnados ou coberturas são ligados aos núcleos de materiais menos caros. Os laminados ligados com resina de melamina e alílico têm muitas das mesmas propriedades.

Os monômeros e pré-polímeros alílicos também são usados em pré-dobras (laminados de laminação úmida). Estas pré-dobras consistem de enchimentos, catalisadores e reforços e são combinadas exatamente antes de serem curadas. Algumas são pré-formadas para facilitar a moldagem. As pré-dobras alílicas podem ser preparadas antes e armazenadas até que necessário. Os itens moldados de pré-misturas e pré-dobras têm boa resistência à flexão e ao impacto, e os acabamentos superficiais são excelentes.

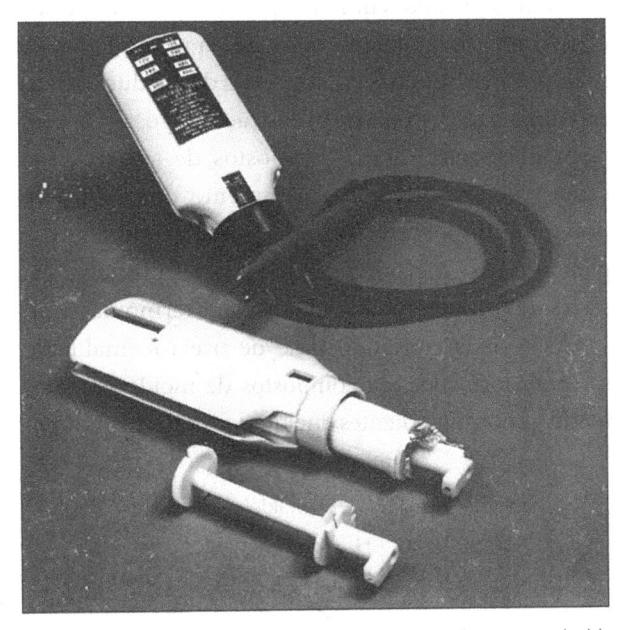

Figura F-5 – Este testador de voltagem manual tem uma bobina em espiral solenoide feita de um composto de moldagem forte de ftalato de dialila.

Os monômeros alílicos são usados como agentes de ligação cruzada para poliésteres, alcide, espumas de poliuretano e outros polímeros insaturados. Eles são usados porque o monômero alílico básico (homopolímero) não se polimeriza à temperatura ambiente. Isto permite que os materiais sejam estocados por períodos muito longos. A temperaturas de 150 °C [300 °F] e acima, os monômeros de ftalato de dialila provocam as ligações cruzadas nos poliésteres. Estes compostos podem ser moldados em taxas mais rápidas que aqueles de estireno com ligação cruzada.

Os acrílicos (metacrilato de metila) que têm ligação cruzada com os monômeros de ftalato de dialila têm boa dureza superficial e elasticidade.

Os alílicos têm sido usados na impregnação a vácuo para selar poros de fundições metálicas, cerâmicas e outras composições. Outros usos incluem a impregnação de fitas de reforço, que são usadas para revestir armações de motor. Os alílicos são usados para revestir itens elétricos e encapsular dispositivos eletrônicos.

A Tabela F-2 relaciona algumas das propriedades básicas de plástico alílico (ftalato de dialila). Seguem quatro vantagens e três desvantagens:

Vantagens de ésteres alílicos (alilas)
1. Excelente resistência à umidade
2. Disponibilidade de graus de baixa queima e autoextinguível
3. Temperaturas de serviço tão altas quanto 204 °C-232 °C [400 °F-450 °F]
4. Boa resistência química

Desvantagens de ésteres alílicos (alilas)
1. Alto custo (comparado aos alcide)
2. Encolhimento excessivo durante a cura
3. Não utilizável com fenóis e ácidos oxidantes

Plásticos amino

Vários polímeros têm sido produzidos pela interação de aminas e amidas com aldeídos. Os dois plásticos amino mais significativos e comercialmente úteis são produzidos pela condensação de ureia-formaldeído e melamina-formaldeído.

Os polímeros de ureia-formaldeído podem ter sido produzidos tão cedo quanto 1884. Na Alemanha,

Tabela F-2 – Propriedades do plástico alílico

Propriedade	Compostos de ftalato de dialila		Isoftalato de dialila
	Preenchido com vidro	preenchido com mineral	
Qualidades de moldagem	Excelente	Excelente	Excelente
Densidade relativa	1,61–1,78	1,65–1,68	1,264
Resistência elástica, MPa	41,4–75,8	34,5–60	30
(psi)	(6.000–11.000)	(5.000–8.700)	(4.300)
Resistência à compressão, MPa	172–241	138–221	
(psi)	(25.000–35.000)	(20.000–32.000)	
Resistência ao impacto, Izod, J/mm	0,02–0,75	0,015–0,225	0,01–0,015
(pés-lb/pol)	(0,4–15)	(0,3–0,45)	(0,2–0,3)
Durezas, Rockwell	E80–E87	E61	M238
Expansão térmica, $10^{-4}/°C$	2,5–9	2,5–10,9	
Resistência ao calor, °C	150–205	150–205	150–205
(°F)	(300–400)	(300–400)	(300–400)
Resistência dielétrica, V/mm	15.000–17.717	15.550–16.535	16.615
Constante dielétrica (a 60 Hz)	4,3–4,6	5,2	3,4
Fator de dissipação (a 60 Hz)	0,01–0,05	0,03–0,06	0,008
Resistência ao arco voltaico, s	125–180	140–190	123–128
Absorção de água (24 h), %	0,12–0,35	0,2–0,5	0,1
Taxa de queima	Autoextinguível/não queima	Autoextinguível/não queima	Autoextinguível/não queima
Efeito da luz do Sol	Nenhum	Nenhum	Nenhum
Efeito de ácidos	Pouco	Pouco	Pouco
Efeito de bases	Pouco	Pouco	Pouco
Efeito de solventes	Nenhum	Nenhum	Nenhum
Qualidades de execução em máquina	Regular	Regular	Boa
Qualidades ópticas	Opaco	Opaco	Transparente

Goldschmidt e seus colegas dirigiram seus esforços em direção à fabricação de plásticos amino moldáveis.

Em 1920, as resinas de ureia-formaldeído foram produzidas comercialmente nos Estados Unidos. As resinas tioureia-formaldeído e melamina-formaldeído estavam sendo produzidas no período de 1934-1939.

Ureia-formaldeído (UF)

A reação entre o sólido branco cristalino, ureia (NH_2CONH_2), e soluções aquosas de formaldeído (formalina) produz resinas de ureia que podem ser modificadas pela adição de outros reagentes. Para a completa polimerização e união cruzada desta resina termocurada, o aquecimento ou catalisadores e calor são necessários durante a operação de moldagem (Figura F-6).

A polimerização de ureia-formaldeído é mostrada na Figura F-7. O excesso de molécula de água é um resultado da polimerização de condensação.

Muitos produtos uma vez produzidos com plástico de ureia-formaldeído estão agora sendo feitos de materiais termoplásticos. Os ciclos de produção mais rápidos e a maior taxa de produção são possíveis com termoplásticos. Alguns compostos de amino estão sendo processados em equipamento de moldagem por injeção especialmente projetados. Esta abordagem aumenta a produção e torna estes produtos capazes de competir com a maioria dos termoplásticos.

As resinas contendo base de ureia-formaldeído são transformadas em compostos de moldagem contendo vários ingredientes, incluindo resina, enchimen-

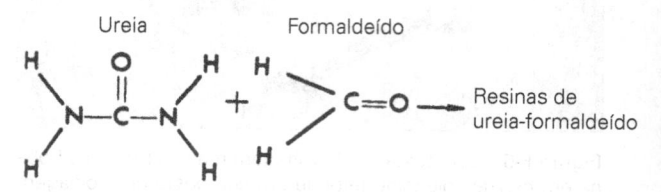

Figura F-6 – Polimerização de ureia e formaldeído.

(A) Resina de ureia-formaldeído

(B) Plástico de ureia-formadeído

Figura F-7 – Formação de resinas de ureia-formaldeído.

to, pigmento, catalisador, estabilizador, plastizante e lubrificante. Tais compostos aceleram a cura e as taxas de produção.

Os compostos de moldagem são produzidos adicionando catalisadores ácidos latentes à base de resina. Tais catalisadores reagem às temperaturas de moldagem. Muitos compostos de moldagem de ureia-formaldeído têm pré-promotores ou catalisadores adicionados, fazendo com que tenham uma ida de armazenamento limitada. Os estabilizadores podem ser adicionados para ajudar a reação do catalisador latente. Os lubrificantes são adicionados para melhorar a qualidade de moldagem. Os plastizantes melhoram as propriedades de fluxo e ajudam a reduzir o encolhimento de cura. Embora a resina de base seja transparente como água, os pigmentos de cor (transparente, translúcido ou opaco) podem ser usados. Se não é necessário cor, os enchimentos como a fibra de alfa celulose (celulose branqueada), tecido macerado ou serragem podem ser adicionados para melhorar as características de moldagem e físicas, bem como diminuir o custo.

Os plásticos de ureia-formaldeído têm muitos usos industriais, porque são baratos e têm qualidades de moldagem excelentes. Eles são usados em aplicações elétricas e eletrônicas em que as boas resistências ao arco voltaico e ao rastreamento são necessárias.

Eles fornecem boas propriedades dielétricas e não são afetados por solventes orgânicos, graxas, óleos, ácidos fracos, bases ou outros ambientes químicos hostis. Os compostos de ureia não atraem sujeira por cargas eletricamente estáticas. Eles não queimarão ou amolecerão quando expostos à chama aberta e têm boa estabilidade dimensional quando preenchidos.

Os compostos de moldagem de ureia-formaldeído são usados para fazer tampas de garrafas e materiais de isolamento elétrico e térmico.

Os produtos de ureia-formaldeído não dão sabor nem cheiro aos alimentos e bebidas. Eles são os materiais preferidos para controles de utensílios, mostradores, cabos, botões de apertar, bases de torradeiras e placas terminais. As placas de parede, os interruptores em cotovelo, receptáculos, acessórios de fixação, interruptores de circuito e caixas de interruptores são apenas alguns dos muitos usos de isolamento elétrico (Figura F-8).

Atualmente, um dos maiores usos das resinas de ureia-formaldeído é em adesivos para móveis, com-

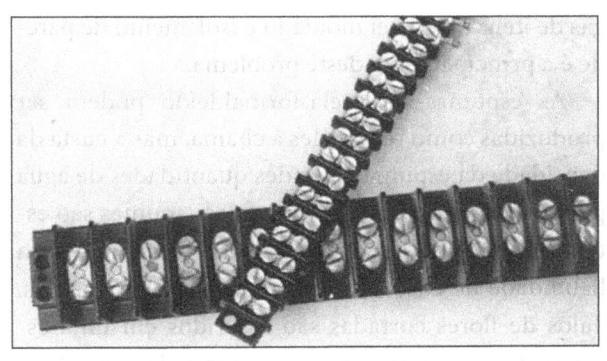

(A) Blocos de terminais para conexões elétricas

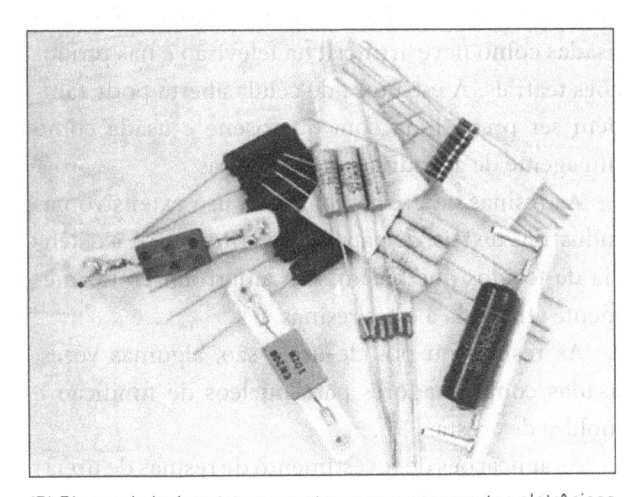

(B) Blocos de isolamento e pacotes para componentes eletrônicos

Figura F-8 – Aplicações para compostos de ureia-formaldeído.

pensado e aglomerado. O aglomerado é feito pela combinação de 10% de resina aglutinante com lascas de madeira, que é, então, prensada em folhas planas. O produto não tem grão, logo está livre para expandir em todas as direções e não dobra. Entretanto, a resistência à água é ruim. O compensado ligado com está resina é adequado apenas para uso interior.

As resinas de ureia-formaldeído podem ser espumosas e curadas em um estado plástico. Tais espumas são baratas e várias densidades podem ser produzidas. Elas são facilmente produzidas batendo-se vigorosamente uma mistura de resina, catalisador e um detergente de espumação. Outro método de espumação envolve introduzir um agente químico que gera gás (normalmente dióxido de carbono), enquanto a resina está curando. Estas espumas têm sido usadas como materiais de isolamento térmico em prédios e geladeiras, bem como núcleos de baixa densidade para a construção de sanduíche estrutural. As espumas pouco curadas ou parcialmente polimerizadas têm provocado alergia e sintomas parecidos com os da gripe em algumas pessoas. O desprendimento de gás de itens de móvel moldado e isolamento de parede é a principal fonte deste problema.

As espumas de ureia-formaldeído podem ser produzidas como resistentes à chama, mas à custa da densidade da espuma. Grandes quantidades de água podem ser absorvidas, porque estas espumas são estruturas de célula aberta (semelhante à esponja). Esta habilidade de absorver água é usada pelos floristas. Talos de flores cortadas são inseridos em uma espuma de ureia embebida em água usada como base para os arranjos de flores. Espumas moídas têm sido usadas como neve artificial na televisão e nas produções teatrais. A estrutura de célula aberta pode também ser preenchida com querosene e usada como um agente de acendimento de lareiras.

As resinas de ureia encontram uso extensivo nas indústrias têxteis, de papel e revestimento. A existência de tecidos que secam sem amarrotar é enormemente atribuída a estas resinas.

As resinas ou pós de ureia são, algumas vezes, usadas como fixadores para núcleos de fundição e moldes de crosta.

As aplicações de revestimento de resinas de ureia-formaldeído são limitadas. Elas podem ser aplicadas apenas a substratos que podem suportar as temperaturas de cura de 40 °C a 175 °C [100 °F a 350 °F]. Estas resinas são combinadas com uma resina de poliéster compatível (alcide) para produzir esmaltes. A resina de 5% a 50% de ureia é adicionada à resina baseada em alcide. Estes revestimentos de superfície são excelentes em solidez, dureza, brilho, estabilidade de cor e durabilidade exterior.

Estes revestimentos superficiais podem ser vistos em geladeiras, máquinas de lavar, fornos, sinais, cortinas venezianas, cabines de metal e muitas máquinas. Antes, elas eram largamente aplicadas em cascos de automóveis. Entretanto, o tempo de cura ou cozimento necessário não é econômico para a produção em massa. O tempo de cozimento depende da temperatura e da proporção de resina de amino em relação à resina de alcide.

As resinas de ureia modificada com álcool furfúrico têm sido usadas com sucesso na fabricação de papéis abrasivos revestidos (veja Furano, neste apêndice.)

Os plásticos de ureia-formaldeído são facilmente moldados em máquinas de moldagem de compressão e transferência. Eles podem também ser processados por máquinas de moldagem de injeção de fuso recíproco. Dependendo do grau de resina e do enchimento usado, deve-se permitir o encolhimento, após a remoção do molde. A estabilidade dimensional melhorada pode ser atingida pós-condicionando o produto em um forno.

A Tabela F-3 relaciona algumas propriedades de plásticos de ureia-formaldeído preenchidos com alfa celulose. Seguem cinco vantagens e quatro desvantagens da ureia-formaldeído:

Vantagens da ureia-formaldeído
1. Boa solidez e resistência a arranhões
2. Comparativamente de baixo custo
3. Larga faixa de cor
4. Autoextinguível
5. Boa resistência a solvente

Desvantagens da ureia-formaldeído
1. Deve ser preenchida para uma moldagem bem-sucedida
2. Resistência à oxidação a longo prazo ruim
3. Atacada por ácidos e bases fortes
4. Os plásticos não curados, parcialmente polimerizados e as espumas degasificam

Tabela F-3 – Propriedades da ureia-formaldeído

Propriedade	Ureia-formaldeído (preenchida com alfa celulose)
Qualidades de moldagem	Excelente
Densidade relativa	1,47–1,52
Resistência elástica, MPa	38–90
(psi)	(5.500–13.000)
Resistência à compressão, MPa	172–310
(psi)	(25.000–45.000)
Resistência ao impacto, Izod, J/mm	0,0125–0,02
(pés-lb/pol)	(0,25–0,40)
Durezas, Rockwell	M110–M120
Expansão térmica, 10^{-4}/°C	5,6–9,1
Resistência ao calor, °C	80
(°F)	(170)
Resistência dielétrica, V/mm	11.810–15.750
Constante dielétrica (a 60 Hz)	7,0–9,5
Fator de dissipação (a 60 Hz)	0,035–0,043
Resistência ao arco voltaico, s	80–150
Absorção de água (24 h), %	0,4–0,8
Taxa de queima	Autoextinguível
Efeito da luz do Sol	Fica cinza
Efeito de ácidos	Nenhuma/decompõe-se
Efeito de bases	Pouco/decompõe-se ligeiramente
Efeito de solventes	Nenhum/pouco
Qualidades de execução em máquina	Regular
Qualidades ópticas	Transparente/opaco

Melamina-formaldeído (MF)

Até 1939, a melamina-formaldeído era uma curiosidade cara de laboratório. A melamina ($C_3H_6N_6$) é um sólido cristalino branco. A combinação dela com o formaldeído resulta na formação de um composto referido como derivado de metilol (Figura F-9). Com formaldeído adicional, a formulação reagirá para produzir tri-, tetra-, penta e hexametilol-melamina. A formação da trimetilol melamina é mostrada na Figura F-10.

As resinas de melamina comerciais podem ser obtidas sem catalisadores ácidos, mas tanto a energia térmica quanto catalisadores são usados para acelerar a polimerização e cura. A polimerização das resinas de ureia e de melamina é uma reação de condensação e produz água, que evaporará ou escapará da cavidade de moldagem.

As resinas de formaldeído mais benzoguanamina ($C_3H_4N_5C_6H_5$) ou tioureia ($CS(NH_2)_2$) são de importância comercial secundária. A reação de formaldeído com compostos, tais como anilina, diciandiamina, etileno ureia e sulfonamida, fornece resinas mais complexas para aplicações variadas.

Na forma pura, as *resinas* de amino são sem cor e solúveis em soluções mornas de água e metanol.

As resinas de amino, plásticos de ureia e plásticos de melamina são frequentemente agrupadas como uma entidade. As suas estruturas químicas, propriedades e aplicações são muito similares. Entretanto, os produtos de melamina-formaldeído são melhores que os plásticos de ureia-formaldeído em vários aspectos.

Os produtos de melamina são mais duros e mais resistentes à água. Eles podem ser combinados com uma maior variedade de enchimentos que permitem a fabricação de produtos, possuindo melhor resistência ao calor e arranhões, a manchas, água e produtos químicos. Os produtos de melamina também são muito mais caros que os produtos de ureia.

Provavelmente o maior uso de melamina-formaldeído é a fabricação de utensílios de mesa. Para esta aplicação, pós de moldagem são normalmente preenchidos com alfa celulose. Asbestos e outros enchimentos são algumas vezes usados em cabos e caixa de utensílios.

A resina de melamina é largamente usada para revestimentos superficiais e laminados decorativos. Os laminados baseados em papel são vendidos sob

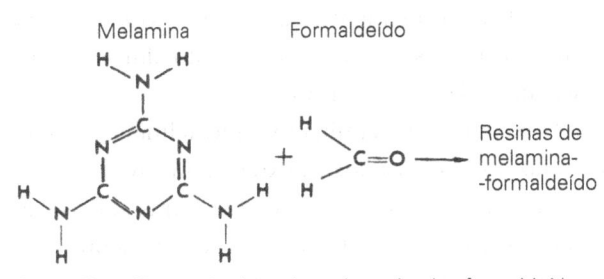

Figura F-9 – Formação de resinas de melamina-formaldeído.

Figura F-10 – Formação de trimetilol melamina.

os nomes registrados de Formica e Micarta®. Impressões de fotos em tecidos ou papéis impregnados com resina de melamina são colocadas em uma base ou material de núcleo e, então, curadas em uma prensa grande. O papel Kraft impregnado com resina fenólica é normalmente usado para o material base, porque é durável e compatível com a resina de melamina. Esta base é também menos cara que as camadas múltiplas de papel impregnado com melamina. Existe um amplo espectro de usos para estes laminados, incluindo cobertura de superfície de madeira, metal, gesso e papelão. Estes são usados laminados na cobertura de superfícies para armários de cozinha e tampos de mesa.

Uma solução de resina de 3% de melamina pode ser adicionada durante a preparação de polpa de papel para melhorar a resistência à umidade do papel. O papel com este fixador de resina tem uma resistência à umidade quase tão grande quanto a sua resistência ao seco. A resistência à compressão e ao dobramento também é bastante aumentada sem a adição de fragilidade.

Os acabamentos resistentes à água, produtos químicos, bases, graxa e calor são formulados a partir de resinas de amino. Aquecimento ou aquecimento e catalisador são necessários para curar as resinas amino. Estes acabamentos são vistos em fornos, máquinas de lavar e outros utensílios.

Resinas de ureia ou melamina podem ser transformadas em compatíveis com outros plásticos para produzir acabamentos com mérito excepcional. As resinas de poliéster (alcide) ou resinas fenólicas podem ser combinadas para produzir acabamentos, possuindo as melhores características de ambas as resinas. Estes acabamentos são algumas vezes usados quando é necessário um acabamento duro, sólido, resistente à desconfiguração.

As resinas de melamina são normalmente usadas para fazer compensados de exterior à prova d'água e compensado marítimo, bem como outras aplicações de adesivos exigindo um adesivo não grudento e de cor leve. Catalisadores, aquecimento ou energia de alta frequência são usados para curar adesivos de melamina em compensados e montagens de painéis.

As resinas de melamina-formaldeído são comercialmente empregadas para acabamentos de têxteis. Os bem conhecidos tecidos que não amarrotam com cobertura permanente, à prova de decomposição e controle de encolhimento agradecem enormemente à existência de tais resinas. As resinas de melamina e silicone são usadas para produzir tecidos à prova d'água.

Os compostos de melamina-formaldeído são facilmente moldados em máquinas de moldagem de compressão e transferência. Máquinas especiais de injeção de fuso recíproco são também usadas.

A Tabela F-4 relaciona algumas das propriedades dos plásticos de melamina-formaldeído. Seguem cinco vantagens e três desvantagens da melamina-formaldeído:

Vantagens da melamina-formaldeído
1. Boa dureza e resistência a arranhões
2. Comparativamente de baixo custo
3. Ampla variedade de cores
4. Autoextinguível
5. Boa resistência a solvente

Desvantagens da melamina-formaldeído
1. Deve ser preenchido para uma moldagem bem-sucedida
2. Baixa resistência à oxidação de longo prazo
3. Sujeito a ataque por ácidos e bases fortes

Caseína

Os plásticos de caseína são algumas vezes classificados como polímeros naturais e chamados por muitos como *plásticos de proteína*.

A caseína é uma proteína encontrada em inúmeras fontes, incluindo cabelo animal, penas, ossos e lixos industriais. Há pouco interesse nestas fontes e, atualmente, apenas o leite desnatado é de interesse comercial na produção da caseína.

A história dos plásticos derivados de proteína pode ser provavelmente datada do trabalho de W. Krische, um impressor alemão, e Adolf Spitteler da Bavária por volta de 1895. Naquele tempo, havia uma demanda pelo que pode ser descrito como um *quadro branco*. Pensava-se que estes quadros possuíam melhores propriedades ópticas que aqueles com a superfície preta. Em 1897, Spitteler e Krische, enquanto tentavam desenvolver tal produto, produziram um plástico de caseína que podia ser endurecido com formaldeído. Até então, os plásticos de caseína

Tabela F-4 – Propriedades da melamina-formaldeído

Propriedade	Nenhum enchimento	Enchimento de alfa-celulose	Enchimento de fibra de vidro
Qualidades de moldagem	Boa	Excelente	Boa
Densidade relativa	1,48	1,47–1,52	1,8–2,0
Resistência elástica, MPa		48–90	34–69
(psi)		(7.000–13.000)	(5.000–10.000)
Resistência à compressão, MPa	276–310	276–310	138–241
(psi)	(40.000–45.000)	(40.000–45.000)	(20.000–35.000)
Resistência ao impacto, Izod, J/mm	0,012–0,0175	0,03–0,9	
(pés-lb/pol)	(0,24–0,35)	(0,6–18,0)	
Durezas, Rockwell	M115–M125	M120	
Expansão térmica, 10^{-4}/°C	10	3,8–4,3	
Resistência ao calor, °C	99	99	150–205
(°F)	(210)	(210)	(300–400)
Resistência dielétrica, V/mm		10.630–11.810	6.690–11.810
Constante dielétrica (a 60 Hz)		6,2–7,6	9,7–11,1
Fator de dissipação (a 60 Hz)		0,030–0,083	0,14–0,23
Resistência ao arco voltaico, s	100–145	110–140	180
Absorção de água (24 h), %	0,3–0,5	0,1–0,6	0,09–0,21
Taxa de queima	Autoextinguível	Não queima	Autoextinguível
Efeito da luz do Sol	A cor se apaga	Ligeira mudança de cor	Pouco
Efeito de ácidos	Nenhum/decompõe-se	Nenhum/decompõe-se	Nenhum/decompõe-se
Efeito de bases		Atacado	Nenhum/pouco
Efeito de solventes	Nenhum	Nenhum	Nenhum
Qualidades de execução em máquina		Regular	Boa
Qualidades ópticas	Opalescente	Translúcido	Opaco

tinham se mostrado insatisfatórios, porque eram solúveis em água. Galaith® (leite de pedra), Erinoid® e Ameroid® são nomes registrados daqueles plásticos de proteína antigos.

A caseína não é coagulada por aquecimento, mas deve ser precipitada do leite usando a ação das enzimas de renina ou ácidos. Este poderoso coagulante faz com que o leite se separe em sólido (coalho) e líquido (soro). Depois que o soro é removido, o coalho contendo a proteína é lavado, seco e transformado em pó. Quando amassado com água, o material semelhante a uma pasta pode tomar forma ou ser moldado. Em seguida, uma única operação de secagem provoca um grande encolhimento. A caseína é um termoplástico enquanto está sendo moldada. Os produtos moldados podem ser transformados em resistentes à água embebendo-os em uma solução de formalina que cria uniões mantendo as moléculas de caseína juntas. A longa cadeia linear das moléculas de caseína é conhecida como a *cadeia de polipeptídeo*. Existem inúmeros outros grupos peptídicos e possíveis reações laterais. Nenhuma fórmula única poderia representar a interação entre a caseína e o formaldeído. Uma reação muito simplificada é mostrada na Figura F-11.

É duvidoso que a caseína ganhará popularidade, pois é cara para produzir e a matéria-prima é valiosa como alimento. Os plásticos de caseína são seriamente afetados pelas condições de umidade e não podem ser usados como isolantes elétricos. O processo de endurecimento prolongado e a baixa resistência à decomposição, pelo aquecimento, os tornam inadequados às modernas taxas de processamento. Existem apenas usos comerciais limitados dos plásticos de caseína nos Estados Unidos, porque não oferecem vantagens sobre os polímeros sintéticos e os custos de produção são altos.

Os plásticos de caseína são usados em uma extensão limitada para botões, fivelas, agulhas de tricô, cabos de sombrinha e outros itens de novidade. Eles podem ser reforçados e preenchidos ou obtidos em cores transparentes. A caseína tem mantido alguns dos seus apelos, porque pode ser colorida para imitar ônix, marfim e chifre. A caseína é mais largamente utilizada na estabilização da emulsão de borracha de látex para preparar compostos médicos, produtos alimentícios, tintas, adesivos e engomar papel e têxteis. A caseína é também usada em inseticidas, sabões, cerâmica, tintas de impressão e como modificador de outros plásticos.

Os filmes e fibras podem ser produzidos a partir destes plásticos. As fibras são quentes, macias e têm propriedades que se comparam favoravelmente com a lã natural. Os filmes geralmente são de pouco uso para o revestimento de papel e outros materiais. A cola de caseína é um adesivo de madeira bem conhecido.

A Tabela F-5 relaciona algumas das propriedades do plástico de caseína. Seguem duas vantagens e duas desvantagens da caseína:

Vantagens da caseína
1. Produzida de fontes não petroquímicas
2. Excelentes qualidades de moldagem

Desvantagens da caseína
1. Baixa resistência a ácidos e bases, amarela-se à luz do sol
2. Alta absorção de água

Epóxi (EP)

Centenas de patentes têm sido dadas para os usos comerciais das resinas de epóxido. Uma das primeiras descrições de poliepóxidos é uma patente alemã de I. G. Farbenindustrie em 1939.

Em 1943, a Ciba Company desenvolveu uma resina de epóxido comercialmente significativa nos Estados Unidos. Por volta de 1948, uma variedade de aplicações comerciais de revestimento e de adesivo foi descoberta.

Tabela F-5 – Propriedades da caseína

Propriedade	Caseína formaldeído (não preenchido)
Qualidades de moldagem	Excelente
Densidade relativa	1,33–1,35
Resistência elástica, MPa	48–79
(psi)	(7.000–10.000)
Resistência à compressão, MPa	186–344
(psi)	(27.000–50.000)
Resistência ao impacto, Izod, J/mm	0,045–0,06
(pés-lb/pol)	(0,9–1,20)
Durezas, Rockwell	M26–M30
Resistência ao calor, °C	135–175
(°F)	(275–350)
Resistência dielétrica, V/mm	15.500–27.500
Constante dielétrica (a 60 Hz)	6,1–6,8
Fator de dissipação (a 60 Hz)	0,052
Resistência ao arco voltaico, s	Ruim
Absorção de água (24 h), %	7–14
Taxa de queima	Lenta
Efeito da luz do Sol	Amarela
Efeito de ácidos	Decompõe-se
Efeito de bases	Decompõe-se
Efeito de solventes	Pouco
Qualidades de execução em máquina	Boa
Qualidades ópticas	Translúcido/opaco

$$\begin{array}{c} CO \\ | \\ NH \end{array} + CH_2O + \begin{array}{c} CO \\ | \\ NH \end{array} \longrightarrow \begin{array}{c} CO \\ | \\ N \end{array} - CH_2 - \begin{array}{c} CO \\ | \\ N \end{array}$$

Figura F-11 – Formação da caseína.

As resinas de epóxi são plásticos termocurados. Existem várias resinas de epóxi de termoplástico usadas para revestimentos e adesivos. Muitas estruturas diferentes de resina de epóxi disponíveis atualmente são derivadas do acetato de bisfenol e epicloroidrina.

O bisfenol A (acetato de bisfenol) é feito pela condensação de acetona com fenol (Figura F-12).

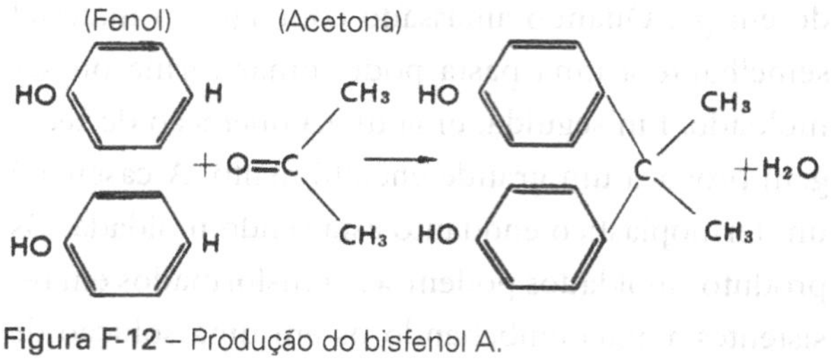

Figura F-12 – Produção do bisfenol A.

Os epóxis baseados em epicloroidrina são largamente utilizados devido à disponibilidade e ao custo mais baixo. A estrutura da epicloroidrina é obtida pela cloração do propileno:

$$CH_2 - CH - CH_2Cl$$
$$\diagdown O \diagup$$

Ficará evidente que o grupo epóxi, pelo qual a família recebe o nome, tem uma estrutura triangular:

$$CH_2 - CH \ldots R$$
$$\diagdown O \diagup$$

As estruturas do epóxi são normalmente terminadas por esta estrutura de epóxido, mas muitas outras estruturas moleculares podem terminar a longa cadeia molecular. Um polímero epóxi linear pode ser formado quando o bisfenol A e a epicloroidrina reagem (Figura F-13). Em alguns livros, estes polímeros são chamados de poliéteres.

Uma fórmula estrutural típica de resina de epóxi, baseada no bisfenol A, pode ser representada como mostrado na Figura F-14. Outros intermediários de resinas baseadas em epóxi são possíveis, mas são muito numerosas para se enumerar.

Como uma regra, as resinas de epóxi são curadas adicionando catalisadores ou endurecedores reativos. Membros da família de amina alifática e aromática são normalmente usados como agentes endurecedores. Vários anidridos de ácidos também são usados para polimerizar a cadeia de epóxido.

As resinas de epóxi polimerizarão e formarão ligação cruzada à medida que a energia térmica for adicionada. Catalisadores e aquecimento são normalmente usados para atingir o grau de polimerização desejado.

As resinas de epóxi de componente único podem conter catalisadores latentes. Estes reagem quando é aplicado aquecimento suficiente. Todas as resinas de epóxi compartilham uma expectativa de vida útil prática.

As resinas de epóxi *reforçadas* são muito fortes. Elas têm boa estabilidade dimensional e temperaturas de serviço tão altas quanto 315 °C [600 °F]. Materiais reforçados pré-impregnados são usados para fabricar produtos usando processos de laminação à mão, de saco de vácuo ou de bobinamento de filamento (Figura F-15). O epóxi tem boa resistência a

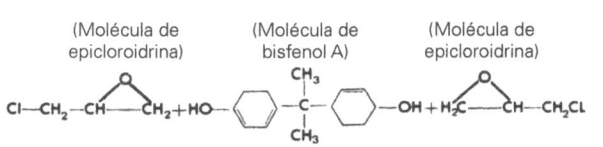

Figura F-13 – Formação de polímero epóxi linear.

Figura F-14 – Resina de epóxi baseada no bisfenol A.

produto químico e à fadiga, portanto, as resinas de epóxi substituem as resinas menos caras de poliéster insaturado em muitas aplicações. Uma economia de um terço da massa da resina é realizada quando as resinas de epóxi são usadas no lugar dos poliésteres.

Os laminados de epóxi-vidro são largamente usados porque têm uma alta proporção força-massa. A adesão superior a todos os materiais e ampla compatibilidade tornam as resinas de epóxi desejáveis (Figura F-16). As placas de circuitos laminados, cúpula de radares, itens de aviões, canos enrolados em filamento, tanques e recipientes são apenas alguns exemplos de produtos feitos com este material plástico (Figura F-17).

Resinas de epóxi preenchidas são normalmente usadas para fundições especiais. Estes compostos fortes podem ser usados para ferramenta de baixo custo. Os epóxis estão substituindo outros materiais de ferramentas para cubos, gabaritos, acessórios de

Figura F-15 – Vidro fibroso contínuo em uma matriz de epóxi é usado nesta caixa de motor de foguete de compósito de filamento enrolado. (Strutural Composite Industries.)

Figura F-16 – Fechamentos de extremidades e vigas desta tira de boro para avião são unidos à crosta mais externa com adesivos de epóxi. A alta resistência torna as resinas de epóxi muito úteis.

Figura F-17 (A) – Este compósito complexo de fibra de carbono é um projeto de teste para um duto de abastecimento para o F-35 Joint Strike Fighter. (Cortesia da Northrop Grumman.)

Figura F-17 (B) – Esta foto mostra o EGADS, um sistema de perfuração robótico para compósitos. (Cortesia da Northrop Grumman)

fixação e moldes para durações de produção curtas. A reprodução fiel de detalhes é obtida quando os compostos de epóxi são fundidos contra os protótipos ou padrões.

Uma variedade de enchimentos é usada na calafetagem e no remendo de compostos contendo resinas epóxi. As qualidades adesivas e o baixo encolhimento dos epóxis durante a cura os tornam duráveis nas aplicações de calafetagem e de remendo.

Envasamento elétrico é outro uso para fundição. Os epóxidos são excelentes na proteção de itens eletrônicos contra umidade, aquecimento e produtos químicos corrosivos. Os itens elétricos de motor, transformadores de alta voltagem, relés, bobinas e muitos outros componentes podem ser protegidos de vários ambientes sendo evasado nas resinas de epóxi.

Os *compostos de moldagem* de resinas de epóxi e reforços fibrosos podem ser moldados usando processos de injeção, compressão ou de transferência. Eles são moldados em pequenos itens elétricos e itens de utensílios e têm muitos usos modulares.

A versatilidade é atingida controlando-se a fabricação de resina, os agentes de cura e a taxa de cura. Estas resinas podem ser formuladas para fornecer resultados variando de compostos flexíveis e macios a produtos duros resistentes a produtos químicos. Incorporando um agente de sopro, as espumas de epóxi de baixa densidade podem ser produzidas. As qualidades oferecidas pelo plástico de epóxi são adesão, resistência a produto químico, rigidez e as excelentes características elétricas.

Quando as resinas de epóxi foram introduzidas pela primeira vez na década de 1950, foram reconhecidas como excelentes materiais de revestimento. Elas são mais caras que outros materiais de revestimento, mas suas qualidades de adesão e a inatividade química as tornam competitivas. São apresentadas a seguir cinco vantagens e três desvantagens das resinas de epóxi:

Vantagens do epóxi

1. Ampla faixa de condições de cura, da temperatura ambiente até 178 °C [350 °F]
2. Não formas voláteis durante a cura
3. Excelente adesão
4. Pode formar ligação cruzada com outros materiais
5. Adequado para todos os métodos de processamento de termocurados

Desvantagens do epóxi
1. Estabilidade oxidativa ruim; alguma sensibilidade à umidade
2. Estabilidade térmica limitada a 178-232 °C [350-450 °F]
3. Muitos graus são caros

Os acabamentos baseados em epóxi são usados em calçadas, pisos de concreto, alpendres, utensílios de metal e móveis de madeira. Os acabamentos de epóxi em utensílios domésticos são a principal aplicação deste acabamento durável e resistente à abrasão. Os revestimentos de epóxi têm substituído os acabamentos de esmalte de vidro para tanque de carro e outros forros de recipientes que precisam resistir a produtos químicos. Cascos e telhados de embarcações podem ser revestidos com epóxi. Os acabamentos mais duráveis significam menos reparos e reduzida tensão superficial entre a embarcação e a água. Estes fatores reduzem os custos de manutenção e combustível.

A flexibilidade de muitos revestimentos de epóxi os torna populares para itens metálicos revestidos após a formação. Por exemplo, folhas de metal são revestidas enquanto planas. Elas são formadas ou dobradas em cavidades baixas sem nenhum estrago ao revestimento.

A habilidade dos adesivos de epóxi se ligar a materiais distintos permite substituir o remendo, a soldagem, a rebitagem e outros métodos de união. As indústrias de aviação e automotiva usam estes adesivos onde o calor ou outros métodos de união podem distorcer a superfície. As estruturas de favo ou painéis também usam as majestosas propriedades adesivas e térmicas do epóxi.

A Tabela F-6 relaciona algumas das propriedades de vários epóxis. Os copolímeros de epóxi são feitos com ligação cruzada com fenólicos, melaminas, poliamida, ureia, poliéster e alguns elastômeros.

Tabela F-6 – Propriedades dos epóxis

Propriedade	Compostos de moldagem de epóxi		
	Preenchido com vidro	Preenchido com mineral	Preenchido com microbalões
Qualidades de moldagem	Excelente	Excelente	Boa
Densidade relativa	1,6–2,0	1,6–2,0	0,75–1,00
Resistência elástica, MPa	69–207	34–103	17–28
(psi)	(10.000–30.000)	(5.000–15.000)	(2.500–4.000)
Resistência à compressão, MPa	172–276	124–276	69–103
(psi)	(25.000–40.000)	(18.000–40.000)	(10.000–15.000)
Resistência ao impacto, Izod, J/mm	0,5–1,5	0,015–0,02	0,008–0,013
(pés-lb/pol)	(10–30)	(0,3–0,4)	(0,15–0,25)
Durezas, Rockwell	M100–M110	M100–M110	
Expansão térmica, 10^{-4}/°C	2,8–8,9	5,1–12,7	
Resistência ao calor, °C	150–260	150–260	
(°F)	(300–500)	(300–500)	
Resistência dielétrica, V/mm	11.810–15.750	11.810–15.750	14.960–16.535
Constante dielétrica (a 60 Hz)	3,5–5	3,5–5	
Fator de dissipação (a 60 Hz)	0,01	0,01	
Resistência ao arco voltaico, s	120–180	150–190	120–150
Absorção de água (24 h), %	0,05–0,20	0,04	0,10–0,20
Taxa de queima	Autoextinguível	Autoextinguível	Autoextinguível
Efeito da luz do Sol	Pouco	Pouco	Pouco
Efeito de ácidos	Negligenciável	Nenhum	Pouco
Efeito de bases	Nenhum	Pouco	Pouco
Efeito de solventes	Nenhum	Nenhum	Pouco
Qualidades de execução em máquina	Boa	Regular	Boa
Qualidades ópticas	Opaco	Opaco	Opaco

Furano

As resinas de furano são derivadas do furfuraldeído e do álcool furfúrico (Figura F-18). Os catalisadores ácidos são usados na polimerização. Consequentemente, é vital aplicar um revestimento protetor para substratos atacados por ácidos.

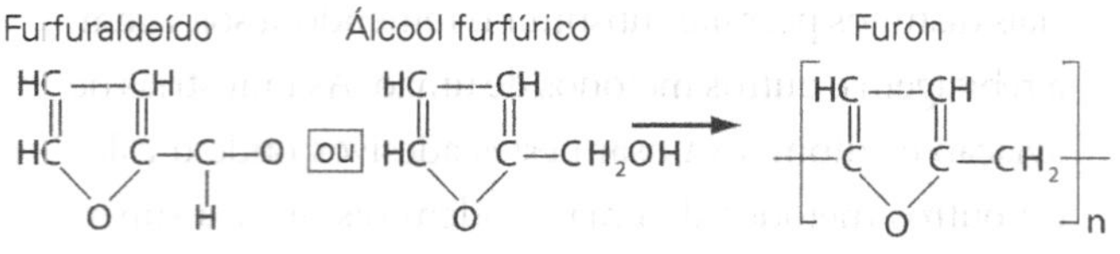

Figura F-18 – Catalisadores ácidos provocarão a condensação do furfuraldeído ou álcool furfúrico. Ocorre a ligação cruzada entre os anéis de furano.

O plástico de furano tem excelente resistência a produtos químicos e pode suportar temperaturas tão altas quanto 130 °C [265 °F]. Eles são usados basicamente como aditivos, ligadores ou adesivos. O furfuraldeído tem sido correagido com plásticos fenólicos. As resinas baseadas em álcool furfúrico são usadas com resinas amino para melhorar o umedecimento. Sua capacidade de umedecimento e aderência os tornam ideal para agentes impregnantes. Os produtos reforçados e laminados produzidos a partir de plástico de furano incluem tanques, canos, tubulações e painéis de construção. As resinas de furano também são usadas como fixadores de areia em fundições (Tabela F-7). A seguir são mostradas duas vantagens e duas desvantagens dos furanos.

Vantagens do furano
1. Produzido de fontes não petroquímicas
2. Excelente resistência a produto químico

Desvantagens do furano
1. Difícil de processar, limitado a plástico reforçado com fibra
2. Sujeito a ataque por halogênios

Fenólicos (PF)

Os fenólicos (fenol-aldeído) estavam dentre as primeiras resinas verdadeiramente sintéticas produzidas. Eles são conhecidos quimicamente como fenol-formaldeído (PF). A sua história atinge o trabalho de Adolph Baeyer, em 1872. Em 1909, o químico Baekeland inventou e patenteou uma técnica para combinar o fenol (C_6H_5OH, também chamado de ácido carbólico) e formadeído gasoso (H_2CO).

O sucesso das resinas de fenol-formaldeído mais tarde encorajou a pesquisa de resinas de ureia-formaldeído e melamina-formaldeído.

A resina formada a partir da reação do fenol com formaldeído (um aldeído) é conhecida como um *fenólico*. A Figura F-19 mostra a reação de um fenol com um formaldeído. Isto envolve uma reação de condensação, na qual é formada água como um produto lateral (estágio A). A primeira reação fenol formaldeído produz uma resina de baixa massa molecular, que é composta de enchimentos e outros ingredientes (estágio B). Durante o processo de moldagem, a resina é transformada em um produto de plástico termocurado com muitas ligações cruzadas pelo aquecimento e pressão (estágio C).

Tabela F-7 – Propriedades do furano

Propriedade	Furano (preenchido com asbestos)
Qualidades de moldagem	Boa
Densidade relativa	1,75
Resistência elástica, MPa	20–31
(psi)	(2.900–4.500)
Resistência à compressão, MPa	68–72
(psi)	(9.900–10.450)
Durezas, Rockwell	R110
Resistência ao calor, °C	130
(°F)	(266)
Absorção de água (24 h), %	0,01–2,0
Taxa de queima	Lenta
Efeito da luz do Sol	Nenhuma
Efeito de ácidos	Atacado
Efeito de bases	Pouco
Efeito de solventes	Resistente
Qualidades de execução em máquina	Regular
Qualidades ópticas	Opaco

Embora a solução de monômero de fenol seja comercialmente usada, cresóis, xilenóis, resorcinóis ou fenóis solúveis em óleo sinteticamente produzidos também podem ser usados. O furfural pode ser substituir o formaldeído.

Nas *resinas de um estágio*, um resol é produzido reagindo o fenol com uma quantidade em excesso

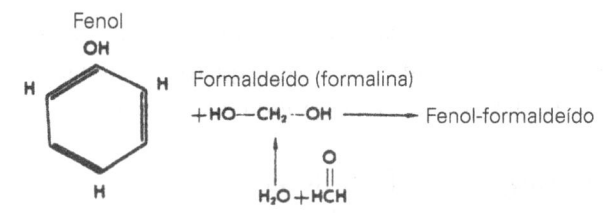

Figura F-19 – Reação de fenol com formaldeído.

de aldeído na presença de um catalisador não ácido. Sódio e hidróxido de sódio são exemplos comuns de catalisadores. Este produto é solúvel e possui uma baixa massa molecular. Ele formará moléculas grandes sem adição de um agente endurecedor durante o ciclo de moldagem.

As *resinas de dois estágios* são produzidas quando o fenol está presente em excesso com um catalisador ácido. O resultado é uma resina *novolac* de massa molecular baixa e solúvel. A resina termoplástica permanecerá linear a menos que os compostos capazes de formar ligação cruzada no aquecimento sejam adicionados. Elas são chamadas *resinas de dois estágios*, porque um agente deve ser adicionado antes da moldagem (Figura F-20).

O novalac de *estágio A* é um termoplástico fundível e solúvel. A resina de *estágio B* é produzida misturando termicamente o estágio A com hexametilenotetramaina. O estágio B é normalmente vendido em uma forma granular de pó. Enchimentos, pigmentos, lubrificantes e outros aditivos são compostos com a resina durante este estágio. Durante a moldagem, o aquecimento e a pressão convertem a resina de estágio B em um plástico termocurado de *estágio C* insolúvel e infundível.

Os fenólicos não são usados tão frequentemente quanto foram usados um dia, porque muitos novos plásticos têm sido desenvolvidos. Entretanto, o baixo custo, a habilidade de moldagem e suas propriedades físicas os tornam líderes no campo de termocurados. Estes materiais são largamente usados como pós de moldagem, ligadores de resina, revestimentos e adesivos.

Figura F-20 – A cura final ou o endurecimento a calor deve ser considerado um processo de condensação adicional.

Os pós de moldagem ou compostos de resinas de novalac são raramente usados sem um enchimento. O enchimento não é usado simplesmente para reduzir o custo. Ele melhora as propriedades físicas, aumenta a adaptabilidade para o processamento e reduz o encolhimento. O tempo de cura e as pressões de moldagem podem ser reduzidos preaquecendo os compostos de fenol-formaldeído. Avanços nos equipamentos e técnicas têm mantido os fenólicos competitivos com muitos termoplásticos e metais. Os fenólicos são usados nas operações de transferência convencional e moldagem de compressão e nas máquinas de injeção e de fuso recíproco. Os itens moldados são abrasivos e difíceis para máquinas. Embora os fenólicos moldados sejam largamente usados como isoladores elétricos, eles podem exibir baixas resistências de rastreamento e sob condições muito úmidas. Em poucos casos, têm sido substituídos por termoplásticos.

As resinas fenólicas têm uma principal desvantagem na aparência – elas não são tão escuras na cor para uso como camadas superficiais em laminados decorativos e como adesivos onde as juntas de cola podem aparecer. Tecido de algodão ou papel impregnado com resina fenólica são frequentemente usados na produção de rodas de engrenagem, suportes, substratos para placas de circuitos elétricos e laminados decorativos de melamina. Estes laminados são normalmente feitos em grandes prensas sob aquecimento e pressão controlados. Muitos métodos de impregnação são usados, incluindo imersão, revestimento e espalhamento.

As resinas de fenol e formaldeído podem ser fundidas em muitas formas de perfis, tais como bolas de bilhar, cabos de faqueiros e itens de novidades.

As resinas baseadas em fenol estão disponíveis nas formas líquidas, pó, floco e filme. A habilidade destas resinas para impregnar e ligar com a madeira e outros materiais é a razão para o seu sucesso como adesivos. Elas melhoram a adesão e a resistência ao calor e são largamente usadas na produção de compensado e como adesivos unidores em moldagens de partícula de madeira. Os quadros de partícula de madeira são usados em muitas aplicações de construção, tais como revestimento à prova d'água, piso submerso e suportes de núcleo.

As resinas fenólicas são usadas como ligadores para rodas de esmerilhar. O grão abrasivo e a resina

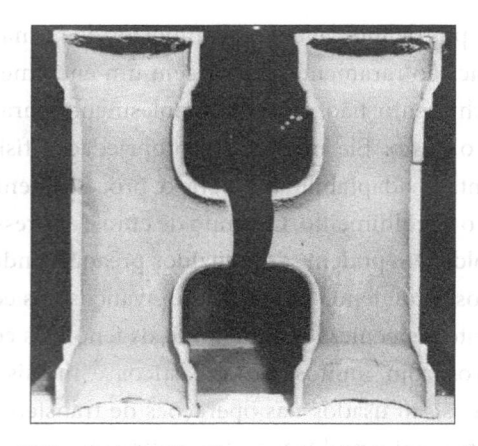

Figura F-21 – A resina fenólica era usada como uma ligadora para este núcleo de areia. (Borden Chemical Company.)

são simplesmente moldados na forma desejada e curados. Os ligadores de resina são um importante ingrediente nos moldes de camada e núcleos usados em fundição (Figura F-21). Estes moldes e núcleos produzem fundições metálicas lisas. Como ligadores resistentes ao calor, as resinas fenólicas são usadas na produção de forros de freio e materiais de revestimento de embreagem.

Devido à resistência deles a água, bases, produtos químicos, calor e abrasão, os fenólicos são algumas vezes usados como acabamentos, e também para revestir utensílios, máquinas ou outros dispositivos que exigem resistência máxima ao calor.

Uma espuma de alta durabilidade, resistente ao calor e ao fogo pode ser produzida usando resinas fenólicas. A espuma pode ser produzida na fábrica ou no local misturando-se rapidamente um agente de sopro e catalisador com a resina. À medida que a reação química gera calor e começa o processo de polimerização, o agente de sopro vaporiza. Isto faz com que a resina se expanda em uma estrutura multicelular semipermeável. Estas espumas podem ser usadas como enchimento de estruturas em favo em aviões, materiais de flutuação, isolamento térmico e acústico e como materiais de embalagem de objetos frágeis.

Microbalões (pequenas esferas ocas) podem ser produzidos a partir de plástico fenólico enchidos com nitrogênio. Estas esferas variam de 0,005 a 0,08 mm [0,0002 a 0,0032 pol] em diâmetro. Elas podem ser misturadas com outras resinas para produzir espumas sintáticas. Estas espumas são usadas como enchimentos isolantes. Elas agem como barreiras de vapor quando colocadas em líquidos voláteis como o petróleo.

A Tabela F-8 relaciona as propriedades dos materiais fenólicos. Oito vantagens e quatro desvantagens das resinas fenólicas são apresentadas a seguir:

Vantagens de fenólicos
1. Comparativamente de baixo custo
2. Adequado para uso em temperaturas de até 205 °C [400 °F]
3. Excelente resistência ao solvente
4. Rígidos
5. Boa resistência à compressão
6. Alta resistividade
7. Autoextinguíveis
8. Características elétricas muito boas

Desvantagens de fenólicos
1. Precisam de enchimentos para a moldagem
2. Baixa resistência a bases e oxidantes
3. São liberados voláteis durante a cura (um polímero de condensação)
4. Cor escura (devido à descoloração de oxidação)

Fenol-aralquila
Em 1976, a Ciba-Geigy Company introduziu um grupo de resinas baseadas em éteres aralquila e fenóis. Dois graus de pré-polímero básicos estão disponíveis. Ambos são vendidos como resina de pré-polímero 100%. Um grau cura por meio de uma reação de condensação. O outro sofre uma reação adicional similar ao epóxi. Os graus de condensação são misturados com resinas de novalac fenólica para melhorar as propriedades fenólicas. Os graus de polimerização adicional são usados na fabricação de laminados. Estas resinas são usadas como ligadores para a produção de rodas de corte, placas de circuitos impressos, suportes, itens de utensílios e componentes de motor. Por causa de suas excelentes propriedades mecânicas, vantagens de processamento e capacidades térmicas, estes pré-polímeros encontrarão também outros usos. A Tabela F-9 relaciona as propriedades do fenol-aralquila.

Poliésteres insaturados

O termo *resina de poliéster* encerra uma variedade de materiais. Ele é confundido frequentemente com outras classificações de poliéster. Um poliéster é formado pela

Tabela F-8 – Propriedades dos fenólicos

Propriedade	Fenol-formaldeído (não preenchido)	Fenol-formaldeído (tecido macerado)	Fundição de resina fenólica (não preenchido)
Qualidades de moldagem	Regular	Regular/boa	
Densidade relativa	1,25–1,30	1,36–1,43	1,236–1,320
Resistência elástica, MPa	48–55	21–62	34–62
(psi)	(7.000–8.000)	(3.000–9.000)	(5.000–9.000)
Resistência à compressão, MPa	69–207	103–207	83–103
(psi)	(10.000–30.000)	(15.000–30.000)	(12.000–15.000)
Resistência ao impacto, Izod, J/mm	0,01–0,018	0,038–0,4	0,012–0,02
(pés-lb/pol)	(0,20–0,36)	(0,75–8)	(0,24–0,40)
Durezas, Rockwell	M124–M128	E79–E82	M93–M120
Expansão térmica, $10^{-4}/°C$	6,4–15,2	2,5–10	17,3
Resistência ao calor, °C	120	105–120	70
(°F)	(250)	(220–250)	(160)
Resistência dielétrica, V/mm	11.810–15.750	7.875–15.750	9.845–15.750
Constante dielétrica (a 60 Hz)	5–6,5	5,2–21	6,5–17,5
Fator de dissipação (a 60 Hz)	0,06–0,10	0,08–0,64	0,10–0,15
Resistência ao arco voltaico, s	Deixa rastro	Deixa rastro	
Absorção de água (24 h), %	0,1–0,2	0,40–0,75	0,2–0,4
Taxa de queima	Muito lenta	Muito lenta	Muito lenta
Efeito da luz do Sol	Escurece	Escurece	Escurece
Efeito de ácidos	Decompõe-se por ácidos oxidantes	Decompõe-se por ácidos oxidantes	Nenhum
Efeito de bases	Decompõe-se	Atacado	Atacado
Efeito de solventes	Resistente	Resistente	Resistente
Qualidades de execução em máquina	Regular/boa	Boa	Excelente
Qualidades ópticas	Transparente/translúcido	Opaco	Transparente/opaco

Tabela F-9 – Propriedades do fenol-aralquila

Propriedade	Fenol-aralquila (preenchido com vidro)
Qualidades de moldagem	Boa
Densidade relativa	1,70–1,80
Resistência elástica, MPa	48–62
(psi)	(6.900–9.000)
Resistência à compressão, MPa	206–241
(psi)	(3.000–3.500)
Resistência ao impacto, Izod, J/mm	0,02–0,03
(pés-lb/pol)	(0,4–0,6)
Durezas, Rockwell	
Resistência ao calor, °C	250
(°F)	(480)
Resistência dielétrica, V/mm	
Constante dielétrica (a 1 MHz)	2,5–4,0
Fator de dissipação (a 1 MHz)	0,02–0,03
Absorção de água (24 h), %	0,05
Efeito de ácidos	Nenhum/pouco
Efeito de bases	Atacado
Efeito de solventes	Resistente
Qualidades de execução em máquina	Regular
Qualidades ópticas	Opaco

reação de um ácido polibásico e um álcool poli-hídrico. Variações com ácidos, ácidos e bases e alguns reagentes insaturados permitem ligações cruzadas, as quais formam plásticos termocurados.

O termo resina de poliéster deve se referir a resinas insaturadas baseadas em ácidos dibásicos e alcoóis poli-hídricos. Estas resinas são capazes de formar ligação cruzada com monômeros insaturados (normalmente o estireno). Alcides e poliuretanos do grupo de resina de poliéster são abordados individualmente.

Algumas vezes o termo *fibra de vidro* tem sido usado para se referir a plásticos de poliéster insaturado. Entretanto, este termo deve se referir apenas a peças fibrosas de vidro. Várias resinas podem ser usadas com fibra de vidro agindo como um agente de reforço. O principal uso para a resina de poliéster insaturada é na produção de plástico reforçado. A fibra de vidro é o reforço mais usado.

O crédito para a primeira preparação de resinas de poliésteres (tipo alcide) é normalmente atribuído ao químico suíço Jons Jacob Berzelius, em 1847, e a GayLussac e Pelouze, em 1833. O desenvolvimento adicional foi conduzido por W. H. Carothers e R. H. Kienle. Na década de 1930, a maioria do trabalho em poliésteres foi objetivado no desenvolvimento e melhoramento de aplicações de tinta e verniz. Em 1937, interesse adicional na resina foi estimulado por Carleton Ellis. Ele descobriu que adicionando monômeros insaturados a poliésteres insaturados, os tempos de formação de ligação cruzada e de polimerização eram muito reduzidos. Ellis tem sido chamado de o pai dos poliésteres insaturados.

O uso industrial de grande escala dos poliésteres insaturados desenvolveu rapidamente à medida que as faltas nos tempos de guerra impeliram o desenvolvimento de muitos tipos de uso de resina. As estruturas e itens de poliésteres reforçados eram largamente utilizados durante a Segunda Guerra Mundial.

A palavra *poliéster* é derivada de dois termos de processamento químico, *polimerização* e *esterificação*. Na esterificação, um ácido orgânico é combinado com um álcool para formar um éster e água. Uma reação de esterificação simples é mostrada na Figura F-22. (veja alcide, anteriormente)

O inverso da reação de esterificação é chamado de *saponificação*. Para obter um bom rendimento do éster em uma reação de condensação, a água deve

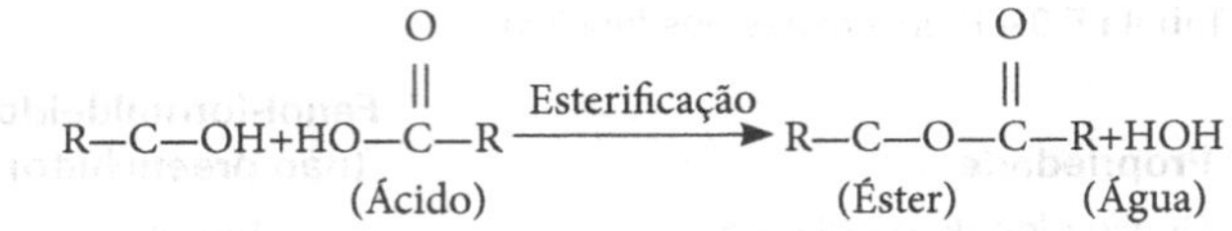

$$R-C(=O)-OH + HO-C(=O)-R \xrightarrow{Esterificação} R-C(=O)-O-C(=O)-R + HOH$$
(Ácido) (Éster) (Água)

Figura F-22 – Exemplos de reação de esterificação.

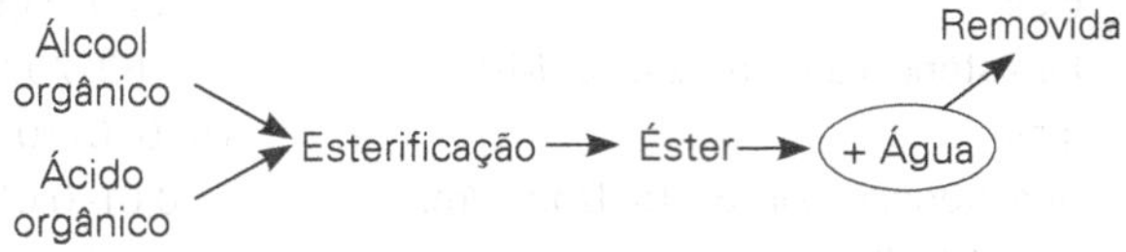

Figura F-23 – Para prevenir a saponificação, a água deve ser removida em uma reação de esterificação.

ser removida para prevenir a saponificação (Figura F-23). Se um ácido polibásico (como o ácido maleico) é provocado a reagir e a água é removida à medida que é formada, o resultado será um *poliéster insaturado*. *Insaturado* significa que os átomos de carbono com ligações duplas são reativos ou possuem ligações de valência não usadas. Estes podem ser ligados a outro átomo ou molécula, tornando tal poliéster capaz de fazer ligação cruzada. Existem muitos outros monômeros reativos ou insaturados que podem ser usados para variar ou adequar à resina para que satisfaça propósito ou uso especial. O vinil tolueno, cloroestireno, metacrilato de metila e ftalato de dialila são monômeros normalmente usados. O estireno insaturado é um monômero ideal de baixo custo muito usado com poliésteres (Figura F-24).

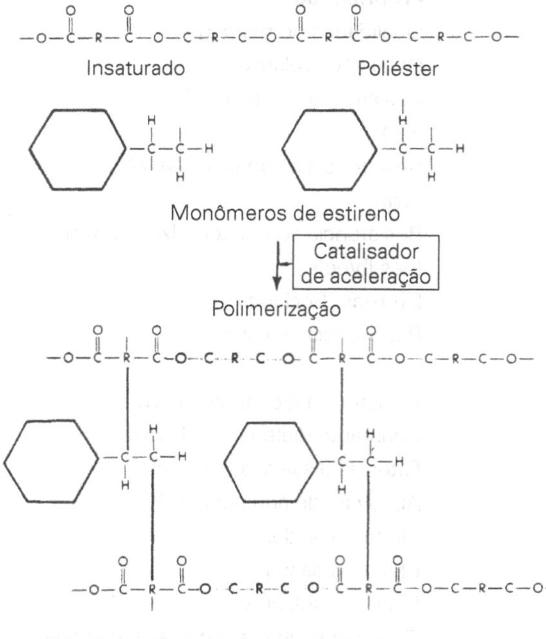

Figura F-24 – Reação de polimerização com poliéster insaturado e monômeros de estireno.

Seguem as quatro principais funções de um monômero:

1. Agir como um transportador de solvente para o poliéster insaturado
2. Diminuir a viscosidade (fina)
3. Melhorar propriedades selecionadas para usos específicos
4. Fornecer meios rápidos de reagir (ligação cruzada) com uniões insaturadas no poliéster

À medida que as moléculas colidem aleatoriamente e as ligações são completadas, uma polimerização muito lenta (ligação cruzada) ocorrerá. Este processo pode levar dias ou semanas em misturas simples de poliésteres e monômeros.

Para acelerar a polimerização à temperatura ambiente, os aceleradores (promotores) e catalisadores (iniciadores) são adicionados. Os aceleradores comumente usados são naftenato de cobalto, dietilanilina e dimetilanilina. A menos que seja especificado ao contrário, as resinas de poliésteres normalmente terão aceleradores adicionados pelo fabricante. As resinas que contêm um acelerador exigem apenas um catalisador para fornecer polimerização rápida à temperatura ambiente. Com a adição de um acelerador, a vida útil da resina é apreciavelmente reduzida. Os inibidores, tal como a hidroquinona, podem ser adicionados para estabilizar ou retardar a polimerização prematura. Estes aditivos não interferem significativamente com a polimerização final. A velocidade de cura pode ser influenciada pela temperatura, luz e a quantidade de aditivos.

As resinas de poliésteres podem ser formuladas sem aceleradores. Todas as resinas devem ser mantidas em uma área de armazenamento fria e escura até ser usada.

Cuidado: Nunca misture o acelerador e o catalisador diretamente se eles são fornecidos separadamente. Pode resultar em uma explosão violenta.

O peróxido de metil etil cetona, o peróxido de benzoíla e o hidroperóxido de cumeno são três peróxidos orgânicos comuns usados para catalisar as resinas de poliésteres. Estes catalisadores quebram quando entram em contato com os aceleradores nos radicais livres de liberação da resina. Os radicais livres são atraídos para as moléculas insaturadas reativas, assim iniciando a reação de polimerização.

Pela definição mais estrita, o termo *catalisador* é incorretamente usado quando se refere ao mecanismo de polimerização de resinas de poliésteres. Pela definição estrita, um catalisador é uma substância que ajuda uma ação química pela sua simples presença, sem ser permanentemente mudada por si só. Entretanto, nas resinas de poliésteres, o catalisador se quebra e torna-se parte da estrutura do polímero. Uma vez que estes materiais são consumidos na iniciação da polimerização, o termo *iniciador* seria mais acurado. Um verdadeiro catalisador é recuperado no final de um processo químico.

A exposição a radiação, luz ultravioleta e calor também pode ser usada para iniciar a polimerização das moléculas com ligações duplas. Se catalisadores são usados, a mistura de resina torna-se correspondentemente mais sensível ao calor e à luz. Em um dia quente ou à luz do sol, menos catalisador é necessário para a polimerização. Em um dia frio, seria necessário mais catalisador. A resina e o catalisador também poderiam ser aquecidos para produzir uma cura rápida.

A reação de cura final é chamada de *polimerização de adição*, porque nenhum produto lateral está presente como um resultado da reação. Nas reações de fenol-formaldeído, a reação de cura é referida como *polimerização de condensação*, porque o produto lateral água está presente (Figura F-25). (Veja Polialiléteres e Alílicos, neste apêndice.)

O poliéster pode ser especialmente modificado para uma variedade de usos alterando a estrutura química ou adicionando aditivos. Mais ligação cruzada é possível com altas porcentagens de ácido insaturado. Um produto mais rígido e duro é obtido. A adição de ácidos saturados aumentará a durabilidade e a flexibilidade. Enchimentos tixotrópicos, pigmentos e lubrificantes também podem ser adicionados à resina.

As resinas de poliésteres que não contêm cera são suscetíveis à *inibição pelo ar*. Quando expostas diretamente ao ar, tais resinas permanecem abaixo da cura, macias e pegajosas por algum tempo após a cura. Isto é desejável quando múltiplas camadas devem ser construídas. As resinas compradas de um fabricante sem cera são chamadas resinas *inibidas pelo ar*. A ausência de cera possibilita melhores ligações entre camadas múltiplas nas operações de laminação à mão.

Em alguns casos, uma cura livre de grude das superfícies expostas ao ar é desejada. Para fundições de uma etapa, moldagens ou revestimentos de superfície, tal cura é obtida usando um poliéster *inibidor sem ar*. Resinas sem inibidores de ar contêm cera que flutua para a superfície durante a operação de cura, bloqueando o ar e permitindo que a superfície tenha uma cura livre de grude. Muitas ceras podem ser usadas em tais resinas, incluindo cera de parafina doméstica, cera de carnaúba, cera de abelha, ácido esteárico e outras. O uso de ceras afeta desfavoravelmente a adesão. Consequentemente, se mais camadas devem ser adicionadas, toda a cera deve ser removida da superfície por aeramento.

Alterando a combinação básica das matérias-primas, enchimentos, reforços, tempo de cura e técnica de tratamento, é possível uma ampla faixa de propriedades.

O poliéster é usado, principalmente, na fabricação de produtos de compósito. O valor primário de reforços é obter alta proporção resistência-massa. A fibra de vidro é o agente de reforço mais comum. Asbestos, sisal, muitas fibras de plástico e filamentos de pelo também são usados. O tipo de reforço selecionado depende do uso final e do método de fabricação. Os poliésteres reforçados estão entre os materiais mais fortes conhecidos. Eles têm sido usados em cascos de automóveis (Figura F-26) e cascos de barcos, e, em razão de sua alta proporção resistência-massa, eles são usados também em aviões e aeronaves.

Outras aplicações incluem cúpulas de radar, dutos, tanques de armazenamento, equipamento esportivo, bandejas, móveis, malas, pias e vários tipos de vasos (Figura F-27).

Graus de fundido não reforçados de poliésteres são usados para embutir, em potes, fundição e selagem. As resinas preenchidas com farelo de madeira podem ser fundidas em moldes de silicone para produzir cópias precisas de escultura e ornamento em madeira. Resinas especiais podem ser emulsificadas com água, o que reduz ainda mais os custos. Estas resinas, chamadas *resinas estendidas em água*, podem conter até 70% de água. A fundição sofre algum encolhimento por causa da perda de água.

Os métodos de fabricação para poliésteres reforçados incluem laminação à mão, pulverização, moldagem combinada, moldagem de pré-mistura, moldagem por saco de pressão, moldagem de saco de vácuo, fundição e laminação contínua. Em adição, outras modificações de moldagem são usadas algumas vezes. Às vezes, o equipamento de moldagem de compressão é por vezes usado com pré-misturas semelhantes à pasta contendo todos os ingredientes. A Tabela F-10 relaciona algumas das propriedades

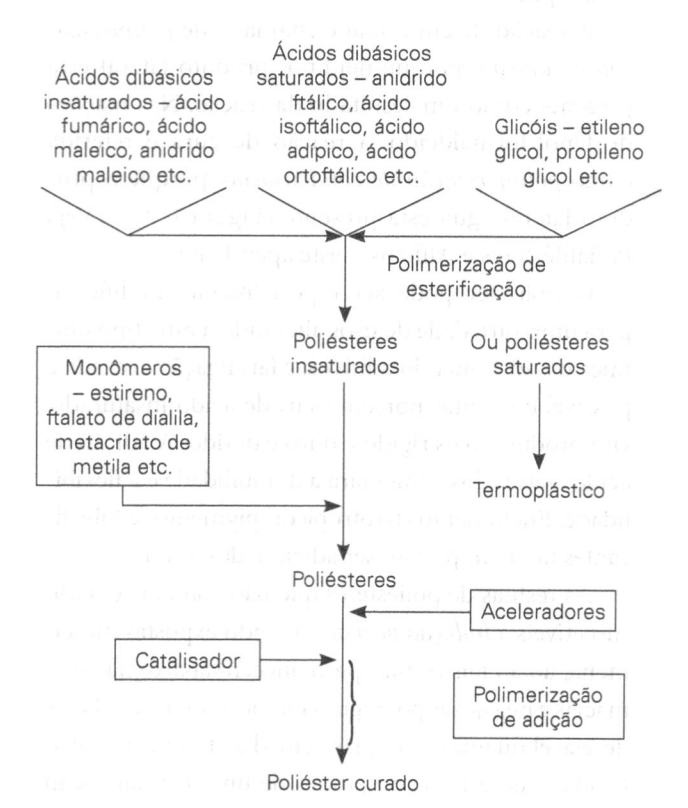

Figura F-25 – Esquema de produção de poliéster curado.

Figura F-26 – O Chevrolet Corvette 1953 de compósito clássico foi o primeiro casco de produção de compósito, era composto de fibra de vidro em uma matriz de poliéster.

Tabela F-10 – Propriedades de poliésteres termocurados

Propriedade	Poliéster termocurado (fundido)	Poliéster termocurado (lã de vidro)
Qualidades de moldagem	Excelente	Excelente
Densidade relativa	1,10–1,46	1,50–2,10
Resistência elástica, MPa	41–90	207–345
(psi)	(6.000–13.000)	(30.000–50.000)
Resistência à compressão, MPa	90–252	172–345
(psi)	(13.000–36.500)	(25.000–50.000)
Resistência ao impacto, Izod, J/mm	0,01–0,02	0,25–1,5
(pés-lb/pol)	(0,2–0,4)	(5,0–30,0)
Durezas, Rockwell	M70–M115	M80–M120
Expansão térmica, (10^{-4}/°C)	14–25,4	3,8–7,6
Resistência ao calor, °C	120	150–180
(°F)	(250)	(300–350)
Resistência dielétrica, V/mm	14.960–19.685	13.780–19.690
Constante dielétrica (a 60 Hz)	3,0–4,36	4,1–5,5
Fator de dissipação (a 60 Hz)	0,003–0,028	0,01–0,04
Resistência ao arco voltaico, s	125	60–120
Absorção de água (24 h), %	0,15–0,60	0,05–0,50
Taxa de queima	Queima/autoextinguível	Queima/autoextinguível
Efeito da luz do Sol	Amarela-se ligeiramente	Pouco
Efeito de ácidos	Atacado por ácidos oxidantes	Atacado por ácidos oxidantes
Efeito de bases	Atacado	Atacado
Efeito de solventes	Atacado por alguns	Atacado por alguns
Qualidades de execução em máquina	Boa	Boa
Qualidades ópticas	Transparente/opaco	Transparente/opaco

de muitos poliésteres. A seguir são apresentadas seis vantagens e duas desvantagens dos poliésteres:

Vantagens dos poliésteres insaturados

1. Ampla latitude de cura
2. Pode ser usado para dispositivos médicos (membros artificiais)
3. Aceita altos níveis de enchimento
4. Materiais termocurados
5. Ferramenta barata
6. Graus halogenados que não se queimam

Desvantagens dos poliésteres insaturados

1. Temperatura de serviço superior limitada a 93 °C [200 °F]
2. Baixa resistência a solventes

Figura F-27 – Este grande recipiente de compósito é altamente resistente à corrosão. (Cortesia da Composites USA, Inc.)

Existem inúmeras redes de polímeros interpenetrantes termocurados (IPN) que envolvem poliéster insaturado termocurado, éster de vinila ou copolímero de poliéster-uretano em uma rede de uretano. Você pode recordar que um IPN é uma configuração de dois ou mais polímeros, cada um existindo em uma rede. Existe um efeito sinérgico quando um dos polímeros é sintetizado na presença de outro. As resinas em rede de uretano/poliéster têm boa liberação de umidade e podem ser usadas em pultrusão, enrolamento de filamento, RIM, RTM, pulverização e outros métodos de reforçamento de compósitos. Os IPN de termoplásticos não formam ligações cruzadas químicas como os IPN termocurados. Existe um embaraço físico que interfere com a mobilidade do polímero. O IPN termoplástico tem sido produzido usando PA, PBT, POM e PP com silicone como o IPN.

Poliimida termocurada

As poliimidas podem existir como materiais termoplásticos ou termocurados. As poliimidas adicionais estão disponíveis como termocurados. Durante o processamento, as poliimidas de condensação decompõem-se termicamente antes que atinjam o seu ponto de fusão.

As poliimidas termocuradas são moldadas por métodos de injeção, transferência, extrusão e compressão.

As poliimidas termocuradas são usadas em itens de motor de aviões, rodas de automóveis, dielétricos elétricos e revestimentos.

A Tabela F-11 relaciona as propriedades das poliimidas termocuradas.

As poliimidas tanto termocuradas quanto termoplásticas são consideradas polímeros de alta temperatura.

Em anos recentes, alguns melhoramentos nos sistemas de resina resultaram em um polímero de alta temperatura que é menos quebradiço e mais facilmente processado. Alguns sistemas começaram com um polímero termoplástico baseado em um dianidrido tetracarboxílico aromático e uma diamina aromática. O resultado é um pó completamente imidizado. Diferente das poliimidas de adição, este produto pode ser processado a partir de vários solventes orgânicos comuns (p. ex., ciclohexanona). Embora a poliimida seja completamente imidizada, ocorre ligação cruzada adicional durante o processamento.

Bismaquimidas (BMI). Estas são uma classe de poliimidas com uma estrutura geral contendo ligações duplas reativas em cada extremidade da molécula.

Tabela F-11 – Propriedades de poliimida e bismaleimida termocuradas

Propriedade	Poliimida termocurada (não preenchida)	Bismaleimida 1:1	Bismaleimida 10:0,87
Qualidades de moldagem	Boa	Boa	Boa
Densidade relativa	1,43	—	—
Resistência elástica, MPa	86	81	92
(psi)	(12.500)	(11.900)	(13.600)
Resistência à compressão, MPa	275	201	207
(psi)	(39.900)	(29.900)	(30.500)
Resistência ao impacto, Izod, J/mm	0,075	—	—
(pés-lb/pol)	(1,5)	—	—
Durezas, Rockwell	E50		
Expansão térmica, (10^{-4}/°C)	13,71		
Resistência ao calor, °C	350	272	285
(°F)	(660)	(523)	(545)
Resistência dielétrica, V/mm	22.050		
Constante dielétrica (a 60 Hz)	3,6		
Fator de dissipação (a 60 Hz)	0,0018		
Absorção de água (24 h), %	0,24		
Efeito de ácidos	Atacado lentamente		
Efeito de bases	Atacado		
Efeito de solventes	Muito resistente		
Qualidades de execução em máquina	Boa		
Qualidades ópticas	Opaco		

Vários grupos funcionais, tais como vinilas, alilas ou aminas, são usados como agentes cocurantes com bismaleimidas para melhorar as propriedades do homopolímero.

Em um sistema de bismaleimidas, o componente A (4,4'-bismaleiimidofenilmetano) e o componente B (o-,o'-dialil-bisfenol A) reagem para fornecer uma molécula de BMI com uma espinha dorsal mais dura e flexível.

Os testes têm mostrado resistência e rigidez melhoradas com formulações usando uma proporção maior (1,0:0.87) de BMI e dialilbisfenol A. As propriedades típicas de dois sistemas bismaleimida são mostradas na Tabela F-11.

Poliuretano (PU)

O termo *poliuretano* refere-se à reação de poliisocianatos (-NCO-) e grupos polihidroxilas (-OH-). Uma reação simples entre o isocianato e um álcool é mostrada a seguir. O produto da reação é o uretano ao invés da poliuretana.

$$R \cdot NCO + HOR_1 \longrightarrow R \cdot NH \cdot COOR_1$$
PoliIsocianato   PoliHidroxila   PoliUretana

Os químicos alemães Wurtz, em 1848, e Hentschel, em 1884, produziram os primeiros isocianatos.

O último levou ao desenvolvimento dos poliuretanos. Foi Otto Bayer e seus colaboradores que na realidade tornaram possível o desenvolvimento comercial dos poliuretanos em 1937. Desde essa época, os poliuretanos têm se desenvolvido em muitas formas comercialmente disponíveis, incluindo revestimentos, elastômeros, adesivos, compostos de moldagem, espumas e fibras.

Os isocianatos e di-isocianatos são altamente reativos com compostos, contendo átomos de hidrogênio reativos. Por esta razão, os polímeros de poliuretanos podem ser reproduzidos. A união de retorno da cadeia de poliuretano é NHCOO ou NHCO.

Poliuretanos mais complexos baseados nos di-isocianatos de tolueno (TDI) e poliéster, diamina, óleo de castor ou cadeias de poliéster têm sido desenvolvidos. Outros isocianatos usados são o diisocianato de difenilmetano (MDI) e isocianato de polimetileno polifenila (PAPI).

Os primeiros poliuretanos foram feitos na Alemanha para competir com outros polímeros produzidos naquele tempo. Os poliuretanos alifáticos lineares foram usados para fazer fibras. Os poliuretanos lineares são termoplásticos. Eles podem ser processados usando-se todas as técnicas normais de termoplásticos, incluindo injeção e extrusão. Em razão do custo, eles têm usos limitados como fibras ou filamentos.

Os revestimentos de poliuretano são destacados pelas suas altas resistências à abrasão, pela rigidez incomum, pela dureza, pela boa flexibilidade, pela resistência química e pela habilidade ao tempo (Figura F-28). O ASTM definiu cinco tipos distintos de revestimentos de poliuretano, como mostrado na Tabela F-12.

As resinas de poliuretano são processadas em acabamentos transparentes e pigmentados para uso doméstico, industrial e marinho. Elas melhoram a resistência a produto químico e ao ozônio de borracha e outros polímeros. Estes revestimentos e acabamentos podem ser soluções simples para poliuretanos ou sistemas complexos de poliisocianato e grupos de OH como poliésteres, poliéteres e óleo de castor.

Muitos elastômeros de poliuretano (PUR) (borrachas) podem ser preparados a partir de di-isocianatos, poliésteres lineares, ou resina de poliéter e agentes de cura (Figura F-29). Se formulado em um uretano termoplástico linear, podem ser processados usando equipamento de processamento normal de termoplástico. Eles são usados em absorvedores de choque, para-choques, engrenagens, coberturas de cabos, invólucro de mangueira, linha elástica (spandex) e diafragmas. Usos comuns de elastômeros termocurados com ligação cruzada, incluindo pneus industriais, saltos de sapato, gaxetas, selos, anéis O, propulsores de bombas e suprimento de linha de pneus. Os elastômeros de poliuretano têm extrema resistência à abrasão, envelhecimento de ozônio e fluidos de hidrocarbonetos. Estes elastômeros custam mais que as borrachas convencionais, mas são resistentes, elásticos e exibem uma ampla faixa de flexibilidade em temperaturas extremas.

(A) Espumas, isolamento, esponjas, cintos e gaxetas de poliuretano.

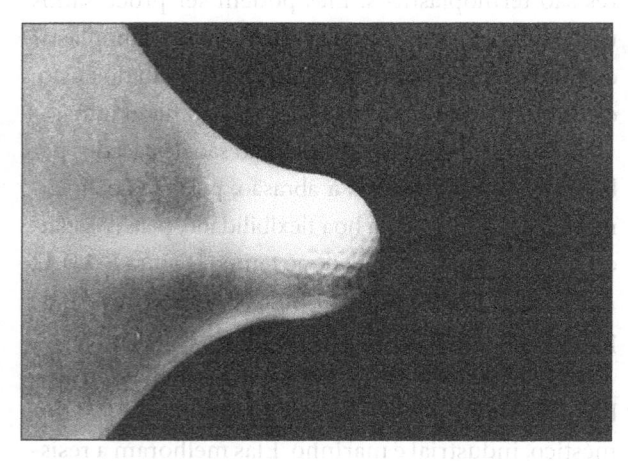

(B) Este filme de 0,076 mm (0,003 pol) para uma bola de golfe em alta velocidade, demonstrando a resistência ao furo e a resistência elástica do poliuretano. (Noveon, Inc.)

Figura F-28 – Aplicações de poliuretano.

$$nHOR-(OR-)_x-OH + nOCNR_1NCO \rightarrow (-OR-(OR)_xOCONHR_1NHCO-)_n$$
$$\text{Poliéster} \qquad \text{Di-isocianato} \qquad \text{Poliuretano}$$

$$nHOR(-OCOR_2CO \cdot OR\ )_xOH + nOCNR_1NCO \rightarrow$$
$$\text{Poliéter} \qquad \text{Di-isocianato}$$
$$-OR(-OCOR_2CO \cdot OR)_xOCONHR_1NHCO-\ _n$$
$$\text{Poliuretano}$$

Figura F-29 – Produção de elastômeros de poliuretano.

As espumas de poliuretano são largamente usadas e bem conhecidas. Elas estão disponíveis nas formas flexíveis, semirrígidas e rígidas em inúmeras densidades diferentes. Várias espumas flexíveis são usadas como enchimento para móveis, assentos de automóveis e colchões. Elas são produzidas reagindo-se di-isocianato de tolueno (TDI) com poliéster água na presença de catalisador. Em altas densidades, são fundidas ou moldadas em frentes de gavetas, portas, moldagens e peças completas de móveis. As espumas flexíveis são estruturas de células abertas que podem ser usadas como esponjas artificiais. Estas espumas são usadas pelas indústrias de vestuário e têxteis para enchimento e isolamento.

As espumas semirrígidas são usadas como materiais absorvedores de energia em almofadas de batida, descansos de braços e visores de sol.

Os três maiores usos da espuma rígida de poliuretano são na fabricação de móveis, moldagens automotivas e de construção e vários produtos de isolamento térmico. Réplicas de esculturas em madeira, itens de decoração e moldagens são produzidos de espumas autoesfoliantes de alta densidade. Os valores de isolamento destas espumas as tornam uma escolha ideal para isolamento de geladeiras, bem como de caminhões e vagões refrigerados. Elas podem ser espumadas no local para muitos usos de arquitetura. Elas podem ser colocadas em superfícies verticais pulverizando a mistura de reação através de um bico, e são usadas como dispositivos de flutuação, empacotamento e reforço estrutural.

O poliuretano rígido é um material de célula fechada produzido pela reação de TDI (forma de pré-polímero) com poliésteres e agentes de sopro reativo,

Tabela F-12 – Designações da ASTM para revestimentos de poliuretano

Tipo ASTM	Componentes	Vida no pote	Cura	Usos de transparentes ou pigmentados
(I) Modificado por óleo	Um	Ilimitado	Ar	Madeira interior ou exterior e marinho. Esmaltes industriais
(II) Pré-polímero	Um	Estendido	Umidade	Interior ou exterior. Revestimentos de madeira, borracha e couro
(III) Bloqueado	Um	Ilimitado	Calor	Revestimentos de fios e acabamentos cozidos
(IV) Pré-polímero + Catalisador	Dois	Limitado	Amina/ar catalisador	Acabamentos industriais e produtos de couro e borracha
(V) Poliisocianato + Polioll	Dois	Limitado	Reação NCO/OH	Acabamentos industriais e produtos de couro e borracha

tais como o monofluorotriclorometano (fluorocarboneto). O di-isocianato de metileno (MDI) e o isocianato de polifenila polimetileno (PAPI) são usados em algumas espumas rígidas. As espumas de MDI têm melhor estabilidade dimensional, enquanto as espumas de PAPI têm maior resistência à temperatura.

Calafetagens e seladores baseados em poliuretano são materiais de polisicianato baratos usados em encapsulamento e na construção e fabricação. Vários polisocianatos são adesivos úteis. Eles produzem ligações fortes entre tecidos flexíveis, borrachas, espumas ou outros materiais.

Muitos agentes de sopro e espumosos são explosivos e tóxicos. Ao misturar ou processar espumas de poliuretano, tenha certeza de que uma ventilação apropriada seja fornecida.

A Tabela F-13 fornece algumas propriedades dos plásticos de uretano. Seguem seis vantagens e quatro desvantagens dos plásticos de poliuretano:

Vantagens do poliuretano
1. Alta resistência à abrasão
2. Boa capacidade a baixa temperatura
3. Ampla variabilidade na estrutura molecular
4. Possibilidade de cura no ambiente
5. Custo comparativamente baixo
6. Espuma de pré-polímero disponível

Desvantagens do poliuretano
1. Capacidade térmica ruim
2. Tóxico (isocianatos são usados)
3. Habilidade ao tempo ruim
4. Sujeito a ataque por solventes

Silicones (SI)

Na química orgânica, o carbono é estudado porque é capaz de formar estruturas moleculares com muitos

Tabela F-13 – Propriedades do poliuretano

Propriedade	Uretano fundido	Elastômero de uretano
Qualidades de moldagem	Boa	Boa/excelente
Densidade relativa	1,10–1,50	1,11–1,25
Resistência elástica, MPa	1–69	31–58
(psi)	(175–10.000)	(4.500–8.400)
Resistência à compressão, MPa	14	14
(psi)	(2.000)	(2.000)
Resistência ao impacto, Izod, J/mm	0,25/flexível	Não se quebra
(pés-lb/pol)	(5)	
Durezas, Shore	10A–90D	30A–70D
Rockwell	M28, R60	
Expansão térmica, (10^{-4}/°C)	25,4–50,8	25–50
Resistência ao calor, °C	90–120	90
(°F)	(190–250)	(190)
Resistência dielétrica, V/mm	15.750–19.690	12.990–35.435
Constante dielétrica (a 60 Hz)	4–7,5	5,4–7,6
Fator de dissipação (a 60 Hz)	0,015–0,017	0,015–0,048
Resistência ao arco voltaico, s	0,1–0,6	0,22
Absorção de água (24 h), %	0,02–1,5	0,7–0,9
Taxa de queima	Lenta/autoextinguível	Lenta/autoextinguível
Efeito da luz do Sol	Nenhuma/amarela	Nenhuma/amarela
Efeito de ácidos	Atacado	Dissolve-se
Efeito de bases	Lenta/atacado	Dissolve-se
Efeito de solventes	Nenhuma/pouco	Resistente
Qualidades de execução em máquina	Excelente	Regular/excelente
Qualidades ópticas	Transparente/opaco	Transparente/opaco

outros elementos. O carbono é considerado um elemento reativo. O carbono é capaz de entrar em mais combinações moleculares que qualquer outro elemento. A vida na Terra é baseada no carbono elementar.

O segundo elemento mais abundante na Terra é o silício. Ele tem o mesmo número de sítios de ligação disponíveis que o carbono. Alguns cientistas têm especulado que a vida em outros planetas pode ser baseada no silício. Outros acham esta possibilidade difícil de aceitar, porque o silício é um sólido inorgânico com uma aparência metálica. Grande parte da crosta terrestre é composta de SiO_2 (dióxido de silício) na forma de areia, quartzo e pedra.

Em 1863, a capacidade tetravalente do silício interessou aos químicos Friedrixh Wohler, C. M. Crafts, Charles Friedel, F. S. Kipping, W. H. Carothers, e muitos outros realizaram trabalhos que possibilitaram o desenvolvimento dos polímeros de silício.

Por volta de 1943, a Dow Corning Corporation produziu os primeiros polímeros comerciais de silício nos Estados Unidos. Existem milhares de usos para estes materiais. A palavra *silicone* deve ser aplicada apenas aos polímeros contendo ligações silício-oxigênio-silício. Entretanto, é frequentemente usada para denotar qualquer polímero contendo átomos de silício.

Em muitos compostos de carbono-hidrogênio, o silício pode substituir o elemento carbono. O metano (CH_4) pode ser trocado pelo silano ou silicometano (SiH_4). Muitas estruturas similares às séries alifáticas de hidrocarbonetos alifáticos podem ser formadas.

Os seguintes tipos gerais de ligação podem ser valiosos no entendimento da formação de polímeros de silício:

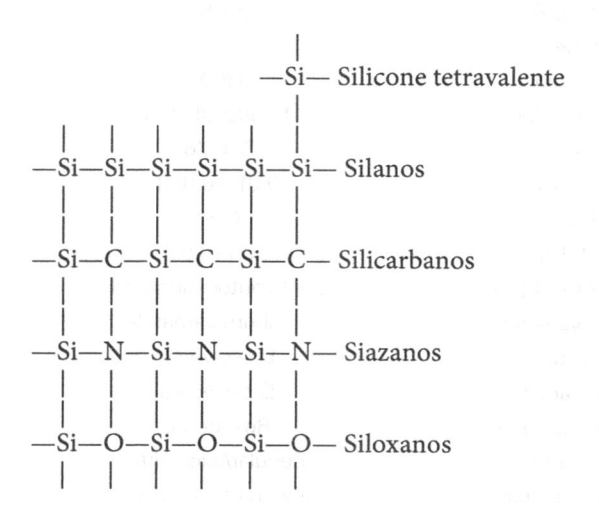

```
          |
        —Si—   Silicone tetravalente
          |

  |  |  |  |  |  |
—Si—Si—Si—Si—Si—Si—  Silanos
  |  |  |  |  |  |

  |  |  |  |
—Si—C—Si—C—Si—C—   Silicarbanos
  |  |  |  |

  |  |  |  |
—Si—N—Si—N—Si—N—   Siazanos
  |  |  |  |

  |  |  |  |  |  |
—Si—O—Si—O—Si—O—   Siloxanos
  |  |  |  |  |  |
```

Os compostos com apenas átomos de silício e hidrogênio presentes são chamados *silanos*. Quando os átomos de silício estão separados por átomos de carbono, a estrutura é chamada de *silicarbano* (sil-CARB-ano). Um *polisiloxano* é produzido quando mais de um átomo de oxigênio separa os átomos de silício na cadeia.

```
        |           |
     —Si—O—O—O—Si—O—O—O—
        |           |
```

Uma cadeia molecular de silicone polimerizado poderia ser baseada na estrutura mostrada na Figura F-30 modificada por radicais (R).

Muitos polímeros de silício são baseados em cadeias, anéis ou redes de átomos de silício e oxigênio alternados. Os exemplos comuns contêm grupos metila, fenila ou vinila na cadeia de siloxano (Figura F-31). Um número de polímeros é formado variando os grupos de radicais orgânicos na cadeia de silício. Muitos copolímeros estão também disponíveis.

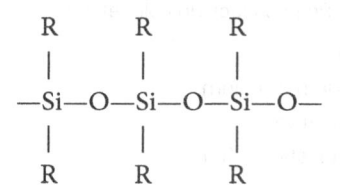

```
     R     R     R
     |     |     |
   —Si—O—Si—O—Si—O—
     |     |     |
     R     R     R
```

Figura F-30 – Um exemplo de cadeia molecular de silicone polimerizado.

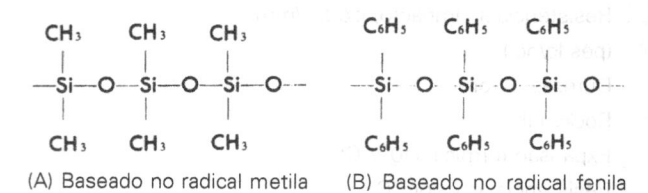

```
    CH₃   CH₃   CH₃              C₆H₅  C₆H₅  C₆H₅
     |     |     |                 |     |     |
   —Si—O—Si—O—Si—O—             —Si—O—Si—O—Si—O—
     |     |     |                 |     |     |
    CH₃   CH₃   CH₃              C₆H₅  C₆H₅  C₆H₅
```

(A) Baseado no radical metila (CH_3).
(B) Baseado no radical fenila (C_6H_5)

Figura F-31 – Dois polímeros de siloxano.

A quantidade de energia necessária para produzir os plásticos de silicone aumenta o custo. Entretanto, os plásticos de silicone podem ainda ser econômicos devido à vida mais longa do produto, às altas temperaturas de serviço e à flexibilidade em temperaturas extremas.

Os silicones são produzidos em cinco categorias comercialmente disponíveis: fluidos, compostos, lubrificantes, resinas e elastômeros (borracha).

Provavelmente o plástico de silicone mais conhecido esteja associado com óleos e ingredientes para polimentos. Os exemplos são tecidos para limpeza de lentes ou tecidos repelentes de água tratados com um fino revestimento de silicone.

Os fluidos de silicone são adicionados a alguns líquidos para prevenir a espumação (antiespumante), prevenir a transmissão de vibrações (amortecimento) e melhorar os limites elétricos e térmicos de vários líquidos. Os silicones fluidos são usados como aditivos em tintas, óleos e tintas de impressão, bem como em agentes de liberação de molde, acabamentos para vidros e tecidos e revestimento de papel.

Os compostos de silicone são normalmente materiais granulares ou preenchidos com fibras. Em razão das excelentes propriedades elétricas e térmicas, os compostos preenchidos com mineral e vidro são usados para encapsular componentes eletrônicos.

Similar a adesivos e selantes, os plásticos de silicone são limitados pelo seu alto custo. As suas altas temperaturas de serviço e propriedades elásticas os tornam úteis para selar, vedar, calafetar e encapsular, bem como para reparar todos os tipos de materiais (Figura F-32).

A inatividade química do silicone em espuma é útil em implantes de seio e facial na cirurgia plástica. Seus principais usos incluem o isolamento elétrico e térmico de fios e componentes elétricos.

Quando usados como lubrificantes, os silicones são preciosos porque não se deterioram em temperaturas de serviço extremas. Os silicones são usados para lubrificar borracha, plástico, suportes em bola, válvulas e bombas de vácuo.

As resinas de silicone têm muitos usos, tal como agentes de liberação para pratos de assar. As resinas de silicone também são encontradas em revestimentos flexíveis e resistentes utilizados como tintas de alta temperatura para tubos de várias ligações e silenciadores de motores. A capacidade de ser à prova d'água os torna úteis no tratamento de alvenaria e paredes de concreto.

As excelentes propriedades de serem à prova d'água, térmicas e elétricas fazem destas resinas valorosas para isolamentos e geradores elétricos.

Os laminados reforçados com lã de vidro são usados para itens estruturais, dutos, cúpulas de radar e quadros de painéis eletrônicos. Estes laminados de silicone são caracterizados por suas excelentes propriedades dielétricas e térmicas e pela proporção resistência-massa.

(A) Este é um selante de silicone do tipo cura umidade. Ele cura à temperatura ambiente se a umidade relativa está entre 30% e 80%.

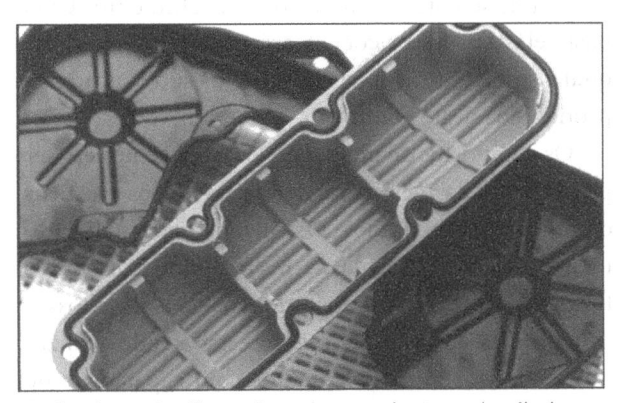

(B) O selante de silicone é usado em coberturas de válvula porque resiste a muitos solventes e tem alta temperatura de serviço.

(C) O selante de silicone funciona tanto como adesivo quanto como um selante.

Figura F-32 – Vários usos dos selantes de silicone. (Cortesia da Dow Corning.)

Terra distomácea, fibra de vidro ou asbestos podem ser usados como enchimentos na preparação de uma pré-mistura ou pasta para itens pequenos de moldagem de resinas de silicone.

Alguns dos mais conhecidos silicones são na forma de elastômeros. Poucas borrachas ou elastômeros industriais podem suportar longa exposição ao ozônio (O_3) ou óleos minerais. As "borrachas" de silicone são estáveis em temperaturas elevadas e permanecem flexíveis quando expostas ao ozônio ou óleos.

Os elastômeros de silicone são usados em órgãos artificiais, anéis em O, gaxetas e diafragmas. Eles também são usados em moldes flexíveis para a fundição de plástico e metais de baixo ponto de fusão.

Os elastômeros vulcanizados à temperatura ambiente (RTV) são usados para copiar itens moldados intricados, juntas de selagem e itens de apoio (Figura F-33).

Silly Putty e *Crazy Clay*® são produtos de silicone novos. Esta pasta elástica é um elastômero de silicone que também é usado para amortecer o barulho e como um selante e composto de enchimento. Uma pasta elástica dura ricocheteará até 80% da altura da qual é solta. Outras novidades são os superpicadores produzidos deste composto.

Os compostos de moldagem de silicone podem ser processados da mesma maneira que outros plásticos orgânicos termocurados. Os silicones são frequentemente usados na forma de resina como compostos fundidos, de revestimentos, adesivos ou laminados.

Pesquisa e desenvolvimento estão sendo realizados em vários outros elementos com capacidade de ligação covalente. Boro, alumínio, titânio, estanho, chumbo, nitrogênio, fósforo, arsênio, enxofre e selênio podem ser considerados plásticos inorgânicos ou semiorgânicos. As fórmulas na Figura F-34 mostram algumas das muitas possíveis estruturas químicas de plásticos inorgânicos e semiorgânicos.

A Tabela F-14 relaciona as propriedades dos plásticos de silicone. Seguem sete vantagens e três desvantagens do silicone:

Vantagens do silicone

1. Ampla faixa de capacidade térmica, de –73 °C a 315 °C [–100 °F a 600 °F]
2. Boa característica elétrica
3. Ampla variação na estrutura molecular (formas flexíveis ou rígidas)
4. Disponível em graus transparentes
5. Baixa absorção de água
6. Disponível em graus retardantes de chama
7. Boa resistência a produto químico

Desvantagens do silicone

1. Baixa resistência
2. Sujeito ao ataque por solventes halogenados
3. Comparativamente de alto custo

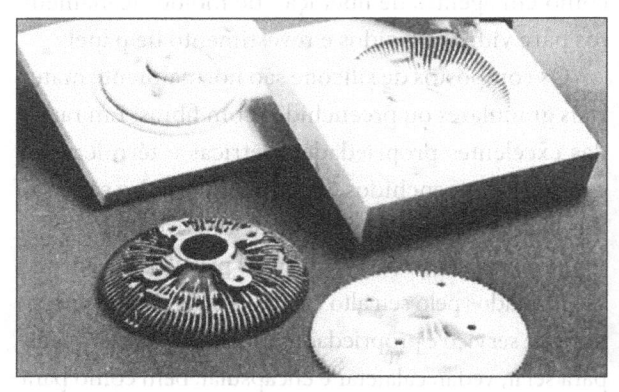

Figura F-33 – Os moldes de silicone RTV reproduzem detalhes finos e permitem rebaixados severos. (Dow Corning Corp.)

(A) Boro (monômero)

(B) Alumínio

(C) Estanho

(D) Enxofre (monômero)

(E) Chumbo (monômero)

(F) Titânio

(G) Fósforo (monômero)

(H) Selênio (monômero)

Figura F-34 – Possíveis estruturas químicas de plásticos inorgânicos e semiorgânicos.

Tabela F-14 – Propriedades dos silicones

Propriedade	Resina fundida (incluindo RTV)	Compostos de moldagem (preenchido com mineral)	Compostos de moldagem (preenchido com vidro)
Qualidades de moldagem	Excelente	Excelente	Boa
Densidade relativa	0,99–1,50	1,7–2	1,68–2
Resistência elástica, MPa	2–7	28–41	28–45
(psi)	(350–1.000)	(4.000–6.000)	(4.000–6.500)
Resistência à compressão, MPa	0,7	90–124	69–103
(psi)	(100)	(13.000–18.000)	(10.000–15.000)
Resistência ao impacto, Izod, J/mm		0,013–0,018	0,15–0,75
(pés-lb/pol)		(0,26–0,36)	(3–15)
Durezas	Shore A15–A65	Rockwell M71–M95	Rockwell M84
Expansão térmica, (10^{-4}/°C)	20–79	5–10	0,61–0,76
Resistência ao calor, °C	260	315	315
(°F)	(500)	(600)	(600)
Resistência dielétrica, V/mm	21.665	7.875–15.750	7.875–15.750
Constante dielétrica (a 60 Hz)	2,75–4,20	3,5–3,6	3,3–5,2
Fator de dissipação (a 60 Hz)	0,001–0,025	0,004–0,005	0,004–0,030
Resistência ao arco voltaico, s	115–130	250–420	150–205
Absorção de água, %	0,12 (7 dias)	0,08–0,13 (24 h)	0,1–0,2 (24 h)
Taxa de queima	Autoextinguível	Nenhuma/lenta	Nenhuma/lenta
Efeito da luz do Sol	Nenhuma	Nenhuma/lenta	Nenhuma/lenta
Efeito de ácidos	Pouco/severo	Pouco	Pouco
Efeito de bases	Moderado/severo	Pouco/marcado	Pouco/marcado
Efeito de solventes	Incha em alguns	Atacado por alguns	Atacado por alguns
Qualidades de execução em máquina	Nenhuma	Regular	Regular
Qualidades ópticas	Transparente/opaco	Opaco	Opaco

Apêndice G

Tabelas úteis

Conversão métrica inglesa

	Se você conhece	Você pode obter	Se você multiplicar por*
Comprimento	Polegadas (pol)	Milímetros (mm)	25,4
	Milímetros	Polegadas	0,04
	Polegadas	Centímetros (cm)	2,54
	Centímetros	Polegadas	0,4
	Polegadas	Metros (m)	0,0254
	Metros	Polegadas	39,37
	Pés	Centímetros	30,5
	Centímetros	Pés	4,8
	Pés	Metros	0,305
	Metros	Pés	3,28
	Milhas (mi)	Quilômetros (km)	1,61
	Quilômetro	Milhas	0,62
Área	Polegadas^2 (pol^2)	Milímetros^2 (mm^2)	645,2
	Milímetros^2	Polegadas^2	0,0016
	Polegadas^2	Centímetros^2 (cm^2)	6,45
	Centímetros^2	Polegadas^2	0,16
	Pé^2	Metros^2 (m^2)	0,093
	Metros^2	Pé^2	10,76
Capacidade-volume	Onças (oz)	Mililitro (ml)	30
	Mililitro	Onças	0,034
	Pintas (pt)	Litros (L)	0,47
	Litros	Pintas	2,1
	Quartos (qt)	Litros	0,95
	Litros	Quartos	1,06
	Galões (gal.)	Litros	3,8
	Litros	Galões	0,26
	Polegadas cúbicas (cu. pol)	Litros	0,0164
	Litros	Polegadas cúbicas	61,03
	Polegadas cúbicas	Centímetros cúbicos (cc)	16,39
	Centímetros cúbicos	Polegadas cúbicas	0,061
Massa	Onças	Gramas (g)	28,4
	Gramas	Onças	0,035
	Libras (lb)	Quilogramas (kg)	0,45

Continua

	Se você conhece	Você pode obter	Se você multiplicar por*
	Quilogramas	Libras	2,2
Força	Onça	Newtons (N)	0,278
	Newtons	Onças	35,98
	Libra	Newtons	4,448
	Newtons	Libra	0,225
	Newtons	Quilogramas	0,102
	Quilogramas	Newtons	9,807
Aceleração	Polegada/s^2	Metro/s^2	0,0254
	Metro/s^2	Polegada/s^2	39,37
	Pé/s^2	Metro/s^2 (m/s^2)	0,3048
	Metro/s^2	Pé/s^2	3,280
Torque	Libra-polegada (polegada-libra)	Newton-metros (N-M)	0,113
	Newton-metros	Libra-polegada	8,857
	Libra-pé (pé-libra)	Newton-metros	1,356
	Newton-metros	Libra-pé	0,737
Pressão	Libras/pol qd. (psi)	Quilopascals (kPa)	6,895
	Kilopascals	Libra/pol qd. (lb/pol^2)	0,145
	Polegadas de mercúrio (Hg)	Quilopascals	3,377
	Quilopascals	Polegadas de mercúrio (Hg)	0,296
Eficiência de combustível	Milhas/gal.	Quilômetros/litro (km/L)	0,425
	Quilômetros/litro	Milhas/gal.	2,352
Velocidade	Milhas/hora	Quilômetros/hora (km/h)	1,609
	Quilômetros/hora	Milhas/hora	0,621
Temperatura	Graus Fahrenheit	Graus Celsius	5/9 (°F −32)
	Graus Celsius	Graus Fahrenheit	9/5 (°C +32) = F

Fatores de conversão aproximados devem ser usados onde os cálculos de precisão não são necessários

Converter temperatura em graus Celsius para Fahrenheit e vice-versa

Graus Celsius °C = 5/9 (°F − 32)		Tabelas de conversão de temperatura		Para Fahrenheit °F = (9/5 × °C) + 32	
°C	°F	°C	°F	°C	°F
−17,8	0	32	−1,67	29	84,2	14,4	58	136,4
−17,2	1	33,8	−1,11	30	86,0	15,0	59	138,2
−16,7	2	35,6	−0,56	31	87,8	15,6	60	140,0
−16,1	3	37,4	−0	32	89,6	16,1	61	141,8
−15,6	4	39,2	0,56	33	91,4	16,7	62	143,6
−15,0	5	41,0	1,11	34	93,2	17,2	63	145,4
−14,4	6	42,8	1,67	35	95,0	17,8	64	147,2
−13,9	7	44,6	2,22	36	96,8	18,3	65	149,0
−13,3	8	46,4	2,78	37	98,6	18,9	66	150,8
−12,8	9	48,2	3,33	38	100,4	19,4	67	152,6
−12,2	10	50,0	3,89	39	102,2	20,0	68	154,4
−11,7	11	51,8	4,44	40	104,0	20,6	69	156,2
−11,1	12	53,6	5,00	41	105,8	21,1	70	158,0
−10,6	13	55,4	5,56	42	107,6	21,7	71	159,8
−10,0	14	57,2	6,11	43	109,4	22,2	72	161,6
−9,44	15	59,0	6,67	44	111,2	22,8	73	163,4
−8,89	16	60,8	7,22	45	113,0	23,3	74	165,2
−8,33	17	62,6	7,78	46	114,8	23,9	75	167,0

Continuação

Graus Celsius °C = 5/9 (°F − 32)		Tabelas de conversão de temperatura		Para Fahrenheit °F = (9/5 × °C) + 32	
°C	°F	°C	°F	°C	°F
−7,78	18	64,4	8,33	47	116,6	24,4	76	168,8
−7,22	19	66,2	8,89	48	118,4	25,0	77	170,6
−6,67	20	68,0	9,44	49	120,2	25,6	78	172,4
−6,11	21	69,8	10,0	50	122,0	26,1	79	174,2
−5,56	22	71,6	10,6	51	123,8	26,7	80	176,0
−5,00	23	73,4	11,1	52	125,6	27,2	81	177,8
−4,44	24	75,2	11,7	53	127,4	27,8	82	179,6
−3,89	25	77,0	12,2	54	129,2	28,3	83	181,4
−3,33	26	78,8	12,8	55	131,0	28,9	84	183,2
−2,78	27	80,6	13,3	56	132,8	29,4	85	185,0
−2,22	28	82,4	13,9	57	134,6	30,0	86	186,8
30,6	87	188,6	149	300	572	343	650	1202
31,1	88	190,4	154	310	590	349	660	1220
31,7	89	192,2	160	320	608	354	670	1238
32,2	90	194,0	166	330	626	360	680	1256
32,8	91	195,8	171	340	644	366	690	1274
33,3	92	196,7	177	350	662	371	700	1292
33,9	93	199,4	182	360	680	377	710	1310
34,4	94	201,2	188	370	698	382	720	1328
35,0	95	203,0	193	380	716	388	730	1346
35,6	96	204,8	199	390	734	393	740	1364
36,1	97	206,6	204	400	752	399	750	1382
36,7	98	208,4	210	410	770	404	760	1400
37,2	99	210,2	216	420	788	410	770	1418
37,8	100	212,0	221	430	806	416	780	1436
38	100	212	227	440	824	421	790	1454
43	110	230	232	450	842	427	800	1472
49	120	248	238	460	860	432	810	1490
54	130	266	243	470	878	438	820	1508
60	140	284	249	480	896	443	830	1526
66	150	302	254	490	914	449	840	1544
71	160	320	260	500	932	454	850	1562
77	170	338	266	510	950	460	860	1580
82	180	356	271	520	968	466	870	1598
88	190	374	277	530	986	471	880	1616
93	200	392	282	540	1004	477	890	1634
99	210	410	288	550	1022	482	900	1652
100	212	413	293	560	1040	488	910	1670
104	220	428	299	570	1058	493	920	1688
110	230	446	304	580	1076	499	930	1706
116	240	464	310	590	1094	504	940	1724
121	250	482	316	600	1112	510	950	1742
127	260	500	321	610	1130	516	960	1760
132	270	518	327	620	1148	521	970	1778
138	280	536	332	630	1166	527	980	1796
143	290	554	338	640	1184	532	990	1814

Equivalentes decimais de frações de uma polegada

1/64	0,015625	17/64	0,265625	33/64	0,515625	49/64	0,765625
1/32	0,031250	9/32	0,281250	17/32	0,531250	25/32	0,781250
3/64	0,046875	19/64	0,296875	35/64	0,546875	51/64	0,796875
1/16	0,062500	5/16	0,312500	9/16	0,562500	13/16	0,812500
5/64	0,078125	21/64	0,328125	37/64	0,578125	53/64	0,828125
3/32	0,093750	11/32	0,343750	19/32	0,593750	27/32	0,843750
7/64	0,109375	23/64	0,359375	39/64	0,609375	55/64	0,859375
1/8	0,125000	3/8	0,375000	5/8	0,625000	7/8	0,875000
9/64	0,140625	25/64	0,390625	41/64	0,640625	57/64	0,890625
5/32	0,156250	13/32	0,406250	21/32	0,656250	29/32	0,906250
11/64	0,171875	27/64	0,421875	43/64	0,671875	59/64	0,890625
3/16	0,187500	7/16	0,437500	11/16	0,687500	15/16	0,937500
13/64	0,203125	29/64	0,453125	45/64	0,703125	61/64	0,953125
7/32	0,218750	15/32	0,468750	23/32	0,718750	31/32	0,968750
15/64	0,234375	31/64	0,484375	47/64	0,734375	63/64	0,984375
1/4	0,250000	1/2	0,500000	3/4	0,750000	1	1,000000

Ângulos de cópia padrão

Profundidade	1/4°	1/2°	1°	1 1/2°	2°	2 1/2°	3°	5°	7°	8°	10°	12°	15°	Profundidade
1/32	0,0001	0,0003	0,0005	0,0008	0,0011	0,0014	0,0016	0,0027	0,0038	0,0044	0,0055	0,0066	0,0084	1/32
1/16	0,0003	0,0006	0,0011	0,0016	0,0022	0,0027	0,0033	0,0055	0,0077	0,0088	0,0110	0,0133	0,0168	1/16
3/32	0,0004	0,0008	0,0016	0,0025	0,0033	0,0041	0,0049	0,0082	0,0115	0,0132	0,0165	0,0199	0,0251	3/32
1/8	0,0005	0,0010	0,0022	0,0033	0,0044	0,0055	0,0066	0,0109	0,0153	0,0176	0,0220	0,0266	0,0335	1/8
3/16	0,0008	0,0016	0,0033	0,0049	0,0065	0,0082	0,0098	0,0164	0,0230	0,0263	0,0331	0,0399	0,0502	3/16
1/4	0,0011	0,0022	0,0044	0,0066	0,0087	0,0109	0,0131	0,0219	0,0307	0,0351	0,0441	0,0531	0,0670	1/4
5/16	0,0014	0,0027	0,0055	0,0082	0,0109	0,0137	0,0164	0,0273	0,0384	0,0439	0,0551	0,0664	0,0837	5/16
3/8	0,0016	0,0033	0,0065	0,0098	0,0131	0,0164	0,0197	0,0328	0,0460	0,0527	0,0661	0,0797	0,1005	3/8
7/16	0,0019	0,0038	0,0076	0,0115	0,0153	0,0191	0,0229	0,0383	0,0537	0,0615	0,0771	0,0930	0,1172	7/16
1/2	0,0022	0,0044	0,0087	0,0131	0,0175	0,0218	0,0262	0,0438	0,0614	0,0703	0,0882	0,1063	0,1340	1/2
5/8	0,0027	0,0054	0,0109	0,0164	0,0218	0,0273	0,0328	0,0547	0,0767	0,0878	0,1102	0,1329	0,1675	5/8
3/4	0,0033	0,0065	0,0131	0,0196	0,0262	0,0328	0,0393	0,0656	0,0921	0,1054	0,1322	0,1595	0,2010	3/4
7/8	0,0038	0,0076	0,0153	0,0229	0,0306	0,0382	0,0459	0,0766	0,1074	0,1230	0,1543	0,1860	0,2345	7/8
1	0,0044	0,0087	0,0175	0,0262	0,0349	0,0437	0,0524	0,0875	0,1228	0,1405	0,1763	0,2126	0,2680	1
1 1/4	0,0055	0,0109	0,0218	0,0327	0,0437	0,0546	0,0655	0,1094	0,1535	0,1756	0,2204	0,2657	0,3349	1 1/4
1 1/2	0,0064	0,0131	0,0262	0,0393	0,0524	0,0655	0,0786	0,1312	0,1842	0,2108	0,2645	0,3188	0,4019	1 1/2
1 3/4	0,0076	0,0153	0,0305	0,0458	0,0611	0,0764	0,0917	0,1531	0,2149	0,2460	0,3085	0,3720	0,4689	1 3/4
2	0,0087	0,0175	0,0349	0,0524	0,0698	0,0873	0,1048	0,1750	0,2456	2810	0,3527	0,4251	0,5359	2
Profundidade	1/4°	1/2°	1°	1 1/2°	2°	2 1/2°	3°	5°	7°	8°	10°	12°	15°	Profundidade

Conversão de gravidade específica para gramas por polegada cúbica

16,39 × gravidade específica = g/pol³

Gravidade específica	Gramas/pol³	Gravidade específica	Gramas/pol³
1,20	19,7	1,82	29,8
1,22	20,0	1,84	30,2
1,24	20,3	1,86	30,5
1,26	20,7	1,88	30,8
1,28	21,0	1,90	31,1
1,30	21,3	1,92	31,5
1,32	21,6	1,94	31,8
1,34	22,0	1,96	32,1
1,36	22,3	1,98	32,5
1,38	22,6	2,00	32,8
1,40	22,9	2,02	33,1
1,42	23,3	2,04	33,4
1,44	23,6	2,06	33,8
1,46	23,9	2,08	34,1
1,48	24,3	2,10	34,4
1,50	24,6	2,12	34,7
1,52	24,9	2,14	35,1
1,54	25,2	2,16	35,4
1,56	25,6	2,18	35,7
1,58	25,9	2,20	36,1
1,60	26,2	2,22	36,4
1,62	26,6	2,24	36,7
1,64	26,9	2,26	37,0
1,66	27,2	2,28	37,4
1,68	27,5	2,30	37,7
1,70	27,9	2,32	38,0
1,72	28,2	2,34	38,4
1,74	28,5	2,36	38,7
1,76	28,8	2,38	39,0
1,78	29,2	2,40	39,3
1,80	29,5		

Para determinar o custo/pol cu.: Preço/lb, × gravidade esp. × 0,03163   US$ 1,32 × 1,76 × 0,03163 = US$ 0,09/pol cu.

Diâmetros e áreas de círculos

Diâm.	Área	Diâm.	Área	Diâm.	Área	Diâm.	Área
1/64"	0,00019	1-"	0,7854	5/32	0,01917	3/8	1,4849
1/32	0,00077	1/16	0,8866	3/16	0,02761	7/16	1,6230
3/64	0,00173	1/8	0,9940	7/32	0,03758	1/2	1,7671
1/16	0,00307	3/16	1,1075	1/4	0,04909	9/16	1,9175
3/32	0,00690	1/4	1,2272	9/32	0,06213	5/8	2,0739
1/8	0,01227	5/16	1,3530	5/16	0,07670	11/16	2,2465

Continua

Diâm.	Área	Diâm.	Área	Diâm.	Área	Diâm.	Área
11/32	0,09281	3/4	2,4053	1/2	9,6211	1/4	53,456
3/8	0,11045	13/16	2,5802	9/16	9,9678	3/8	55,088
13/32	0,12962	7/8"	2,7612	5/8	10,321	1/2	56,745
7/16	0,15033	15/16	2,9483	11/16	10,680	5/8	58,426
15/32	0,17257			3/4	11,045	3/4	60,132
1/2	0,19635	2–"	3,1416	13/16	11,416	7/8"	61,862
17/32	0,22165	1/16	3,3410	7/8	11,793		
9/16	0,24850	1/8	3,5466	15/16	12,177	9–"	63,617
19/32	0,27688	3/16	3,7583			1/8	65,397
5/8	0,30680	1/4	3,9761	4–"	12,566	1/4	67,201
21/32	0,33824	5/16	4,2000	1/16	12,962	3/8	69,029
11/16	0,37122	3/8	4,4301	1/8	13,364	1/2	70,882
23/32	0,40574	7/16	4,6664	3/16	13,772	5/8	72,760
3/4	0,44179	1/2	4,9087	1/4	14,186	3/4	74,662
25/32	0,47937	9/16	5,1572	5/16	14,607	7/8	76,589
13/16	0,51849	5/8	5,4119	3/8	15,033		
27/32	0,55914	11/16	5,6727	7/16	15,466	10–"	78,540
7/8	0,60132	3/4	5,9396	1/2	15,904	1/8	80,516
29/32	0,64504	13/16	6,2126	9/16	16,349	1/4	82,516
15/16	0,69029	7/8	6,4918	5/8	16,800	3/8	84,541
31/32	0,73708	15/16	6,7771	11/16"	17,257	1/2	86,590
3–"	7,0686	3/8	42,718	3/4	17,721	5/8	88,664
1/16	7,3662	1/2	44,179	13/16	18,190	3/4	90,763
1/8	7,6699	5/8	45,664	7/8	18,665	7/8	92,886
3/16	7,9798	3/4	47,173	15/16	19,147		
1/4	8,2958	7/8	48,707			11–"	95,033
5/16	8,6179			5–"	19,635	1/2	103,87
3/8	8,9462	8–"	50,265	1/16	20,129		
7/16	9,2806	1/8	51,849	1/8	20,629	12–"	113,10
				3/16	21,125	1/2	122,72
				1/4	21,648		

Continua

Continuação

Diâm.	Área	Diâm.	Área	Diâm.	Área	Diâm.	Área
5/16	22,166	13–"	132,73	6–"	28,274	17–"	226,98
3/8	22,691	½	143,14	1/8	29,465	½	240,53
7/16	23,211			¼	30,680		
½	23,758	14–"	153,94	3/8	31,919	18–"	254,47
9/16	24,301	½	165,13	½	33,183	½	268,80
5/8	24,850			5/8	34,472		
11/16	25,406	15–"	176,71	¾	35,785		
¾	25,967	½	188,69	7/8	37,122	19–"	283,53
13/16	26,535			7–"	38,485	½	298,65
7/8	27,109	16–"	201,06	1/8	39,871	20–"	314,16
15/16	27,688	½	213,82	¼	41,282	½	330,06

Temperatura de vapor *versus* pressão de caldeira

Pressão de caldeira Lb	Temp.°F	Pressão de caldeira Lb	Temp.°F
50	297,5	130	356,0
55	302,4	135	358,0
60	307,1	140	361,0
65	311,5	145	363,0
70	315,8	150	365,6
75	319,8	155	368,0
80	323,6	160	370,3
85	327,4	165	372,7
90	331,1	170	374,9
95	334,3	175	377,2
100	337,7	180	379,3
105	341,0	185	381,4
110	344,0	190	383,5
115	347,0	195	385,7
120	350,0	200	387,5
125	353,0		

Massa de 1.000 peças em libras baseadas na massa de uma peça em gramas

Massa por peça em gramas	Massa por 1.000 peças em libras	Massa por peça em gramas	Massa por 1.000 peças em libras
1	2,2	51	112,3
2	4,4	52	114,5
3	6,6	53	116,7
4	8,8	54	118,9
5	11,0	55	121,1
6	13,2	56	123,3
7	15,4	57	125,5
8	17,6	58	127,7
9	19,8	59	129,9
10	22,0	60	132,1
11	24,2	61	134,3
12	26,4	62	136,5
13	28,6	63	138,7
14	30,8	64	140,9
15	33,0	65	143,1
16	35,2	66	145,3
17	37,4	67	147,5
18	39,6	68	149,7
19	41,8	69	151,9
20	44,0	70	154,1
21	46,2	71	156,3
22	48,4	72	158,5
23	50,6	73	160,7
24	52,8	74	162,9
25	55,0	75	165,1
26	57,2	76	167,4
27	59,4	77	169,6
28	61,6	78	171,8
29	63,8	79	174,0
30	66,0	80	176,2
31	68,2	81	178,4
32	70,4	82	180,6
33	72,6	83	182,8
34	74,8	84	185,0
35	77,0	85	187,2
36	79,2	86	189,4
37	81,4	87	191,6
38	83,7	88	193,8
39	85,9	89	196,0
40	88,1	90	198,2
41	90,3	91	200,4
42	92,5	92	202,6
43	94,7	93	204,8
44	96,9	94	207,0
45	99,1	95	209,2
46	101,3	96	211,4
47	103,5	97	213,6
48	105,7	98	215,8
49	107,9	99	218,0
50	110,1	100	220,2

Massas equivalentes
1 grama = 0,0353 oz.   0,0625 libra = 1 onça = 28,3 gramas   454 gramas = 1 libra

Equivalentes de comprimento

Milímetros para polegadas

Milímetros	Polegadas	Milímetros	Polegadas	Milímetros	Polegadas
1	0,03937	34	1,33860	67	2,63779
2	0,07874	35	1,37795	68	2,67716
3	0,11811	36	1,41732	69	2,71653
4	0,15748	37	1,45669	70	2,75590
5	0,19685	38	1,49606	71	2,79527
6	0,23622	39	1,53543	72	2,83464
7	0,27559	40	1,57480	73	2,87401
8	0,31496	41	1,61417	74	2,91338
9	0,35433	42	1,65354	75	2,95275
10	0,39370	43	1,69291	76	2,99212
11	0,43307	44	1,73228	77	3,03149
12	0,47244	45	1,77165	78	3,07086
13	0,51181	46	1,81102	79	3,11023
14	0,55118	47	1,85039	80	3,14960
15	0,59055	48	1,88976	81	3,18897
16	0,62992	49	1,92913	82	3,22834
17	0,66929	50	1,96850	83	3,26771
18	0,70866	51	2,00787	84	3,30708
19	0,74803	52	2,04724	85	3,34645
20	0,78740	53	2,08661	86	3,38582
21	0,82677	54	2,12598	87	3,42519
22	0,86614	55	2,16535	88	3,46456
23	0,90551	56	2,20472	89	3,50393
24	0,94488	57	2,24409	90	3,54330
25	0,98425	58	2,28346	91	3,58267
26	1,02362	59	2,32283	92	3,62204
27	1,06299	60	2,36220	93	3,66141
28	1,10236	61	2,40157	94	3,70078
29	1,14173	62	2,44094	95	3,74015
30	1,18110	63	2,48031	96	3,77952
				97	3,81889
31	1,22047	64	2,51968	98	3,85826
32	1,25984	65	2,55905	99	3,89763
33	1,29921	66	2,59842	100	3,93700

Equivalentes de volume
1 cc = 0,061 pol cu.
1 pol cu. = 16,387 cc

Apêndice H

Fontes de pesquisa e bibliografia

Fontes de pesquisa

A seguinte lista em ordem alfabética relaciona as organizações de serviço e grupos de padrões e especificações, associações de comércio, e agências governamentais dos Estados Unidos que podem servir como fontes para informações adicionais:

American Chemical Society
www.acs.org

American Conference of Governmental Industrial Hygienists (ACGIH)
www.acgih.org

American Industrial Hygiene Association (AIHA)
www.aiha.org

American Insurance Association (AIA)
www.aiadc.org

American Medical Association (AMA)
www.ama-assn.org

American National Standards Institute (ANSI)
www.ansi.org

American Petroleum Institute
www.api.org

American Chemistry Council, Plastics Division
www.plastics.org

(The) American Society for Testing and Materials (ASTM)
www.astm.org

(The) American Society of Mechanical Engineers (ASME)
www.asme.org

The American Society of Safety Engineers
www.asse.org

The Association of Postconsumer Plastic Recyclers (APR)
www.plasticsrecycling.org

Center for Plastics Recycling Research (CPRR)
Bldg 3529 Bush Campus
Rutgers
Piscataway, NJ 08855-1179

Chemical Manufacturers Association
www.cmahq.com

Defense Standardization Program Office (DSPO)
www.dsp.dla.mil

Department of Defense (DOD)
www.dod.gov

Department of Transportation (DOT)
www.dot.gov

Environmental Protection Agency (EPA)
www.epa.gov

Federal Emergency Management Agency (FEMA)
www.fema.gov

Federal Register
origin.www.gpoaccess.gov/fr

Food and Drug Administration (FDA)
www.fda.gov

General Services Administration (GSA)
www.gsa.gov

Instrument Society of America
www.isa.org

International Organization for Standardization (ISO)
www.iso.org

National Association of Manufacturers (NAM)
www.nam.org

National Fire Protection Association (NFPA)
www.nfpa.org

National Institute for Occupational Safety and Health (NIOSH)
www.cdc.gov/niosh/homepage.html

National Institute of Standards and Technology
www.nist.org

(The) National Association for PET Container Resources (NAPCOR)
www.napcor.com

National Safety Council
www.ncs.org

Occupational Safety & Health Administration (OSHA)
www.osha.gov

Society of Plastics Engineers (SPE)
www.4spe.org

(The) Society of the Plastics Industry (SPI)
www.socplas.org

Underwriters Laboratories (UL)
www.ul.com

U. S. Government Printing Office
www.gpo.gov

Bibliografia

A seguinte bibliografia pode ser útil para estudo adicional e discussão mais detalhada de tópicos selecionados apresentados:

Advanced Composites: Conference Proceedings, American Society for Metals, December 2–4, 1985.

Allegri, Theodore. *Handling and Management of Hazardous Materials and Waste.* Nova York, NY: Chapman and Hall, 1986.

Beall, Glenn L. *Rotational Molding Design, Materials, Tooling & Processing.* Cincinnati, OH: Hanser Gardner Publications, 1998.

Bernhardt, Ernest. *CAE Computer Aided Engineering for Injection Molding.* Nova York, NY: Hanser Publishers, 1983.

Billmeyer, Fred W. *Textbook of Polymer Science.* 3rd ed. Nova York, NY: Wiley, 1984.

Broutman, L., and R. Krock. *Composite Materials.* 6 vols. Nova York, NY: Academic Press, 1985.

Budinski, Kenneth. *Engineering Materials: Properties and Selection.* 2nd ed. Reston, VA: Reston Publishing Company, Inc., 1983.

Carraher, Charles E., Jr., and James Moore. *Modification of Polymers.* Nova York, NY: Plenum Press, 1983.

"Chemical Emergency Preparedness Program Interim Guidance," Revision 1, #9223.01A. Washington, DC: United States Environmental Protection Agency, 1985.

Composite Materials Technology, Society of Automotive Engineers, 1986.

"Defense Standardization Manual: Defense Standardization and Specification Program Policies, Procedures and Instruction," DOD 4120. 3-M, August 1978.

Dreger, Donald. "Design Guidelines of Joining Advanced Composites," *Machine Design*, May 8, 1980, p. 89-93.

Dym, Joseph. *Product Design with Plastics: A Practical Manual*. Nova York, NY: Industrial Press, 1983.

Ehrenstein, G. W. *Polymeric Materials*. Cincinnati, OH: Hanser Gardner Publications, 2001.

Ehrenstein, G., and G. Erhard. *Designing with Plastics: A Report on the State of the Art*. Nova York, NY: Hanser Publishers, 1984.

English, Lawrence. "Liquid-Crystal Polymers: In a Class of Their Own," *Manufacturing Engineering*, March 1986, p. 36-41.

English, Lawrence. "The Expanding World of Composites," *Manufacturing Engineering*, April 1986, p. 27-31.

Fitts, Bruce. "Fiber Orientation of Glass Fiber-Reinforced Phenolics," *Materials Engineering*, November 1984, p. 18-22.

Grayson, Martin. *Encyclopedia of Composite Materials and Components*. Nova York, NY: John Wiley and Sons Inc., 1984.

Johnson, Wayne, and R. Schwed. "Computer Aided Design and Drafting," *Engineered Systems*, March/April 1986, p. 48-51.

Kliger, Howard. "Customizing Carbon-Fiber Composites: For Strong, Rigid, Lightweight Structures," *Machine Design*, December 6, 1979, p. 150-157.

Kohan, Melvin I. (Ed.). *Nylon Plastics Handbook*. Cincinnati, OH: Hanser Gardner Publications, 1995.

Lee, Norman C. *Plastic Blow Molding Handbook*. Dordrecht, Netherlands: Kluwer Academic Publishers, 1990.

Levy, S., and J. F. Carley. *Plastics Extrusion Technology Handbook*. 2nd ed. Nova York, NY: Industrial Press, 1989.

Levy, Sidney, and J. Harry Dubois. *Plastics Product Design Engineering Handbook*. 2nd ed. Nova York, NY: Chapman and Hall, 1984.

Lubin, George. *Handbook of Composites*. Nova York, NY: Van Nostrand Reinhold Company, Inc., 1982.

Menges, G., W. Michaeli, and P. Mohren. *How to Make Injection Molds*. 3rd ed. Cincinnati, OH: Hanser Gardner Publications, 2001.

Mohr, G., et. al. *SPI Handbook of Technology and Engineering of Reinforced Plastics / Composites*. 2nd ed. Malabar, FL: Robert Krieger Publishing Company.

Moore, G. R., and D. E. Kline. *Properties and Processing of Polymers for Engineers*. Englewood Cliffs, NJ: Prentice-Hall, Inc., 1984.

Naik, Saurabh, et. al. "Evaluating Coupling Agents for Mica/Glass Reinforcement of Engineering Thermoplastics," *Modern Plastics*, June 1985, p. 1979-1980.

Plunkett, E. R. *Handbook of Industrial Toxicology*. Nova York, NY: Chemical Publishing Company, 1987.

Pocius, A. V. *Adhesion and Adhesives Technology: An Introduction*. Cincinnati, OH: Hanser Gardner Publications, 2002.

Powell, Peter C. *Engineering with Polymers*. Nova York, NY: Chapman and Hall, 1983.

Progelhof, Richard C., and James L. Throne. *Polymer Engineering Principles*. Cincinnati, OH: Hanser Gardner Publications, 1993.

Rauwendaal, Chris. *Polymer Extrusion*. 4th ed. Cincinnati, OH: Hanser Gardner Publications, 2001.

Richardson, Terry. *Composites: A Design Guide*. Nova York, NY: Industrial Press, 1987.

Rosato, D. V., D. V. Rosato, and M. G. Rosato. *Concise Encyclopedia of Plastics*. Dordrecht, Netherlands: Kluwer Academic Publishers, 2000.

Rotheiser, Jordan I. *Joining of Plastics: Handbook for Designers and Engineers*. Cincinnati, OH: Hanser Gardner Publications, 1999.

Rubin, Irvin I. *Handbook of Plastic Materials and Technology*. Nova York, NY: John Wiley and Sons, 1990.

Ryntz, Rose. *Plastics and Coatings: Durability, Stabilization, and Testing*. Cincinnati, OH: Hanser Gardner Publications, 2001.

Schwartz, M. M. *Composite Materials Handbook*. Nova York, NY: McGraw-Hill Book Company, 1984.

Schwartz, Mel. *Fabrication of Composite Materials: Source Book*, American Society for Metals, 1985.

Schultz, Jerome. *Polymer Crystallization: The Development of Crystalline Order in Thermoplastic Polymers*. Oxford University Press, 2001.

Seymour, Ramold B., and Charles Carraher. *Polymer Chemistry*. Nova York, NY: Marcel Dekker, Inc., 1981.

Shah, Vishu. *Handbook of Plastics Testing Technology.* 2nd ed. Nova York, NY: John Wiley & Sons, 1998.

Shook, Gerald. *Reinforced Plastics for Commercial Composites: Source Book,* American Society for Metals, 1986.

"Standardization Case Studies: Defense Standardization and Specification Program," Department of Defense, Washington, DC, March 17, 1986.

Stepek, J. and H. Daoust. *Additives for Plastics.* Nova York, NY: Springer Verlag, 1983, p. 260.

Throne, J. L. and R. J. Crawford. *Rotational Molding Technology.* Plastics Design Library, 2001.

Throne, James L. *Technology of Thermoforming.* Cincinnati, OH: Hanser Gardner Publications, 1996.

Tres, Paul. *Designing Plastic Parts for Assembly.* 4th ed. Cincinnati, OH: Hanser Gardner Publications, 2000.

White, James L. *Twin Screw Extrusion.* Cincinnati, OH: Hanser Gardner Publications, 1991.

Wood, Stuart. "Patience: Key to Big Volume in Advanced Composites," *Modern Plastics,* March 1986, p. 44-48.

Índice

Absorção de água, 110-113
Aceleração, 90
Aceleração mecânica, 348
Aceleradores, 124
Acessórios de fixação, 412
Acetais,
    descrição de, 485-487
    propriedades de, 487
Acetal de polivinila, 338
Acetato de celulose (CA), 494
Acetato de polivinila (PVAc), 545-547
Acetato de vinila, 545
Ácido etilênico, 529
Ácido poliático (PLA),
    aplicações de, 36
    descrição de, 35
Acrílico,
    acrílico-estireno-acrilonitrila, 490
    acrilonitrila-butadieno-estireno, 490
    acrilonitrila-polietileno clorado-estireno, 491
    descrição de, 486
    poliacrilonitrila e polimetacrilonitrila, 490
    propriedades de, 488
    vantagens e desvantagens de, 489
Acrílico-estireno-acrilonitrila (ASA), 490
Acrilonitrila (AN), 490-491, 508
Acrilonitrila-butadieno-estireno (ABS), 61, 490
Acrilonitrila-polietileno clorado-estireno (ACS), 491
Aderentes, 337
Adesão,
    mecânico, 337-341
    Reagente químico, 340-349

Adesão específica. *Veja* Adesão química,
Adesão mecânica,
    descrição de, 337
    elastomérica, 340
    resinas termocuradas como, 338-340
    resinas termoplásticas como, 337-338
Adesão por solvente, 341
Adesão química,
    baseado em solvente, 341
    descrição de, 340-342
    uso de calor de transferência, 345-348
    uso de calor friccional, 343-345
Adesivo cianocrilato, 337
Adesivos, 328
Adesivos celulósicos, 338
Adesivos de acrílico, 337
Adesivos de vinila, 338
Adesivos elastoméricos, 340
Adesivos fundidos quentes, 339
Aditivos,
    agentes antiestático como, 120-122
    agentes de cura como, 124
    agentes de espumação/sopro, 126
    agentes nucleantes como, 127
    ajudantes de processamento como, 129
    antioxidantes como, 120
    corantes como, 122-125
    descrição de, 120
    estabilizadores UV como, 130
    estabilizantes de calor como, 127
    lubrificantes como, 127-128
    modificadores de impacto como, 127
    plastizantes como, 128

preservantes como, 128-130
retardante de chamas como, 124-125
Agentes antiestáticos, 120-122
Agentes de acoplamento, 124
Agentes de cura, 124
Agentes de espumação, 125
Agentes de espumação física, 125
Agentes de sopro, 126, 303
Agentes nucleantes, 127
Agentes químicos de espumação, 125
Aglomerados, 122
Albany Billiard Ball Company, 8, 9
Albany Dental Plate Company, 8
Alcenos, 522
Alcides, 549-551
Álcool polivinílico (PVA), 338, 546
Alemanha, reciclagem na, 33
Alílicos, 550-554
Alimentação, 162
Alimentação de fluxo decrescente, 211
Alimentadores, 394-396
Alomerismo, 509
Alongamento porcentual, 90
Ambiente, consideração de material como, 386-388
American Conference of Governmental Industrial Hygienists (ACGIH), 61-63, 68, 72
American Industrial Hygiene Association, 72
American Plastics Council, reciclagem e, 25
American Society for Plasticulture (ASP), 37
American Society for Quality (ASQ), 82
American Society for Testing and Materials (ASTM),
descrição de, 86
em filme, 214
em revestimentos de poliuretano, 573-574
métodos de teste, 87-88
sites para, 115
Amoco Chemicals, 519
Amortecimento, 97
Análise de fluxo assistida por computador, 383
Anel de benzeno, 50
Anidrido maleico-estireno- (SMA), 539
Annual Technical Conference and Exhibition (ANTEC), 38
Antibloqueio, 129
Antioxidantes, 120
Antioxidantes primários, 120

Antioxidantes secundários, 120
Aparência,
consideração de projeto como, 389-392
de plástico, 477-479
Archer Daniels Midlands, 36
Árvores de laca de paláquio, 4
Association of Postconsumer Plastic Recyclers (APR), 23
ASTM. *Veja* American Society for Testing and Materials (ASTM),
Astroplay®, 310
Astroturf®, 309
Aumento de cubo, 213
Autoextinguível, 105
Azodicarbonamida, 303

B.F. Goodrich Company, 543-544
Baekeland, Leo H., 9, 272
Bamberger, E., 522
Bancos de dados computadorizados, 152
Baquelite, 9, 268
Barras de declínio mecânico, 181-182
Barreiras de alcatrão, 124
Barril, 178
Bases de molde, 422
Battenfeld IMT, 191
Baumann, E., 542
Bayer, Otto, 573
Berthelot, M., 536
Berzelius, Jons Jacob, 568
Bevan, E. J., 492
Bifenilas polibromados (PBBs), 125
Bioplástico,
aplicações para, 36
descrição de, 35
Biopolímeros, 36
BIOTA, 36
Bisfenol A, 513, 560
Bismaquimidas (BMI), 572
Bolas de golfe, 13
Book of ASTM Standards (American Society for Testing and Materials), 86
Borracha, 6-8, 17, 54
Borracha de Estireno Governmental (GR-S), 536
Borracha de goma, 6-8
Borracha natural, 6
Borracha vulcanizada, 6-7

Botões, chifre, 3
Brandenberger, J. F.,492-493
Brilho especular, 112
Bucha de injeção, 395
Butadieno, 490
Butirato acetato de celulose (CAB), 494

Cadeia polipeptídica, 559
Calandragem, 216
Calor,
    efeitos de, 478
    específico, 103
Calor específico, 103
Calor exotérmico, 124
Camada de respiração, 259
Camada de sacrifício, 259
Capacidade calorífica, 102
Carbono preto, 61
Carborundum, 518
Carcinogenicidade, 66
Carcinógenos, 63
Cargill, 36
Carothers, Wallace Hume, 509, 513, 522, 568, 576
Caseína,
    descrição de, 6, 558-560
    produção de, 15
Catalisador, 124, 569
Catalisador do tipo de Ziegler, 529
Causticação, 419. *Veja também* Erosão química
Cavidade de molde, 194
Celluloid Manufacturing Company, 8
Celofane, 492
Celuloide, 493
    consumo de, 9
    de movimento de figuras, 8
    limitações de, 7-9
    produção de, 7
Celulose de benzila, 497
Celulose de carboximetila, 497
Celulose de etila (EC), 496-497
Celulose de hidroximetila, 497
Celulose de metila, 497
Celulose regenerada, 492
Celulósico,
    descrição de, 491
    ésteres de, 492-493
    éteres de, 496-497

    propriedades de, 495
    regenerado, 492
Chemtura, 125
Child Protection and Toy Safety Act (1969), 387
Child Safety Protection Act (1995), 387
Cianohidrina de acetone, 487
Ciba Company, 560
Ciba-Geigy Corporation, 566
Cimentos de dopagem, 341
Cimentos de solvente, 342
Cimentos lamuriantes, 342
Cimentos monoméricos, 342
Cingimento, 418
Cinza de garrafa, 34
Cinza de voo, 34
Cinzas,
    disposição de, 35
    parte de baixo, 33
    Voo, 33
Cisão de cadeia, 120
Classificação,
    automática, 31
    de reciclagem de lateral de controle, 25-27
    eliminação de, 32
Clean Air Act, 125, 305
Cloreto de polivinila (PVC),
    calendragem de, 216
    degradação térmica de, 69
    descrição de, 95, 544-546
    extrusão de filme e, 216
    organização molecular de, 49
    produção de, 19
    vantagens e desvantagens de, 545
Clorofluorocarbonetos (CFCs), 305
Clorotrifluoroetileno/fluoreto de vinilideno, 505
Cobertura de fio, 224
Coca-Cola, 21-22
Code of Federal Regulations (CFR), 60
Código de identificação, plásticos, 24-25
Cola, 337
Colas brancas, 545
Colódio, 7, 493
Colorir, 358
Coluna de gradiente de densidade, 101
Composição, 210-212
Composição de extrusão, 233
Compósitos de trabalho em máquina, 160

Composto de moldagem de alta resistência (HMC), 255
Composto de moldagem unidirecional (UMC), 255
Compostos azo, 124
Compostos de moldagem de alcide, 549, 550
Compostos de moldagem de baixa pressão (LMCs), 255
Compostos de moldagem de folha (SMC), 137, 254-255
Compostos de moldagem em volume (BMC), 137, 195, 254
Compostos de moldagem grossa (TMC), 137, 254
Compostos de moldagem por pasta, 254
Compostos de moldagem reforçados, 253
Compostos de moldagem reforçados direcionalmente, 255
Compostos de rádio, 123
Concentrado de cor, 122
Condutividade térmica, 102
Considerações comerciais,
    controle de temperatura de moldagem como, 433
    cotações de preço como, 434-436
    equipamento auxiliar como, 430-433
    financiamento como, 427-428
    gerenciamento e pessoal como, 428
    locais de plano como, 435
    moldagem de plástico como, 428-430
    pneumático e hidráulica como, 433-434
    transporte como, 435
    visão geral de, 428
Considerações de material,
    ambiente e, 386-388
    características elétricas e, 388
    características químicas e, 388
    economia e, 388-389
    encolhimento como, 394
    fatores mecânicos e, 388
    visão geral e, 386
Considerações de produção,
    encolhimento de material como, 394
    processos de fabricante como, 392
    projeto de molde como, 286-295
    teste de desempenho como, 404
    tolerância como, 395
    vantagens e limitações de processos como, 404-407
Considerações econômicas, 388-389, 393
Constante de gravidade, 90

Constante dielétrica, 114
Continental Fiber Company, 242
Controle de qualidade, 404
Copolímero aleatório, 47
Copolímero alternante, 47
Copolímero de bloco, 47
Copolímero de enxerto, 47
Copolímeros, 46
Corantes, 122, 358
Corantes livre de metal pesado (HMF), 122
Cor líquida, 122
Cor seca, 122
corte à laser, 167-168
Corte de cubo, 162
Corte elevado, 165
Corte hidrodinâmico, 169
Corte por baixo, 165
Corte por fratura induzida, 168
Corte térmico, 168
Cotações de preço, 434-436
Crafts, C. M., 576
Crescimento em cadeia, 150
Crescimento por etapas, 150
Cross, C. F., 492
Cubo combinado,
    compostos de moldagem em folha, 254-255
    compostos de moldagem em volume, 254
    vantagens e desvantagens de, 257, 407
Cubos, 122
Curva de Bell, 77-79, 81
Cyclopac 930', 508

Dacron, 515-518
Decalques, 366
Decals, 366
Decantação, 29
Decoração de transferência por calor, 365
Decoração no molde, 364-365, 369
Degradação térmica,
    de cloreto de polivinila, 69
    de fenólicos, 69
    de metacrilato de polimetila, 70
    de náilon, 70
    de poliacetal, 69
Delco, 9
Denier, 220-221
Densidade,

aparente, 389
descrição de, 99-101
relativa, 99-101, 478, 483
Densidade aparente, 389
Densidade global, 389
Densidade relativa, 99-101, 478, 483
Densificador, 257
Department of Transportation (DOT), 435
Deposição de jato, 421
Depósito de alimentação secos, 430
Descarga de coroa, 358
Desgaste ao tempo, 109
Desobstrução traseira, 158
Despolimerização, 69
Desvio padrão,
    combinado, 80
    descrição de, 77-80
Desvio padrão combinado, 80
Diagramas de esforço-tensão, 90-93
Dicloreto de polivinilideno (PVDC), 546-547
Diisocianato de metileno (MDI), 574
Diisocianatos de tolueno (TDI), 574
Dioxina, processo de incineração e, 35
Disco de politobalor gmento, 170
Dispositivo de segurança da porta de trás, 184-185
Distribuição, 76
Distribuição de massa molecular, 524-525
Distribuição normal,
  descrição de, 76-78
  padrão, 78
Distribuição normal padrão, 78
Distribuição simétrica, 76
Dow Chemical Company, 306
Dow Corning Corporation, 576
Dreyfus, Camille, 494
Dreyfus, Henry, 494
Drilling, 160-163, 418
Duales System Deutschland (DSD), 33
DuPont, 136, 485, 505, 510, 517-518
Dureza, 96-97

Eastman, 509
Ebonita, 6
Einhorn, A., 513
Ekcel®, 518
Ekonol®, 518
Elastômeros,

descrição de, 17-19
Poliuretano, 573-574
silicone, 578
Elastômeros de olefina termoplástica (TPOs), 18
Elastômeros de poliuretano (PUR), 573-574
Elastômeros termoplásticos (TPEs), 17
Eletroformagem, 418, 420-421
Eletrogalvanização, 328, 422
Elétrons, 372-374
Ellis Carleton, 568
Embutimentos, 269
Empacotamento e Fornecimento Excelentes (EPS), 36
Emulsificadores, 129
Encaixe de encolhimento, 350
Encaixe de fricção, 348-350
Encaixe de prensa, 349
Encaixe de ruptura, 349
Encapsulamento, 269
Enchimentos,
  descrição de, 124, 139
  grande escala, 142-145
  nanocompósito, 140-143
  tipos de, 139
Enchimentos tixotrópicos, 143
Encobrimento, 358
Encolhimento,
  material, 394
  molde, 101
Encolhimento de molde, 101
EN 13432 (European Union), 37
Engenharia assistida por computador (CAE), 383
Enrolamento a seco, 261
Enrolamento de filamento, 260-263
Enrolamento úmido, 261
Entalhe, 158
Entrelaçamento hidráulico, moldagem de injeção, 184
Envelhecido, 373
Environmental Protection Agency (EPA), 35, 305
Enxertamento, 377
Epóxi (EP),
  descrição de, 560-562
  propriedades de, 563
  vantagens e desvantagens de, 562-564
Equipamento auxiliar, 430-433
Equipamento de extrusão, 207-210

Erosão química, 419-423
Escala de Mohs, 97
Escleroscópio, 97
Escovamento, 357
Esforço, 89-91
Esmerilhamento, 418
Especificações, 386
Espectrofotômetro, 112
Espinha dorsal de estrutura ramificada, 48
Espinhas dorsais,
    carbono, 48
    De moléculas, 44
Espuma estrutural, 307
Estabilizadores, 124
Estabilizadores de calor, 127
Estabilizadores UV, 130
Estacamento, 343
Estampagem,
Estampagem, 364
    descrição de, 162
    folha quente, 361-363, 370
Estampagem à quente, 361-362, 370
Estampagem de folha de rolo, 361-362
Estampagem de folha quente, 361-362, 370
Estatística,
    comparação gráfica de dois grupos, 81
    desvio padrão, 77-79
    distribuição normal, 76-78
    distribuição normal padrão, 79
    gráfico declinante, 81-82
    média, 75-76
    representação gráfica de resultados de teste de dureza, 79-81
    uso de, 75
Esterification, 494
Estimativa, 427
Estireno, 61-63, 490
Estireno-acrilonitrila de olefina modificada (OSA), 538
Estireno-acrilonitrila (SAN), 46, 537-538
Esvaziamento por punção e filamento, 163-167
Etênico, 522
Éter de polifenileno (PPE), 533
Éteres de difenila polibromados (PBDEs), 125
Éteres poliarila, 534-535
Eterificação, 496
Etileno-acetato de vinila (EVA), 529

Etileno-acrilato de etila (EEA), 529
Etileno-acrilato de metila (EMA), 529
Etileno-clorotrifluoroetileno (E CTFE), 502, 448,
Etiquetas sensíveis à pressão, 366
Expansão no local, 312
Expansão térmica, 102-104
Explosibilidade, de limalhas selecionadas, 71
Exposição dérmica, 66
Exposição Internacional de Plásticos, 37
Extrusão,
    cano, 214
    dados de material para, 237
    descrição de, 207, 320
    filme, 214-217
    filme soprado, 216-220
    Folha, 214
    perfil, 213
    vantagens e desvantagens de, 404
Extrusão de cano, 214
Extrusão de filamento, 220-222
Extrusão de filme,
    descrição de, 212-217
    linha de congelamento em, 218, 219
Extrusão de filme por sopro,
    descrição de, 216-220
    resolução de problemas, 221
Extrusão de folha, 214-215
Extrusão de perfil, 213

Fabricação assistida por computador (CAM), 411-413
Fabricação de molde assistida por computador (CAMM), 411-413
Fabricantes e lista de nomes comerciais, 459-476
Facilidades de recuperação de material (MRFs), 26-27
Farbenfabriken Bayer, 513
Fator de causticação, 420
Fator de dissipação, 114-115
Fator de segurança (SF), 388
Favo,
    alumínio, 246-247
    descrição de, 245-246
    plástico reforçado com vidro, 247
Fawcett E. W., 522
Fenol, 512
Fenol-aralquila, 566

Fenol-formaldeído, 338-339
Fenólicos,
    degradação térmica de, 69
    descrição de, 9, 120, 194-196, 564-566
    propriedades de, 566
    vantagens e desvantagens de, 566
Fenóxi, 507-509
Ferramenta,
    custos de, 412-415
    descrição de, 283, 412
    máquina de processamento e, 417-424
    vantagens de plástico, 414
    vantagens e desvantagens de alguns materiais
        para, 417
Ferramenta de madeira, 414
Ferramenta de metal, 414-416
Ferramenta de polímero, 413-415
Fiação, 222
Fiação de fundido, 222
Fiações preliminares, 133-135
Fibra de vidro, 568
Fibra de vidro C, 133
Fibra de vidro E, 133
Fibras,
    acrílico, 222
    descrição de, 219
    processos de produção para selecionadas, 223
    toxicidade ao fogo de selecionadas, 67
Fibras carbonáceas, 135
Fibras cortadas, 134
Fibras de cervadeira cristalinas, 137
Fibras de polímero, 136
Fibras de vidro, 130, 133-136
Fibras híbridas, 138
Fibras inorgânicas, 137-139
Fibras kodel, 518
Fibras metálicas, 138
Fibras modacrílicas, 490
Fibras trituradas, 133-135
Filamentos,
    descrição de, 219
    fabricação de, 221-224
    tipos de, 221
Filme laminado de extrusão, 240
Financiamento, 427-428
Fios, 134
Fios de fibra de vidro, 134

Fissura, 357
Fitas, 130
Fixação de calor, 347
Flash, 197
Fluoreto de polivinila (PVF), 503
Fluoreto de polivinilideno (PVDF), 504-505
Fluorocarbonetos, 498-500
Fluorocarbonetos clorados (CFCs), 125
Fluoroplástico,
    descrição de, 498-500
    fluoreto de polivinila, 503
    fluoreto de polivinilideno, 504-505
    miscelânea de tipos de, 505
    perfluoroalcóxi, 505
    policlorotrifluoroetileno, 501-503
    polifluroetilenopropileno, 501
    politertafluoroetileno, 499-501
    propriedades de, 506
Fluxo de molde, 383
Fluxo frio, 102
Folha, 364
Food and Drug Administration (FDA), 22, 387
Força, cálculo de, 90
Força flexural, 96
Forças coesivas, 340-341
Forças de van der Waals, 51, 103
Ford Motor Company, 33
Forma de cava, 419
Formação/impressão a frio, 264-265
Forma preliminar, 225
Formação de vácuo rígida, 257-258
Formagem a vácuo assistida por pistão e bolha de
    pressão, 287-288
Formagem de bolha, 290-291
Formagem de pistão e anel, 294
Formagem de pressão assistida por pistão, 287-289
Formagem de vácuo direto, 285-286, 299
Formagem livre, 291-293
Formagem mecânica, 293-295
Formagem por envelope de ar, 291
Formagem por pressão com aquecimento de contato
    e folha presa, 291-292
Formagem por pressão na fase sólida (SPPF),
    289-290
Formagem por vácuo de bolha e pressão na bolha,
    291
Formagem por vácuo, 285-286

Formaldeído, 485
Formas de processamento de plástico, 392
Formica®, 243
Formica Corporation, 242
Fosfitos, 120
Fosgênio, 513
Fótons, 123, 371, 372
Fresagem a frio, 418
Fresagem a quente, 420
Fresa matriz, 418
Friedel, Charles, 576
Fundição centrífuga, 273-274
Fundição de filme, 215, 270
Fundição de fundido à quente, 271
Fundição de imersão, 275-276, 405
Fundição de slush, 271-272, 277, 297
Fundição estática, 273
Fundição rotacional, 273-275, 277, 405
Fundições de fenólico, 268
Fundições simples,
    descrição de, 268-270
    desvantagens de, 270
    vantagens de, 270
Fundo oco, 158
Furano, 564

Gabarito, 412
Gain Technologies, 191
Galalite, 6
Galvanização, 362
Gás etileno, 522
Gaylords, 30
Gelo seco, 171
General Bakelite Company, 9
General Electric, 513, 550
Gibson, R. O., 522
Giz pulverizado, 170
Goodyear, Charles, 6, 54
Goodyear Company, 6
Gráficos, 81-82
Granuladores, 432
Grau de polimerização (DP),
    densidade relativa e, 478
    descrição de, 45
Gravação, 363
Grupo lateral, na espinha dorsal, 48
Gutta Percha Company, 5

Halogênios, 498
Hercules Powder Company, 497
Hevea brasiliensis, 6
Hexafluoropropileno/fluoreto de vinilideno, 505
Hidrocarbonetos,
    descrição de, 44, 499
    insaturado, 44
    saturado, 44
Hidroclave, 260
Hidroclorofluorocarboneto (HCFC), 126
Hidrólise, 33
Higroscópico, 110
Histograma, 77
homopolímeros, 383, 509, 511
Hyatt, Isaiah S., 7
Hyatt, John W., 7, 9, 493

Identificação de plásticos,
    pela aparência, 477-479
    pela densidade relativa, 478, 483
    pelo nome comercial, 477
    pelos métodos de teste de solventes, 483
    por efeitos de calor, 478
    por efeitos de solventes, 478
    tabela de alguns, 480
    testes para específicos, 480-483
Imperial Chemical Industries (ICI), 517, 520, 522
Impressão de litografia seca, 363
Impressão de transferência por calor, 364
Impressão eletrostática, 364
Impressão em silkscreen, 364
Impressão flexográfica, 363
Impressão, métodos de, 363-364
Impressão por entalhe, 364
Impressão tamponada, 365
Inalação,
    com perigo à saúde, 65
    descrição de, 60
Incineração,
    desvantagens da, 33-35
    motivo histórico da, 33
    vantagens da, 34
Incineração de lixo médico, 35
Indicador de voláteis de Tomasetti (TVI), 110
Índice de fluxo de fundido (MFI), 105-107, 149, 151
Índice de polidispersibilidade (PI), 150-152
Índice de refração, 113

Indústria de plástico,
    crescimento na, 18
        jornais de comércio para, 39
        organizações na, 37-39
        papel da, 18-20
        publicações para, 38
        reciclagem e, 20-33
        tópicos de incineração na, 34-37
Inflamabilidade, 105
Infravermelho (IV), 32
Ingestão, como perigo à saúde, 63
Inibição de ar, 569
Inibidores, 124
Iniciadores, 569
Injeção de fluxo, 190
Inspeção, 404
Instalações de lixo para energia (WTE),
    descrição de, 33
    operação de, 34
Instrumento de medida da dureza de Shore, 97
Instrumentos de teste de alinhamento, 97
Interações de dipolo, 51
Interações intermoleculares, 51
Interferência, 350
International Biodegradable Polymers Association & Working Groups, 37
International Organization for Standardization (ISO),
    descrição de, 86
    métodos de teste, 87-88
    sites na internet para, 115
Interstate Commerce Commission (ICC), 435
Ionômeros,
    descrição de, 505-507
    propriedades de, 507
    vantagens e desvantagens de, 507
Irradiação,
    de polímeros, 375-381
    descrição de, 373, 525
Isolamento elétrico, 387
Isótopos, 372

Jornais de mercado, 39

Kevlar, 136-137
Kienle, R. H., 549, 568
Kipping, F. S., 576

Kodak, 9
Krische, W., 558

Lac, 4-8
Laca, 3
Laminação à mão, 62
Laminação contínua, 243
Laminação úmida, 259
Lâmina de ar, 326
Lâmina de serra de fita, 159
Laminados,
    aplicações para, 239
    de alta pressão, 242, 250
    de baixa pressão, 242, 249
    de diferentes plásticos, 240-241
    descrição de, 239
    laminado à mão, 244
    metal e favo metálico, 245-246
    metal e plásticos espumosos, 245, 247
    papel, 241-244
Laminados de alta pressão, 242, 250
Laminados de baixa pressão, 242, 249
Laminados de filme extrudído, 242
Laminados feitos à mão, 244
Lâminas de serra de banda, 158
LD_{50} ou LD_{-50}, 63
Legislação,
    pequenos negócios, 428
    reciclagem, 20-21
    segurança de produto, 388
Leominster, Massachusetts, 3
Letterflex, 363
Letterpress, 362
Libras por polegada quadrada (psi), 90
Ligação cruzada por radiação, 375, 525
Ligação de alta frequência, 343-344
Ligação de impulso, 347, 354
Ligação de indução, 347-348
Ligação de inserção, 345
Ligação de ponto, 344
Ligação de solvente, 341, 351
Ligação de ultrassom, 344-345
Ligação dielétrica, 342-344
Ligação eletromagnética, 347-348
Ligações covalentes, 43-44
Ligações covalentes simples, 44
Ligações covalentes triplas, 44

Ligações de hidrogênio, 51-52
Ligações duplas covalentes, 44
Ligações iônicas, 43
Ligações metálicas, 43
Ligações químicas primárias, 43-44
Limagem, 158-160
Limalhas, explosão características de selecionados, 71
Limite de exposição de curto período (STEL), 61
Limite de exposição permitido (PEL), 61
Limite de exposição recomendado (REL), 61
Linear low-density polyetileno (LLDPE), 19, 467
Linha de congelamento, 218
Linhas de ganho, 26
Linhas divisórias, 401
Líquidos,
    combustíveis, 68
    inflamáveis, 67
Líquidos combustíveis, 68
Líquidos inflamáveis, 67
Lista de abreviaturas, 455-457
Litografia, offset, 364
Lixa de grão aberto, 168
Lixiviação, 306
Lixo sólido municipal (MSW), incineração, 34
Locais de fábrica, 435
Lubrificantes, 127-128
Luminescência, 123

Mackintosh, Charles, 6
Macromoléculas,
    com estrutura química única, 48
    descrição de, 45
    polímeros de cadeia de carbono como, 45-47
Mandris, 262
Máquina de descarga elétrica (EDM), 418, 419
Máquinas de duplicação, 418
Máquinas de estampagem em folha, 361
Máquinas de moldagem por injeção híbridas (IMMs), 192
Máquinas de moldagem por injeção (IMMs),
    características de segurança para, 181-186
    descrição de, 177-179
    elétrica e híbrida, 191-192
    especificação de, 186
Máquinas elétricas de injeção de moldagem (IMMs), 191-192

Máquinas pantográficas, 418
Marcação de enchimento, 361
Marcas de encolhimento, 394
Martinete, 97
Massa, 89
Massa molecular, 43
Massa molecular media (M_{wj}), 150
Materiais de amina, 120
Materiais de célula aberta, 303
Materiais de célula fechada, 303
Material Safety Data Sheet (MSDS),
    considerações de descarte em, 70
    controles de exposição e proteção pessoal em, 68
    dados de reativdade e estabilidade em, 68-70
    descrição de, 60
    identificação dos perigos em, 63, 65-67
    informação de transporte em, 70
    informação ecológica em, 70
    informação regulatória em, 70
    informação toxicológica em, 70
    manuseio e armazenamento, 68, 70
    medidas de combate ao fogo em, 67
    medidas de primeiros socorros, 67
    medidas liberação acidental em, 68
    produto e identificação da companhia em, 61-65
    propriedades físicas e químicas em, 68
Matriz, 163
Matriz de estampar, 158
Média, cálculo da, 75-76
Mediana, 74
Média ponderada de tempo (TWA), 61
Medidas de combate ao fogo, 67
Medidas de índice de fundido, 523-525
Medidas de liberação acidental, 68
Melamina-formaldeído (MF), 557-559
Memória plástica, 298
Memória, plástico, 298
Mer, 45
Mers, 17
Mesotório, 123
Mestre, 391
Metabolix, Inc., 36
Metacrilato de metila, 487
Metacrilato de polimetila (PMMA),
    degradação térmica de, 70
    descrição de, 487-489
Metalização a vácuo, 328-331

Metilacrilonitrila, 488, 507
Método Charpy, 94
Método Izod, 94
Métodos de fabricação, 429
Métodos de impregnação, 243, 250, 379
Metros por segundo (m/s), 163
Microbalões, 144, 317-318
Microesferas, 144
Microlaminação vibracional (VIM), 273
Microprocessadores, 431
Mistura atomizada de colisões, 192
Misturador banbury, 216
Misturador de barril, 208
Misturadores de rosca dupla, 211
Modo, 74
Módulo de elasticidade, 92
Moldagem a frio, 197, 407
Moldagem a sopro biorientado, 232
Moldagem a sopro de estiramento, 232
Moldagem de alimentador isolado, 399
Moldagem de coinjeção, 189-190
Moldagem de esteria/RIM, 308
Moldagem de extrusão de sopro,
    descrição de, 225-227
    equipamento para, 229
    métodos sw, 226-229
    vantagens e desvantagens de, 229
Moldagem de filete quente, 399
Moldagem de folha, 201
Moldagem de injeção. *Veja também* Moldes/moldagem,
    coinjeção, 189-190
    descrição de, 136, 177
    etapas na, 186-189
    injeção de fluido e, 190
    máquinas híbridas e elétricas e, 191-192
    materiais termocurados e, 189
    reação, 192
    reação reforçada, 192-193
    sistemas de segurança para, 181-187
    sobremoldagem e, 191
    unidade de grampeamento e, 180
    unidade de injeção e, 178-180
    vantagens e desvantagens de, 186, 189, 404
Moldagem de injeção a vácuo (VIM), 194
Moldagem de injeção de reação (RIM), 192, 308
Moldagem de injeção por travamento elétrico, 183-184
Moldagem de laminação à mão, 257
Moldagem de reservatório de espuma, 246
Moldagem de reservatório elástico, 246
Moldagem de resina líquida (LRM), 193
Moldagem de saco, 407
Moldagem por coinjeção, 189
Moldagem reforçada por injeção e reação (RRIM), 137, 192-193, 308
Moldagem por sopro,
    descrição de, 224
    Extrusão, 225-229
    Injeção, 225
    projeto de, 401
    resolução de problemas, 230
    vantagens e desvantagens de, 405
    variações de, 231-232
Moldagem de sopro por injeção, 225
Moldagem de transferência,
    descrição de, 197-201
    vantagens e desvantagens de, 405
Moldagem de transferência de resina de expansão térmica (TERTM), 137, 194
Moldagem de transferência de resinas (RTM), 137, 193-194
Moldagem por sopro com coextrusão, 232
Moldagem sem alimentadores, 399
Moldagens de contato, 244
Mold®-C, 383
Molde da compressão,
    descrição de, 194-196
    problemas relacionados a, 199
    projetos para, 400
    vantagens e desvantagens de vácuo rígido, 196-197, 405
    variações de, 197-198
Molde de esteira, 254
Molde de flash, 400
Molde do proprietário, 436
Moldes/moldagem,
    considerações comerciais com relação a, 428
    controle de temperatura durante, 433
    de compressão, 195-198
    de injeção, 177-192 (*Veja também* Moldagem de injeção)
    de plástico expandido, 306-312
    descrição de, 177, 390-392
    do proprietário, 436

ferramenta e, 412-418
Folha, 201
materiais líquidos em, 192-194
reparo, 422
sob medida, 434-436
transferência, 197-201
Moldes abertos,
descrição de, 244
design of, 403-404
processamento de, 405-407
Moldes combinados,
descrição de, 286
projeto de, 403
Moldes de Kirksite, 415
Moldes semipositivos, 401
Moldes sob medida, 434
Moléculas,
descrição de, 43-45
espinha dorsal de, 44
hidrocarbonetos, 44
macro, 45-49
Moléculas de ligação cruzada, 53, 196
Moléculas insaturadas, 44
Moléculas saturadas, 44
Monofilamentos,
aplicações para, 221
descrição de, 223
produção de, 221-222
Monohidroxibenzeno, 513
Monômeros, funções de, 569
Montgomerie, William, 5
Morse Telegraph Company, 5
Mylar, 516-518

Náilon, 52, 510-513
Náilon 6, degradação térmica de, 70
Nanoargilas, 142
Nanocompósitos, 140-143
Nanofibras, 141-143
nanometais, 142
Nanotubos de carbono de parede múltipla (MWCNTs), 142
National Bureau of Standards (NBS), 386
National Electronics Manufacturing Association (NEMA), 242
National Plastics Exposition (NPE), 37
Natta F. J., 513, 529

Nêutrons, 371-373
Névoa, 112
Newton, 90
Nitrato de celulose (CN), 493-494
Nitrocelulose, 7, 493
Nitrocelulose explosiva, 7
Nomes comerciais,
identificação de plástico por, 477
listas de, 459-476
Número de massa molecular média (M_n), 150

Occupational Safety and Health Administration (OSHA), 61, 72
Olefinas,
Comonômeros de olefina com, 528
descrição de, 521
Olhos, perigos de exposição a, 65
Operações de gerenciamento, 428
Ordens de recilacagem na Califórnia, 21-22
Organização molecular,
descrição de, 48
polímeros amorfos e cristalinos e, 48-51
Organizações profissionais, 37-39, 591-593
Organosols, 267, 271, 545
Orientação,
biaxial, 53
descrição de, 52
uniaxial, 52-53
Orientação biaxial, 53
Orientação molecular, 52-53
Orientação uniaxial, 52-53
Orifício de entrada, 394-396, 398
Ornamentos de rosca moldados no local, 355
Ostromislenski, I., 542
Oxidação, 120
Óxido de polifenileno (PPO), 533-535

Padrões, 386
Padrões regulatórios, 386
Padrões voluntários, 386
Papel, em laminados, 241-244
Parâmetros de solubilidade, 108, 482
Parceria de reciclagem de veículo (VRP), 33
Parilenos, 533, 534
Parkes, Alexander, 7
Parkesine, 7, 493
Parks, Alexander, 493

Partículas alfa, 372
Partículas beta, 372
Pascal (Pa.), 90
Pengtes, 2-4
Pentol, 497
Pepsi-Cola, 21-22
Percepção de cor, 113
Perfluorcarbonetos (PFCs), 126, 305
Perfluoroalcóxi (PFA), 505
Perigos físicos, 59
Permeabilidade, 110
Permissões, 349
Peróxidos, 124
Pés por minuto (fpm), 163
Pessoal, 428
Pigmentos,
    efeitos especiais, 123
    inorgânicos, 122-123
    orgânicos, 122
Pigmentos de efeitos especiais, 123
Pigmentos fosforescentes, 123
Pigmentos inorgânicos, 122-123
Pigmentos orgânicos, 122
Pino, 214
Pinos de alinhamento, 423
Pinos de expulsão, 401
Pinos ejetores, 401
Pintura,
    de imersão, 360
    descrição de, 358
    eletrostática, 358-360
    processo de marcação de abastecimento no local de, 361
    processo de revestimento por rolo de, 325, 361
    pulverização, 358
    tela, 361
    vantagens e desvantagens de, 361
Pintura a seco, 324
Pintura de imersão, 360
Pintura de pulverização, 358
Pintura de tela, 361
Pirólise, 33
Pirômetros, 433
Piroxilina, 7
Placa britadora, 207
Placa de rede, 259
Placa metálica, 182

Placas de gesso, 415
Planck, Max, 372
Plasticidade, 128
Plástico, 17
Plástico ablativo, 105
Plástico biodegradável, 35-37
Plástico de barreira de nitrila, 508
Plástico de estireno-butadieno (SBP), 539
Plástico de poliacetal (POM),
    degradação térmica de, 69
    descrição de, 485-487
Plástico de proteína, 558
Plástico fotodegradável, 36
Plástico natural,
    descrição de, 1-3
    laca e, 5-6
    trompa e, 2-4
    verniz e, 3-5
Plásticos. *Veja também* Plásticos comerciais;
Polímeros,
    ablativo, 105
    acontecimento histórico de, 1-10
    aditivos em, 120-129
    cronologia de, 11
    degradável, 36
    enchimentos em, 139-145
    Expandido, 303-305 (*Veja também* Processos de expansão)
    irradiação de, 375-381
    natural, 1-6
    origem do termo para, 18
    parâmetros de solubilidade de alguns, 482
    ponto de fusão de, 478
    produção de, 18-19
    proporção resistência massa, 483
    proteína, 558
    reforços em, 130-139
    sintático, 9, 306
    sintético antigo, 9
    sintético comercial, 10
    soldabilidade de alguns, 346
Plásticos amino,
    descrição de, 553
    melamina-formaldeído, 557-558
    ureia-formaldeído, 553-557
Plásticos comerciais. *Veja também* Plásticos,
    materiais básicos para, 149-152

seleção de grau de material para, 152-153
seleção de material por bancos de dados computadorizados para, 152
Plásticos de cumorona-indeno, 498
Plásticos degradáveis, 35-37
Plásticos expandidos,
    aplicações para, 304
    descrição de, 303-305
    propriedades de, 304
    vantagens e desvantagens de, 313
Plásticos fundidos quente, para processos de fundição, 267, 271
Plástico sintático,
    antigo, 9
    comercial, 10
    descrição de, 304
    Perigo sistêmico, 66
    Sistema Internacional de Unidades (SI), 88
Plásticos reforçados. *Veja também* Processos de reforço de compósitos,
    descrição de, 253
Plástico termocurado,
    Alcides, 549-551
    alílicos, 550-554
    amino, 554-558
    caseína, 558-560
    enchimento, 158-161
    epóxi, 339, 560-563
    fenólico, 564-567
    furano, 564
    poliésteres insaturados, 566-571
    poliimida, 572
    poliuretano, 573-575
    propriedades de, 133
    silicones, 575-579
Plastics Bottle Institute, 24
Plastics Institute of America (PIA), 38
Plastics USA, 37
Plastisols, 267, 271, 545
Plastizante, 128
Plexiglas, 172-173
Ploarilsulfona, 540
Pneumático, 433
Polaridade, 51
Poliacrilatos, 490
Poliacrilonitrila, 490
Polialômeros, 509-510

Poliamida-imida (PAI), 519
Poliamidas (PA), 509-513
Poliarilato, 518
Polibutileno (PB), 532
Policarbonatos (PC), 513-515
policlorotrifluoroetileno (PCTFE ou CTFE), 501-503
Poliésteres,
    aromáticos, 518
    descrição de, 566-569
    insaturado, 568-571
    propriedades de termocurados, 571
    termoplástico, 516-518
Poliésteres aromáticos, 518
Poliésteres insaturados,
    descrição de, 566-571
    vantagens e desvantagens de, 571
Poliésteres saturados,
    descrição de, 515-518
    vantagens e desvantagens de, 518
Poliésteres termoplástico,
    aromáticos, 518
    descrição de, 515
    propriedades de, 516
    saturados, 516-518
Poliestireno expandido (EPS), 318, 537
Poliestireno (PS),
    descrição de, 18, 21, 534-537
    produção de, 309
    propriedades de, 538
    vantagens e desvantagens de, 537
Poliétercetona (PEEK), 515
Poliéteres clorados, 497-498
Poliéterimida (PEI), 515
Poliétersulfona (PES), 541-542
Polietileno de alta densidade e alta massa molecular (HMW-HDPE), 528
Polietileno de alta densidade (HDPE),
    produção de, 19
    reciclagem de, 26-33, 40
Polietileno de baixa densidade (LDPE), 19
Polietileno de densidade muito baixa (VLDPE), 527
Polietileno de massa molecular ultra-alta (UHMWPE), 528
Polietileno (PE),
    aplicações para, 528-529
    descrição de, 45, 521-526

irradiação de, 375
propriedades de, 527
tipos de, 523
vantagens e desvantagens de, 527-528
Polifenilenos, 532-534
Polifenilsulfona (PPSO), 542
Polifluoroetilenopropileno (PFEP or FEP), 501
Polihidroxialcanoato, 35
Polihidroxiéter, 508
Poliimidas termoplásticas, 518-519
Poliimida termocurada, 572
Polimento com chama, 171
Polimerização,
    aditivo, 569
    bruta, 569
    de condensação, 150, 569
    descrição de, 45
    de solução, 569
    emulsão e suspensão, 569
    grau de, 45, 478
    por irradiação, 377-379
    prematura, 124
    técnicas para, 150-152
Polimerização aditiva, 569
Polimerização de condensação, 150, 569
Polimerização de solução, 569
Polimerização de suspensão, 569
Polimerização de suspensão e emulsão, 569
Polimerização em volume, 150
Polímeros. *Veja também* Plásticos,
    amorfos e cristalinos, 48-51
    cadeia de carbono, 45-47
    descrição de, 17
    irradiação de, 375-381
    natural, 18
    sintético, 17
    toxicidade ao fogo de alguns, 67
Polímeros amorfo, 48-51
Polímeros biodegradáveis (BDP), 37
Polímeros cristalinos,
    características de fundidos de, 50
    descrição de, 48-50
    efeitos dimensionais de, 50
    efeitos óticos, 50-51
Polímeros de cadeia de carbono, 45-47
Polimetaacrilonitrila, 488
Polimetilpentano, 519-528

Polimidas,
    propriedades de, 519
    termocurado, 571-573
    termoplástico, 518-520
Poliolefinas,
    polibutileno, 532
    polietileno, 521-529
    polipropileno, 529-532
Polipropileno estereoespecífico, 529
Polipropileno isotático, 529
Polipropileno (PP),
    descrição de, 18, 528-530
    propriedades de, 530
    vantagens e desvantagens de, 532
Polisiloxano, 576
Polissulfonas, 539-542
Politetrafluoroetileno (PTFE),
    descrição de, 46, 499-501
    desvantagens de, 501
    vantagens de, 500
Poliuretano (PU), 305-306, 573-575
Polivinilas,
    descrição de, 541-545
    propriedades de, 547
Polivinil formol, 338
Polyester resins, 62, 281, 566-569
Ponto de amolecimento, 107
Ponto de fusão, de plásticos, 478
Ponto de quebra, 91
Ponto de rendimento, 91
Pontos de cintilação, 67
Pós-cura, 172
Pote, 269
Pré-cor, 122
Prensas de rolo, 361
Prepregs, 259
Pre-puffs, 303-305
Preservativos, 128-130
Pressão de trás, 210
Priestley, Joseph, 17
Processamento de alta pressão, 307-310
Processamento de baixa pressão, 307
Processamento de compósito, 253
Processamento de feixe de elétrons, 379-380
Processamento de reforço macerado, 254-255
Processo cupramônio, 492
Processo de compósito reforçados,

cubo combinado, 255-257
descrição de, 253
enrolamento de filamento, 260-263
formagem/estampagem a frio, 264
Formagem de v, 257-259
laminação a mão ou por contato, 257
pultrisão, 263-264
reforço centrífugo de reforço de filme por sopro, 263
saco de processo, 259
spray-up, 257
Termoformagem de molde frio, 258
vacuum bag, 258-260, 407
Processo decorativos de grãos de madeira, 366
Processo de deposição metálica, 420-421
Processo de deslocamento de metal, 418
Processo de forma preliminar a frio, 232
Processo de fosgenação, 513
Processo de petróleo Phillips, 523
Processo de pulverização e corte, 62
Processo de tamboração, 171
Processo de Ziegler, 523
Processos/materiais de fabricação,
    aceleramento mecânico como, 348
    adesão mecânica como, 337-341
    adesão química como, 340-349
    encaixe de fricção como, 348-350
Processos de decoração,
    corantes, 358
    decoração no molde como, 364-365, 369
    descrição de, 357-359
    engravingas, 362
    estampagem de folha fina quente, 361-363, 370
    galvanização como, 362
    impressão como, 363-364
    miscelânea, 365-367
    pintura como, 358-361
    transferência de calor, 365
Processos de expansão,
    descrição de, 303-307
    expansão no local como, 312
    moldagem como, 306-312
    pulverização como, 312
    resolução de problemas, 311
    revestimento como, 312-313
Processos de moldagem de sopro de folha, 232
Processos de revestimento,
    calandra, 323
    descrição de, 321
    escova, 331-332
    extrução, 321-323
    imersão, 326-327
    lâmina ou rolo, 325
    metálico, 328-331
    pó, 324-325
    pulverização, 327
    transferência, 325
Produtos de camadas múltiplas, 232
Produtos de decomposição, 68
Produtos químicos,
    características de, 387
    valores de limite mínimo para selecionados, 65
Programação, 225
Projeto,
    Análise de fluxo assistida por computador e, 383
    aparência como, 389-392
    considerações de material e, 386-389
    considerações de produção e, 392-407
    considerações econômicas relacionadas a, 388-389
    limitações de, 392
    protótipo rápido e, 384-387
    tópicos relacionados a, 383
Projeto auxiliado por computador (CAD), 349, 411-413
Projeto de enrolamento de filamento, 403
Projeto de molde,
    aberto, 403
    combinado, 403
    de compressão, 400
    de pultrusão, 403
    de sopro, 401
    elementos de, 394-400
    enrolamento de filamento, 403
    laminar, 403
    linhas divisórias em, 401
    ornamentos em, 401-403
    pinos ejetores e de expulsão, 401
    planejamento para, 412
    vantagens e desvantagens de, 404-407
Projeto de pultrusão, 403
Projeto laminar, 403
Promotores, 124
Propionato acetato de celulose, 495
Proporção resistência massa, 388, 483

Propriedades ambientais,
    absorção de água como, 110-113
    descrição de, 107-108
    desgaste como, 108
    permeabilidade como, 110
    quebra por tensão como, 112
    resistência ao ultravioleta como, 109
    resistência a produto químico como, 107
    resistência bioquímica como, 112
Propriedades elétricas, 114-115
Propriedades físicas,
    densidade e densidade relative como, 99-102
    descrição de, 99
    encolhimento de molde como, 101
    rebaixamento elástico como, 101
    viscosidade como, 102
Propriedades mecânicas,
    amortecimento como, 97
    descrição de, 86, 88
    dureza como, 97-98
    fatiga e flexão como, 96
    resistência à abrasão, 99
    resistência à compressão, 93
    resistência à flexão como, 96
    resistência ao corte como, 93
    resistência ao impacto como, 93-95
    resistência elástica como, 92
    tópicos de projeto como, 387
propriedades óticas, 112-114
Propriedades térmicas,
    calor específico como, 103
    condutvidade térmica como, 102
    de plásticos ablativos, 105
    descrição de, 102
    expansão térmica como, 102-104
    inflamabilidade, 105
    resistência a frio como, 105
    temperatura de deflexão como, 105
Proteção de purgimento, 184
Proteção do local de trabalho, para exposição, 68
Protocolo de Montreal, 125
Protótipo, 384-387
Protótipo rápido, 384-387
Publicações profissionais, na indústria de plástico, 38
Pulformagem, 263-264
Pultrusão, 263-264
Pulverização, 257

Pulverização de camada rígida, 257
Pulverização, de plástico expansível, 312
Pulverização eletrostática, 358-360
Purgando, 183
Puxamento, 222-224

Quantum, 372
Quebra elástica, 101
Quebra por tensão, 112

Radiação/processos de radiação,
    aplicações de , 380
    descrição de, 371-374, 377
    desvantagens de, 380
    eletrônica, 373
    enxertamento por, 377
    estrago pela, 375-376
    infravermelho, 374
    ionizante, 374
    melhoramentos por, 375-377
    monoionizante, 373
    polimerização por, 377-378
    tipos de, 372
    tópicos de segurança relacionados a, 375
    ultravioleta, 371, 374
    vantagens de, 378-380
Radiação de ionização, 373
Radiação não ionizante, 373
Radiação no infravermelho, 374
Radiação ultravioleta, 371, 374
Radiações gama, 372
Radioisótopos, 373, 380
Raio de causticação, 420
Raion de viscose, 492
Raios gama, 372-373
Raios X, 372
Rake, 158
Rayon de cuparamônio, 491
Rebaixamento, 101
Rebaixamentos, 391
Reciclagem. *Veja também* Reciclagem de plástico,
    automotivo, 32
    descrição de, 20
    lateral de controle, 23-27
    legislação ordens de depósito de garrafas e, 20-24
    na Alemanha, 33
    química, 32

Reciclagem automotiva, 32
Reciclagem de Lateral de controle,
    classificação de, 25-27
    código de identificação e, 24-25
    coleção de, 25
    estatísticas de, 24
Reciclagem de plástico. *Veja também* Reciclagem,
    lateral de controle, 23-27
        legislação e ordens para depósito de garrafa e, 20-24
        na Alemanha, 33
        PCR HDPE, 26-33
        reciclagem automotiva e, 32
        reciclagem química e, 32
        visão geral de, 19-21
Reciclagem pós-consumidor PCR,
    descrição de, 21
    HDPE, 26-33, 41
Reciclagem química, 32
Recozimento, 52, 172-173
Rede de fiandeira, 221-222
Redes de polímeros interpenetrantes (IPN), 571
Reduzidores de viscosidade, 129
Reforço centrífugo, 263
Reforço de filme por sopro, 263
Reforços,
    de camada, 131
        descrição de, 124, 129-131
        fibroso, 131-138
Registro CAS, 61
Regnault, V.,542
Regulações ambientais, comprimento com, 119
Regulamento/legislação de depósito de garrafa B,
    estadual, 20-22
    federal, 21
    ordens estaduais de conteúdo recilado, 21-22
    Reciclagem de garrafa PET, 22-24
Relevo, 357
Rendimento de compensação, 90-93
Resíduo automotivo retalhado, 33
Resíduos de combustão, 169-171
Resinas,
    de dialila, 552
    de dois estágios, 565
    de epóxi, 339, 560, 562
    de fundição de poliéster, 268, 279
    de poliéster, 62, 281, 566-569
    descrição de, 17
    de um estágio, 564
    líquida, 267
    plastizantes e, 128
    poliuretano, 573
    reforçada por fibra de vidro, 133
    silicone, 578
    termocuradas, 338-340
    termoplástica, 337-338
    termoplástica estirênica, 62
    transformadas em plástico expandido, 303
Resinas de amino, 338
Resinas de dialila, 552
Resinas de dois estágios, 562
Resinas de epóxi, 339, 560, 562
Resinas de epóxi reforçadas, 561
Resinas de estágio A, 379, 564
Resinas de estágio B, 379, 564
Resinas de estágio C, 379
Resinas de fundição de poliéster, 268, 279
Resinas de resorcinol-formaldeído, 339
Resinas estirênicas termoplásticas, 62
Resinas fenólicas, 338-340, 564-566
Resinas líquidas, para processos de fundição, 267
Resinas Novalac, 565
Resinas termocuradas, 338-340
Resinas termoplásticas, 337-338
Resistência à abrasão, 99
Resistência à chama, 105
Resistência à compressão, 93
Resistência à fadiga, 96
Resistência ao arco voltaico, 114
Resistência ao corte, 93
Resistência ao frio, 105
Resistência ao impacto, 93-95
Resistência ao isolamento, 114
Resistência ao solvente, 108
Resistência ao ultravioleta, 109
Resistência a produtos químicos, 107
Resistência bioquímica, 112
Resistência dielétrica, 114-115
Resistência elástica, 92
Resistência final, 90
Resistividade, 114
Resol, 564
Resource Conservation and Recovery Act (RCRA), 20

Resvestimento de escova, 331-332
Retardante de chama, 124-125
Reunir, 366
Revestimento à lâmina, 325
Revestimento com chama, 328
Revestimento com pistola de pó eletrostático, 324-325
Revestimento de calandra, 323
Revestimento de extrusão, 224
Revestimento de filme de extrusão, 321-323
Revestimento de jato, 327
Revestimento de leito eletrostático, 324
Revestimento de leito fluidizado, 324, 333
Revestimento de pulverização de leito fluidizado, 324
Revestimento de rolo, 325, 361
Revestimento de rolo de fundido, 323
Revestimento de transferência, 325
Revestimento metálico, 328
Revestimento por pó, 324-325
Revestimento precipitado, 331
Revestimentos em fitas, 326-327
Revestimentos em gel, 257
Revoluções por minuto (rpm), 163
Revoluções por segundo (rps), 163
Risco bioquímico, 59
Riscos químicos,
    descrição de, 59-61
    fontes de, 60
Robótica, 431-432
Rohm, Otto, 487
Rotação de solvente, 222
Rotação úmida, 222
Rotogravura, 364

Saco de pressão, 259
Saco de vácuo, 258-260, 407
SAE Code JI344, 33
Sanduíches, 245
Saponificação, 568
Schönbein, C. F., 7
Secadores, 430
Secadores dissecantes, 430
Seleção de material,
    Bancos de dados computadorizados para, 152
    grau, 151-153
Semon, W. L., 543-545

Serra, 158
Shellac,
    descrição de, 3-5
    detalhes de uso, 15
    motivo histórico de, 8
    na forma de floco, 15
Silanos, 576
Silcarbeno, 576
Sílica, 61
Silicometano, 576
Silicones (SI),
    descrição de, 575-578
    propriedades de, 579
    vantagens e desvantagens de, 578
Simon, Edward, 536
Sinterização, 197, 505
Sistemas de Fabricação Flexíveis (FMS), 432
Sistemas de flutuação, 32
Sistemas de potência hidráulica, 433
Sistemas de ventilação, 62
Sites na internet, para indústria de plástico, 39
Small Business Investment Act (1958), 428
Sobremoldagem, 191
Society for the Advancement of Material and Process Engineering (SAMPE), 37
Society of Automotive Engineers (SAE), 82
Society of Plastics Engineers (SPE), 38
Society of the Plastics Industry (SPI),
    código desenvolvido por, 24-25
    definição de plástico, 17
    função de, 36-38
    padrões de tolerância, 395
Soldagem, 422
Soldagem a gás quente, 345-347, 354-355
Soldagem de ferramenta aquecida, 347
Soldagem de fio, 343, 352
Soldagem de ultrassom, 344
Solventes,
    como ajuda de processamento, 129
    efeitos de, 478
    parâmetros de solubilidade de alguns, 482
Sopro de transferência, 226
Spitteler, Adolf, 558
Spud Ware™, 36
Staudinger, Herman, 10
Substâncias de destruição do ozônio (ODSs), 125
Sulfeto de polifenileno (PPS), 534

Suplementos, 401-403
Suportes, 213
Suportes, 391
Suspensão de emulsão, 569
Suspirando o molde, 195

Tabela de Ângulos de Cópia Padrão, 585
Tabela de Conversão de Gravidade Específica para Gramas Por Polegada Cúbica, 586
Tabela de Conversão de Temperatura, 582-583
Tabela de Conversão Sistema Inglês – Métrico, 581-583
Tabela de Equivalência de Comprimentos, 590
Tabela de equivalentes decimais de uma polegada, 584
Tabela de massa de 1.000 peças em libras baseada em uma massa de uma peça em grama de 1, 589
Tabela de Temperatura de Vapor *versus* Pressão de Caldeira, 588
Tabelas de Diâmetros e Áreas de Círculo, 586-588
Tangente de perda, 114-116
Tanques de flutuação, 29
Tanques de recozimento, 431
Tapete de fluxo, 254
Tara de grampo, 186
Taxa de puxamento, 286
Tecido de lã, 134
Técnica de polimento e alisamento, 169-171
Técnica de Tubo de Teste/Bloco Quente (TTHB), 111-113
Técnicas de aquecimento friccional,
    enrolamento por giro, 342
        ligação dielétrica e de alta frequência como, 343-344
        ligação ultrassônica como, 343-345
Técnicas de calor transferido,
    fixação de calor como, 347
    ligação de impulso como, 347
    ligação eletromagnética como, 347-348
    soldagem de ferramenta aquecida como, 347
    soldagem por gás quente como, 345-347
Técnicas de fundição,
    centrifugal, 273
    descrição de, 267, 420
    estático, 273
    filme, 270
    materiais usados em, 267
    mergulho, 275
    para plástico expandido, 312-313
    rotacional, 273-275, 277
    simples, 268-271
    slush, 271-272, 277
    vantagens e desvantagens de, 270, 407
Técnicas de polimento, 169-171
Técnicas de termoformagem,
    descrição de, 283-284
    folha dupla, 293
    formagem a vácuo assistida por bolha de pressão e por bolha de pistão, 286-287
    formagem de cubo combinado, 286
    formagem de drape, 286
    formagem de pressão assistida por pistão, 287-291
    formagem de pressão na fase sólida, 289
    formagem de vácuo assistida por pistão, 287
    formagem de vácuo direto, 285-286, 300
    formagem envelope de ar, 291
    formagem livre, 291
    formagem por pressão com aquecimento de contato e folha presa, 291-292
    formagem por vácuo de bolha, 290-291
    Formagem por vácuo de bolha e pressão na bolha, 291
    mecânica, 293-295
    molde frio, 258
    pacote de bolha ou pacote de crosta, 293
    resolução de problemas, 295
    sopro livre, 297
    vantagens e desvantagens de, 404-406
Técnicas de trabalho em máquina/acabamento,
    alisamento e polimento, 169-171
    corte a laser, 167-168
    corte de fratura induzida, 168
    corte hidrodinâmico, 169
    corte térmico, 168
    estampagem, braqueamento, e corte de cubo, 162
    esvaziamento por punção e formação de fios, 163-167
    limagem, 158-160
    perfuração, 160-163
    recozimento e pós-cura, 172
    serrar, 158-160
    tamboração, 171

torneamento, moagem, planejamento, dando forma e desordenamento, 165-168
    visão geral de, 156-159
Tecnologia AC, 383
Tecnologia de injeção de gás (GIT), 190
Tecnologia de laminação de papel (PLT), 385
Teflon™, 46, 500-501
Tefzel®, 505
Telles™, 36
Temperatura,
    de deflexão, 104-105
    de transição de vidro, 107
    durante a moldagem, 433
    tópicos de projeto e, 386-388
Temperatura de deflexão, 104-105
Temperatura de transição do vidro, 107
Tempo de interrupção, 195
Tendência central, 76
Tensão, 89
Tensões residuais, nas moléculas, 52
Tereftalato de polietileno (PET),
    descrição de, 517
    reciclagem de, 25
    usos para reciclados, 22-24
Tereftalato de politetrametileno (PTMT), 517
Tereftalto de polibutileno (PBT), 517
Termocurados,
    descrição de, 54
    moldagem de injeção, 189
Termocurados de moldagem por injeção, 189
Termoformagem de empacotamento de crosta, 293
Termoformagem de folha dupla, 293
Termoformagem de molde a frio, 258
Termoformagem de pacote de bolha, 293
Termoformagem de sopro livre, 297
Termoplásticos,
    cimentos de solventes para, 342
    comodidade, 18
    descrição de, 54
    engenharia, 19
    propriedades de, 132
    testes de identificação para, 480-483
Terpolímero, 47
Terylene®, 518
Teses de impacto elástico, 95
Teste de barcol, 97-99
Teste de Beilstein, 478

Teste de Brinell, 97, 98
Teste de Lassaigne, 478
Teste de massa de caimento, 93
Teste de plástico,
    agências envolvidas com, 86-89, 115
    equipamento fabricado por empresas para, 116
    para propriedades ambientais, 112
    para propriedades elétricas, 114-115
    para propriedades físicas, 99-102
    para propriedades mecânicas, 86, 89-99
    para propriedades óticas, 112-114
    para propriedades térmicas, 102-107
    visão geral para, 86
Teste de Rockwell, 97-98
Teste, desempenho, 404
Teste de Shore, 98
Teste do pêndulo, 93-95
Teste mecânico, 88-93
Testes de dureza, 79-80, 98
Testes de impacto, 95
Testes de impacto de fragmento, 95
Testes de insolubilidade, 478
Testes de ponto de amolecimento de Vicat, 107, 478
Testes de solubilidade, 478
Testes de solvente, 483
Tetrafluoroetileno de etileno (ETFE), 505
Textura, 357
Tioésteres, 120
Tixotropia, 143
Tolerância fina, 395
Tolerância grossa, 395
Tolerância padrão, 395
Tolerâncias, 350, 393-395
Tópicos de segurança. *Veja* Tópicos de Saúde/segurança,
Tópicos saúde/segurança,
    biomecânico, 59
    Folhas de dados de segurança de material e, 61-70
    moldagem de injeção, 181-186
    perigos físicos, 59
    químico, 59-61
    relacionados à radiação, 375
    Sites de internet para informação em, 72
Torlon®, 519
Torneamento, 166-168, 418
TPX®, 520
Transmitância luminosa, 113

Transporte, 435
Tratamento de calor, na fabricação de molde, 422
Tratamento de chama, 357
Tratamento de plasma, 358
Tratamento químico, 357
Tripoli, 170
Trituramento, 165-168, 418
Trompa,
    descrição de, 2-4
    exemplos de, 14
Tschirner, F., 522

Umedecimento, 257
Underwriters Laboratories (UL), 386
União Europeia, 125
Unidade de grampeamento, 180
Unidade de injeção, 178-180
Unidade de plastificação, 178
Unidades de massa atômica (umas), 43
Unidades SI,
    derivadas selecionadas, 89
    descrição de, 86
Union Carbide, 507, 539
United States Gypsum Company, 414
United States Postal Service, 435
Ureia-formaldeído (UF), 554-557

Valor limite de limiar (TLV), 62
Vigor do lubrificante, 127
Viscose, 492
Viscosidade, 102
Vulcanite Court, 6
Vulcanização à temperatura ambiente (RTV), 578
Vutiral de polivinila (PVB), 338, 546

Waste Management Inc. (WMI), 25
Western Electric, 9
Wilsonart®, 243
Wohler, Friedrich, 576
Wright, J. P., 242

Ziegler, Karl, 523